Der **Onlineservice InfoClick**
bietet unter
www.vbm-fachbuch.de/infoclick
nach Codeeingabe zusätzliche
Informationen und Aktualisierungen
zu diesem Buch.

In 2 Schritten zum Onlineservice

1. Einfach www.vbm-fachbuch.de/infoclick aufrufen.
2. Den unten stehenden Zugangscode in die Suchleiste eingeben und bestätigen.

   Sofern Aktualisierungen oder Zusatzinformationen zu Ihrem Buch bereitstehen, werden diese anschließend unterhalb der Eingabemaske aufgeführt.

Ihr persönlicher Zugang zum Onlineservice  **334113730002**

Edmund Schiessle
Industriesensorik

Prof. Dipl.-Phys. Dipl.-Ing. Edmund Schiessle

Industriesensorik

Sensortechnik und Messwertaufnahme

2., aktualisierte und erweiterte Auflage

Vogel Business Media

Prof. Dipl.-Phys. Dipl.-Ing. EDMUND SCHIESSLE

Jahrgang 1946, studierte nach seiner Lehre und Industrietätigkeit als Elektromechaniker (Elektronik) an der Fachhochschule München Maschinenbau mit Vertiefung Luftfahrzeugbau, danach an den Universitäten München und Tübingen Physik mit dem Nebenfach Elektronik.
Ab 1979 war er anschließend Elektronik-Entwicklungsingenieur für Konstruktion und Entwicklung von elektromechanischen und elektronischen Messmitteln (Messwertaufnehmer, Sensoren, Sensorelektronik) im Elektronik-Messzentrum der Daimler-Benz AG (Mercedes-Benz AG). Neben seiner Ingenieurtätigkeit leitete Edmund Schiessle als Referent und Koordinator Kurse über elektrische Messtechnik in der beruflichen Fort- und Weiterbildung der Fa. Mercedes-Benz AG. Außerdem hielt er als delegierter Lehrbeauftragter Vorlesungen über Sensortechnik an der Fachhochschule Esslingen FHTE im Studiengang MIA-1.
Seit März 1991 lehrt Edmund Schiessle als Professor für Grundlagen der Elektrotechnik, elektrische Messtechnik und Sensorik im Studiengang Mechatronik an der Hochschule für Technik und Wirtschaft in Aalen.

Weitere Informationen:
www.vbm-fachbuch.de

ISBN 978-3-8343-3341-4
2. Auflage. 2016

Printed in Germany

Umschlaggrafik:
Vogel Business Media GmbH & Co. KG, Würzburg

Vorwort

Die Sensorik (oder Sensortechnik) ist eine Schlüsseltechnologie für fast alle technischen, industriellen und naturwissenschaftlichen Bereiche, in denen elektronisch gemessen, geprüft, überwacht, gesteuert und geregelt wird.

- Anwendungen finden moderne Sensoren zum einen in der gesamten produzierenden Industrie, z.B. in den Bereichen Automation (oder Automatisierungstechnik) und Industrie-Robotik, industrielle Sicherheitstechnik, technische Qualitätssicherung, physikalische und chemische Verfahrenstechnik, Bio- und Gentechnologie, elektronische Messtechnik und elektronische Steuerungs- und Regelungstechnik.
- Zum anderen werden sie aber auch in Endprodukten verwendet, z.B. in Fahrzeugen (Straßen-, Schienen-, Wasser-, Luft- und Raumfahrzeugen), Geräten der Unterhaltungselektronik, Haushaltsgeräten, Geräten der Informationstechnik und Geräten der Sicherheitstechnik.
- Zunehmend an Bedeutung gewinnt die Sensorik in der physikalischen Messtechnik der verschiedensten naturwissenschaftlichen Disziplinen: z.B. der Medizintechnik, im Umweltschutz oder der Mikrosensorik im Zuge einer weiteren Miniaturisierung (Mikromechanik, Mikrooptik und Mikrosystemtechnik).
- Neuartige physikalische, chemische, elektromechanische (EMS) und mikroelektromechanische Sensoren (MEMS), elektronische Sensoren und Sensorsysteme verwendet die Mechatronik für innovative Produkte mit höchster Funktionalität und Wirtschaftlichkeit.
- Die Adaptronik benötigt zum Aufbau ihrer kybernetischen Funktionalität strukturintegrierte Aktoren und Sensoren besonders auf mikroelektromechanischer Basis. Diese aktuelle kybernetische Technologie kann sich mit mechanischen Struktursystemen autonom an wechselnde Umgebungsbedingungen anpassen.

Die vorangestellten Übersichten (direkt nach dem Inhaltsverzeichnis), «Geometrische und mechanische Messgrößen und ihre verwendbaren Sensortypen» und «Optische, strahlungstechnische, chemische und biologische Messgrößen und ihre Sensortypen», geben einen wichtigen Überblick zur Identifikation von entsprechenden Sensoren und Messgrößen mit Kapitel- und Abschnittsangaben. Über dieses Matrixsystem kann zu jeder Messgröße jeder geeignete Sensortyp, umgekehrt zu jedem Sensortyp jede relevante Messgröße gefunden werden. Die Tabellen wurden aufgrund ihrer Wichtigkeit direkt vor Kapitel 1 gestellt. Die Anforderungsliste in Abschnitt 1.9.2 «Auswahlkriterien für Sensorentwicklungen und Sensoranwendungen» ermöglicht dann abschließend über die Spezifikation eine Endauswahl des für die Lösung der Aufgabenstellung am besten geeigneten Sensors. Das Buch eignet sich damit auch als Nachschlagewerk.

Den verwendeten wissenschaftlichen systematischen Bezeichnungen wurden entsprechende Fachbezeichungen der Industrie für eine gezielte Internetsuche beigestellt, um im Markt erhältliche Sensoren und ihre Hersteller bzw. Distributoren schnell und gezielt auffinden zu können.

Das Thema eignet sich für Ingenieure und Techniker verschiedenster Fachrichtungen, die sich mit Sensoren in ihrer Fort- und Weiterbildung oder in ihrer aktuellen beruflichen Tätigkeit befassen müssen. Sie finden physikalische Wirkungsweisen, technischen Aufbau, messtechnische Eigenschaften und Sensorelektronik, Technologien, Anwendungsgebiete, durchgerechnete Anwendungsbeispiele und anwendungsbezogene Fehleranalysen sowie Vor- und Nachteile von Messsystemen, Sensoren und Sensorsystemen.

Vertiefungen, Hinweise, Anwendungen, Beispiele und beispielhafte Berechnungen, Vorteile und Nachteile wurden mit entsprechenden Piktogrammen hervorgehoben. Das Buch eignet sich mit seinem klaren modularen Aufbau auch für Studierende in der Ingenieurausbildung zum Bachelor und Master.

Die Darstellung komplexer Sachverhalte wurde so einfach wie möglich gehalten. Weitere Informationen, Aktualisierungen und vertiefende Berechnungen werden über den Onlineservice InfoClick des Verlages kostenfrei angeboten.

Mein Dank gilt allen, die mit Informationen und Anregungen zum Buch beigetragen haben. Dem Verlag danke ich für die stets hervorragende Zusammenarbeit.

Resonanz zum Buch ist mir immer willkommen, weil eine lebendige Wissensvermittlung Forschungs- und Lehrbetrieb immer wieder neu motivieren und inspirieren kann. Den schnellsten Kontakt erfüllt eine E-Mail an:
industriesensorik@vbm-fachbuch.de.

Vorwort zur 2. Auflage

Die 1.Auflage des Fachbuches wurde von der Fachwelt gut angenommen, besonders durch die vielen technisch und mathematisch ausführlich dargestellten Anwendungsbeispiele. Neben der Korrektur von Druck- und Sachfehlern wurde die Neuauflage (2.Auflage) durch fachliche Ergänzungen erweitert. Forschungen und Anwendungsentwicklungen im Bereich der physikalischen, chemischen und biochemischen Sensoren und Sensorsystemen für den industriellen Einsatz sind weiterhin in schnellem Wachstum begriffen. Neben den schon in der 1. Auflage beschriebenen Sensoren, die nach wie vor aus physikalisch-technischen Gründen ihre Einsatzgebiete haben und haben werden, wurden daher Weiterentwicklungen, Entwicklungstrends und Einsatzgebiete von elektromechanischen Sensortypen (EMS), mikroelektromechanischen Sensortypen (MEMS) und nanoelektromechanischen Sensortypen (NEMS) sowie Entwicklungstrends von anderen technologischen Sensortypen kurz dokumentiert. Die Erfahrung zeigt, dass die physikalischen und die chemischen Grundlagen sowie neuentwickelte Werkstoffe wesentlich für Neuentwicklungen von Sensoren als auch für neue Anwendungsbereiche sind. Erweitert und aktualisiert wurden auch die Beschreibung und der Einsatz von intelligenten Sensoren (Smart-Sensoren). Aufgenommen wurde eine kurze einsatzorientierte Zusammenstellung von aktuellen Bussystemen und Sensornetzen. Notwendig wurden Neuaufnahmen und Ergänzungen besonders durch Realisierung einer hochentwickelten, flexiblen und damit komplexen Großserien-Produktion (Industrie 4.0) und einer zunehmend autonomen Robotik und autonomen Fahrzeugtechnik. Die dazu notwendige Automation kann nur durch die Einführung von intelligenten technischen Verfahren – gekennzeichnet durch Selbstoptimierung, Selbstkonfiguration,Selbstdiagnose, Selbstreparatur und Autokommunikation (Internet der Dinge) – erreicht werden. Eine Schlüsselposition nimmt in diesem Bereich die technologische Vielfalt von Sensoren und Sensorsystemen (Dinge des Internets) ein, die die oben genannten Eigenschaften mindestens teilweise erfüllen. Neu aufgenommen wurde auch ein Kapitel über RFID-Sensorsysteme. Es handelt sich dabei um eine weitere sehr erfolgreiche Entwicklung von „klassischen“ RFID-Systemen mit Sensortechnologien zu sog. RFID-Sensoren oder RFDI-Sensorsystemen. Diese eröffnen erweiterte technische Möglichkeiten mit einer sehr hohen Wirtschaftlichkeit für die Industrie 4.0, die weit über die «einfache» Identifikation von Objekten reicht. RFDI-Sensorsysteme kommen zunehmend in der Industrieproduktion zur dezentral-intelligenten-Steuerung von Maschinen oder Produktionsprozessen zum Einsatz. Aufgenommen wurden außerdem die akustischen Oberwellen-Funksensoren. Sie basieren auf einer Weiterentwicklung der ausgereiften Technologie der älteren Schallwellen-Bausteine. Erfahrungen der letzten Jahre zeigen jedoch, dass ein sinnvoller effektiver und damit kostengünstiger Einsatz von physikalischen, chemischen und biologischen Sensoren und Sensorsystemen unterschiedlichster Technologien, in den diversen interdisziplinären Technologiebereichen der Industrieproduktion, nur mit einer multidisziplinären Denkweise und damit multidisziplinärer Aus- oder Weiterbildung der notwendigen Fachkräfte erfolgreich möglich ist. Ein inhaltlich breiter interdisziplinärer Aufbau wurde schon erfolgreich in der 1. Auflage durch zahlreiche Tabellen, Schemata und Listen von wichtigen Begriffsdefinitionen realisiert. Auch in der Neuauflage wird wieder darauf Wert gelegt, die sehr vielfältigen fachorientierten Denkweisen von Ingenieuren, Technikern, Naturwissenschaftlern und Ärzten der unterschiedlichsten Disziplinen zu überwinden. Ziel der Neuauflage ist es, dass durch ihren interdisziplinären Aufbau den Fachleuten der verschiedensten Disziplinen durch eine praxisorientierte, theoretisch einfache, aber dennoch exakte

Darstellung die vielfältigen sensorischen Technologien und deren Anwendungen verständlich nahezubringen, um diese bei ihrer zunehmend umfangreicheren komplexen Tätigkeit zu unterstützen.

Schorndorf Edmund Schiessle

Inhaltsverzeichnis

Übersicht Geometrische und mechanische Messgrößen und ihre verwendbaren Sensortypen

	Sensoren für geometrische, mechanische und thermische Messgrößen						
Sensoren	Resistive Sensoren	Reaktive Sensoren		Spannungsgesteuerte Sensoren	Stromgesteuerte Sensoren	Ladungsgesteuerte Sensoren	Oszillatorische Sensoren
Messgrößen	*R* (Widerstand)	*L* (Induktivität)	*C* (Kapazität)	*U* (Spannung)	*I* (Strom)	*Q* (Ladung)	*f* (Frequenz), *t* (Zeit) *N* (Impulse)
Position, Weg, Füllstand, Winkel Neigung, Horizont, Linear-/Winkel-Geschwindigkeit	Mechanoresistive Sensoren (⇨2, 2.1.1) Magnetfeldsensoren (⇨7, 7.3.4, 7.4) Optoelektronische Sensoren (⇨12, 12.6)	Induktivsensoren (⇨4, 4.1/4) Wirbelstromsensoren (⇨5, 5.1/2) Induktive Positionssensoren (⇨6, 6.1/2) Magnetfeldsensoren (⇨7, 7.2)	Kapazitive Sensoren (⇨10, 10.1.1) (⇨10.1.3/4) (⇨10.3.2/3)	Induktionssensoren (⇨3, 3.4) Magnetfeldsensoren (⇨7, 7.3.2) Optoelektronische Sensoren (⇨12, 12.7.2)	Optoelektronische Sensoren (⇨12, 12.7.1) (⇨12, 12.8.1/2) (⇨12, 12.9.1/3)		Kerntechnische Sensoren (⇨16, 16.2.1/4) (⇨16, 16.3) Ultraschall Sensoren (⇨14.4, 14.4.1/4)
Linear-/Winkel - Beschleunigung, Vibration, Schwingwege	Mechanoresistive Sensoren (⇨, 2.2.1/2) Magnetfeldsensoren (⇨7, 7.3.4) (⇨7, 7.4.1/4)	Induktivsensoren (⇨4, 4.1/4) Wirbelstromsensoren (⇨5, 5.1/2) Magnetfeldsensoren (⇨7, 7.2)	Kapazitive Sensoren (⇨10, 10.1.4) (⇨10, 10.3.1) RFID-Sensoren (⇨22, 22.2)	Induktionssensoren (⇨3, 3.2/4/5/6) Magnetfeldsensoren (⇨7, 7.3.2)	Optoelektronische Sensoren (⇨12, 12.7.1) (⇨12, 12.8.1) (⇨12, 12.13.2)	Piezoelektrische Sensoren (⇨11, 11.2.3)	SAW-Sensoren (⇨23, 23.4)
Drehzahl, Impulse, Frequenz	Magnetfeldsensoren (⇨7, 7.3.4) (⇨7, 7.4.1/4)	Induktive Positionssensoren (⇨6, 6.1/2) Wirbelstromsensoren (⇨5, 5.1/2) Magnetfeldsensoren (⇨7, 7.2)	Kapazitive Sensoren (⇨10, 10.1.4) (⇨10, 10.3.3) RFID-Sensoren (⇨22, 22.2)	Induktionssensoren (⇨3, 3.1/5/6) Magnetfeldsensoren (⇨7, 7.3.2) Optoelektronische Sensoren (⇨12, 12.7.2)	Optoelektronische Sensoren (⇨12, 12.7.1) (⇨12, 12.8.1/2) (⇨12, 12.9.1/3)		Induktionsensoren (⇨3, 3.1) Magnetfeldsensoren (⇨7, 7.1)
Kraft, Gewicht, Druck, Dehnung	Mechanoresistive Sensoren (⇨2, 2.2) Magnetfeldsensoren (⇨7, 7.2, 7.3.2/4, 7.4.1/4)	Induktivsensoren (⇨4, 4.1/4) Magnetoelastische Sensoren (⇨9, 9.2/4)	Kapazitive Sensoren (⇨10, 10.1.2) (⇨10, 10.2/2.1)	Magnetoelastische Sensoren (⇨9, 9.2) Optoelektronische Sensoren (⇨12, 12.7.2, 12.13)	Optoelektronische Sensoren (⇨1, 2, 12.7.1) (⇨1, 2, 12.8.1)	Piezoelektrische Sensoren (⇨11, 11.2.1/2)	SAW-Sensoren (⇨23, 23.4)
Drehmoment	Mechanoresistive Sensoren (⇨2, 2.2) Magnetoresistive Sensoren (⇨7, 7.3.4, 7.4)	Magnetoelastische Sensoren (⇨9, 9.5) Magnetfeldsensoren (⇨7, 7.3.2)	Kapazitive Sensoren (⇨10, 10.1.1)	Magnetoelastische Sensoren (⇨9, 9.5) Induktionssensoren (⇨3, 3.1)	Optoelektronische Sensoren (⇨1, 2, 12.7.1) (⇨1, 2, 12.8.1)	Piezoelektrische Sensoren (⇨11, 11.2.1/3)	Magnetfeldsensoren (⇨7, 7.1) Magnetoelastische Sensoren (⇨9, 9.5) Optoelektronische Sensoren (⇨12, 12.7.)
Durchfluss, Strömungs-Geschwindigkeit				Magnetfeldsensoren (⇨7, 7.3.3) Ultraschallsensoren (⇨14.4, 14.4.4)			Ultraschallsensoren (⇨14.4, 14.4.4/5)
Hörschall und Ultraschall			Hörschallsensoren (⇨14.2, 14.2.3)	Hörschallsensoren (⇨14.2, 14.2.1) Hörschallsensoren (⇨14.2, 14.2.2)		Hörschallsensoren (⇨14.2, 14.2.4) Ultraschallsensoren (⇨14, 14.4)	Ultraschallsensoren (⇨14.4, 14.4.4/5)
Dichte, Massenbelegung Temperatur und Wärmestrahlung (IR-Strahlung)	Temperatursensoren (⇨13, 13.2.1)		RFID-Sensoren (⇨22, 22.2)	Induktionssensoren (⇨3, 3.1 3.3) Temperatursensoren (⇨13, 13.2.2), Strahlungsthermometer (⇨13, 13.3.1/2)	Optoelektronische Sensoren (⇨12, 12.13)	Piezoelektrische Sensoren (⇨11, 11.2) Pyroelektrische Sensoren (⇨11, 11.1) IR-Sensor (⇨13, 13.3)	SAW-Sensoren (⇨23, 23.4)

Legende: ⇨ Verweise auf Kapitel und Abschnitte im Buch

Übersicht Optische, strahlungstechnische, chemische und biologische Messgrößen und ihre Sensortypen

	Sensoren für thermische, strahlungstechnische, chemische und biologische Messgrößen					
Sensoren	Konduktometrische Sensoren	Reaktive Sensoren	Potentiometrische Sensoren	Amperometrische Sensoren	Ladungssensoren	Oszillatorische Sensoren
Messgrößen	*G* (Leitfähigkeit), *R* (Widerstand)	C (Kapazität)	*U* (Spannung)	*I* (Strom)	*Q* (Ladung)	*f* (Freqenz), *t* (Zeit) *N* (Impulse)
Feuchte	Feuchtesensoren (⇨18)	Feuchtesensoren (⇨18, 18.4)		Feuchtesensoren (⇨18, 18.2.1/2)		
Trübung, Helligkeit, Licht, Farbwert	Optoelektronische Sensoren (⇨12, 12.6)		Optoelektronische Sensoren (⇨12, 12.4, 12.7.2, 12.8)	Optoelektronische Sensoren (⇨12, 12.7/8/9/13)	Optoelektronische Sensoren (⇨12, 12.9)	
Ionen-Aktivität und Ionen-Konzentration in Gasen	Chemische Sensoren (⇨17, 17.5.2.1) (⇨17, 17.5.3/4) (⇨17, 17.5.5)		Chemische Sensoren (⇨17, 17.5.5.1/2) (⇨17, 17.5.5)	Chemische Sensoren (⇨17, 17.5.1.1/2) (⇨17, 17.5.5)		
Ionen-Aktivität und Ionen-Konzentration in Flüssigkeiten pH-Wert	Chemische Sensoren (⇨17, 17.2.1/2)		Chemische Sensoren (⇨17, 17.2.3), (⇨17, 17.3.2/3) Chemische Sensoren (⇨17.3, 17.3.1)	Chemische Sensoren (⇨17, 17.3.4), (⇨17, 17.4)		
Ionisierende Strahlung			Kerntechnische Sensoren (⇨16, 16.2.1.2)			Kerntechnische Sensoren (⇨16, 16.2.1/4)
UV-Strahlung			Optoelektronische Sensoren (⇨12, 12.7.2)	Optoelektronische Sensoren (⇨12, 12.7.1)		
Konzentration Biomoleküle	Biologische Sensoren (⇨19, 19.2.1)		Biologische Sensoren (⇨19, 19.2.2/3)	Biologische Sensoren (⇨19, 19.2.2/3)		SAW-Sensoren (⇨23, 23.3)

Legende: ⇨ Verweise auf Kapitel und Abschnitte im Buch

1 Grundbegriffe der Sensormesstechnik, Sensorfertigung und Sensoranwendung

Die Sensortechnik (Sensorik) entwickelt die Messmittel (Sensoren) zur Messung (Sensierung) von statischen und zeitvariablen elektrischen und nicht elektrischen, technischen und natürlichen Zustandsgrößen und Signalen.

Das Fachgebiet **Sensorik** lässt sich unterteilen in die Bereiche **Sensorphysik** (Entwicklung und Konstruktion von Sensoren auf naturwissenschaftlich technischer Basis), **Sensortechnologie** (Fertigung von Sensoren mit neuen Werkstoffen und aktuellen Produktionsverfahren) und **Sensorelektronik** (Signalanpassung, Signalumformung und Signalauswertung). Unter dem Begriff **Sensormesstechnik** (Messwerterfassung) werden **Sensoranwendung zur Gewinnung von Informationen** (Messwerten und Signalen) über den jeweiligen **physikalischen Zustand** (z.B. Druckverhältnisse) von **natürlichen Systemen** (z.B. Herz-Kreislauf-System) und von **technischen Systemen** (z.B. Verbrennungsmotoren) oder **technischen Prozessen** (z.B. die chemische Synthese von Ammoniak) verstanden.

Vielseitige Anwendung finden die **unterschiedlichsten Sensorarten**, für die Erfassung der unterschiedlichsten **physikalischen**, **chemischen** und **biologischen Zustandsgrößen** und **Signalen** in der *Automatisierungstechnik* (Automation), in der *Verfahrenstechnik*, in der *Mechatronik*, in der *Medizintechnik*, in der *Robotik*, im *Umweltschutz*, in der modernen *Messtechnik* und in der *Steuerungs- und Regelungstechnik,* um nur die wichtigsten zu nennen.

1.1 Systematik der Sensorsignale

Der Sensor als technisches Bauteil erzeugt aus einem elektrischen oder nicht elektrischen Eingangssignal ein elektrisches Ausgangssignal (Bild 1.1a). Der physikalische Signalträger ist eine elektrische Spannung oder Strom und der Informationsparameter ist die Amplitude oder die Frequenz des Spannungssignals oder des Stromsignals.

Eine zeitliche Folge von Messwerten (Zustandsgrößen) nennt man Signal. Das Signal stellt also eine zeitvariable physikalische Zustandsgröße (z.B. Druck, Temperatur, Beschleunigung, Kraft usw.) eines technischen Prozesses oder Systems dar (Bild 1.1b). Die Sensorsignale können wie folgt eingeteilt werden:

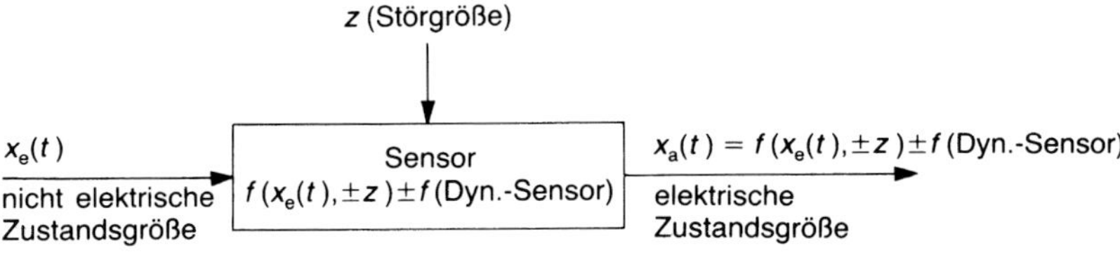

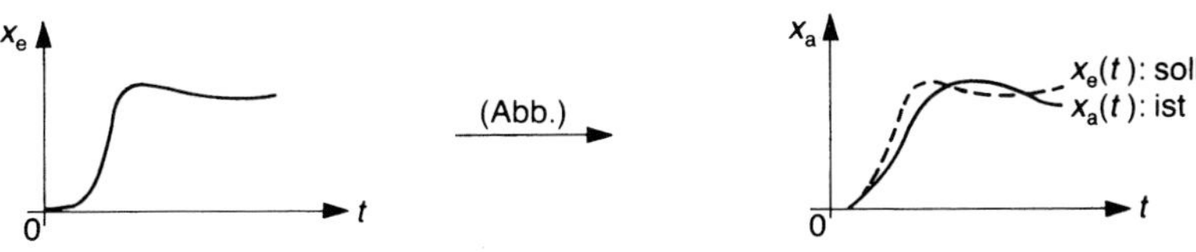

Bild 1.1a Funktion des Sensors

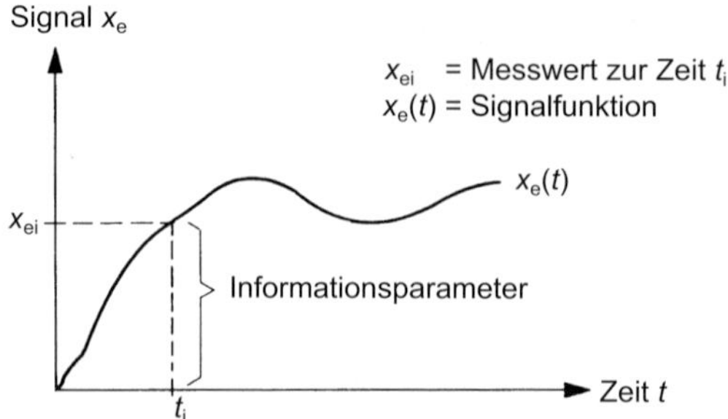

Bild 1.1b
Zeitverlauf eines Signals

Deterministische Signale

Sie sind analog und daher im gesamten Messbereich zeitkontinuierlich. Man unterscheidet:

- ❑ statische Signale (Bild 1.2),
- ❑ dynamische Signale (Bild 1.3),
- ❑ Signalgemische (Bild 1.4).

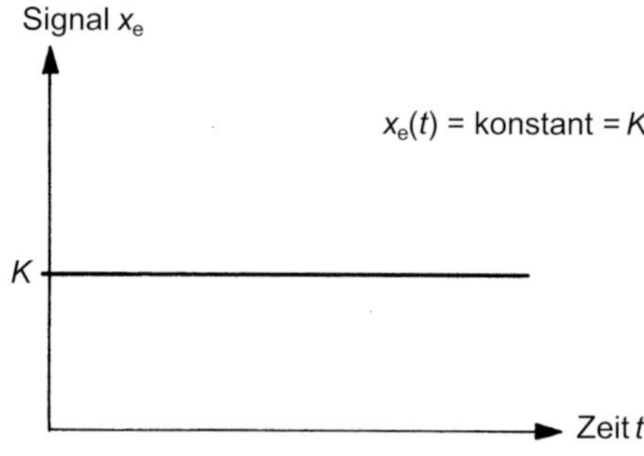

Bild 1.2 Statisches Signal

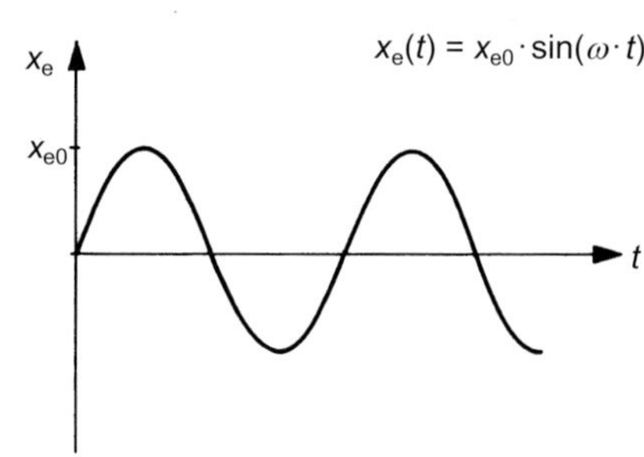

Bild 1.3 Dynamisches Signal

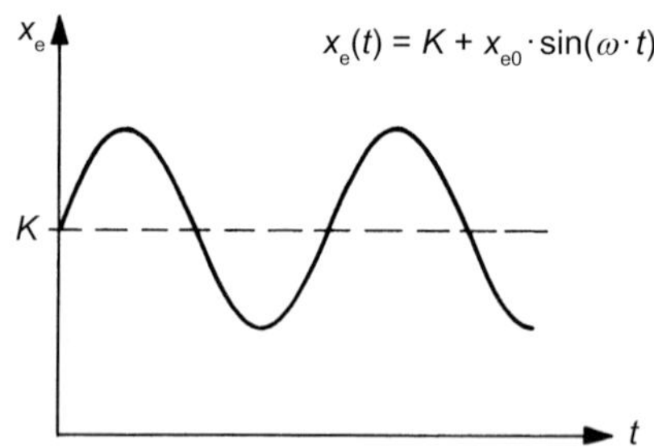

Bild 1.4
Signalgemisch

Diskrete Signale

Sie sind nur amplitudendiskret oder nur zeitdiskret oder beides. Man unterscheidet:

- ❑ amplitudenquantisierte Signale (Bild 1.5),
- ❑ amplituden- und zeitquantisierte Signale (Bild 1.6),
- ❑ digitale Signale (Bild 1.7).

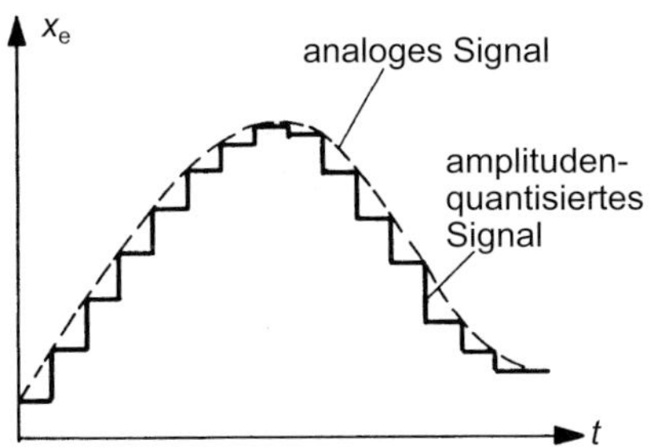

Bild 1.5 Amplitudenquantisiertes Signal

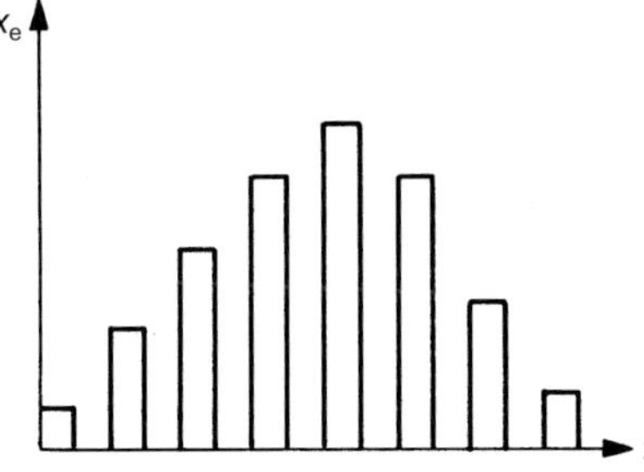

Bild 1.6
Amplituden- und zeitquantisiertes Signal

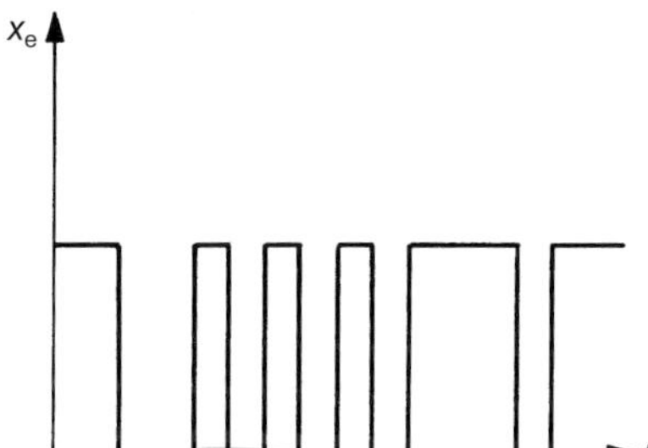

Bild 1.7
Digitales Signal

Stochastische Signale
Sie haben einen regellosen zufällig schwankenden Signalverlauf. Rein stochastische Signale sind nur mit statistischen Methoden auswertbar.

Signalgemische
Sie bestehen aus einem Gemisch von deterministischen und stochastischen Signalformen. In der Praxis treten deterministische Signalformen oft mit einem stochastischen Anteil (Rauschen) auf. Rauschen ist i.Allg. unerwünscht und muss mit elektronischen Mitteln unterdrückt werden. Sensoren und Signalverarbeitungselektroniken mit einem geringen Eigenrauschen werden für die Erfassung sehr kleiner Signale eingesetzt. Es ist Aufgabe der Informationsverarbeitung, diese Signale auszuwerten. Die Informationstheorie beschreibt die theoretischen Grundlagen zur richtigen Verarbeitung von elektrischen Sensorsignalen mit elektronischen Mitteln.

1.2 Vom Elementarsensor zum Sensorsystem

Die Unterscheidung der technischen Baueinheiten erfolgt nach technischer Funktion und Komplexität (Bilder 1.8 bis 1.12):

Elementarsensor (oder Messwertaufnehmer) (Bild 1.8)
Er besteht aus einem mechanischen Umsetzelement und einem elektrischen Sensorelement. Die analoge Messsignalübertragung ermöglicht eine örtliche Trennung von Elementarsensor und Sensorelektronik, ein großer Vorteil bei sehr hohen Messobjekttemperaturen.

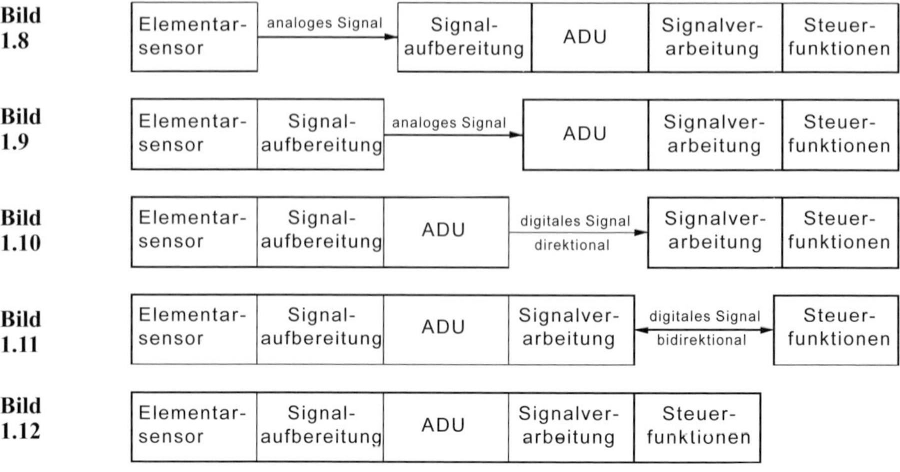

Bilder 1.8 bis 1.12 Entwicklung vom Elementarsensor zum Sensorsystem

Beispiel 1.1 Elementarsensor

Eine nicht elektrische Messgröße (z.B. mechanische Kraft) wird von einem mechanischen Umsetzelement (z.B. Biegebalken) aufgenommen und in eine andere mechanische Größe (z.B. mechanische Dehnung) umgesetzt. Ein Sensorelement (z.B. Dehnmessstreifen) erzeugt aus der mechanischen Größe (z.B. Dehnung) eine elektrisch auswertbare Größe (z.B. eine elektrische Widerstandsänderung).

Sensor (Bild 1.9)
Er besteht aus einem Elementarsensor und einer Signalaufbereitungselektronik, bestehend aus einem elektrischen Signalumformer und einer elektronischen Signalanpassung.

Beispiel 1.1a Sensor (Bild 1.13)

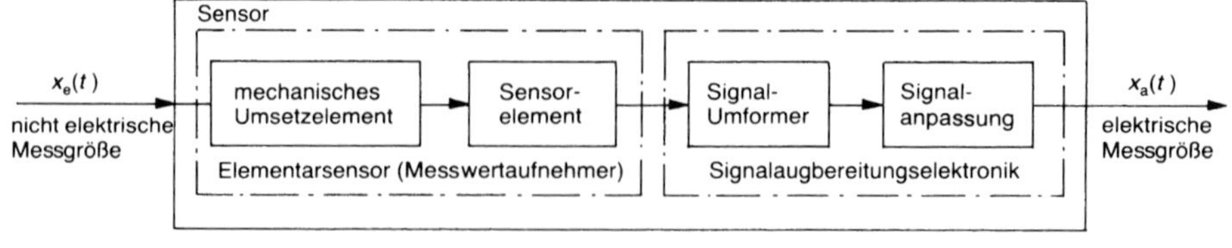

a) Mechanisches Umsetzelement : Membran, Biegebalken, seismische Masse usw.
b) Sensorelement : Induktivität, Kapazität, DMS, Piezokeramik usw.
c) Signalaufbereitungselektronik

Bild 1.13 Blockschaltbild des Sensors

Der Elementarsensor setzt eine nicht elektrische Messgröße (z.B. mechanische Kraft) in eine elektrisch auswertbare Größe (z.B. elektrischer Widerstandsänderung) um. Ein elektrischer Signalumformer (z.B. elektrische Widerstandsmessbrücke) setzt die elektrisch auswertbare Größe (Widerstandänderung) in eine elektrische Größe (elektrische Spannung) um. Eine elektronische Signalanpassung (z.B. Gleichspannungsverstärker) erzeugt den gewünschten Spannungswert, der dann elektronisch weiter verarbeitet werden kann.

Intelligenter Sensor (Bild 1.10)
Er besteht aus einem Sensor und einem Digital-Analog-Umsetzer (ADU). Während bisher die analoge störanfällige Signalübertragung zwischen Sensor und Messelektronik erfolgte, ist jetzt eine wenig störanfällige parallele oder serielle digitale Messwertübertragung möglich.

Sensorsystem (Bild 1.11)
Es besteht aus einem intelligenten Sensor und einer Steuerelektronik mit serieller Schnittstelle zur digitalen bidirektionalen Messsignalübertragung.

Roboter (Bild 1.12)
Er ist eine autonome technische Baueinheit, die definierte Aufgaben adaptiv verrichtet. Der Roboter besteht aus Mechanik, Sensoren, softwaregestützter Elektronik und Aktoren.

1.3 Sensorterminologie und Sensortechnologie

Die technologische Basis der Sensoren (früher Fühler, Geber, Detektoren usw.) war bis ca. 1980 die Feinwerktechnik (Feinmechanik und Elektromechanik). Man sprach damals allgemein von «elektromechanischen Messmitteln» und analog von der «elektrischen Messtechnik mechanischer Größen». Mit Verbreitung der Siliziumtechnologie ab ca. 1970 wurden Messwertaufnehmer (ersetzte damals den Begriff Geber) auf Si-Halbleiterbasis entwickelt, z.B. HALL-Elemente, Feldplatten (auch GAUß-Elemente genannt), piezoresistive Dehnmessstreifen und piezoelektrische Messwertaufnehmer. Bis zu diesem Zeitpunkt waren Messwertaufnehmer und Messelektroniken noch getrennte technische Einheiten. Erst mit der raschen Entwicklung der Mikroelektronik, ab ca. 1970, begann der Prozess der Integration von Halbleiteraufnehmern mit der Mikroelektronik zu Sensoren auf IC-Basis. Der Begriff Sensor war geboren und zunächst ein synonymer Begriff zum Messwertaufnehmer. Erst Ende 1980 wurde für den Messwertaufnehmer der dann neue Begriff Elementarsensor und für die Messelektronik der neue Begriff Sensorelektronik vorgeschlagen. Der Sensor bestand also aus dem Elementarsensor vereint mit der Sensorelektronik als Hybrid in einem Gehäuse oder später auch als monolithischer Baustein oder «*System on Chip*» (kurz SoC). Nach 1990 entwickelten die mikromechanischen Technologien auf Siliziumbasis die Mikromechanik. Aus multitechnischen Systemen entwickelte sich die Mikrosystemtechnik mit den Teilgebieten Mikromechanik, Mikroelektronik und Mikrooptik. Ca. seit dem Jahr 2000 nennt man dieses Gebiet auch Mikromechatronik. Die schon aus der Anfangszeit der Sensortechnik (später Sensorik genannt) bekannten physikalischen Grundprinzipen (z.B. mechanische, resistive, magnetische, reaktive und optische Prinzipien) wurden auf die neuen Technologien übertragen. Ca. ab Mitte 1990 wurden monolithisch integrierte MEMS (***M**icro **E**lectro **M**echanical **S**ystems* oder in Deutsch: mikroelektromechanische Systeme) auf einem Chip auf CMOS-Basis entwickelt und hergestellt. Die weitere Miniaturisierung und zunehmende «Intelligenz» in den Sensorsystemen prägen die aktuelle Entwicklung der «MEMS-Technologie». So werden heute Sendeelektroniken in die Sensorsysteme integriert und damit Messwerte oder Messsignale per Funk zu einem PC übertragen.

1.4 Messtechnische Begriffe der Sensorik

Grundbegriffe

- **Messen**
  ist ein technischer Vorgang, bei dem ein spezieller Wert (= Messwert) einer physikalischen Größe (= Messgröße) an seinem Standort (= Messort) als Teil eines Vielfachen eines Bezugswertes (= Maßeinheit) quantitativ mit begrenzter Genauigkeit (= Messabweichung) erfasst wird.
- **Messprinzip**
  nennt man den charakteristischen physikalische Effekt, der für die technische Durchführung der Messung benutzt wird. Es wird nach seinem physikalischen Effekt benannt.

  Erklärung:

  Die aktuelle Temperatur (= Messgröße) der elektrischen Feldwicklung eines E-Motors (= Messobjekt) auf einem Prüfstand (= Messort) kann z.B. mit Hilfe des thermoelektrischen Effektes gemessen werden (= thermoelektrisches Messprinzip).
- **Messverfahren**
  heißt die praktische Anwendung des Messprinzips. Eine Messung kann mit dem gleichen Messprinzip nach verschiedenen Messverfahren durchgeführt werden.

  Erklärung:

  Die Messung der mittleren Temperatur (= Messgröße) eines IC-Gehäuses (= Messobjekt) nach dem thermoresistiven Messprinzip kann z.B. mit einem elektrischen Messbrückenverfahren oder einem elektrischen Strom-Spannungs-Messverfahren durchgeführt werden.
- **Messmittel**
  sind technische Vorrichtungen, Geräte und Hilfsvorrichtungen zur messtechnischen Erfassung von Messgrößen und Messsignalen.

  Erklärung:

  Das können mechanische und elektrische Vorrichtungen sein, Sensoren, Messgeräte, Elektroniken sowie technisches Zubehör der verschiedensten Art.
- **Messaufbau** (auch Messeinrichtung)
  nennt sich die technische Realisierung eines gewählten Messverfahrens nach einem bestimmten Messprinzip. Das sind Mechaniken, Messgeräte und Zusatzeinrichtungen.
- **Das Messergebnis**
  ist ein einzelner Messwert oder die mathematische Verknüpfung von zwei oder mehr Messwerten mit Angabe der jeweiligen Messabweichung.

Tätigkeiten

- **Prüfen**
  ist die Feststellung, ob eine Messgröße vorhanden ist bzw. zwischen definierten Grenzwerten (Fehlergrenzen oder Toleranzen) liegt.
- **Klassifizieren oder klassieren**
  kann man gleichartige Messobjekte nach ihren Messwerten in vorgegebene oder feststellbare Klassen und mit der festzustellenden Klassenhäufigkeit.
- **Sortieren**
  nennt man die gegenständliche Trennung der klassierten Messobjekte nach feststellbaren Klassen.

- **Justieren**
  ist das Einstellen oder Abgleichen z.B. des Nullpunktes eines Messgerätes oder die Einstellung der Verstärkung eines Messverstärkers, dass die Beträge der Messabweichungen die Fehlergrenzen nicht überschreiten.
- **Kalibrieren**
  ist das Ermitteln der Abweichung der Ist-Messwerte eines Messgerätes oder Sensors von den Soll-Messwerten eines um 3...6 Zehnerpotenzen genauen Messgerätes oder Sensors (sog. Labor-Normale oder Kalibratoren).

  Durch Kalibrieren werden Messabweichungen der Anzeige eines Messgerätes oder Sensors im Messlabor festgestellt. Die Kalibrierung kann von jeder autorisierten Fachkraft durchgeführt werden oder als Dienstleistung von einem örtlich zuständigen Kalibrierdienst.
- **Eichen**
  ist eine von der Eichbehörde nach gesetzlichen Eichvorschriften vorzunehmende Prüfung, ob Messgeräte, Messeinrichtungen oder Sensoren den festgelegten Eichvorschriften entsprechen und die vorgeschriebenen Eichfehlergrenzen einhalten. Die Eichung darf nur von vereidigten Eichbeamten durchgeführt und beurkundet werden. Zur Eichung werden immer Primärnormale verwendet.

1.5 Messabweichungen für Einzelmesswerte und Messwertverknüpfungen

Jede Messung ist mit Messabweichungen und Messunsicherheiten behaftet. Das liegt an der technischen Unvollkommenheit der Messmittel und den physikalisch-chemischen Umwelteinflüssen auf die Messobjekte. In Bild 1.14 ist eine Systematik der Messabweichungen dargestellt.

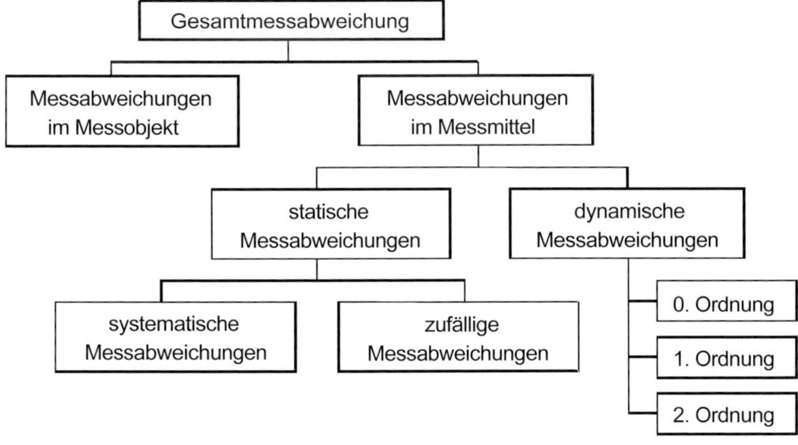

Bild 1.14 Überblick und Zusammenhang der Messabweichungen

Messabweichungen im Messobjekt
Diese Abweichungen des Messobjektzustandes entstehen durch defekte Messobjekte und durch äußere unbekannte Störeinflüsse oder durch Rückwirkung des Sensors auf das Messobjekt. Diese Messabweichungen sind erkennbar und können somit verhindert werden.

Messabweichungen im Messmittel
entstehen durch statische und dynamische Messabweichungen. Diese Formen von Messabweichungen und ihre Berechnung zur Angabe in den Messergebnissen werden in den folgenden Abschnitten beschrieben.

1.5.1 Systematische Messabweichungen bei Einzelmesswerten

Sie entstehen durch ein gleichbleibendes nicht ideales Abbildungsverhalten der Sensoren und Signalverarbeitungselektroniken. Systematische Messabweichungen sind bei exakter Wiederholung der Messung immer gleich groß, sind also durch mehrfaches Wiederholen der Messungen nicht erkennbar, d.h., systematische Messabweichungen machen somit ein Messergebnis falsch. Erst durch Vergleichsmessungen (Kalibriermessungen) mit geeichten Präzisionsmesseinrichtungen und geeichten Kalibratoren können die systematischen Messabweichungen erkannt werden. Sie sind also grundsätzlich erfassbar und somit auch korrigierbar. Sie können durch geeignete Hardware- oder/und Software-Korrekturverfahren weitgehend kompensiert werden (Korrekturwert = Messabweichung). Nicht korrigierte oder unbekannte systematische Messabweichungen müssen immer im Messergebnis geeignet, d.h. normgerecht dokumentiert werden.

Ursachen für systematische Messabweichungen sind z.B. falsche Messmethoden, fehlerhafte Kalibratoren, fehlerhafte Messgeräte, nicht erfasste Leitungswiderstände oder nicht erfasste bleibende Änderungen der Spannungsversorgung, um nur einige zu nennen.

Die systematischen Messabweichungen werden nach DIN 1319 wie folgt unterteilt:

- absolute Messabweichungen,
- relative Messabweichungen.

Für absolute Messabweichungen *F* gilt mit DIN 1319:

$$F = x - x_{\mathrm{R}} \qquad \text{(Gl. 1.1)}$$

Hierbei ist x der gemessene Wert (d.h. der falsche Wert) und x_{R} ist der richtige Wert (d.h. vom Normal oder Kalibrator) der Messgröße. Absolute Messabweichungen können in der Praxis nur durch eine Kalibrierung sinnvoll festgelegt werden.

Für relative Messabweichungen *f* gibt es 3 Definitionen nach DIN 1319
Relative Messabweichungen, bezogen auf den richtigen Wert x_{R} (Kalibrierwert):

$$f_{\mathrm{R}} = \frac{F}{x_{\mathrm{R}}} \cdot 100\% \qquad \text{(Gl. 1.2)}$$

Relative Messabweichungen, bezogen auf den Messwert x_{x} (gemessener Wert):

$$f_{\mathrm{x}} = \frac{F}{x_{\mathrm{x}}} \cdot 100\% \qquad \text{(Gl. 1.3)}$$

Relative Messabweichungen, bezogen auf den Messbereichsendwert x_{E}:

$$f_{\mathrm{E}} = \frac{F}{x_{\mathrm{E}}} \cdot 100\% \qquad \text{(Gl. 1.4)}$$

Zur Beurteilung der Messabweichungen von Messgeräten und Sensoren werden diese, in der Praxis auf den Messbereichsendwert bezogen, auch Gerätemessabweichung genannt.

1.5.2 Zufällige Messabweichungen bei Einzelmesswerten

Sie entstehen durch zufällige Schwankungen in der physikalisch-chemischen Umwelt, im Messobjekt selbst, im Sensor und der Signalaufbereitungselektronik. Bei Wiederholung einer Messung am selben Messobjekt mit demselben Sensor weichen die Messergebnisse immer voneinander ab. Die Messabweichungen schwanken regellos nach Betrag und Vorzeichen. Sie sind nicht erfassbar und machen das Messergebnis somit unsicher. Der Aussagewert regellos schwankender (stochastischer) Messergebnisse wird durch die statistische Fehlertheorie auf der Grundlage der mathematischen Wahrscheinlichkeitstheorie berechnet.

Hinweis

Wir befassen uns hier nicht mit der umfangreichen Theorie der statistischen Berechnung von zufälligen Messabweichungen, sondern stellen die für die Praxis wichtigsten Gleichungen zusammen und interpretieren ihre messtechnischen Eigenschaften.

Unendlich viele statistisch streuende Messwerte ($n \to \infty$)

Um die statistische Messabweichung des Messergebnisses zu verringern, wird der arithmetische Mittelwert μ einer Reihe von n Messwerten einer einzigen Messgröße x_k gebildet. Der tatsächliche Messwert wird durch den sog. «Mittelwert μ des richtigen Wertes» ersetzt. Es gilt also:

$$\mu = \frac{1}{n} \cdot \sum_{k=1}^{n} x_k \qquad \text{(Gl. 1.5)}$$

Der Mittelwert μ entspricht für unendlich viele Messwerte dem tatsächlichen, richtigen Wert.

Als Streuung der Messwerte x_k um den Erwartungswert μ wird die sog. Standardabweichung σ des Mittelwertes μ definiert:

$$\sigma = \pm\sqrt{\frac{\sum_{k=1}^{n} (x_k - \mu)^2}{n-1}} \qquad \text{(Gl. 1.6)}$$

Die Standardabweichung gibt an, wie weit die einzelnen Messwerte x_k um den Mittelwert μ streuen. Es lässt sich erkennen, dass die GAUß-Verteilung $W(x_k)$ für die Standardabweichung (Gl. 1.6) gut mit den tatsächlichen messtechnischen Gegebenheiten übereinstimmt. Es gilt:

$$W(x_k) = \frac{1}{\sigma \cdot \sqrt{2 \cdot \pi}} \cdot \exp\left(-\frac{(x_k - \mu)^2}{2 \cdot \sigma^2} \right) \qquad \text{(Gl. 1.7)}$$

Bild 1.15 zeigt die GAUß-Verteilung $W(x_k)$ oder Normalverteilung.

In endlichen Vertrauensintervallen $a \le x_k \le b$ gilt für die statistische Sicherheit S:

- $S(\pm 1\sigma) = 68{,}3\%$, d.h. 68,3% aller Messwerte x_k befinden sich in diesem Intervall,
- $S(\pm 2\sigma) = 95{,}4\%$, d.h. 95,4% aller Messwerte x_k befinden sich in diesem Intervall,
- $S(\pm 3\sigma) = 99{,}7\%$, d.h. 99,7% aller Messwerte x_k befinden sich in diesem Intervall.

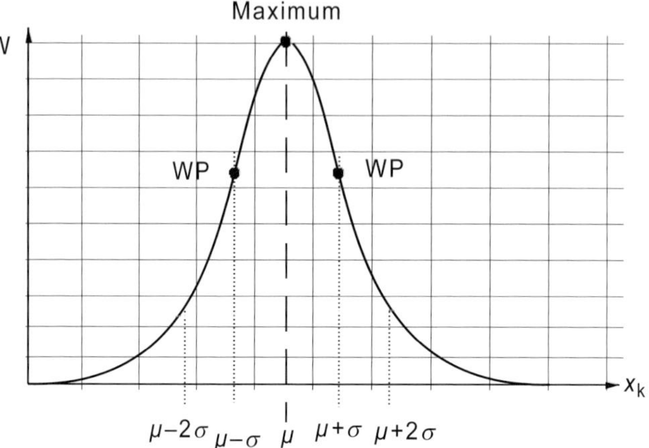

Bild 1.15 Normalverteilungsfunktion oder GAUß-Funktion

Endlich viele statistisch streuende Messwerte (n = 1000...100)

In der Praxis wird man sich mit einer begrenzten Anzahl von Messungen begnügen müssen. Anstatt der exakten Werte bestimmt man jetzt nur den sog. «Näherungswert $\bar{x}$ des Mittelwertes» und die sog. «Standardabweichung $\bar{\sigma}$ des Näherungswertes».

Für den Näherungswert gilt:

$$\bar{x} = \frac{1}{n} \cdot \sum_{k=1}^{n} x_k \qquad \text{(Gl. 1.8)}$$

Der Näherungswert $\bar{x}$ entspricht nur noch näherungsweise dem tatsächlich richtigen Wert μ.

Als Streuung der Messwerte x_k um den Näherungswert $\bar{x}$ wird die sog. «Standardabweichung $\bar{\sigma}$ des Näherungswertes» definiert:

$$\bar{\sigma} = \pm\sqrt{\frac{\sum_{k=1}^{n}(x_k - \bar{x})^2}{n \cdot (n-1)}} \qquad \text{(Gl. 1.9)}$$

Die neue Verteilung entspricht noch der Normalverteilung, d.h., für die statistischen Sicherheiten S gilt das oben Gesagte.

Sehr kleine Zahl von statistisch streuenden Messwerten (n = 100...10)

Bei dieser kleinen Messwertezahl weicht die neue Verteilung von der Normalverteilung deutlich ab und geht in die sog. «t-Verteilung» über. Wichtig ist die Frage, welches Vertrauensintervall $\pm v$ und welche statistische Sicherheit S der sog. Schätzwert $\bar{x}$ des Mittelwertes μ jeweils hat.

Für den Schätzwert gilt:

$$\bar{\bar{x}} = \frac{1}{n} \cdot \sum_{k=1}^{n} x_k \qquad \text{(Gl. 1.10)}$$

Der Schätzwert entspricht nur noch ungefähr dem Mittelwert μ.

Die Standardabweichung des Mittelwertes muss jetzt mit einem Korrekturfaktor multipliziert werden, dem sog. «*t*-Faktor». Damit gilt für das Vertrauensintervall oder die Vertrauensgrenze *v*:

$$v = \pm t \cdot \overline{\sigma} \qquad \text{(Gl. 1.11)}$$

Tabelle 1.1 ist eine kleine Zusammenstellung der *t*-Verteilung nach DIN 1319. Sie zeigt, dass bei einer statistischen Sicherheit von 68,3% ab 100 Einzelmessungen der Vertrauensfaktor $t = 1{,}00$ wird, d.h., die *t*-Verteilung entspricht dann wieder der Normalverteilung, jedoch mit einer statistischen Unsicherheit von 31,7%.

Tabelle 1.1 Auszug aus der *t*-Verteilung nach DIN 1319

Zahl der Einzel-Messwerte	$S = 68{,}3\%$ *t*	$S = 95\%$ *t*	$S = 99{,}73\%$ *t*
3	1,32	4,31	19,10
6	1,11	2,60	5,50
10	1,06	2,30	4,10
20	1,30	2,10	3,40
50	1,10	2,00	3,20
100	1,00	1,96	3,10

1.5.3 Messunsicherheiten

Sie entstehen durch Überlagerungen von systematischen und zufälligen Messabweichungen bei Einzelmessungen und treten in der Praxis häufig auf.

Messunsicherheiten bei Messmitteln

Den Anwender von Messmitteln interessiert nur die gesamte Messabweichung mit der bei einer Messung zu rechnen ist. Sie ist eine Mischmessabweichung (kurz Mischabweichung), bestehend aus systematischen und zufälligen Messabweichungen der Messmittel. Die Verteilung zwischen systematischer und zufälliger Messabweichung ist für den Anwender nicht von Bedeutung. Daher geben Messmittelhersteller zur messtechnischen Beurteilung ihrer Messmittel die Grenzabweichung *G* (früher Garantiefehlergrenze, darf noch verwendet werden) an, die nur unter Einhaltung genau definierten Betriebsbedingungen verbindlich sind. Nach DIN 43 781 und VDE 0410 gilt:

$$G = \frac{F}{x_{\mathrm{E}}} \cdot 100\% \qquad \text{(Gl. 1.12)}$$

Messunsicherheit bei Messungen

- **Keine Mehrfachmessungen**
  In den Grenzabweichungen *G* sind also aus gerätetechnischer Sicht systematische und zufällige Messabweichungen enthalten. Für die messtechnische Praxis wird aber die Grenzabweichung *G* als systematische Messabweichung behandelt. Ihr Wert wird vom Hersteller dokumentiert. Hinzu kommen weitere systematische und zufällige Messabweichungen, die beim messtechnischen Einsatz der Mess-

mittel entstehen, und von externen Störsignalen. Da zufällige Messabweichungen nicht durch Kalibrierungen erfassbar sind, müssen sie für Einmalmessungen gerätetechnisch kompensiert werden. Weiter müssen besondere physikalische und technische Vorkehrungen gegen zufällig auftretende Störsignale (z.B. Abschirmungen gegen elektromagnetische Störstrahlungen) getroffen werden. Nur so ist eine Minimierung der zufälligen Messabweichung erreichbar.

- **Mehrfachmessungen**
  Sind Mehrfachmessungen möglich, kann man die zufällige Messabweichung statistisch berechnen und mit der gegebenen systematischen Messabweichung F als sog. Messunsicherheit angeben. Die Messunsicherheit setzt sich also aus der systematischen Messabweichung und der zufälligen Messabweichung zusammen. Die Messunsicherheit wird mit zunehmender Anzahl von Messungen aufgrund ihrer statistischen Komponente immer kleiner. Für die Messunsicherheit δu gilt:

$$\delta u = F + v = F + t \cdot \overline{\sigma} \qquad \text{(Gl. 1.13)}$$

F = die absolute systematische Messabweichung und v = das Vertrauensintervall Gl. 1.11 mit dem t-Faktor und der Standardabweichung des Näherungswertes von Gl. 1.9.

?!

Beispiel 1.2

Ein Drucksensor hat eine Grenzabweichung von $G = \pm 2{,}5\%$ v. MBE und einen Messbereich von $MB = 0...15$ bar. 3 Messungen am gleichen Objekt unter gleichen Bedingungen ergeben die Messwerte: 9,90 bar, 9,16 bar und 9,05 bar. Die Messunsicherheit ist für eine statistische Sicherheit von S = 95% zu ermitteln und das Messergebnis fachgerecht darzustellen.

Lösung 1.2

Schätzwert

$$\overline{p} = \frac{1}{n} \cdot \sum_{i=1}^{n} p_i = \frac{1}{3} \cdot \left(9{,}09 + 9{,}16 + 9{,}05 \right) \text{bar} \Big) = 9{,}1 \text{ bar} \qquad \text{(Gl. 1.14)}$$

Zufällige Messabweichung

Standardabweichung des Schätzwertes

$$\overline{\sigma} = \pm \sqrt{\frac{\sum_{i=1}^{3} (p_i - \overline{p})^2}{3 \cdot (3-1)}} = ... = \pm 0{,}032\ bar \qquad \text{(Gl. 1.15)}$$

Vertrauensgrenze (oder Vertrauensintervall)

Aus Tabelle 1.1 entnimmt man mit $n = 3$ den t-Faktor $t = 4{,}3$ und erhält damit

$$v = t \cdot \overline{\sigma} = 4{,}3 \cdot (\pm 0{,}032) \text{ bar} = \pm 0{,}137 \text{ bar} \qquad \text{(Gl. 1.16)}$$

Systematische Messabweichung

$$F_p = \frac{G \cdot MBE}{100\%} = \frac{\pm 2{,}5\% \cdot 15 \text{ bar}}{100\%} = \pm 0{,}375 \text{ bar} \qquad \text{(Gl. 1.17)}$$

Messunsicherheit

$$\delta u_\mathrm{p} = F_\mathrm{p} + v = (0{,}137 + 0{,}375)\ \mathrm{bar} = 0{,}512\ \mathrm{bar} \qquad \text{(Gl. 1.18)}$$

Messergebnis

$$p = (9{,}1 \pm 0{,}512)\ \mathrm{bar};\ (t\text{-Verteilung},\ S = 95\%,\ n = 3) \qquad \text{(Gl. 1.19a)}$$

$$p = 9{,}1\ \mathrm{bar} \pm 5{,}63\%;\ (t\text{-Verteilung},\ S = 95\%,\ n = 3) \qquad \text{(Gl. 1.19b)}$$

wobei der Prozentwert auf 2 Stellen hinter dem Komma gerundet wurde.

1.5.4 Fehlerfortpflanzung von Messabweichungen bei Messungen

Häufig sind an einem Messobjekt verschiedene Messgrößen zu erfassen, um die gewünschte Zustandsgröße zu erhalten. Für die messtechnische Bestimmung der Kupplungsleistung einer Strömungsmaschine muss das Drehmoment M und die zugehörige Drehzahl n gemessen werden, da die Kupplungsleistung nach der Gleichung $P = 2\,\pi \cdot n \cdot M$ berechenbar ist. Die Fortpflanzung von Messabweichungen (früher Fehlerfortpflanzung) behandelt also die Frage, wie sich Messabweichungen bei der Erfassung einzelner Messgrößen auf das errechenbare Messergebnis auswirken.

Die exakten mathematischen Ableitungen erfolgen mit Hilfe der höheren Mathematik (Differentialrechnungen), durch Berechnung der totalen Differentiale mit ihren partiellen Ableitungen. In unserem Buch werden die Gleichungen nicht abgeleitet, das würde den vorgegebenen Rahmen sprengen, sondern nur zusammengestellt und bei den jeweiligen Anwendungen gezeigt.

Addition und Subtraktion

$$y = x_1 \pm x_2 \pm \ldots \pm x_\mathrm{k} \qquad \text{(Gl. 1.20)}$$

Die **Vorzeichen der Messabweichungen sind bekannt,** dann gilt:

$$\Delta y = \Delta x_1 \pm \Delta x_2 \pm \ldots \pm \Delta x_\mathrm{k} \qquad \text{(Gl. 1.21)}$$

Diese Größe heißt **absolute Ergebnismessabweichung.** Bei Addition oder Subtraktion der Messwerte werden die **absoluten Messabweichungen addiert** oder **subtrahiert.**

Die **Vorzeichen der Messabweichungen sind nicht bekannt**, dann gilt:

$$\Delta y = \pm\left(|\Delta x_1| + |\Delta x_2| + \ldots + |\Delta x_\mathrm{k}|\right) \qquad \text{(Gl. 1.22)}$$

Diese Größe heißt **maximale absolute Ergebnismessabweichung.** Bei Addition oder Subtraktion der Messwerte werden die **Beträge** der Messabweichungen **addiert.**

Mit Gl. 1.22 berechnet man die **maximale absolute Ergebnismessabweichung.** Es ist aber wahrscheinlicher, dass Messabweichungen positive und negative Vorzeichen haben. Definiert wird daher eine sog. **wahrscheinliche absolute Ergebnismessabweichung:**

$$\Delta y = \pm\sqrt{\Delta x_1^2 \pm \Delta x_2^2 \pm \ldots \pm \Delta x_\mathrm{k}^2} \qquad \text{(Gl. 1.23)}$$

Sind die **Messabweichungen unbekannt,** werden die **absoluten Grenzabweichungen** (früher absolute Garantiefehlergrenzen) G_1' bis G_k' benutzt. Damit gilt:

$$G' = \pm\left(|G_1'| + |G_2'| + \ldots + |G_\mathrm{k}'|\right) \qquad \text{(Gl. 1.24)}$$

Diese Größe heißt **maximale absolute Ergebnisgrenzabweichung.** Bei Addition oder Subtraktion der Messwerte werden die **Beträge** der absoluten Grenzabweichungen **addiert.**

Mit Gl. 1.24 berechnet man die maximale absolute Ergebnisgrenzabweichung. Es ist aber viel wahrscheinlicher, dass absolute Grenzabweichungen positive und negative Vorzeichen haben. Definiert wird daher eine sog. **wahrscheinliche absolute Ergebnisgrenzabweichungen:**

$$G' = \pm\sqrt{G_1'^2 + G_2'^2 + \ldots + G_k'^2} \qquad \text{(Gl. 1.25)}$$

Multiplikation

$$y = x_1 \cdot x_2 \cdot \ldots \cdot x_k \qquad \text{(Gl. 1.26)}$$

Die **Vorzeichen der Messabweichungen sind bekannt**, dann gilt:

$$\frac{\Delta y}{y} = \frac{\Delta x_1}{x_1} + \frac{\Delta x_2}{x_2} + \ldots + \frac{\Delta x_k}{x_k} \qquad \text{(Gl. 1.27)}$$

Diese Größe heißt **relative Ergebnismessabweichung**. Bei Multiplikation der Messwerte werden die **relativen Messabweichungen addiert.**

Die **Vorzeichen der Messabweichungen sind nicht bekannt**, dann gilt:

$$\frac{\Delta y}{y} = \pm\left(\left|\frac{\Delta x_1}{x_1}\right| + \left|\frac{\Delta x_2}{x_2}\right| + \ldots + \left|\frac{\Delta x_k}{x_k}\right|\right) \qquad \text{(Gl. 1.28)}$$

Diese Größe heißt **relative maximale Ergebnismessabweichung.** Bei Multiplikation der Messwerte werden die **Beträge** der relativen Messabweichungen **addiert.**

Mit Gl. 1.28 berechnet man die relative maximale Ergebnismessabweichung. Es ist jedoch viel wahrscheinlicher, dass relative Messabweichungen positive und negative Vorzeichen haben. Definiert wird daher eine sog. **wahrscheinliche absolute Ergebnismessabweichung:**

$$\frac{\Delta y}{y} = \pm\sqrt{\left(\frac{\Delta x_1}{x_1}\right)^2 + \left(\frac{\Delta x_2}{x_2}\right)^2 + \ldots + \left(\frac{\Delta x_k}{x_k}\right)^2} \qquad \text{(Gl. 1.29)}$$

Sind die **Messabweichungen unbekannt**, werden die **absoluten Grenzabweichungen** G_1' bis G_k' benutzt. Damit gilt:

$$\frac{\Delta y}{y} = \pm\left(\left|\frac{\Delta G_1'}{x_1}\right| + \left|\frac{\Delta G_2'}{x_2}\right| + \ldots + \left|\frac{\Delta G_k'}{x_k}\right|\right) \qquad \text{(Gl. 1.30)}$$

Diese Größe heißt **maximale relative Ergebnisgrenzabweichung**.

Mit Gl. 1.30 berechnet man die relative maximale Ergebnisgrenzabweichung. Es ist jedoch viel wahrscheinlicher, dass relative Grenzabweichungen positive und negative Vorzeichen haben. Definiert wird daher eine sog. **wahrscheinliche relative Ergebnisgarantiefehlergrenze:**

$$\frac{\Delta y}{y} = \pm\sqrt{\left(\frac{\Delta G_1'}{x_1}\right)^2 + \left(\frac{\Delta G_2'}{x_2}\right)^2 + \ldots + \left(\frac{\Delta G_k'}{x_k}\right)^2} \qquad \text{(Gl. 1.31)}$$

Division

$$y = x_1/x_2 \qquad \text{(Gl. 1.32)}$$

Die **Vorzeichen der Messabweichungen sind bekannt,** dann gilt:

$$\frac{\Delta y}{y} = \frac{\Delta x_1}{x_1} - \frac{\Delta x_2}{x_2} \qquad \text{(Gl. 1.33)}$$

Sie heißt **relative Ergebnismessabweichung.** Bei Division der Messwerte werden die **relativen Messabweichungen subtrahiert.**

Die **Vorzeichen der Messabweichungen sind nicht bekannt,** dann gilt:

$$\frac{\Delta y}{y} = \pm\left(\left|\frac{\Delta x_1}{x_1}\right| + \left|\frac{\Delta x_2}{x_2}\right|\right) \qquad \text{(Gl. 1.34)}$$

Sie heißt **relative maximale Ergebnismessabweichung.** Bei Division der Messwerte werden die **Beträge** der Messabweichungen **addiert.**

Mit Gl. 1.34 berechnet man die relative maximale Ergebnismessabweichung. Es ist jedoch viel wahrscheinlicher, dass relative Messabweichungen positive und negative Vorzeichen haben. Definiert wird daher eine sog. **wahrscheinliche absolute Ergebnismessabweichung:**

$$\frac{\Delta y}{y} = \pm\sqrt{\left(\frac{\Delta x_1}{x_1}\right)^2 + \left(\frac{\Delta x_2}{x_2}\right)^2} \qquad \text{(Gl. 1.35)}$$

Sind die Messabweichungen unbekannt, werden die absoluten Grenzabweichungen G_1' bis G_k' benutzt. Damit gilt:

$$\frac{\Delta y}{y} = \pm\sqrt{\left(\frac{\Delta G_1'}{x_1}\right)^2 + \left(\frac{\Delta G_2'}{x_2}\right)^2} \qquad \text{(Gl. 1.36)}$$

Potenzierung

$$y = x^{\mathrm{n}} \qquad \text{(Gl. 1.37)}$$

Die **Vorzeichen der Messabweichungen sind bekannt,** dann gilt:

$$\frac{\Delta y}{y} = n \cdot \frac{\Delta x}{x} \qquad \text{(Gl. 1.38)}$$

Sie heißt **relative Ergebnismessabweichung.** Bei Potenzierung von Messwerten werden die **relativen Messabweichungen mit dem Exponenten** (entspricht Anzahl der Messwerte) **multipliziert.**

Die **Vorzeichen der Messabweichungen sind nicht bekannt,** dann gilt:

$$\frac{\Delta y}{y} = \pm n \cdot \left|\frac{\Delta x_1}{x_1}\right| \qquad \text{(Gl. 1.39)}$$

Sie heißt **relative maximale Ergebnismessabweichung.** Bei Potenzierung der Messwerte wird der **Betrag** der relativen Messabweichungen **mit dem Exponenten multipliziert.**

Mit Gl. 1.39 berechnet man die relative maximale Ergebnismessabweichung. Es ist jedoch viel wahrscheinlicher, dass relative Messabweichungen positive und negative Vorzeichen haben. Definiert wird daher eine sog. **wahrscheinliche absolute Ergebnismessabweichung:**

$$\frac{\Delta y}{y} = \pm\sqrt{n \cdot \left(\frac{\Delta x}{x}\right)^2} = \pm\frac{\Delta x}{x} \cdot \sqrt{n} \qquad \text{(Gl. 1.40)}$$

Sind die **Messabweichungen unbekannt,** werden die absoluten Grenzabweichungen $G'_1 \ldots G'_k$ benutzt. Damit gilt:

$$\frac{\Delta y}{y} = \pm n \cdot \left|\frac{\Delta G'}{x}\right| \qquad \text{(Gl. 1.41)}$$

Sie heißt **maximale relative Ergebnisgrenzabweichung.**

Mit Gl. 1.41 berechnet man die relative maximale Ergebnisgrenzabweichung. Es ist aber viel wahrscheinlicher, dass relative Grenzabweichungen positive und negative Vorzeichen haben. Definiert wird daher eine sog. **wahrscheinliche relative Ergebnisgrenzabweichung:**

$$\frac{\Delta y}{y} = \pm\sqrt{n \cdot \left(\frac{\Delta G'}{x}\right)^2} = \pm\frac{\Delta G'}{x} \cdot \sqrt{n} \qquad \text{(Gl. 1.42)}$$

Radizierung

$$y = \sqrt[n]{x} \qquad \text{(Gl. 1.43)}$$

Die **Vorzeichen der Messabweichungen sind bekannt,** dann gilt:

$$\frac{\Delta y}{y} = \frac{1}{n} \cdot \frac{\Delta x}{x} \qquad \text{(Gl. 1.44)}$$

Sie heißt **relative Ergebnismessabweichung.** Bei **Potenzierung** von Messwerten wird die relative Messabweichung mit dem **Exponenten multipliziert.**

Die **Vorzeichen der Messabweichungen sind nicht bekannt,** dann gilt:

$$\frac{\Delta y}{y} = \pm\frac{1}{n} \cdot \left|\frac{\Delta x_1}{x_1}\right| \qquad \text{(Gl. 1.45)}$$

Sie heißt **relative maximale Ergebnismessabweichung.** Bei **Potenzierung** der Messwerte wird der **Betrag** der relativen Messabweichungen mit dem **Exponenten multipliziert.**

Mit Gl. 1.45 berechnet man die relative maximale Ergebnismessabweichung. Es ist aber viel wahrscheinlicher, dass relative Messabweichungen positive und negative Vorzeichen haben. Definiert wird daher eine **wahrscheinliche relative Ergebnismessabweichung:**

$$\frac{\Delta y}{y} = \pm\sqrt{\frac{1}{n} \cdot \left(\frac{\Delta x}{x}\right)^2} = \pm\frac{\Delta x}{x} \cdot \frac{1}{\sqrt{n}} \qquad \text{(Gl. 1.46)}$$

Sind die **Messabweichungen unbekannt,** werden die absoluten Grenzabweichungen G'_1 bis G'_k benutzt. Damit gilt:

$$\frac{\Delta y}{y} = \pm\frac{1}{n} \cdot \left|\frac{\Delta G'}{x}\right| \qquad \text{(Gl. 1.47)}$$

Sie heißt **maximale relative Ergebnisgrenzabweichung.**

Mit Gl. 1.47 berechnet man die relative maximale Ergebnisgrenzabweichung. Es ist aber viel wahrscheinlicher, dass relative Grenzabweichungen positive und negative Vorzeichen haben. Definiert wird daher eine **wahrscheinliche relative Ergebnisgrenzabweichung:**

$$\frac{\Delta y}{y} = \pm\sqrt{\frac{1}{n} \cdot \left(\frac{\Delta G'}{x}\right)^2} = \pm\frac{\Delta G'}{x} \cdot \frac{1}{\sqrt{n}} \qquad \text{(Gl. 1.48)}$$

1.6 Messabweichungen bei Messketten

Besteht eine Messkette z.B. aus 3 Messgliedern (Bild 1.16) mit den einzelnen Messempfindlichkeiten E_1, E_2 und E_3, berechnet man die Gesamtempfindlichkeit E_{ges} der Messkette, wenn sie nur aus linearen zeitinvarianten Messkettengliedern besteht, zu:

$$E_{ges} = E_1 \cdot E_2 \cdot E_3 \qquad \text{(Gl. 1.49)}$$

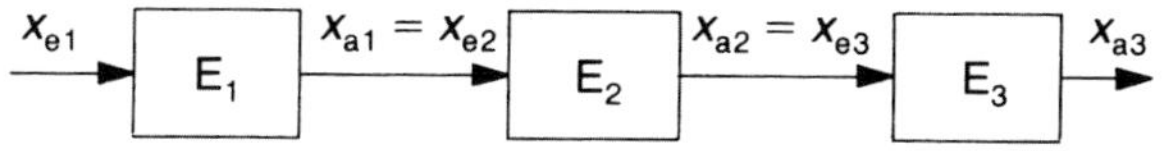

x_{e1} → [E_1] → $x_{a1} = x_{e2}$ → [E_2] → $x_{a2} = x_{e3}$ → [E_3] → x_{a3}

Bild 1.16
Kettenstruktur eines Sensors oder Messaufbaus

Für die Ausgangsgröße x_a der linearen zeitinvarianten Messkette gilt dann:

$$x_a = (E_1 \cdot E_2 \cdot E_3) \cdot x_e = E_{ges} \cdot x_e \qquad \text{(Gl. 1.50)}$$

wobei x_e die Eingangsgröße oder Messgröße ist.

Für die Berechnung der Messabweichung der Messketten werden die Empfindlichkeiten $E_1 ... E_3$ mit den Einzelmessabweichungen $\Delta E_1 ... \Delta E_3$ wie Messwerte behandelt.

Für die relativen Messabweichungen $\Delta E_1/E_1 ... \Delta E_3/E_3$ der Messkettenglieder ergibt sich nach dem Fortpflanzungsgesetz für Messabweichungen eine relative Gesamtmessabweichung von:

$$\frac{\Delta y}{y} = \frac{\Delta E_1}{E_1} + \frac{\Delta E_2}{E_2} + \frac{\Delta E_3}{E_3} \qquad \text{(Gl. 1.51)}$$

D.h., die Messempfindlichkeiten der einzelnen Messkettenglieder einer Messkette multiplizieren sich und die relativen Messabweichungen addieren sich.

Für die relative wahrscheinliche Messabweichung gilt nach der Messabweichungsfortpflanzung:

$$\frac{\Delta y}{y} = \pm\sqrt{\left(\frac{\Delta E_1}{E_1}\right)^2 + \left(\frac{\Delta E_2}{E_2}\right)^2 + \left(\frac{\Delta E_3}{E_3}\right)^2} \qquad \text{(Gl. 1.52)}$$

Sind die Einzelmessabweichungen der Messkettenglieder bekannt (z.B. durch Kalibrierung oder Herstellerangaben), kann auf den richtigen Wert der Messgröße zurückgerechnet werden.

1.7 Messtechnische Eigenschaften von Sensoren und Messmitteln

Bisher wurden die Messabweichungen, die Messunsicherheiten sowie ihr Verhalten bei ihrer Fortpflanzung bei der Erfassung von einzelnen Messwerten beschrieben. Im Weiteren werden die physikalischen und messtechnischen Eigenschaften von Sensoren bei der Übertragung und Erfassung von Messsignalen beschrieben. Es wird unterschieden zwischen

- statischen Eigenschaften,
- dynamischen Eigenschaften.

1.7.1 Statische Messabweichungen

Messtechnische Eigenschaften von Sensoren, die keine Funktion der Zeit sind, nennt man statische Eigenschaften. Sie werden mit Hilfe der Kalibrierung im Labor bestimmt.

Eichung

Die Eichung wird durch das Gesetz über das Mess- und Eichwesen, das Eichgesetz (EichG), geregelt. Unter Eichen versteht man das Prüfen von Aufnehmern, Sensoren oder Messgeräten auf ihre richtige Wiedergabe oder Anzeige von gesetzlich festgelegten Messgrößen mit Hilfe von sog. Primärnormalen und das Anbringen von Eichmarken. Die Physikalische Technische Bundesanstalt (PTB) überwacht die Einheitlichkeit des gesetzlichen Messwesens. Sie legt hoheitlich die gültigen physikalisch-technischen Einheiten fest und stellt sie über Primärnormale experimentell dar. Nur die PTB und die von den Landesregierungen bestimmten Behörden sind zur Ausführung von Eichungen berechtigt. Beim Kalibrieren besteht im Gegensatz zum Eichen kein gesetzlicher Hintergrund.

Kalibrierung

Unter Kalibrieren versteht man die Feststellung des Zusammenhangs zwischen der Anzeige eines Messmittels und dem definierten Wert der eingeleiteten Messgröße. Die Kalibrierung ist eine Messung, bei der genau bekannte Eingangswerte (Messgrößen) auf den Sensoreingang gelegt und die so erzeugten Sensorausgangswerte als Funktion $x_a = x_a(x_e)$ der Eingangswerte als Kalibrierkurve aufgezeichnet werden (Bild 1.17).

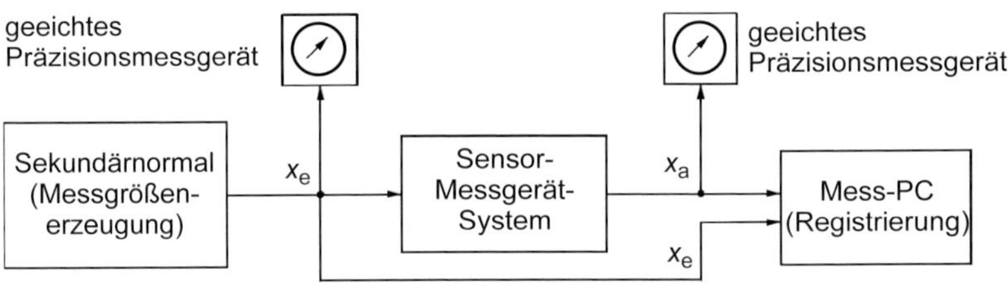

Bild 1.17 Kalibrieraufbau zur Erfassung statischer Messabweichungen

Die Kalibrierkurve wird zur Bestimmung der statischen Eigenschaften von Messmitteln wie Ansprechschwelle, Messempfindlichkeit, Nichtlinearität und Hysterese verwendet. Der Deutsche Kalibrierdienst (DKD) stellt den Anschluss der Mess- und Prüfeinrichtungen des industriellen Messwesens an die staatlichen Normalen sicher. Der DKD prüft im Kundenauftrag Mess- und Prüfeinrichtungen und vergibt Zertifikate. Kalibrierstellen können Einrichtungen der Industrie oder öffentlichen und privaten Anstalten (TÜV, VDE, Materialprüfungsämter usw.) sein. Es sind auch nicht zertifizierte Kalibrierungen in Labors und Betrieben möglich, die mit geeichten Sekundärnormalen durchgeführt werden. Damit lässt sich die Gesamtmessabweichung einer Messkette vor ihrem praktischen Messeinsatz feststellen und gegebenenfalls korrigieren.

Man kann grundsätzlich 3 Kalibriermethoden unterscheiden:

- externe Kalibrierung: stationäre Messungen in Kalibrier- oder Messlabors;
- interne Kalibrierung: mobile Messung im Betrieb des Messsystems zur Funktionskontrolle;
- theoretische Kalibrierung: mathematische «Fehler-Analyse» mit dem Nachteil, dass nicht alle Messabweichungen und Messunsicherheiten theoretisch bekannt sind.

Nichtreproduzierbarkeit

Sie ist die auf den Messbereich *MB* bezogene maximale prozentuale Abweichung, der unter den gleichen Bedingungen wiederholt gemessenen Kalibrierkennlinien. Es gilt:

$$NR\,(\% - MB) = \frac{E(\max) - E(\min)}{E(\min)} \cdot 100\% \qquad \text{(Gl. 1.53)}$$

wobei E(max) die größte und E(min) die kleinste Steigung der Bezugsgeraden ist.

Stabilität
Sie ist die Eigenschaft eines Sensors, seine technischen Daten über lange Zeiten beizubehalten.

Ansprechschwelle
Die Ansprechschwelle von Sensoren ist der kleinste Wert einer Messgröße, der am Sensorausgang einen messbaren Wert erzeugt.

Messempfindlichkeit
Die Messempfindlichkeit von Sensoren (Bild 1.18) ist die Änderung des Ausgangssignals Δx_a zur Änderung des Eingangssignals Δx_e.

$$E = \frac{\Delta x_a}{\Delta x_e} \qquad \text{(Gl. 1.54)}$$

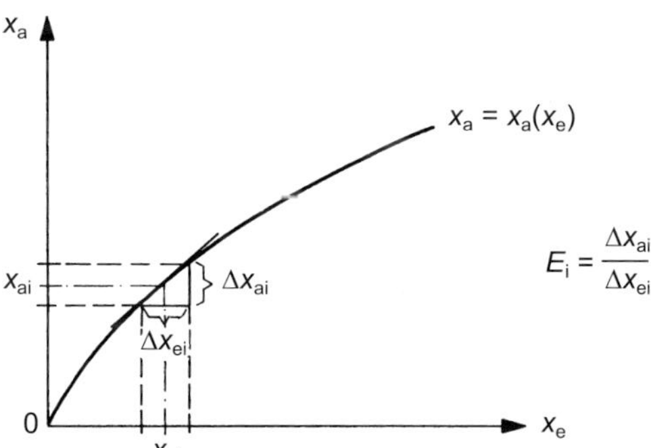

Bild 1.18
Messempfindlichkeit eines Sensors

Nichtlinearität
Die Nichtlinearität (früher Linearitätsfehler) ist die Abweichung der Kalibrierkennlinie von einer Ausgleichsgeraden. In der Praxis werden unterschiedliche Definitionen für die Ausgleichsgeraden verwendet.

Beste Gerade (Bild 1.19)
Sie wird so gelegt, dass die Summe der Quadrate der Abweichung von der Kennlinie ein Minimum wird. D.h., es wird eine Mittellinie von 2 parallelen Geraden bestimmt, die so beieinander liegen, dass alle Messpunkte zwischen ihnen liegen (Toleranzbandmethode).

Nichtlinearität mit Zwangsnullpunkt (Bild 1.20)
Eine Gerade wird so gelegt, dass sie durch den Anfangspunkt «a» der Kalibrierkennlinie geht und die Summe der Quadrate der Abweichung ein Minimum wird (Minimummethode).

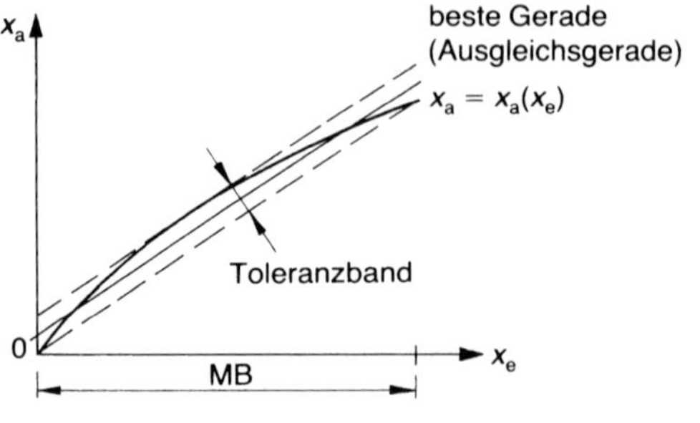

Bild 1.19
Nichtlinearität nach der Toleranzbandmethode

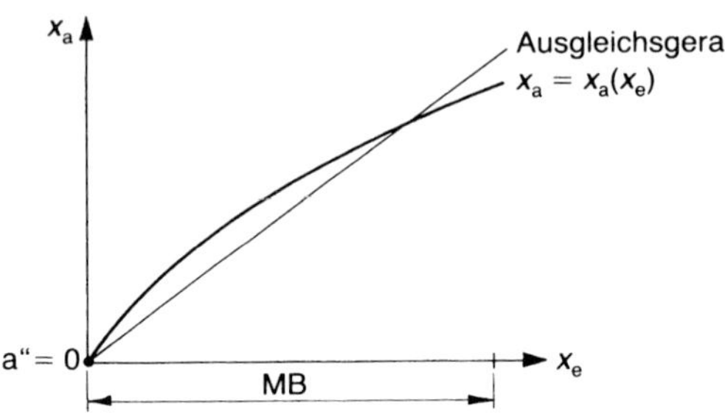

Bild 1.20
Nichtlinearität mit Zwangsnullpunkt

Nichtlinearität mit Zwangsnull- und Zwangsendpunkt (Bild 1.21):
Die Gerade wird durch den Anfangspunkt «a» und den Endpunkt «e» gelegt (Festpunktmethode). Für die Minimum- und der Toleranzbandmethode ergeben sich gegenüber der Festpunktmethode eine um den Faktor 2 kleinere Nichtlinearität. In der Praxis wird die Festpunktmethode bevorzugt, da sich Anfangs- und Endpunkt der Bezugsgeraden messtechnisch einfach bestimmen lassen. Für die Nichtlinearität NL gilt dann:

$$NL(\% - MB) = \frac{m \cdot x_e - x_a}{m \cdot MB} \cdot 100\% \qquad \text{(Gl. 1.55)}$$

wobei m die Steigung der Bezugsgeraden kennzeichnet, MB den Messbereich, x_e die Messwerte und x_a die vom Sensor generierten Ausgangswerte.

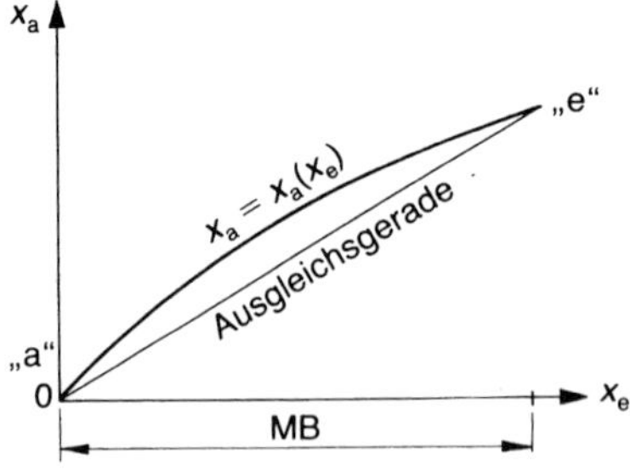

Bild 1.21
Nichtlinearität mit Zwangsnullpunkt und Zwangsendpunkt

Hysterese

Eine Hysterese (Bild 1.22) entsteht fast immer bei Messmitteln (z.B. Sensoren) mit mechanischen Umsetzelementen, wobei die Kalibrierkennlinie von ihrem Nullpunkt bis zum Endpunkt des Messbereichs und zurück nicht deckungsgleich ist. Die Hysterese beschreibt also das Zurückbleiben der Wirkung hinter ihrer Ursache. Die Hysterese H ist die auf den Messbereich MB bezogene prozentuale Abweichung zwischen dem steigenden Ausgangswert $x_a(\uparrow)$ und dem sinkenden Ausgangswert $x_a(\downarrow)$ der Kalibrierkurve. Damit gilt:

$$H(\% - MB) = \frac{x_a(\uparrow) - x_a(\downarrow)}{m \cdot MB} \cdot 100\% \qquad \text{(Gl. 1.56)}$$

In der Praxis sind die Begriffe Nichtlinearität *NL* und Hysterese *H* nicht eindeutig trennbar. Es wird daher sehr oft die Nichtlinearität-Hysterese *NLH* verwendet.

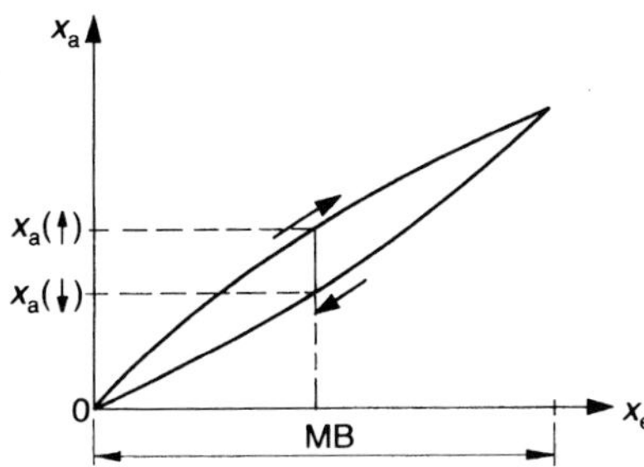

Bild 1.22 Hysterese

Thermische Nullpunktdrift

Die thermische Nullpunktdrift (Bild 1.23a) ist die größte Verschiebung des Nullpunktes der Kalibrierkennlinie eines Messmittels (z.B. eines Sensors) für verschiedene Messtemperaturen. Dabei müssen sich die Temperaturänderungen der Umgebung innerhalb des vom Hersteller angegebenen Nenntemperaturbereichs bewegen. Die thermische Nullpunktdrift bewirkt eine parallele Verschiebung der gesamten Kalibrierkennlinie. Die thermische Nullpunktdrift *NT* ist die prozentuale Änderung des Nullpunktes, bezogen auf den Messbereich *MB*, bei einer bestimmten Referenztemperatur *TR* (z.B. 20 °C). Es gilt also:

$$\Delta NT(\% - MB) = \frac{x_a(T) - x_a(TR)}{m \cdot MB} \cdot 100\% \qquad \text{(Gl. 1.57)}$$

wobei $x_a(T)$ die Ausgangsgröße bei der Umgebungstemperatur *T* ist und $x_a(TR)$ die Ausgangsgröße bei Referenztemperatur *TR*.

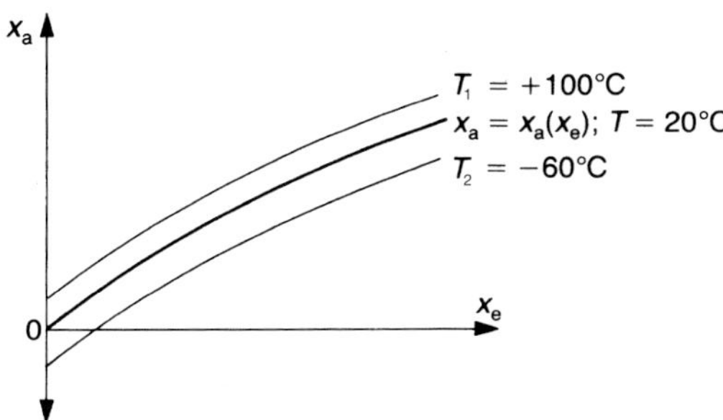

Bild 1.23a
Thermische Nullpunktdrift

Zur praktischen Beurteilung der thermischen Nullpunktdrift ist der Temperaturkoeffizient des Nullpunktes *TKN* geeignet.

$$TKN(\% - MB/K) = \frac{\Delta NT}{\Delta T} \qquad \text{(Gl. 1.58)}$$

wobei ΔNT die thermische Nullpunktdrift ist und ΔT die Temperaturänderung.

Bei Messung der thermischen Nullpunktdrift ist darauf zu achten, dass erst nach ausreichender Konstanz der Messtemperatur (thermische Beharrung) das Sensorausgangssignal erfasst wird. Die thermisch bedingte Abweichung des Sensorausgangswertes bei einem gegebenen Messgrößenwert und bekannter Temperaturänderungsgeschwindigkeit nennt man, im Unterschied zur thermischen Nullpunktdrift, den Temperaturgradientenfehler.

Thermische Empfindlichkeitsänderung

Die thermische Empfindlichkeitsänderung (Bild 1.23b) ist die Steigungsänderung der Kalibrierkennlinie eines Messmittels (z.B. Sensors), wenn dieser verschiedenen Temperaturen ausgesetzt wird. Die Änderungen der Umgebungstemperatur müssen sich innerhalb der Hersteller-Nennwerte bewegen. Die thermische Empfindlichkeitsänderung ΔET lässt sich berechnen als die prozentuale Änderung der Empfindlichkeit (Steigungsänderung der Bezugsgeraden) $\Delta E(T)$ bei Messtemperatur T, bezogen auf die Empfindlichkeit (Steigung der Bezugsgeraden) $E(TR)$ bei der Referenztemperatur TR (z.B. 20 °C). Es gilt:

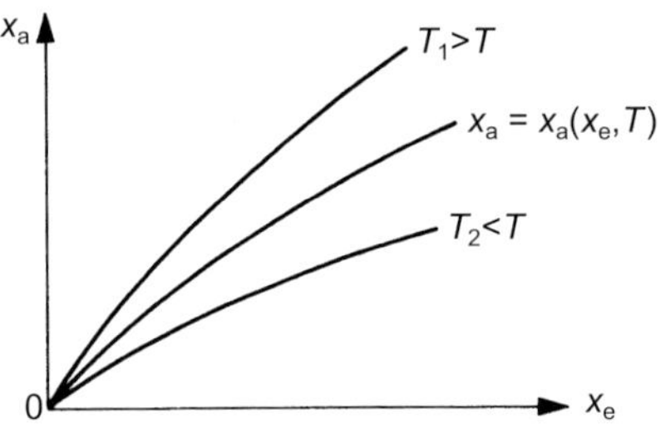

Bild 1.23b
Thermische Empfindlichkeitsänderung

$$\Delta ET(\% - MB) = \frac{E(\mathrm{T}) - E(\mathrm{TR})}{m \cdot MB} \cdot 100\% \qquad \text{(Gl. 1.59)}$$

Für den Temperaturkoeffizienten der Empfindlichkeit TKE gilt:

$$TKE(\% - MB/K) = \frac{\Delta ET}{\Delta T} \qquad \text{(Gl. 1.60)}$$

mit der thermischen Empfindlichkeitsänderung ΔET und der Temperaturänderung ΔT.

?!

Beispiel 1.3

Das Blockschaltbild von Bild 1.24 zeigt eine Messkette zur Temperaturmessung nach dem Messprinzip der Temperaturabhängigkeit eines elektrischen Widerstandes.

Der Elementarsensor ändert über der Messtemperatur T seinen elektrischen Widerstand R. Dieser wird mit einem R/U-Wandler in ein Spannungssignal U_1 umgewandelt. Der Messverstärker erzeugt aus dem Eingangssignal U_1 das verstärkte Ausgangssignal U_2. Es wird mit einem Voltmeter angezeigt. In Tabelle 1.2 sind die technischen Daten beschrieben.

a) Wie groß darf die relative Messabweichung der Analoganzeige $\Delta E_A/E_A$ höchstens sein, damit die relative wahrscheinliche Gesamtmessabweichung $\Delta E_{ges}/E_{ges} \leq \pm 0{,}5\%$ wird?

b) Auf welchen Wert muss die Messempfindlichkeit E_V des Messverstärkers eingestellt werden, wenn die Messempfindlichkeit E_A der Analoganzeige 1 °/mV beträgt, damit die Gesamtmessempfindlichkeit E_{ges} der Messeinrichtung höchstens 1 °/°C beträgt?

Tabelle 1.2 Technische Daten der Messkettenglieder der Temperaturmesskette

Technische Daten	Empfindlichkeit	Messabweichung	Messbereich
Thermoresistiver Elementarsensor	$E_T = 20\ \text{m}\Omega/°\text{C}$	$\Delta E_T/E_T = \pm 0{,}1\%$	0...150 °C
R/U-Wandler	$E_W = 10\ \text{mV}/\Omega$	$\Delta E_W/E_W = \pm 0{,}2\%$	0...500 mV
Messverstärker	$E_V = 0...500$	$\Delta E_V/E_V = \pm 0{,}1\%$	0...500

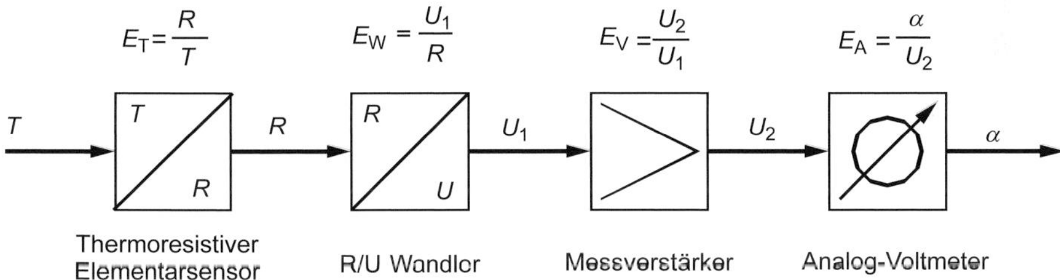

Bild 1.24 Blockschaltbild der Messkette zur Temperaturmessung

Lösung 1.3

a) Es ist:

$$\frac{\Delta E}{E_{ges}} = \pm\sqrt{\left(\frac{\Delta E_T}{E_T}\right)^2 + \left(\frac{\Delta E_W}{E_W}\right)^2 + \left(\frac{\Delta E_V}{E_V}\right)^2 + \left(\frac{\Delta E_A}{E_A}\right)^2} \qquad \text{(Gl. 1.61)}$$

also

$$\frac{\Delta E_A}{E_A} = \pm\sqrt{\left(\frac{\Delta E_{ges}}{E_{ges}}\right)^2 - \left[\left(\frac{\Delta E_W}{E_W}\right)^2 + \left(\frac{\Delta E_V}{E_V}\right)^2 + \left(\frac{\Delta E_A}{E_A}\right)^2\right]} = ... \qquad \text{(Gl. 1.62)}$$

$$= \pm 0{,}436\% \leq \pm 0{,}5\%$$

b) Für die Gesamtmessempfindlichkeit gilt:

$$E_{ges} = E_T \cdot E_W \cdot E_V \cdot E_A \Rightarrow E_V = \frac{E_{ges}}{E_T \cdot E_W \cdot E_A} = ... = 5 \qquad \text{(Gl. 1.63)}$$

Beispiel 1.4

Der Massendurchfluss eines gasförmigen Mediums soll mit dem in Bild 1.25 dargestellten Messaufbau erfasst werden.

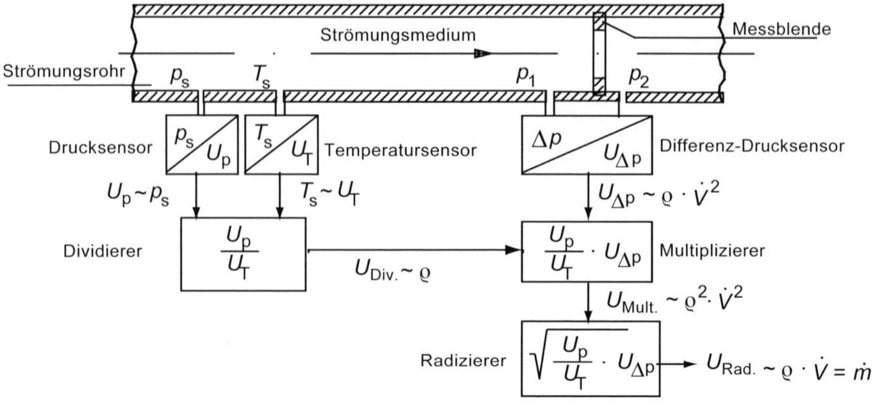

Bild 1.25 Messaufbau zur Erfassung des Massendurchflusses

Die Gasdichte ϱ wird durch die Messung des statischen Druckes p_s und der statischen Temperatur T_s bestimmt (ϱ ist proportional zu U_p/U_T). Der Volumendurchfluss $\dot{V}$ wird mit einer Messblende erfasst. Vor und hinter der Messblende stehen unterschiedliche Drücke. Ein Differenzspulen-Drucksensor generiert daraus ein analoges Spannungssignal $U_{\Delta p}$, das zu $\varrho \cdot \dot{V}$ proportional ist. Um den Massendurchfluss $\dot{m}$ zu erhalten, muss $U_{\Delta p}$ mit U_p/U_T multipliziert werden. Der Multiplizierer erzeugt am Ausgang ein analoges Spannungssignal U_{Mult}, das noch radiziert werden muss. Der Radizierer erzeugt am Ausgang das analoge Spannungssignal U_{Rad}, das proportional zum Massendurchfluss $\dot{m}$ ist. In Tabelle 1.3 sind die technischen Daten beschrieben.

a) Überprüfen Sie rechnerisch, ob die relative wahrscheinliche Ergebnisgrenzabweichung G_{ges} den Wert $\leq \pm 1{,}0\%$ vom *MBE* überschreitet.
   Die relative wahrscheinliche Ergebnisgrenzabweichung soll nach einer verschärften Forderung den Wert $\leq \pm 0{,}5\%$ v. *MBE* einhalten.
b) Welche Messkettenglieder können gegebenenfalls durch solche mit kleineren Grenzabweichungen ersetzt werden, um die oben verschärfte Forderung zu erfüllen?
c) Berechnen Sie für die ausgewählten Messkettenglieder die möglichen Grenzabweichungen, für die «0,5%-Forderung».

Tabelle 1.3 Technische Daten der Messkettenglieder der Massendurchflussmesskette

Technische Daten (Angabe Grenzabweichung unter Normalbedingungen)			
Differenzdrucksensor	$G_{\Delta p} \leq \pm 0{,}5\%$ v. *MB*	Dividierer	$G_{Div} \leq \pm 0{,}2\%$ v. *MB*
Drucksensor	$G_{ps} \leq \pm 0{,}5\%$ v. *MB*	Multiplizierer	$G_{Mult} \leq \pm 0{,}2\%$ v. *MB*
Temperatursensor	$G_{Ts} \leq \pm 0{,}5\%$ v. *MB*	Radizierer	$G_{Rad} \leq \pm 0{,}2\%$ v. *MB*

Lösung 1.4

a) Für die Ergebnisgrenzabweichung gilt:

$$G_{ges} \equiv G_{U_{Rad}} = \pm\sqrt{G_{Rad}^2 + G_{Mult}^2 + G_{\Delta p}^2 + G_{p_s}^2 + G_{T_s}^2 + G_{Div}^2} = \dots$$
$$= \pm 0{,}932\% \leq \pm 1\% \qquad \text{(Gl. 1.64)}$$

D.h., die Ergebnisgrenzabweichung wird eingehalten.

b) Neue Forderung: $G_{ges} \leq \pm 0{,}5\%$!
Die Grenzabweichung der Sensoren ist kleiner als die der Elektronikeinheiten, d.h., die Sensoren können durch solche mit kleineren Grenzabweichungen ersetzt werden.

c) Berechnung zur neuen Forderung: $G_{ges} \leq \pm 0{,}5\%$. Es gilt:

$$G_{ges} = \pm\sqrt{3 \cdot G_{Eleo}^2 + 3 \cdot G_{Sen}^2} \Rightarrow G_{Sen} = \pm\sqrt{\frac{1}{3} \cdot \left(G_{ges}^2 - 3 \cdot G_{Elo}^2\right)} = \ldots = \pm 0{,}208\% \quad \text{(Gl. 1.65)}$$

Für jeden Sensor gewählt:

$$G_{\Delta p} = G_{p_s} = G_{T_s} \leq \pm 0{,}2\% \quad \text{(Gl. 1.66)}$$

Beispiel 1.5

Mit dem dargestellten Messsystem von Bild 1.26 soll für einen Verbrennungsmotor die mechanische Antriebsleistung gemessen werden. Die Leistung des Motors berechnet man aus dem Produkt der Drehzahl n und dem Drehmoment M_t, multipliziert mit dem Faktor 2 π.

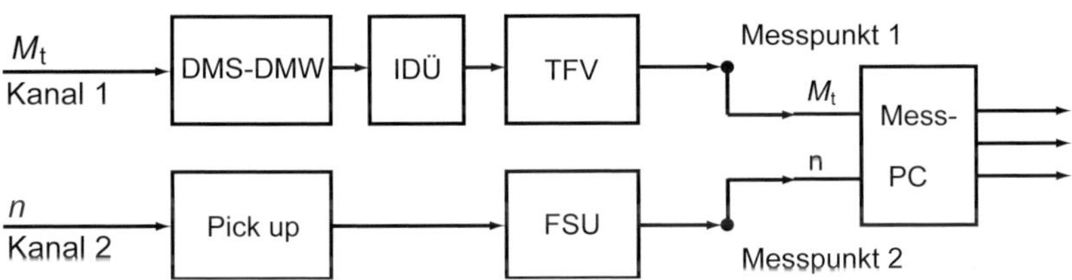

Bild 1.26 Blockschaltbild der Messeinrichtung am Verbrennungsmotor

Der Drehmomentmesskanal (K 1) besteht aus einer DMS-Drehmomentmesswelle (DMS-DMW), einem induktiven Drehübertrager (IDÜ) und einem Trägerfrequenzverstärker (TFV). Der Drehzahlmesskanal (K 2) besteht aus einem Drehzahlsensor (Pick-up) und einem Frequenzspannungswandler (FSU). Die Messsignale des Drehmoment- und des Drehzahlkanals werden in einem Mess-PC ausgewertet (Softwaremultiplikation), gespeichert und für die Messwertausgabe aufbereitet. Der Betriebstemperaturbereich für die Messanlage liegt zw. +10 °C und +40 °C. Die Langzeitdriften der Einzelgeräte und Sensoren sowie die Rechengenauigkeit des Mess-PCs sind in der Fehlerrechnung vernachlässigbar. Die technischen Daten sind in Tabelle 1.4 dokumentiert.

a) Berechnen Sie die relative wahrscheinliche Messabweichung des Drehmoments.
b) Berechnen Sie die relative wahrscheinliche Messabweichung der Drehzahl.
c) Berechnen Sie die relative wahrscheinliche Messunsicherheit bei halber Motorenleistung.

Lösung 1.5

a) Drehmomentmesskanal:
Einzel-Messabweichungen für $\Delta T = 30$ K

$$f_{\mathrm{DMW}} = \pm\sqrt{NLH_{\mathrm{DMW}}^2 + \left(TKN_{\mathrm{DMW}} \cdot \Delta T\right)^2 + \left(TKE_{\mathrm{DMW}} \cdot \Delta T\right)^2} = \ldots = \pm 0{,}350\%$$

(Gl. 1.67)

Tabelle 1.4 Technische Daten der Messkettenglieder der Antriebsleistungsmesskette

Drehzahlmesskanal	
Drehzahlsensor (Pick-up)	$TKN \leq \pm 0{,}020\%/\mathrm{K}$
Frequenzspannungsumsetzer (FSU)	$NLH \leq \pm 0{,}100\%$ v. MB
Drehmomentmesskanal	
DMS-Drehmomentmesswelle (DMW)	$NLH \leq \pm 0{,}100\%$ v. MB
	$TKN \leq \pm 0{,}005\% / \mathrm{K}$
	$TKE \leq \pm 0{,}010\% / \mathrm{K}$
Induktiver Drehübertrager (IDÜ)	$TKN \leq \pm 0{,}005\% / \mathrm{K}$
	$TKE \leq \pm 0{,}015\% / \mathrm{K}$
Trägerfrequenzverstärker (TFV)	$NLH \leq \pm 0{,}100\%$ v. MB
	$TKN \leq \pm 0{,}001\% / \mathrm{K}$
	$TKE \leq \pm 0{,}001\% / \mathrm{K}$

$$f_{\mathrm{IDÜ}} = \pm\sqrt{\left(TKN_{\mathrm{IDÜ}} \cdot \Delta T\right)^2 + \left(TKE_{\mathrm{IDÜ}} \cdot \Delta T\right)^2} = \ldots = \pm 0{,}474\% \qquad \text{(Gl. 1.68)}$$

$$f_{\mathrm{TFV}} = \pm\sqrt{NLH_{\mathrm{TFV}}^2 + \left(TKN_{\mathrm{TFV}} \cdot \Delta T\right)^2 + \left(TKE_{\mathrm{TFV}} \cdot \Delta T\right)^2} = \ldots = \pm 0{,}109\%$$

(Gl. 1.69)

Drehmoment-Messabweichung:

$$f_{\mathrm{M_t}} = \pm\sqrt{f_{\mathrm{DMW}}^2 + f_{\mathrm{IDÜ}}^2 + f_{\mathrm{TFV}}^2} = \ldots = \pm 0{,}600\% \qquad \text{(Gl. 1.70)}$$

b) Drehzahlmesskanal:
Einzel-Messabweichungen für $\Delta T = 30$ K

$$f_{\text{Pick-up}} = \pm\sqrt{\left(TKN_{\mathrm{IDÜ}} \cdot \Delta T\right)^2} = \pm 0{,}02\,\frac{\%}{K} \cdot 30\,K = \pm 0{,}6\% \qquad \text{(Gl. 1,71)}$$

$$f_{\mathrm{FSU}} = \pm\sqrt{NLH_{\mathrm{FSU}}^2 + \left(TKN_{\mathrm{FSU}} \cdot \Delta T\right)^2} = \ldots = \pm 0{,}316\% \qquad \text{(Gl. 1.72)}$$

Drehzahl-Messabweichung

$$f_{\mathrm{n}} = \pm\sqrt{f_{\text{Pick-up}}^2 + f_{\mathrm{FSU}}^2} = \pm\sqrt{\left(0{,}6\%\right)^2 + \left(0{,}316\%\right)^2} = \pm 0{,}678\% \qquad \text{(Gl. 1.73)}$$

c) Messunsicherheit der Motorleistung P_{Mot}.

$$\frac{G_{\mathrm{PMot}}}{P_{\mathrm{Mot}}} = \pm\sqrt{\left(\frac{G'_{\mathrm{M_t}}}{M_{\mathrm{t}}} \cdot 100\%\right)^2 + \left(\frac{G'_{\mathrm{n}}}{n} \cdot 100\%\right)^2} \qquad \text{(Gl. 1.74)}$$

mit

$$G'_{M_t} = \frac{f_{M_t} \cdot MB_{M_t}}{100\%}, \quad G'_n = \frac{f_n \cdot MB_n}{100\%} \quad \text{und} \quad M_t = \frac{MB_{M_t}}{2}, \quad n = \frac{MB_n}{2} \qquad \text{(Gl. 1.75)}$$

Gl. 1.75 in Gl. 1.74

$$\frac{G_{P_{Mot}}}{P_{Mot}} = \pm\sqrt{\left(2 \cdot f_{M_t}\right)^2 + \left(2 \cdot f_n\right)^2} = \ldots = \pm 1{,}181\% \qquad \text{(Gl. 1.76)}$$

1.7.2 Dynamische Messabweichungen

Messtechnische Eigenschaften von Sensoren, die von der Zeit abhängig sind, heißen dynamische Eigenschaften. Das Ausgangssignal $x_a(t)$ eines Sensors kann einer zeitlich schnellen Änderung eines Eingangssignals $x_e(t)$ i.Allg. nicht fehlerfrei folgen, da es Reibungs- und Dämpfungsverluste gibt, Massen beschleunigt oder gebremst, elektrische Ladungen zu- oder abgeführt und elektrische Energiespeicher geladen oder entladen werden. Der Sensor ist praktisch immer das dynamisch schwächste Glied im Messsystem, d.h., er verursacht die größten Messabweichungen. Die mechanischen Kopplungen zwischen Messobjekt und Sensor machen die Dynamik noch schlechter.

Hinweis

Das physikalisch-zeitliche Verhalten von dynamischen Systemen ist nur mit Hilfe der höheren Mathematik, hier mit Differentialgleichungen, exakt beschreibbar.

Für Leser ohne diese mathematischen Vorkenntnisse empfiehlt sich, einfach nur die Lösungen der Differentialgleichungen und deren graphische Darstellungen (Diagramme) zu betrachten. Wichtig ist es, sich die Diagramme für die verschiedenen dynamischen Systeme mit ihren Ein- und Ausgangsignalen sowie die Beschreibung ihres Zeitverhaltens mit Worten verständlich zu machen. So kann man auch ohne Differentialgleichungen das Zeitverhalten dynamischer Systeme aus praktischer, anwendungsbezogener Sicht verstehen.

Mathematisch kann das Zeitverhalten von Messmitteln (z.B. Sensoren) durch eine gewöhnliche lineare Differentialgleichung 2. Ordnung mit konstanten Koeffizienten beschrieben werden.

$$T_2^2 \cdot \frac{d^2 x_a(t)}{dt^2} + T_1 \cdot \frac{dx_a(t)}{dt} + x_a(t) = k \cdot x_e(t) \qquad \text{(Gl. 1.77)}$$

Aus der Struktur der Differentialgleichung erkennt man, dass sie neben den dynamischen Termen (1. und 2. Ableitung nach der Zeit) auch einen statischen Term (unabhängig von der Zeit) enthält. Für statische oder auch quasistatische Vorgänge und für stationäre Zustände gehen die Zeitableitungen in der Differentialgleichung gegen 0. Damit erhält man aus Gl. 1.77 die statische Messempfindlichkeit:

$$\frac{x_a(t)}{x_e(t)} = k \equiv E \qquad \text{(Gl. 1.78)}$$

Hinweis

Für zeitlich sehr langsame Zustandsänderungen oder für stationäre (eingeschwungene) Zustände sind die dynamischen Eigenschaften der Messmittel (z.B. Sensoren) praktisch vernachlässigbar. Die Differentialgleichung Gl. 1.77 lässt sich mathematisch mit Hilfe von sog. «Testfunktionen» (z.B. Sprungfunktion, Impulsfunktion, Sinusfunktion usw.) lösen. Testfunktionen sollen auch immer zur messtechnischen Überprüfung der dynamischen Eigenschaften von Messmitteln experimentell erzeugbar sein. Man unterscheidet 3 dynamische Ordnungen:

- **Sensoren 0. Ordnung**
  Sie haben keine physikalischen Energiespeicher (z.B. keine mechanische Massen oder elektrische Kapazitäten usw.) und sind mathematisch beschrieben durch Gleichungen ohne Zeitableitungen.
- **Sensoren 1. Ordnung**
  Sie haben einen physikalischen Energiespeicher (z.B. mechanische Masse, elektrische Kapazität oder Induktivität, Wärmekapazität usw.) und sind mathematisch durch lineare Differentialgleichungen 1. Ordnung mit konstanten Koeffizienten beschreibbar.
- **Sensoren 2. Ordnung**
  Sie haben 2 physikalische Energiespeicher (z.B. Masse–Feder, Induktivität–Kapazität usw.) und sind mathematisch durch lineare Differentialgleichungen 2. Ordnung mit konstanten Koeffizienten beschreibbar.

Experimentelle Kalibrierung
Bild 1.27 zeigt das Blockschaltbild eines Kalibrieraufbaus zur experimentellen Kalibrierung von Messmitteln im Zeit- und Frequenzbereich.

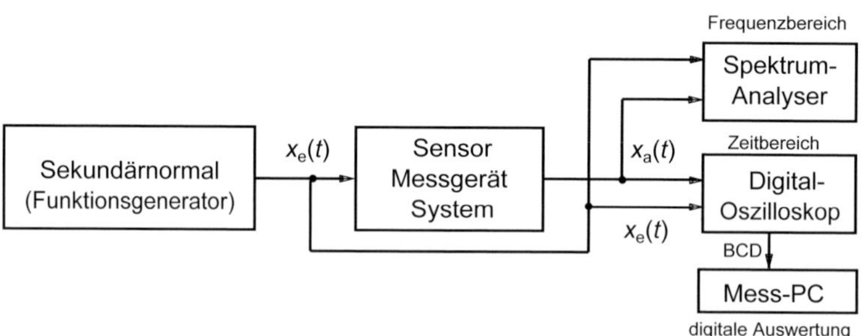

Bild 1.27 Blockschaltbild eines Kalibrieraufbaus zur experimentellen Kalibrierung von Messmitteln

Es erschließen sich neue Erkenntnisse, wenn wir über die Erfassung des zeitlichen Verlaufs eines Messsignals hinaus den Frequenzverlauf analysieren. Für Messungen im Zeitbereich (*time domain*) ist ein Oszilloskop und für Messungen im Frequenzbereich (*frequency domain*) ein Spektrum-Analyser das klassische Messmittel. Ein Funktionsgenerator erzeugt die Zeit-Testfunktionen (Sprungfunktion und Impulsfunktion) und die Frequenz-Testfunktion (Sinusfunktion).

Sprungfunktion
Auf einen Sensor wirkt eine Sprungfunktion, am Sensorausgang wird eine Sprungantwort gemessen und ausgewertet.

$$w(t) = \begin{cases} 0 & \text{für } t < 0 \\ k_w \cdot x_{e0} & \text{für } t \geq 0 \end{cases} \qquad \text{(Gl. 1.79)}$$

Da sich Sprungfunktionen experimentell leicht herstellen lassen, sind sie in der industriellen Praxis von besonderer Bedeutung. Sie lassen sich mit ausreichender Genauigkeit durch eine sehr schnelle Änderung der Umgebungstemperatur (thermischer Schock) auslösen oder durch Einschalten von elektrischen Spannungen (es entstehen so auch elektrische Felder), Einschalten von elektrischen Strömen (erzeugt auch Magnetfelder), Trennen gespannter Metalldrähte, Bersten von Membranen usw. Bei der experimentellen Erzeugung der Sprungfunktionen muss immer darauf geachtet werden, dass die Testdauer wesentlich kürzer ist als die Reaktionszeit des Sensors.

Sensoren 0. Ordnung

OHMsche Gleichspannungsteiler repräsentieren das Verhalten 0. Ordnung am besten. Schnelle Fotozellen mit Anstiegszeiten von <0,5 ns kommen einem Verhalten der 0. Ordnung sehr nahe.

Mathematische Betrachtung:

In Gl. 1.77 wird die Sprungfunktion eingesetzt ($t \to \infty$). Es gilt:

$$x_{\mathrm{aw}}(t) = k \cdot w(t) = k \cdot k_{\mathrm{w}} \cdot x_{\mathrm{e0}} \qquad \text{(Gl. 1.80)}$$

Der Zusammenhang zwischen Eingangssignal $w(t)$ und Ausgangssignal $x_{\mathrm{a}}(t)$ ist linear.

Experimentelle Beschreibung

Der Sensor wird mit der Sprungfunktion beaufschlagt, und die Sprungantwort wird mit einem Digitaloszilloskop oder Rechner erfasst und ausgewertet. Der gemessene Funktionsverlauf der Sprungantwort entspricht dem berechneten, d.h., die Sprungantwort ist streng proportional zur Sprungfunktion, sie ist nicht phasenverschoben und in der Amplitude nur etwas kleiner, was jedoch durch Kalibrierung ausgeglichen werden kann.

Sensoren 1. Ordnung

Temperatursensoren, optische Sensoren, Magnetfeldsensoren, piezoelektrische Sensoren, induktive Sensoren (mit kleiner Eigenkapazität), kapazitive Sensoren (mit kleiner Eigeninduktivität) sind näherungsweise Sensoren mit 2 Energiespeichern bei entsprechender Dämpfung.

Mathematische Betrachtung

Der Elementarsensor (z.B. ein Thermoelement) enthält nur einen Energiespeicher (z.B. seine Wärmekapazität) und ist beschreibbar durch eine lineare Differentialgleichung 1. Ordnung.

$$T_1 \cdot \frac{\mathrm{d}x_{\mathrm{aw}}(t)}{\mathrm{d}t} + x_{\mathrm{aw}}(t) = k \cdot w(t) \qquad \text{(Gl. 1.81)}$$

Die vollständige Lösung der Gl. 1.81 lautet für $t \geq 0$:

$$x_{\mathrm{aw}}(t) = k \cdot k_{\mathrm{w}} \cdot x_{\mathrm{e0}} \cdot \left(1 - \exp\left(-\frac{t}{T_1}\right)\right) \qquad \text{(Gl. 1.82)}$$

T_1 Zeitkonstante

$k \cdot k_{\mathrm{w}}$ statischer Übertragungsfaktor

In Bild 1.28 sind die Zeitkonstante T_1 und die Einschwingzeit T_E dargestellt. Nach der Zeit $t = T_1$ hat die Ausgangsfunktion $x_{aw}(t)$ ca. 63% des Endwertes x_{e0} erreicht. Nach der Zeit $t = 3 \cdot T_1 = T_E$ werden 95% vom Endwert erreicht, d.h., der Restfehler beträgt noch 5%.

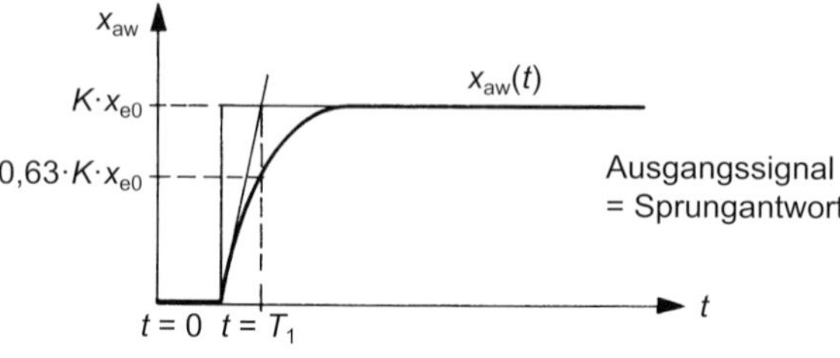

Bild 1.28
Sprungantwort (Ausgangssignal) von Sensoren 1. Ordnung

Beispiel 1.6

Ein Mantelthermoelement hat eine thermische Zeitkonstante von $T_1 = 1$ s. Seine Messspitze war der Umgebungstemperatur ausgesetzt, plötzlich taucht sie in ein heißes Medium. Die Temperatur ändert sich sprunghaft. Das Mantelthermoelement zeigt die neue Temperatur erst nach einiger Zeit an. Der Ausgleich der Temperatur im Mantelthermoelement verläuft exponentiell. Wenn die Abweichung nicht >5% vom Signalendwert sein soll, kann die Messwerterfassung erst nach der thermischen Einstellzeit von $T_E = 3 \cdot T_1 = 3 \cdot 1\ s = 3\ s$ erfolgen.

Sensoren 2. Ordnung
sind piezoelektrische Beschleunigungssensoren, elektrodynamische Schwingungssensoren, mechanische DMS-Kraftsensoren (mit Biegebalken), kapazitive Drucksensoren (mit weichen Druckmembranen), induktive Sensoren (in elektrischen Schwingkreisen).

Mathematische Betrachtungen
Ein Beschleunigungssensor mit Flüssigkeitsdämpfung besitzt 2 Energiespeicher (seismische Masse und Federkörper). Das dynamische Verhalten des Sensors kann mit einer linearen Differentialgleichung 2. Ordnung mit konstanten Koeffizienten beschrieben werden. Mit $T_2^2 = T^2$ und $T_1 = 2 \cdot D \cdot T$ und der Sprungfunktion Gl. 1.77 erhält man:

$$T^2 \cdot \frac{d^2 x_{aw}(t)}{dt^2} + 2 \cdot D \cdot T \cdot \frac{dx_{aw}(t)}{dt} + x_{aw}(t) = k \cdot w(t) \qquad \text{(Gl. 1.83)}$$

D Dämpfungsmaß
T_1 Zeitkonstante
k Übertragungsfaktor

Die Dämpfung soll geschwindigkeitsproportional sein. Physikalisch lässt sich diese Dämpfung bei langsamer Bewegung in Gasen, bei Reibung in viskosen Flüssigkeiten und mit Wirbelströmen realisieren. Die Dämpfung bestimmt das dynamische Verhalten des Sensors. Die vollständige Lösung der Differentialgleichung ist für $t \neq 0$ und $0 \leq D \leq 1$ in Gl. 1.84 dargestellt.

$$x_{aw}(t) = k \cdot k_w \cdot \left\{1 - \exp\left(-\frac{D}{T} \cdot t\right) \cdot \left[\cos\left(\frac{\sqrt{1-D^2}}{T} \cdot t\right) - \frac{D}{\sqrt{1-D^2}} \cdot \sin\left(\frac{\sqrt{1-D^2}}{T} \cdot t\right)\right]\right\}$$

(Gl. 1.84)

Die Sensoren haben immer 2 Energiespeicher (z.B. Feder–Masse oder Kondensator–Spule usw.). Wird der Sensor mit einer Sprungfunktion beaufschlagt, kommt es zu einem Energieaustausch in Form einer gedämpften Schwingung. Diesen Vorgang nennt man Einschwingvorgang (Bild 1.29). Die Amplitude des Überschwingers hängt von der Dämpfung ab. Bild 1.29 zeigt, dass das Dämpfungsmaß D in 3 Bereiche einteilbar ist:

- ❑ $D = 0$ periodisch ungedämpfte Schwingungen,
- ❑ $0 < D < 1$ gedämpfte Schwingungen,
- ❑ $D = 1$ aperiodische Schwingungen.

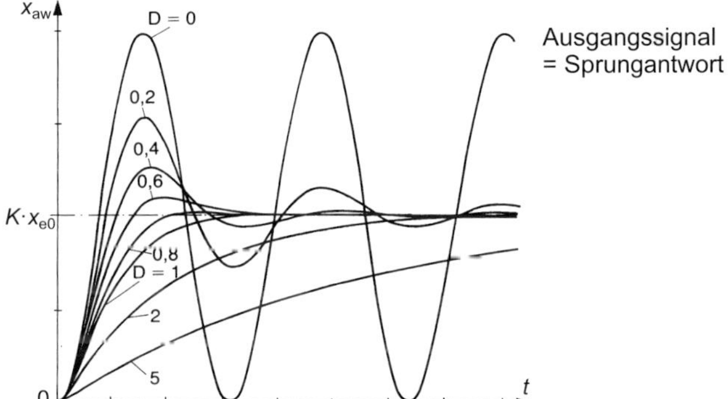

Bild 1.29
Sprungantwort (Ausgangssignal) von Sensoren 1. Ordnung

Das Dämpfungsmaß ist in fast allen Fällen, wie gefordert, geschwindigkeitsproportional. Das gilt z.B. für langsame Bewegungen in Gasen, Reibung in viskosen Flüssigkeiten und die Wirbelstromdämpfung.

Der stationäre Endwert des Ausgangssignals ist eine Parallele zur Zeitachse (Bild 1.30). Er wird durch 2 symmetrische Parallelen so eingeschlossen, dass ein Einschwingtoleranzband B entsteht. Durch den Wendepunkt WP der Sprungantwort kann die Wendetangente gelegt werden. Das Einschwingtoleranzband B wird durch die obere und untere Grenze festgelegt, die die größte und kleinste noch zulässige Abweichung der Sprungantwort von ihrem stationären Endwert (z.B. ±5%) darstellt.

Die Überschwingamplitude $x_{aÜ}$ gibt die maximale Amplitude der Sprungantwort zwischen Überschwinger und stationärem Endwert an. Die Periodendauer T_P ist definiert durch den zeitlichen Abstand zweier Maxima oder Minima der Überschwinger. Die Ausgleichszeit T_A ist definiert durch den Schnittpunkt der Wendetangente mit der Zeitachse und dem Schnittpunkt mit dem stationären Endwert der Sprungantwort. Die Einschwingzeit T_E ist festgelegt durch den Zeitpunkt $t = 0$ und der letztmaligen Überschreitung des Einschwingtoleranzbandes B. Systeme 2. Ordnung sind so ausgelegt, dass das Dämpfungsmaß $D = 0{,}7$ beträgt. Bei diesem Wert beträgt der Amplitudenfehler ca. 4,5%. Die Einschwingzeit T_E beträgt ungefähr 0,7 ms, d.h., nach 0,7 ms hat die Sprungantwort 95,5% ihres Endwertes erreicht (Restfehler 4,5%). Ein Kriterium für die Güte des Sensors ist das Verhältnis Einschwingzeit T_E zu Periodendauer T_P der ungedämpften Schwingung und hat für ein Dämpfungsmaß von $D = 0{,}7...0{,}8$ seinen kleinsten Wert, d.h., T_E hat für dieses Dämpfungsmaß ihr Minimum. Das Dämpfungsmaß ist eine temperaturabhängige physikalische Größe. Bei Auslegung eines Sensors auf die vom Anwender geforderte Einstellzeit T_E muss das Temperaturverhalten des Dämpfungsmittels immer berücksichtigt werden. Eine Öldämpfung hat einen thermischen Koeffizienten von ca. 1,5%/K und eine Wirbelstromdämpfung von ca. 0,4%/K. Die Tabellen direkt nach dem Inhaltsverzeichnis geben eine Übersicht nach Messprinzipien zur schnellen Orientierung.

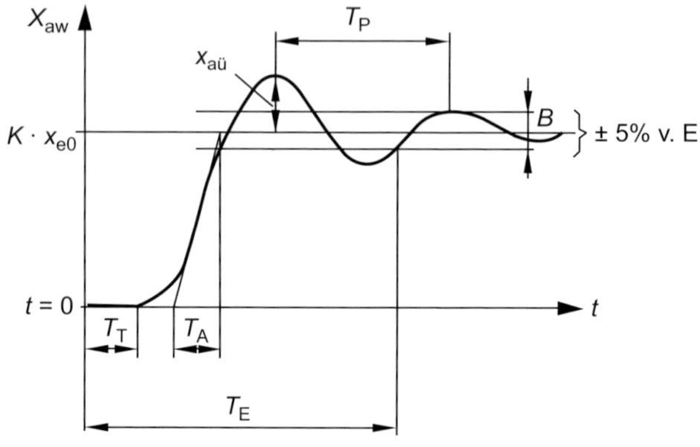

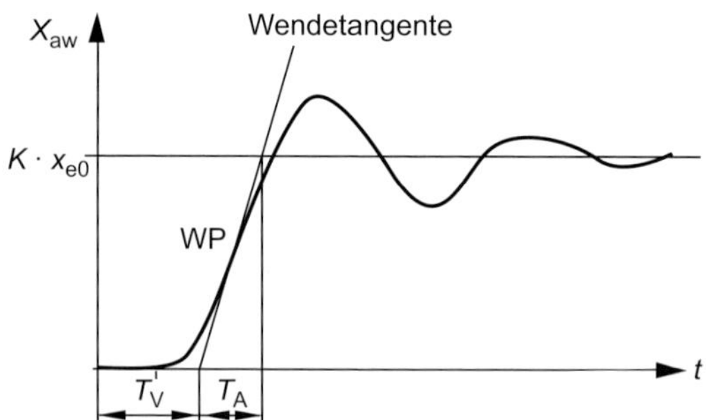

Bild 1.30
Sprungantwort 2. Ordnung mit Zeitkenngrößen

Das Dämpfungsmaß D lässt sich mit Hilfe nachfolgender Gleichung berechnen.

$$D = \frac{\ln \frac{x_{a0}}{x_{aü}}}{\sqrt{\pi^2 + \left(\ln \frac{x_{a0}}{x_{aü}}\right)^2}} \qquad \text{(Gl. 1.85)}$$

Die Gleichungsgrößen sind Bild 1.30 zu entnehmen.

Der Relation zwischen Resonanzfrequenz f_0 (bei $D = 0$) und Einschwingzeit f_E (bei $D > 0$) lautet:

$$f_E = f_0 \cdot \sqrt{1 - D^2} \qquad \text{(Gl. 1.86)}$$

Impulsfunktion

Die experimentelle Realisierbarkeit der Messung der physikalischen Zustandsgröße und das physikalische Wirkungsprinzip des Sensors bestimmen, ob eine Sprungfunktion $w(t)$ oder eine Impulsfunktion $\delta(t)$ als Testfunktion verwendet wird. Impulsfunktionen eignen sich besonders zur Bestimmung von dynamischen Kennwerten für Sensoren mit statischen Mittellagen. Sie sind auch oft technisch einfacher erzeugbar als Sprungfunktionen. Für die Impulsfunktion $\delta(t)$ gilt:

$$\delta(t) = \begin{cases} 0 & \text{für } t \lessgtr 0 \\ \infty & \text{für } t = 0 \end{cases} \qquad \text{(Gl. 1.87)}$$

Diese Impulsfunktion wird auch DIRAC-Stoß genannt und geht mathematisch aus der Sprungfunktion durch Differentiation nach der Zeit hervor. Es gilt also:

$$\delta(t) \equiv \frac{\mathrm{d}w(t)}{\mathrm{d}t} \qquad \text{(Gl. 1.88)}$$

Die Impulsantwort $x_{a\delta}(t)$ ist der Zeitverlauf der Ausgangsgröße eines mit einer Impulsfunktion $\delta(t)$ beaufschlagten Sensors. Mathematisch sehr elegant gewinnt man die Impulsantwort durch Differenzieren der Sprungantwort nach der Zeit. Es gilt also:

$$x_{a\delta}(t) = \frac{d}{\mathrm{d}t} x_{aw}(t) \qquad \text{(Gl.1.89)}$$

Erzeugung der Impulsfunktion

erfolgt über mechanisches Anschlagen, herunterfallende Kugeln, elektrische Spannungsimpulse, elektrische Stromimpulse, pneumatische Stöße, hydraulische Stöße, Lichtblitze usw. Bei experimentell erzeugten Impulsfunktionen muss darauf geachtet werden, dass die Impulsdauer so kurz ist, dass der Sensor während der Impulsdauer noch kein messbares Ausgangssignal generiert.

Sensoren 1. Ordnung

In diese Ordnung gehören Temperatursensoren, optische Sensoren, piezoelektrische Sensoren, Magnetfeldsensoren, rein induktive Sensoren, rein kapazitive Sensoren und näherungsweise alle Sensoren, die mit 2 Energiespeicherspeichern entsprechend gedämpft sind.

Mathematische Betrachtung

Die Impulsfunktion $\delta(t)$ erhält man durch Differenzieren der Sprungfunktion $w(t)$. Es gilt also:

$$x_{a\delta}(t) = \frac{d}{\mathrm{d}t}\left\{k \cdot k_w \cdot x_{e_0} \cdot \left[1 - \exp\left(-\frac{t}{T_1}\right)\right]\right\} = \frac{k_1 \cdot x_{e_0}}{T_1} \cdot \exp\left(-\frac{t}{T_1}\right) \qquad \text{(Gl. 1.90)}$$

$k_1 = k \cdot k_w$ statischer Übertragungsfaktor
T_1 Zeitkonstante

In Bild 1.31 ist die Impulsfunktion $\delta(t)$ und die Impulsantwort $x_{a\delta}(t)$ für einen Sensor 1. Ordnung dargestellt. Die Zeitkonstante T_1 ist festgelegt durch die Zeit zwischen dem Zeitpunkt $t = 0$ und dem Schnittpunkt der Tangente, ausgehend vom Maximum der Funktion, mit der Zeitachse t (Bild 1.31). Die Zeitkonstante T_1 ist die Zeit, nach der das Sensorausgangssignal auf 36,78% des Sensoreingangssignals abgeklungen ist. Nach der Zeit $t = 4T_1$ ist die Amplitude des Sensorausgangssignals auf 2% vom Signalanfangswert gefallen.

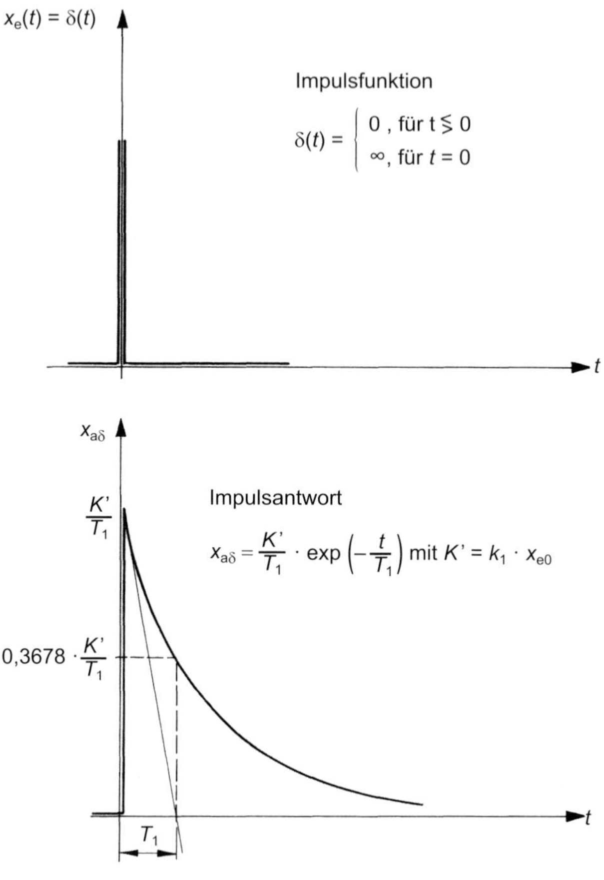

Bild 1.31
Impulsantwort als Antwortfunktion auf die Impulsfunktion für Sensoren und Geräte 1. Ordnung

Beispiel 1.7

Auf die Messstelle, z.B. eines Kraftsensors mit DMS, lässt man aus einer definierten Höhe eine Stahlkugel fallen. Sie trifft auf die Messstelle und springt von dieser sofort wieder hoch. Die so experimentell erzeugte Impulsfunktion ist eine gute Näherung für die theoretische Impulsfunktion. Die Erfassung des Sensorausgangssignals muss spätestens nach der Zeit $t = 0{,}01\ T_1$ erfolgen, damit die Amplitudenmessabweichung nicht größer als 1% ist. Außerdem darf der nächste Messwert frühestens nach der Zeit $t = 5\ T_1$ erfasst werden, damit die Nullpunktablage des nachfolgenden Messsignals nicht größer als 1% wird.

Sensoren 2. Ordnung

In diese Ordnung gehören z.B. elektrodynamische Schwingungssensoren und Drehwinkelsensoren, piezoelektrische Beschleunigungssensoren oder Temperatursensoren mit thermisch sehr trägen Sensorelementen, um nur einige zu nennen. Sie haben alle 2 Energiespeicher, zwischen denen die Signalenergie des Sensoreingangssignals durch Schwingungsvorgänge ausgeglichen wird.

Mathematische Betrachtungen

Die Impulsantwort $x_{a\delta}(t)$ für Sensoren 2. Ordnung erhält man wieder durch Differentiation der Sprungantwort Gl. 1.84 nach der Zeit. Für $0 \le D \le 1$ gilt:

$$x_{a\delta}(t) = \frac{\mathrm{d}}{\mathrm{d}t} x_{aw}(t) = \ldots = \frac{k_1 \cdot x_{e_0}}{\sqrt{1-D^2}} \cdot \exp\left(-\frac{D}{\mathrm{T}} \cdot t\right) \cdot \sin\left(\frac{\sqrt{1-D^2}}{\mathrm{T}} \cdot t\right) \qquad \text{(Gl. 1.91)}$$

$k_1 = k \cdot k_w$ statischer Übertragungsfaktor
T_1 Zeitkonstante
D Dämpfungsmaß

In Bild 1.32 ist z.B. für einen Sensor die Eingangsfunktion (Impulsfunktion) $\delta(t)$ und seine Ausgangsfunktion (Impulsantwort) $x_{a\delta}(t)$ dargestellt.

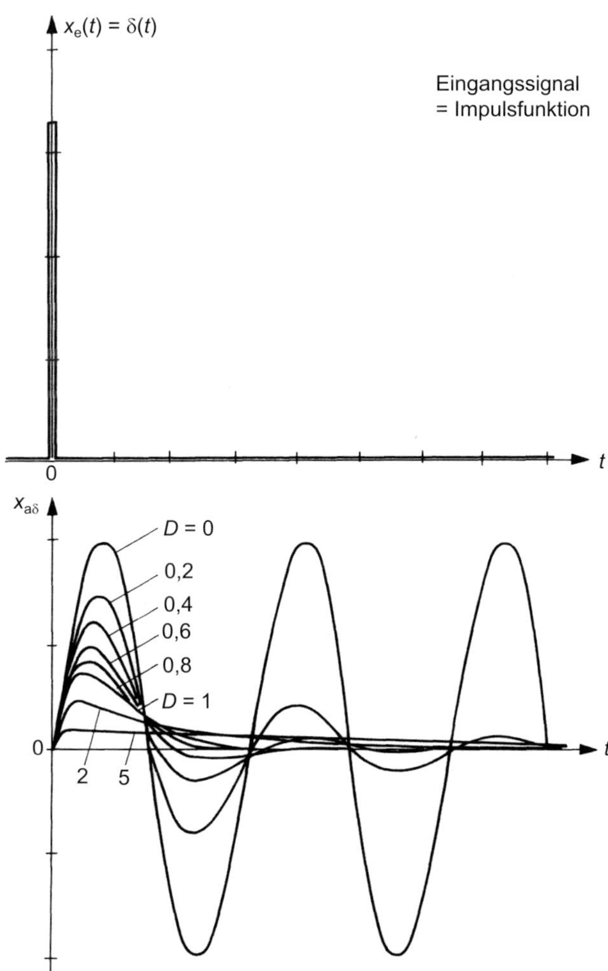

Bild 1.32
Impulsantwort als Antwortfunktion auf die Impulsfunktion für Sensoren und Geräte 2. Ordnung

Experimentelle Betrachtung

Bei der Anregung eines Sensors mit einer Impulsfunktion kommt es zum verlustbehafteten Energieaustausch zwischen den 2 Energiespeichern in Form eines Schwingungsvorganges. Die Höhe der Amplituden der Überschwinger und die zeitliche

Abnahme der Amplitude hängt wieder vom Dämpfungsmaß D ab. Es gibt wieder 3 Dämpfungsbereiche:

- $D = 0$ periodisch ungedämpfte Schwingungen,
- $0 < D < 1$ gedämpfte Schwingungen,
- $D = 1$ aperiodische Schwingungen.

Für die physikalischen Eigenschaften des Dämpfungsmaßes D gilt das in Abschnitt 1.7.2 schon Gesagte. Aus der Impulsantwort lassen sich, wie aus der Sprungantwort, die Einschwingzeit T_E, die Einschwingfrequenz f_E und die Eigenfrequenz f_0 des Sensors 2. Ordnung bestimmen.

Sinusfunktion

Bisher wurden die dynamischen Eigenschaften von Sensoren durch ihre Kenngrößen im Zeitbereich mit der Sprungfunktion und der Impulsfunktion beschrieben. Jedes dynamische Sensorsignal hat neben Kenngrößen im Zeitbereich auch solche im Frequenzbereich. Jedes Signal hat auch ein charakteristisches Frequenzspektrum. Mit Hilfe der Fourier-Analyse sind periodische Signale in ihre spektralen Komponenten zerlegbar. Man erhält so Aussagen, mit welchen Amplituden die einzelnen Schwingungen am zeitlichen Verlauf von dynamischen Signalen beteiligt sind.

Hinweis

Das physikalisch Frequenzverhalten von dynamischen Systemen für sinusförmige Erregung lässt sich besonders elegant mit Hilfe der komplexen Algebra und Analysis beschreiben. Aus linearen Differentialgleichungen im Zeitbereich werden mittels einer Funktionaltransformation komplexe lineare algebraische Gleichungen im Frequenzbereich. Mathematisch gesehen ist das eine Erweiterung aus dem reellen Zahlenraum in den übergeordneten komplexen Zahlenraum. Diese mathematische Methode ist für Ingenieure unverzichtbar.

Für Leser ohne diese mathematischen Vorkenntnisse empfiehlt sich, einfach nur die Lösungen der komplexen algebraischen Gleichungen als Gleichungen und ihre graphischen Darstellungen (Diagramme) zu betrachten. Wichtig ist es, die Diagramme für die verschiedenen dynamischen Systeme im Frequenzbereich sowie die Beschreibung ihres Frequenzverhaltens in Worten zu verstehen. Sie können so auch ohne Kenntnis der komplexen Algebra eine gute Einsicht in das Frequenzverhalten dynamischer Systeme aus praktischer, anwendungsbezogener Sicht erhalten.

Bild 1.33 zeigt die sinusförmigen Testfunktion $x_e(t)$ und das Ausgangssignal $x_a(t)$ bei gleicher Frequenz mit Amplituden- und Phasenlage.

Für die sinusförmige Testfunktion als Eingangssignal $x_e(t)$ gilt:

$$x_e(t) = \hat{X}_e \cdot \sin(\omega \cdot t) \Rightarrow \underline{x}_e(t) = \underline{\hat{X}}_e \cdot \exp(j \cdot \omega \cdot t) \qquad \text{(Gl. 1.92)}$$

ω konstante Frequenz
x_e Amplitude

Für das Ausgangsignal $x_a(t)$ gilt:

$$x_a(t) = \hat{X}_a \cdot \sin(\omega \cdot t + \varphi) \Rightarrow \underline{x}_a(t) = \underline{\hat{X}}_a(t) \cdot \exp(j \cdot (\omega \cdot t + \varphi)) \qquad \text{(Gl. 1.93)}$$

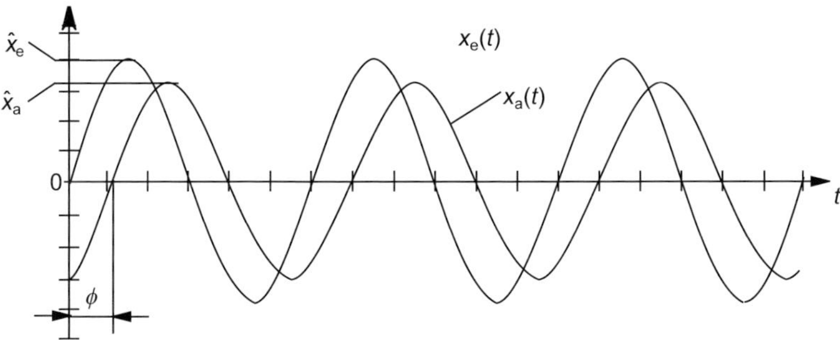

Bild 1.33 Sinustestfunktion

Die Signalamplitude und die Signalphase sind abhängig von der Frequenz, d.h., nicht alle spektralen Komponenten (Frequenzen) werden amplitudentreu und phasentreu übertragen. Dies führt zu dynamischen Messabweichungen der Amplitude und Form des Zeitverlaufs des Ausgangssignals $x_a(t)$. Erregt man Sensoren nacheinander mit rein sinusförmigen Eingangssignalen verschiedener Frequenz und gleicher Amplitude, kann man ihr dynamisches Abbildungsverhalten in den messtechnisch wichtigen Frequenzbereichen testen. Zur Beschreibung der dynamischen Eigenschaften von Sensoren im Frequenzbereich bildet man aus dem Verhältnis von Ausgangsgröße (Gl. 1.93) zur Eingangsgröße (Gl. 1.92) den komplexen Frequenzgang $\underline{F}(\mathrm{j}\omega)$:

$$\underline{F}(\mathrm{j}\cdot\omega)=\frac{\underline{x}_a(t)}{\underline{x}_e(t)}=\frac{\hat{X}_a}{\hat{X}_e}\cdot\exp(\mathrm{j}\cdot\varphi) \qquad \text{(Gl. 1.94)}$$

Für die arithmetische Form des komplexen Frequenzganges gilt (s. Band „Mechatronik 1", Kapitel 1):

$$\underline{F}(\mathrm{j}\cdot\omega)=\mathrm{Re}\{\underline{F}(\mathrm{j}\cdot\omega)\}+\mathrm{j}\cdot\mathrm{Im}\{\underline{F}(\mathrm{j}\cdot\omega)\} \qquad \text{(Gl. 1.95)}$$

Der komplexe Frequenzgang lässt sich in Amplitudengang $A(\omega)$ und Phasengang $\varphi(\omega)$ zerlegen.

Für den «reellen» Amplitudengang gilt:

$$A(\omega)=|\underline{F}(\mathrm{j}\cdot\omega)|=\sqrt{\mathrm{Re}\{\underline{F}(\mathrm{j}\cdot\omega)\}^2+\mathrm{Im}\{\underline{F}(\mathrm{j}\cdot\omega)\}^2} \qquad \text{(Gl. 1.96)}$$

Für den «reellen» Phasengang gilt:

$$\varphi(\omega)=\arctan\frac{\mathrm{Im}\,\underline{F}(\mathrm{j}\cdot\omega)}{\mathrm{Re}\,\underline{F}(\mathrm{j}\cdot\omega)} \qquad \text{(Gl. 1.97)}$$

Die gemeinsame komplexe Darstellung des Amplituden- und Phasenganges in einem Diagramm heißt Ortskurve. Die «reelle» Darstellung in 2 Diagrammen heißt BODE-Diagramm.

Sensoren 0. Ordnung

Aus der Lösung der Differentialgleichung von Gl. 1.77 erhält man für den statischen Fall (zeitliche Ableitungen 0):

$$x_a(t)=k\cdot x_e(t)\xrightarrow{\text{Trans.}}\underline{x}_a(t)=k\cdot\underline{x}_e(t) \qquad \text{(Gl. 1.98)}$$

Für den komplexen Frequenzgang erhält man mit Gl. 1.94:

$$\underline{F}(\mathrm{j}\cdot\omega)=k \tag{Gl. 1.99}$$

Für den Amplitudengang erhält man mit Gl. 1.96 und Gl. 1.98:

$$A(\omega)=k \tag{Gl. 1.100}$$

Für den Phasengang erhält man mit Gl. 1.97 und Gl. 1.99:

$$\varphi(\omega)=0 \tag{Gl. 1.101}$$

Bild 1.34 zeigt den Amplituden- und Phasengang für Sensoren 0. Ordnung.

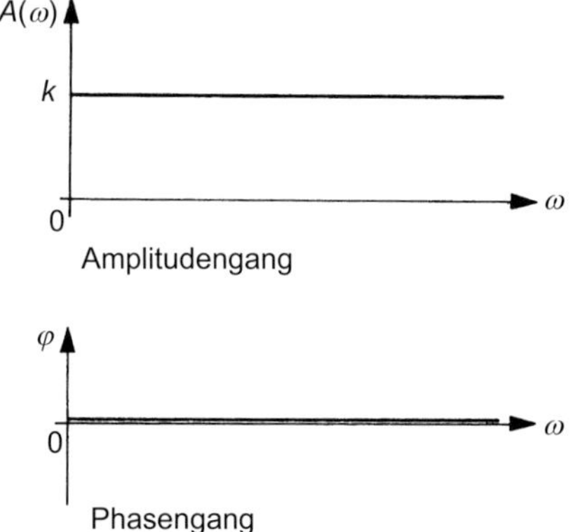

Bild 1.34
Amplituden- und Phasengang für Sensoren 0. Ordnung

Experimentelle Betrachtung

Da in der Differentialgleichung alle frequenzabhängigen Terme 0 sind, besteht keine Abhängigkeit des Amplituden- und Phasenganges von der Frequenz. Eine dynamische Messabweichung in der Messsignalabbildung existiert also nicht. Zwischen der Eingangs- und Ausgangsfunktion besteht damit ein linearer proportionaler Zusammenhang, d.h., der zeitliche Verlauf der Eingangsfunktion wird amplitudentreu und phasentreu durch den Sensor wiedergegeben. Der Koeffizient k heißt Proportionalitätsfaktor.

Sensoren 1. Ordnung

Das dynamische Verhalten der Sensoren 1. Ordnung (1-Speicher-Systeme) lässt sich durch eine lineare Differentialgleichung 1. Ordnung mit konstanten Koeffizienten beschreiben:

$$T_1\cdot\frac{\mathrm{d}x_\mathrm{a}(t)}{\mathrm{d}t}+x_\mathrm{a}(t)=k\cdot x_\mathrm{e}(t)\xrightarrow{\text{Trans.}}T_1\cdot\mathrm{j}\cdot\omega\cdot\underline{x}_\mathrm{a}(t)+\underline{x}_\mathrm{a}(t)=k\cdot\underline{x}_\mathrm{e}(t) \tag{Gl. 1.102}$$

Für den komplexen Frequenzgang gilt mit Gl. 1.94 und Gl. 1.102:

$$\underline{F}(\mathrm{j}\cdot\omega)=\frac{k}{1+\mathrm{j}\cdot\omega\cdot T_1} \tag{Gl. 1.103}$$

Für den «reellen» Amplitudengang gilt mit Gl. 1.96 und Gl. 1.103:

$$A(\omega) = \frac{k}{\sqrt{1 + (\omega \cdot T_1)^2}} \qquad \text{(Gl. 1.104a)}$$

Für den «reellen» Phasengang gilt mit Gl. 1.97 und Gl. 1.103:

$$\varphi(\omega) = -\arctan(\omega \cdot T_1) \qquad \text{(Gl. 1.104b)}$$

Bild 1.35 zeigt den Amplituden- und Phasengang für Sensoren 1. Ordnung. Der Amplitudengang folgt für kleine Frequenzen angenähert einer horizontalen Geraden und bei großen Frequenzen einer geneigten Geraden. Sie schneiden sich im Punkt der Grenzfrequenz $\omega = \omega_g = 1/T_1$. Bei dieser ist der Amplitudengang auf den Wert 0,707 abgefallen. Die Messabweichung der Amplitude beträgt bei der Grenzfrequenz fast 30% vom Messwert. Der Phasengang verläuft von 0...–π/2. Bei der Grenzfrequenz hat der Phasengang den Wert –π/4, d.h., das Ausgangssignal ist zum Eingangssignal um 90° phasenverschoben.

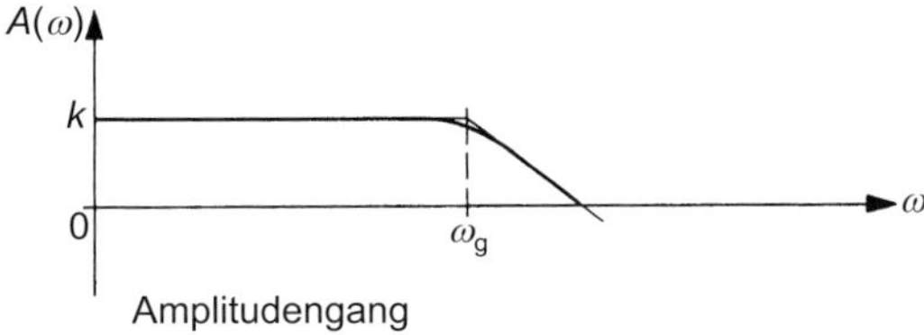

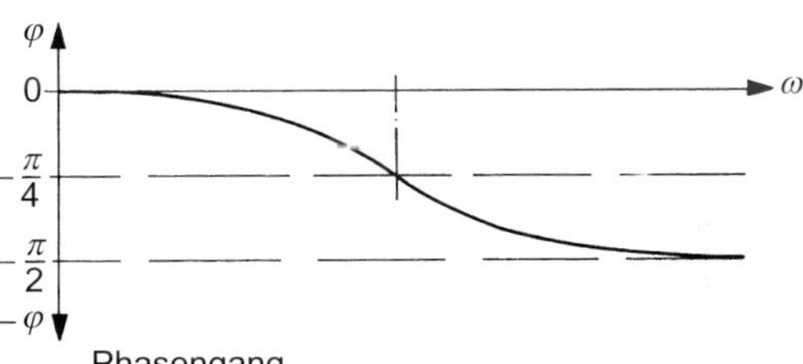

Bild 1.35
Amplituden- und Phasengang für Sensoren 1. Ordnung

Experimentelle Betrachtung

Zur Bestimmung des Frequenzganges werden Sensoren mit Sinussignalen mit verschiedenen Frequenzen beaufschlagt. Die Ausgangssignale sind, nach Abklingen des Einschwingvorganges, ebenfalls sinusförmig mit gleichen Frequenzen, aber unterschiedlichen Amplituden und mit Phasenverschiebungen. Zur Erzeugung verwendet man im elektrischen Fall einen Sinusgenerator mit einstellbaren Frequenzen. Damit lassen sich einfach elektrophysikalische Sensoren und elektrische Komponenten testen. Zur Erzeugung mechanischer Sinussignale verwendet man Rütteltisch oder Hydropulser. Damit sind Beschleunigungssensoren und Schwingungssensoren sehr gut testbar. Elektronische Geräte zur Aufzeichnung von elektrischen Sensorsignalen sind Digitaloszilloskope, Transientenrekorder, elektrische Schreiber oder rechnergestützte Messsysteme. Aus dem Amplitudengang von Bild 1.31 erkennt man, dass das Amplitudenverhältnis mit größer werdender Frequenz abnimmt. Es ist daher zweckmäßig, die Grenzfrequenz ω_g des Sensors anzugeben. Sie gibt an, in welchem Frequenzbereich der Sensor eingesetzt werden kann. Um die Messabweichungen bei ausreichender Bandbreite klein zu halten, sollte die Grenzfrequenz um den Faktor 10 größer sein als die höchste noch zu übertragende Frequenzkomponente des Messsignals.

Sensoren 2. Ordnung

Das dynamische Verhalten von Sensoren 2. Ordnung (2-Speicher-Systeme) lässt sich durch eine lineare Differentialgleichung 2. Ordnung mit konstanten Koeffizienten beschreiben.

$$T^2 \cdot \frac{d^2 \cdot x_a(t)}{dt^2} + 2 \cdot D \cdot T \cdot \frac{dx_a(t)}{dt} + x_a(t) = k \cdot x_e(t) \qquad \text{(Gl. 1.105)}$$

T_1 Zeitkonstante
D Dämpfungsmaß des Sensors

Mit Hilfe der komplexen Funktionaltransformation erhält man dann aus Gl. 1.105:

$$T^2 \cdot (\mathrm{j} \cdot \omega)^2 \cdot \underline{x}_a(t) + 2 \cdot D \cdot T \cdot (\mathrm{j} \cdot \omega) \cdot \underline{x}_a(t) = k \cdot \underline{x}_e(t) \qquad \text{(Gl. 1.106)}$$

Für den komplexen Frequenzgang gilt mit Gl. 1.94 und Gl. 1.106:

$$\underline{F}(\mathrm{j} \cdot \omega) = \frac{k}{1 - (\omega \cdot T)^2 + \mathrm{j} \cdot 2 \cdot \omega \cdot D \cdot T} \qquad \text{(Gl. 1.107)}$$

Für den «reellen» Amplitudengang gilt mit Gl. 1.96 und Gl. 1.107:

$$A(\omega) = \frac{k}{\sqrt{\left(1 - (\omega \cdot T)^2\right)^2 + (2 \cdot \omega \cdot D \cdot T)^2}} \qquad \text{(Gl. 1.108)}$$

Für den «reellen» Phasengang erhält man mit Gl. 1.97 und Gl. 1.108:

$$\varphi(\omega) = -\arctan \frac{2 \cdot D \cdot T \cdot \omega}{1 - (\omega \cdot T)^2} \qquad \text{(Gl. 1.109)}$$

Bild 1.36 zeigt den Amplituden- und Phasengang für Sensoren 2. Ordnung. Aus dem Amplitudengang ist zu ersehen, dass das Dämpfungsmaß D einen großen Einfluss auf die dynamischen Messabweichungen der Sensoren hat. Je größer Dämpfungsmaß D, umso kleiner wird das Ausgangssignal des Sensors im Verhältnis zum Eingangssignal. Aus dem Amplitudengang ist zu erkennen, dass für das Dämpfungsmaß $D = 0{,}7$ der größte nutzbare Frequenzbereich erreicht wird. Für Frequenzen $\omega < 0{,}4\omega_g$ ist die Amplitude des Ausgangssignals etwa so groß wie die Eingangsamplitude. Der Phasengang bzw. die Signallaufzeit nimmt mit zunehmender Frequenz und Dämpfung zu. Für $D < 0{,}1$ sind die Signallaufzeiten näherungsweise vernachlässigbar. Für $D = 0{,}7$ ist die Signallaufzeit praktisch proportional zur Messsignalfrequenz.

Experimentelle Betrachtung

Ein piezoelektrischer Beschleunigungssensor wird mit einem sinusförmigen Testsignal eines elektromechanischen Schwingtisches mit verschiedenen Frequenzen mechanisch angesteuert. Das Ausgangssignal des Sensors wird im eingeschwungenen Zustand elektronisch abgefragt und weiterverarbeitet. Zur Bestimmung der Grenzfrequenz f_g des Sensors genügt die Kenntnis des Amplitudenganges. Die Grenzfrequenz f_g gibt an, bis zu welcher Messfrequenz f_{mess} der Sensor eingesetzt werden kann, um eine zulässige Messabweichung der Amplitude nicht zu überschreiten. Der Sensor darf nicht für Messfrequenzen in der Nähe seiner Eigenfrequenz f_0 eingesetzt werden, weil sich hier Amplitude und Phase stark mit der Messfrequenz ändern. Die Frequenzbandbreite des Sensors muss stets größer sein als die des zu übertragenden Messsignals.

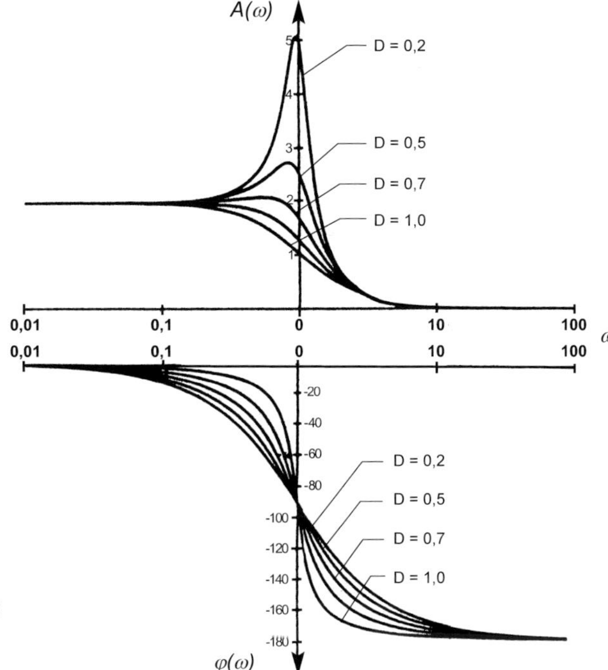

Bild 1.36
Amplituden- und Phasengang für Sensoren 2. Ordnung mit $k = 2$

Beispiel 1.8

Zur Messung der Temperatur im Gehäuse eines E-Motors soll ein Temperatursensor eingesetzt werden. Zur Ermittlung seiner dynamischen Eigenschaften wird er mit einer thermischen Testfunktion beaufschlagt. Bild 1.37 zeigt die gemessene Testfunktion und Antwortfunktion.

a) Bestimmen Sie mit Hilfe der in Bild 1.37 dargestellten Kurven die Art der verwendeten Testfunktion und die dynamische Ordnung des Temperatursensors.
b) Bestimmen Sie mit Hilfe der Testfunktion (Bild 1.37) graphisch die Zeitkonstante T_1 des Sensors. Welche dynamische Bedeutung hat die Zeitkonstante?
c) Nach welcher Zeit kann der Messwert frühesten erfasst werden, wenn die dynamische Messabweichung der Amplitude nicht größer als 5% werden soll?

Lösung 1.8

a) Art der verwendeten Testfunktion: Sprungfunktion.
Dynamische Ordnung: 1. Ordnung, da nur 1 Energiespeicher
b) Bestimmung der Zeitkonstanten aus dem Diagramm von Bild 1.37.
Es ist bekannt, dass nach Erreichen der Zeitkonstanten $t = T_1$ das Signal 63% seines Endwertes erreicht hat; damit aus Diagramm (s. Eintrag im Diagramm) $T_1 = 10$ ms wird.
c) Für die Sprungantwort gilt (s. Abschnitt 1.7.2):

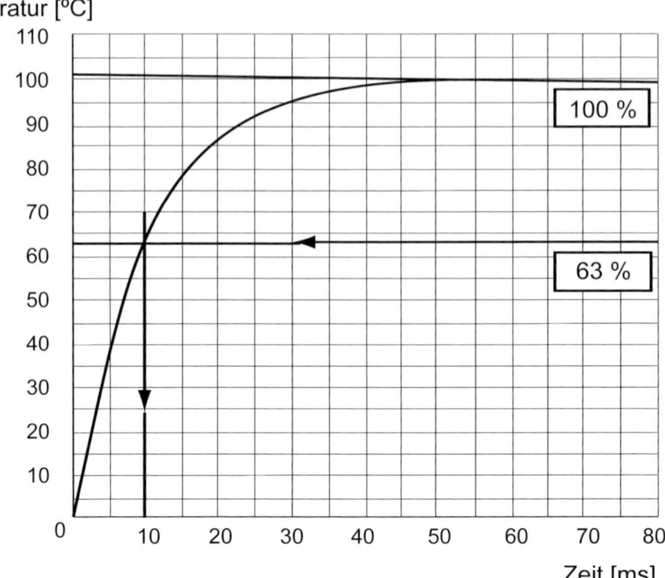

Bild 1.37
Thermische Testfunktion und die thermische Antwortfunktion des Temperatursensors

$$x_{a_w}(t) = k_1 \cdot x_{e_0} \cdot \left[1 - \exp\left(-\frac{t}{T_1}\right)\right] \Rightarrow 1{,}00 - 0{,}05 = 1 \cdot \left[1 - \exp\left(-\frac{t}{10}\right)\right]$$

$$\Rightarrow t \approx 30 \text{ ms}$$

(Gl. 1.110)

Beispiel 1.9

Ein elektrischer Linienschreiber wird mit einer elektrischen Sprungfunktion nach Bild 1.38 getestet.

a) Bestimmen Sie, mit Hilfe der oben dargestellten Sprungantwort, die dynamische Ordnung.
b) Berechnen Sie aus der oben dargestellten Sprungantwort das Dämpfungsmaß D.
c) Berechnen Sie aus der Sprungantwort die Einschwingfrequenz f_E und die Eigenfrequenz f_0 des elektrischen Linienschreibers.
d) Die Sprungfunktion wird zu Testzwecken durch eine Rechteckfunktion ersetzt. Wie groß muss die Erregerfrequenz der Rechteckfunktion (Tastverhältnis 1 : 1) mindestens sein, damit der Linienschreiber die Antwortfunktion ohne dynamische Verfälschung aufzeichnet?

Lösung 1.9

a) Der elektrische Linienschreiber ist ein dynamisches System 2. Ordnung (2 Energiespeicher)
b) Dämpfungsmaß des Linienschreibers (Daten für Rechnung aus Diagramm):

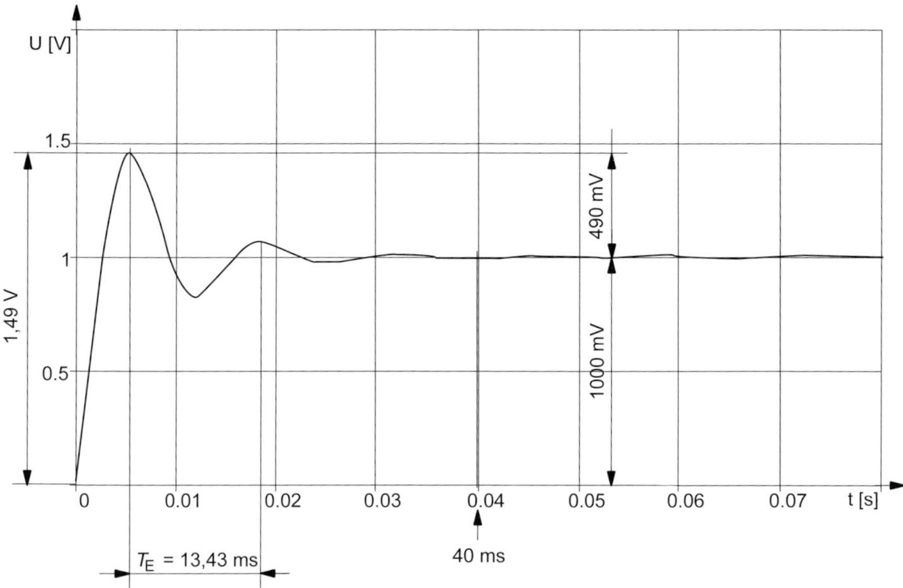

Bild 1.38 Sprungantwort des Linienschreibers

$$D = \frac{\ln\left(\frac{x_{a_0}}{x_{a_0}}\right)}{\sqrt{\pi^2 + \left[\ln\left(\frac{x_{a_0}}{x_{a_0}}\right)\right]^2}} = \frac{\ln\left(\frac{1000\text{ mV}}{490\text{ mV}}\right)}{\sqrt{\pi^2 + \left[\ln\left(\frac{1000\text{ mV}}{490\text{ mV}}\right)\right]^2}} \approx 0,22 \qquad \text{(Gl. 1.111)}$$

c) Einschwingfrequenz des Linienschreibers (Daten aus Diagramm):

$$f_E = \frac{1}{T_E} = \frac{1}{13,43\text{ ms}} = 74,47\text{ Hz} \qquad \text{(Gl. 1.112)}$$

Eigenfrequenz (Resonanzfrequenz) des Linienschreibers

$$f_0 = \frac{f_E}{\sqrt{1-D^2}} = \frac{74,47\text{ Hz}}{\sqrt{1-0,22^2}} = 76,34\text{ Hz} \qquad \text{(Gl. 1.113)}$$

d) Erregerfunktion (Testfunktion) ist Sprungfunktion, damit:

$$f_{Err} = \frac{1}{T_{Err}} = \frac{1}{40\text{ ms}} = 25\text{ Hz} \qquad \text{(Gl. 1.114)}$$

Beispiel 1.10

Das Diagramm von Bild 1.39 zeigt den Amplitudengang $A(\omega) = |F(\omega)|$ eines Schwingwegsensors.

a) Bestimmen Sie mit Hilfe des in Bild 1.39 dargestellten Amplitudengangs $A(\omega) = |F(\omega)|$ die dynamische Ordnung des Schwingwegsensors.

b) Bestimmen Sie, mit Hilfe des Amplitudengangs $A(\omega)$, die Resonanzkreisfrequenz ω_0 des Schwingwegsensors. Kennzeichnen Sie die Resonanzkreisfrequenz im Diagramm.

c) Berechnen Sie, mit Hilfe des Amplitudenganges $A(\omega)$, das Dämpfungsmaß D des Schwingwegsensors.
(**Anmerkung:** Wählen Sie einen geeigneten Punkt im Diagramm, kennzeichnen Sie diesen und entnehmen das zugehörige Wertepaar für die Berechnung.)
d) Mit dem Schwingwegsensor soll ein periodisches Messsignal mit einer Kreisfrequenz von $\omega = 100$ Hz gemessen werden. Berechnen Sie die zu erwartende relative Messabweichung der Amplitude.

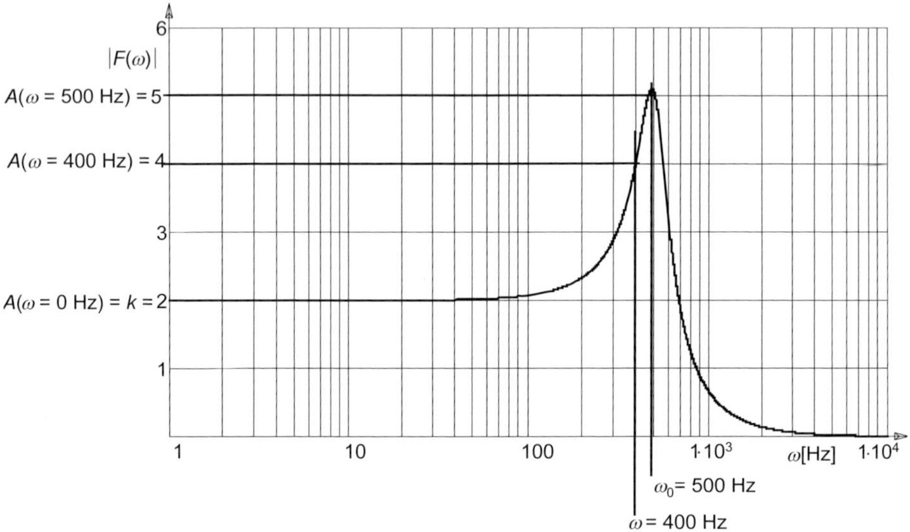

Bild 1.39 Amplitudengang des elektrischen Schwingwegsensors

Lösung 1.10

a) Der Schwingwegsensor ist von 2. dynamischer Ordnung (2 Energiespeicher).
b) Aus dem Diagramm von Bild 1.39 ist die Resonanzkreisfrequenz: $\omega_0 = 500$ Hz.
c) Bestimmung des Dämpfungsmaßes D; aus Gl. 1.108 ergibt sich durch Umstellung mit $T = 1/\omega_0$:

$$D = \frac{\sqrt{\left(\frac{\mathrm{k}}{A(\omega)}\right)^2 - \left[1 - \left(\frac{\omega}{\omega_0}\right)^2\right]^2}}{2 \cdot \frac{\omega}{\omega_0}} = \frac{\sqrt{\left(\frac{2}{4}\right)^2 - \left[1 - \left(\frac{400\ \text{Hz}}{500\ \text{Hz}}\right)^2\right]^2}}{2 \cdot \frac{400\ \text{Hz}}{500\ \text{Hz}}} \approx 0{,}22 \qquad \text{(Gl. 1.115)}$$

d) Amplitudenmessabweichung für die 100-Hz-Schwingung. Es ist:

$$A(\omega = 0\ \text{Hz}) = k = 2{,}000 \qquad \text{(Gl. 1.116)}$$

$$A(\omega = 100\ \text{Hz}) = \frac{k}{\sqrt{\left[1 - \left(\frac{\omega}{\omega_0}\right)^2\right]^2 + 4 \cdot D^2 \cdot \left(\frac{\omega}{\omega_0}\right)^2}} = \ldots = 2{,}0747 \qquad \text{(Gl. 1.117)}$$

Für die relative Amplitudenmessabweichung gilt:

$$f_{A(\omega)} = \frac{A(\omega = 100\ \text{Hz}) - A(\omega = 0\ \text{Hz})}{A(\omega = 100\ \text{Hz})} \cdot 100\% = \frac{2{,}075 - 2{,}0}{2{,}075} \cdot 100\% = +3{,}47\%$$

(Gl. 1.118)

1.7.3 Korrektur statischer und dynamischer Messabweichungen

Da statische und dynamische Messabweichungen systematische Messabweichungen sind, können Korrekturen hardwaretechnisch oder softwaretechnisch durchgeführt werden.

Linearisierung für statische Messabweichungen

- ❑ Richtige Wahl des Arbeitspunktes:
  Auf Kennlinienabschnitt mit kleinster Nichtlinearität setzen.
- ❑ Konstruktionsmaßnahmen:
  Realisierung des Differenzspulenprinzips.
- ❑ Linearisierung durch Empfindlichkeitsreduktion:
  Parallelschaltung von Korrekturschaltungen.
- ❑ Kleinsignalaussteuerung:
  Linearsten Bereich der Kennlinie zur Signalübertragung nutzen.

Kompensation dynamischer Messabweichungen

- ❑ Digitale Kennlinienkorrektur:
  Geradenapproximation, Polynom- und Spline-Interpolation.

1.8 Störsicherheit und Zuverlässigkeit

Messsignale können durch defekte Messmittel (z.B. Sensoren usw.) oder durch interne und externe Störsignale verfälscht werden. Bei hochsicherheitsrelevanten Forderungen an Sensorsysteme, wie z.B. in der chemischen Industrie, in der Luft- und Raumfahrttechnik, in der Kernreaktortechnik, in der Automobilindustrie oder in der Medizintechnik, werden allerhöchste Anforderungen an die Zuverlässigkeit gestellt. Verfälschte Messsignale müssen immer gut erkennbar und durch geeignete Maßnahmen korrigierbar sein. Einzelne Sensoren haben aus physikalischen und technologischen Gründen immer eine von 0 verschiedene Ausfallrate. Also müssen daher redundante intelligente Multisensor- und Elektroniksysteme eingesetzt werden. Intelligente Sensoren mit Selbstkalibrierung und Störgrößenkompensation bestehen aus zwei völlig baugleichen Sensoren (Differenzprinzip), einem Kalibrator für die Referenzgröße (definiert als 70% vom Maximalwert der Messgröße) und einem Mikrocontroller für die softwaregestützte Signalverknüpfung.

Beispiel 1.11 ?!

Bild 1.40 zeigt den möglichen Prinzipaufbau eines intelligenten Sensors für den Aufbau eines redundanten Sensorsystems.

2 möglichst exakt baugleiche Sensoren sind so angeordnet, dass Sensor 1 nur die Störgröße (z.B. elektromagnetische Störpulse) und Sensor 2 sowohl die Störgröße als auch die Messgröße (z.B. hydraulisches Drucksignal) erfasst. Der Mikrocontroller

befindet sich programmgesteuert im Messmodus oder im Referenzmodus. Im Messmodus wird aus dem Signal des Sensors 1 und aus dem Signal des Sensors 2 mit Hilfe des Mikrocontrollers ein fast störgrößenfreies Differenzsignal gebildet, das der Messgröße entspricht und elektronisch weiterverarbeitet werden kann. Im Referenzmodus wird eine Referenzgröße (nach Norm ca. 70% der maximalen Messgröße) auf den Mikrocontroller geschaltet. Er kann dann die gemessene Referenzgröße mit der im Speicher hinterlegten Messgröße vergleichen und dann erkennen, ob der intelligente Sensor noch fehlerfrei arbeitet. Im Fall einer Fehlerfreiheit der Messungen kann gegebenenfalls das Differenzsignal in seiner Amplitude auf den gewünschten Wert nachgestellt werden (Selbstkalibrierung). Die Redundanz wird erreicht, indem 3 intelligente Sensoren in einem Messsystem eingebaut werden, die sich im Schadensfall richtig ergänzen.

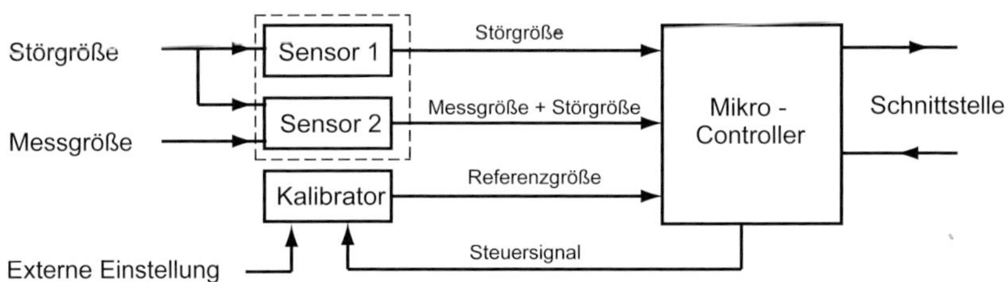

Bild 1.40 Redundanz eines Sensorsystems

1.9 Praktische Zusammenstellung und Auswahlkriterien für Messgrößen und Sensoren

1.9.1 Zusammenstellung von Sensor- und Messgrößenanwendungen

Die Übersicht nach dem Inhaltsverzeichnis hilft beim Auffinden von Messprinzipien (Sensorprinzipien) sowie Messgrößen (Sensierungsgrößen) und dazugehörenden Sensortypen (oder umgekehrt) mit den jeweiligen Kapitel- und Abschnittsverweisen.

1.9.2 Auswahlkriterien für Sensorentwicklungen und Sensoranwendungen

Die technischen Einsatzgebiete von Sensoren werden von ihren statischen und dynamischen Messeigenschaften sowie den mechanischen, thermischen und chemischen Umwelteinflüssen bestimmt. Neben der Berücksichtigung von physikalischen und technischen Gesichtspunkten haben auch wirtschaftliche Gesichtspunkte eine große Bedeutung.

Erfassung der Messgrößen, Umgebungseinflüsse und Randbedingungen
Die systematische Erfassung dient der Präzisierung der Anforderungen an die Sensoren. Die nachfolgenden Punkte müssen für den jeweiligen Anwendungsfall exakt geklärt werden.

- ❑ Anwendungsbereich des Sensors?
- ❑ Folgen beim Ausfall des Sensors (Produkthaftung)?
- ❑ Welche Messgrößen sollen erfasst werden?

- ❑ Sind die Messgrößen statischer oder dynamischer Art?
- ❑ Forderungen an Reproduzierbarkeit, Auflösung, Nullpunktablage, Messfrequenzbereich?
- ❑ Umgebungsbedingungen: Temperatur, Feuchte, Druck, Vibration, Beschleunigung usw.
- ❑ Sind elektrische / magnetische Störfelder vorhanden?
- ❑ Welche Größe und Gewicht darf der Sensor haben?
- ❑ Wie hoch ist die Lebensdauer des Sensors?
- ❑ Sind Austauschbarkeit und Kalibrierung erwünscht?
- ❑ Wie steht der Sensor mit dem System in Verbindung?

Bestimmung möglicher physikalischer Wirkprinzipien des Sensors
Aus den Anforderungen an die Sensoren werden mögliche physikalische Sensorprinzipien abgeleitet. Die möglichen Sensorprinzipien und die Messelektronik werden stark von der physikalischen Natur der Messgrößen und der zu erwartenden Störgrößen aus der Umwelt bestimmt.

Prüfung der Messeigenschaften der ausgewählten Sensorprinzipien

- ❑ Messbereich und Messspanne?
- ❑ maximale Messgrößenänderung?
- ❑ Auflösung des Messsignals?
- ❑ Schwellwert (kleinstes Signal)?

Überprüfung der zulässigen Messabweichungen
Die möglichen Sensorprinzipien und die zulässigen Messabweichungen der Sensoren werden von ihren statischen und dynamischen Eigenschaften bestimmt, die gegebenenfalls messtechnisch zu untersuchen sind.

Überprüfung der Stärke des Sensorsignals (elektrische Leistung)

- ❑ Elektronische Verstärkung des Messsignals?
- ❑ Abschirmung (elektromagnetische Verträglichkeit)?

Überprüfung wirtschaftlicher und anderer Faktoren

- ❑ Beschaffungskosten und Herstellungskosten?
- ❑ Wartungsaufwand?
- ❑ Betriebssicherheit?
- ❑ Zuverlässigkeit?
- ❑ Lebensdauer?

Endbestimmung des Sensors
Die hier beschriebene Systematik oder Auswahlkriterien können auch als Vorlage für die Erstellung eines Lastenheftes dienen, das erfahrungsgemäß «leider» meistens den entsprechenden spezifischen «Hausnormen» der Hersteller oder Anwender entspricht!

2 Mechanoresistive Sensoren

Mechanoresistive Sensoren beruhen auf physikalischen Effekten, die an einem Widerstandskörper eine Änderung des elektrischen Widerstandes R durch die zu erfassenden mechanischen Größen bewirken. Der elektrische Widerstand R eines rechteckigen Widerstandskörpers (Bild 2.1) mit der Länge l, dem Querschnitt A und dem spez. elektrischen Widerstand ϱ kann, wie aus der Elektrotechnik bekannt, nach folgender Gleichung berechnet werden:

$$R = \varrho \cdot \frac{l}{A} \qquad \text{(Gl. 2.1)}$$

Gl. 2.1 beschreibt die geometrischen und festkörperphysikalischen Messparameter. Mechanoresistive Sensoren lassen sich in 2 Sensortypen einteilen:

- positionsresistive Sensoren,
- dehnungsresistive Sensoren.

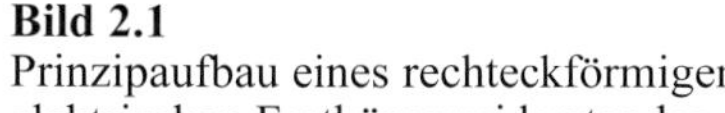

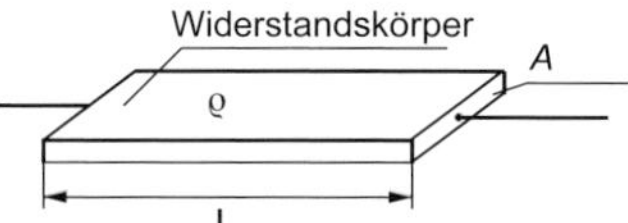

Bild 2.1
Prinzipaufbau eines rechteckförmigen elektrischen Festkörperwiderstandes

2.1 Positionsresistive Sensoren (resistive Aufnehmer / Sensoren)

Positionsresistive Sensoren werden in 2 Bauformen eingeteilt:

- **linearpotentiometrische Sensoren**
  zur Erfassung von linearen Wegen und Positionen,
- **winkelpotentiometrische Sensoren**
  zur Erfassung von Winkelwegen und Winkelpositionen,

Elementarsensoren (Abschnitt 1.2) heißen Linearpotentiometer und Winkelpotentiometer.

2.1.1 Linearpotentiometer und Winkelpotentiometer

Technologische Systematik: (s. Abschnitt 1.3)
Linear- und Winkelpotentiometer gibt es in

- Drahtausführungen,
- Leitplastikausführungen,
- Leitplastikhybridausführungen.

Grundlagen und technischer Aufbau

Linearpotentiometer (Bild 2.2)
bestehen aus Widerstandsdrähten oder Widerstandsschichten, auf denen elektrische Kontaktschleifer, mechanisch verbunden mit Messobjekten, bewegt werden. Der zwischen Schleifer und einem festen Anschluss wirksame elektrische Widerstand R_S ist proportional zur wirksamen Draht- oder Schichtlänge l_S. Es gilt:

$$R_S = \frac{l_S}{l_0} \cdot R_0 \qquad \text{(Gl. 2.2)}$$

Für die elektrische Spannung U_S zwischen Schleifer und Bezugspunkt gilt mit $R_L >> R_0$:

$$U_S = \frac{l}{l_0} \cdot U_0 \qquad \text{(Gl. 2.3)}$$

Ist die Forderung $R_L >> R_0$ nicht erfüllt, entsteht (s. Elektrotechnik) der «Durchhangfehler». Für einen Durchhangfehler <1% muss $R_L > 100\ R_0$ sein. Der Durchhangfehler darf nicht mit der «Nichtlinearität *NL*» (Abschnitt 1.7.1) verwechselt werden!

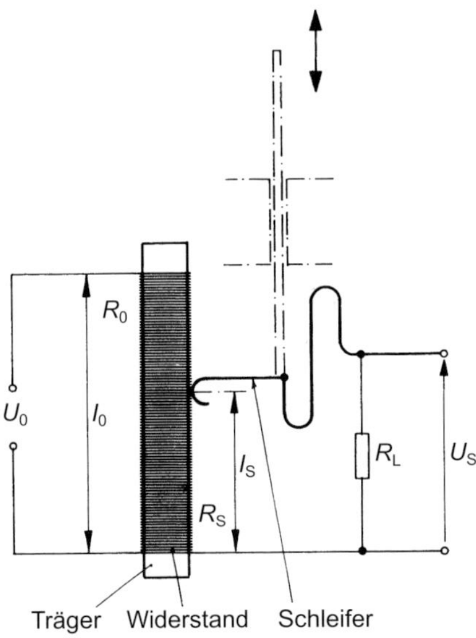

Bild 2.2 Linearpotentiometer

Winkelpotentiometer (Bild 2.3)
haben Widerstandswicklungen oder Widerstandsschichten in ringartiger Form. Die mit den Messobjekten mechanisch gekoppelten Drehachsen sind elektrisch isoliert mit den Schleifern verbunden. Nach Bild 2.3 gilt für den drehwinkelabhängigen Widerstand:

$$R_a = \frac{\alpha}{\alpha_0} \cdot R_0 \qquad \text{(Gl. 2.4)}$$

Für die elektrische Spannung U_a zwischen Schleifer und Bezugspunkt gilt:

$$U_a = \frac{\alpha}{\alpha_0} \cdot U_0 \qquad \text{(Gl. 2.5)}$$

Leitplastikausführungen haben Drahtausführungen, außer in der Hochtemperaturtechnik, weitgehend abgelöst. Mit speziellen Fertigungsverfahren lassen sich mechanisch abriebfeste Leitplastikbahnen mit sehr kleinen Fertigungstoleranzen herstellen.

Messtechnische Eigenschaften und Sensorelektronik

Leitplastikausführung
Das Ausgangssignal steht in Echtzeit, d.h. ohne Schleppfehler, zur Verfügung. Nach einem System-Reset oder Spannungsausfall ist damit keine Referenzfahrt zur Nullpunktfestlegung notwendig.

Die Bahnrauigkeit (Mikrolinearität) beträgt bei den Präzisionsausführungen ca. 0,25 µm, die maximale Schleifergeschwindigkeit ca. 400 mm/s, der maximale Arbeitstemperaturbereich beträgt +150 °C bei einer Widerstandsänderung von <1%.

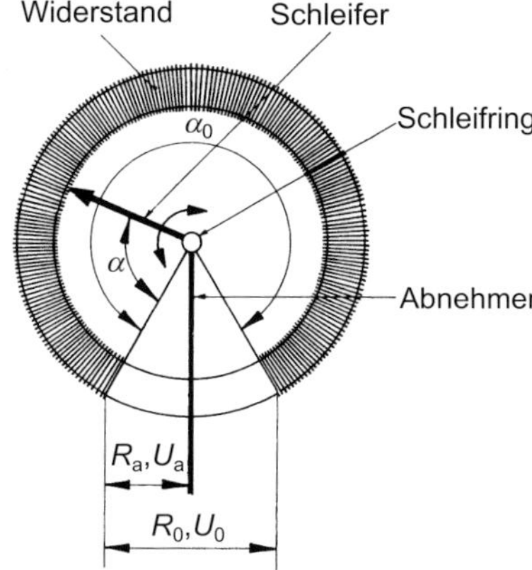

Bild 2.3 Winkelpotentiometer

Vorteile

- hohe Messgenauigkeit,
- geringe Kosten,
- einfache Messwertverarbeitung.

Nachteile

- mechanischer Verschleiß,
- empfindlich für Vibration und Beschleunigung,
- Rückwirkung auf das Messobjekt bedingt durch den Antriebsmechanismus.

Fehler durch falsche mechanische und elektrische Betriebsbedingungen

- **Mechanische Fehler**
  Falscher mechanischer Einbau oder schlechte mechanische Lagerung erzeugt in der Bahn der Leitplastik mechanische Spannungen, so dass sich der Übergangswiderstand abhängig von der Temperatur und der Feuchte stark ändern kann.
- **Mechanische Fehlervermeidung**
  Bei der mechanischen Ankopplung der Drehachse an das jeweilige Messobjekt ist minimaler Achsenversatz zu beachten. Sehr gute Ergebnisse werden mit starren Wellenkupplungen in schwimmenden Gehäusen erzielt.
- **Elektrische Fehler**
  Ist die Forderung $R_L >> R_0$ nicht erfüllt, entsteht der sog. «Durchhangfehler».
- **Elektrische Fehlervermeidung**
  Die Elementarsensoren können als Spannungsteiler mit Operationsverstärkern und mit Konstantspannungsquellen (Bild 2.4) betrieben werden.

Sensorelektronik

Für positionsresistive Elementarsensoren gibt es integrierte Auswertebausteine mit internen Konstantstromquellen und Spannungsfolgern (Eingangswiderstand beträgt ca. 5 MΩ). Externe Beschaltungen erlauben eine genaue Einstellung (Justierung) des elektrischen Nullpunktes.

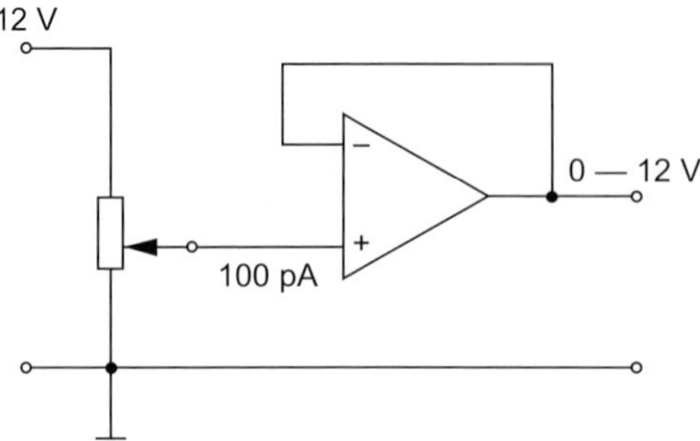

Bild 2.4
Anpassverstärker für Linearpotentiometer

Digitale positionsresistive Sensoren (Elementarsensoren mit Analogelektronik) können in Verbindung mit A/D-Wandlern mit einer Auflösung von 12 Bit einfach realisiert werden.

Zusammenstellung der wichtigsten technischen Daten
Tabelle 2.1 gibt wichtige technische Daten von Linear- und Winkelpotentiometern an.

Tabelle 2.1 Zusammenstellung der wichtigsten technischen Daten

	Linearpotentiometer	**Winkelpotentiometer**
Nennwiderstand	100 Ω...100 kΩ	100 Ω...100 kΩ
Messbereich	20...2000 mm	bis 350°
Auflösung	0,01 mm	0,01°
Temperaturkoeffizient	$3 \cdot 10^{-4}$ 1/°C	$3 \cdot 10^{-4}$ 1/°C
Nichtlinearität *NL*	≤ ± 0,1%	≤ ± 0,1%
Verstellgeschwindigkeit	10 m/s	10 m/s
Stellkraft	0,1...1 N	0,1...1 N
max. Betriebstemperatur	80...140 °C	80...140 °C
zulässige Beschleunigung	ca. 20 *g*	ca. 20 *g*
Lebensdauer	ca. 10^8 Schaltspiele	ca. 10^8 Schaltspiele

Anwendungen

Leitplastikausführung

- **Leitplastikfilm (Conductive-Plastikfilm)**
  Träger: elastische Leitplastik (z.B. Kapton)
  Widerstandsschicht: Harz-Kohlenstoff-Mischung
  Schleifer: Edelmetalllegierung aus Pd, Pt, Au und Ag
  Anwendungen: Trimmer, Einstellpotentiometer in der Elektronik
  Vorteile: billig, einfach
  Nachteile: kurze Lebensdauer
- **Leitplastikpressverfahren**
  Träger: glasfaserverstärkter Kunststoff
  Widerstandsbahn: Kohlenstoff-Harz-Mischung (Siebdruck)

Schleifer: Edelmetalllegierung aus Pd, Pt, Au und Ag
Anwendungen: Elektronik, Messtechnik, Regelung, Steuerung, Automatisierung
Vorteile: zuverlässig, 10-fach längere Lebensdauer als Leitplastikfilm
Nachteile: komplexere Technologien, höhere Preise

Drahtausführungen
Sie sind elektrisch, mechanisch und thermisch höher belastbar als Leitplastikausführungen, haben kleinere Temperaturkoeffizienten, die spezifischen elektrischen Widerstände jedoch eine schlechtere Mikrolinearität (Auflösung). Die Linearbeschleunigung ist begrenzt durch den Antriebsmechanismus und die Mikrolinearität.

Anwendungen: selten in der Präzisionssensormesstechnik.

Leitplastikhybridausführung *(vereint Vorteile von Draht und Leitplastik).*
Träger: Keramikgrundplatte
Widerstandsschicht: Metallwiderstandsbahn belegt mit einer Harz-Kohlenstoff-Mischung
Schleifer: Edelmetalllegierung aus Pd, Pt, Au und Ag
Anwendungen: Einstellpotentiometer in der Elektronik
Vorteile: hohe Auflösung, großer Widerstandsbereich, hohe Lebensdauer
Nachteile: nicht immer zuverlässig

Beispiel 2.1

Zur elektrischen Messung der Regelstangenpositionen einer Durchflussregeleinrichtung wird ein Linearpotentiometer und eine Konstantstromquelle als Wegsensor eingesetzt. Bild 2.5 zeigt den elektromechanischen Prinzipaufbau.

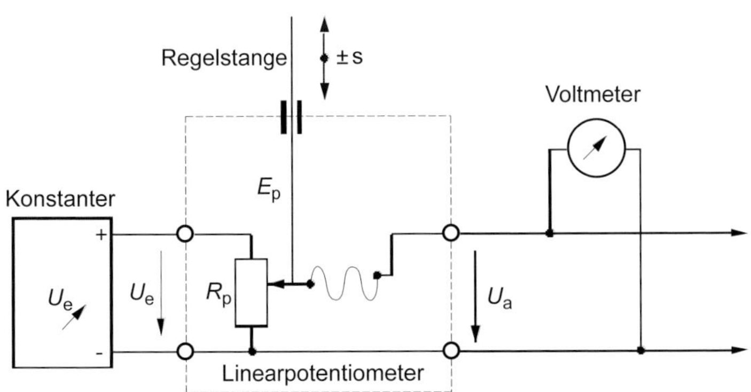

Bild 2.5 Elektromechanischer Prinzipaufbau einer Durchflussregeleinrichtung zur elektrischen Messung der Regelstangenpositionen mit einem Linearpotentiometer

Dem Regelweg von s_0 = 0...250 mm ist der Widerstandswert von R = 0...300 Ω linear zugeordnet. Am Potentiometer R_P liegt eine hoch konstante Spannung U_e = 30 V.

Die Spannungsabweichung und die Langzeitdrift des Konstanters sind vernachlässigbar.

Die Nichtlinearität des Linearpotentiometers beträgt $NL = \leq \pm 0{,}2\%$ v. MBE.

Die thermische Gesamtmessabweichung (Nullpunktdrift und Empfindlichkeitsänderung) beträgt $TG = \pm\, 0{,}8 \cdot 10^{-3}\% \;/\; K$ im Betriebstemperaturbereich ΔT von +10...+60 °C.

a) Berechnen Sie die Messempfindlichkeit E_P des Linearpotentiometers.
b) Berechnen Sie die zu erwartende relative und absolute wahrscheinliche Messabweichung des Linearpotentiometers.

Bei einer bestimmten Regelstangenstellung wird zu Testzwecken am Ausgang eines Wegsensors mit einem analogen Voltmeter eine Gleichspannung von $U_a = 18$ V gemessen. Die Garantiefehlergrenze des Voltmeters beträgt laut Hersteller $G = \pm 0{,}1\%$ v. *MBE*.

c) Berechnen Sie die Regelstangenposition s in mm und die zu erwartenden relativen und absoluten wahrscheinlichen Messabweichungen.
d) Dokumentieren Sie das Messergebnis (Messwert mit Messabweichung) fachgerecht.

Lösung 2.1

a) Für die Messempfindlichkeit des Potentiometers gilt:

$$E = \frac{x_a}{x_e} \Rightarrow E_P = \frac{U_a}{s} \text{ mit } \frac{U_a}{s} = \frac{U_e}{s_0} \Rightarrow E_P = \frac{U_e}{s_0} = \frac{30\text{ V}}{250\text{ mm}} = 0{,}12\frac{\text{V}}{\text{mm}} \quad \text{(Gl. 2.6)}$$

b) Für die relative wahrscheinliche Messabweichung gilt:

$$f_{G_R} = \pm\sqrt{NL^2 + (TG \cdot \Delta T)^2} = \pm\sqrt{(0{,}2\%)^2 + (8 \cdot 10^{-4}\%/\text{K} \cdot 50\text{ K})^2} = \pm 0{,}204\% \quad \text{(Gl. 2.7)}$$

Für die absolute wahrscheinliche Messabweichung gilt:

$$F_{G_R} = \frac{f_{G_R}}{100\%} \cdot s_0 = \frac{\pm 0{,}204\%}{100\%} \cdot 250\text{ mm} = \pm 0{,}510\text{ mm} \quad \text{(Gl. 2.8)}$$

c) Nach dem Spannungsteilergesetz gilt für die Regelstangenposition:

$$\frac{U_a}{U_s} = \frac{s}{s_0} \Rightarrow s = \frac{U_a}{U_s} \cdot s_0 = \frac{18\text{ V}}{30\text{ V}} \cdot 250\text{ mm} = 150\text{ mm} \quad \text{(Gl. 2.9)}$$

absolute Messabweichung (Garantiefehler) des Voltmeters:

$$F_{G_{\text{Voltmeter}}} = \frac{G}{100\%} \cdot s_0 = \frac{\pm 0{,}1\%}{100\%} \cdot 250\text{ mm} = \pm 0{,}25\text{ mm} \quad \text{(Gl. 2.10)}$$

absolute wahrscheinliche Gesamtmessabweichung:

$$F_{G_{\text{ges}}} = \pm\sqrt{F_{G_R}^2 + F_{G_{\text{Voltmeter}}}^2} = \pm\sqrt{(0{,}510\text{ mm})^2 + (0{,}250\text{ mm})^2} = \pm 0{,}568\text{ mm} \quad \text{(Gl. 2.11)}$$

relative wahrscheinliche Gesamtmessabweichung:

$$f_{G_{\text{ges}}} = \frac{100\%}{s} \cdot F_{G_{\text{ges}}} = \frac{100\%}{150\text{ mm}} \cdot (\pm 0{,}568\text{ mm}) = \pm 0{,}379\% \quad \text{(Gl. 2.12)}$$

d) Messergebnis für den Regelstangenweg:

$$s = (150 \pm 0{,}568)\text{ mm} = 150\text{ mm} \pm 0{,}379\% \quad \text{(Gl. 2.13)}$$

Beispiel 2.2

Bild 2.6 zeigt den elektromechanischen Prinzipaufbau der Messeinrichtung.

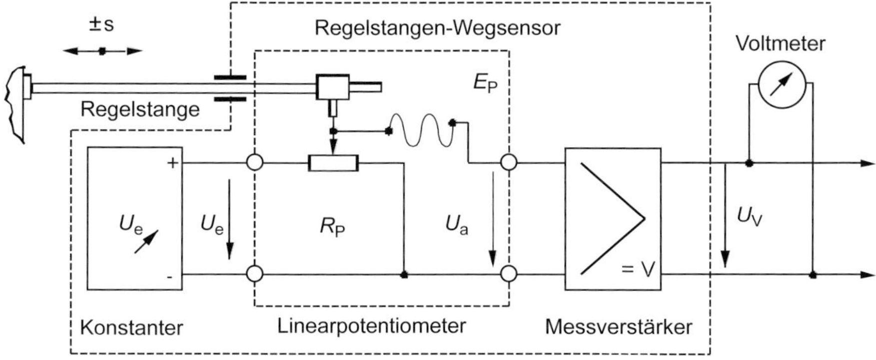

Bild 2.6 Elektromechanischer Prinzipaufbau einer Messeinrichtung zur Erfassung der Regelstangenposition einer Dieseleinspritzpumpe mit einem Linearpotentiometer

Zur elektrischen Messung der aktuellen Regelstangenposition einer Diesel-Einspritzpumpe auf einem Prüfstand wird der unten dargestellte Regelstangenwegsensor eingesetzt.

Die Daten in der Geräteliste gelten für eine Betriebstemperatur von +30 °C.

Spannungskonstanter:	$U_e = (12 \pm 0{,}001)$V
Empfindlichkeit E_P des Linearpotentiometers R_P:	$E_P = (120 \pm 0{,}6)$ mV / mm
Verstärkung V des Messverstärkers:	$V = 1 \pm 0{,}1\%$
Analoges V-Meter:	KL 0,5 und MB = 0...12 V

a) Erklären Sie für den oben dargestellten Prinzipaufbau den Begriff Elementarsensor und den Begriff Sensor.
b) Warum ist im Sensor ein Messverstärker vorgesehen? Kurze Begründung.
c) Berechnen Sie die zu erwartende relative wahrscheinliche Messabweichung der Messwertanzeige des Voltmeters.
d) Welche Sensorteile oder Geräte würden Sie durch solche mit einer kleineren Messabweichung ersetzen, damit die Gesamtmessabweichung kleiner wird? Begründung in kurzen Sätzen.

Lösung 2.2

a) 1. Der Elementarsensor ist identisch mit dem Linearpotentiometer.
2. Der Sensor besteht aus Konstanter, Elementarsensor und Messverstärker.

b) 1. Der Messverstärker passt U_a an den geforderten Wert U_V an.
2. Der hohe Eingangswiderstand des Messverstärkers verhindert eine elektrische Belastung des Linearpotentiometers (kein Durchhangfehler) und der kleine Ausgangswiderstand ermöglicht einen problemfreien Anschluss weiterer Geräte.

c) Relative Messabweichung des Konstanters:

$$f_{U_e} = \frac{100\%}{U_e} \cdot \Delta U_e = \frac{100\%}{12\text{ V}} \cdot (\pm 0{,}001\text{ V}) = \pm 0{,}0083\% \qquad \text{(Gl. 2.14)}$$

Relative Messabweichung des Linearpotentiometers:

$$f_{E_P} = \frac{100\%}{E_P} \cdot \Delta E_P = \frac{100\%}{120\text{ mV/mm}} \cdot (\pm 0{,}6\text{ mV/mm}) = \pm 0{,}5\% \qquad \text{(Gl. 2.15)}$$

Relative Messabweichung des Messverstärkers: (aus gegebenen Daten)

Garantiefehlergrenze des Voltmeters: (aus gegebenen Daten)
Absolute wahrscheinliche Gesamtmessabweichung:

$$f_{\text{ges}} = \pm\sqrt{f_{\mathrm{U_e}}^2 + f_{\mathrm{E_P}}^2 + f_{\mathrm{MV}}^2 + G_{\mathrm{VM}}^2}$$

$$= \pm\sqrt{(0{,}0083\%)^2 + (0{,}5\%)^2 + (0{,}1)^2 + (0{,}5\%)^2} = \pm 0{,}714\% \qquad \text{(Gl. 2.16)}$$

d) Verkleinerung der Gesamtmessabweichung:
Linearpotentiometer oder/und Voltmeter mit geringeren Einzelmessabweichungen.

2.2 Dehnungsresistive Sensoren (dehnungsresistive Aufnehmer)

Wird ein Festkörper axial (Bild 2.7) mit einer mechanischen Kraft F belastet, ändern sich

1. seine geometrischen Grundabmessungen (Länge l und Querschnittsfläche A),
2. sein spezifischer elektrischer Widerstand ϱ (s. Gl. 2.1).

Der 1. Fall ist ein geometrischer, der 2. Fall ein festkörperphysikalischer Effekt. Beide Effekte treten gleichzeitig auf, wobei in Metallen der geometrische und in Halbleitern der festkörperphysikalische Effekt dominiert.

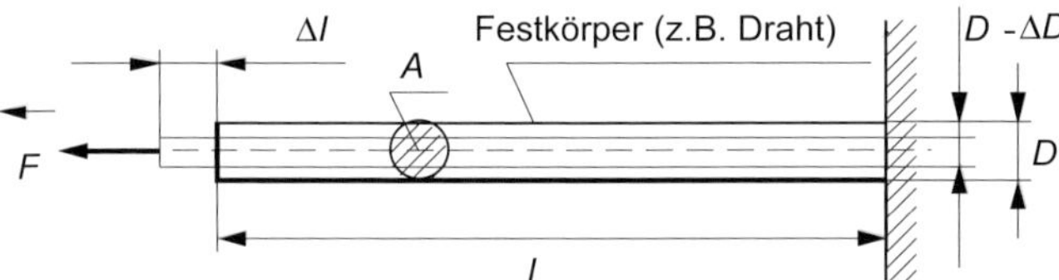

Bild 2.7 Mechanischer Festkörper, belastet mit einer axial wirkenden mechanischen Kraft

Systematik der Elementarsensoren

Dehnungsresistive Elementarsensoren auf Metallbasis oder kurz Metall-DMS
Der zugrunde liegende Effekt wurde 1856 von W. THOMSON (später zum Lord KELVIN befördert) entdeckt.

- ❑ Metalldraht-Dehnmessstreifen (Metalldraht-DMS)
- ❑ Metallfolien-Dehnmesssteifen (Metallfolien-DMS)
- ❑ Metalldünnschicht-Dehnmessstreifen

Dehnungsresistive Elementarsensoren auf Halbleiterbasis (kurz Halbleiter-DMS)
Der zugrunde liegende Effekt wurde 1954 von C. S. SMITH entdeckt.

- ❑ Halbleiter-Dehnmessstreifen (HL-DMS)
- ❑ Piezoresistive Dickschicht-DMS
- ❑ Piezoresistive Dünnschicht-DMS

2.2.1 Metall-DMS und Halbleiter-DMS

Es werden Metalldraht-DMS, Metallfolien-DMS und Halbleiter-DMS beschrieben.

Grundlagen

Grundlagenversuch: Wird ein drahtförmiger Festkörper (Bild 2.7) in Achsrichtung mit einer Kraft beaufschlagt, wird der Draht länger und der Querschnitt kleiner. Gemessen wird die elektrische Widerstandsänderung ΔR und die mechanische Längenänderung Δl.

Bild 2.8 zeigt die Messergebnisse: $\Delta R/R$ ist die relative elektrische Widerstandsänderung und $\Delta l/l = \varepsilon$ ist die relative mechanische Dehnung. Der Draht darf nur innerhalb des «HOOKEschen Bereichs» gedehnt werden, um eine bleibende Verformung zu verhindern (s. Festigkeitslehre). Bild 2.8 zeigt, dass dieser Bereich der messtechnisch lineare Bereich (konstante Steigung) ist.

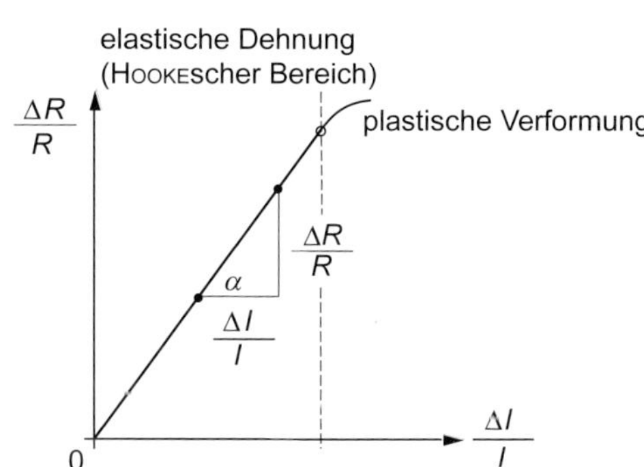

Bild 2.8
Relative elektrische Widerstandsänderung $\Delta R/R$, abhängig von der relativen mechanischen Dehnung $\Delta l/l$ eines mechanisch axial belasteten Widerstandsdrahtes

Im HOOKEschen Bereich gilt für die Steigung k der Geraden:

$$k \equiv \tan\alpha = \frac{\Delta R/R}{\Delta l/l} = \frac{\Delta R/R}{\varepsilon} \qquad \text{(Gl. 2.17)}$$

und durch algebraische Umstellung die relative Widerstandsänderung

$$\Delta R/R = k \cdot \Delta l/l = \varepsilon \qquad \text{(Gl. 2.18)}$$

Die Steigung k heißt elektrischer Dehnfaktor (kurz «k-Faktor»). Aus dem Versuch erhält man mit Gl. 2.17 für einen Konstantandraht den Wert $k = 2$. Man kann also zu Messungen von mechanischen Dehnungen an Maschinenelementen auf dieser Basis einen Sensor bauen. Die Dehnung kann nach Gl. 2.18 berechnet werden:

$$\varepsilon = \frac{1}{k} \cdot \frac{\Delta R}{R} \qquad \text{(Gl. 2.19)}$$

Der k-Faktor ist die Messempfindlichkeit (s. Abschnitt 1.7.1) E_{DMS} vom DMS.

- ❑ Beispiele von k-Faktoren für wichtige Metalllegierungen:

Konstantan (60% Cu, 40% Ni)	k = 2,05 (über +480 °C nicht mehr stabil)
NiCr (80% Ni; 20% Cr)	k = 2,20
Chromel (65% Ni; 20% Fe; 15% Cr)	k = 2,50
Iso-Elastic (52% Fe, 36% Ni, 8,5% C, 3,5% Mn)	k = 3,60 (für dynamische Messungen)
Platin-Iridium (90% Pt, 10% Ir)	k = 6,60 (für hohe Temperaturen >650 °C)

Vertiefung 2.1

Eine Herleitung des oben dargestellten Sachverhalts steht Ihnen im Onlineservice InfoClick der Vogel Business Media zur Verfügung. Für das weitere Verständnis des Themas im eigentlichen Sinn kann grundsätzlich ohne diese Herleitung weitergearbeitet werden. Die Nummerierung im Buch überspringt deshalb die auf InfoClick ausgeführte Ableitung (Gl. 2.20...Gl. 2.27) und fährt folgerichtig mit Gl. 2.28a fort.

Analog zur Berechnung des k-Faktors für Metalle gilt für die Querkontraktionszahl μ:

$$\mu = -\frac{\mathrm{d}D/D}{\mathrm{d}l/l} \approx \frac{\Delta D/D}{\Delta l/l} \approx 0{,}3 \qquad \text{(Gl. 2.28a)}$$

Für die meisten Metalle gilt:

$$\beta_\varrho = \frac{\mathrm{d}\varrho/\varrho}{\mathrm{d}l/l} \approx \frac{\Delta\varrho/\varrho}{\Delta l/l} \approx 0{,}4 \qquad \text{(Gl. 2.28b)}$$

Für den k-Faktor gilt (wie auf InfoClick in den Gleichungen Gl. 2.20...Gl. 2.27 abgeleitet):

$$k = 1 + 2 \cdot \mu + \beta_\varrho \qquad \text{(Gl. 2.29)}$$

Setzt man die Werte von Gl. 2.28a und Gl. 2.28b in Gl. 2.29 ein, erhält man:

$$k = 1 + 2 \cdot \mu + \beta_\varrho \approx 1 + 2 \cdot 0{,}3 + 0{,}4 = 2 \qquad \text{(Gl. 2.30)}$$

Für Konstantan (60% Cu, 40% Ni) wird z.B. $k = 2{,}05$ gemessen.

Technischer Aufbau von Metall-DMS und Halbleiter-DMS

- ❑ Metalldraht-DMS
- ❑ Metallfolien-DMS
- ❑ Metalldünnschicht-DMS
- ❑ Halbleiter-DMS (HL-DMS)

Metalldraht-DMS

Metalldraht-DMS (Bild 2.9) werden aus 15...25 µm dünnen Metalldrähten direkt auf Keramikträger gewickelt und als Hochtemperatur-DMS verwendet.

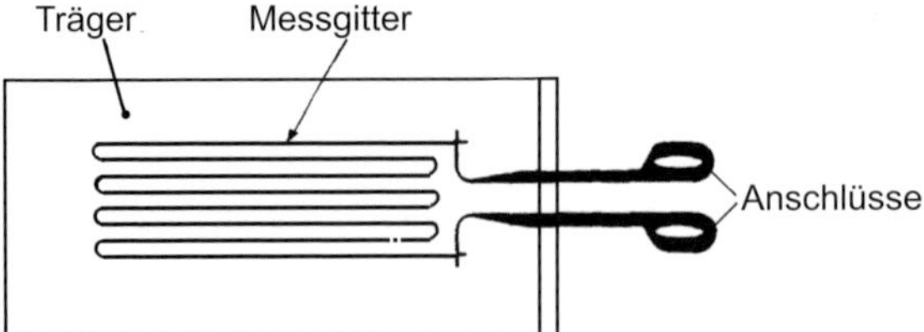

Bild 2.9 Prinzipaufbu eines Draht-DMS

Metallfolien-DMS

Bei Metallfolien-DMS (Bild 2.10) wird das Messgitter aus einer, auf Polyesterträgern kaschierten, 5...15 µm dünnen Metallfolie herausgeätzt. Dies erlaubt eine wirtschaftliche Herstellung komplizierter Messgittergeometrien (Bild 2.11). Für Metallfolien-DMS können messtechnische Qualitätsmerkmale (wie z.B. Querempfindlichkeit, Kriechen usw.) sehr gut optimiert werden.

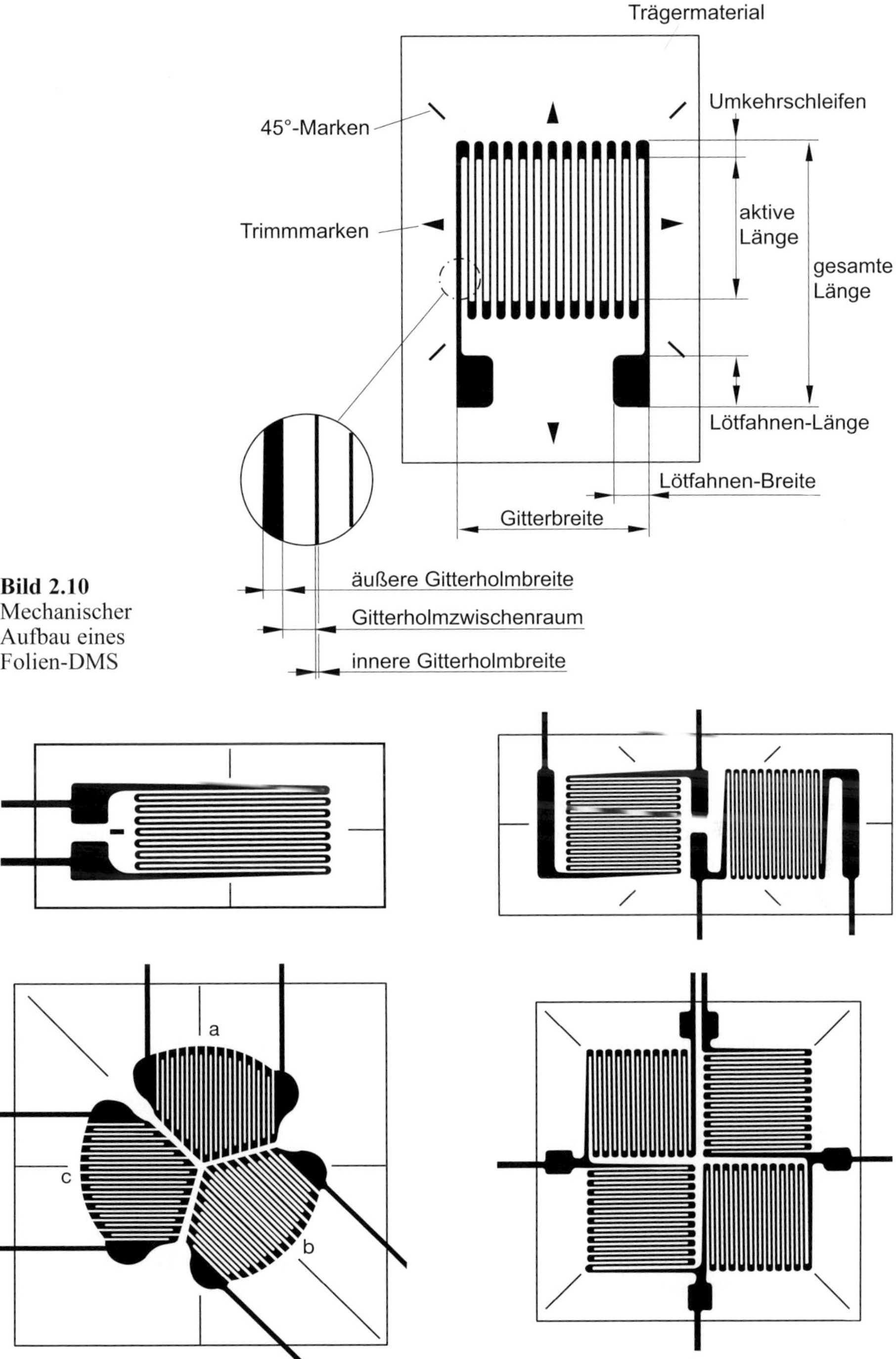

Bild 2.10 Mechanischer Aufbau eines Folien-DMS

Bild 2.11 Beispiele von Folien-DMS-Ausführungsformen

Metalldünnschicht-DMS

Bild 2.12 zeigt einen Ausschnitt eines technologischen Prinzipaufbaus einer Metalldünnschicht-DMS sowie die verwendeten Werkstoffe mit ihren Schichtdicken.

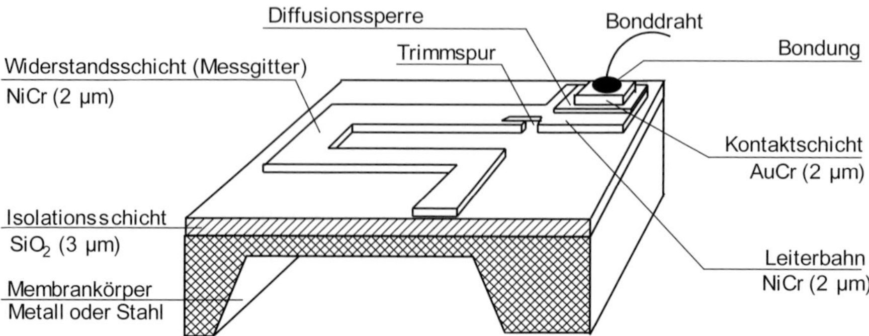

Bild 2.12 Ausschnitt des technologischen Prinzipaufbaus eines Metall-Dünnschicht-DMS

Fertigungsschritte
3 Fertigungstechnologien erlauben eine molekulare Verzahnung von Isolationsschicht, Leiterbahn und Messgitter. Auf hochglanzpolierten Oberflächen wird die Isolationsschicht aufgebracht, dann die Leiterbahnen und Kontaktierungen und zuletzt die DMS selbst.

Thermisches Aufdampfverfahren
Das benötigte Material wird im Hochvakuum mit beheizten Schiffchen verdampft und schlägt sich auf dem zu bedampfenden Objekt nieder. Durch Verwendung von sog. Masken können verschiedene Strukturen von Leiterbahnen und DMS erzeugt werden.

Spattern (Katodenzerstäubung)
In Rezipienten werden Argonatome in einem elektrischen Hochspannungsfeld durch eine Gasentladung ionisiert. Die erzeugten positiven Ionen werden zur Zerstäubungskatode, bestehend aus dem jeweils benötigten Dünnfilmmaterial, beschleunigt. Sie schlagen beim Aufprall Atome aus der Katodenoberfläche. Diese lagern sich auf der Substratoberfläche als dünne Schicht ab. Da die Spatterteilchen eine höhere kinetische Energie haben als die Aufdampfteilchen, ist ihre Haftung auf der Substratoberfläche besser. Die Spattertechnik wird oft mit der Fotoätztechnik kombiniert. Zuerst wird das Material zur Beschichtung aufgespattert und dann das nicht benötigte Material wieder herausgeätzt.

CVD-Verfahren (Chemical Vapour Deposition)
Für spezielle physikalische Eigenschaften von Dünnschichten (wie z.B. polykristalline Schichten aus Ge mit hohen k-Faktoren) verwendet man das CVD-Verfahren. Es werden Prozessgase durch sehr hohe Temperaturen oder starke Gasentladungen in ihre atomaren Bestandteile zerlegt, so, dass sich die gewünschten Bestandteile auf der Sensoroberfläche oder auf dem Sensierungsobjekt abscheiden.

Halbleiter-DMS (HL-DMS) für den longitudinalen piezoresistiven Effekt
Bild 2.13 zeigt einen mechanischen Prinzipaufbau eines HL-DMS-Kraftelementarsensors. Die Änderung des spezifischen elektrischen Widerstandes unter dem Einfluss einer mechanischen Spannung, bei dem der elektrische Strom (Wirkung) und die mechanische Spannung (Ursache) dieselbe Wirkrichtung haben, heißt «longitudinaler piezoresistiver Effekt» und wird bei Einzel-HL-DMS angewandt. Die Ursache liegt in der Änderung der Bandstruktur, d.h. in der Elektronenbeweglichkeit.

Das dehnungsempfindliche Sensorelement des HL-DMS besteht aus einem sehr dünnen und schmalen Siliziumstäbchen aus p- oder n-dotiertem Silizium (Si) / Germanium (Ge) oder aus Polysilizium. Bei einem p-dotierten Si nimmt der elektrische Widerstand mit der Dehnung zu und bei n-dotiertem Si ab.

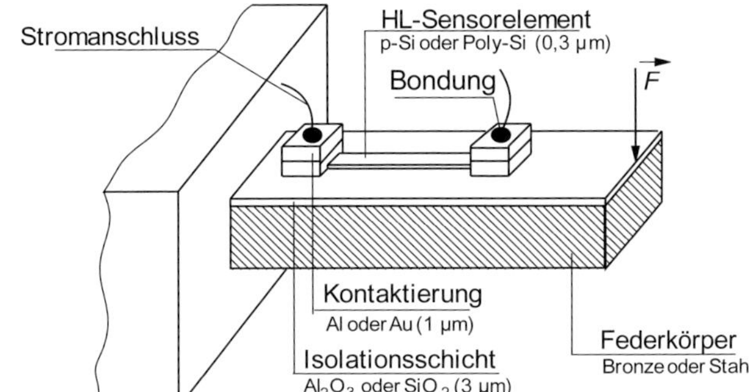

Bild 2.13 Elektromechanischer Prinzipaufbau eines HL-DMS-Kraftelementarsensors

Bild 2.14 zeigt den mechanischen Prinzipaufbau eines HL-DMS-Beschleunigungssensors. Praxisgerechte Konstruktionen haben eine hohe Eigenfrequenz von ca. 10 kHz bei einer sehr guten Messempfindlichkeit von ca. ±250 *g* im Messfrequenzbereich von 0...2 kHz. Sie sind ideal für die Messung auf empfindliche mechanische Strukturen und in der Medizintechnik.

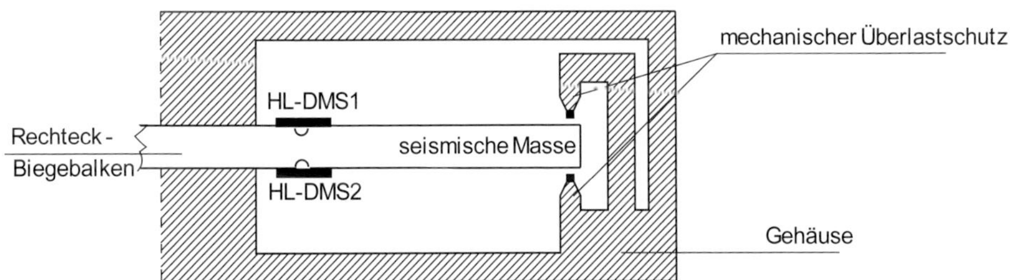

Bild 2.14 Elektromechanischer Prinzipaufbau eines HL-DMS-Beschleunigungssensors

Die geometrischen Abmessungen und E-Module ähneln denen von Metallen. (Damit gelten auch Gl. 2.24 und Gl. 2.25 aus der Ableitung im Onlineservice InfoClick.) Für die relative Änderung des spez. elektrischen Widerstandes von p-Silizium, bezogen auf die mechanische Dehnung, gilt:

$$\beta_{\varrho}(p - Si) = \frac{\Delta\varrho/\varrho}{\Delta l/l} = +175 \qquad \text{(Gl. 2.31)}$$

Damit erhält man aus Gl. 2.29 für den k-Faktor: $k = 1 - 2 \cdot 0{,}3 + 175 = 175{,}4$.

Das Diagramm von Bild 2.15 zeigt die relative Widerstandsänderung von p-dotiertem Silizium in Abhängigkeit der Dehnung. Der linearisierte k-Faktor beträgt +100.

Das Diagramm von Bild 2.16 zeigt die relative Widerstandsänderung von n-dotiertem Silizium in Abhängigkeit der Dehnung. Der linearisierte k-Faktor beträgt –100.

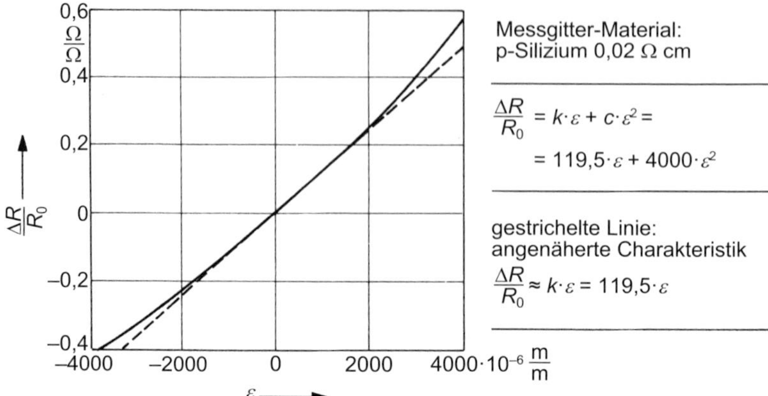

Bild 2.15 Relative Widerstandsänderung in Abhängigkeit von der mechanischen Dehnung für p-dotiertes Silizium

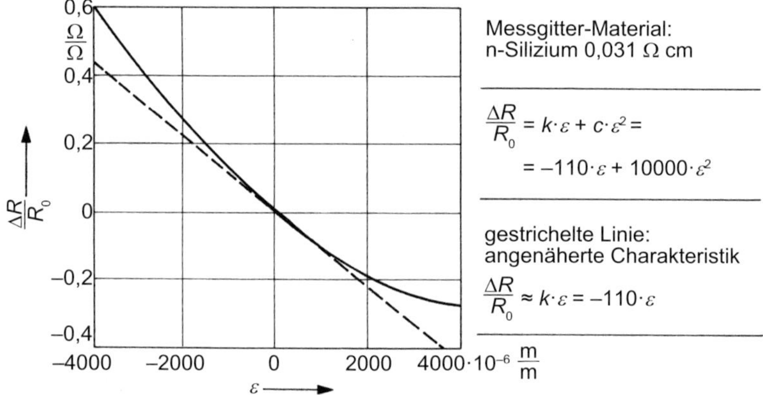

Bild 2.16 Relative Widerstandsänderung in Abhängigkeit von der mechanischen Dehnung für n-dotiertes Silizium

Messtechnische Eigenschaften von HL-DMS

Die HL-DMS nehmen eine Sonderstellung ein, da ihr *k*-Faktor bis zu 250-mal größer ist als die von Metall-DMS, wobei der Geometrieanteil < 2% ist. Leider haben HL-DMS eine größere Temperaturempfindlichkeit, eine schlechtere Nichtlinearität, eine kleinere obere Dehngrenze (0,5%) und damit eine größere Sprödigkeit, die ihre Handhabung erschwert.

Messtechnische Eigenschaften

Wichtige messtechnische Eigenschaften sind Nichtlinearität, Querempfindlichkeit, Dauerschwingverhalten, Kriechen, Grenzfrequenz, Spezielle Störgrößen und Störgröße Temperatur (thermische Empfindlichkeitskompensation, thermische Nullpunktkompensation, Feuchtigkeit).

Nichtlinearität

Der *k*-Faktor ist unter normalen Einsatzbedingungen bis zur Dehnung von ca. ±0,005 innerhalb einer Abweichung von ±0,5% konstant. Temperatur und Feuchte für DMS-Applikationen sollten am Messort denen bei der Kalibrierung entsprechen.

Grund: Temperatur und Feuchte können den k-Faktor um einige Prozente irreversibel verändern.

Querempfindlichkeit
Die Querempfindlichkeit entsteht dadurch, dass bei mechanischen Längsdehnungen, neben den im Messgitter längs verlaufenden Leiterelementen, auch Querverbindungen Länge und Querschnitt ändern. Bei Gitterlängen von 3 mm ist die Querempfindlichkeit <3%.

Dauerschwingverhalten
Für dynamische Messungen ist das Dauerschwingverhalten wichtig. Bei den meisten Anwendungen sind DMS Lastwechseln ausgesetzt. Die Empfindlichkeit (k-Faktor) ändert sich bei 10^7 Lastwechseln weniger als 1%. Bei ca. 10^7 Lastwechseln kann die Drift des Nullpunktes eine Dehnung von ca. 0,003 vortäuschen. Ursache ist eine metallurgische Veränderung im Gefüge des Messgitters. Für eine Wechseldehnung von <1000 ist der DMS dauerschwingfest. Spezielle dauerschwingfeste DMS sind bis zu Dehnungen von ca. 0,002 dauerfest, ihre Nullpunktdrift entspricht einer Dehnung von ca. 0,00005.

Kriechen
Bei statischen, quasistatischen und dynamischen Dehnungsmessungen mit einem hohen statischen Anteil macht sich ein Kriechen störend bemerkbar. Bei konstanter statischer Dehnungseinleitung wird die Dehnungsanzeige, mit zunehmender Dehnung, immer mehr hinter dem eingeleiteten Messwert zurückbleiben. Die Ursache für diesen Effekt steckt im technologischen Aufbau und in der Applikation des DMS. Die zu messende Dehnung wird durch Klebstoff und Träger vom Messobjekt auf das Messgitter übertragen. Die im Messgitter erzeugte mechanische Spannung wird durch die Klebstoffschicht nur mit Schwund übertragen. Außerdem kann die im Messgitter erzeugte mechanische Spannung, wenn der Träger nachgibt, zu einem teilweisen Zurückfedern des Messgitters führen. Die Größe des Kriechens hängt von der Temperatur und den Klebebedingungen ab. Wenn das Klima zur Zeit der Messung etwa jenem zur Zeit der Klebung entspricht, ist Kriechen bis zu einer Dehnung von ca. 0,002 dehnungsproportional.

Grenzfrequenz
Für dynamische Messungen ist die obere Grenzfrequenz wichtig. Sie wird primär durch den Mechanismus der Dehnungsübertragung bestimmt und hängt bei den einzelnen Werkstoffen von den Körperschallgeschwindigkeiten ab. Untersuchungen zeigen, dass bei Metallen die Grenzfrequenz oberhalb von 1 MHz liegt. Bei Messungen von hochfrequenten mechanischen Schwingungen ist zu beachten, dass die Schallwellenlänge stets wesentlich kleiner ist als die DMS-Länge, da sonst das Wellenmaximum zu klein wiedergegeben wird.

Spezielle Störgrößen
sind z.B. in hydraulischen Anwendungen der hydrostatische Druck bei Rohrdehnungsmessungen und in atomphysikalischen Anwendungen die Kernstrahlung, da in bestrahlten DMS-Materialien Kernumwandlungen stattfinden, die dann zu irreversiblen Materialveränderungen führen. Weitere wichtige Störgrößen sind die Temperatur und die Feuchtigkeit am Ort der DMS. Außerdem können elektromagnetische Störungen auf den gesamten Messaufbau und die nachgeschaltete Signalaufbereitungselektronik einwirken.

Störgröße Temperatur

Bild 2.17 zeigt den technischen Prinzipaufbau eines DMS-Folienkraftelementarsensors. Temperaturänderungen bewirken eine Widerstandsänderung des DMS-Messgitters durch die thermische Änderung seines spezifischen elektrischen Widerstandes und durch die thermische Längenausdehnung des Bauteils sowie des Messgitters. Eine Kompensation dieser Störung ist durch elektrische und mechanische Maßnahmen möglich.

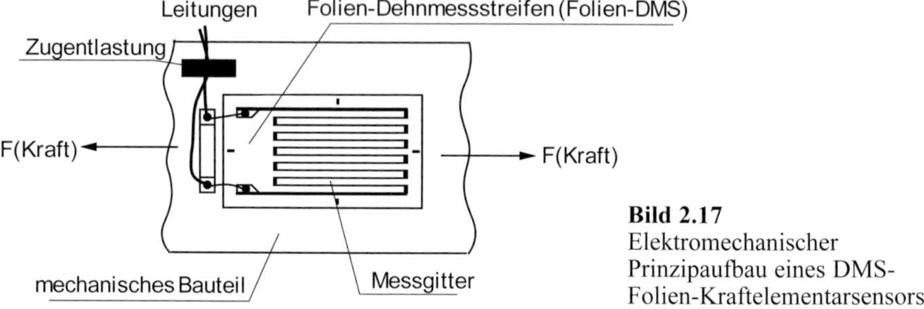

Bild 2.17
Elektromechanischer Prinzipaufbau eines DMS-Folien-Kraftelementarsensors

Thermische Empfindlichkeitskompensation

Für die relative Widerstandsänderung, bedingt durch die thermische Änderung des k-Faktors $k(T)$ und die thermische Änderung der Dehnung $\varepsilon(T)$, gilt nach Gl. 2.18 bzw. Gl. 2.26 und mit dem aus der Festigkeitslehre bekannten HOOKEschen Gesetz $\varepsilon(T) = \sigma/E(T)$:

$$\frac{\Delta R(T)}{R} = k(T) \cdot \varepsilon(T) = k(T) \cdot \frac{\sigma}{E(T)} \Rightarrow \frac{\Delta R(T)}{R} = \frac{k(T)}{E(T)} \cdot \sigma \qquad \text{(Gl. 2.32)}$$

σ mechanische Spannung
$E(T)$ E-Modul des mechanischen Bauteils

Durch nicht sehr komplizierte mathematische Berechnungen erhält man aus Gl. 2.32:

$$\frac{\Delta R}{R} \approx \frac{k_0}{E_0} \cdot \left[1 + (\beta_k - \beta_E) \cdot \Delta T\right] \cdot \sigma \qquad \text{(Gl. 2.33)}$$

Vertiefung 2.2

Mit Hilfe höherer Mathematik ist Gl. 2.33 herleitbar. Diese Herleitung wird Ihnen im Onlineservice InfoClick der Vogel Business Media zur Verfügung gestellt. Für das weitere Verständnis des Themas im eigentlichen Sinn kann grundsätzlich ohne diese Herleitung weitergearbeitet werden. Die Nummerierung im Buch überspringt deshalb die auf InfoClick ausgeführte Ableitung (Gl. 2.34...Gl. 2.40) und fährt folgerichtig mit Gl. 2.41 fort.

Im technisch interessanten Temperaturintervall bis ca. 300 °C stellt die Differenz $\beta_k - \beta_E$ den Gesamttemperaturkoeffizienten der Empfindlichkeit TKE_{DMS} des Einzel-DMS dar.

?!

Beispiel 2.3

Konstantan-DMS mit $\beta_k \approx 1 \cdot 10^{-4}$ / K auf einem Stahlbiegebalken mit $\beta_E \approx 3 \cdot 10^{-4}$ / K. Damit wird $TKE_{DMS} = \beta_k - \beta_E \approx -2 \cdot 10^{-4}$ / K, ein Wert, der immer noch sehr groß ist.

Bei Metallfolien-DMS ist der Temperaturkoeffizient durch Tempern in weiten Bereichen einstellbar. Für häufig benutzte Konstruktionswerkstoffe mechanischer Bauteile gibt es auch temperaturkompensierte DMS, deren thermische Eigenschaften so angepasst wurden, dass sie mit dem mechanischen Bauteil in einem bestimmten Temperaturbereich nahezu keine thermische Nullpunktdrift zeigen. Für Temperaturen oberhalb von 200 °C gibt es spezielle Hochtemperatur-DMS (HT-DMS), für Temperaturen unter –200 °C sind Metalldraht-DMS oder spezielle Tieftemperatur-DMS besser geeignet.

Thermische Nullpunktkompensation

Für die absolute Widerstandsänderung der thermischen Nullpunktdrift, bedingt durch die thermische Änderung des spez. elektrischen Widerstandes und der Wärmeausdehnung des Messgitters sowie des mechanischen Bauteils, gilt:

$$\Delta R(T) = R_0 \cdot \beta_R \cdot \Delta T + \left[R_0 \cdot k \cdot \varepsilon_B(T) - R_0 \cdot k \cdot \varepsilon_M(T)\right] \qquad \text{(Gl. 2.41)}$$

Mit der Dehnung des mechanischen Bauteils $\varepsilon_B(T) = \alpha_B \cdot \Delta T$ und des DMS-Messgitters $\varepsilon_M(T) = \alpha_M \cdot \Delta T$ erhält man mit Gl. 2.41 die relative Widerstandsänderung:

$$\frac{\Delta R(T)}{R_0} = \beta_R \cdot \Delta T + k \cdot (\alpha_B - \alpha_M) \cdot \Delta T \qquad \text{(Gl. 2.42)}$$

β_R Temperaturkoeffizient des Messgitters
α_B Wärmeausdehnungskoeffizient für das Bauteil
α_M Messgitter

Für selbstkompensierende DMS gilt mit Gl. 2.42:

$$\frac{\Delta R(T)}{R_0} = 0 \Rightarrow \beta_R \cdot \Delta T + k \cdot (\alpha_B - \alpha_M) \cdot \Delta T = 0 \Rightarrow \beta_R = k \cdot (\alpha_M - \alpha_B) \qquad \text{(Gl. 2.43)}$$

d.h., α_M und α_B müssen gleich groß sein. Da β_R, α_M und α_B nichtlinear über der Temperatur sind, ist eine gute Kompensation nur für ein kleines Temperaturintervall möglich (z.B. 22...27 °C). Der Resttemperaturgang wird als Diagramm beim Kauf eines DMS mitgegeben. Damit kann der Anwender den Rest-Temperatureinfluss rechnerisch korrigieren.

Störgröße Feuchtigkeit

Allgemein bekannt ist die Wirkung der Feuchtigkeit auf den Isolationswiderstand zwischen DMS und mechanischen Bauteilen. Der Isolationswiderstand ist frequenzabhängig. Bei den in der DMS-Technik verbreiteten 50-kHz-TF-Geräten fällt der feuchtigkeitsbedingte Isolationsdefekt um sechs 10er-Potenzen kleiner aus als bei Gleichspannungsgeräten. Gefährlicher ist die Quellung von Trägern und Klebstoffen durch Nässe, so dass Nullpunktdriften entstehen.

Zusammenstellung der wichtigsten DMS-Eigenschaften

Tabelle 2.2 zeigt wichtige Kenndaten für Metallfolien- und HL-DMS.

Tabelle 2.2 Auswahlkriterien für Dehnmessstreifen

	Metallfolien-DMS	Halbleiter-DMS
Nennwiederstände	120, 300, 350, 600 Ω	120, 600 Ω
Messgitterlänge	0,6...30 mm	1...150 mm
k-Faktor	2...6	100...200
max. Dehnung	80 µm/m	50 µm/m
Nichtlinearität NL für $\varepsilon = 5 \cdot 10^{-3}$	≤ ±0,1%	≤ ±0,1%
linearer Dehnbereich für L = ±0,1%	5 µm/m	1 µm/m
Einsatztemperaturbereich	–10...+160 °C	–10...+120 °C
Querempfindlichkeit für Gitterlänge = 3 mm	<3%	
Lebensdauer für relative Änderung k = 1%	ca. 10^7 Lastwechsel	ca. 10^6 Lastwechsel
Grenzfrequenz	<1 MHz	ca. 50 kHz
Trägerfrequenz	5 kHz, 50 kHz, 100 kHz	225 kHz, 5 kHz, 50 kHz
Brückenspannung	2...20 V	1...2 V

Applikationstechniken

DMS und mechanische Bauteile bilden eine technische Einheit. Es müssen zwischen DMS und mechanischen Bauteilen gute mechanische Verbindungen bestehen. Solche Verbindungen werden durch spezielle Klebstoffe mit speziellen Klebeverfahren hergestellt.

- **Kalthärtende Klebstoffe**
  Es gibt 1- und 2-Komponenten-Klebstoffe. Einfache Anwendung finden diese Klebstoffe in der experimentellen Spannungsanalyse und in verwandten Gebieten.
- **Heißhärtende Klebstoffe**
  Es gibt 1- und 2-Komponenten-Klebstoffe. Sie sind dort anwendbar, wo der applizierte DMS und das mechanische Bauteil auf die geforderte Aushärtetemperatur gebracht werden können. Diese Klebstoffe werden bevorzugt bei höheren Temperaturen eingesetzt.
- **Keramische Kitte**
  Keramische Kitte verlangen hohe Einbrenntemperaturen. Damit sind diese Klebstoffe vorwiegend für Freigitter-DMS im Hochtemperaturbereich einsetzbar.
- **Punktschweißen**
  Das Punktschweißen ist das einfachste Applikationsverfahren. Es wird fast ausschließlich im Stahl- und Stahlhochbau oder verwandten Gebieten eingesetzt. Wirkt in einem mechanischen Bauteil eine homogene konstante mechanische Dehnung, kann auf jedem Bauteilort ein DMS mit jeder Messgitterlänge appliziert werden. Für dynamische Dehnungen an Bauteilen, die konstruktionsbedingt einen Dehnungsgradienten aufweisen, muss die Messgitterlänge genau angepasst werden. In Bild 2.18a ist gut zu erkennen, wie lang jeweils ein Messgitter zu wählen ist, wenn man die maximal auftretende Dehnung oder den Mittelwert der Dehnung messen will. In Bild 2.18b ist eine Longitudinal-Dehnungswelle durch ein stabförmiges Bauteil dargestellt und gezeigt, dass Platzierung und Gitterlänge das Signal verfälschen können.

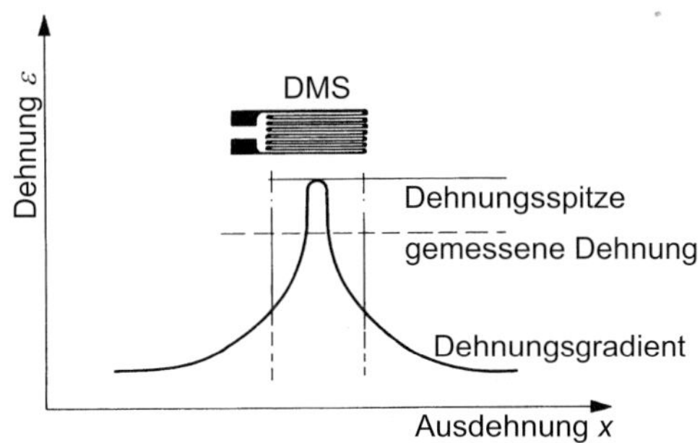

Bild 2.18a
Dehnungsverlauf auf einem mechanischen Bauteil und DMS-Länge

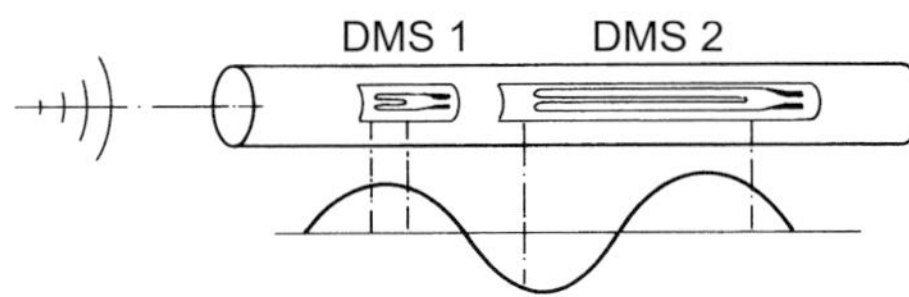

Bild 2.18b
Dehnungswelle auf einem mechanischen Bauteil und DMS-Länge

- **Einfluss der Träger- und Klebstoffschichtdicke**
  In Bild 2.19 ist schematisch die Applikation eines DMS auf einem Zugstab abgebildet und gezeigt, dass die Dicke des Trägers und die Dicke der Klebstoffschicht den wahren Messwert auf der Oberfläche des Zugstabes verfälschen. Es muss daher darauf geachtet werden, dass für genaue Messungen sehr dünne Träger verwendet werden und bei der Beklebung des Messobjektes der Klebstoff so dünn wie möglich aufgetragen wird.

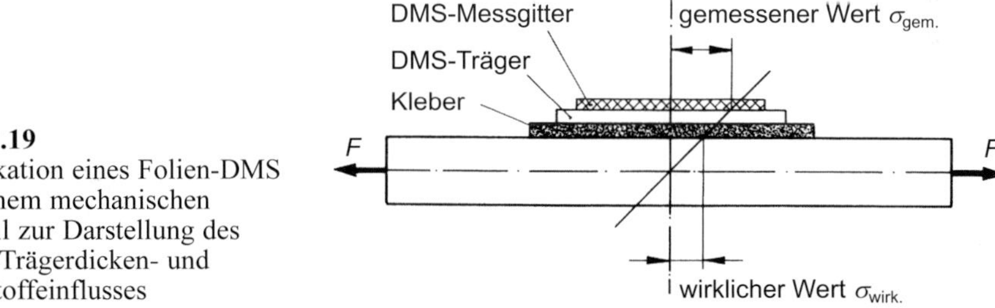

Bild 2.19
Applikation eines Folien-DMS auf einem mechanischen Bauteil zur Darstellung des DMS-Trägerdicken- und Klebstoffeinflusses

Elektrische Signalanpassung und elektronische Signalverarbeitung

Elektrische Signalanpassung

Es werden alle DMS (Bild 2.20) elektrisch zu einer Messbrücke verschaltet. Sie besteht aus 2 gegeneinander geschalteten Spannungsteilern. Der 1. Spannungsteiler besteht aus R_1 und R_2 und der 2. aus R_3 und R_4. Mit Hilfe des Spannungsteilergesetzes lässt sich die Potentialdifferenz U_a zwischen Knoten 2 und 3 wie folgt berechnen:

$$U_a = \left(\frac{R_2}{R_1 + R_2} - \frac{R_4}{R_3 + R_4} \right) \cdot U_e \qquad \text{(Gl. 2.44)}$$

Gl. 2.44 zeigt, dass die Brückenspeisespannung U_e konstant sein muss, um eine fehlerfreie Messung durchführen zu können. Die Messbrücke ist im elektrischen Gleichgewicht, wenn die Ausgangsspannung $U_a = 0$ V ist. Man spricht dann von einer abgeglichenen Messbrücke.

Aus Gl. 2.44 erhält man die Abgleichbedingung:

$$\frac{R_1}{R_2} = \frac{R_3}{R_4} \qquad \text{(Gl. 2.45)}$$

Für die Abgleichempfindlichkeit E_B gilt:

$$E_B = \frac{\Delta U_a}{\Delta R} \qquad \text{(Gl. 2.46)}$$

wobei ΔU_a die Änderung der Ausgangsspannung und ΔR die Änderung des Widerstandes ist. Die Abgleichempfindlichkeit (Gl. 2.46) hat ein Maximum bei Erfüllung der Gl. 2.44. Es sind 2 elektrische Messmethoden realisierbar (s. Elektrotechnik):

- ❑ Abgleich- oder Nullverfahren,
- ❑ Ausschlagverfahren.

Abgleich- oder Nullverfahren

In der Messbrücke (Bild 2.20) ist R_1 ein unbekannter Widerstand R_x und R_2 ein einstellbarer Widerstand, während R_3 und R_4 Festwiderstände sind. R_2 wird so lange verändert, bis die Brückenausgangsspannung $U_a = 0$ V ist. Damit erhält man aus Gl. 2.45:

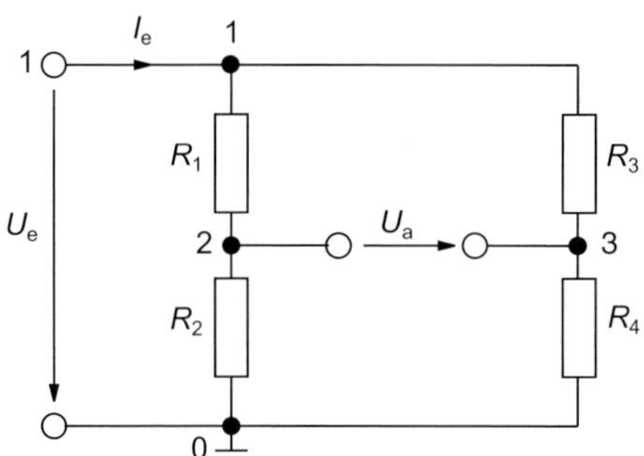

Bild 2.20
Prinzipschaltung einer Widerstandsbrücke

$$R_x \equiv R_1 = R_2 \cdot \frac{R_3}{R_4} \qquad \text{(Gl. 2.47)}$$

Messabweichung

Die Speisespannung U_e hat keinen Einfluss auf das Messergebnis. Sie darf aber nicht zu klein sein, da sie einen Einfluss auf die Messempfindlichkeit hat. Die Ausgangsspannung U_a muss nicht exakt gemessen werden. Die Messempfindlichkeit des Nullinstruments muss groß sein, um zuverlässig die Nullspannung anzeigen zu können. Die Messabweichung hängt also nur von der Toleranz der festen Brückenwiderstände, von der Messempfindlichkeit des Nullinstrumentes und von der Höhe der Speisespannung ab.

Ausschlagverfahren

Abhängig von den Änderungen der Brückenwiderstände wird eine positive oder negative Ausgangsspannung U_a erzeugt. Die Änderungen von R_2 und R_3 sowie von R_1 und R_4 haben gleiche elektrische Wirkungen. Die Änderungen von R_2 und R_4 sowie von R_1 und R_3 haben entgegengesetzte elektrische Wirkungen. Solange die Ausgangsspannung U_a hochohmig (>1 MΩ) gemessen oder weiterverarbeitet wird, ist sie proportional zur Widerstandsänderung.

Messabweichung
Die Messabweichung hängt von der Toleranz der festen Brückenwiderstände und von der Hochohmigkeit (>1 MΩ) der Ausgangspannungsmessung sowie der Messabweichung der Signalverarbeitungselektronik oder des Messinstruments und von der Höhe und Konstanz der Brückenspeisespannung ab. Die Brücke hat ihre größte Messempfindlichkeit, wenn Gl. 2.45 erfüllt ist. In der Praxis wählt man immer alle Widerstände möglichst gleich groß.

Es gibt 3 Schaltungsvarianten:

- ❑ Viertelbrückenschaltung (¼-Brückenschaltung),
- ❑ Halbbrückenschaltung (½-Brückenschaltung),
- ❑ Vollbrückenschaltung.

Allgemeine Berechnungsmethoden für Messbrücken mit Konstantspannungsspeisung

¼-Brückenschaltung mit Konstantspannung
In Bild 2.21 ist nur ein Brückenwiderstand durch einen DMS ersetzt. Es seien nun $R_1 = R_3 = R_4 = R$ gleich große Festwiderstände und $R_2 = R + \Delta R$ sei ein DMS. Setzt man diese Festlegungen in Gl. 2.44, erhält man für die Brückenausgangsspannung U_a:

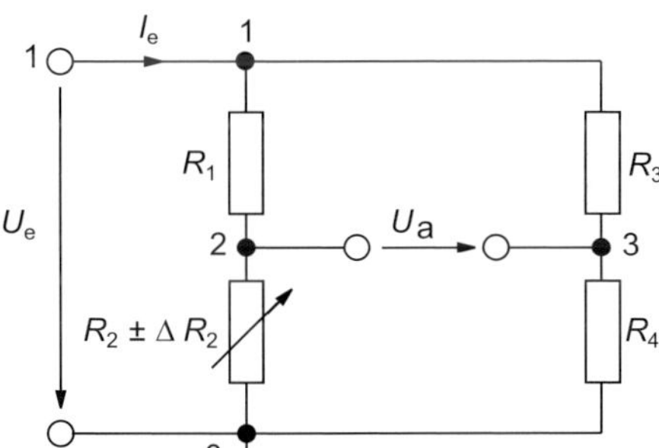

Bild 2.21
Prinzipschaltung der ¼-Brücke

$$U_a(\Delta R) = \frac{\Delta R}{4 \cdot R + 2 \cdot \Delta R} \cdot U_e \qquad \text{(Gl. 2.48)}$$

Gl. 2.48 zeigt, dass U_a keine lineare Funktion von ΔR ist. Eine Linearisierung der Gl. 2.48 ist unter der Voraussetzung möglich, wenn $\Delta R << R$ ist. Es gilt dann:

$$U_a(\Delta R) = \frac{1}{4} \cdot \frac{\Delta R}{R} \cdot U_e \qquad \text{(Gl. 2.49)}$$

Wird Gl. 2.48 als richtige und Gl. 2.49 als falsche Gleichung definiert, kann nach DIN 1319 der Linearisierungsfehler wie folgt berechnet werden:

$$f_{1/4} = \frac{1}{2} \cdot \frac{\Delta R}{R} \cdot 100\% \qquad \text{(Gl. 2.50)}$$

D.h., je größer die relative Widerstandsänderung, desto größer der Linearisierungsfehler.

Eine Änderung von z.B. $\Delta R/R = 2/100$ bewirkt einen Linearisierungsfehler von $f_{1/4} = 1\%$.

½-Halbbrückenschaltung mit Konstantspannung

In Bild 2.22 sind 2 Brückenwiderstände durch DMS ersetzt.

Es sollen nun $R_3 = R_4 = R$ Festwiderstände und $R_2 = R + \Delta R$ bzw. $R_1 = R - \Delta R$ DMS sein. Die Messgrößen müssen auf die DMS gegensinnig wirken. Setzt man diese Festlegungen in Gl. 2.44, erhält man für die Ausgangsspannung U_a:

$$U_a(\Delta R) = \frac{2 \cdot R \cdot \Delta R}{4 \cdot R^2 - \Delta R^2} \cdot U_e \qquad \text{(Gl. 2.51)}$$

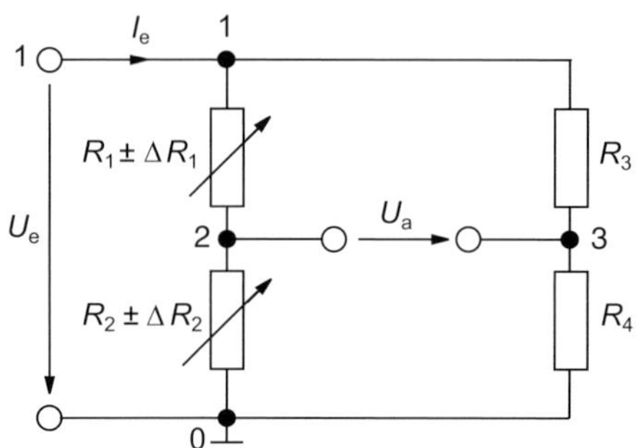

Bild 2.22
Prinzipschaltung der ½-Brücke

Gl. 2.51 zeigt, dass U_a keine lineare Funktion von ΔR ist. Eine Linearisierung gelingt unter der Voraussetzung, dass $\Delta R << R$ ist. Dann gilt:

$$U_a(\Delta R) = \frac{1}{2} \cdot \frac{\Delta R}{R} \cdot U_e \qquad \text{(Gl. 2.52)}$$

Wird Gl. 2.51 als richtige und Gl. 2.52 als falsche Gleichung definiert, kann nach DIN 1319 der Linearisierungsfehler wie folgt berechnet werden:

$$f_{1/2} = -\frac{1}{4} \cdot \left(\frac{\Delta R}{R}\right)^2 \cdot 100\% \qquad \text{(Gl. 2.53)}$$

D.h., je größer die relative Widerstandsänderung, desto größer der Linearisierungsfehler. Eine Änderung von $\Delta R/R = 1/100$ bewirkt einen Linearisierungsfehler von $f_{1/4} = -1\%$.

Vollbrückenschaltung mit Konstantspannung

In Bild 2.23 sind alle Brückenwiderstände durch DMS ersetzt.

Es seien nun $R_1 = R_4 = R - \Delta R$ und $R_2 = R_3 = R + \Delta R$ gleich große DMS, auf die die Messgrößen gegensinnig wirken. Setzt man diese Festlegungen in Gl. 2.44 ein, erhält man für U_a:

$$U_a(\Delta R) = \frac{\Delta R}{R} \cdot U_e \qquad \text{(Gl. 2.54)}$$

Die Ausgangsspannung ist also streng proportional zur relativen Widerstandsänderung.

Hinweis

Die oben beschriebenen Berechnungsmethoden Gl. 2.48...Gl. 2.54 können grundsätzlich auch auf andere resistive Elementarsensoren in Brückenschaltungen (z.B.:

photoresistive, magnetoresistive, thermoresistive Elementarsensoren usw.) angewandt werden.

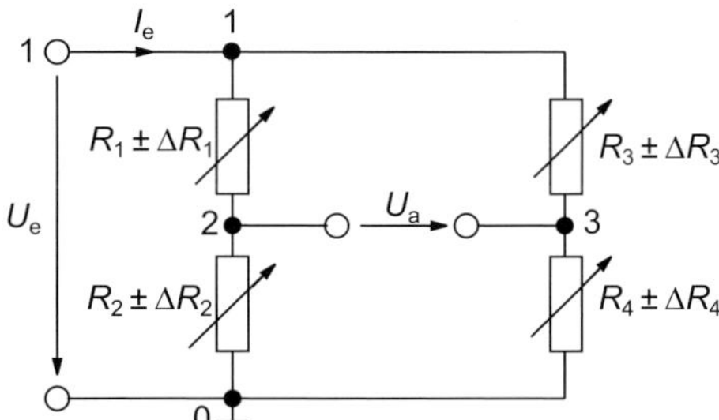

Bild 2.23
Prinzipschaltung der Vollbrücke

Spezifische Berechnungsmethode nur für DMS-Elementarsensoren
Es werden 4 DMS zu einer Vollbrücke verschaltet, d.h., Vollbrücken sind aus 4 ¼-Brücken aufgebaut. Für 1 DMS gilt Gl. 2.18 (oder Gl. 2.26) und für die ¼-Brücke gilt Gl. 2.49.

Wird Gl. 2.18 in Gl. 2.49 eingesetzt, gilt:

$$U_{a_n}(\varepsilon_n) = \frac{1}{4} \cdot U_e \cdot k_n \cdot \varepsilon_n \qquad \text{(Gl. 2.55)}$$

Die Ausgangsspannung tritt immer in gleicher Höhe und mit gleichem Vorzeichen auf, wenn die Dehnungen mit R_1 oder R_4 gemessen werden. Die Vorzeichen kehren sich um, wenn die Dehnungen mit R_2 oder R_3 gemessen werden. Treten in allen Brückenzweigen Dehnungen auf, addieren sich die Einzeldehnungen. Es gilt dann:

$$U_a(\varepsilon) = U_e \cdot \frac{k}{4} \cdot \left(-\varepsilon_1 + \varepsilon_2 + \varepsilon_3 - \varepsilon_4\right) \qquad \text{(Gl. 2.56)}$$

Für axiale Zugspannungen gilt $+\varepsilon$ und für axiale Druckspannungen gilt $-\varepsilon$. Bisher wurden DMS auf mechanischen Bauteilen in Messrichtung (in Hauptdehnungsrichtung) appliziert. Wird nun 1 DMS quer zur Messrichtung aufgebracht, misst er die Querkontraktion ε_q. Sie kann aus der Hauptdehnungsrichtung ε mit der Querkontraktionszahl μ berechnet werden. Wie aus der Festigkeitslehre bekannt, gilt:

$$\varepsilon_q = -\mu \cdot \varepsilon \qquad \text{(Gl. 2.57)}$$

Das Minuszeichen rührt daher, dass zu einer Hauptdehnung eine Querkontraktion und zu einer Hauptstauchung eine Querdehnung gehört.

Elektrische Schaltungsvarianten für Messbrücken mit Konstantstromspeisung
Ist die Widerstandsbrücke von ihrer elektrische Energiequelle weit entfernt empfiehlt sich eine Konstantstromspeisung. In der Praxis werden lineare Varianten der konstantstromgespeisten Brückenschaltungen bevorzugt, das sind ½-Brücken- und Vollbrückenschaltungen.

½-Brückenschaltung mit Konstantstrom
Die Konstantspannungsquelle U_e wird durch eine Konstantstromquelle I_e ersetzt und 2 der 4 Brückenwiderstände durch DMS. Die Messgrößen müssen auf die DMS gegensinnig wirken, d.h., $R_3 = R_4 = R$ sind Festwiderstände und $R_1 = R + \Delta R$ bzw. $R_2 = R - \Delta R$ sind DMS. Gl. 2.51 gilt weiterhin. Drückt man die Eingangsspannung U_e für die elektrisch nicht belastete Brücke durch den Konstantstrom I_e aus, erhält man:

$$U_e(\Delta R) = I_e \cdot R_{ges} = I_e \frac{(R_1 + R_3) \cdot (R_2 + R_4)}{R_1 + R_3 + R_2 + R_4} = \ldots = I_e \cdot \frac{4 \cdot R^2 - \Delta R^2}{4 \cdot R} \qquad \text{(Gl. 2.58)}$$

Setzt man Gl. 2.58 in Gl. 2.51 ein, erhält man für die Brückenausgangsspannung U_a:

$$U_a(\Delta R) = \frac{1}{2} \cdot I_e \cdot \Delta R \qquad \text{(Gl. 2.59)}$$

Vorteile

Unabhängigkeit von Speiseleitungswiderständen, d.h., die Ausgangsspannung U_a hängt nicht von $\Delta R/R$, sondern von ΔR ab und ist damit streng proportional zu ΔR.

Vollbrückenschaltung

In den Brückenschaltungen nach Bild 2.20 werden alle Brückenwiderstände durch DMS ersetzt. Es soll $R_1 = R_4 = R - \Delta R$ und $R_2 = R_3 = R + \Delta R$ sein. Messgrößen müssen auf die DMS paarweise gegensinnig wirken. Gl. 2.54 gilt weiterhin. Beschreibt man die Eingangsspannung U_e für die elektrisch nicht belastete Brücke durch den Konstantstrom I_e erhält man:

$$U_e(\Delta R) = I_e \cdot R_{ges} = I_e \cdot R \qquad \text{(Gl. 2.60)}$$

Setzt man Gl. 2.60 in Gl. 2.54 ein, erhält man für die Brückenausgangsspannung U_a:

$$U_a(\Delta R) = I_e \cdot \Delta R \qquad \text{(Gl. 2.61)}$$

Vorteile

Unabhängigkeit von Speiseleitungswiderständen, die Ausgangsspannung U_a hängt nicht $\Delta R/R$, sondern von ΔR ab und ist zu diesem streng linear.
Eine lineare Abbildungsfunktion liegt immer vor, wenn sich die DMS-Widerstandswerte paarweise gegensinnig ändern, d.h. die Brückenzweigströme konstant bleiben.

Technisch vollständige Messbrückenschaltung

Bild 2.24 zeigt eine vollständig beschaltete DMS-Vollbrücke mit Kompensations-, Linearisierungs-, Korrektur- und Anpasswiderständen. Messbrücken erzeugen zu mechanischen Dehnungssignalen proportionale elektrische vorzeichenbehaftete Ausgangsspannungssignale $U_a(\varepsilon)$, die mit geeigneten Elektroniken, wie nachfolgend beschrieben, weiterverarbeitet werden können.

Elektronische Signalanpassung

Damit die Messbrücke elektrische unbelastet ist, erfolgt die erste Signalumformung immer durch Instrumentenverstärker mit sehr hochohmigen Eingängen (s. Analogelektronik).

Diskrete analoge Signalverarbeitungselektronik

Bild 2.25 zeigt einen diskret aufgebauten Instrumentenverstärker (OP1, OP2 und OP3) mit einer DMS-Vollbrücke und einer Konstantstromspeisung (LM334) mit Offseteinstellung (CMRR).

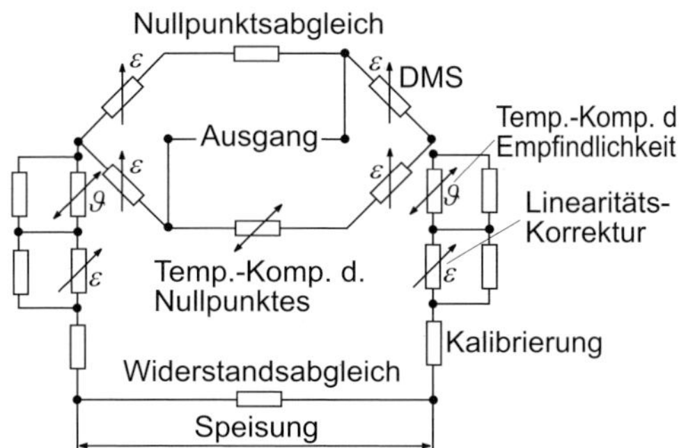

Bild 2.24
Technische Vollbrückenschaltung für einen DMS-Sensor

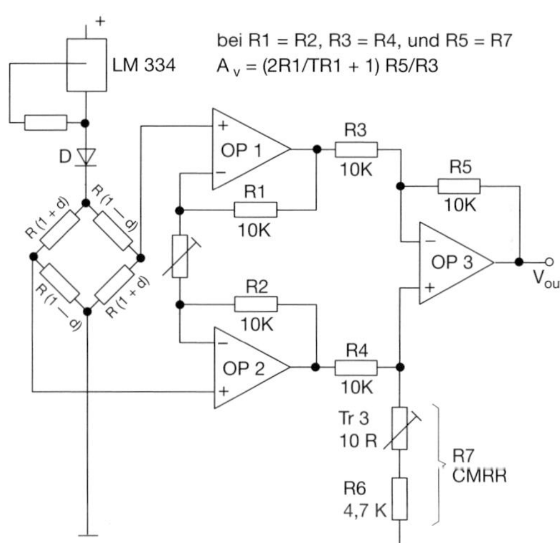

Bild 2.25
Diskret aufgebauter Instrumentenverstärker

FET (Instrumentenverstärker-IC)

Bild 2.26 zeigt einen voll integrierten Instrumentenverstärker mit 2 hochohmigen Eingängen (Feldeffekttransistor FET), Überspannungsschutz (OVP) und einstellbarer Verstärkung durch externe Beschaltung der Pins 1 und 2.

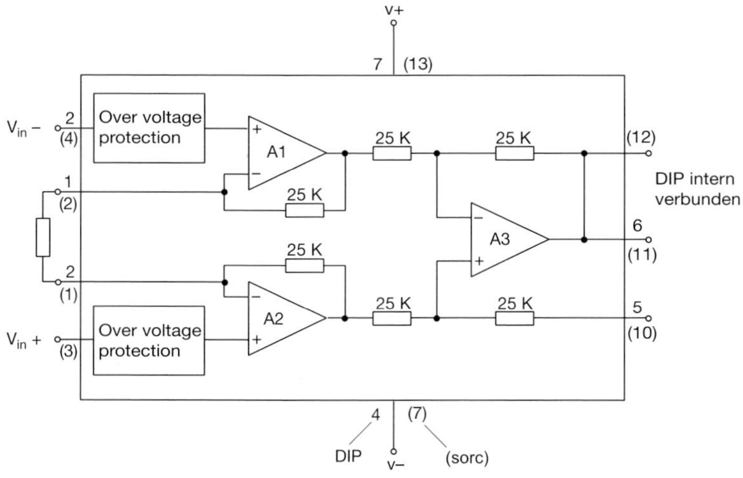

Bild 2.26 FET-Instrumentenverstärker-IC

Modulare integrierte analoge Signalverarbeitungselektronik

Bild 2.27 zeigt eine ¼-Brückenschaltung mit interner Kalibrierung, einem Baustein zur Spannungsversorgung (2B35) und einem zur Signalumformung (2B30). Die Spannungsregelung erfolgt mit Hilfe der Messleitungen. Der Signalumformer besteht aus einem einstellbaren Instrumentenverstärker mit Buffer zum Offsetabgleich und einem Tiefpass mit einstellbarer Grenzfrequenz bis 100 kHz.

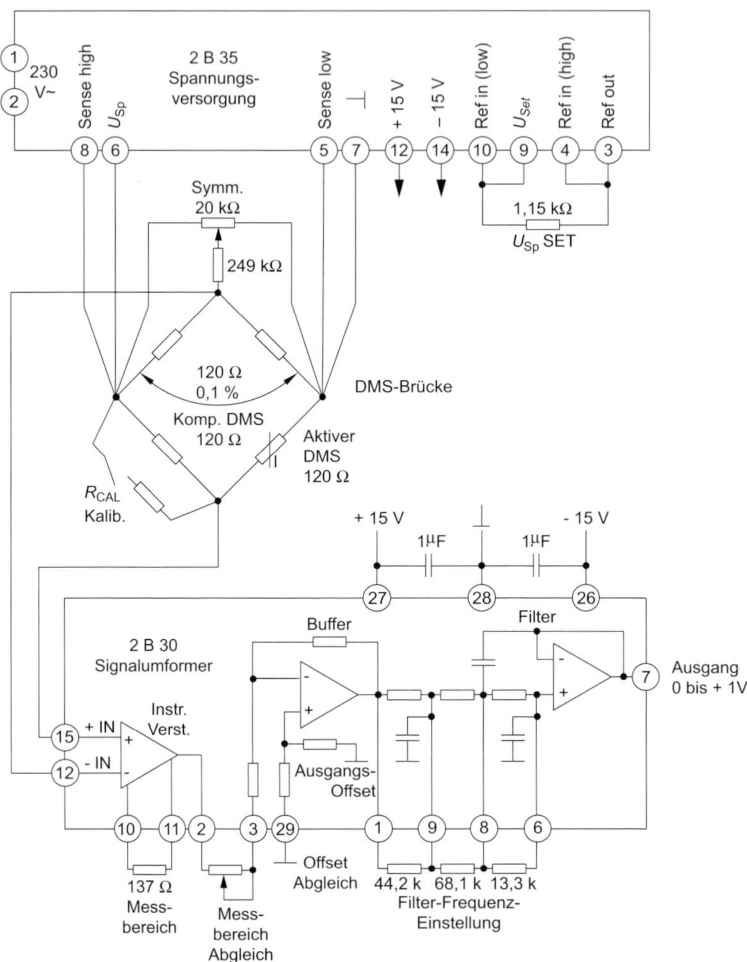

Bild 2.27 DC-Signalverarbeitungselektronik mit Spannungsversorgung und DMS-Brücke

Trägerfrequenzverstärker (TF-Verstärker)

Bild 2.28 zeigt Blockschaltbild und Signalflussplan eines TF-Verstärkers. Der TF-Oszillator speist die DMS-Brücke. Weiter wirkt ein Messsignal auf die DMS-Brücke. Durch eine Multiplikation der Signale entsteht am Brückenausgang ein amplitudenmoduliertes Signal (Produktmodulation). Bild 2.29 zeigt, dass die Messgröße nach Vorzeichen nicht richtig wiedergegeben wird. Das Brückensignal wird daher phasenrichtig demoduliert. Dies geschieht durch eine nochmalige Multiplikation des Brückensignals mit dem TF-Signal (Produktdemodulation). Das demodulierte Signal wird frequenzselektiv verstärkt und über Tiefpässe geglättet. Das mechanische Eingangssignal wird jetzt vorzeichenrichtig abgebildet. Der TF-Verstärker hat eine gute

Nullpunkt- und Verstärkungsstabilität, eine kleine Nichtlinearität, eine hohe Auflösung und ein gutes Impuls-Übertragungsverhalten.

Aus EMV-Gründen werden oft keine Frequenzen im kHz-Bereich erlaubt, in diesem Fall müssen Gleichspannungsverfahren eingesetzt werden.

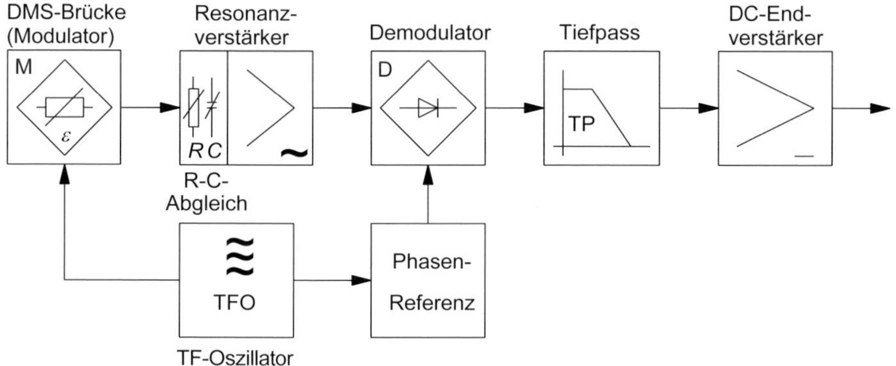

Bild 2.28 Blockschaltbild eines Trägerfrequenzverstärkers

Vertiefung 2.3

In Bild 2.29 ist der Signalverlauf im Zeitbereich mittels Blockdiagramm graphisch dargestellt. Eine mathematische Signaldarstellung im Frequenzbereich, die Modulation und Demodulation der Signale, kann mit Hilfe von einfachen Additionstheoremen durchgeführt werden.

Diese Additionstheoreme stellt Ihnen der Onlineservice InfoClick der Vogel Business Media zur Verfügung. Für das weitere Verständnis des Themas im eigentlichen Sinn kann grundsätzlich ohne diese Herleitung weitergearbeitet werden. Die Nummerierung im Buch überspringt deshalb die auf InfoClick ausgeführten Theoreme (Gl. 2.62...Gl. 2.74) und fährt folgerichtig mit Gl. 2.75 fort. Zur Herleitung gehören auch die Bilder 2.30 und 2.31, so dass die Bildnummerierung hier im Text mit Bild 2.32 weitergeführt wird.

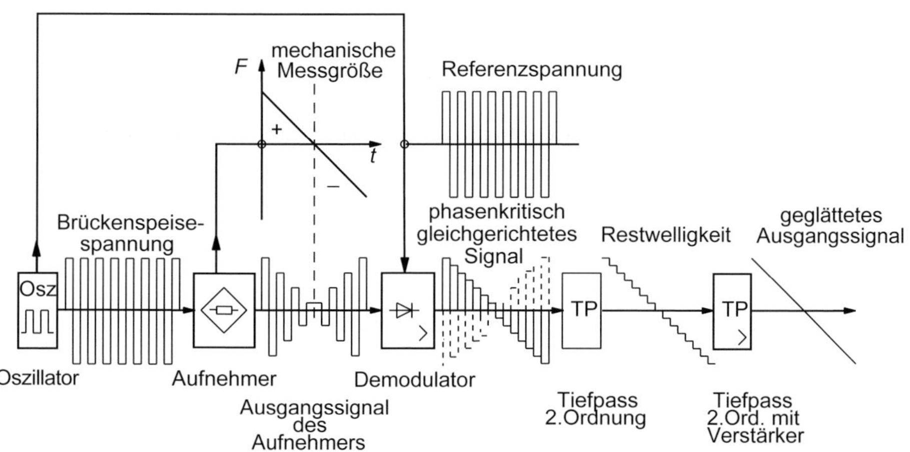

Bild 2.29 Signalflussplan eines Trägerfrequenzverstärkers

Auswahlkriterien von DC-Messverstärkern und TF-Messverstärkern
In Tabelle 2.3 erhalten Sie eine Übersicht, nach der DC-Messverstärker und TF-Messverstärker ausgewählt werden können.

Tabelle 2.3 Auswahlkriterien von DC-Messverstärkern und TF-Messverstärkern

Auswahlkriterien	DC-Verstärker	Trägerfrequenz-Verfahren		
Anschlussmöglichkeiten		$TF = 225$ Hz	$TF = 5$ kHz	$TF = 50$ kHz
Dehnmessstreifen (DMS)	ja	ja	ja	ja
Potentiometer	ja	ja	ja	ja
induktive Elementarsensoren	nein	nein	ja	ja
Thermoelemente	ja	nein	indirekt	nein
thermoresistive Elementarsensoren	ja	nein	Anpasser	nein
Induktionsaufnehmer	ja	nein	Modulator	nein
magnetoresistive Elementarsensoren	ja	nein	ja	nein
Statische Eigenschaften	mäßig bis mittel	sehr gut	mittel bis gut	mittel bis gut
Nullpunktstabilität	sehr gut	sehr gut	mäßig bis gut	mäßig bis gut
Verstärkungsstabilität	sehr gut	sehr gut	mittel bis gut	mittel
Nichtlinearität Messauflösung	mittel bis gut	sehr gut	sehr gut	gut
Dynamische Eigenschaften				
Frequenzbandbreite	sehr gut	gering	mittel	groß
Impulsübertragung	sehr gut	schlecht	mittel	gut
Störeinflüsse				
Thermospannungen	ja	jein	nein	nein
Netzstörungen	ja	sehr klein	nein	nein
Schmalbandrauschen	0,5 μV_{ss}	0,15 μV_{ss}	0,05 μV_{ss}	0,03 μV_{ss}
Zuleitungskapazitäten	sehr klein	nein	abgleichbar	abgleichbar

Übersicht: Modulationsverfahren (Bild 2.30)
Sie verändern gezielt die Parameter physikalischer Größen.

Von analoger Modulation spricht man, wenn die physikalische Größe analog ist, also in gewissen Grenzen unendlich viele Werte annehmen kann.

Diskrete Modulation liegt dagegen vor, wenn die Größe nur endlich viele Werte annehmen kann.

Modulation kommt aus dem Lateinischen und heißt Abwandlung.

Analoge Modulationsverfahren
Man unterscheidet nach Art der analogen Informationsparameter:

❑ **Amplitudenmodulation (AM)**
Eine charakterisierende Größe einer Schwingung ist die Amplitude (Auslenkung) einer physikalischen Größe aus ihrer Ruhelage bis zu einem positiven oder negativen Wert. Die Amplitude wird in ihrer physikalischen Größe angegeben (z.B. als Spannung, Strom, Temperatur, Lichtstärke); diese werden entweder als Momentanwerte oder als Spitzenwerte angegeben. Die AM ist also ein Verfahren zur Übertragung elektrischer Signale. Die konstante Trägerfrequenz ändert ihre Amplitude in Abhängigkeit von der zu übertragenden Information und ist somit relativ störanfällig.

❑ **Frequenzmodulation (FM)**
Die Frequenz ist eine charakteristische Größe eines Schwingungsvorganges. Sie gibt die Anzahl der Schwingungen pro Zeiteinheit, gemessen in Hertz, an, wobei 1 Hz

einer Schwingung pro Sekunde entspricht. Die FM ist ein Verfahren zur Übertragung elektrischer Signale. Eine Trägerfrequenz ändert sich in Abhängigkeit von der zu übertragenden Information. Die Amplitude des modulierten Signals bleibt dabei gleich und die Bandbreite wird größer. Die Störanfälligkeit wird dadurch stark reduziert.

❑ **Phasenmodulation (PM)**
Die Phase ist die zeitliche Verschiebung einer Welle im Verhältnis zu einer definierten Nulllage.

Diskrete Modulationsverfahren (Pulsmodulationsverfahren (PM)
Die Unterscheidung erfolgt nach Art der Informationsparameter bei Impulsfolgesignalen:

❑ **Pulsamplitudenmodulation (PAM)**
Die Pulsamplitudenmodulation (Bild 2.32) beruht auf der diskreten Modulation (Veränderung) der Amplitude (Stärke) von Impulsen zum Zweck der Informationsübermittlung und ist daher relativ störanfällig.

❑ **Pulslängenmodulation (PLM)**
Die Pulslängenmodulation beruht auf der diskreten Modulation (Veränderung) der Dauer (Breite) von Impulsen zum Zweck der Informationsübermittlung. Die Störanfälligkeit ist gering, da die Amplitude des Signals konstant bleibt.

❑ **Pulsfrequenzmodulation (PFM)**
Die Pulsfrequenzmodulation beruht auf der diskreten Modulation (Veränderung) der Anzahl der Impulse pro Zeiteinheit zum Zweck der Informationsübermittlung und ist daher relativ störanfällig.

❑ **Pulsphasenmodulation (PPM)**
Die Pulsphasenmodulation beruht auf der diskreten Modulation (Veränderung) der zeitlichen Lage der Impulse innerhalb von Taktintervallen. Sie ist mit der FM verwandt und relativ störsicher.

Digitale Modulationsverfahren

❑ **Pulscodemodulation (PCM)**
Der Zweck von PCM (Bild 2.33) ist die digitale Übertragung von Analogsignalen und beruht wie die PAM auf der digitalen Modulation (Veränderung) der Amplitude (Stärke) von Impulsen, wird aber zum Zweck der Informationsübermittlung noch zusätzlich binär codiert.

Der erste Schritt bei PCM (Bild 2.34) ist die Umwandlung des Analogsignals in ein Digitalsignal. Dazu wird das Signal zunächst in seiner Amplitude (Stärke) und seiner Bandbreite (Frequenzbereich) begrenzt. Anschließend wird das Signal abgetastet, d.h., es wird in festen Zeitabständen die Spannung gemessen und jedem Spannungswert eine Bitfolge zugeordnet. Aus dem zeitkontinuierlichen Signal wird damit ein zeitdiskretes Signal.

Die den Spannungen zugeordneten Bitfolgen sind z.B. 8 Bit breit und teilen den zulässigen Spannungsbereich damit in 256 Intervalle auf. Die digitalen Daten werden nun seriell übertragen. An seinem Zielort angekommen, wird jedes digitale Signal in das analoge zurückgewandelt. Es wird – dann wieder in konstanten

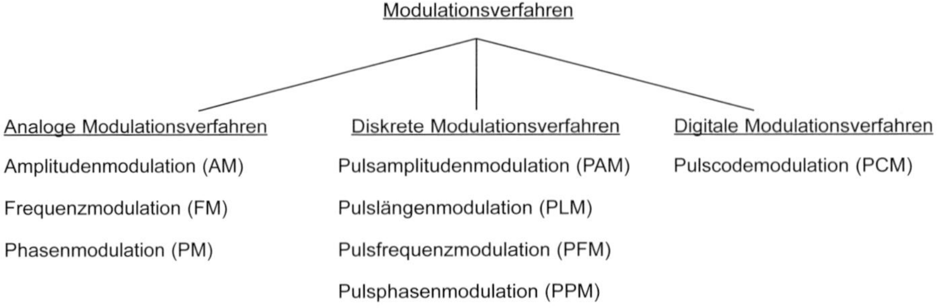

Bild 2.30 Übersicht Modulationsverfahren

Pulsamplitudenmodulation (PAM)

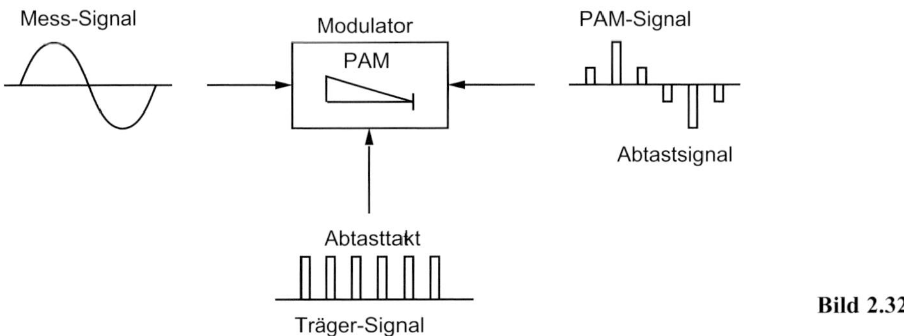

Bild 2.32

Pulscodemodulation (PCM)

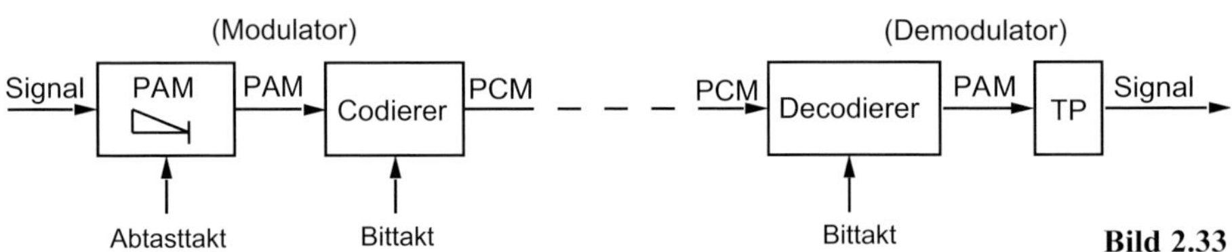

Bild 2.33

Bilder 2.32 und 2.33 Vergleich der PAM mit der PCM: Ein Vorteil der PAM ist ihre technische Einfachheit. Sie ist aber bei der Signalübertragung sehr viel störanfälliger als die binäre PCM und ist nicht durch Redundanz gegen Fehler gesichert. Der Empfänger kann somit auch nicht erkennen, ob er richtige Information erhalten hat oder nicht.

Zeitabständen – in Spannungswerte umgesetzt. Da der Spannungsbereich in Intervalle unterteilt wurde, entsteht bei der Rückwandlung ein treppenartiges Signal. Um das Signal zu glätten, wird es durch einen Tiefpass geschickt. Das analoge Signal steht dann wieder zur Ausgabe zur Verfügung. Die Möglichkeit der redundanten Signalübertragung gewährt beste Störsicherheit aller Modulationsverfahren.

Prinzip: Pulscodemodulation (PCM)

Senderseite: Codierung ⇨ Empfängerseite: Decodierung

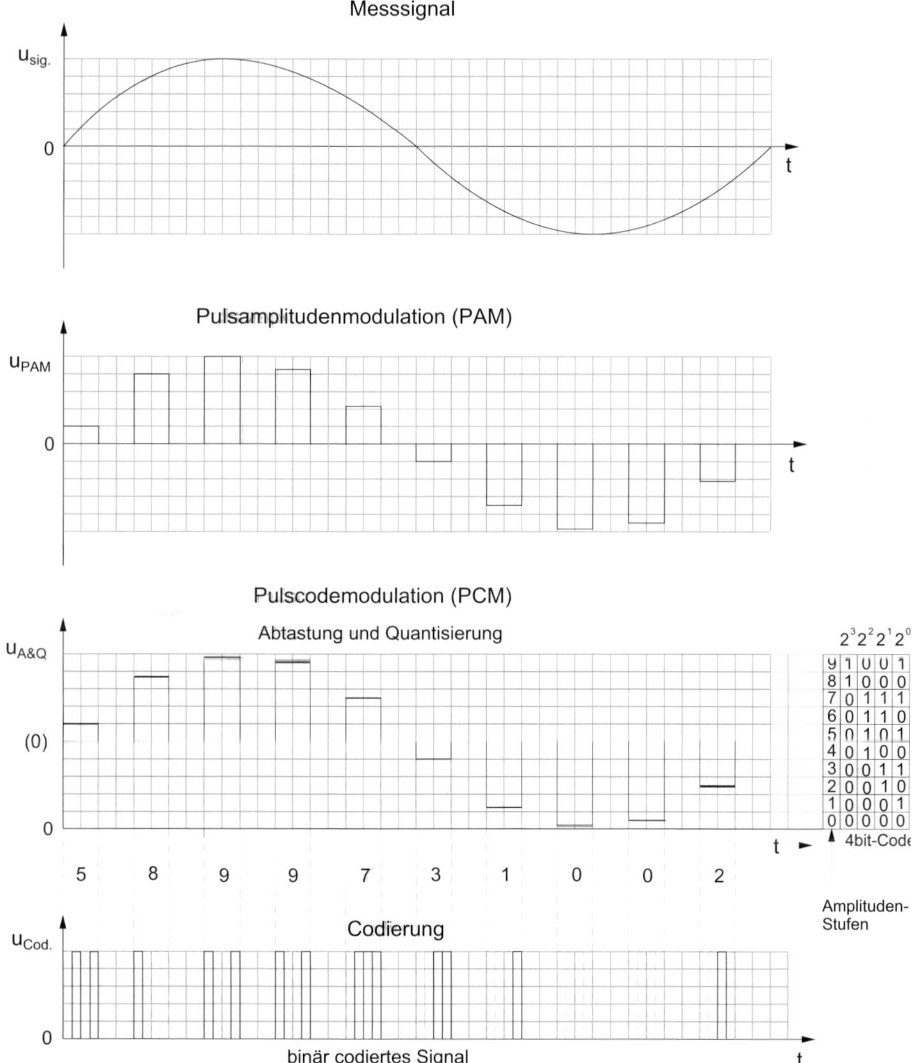

Bild 2.34 Beim Zeitmultiplexverfahren werden in den Zeitlücken zwischen den Abtastungen eines Signals Abtastsignale, andere Signale oder zusätzliche Informationen übertragen

Beispiel 2.4 DMS-Dehnungssensor

In Bild 2.35 ist das elektrische Ersatzschaltbild eines DMS-Sensors zur elektrischen Messung mechanischer Dehnungen von Maschinenelementen dargestellt.

Der Sensor besteht aus 1 DMS-Vollbrücke, 1 Konstantspannungsquelle, 1 Mess- und Speiseleitung, 1 Messverstärker und 1 analogen Anzeige.

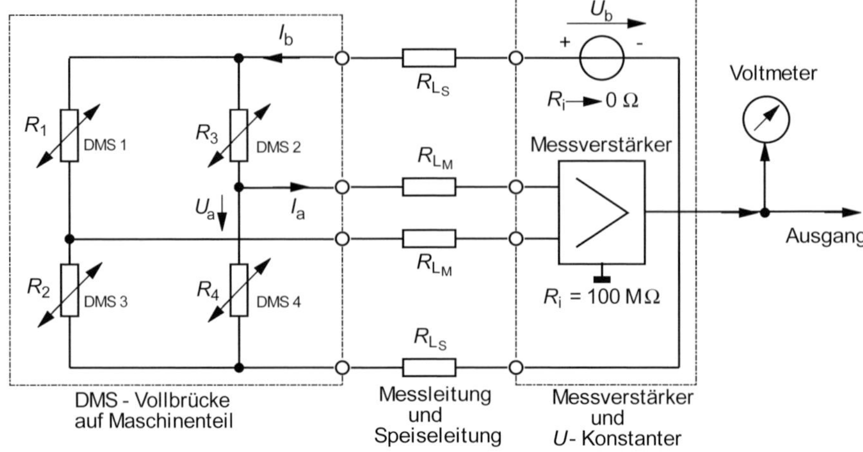

Bild 2.35 Elektrisches Ersatzschaltbild des DMS-Sensors zur elektrischen Messung der mechanischen Dehnung

Technische Daten

Konstantspannungsquelle: U_b = 12 V, $R_i = 0\ \Omega$
DMS-Vollbrücke: $R_1 = R_2 = R_3 = R_4 = R = 350\ \Omega$
Speiseleitung: $R_{LS} = 22{,}4$ mΩ/m, $\alpha_{RLS} = 0{,}004$ 1/°C

Durch die mechanische Belastung des Sensors wird die DMS-Vollbrücke elektrisch um $\Delta R = 0{,}3\ \Omega$ verstimmt. Der Abstand zwischen Messort und Signalauswertung beträgt 50 m. Zur Überbrückung benötigt man 2 Speiseleitungen 50 m lang (Widerstand R_{LS}) und 2 Messleitungen 50 m lang (Widerstand R_{LM}). Die Speiseleitungsspannungsabfälle verändern die Speisespannung U_b und damit die Ausgangsspannung U_a.

a) Berechnen Sie die tatsächliche Brückenspeisespannung U_{b_tat} (mit Speiseleitung) und damit die tatsächliche Brückenausgangsspannung U_{a_tat}.
b) Wie groß wäre die relative und die absolute Messabweichung, wenn man die Spannungsverhältnisse, bedingt durch die 50 m lange Speiseleitung, nicht berücksichtigen würde?
Die Messanordnung wird einem Temperaturgang von +20...+50 °C ausgesetzt.
c) Berechnen Sie die thermische Widerstandsänderung $R_{LS}(T)$ der Speiseleitung, die dadurch bedingte Änderung der Brückenspeisespannung $U_b(T)$ und die Änderung der Brückenausgangsspannung $U_a(T)$. Berechnen Sie die daraus entstehende absolute und relative Messabweichung der Brückenausgangsspannung.
d) Wie groß wäre die relative wahrscheinliche Gesamtmessabweichung unter Berücksichtigung der Speiseleitungslänge und ihres Temperaturgangs?

Lösung 2.4

Berechnung der tatsächlichen Speisespannung und der Ausgangsspannung

a) Leitungswiderstand:

$$R_{LS} = l_{LS} \cdot R_{LS}^* = 50\ \text{m} \cdot 22{,}4\ \frac{\text{m}\Omega}{\text{m}} = 1{,}12\ \Omega \qquad \text{(Gl. 2.75)}$$

Brückenspeisestrom:

$$I_b = \frac{U_b}{R_{ers} + 2 \cdot R_{LS}} = \frac{U_b}{\dfrac{(R_1 + R_3) \cdot (R_2 + R_4)}{(R_1 + R_3) + (R_2 + R_4)} + 2 \cdot R_{LS}} \qquad \text{(Gl. 2.76)}$$

Mit $R_1 = R_2 = R_3 = R_4 = R$ gilt:

$$I_b = \frac{U_b}{R + 2 \cdot R_{LS}} = \frac{12\ \text{V}}{350\ \Omega + 2 \cdot 1{,}12\ \Omega} = 34{,}06\ \text{mA} \qquad \text{(Gl. 2.77)}$$

Tatsächliche Brückenspeisespannung:

$$U_{b_{tat}} = U_b - I_b \cdot 2 \cdot R_{LS} = 12\ \text{V} - (34{,}06 \cdot 10^{-3}\ \text{A} \cdot 2 \cdot 1{,}12\ \text{VA}^{-1}) = 11{,}92\ \text{V} \qquad \text{(Gl. 2.78)}$$

Tatsächliche Brückenausgangsspannung:

$$U_{a_{tat}} = \frac{\Delta R}{R} \cdot U_{b_{tat}} = \frac{0{,}3\ \Omega}{350\ \Omega} \cdot 11{,}92\ \text{V} = 10{,}217\ \text{mV} \qquad \text{(Gl. 2.79)}$$

Relative Messabweichung, mit Speiseleitungswiderstand ohne Temperaturgang

b) Absolute Messabweichung der Brückenausgangsspannung (wegen Speiseleitung):

$$F_{U_a} = \frac{\Delta R}{R} \cdot \left(U_{b_{tat}} - U_b\right) = \frac{0{,}3\ \Omega}{350\ \Omega} \cdot \left(11{,}92 - 12\right)\text{V} = -68{,}57 \cdot 10^{-3}\text{mV} \qquad \text{(Gl. 2.80)}$$

Relative Messabweichung nach DIN 1319:

$$f_{U_a} = \frac{F_{U_a}}{\frac{\Delta R}{R} \cdot U_b} \cdot 100\% = \frac{-68{,}57 \cdot 10^{-6}\ \text{V}}{\frac{0{,}3\ \Omega}{350\ \Omega} \cdot 12\ \text{V}} \cdot 100\% = -0{,}667\% \qquad \text{(Gl. 2.81)}$$

Relative Messabweichung, mit thermischer Änderung des Speiseleitungswiderstandes

c) Thermische Änderung der Speiseleitung:

$$R_{LS}(T) = R_{LS}(20\ °\text{C}) \cdot (1 + \alpha_{R_{LS}} \cdot \Delta T) = 1{,}12\ \Omega \cdot \left[1 + 4 \cdot 10^{-3} \frac{1}{°\text{C}} \cdot 30\ °\text{C}\right] = 1{,}254\ \Omega \qquad \text{(Gl. 2.82)}$$

Thermische Änderung des Speisestroms:

$$I_b(T) = \frac{U_b}{R_{ers} + 2 \cdot R_{LS}(T)} = \frac{12\ \text{V}}{350\ \Omega + 2 \cdot 1{,}245\ \Omega} = 34{,}04\ \text{mA} \qquad \text{(Gl. 2.83)}$$

Thermische Änderung der Brückenspeisespannung:

$$U_b(T) = U_b - 2 \cdot I_b(T) \cdot R_{LS}(T) = 12\ \text{V} - 2 \cdot 34{,}04 \cdot 10^{-3}\text{A} \cdot 1{,}245\ \Omega = 11{,}915\ \text{V} \qquad \text{(Gl. 2.84)}$$

Thermische Änderung der Brückenausgangsspannung:

$$U_a(T) = \frac{\Delta R}{R} \cdot U_b(T) = \frac{0{,}3\ \Omega}{350\ \Omega} \cdot 11{,}915\ \text{V} = 10{,}212\ \text{mV} \qquad \text{(Gl. 2.85)}$$

Absolute thermische Messabweichung der Brückenausgangsspannung:

$$F_{U_a}(T) = U_a(T) - U_{a_{tat}} = (10{,}212 - 10{,}217)\ \text{mV} = -5 \cdot 10^{-3}\ \text{mV} \qquad \text{(Gl. 2.86)}$$

Relative thermische Messabweichung nach DIN 1319:

$$f_{U_a} = \frac{F_{U_a}(T)}{U_a} \cdot 100\% = \frac{-5 \cdot 10^{-6}\ \text{V}}{10{,}217\ \text{V}} \cdot 100\% = -0{,}049\% \qquad \text{(Gl. 2.87)}$$

Relative wahrscheinliche Gesamtmessabweichung mit Speiseleitung und Temperaturgang

d) relative wahrscheinliche Gesamtmessabweichung:

$$f_{\text{ges}} = \pm\sqrt{f_{U_a}^2 + f_{U_a}^2(T)} = \pm\sqrt{(-0{,}667\%)^2 + (-0{,}049)^2} = \pm 0{,}669\% \approx \pm 0{,}7\% \qquad \text{(Gl. 2.88)}$$

Beispiel 2.5 Interne Kalibrierung

Für die Kalibrierung wird im unbelasteten Zustand, parallel zu einem Brückenwiderstand, ein definierter Kalibrierwiderstand geschaltet (Bild 2.36).

Technische Daten

Brückenspeisespannung: $U_e = 5\ \text{V}$

Dehnmessstreifen (DMS): $R_{DMS} = 120\ \Omega$

Elektrischer Dehnfaktor (k-Faktor): $k = 6$

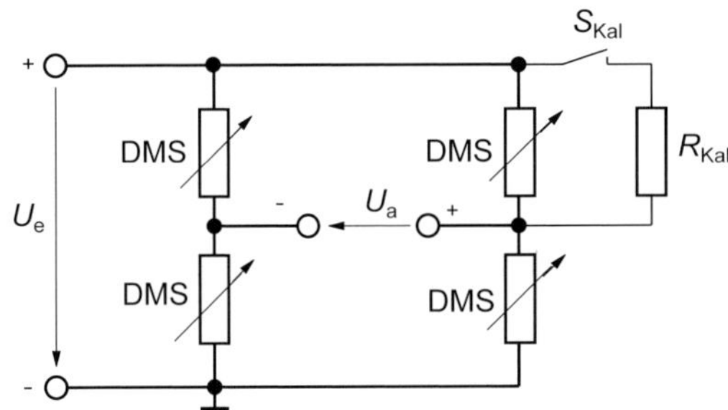

Bild 2.36
Vollbrückenschaltung mit Kalibrierwiderstand

Der Kalibrierwiderstand R_{kal} ist so dimensioniert, dass bei seiner Zuschaltung 80% des max. Nennsignals, für eine max. mechanische Dehnung von $\varepsilon_{max} = 15\ \mu\text{m/m}$ erreicht werden. Berechnen Sie den Kalibrierwiderstand R_{kal} für die oben dargestellte DMS-Messbrücke.

Lösung 2.5

Verstimmung der Messbrücke bei maximaler Dehnung:

$$U_{a_{max}} = \frac{1}{4} \cdot k \cdot \varepsilon_{max} = 5\ \text{V} \cdot 2 \cdot 15\ \mu\text{m} = 150 \cdot 10^{-3}\ \text{mV} \qquad \text{(Gl. 2.89)}$$

Kalibriersprung 80% von der maximalen Ausgangsspannung:

$$U_{a_{kal}} = 0{,}8 \cdot U_{a_{max}} = 0{,}8 \cdot 150 \cdot 10^{-3}\ \text{mV} = 120 \cdot 10^{-3}\ \text{mV} \qquad \text{(Gl. 2.90)}$$

Absolute Widerstandsänderung aus ¼-Brückenverstimmung:

$$\frac{U_{a_{kal}}}{U_e} = \frac{1}{4} \cdot \frac{\Delta R}{R} \Rightarrow \Delta R = 4 \cdot \frac{U_{a_{kal}}}{U_e} \cdot R = 4 \cdot \frac{120 \cdot 10^{-3}\ \text{mV}}{5\ \text{V}} \cdot 120\ \Omega = 11{,}52\ \text{m}\Omega \qquad \text{(Gl. 2.91)}$$

Kalibrierbedingung: Bestimmung des Kalibrierwiderstandes:

$$R - \Delta R = \frac{R \cdot R_{kal}}{R + R_{kal}} \Rightarrow R_{kal} = \frac{R \cdot (R - \Delta R)}{\Delta R} \qquad \text{(Gl. 2.92)}$$

Berechnung des Kalibrierwiderstandes mit $\Delta R << R$:

$$R_{\text{kal}} \approx \frac{R^2}{\Delta R} = \frac{120^2\ \Omega^2}{11{,}52 \cdot 10^{-3}\ \Omega} = 1{,}25\ \text{M}\Omega \qquad \text{(Gl. 2.93)}$$

Beispiel 2.6 Temperaturkompensierter DMS-Kraftsensor

Bild 2.37 zeigt den Prinzipaufbau des Kraftsensors mit seiner Temperaturkompensation.

Technische Daten

Federkörper und Hülse:	Elastizitätsmodul	$= 2 \cdot 10^6$ N/mm²
	Längenausdehnungskoeffizient	$= 10 \cdot 10^{-6}$ 1/K
4 Dehnmessstreifen:	DMS-Widerstand	= 350,0 Ω
	k-Faktor	= 2,0
	Längenausdehnungskoeffizient	$= 3{,}5 \cdot 10^{-6}$ 1/K
	Temperaturkoeffizient	$= 3{,}0 \cdot 10^{-5}$ 1/K

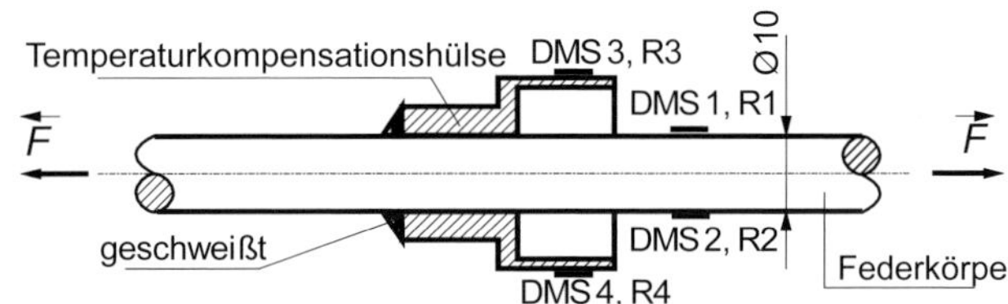

Bild 2.37
Elektromechanischer Prinzipaufbau des Kraftsensors mit Temperaturkompensation

a) Skizzieren Sie die elektrische Verschaltung mit 4 DMS zur Vollbrücke.
b) Berechnen Sie die mechanischen Dehnungen $\varepsilon_1 \ldots \varepsilon_4$, der DMS 1...4, wenn auf den Federkörper eine axiale Zugkraft von 10 kN bei konstanter Temperatur wirkt.
c) Berechnen Sie die elektrische Brückenausgangsspannung U_a und die elektrische Brückenverstimmung U_a/U_e der DMS-Vollbrückenschaltung für eine axiale Zugkraft von 10 kN, wenn der Nullpunktabgleich bei einer Zugkraft von 0 N durchgeführt wurde und die Brückenspeisespannung 5 V beträgt.
d) Berechnen Sie für eine axiale Zugkraft von 0 N die absolute und die relative Widerstandsänderung eines applizierten DMS, bei gleichmäßiger Erwärmung des Kraftmessgliedes um 50 °C.

Lösung 2.6

a) DMS-Brückenschaltung (Bild 2.38):

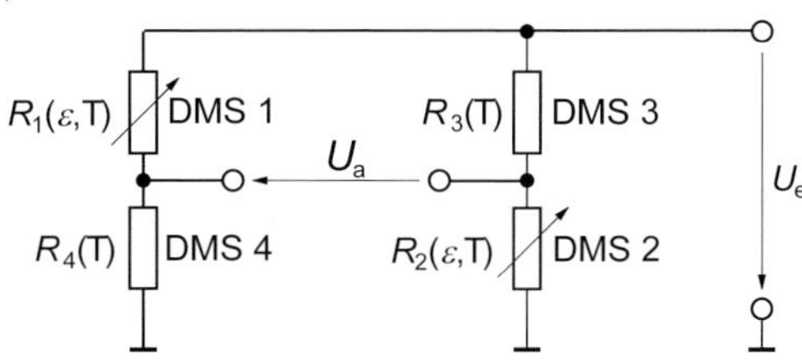

Bild 2.38
DMS-Vollbrückenschaltung

b) DMS 1 und DMS 2: μ mit $\sigma = \varepsilon \cdot E$, $\sigma = F / A$, $A = \pi \cdot d^2 / 4$, gilt:

$$\varepsilon_{1,2} = \frac{4 \cdot F}{\pi \cdot d^2 \cdot E} = \frac{4 \cdot 10 \cdot 10^3\ \text{N} \cdot \text{mm}^2}{\pi \cdot (10\ \text{mm})^2 \cdot 2 \cdot 10^6\ \text{N}} = 6{,}366 \cdot 10^{-5} \qquad \text{(Gl. 2.94)}$$

DMS 3 und DMS 4: Diese DMS sind mechanisch spannungsfrei.

c) Berechnung der elektrischen Ausgangsspannung:

$$U_a = \frac{k}{2} \cdot \varepsilon \cdot U_e = \frac{2}{2} \cdot 6{,}366 \cdot 10^{-5} \cdot 5\ \text{V} = 318{,}3 \cdot 10^{-3}\ \text{mV} \qquad \text{(Gl. 2.95)}$$

Berechnung der Brückenverstimmung:

$$U_a / U_e = 318{,}3 \cdot 10^{-3}\ \text{mV} / 5\ \text{V} = 63{,}66 \cdot 10^{-3}\ \text{mV/V} \qquad \text{(Gl. 2.96)}$$

d) Absolute Widerstandsänderung einer Einzel-DMS für $F = 0$ N und $\Delta T = 50$ °C:

$$\Delta R(T) = R_0 \cdot [\beta_R \cdot \Delta T + k \cdot (\alpha_B - \alpha_M) \cdot \Delta T] = 350\ \Omega \cdot [1{,}5 \cdot 10^{-3} + 6{,}5 \cdot 10^{-4}]$$
$$= 752{,}5\ \text{m}\Omega \qquad \text{(Gl. 2.97)}$$

Relative Widerstandsänderung:

$$\Delta R(T) / R_0 = 752{,}5 \cdot 10^{-3}\ \Omega / 350\ \Omega = 2{,}15 \cdot 10^{-3} \equiv 0{,}215\% \qquad \text{(Gl. 2.98)}$$

2.2.2 Piezoresistive mikroelektromechanische Sensoren

Der piezoresistive Effekt ist die Änderung des spezifischen elektrischen Widerstandes eines Halbleiters unter Einfluss einer mechanischer Spannungen. Die Erstbeschreibung stammt von C. S. SMITH: «Piezoresistance effect in germanium and silicon», Physical Rev. 1954.

Grundlagen

Die Ursache ist in der Bandstruktur begründet. Durch die Einwirkung von mechanischen Kräften wird der Halbleiter deformiert, d.h., Gitter-Atome verschieben sich. Dadurch ändert sich vereinfacht gesagt die Energiedifferenz der verbotenen Zone (Gap) zwischen Valenzband und Leitungsband, und damit die Elektronenbeweglichkeit. Eine exakte Berechnung ist sehr aufwendig. Daher wählen wir einen viel einfacheren (phänomenologischen) Zugang. Mit der Gl. 2.31 und mit Hilfe des HOOKEschen Gesetzes ($\sigma = \varepsilon E$) gilt für den einachsigen mechanischen Spannungszustand, in einfacher skalarer Schreibweise:

$$\beta_\varrho = \frac{\Delta\varrho / \varrho}{\Delta l / l} \Rightarrow \frac{\Delta\varrho}{\varrho} = \beta_\varrho \cdot \varepsilon = \beta_\varrho \cdot \frac{\sigma}{E} = \pi \cdot \sigma \qquad \text{(Gl. 2.99)}$$

σ mechanische Spannung
E Elastizitätsmodul
ϱ sog. longitudinaler piezoresistiver Koeffizient

Weiter gilt nach dem oben Gesagten:

$$\Delta R / R = \Delta\varrho / \varrho \qquad \text{(Gl. 2.100)}$$

Setzt man nun Gl. 2.99 in Gl. 2.100, erhält man mit dem HOOKEschen Gesetz:

$$\Delta R / R = \Delta\varrho / \varrho = \pi \cdot \sigma = \pi \cdot \varepsilon \cdot E \equiv k \cdot \varepsilon \Rightarrow k = \pi \cdot E \qquad \text{(Gl. 2.101)}$$

Der Wert des k-Faktors hängt vom Material, der Dotierung und der sensorisch genutzten Kristallrichtung ab. Es gilt dann für den allg. piezoresistiven Koeffizienten:

$$\pi = \frac{\Delta\varrho / \varrho}{\sigma} = \frac{k}{E} \qquad \text{(Gl. 2.102)}$$

Der piezoresistive Koeffizient verknüpft die dehnungsresistiven und die mechanischen Materialeigenschaften, ist also der elektrische Dehnfaktor, bezogen auf den Elastizitätsmodul des Widerstandskörpers, und hängt von der Kristallrichtung und der Messtechnik ab. Der piezoresistive Effekt ist in 3 Sensoreffekte unterteilbar:

- piezoresistiver Longitudinaleffekt (Strom und mechanische Spannung parallel),
- piezoresistiver Transversaleffekt (Strom und mechanische Spannung orthogonal),
- piezoresistiver Schereffekt (Strom und mechanische Spannung verschieden).

Vertiefung 2.4

Dieser Sachverhalt kann auch mathematisch betrachtet werden. Diese Herleitung stellt Ihnen der Onlineservice InfoClick zur Verfügung. Für das weitere Verständnis des Themas im eigentlichen Sinn kann grundsätzlich ohne diese Herleitung weitergearbeitet werden. Die Nummerierung im Buch überspringt deshalb die auf InfoClick ausgeführte Ableitung (Gl. 2.103...Gl. 2.106) und fährt folgerichtig mit Gl. 2.107 fort.

Bild 2.39 zeigt den piezoelektrischen Effekt entlang der Hauptrichtungen (Normalen). Wirken elektrische Stromdichte und die mechanische Hauptspannung in Richtung einer Kristallachse, liegt der Longitudinaleffekt vor, dann gilt mit Gl. 2.99:

$$\frac{\Delta \varrho_1}{\varrho} = \pi_{11} \cdot \sigma_1 \qquad \text{(Gl. 2.107)}$$

π_{11} longitudinaler piezoresistiver Koeffizient

Wirkt die elektrische Stromdichte in Richtung einer Kristallachse und die mechanische Spannung orthogonal dazu, liegt der Transversaleffekt vor, dann gilt mit Gl. 2.99:

$$\frac{\Delta \varrho_1}{\varrho} = \pi_{12} \cdot \sigma_2 \qquad \text{(Gl. 2.108)}$$

π_{12} transversaler piezoresistiver Koeffizient

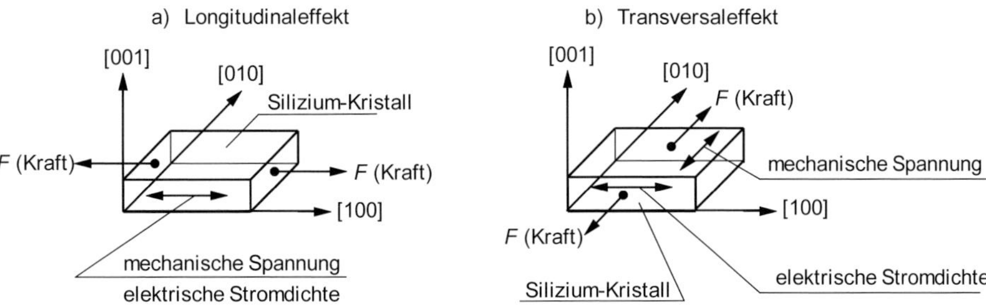

Bild 2.39 Piezoelektrischer Effekt entlang der Hauptrichtungen (Normalen)

In Bild 2.39 wird z.B. auch p-Silizium in (100)-Silizium dargestellt, das besonders für Brückenschaltungen geeignet ist. Für 2 wichtige Fälle sind longitudinale und transversale piezoresistive Koeffizienten mit den zugehörigen *k*-Faktoren und die piezoresitiven Scher-Koeffizienten sowie die spez. elektrischen Widerstände für 23 °C dargestellt.

Der Druck wird in Pascal [Pa] gemessen, wobei 1 bar = 10^5 Pa = 10^5 N/mm^2 ist. Piezoresistive Koeffizienten und *k*-Faktoren von n- und p-Silizium bei 23 °C gibt Tabelle 2.3 wieder.

Liegt die elektrische Stromdichte nicht in Richtung der Kristallachse und die elektrische Feldstärke nicht parallel zur elektrischen Stromdichte, kann der relative spezifische elektrische Widerstand nicht mehr unmittelbar angegeben werden, da die Geometrie des Halbleiters eine Rolle spielt (Pseudo-HALL-Effekt).

Die Beschreibung der Temperaturabhängigkeit des piezoresistiven Effektes kann z.B. in n-Silizium über die Analyse der besetzten Leitungsbänder durchgeführt werden.

Aus Tabelle 2.3 können auch Layoutregeln für den technischen Aufbau von piezoresistiven Elementarsensoren erkannt werden. Durch eine geeignete Wahl von Material und Effekten kann man Vorzeichenwechsel bei gleichen Beträgen erzeugen. Außerdem ist zu sehen, dass die *k*-Faktoren für bestimmte HL-Anordnungen im Vergleich zu Metallen viel größer sind. Damit bieten sich bei geeigneter geometrischer Anordnung elektrische Verschaltungen zu WHEATSTONEschen Messbrücken und damit zum Aufbau von sog. mikroelektromechanischen Sensoren (MEMS) an.

Tabelle 2.3 Auswahl von piezoresistiven Koeffizienten und *k*-Faktoren von n- und p-Silizium bei 23 °C

$\varrho[\Omega \cdot \text{cm}]$	$\pi_{11}[10^{-11}\text{Pa}^{-1}]$	$\pi_{12}[10^{-11}\text{Pa}^{-1}]$	$\pi_{44}[10^{-11}\text{Pa}^{-1}]$	$\pi[10^{-11}\text{Pa}^{-1}]$	k_{11}	k_{12}
n-Si	11,7	–102,6	53,4	–13,6	–132,90	90,2
p-Si	7,8	6,6	–1,1	138,1	8,85	–1,9

Technische Applikationen

Die wichtigsten piezoresistiven Sensoren sind Druck-, Beschleunigungs- und Kraftsensoren.

Piezoresistiver Beschleunigungssensor

Bild 2.40 zeigt den Längsschnitt des mechanischen Prinzipaufbaus eines Beschleunigungssensors mit piezoresistiven Widerständen und in Bild 2.41 die zugehörige Brückenschaltung. Die Beschleunigungskraft wirkt senkrecht auf die seismische Masse, die so an den Rahmen gekoppelt ist, dass ihre Auslenkung eine mechanische Dehnung in den piezoelektrischen Messwiderständen R_{me} erzeugt, die in einer ½-Messbrückenschaltung erfasst werden kann. In der Brückenergänzung befinden sich noch 2 Kompensationswiderstände R_{ko}, die so angeordnet sind, dass sie nicht der Messgröße, aber dem gleichen Temperatureinfluss wie die Messwiderstände ausgesetzt sind.

Damit ist eine gute Kompensation der thermischen Störgrößen möglich. Typische technische Daten sind eine Messempfindlichkeit von 18 mV/*g* bei einer Brückenspannung U_{e} von 5 V.

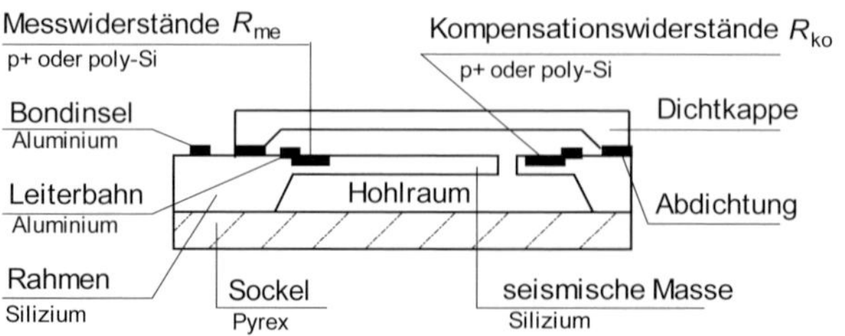

Bild 2.40
Längsschnitt des elektromechanischen Prinzipaufbaus eines piezoresistiven Beschleunigungssensors

Piezoresistiver Differenzdrucksensor

In Bild 2.42 ist der Längsschnitt des mechanischen Prinzipaufbaus eines Referenzdrucksensors mit seinen piezoresistiven Widerständen dargestellt und in Bild 2.43 die zugehörige Brückenschaltung.

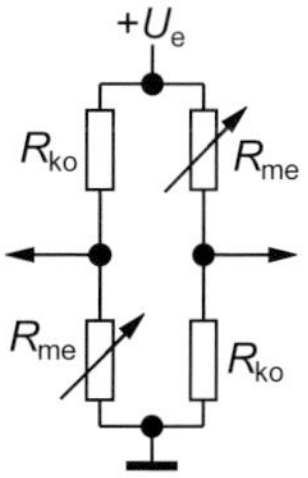

Bild 2.41
Halbbrückenschaltung des piezoresistiven Beschleunigungssensors

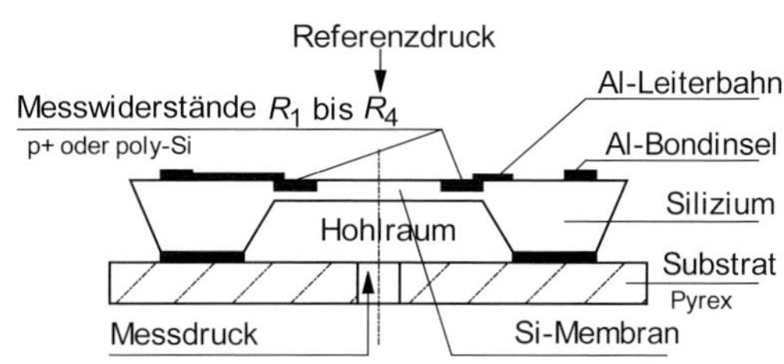

Bild 2.42
Längsschnitt des elektromechanischen Prinzipaufbaus eines piezoresistiven Referenzdrucksensors

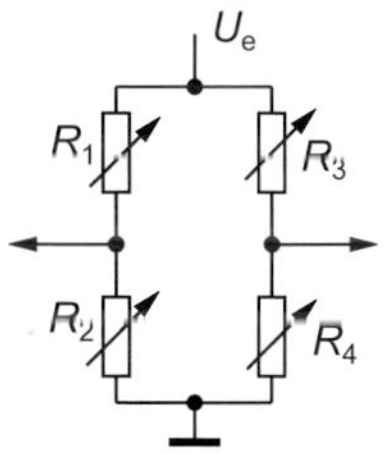

Bild 2.43
Vollbrückenschaltung des piezoresistiven Referenzdrucksensors

Der Messdruck wirkt senkrecht auf die Siliziummembran und verformt sie mechanisch.

In der ausgesparten Siliziummembran sind 4 diffundierte oder ionenimplantierte Widerstände (piezoresistive Widerstände) als Vollbrücke verschaltet. Sie sind so angeordnet, dass bei Druckbeaufschlagung jeweils R_1 und R_4 sowie R_2 und R_3 gleiche Widerstandsänderungen erfahren. Gemessen wird dabei der Differenzdruck zwischen Messdruck und Referenzdruck.

Monolithischer Differenzdrucksensor mit integrierter Elektronik

Bild 2.44 zeigt den Längsschnitt des mechanischen Prinzipaufbaus eines monolithischen piezoresistiven Differenzdrucksensors mit voll integrierter Signalaufbereitungselektronik in Siliziumtechnologie (oberer Teil) und in der Draufsicht die geometrische Anordnung der 4 piezoresistiven Widerstände, ihre elektrische Verschaltung zu einer Vollbrücke und die Verknüpfung mit einer Signalaufbereitungselektronik.

Bei hochohmigen Siliziumwiderständen ist zur Verstärkung des Brückensignals ein Instrumentenverstärker notwendig (s. Analogelektronik).

Elektrische Signalanpassung

Aus Tabelle 2.3 ist die Richtungsabhängigkeit der piezoresistiven Koeffizienten erkennbar. Für Sensorapplikationen wird daher eine Orientierung und Dotierung bevorzugt, die eine große Messempfindlichkeit ermöglicht, wobei die piezoresistiven Widerstände so angeordnet sind, dass sie sich bevorzugt zu einer Vollbrücke verschalten lassen. Wie bei Metall-DMS können die Brücken mit Konstantspannung oder Konstantstrom gespeist werden.

*Konstant-**Spannungs**speisung der Vollbrücke*
Für die Brückenverstimmung gilt (analog zu Gl. 2.56):

$$\frac{U_a}{U_e} = \frac{1}{4} \cdot \left(-\frac{\Delta R_1}{R_1} + \frac{\Delta R_2}{R_2} + \frac{\Delta R_3}{R_3} - \frac{\Delta R_4}{R_4} \right) \qquad \text{(Gl. 2.109)}$$

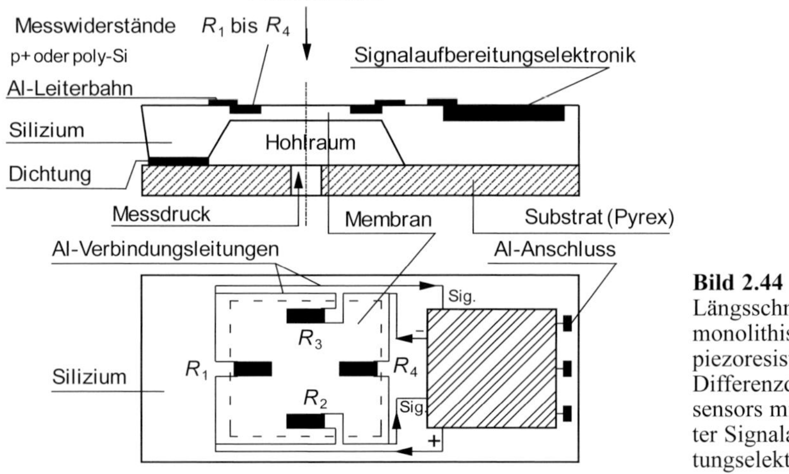

Bild 2.44
Längsschnitt eines monolithischen piezoresistiven Differenzdrucksensors mit integrierter Signalaufbereitungselektronik

Bei Drucksensoren mit dünnen Membranen treten nur ebene mechanische Spannungen auf, die sich in eine longitudinale Spannung σ_L und eine transversale Spannung σ_T zerlegen lassen. Für symmetrische Vollbrücken mit symmetrischen Widerstandsänderungen gilt dann mit $\pi_{11} = \pi_L$ und $\pi_{12} = \pi_T$ gilt analog zu Gl. 2.99:

$$\frac{U_e}{U_a} = \frac{\Delta R}{R} = \pi_L \cdot \sigma_L + \pi_T \cdot \sigma_T \qquad \text{(Gl. 2.110)}$$

für die maximale Messempfindlichkeit.

*Konstant-**Strom**speisung der Vollbrücke*
Für die Speisung mit dem Konstantstrom I_e gilt für die Brückenausgangsspannung U_e bei symmetrischer Vollbrücke mit symmetrischen Widerstandsänderungen analog zu Gl. 2.61:

$$U_a = I_e \cdot \Delta R = I_e \cdot (\pi_L \cdot \sigma_L + \pi_T \cdot \sigma_T) \qquad \text{(Gl. 2.111)}$$

Die Anordnung der piezoelektrischen Widerstände muss also immer so gewählt werden, dass die longitudinalen und transversalen mechanischen Spannungen σ_L und σ_T und die zugehörigen longitudinalen und transversalen piezoresistiven Konstanten π_L und π_T zu betragsmäßig gleich großen, aber mit entgegengesetzten mathematischen Vorzeichen versehenen Widerstandsänderungen führen.

Elektronische Signalverarbeitung

Wegen der sehr hochohmigen piezoresistiven Widerstände ist, trotz ihres hohen *k*-Faktors, zur Verstärkung des Brückenausgangssignals immer ein FET-Instrumentenverstärker notwendig (s. auch Abschnitt 2.2.1). Weitere elektronische Schaltungsblöcke können sein: Tiefpassfilter (TP-Filter) zur Störsignalunterdrückung, Spannungsverstärker zur Einstellung des notwendigen Spannungspegels, Spannungs-Strom-Wandler (*U*/*I*-Wandler) mit einem Stromverstärker zur Einstellung des notwendigen Strompegels oder nach dem TP-Filter ein Spannungs-Frequenz-Umsetzer (*U*/*f*-Umsetzer) zur Erzeugung frequenzanaloger Signale oder nach dem TP-Filter ein Analog-Digital-Umsetzer (ADU) zur Digitalisierung der analogen Messsignale. Oft werden in der Sensortechnik, im Vergleich zur Elektronik, in der Schaltkreisfertigung geringe Stückzahlen von Hybridbaugruppen hergestellt und eingesetzt. Nur bei hohen Stückzahlen kann man monolithisch integrierte Schaltungen oder Sensoren kostengünstig herstellen. Eine Möglichkeit zur digitalen Signalverarbeitung besteht darin, einem Instrumentenverstärker einen digitalen Sensorsignalprozessor (DSSP) nachzuschalten. Für komplexere Signalverarbeitungsalgorithmen, wie z.B. bei Multisensoren oder intelligenten Sensoren, können mehrere Mikroprozessoren eingesetzt werden. Bei sehr hohen Stückzahlen verwendet man häufig festprogrammierbare Logikbausteine. Eine weitere Möglichkeit ist der Einsatz von Analogsensorsignalprozessoren (ASSP) mit analoger Signalverarbeitung und digitaler Korrektur. In der Signalverarbeitung werden immer häufiger Hardwarelösungen durch Softwarelösungen ersetzt. Mikrocontroller ermöglichen eine Kalibrierung und eine Kompensation von statischen und dynamischen Messabweichungen (z.B. Nichtlinearität, Nullpunktdrift, Frequenzgang usw.).

Mögliche Korrekturen von Kennlinien oder von statischen und dynamischen Messabweichungen, wenn sie kostengünstig machbar sind, sollten hardwaremäßig (z.B. durch mechanische Konstruktion und Elektronik) durchgeführt werden. Das gewährleistet, dass ausreichend Rechen- und Speicherkapazität für nur softwaremäßig lösbare intelligente Aufgaben zur Verfügung steht. Dies ist öfter möglich als vermutet, wie Kostenvergleiche zeigen.

Messtechnische Eigenschaften

In Tabelle 2.4 und Tabelle 2.5 sind messtechnische Eigenschaften (Daten) exemplarisch für einen piezoresistiven Elementardrucksensor und einen piezoresistiven Drucksensor dargestellt. (Umrechnung der Druckeinheiten: 1 bar = 10^5 Pa = 10^5 N/mm^2).

Tabelle 2.4 Typische technische Daten eines piezoresistiven Brückenelementardrucksensors

Typische Daten eines piezoresistiven Elementardrucksensors (nur Brücke)		
Druckmessbereich	MB_p	= 0...50 mbar
Betriebsspannung	U_e	= 5 V
Ausgangsspannung	U_a	= 0...35 mV v. *MB*
Betriebstemperaturbereich	ϑ	= –40...+125 °C
Temperaturkoeffizient der Empfindlichkeit	*TKE*	≤ –0,15 % v. *MB* / K
Temperaturkoeffizient des Nullpunktes	*TKN*	≤ –0,05 % v. *MB* / K
Nichtlinearität	*NL*	= ± 0,1 % v. *MB*
Hysterese	H_p	= 0,1% v. *MB*
Brückenwiderstand	R_{Br}	= 3 kΩ
Chipabmessung	*F*	= 8 × 8 mm

Anwendungen

- **Kfz-Mechatronik:**
  Steuerung des Zündzeitpunktes, Regelung des Kraftstoff-Luft-Gemisches, Diagnosegeräte.
- **Haushaltsgerätetechnik:**
  Waschmaschinen, Spülmaschinen, Staubsauger, Personenwaagen.
- **Medizintechnik:**
  Blutdruckmessgeräte, Beatmungsgeräte, Atemmessgeräte, Dialysegeräte, Ohr-Diagnose.
- **Industrieanwendungen:**
  Wasserwerke, Klärwerke, Kühlgeräte, Klimaanlagen, Hydraulik, Pneumatik, Vakuumtechnik, Raffinerien, Schweißgeräte, Werkzeugmaschinen, Zentrifugen, Handhabungsgeräte, Verpackungsmaschinen, Getränkeabfüllmaschinen.
- **Wissenschaftliche Anwendungen:**
  Ozeanographie, Geophysik, biomedizinische Technik.

Tabelle 2.5

Typische Daten eines piezoresistiven Drucksensors			
Druckmessbereich	MB_p	=	0...10 bar
Überlastdruck	$p_Ü$	=	30 bar
Ausgangsspannung	U_a	=	0...10 V
Messempfindlichkeit bei 25 °C	E_p	=	1 V/bar
Betriebsspannung	U_e	=	18...30 V
Betriebstemperaturbereich	ϑ_B	=	–40...+125 °C
kompensierter Temperaturbereich	ϑ_K	=	0...125 °C
Hysterese	H_p	<	± 0,2% v. *MB*
Nichtlinearität	*NL*	<	± 0,5% v. *MB*
Temperaturkoeffizient des Nullpunktes	*TKN*	<	± 1% v. *MB*
Temperaturkoeffizient der Empfindlichkeit	*TKE*	<	± 0,5% v. *MB*
Eigenfrequenz (Elementarsensor allein)	f_0	<	100 kHz
Frequenzgang –3 dB (Messkette)	f_{-3dB}	=	0...40 kHz
Beschleunigungsempfindlichkeit	E_a	<	0,1 mbar/g
mechanisches Anzugsmoment	M_A	=	2...2,5 Nm
Gewicht		=	50 g

Beispiel 2.7 Messabweichung eines Elementarsensors

a) Berechnen Sie für einen piezoresistiven Elementardrucksensor (Daten aus Tabelle 2.4) die relative wahrscheinliche Messabweichung bei einer Betriebstemperatur von 50 °C.

b) Welche physikalischen Parameter verursachen die größten Messabweichungen, und auf welche Gesamtwerte müssten sie elektronisch kompensiert werden, damit die relativen wahrscheinlichen Gesamtmessabweichungen nicht mehr als ± 0,5% betragen?

Lösung 2.7

a) Berechnung der relativen wahrscheinlichen Messabweichung

$$
\begin{aligned}
f_{\text{ges}} &= \pm\sqrt{f_{\text{NL}}{}^2 + f_{\text{H}}^2 + \left(f_{\text{TKN}} \cdot \Delta T\right)^2 + \left(f_{\text{TKE}} \cdot \Delta T\right)^2} \\
&= \pm\sqrt{(\pm 0{,}1\%)^2 + (0{,}1\%)^2 + \left(-0{,}05\frac{\%}{\text{K}} \cdot 50\text{K}\right)^2 + \left(-0{,}15\frac{\%}{\text{K}} \cdot 50\text{K}\right)^2} \\
&= \pm 7{,}906\%
\end{aligned}
$$

(Gl. 2.112)

b) Untersuchung der Messabweichungen und der elektronischen Kompensation. Die größten Messabweichungen entstehen durch die *TNK* und besonders durch die *TNE*.

$$TKN = f_{\text{TKN}} \cdot \Delta T = -0{,}05\frac{\%}{K} \cdot 50\ K = -2{,}5\% \qquad \text{(Gl. 2.113)}$$

$$TKE = f_{\text{TKE}} \cdot \Delta T = -0{,}15\frac{\%}{K} \cdot 50\ K = -7{,}5\% \qquad \text{(Gl. 2.114)}$$

Damit gilt für den maximalen Gesamtwert:

$$
\begin{aligned}
f_{(TKN+TKE)_{\max}} &= \pm\sqrt{f^2{}_{\text{ges}_{\max}} - \left(f_{\text{NL}}^2 + f_{\text{H}}^2\right)} \\
&= \pm\sqrt{(\pm 0{,}5\%)^2 - (\pm 0{,}1\%)^2 - (0{,}1\%)^2} = \pm 0{,}519\%
\end{aligned}
\qquad \text{(Gl. 2.115)}
$$

d.h. elektronische Kompensation so, dass *TKN* und *TKE* 0,519% sind.

Beispiel 2.8 Messung eines Überdruckes in einer Rohrleitung

Mit einem piezoelektrischen Drucksensor soll der statische Überdruck p_z in der Mitte eines Rohrstückes gemessen werden (Bild 2.45).

Das Druckmedium (H_2O) hat eine Temperatur von 80 °C mit einer Dichte von $\varrho = 10^3\ \text{kg/m}^3$. Der Drucksensor ist einer Umgebungstemperatur von 50 °C ausgesetzt. Der Druck auf die Messmembran des Drucksensors ist um den hydrostatischen Druck $p_z = \varrho \cdot g \cdot z$ (Korrekturwert) kleiner als der Druck in der Rohrmitte (Erdbeschleunigung $g = 9{,}81\ \text{m/s}^2$).

Technische Daten der Messkettenglieder

Drucksensor:	Nichtlinearität mit Hysterese $NLH_s = 0{,}6\%$ v. *MB*
Messempfindlichkeit	$E_s = 1$ bar/V
Messbereich:	$MB = 0...6$ V
thermischer Gesamtfehler:	$TKNE_s = +2$ mV/K bei Nenntemperatur 20 °C
Voltmeter:	Klasse 0,6
Messbereich:	$MB_v = 0...6$ V (Voltmeterskala in bar: 6 V = 6 bar)

Aus mehrfach unter gleichen Bedingungen gemessenen Druckwerten ist ersichtlich, dass zufällige Druckschwankungen auftreten.

Messwerte: 5,17 V / 5,21 V / 5,19 V / 5,20 V / 5,16 V

a) Berechnen Sie den Schätzwert des Überdruckes in der Rohrmitte (Hinweis: Messwerte zuerst von der systematischen Messabweichung befreien).

b) Bestimmen Sie mit Hilfe einer t-Verteilung die Vertrauensgrenze des Schätzwertes. Für 5 Einzelmessungen und eine statistische Sicherheit von 95% hat der t-Faktor, nach DIN 1319, den Wert 2,77.
c) Berechnen Sie die absoluten systematischen wahrscheinlichen Messabweichungen der Messkette (Hinweis: Gerätegesamtmessabweichung von Sensor mit Voltmeter).
d) Berechnen Sie die absolute wahrscheinliche Gesamtmessunsicherheit für die Messung des Überdruckes $p_{ü}$ in der Rohrmitte.
e) Geben Sie das korrigierte Messergebnis der Überdruckmessung in vollständiger Form an. (Schätzwert mit absoluter und relativer wahrscheinlicher Gesamtmessunsicherheit)

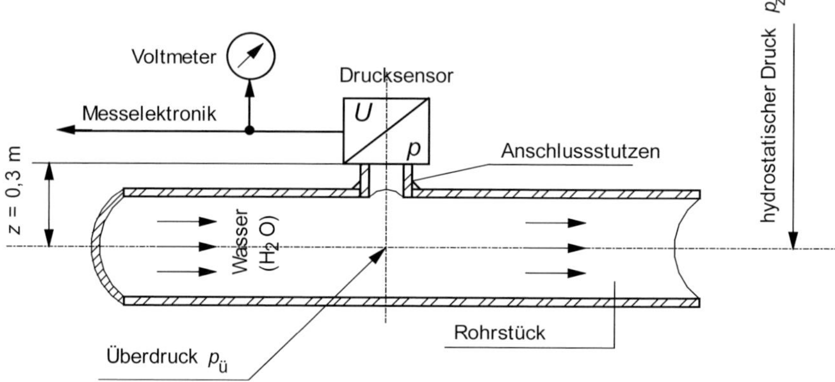

Bild 2.45 Messaufbau zur Erfassung des statischen Überdrucks in einem Rohrstück mit einem piezoelektrischen Drucksensor

Lösung 2.8
Statistische Messunsicherheit

a) Schätzwert des gemessenen Druckes:

$$\overline{p}_{ü} = \left(\frac{1}{n} \cdot \sum_{i=1}^{n} p_{ü_i}\right) \cdot E_{\text{sensor}} = \frac{1}{5} \cdot 25.93\ \text{V} \cdot 1\frac{\text{bar}}{\text{V}} \approx 5{,}186\ \text{bar} \qquad \text{(Gl. 2.116)}$$

korrigierter Schätzwert (gemessener Druck + hydrostatischer Druck, $1\ \text{N/m}^2 = 10^{-5}\ \text{bar}$)

$$\overline{p}_{ü_{\text{korr}}} = \overline{p}_{ü} + p_z = \overline{p}_{ü} + \varrho \cdot g \cdot z = 5{,}186\ \text{bar} + 10^3 \frac{\text{kg}}{\text{m}^3} \cdot 9{,}81 \frac{\text{m}}{\text{s}^2} \cdot 0{,}3\ \text{m}$$

$$= 5{,}186\ \text{bar} + 0{,}0294\ \text{bar} \approx 5{,}215\ \text{bar} \qquad \text{(Gl. 2.117)}$$

b) Vertrauensgrenze des Schätzwertes: $v = \pm t \cdot \overline{\sigma}$

Mittelwert der Standardabweichung:

$$\overline{\sigma} = \pm\sqrt{\frac{\sum_{i=1}^{n}(p_{ü_{i\text{korr}}} - \overline{p}_{ü_{\text{korr}}})^2}{n \cdot (n-1)}} = \pm\sqrt{\frac{17{,}25 \cdot 10^{-4}\ \text{bar}^2}{20}} = \pm 9{,}287 \cdot 10^{-3}\ \text{bar} \qquad \text{(Gl. 2.118)}$$

t-Faktor (nach Text und DIN 1319): $t = 2{,}77$

Vertrauensgrenze für 5 Messungen bei einer statistischen Sicherheit von 95%:

$$v = \pm t \cdot \overline{\sigma} = \pm 2{,}77 \cdot 9{,}287 \cdot 10^{-3}\ \text{bar} \approx \pm 0{,}0257\ \text{bar} \qquad \text{(Gl. 2.119)}$$

Tabelle 2.6 Tabelle für die Vertrauensgrenze V des Schätzwertes

Einzelmesswerte	korrigierte Einzelmesswerte	Abweichungen	Quadrate der Abweichungen
$p_{ü_i}$	$p_{ü_{i\,korr}} = p_{ü_i} + p_z$	$p_{ü_{i\,korr}} - \overline{p}_{ü_{korr}}$	$(p_{ü_{i\,korr}} - \overline{p}_{ü_{korr}})^2$
5,17	5,20	–0,015	+0,000225
5,21	5,24	+0,025	+0,000625
5,19	5,21	–0,005	+0,000025
5,20	5,23	+0,015	+0,000225
5,16	5,19	–0,025	+0,000625
Summe der Quadrate der Abweichung		$\sum_{i=1}^{n}(p_{ü_{i\,korr}} - \overline{p}_{ü_{korr}})^2$	$= 0{,}001725$

c) Systematische wahrscheinliche Messabweichung:

- Piezoresistiver Drucksensor
  Absoluter thermischer Gesamtfehler (Nullpunkt und Messempfindlichkeit)

$$TKNE_{S_{ges}} = TKNE_S \cdot \Delta T \cdot E_S = 0{,}002\frac{\text{V}}{\text{K}} \cdot 30\ \text{K} \cdot 1\frac{\text{bar}}{\text{V}} = 0{,}06\ \text{bar} \qquad \text{(Gl. 2.120)}$$

  Systematische absolute Messabweichung (Nichtlinearität-Hysterese)

$$F_\varepsilon = \pm\frac{NLH}{100\%} \cdot (MB - E)_S \cdot E_S = \pm\frac{0{,}6\%}{100\%} \cdot 6\ \text{V} \cdot 1\frac{\text{bar}}{\text{V}} = \pm 0{,}036\ \text{bar} \qquad \text{(Gl. 2.121)}$$

  Systematische absolute wahrscheinliche Gesamtmessabweichung des Sensors

$$F_{S_{ges}} = \pm\sqrt{TKNE_{S_{ges}}^2 + G_S^2} = \pm\sqrt{(0{,}06\ \text{bar})^2 + (0{,}036\ \text{bar})^2} = \pm 0{,}07\ \text{bar} \qquad \text{(Gl. 2.122)}$$

- Analoges Voltmeter (absolute Gesamtmessabweichung des Voltmeters)

$$F_{VM} = \frac{G_{VM}}{100\%} \cdot (MB - E) = \pm\frac{0{,}6\%}{100\%} \cdot 6\ \text{V} = \pm 0{,}036\ \text{V} \equiv \pm 0{,}036\ \text{bar} \qquad \text{(Gl. 2.123)}$$

- Systematische absolute wahrscheinliche Gesamtmessabweichung der Messkette (bestehend aus Sensor und Voltmeter)

$$F_{GMK} = \pm\sqrt{F_{S_{ges}}^2 + F_{VM}^2} = \pm\sqrt{(0{,}07\ \text{bar})^2 + (0{,}036\ \text{bar})^2} \approx \pm 0{,}079\ \text{bar} \qquad \text{(Gl. 2.124)}$$

d) Gesamtmessunsicherheit: $\delta\overline{p}_ü$

$$\delta\,\overline{p}_ü = F_{GMK} + v = \pm(0{,}0786 + 0{,}0257)\ \text{bar} = \pm 0{,}104\ \text{bar} \qquad \text{(Gl. 2.125)}$$

e) Messergebnis der Überdruckmessung (korrigierter Schätzwert mit Messunsicherheit):

$$\overline{p}_{ü_{Mess}} = \overline{p}_{ü_{korr}} + \delta\overline{p}_ü = (5{,}215 \pm 0{,}104)\ \text{bar} = 5{,}215\ \text{bar} \pm 2{,}0\% \qquad \text{(Gl. 2.126)}$$

3 Elektromechanische Induktionssensoren

Induktionssensoren basieren auf einem physikalischen Effekt der Elektrodynamik, dem allgemein bekannten elektromagnetischen Induktionsgesetz:

$$u_a(t) = -w \cdot \frac{\Delta\Phi(t)}{\Delta t} \qquad \text{(Gl. 3.1)}$$

Die physikalische Interpretation lautet: Die zeitliche Abnahme eines magnetischen Flusses $\Phi(t)$ durch eine Spule mit w Windungen induziert in der Spule selbst eine positive elektrische Spannungsänderung $u_a(t)$.

Aus der Bestimmungsgleichung (Gl. 3.1) lassen sich die physikalischen Größen ablesen, die allgemein unter dem Einfluss der zu messenden physikalischen Größe im Elementarsensor eine elektrische Spannung induzieren.

Induktionsspannungen können grundsätzlich auf 3 Arten erzeugt werden:

1. ruhende Windungen (konstante Windungsfläche) und zeitlich veränderliche Magnetfelder,
2. bewegte Windungen (veränderliche Windungsfläche) und zeitlich konstante Magnetfelder,
3. bewegte Windungen und zeitlich veränderliche Magnetfelder.

Mit Hilfe der 1. Art werden z.B. Drehzahl- und Drehwinkelsensoren, mit Hilfe der 2. Art z.B. Schwingungs- und Beschleunigungssensoren realisierbar.

Gl. 3.1 kann mit Hilfe der magnetische Flussdichte B weiter umgeformt werden: Für die magnetische Flussdichte (Magnetfluss pro Fläche) gilt dann:

$$B = \frac{\Delta\Phi}{\Delta A} \Rightarrow \Delta\Phi = B \cdot \Delta A \qquad \text{(Gl. 3.2)}$$

A Spulenfläche

Bild 3.1 zeigt die geometrische Prinzipanordnung zur Beschreibung des Effektes. Die Spule bewegt sich mit der Geschwindigkeit $\upsilon(t)$ durch ein Magnetfeld mit konstanter Flussdichte B und legt in der Zeit Δt den Weg $\Delta s(t)$ zurück. Setzt man Gl. 3.2 in Gl. 3.1, gilt:

$$u_a(t) = -w \cdot B \cdot \frac{\Delta A(t)}{\Delta t} = -w \cdot B \cdot \frac{l \cdot \Delta s(t)}{\Delta t} = -w \cdot B \cdot l \cdot \upsilon(t) \qquad \text{(Gl. 3.3)}$$

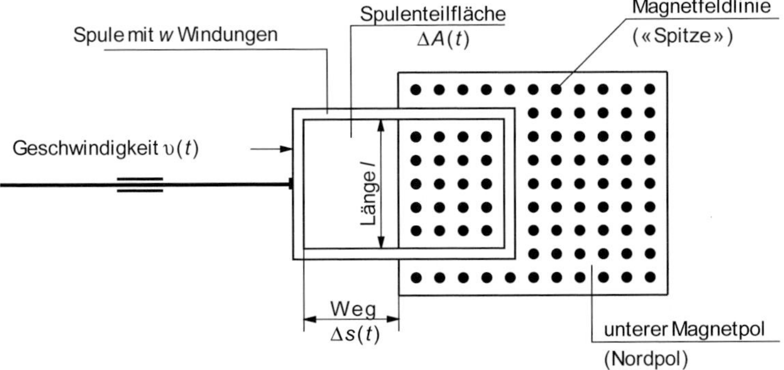

Bild 3.1 Geometrischer Aufbau zur Beschreibung des Induktionseffektes für Sensoren

Mit Hilfe von 1. (transformatorische Spannungserzeugung nach Gl. 3.1) werden in der Sensorik sog. Pick-ups (z.B. zur Drehzahlmessung) realisierbar.

Mit 2. (kinematische Spannungserzeugung nach Gl. 3.2) werden elektrodynamische Schwingungssensoren und Beschleunigungssensoren gebaut.

Die 3. Art (kinematotransformatorische Spannungserzeugung) wird bislang noch nicht sensorisch genutzt.

Vertiefung 3.1

Die technische Realisierung dieser Sensoren basiert auf den Varianten des Induktionsgesetzes (s. Gl. 3.1) und kann so erweitert werden, dass alle mathematischen Varianten abgedeckt sind. An dieser Stelle folgt nun, wie schon in Kapitel 1 gezeigt, eine Darstellung des Induktionsgesetzes als totales Differential. Sehen Sie sich Gl. 3.1 und Gl. 3.3 an, und Sie werden erkennen, dass diese Term 1 und Term 2 in Gl. 3.5 für $w = 1$ entsprechen (wenn Sie das Symbol d durch das Symbol Δ ersetzen).

Die Vertiefung steht Ihnen mit den Ableitungen im Onlineservice InfoClick der Vogel Business Media zur Verfügung. Für das weitere Verständnis des Themas im eigentlichen Sinn kann grundsätzlich ohne diese Herleitung weitergearbeitet werden. Die Nummerierung im Buch überspringt deshalb die auf InfoClick ausgeführte Ableitung mit Gl. 3.4...Gl. 3.5 und fährt folgerichtig mit Gl. 3.6 fort.

Im Weiteren wird die transformatorisch und die kinematisch induzierte Spannung genutzt. Durch physikalische und/oder konstruktive Maßnahmen muss der Sensorentwickler auf eine hohe Messselektivität achten. Der Sensoranwender muss aufgrund seiner theoretischen Kenntnisse aus dem großen Angebot der Sensoren die geeigneten zur Lösung seiner Aufgabe (s. Abschnitt 1.9.2) finden.

3.1 Induktionsspulensensor (Pick-up) (Induktionssensor)

Grundlagen und technischer Aufbau

Die Abnahme des magnetischen Flusses $\Phi(t)$ durch eine Spule mit w Windungen induziert in dieser, nach Gl. 3.1, eine negative elektrische Spannung $u_a(t)$. Bild 3.2 zeigt den mechanischen Prinzipaufbau, das elektrische Ersatzschaltbild des Magnetkreises und das elektrische Ersatzschaltbild. Der Pick-up besteht aus einem Permanentmagnetkreis, dessen Luftspalt über ein weichmagnetisches Messobjekt geschlossen wird. Die Bewegung eines Messobjektes verändert die Luftspaltlänge δ, damit den magnetischen Widerstand R_m und damit den Magnetfluss Φ. Die zeitliche Änderung des Magnetflusses $d\Phi(t)/dt$ induziert in den Windungen w der Spule die Spannung $u_{ind}(t)$. Bild 3.3 zeigt die in der Spule induzierte Spannung $u_{ind}(t)$. Sie ist zur Windungszahl w und zur zeitlichen Änderung des Magnetflusses $d\Phi(t)/dt$ proportional.

Messtechnische Eigenschaften

Aus dem Induktionsgesetz (Gl. 3.1) ist zu ersehen, dass das Ausgangssignal $u_a(t)$ des Pick-up proportional zur Spulenwindungszahl und zur zeitlichen Änderung des magnetischen Flusses ist, d.h. linear drehzahlabhängig. Messungen zeigen jedoch, dass das so nicht stimmt. Der Graph der Ausgangsspannung (Bild 3.4) steigt zunächst noch linear an, wird jedoch schnell bei höheren Drehzahlen n und kleineren Lastwiderständen R_L immer flacher.

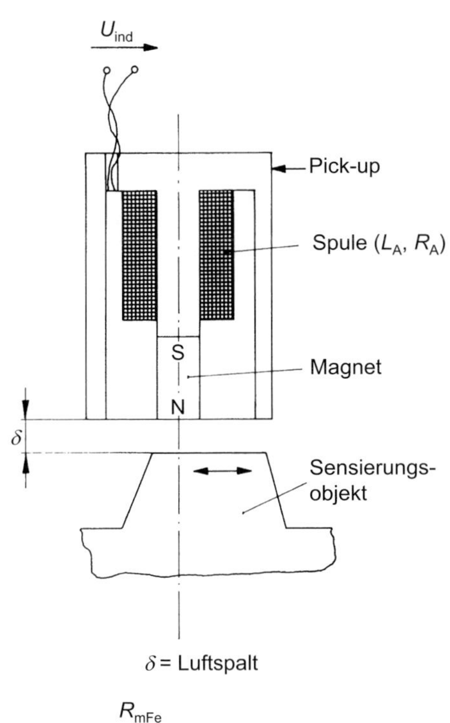

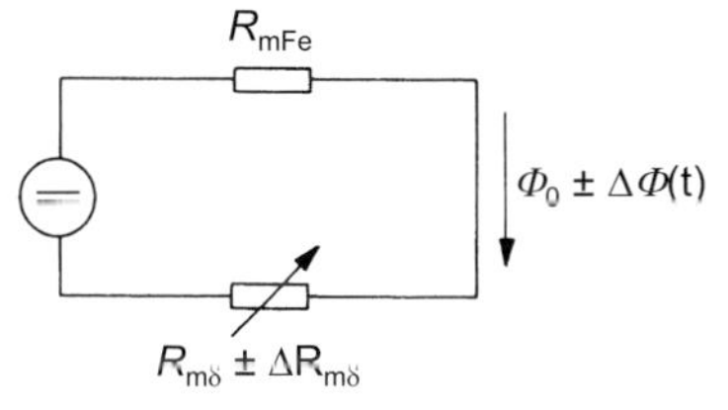

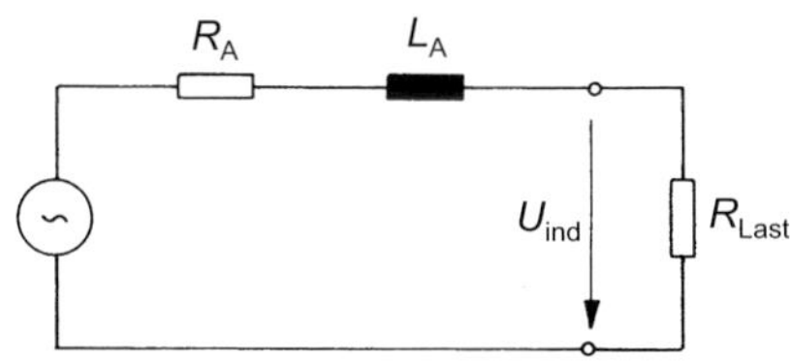

Bild 3.2

a) Prinzipablauf des Drehzahlmesswertaufnehmers mit Messzahnrad (Pick-up)

b) Elektrisches Ersatzschaltbild des Aufnehmermagnetkreises

c) Elektrisches Ersatzschaltbild des Aufnehmers

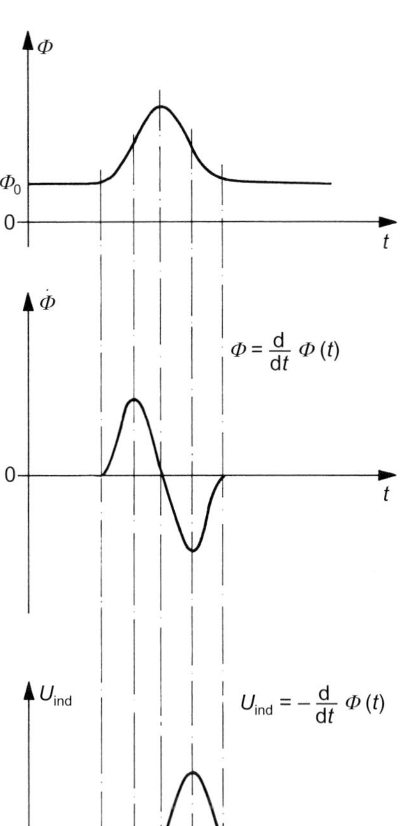

Bild 3.3

a) Magnetischer Fluss durch den Magnetkreis (Pick-up und Messzahnrad)

b) Zeitliche Änderung des magnetischen Flusses durch den Magnetkreis

c) Induzierte elektrische Spannung an den Ausgangsklemment des Pick-up

Ursachen

- Mit zunehmender Drehzahl, d.h., mit zunehmender Frequenz einer Magnetflussänderung durch den Polkern, tritt in diesem eine Feldverdrängung, hervorgerufen durch Wirbelströme, auf. Dies verkleinert die wirksame magnetische Flussänderung, d.h., die induzierte Spannung fällt ab.
- Der Pick-up hat i.Allg. eine große Induktivität (60 mH...5 H). Mit steigender Drehzahl des Zahnrades steigt die Frequenz des Spulenstroms und damit des induktiven Blindwiderstandes. Aus Bild 3.2 ist zu erkennen, dass der Pick-up-

Innenwiderstand vereinfacht aus einer Reihenschaltung des OHMschen Wicklungswiderstandes und des frequenzabhängigen induktiven Blindwiderstandes besteht. Mit zunehmender Drehzahl (Frequenz) wird also der Innenwiderstand und die an ihm abfallende Spannung größer, d.h., die Ausgangsspannung sinkt. Dieser Effekt wirkt sich stärker aus, je kleiner der Lastwiderstand im Verhältnis zum Innenwiderstand ist.

- ❑ Außerdem belastet der Polkern die Spule des Aufnehmers, wie eine kurzgeschlossene Sekundärspule den Transformator. Man nennt diesen Effekt «Wirbelstromrückwirkung».

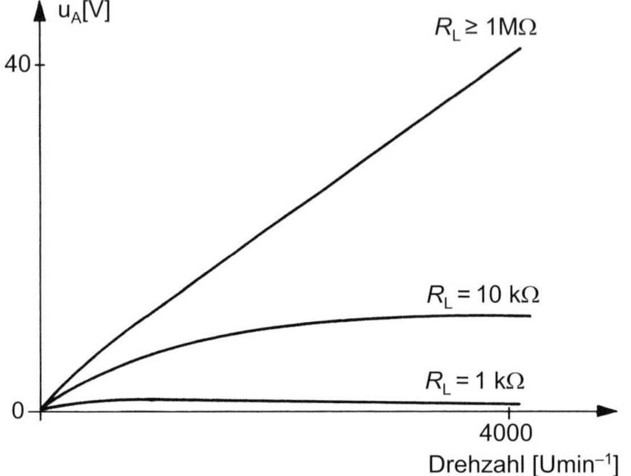

Bild 3.4
Abhängigkeit der Ausgangsspannung eines Pick-up von der Drehzahl bei unterschiedlicher elektrischer Belastung

Wie aus dem elektrischen Ersatzschaltbild des magnetischen Kreises (Bild 3.2) ersichtlich, hängt die Ausgangsspannung stark vom Luftspalt zwischen Pick-up und Messobjekt ab. Da die Ausgangsspannung proportional zur Drehzahl des Zahnrads ist, existiert eine untere Drehzahlgrenze, ab der eine elektronische Auswertung schwierig wird. Sie hängt aber nicht nur von der Drehzahl, sondern auch vom Durchmesser des Zahnrades und von der Geometrie der Zähne ab. Um elektronisch gut auswertbare Messsignale zu erhalten, müssen folgende geometrische Bedingungen eingehalten werden:

- ❑ Zahnlücke = 0,5 × Aufnehmer-Durchmesser
- ❑ Zahnbreite = 0,5 × Aufnehmer-Durchmesser
- ❑ Zahntiefe = 0,5 × Aufnehmer-Durchmesser
- ❑ Zahnhöhe = 1,5 × Aufnehmer-Durchmesser
- ❑ Luftspalt ≤ 0,5 mm.

Tabelle 3.1 zeigt repräsentativ die wichtigsten Kenngrößen.

Vorteile

- ❑ Aktiver Elementarsensor (keine Spannungsversorgung notwendig),
- ❑ hohe Ausgangsspannung, besonders bei speziellen Ausführungsformen,
- ❑ Messung durch Trennwände aus nichtmagnetischen Werkstoffe möglich,
- ❑ kleine dynamische Winkelfehler bei speziellen Ausführungsformen,
- ❑ mechanisch und thermisch sehr robust,
- ❑ hohe Beschleunigungsfestigkeit,
- ❑ sehr kostengünstig.

Nachteile

- ❑ Magnetische Rückwirkung auf das Messobjekt,
- ❑ Ansprechschwelle relativ hoch (erzeugt bei Drehzahl Null kein Signal),
- ❑ starke Abhängigkeit der Signalamplitude von der Drehzahl,
- ❑ Signalamplitude hängt stark vom Luftspalt zwischen Messzahn und Sensor ab.

Tabelle 3.1 Typische Kenndaten für Induktionsdrehzahlaufnehmer (Pick-up)

Messbereich	20...6000 min^{-1}
Beschleunigungsfestigkeit	ca. 20 g
Betriebstemperaturbereich	–40...+150 °C
Spulenwiderstand	600...900 Ω
Speuleninduktivität	850...1500 mH

Drehzahlmessung durch Mittelwertbildung

Die Mittelwertbildung eignet sich gut für stationäre und quasistationäre Vorgänge oder für dynamische Vorgänge. Jeder Zahn induziert also ein pulsförmiges Spannungssignal. Zur Drehzahlmessung n einer Messwelle wird der Mittelwert aus der Impulszahl N pro gewählte Zeiteinheit t und der Zähnezahl z auf dem Messzahnrad für einen Messfrequenzbereich von f = 1 Hz...30 kHz gebildet. Es gilt also:

$$n = \frac{f}{z} = \frac{N}{z \cdot t} \qquad \text{(Gl. 3.6)}$$

Da die Drehzahl meist in Umdrehungen / Minute (min^{-1}) gemessen wird, bringt man auf eine Welle häufig ein Messzahnrad mit 60 Zähnen.

Beispiel 3.1

An einem Messzahnrad mit z = 60 Zähnen werden mit einem Pick-up 60 000 Impulse / min (= N/t) gemessen. Damit errechnet man über Gl. 3.6 eine Wellendrehzahl von n = 1000 min^{-1} bei einer Messfrequenz von $f = N/t$ = 60 000 Impulse/min = 60 000 Impulse/60 s = 1 kHz.

Elektronische Signalanpassung

Die oben genannten Pick-up-Eigenschaften zeigen, dass nicht die Amplitude, sondern der Nulldurchgang des Signals als Informationsparameter für die Drehzahlerfassung verwendet werden sollte. Die Eingangsimpedanz der Auswerteelektronik (entspricht R_L) muss entweder sehr hochohmig sein, um die Nulldurchgänge der Ausgangsspannung ohne Phasenfehler auswerten zu können, oder muss elektrisch so angepasst sein, dass das Störsignal-Nutzsignal-Verhältnis sehr klein ist. Bild 3.5 zeigt eine einfache Anpasselektronik für die Drehzahlmessung mit einem Pick-up. R_1, C_1 bilden einen Tiefpass, D_1, D_2 dienen zur Eingangssignalbegrenzung und der OP ist als Schmitt-Trigger beschaltet, der durch seine Hysterese ein Flattern des Signals bei Überlagerungen mit Störsignalen verhindern soll. Das Ausgangssignal kann nach Unterdrückung der negativen Amplituden auf den Eingang eines

Digitalzählers oder eines Timer-/Counter-Eingangs eines Mikrocontrollers geschaltet werden. In Bild 3.6 ist das Schema der allgemein gängigen Anschlussbelegung abgebildet.

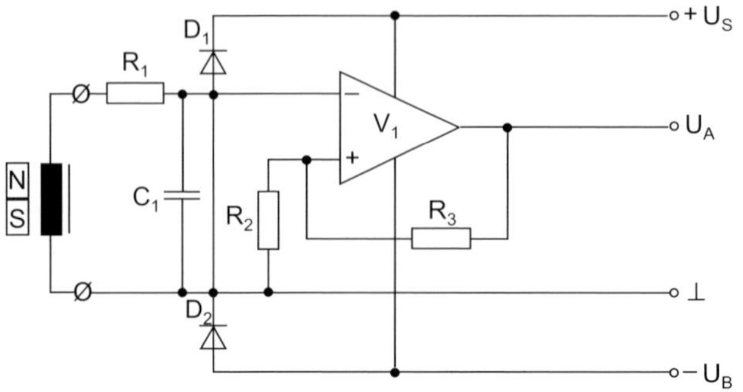

Bild 3.5 Signalaufbereitungselektronik für einen Pick-up

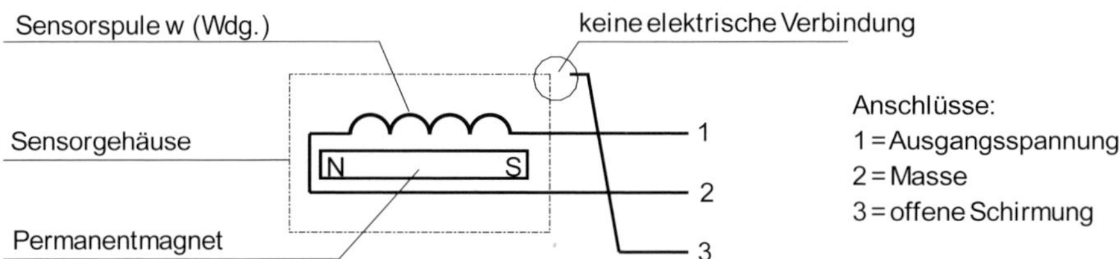

Bild 3.6 Anschlussbelegung eines Induktionspulenelementarsensors (Pick-up)

Wichtig ist, dass die Schirmung des Kabels nicht mit dem Pick-up-Gehäuse verbunden wird, um «Schleifen-Störspannungen» zu vermeiden. Eine Schleife würde bei geschlossener Schirmung über das Sensorgehäuse erzeugt, da nach VDE die Signalverarbeitungselektronik und das Messobjekt (Maschine oder Anlage) geerdet sein muss.

Mit zwei Pick-ups kann die Zahnraddrehrichtung erkannt werden. Pick-up 2 ist gegen Pick-up 1 so angeordnet (Bild 3.7), dass sie geometrisch um 90° gegeneinander versetzt sind. Mit einer Auswertelogik kann in Abhängigkeit der Impulsfolge von Pick-up 1 und Pick-up 2 die Drehrichtung (Bild 3.8) erkannt und angezeigt werden.

Anwendungen

- Messung von Drehzahlen, Positionen und Drehmomenten an rotierenden mechanischen Bauteilen (z.B. Zahnrädern, Kurbelwellen zur Steuerung von Zündung und Einspritzung).
- Messungen von Drehwinkeln und Drehgeschwindigkeiten an rotierenden oder linear bewegten mechanischen Bauelementen (z.B. an Zahnstangen, Zahnrädern, Wellen, Achsen).
- Positionserkennung und Trennung von weich- und nicht magnetischen Werkstoffen bzw. Gegenständen oder weichmagnetisch markierten Teilen (z.B. in der Automation).

- Konturerkennung von Werkzeugen oder mechanischen Bauteilen (z.B. Scheibenfräsern, Sägeblättern oder Schraubenkopfprofilen).

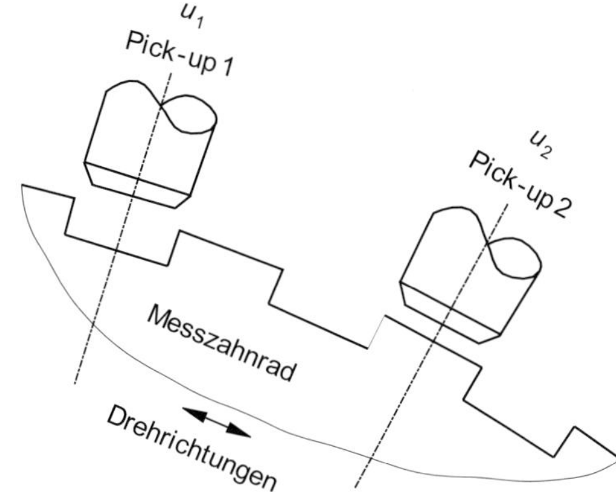

Bild 3.7
Geometrische Anordnung von 2 Pick-ups zur Drehrichtungserkennung des Zahnrades

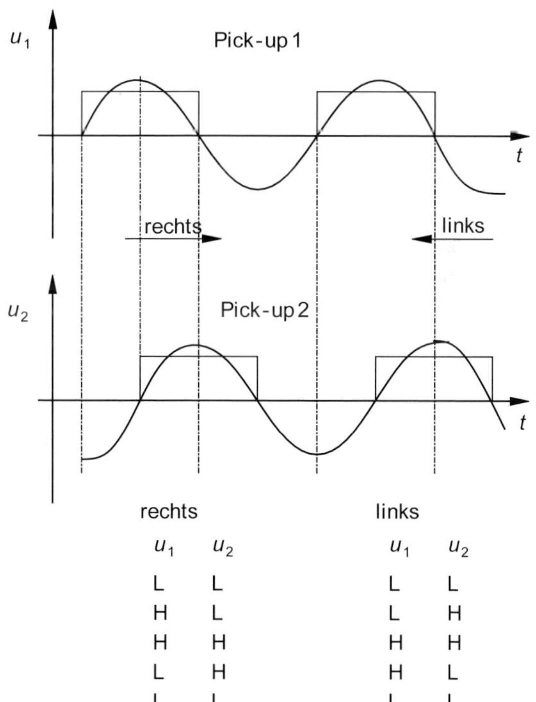

rechts		links	
u_1	u_2	u_1	u_2
L	L	L	L
H	L	L	H
H	H	H	H
L	H	H	L
L	L	L	L

Bild 3.8
Darstellung der Messsignale und der digitalen Auswertung zur Erkennung der Drehrichtung

Beispiel 3.2

Ein Messaufbau zur elektrischen Sensierung einer Wellendrehzahl soll aus einem Messzahnrad auf der Welle, einem Messwertaufnehmer zur Drehzahlmessung und einer nachgeschalteten Elektronik bestehen.

a) Aus welchem Werkstoff muss das Messzahnrad sein, wenn als Drehzahlaufnehmer ein Pick-up (Induktionsaufnehmer) eingesetzt werden soll?
b) Welchen drehzahlabhängigen Informationsparameter des Pick-up-Signals würden Sie zur Drehzahlerfassung verwenden?
c) Bestimmen Sie die Signalverarbeitungselektronik, womit der von Ihnen ausgewählte Informationsparameter gemessen werden kann.
d) Skizzieren Sie das Blockschaltbild des Messaufbaus (Welle, Messzahnrad, Pick-up und Signalverarbeitungselektronik).

Lösung 3.2

a) Die Zähne des Messzahnrades müssen aus einem weichmagnetischen Werkstoff sein.
b) Als Informationsparameter wird der Nulldurchgang des periodischen Messsignals benutzt.
c) Die Signalverarbeitungselektronik besteht aus: 1 diodenbegrenzten Messverstärker, 1 Nullpunktdetektor, 1 Impulsgenerator und 1 Zähler.
d) Blockschaltbild (Bild 3.9) des Messaufbaus:

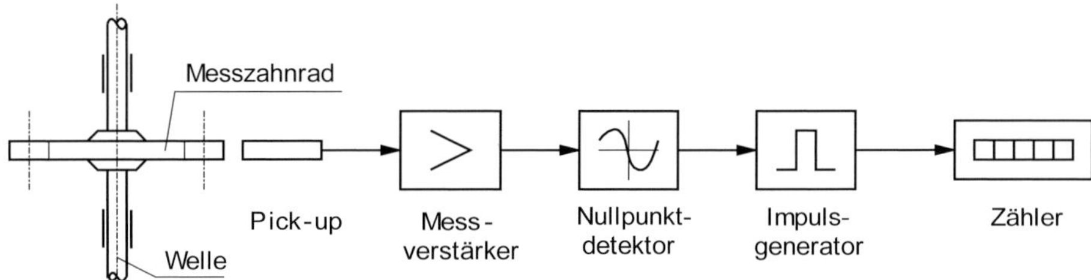

Bild 3.9 Blockschaltbild des Messaufbaus zur Drehzahlmessung

3.2 Schwingspulensensor (Schwingspule)

Grundlagen und technischer Aufbau

Der Elementarsensor besteht aus einer beweglichen Schwingspule und einem feststehenden Permanentmagnetkreis (Bild 3.10). Soll z.B. die relative Schwingbewegung zwischen einem beweglichen und feststehenden Maschinenelement einer beliebigen Maschine erfasst werden, wird die Schwingspule mit dem beweglichen und der Permanentkreis mit dem feststehenden Maschinenelement mechanisch verbunden.

Durch Schwingungsbewegungen $s(t)$ taucht die Sensorspule mehr oder weniger tief in den feststehenden Permanentmagneten, dabei ändert sich der magnetische Fluss $\Phi(t)$ durch die Schwingspule. Es gilt dann, wie aus Bild 3.10 ersichtlich, die mathematische Relation:

$$\frac{\Phi(t)}{\Phi_0} = \frac{s(t)}{l} \Rightarrow \Phi(t) = \frac{\Phi_0}{1} \cdot s(t) \Rightarrow \frac{\Delta \Phi(t)}{\Delta t} = \frac{\Phi_0}{1} \cdot \frac{\Delta s(t)}{\Delta t} = \frac{\Phi_0}{1} \cdot \upsilon(t) \qquad \text{(Gl. 3.7)}$$

Setzt man Gl. 3.7 in Gl. 3.1, erhält man folgende Gleichung:

$$u_{\text{ind}}(t) = -w \cdot \frac{\Phi_0}{l} \cdot \upsilon(t) \qquad \text{(Gl. 3.8)}$$

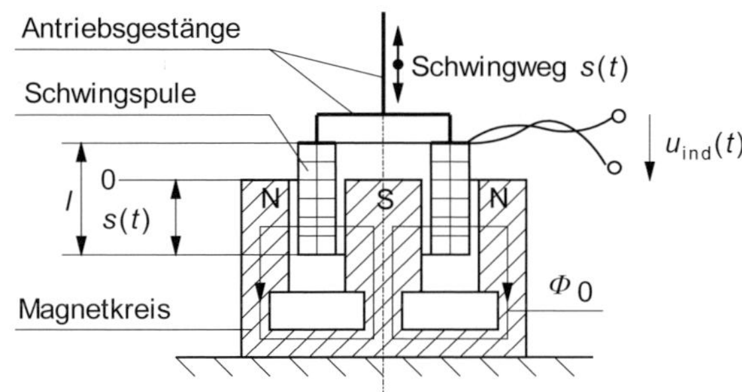

Bild 3.10
Elektromechanischer Prinzipaufbau eines Schwingspulenelementarsensors, bestehend aus einer beweglichen Schwingspule und einem feststehenden Permanentmagnetkreis

Die Ausgangsspannung $u_{ind}(t)$ ist also zur Schwinggeschwindigkeit $\upsilon(t)$ proportional. Mit Gl. 3.8 gilt für die Messempfindlichkeit E_v des Elementarsensors:

$$E_v = \frac{u_{ind}(t)}{\upsilon(t)} = -\frac{w \cdot \Phi_0}{l} = \text{const.} \qquad \text{(Gl. 3.9)}$$

Messtechnische Eigenschaften und Sensorelektronik

Weg, Geschwindigkeit und Beschleunigung sind über physikalische Grundgesetze verbunden. Mit Hilfe von Differenzier- und Integrierverstärkern können die drei kinematischen Größen elektronisch nachgebildet werden.

Erfassung von Schwingweggeschwindigkeiten

Die Schwingweggeschwindigkeit $\upsilon(t)$ kann also (wie in Gl. 3.8 gezeigt) direkt elektronisch mit Hilfe eines hochohmigen Spannungsfolgers (Verstärkung $V = 1$) zur elektronischen Entkopplung zwischen einer Schwingspule und einem invertierenden DC-Verstärker (mit großer Bandbreite und einstellbarer Verstärkung) erfasst werden (Bild 3.11).

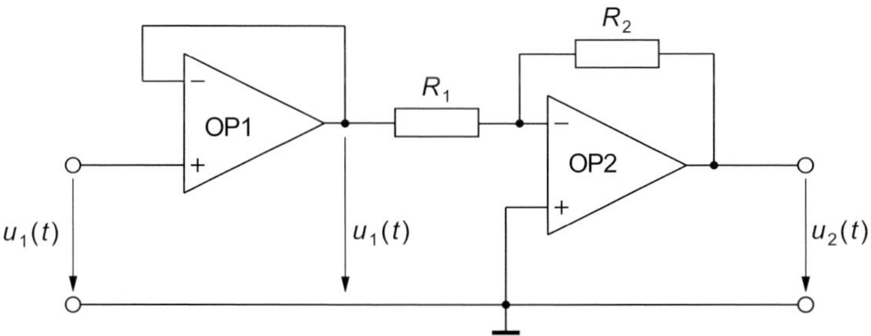

Bild 3.11 Sensorelektronik zur Erfassung der Schwingweggeschwindigkeit $\upsilon(t)$, bestehend aus einem hochohmigen Spannungsfolger und einem invertierenden Verstärker

Für die Verstärkerkette gilt (wie aus der Analogelektronik bekannt) folgende Gl.:

$$V = -\frac{u_2(t)}{u_1(t)} = -\frac{R_2}{R_1} \Rightarrow u_2(t) = -\frac{R_2}{R_1} \cdot u_1(t) \qquad \text{(Gl. 3.10)}$$

Setzt man mit $u_1(t) = u_{ind}(t)$ Gl. 3.9 in Gl. 3.10, erhält man:

$$u_2(t) = \frac{R_2}{R_1} \cdot \frac{w}{l} \cdot \Phi_0 \cdot \upsilon(t) = V \cdot \frac{w}{l} \cdot \Phi_0 \cdot \upsilon(t) \qquad \text{(Gl. 3.11)}$$

Die Ausgangsspannung $u_2(t)$ ist also zur Schwinggeschwindigkeit $\upsilon(t)$ proportional.

Mit Gl. 3.11 gilt für die Messempfindlichkeit E_{SG} des Sensors:

$$E_{SG} = \frac{u_2(t)}{\upsilon(t)} = \frac{w \cdot \Phi_0}{l} \cdot V = \text{const.} \qquad \text{(Gl. 3.12)}$$

Erfassung von Schwingwegbeschleunigungen

Mit Hilfe eines analogen elektronischen Differenzierverstärkers (Differentiator) können auch Schwingwegbeschleunigungen $a(t)$ gemessen werden. Bild 3.12 zeigt eine einfache Schaltung mit einem OP.

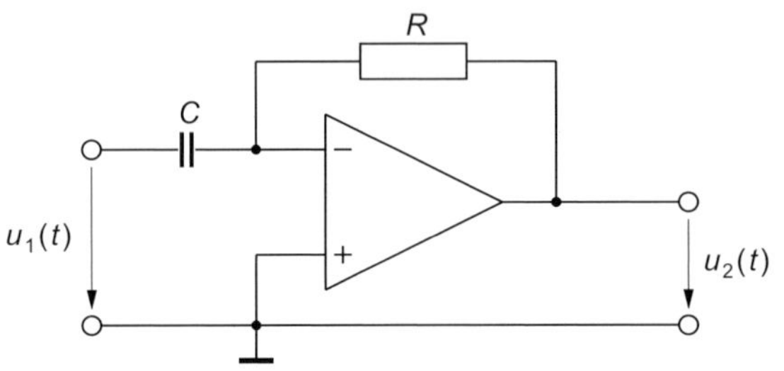

Bild 3.12
Sensorelektronik zur Erfassung der Schwingwegbeschleunigungen $a(t)$ mit einer elektronischen Differentiatorschaltung

Für den Differentiator gilt (wie aus der Analogelektronik bekannt) folgende Gleichung:

$$u_2(t) = -R \cdot C \cdot \frac{\Delta u_1(t)}{\Delta t} \equiv -R \cdot C \cdot \frac{\Delta u_{\text{ind}}(t)}{\Delta t} \qquad \text{(Gl. 3.13)}$$

Setzt man Gl. 3.8 in Gl. 3.13, erhält man:

$$u_2(t) = -R \cdot C \cdot \left(-w \cdot \frac{\Phi_0}{l} \cdot \frac{\Delta \upsilon(t)}{\Delta t} \right) = R \cdot C \cdot \frac{w \cdot \Phi_0}{l} \cdot a(t) \qquad \text{(Gl. 3.14)}$$

Hinweis

Die Schwingwegbeschleunigung $a(t)$ ist direkt proportional zur Ausgangspannung $u_2(t)$ des elektronischen Differentiators. Für die Messempfindlichkeit E_a des Sensors gilt:

$$E_a = \frac{u_2(t)}{a(t)} = R \cdot C \cdot \frac{w \cdot \Phi_0}{l} \qquad \text{(Gl. 3.15)}$$

Erfassung von Schwingwegen

Mit Hilfe eines analogen elektronischen Integrierverstärkers (Integrator) können auch Schwingwege $s(t)$ erfasst werden. Bild 3.13 zeigt eine einfache Schaltung mit einem OP.

Für den Integrator gilt (wie aus der Analogelektronik bekannt) folgende Gleichung:

$$\Delta u_2(t) = -\frac{1}{R \cdot C} \cdot u_1(t) \cdot \Delta t \qquad \text{(Gl. 3.16)}$$

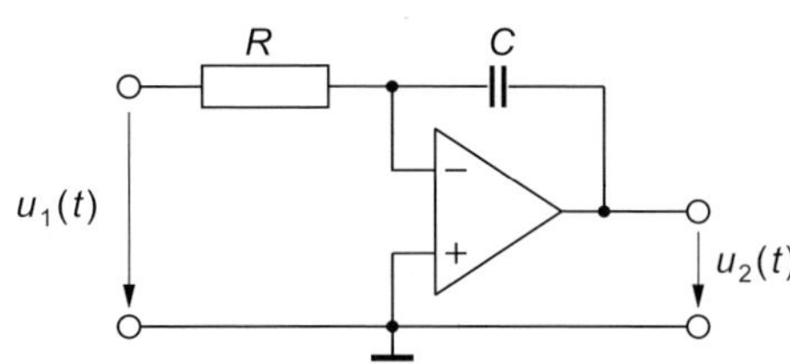

Bild 3.13
Sensorelektronik zur Erfassung der Schwingwege $s(t)$ mit einer elektronischen Integratorschaltung

Hinweis

Gl. 3.13 besagt, dass am Ausgang eine durch R und C bestimmte Spannungsänderung $\Delta u_2(t)$ steht, wenn ein kurzes Zeitintervall Δt – eine Spannung $u_1(t)$ – am Eingang anliegt. Unter dieser Bedingung kann vereinfacht weitergerechnet werden.

Setzt man mit $u_1(t) = u_{\text{ind}}(t)$ Gl. 3.8 in Gl. 3.16, erhält man:

$$\Delta u_2(t) = \frac{1}{R \cdot C} \cdot w \cdot \frac{\Phi_0}{l} \cdot \upsilon(t). \quad \Delta \;= \frac{1}{R \cdot C} \cdot w \cdot \frac{\Phi_0}{l} \cdot \Delta s(t) \Rightarrow$$

$$u_2(t) = \frac{1}{R \cdot C} \cdot w \cdot \frac{\Phi_0}{l} \cdot s(t) \qquad \text{(Gl. 3.17)}$$

Hinweis

Der Schwingweg $s(t)$ ist direkt proportional zur Ausgangspannung $u_2(t)$ des elektronischen Integrators. Für die Messempfindlichkeit E_s des Sensors gilt:

$$E_{\text{sw}} = \frac{u_2(t)}{s(t)} = \frac{1}{R \cdot C} \cdot \frac{w \cdot \Phi_0}{l} \qquad \text{(Gl. 3.18)}$$

Vertiefung 3.2

Exakter und schneller (s. Hinweis zu Gl. 3.13) kann Gl. 3.18 mit Hilfe der Differential- und Integralrechnung abgeleitet werden.

Diese Ableitung steht Ihnen im Onlineservice InfoClick zur Verfügung. Für das weitere Verständnis des Themas im eigentlichen Sinn kann grundsätzlich ohne diese Ableitung weitergearbeitet werden. Die Nummerierung im Buch überspringt deshalb die auf InfoClick ausgeführte Ableitung mit Gl. 3.19 und Gl. 3.20 und fährt folgerichtig mit Gl. 3.21 fort.

3.3 Magnetflussspulensensoren

Grundlagen und technischer Aufbau

Der Elementarsensor besteht aus einer nicht beweglichen oder einer beweglichen (z.B. um die Achse a–a rotierenden) Sensorspule. Bild 3.14 zeigt deren Prinzipaufbau.

Die physikalische Wirkungsweise beruht auf dem elektromagnetischen Induktionsgesetz (Gl. 3.1). Grundsätzlich können magnetische Wechsel- oder Gleichfelder gemessen werden.

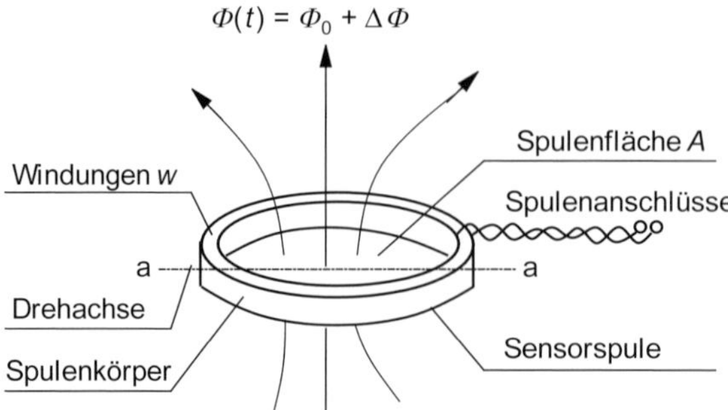

Bild 3.14
Elektrophysikalischer Prinzipaufbau einer Magnetfeldsensorspule

- **Magnetische Wechselfelder**
  Mit der ortsfesten Sensorspule können laut Induktionsgesetz (Gl. 3.1) zeitlich veränderliche Magnetflüsse gemessen werden. Die induzierte Spannung wird maximal, wenn die Fläche der Sensorspule räumlich so ausgerichtet, dass sie der Magnetfluss senkrecht durchflutet.
- **Magnetische Gleichfelder**
  Bei magnetischen Gleichfeldern kann man ein magnetisches Wechselfeld mit Sinusform durch eine rotierende Sensorspule um die Achse a–a nachahmen. Die Signalübertragung zwischen der rotierenden Sensorspule und der feststehenden Sensorelektronik erfolgt mit galvanischen Schleifringen oder berührungsfreien induktiven Drehübertragern.

Messtechnische Eigenschaften und Sensorelektronik

Bild 3.15 zeigt einen Magnetflussspulensensor, bestehend aus einem Elementarsensor (hier eine Sensorspule) und einer Sensorelektronik (hier ein analoger elektronischer Integrator).

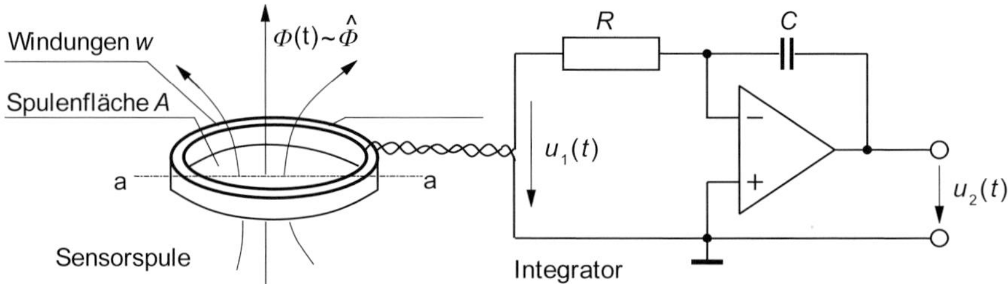

Bild 3.15 Magnetflussspulensensor, bestehend aus einem Elementarsensor (Sensorspule) und einer Sensorelektronik (elektronischer Integrator)

Magnetflussmessung

a) Für die Ausgangsspannung eines Magnetflussspulensensors (Bild 3.15) gilt, bei ruhender Sensorspule und zeitlich veränderlichem Magnetfluss (wie in Vertiefung 3.3 abgeleitet):

$$u_2(t) = \frac{w}{R \cdot C} \cdot \hat{\Phi} \cdot [\cos(\omega \cdot t) - 1] \qquad \text{(Gl. 3.21)}$$

w Windungszahl der Sensorspule
R Widerstand

C Kondensator in der Integratorschaltung
$\hat{\Phi}$ Amplitude des cosinusförmigen Magnetflusses $\Phi(t)$

b) Für die Ausgangsspannung eines Magnetflussspulensensors (Bild 3.15) gilt, bei rotierender Sensorspule und zeitlich konstantem Magnetfluss (wie unten in Vertiefung 3.3 abgeleitet):

$$u_2(t) = \frac{w \cdot B}{R \cdot C} \cdot \hat{A} \cdot \sin(\omega \cdot t) = \frac{w}{R \cdot C} \cdot \hat{\Phi} \cdot \sin(\omega \cdot t) \qquad \text{(Gl. 3.22)}$$

w Windungszahl der Sensorspule
R Widerstand
C Kondensator in der Integratorschaltung
$\hat{A}$ maximale Fläche der cosinusförmigen Flächenänderung
B zeitlich konstante Magnetflussdichte

Vertiefung 3.3

Mit Hilfe der Differential- und Integralrechnung ist der oben dargestellte Sachverhalt herleitbar. Diese Herleitung steht Ihnen im Onlineservice InfoClick zur Verfügung. Für das weitere Verständnis des Themas im eigentlichen Sinn kann grundsätzlich ohne diese Herleitung weitergearbeitet werden. Die Nummerierung im Buch überspringt deshalb die auf InfoClick ausgeführte Ableitung mit Gl. 3.23...Gl. 3.30 und fährt folgerichtig mit Gl. 3.31 fort.

Da es einen Zusammenhang zwischen Magnetfluss und Magnetflussdichte gibt, kann man mit diesem Sensor, bei bekannter Spulenfläche A, auch die magnetische Flussdichte messen.

Magnetische Flussdichte
Für den Magnetfluss gilt bei konstanter Spulenfläche A:

$$\Phi(t) = B(t) \cdot A \Rightarrow \hat{\Phi} = \hat{B} \cdot A \qquad \text{(Gl. 3.31)}$$

Mit Gl. 3.31, eingesetzt in Gl. 3.21, gilt:

$$u_2(t) = \frac{w \cdot A}{R \cdot C} \cdot \hat{B} \cdot [\cos(\omega \cdot t) - 1] \qquad \text{(Gl. 3.32)}$$

w Windungszahl
A Fläche der Spule
R und C Bauelemente der Integratorschaltung
$\hat{B}$ Amplitude der magnetischen Flussdichte

Ein kleines Zahlenbeispiel zeigt, welche Ausgangsspannungswerte normalerweise möglich sind.

Beispiel 3.3 Flussdichtemessung eines technischen Magnetwechselfeldes

Daten der Sensorspule: $w = 40$, $A = 0{,}5 \cdot 10^{-4}\ \text{m}^2$, $R = 1\ \text{k}\Omega$, $C = 100\ \text{nF}$
Daten der sinusförmigen Flussdichte: $\hat{B} = 10^{-3}\ \text{T}$ ($1\ \text{T} = 1\ \text{Vs/m}^2$)

Gesucht ist der zu erwartende Maximalwert der Sensorausgangsspannung.

Lösung 3.3

Aus Gl. 3.32 erhält man:

$$u_2(t) = \frac{w \cdot A}{R \cdot C} \cdot \hat{B} \cdot [\cos(\omega \cdot t) - 1] \equiv \hat{U}_2 \cdot [\cos(\omega \cdot t) - 1] \Rightarrow$$

$$\hat{U}_2 = \frac{w \cdot A}{R \cdot C} \cdot \hat{B} = \ldots = 200 \text{ mV} \qquad \text{(Gl. 3.33)}$$

Beispiel 3.4 Messungen im Erdmagnetfeld

Die Flussdichte des Erdmagnetfeldes beträgt 30 µT am Äquator und 70 µT an den Magnetpolen.

a) Wie groß ist die induzierte Spannung, gemessen mit einer rotierenden Sensorspule, bei einer mittleren Flussdichte von 50 µT bei einer Drehzahl von $n = 1{,}5 \text{ min}^{-1}$? Daten der Sensorspule: Radius $r = 30$ mm, Windungszahl $w = 1000$.

b) Wie groß ist die Messempfindlichkeit E_{SE} der Sensorspule?

Lösung 3.4

a) Nach Gl. 3.3 gilt:

$$\hat{U} = w \cdot \omega \cdot \overline{B}_E \cdot \hat{A} = \frac{2 \cdot \pi}{n} \cdot w \cdot \overline{B}_E \cdot \pi \cdot r^2 = \ldots = 35{,}51 \text{ mV} \qquad \text{(Gl. 3.34)}$$

b) Es gilt für die Messempfindlichkeit mit Gl. 3.34:

$$E_{SE} = \frac{\hat{U}}{\overline{B}_E} = \frac{35{,}51 \text{ mV}}{50 \cdot 10^{-6} \text{ T}} = 0{,}710 \frac{\text{mV}}{\mu\text{T}} \qquad \text{(Gl. 3.35)}$$

Hinweis

Die Messempfindlichkeit der Sensorspule ist größer als die von HALL-Elementen oder Feldplatten!

3.4 Differentialtransformator (LVDT: linearer variabler Differentialtransformator)

Bautechnisch gibt es Ausführungen zur Wegmessung und zur Winkelmessung. Im Weiteren wird die in der Praxis am häufigsten eingesetzte Ausführung zur Wegmessung beschrieben.

Grundlagen

Der Elementarsensor besteht aus 1 Primärspule, die mit einer Wechselspannung $u_e(t)$ gespeist wird, 2 Sekundärspulen in denen die Spannungen $u_{ind2}(t)$ und $u_{ind3}(t)$ induziert werden sowie einem verschiebbaren weichmagnetischen Kern (Bild 3.16).

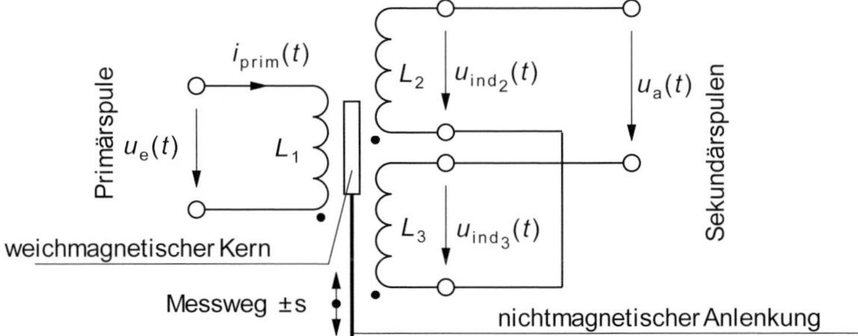

Bild 3.16 Differentialtransformator (Elementarsensor) mit weichmagnetischem Kern und einer Primärspule sowie 2 gegeneinander geschalteten Sekundärspulen

Die Sekundärspulen L_2 und L_3 sind geometrisch so angeordnet, dass sich bei Verschiebung des Kerns die magnetische Kopplung zwischen der Primärspule L_1 und den Sekundärspulen L_2, L_3 gegensinnig ändert. Durch die Verschaltung der beiden Sekundärspulen wird so eine Differenzspannung $u_a(t)$ erzeugt. Für sie gilt mit $L_1 = L_{prim}$ und $L_2 = L_3 = L_{sek}$:

$$u_a(t) = -\omega \cdot \sqrt{L_{prim} \cdot L_{sek}} \cdot I_0 \cdot \cos(\omega \cdot t) \cdot (k_{12} - k_{13}) \qquad \text{(Gl. 3.36)}$$

ω Kreisfrequenz
I_0 Amplitude des Primärstroms
k_{12} magnetische Kopplung zwischen L_1 und L_2
k_{13} magnetische Kopplung zwischen L_1 und L_3.

Befindet sich der Kern in der Mitte, ist im Idealfall $u_a(t) = 0$. In der Praxis sind Unsymmetrien und Fertigungstoleranzen unvermeidbar, es bleibt dadurch eine kleine Restspannung von <1% bezogen auf den Messbereichsendwert stehen, d.h., die geometrische Mittelstellung ist nicht identisch mit der elektrischen Mittelstellung (wichtig für den Einbau in das Messobjekt). Die Phasenlage der Ausgangsspannung $u_a(t)$ ändert sich um 180°, wenn der Kern sich durch die Mittellage verschiebt (Bild 3.17). Um die Position des Kerns eindeutig zu bestimmen, muss die Phase der Ausgangsspannung $u_a(t)$ mitbestimmt werden.

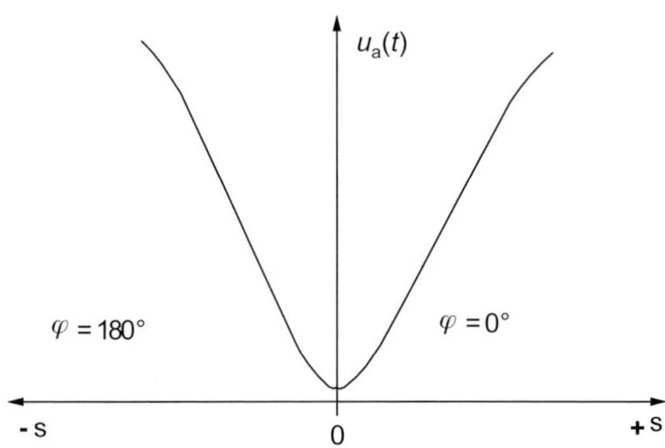

Bild 3.17
Phasenlage der Ausgangsspannung $u_a(t)$

Vertiefung 3.4

Mit Hilfe der Differential- und Integralrechnung ist die physikalische Wirkungsweise herleitbar. Diese Herleitung steht Ihnen im Onlineservice InfoClick zur Verfügung. Für das weitere Verständnis des Themas im eigentlichen Sinn kann grundsätzlich ohne diese Herleitung weitergearbeitet werden.

Die physikalischen Zusammenhänge kann man sich aber auch anhand der Schaltung von Bild 3.16, Gl. 3.36 und dem Diagramm von Bild 3.17 verständlich machen. So erhält man aus anwendungsbezogener Sicht eine gute Einsicht in das physikalische Verhalten des Sensors. Die Nummerierung im Buch überspringt deshalb die auf InfoClick ausgeführte Ableitung (Gl. 3.37...Gl. 3.44) und fährt folgerichtig mit Gl. 3.45 fort.

Technischer Aufbau

Die 2 gebräuchlichsten Ausführungsformen von Differentialtransformatoren heißen 3-Kammer-System-Differentialtransformator und 2-Kammer-System-Differentialtransformator.

3-Kammer-System-Differentialtransformator

Bild 3.18 zeigt einen Differentialtransformator in 3-Kammer-Technik aufgebaut. Diese Ausführungsform wird am häufigsten verwendet. Sie besteht aus 3 Kammern mit je 1 Spule, 1 für die Speisung und 2 für die Messwertaufnahme, einem beweglichen Kern aus einer Nickel-Eisen-Legierung (z.B. Permenorm mit einem Gewicht 1...5 g), aus einer weichmagnetischen Rückflusshülse mit 2 Scheiben (z.B. aus Permenorm), die neben der Magnetflussleitung auch Schutz vor elektromagnetischen Störungen bietet. Der Kern und die Rückflusshülse sind wegen Wirbelströmen in Längsrichtung geschlitzt.

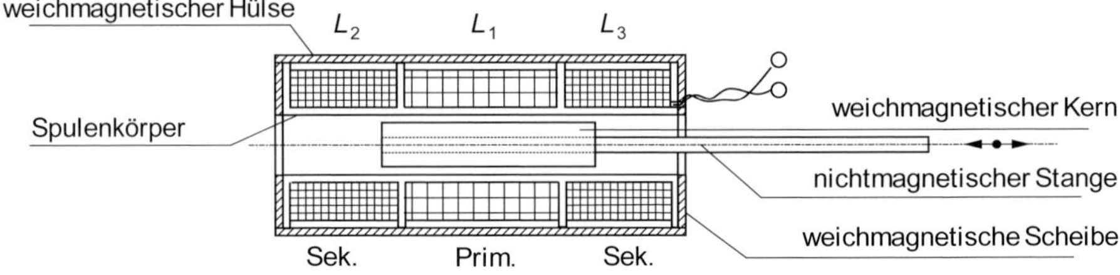

Bild 3.18 Erster elektromechanischer Prinzipaufbau eines Differentialtransformators, aufgebaut in 3-Kammer-Technik

Vorteile

Das 3-Kammer-System besitzt die höchste Ausgangsspannung und die höchste Ausgangsleistung und lässt sich am einfachsten fertigen.

Nachteile

Die Phasenänderung der Sekundärspannungen bei Kernverschiebung, die durch die Änderung der Primärinduktivität L(prim.) hervorgerufen wird. Durch phasenrichtige Gleichrichtung kann diese Schwäche aber behoben werden, was jedoch den Preis erhöht. Weiter sind die magnetischen Axialkräfte auf den Kern größer.

2-Kammer-System-Differentialtransformator
Bild 3.19 zeigt einen Differentialtransformator in 3-Kammer-Technik aufgebaut. Diese Ausführungsform besteht aus 2 Kammern und 3 Spulen. Die Primärspule wird über beide Kammern gewickelt und die 2 Sekundärspulen über je eine Kammer. Der weitere Aufbau der weichmagnetischen Bauelemente entspricht denen des 3-Kammer-Systems (s. oben).

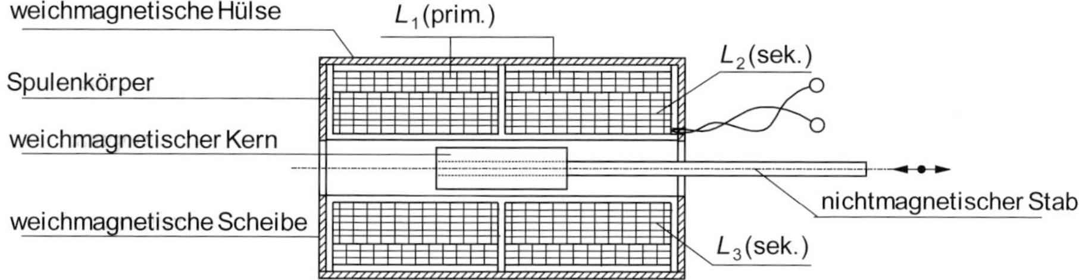

Bild 3.19 Zweiter elektromechanischer Prinzipaufbau eines Differentialtransformators in 3-Kammer-Technik

Vorteile

Eine kleine Phasenänderung der Sekundärspannungen bei Kernverschiebung und kleinere magnetischen Axialkräfte (ca. Faktor 10) wirken auf den Kern stärker.

Nachteile

Die geringe Nutzleistung und der größere Fertigungsaufwand.

Messtechnische Eigenschaften und Sensorelektronik

Sensorelektrik
Grundsätzlich kann man Differentialtransformatoren elektrisch in der sog. «Gegenschaltung» (wie oben beschrieben) oder in Halbbrückenschaltung betreiben. Im Weiteren wird die in der Praxis am häufigsten eingesetzte Gegenschaltung mit zugehöriger Elektronik beschrieben.

Diskrete Sensorelektronik
Zur vorzeichenrichtigen elektrischen Darstellung des Messweges der Ausgangsspannung $u_e(t)$ muss diese phasenrichtig gleichgerichtet werden. Bild 3.20 zeigt den Prinzipaufbau des Elementarsensors in Gegenschaltung mit einem Blockschaltbild einer Sensorelektronik.

Die Ausgangsspannung $u_a(t)$ des Differentialtransformators ist eine reine Wechselspannung und kann mit einem einfachen AC-Verstärker weiterverarbeitet werden. Im nachfolgenden phasenempfindlichen Gleichrichter (PEG) wird das mechanische Signal wiedergewonnen. Das nachgeschaltete Filter unterdrückt die vorhandenen Spannungen der Frequenzreste und glättet das Signal. Die maximale Frequenz der Versorgungsspannung sollte 20 kHz nicht überschreiten. Die maximale Änderungsfrequenz des Messsignals beträgt ca. $^1/_5$ der Trägerfrequenz. Kinematische Größen können dann noch bis ca. 4 kHz sicher erfasst werden. Es gilt dann: Weg s ~ Ausgangsgleichspannung U_a. In Bild 3.21 ist die durch eine phasenrichtige Gleichrichtung erzeugte, vorzeichenrichtige Gleichspannung U_a über dem Kernverschiebungsweg s dargestellt.

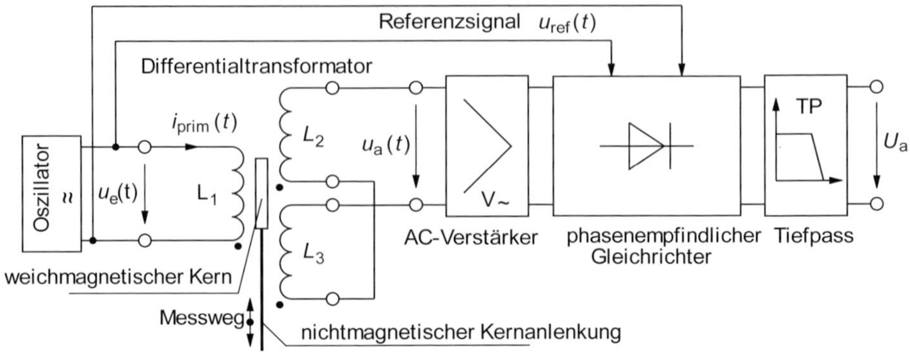

Bild 3.20 Differentialtransformator (Elementarsensor) mit Blockschaltbild einer diskreten Sensorelektronik

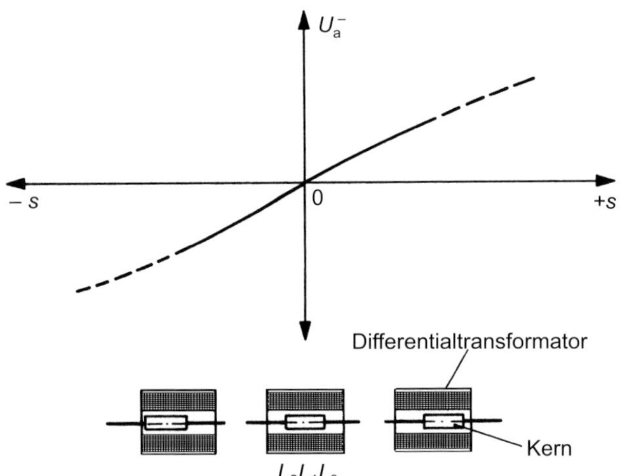

Bild 3.21 Ausgangsspannung des Differentialtransformators als Funktion der Kernstellung

Sensor-IC (für Wegmessungen)

Bild 3.22 zeigt eine integrierte Sensorelektronik (Sensor-IC) für einen LVDT zur Wegmessung. Der IC enthält alle Bausteine, die zur Energieversorgung und Signalverarbeitung erforderlich sind. Ein Sinus-Oszillator, dessen Frequenz mit Hilfe eines externen Kondensators im Bereich von 20 Hz...20 kHz eingestellt werden kann, speist die Primärwicklung (L_1). Ein Decoder bildet das Verhältnis zwischen der Differenz der Sekundärspannungen (U_A und U_B) und ihrer Summe. Durch die Anwendung des radiometrischen Prinzips ist eine Verfälschung des Messsignals durch die Phasendifferenz zwischen Primär- und Sekundärspannungen nicht möglich. Der Ausgangsverstärker (Verst. 2) generiert ein Gleichspannungssignal U_a proportional zur Position des Kerns oder Messwegs s.

Technische Daten des ICs

Nichtlinearität ±0,05%, Verstärkungs- und Offsetdrift 50 ppm/°C, lange Leitungsführung ist möglich, uni- oder bipolare Spannungsversorgung, d.h. uni- oder bipolares Ausgangssignal.

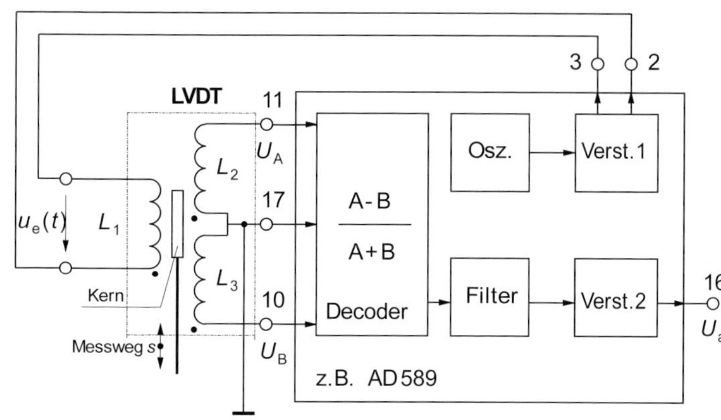

Bild 3.22 Integrierte Sensorelektronik (Sensor-IC) für einen LVDT zur Wegmessung

Betriebsarten

Es gibt 2 Erregungsarten für Differentialtransformatoren:

1. Wechselspannungserregte Differentialtransformatoren
   Der Differentialtransformator wird mit Wechselspannung betrieben. Es gilt hier das schon oben beschriebene Transformatorprinzip, beruhend auf dem Induktionsgesetz.
2. Gleichspannungserregte Differentialtransformatoren
   Der weichmagnetische Kern wird sinusförmig angetrieben. Die Amplitude der Ausgangsspannung sowie deren Phase müssen direkt proportional zur Position des Kerns sein. Damit ist wieder eine phasenempfindliche Gleichrichtung notwendig.

Messtechnische Eigenschaften

Tabelle 3.2 zeigt repräsentative technische Daten für einen guten Differentialtransformator.

Tabelle 3.2 Repräsentative technische Daten für einen guten Differentialtransformator

Technische Daten (Differentialtransformator mit Elektronik)			
Bandbreite:	300 Hz	Betriebstemperatur:	+ 85...–50 °C
Messungsbereich *MB*:	bis ±200 mm	Auflösung:	ca. 0,1 µm
Durchmesser:	23 mm	Nichtlinearität *NL*:	< ±0,25%
Ausgangsimpedanz:	20 kΩ	thermische Nullpunktdrift *TKN*:	< ±0,005%/°C
IP-Leistung:	IP65*	thermische Empfindlichkeit *TKE*:	< ±0,01%/°C
Ausgangsspannung:	2,5 V	Zeitkonstante (Reaktionszeit):	ca. 1,5 ms
Versorgungsspannung:	12 V	Ausgangswelligkeit:	< ±1% v. *MB*
Stromverbrauch:	35 mA	Messempfindlichkeit *E* (bei 12 V):	500 mV/V

* Schutzklasse IP65 nach DIN 40 050: Vollständiger Schutz gegen Berühren von unter Spannung stehenden Teilen sowie Schutz gegen das Eindringen von Staub und Strahlwasser.

Anwendungen

Differentialtransformatoren sind einsetzbar bei taktilen und berührungsfreien Messungen von Wegen, Positionen, Drucken, Füllständen und Durchflüssen in Geräten, Maschinen und Anlagen aller Art.

Beispiel 3.5

Neben rotierenden Wellen verwenden Roboter auch oft Wellen, die sich seitwärts bewegen, z.B. in Manipulatoren (Roboterarmen). Zur Messung von Querverschiebungen der Wellen sollen als Elementarsensoren wechselspannungserregte Differentialtransformatoren (LVDT) und als Signalverarbeitungselektroniken passende Dickschicht-Hybridmodule verwendet werden. Der Arbeitstemperaturbereich beträgt 0...+50 °C.

Technische Daten: LVDT

Messbereich	MB_{DT} :	≤ ±15 mm
Nichtlinearität	NL_{DT} :	≤ ±0,3%
Temperaturbereich	:	–20...+ 80 °C
Messempfindlichkeit	E_{DT} bei 10 V :	50 mV/mm
Thermische Empfindlichkeitsänderung	TKE_{DT} :	≤ ±0,01%/°C
Thermische Nullpunktänderung	TKN_{DT} :	≤ ±0,01%/°C

Technische Daten: Dickschicht-Hybridmodul

Ausgangsspannung	U_a :	±5 V
Nichtlinearität-Hysterese	NLH_{EH} :	≤ ±0,02%
Temperaturbereich	:	0...+70 °C
Eingestellte Messempfindlichkeit	E_{EH} :	0,02 V/mV
Thermische Empfindlichkeitsänderung	TKE_{EH} :	≤ ±0,003%/°C
Thermische Nullpunktänderung	TKN_{EH} :	≤ ±0,002%/°C
Ausgangsimpedanz	Z_a :	<1 Ω

a) Berechnen Sie die Messempfindlichkeit E_S des Wegsensors (LVDT und Elektronik).

b) Berechnen Sie die zu erwartende wahrscheinliche relative Messabweichung eines LVDT mit Elektronik-Hybridmodul.

c) Berechnen Sie die wahrscheinliche relative und wahrscheinliche absolute Messabweichung des Wegsensors.

Lösung 3.5

a) Messempfindlichkeit des Sensors:

$$E_S = E_{DT} \cdot E_{EH} = 50 \text{ mV/mm} \cdot 0{,}02 \text{ V/mV} = 1 \text{ V/mm} \qquad \text{(Gl. 3.45)}$$

b) Zu erwartende wahrscheinliche relative Messabweichungen:

$$f_{DT} = \pm\sqrt{NL_{DT}^2 + (TKE_{DT} \cdot \Delta T_{DT})^2 + (TKN_{DT} \cdot \Delta T_{DT})^2} = \ldots = \pm 0{,}768\% \qquad \text{(Gl. 3.46)}$$

Hybridmodul:

$$f_{HM} = \pm\sqrt{NLH_{HM}^2 + (TKE_{HM} \cdot \Delta T_{HM})^2 + (TKN_{HM} \cdot \Delta T_{HM})^2} = \ldots = \pm 0{,}181\% \qquad \text{(Gl. 3.47)}$$

c) Wahrscheinliche relative Messabweichung:

$$f_{WS} = \pm\sqrt{f_{DT}^2 + f_{HM}^2} = \ldots = \pm 0{,}789\% \qquad \text{(Gl. 3.48)}$$

wahrscheinliche absolute Messabweichung (v. MB):

$$F_{WS} = \pm \frac{f_{WS}}{100\%} \cdot MB_{WS} = \ldots = \pm 0{,}118 \text{ mm} \qquad \text{(Gl. 3.49)}$$

3.5 Resolver

Der Resolver besteht im Prinzip aus 3 Spulen. 2 Spulen sind Statorspulen, die geometrisch um 90° gegeneinander versetzt angeordnet sind. Eine Spule ist eine Rotorspule, verbunden mit dem Messobjekt. Die Rotorspule ist galvanisch über Schleifringe oder magnetisch über induktive Drehübertrager elektrisch kontaktiert. Diese sehr robusten Aufnehmer werden hauptsächlich in der Robotik eingesetzt. Es gibt 2 verschiedene Betriebsmöglichkeiten.

1. Die Rotorspule wird über Schleifringe oder über induktive Drehübertrager mit Wechselstrom gespeist. Der Wechselstrom in der Rotorspule induziert durch die magnetische Kopplung in den Statorspulen eine Wechselspannung, wobei die Amplituden der Spannungen vom Drehwinkel der Rotorspule abhängen. Durch die geometrische Anordnung der 2 Statorspulen wird in diesen eine um 90° versetzte Spannung induziert. Daraus erzeugt man durch Demodulation und Impulsformung 2 gegeneinander um 90° phasenverschobene Rechteckimpulsfolgen, so dass man neben der Winkelstellung auch die Drehrichtung erkennen kann. Damit kann der Resolver als inkrementaler richtungserkennender Messwertaufnehmer eingesetzt werden.
2. In die Statorspulen können je 2 um 90° phasenverschobene Wechselströme eingespeist werden. In der Rotorspule wird dann eine Wechselspannung mit konstanter Amplitude induziert, deren Phase sich relativ zur Phase einer Statorspule abhängig vom Drehwinkel der Rotorspule ändert. Für die Signaldarstellung wird ein elektronisches Phasenauswerteverfahren verwendet.

3.6 Inductosyn

Das Inductosyn kann als lineare geometrische Abwicklung eines Resolvers verstanden werden. Der Aufnehmer besteht wieder aus 3 Spulen. Sie werden als linear ausgedehnte Flachspulen mit mäanderförmigen geordneten Leiterbahnen ausgebildet. Eine Flachspule ist feststehend und dient als Maßstab. Die anderen Spulen werden in derselben Ebene nebeneinander angeordnet und dienen als Läufer oder Slider. Liegt der Mäander der Läuferspule deckungsgleich über dem Mäander der Maßstabsspule, wird durch den in der Maßstabsspule fließenden Wechselstrom in der Läuferspule die maximale Spannungsamplitude induziert. Liegt der Mäander der Läuferspule genau über den Lücken zwischen den Leiterbahnen des Maßstabes, wird keine Spannung in der Läuferspule induziert. Die beiden Läuferplatten sind nun geometrisch so angeordnet, dass die beiden Amplituden der Läuferspannungen in ihrer Phase um 90° versetzt sind. Die elektrische Auswertung der beiden Läufersignale erfolgt analog zu den des oben beschriebenen Resolvers.

4 Elektromechanische Induktivsensoren

Magnetische Eigenschaften

Diese elektromechanischen Sensoren basieren auf den elektrodynamischen Effekten des Elektromagnetismus (Sensorprinzipien). Sie bestehen im einfachsten Fall aus einer Spule mit einem weichmagnetischen Kern (Bild 4.1). Nach dem «OHMschen Gesetz» des Elektromagnetismus (s. Elektrotechnik: Grundlagen) gilt für den magnetischen Fluss Φ:

$$\Phi = \frac{\Theta}{R_m} = \frac{w \cdot I}{R_m} = \frac{w}{R_m} \cdot I \Rightarrow \Delta\Phi(t) = \frac{w}{R_m} \cdot \Delta i(t) \qquad \text{(Gl. 4.1)}$$

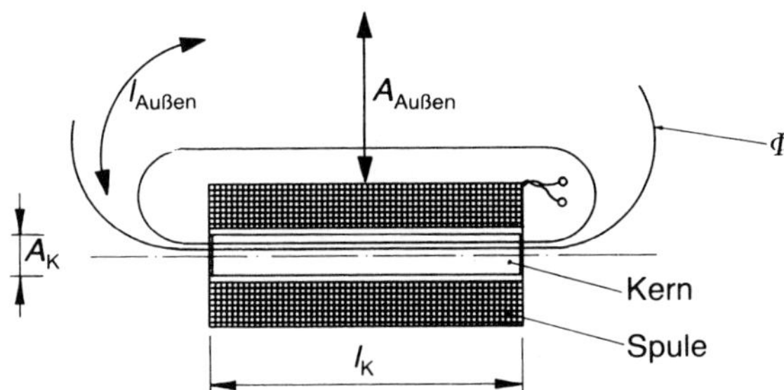

Bild 4.1
Physikalischer Prinzipaufbau eines Längsankerinduktivaufnehmers

wobei Θ die magnetische Durchflutung, R_m der magnetische Widerstand, w die Windungszahl der Spule und I der elektrische Spulenstrom ist. Setzt man Gl. 4.1 in das Induktionsgesetz von Gl. 3.1 ein, erhält man:

$$u_{ind}(t) = -\frac{w^2}{R_m} \cdot \frac{\Delta i(t)}{\Delta t} \qquad \text{(Gl. 4.2)}$$

Der Quotient w^2/R_m wird als Induktivität L der Spule definiert, damit gilt:

$$u_{ind}(t) = -L \cdot \frac{\Delta i(t)}{\Delta t} \qquad \text{(Gl. 4.3)}$$

und

$$L = \frac{w^2}{R_m} \qquad \text{(Gl. 4.4)}$$

Bei konstanter Windungszahl w wird die Induktivität L des Elementarsensors nur noch vom magnetischen Widerstand R_m, d.h. von der Magnetkreisgeometrie bestimmt. Bild 4.2 zeigt einen magnetischen Teilwiderstand ΔR_m eines geraden homogenen magnetischen Leiters mit der Länge l und einem konstanten Querschnitt A.

Nach Gl. 4.1 gilt für den magnetischen Teilwiderstand ΔR_m bei konstantem Magnetfluss Φ:

$$R_m = \frac{V_m}{\Phi} \qquad \text{(Gl. 4.5)}$$

V_m magnetischer Spannungsabfall

Für die magnetische Feldstärke H gilt (analog zur elektrischen Feldstärke):

$$H \equiv \frac{V_m}{l} \Rightarrow V_m = H \cdot l \quad \text{und} \quad H = \frac{B}{\mu_0 \cdot \mu_r} \qquad \text{(Gl. 4.6)}$$

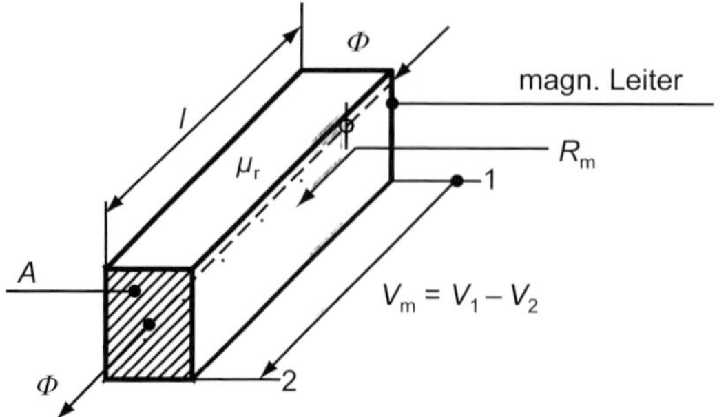

Bild 4.2
Magnetischer Teilwiderstand ΔR_m eines geraden homogenen magnetischen Leiters mit der Länge l und einem konstanten Querschnitt A

Für den magnetisch Flussdichte B gilt:

$$B = \frac{\Phi}{A} \Rightarrow \Phi = B \cdot A \qquad \text{(Gl. 4.7)}$$

Setzt man Gl. 4.6 und Gl. 4.7 in Gl. 4.5, gilt für den magnetischen Widerstand R_m:

$$R_m = \frac{V_m}{\Phi} = \frac{H \cdot l}{B \cdot A} = \frac{1}{\mu_0 \cdot \mu_r} \cdot \frac{l}{A} \qquad \text{(Gl. 4.8)}$$

wobei μ_0 die absolute und μ_r die relative Permeabilität (Materialkonstante) ist. Setzt man nun Gl. 4.8 in Gl. 4.4, gilt für die Induktivität L einer Spule mit einem weichmagnetischen Kern:

$$L = \mu_0 \cdot \mu_r \cdot w^2 \cdot \frac{A}{l} \qquad \text{(Gl. 4.9)}$$

Gl. 4.9 ist die Berechnungsgleichung für die in Bild 4.1 dargestellte lange und dünne Spule mit Kern. Sie ist für Induktivelementarsensoren die Bestimmungsgleichung.

Hinweis

Aus Gl. 4.9 kann abgeleitet werden, welche physikalischen Effekte und Größen für den Aufbau von Sensorelementen für Elementarsensoren verwendet werden können:

Geometrischer Effekt

- Kernquerschnitt A,
- Kernlänge l.

Festkörperphysikalischer Effekt

- magnetische Permeabilität μ_r

Es gibt für die magnetische Permeabilität μ_r zwei Möglichkeiten:

den magnetischen Effekt

$\mu_r(B)$: Anwendung für Magnetfeldsensoren

und

den magnetoelastischen Effekt

$\mu_r(\sigma)$: Anwendung für magnetoelastische Sensoren (mit s = mechanische Spannung)

Wechselstromeigenschaften

- Ein durch die Spule fließender Wechselstrom $i(t)$ erzeugt ein magnetisches Feld, das in der Spule eine elektrische Wechselspannung induziert, die ein magnetisches Gegenfeld erzeugt, das eine Wechselspannung induziert, die der ursächlichen entgegenwirkt. Dieser Effekt bewirkt den induktiven Blindwiderstand $X_L = \omega L$, der mit dem OHMschen Drahtwiderstand R die Impedanz Z der Spule bildet. Es gilt: $Z^2 = R^2 + (\omega L)^2$, mit $R << \omega L$ wird $Z = \omega L$ d.h., die Impedanz hängt von der Frequenz ab und ist proportional zur Induktivität L. Bei höheren Frequenzen ist aus Resonanzgründen die Wickelkapazität zu beachten. Für Induktivitäten von 5 mH beträgt die Kapazität der Wickelung etwa 30 pF.

Technisch-konstruktive Eigenschaften
Die elektromechanische Steuerung von Spuleninduktivitäten ist grundsätzlich über 2 Konstruktionsprinzipien möglich:

- Längsankerprinzip,
- Querankerprinzip.

Sie ist technisch als 1-Spulen- oder Differenzspulenaufbau (d.h. 2 Spulen) realisierbar.

4.1 Längsanker-1-Spulen-Sensor (Längsankeraufnehmer, induktiver Wegsensor, Wegaufnehmer)

Er besteht aus einer Spule, einer weichmagnetischen Rückflusshülse, zwei weichmagnetischen Deckscheiben und einem axial verschiebbaren weichmagnetischen Kern (Bild 4.3). Für den magnetischen Gesamtwiderstand gilt näherungsweise (ohne Verluste):

$$R_{m_{ges}} = \sum_{k=1}^{l} R_k \approx \frac{l_{L_0}}{\mu_0 \cdot \mu_{r_L} \cdot A_L} + \frac{l_{K_{Fe}}}{\mu_0 \cdot \mu_{r_{KFe}} \cdot A_K} + \frac{l_{Hü}}{\mu_0 \cdot \mu_{r_{Hü}} \cdot A_{Hü}} + 2 \cdot \frac{l_S}{\mu_0 \cdot \mu_{r_S} \cdot A_S}$$

(Gl. 4.10)

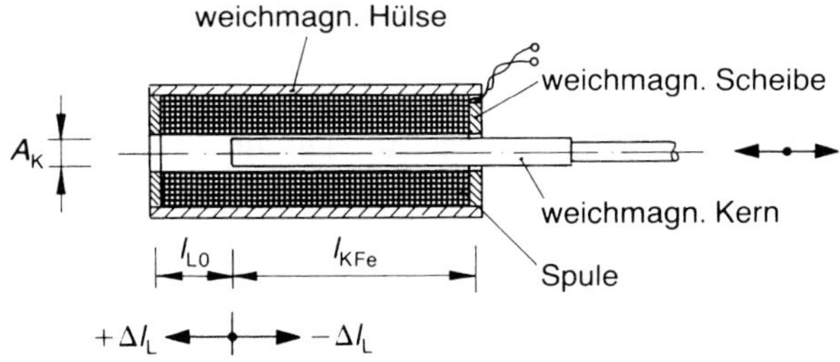

Bild 4.3
Mechanischer Prinzipaufbau eines 1-Spulen-Längsanker-Induktivaufnehmers

Mit $\mu_{r\,K\,Fe} = \mu_{r\,Hü} = \mu_{r\,S}$ und $\mu_{r\,S} >> \mu_{r\,L} = 1$ erhält man aus Gl. 4.10:

$$R_{m_{ges}} \approx \frac{l_{L_0}}{\mu_0 \cdot \mu_{r_L} \cdot A_L}$$ (Gl. 4.11)

Mit Gl. 4.11 in Gl. 4.4 ergibt sich nach Bild 4.3:

$$L \approx \frac{w^2 \cdot \mu_0 \cdot A_L}{l_{L_0} \pm \Delta l_L}$$ (Gl. 4.12)

Die Modulation des Luftspaltes Δl_L bewirkt eine Modulation der Induktivität L.

Bild 4.4 zeigt die Induktivität L über dem Kernverschiebungsweg s (= Δl_L in Gl. 4.12). Die 1-Spulen-Anordnung wird elektrisch in einer Wechselstrombrücke mit TF-Verstärker oder in einem Oszillator betrieben und wird nur dann verwendet, wenn keine hohe Präzision der Messwerterfassung erforderlich ist.

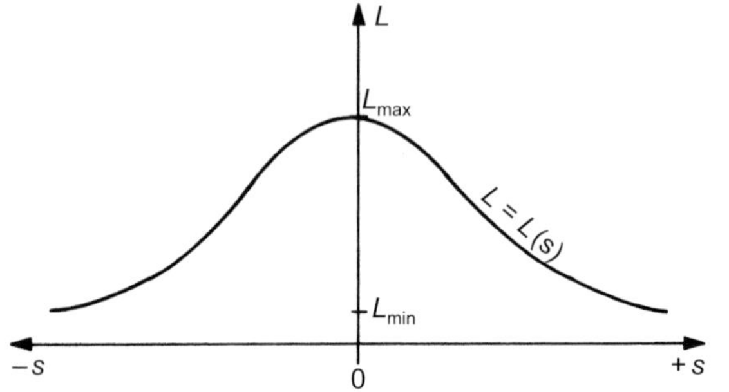

Bild 4.4 Induktivitätsänderung eines 1-Spulen-Längsanker-Induktivaufnehmers in Abhängigkeit der Kernstellung

4.2 Längsanker-Differenzspulensensor (Längsanker-Differenzwegaufnehmer)

Grundlagen und technischer Aufbau

Bild 4.5a zeigt den mechanischen Aufbau. Ein weichmagnetischer Kern aus Permenorm ist über einen nicht magnetischen Inconell-Stab mit dem Messobjekt verbunden. Ist der Kern in der mechanischen Mittelstellung, ist die Differenzspuleninduktivität 0. Wird der Kern ausgelenkt, ändern sich die Induktivitäten L_1 und L_2 gegensinnig (Bild 4.5b). Die Differenzspulenanordnung ermöglicht die Kompensation von thermischen Messabweichungen, die Verdoppelung der Messempfindlichkeit, die Verdoppelung des Messbereichs und eine bessere Nichtlinearität. Die Differenzanordnung der Spulen wird als induktive Halbbrücke z.B. mit einem Trägerfrequenzverstärker betrieben.

Messtechnische Eigenschaften

Bild 4.6 zeigt die Differenzspulenanordnung in einer ½-Brückenschaltung. Wird der weichmagnetische Permenorm-Kern K verschoben, ändern sich die Induktivitäten L_1 und L_2 gegensinnig. Die Luftspaltmodulation Δl_L bewirkt also eine Modulation der Differenzspuleninduktivität ΔL. Für die Brückendiagonalspannung $u_D(t)$ der ½-Brücke gilt dann:

$$u_D(t) = u_2(t) - \frac{1}{2} \cdot u_0(t) \qquad \text{(Gl. 4.13)}$$

Nach dem Spannungsteilergesetz gilt zunächst:

$$\frac{U_2(t)}{U_0(t)} = \frac{Z_2}{Z_1 + Z_2} = \frac{\omega \cdot L_2}{\omega \cdot L_1 + \omega \cdot L_2} = \frac{L_2}{L_1 + L_2} \Rightarrow u_2(t) = \frac{L_2}{L_1 + L_2} \cdot u_0(t) \qquad \text{(Gl. 4.14)}$$

da frequenzunabhängig. Durch die Kernverschiebung wird z.B. $L_2 = L_0 \pm \Delta L$ und $L_1 = L_0 \mp \Delta L$. Damit und mit Gl. 4.13 und Gl. 4.14 erhält man für die Brücken-Diagonalspannung:

$$\Delta u_D(t) = \pm\frac{1}{2} \cdot \frac{\Delta L}{L_0} \cdot u_0(t) \quad \text{und} \quad \Delta L = \Delta L(\pm \Delta l_L) \qquad \text{(Gl. 4.15)}$$

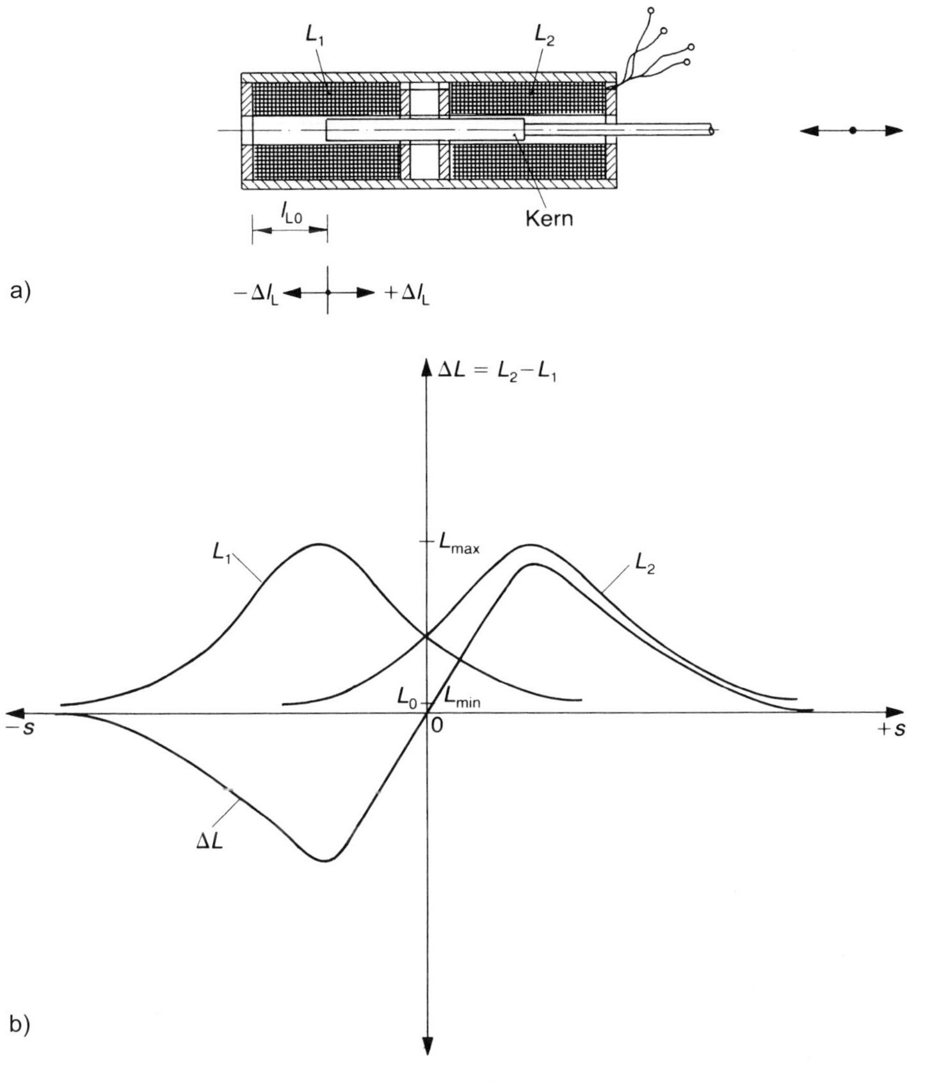

Bild 4.5 a) Mechanischer Prinzipaufbau eines Differenz-Längsanker-Induktivaufnehmers b) Einzel- und Differenzinduktivität in Abhängigkeit der Kernstellung

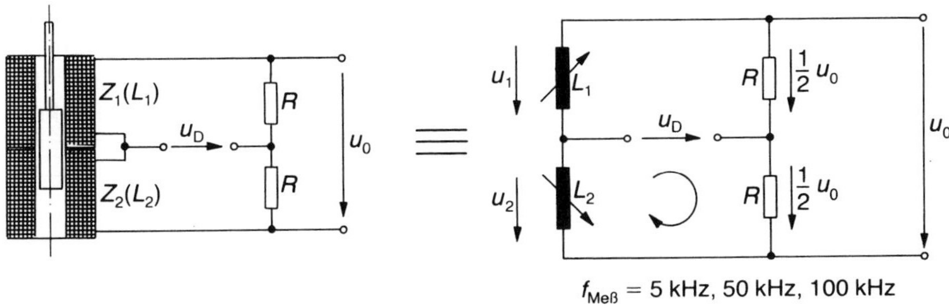

Bild 4.6 Spulenverschaltung und induktive Halbbrückenschaltung für Differenz-Längsanker-Induktivaufnehmer

Der Zusammenhang zwischen Kernverschiebung Δl_L und Induktivitätsänderung ΔL ist nicht linear. Es existiert aber eine messbare oder vom Sensorhersteller angegebene Kenngröße, die Messempfindlichkeit E_L. Sie kann im Messbereich *MB* mit einer sehr kleinen Abweichung der zugehörigen Nichtlinearität *NL* als nahezu konstant angesehen werden. Damit gilt:

$$E_L = \frac{\Delta L}{\Delta l_L} \Rightarrow \Delta L = E_L \cdot \Delta l_L \qquad \text{(Gl. 4.16)}$$

für kleine Wege oder lineare Kennlinien (s.o.).

Setzt man Gl. 4.16 in Gl. 4.15, erhält man für die ½-Brückenschaltung:

$$\Delta u_D(t) = \pm\frac{1}{2} \cdot \frac{E_L}{L_0} \cdot u_0(t) \cdot \Delta l_L \qquad \text{(Gl. 4.17a)}$$

für kleine Wege oder lineare Kennlinien (s.o.).

Die Nichtlinearität *NL* entsteht durch induzierte Wirbelströme im magnetischen Kreis und auf dem Kern. Die magnetische Kraft zwischen Spule und Kern beträgt in der Mittelstellung des Kerns, bei exakt symmetrischem Aufbau, $F_{mag} = 0$ N. Am Ende des Messbereichs erreicht sie bei den üblichen Stromstärken ca. 20 mN. Diese Kraft muss vom Messobjekt aufgebracht werden. Tabelle 4.1 zeigt die wichtigsten messtechnischen Eigenschaften von Längsanker-Differenzspulen-Wegsensoren.

Tabelle 4.1 Typische Kenndaten für induktive Längsanker-Differenzspulen-Wegaufnehmer

Messbereich *MB*	±10 mm
Nichtlinearität *NL*	±0,5...±1% vom *MB*-Endwert
Messauflössung	±0,1 µm
Wickelwiderstand/Induktivität	2 × 500 Ω/2 × 5 mH
Brückenspeisespannung	6 V, 12 V, 24 V
Speisefrequenz	250 Hz, 5 kHz, 50 kHz, 100 kHz
thermischer Gesamtfehler	±1...±2% vom *MB*-Endwert
Einsatztemperaturbereich	–50...+150 °C
Beschleunigung	...100 g

Vertiefung V4.1

Die zu Bild 4.5b gehörende Differentiation Gl. 4.17b steht Ihnen im Onlineservice InfoClick zur Verfügung. Für das weitere Verständnis des Themas im eigentlichen Sinn, kann grundsätzlich ohne diese Herleitung weitergearbeitet werden. Die Nummerierung im Buch überspringt deshalb die auf InfoClick behandelte Funktion und fährt folgerichtig mit Gl. 4.18 fort.

Untersuchung des Einflusses der Kernlänge auf die messtechnischen Eigenschaften

Bei Betrachtung des geometrischen Aufbaus von Längsanker-1-Spulen-Elementarsensoren und der Verteilung der magnetischen Feldstärken über die Symmetrieachsen erkennt man, dass die Enden identische Feldverläufe haben. Werden 2 Elementarsensoren über ein kleines Distanzstück einem Längsanker-Differenzspulen-Wegelementarsensor (Bild 4.5a) aufgebaut, erkennt man auch hier im Mittelstück (Verbindung der Spulen) und an den beiden Enden symmetrische Magnetfeldverhältnisse. Dies legt nahe, dass 2 verschiedene Kerne, nämlich ein «Kurzkern» und ein «Langkern», zur Realisierung von Sensoren der oben beschriebenen Art möglich ist.

Längsanker-Differenzspulen-Wegelementarsensor mit Kurzkern

Bild 4.7 zeigt die Kennlinien der Spuleninduktivitäten L_1 und L_2 und der Differenzspuleninduktivität $\Delta L = L_2 - L_1$ sowie der Ausgleichsgeraden A und der Nichtlinearität NL, bezogen auf den Messbereich MB (siehe hierzu die Definitionen in Abschnitt 1.7.1).

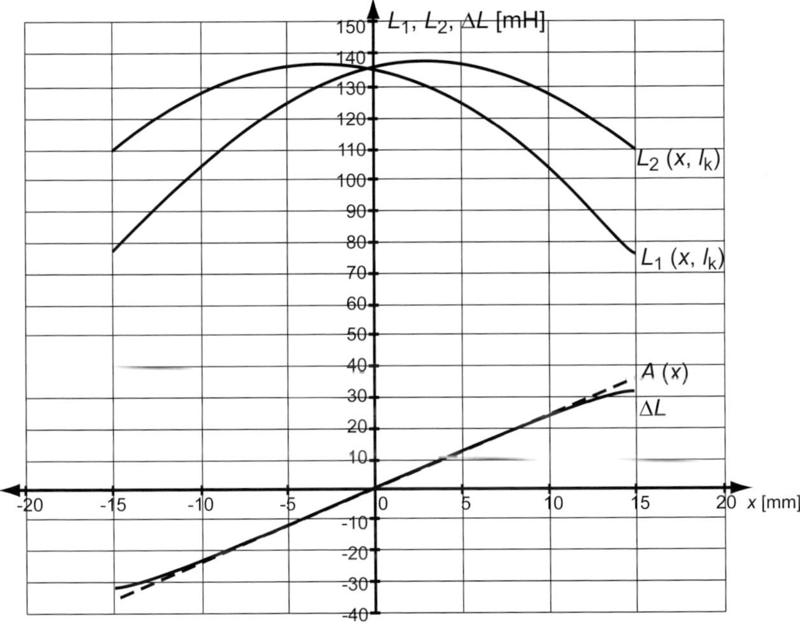

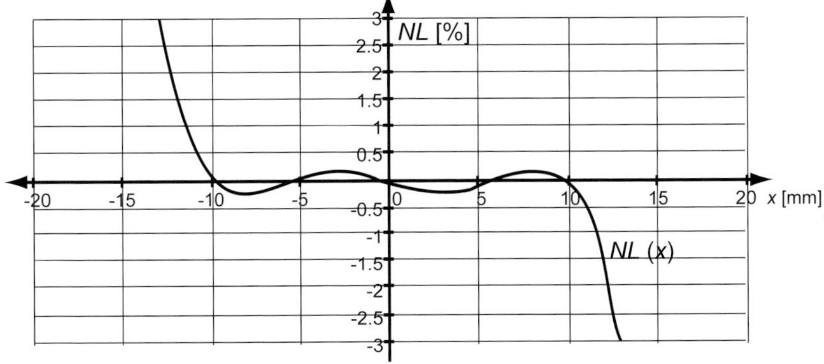

Bild 4.7 Kennlinien der Spuleninduktivitäten L_1, L_2 und der Differenzinduktivität $\Delta L = L_2 - L_1$ mit Kurzkern, der Ausgleichsgeraden A und Nichtlinearität NL, bezogen auf den Messbereich MB

Verwendet wurden eigenentwickelte Elementarsensoren in Kammerwickeltechnik, ähnlich wie von HF-Spulenkörpern bekannt.

Technische Daten: Messtemperatur 23 °C (konstant)

Spulenlänge	l_{sp} = 36 mm	Windungszahl	w	= 2500 Wdg.
Spuleninnendurchmesser	d_{sp} = 3 mm	Strom (Effektivwert)	I	= 10 mA
Kernlänge	l_k = 12 mm	Messbereich	MB	= ±10 mm
Kerndurchmesser	d_k = 1 mm	Induktivität ohne Kern	L	= 8 mH

Hinweis

Die in Bild 4.7 gezeigten Diagramme sind MathCad-Simulationen. Die Daten sind Messergebnisse aus Eigenentwicklungen von Wegsensoren in «Kammerwickeltechnik».

Ergebnisse

Messempfindlichkeit E_{kurz} = 2,5 mH/mm im MB, Nichtlinearität NL_{kurz} = ±0,3 mm im MB, Messbereich–Spulenlänge = 0,27 (kommerzielle Werte: Messbereich–Spulenlänge = 1...1,5).

Längsanker-Differenzspulen-Wegelementarsensor mit Langkern

Bild 4.8 zeigt die Kennlinien der Spuleninduktivitäten L_1 und L_2 und der Differenzspuleninduktivität $\Delta L = L_2 - L_1$ sowie der Ausgleichsgeraden A und der Nichtlinearität NL, bezogen auf den Messbereich MB (s. hierzu die Definitionen in Abschnitt 1.7.1).

Technische Daten: Messtemperatur 23 °C (konstant)

Spulenlänge	l_{sp} = 36 mm	Windungszahl	w	= 2500 Wdg.
Spuleninnendurchmesser	d_{sp} = 3 mm	Strom (Effektivwert)	I	= 10 mA
Kernlänge	l_k = 57 mm	Messbereich	MB	= ±10 mm
Kerndurchmesser	d_k = 1 mm	Induktivität ohne Kern	L	= 8 mH

Hinweis

Die in Bild 4.8 gezeigten Diagramme sind MathCad-Simulationen. Die Daten sind Messergebnisse aus Eigenentwicklungen von Wegsensoren in «Kammerwickeltechnik».

Ergebnis

Messempfindlichkeit E_{lang} = 48 mH/mm im MB, Nichtlinearität NL_{lang} = ±0,5 mm im MB, Messbereich–Spulenlänge = 0,27 (kommerzielle Werte: Messbereich–Spulenlänge = 1...1,5).

Schlussfolgerung

- Die Messempfindlichkeit des «Langkerns» ist ca. 19-mal größer als die des «Kurzkerns».
- Die Nichtlinearitäten liegen bei beiden «Kernarten» bei <±0,5% v. MB.
- Das Verhältnis Spulenlänge–Messbereich beträgt ca. 0,27.

Graphische Darstellung der Einzelinduktivitäten, Differenzinduktivität und der Ausgleichsgeraden:

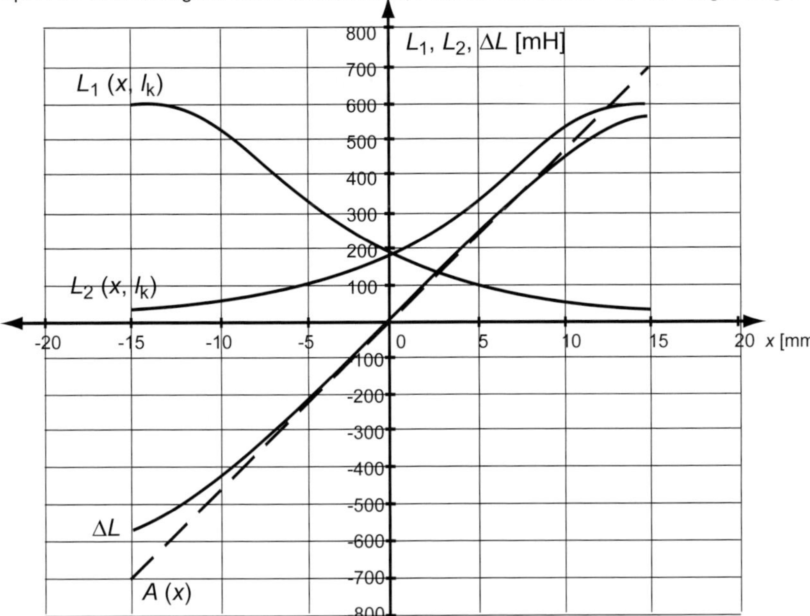

Graphische Darstellung der relativen Nichtlinearität

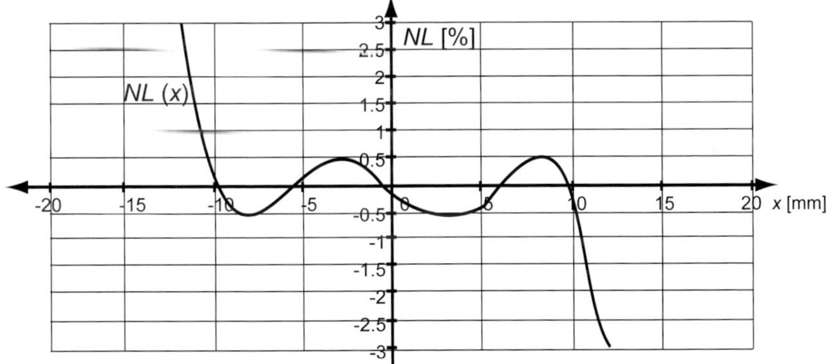

Bild 4.8 Kennlinien der Spuleninduktivitäten L_1, L_2 und der Differenzinduktivität $\Delta L = L_2 - L_1$ mit Langkern, der Ausgleichsgeraden A und Nichtlinearität NL, bezogen auf den Messbereich MB

Zusammenfassend kann man sagen, dass gegenüber den kommerziell erhältlichen Sensoren dieser Art die Messempfindlichkeit deutlich höher (ca. Faktor 19) und das Verhältnis Messbereich–Spulenlänge deutlich besser ist (ca. Faktor 5,5).

Nichtlinearität entsteht dadurch, dass die magnetische Permeabilität der weichmagnetischen Bauteile nicht linear von der magnetischen Flussdichte abhängt $\mu_r(B)$. Außerdem verursachen die induzierten Wirbelströme auf den weichmagnetischen Bauteilen magnetische Felder, die eine nicht lineare Dämpfung der Messempfindlichkeit bewirken.

Ein weiterer wichtiger Grund für die Entstehung der Nichtlinearität sind die unvermeidlichen, unterschiedlichen Fertigungstoleranzen der beiden Spulen des Differenzspulensystems.

Sensorelektronik

Trägerfrequenzverstärker (TF-Verstärker)

Zur analogen Auswertung von induktiven ½-Brücken können TF-Verstärker eingesetzt werden. Ihr Funktionsprinzip beruht auf der Amplitudenmodulation mit Trägerfrequenzen von 5...100 kHz. Bild 4.9 zeigt dazu ein Blockschaltbild, aus dem auch das Funktionsprinzip hervorgeht.

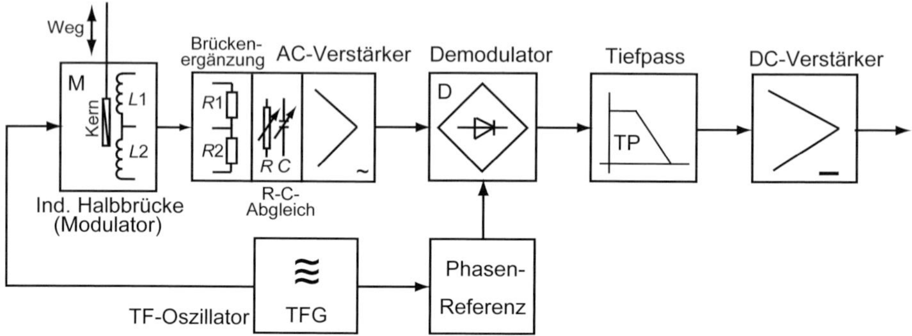

Bild 4.9 Blockschaltbild und Funktionsprinzip eines Trägerfrequenz-(TF-)Verstärkers

Der TF-Oszillator (z.B. 50 kHz) speist die induktive Halbbrücke (*L*1, *L*2), die zusammen mit der Brückenergänzung (*R*1, *R*2) des AC-Verstärkers eine Wechselstrommessbrücke bildet. Wegen der immer vorhandenen Leitungskapazitäten und Leitungsinduktivitäten hat der *R-C*-Abgleich immer OHMsche Abgleichelemente und ein kapazitives Abgleichselement. Das Messsignal (z.B. Wegsignal) steuert die Halbbrücke. Durch eine Multiplikation der Signale entsteht am Ausgang der Brücken ein amplitudenmoduliertes Signal (Produktmodulation), das mit dem AC-Verstärker leicht verarbeitet werden kann. Im Demodulator D wird das ursprüngliche Signal wiedergewonnen. Dazu wird dem Demodulator über die Phasenreferenz das Trägersignal noch einmal mit der richtigen Phase zugeführt. Wie in Abschnitt 2.2 (bei DMS) beschrieben und in Bild 2.29 graphisch dargestellt, wird erst durch eine phasenrichtige Gleichrichtung das Messsignal korrekt demoduliert. Dem Demodulator folgt ein Tiefpass (TP), der Trägerfrequenzreste unterdrückt und so das Messsignal glättet. Über einen nachfolgenden DC-Verstärker kann der Ausgangsgleichsspannungspegel wie erforderlich eingestellt werden.

Oszillatorelektronik

Es ist bekannt, dass frequenzanaloge Signale gegenüber amplitudenmodulierten Signalen immer eine höhere Sicherheit gegen elektromagnetische Störsignale bieten, da in den Stromkreisen nach dem elektrodynamischen Induktionsgesetz immer Spannungsamplituden induziert werden. Bei frequenzanalogen Signalen ist jedoch nicht die Amplitude der Informationsparameter, sondern die Frequenz. Bild 4.10a zeigt das vereinfachte Blockschaltbild einer Oszillatorelektronik für einen induktiven Längsanker-Differenzspulensensor (z.B. zur Erfassung von mechanischen Wegen). Der Elementarsensor besteht aus 2 Spulen 1 und 2 mit den Induktivitäten L_1 und L_2 sowie dem weichmagnetischen Kern K. Ein Mikrocontroller gibt ein Umschalttaktsignal UTS auf einen elektronischen Umschalter, der wechselweise die Spule 1 und 2 über die Leitungen LT 1 und LT 2 auf einen Oszillator schaltet und mit einer internen Kapazität einen elektrischen Schwingkreis zur Schwingung anregt. Das UTS richtet sich nach der Einschwingzeit der Oszillatorstufe. Im Rhythmus des UTS werden wechselweise die Einzelfrequenzsignale f_1 und f_2 dem Mikrocontroller zugeführt, der daraus die Differenzspulenfrequenz $\Delta f = f_1 - f_2$ berechnet und als frequenzanaloges Differenzspulensignal zur weiteren elektronischen Verarbeitung ausgibt.

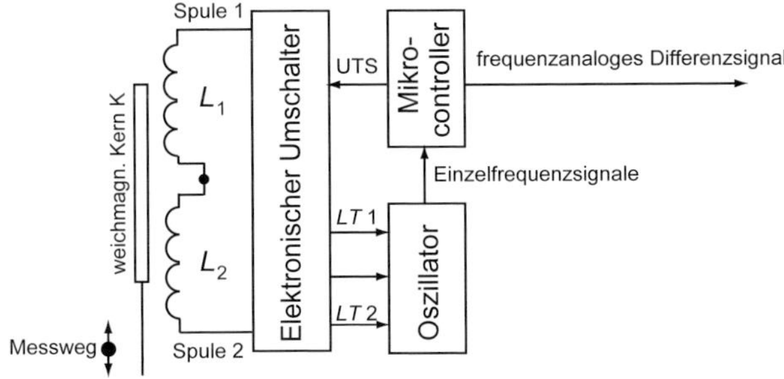

Bild 4.10a Blockschaltbild einer Oszillatorelektronik für einen induktiven Längsanker-Differenzspulensensor, z.B. zur Messung mechanischer Wege

Anwendungen

Induktive Längsanker-Elementarsensoren mit frei verschiebbaren Kernen gestatten eine berührungsfreie und damit fast rückwirkungsfreie Wegmessung. Sie können in verschiedenen Sensoren Verwendung finden. Es gibt induktive Drucksensoren, induktive Kraftsensoren, induktive Beschleunigungssensoren und induktive Schwingwegsensoren. Daneben gibt es noch verschiedene Ausführungen von sog. Wegtastern. Sie unterscheiden sich von den berührungslosen Wegsensoren durch ihre nicht herausnehmbaren federbelasteten Kerne, verbunden mit Tastspitzen. Zu beachten ist bei diesen Wegtastern, dass während der Messung die Tastspitze nicht vom Messobjekt abhebt. Diese Sensoren werden eingesetzt zur Steuerung und Regelung von physikalischen und chemischen Prozessen im Maschinen- und Anlagenbau, in der Verfahrenstechnik, der Fertigungsautomation und in der Mechatronik.

Beispiel 4.1

Bild 4.10b zeigt die Funktionsblöcke zur berührungslosen, elektrischen Messung eines mechanischen Weges und den Prinzipaufbau mit einem Längsanker-Differenzspulen-Wegelementarsensor (kurz: induktiver Differenzspulen-Wegaufnehmer) in Halb-Brückenschaltung mit seiner Signalverarbeitungselektronik.

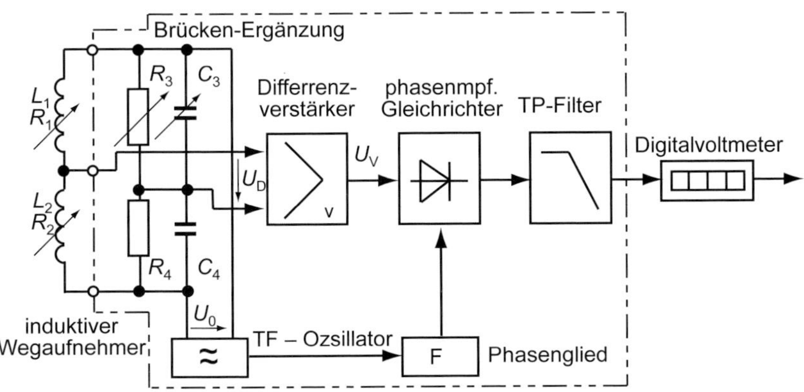

Bild 4.10b Induktiver Längsanker-Differenz-Messwertaufnehmer

Technische Daten:

Nennweg	±10 mm
Genauigkeitsklasse	0,5
Empfindlichkeit bei Nennweg	80 mV/V
Trägerfrequenz	5 kHz
Brückenspeisespannung	5 V
zulässige Umgebungstemperatur	–150...+150 °C
Gerätespannung	±12 V

a) Berechnen Sie die relative Induktivitätsänderung $\Delta L/L$ des induktiven Differenzspulen-Wegelementarsensors bei Nennweg (s. «Technische Daten»).
b) Berechnen Sie den Effektivwert der Brückenausgangsspannung U_D bei Nennweg.

Für Wegmessungen soll über eine Kalibriermessung die Verstärkung des Differenzspulenverstärkers so eingestellt werden, dass am Ausgang des Verstärkers bei Nennweg der Effektivwert der Ausgangsspannung $U_\mathrm{V} = 10$ V zur Verfügung steht.

c) Berechnen Sie den für den Verstärker notwendigen Verstärkungsfaktor V.
d) Berechnen Sie den Effektivwert der Brückenausgangsspannung U_D für eine Wegauflösung von $^1/_{10}$ mm.

Lösung 4.1

a) Berechnung des Effektivwertes der Brückenausgangsspannung:

$$U_\mathrm{D} = \pm\frac{1}{2}\cdot U_0 \cdot \frac{\Delta L}{L_0} \qquad \text{(Gl. 4.18)}$$

Berechnung der relativen Induktivitätsänderung

$$\frac{\Delta L}{L_0} = \pm 2\cdot\frac{U_\mathrm{D}}{U_0} = \pm 2\cdot 80\ \mathrm{mV/V} = 160\ \mathrm{mV/V} \equiv 160\ \mathrm{mH/H} \qquad \text{(Gl. 4.19)}$$

b) Berechnung der Verstimmung der induktiven Halbbrücke für den Nennweg:

$$\frac{U_\mathrm{D}}{U_0} = \pm\frac{1}{2}\cdot\frac{\Delta L}{L_0} = \pm\frac{1}{2}\cdot 160\ \mathrm{mV/V} = 80\ \mathrm{mV/V} \qquad \text{(Gl. 4.20)}$$

Berechnung des Effektivwertes der Brückenausgangsspannung:

$$U_\mathrm{D} = 80\ \mathrm{mV/V}\cdot U_0 = 80\ \mathrm{mV/V}\cdot 5\ \mathrm{V} = 0{,}4\ \mathrm{V} \qquad \text{(Gl. 4.21)}$$

c) Berechnung des Verstärkungsfaktors (Kalibrierfaktor)

Forderung : $\pm 10\ \mathrm{mm} \rightarrow \pm 10\ \mathrm{V}$

$$\text{damit } V_\mathrm{K} = \frac{U_\mathrm{v}}{U_\mathrm{D}} = \frac{\pm 10\ \mathrm{V}}{0{,}4\ \mathrm{V}} = 25 \qquad \text{(Gl. 4.22)}$$

d) Berechnung der Brückenausgangspannung für $^1/_{10}$ mm Messauflösung:
Laut Text gilt: 10 mm entspricht 10 V, damit gilt: 0,1 mm entspricht 100 mV. Es gilt:

$$V_\mathrm{K} = \frac{U_\mathrm{V}(0{,}1\ \mathrm{mm})}{U_\mathrm{D}(0{,}1\ \mathrm{mm})} \Rightarrow U_\mathrm{D}(0{,}1\ \mathrm{mm}) = \frac{U_\mathrm{V}(0{,}1\ \mathrm{mm})}{V_\mathrm{K}} = \frac{100\ \mathrm{mV}}{25} = 4\ \mathrm{mV}$$

(Gl. 4.23)

Beispiel 4.2

Ein Längsanker-Differenzspulen-Wegelementarsensor (kurz: induktiver Differenzspulen-Wegelementarsensor) hat bei elektrischer Nullstellung des Kerns ($s = 0$ mm) die Induktivitäten $L_1 = L_2 = L_0 = 50$ mH und die OHMschen Widerstände $R_1 = R_2 = R_0 = 100\ \Omega$.

Hersteller Daten (Referenztemperatur 23 °C,	*MB-E.* = Messbereichsendwert)
Messbereich	$MB = \pm 10$ mm
Empfindlichkeit	$\Delta L/L_0 = 20\%$ v. *MB*-E.
Nichtlinearität	$\Delta NL = \pm 1\%$ v. *MB*-E.
Temperaturbereich	$\Delta T = -20...+60$ °C
thermische Nullpunktdrift	$\Delta NT = \pm 1\%$ v. *MB*-E.
thermische Empfindlichkeitsänderung	$\Delta TE = \pm 0{,}5\%$ v: *MB*-E.

Der induktive Differenzspulen-Wegelementarsensor wird als Spannungsteiler in eine Wechselstrommessbrücke so eingebaut und justiert, dass bei der Kernposition $s = 0$ mm die Brückenausgangsspannung 0 V beträgt. Daten der Messbrücke: $U_0 = 12$ V, $f = 5$ kHz.

a) Berechnen Sie die Werte für die OHMschen Widerstände der Brückenergänzung (R_1 und R_2) so, dass ihre Werte den Impedanzwerten des Elementarsensors entsprechen.
b) Berechnen Sie die Messempfindlichkeit ($\Delta U/\Delta s$) des Elementarsensors.
c) Berechnen Sie die Brückenverstimmung als Funktion von $\Delta L/L_0$ und vom Messweg s.
d) Berechnen Sie die absolute und die relative wahrscheinliche Messabweichung.

Lösung 4.2

a) Wert der Brückenergänzungswiderstände:

$$Z = \sqrt{R_0^2 + (\omega \cdot L_0)^2} = \sqrt{(100\ \Omega)^2 + \left(2 \cdot \pi \cdot 5000 \frac{1}{\text{s}} \cdot 0{,}05 \frac{\text{Vs}}{\text{A}}\right)^2} = 1{,}573\ \text{k}\ \Omega \qquad \text{(Gl. 4.24)}$$

b) Messempfindlichkeit, mit Gl. 4.15 gilt:

$$\frac{\Delta U}{\Delta s} = \pm \frac{1}{2} \cdot U_0 \cdot \frac{\Delta L}{L_0} \cdot \frac{1}{\Delta s} = \pm \cdot \frac{1}{2} \cdot 12\ \text{V} \cdot 0{,}20 \cdot \frac{1}{10\ \text{mm}} = 12 \frac{\text{mV}}{\text{mm}} \qquad \text{(Gl. 4.25)}$$

c) Brückenverstimmung als Funktion von $\Delta L/L_0$, mit Gl. 4.15 gilt:

$$\frac{\Delta U_{\text{D}}\left(\Delta L/L_0\right)}{U_0} = \pm \frac{1}{2} \cdot \frac{\Delta L}{L_0} = \pm \cdot \frac{1}{2} \cdot 0{,}2 = \pm 0{,}1 \equiv 100 \frac{\text{mV}}{\text{V}} \qquad \text{(Gl. 4.26)}$$

Brückenverstimmung als Funktion von $\Delta L/L_0$, laut Datenblatt gilt:

$$\frac{\Delta L}{L_0} = 20\% \equiv 0{,}2 \Rightarrow \Delta L = 0{,}2 \cdot L_0 = 0{,}2 \cdot 50\ \text{mH} = 10\ \text{mH} \qquad \text{(Gl. 4.27)}$$

Weiter gilt mit Ergebnis von Gl. 4.27:

$$\frac{\Delta L}{s} = \frac{10\ \text{mH}}{10\ \text{mm}} = 1 \frac{\text{mH}}{\text{mm}} \qquad \text{(Gl. 4.28a)}$$

Mit Gl. 4.17a erhält man:

$$\frac{\Delta U_D(s)}{U_0} = \pm\frac{1}{2}\cdot\frac{E_L}{L_0}\cdot s = \pm\frac{1}{2}\cdot\frac{1\,\text{mH/mm}}{10\,\text{mH}}\cdot s = \pm\frac{0{,}05}{\text{mm}}\cdot s \qquad \text{(Gl. 4.28b)}$$

d) Relative wahrscheinliche Messabweichung:

$$f_{\text{ILDS}} = \pm\sqrt{f_{\text{NL}}^2 + f_{\Delta\text{NT}}^2 + f_{\Delta\text{ET}}^2} = \pm\sqrt{(\pm 1\%)^2 + (\pm 1\%)^2 + (0{,}5\%)^2} = \pm 1{,}5\% \qquad \text{(Gl. 4.29)}$$

absolute wahrscheinliche Messabweichung:

$$F_{\text{ILDS}} = \frac{MB}{100\%}\cdot f_{\text{ILDS}} = \frac{20\,\text{mm}}{100\%}\cdot(\pm 1{,}5\%) = 0{,}3\,\text{mm} \qquad \text{(Gl. 4.30)}$$

4.3 Queranker-1-Spulen-Sensor (Querankeraufnehmer)

Sie eignen sich besonders zum Erfassen von kleinen Messwegen und für statische und dynamische Messungen. Ein wesentliches Merkmal ist ihre hohe Messempfindlichkeit. Es ist eine einfache Kalibrierung mit µm-Messeinrichtungen möglich.

Grundlagen und technischer Aufbau

Bild 4.11a zeigt den elektromechanischen Prinzipaufbau eines induktiven Queranker-1-Spulen-Elementarsensors.

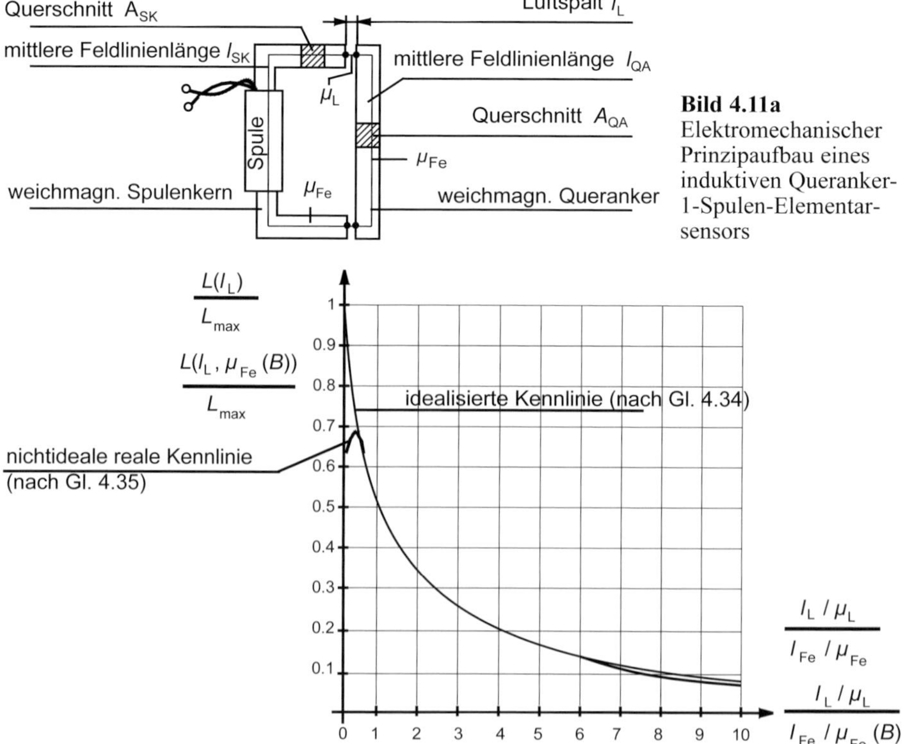

Bild 4.11a Elektromechanischer Prinzipaufbau eines induktiven Queranker-1-Spulen-Elementarsensors

Bild 4.11b Normierte ideale Kennlinie nichtideale reale Kennlinie eines Queranker-1-Spulen-Aufnehmers

Gesteuert wird die Induktivität durch die Änderung des Luftspalts l_L zwischen Queranker und Spulenkern. Unter Vernachlässigung des magnetischen Streufeldes, der Hysterese- und Wirbelstromverluste gilt für den magnetischen Widerstand (nach Gl. 4.8) des Gesamtmagnetkreises (nach Bild 4.1) für $l_{SK} + l_{QA} = l_{Fe}$ und $A_{SK} = A_{QA} = A_L = A$:

$$R_m = \frac{1}{\mu_0 \cdot A_{Fe}} \cdot \left(\frac{l_{Fe}}{\mu_{Fe}} + \frac{2 \cdot l_L}{\mu_L} \right) \qquad \text{(Gl. 4.31)}$$

Einsetzen von Gl. 4.31 in Gl. 4.4 ergibt:

$$L = \frac{w^2}{R_m} = w^2 \cdot \mu_0 \cdot A \cdot \frac{1}{\frac{l_{Fe}}{\mu_{Fe}} + \frac{l_L}{\mu_L}} \qquad \text{(Gl. 4.32)}$$

Die Induktivität hat für $l_L = 0$ (kein Luftspalt) mit Gl. 4.32 den maximalen Wert L_{max}:

$$L_{max} = w^2 \cdot \mu_0 \cdot A \cdot \frac{1}{l_{Fe} / \mu_{Fe}} \qquad \text{(Gl. 4.33)}$$

Dividiert man Gl. 4.32 mit Gl. 4.33, erhält man die sog. normierte Induktivität:

$$\frac{L(l_L)}{L_{max}} = \frac{1}{1 + \frac{l_L / \mu_L}{l_{Fe} / \mu_{Fe}}} \qquad \text{(Gl. 4.34)}$$

In Gl. 4.34 wurde nicht berücksichtigt, dass die Permeabilität μ_r von weichmagnetischen Bauteilen eines Magnetkreises nicht linear von der magnetischen Flussdichte $\mu_r(B)$ abhängt. Für diesen Fall gilt näherungsweise:

$$\frac{L(l_L, \mu_{Fe})}{L_{max}} = \frac{1}{1 + \frac{l_L / \mu_L}{l_{Fe} / \mu_{Fe}(B)}} \qquad \text{(Gl. 4.35)}$$

Bild 4.11b zeigt die normierte ideale Kennlinie nach Gl. 4.34 und qualitativ die nicht ideale reale Kennlinie nach Gl. 4.35 eines Queranker-1-Spulen-Elementarsensors.

Messtechnische Eigenschaften

Die idealisierte Kennlinie in Bild 4.11b zeigt, dass der Elementarsensor bei sehr kleinen Messwegen, d.h. in einem sehr kleinen Messbereich, eine hohe Messempfindlichkeit bei kleiner Nichtlinearität hat. Für größere Messwege nimmt die Empfindlichkeit, bei starker Zunahme der Nichtlinearität, schnell ab. Die nicht ideale reale Kennlinie in Bild 4.11b zeigt bei sehr kleinen Luftspalten deutliche Abweichungen vom idealisierten Verhalten. Das hat folgenden Grund: Bei Abnahme des Luftspaltes nimmt der magnetische Widerstand ab und dadurch der magnetische Fluss zu. Damit wird die magnetische Flussdichte (bei konstantem Querschnitt) größer. Sie steigt bis zum Maximalwert, dem Sättigungswert. Das hat zur Folge, dass die Permeabilität zunächst ansteigt bis zu ihrem Maximalwert und dann wieder abnimmt bis zu ihrem Endwert von 1. Bei welchen Werten diese magnetischen Effekte eintreten, hängt von den Querschnitten der weichmagnetischen Bauteile ab. Das angestrebte reale Verhalten des Elementarsensors liegt zwischen diesen beiden extremen Kennlinien und kann durch die konstruktive Gestaltung der weichmagnetischen Bauteile beeinflusst werden. Da auch keine einfache Möglichkeit zur Kompensation der thermischen Messabweichungen gegeben ist, wird dieser Elementarsensor trotz seiner kostengünstigen und sehr robusten Konstruktion nur dann eingesetzt, wenn Messabweichungen bis zu 5% im Messbereich bis 5 mm erlaubt sind. Der Messbereich beträgt allg. 0,1...2 mm bei einer Auflösung von 1 µm.

Sensorelektronik

Die Sensorelektriken und Sensorelektroniken sind dieselben (s. oben) wie bei Längsanker-1-Spulen-Elementarsensoren.

Anwendungen

Wird der Queranker durch das zu sensierende Messobjekt ersetzt, sind sehr interessante Anwendungen möglich: z.B. Rissfindung in Maschinenelementen, berührungsfreie Dickenmessungen von Drahtbeschichtungen, Ferritgehaltsmessungen in austenitischen Stählen.

Der Queranker kann auch von einem Werkstück oder Maschinenelement gebildet werden; so lassen sich ihre Positionen erfassen oder Zählungen durchführen – eine in der Automation sehr oft und vielseitig auftretende Anwendung (s. Kapitel 6, Näherungsschalter).

4.4 Queranker-Differenzspulensensor (Differential-Querankeraufnehmer, Differential-Queranker-Geber)

Das Differenzspulenprinzip ermöglicht die schon beschriebenen messtechnischen Vorteile.

Grundlagen und technischer Aufbau

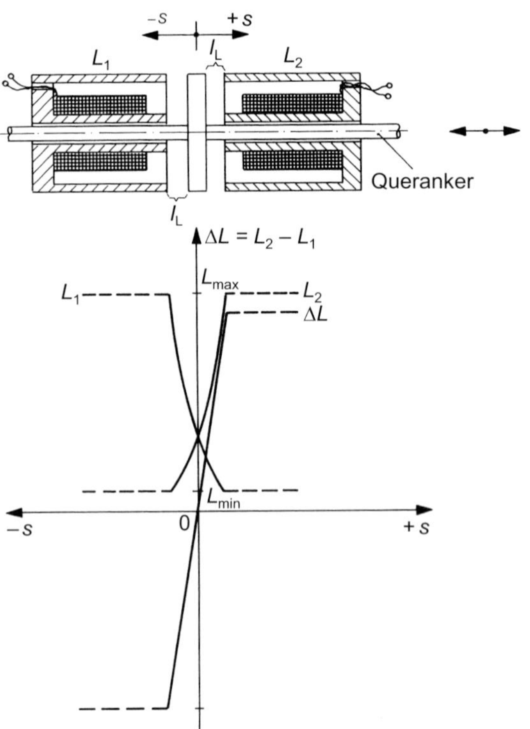

Bild 4.12
Mechanischer Prinzipaufbau eines Differenz-Queranker-Induktivaufnehmers mit Verlauf der Einzel- und Differenzinduktivität über der Querankerstellung

Um etwas größere Messwege, d.h. größere Messbereiche, bei einer besseren Nichtlinearität zu erhalten und um gleichzeitig die thermischen Messabweichungen zu kompensieren, kann man zwei Queranker-1-Spulen-Elementarsensoren zu einem Queranker-Differenzspulen-Elementarsensor zusammenschalten (Differenzspulenprinzip). Bild 4.12 zeigt den elektromechanischen Prinzipaufbau des Elementarsensors und seine Kennlinie.

Für kleine Messwege $\Delta l_L << l_L$ erhält man (unter Vernachlässigung von Streu-, Hysterese- und Wirbelstromverlusten):

$$\frac{\Delta L}{L_0} \approx \frac{\Delta l_L}{l_L} \quad \text{(Gl. 4.36)}$$

L_0 Induktivität
l_L Luftspalt bei Ankermittelstellung
ΔL Induktivitätsänderung bei der Δl_L Luftspaltänderung

Messtechnische Eigenschaften und Sensorelektronik

Queranker-Differenzspulen-Elementarsensoren können wie Längsanker-Differenzspulen-Elementarsensoren in elektrische ½-Messbrücken eingebaut werden. Diese wandeln, wie schon beschrieben, die mechanische Messgröße in eine elektrische Zustandsgröße um. Es gilt also Gl. 4.15 auch hier. Setzt man Gl. 4.36 in Gl. 4.15, erhält man für die Wechselstrombrücke:

$$\Delta u_D(t) = \pm\frac{1}{2} \cdot \frac{\Delta l_L}{l_L} \cdot u_0(t) \quad \text{(Gl. 4.37)}$$

Für die Messempfindlichkeit der Wechselstrombrücke gilt:

$$E_{1/2} = \frac{\Delta u_D(t)/u_0(t)}{\Delta l_L/l_L} \quad \text{(Gl. 4.38)}$$

Setzt man Gl. 4.37 in Gl. 4.38, ergibt sich für die Empfindlichkeit der maximal theoretisch mögliche Wert von $E_{1/2} = 1/2 = 0{,}5$. Dieser wird in der Praxis aus den genannten Gründen aber nicht erreicht. Drückt man Gl. 4.37 über $E_{1/2} = 0{,}5$ aus, erhält man:

$$\Delta u_{D_{max}}(t) = \pm\frac{E_{1/2} \cdot u_0(t)}{l_L} \cdot \Delta l_L \quad \text{(Gl. 4.39)}$$

In Tabelle 4.2 sind die wichtigsten Kenngrößen für Elementarsensoren zusammengestellt.

Tabelle 4.2 Typische Kenndaten für induktive Queranker-Differenzspulen-Wegaufnehmer

Messbereich *MB*	$\pm 10^{-4}...\pm 1{,}5$ mm
Nichtlinearität *NL*	±0,5...±1% vom *MB*-Endwert
Auflösung	$<10^{-5}$
Wickelwiderstand	2 × 300 Ω
Induktivität	2 × 2 mH
Brückenspeisespannung	6 V, 12 V, 24 V
Speisefrequenz	5 kHz, 50 kHz, 100 kHz
thermischer Gesamtfehler	±1%...+150 °C
Einsatztemperaturbereich	–50...150 °C
Beschleunigung	...100 *g*

Als Sensorelektroniken können, wie bei den Längsanker-Differenzspulen-Elementarsensoren, Trägerfrequenzverstärkern (TF-Verstärker) und Oszillatorelektroniken als teildiskrete und vollintegrierte Bausteine mit wenig externer Beschaltung eingesetzt werden.

Anwendungen

Anwendungen finden Queranker-Differenzspulen-Sensoren in speziellen Konstruktionen zur Dehnungsmessung, zu Messung kleiner Wege, von Winkelfunktionen, von Winkeln, von Wegfunktionen, von Drücken, von Wellenschlag und Rundlauffehlern, von Beschleunigungen, des Lagerspiels von Wellen, von Form- und Lagetoleranzen an Wellen und Achsen in der Automation, in der Mess- und Regelungstechnik, in der Fertigungstechnik, im Maschinenbau und in der Mechatronik.

Beispiel 4.3

In Bild 4.13 ist der Prinzipaufbau eines induktiven Differenzspulen-Drucksensors, bestehend aus einem Queranker-Differenzspulen-Elementarsensor, einer Wechselstrom-Halbmessbrücke, einem TF-Oszillator mit einer Trägerfrequenz von 5 kHz und einer Signalaufbereitungselektronik mit phasenempfindlicher Gleichrichtung, dargestellt. Beim induktiven Queranker-Differenzspulen-Druckelementarsensor haben die Spulen 1 und 2 gleiche Windungszahlen $w_1 = w_2$. Bei gleichen Messdrücken $p_1 = p_2$ haben die beiden weichmagnetischen Spulenkerne gleiche Abstände d zur weichmagnetischen Messmembran. Für kleine druckbedingte mechanische Auslenkung Δd der Messmembran aus ihrer Ruhelage lässt sich der magnetische Widerstand der beiden Spuleneisenkreise näherungsweise durch folgende Gleichungen ausdrücken:

$$R_{m_1} = R_{m_0} + k \cdot (d \mp \Delta d) \quad \text{und} \quad R_{m_2} = R_{m_0} + k \cdot (d \pm \Delta d) \qquad \text{(Gl. 4.40)}$$

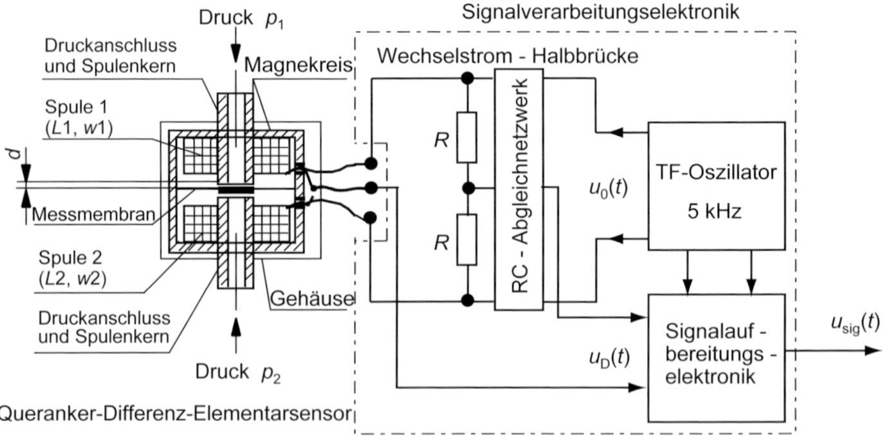

Bild 4.13 Elektromechanischer Prinzipaufbau eines induktiven Differenzspulendrucksensors, bestehend aus einem Queranker-Differenzspulen-Elementarsensor mit Sensorelektronik

Das mathematische Vorzeichen von Δd hängt von der Auslenkrichtung der Membran ab. R_{mo} ist der magnetische Widerstand der beiden Spuleneisenkreise ohne Drucksignal. Der Faktor k ist hier die sog. Konstruktionskonstante. Spule 1 und 2 bilden zusammen mit den Festwiderständen R die induktive AC-Messhalbbrücke. Die Brückenausgangsspannung $u_D(t)$ wird durch nachfolgende elektronische Stufen oder Messmittel nicht elektrisch belastet.

a) Warum ist eine phasenempfindliche Gleichrichtung zur richtigen Erkennung des Druck-Messsignals notwendig?
b) Stellen Sie, mit den oben genannten physikalischen Bedingungen, die Gleichung für die Berechnung der elektrischen Brückenausgangsspannung $u_D(t)$ auf.
c) Zeigen Sie mit der aufgestellten Gleichung, dass Δd proportional zu $u_D(t)$ ist.

Lösung 4.3

a) Ohne phasenrichtige Gleichrichtung, d.h. Feststellung der Phasenlage zwischen $u_D(t)$ und $u_0(t)$, ist nicht unterscheidbar, ob $p_1 < p_2$ oder $p_1 > p_2$ ist.
b) Für die beiden Spulen des Elementarsensors gilt:

$$L_1 = \frac{w^2}{R_{m_1}} = \frac{w^2}{R_{m_0} + k \cdot (d \mp \Delta d)} \quad \text{und} \quad L_2 = \frac{w^2}{R_{m_2}} = \frac{w^2}{R_{m_0} + \text{k} \cdot (d \pm \Delta d)} \tag{Gl. 4.41}$$

Setzt man Gl. 4.14 in Gl. 4.13, gilt für die Brückenausgangsspannung:

$$u_D(t) = \left(\frac{L_2}{L_1 + L_2} - \frac{1}{2} \right) \cdot u_0(t) \tag{Gl. 4.42}$$

c) Einsetzen von Gl. 4.41 in Gl. 4.42 und algebraische Umformung ergibt:

$$u_D(t) = \mp \frac{k}{2 \cdot (R_{m_0} + k \cdot d)} \cdot u_0(t) \cdot \Delta d \Rightarrow u_D(t) \propto \Delta d \tag{Gl. 4.43}$$

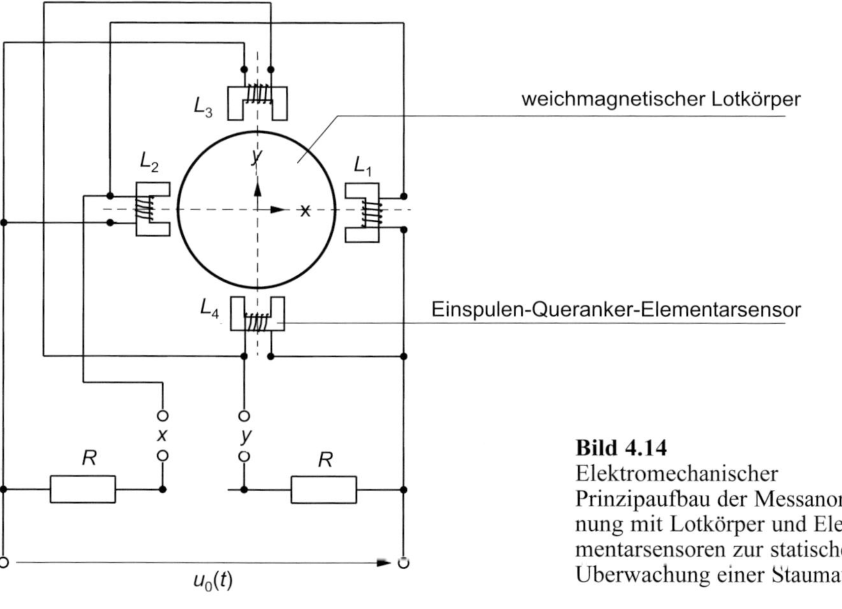

Bild 4.14
Elektromechanischer Prinzipaufbau der Messanordnung mit Lotkörper und Elementarsensoren zur statischen Überwachung einer Staumauer

Beispiel 4.4

Zur Überwachung einer Staumauer soll ein Lot aus einem weichmagnetischen Körper und vier Queranker-1-Spulen-Elementarsensoren verwendet werden, die paarweise zu je einer Halbbrücke so verschaltet sind, dass die *x*-*y*-Achsen exakt erfasst werden können.

a) Skizzieren Sie den elektromechanischen Prinzipaufbau (Bild 4.14) der Messanordnung mit Lotkörper und Elementarsensoren.
b) Zeichnen Sie eine elektrische Verdrahtung der Elementarsensoren so in Ihre Skizze ein, dass sie ihre Funktion erfüllen können.
c) Kennzeichnen und beschreiben Sie die Elementarsensoren achsenweise.

Lösung 4.4

(a, b, c) mit L_1, L_2 für x-Achse und L_3, L_4 für y-Achse (in Bild 4.14).

5 Elektromechanische Wirbelstromsensoren

Ein zeitlich veränderliches Magnetfeld induziert in einem elektrisch leitenden Material eine elektrische Spannung und diese erzeugt einen elektrischen Wirbelstrom. Das sind Ströme, die wie Wirbel in sich geschlossen sind. Der Wirbelstrom erzeugt seinerseits ein Magnetfeld, das (nach LENZ) das ursächliche Magnetfeld überlagert und dämpft.

Wird das ursächliche Magnetfeld von einer Sensorspule erzeugt, verkleinert die magnetische Dämpfung durch die Feldschwächung die Induktivität der Sensorspule. Die Größe dieses Effektes hängt von den geometrischen Abmessungen der Sensorspule, der Frequenz des ursächlichen Magnetfeldes, dem Abstand der Spule zum elektrisch leitfähigen Material, seiner elektrischen Leitfähigkeit und seiner Materialdicke ab. Konstruktive Ausführungsformen heißen:

- ❑ Längsanker-Wirbelstromsensor,
- ❑ Queranker-Wirbelstromsensor.

5.1 Längsanker-Wirbelstromsensor (Wirbelstrom-Längsankersensor)

Grundlagen und technischer Aufbau

Der mechanische Aufbau entspricht dem induktiven Längsanker-1-Spulen-Elementarsensor, mit einem Unterschied, dass der Längsanker jetzt aus einem elektrisch gut leitenden und nicht weichmagnetischen Material besteht. Bild 5.1 zeigt im oberen Teil den mechanischen Prinzipaufbau des Längsanker-1-Spulen-Elementarsensors. Der Spulenkern aus einem gut elektrisch leitenden und nicht magnetischen Material taucht in das hochfrequente magnetische Wechselfeld einer Sensorspule ein. Im Material des Kerns wird eine elektrische Spannung induziert, die Wirbelströme erzeugt. Die Wirbelströme erzeugen Magnetfelder, die das ursächliche Magnetfeld schwächen. Dadurch verringert sich dann die Induktivität der Sensorspule. Da Wirbelströme in elektrisch leitenden Werkstoffen Wärme erzeugen, ändert sich auch der Verlustwiderstand der Spule und damit die Verlustleistung, die mit dem Quadrat der Frequenz ansteigt.

Messtechnische Eigenschaften und Sensorelektronik

Bild 5.1 zeigt im unteren Teil die Induktivitätsänderung der Spulen über dem Messweg s des Längsankers. Befindet sich der Längsanker vermittelt in der Spule, wird ihre Induktivität am stärksten vermindert: $L = L_{min}$. Bei Bewegung des Ankers aus der Spule verringert sich die Bedämpfung der Spule, d.h., die Spuleninduktivität wird größer. Sie erreicht ihr Maximum $L = L_{max}$, wenn der Längsanker vollständig außerhalb des Spulenkerns liegt. Ein wesentlicher Vorteil dieses Sensorprinzips besteht – neben dem Einsatz für sehr schnelle mechanische Vorgänge – darin, dass ein nicht magnetischer Längsanker im Gegensatz zu einem weichmagnetischen Längsanker gegenüber mechanischen Beanspruchungen nicht empfindlich ist (z.B. mechanischen Stößen), weil alle weichmagnetischen Kerne (außer Ferrite) einen magnetoelastischen Effekt zeigen. Dieser Effekt besagt, dass mechanisch belastete weichmagnetische Werkstoffe mit der Belastung ihre magnetische Permeabilität ändern, also auch die weichmagnetischen Kerne und damit die Induktivität der Sensorspule. Dieser Vorteil macht sich bei den taktilen Längsanker-1-Spulen-Elementarsensoren besonders bemerkbar. Da thermische Ausdehnungen des Kerns auch den magnetoelastischen Effekt erzeugen, benötigt man eine thermische Kompensation bei besonders großen Temperaturänderungen.

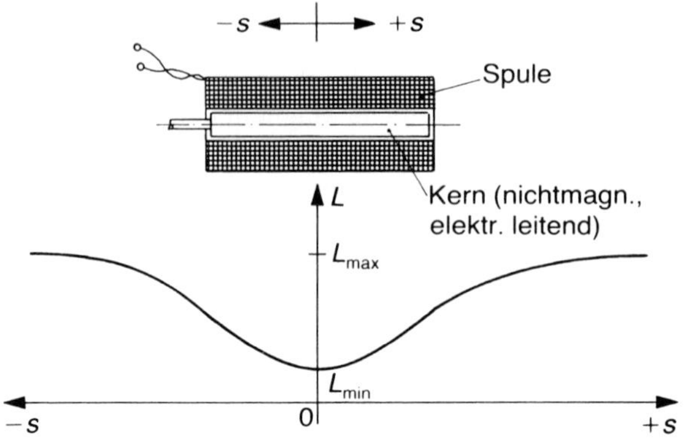

Bild 5.1 Mechanischer Prinzipaufbau eines Längsanker-Wirbelstromaufnehmers mit dem Induktivitätsverlauf über der Längsankerstellung

Anwendungen

Für taktile und berührungsfreie Messungen:

- Weg- und Positionssensoren für hochdynamische Messwege,
- Schwingwegsensoren für hochfrequente Schwingungsamplituden,
- Beschleunigungssensoren für hochfrequente Amplituden.

5.2 Queranker-Wirbelstromsensor (Wirbelstrom-Querankeraufnehmer)

Dieser Sensor kann für berührungslose statische und dynamische Messungen eingesetzt werden.

Systematik der Queranker-Wirbelstromsensoren

- Wirbelstromsensor mit Queranker,
- Wirbelstromsensor ohne Queranker
  - Wirbelstromsensor ohne Queranker mit Eisenkernspule,
  - Wirbelstromsensor ohne Queranker mit Luftspule.

Grundlagen und technischer Aufbau

Wirbelstromsensor mit Queranker

In Bild 5.2 ist der Prinzipaufbau des Wirbelstromelementarsensors mit Queranker und Empfindlichkeitskennlinie dargestellt. Taucht der Queranker in das stirnseitig austretende hochfrequente magnetische Wechselfeld, so werden in diesem über die induzierten Wirbelströme hochfrequente Magnetfelder erzeugt, die das primäre Magnetfeld und damit die Spuleninduktivität verringern.

Wirbelstromsensor ohne Queranker mit Eisenkernspule und Luftspule

Bei diesem Sensortyp wird der Queranker durch das Messobjekt ersetzt. Messungen können an allen und mit allen elektrisch leitenden, nicht weichmagnetischen und schwach magnetischen Messobjekten durchgeführt werden.

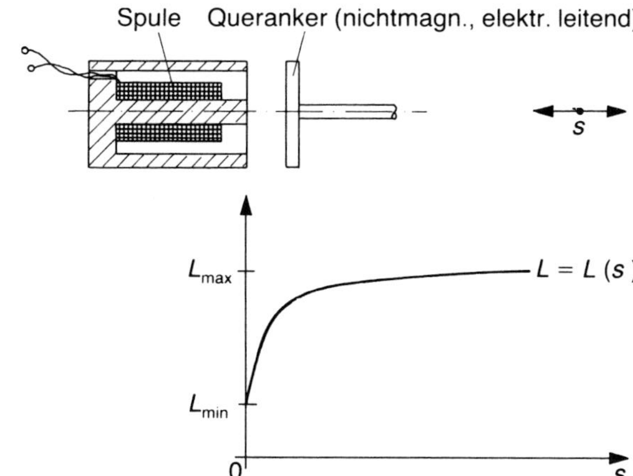

Bild 5.2
Mechanischer Prinzipaufbau eines Queranker-Wirbelstromaufnehmers mit dem Induktivitätsverlauf über der Querankerstellung

Messtechnische Eigenschaften und Sensorelektronik

Wirbelstromsensor mit Queranker

Da die induzierten Wirbelströme, wie oben schon beschrieben, in elektrisch leitenden nicht weichmagnetischen Querankern und Flussleitteilen Wärme erzeugen, ändert sich auch der Verlustwiderstand R der Sensorspule. Je kleiner der Luftspalt zwischen Sensorspule und Queranker ist, desto größer die magnetische Dämpfung und umso kleiner ist die Spuleninduktivität und damit der Verlustwiderstand. Bei Messungen mit einer Speisespannung von 10 V effektiv mit einer Frequenz von 60 kHz mit einem Kupferqueranker zeigt sich, dass bei einer sehr kleinen Querankerdicke die Sensorspule praktisch eine reine Induktivität ist, d.h. $\omega L >> R$. Mit wachsender Querankerdicke bleibt der induktive Blindwiderstand $X_L = \omega L$ praktisch konstant, während der Verlustwiderstand R stark anwächst. Daraus folgt, dass der Messwert, wegen der Wirbelstromverluste, stark von der Querankerdicke und von ihrer elektrischen Leitfähigkeit, also auch vom Werkstoff abhängt. Die Messempfindlichkeit ist sehr groß (ca. 1 mV/µm), aber über größere Wege (>3 mm) nicht konstant, da sich sowohl ωL als auch R ändern. Natürlich hängt das Messsignal stark von der Frequenz ab, daher müssen die Sensoren vor jeder Messung immer neu kalibriert werden. Durch Einsatz von elektronischen Zwischenschaltungen, die auf Änderungen von ωL oder R ansprechen, lassen sich bestimmte Charakteristiken erzeugen. Es können prinzipiell alle elektrischen und elektronischen Schaltungen verwendet werden, die eine Änderung einer Spuleninduktivität auswerten können, wie z.B. ½- und ¼-Messbrücken, Trägerfrequenzverstärker, Oszillatorelektroniken und radiometrische Elektroniken, wenn diese so ausgelegt sind, dass sie mit höheren Frequenzen (100 kHz...10 MHz) betrieben werden können. Eine hohe Speisefrequenz der elektrischen und elektronischen Schaltungen ermöglicht eine hohe Auflösung von sehr schnellen mechanischen Vorgängen.

Wirbelstromsensor ohne Queranker mit Eisenkernspule

Messungen sind durch alle nicht leitenden und nicht magnetischen Schichten möglich. Wegen der meist hohen Temperaturkoeffizienten der Messobjektwerkstoffe ist ohne entsprechende Korrekturen mit hohen thermischen Messabweichung zu rechnen. Die Nichtlinearität der Kennlinie ist für größere Messwege zu berücksichtigen. Da die induzierten Wirbelströme, wie oben schon beschrieben, in elektrisch leitenden und nicht weichmagnetischen Messobjekten Wärme erzeugen, ändert sich auch der Verlustwiderstand R der Sensorspule. Je kleiner der Luftspalt zwischen Sensorspule und Messobjekt ist, desto größer ist die magnetische Dämpfung und um so kleiner sind die Spuleninduktivität und der Verlustwiderstand. Für die Sensorelektroniken der Wirbelstromsensoren mit Queranker gilt dasselbe wie für Wirbelstromsensoren ohne Queranker mit Eisenkernspule.

Wirbelstromsensor ohne Queranker mit Luftspule

Vorteile

Der wesentliche Vorteil von Luftspulen besteht darin, dass sie allg. unempfindlicher gegen magnetische Störfelder sind und nur vernachlässigbar kleine magnetische Kräfte zwischen Sensoren mit nicht magnetischen Gehäusen und Messobjekten wirken. Wirbelstromsensoren mit Luftspulen sind auch für größere Temperaturbereiche geeignet, da sich die Induktivität selbst nur sehr wenig mit der Temperatur ändert. Für spezielle Ausführungsformen sind Arbeitstemperaturen bis 600 °C möglich. Der Arbeitstemperaturbereich wird jedoch stark vom Werkstoff des Anschlusskabels bestimmt.

Nachteil

Die geringere Messempfindlichkeit ist als Nachteil anzusehen.

Anwendungen

Wirbelstromsensoren mit Queranker

- Weg- und Positionssensoren für sehr kleine hochdynamische Messwege,
- Schwingwegsensoren für sehr kleine hochfrequente Schwingungsamplituden,
- Beschleunigungssensoren für sehr kleine hochfrequente Amplituden.

Wirbelstromsensoren ohne Queranker (gegen Messobjekt gemessen)

- Drehzahlmessung (von 0 bis zu sehr hohen Drehzahlen),
- Dickenmessung,
- Messungen der elektrischen Leitfähigkeit,
- Oberflächenrissfindung in Bauteilen ohne den sog. Abhebeeffekt bis 1000 °C,
- Ferritgehaltsmessungen in austenitischen Stählen ohne den sog. Abhebeeffekt,
- Korrosionsverhalten,
- Materialprüfung,
- Wellenrundlauf, Überprüfung von Form- und Lagetoleranzen.

6 Induktive Positionssensoren (Näherungsschalter / Initiatoren)

Der konstruktive Aufbau eines induktiven Positionssensors ist eine Anordnung mit einem offenen Magnetkreis. Das magnetische Feld einer in einen Topfkern eingebauten Spule wird über das Messobjekt geschlossen, dabei hängt der magnetische Widerstand des Kreises vom Luftspalt zwischen dem Sensor und dem Messobjekt ab. Wie schon gezeigt, existiert kein linearer Zusammenhang zwischen dem Abstand vom Elementarsensor zum Messobjekt und der Induktivität des Elementarsensors. Bei geeigneten Werkstoffen (weichmagnetisch, kleine elektrische Leitfähigkeit) und tiefen Frequenzen (<1 kHz) der Speisespannung dominiert der induktive Effekt. Bei anderen geeigneten Werkstoffen (nicht weichmagnetisch, aber mit guter elektrischer Leitfähigkeit) und höheren Frequenzen (<100 kHz) der Speisespannung dominiert der Wirbelstromeffekt.

Experimenteller Vergleich der Sensoreffekte
In Bild 6.1 ist die Induktivitätsänderung eines induktiven Initiators für drei extrem verschiedene Werkstoffe dargestellt. Die Werkstoffe unterscheiden sich in ihren physikalischen Daten durch ihre weichmagnetischen Eigenschaften und ihre elektrische Leitfähigkeit. Ferrit ist ein sehr guter weichmagnetischer Werkstoff mit einer geringen elektrischen Leitfähigkeit. Dieser Werkstoff eignet sich besonders für die sensorische Nutzung des induktiven Effektes. Es wird besonders bei sehr kleinen Abständen eine hohe Messempfindlichkeit erreicht. Da allg. induktive Effekte und der Wirbelstromeffekte physikalisch miteinander konkurrieren, muss eine Messwertaufnahme mit Ferriten oder mit Frequenzen unterhalb von 5 kHz durchgeführt werden. Messing ist ein guter elektrischer Leiter, der aber nicht weichmagnetisch ist. Maschinenbauteile aus diesem Material können daher nur mit dem Wirbelstromeffekt bei Frequenzen über 100 kHz sensiert werden. Die Stahllegierung St 37 K ist weichmagnetisch und elektrisch leitfähig. In einem bestimmten Messfrequenzbereich (ca. 70...80 kHz) kompensieren sich der induktive Effekt und der Wirbelstromeffekt fast vollständig, so dass bei Annäherung eines Messobjektes aus St 37 K fast keine Messwertänderung feststellbar ist.

Es gibt also grundsätzlich zwei ganz unterschiedliche physikalische Sensoreffekte und auf deren Basis zwei unterschiedliche Sensortypen mit teilweise verschiedenen Anwendungsgebieten. Als Oberbegriff der beiden Sensortypen wird im Weiteren dafür «induktive Initiatoren» verwendet. Nachfolgend ist dazu die technische Systematik dargestellt.

Systematik der elektrischen Initiatoren

- ❑ Induktive Initiatoren (beruht auf dem induktiven Effekt)
- ❑ Wirbelstrominitiatoren (beruht auf dem Wirbelstromeffekt)

Gegenüberstellung von elektrischen Initiatoren und mechanischen Grenzschaltern
Gegenüber mechanischen Grenzschaltern haben elektrische Initiatoren, neben kapazitiven und optoelektronischen Sensoren, folgende wichtige Vorteile:

- ❑ keinen mechanischen Verschleiß,
- ❑ schnelles Schalten ohne Prellen,

- hohe Schaltfrequenzen,
- Schalten ohne Kraftübertragung,
- unempfindlich gegen aggressive Umwelteinflüsse.

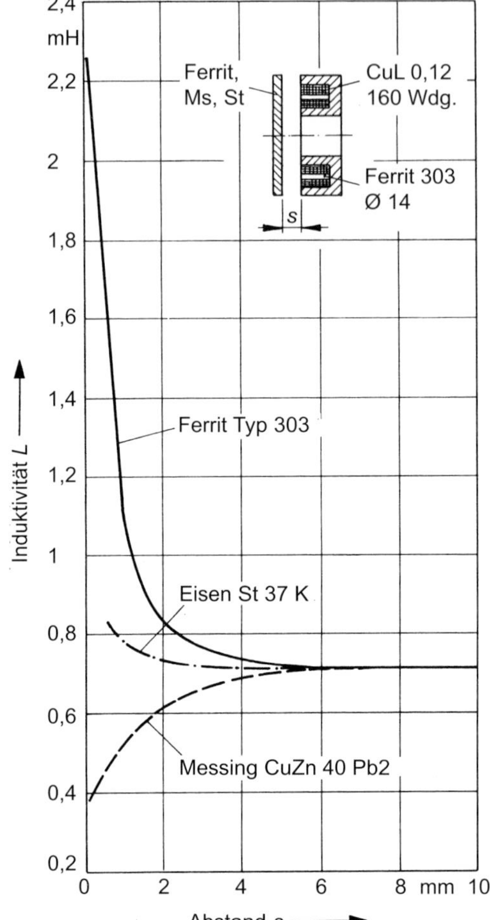

Bild 6.1
Induktivitätsänderung eines induktiven Näherungsschalters über der Positionsänderung für 3 verschiedene Werkstoffe bei konstanter Frequenz

6.1 Induktive Initiatoren

Grundlagen und technischer Aufbau

Der induktive Initiator besitzt einen offenen Magnetkreis. Der Magnetkreis wird über ein weichmagnetisches elektrisch schlecht leitendes Messobjekt geschlossen. Die Induktivität hängt vom magnetischen Widerstand (Gl. 4.4) ab. Der magnetische Widerstand hängt vom Luftspalt zwischen Sensor und Messobjekt ab. Die physikalischen Eigenschaften und der technische Aufbau des induktiven Initiators entsprechen im Prinzip dem Queranker-1-Spulen-Sensor, wobei der Queranker jetzt durch das Messobjekt ersetzt wird, wie in Abschnitt 4.3 ff. ausführlich beschrieben.

Messtechnische Eigenschaften und Sensorelektronik

Die Funktion der Induktivität des Elementarsensors über den Luftspalt ist nicht linear und hat bei kleinen Luftspaltwerten eine sehr große Messempfindlichkeit. Bild 6.2

zeigt den idealisierten Induktionsverlauf als Funktion des Messweges (Luftspalt). Die messtechnischen Eigenschaften und die möglichen Sensorelektroniken wurden schon in Kapitel 4 beschrieben.

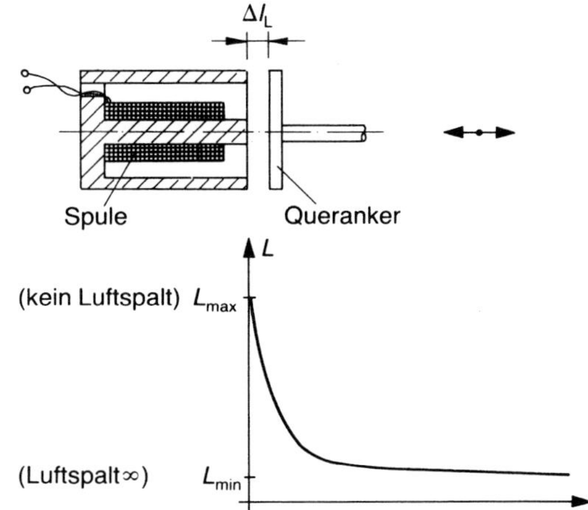

Bild 6.2
Mechanischer Prinzipaufbau eines 1-Spulen-Queranker-Induktivaufnehmers mit dem Induktivitätsverlauf über der Querankerstellung

Anwendungen

Initiatoren, die bei niederen Speisefrequenzen (z.B. 5 kHz) den induktiven Effekt ausnutzen, werden in der industriellen Praxis fast nicht verwendet. Stattdessen werden oft Wirbelstrominitiatoren eingesetzt.

6.2 Wirbelstrominitiatoren

Da bei diesem Sensortyp der Elementarsensor und die Sensorelektronik funktional untrennbar miteinander verbunden sind, weichen wir in diesem Abschnitt von der sonst in diesem Buch üblichen Gliederung ab.

Grundlagen, Eigenschaften, Aufbau und Elektronik

In Bild 6.3 ist die magnetische Kopplung des Elementarsensors an das Messobjekt und seine magnetische Rückwirkung erkennbar. R_1 und L_1 sind der OHMsche Widerstand und die Induktivität der Spule. R_2 und L_2 sind der OHMsche Widerstand und die wirksame Induktivität des Messobjektes. Die Gegenkopplung des Sekundärkreises (L_2, R_2) wirkt dämpfend auf den Primärkreis (L_1, R_1). In einer offenen Schalenkernhälfte befindet sich die Spule eines Schwingkreises (Bild 6.4). Er ist Bestandteil eines Oszillators, der im Frequenzbereich von 100 kHz bis 1 MHz schwingt. Dieser Sensortyp wird eingesetzt, wenn das zu sensierende Objekt aus einem elektrisch leitenden, nicht weichmagnetischen Material aufgebaut ist und hochdynamische

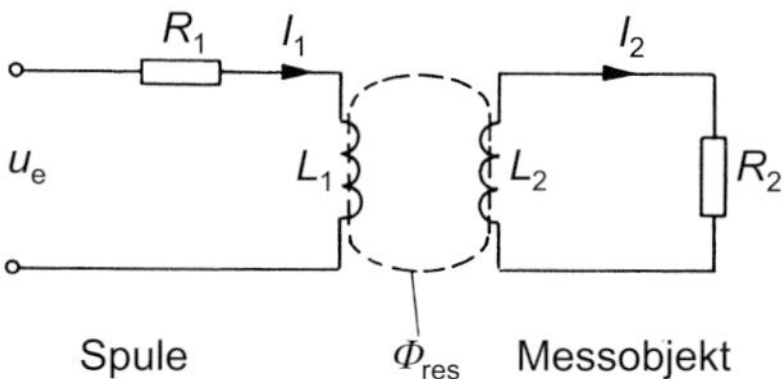

Bild 6.3
Elektrisches Ersatzschaltbild eines induktiven Näherungsschalters

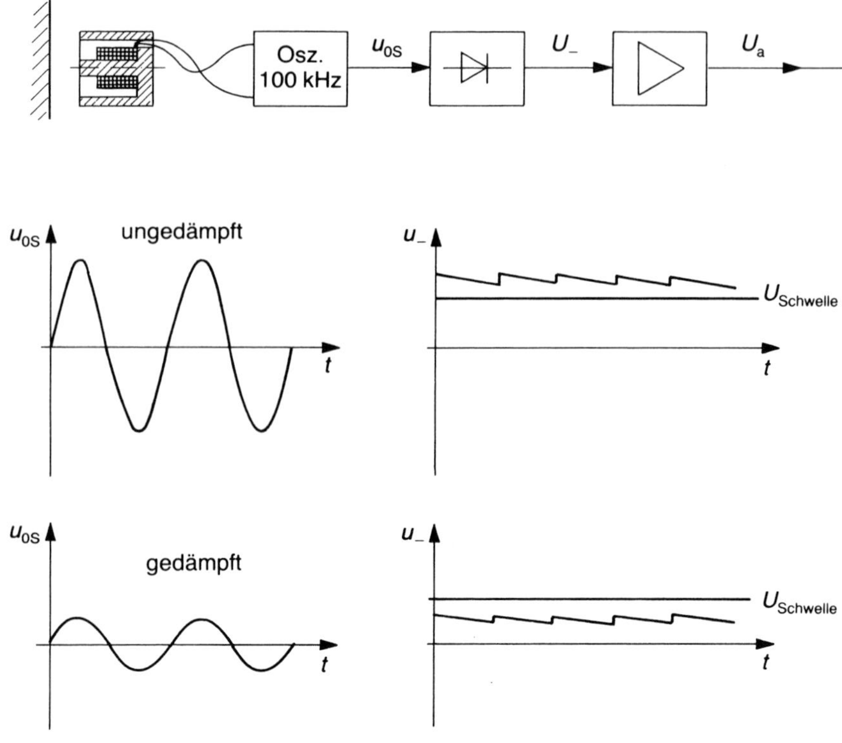

Bild 6.4 Blockschaltbild eines induktiven Näherungsschalters mit Darstellung der Spannungspegel für 2 Betriebszustände

mechanische Vorgänge gemessen werden sollen. Weiter zeigt Bild 6.4 das elektrische Blockschaltbild eines Wirbelstrominitiators und die Ausgangsspannungen einzelner Blockschaltbildstufen. Die Spannungsamplitude der Oszillatorschwingung U_{os} wird bei Annäherung eines offenen Topfkreises an einen elektrisch leitfähigen nicht weichmagnetischen Körpers kleiner. Die Ursache dafür ist ein elektrischer Energieentzug aus dem Oszillatorschwingkreis durch induzierte Wirbelstrombildung im zu erfassenden Körper (Messobjekt). Die gleichgerichtete Oszillatorspannung U_- wird danach einem Schmitt-Trigger-Schaltverstärker (mit Schaltschwelle und Hysterese) zugeführt. Unterschreitet die gleichgerichtete Oszillatorspannung U_- die eingestellte Gleichspannungsschwelle, schaltet die Stufe von einem höheren Spannungswert auf einen kleineren. Dabei ist die in Schaltverstärkern eingebaute Hysterese sehr wichtig, damit ein eindeutiges stabiles Schaltverhalten erzeugt wird und nicht etwa z.B. durch Vibrationen eine Fehlschaltung ausgelöst wird. Die Hysterese garantiert, dass bei Annäherung eines metallischen Messobjektes beim Schaltabstand s ein definiertes Einschaltsignal (über die Transistorendstufe des Schaltverstärkers) ausgegeben wird, zum Messobjekt aber für das Ausschalten ein größerer Schaltabstand als s nötig ist. Die Spannungspegelumschaltung kann z.B. zur Ansteuerung eines Stellgliedes (Aktors) benutzt werden. Die größte Empfindlichkeit wird erreicht, wenn die Spannungsamplituden-Einstellung so durchgeführt wird, dass sie ohne Dämpfung gerade noch die Schallschwelle überschreitet. Initiatoren erkennen Messobjekte unabhängig davon, ob sie sich bewegen oder nicht. Der Schaltabstand zwischen Initiator und Messobjekt hängt vom Werkstoff des Messobjektes ab. Er beträgt ca. 50 µm bis 15 mm.

Schaltabstand

Es besteht ein Zusammenhang zwischen Schaltabstand und Bauform des Initiators. Das hat seinen Grund in der mechanischen Abmessung des Ferritkerns hinter der Sensorschaltfläche, da er die Stärke des Magnetflusses bestimmt. Initiatoren mit einem Durchmesser von 8 mm haben Schaltabstände im Bereich von 1...3,5 mm. Initiatoren mit einem Durchmesser von 30 mm haben Schaltabstände von 10...15 mm.

- Der **maximale Schaltabstand** s_{max}
  kann nach folgender Faustformel berechnet werden:

$$s_{max} = 0{,}5 \cdot d \qquad \text{(Gl. 6.1)}$$

d Sensordurchmesser

Die Hysterese- und die Wirbelstromverluste hängen vom Material des Messobjektes ab. Die Kalibrierkennlinie und der Schaltabstand, gelten daher nur für ein Messobjekt.

- Der **Nenn-Schaltabstand** s_n
  wird meist auf ein Metallplättchen von quadratischer Form mit einer Kantenlänge vom Durchmesser der Sensormessfläche und 1 mm Dicke bezogen. Andere metallische Werkstoffe erzeugen andere Nenn-Schaltabstände. Er ist die Kenngröße, die in den Hersteller-Auswahltabellen angegeben wird, bei dem jedoch die Exemplarstreuung und die physikalischen Umwelteinflüsse nicht berücksichtigt sind.
- Der **Real-Schaltabstand** s_r
  wird mit Exemplarstreuung bei + 23 °C, ± 5 °C und unter definierten Versorgungsbedingungen gemessen. Es gilt die Faustformel:

$$0{,}9 \cdot s_n \leq s_r \leq 1{,}1 \cdot s_n \qquad \text{(Gl. 6.2)}$$

- Der **Nutz-Schaltabstand** s_u
  ist für 85...110% der Nenn-Betriebsspannung bei einer Betriebstemperatur von –25 °C...+70 °C garantiert. Es gilt die Faustformel:

$$0{,}81 \cdot s_n \leq s_u \leq 1{,}21 \cdot s_n \qquad \text{(Gl. 6.3)}$$

- Der **Arbeits-Schaltabstand**
  ist der Abstand, bei dem mit 100% Sicherheit alle Sensoren schalten.

Einbauvorschriften

Das magnetische Wechselfeld der Oszillatorspule streut mehr oder weniger seitlich aus. Aus diesem Grund dürfen nicht alle Initiatortypen bündig eingebaut werden, da sonst durch die seitliche Bedämpfung der Initiator einen zu kleinen Messbereich hat.

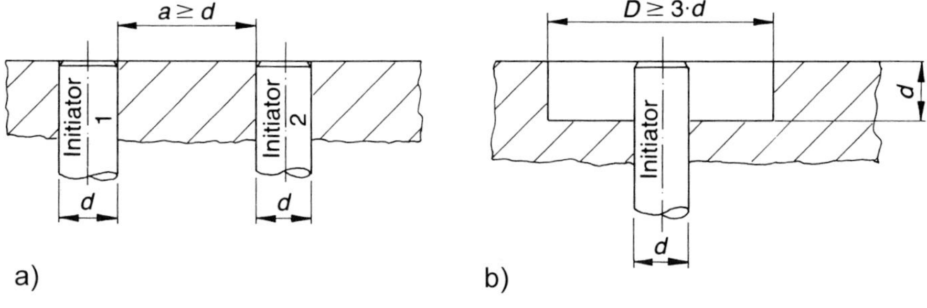

Bild 6.5 a) geometrische Einbauverhältnisse für bündig eingebaute Initiatoren
b) geometrische Einbauverhältnisse für nicht bündig eingebaute Initiatoren

Bei bündig einbaubaren Initiatoren wird durch eine geeignete Abschirmung verhindert, dass das Wechselmagnetfeld seitlich stark austritt. Allerdings haben diese Sensortypen in der Regel kleinere Schaltabstände. Bild 6.5 zeigt die geometrischen Daten für bündig und nicht bündig eingebaute Initiatoren. Müssen 2 Initiatoren bündig nebeneinander angeordnet werden, muss der Abstand a zwischen den Initiatoren mindestens so groß wie der Durchmesser d der Einzelinitiatoren sein, damit sich ihre magnetischen Felder nicht gegenseitig beeinflussen können. Beeinflussungen dieser Art können z.B. in elektrischen Steuerungen zu Fehlsignalen und in Messeinrichtungen zu systematischen Messabweichungen führen. In Bild 6.5 ist auch der Einbau eines einzelnen Initiators für den nicht bündigen Einbau dargestellt. Die Materialaussparung muss einen Durchmesser von 3 und eine Tiefe von einem Durchmesser eines Einzelinitiators haben. Bei kleineren Aussparungen wird ein Teil des Magnetflusses in der weichmagnetischen Umgebung kurz geschlossen, was bewirkt, dass der Schaltabstand des Initiators zu klein wird. Eine kegelförmige Aussparung soll einen kegelförmigen Winkel von 45° haben, mit dem 5-fachen Durchmesser der Sensorspitze. In nicht metallischen Umgebungen kann der Sensor ohne Aussparung eingebaut werden. Mindestabstände für gegenüberliegende Anordnungen von 2 Initiatoren sollten mindestens den 6-fachen Wert des Nenn-Schaltabstands s_n haben.

Kalibrierung

Die Hysterese- und Wirbelstromverluste ändern sich mit dem jeweiligen Werkstoff des Messobjektes und der Frequenz der Speisespannung, so dass die aufgenommene Kalibrier-Kennlinie und die maximale Schaltfrequenz sowie der Schaltabstand des Initiators immer nur das jeweilige Messobjekt gilt.

Bauformen

Mechanische Kriterien
Folgende Bauformen werden unterschieden: Form A (zylindrisch), Form C (quaderförmig), Form D (quaderförmig flach) und schlitz- und ringförmige Ausführungen. Innerhalb der einzelnen Bauformen wird zwischen schaltabstandsabhängigen Bauformen unterschieden. Sie sind durch die Normen (DIN EN 50 008, 50 025, 50 026, 50 036, 50 037, 50 038) klassifiziert.

Elektrische Kriterien
Ein Hauptmerkmal ist die unterschiedliche Anzahl von Anschlüssen und die Unterteilung in verschiedene Betriebsarten wie NAMUR (**N**ormen-**A**rbeitsgemeinschaft für **M**ess- **u**nd **R**egelungstechnik) und Gleich- oder Wechselspannung. Außerdem wird jede elektrische Gattung nach ihren Ausgangsfunktionen klassifiziert: Schließer, Öffner, Wechsler.

Betriebsarten

NAMUR
Diese Sensoren sind gepolte 2-Draht-Ausführungen nach DIN 19 243 und sind einfache Gleichspannungsschalter, die nur einen Oszillator haben. Abhängig von der Dämpfung ändern die NAMUR-Sensoren ihren Innenwiderstand und damit die ihre Stromaufnahme. NAMUR-Sensoren sind also analoge Sensoren mit einer analogen Weg-Strom-Kennlinie. Zur digitalen Messsignalauswertung sind externe Schaltverstärker mit Hysterese notwendig, um das analoge Stromsignal in ein digitales Ausgangssignal umzuwandeln.

Bild 6.6 zeigt den NAMUR-Sensor mit Hysterese-Schaltverstärker. Die Hysterese bewirkt eine sichere stabile Funktion des Sensors, d.h., das Spannungssignal ist beim Nenn-Schaltabstand frei von Schwingungen und Prellen.

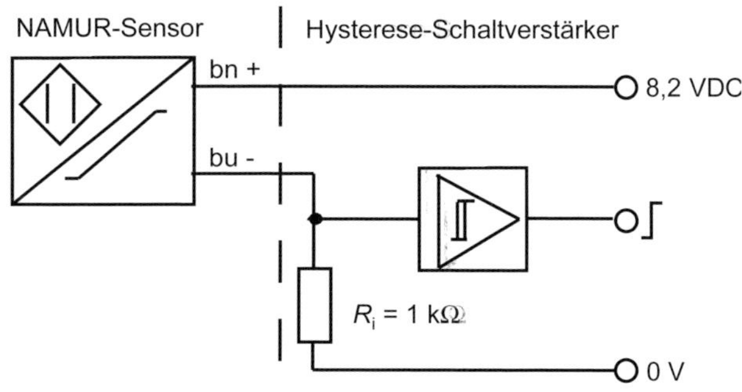

Bild 6.6
NAMUR-Sensor mit Hysterese-Schaltverstärker

Die Nenn-Betriebswerte für NAMUR-Sensoren sind nach DIN 19 234 wie folgt genormt:

$U_0 = 8{,}2$ V, $R_i = 1000\ \Omega$, $I_{\text{betätigt}} < 1{,}2$ mA, $I_{\text{nicht betätigt}} > 2{,}1$ mA

Bild 6.7 zeigt die analoge Weg-Strom-Funktion eines NAMUR-Sensors. Die Sensoren in der Mitte des NAMUR-Fensters betragen zwischen 1,55 mA und 1,75 mA.

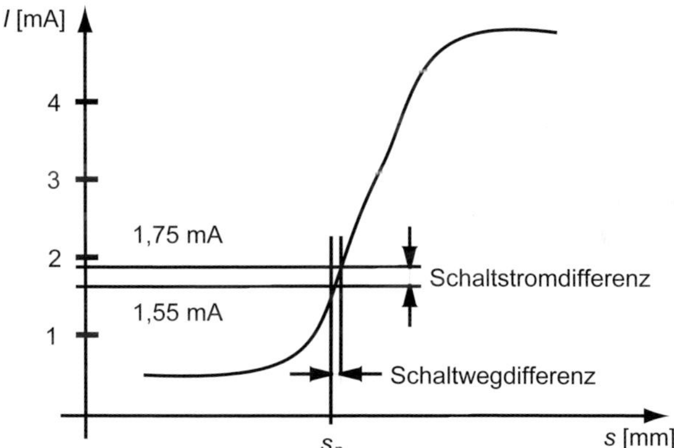

Bild 6.7
Analoge Weg-Strom-Funktion eines NAMUR-Sensors

Grenzwerte, die nicht überschritten werden dürfen: $U_{min} = 5$ V und $U_{max} = 30$ V. Der Widerstand R_i und der Strom $I(s_n)$ werden innerhalb des zulässigen Versorgungsspannungsbereichs an den Schaltpunkt s_n einzeln angepasst. Tabelle 6.1 zeigt die möglichen Wertekombinationen.

Gleichspannung (DC)

Diese Ausführungsart DC enthält einen Oszillator und einen Ausgangsverstärker, der die Amplitudenänderung des Schwingkreissignals abhängig von der magnetischen Dämpfung erfasst und ein Schaltsignal generiert. Die weitere Einteilung erfolgt nach der Zahl der Anschlussdrähte wie folgt: 2-Draht-Sensor (DC), 3-Draht-Sensor (DC), 4-Draht-Sensor (DC). Bild 6.8a, b, c zeigt das Schaltbild und die Anschlüsse der Gleichspannungssensoren.

Tabelle 6.1 Wertekombinationen eines NAMUR-Sensors

U [VDC]	R_i [kΩ]	$I(s_n)$ [mA]	ΔI [mA]
05	0,39	≈0,70	≈0,10
12	1,80	≈2,30	≈0,30
15	2,20	≈2,90	≈0,40
24	3,90	≈3,80	≈0,50

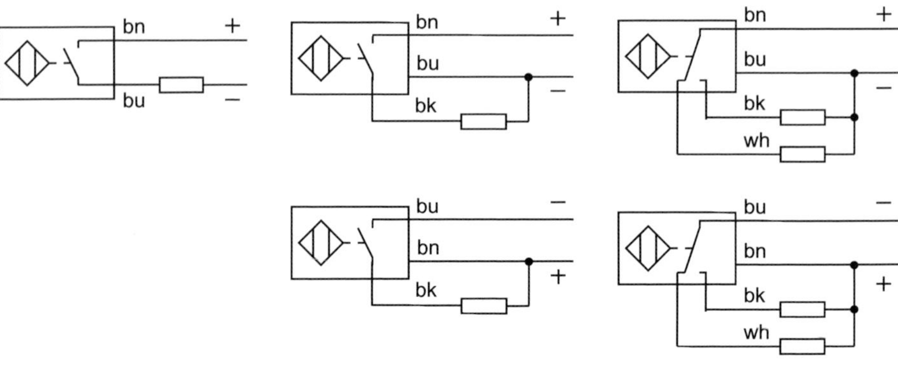

Bild 6.8a Schaltbild und Anschlüsse: 2-Draht-Sensor (DC)

Bild 6.8b Schaltbild und Anschlüsse: 3-Draht-Sensor (DC)

Bild 6.8c Schaltbild und Anschlüsse: 4-Draht-Sensor (DC)

Wechselspannung (AC)

Diese Ausführungsart AC ist eine 2-Draht-Anordnung mit einem Oszillator – einem Thyristor-Ausgangsverstärker, der einen direkten Anschluss an eine Wechselspannung ermöglicht und in Reihenschaltung mit Aktoren (z.B. Relais, Schütz usw.) betrieben werden kann. Es stehen Schließer- und Öffner-Typen zur Verfügung. Die zulässigen Spannungen liegen zwischen 20 und 250 V AC. Im Sperrzustand des Schalters fließen schaltungsbedingt typisch 2 mA Reststrom. Dies ist besonders bei Anwendungen von Elektronik-Steuerungen (z.B. SPS) mit hochohmigen Eingängen zu beachten. Der Spannungsabfall an AC-Sensoren ist im durchgeschalteten Zustand <7 V effektiv. Sensoren, die für DC und AC anschlussfähig sind, werden als Allstrom-Typen (UC) bezeichnet und sind 2-Draht-Ausführungen. Bild 6.9 zeigt das Schalt- und Anschlussbild von 2-Draht-Allstrom-Sensoren, kurz 2-Draht-UC.

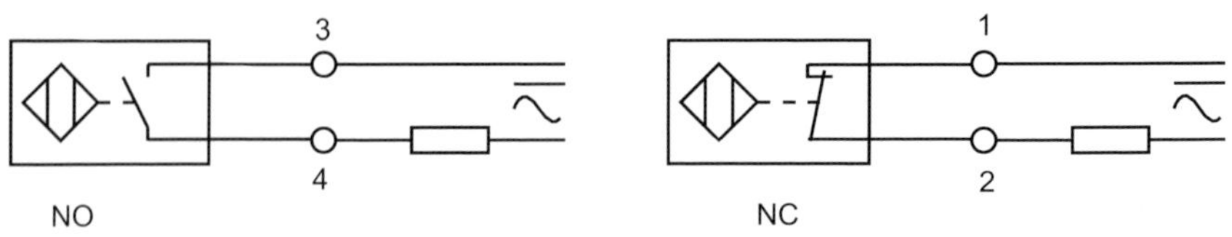

Bild 6.9 Schalt- und Anschlussbild von 2-Draht-Allstrom-Sensoren (AC und DC)

Analog-Initiatoren

Sie haben einen Analogausgang mit einem abstandsproportionalen Strom von 0...20 mA und eine Spannung von 0...10 V. Bild 6.10 zeigt das Schalt- und Anschlussbild.

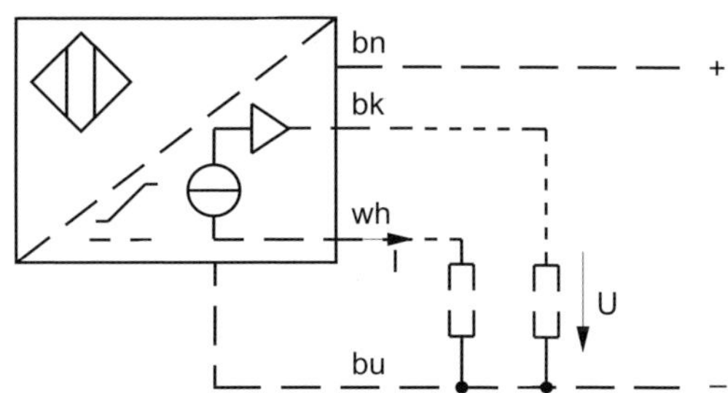

Bild 6.10
Schalt- und Anschlussbild von Analoginitiatoren

Elektrische Schutzfunktionen, Schutzarten, elektromagnetische Verträglichkeit

Elektrische Schutzfunktionen

- Verpolschutz: Zerstörungsschutz für DC-Initiatoren gegen Vertauschen der Speiseleitungen.
- Drahtbruch: Fehlfunktionsschutz für DC-Initiatoren gegen einen gesperrten Ausgang.
- Taktender und einrastender Kurzschlussschutz: Ausgang während Kurzschluss gesperrt.
- Überspannungsschutz: transiente Spannungsspitzen (ESD, EMV, Burst) werden geblockt.

Schutzarten

Nach DIN 400 500 werden die Schutzklassen IP 65 bis IP 67 für Sensoren gefordert.

Elektromagnetische Verträglichkeit (EMV / EMC)

EMV-Richtlinien 89/306/EWG für Initiatoren

- Elektrostatische Entladung (IEC 801-2): 15 kV
- RIF, eingestrahlte Störung (IEC 801-3): 3 V/m
- Impulsgruppe/Burst (IEC 801-4): 2-Draht-Sensoren (AC, UC): 4 kV
  DC- und NAMUR-Sensoren: 2 kV.

Elektrische Verschaltungsarten

In der Praxis werden oft Sensoren in Reihenmontage angeordnet. Neben den schon oben beschriebenen mechanischen und konstruktiven Anforderungen sind zusätzlich verschiedene elektrische Gesetzmäßigkeiten bei der elektrischen Verschaltung zu beachten.

Reihenschaltungen

Mit Hilfe von Schließern kann man UND-Verknüpfungen und mit Hilfe von Öffnern NOR-Verknüpfungen realisieren.

- **AC-2-Draht-Sensoren**
  Bei Reihenschaltung der Sensoren addieren sich die Sensor-Spannungsabfälle, d.h., die nutzbare Lastspannung wird kleiner, wobei die Last-Mindestbetriebsspannung nicht unterschritten werden darf. Bild 6.11 zeigt das zugehörige Schaltbild.
- **DC-3-/4-Draht-Sensoren**
  Auch hier addieren sich die Spannungsabfälle (je 1,5 V) der Sensoren, d.h., auch hier ist zu beachten, dass die Last-Mindestbetriebsspannung nicht unterschritten

wird. Der 1. Sensor in der Reihenschaltung muss zu seiner Stromaufnahme auch die Lastströme der nachgeschalteten Sensoren schalten. Unter Beachtung dieser Gesetzmäßigkeit sind Reihenschaltungen bis zu 10 Sensoren realisierbar. Bild 6.12 zeigt das zugehörige Schaltbild.

- **AC-2-Draht-Sensor mit mechanischen Schaltern**

  Der offene Kontakt K1 des mechanischen Schalters unterbricht die Stromversorgung des elektronischen Sensors. Ist der Kontakt K1 geschlossen und der Sensor magnetisch stark bedämpft, kann es beim Anlegen der Sensor-Versorgungsspannung $U_{L1,N}$ zu einer kurzen Funktionsunterbrechung kommen, d.h. zur Verhinderung des sofortigen Schaltens, erzeugt durch die Bereitschaftsverzögerung (<80 ms). Schaltet man parallel zum Kontakt K1 einen Widerstand R_1, wird der Sensor auch bei offenem Kontakt K1 mit ausreichendem Strom versorgt, so dass die Bereitschaftsverzögerung unwirksam wird. Bei 230 V AC beträgt der Wert von R_1 ca. 1 kΩ/1 W. Der Widerstand R_1 kann mit folgender Faustformel berechnet werden:

$$R_1 = 400 \frac{\Omega}{\text{V}} \cdot U_{\text{L1,N}} \qquad \text{(Gl. 6.4)}$$

  Bild 6.13 zeigt das zugehörige Schaltbild.

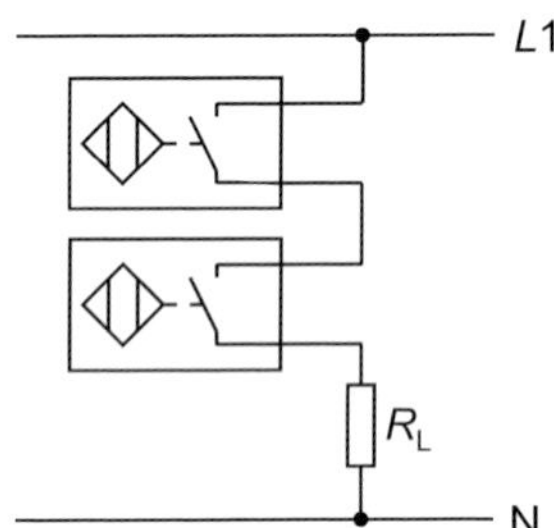

Bild 6.11
Schaltbild von AC-2-Draht-Sensoren in Serienschaltung

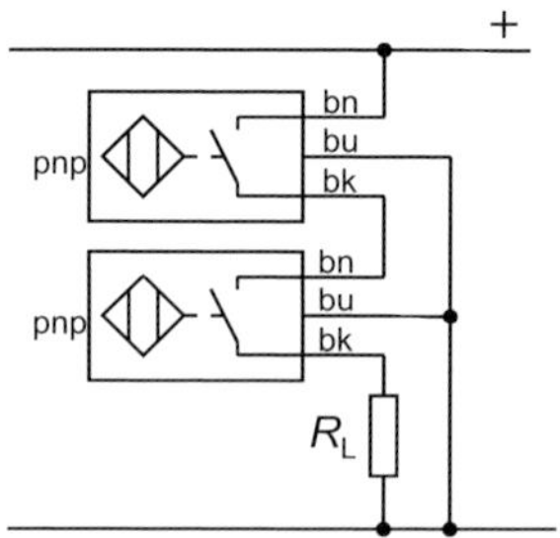

Bild 6.12
Schaltbild von DC-3-/4-Draht-Sensoren in Serienschaltung

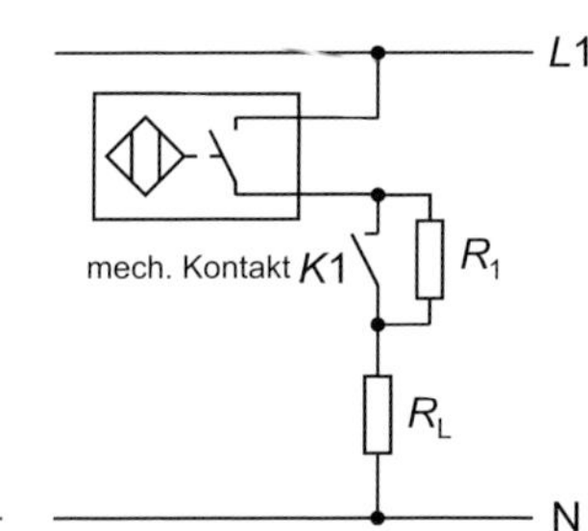

Bild 6.13
Schaltbild von AC-2-Draht-Sensoren mit mechanischen Schaltern in Serienschaltung

- **DC-2-Draht-Sensoren**

  Diese Schaltungsart wird von Herstellern nicht empfohlen oder als nicht zulässig angegeben, da sich die Sensor-Spannungsabfälle addieren und so für die Last eine zu kleine Spannung übrig bleibt. Außerdem tritt beim Schalten induktiver Lasten eine Phasenlaufzeit auf.

  Achtung: Unter diesem Aspekt kann diese Schaltungsart höchstens für 3 Sensoren je nach Einsatzfall angewendet werden.

- **UC-Allstrom-Sensoren**

  Bei Allstrom-Sensoren ist eine Reihenschaltung unzulässig!

Parallelschaltungen

Mit Hilfe von Schließern kann man ODER-Verknüpfungen und mit Hilfe von Öffnern NAND-Verknüpfungen realisieren.

- **AC-2-Draht-Sensoren**

  Bei Parallelschaltung der Sensoren addieren sich die Sensor-Rest-Ströme, d.h., der Summen-Reststrom kann z.B. an SPS-Eingängen einen High-Pegel vortäuschen oder den Haltestrom von Kleinrelais überschreiten und das Abfallen des entsprechenden Relaiskontaktes verhindern. Bild 6.14 zeigt das zugehörige Schaltbild.

- **AC-2-Draht-Sensor mit mechanischen Schaltern**

  Der geschlossene Kontakt K1 des mechanischen Schalters schließt die Versorgungsspannung des elektronischen Sensors kurz. Nach Öffnen des Kontaktes K1, durch die Betätigung des mechanischen Schalters, wird der elektronische Sensor verzögert um die Bereitschaftszeit (<80 ms) wieder einsatzfähig. Ein Widerstand R_1 in Reihe zum Kontakt K1 gewährt eine Mindest-Stromversorgung des elektronischen Sensors, d.h., die Verzögerung durch Öffnen des Kontaktes K1 wird unwirksam. Die Faustformel zur Berechnung des Widerstandswertes von R_1 lautet:

$$R_1 = \frac{10\ \text{V}}{I_\text{L}} \quad \text{und} \quad P_1 = I_\text{L}^2 \cdot R_1 \qquad \text{(Gl. 6.5)}$$

  Bild 6.15 zeigt das zugehörige Schaltbild.

- **DC-3-/4-Draht-Sensoren**

  Bei der Schaltung ist zu beachten, dass die kleinen Restströme der einzelnen Schalter stets kleiner sind als der Last-Haltestrom. Eine Mischschaltung mechanischer Schalter mit elektronischen Sensoren ist möglich. Bild 6.16 zeigt das zugehörige Schaltbild.

- **DC-2-Draht-Sensoren**

  Diese Schaltungsart wird von Herstellern nicht empfohlen oder als nicht zulässig angegeben, da sich die Restströme addieren und der Haltestrom für die Last überschritten oder fast erreicht wird, d.h., es ist keine sichere Funktion für die Schaltungsanordnung erreichbar.

  Achtung: Unter diesem Aspekt kann diese Schaltungsart maximal für 5 Sensoren je nach Einsatzfall angewendet werden.

- **UC-Allstrom-Sensoren**

  Bei Allstrom-Sensoren ist eine Parallelschaltung unzulässig!

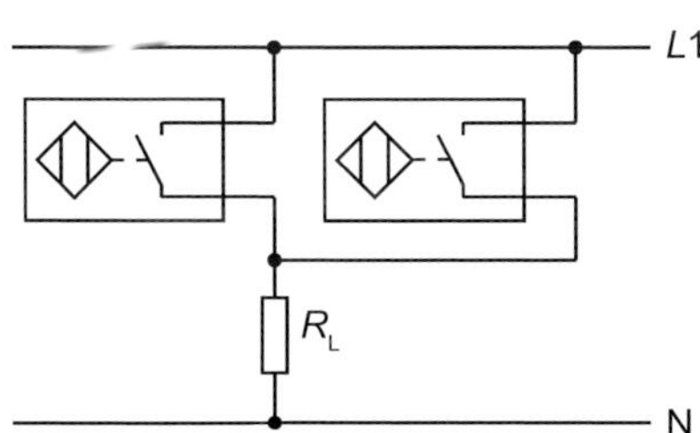

Bild 6.14
Schaltbild von AC-2-Draht-Sensoren in Parallelschaltungen

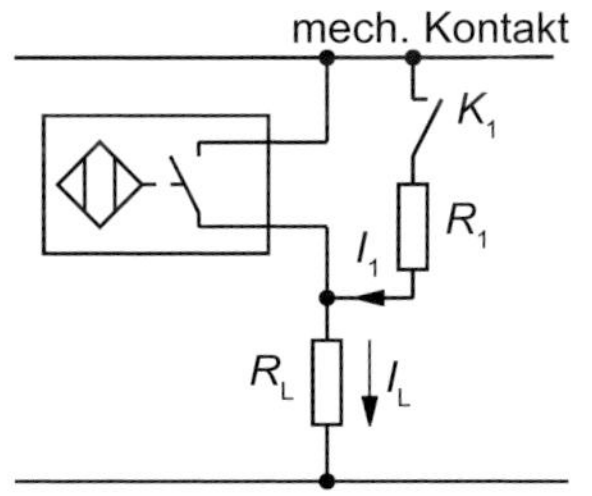

Bild 6.15
Schaltbild von AC-2-Draht-Sensoren mit mechanischen Schaltern in Parallelschaltungen

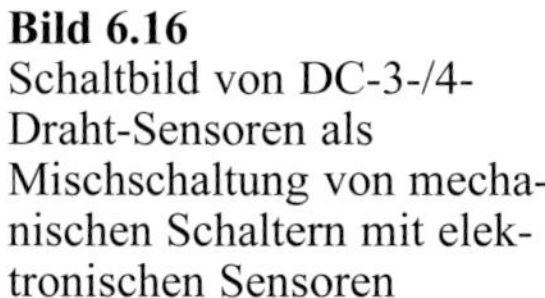

Bild 6.16
Schaltbild von DC-3-/4-Draht-Sensoren als Mischschaltung von mechanischen Schaltern mit elektronischen Sensoren

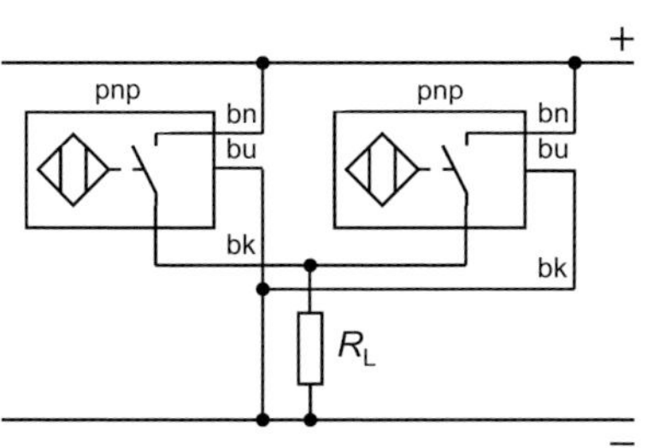

Vorteile

- Hohe Schaltzuverlässigkeit auch bei hohen Schaltbetätigungen,
- hohe Betätigungsgeschwindigkeit (bis 5 kHz),
- berührungslose und damit rückwirkungsfreie Sensierung,
- Unempfindlichkeit gegen Verschmutzung mit nicht magnetischen Materialien,
- geringe Stromaufnahme, besonders bei 2-Draht-Ausführungen,
- hohe Schaltzuverlässigkeit auch bei hohen Schaltfrequenzen,
- robust und preisgünstig, z.B. im Vergleich mit optoelektronischen Sensoren,
- hohe Messgenauigkeit (<0,01 mm),
- hohe Schockbelastbarkeit (30 g/11 ms),
- hohe Vibrationsbelastung (55 Hz/1 mm).

Nachteile

- Sensierbar sind nur Metalle, Metalllegierungen und Grafit,
- kleine Messdistanzen (1...15 mm, je nach Sensordurchmesser, s.o.).

Anwendungen

Überwachung von automatischen Fertigungsstraßen:

- Arbeitsschrittkontrolle,
- Werkstückpositionierung,
- Werkzeugpositionierung,
- Zählen und Aussortieren von metallischen Objekten,
- Bewegungs- und Positionsüberwachung,
- mechanische Positionskontrolle,
- Drehzahlmessung,
- Rotationserkennung,
- Nullpunktüberwachung (z.B. bei Robotern).

7 Magnetfeldsensoren

Sensoren, die auf den Gesetzmäßigkeiten des magnetischen Feldes beruhen und Funktionselemente aus hartmagnetischen oder weichmagnetischen Werkstoffen enthalten, heißen Magnetfeldsensoren. Die Gruppe der Magnetfeldsensoren nimmt in der Familie der Sensoren einen sehr wichtigen und breiten Raum ein. Dies hängt damit zusammen, dass die messtechnisch anwendbaren magnetischen Effekte unempfindlich gegen Verschmutzungen durch Öle, Kraftstoffe, Salznebel, Wasser usw. sind.

Die Anwendungsgebiete reichen von der zerstörungsfreien Material-, Bauteil- und Bauwerkprüfung über die medizinische Diagnostik auf biomagnetischer Basis bis hin zu einer Ortung metallischer Gegenstände. Die magnetischen Messverfahren sind, verglichen mit den herkömmlichen Methoden wie Röntgenverfahren oder Ultraschallsensorik, viel schneller oder exakter und meist kostengünstiger. Die Sensoren sind hochempfindlich und ermöglichen genaueste Messergebnisse. Sie messen durch feste nicht magnetische Körper hindurch, was z.B. zur Sicherheitsprüfung von Eisen-Beton-Konstruktionen eingesetzt werden kann, und sie liefern auch aus großen Entfernungen im Bruchteil einer Sekunde exakte Messdaten. Es ist sogar möglich, dass ein zu untersuchendes geographisches Gebiet lediglich überflogen oder z.B. bei Brücken der Sensor an den Pfeilern einfach vorbeigeführt wird. Der Computer setzt dann die Daten, die der Sensor aufzeichnet, zu einer sog. «Magnetfeldkarte» zusammen, und es ist für die Ingenieure genau erkennbar, wo z.B. Minen liegen oder bei Bauwerken Korrosionsschäden aufgetreten sind.

Weiter können Magnetfeldsensoren auch zu einer zerstörungsfreien Prüfung in der Fertigung und Automation von Flugzeugteilen, Eisenbahnrädern oder Autobauteilen dienen bzw. in der Medizin und Biologie berührungsfreie Herzfrequenzen oder Hirnströme erfassen.

7.1 WIEGAND-Sensoren und Impulsdrähte

Es sind kristalline Drähte aus speziellen Metalllegierungen bekannt, bei denen nach einer geeigneten thermischen und mechanischen Vorbehandlung eine Ummagnetisierung des Drahtes durch ein äußeres Magnetfeld in nahezu einem Sprung erfolgt. Dieser Effekt wurde 1972 von JOHN WIEGAND entdeckt und nach seinem Entdecker «WIEGAND-Effekt» genannt.

Grundlagen und technischer Aufbau

Der WIEGAND-Draht (Durchmesser 0,25 mm) besteht aus einer FeCoV-Legierung, einem weichmagnetischen Kern mit einer kleinen Koerzitivfeldstärke sowie einem dünnen hartmagnetischen Mantel mit einer großen Koerzitivfeldstärke. Er verhält sich festkörperphysikalisch wie ein langgestreckter Einkristall. Der WIEGAND-Draht ist z.B. von einer Spule mit ca. 1000 Windungen und einer Drahtstärke von 0,05 mm umgeben. In Bild 7.1 ist der Aufbau eines Elementarsensors, bestehend aus Magnetdraht (WIEGAND-Draht) und Spule dargestellt. Elementarsensoren, die als zentrales Sensorelement einen WIEGAND-Draht enthalten, werden dann WIEGAND-Sensoren genannt.

Im Folgenden wird das Funktionsprinzip beschrieben. Im magnetischen Ausgangszustand wird durch einen externen Permanentmagneten dafür gesorgt, dass Kern und Mantel des Drahtes in entgegengesetzter Richtung bis zur Sättigung magnetisiert sind (Bild 7.1). Der magnetisch härtere Mantel hält durch seine Eigenmagnetisierung die magnetische Polarisierungsrichtung des weichmagnetischen Kerns bis zu einer bestimmten Schwellenfeldstärke unter einer magnetischen Vorspannung. Wird nun ein zusätzliches externes Feld in Richtung der Magnetisierung des Mantels angelegt, setzt sich nach Überschreiten der Schwellenfeldstärke im Kern eine Ummagnetisierungsfront (konische Verschiebung der sogenannten «Blochwände») in Längsrichtung des Drahtes mit einer sehr großen Geschwindigkeit, d.h. einem kurzen sog. «WIEGAND-Sprung», in Bewegung. Die schnelle Änderung des magnetischen Flusses erzeugt in der Sensorspule nach dem Induktionsgesetz (siehe Gl. 3.1) eine elektrische Spannung im Voltbereich. Danach kann der WIEGAND-Draht durch ein magnetisches Rücksetzfeld wieder in seinen alten magnetischen Ausgangszustand zurückgesetzt werden. Amplitude und Form des induzierten Spannungsimpulses sind im Idealfall nur von der Geschwindigkeit v der Ummagnetisierungsfront abhängig, jedoch nicht von der Anstiegsgeschwindigkeit $\Delta H/\Delta t$ des treibenden Feldes. Für die induzierte Spannung gilt:

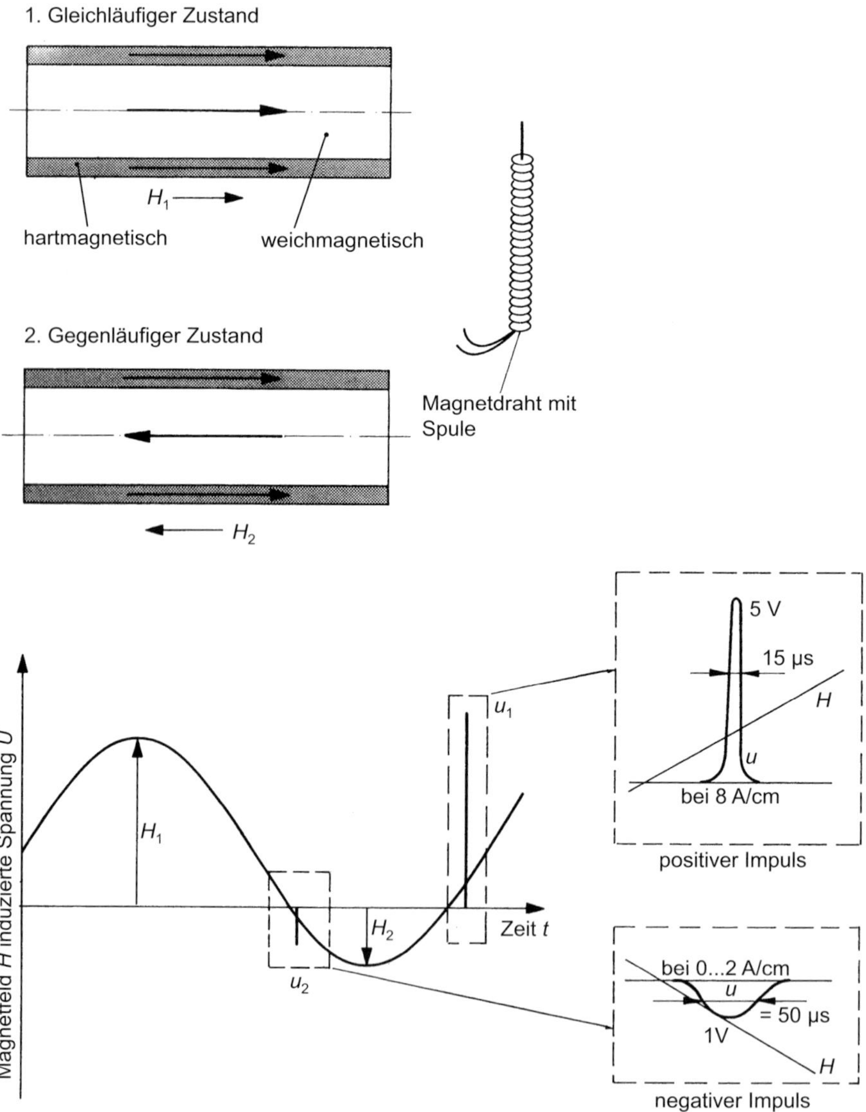

Bild 7.1 Physikalisches Funktionsprinzip eines WIEGAND-Drahtes

$$u_{ind}(t) \sim \Delta B \cdot v(t) \qquad \text{(Gl. 7.1)}$$

wobei ΔB, die magnetischen Flussdichteänderung bei der Ummagnetisierung des Drahtkerns ist.

Messtechnische Eigenschaften und Sensorelektronik

Der WIEGAND-Sensor ist ein aktiver Sensor, d.h., er benötigt zu Funktion keine externe elektrische Energiequelle. Tabelle 7.1 zeigt die elektromechanischen und messtechnischen Eigenschaften. Der WIEGAND-Draht ist magnetische bistabil, d.h., er hat (wie oben schon beschrieben) 2 stabile magnetisch Gleichgewichtszustände. Der Übergang zwischen den Gleichgewichtszuständen erfolgt mit einer sehr schnellen magnetischen Flussänderung (s. Tabelle 7.1) im Draht und in der näheren Umgebung. In der Spule werden Spannungsimpulse mit großer Amplitude, mit kleiner Halbwertzeit und sehr exakten, sehr gut reproduzierbaren Einsatzzeitpunkten erzeugt. Da die Spannungsimpulse im Voltbereich sind (Bild 7.1), ist die nachfolgende Sensorelektronik sehr störsicher und je nach Anwendungsfall einfach aufzubauen. Für einen Näherungsschalter genügt z.B. nach dem Elementarsensor eine Kettenschaltung von einem Impulsbegrenzer, einem Impulsformer und einem SCHMITT-Trigger.

Tabelle 7.1 Typische Kennwerte von WIEGAND-Drähten

Spulendaten	**Durchmesser: 0,3 mm, Drahtlänge 30 mm**
Drahtlegierung	$Co_{52}Fe_{38}V_{10}$ (Vicalloy)
Drahtgeometrie	teflonisolierter Cu-Draht: Durchmesser: 0,07 mm; 2600 Wdg.
Daten: Spannungsimpuls	max. Impulshöhe 8 V, Impuls-Halbwertsbreite 16 µs
Set- und Reset-Magnet	AlNiCo (Alnico) oder $CoSm_5$
Einsatztemperaturbereich	–190 °C...+160 °C
Feldstärke Set-Magnet	80...120A/cm

Anwendungen

Ein starker Permanentmagnet I (Set-Magnet) parallel zur Sensorspule (Bild 7.2), z.B. in Nord-Süd-Richtung angeordnet, richtet die Elementarmagnete im weichmagnetischen Kern und in der hartmagnetischen Mantelzone in Nord-Süd-Richtung aus. Ein zweiter, viel schwächerer Permanentmagnet II (Reset-Magnet) mit entgegengesetzter magnetischer Polarität, wird der Anordnung (Set-Magnet, Sensorspule mit WIEGAND-Draht = WIEGAND-Elementarsensor) angenähert.

Ab einer bestimmten geometrischen Distanz, d.h. einer definierten magnetischen Feldstärke, bringt der Reset-Magnet in der weichmagnetischen Kernzone die Elementarmagnete zu einem 180°-Umklappen. Entfernt sich nun der schwächere Reset-Magnet, wirkt wieder das magnetische Feld des stärkeren Set-Magneten mit seiner entgegengesetzten magnetischen Polarisation auf den WIEGAND-Draht und klappt in extrem kurzer Zeit die Elementarmagnete in ihren Ausgangszustand zurück. Die sehr schnelle zeitliche Magnetflussänderung induziert in der Spule einen schlanken, hohen elektrischen Spannungsimpuls. WIEGAND-Sensoren können also als sehr einfache, exakt definiert schaltende Magnetfeldsensoren in Form von Näherungsinitiatoren eingesetzt werden.

Weitere Anwendungen

Drehzahlsensoren, inkrementaler Wegsensor, Winkelcodierer, Impulsgeber (z.B. für Kfz-Elektronik oder codierte Kennkarten, um nur die wichtigsten zu nennen). Bild 7.2 zeigt ein paar Anwendungsbeispiele für diesen Sensortyp.

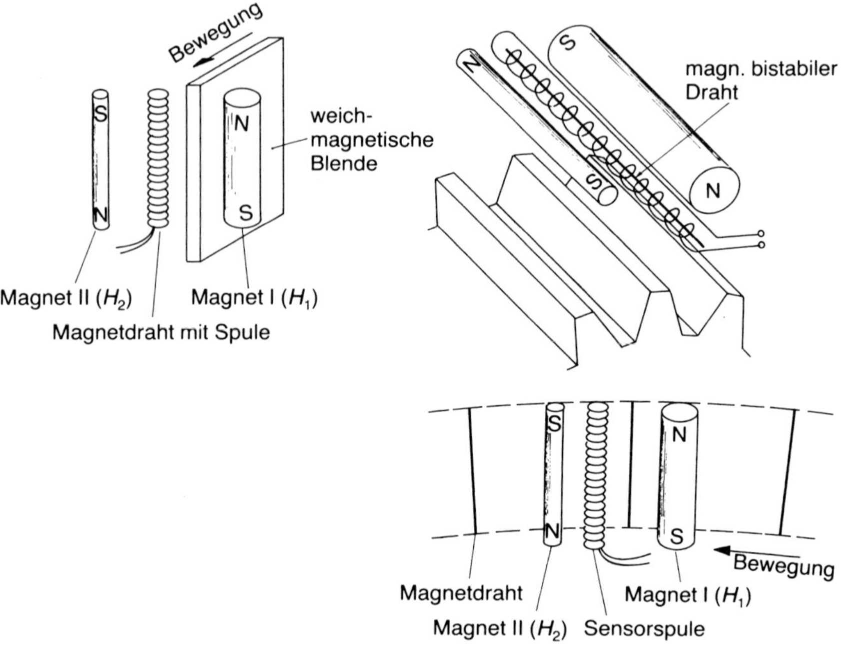

Bild 7.2 Anwendungsbeispiele für WIEGAND-Drähte

Vorteile

- ❑ Aktiver Sensor, d.h. keine Hilfsenergie notwendig,
- ❑ einfacher, sehr kleiner Aufbau,
- ❑ einfache, elektronische Signalweiterverarbeitung, da Impulse im Voltbereich erzeugt werden.

Nachteile

- ❑ Bei Drehzahlsensoren können bei einem fein geteilten Zahnrad Impulsunsicherheiten auftreten.
- ❑ Mögliche irreversible Störungen entstehen durch äußere magnetische Störfelder.

Impulsdrähte

Es hat sich gezeigt, dass miteinander verbundene Streifen aus passend gewählten eisenreichen amorphen Legierungen, in denen mechanische Spannungen erzeugt werden, einen dem WIEGAND-Effekt sehr ähnlichen Effekt aufweisen. Solche Drähte nennt man dann Impulsdrähte. Ein Unterschied zum WIEGAND-Effekt besteht darin, dass wesentlich geringere äußere magnetische Feldstärken genügen, um einen Ummagnetisierungssprung einzuleiten.

Impulsdrähte unterscheiden sich auch dadurch, dass bei einer Gleichmagnetisierung von Mantel und Kern ein WIEGAND-Sprung stattfindet und bei einer Gegenmagnetisierung ein makroskopischer BARKHAUSEN-Sprung. Die in der WIEGAND-Sensorspule induzierten Spannungsimpulse haben bei der sehr schnellen Ummagnetisierung einen exakten Einsatzzeitpunkt.

Da die erzeugten Spannungsimpulse im Voltbereich liegen (wie beim WIEGAND-Sensor), ist die nachfolgende Sensorelektronik störsicher und – je nach Anwendungsfall – einfach aufzubauen. Für einen Näherungsschalter genügt eine Sensorelektronik, bestehend aus einem Impulsbegrenzer, einem Impulsformer und einem SCHMITT-Trigger. Der Impulsdrahtsensor ist preisgünstiger, hat jedoch schlechtere messtechnische Eigenschaften als der WIEGAND-Elementarsensor. Bei Ummagnetisierung von Eisenkernen in Spulen erzeugt das Umklappen der Elementarmagnete das sog. Rauschsignal, das elektroakustisch nachweisbar ist.

7.2 Magnetfeldsensoren mit amorphen Metallen

Die besonderen physikalisch-chemischen Eigenschaften der amorphen Metalle ermöglichen verschiedene Entwicklungen in der Sensortechnik.

Struktur der amorphen Metalle

Sie besitzen keine periodisch kristalline Atomanordnung, sind also weitgehend ungeordnet wie die Atomverteilung in Schmelzen, in denen nur eine Nahordnung benachbarter Atome bevorzugt auftritt. Ideale amorphe Metalle haben daher keine Korngrenzen und Gitterbaufehler. Aufgrund dieser Struktur besitzen die amorphen Metalle gute isotrope magnetische, elektrische und mechanische Eigenschaften.

Zusammensetzung der amorphen Metalle

Für die Darstellung amorpher Metalle sind folgende Legierungen besonders geeignet:

- 70...85 Atom-% Übergangsmetalle: Fe, Ni, Co,
- 15...30 Atom-% Metalloidatome: Si, B, P.

Dieses Mischungsverhältnis von Metallatomen mit großem und Metalloidatomen mit kleinem Atomradius schafft günstige Voraussetzungen für die Entstehung der amorphen Struktur.

Anwendungen

Herstellung im Schmelzspinnverfahren

Amorphe Metalllegierungen werden in der Schmelze sehr schnell abgeschreckt, ca. 1000 °C pro ms, dadurch wird die molekulare Struktur der Schmelze beibehalten. Es wird aus einer Düse ein dünner Strahl der flüssigen Metallschmelze auf eine schnell rotierende, heliumgekühlte Kupfertrommel gespritzt. Im Kontakt mit der sehr gut wärmeableitenden Trommel erstarrt die Schmelze in der erforderlichen kurzen Zeit. Dieses Verfahren ermöglicht die kontinuierliche Herstellung von dünnen Bändern direkt aus der Schmelze mit Banddicken von 20...50 µm und einer Bandbreite von bis zu 25 mm.

Vorteile

- Hoher spezifischer elektrischer Widerstand,
- geringe magnetische Koerzitivfeldstärke,

- hohe magnetische Permeabilität,
- hohe mechanische Festigkeit,
- hohe mechanische Härte,
- hohe Korrosionsbeständigkeit.

Sensorische Anwendungen amorpher Metalle

Durch die Wahl der Legierung kann man die Eigenschaften amorpher Metalle gezielt einstellen. Es lassen sich sowohl weichmagnetische Werkstoffe mit großer Magnetostriktion herstellen als auch solche mit verschwindend kleiner.

Systematik der Sensoren mit amorphen Metallen

- Magnetfeldsensoren aus $Co_{58}Ni_{10}Fe_5(Si, B)_{27}$,
- magnetoelastische Sensoren aus $Fe_{39}Ni_{39}Mo_4Si_6B_{12}$.

Auch andere physikalische Eigenschaften von speziellen Legierungen, wie große magnetische Feldstärkeabhängigkeit des Elastizitätsmoduls oder des elektrischen Widerstandes oder ein sehr hoher *k*-Faktor, machen diese Werkstoffe für DMS (Dehnungsmessstreifen) sehr attraktiv.

7.2.1 Magnetfeldpositionssensoren

Grundlagen und technischer Aufbau

Der Magnetfeldsensor besteht aus den beiden Sensorelementen Sensorspule und Sensorkern, die aus amorphen, weichmagnetischen und nicht magnetostriktiven Metalllegierungen hergestellt werden.

Magnetische Permeabilitätsbeeinflussung

- Beeinflussung der reversiblen magnetischen Permeabilität,
- Beeinflussung der dynamischen magnetischen Permeabilität.

Beeinflussung der dynamischen magnetischen Permeabilität **(Bild 7.3)**

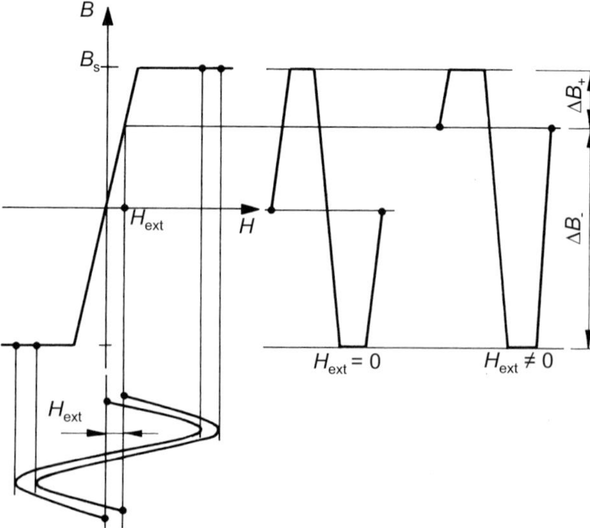

Bild 7.3
Aussteuerung der dynamischen Permeabilität eines magnetoinduktiven Aufnehmers mit einem Spulenkern aus einem amorphen Metall

An die Sensorspule wird eine hoch frequente Wechselspannung (z.B. 100 kHz) gelegt, die ein magnetisches Wechselfeld erzeugt. Dadurch werden die magnetischen Momente der Sensorkernatome im Rhythmus der 100-kHz-Frequenz ständig von der positiven in die negative Sättigung und umgekehrt umgeklappt. Überlagert man dem magnetischen 100-kHz-Wechselfeld ein externes magnetisches Gleichfeld, so wird das Umklappen der magnetischen Momente asymmetrisch.

Für das Umklappen der magnetischen Momente in Richtung des Gleichfeldes benötigt man einen kleineren Strom durch die Sensorspule bis zur Sättigungsflussdichte, da ja schon ein Teil der magnetischen Momente durch das magnetische Gleichfeld ausgerichtet ist. Für das Umklappen der magnetischen Momente in Gegenrichtung benötigt man einen größeren Strom durch die Sensorspule, um die Sättigungsflussdichte zu erreichen, da zuerst das externe magnetische Gleichfeld kompensiert wird.

In einer speziellen elektronischen Schaltung mit einem 100-kHz-Rechteckgenerator wird die Sensorinduktivität in eine RLC-Kombination einbezogen. Mittels Vergleich der Ströme in beiden Halbwellen kann das externe magnetische Gleichfeld bestimmt werden.

Beeinflussung der reversiblen magnetischen Permeabilität (Bild 7.4)

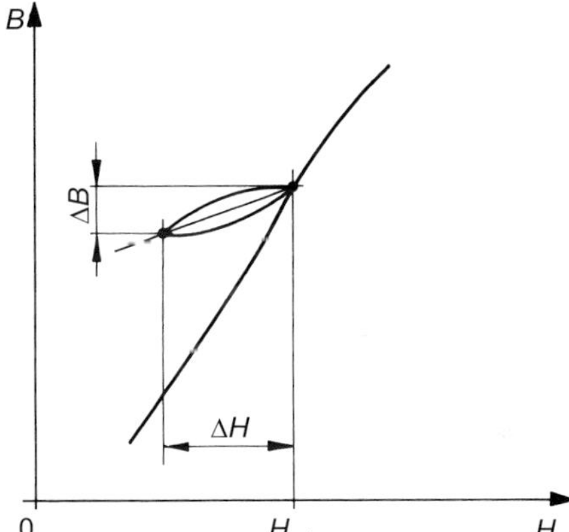

Bild 7.4
Aussteuerung der reversiblen Permeabilität eines magnetoinduktiven Aufnehmers mit einem Spulenkern aus einem amorphen Metall

Unter der reversiblen magnetischen Permeabilität versteht man die Wechselfeldpermeabilität bei kleiner Aussteuerung und Überlagerung mit einem magnetischen Gleichfeld H_{ext}:

$$u_{\text{ind}}(t) \sim \Delta B \cdot \upsilon(t) \qquad \text{(Gl. 7.2)}$$

Die Hystereseschleife besitzt bei kleiner Aussteuerung eine Lanzettenform, die sich durch ein Gleichfeld H längs der Magnetisierungskennlinie verschiebt. Die Neigung der Lanzettenachse entspricht der reversiblen magnetischen Permeabilität.

Messtechnische Eigenschaften und Sensorelektronik

Der Positionselementarsensor besteht aus einer Sensorspule und einem kleinen streifenförmigen Kern einer amorphen Metalllegierung, deren Induktivität der reversiblen magnetischen Permeabilität proportional ist und in einer geeigneten Messschaltung ausgewertet werden kann. Der Steuermagnet zur Erzeugung eines magnetischen Gleichfeldes wird fest mit dem Messobjekt verbunden, so dass die Position des Messobjektes die Stärke des magnetischen Gleichfeldes am Ort des Sensors bestimmt.

In Beispiel 7.2 ist die Berechnung der ortsabhängigen magnetischen Flussdichte von Steuermagnetformen beschrieben. Maßgebend ist der sog. Entmagnetisierungsfaktor. Von ihm hängt ab, zu welchem Anteil das zu messende Gleichfeld den Sensorkern wirklich vormagnetisiert. Lange schmale Kerne haben einen kleinen, kurze breite Kerne haben einen großen Entmagnetisierungsfaktor. Die Entmagnetisierung reduziert also die wirksame Permeabilität und bewirkt so durch die Abflachung der Magnetisierungskurve eine Linearisierung der Sensorkennlinie.

Bild 7.5 zeigt die Induktivität der Sensorspule abhängig vom Messweg und als Parameter die Längen der amorphen Metallkerne. Als Messelektroniken für diese Sensortypen kommen alle Schaltungen in Betracht, die Induktivitätsänderungen auswerten können, wie Brückenschaltungen mit phasenrichtiger Gleichrichtung, LCR-Schaltungen, TF-Verstärker und diverse Oszillatoren.

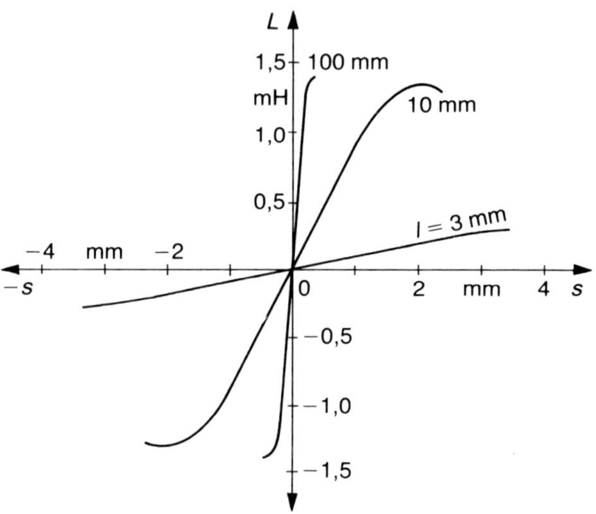

Bild 7.5
Induktivitätskennlinie eines magnetoinduktiven Aufnehmers mit einem Spulenkern aus amorphem Metall mit unterschiedlichen Längen

Anwendungen

Ein sehr wichtiges Anwendungsbeispiel für den Positionssensor oder Abstandssensor auf der Basis amorpher Metalle sind der Spritzbeginnsensor und der Düsennadelsensor für Einspritztechniken.

- ❑ Spritzbeginnsensor (SB-Sensor),
- ❑ Düsennadelhubsensor (DNH-Sensor),
- ❑ Drehzahlsensor mit Querpermanentmagnet,
- ❑ Drehzahlsensor mit Längspermanentmagnet,
- ❑ Stromsensor.

Im Weiteren werden verschiedene Anwendungen für Einsatzgebiete beschrieben. Es sind natürlich auch noch andere Einsatzgebiete möglich.

Spritzbeginnsensor (SB-Sensor)

Der Spritzbeginnsensor ist primär konzipiert für die qualitative Erfassung des zeitlichen Verlaufs vom Einspritzvorgang sowie aller wesentlichen Zeitmarken: Spritzbeginn (SB), Spritzdauer (SD), Spritzende (SE). Der SB-Sensor (Bild 7.6) besteht wieder aus den Sensorelementen Spule (die mit einer Wechselspannung der Frequenz

100 kHz angesteuert wird) und Sensorkern (bestehend aus einem dünnen hochpermeablen, nicht magnetostriktiven amorphen Metallstreifen).

Der Düsenhalter (Bild 7.7) ist mit einer nicht magnetischen Führungshülse aus Edelstahl bestückt. Über eine zusätzlich angebrachte seitliche Bohrung im Düsenhalter kann der Sensor in die Hülse im Federraum des Düsenhalters eingeführt werden. Die Führungshülse trennt den Sensorraum vom Leckölraum.

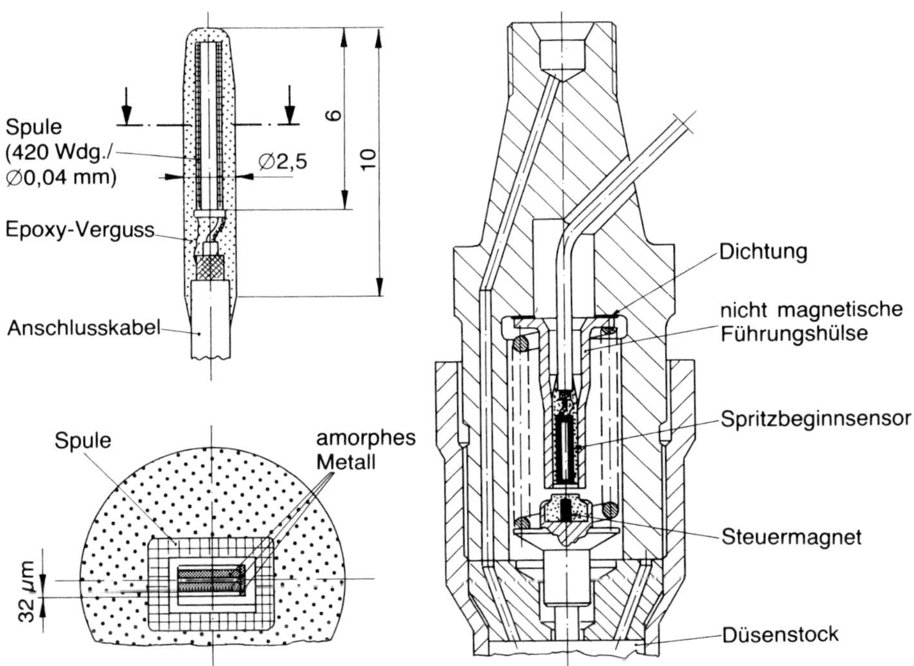

Bild 7.6 Mechanischer Prinzipaufbau eines magnetoinduktiven Aufnehmers mit einem Spulenkern aus einem amorphen Metall

Bild 7.7 Anwendung: Spritzbeginnaufnehmer in einem Pkw-Vorkammer-Düsenhalter

Zur Steuerung der Permeabilität des Sensorkerns benötigt man noch ein magnetisches Gleichfeld, das von einem Permanentmagneten (z.B. aus Kobalt-Samarium) mit einem Durchmesser von 1,6 mm und einer Länge von 2 mm erzeugt wird. Der Steuermagnet ist im Druckbolzen des Düsenhalters untergebracht. Öffnet die Einspritzdüse, so nähert sich der Steuermagnet dem SB-Sensor. Die dadurch erzeugte Magnetflussdichte im Sensorkern bewirkt eine Permeabilitätsänderung, d.h. eine Änderung der Sensorspuleninduktivität, die über eine geeignete elektronische Auswerteschaltung in ein weganaloges Spannungssignal umgeformt wird.

Düsennadelhubsensor (DNH-Sensor)
Der DNH-Sensor (Bild 7.8) ist für die quantitative kalibrierbare Erfassung der Weg-Zeit-Funktion des Einspritzvorganges einer Einspritzdüse konzipiert. Er besteht aus 2 elektrodynamisch und geometrisch identisch aufgebauten Sensorelementen: einem Referenzsensorelement und einem Messsensorelement. Die Grundabstimmung der 2 Induktivitäten L_1 und L_2 erfolgt mit Hilfe eines Steuermagneten und eines Referenzmagneten, so dass im geschlossenen Zustand der Düse beide Induktivitäten gleich groß sind.

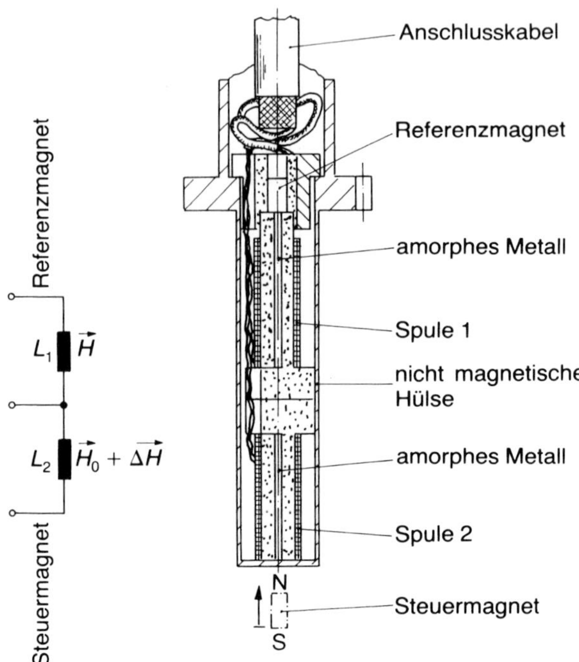

Bild 7.8
Mechanischer Prinzipaufbau eines Differenz-Düsennadelhubaufnehmers

Elektrisch sind die beiden Induktivitäten zu einer Halbbrücke verschaltet. Diese Anordnung hat den Vorteil, dass thermisch Messabweichungen in der Brückenschaltung sehr gut kompensiert werden. Der DNH-Sensor ist fest in den jeweiligen Düsenhalter eingebaut, so dass ein definierter Grundabstand zwischen Steuermagnet und Messinduktivität L_2 möglich ist. Damit kann eine Weg-Zeit-Funktion für den entsprechenden Düsenhalter kalibriert werden. Bild 7.9 zeigt ein typisches Düsennadelhubsignal eines SB-Sensors bei verschiedenen Temperaturen. Das untere Signalbild zeigt, bei einer anderen Zeitauflösung, deutlich Nachspritzer zeitlich nach dem eigentlichen Einspritzvorgang.

Drehzahlsensor mit Querpermanentmagnet

Der Drehzahlaufnehmer (Bild 7.10) ist aufgebaut aus einem Steuermagnet 1, der Aufnehmerspule 2 mit Kern 3, einem hochpermeablen, nicht magnetostriktiven, amorphen Metall, einem weichmagnetischen Flussleitkörper, einer weichmagnetischen Abschirmhülse und einem nicht magnetischen, rostfreien Edelstahlgehäuse.

Der Steuermagnet 1 hat eine rechteckige Form. Seine Nord-Süd-Achse ist in Achsrichtung quer zum amorphen Metallkern 3 angeordnet. Ohne Messobjekt (magnetisches Zahnrad) durchdringt das Magnetfeld des Steuermagneten 1 senkrecht den Spulenkern 3 aus amorphem Metall. Damit ist die Magnetfeldkomponente parallel zum Kern nahezu 0. Durch die Zahnradzähne wird das Magnetfeld des Steuermagneten verzerrt, so dass in Achsrichtung der Spule 2 eine magnetische Feldkomponente entsteht. Die Modulation (z.B. durch ein rotierendes Zahnrad) der parallelen Magnetfeldkomponente steuert die magnetische Permeabilität des Spulenkerns 3 und damit die Induktivität der Aufnehmerspule aus.

Gespeist wird das induktive Sensorelement (Spule 2 mit Kern 3 aus amorphem Metall) von einer Wechselspannung mit einer Frequenz von 100 kHz. Mit diesem Drehzahlelementarsensor kann die Drehzahl aus dem Stillstand heraus erfasst werden. Die hohe Messempfindlichkeit ermöglicht einen Luftspalt von bis zu 2 mm zwischen Elementarsensor und Zahnrad. Bis zu einer Betriebstemperatur von +250 °C kann der

Elementarsensor eingesetzt werden. Ein gewisser Nachteil ergibt sich aus der Forderung nach einer definierten Einbaulage. Der Steuermagnet 1 wird parallel zum Zahnrücken ausgerichtet. Dies ist über eine Schiebeklemmvorrichtung mit Nut und Nase möglich.

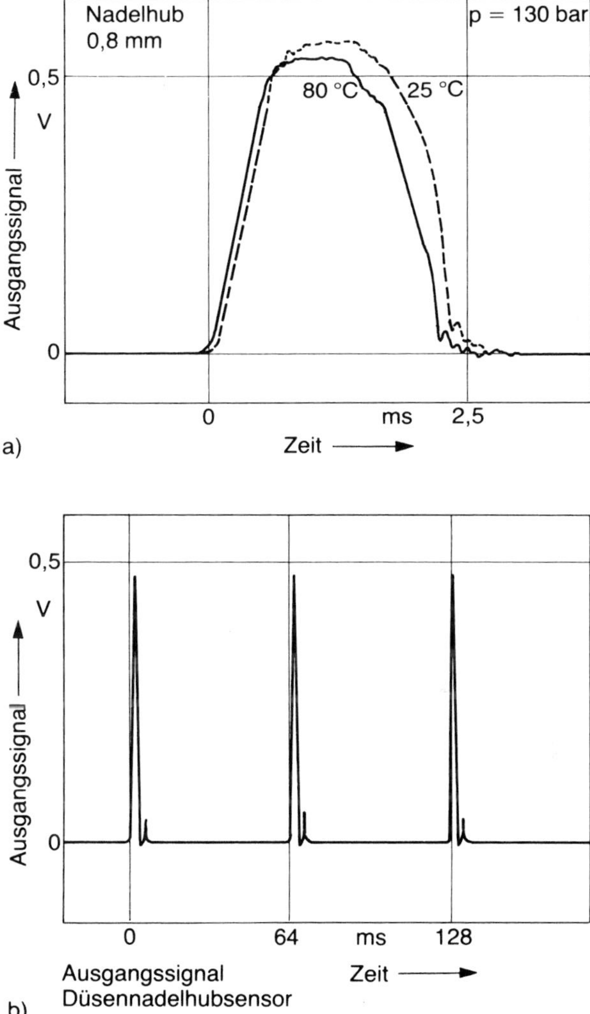

Bild 7.9
Düsennadelhubsignal, gemessen mit einem Spritzbeginnaufnehmer bei 2 Temperaturen und verschiedenen Zeitmaßstäben

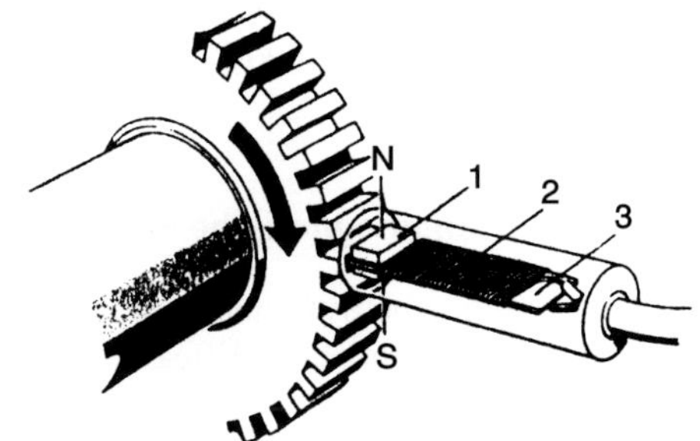

Bild 7.10
Magnetoinduktiver Drehzahlaufnehmer mit einem Kern aus amorphem Metall

Drehzahlsensor mit Längspermanentmagnet

Ein Nachteil des Drehzahlaufnehmers mit Quermagnet besteht darin, dass die Einbaurichtung zum Zahnrad stimmen muss. Der Drehzahlaufnehmer mit Längsmagnet ist rotationssymmetrisch einbaubar. Der zylinderförmige Steuermagnet wird in Achsrichtung so eingebaut, dass sein Nordpol zum Zahnrad und sein Südpol zur Aufnehmerspule zeigt.

Über die Luftspaltmodulation zwischen Zahnrad und Steuermagnet wird der magnetische Fluss gesteuert. Dieser steuert die magnetische Permeabilität und damit die Induktivität der Aufnehmerspule. Als elektronische Auswerteschaltungen können alle Schaltungen verwendet werden, die eine Induktivitätsänderung in ein elektrisches Signal umwandeln. Der Drehzahlsensor mit Längsmagnet hat messtechnisch die gleichen Eigenschaften wie der Drehzahlsensor mit Quermagnet.

Stromsensor

Im Stromsensor (Bild 7.11) wird eine Sensorspule 1 mit einem zu einem offenen Ring 3 gebogenen Metallkern 2 (weichmagnetisch, hochpermeabel, nicht magnetostriktiv und amorph) verwendet. Der offene ringförmige Stromsensor wird über den zu sensierenden Stromleiter gestreift. Die guten nicht magnetostriktiven Eigenschaften des Sensorspulenkerns bedingen, dass sich seine magnetischen Eigenschaften nicht unter mechanischen Belastungen, wie sie z.B. beim Anbringen und Entfernen über den Stromleiter entstehen, verändern.

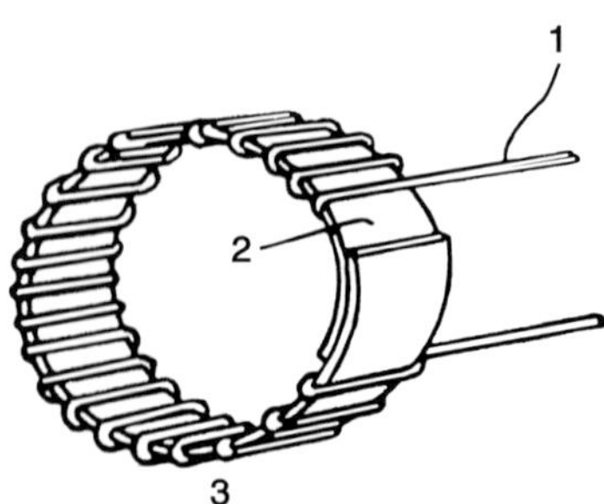

Bild 7.11
Magnetoinduktiver Stromaufnehmer mit einem Kern aus amorphem Metall

Beim Stromfluss durch den Leiter entsteht um diesen ein ringförmiges Magnetfeld. Dieses durchflutet den Spulenkern 2 und steuert dessen dynamische Permeabilität (s. oben) aus. Die Permeabilitätsänderung bewirkt eine Induktivitätsänderung des Stromsensors. Diese kann dann elektronisch weiter verarbeitet werden. Eine mögliche Anwendung ist der Einsatz als Lampenausfallsensor z.B. in Fahrzeugen.

7.3 Galvanomagnetische Sensoren

Galvanomagnetische Sensoren sind Magnetfeldsensoren auf Festkörperbasis, bei denen sich durch das Einwirken eines Magnetflusses ein elektrisches Potential erzeugen lässt.

7.3.1 Galvanomagnetische Effekte und Technologien

Bild 7.12 zeigt eine Systematik und ihre Technologie von Elementarsensoren, die auf dem galvanomagnetischen Effekt beruhen.

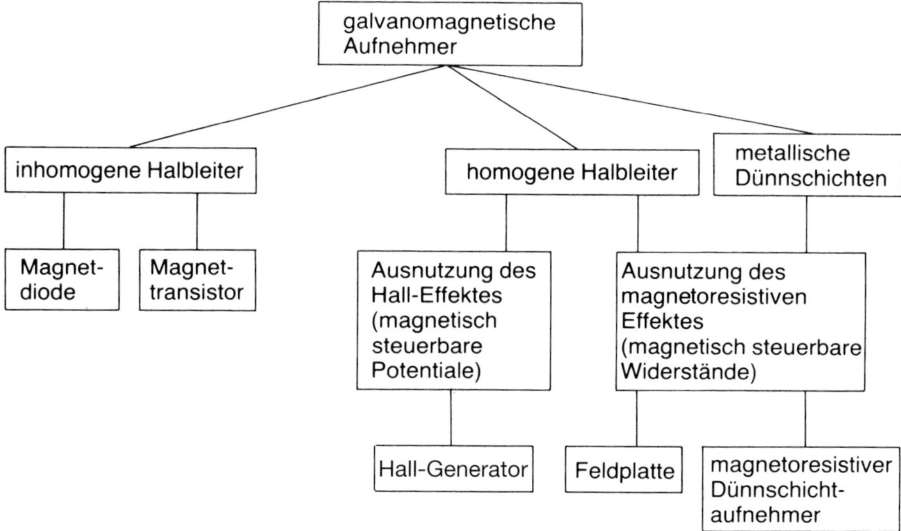

Bild 7.12 Systematik über galvanomagnetische Messwertaufnehmer (Elementarsensoren)

Galvanomagnetischer Effekt
Unter diesem Begriff werden physikalische Effekte zusammengefasst, die in einem elektrischen Leiter, der sich in einem homogenen Magnetfeld befindet, bei Stromdurchfluss auftreten. Die 3 wichtigsten galvanomagnetischen Effekte heißen:

- «magnetoresistiver Effekt» (1856),
- NERNST-Effekt (1887),
- HALL-Effekt (1879).

Der NERNST-Effekt lautet: In einem transversalen Magnetfeld kommt es bei Stromfluss in einem Festkörper zur Ausbildung einer longitudinalen Temperaturdifferenz.

Bei elektrochemischen Sensoren wird die NERNST-Gleichung genutzt. Zurzeit werden jedoch bei Magnetfeldsensoren nur der HALL-Effekt und die große Gruppe der «magnetoresistiven Effekte» sensortechnisch angewendet.

Bewegt sich eine positive elektrische Ladung q in einem homogenen, magnetischen Feld mit der magnetischen Flussdichte B, dann wirkt senkrecht zur Bewegungsrichtung υ und senkrecht zur magnetischen Flussdichte B eine magnetische Kraft F_L (LORENTZ-Kraft), die eine seitliche Ablenkung der Ladung bewirkt. Für die LORENTZ-Kraft gilt allg. in Vektorschreibweise:

$$\vec{F}_L = q \cdot (\vec{E} + \vec{\upsilon} \times \vec{B}) \quad \text{mit} \quad \vec{E} = 0 \quad \text{folgt daraus} \quad \vec{F}_L = q \cdot (\vec{\upsilon} \times \vec{B}) \qquad \text{(Gl. 7.3)}$$

E externe elektrische Feldstärke

Der galvanomagnetische Effekt tritt in Leitern, Halbleitern und im Vakuum auf.

Galvanomagnetische Technologie
Hier wird beschrieben, dass neben den verwendeten Werkstoffen für das Sensorelement besonders die Sensorelement-Geometrie eine entscheidende Rolle spielt, d.h. die geometrische Abmessung und die Auswahl der zu kontaktierenden Flächen (plättchenförmiger Leiter oder Halbleiter) und die physikalische Wirkung des ausgewählten Sensoreffektes. Es gibt 3 rein geometrische Möglichkeiten:

1. Das Sensorelement, ein plättchenförmiger Leiter oder Halbleiter, ist kurz und breit. Die breiten Seiten werden kontaktiert und zur Stromleitung verwendet. Wirkt nun senkrecht auf die Strombahn ein Magnetfeld, kann man eine Verlagerung der Strombahn beobachten, die sich durch eine Erhöhung des Widerstandes bemerkbar macht. Dieser Effekt tritt besonders ausgeprägt bei Halbleitern und Halbleiterlegierungen auf. Dieser Effekt heißt deshalb transversaler «magnetoresistiver Effekt» bzw. GAUß-Effekt. Elementarsensoren dieser Art werden als Feldplatten oder GAUß-Platten bezeichnet.
2. Das plättchenförmige Sensorelement ist lang, nicht sehr breit und sehr dünn. Die breiten Seiten werden zur Stromeinleitung verwendet. Das Sensorelement besteht aus einer metallischen Dünnschicht. Wirkt parallel zur Strombahn ein homogenes Magnetfeld, ist eine Erhöhung des elektrischen Widerstandes der metallischen Dünnschicht zu beobachten, die auf der Streuung der Leitungselektronen an den Spinmomenten der Metallgitteratome beruht. Dieser Effekt heißt longitudinaler «magnetoresistiver Metalldünnschicht-Effekt» und die Bauteile «magnetoresistive Metalldünnschicht-Elementarsensoren».
3. Das plättchenförmige Sensorelement ist lang und nicht sehr breit. Die breiten Seiten werden kontaktiert und zur Stromeinleitung verwendet. Wirkt senkrecht zur Strombahn ein Magnetfeld, entsteht eine Strombahnverlagerung (d.h. durch Ladungskonzentration auf einer Plättchenseite) quer zur Richtung des elektrischen Stroms, die ein elektrisches Feld ausbildet. Das elektrische Feld steigt so lange an, bis die elektrische Feldkraft mit der magnetischen Feldkraft im Gleichgewicht steht. Messtechnisch von Bedeutung ist das elektrische Feld quer zur Strombahn. Die beiden langen Plättchenseiten sind in ihrer Mitte auch kontaktiert und mit Anschlussdrähtchen versehen. An diesen wird die elektrische Feldstärke dann als elektrische Spannung abgegriffen. Man nennt diesen Effekt nach seinem Entdecker HALL-Effekt. Dieser Effekt tritt besonders ausgeprägt bei Halbleitern und Halbleiterlegierungen auf. Sensoren dieser Art heißen HALL-Elemente, HALL-Generatoren oder HALL-Sensoren.

7.3.2 HALL-Sensoren und HALL-Differenzsensoren

Der HALL-Effekt wird vielfältig in Sensoren unterschiedlichster Bauart angewandt, vor allem in III-V-Halbleitern wegen der sehr hohen Elektronenbeweglichkeit.

Grundlagen und technischer Aufbau

Bild 7.13 zeigt den Prinzipaufbau und die physikalische Wirkungsweise eines HALL-Elements. Es besteht aus einem dünnen Halbleiterplättchen und hat 4 Anschlüsse. Die Anschlüsse 1 und 2 dienen zur Einspeisung eines konstanten Steuerstroms I_y. Die Anschlüsse 3 und 4 dienen zur Abnahme der HALL-Spannung U_H. Bewegt sich eine elektrische Ladung q mit der Geschwindigkeit υ_y in y-Richtung durch das HALL-Plättchen, das senkrecht von der magnetischen Flussdichte B_z, in z-Richtung durchdrungen wird, wirkt auf die Ladung die LORENTZ-Kraft F_L in x-Richtung.

Die Gl. für die LORENTZ-Kraft vereinfacht sich (nach den Regeln der Vektoralgebra) zu:

$$F_{L,x} = q \cdot \upsilon_y \cdot B_z \qquad \text{(Gl. 7.4)}$$

q elektrische Ladung
υ_y Geschwindigkeit der Ladungsträger in y-Richtung
B_z magnetische Flussdichte in z-Richtung

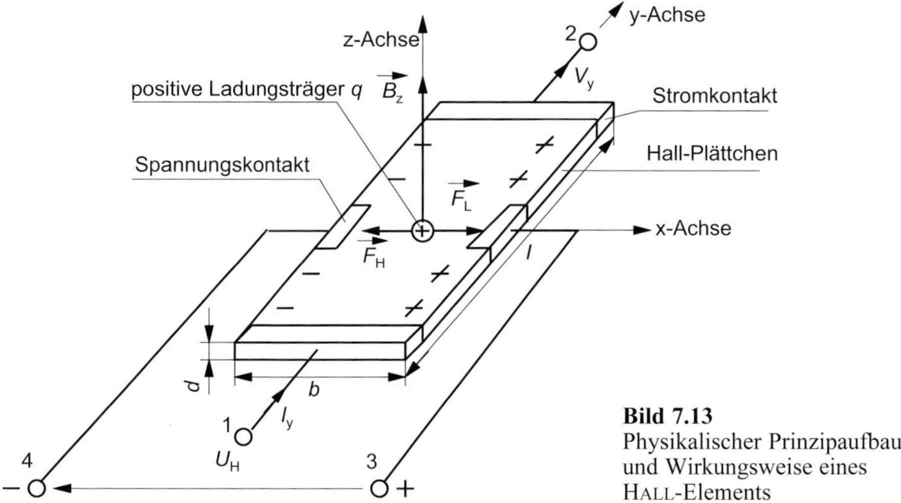

Bild 7.13
Physikalischer Prinzipaufbau und Wirkungsweise eines HALL-Elements

Die durch die LORENTZ-Kraft $F_{L,x}$ entstehende Ablenkung der Ladungsträger bewirkt die Entstehung eines elektrischen Feldes E_H in x-Richtung zwischen den beiden Spannungskontakten. Für die elektrische Feldkraft gilt in der Komponentenschreibweise:

$$F_{H,x} = q \cdot E_{H,x} = q \cdot \frac{U_{H,x}}{b} \qquad \text{(Gl. 7.5)}$$

$U_{H,x}$ HALL-Spannung im Leerlauf

Der Wert der elektrischen Feldkraft steigt so weit an, bis die elektrische Feldkraft $F_{H,x}$ und die magnetische Feldkraft $F_{L,x}$ (LORENTZ-Kraft) gleich groß sind. Dann gilt der Kraftansatz:

$$\sum F_x = 0 \Rightarrow F_{L,x} = F_{H,x} \Rightarrow q \cdot \upsilon_y \cdot B_z = q \cdot \frac{U_{H,x}}{b} \Rightarrow U_{H,x} = B_z \cdot \upsilon_y \cdot b \qquad \text{(Gl. 7.6)}$$

Für den Steuerstrom I_y gilt:

$$I_y = (n \cdot q) \cdot (d \cdot b)_{x,z} \cdot \upsilon_y \Rightarrow \upsilon_y = \frac{I_y}{n \cdot q \cdot b \cdot d} \qquad \text{(Gl. 7.7)}$$

$(n \cdot q)$ Zahl der Ladungsträger/m³,
$(d \cdot b)_{x,y}$ durchströmte Fläche
υ_y Geschwindigkeit der Ladungsträger

Setzt man Gl. 7.7 in Gl. 7.6, erhält man:

$$U_{H,x} \equiv U_H = \frac{1}{n \cdot q} \cdot \frac{I_y \cdot B_z}{d} \text{ und mit } \frac{1}{n \cdot q} \equiv R_H \text{ gilt dann } U_H = R_H \cdot \frac{I_y \cdot B_z}{d} \qquad \text{(Gl. 7.8)}$$

R_H HALL-Konstante

Der einfache Term für die HALL-Konstante folgt aus dem angenommenen einfachen Ladungsträgermodell für positive Ladungen. Die HALL-Konstante wird negativ angegeben, wenn es sich um eine Elektronenleitung in Metallen handelt. Für dotierte Halbleiter (Störstellenhalbleiter) mit n-Leitung (Elektronenleitung) gilt:

$$R_{\mathrm{H,n}} = \frac{r}{-e_0 \cdot n} = -\frac{r}{n \cdot e_0} \quad \text{mit Korrekturfaktor} \quad r = 1 \ldots 1{,}93 \qquad \text{(Gl. 7.9)}$$

n Dichte der negativen Ladungsträger
e_0 Elementarladung

Für dotierte Halbleiter (Störstellenhalbleiter) mit p-Leitung (Löcherleitung) gilt:

$$R_{\mathrm{H,p}} = \frac{r}{+e_0 \cdot n} = \frac{r}{n \cdot e_0} \quad \text{mit Korrekturfaktor} \quad r = 1 \ldots 1{,}93 \qquad \text{(Gl. 7.10)}$$

r Faktor der Streuprozesse im realen Kristallgitter
n Dichte der positiven Ladungsträger
e_0 Dichte der Elementarladung

Das Vorzeichen der HALL-Konstante gibt also die Art der Ladungsträger (negativ für Elektronen) und ihren Absolutbetrag an sowie ihre Ladungsträgerkonzentration. Wird in einem dotierten Halbleiter der elektrische Strom sowohl durch Elektronen als auch durch Löcher (Defektelektronen) bewirkt, ergibt das eine analoge Rechnung für die HALL-Konstante.

$$R_{\mathrm{H}} = \frac{1}{e_0} \cdot \mu \frac{p \cdot \mu_{\mathrm{p}}^2 - n \cdot \mu_{\mathrm{n}}^2}{(p \cdot \mu_{\mathrm{p}} + n \cdot \mu_{\mathrm{n}})^2} \qquad \text{(Gl. 7.11)}$$

μ_{n} Beweglichkeit der Elektronen
μ_{p} Beweglichkeit der Löcher
n Dichte der Elektronen
p Dichte der Löcher

In eigenleitenden Halbleitern tritt die HALL-Spannung nur wegen der unterschiedlichen Beweglichkeit der Elektronen und Löcher auf, was auch Gl. 7.11 für $n = p$ zeigt. Für alle nicht magnetischen Werkstoffe hat die HALL-Konstante einen gemeinsamen festen Wert.

Aus Gl. 7.8 lässt sich die Dimension (Einheit) der HALL-Konstante ableiten:

$$\dim R_{\mathrm{H}} = \dim (U_{\mathrm{H}} \cdot d)/(I_{\mathrm{y}} \cdot B_{\mathrm{z}}) = \ldots = [\mathrm{m}^3]/[\mathrm{As}] \qquad \text{(Gl. 7.12)}$$

In Tabelle 7.2 sind einige Werte der HALL-Konstanten für 20 °C zusammengestellt.

Tabelle 7.2 Typische Werte für HALL-Konstante R_{H} bei 20 °C

Kupfer	(Cu)	$R_{\mathrm{H}} = -5{,}50 \cdot 10^{-11}\ \mathrm{m^3/As}$
Indium-Antimonid	(InSb)	$R_{\mathrm{H}} = +0{,}40 \cdot 10^{-3}\ \mathrm{m^3/As}$
Indium-Arsenid	(InAs)	$R_{\mathrm{H}} = -0{,}10 \cdot 10^{-3}\ \mathrm{m^3/As}$
Gallium-Arsenid	(GaAs)	$R_{\mathrm{H}} = -5{,}50 \cdot 10^{-11}\ \mathrm{m^3/As}$

Vertiefung 7.1

Die Ableitungen der Grundgleichungen des klassischen HALL-Effektes mit Hilfe der Differentiation stehen im Onlineservice InfoClick zur Verfügung. Für das weitere Verständnis des Themas im eigentlichen Sinn kann grundsätzlich ohne diese Herleitungen weitergearbeitet werden. Die Nummerierung im Buch überspringt deshalb die auf InfoClick behandelten Funktionen (Gl. 7.13...7.19) und fährt folgerichtig mit Gl. 7.20 fort.

Da bei gehäusten HALL-Elementen oder HALL-Sensoren die Dicke d des HALL-Plättchens nicht mehr zugänglich ist, muss Gl. 7.8 anwendungsbezogen umgeformt werden:

$$U_{\mathrm{H}} = K_0 \cdot I_{\mathrm{y}} \cdot B_{\mathrm{z}} \text{ mit } K_0 = \frac{R_{\mathrm{H}}}{d} \qquad \text{(Gl. 7.20)}$$

K_0 Leerlaufempfindlichkeit

Sie ist für jeden HALL-Sensortyp eine Konstante.

Beispiel 7.1

Für ein InSb-Plättchen mit der Ladungsträgerdichte von $n = 5 \cdot 10^{-16}\ \mathrm{cm}^{-3}$ und einer Schichtdicke von $d = 0{,}15$ mm beträgt die Leerlaufempfindlichkeit:
$K_0 \approx 0{,}8\ \mathrm{m^2/As} = 0{,}8\ \mathrm{V/AT}$.

Bild 7.14 zeigt qualitativ das Kennlinienfeld eines HALL-Elements mit Steuerströmen $I_{\mathrm{y,m}}$ (m = Anzahl der Stromparameter). Die Temperaturabhängigkeit des HALL-Elements hat 2 physikalische Ursachen.

- **Temperaturabhängigkeit der HALL-Konstanten $R_{\mathrm{H}}(T)$**
  Daraus folgt die Temperaturabhängigkeit der HALL-Spannung $U_{\mathrm{H}}(T)$ im Leerlauf, beschrieben durch den Temperaturkoeffizienten β oder TC_{V20};
- **Temperaturabhängigkeit des spez. elektrischen Widerstandes des Halbleitermaterials**
  d.h. des HALLseitigen Innenwiderstandes (Ausgangswiderstand) $R_{\mathrm{H}}(T)$, beschrieben durch den Temperaturkoeffizienten α oder TC_{RH}.

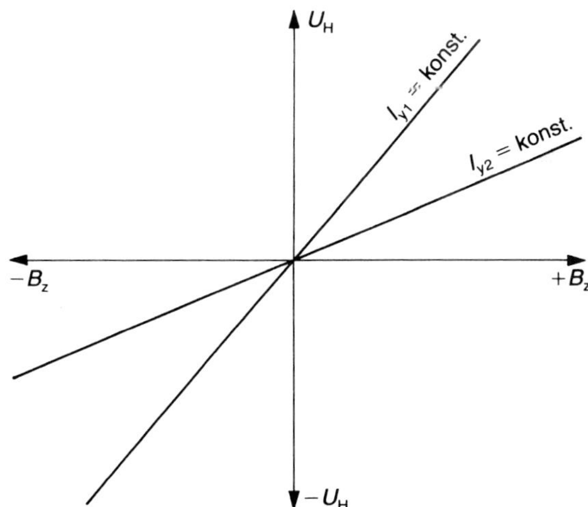

Bild 7.14
Qualitatives Kennlinienfeld eines HALL-Elementarsensors

Im Leerlauf ist nur die Temperaturabhängigkeit der HALL-Spannung wirksam und im Lastfall die Temperaturabhängigkeit der HALL-Spannung und des Ausgangswiderstandes.

Die HALL-Konstante von InSb hat einen großen, die von GaAs und InAs haben einen kleinen Temperaturkoeffizienten. Trotz der kleineren HALL-Konstanten werden daher heute Sensoren als GaAs-Si-Hybride (maximale Betriebstemperatur bis +120 °C) oder als GaAs-Monolithe (max. Betriebstemperatur bis +240 °C) ausgebildet. Bild 7.15 zeigt jeweils den Temperaturgang der HALL-Konstanten von 4 Halbleiterwerkstoffen. Bild 7.16 zeigt das Ersatzschaltbild bezüglich der Innenwiderstände für ein HALL-Element.

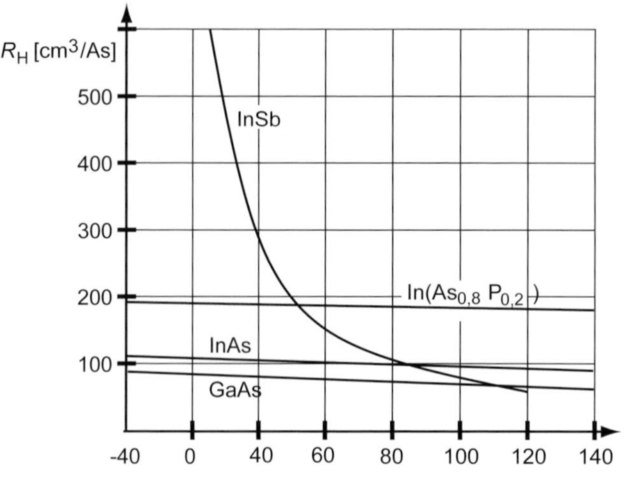

Bild 7.15
Temperaturgang der HALL-Konstanten von 4 Halbleiterwerkstoffen

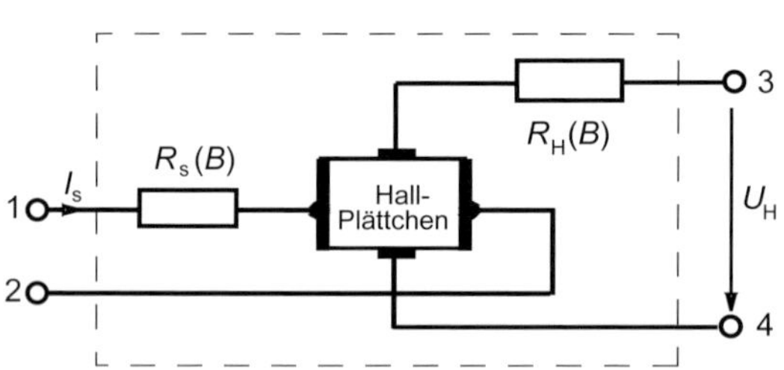

Bild 7.16
Ersatzschaltbild bezüglich der Innenwiderstände für ein HALL-Element

Zwischen Anschlusspunkt 1 und 2 existiert der von der magnetischen Flussdichte B abhängige steuerseitige Eingangswiderstand $R_S(B)$. Die HALL-Spannung U_H ist eine Leerlaufspannung. Zwischen Anschlusspunkt 3 und 4 existiert der von der magnetischen Flussdichte B abhängige steuerseitige Ausgangswiderstand $R_H(B)$. Bild 7.17 zeigt ein Beispiel für die Abhängigkeit eines normierten Eingangswiderstandes $R_S(B)/R_0$ von der magnetischen Flussdichte B, wobei R_0 der Widerstand bei $B = 0$ T ist.

Für technische Abmessungen der Halbleiterplättchen (Länge l, Breite b) muss in Gl. 7.8 ein geometrischer Korrekturfaktor G eingeführt werden. Damit gilt für die HALL-Spannung U_H:

$$U_H = \frac{R_H}{d} \cdot I_s \cdot B \cdot G \cdot \frac{1}{b} \qquad \text{(Gl. 7.21)}$$

I_s Steuerstrom

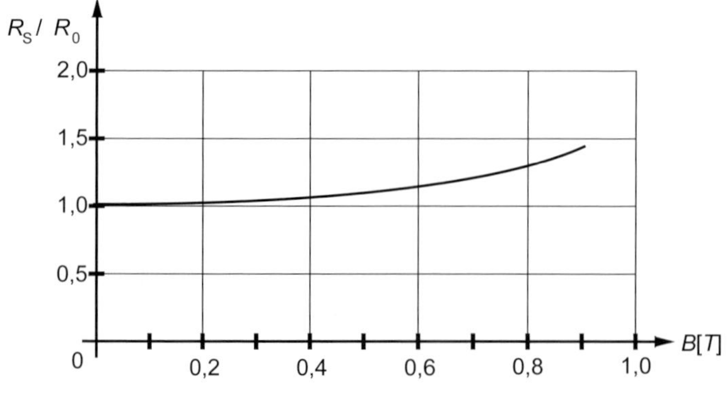

Bild 7.17
Abhängigkeit des normierten Eingangswiderstandes $R_S(B)/R_0$ von der magnetischen Flussdichte B, wobei R_0 der Widerstand bei $B = 0$ T ist

Für den Korrekturfaktor gilt G = 0,95...0,99 für ein Längen-Breiten-Verhältnis von $2 < l/b < 3$. Ab $l/b > 3$ ist $G = 1$. Bild 7.18 zeigt 2 Geometrien von HALL-Plättchen. Der Geometriefaktor kann für verschiedene Plättchengeometrien fast gleiche Zahlenwerte haben. Es ist z.B. technologisch sehr schwierig, rechtwinklige Plättchen mit $c/l < 0{,}1$ im noch zulässigen Ausschussbereich zu fertigen.

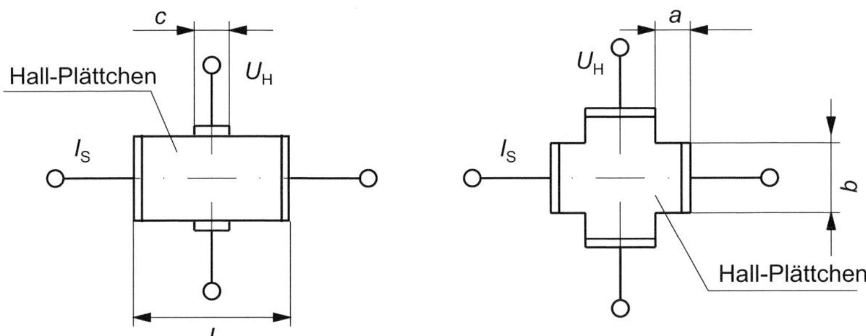

Bild 7.18 2 Geometrien von HALL-Plättchen mit fast gleich großen Geometriefaktoren

Nahezu gleiche Geometriefaktoren kann man jedoch durch eine kreuzförmige HALL-Plättchengeometrie mit $a/b \leq 0{,}5$ erhalten, wobei die Fertigung im zulässigen Ausschussbereich leichter möglich ist. Die Anschlussdrähte zu den HALL-Elektroden bilden immer Schleifenflächen (A_{Schleife}), die sich auch bei sehr sorgfältiger Leitungsführung nicht vermeiden lassen.

Das hat zur Folge, dass nach dem Gesetz der elektrodynamischen Induktion in diesen Schleifen eine Spannung induziert wird, die zwischen den HALL-Elektroden gemessen werden kann. Diese elektrische Spannung wird als induktive Nullkomponente bezeichnet und lässt sich über folgende Gleichung mathematisch darstellen:

$$u_{\text{H}}(t) = -A_{\text{schleife}} \cdot \frac{\text{d}B(t)}{\text{d}t} \qquad \text{(Gl. 7.22)}$$

In Tabelle 7.3 sind die wichtigsten Kennwerte zusammengestellt.

Tabelle 7.3 Typische Kenndaten für HALL-Messwertaufnehmer (HALL-Elemente)

Nennwert des Steuerstrom I_S	50...60 mA
Betriebstemperatur T_B	–20...+65 °C
Leerlauf-HALL-spannung bei I_S und B = 1 T	120 mV
Innenwiderstand R_S der Steuerseite bei B = 0 T	ca. 30 Ω
Innenwiderstand R_H der HALL-Seite bei B = 0 T	ca. 30 Ω
OHMsche Nullspannung	<10 mV/A
Temperaturkoeffizient β von U_H im Bereich T_B	ca. –2%/K
Temperaturkoeffizient α von R_S und R_H	ca. –2%/K

Messtechnische Eigenschaften

HALL-Elemente lassen sich in der physikalischen und industriellen Messtechnik einsetzen, um magnetische Felder zu messen. Man unterscheidet HALL-Elemente und HALL-Sensoren, die entweder den Süd- oder den Nordpol (unipolar), und solche, die einen Süd- und Nordpol (bipolar) erkennen. Bild 7.19 zeigt verschiedene physikalische und technische Anwendungen des HALL-Effektes. Sie können alle elektrischen und nicht elektrischen Zustandsgrößen erfassen, die Magnetfelder erzeugen oder diese beeinflussen. Beim Einsatz von HALL-Elementen wird i.Allg. der Steuerstrom konstant gehalten, da der Innenwiderstand von der Temperatur und dem Magnetfeld abhängig ist.

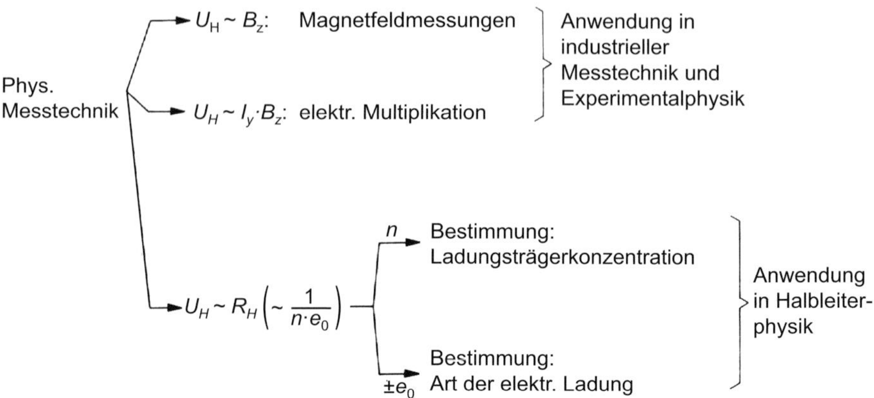

Bild 7.19 Übersicht: Anwendungsmöglichkeiten für den HALL-Effekt

Bei konstantem Steuerstrom I_S und konstanter magnetischer Flussdichte B ist der Temperaturkoeffizient TC_{V20} der HALL-Spannung identisch mit dem des Plättchenmaterials. Zur Messung von starken magnetischen Flussdichten ($B > 0{,}5$ T) ist das HALL-Element direkt in den Luftspalt des Messmagnetkreises oder der elektrischen Maschine eingebaut. Bei starken Magnetfeldern kann die Nullspannung in erster Näherung vernachlässigt werden.

Wichtig ist ein guter linearer Zusammenhang zwischen HALL-Spannung und Flussdichte, um eine kleine Nichtlinearität zu gewährleisten. Mit speziellen konstruktiven und elektronischen Maßnahmen kann die Nichtlinearität NL verbessert werden. Bei der Messung von kleinen magnetischen Flussdichten ($B < 0{,}5$ T) ist die Nullspannung und der Temperaturgang nicht mehr zu vernachlässigen. Da in diesem Flussbereich die HALL-Spannung gut linear ist, kann in vielen Fällen auf eine Linearisierung verzichtet werden.

Um die Messempfindlichkeit zu steigern, wird die Magnetflussdichte auf die Messfläche des HALL-Elements mit weichmagnetischen Polschuhen konzentriert. Die übliche DC-Stromspeisung ist für Präzisionsmessungen wegen des Halbleitertemperaturgangs und den entstehenden Thermospannungen ohne besondere Maßnahmen nicht geeignet. Abhilfe kann hier mit einer AC-Stromspeisung erreicht werde. Die DC-Anteile einer entstehenden Mischspannung können z.B. mit induktiven Übertragern ausgefiltert werden.

Sensorelektronik

Bild 7.20 zeigt eine einfache preisgünstige Messschaltung für HALL-Elemente. Die Widerstände R_1 und R_2 sind so ausgelegt, dass das HALL-Element mit einem Konstantstrom gespeist wird. Die HALL-Spannung wird mit einem (Instrumenten-) Differenzspulenverstärker erhöht. Bild 7.21 zeigt eine Sensorelektronik für ein HALL-Element. Der Widerstand R_1 dient zur Offsetkompensation; ohne Messmagnetfeld muss dieser so justiert werden, dass die Ausgangsspannung $U = 0$ V wird. Die Kalibrierung der Schaltung erfolgt mit R_2. Über R_{3a} und R_{3b} wird der Steuerstrom I_y eingestellt.

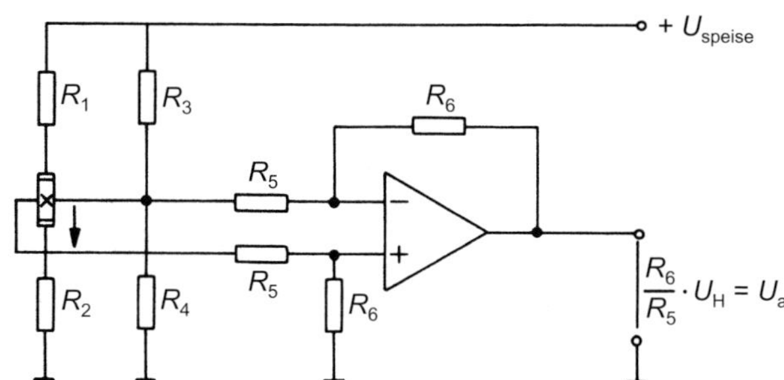

Bild 7.20
Anpasselektronik für einen HALL-Elementarsensor

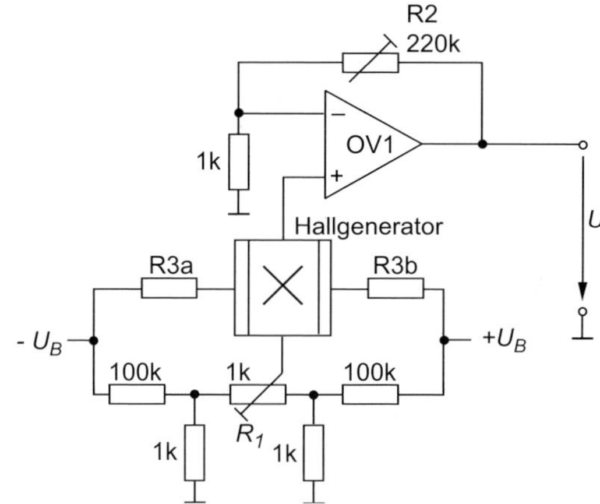

Bild 7.21
Anpasselektronik für einen HALL-Elementarsensor

HALL-ICs

HALL-ICs werden z.B. von den Firmen Siemens IIFO, Texas Instruments, Honeywell angeboten.

- ❑ Analoge HALL-ICs
  Bei diesen Ausführungsformen sind auf einem Chip ein HALL-Element, eine Stromversorgung, ein Verstärker und eine Auswerteelektronik integriert.
- ❑ Digitale HALL-ICs
  Bei diesen Ausführungstypen sind auf einem Chip ein HALL-Element, eine Spannungsregelung, ein Verstärker, ein Schmitt-Trigger und eine Ausgangsstufe integriert.

FET-HALL-Sensoren

MOSFET-Strukturen können bei geeigneter technologischer Modifizierung als HALL-Sensoren eingesetzt werden, z.B. als kontaktlose Schalter für Tastaturen.

Beispiel 7.2 Berechnung der Flussdichte von Steuermagneten

Steuermagnete bestehen meistens aus SmCo (z.B. $SmCo_5$, Sm_2Co_{17}) oder NdFeB.

- ❑ Bild 7.22 zeigt die Geometrie des axial polarisierten zylinderförmigen Magneten oder Rundmagneten.
  Gl. 7.23 ist die Berechnungsgleichung für die Magnetflussdichte $B_x(x)$ des Rundmagneten.

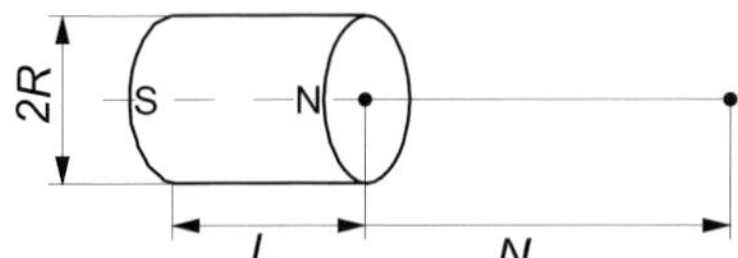

Bild 7.22
Geometrie eines axial magnetisch polarisierten, zylinderförmigen Magneten

$$B_x(X) = \frac{B_r}{2} \cdot \left[\frac{L + X}{\sqrt{R^2 + (L + X)^2}} - \frac{X}{\sqrt{R^2 + X^2}} \right] \qquad \text{(Gl. 7.23)}$$

- Bild 7.23 zeigt die Geometrie des Rundmagneten mit Eisenrückschlussscheibe. Gl. 7.24 ist die Berechnungsgleichung für die Magnetflussdichte $B_x(x)$ des Rundmagneten mit Eisenrückschlussscheibe.

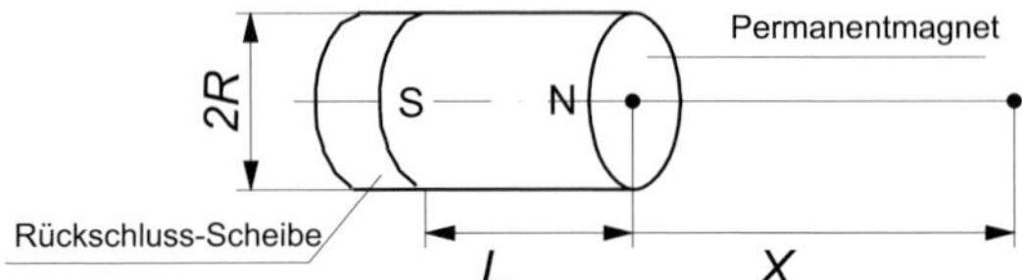

Bild 7.23
Geometrie eines axial magnetisch polarisierten, zylinderförmigen Magneten mit Eisenrückschlussscheibe

$$B_x(X) = \frac{B_r}{2} \cdot \left[\frac{2 \cdot L + X}{\sqrt{R^2 + (2 \cdot L + X)^2}} - \frac{X}{\sqrt{R^2 + X^2}} \right] \qquad \text{(Gl. 7.24)}$$

- Bild 7.24 zeigt die Geometrie des axial polarisierten quaderförmigen Magneten oder 4-Kanten-Magneten.
  Gl. 7.25 ist die Berechnungsgleichung für die Magnetflussdichte $B_x(x)$ des 4-Kant-Magneten.

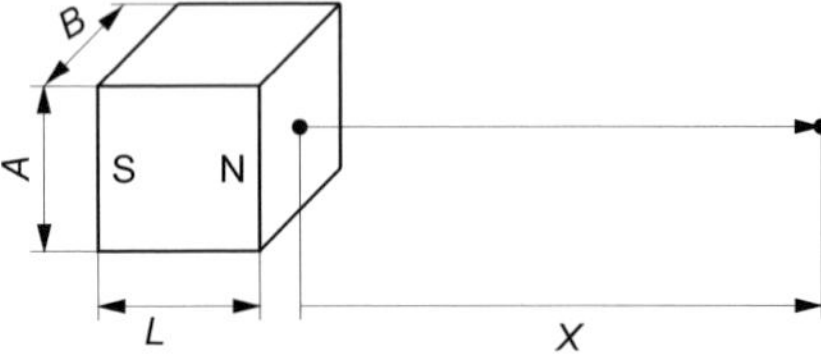

Bild 7.24
Geometrie eines axial magnetisch polarisierten 4-Kant-Magneten

$$B_x(X) = \frac{B_r}{\pi} \cdot \left[\arctan \frac{A \cdot B}{2 \cdot X \sqrt{4 \cdot X^2 + A^2 + B^2}} - \arctan \frac{X}{2 \cdot (L + X) \sqrt{4 \cdot (L + X)^2 + A^2 + B^2}} \right] \qquad \text{(Gl. 7.25)}$$

Für $X = 0$ ist die Gl. nicht definiert. Der Arcustangens ist im Bogenmaß zu berechnen!

Hinweis

Die oben stehenden Gleichungen sind nur für Magnetwerkstoffe mit einer geraden Kennlinie auf der Entmagnetisierungskurve anwendbar, d.h. nicht für AlNiCo-Magnete, jedoch für viele technologische Varianten von Hartferrit, SmCo- und NdFeB-Magneten.

Anwendungen

Bild 7.25 zeigt das Prinzip einer elektrischen Messung mechanischer Größen mit einem Einzel-Hall-Element und mit einem Differential-Hall-Element. Der Steuermagnet ist mit dem Messobjekt verbunden. Hall-Elemente werden z.B. für die Messung kleiner Wege eingesetzt, dabei wird beispielsweise der Steuermagnet über das Messobjekt bewegt, wodurch eine Änderung der magnetische Flussdichte B, am Sensorort erreicht wird. Die Hall-Spannung ist, bei konstantem Steuerstrom, ein Maß für die Position des Steuermagneten, also des Messobjektes. Hall-Sensoren werden auch als Hall-ICs hergestellt. Sie haben neben einer Konstantstromquelle für den Steuerstrom einen Differenzverstärker mit Ausgangsstufe.

Hall-Sensoren mit Steuermagneten sind durch geeignete konstruktive Anordnungen zu Wegmessungen, Positionserkennungen, Schwingwegmessungen, Winkelmessungen, Beschleunigungsmessungen und Drehzahlmessungen einsetzbar. Außer-

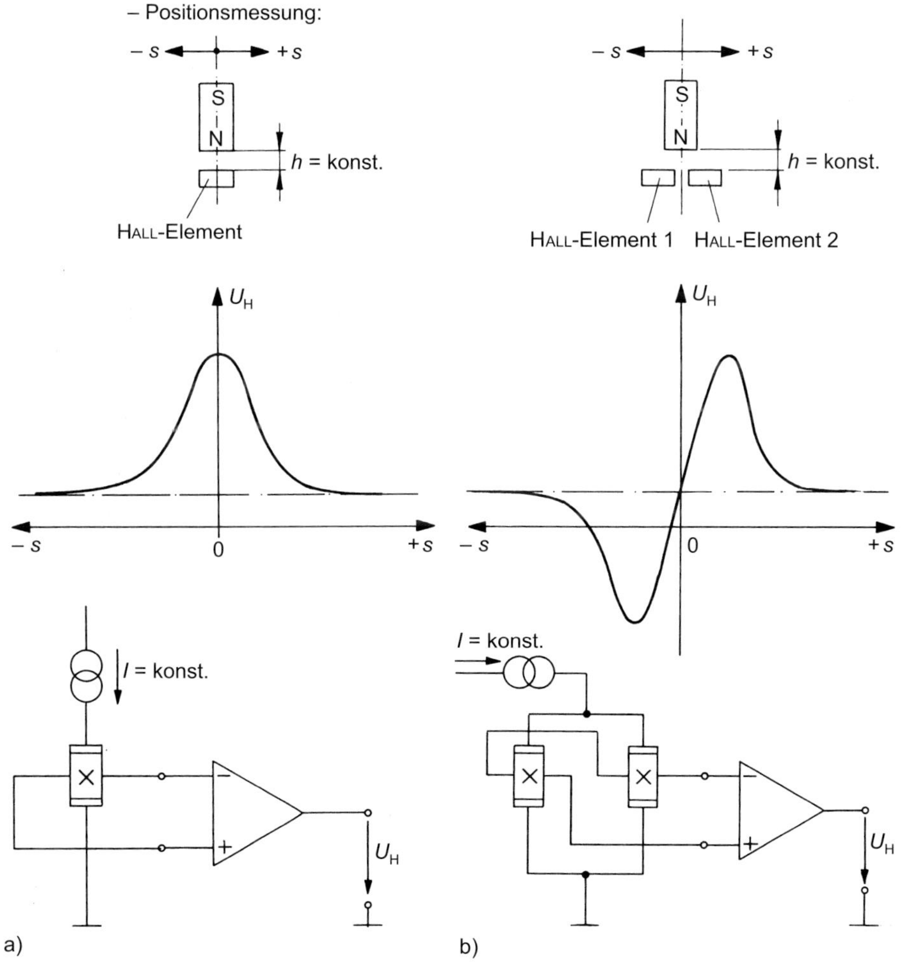

Bild 7.25 a) Geometrische Prinzipanordnung eines Hall-Elementarsensors mit Magnet zur Positionsmessung, dem Hall-Spannungsverlauf über der Magnetposition und dem Schaltungsprinzip
b) Geometrische Prinzipanordnung eines Differenz-Hall-Elementarsensors mit Magnet zur Positionsmessung, dem Hall-Differenzspannungsverlauf über der Magnetposition und dem Schaltungsprinzip

dem können HALL-Elemente in der industriellen Messtechnik eingesetzt werden, um technisch erzeugte magnetische Felder zu messen. Bevorzugt werden zylinder- oder quaderförmige Permanentmagnete auf der Basis seltener Erden (z.B. $SmCo_5$ oder NdFeB) eingesetzt.

Beispiel 7.3

Ein HALL-Elementarsensor aus InAs wird aus einer Konstantstromquelle mit einem Steuerstrom von I_{St} = 100 mA ± 0,1% gespeist und einer magnetischen Flussdichte von 1 T ± 0,1% aus einem Magnetfeldkalibrator ausgesetzt. Die HALL-Spannung wird mit Analog-Voltmeter (Kl 0,1) gemessen und hat den Wert U_H = 0,5 V.

a) Berechnen Sie die Dicke d des HALL-Plättchens.
b) Berechnen Sie die relative und absolute wahrscheinliche Messunsicherheit.
c) Dokumentieren Sie das Messergebnis fachgerecht.

Lösung 7.3

a) Aus Tabelle 7.2 beträgt die HALL-Konstante für InAs: $R_H = 0{,}1 \cdot 10^{-3}\ \mathrm{m^3/As}$. Nach Gl. 7.8 gilt:

$$U_H = R_H \cdot \frac{I_{St} \cdot B}{d} \Rightarrow d = R_H \cdot \frac{I_{St} \cdot B}{U_H} = \ldots = 20 \cdot 10^{-6}\ \mathrm{m} \qquad \text{(Gl. 7.26)}$$

b) Bei Vernachlässigung der Messabweichung der HALL-Konstanten gilt: relative wahrscheinliche Messabweichung

$$f_d = \pm\sqrt{f_{I_{St}}^2 + f_B^2 + f_{U_H}^2} = \pm\sqrt{3 \cdot (0{,}1\%)^2} = \pm 0{,}173\% \qquad \text{(Gl. 7.27)}$$

$$F_d = \frac{d}{100\%} \cdot f_d = \frac{20 \cdot 10^{-6}\ \mathrm{m}}{100\%} \cdot (\pm 0{,}173\%) \approx \pm 0{,}035 \cdot 10^{-6}\ \mathrm{m} \qquad \text{(Gl. 7.28)}$$

c) Dicke d des HALL-Plättchens

$$d = 20 \cdot 10^{-6}\ \mathrm{m} \pm 0{,}173\% \quad \text{oder} \quad d = (20 \pm 0{,}035) \cdot 10^{-6}\ \mathrm{m} \qquad \text{(Gl. 7.29)}$$

Beispiel 7.4

Bild 7.26 zeigt das elektrische Anschlussbild mit Kompensationskreis.

a) Benennen Sie die Klemmen für den Anschluss des Steuerstroms und der HALL-Spannung.
b) Welche Funktion hat das Potentiometer R im Kompensationsschaltkreis?

Lösung 7.4

a) Steuerstromanschluss: Klemme 1 und Klemme 3
HALL-Spannungsabgriff: Klemme 2 und Klemme 4
b) Fertigungstoleranzen in Chipgeometrie und Innenstruktur erzeugen widerstandsbedingte elektrische Spannungen, die bei B = 0 T die HALL-Spannung überlagern. Die sog. OHMsche Nullkomponente kann schaltungstechnisch über das Potentiometer R kompensiert werden.

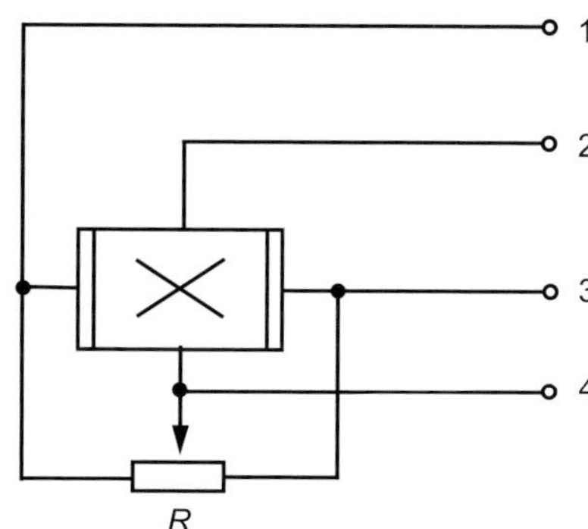

Bild 7.26
Halbbrückenschaltung mit Differenzfeldplatte

Beispiel 7.5

?!

Sie sollen mit Hilfe einer geeigneten geometrischen Anordnung von 2 Rundmagneten einen homogenen Magnetfluss erzeugen, so, dass mit einem hoch linearen HALL-IC eine Wegmessung an einer Maschine durchgeführt werden kann. Es ist zu beachten, dass das HALL-IC ortfest ist, und die Magnete über eine geeignete axialbewegliche Konstruktion miteinander verbunden sind.

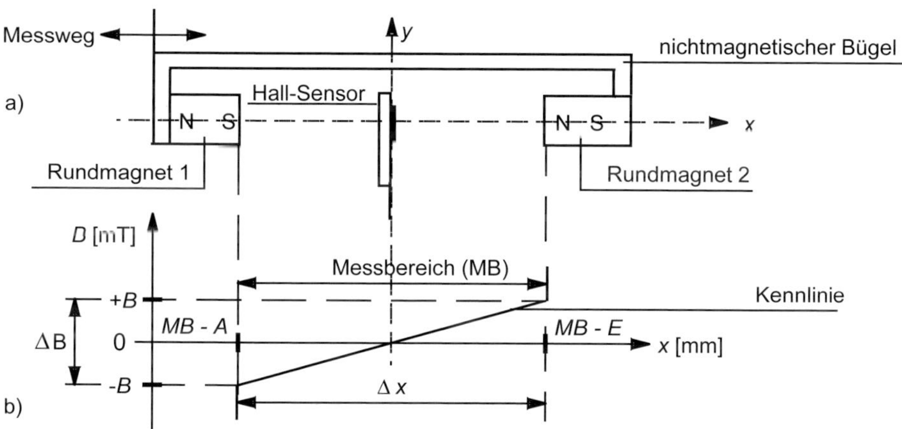

Bild 7.27 (a) Prinzipaufbau der Messvorrichtung und (b) Funktion $B = B(x)$

a) Skizzieren Sie einen möglichen mechanischen Aufbau mit Beschriften der Bauteile.

b) Skizzieren Sie den zu erwartenden Graphen der Funktion $B = B(x)$ so, dass er zeichnerisch unter der Konstruktion liegt und die wesentlichen Kurvenpunkte in direkter Zuordnung, durch gestrichelte Linien, zur Position der Bauteile stehen. Tragen Sie in das Diagramm ein: Hub des Magnetflusses ΔB, Messweg Δx, Messbereich, Messbereichsanfang und Messbereichsende.

Lösung 7.5

Bild 7.27 zeigt (a) die Skizze des Prinzipaufbaus und (b) die Funktion $B = B(x)$.

7.3.3 Magnetoinduktions-Durchflusssensoren (MID)

Das zugrunde liegende physikalische Sensorprinzip beruht auf dem galvanomagnetischen Effekt für elektrisch leitende strömende Flüssigkeiten.

Grundlagen und technischer Aufbau

Bild 7.28 zeigt die physikalische Wirkungsweise und den elektromechanischen Prinzipaufbau. Die mittlere Strömungsgeschwindigkeit v_y einer Flüssigkeit bzw. niederviskosen Paste mit freien Ionen lässt sich messen, wenn die Strömung senkrecht zur konstanten magnetischen Flussdichte B_z verläuft. Die LORENTZ-Kraft $F_{L,x}$ lenkt die bewegten Ladungsträger je nach Vorzeichen zu den entsprechenden Elektroden so lange ab, bis die elektrostatischen Abstoßungskräfte $F_{H,x}$ so groß sind, dass sich mit der LORENTZ-Kraft ein dynamisches Gleichgewicht einstellt, d.h. beide Kräfte gleich groß sind. Nach Bild 7.28, Gl. 7.3, Gl. 7.4, Gl. 7.6 und der Vektorrechnung gilt dann:

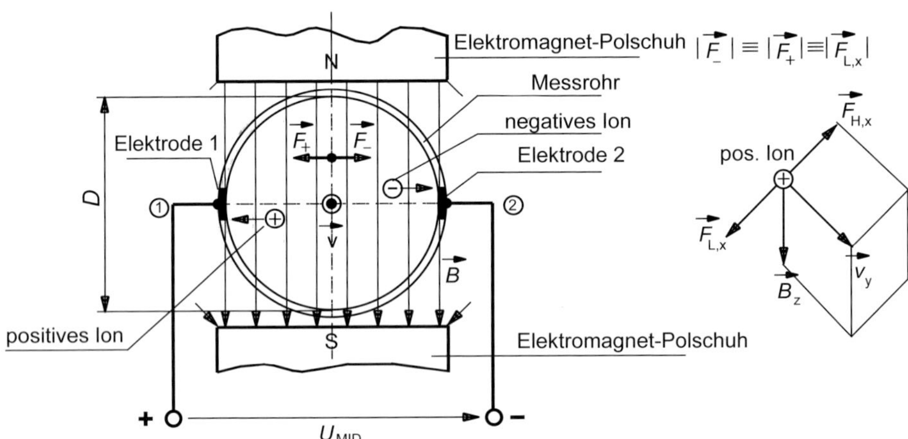

Bild 7.28 Physikalische Wirkungsweise und elektromechanischer Prinzipaufbau eines Magnetoinduktions-Durchflusssensors (MID)

$$\vec{F}_H = \vec{F}_L \Rightarrow \pm q \cdot \vec{E}_H = \pm q \cdot (\vec{v} \times \vec{B}) \Rightarrow \frac{U_{MID,x}}{D} = v_y \cdot B_z \qquad \text{(Gl. 7.30)}$$

D lichter Rohrdurchmesser

Für die Strömungsgeschwindigkeit v_y gilt mit Gl. 7.30:

$$U_{MID,x} = D \cdot v_y \cdot B_z \qquad \text{(Gl. 7.31)}$$

und damit für die Geschwindigkeits-Messempfindlichkeit $E_{MID,x}(v_y)$:

$$E_{MID,x}(v_y) \equiv \frac{U_{MID,x}}{v_y} = D \cdot B_z \qquad \text{(Gl. 7.32)}$$

Für den Durchfluss Q_y gilt (siehe Strömungslehre):

$$Q_y = A \cdot v_y = \frac{D^2 \cdot \pi}{4} \cdot v_y \qquad \text{(Gl. 7.33)}$$

A lichter Rohrquerschnitt

Aus Gl. 7.31 erhält man:

$$\upsilon_y = \frac{1}{B_z \cdot D} \cdot U_{MID,x} \qquad \text{(Gl. 7.34)}$$

Die Strömungsgeschwindigkeit υ_y ist direkt proportional zur induzierten Spannung $U_{MID,x}$.

Beispiel 7.6

Für $B_z = 0{,}3$ T, $D = 50$ mm und $\upsilon_y = 10$ cm/s ist mit Gl. 7.31 $U_{MID,x} = 1{,}5$ mV, d.h., dass eine Spannungsverstärkung notwendig ist.

Lösung 7.6

Für den Durchfluss erhält man mit Gl. 7.33 $Q_y = 196{,}25\ \text{cm}^3/\text{s}$.
Einsetzen von Gl. 7.34 in Gl. 7.33 ergibt:

$$Q_y = \frac{\pi}{4} \cdot \frac{D}{B_z} \cdot U_{MID,x} \qquad \text{(Gl. 7.35)}$$

Der Durchfluss Q_y ist also direkt proportional zu der induzierten Spannung $U_{MID,x}$.
Für die Durchfluss-Messempfindlichkeit $E_{MID,x}(Q_y)$ gilt mit Gl. 7.35:

$$E_{MID,x}(Q_y) \equiv \frac{U_{MID,x}}{Q_y} = \frac{4}{\pi} \cdot \frac{B_z}{D} \qquad \text{(Gl. 7.36)}$$

Vertiefung 7.2

Die Ableitungen des oben dargestellten Sachverhaltes mit Hilfe der Differentiation stehen im Onlineservice InfoClick zur Verfügung. Für das weitere Verständnis des Themas im eigentlichen Sinn kann grundsätzlich ohne diese Herleitungen weitergearbeitet werden. Die Nummerierung im Buch überspringt deshalb die auf InfoClick behandelten Funktionen (Gl. 7.37...7.38) und fährt folgerichtig mit Gl. 7.39 fort.

Messtechnische Eigenschaften und Sensorelektronik
Der Innenwiderstand des Elementarsensors hängt vom konstruktiven Aufbau, der Geometrie und von der elektrischen Leitfähigkeit des strömenden Mediums ab.

Beispiel 7.7

Für ein MID mit den technischen Daten von Beispiel 7.6 (s.o.) und einem Messmedium mit einer elektrischen Leitfähigkeit von $\sigma = 10\ \mu\text{S/cm}$ erhält man einen Innenwiderstand von $R_{i\text{-}MID} = 125\ \text{k}\Omega$, d.h., der Elementarsensor ist sehr hochohmig.

Wie die Beispiele 7.6 und 7.7 zeigen, ist wegen des sehr kleinen Messsignals und sehr hohen MID-Innenwiderstandes ein Messverstärker mit einer Verstärkung von 1000 und mit einem sehr hohen Eingangswiderstand von 10 MΩ notwendig. Für den potentialfreien Spannungsabgriff werden Instrumentenverstärker eingesetzt. Die elektrische Leitfähigkeit des Messmediums muss immer >0,05 µS sein. Dies ist bei allen wässrigen Lösungen, basischen oder sauren Flüssigkeiten und Pasten durch ihre frei beweglichen Ionen erfüllt.

Auch bei Elektronenleitungen (z.B. in flüssigen Metallen, in Natrium, in Quecksilber usw.) ist das Verfahren anwendbar. Hier geht die spezifische elektrische Leitfähigkeit aufgrund ihrer Größe nicht in das Messergebnis ein. Um keinen Wandkurzschluss über das Messrohr zu erhalten, ist es mit PTFE oder Aluminiumoxidkeramik isoliert. Die induzierte Spannung U_{MID} wird galvanisch oder kapazitiv abgegriffen.

Das Material der Messrohrwand besteht aus einem nicht magnetischen Edelstahl, damit das Ablenkmagnetfeld H_z und damit die magnetische Flussdichte B_z nicht vom Elektrolyt abgeschirmt werden. Da die Gleichstrom-Magnetfelderzeugung zu Messabweichungen durch elektrochemische Störgleichspannungen (galvanische Elemente an den Elektroden) und zu thermoelektrischen Störspannungen (Thermoelemente an den Kontaktstellen) führt, kann ein Wechselstrommagnetfeld verwendet werden. Die Elektrodenspannung ist also eine elektrische Wechselspannung (Mittelwertbildung ist möglich).

Bei Wechselfeldanwendung können die Nutzsignale leicht von Gleichstörsignalen und von Wechselstörsignalen mit Frequenzen, die sich von den Frequenzen des angelegten Magnetfeldes unterscheiden, elektronisch getrennt werden. Auch Gleichmagnetfelder können eingesetzt werden, wenn sie immer in definierten zeitlichen Abständen aus- und eingeschaltet werden. Ist das Magnetfeld ausgeschaltet werden an den Elektroden ausschließlich elektrochemische und thermoelektrische Störgleichspannungen gemessen.

Bei einem geschalteten Magnetfeld wird die Summe aus Störgleichspannungen und der Nutzspannung gemessen. Durch elektronische Speicherung und Differenzbildung der Messsignale kann das reine Nutzsignal extrahiert werden. Sehr langsame Änderungen der Störsignale sind durch mehrfach kurz hintereinander erfasste Messwerte gut eliminierbar. Mit den getakteten Gleichfeldern lassen sich Wechselstörspannungen eliminieren, da während der Zeit, in der das Gleichmagnetfeld konstant ist, keine Wirbelströme und damit Störspannungen induziert werden. Bei magnetoinduktiven Durchflussmessungen wird unabhängig von Temperatur, Druck, Dichte und Viskosität des strömenden Mediums seine Geschwindigkeit und Durchflussmenge gemessen. Mitgeführte Fremdkörper stören die Messung nicht. Die Messunsicherheit beträgt ca. 0,5...1% vom Messwert.

Beispiel 7.8

Bild 7.29 zeigt die relative maximale Gesamtmessabweichung f_{max} vom Messwert (v. *MW*) eines Sensors zur Messung der Durchflussgeschwindigkeit v in einem Messbereich von 0,01...10 m/s, bei Umgebungstemperatur: +22 °C ± 2 °C, Warmlaufzeit: 30 min, Erdung von Elementarsensor und Elektronik; Sensor ist zentriert in das Messrohr eingebaut.

Reproduzierbarkeit: maximal ±0,2% v. *MW* ±2 mm/s.

Hinweis

Alle Messabweichungen sind auf die Messwerte *MW* bezogen! Schwankungen der Versorgungsspannung sind im spezifizierten Bereich vernachlässigbar.

Anwendungen

Magnetoinduktions-Durchflusssensoren erlauben die Messung von allen elektrisch leitfähigen Flüssigkeiten (>1 µS/cm) mit oder ohne Feststoffe, z.B. Wasser, Abwasser, Schlämme, Breie, Pasten, Säuren, Laugen, Säfte, Fruchtmaische usw. Sie kommen für folgende industrielle Anwendungsgebiete infrage:

- Lebensmittelindustrie,
- Wasser- und Abwassertechnologie,
- Chemische Verfahrenstechnik,
- Pharma- und Kosmetikindustrie,
- Papierindustrie,
- Minen- und Bergbauindustrie.

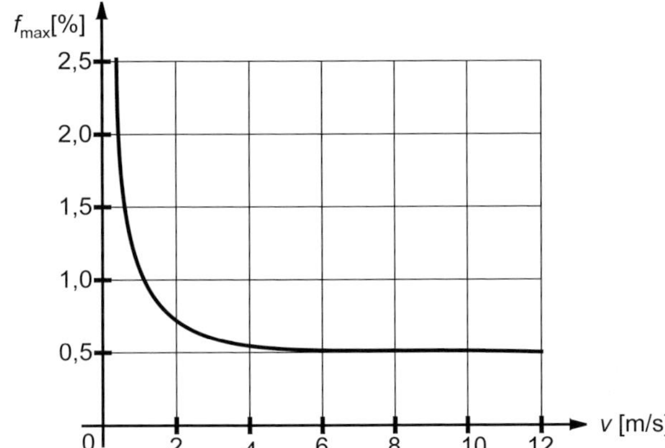

Bild 7.29
Graphische Darstellung der relativen maximalen Gesamtmessabweichung f_{max} vom Messwert über der Durchflussgeschwindigkeit eines MID-Sensors

Beispiel 7.9

Mit einem Magnetoinduktions-Durchflusssensor (MID-Sensor), bestehend aus einem Magnetoinduktions-Durchflusselementarsensor und einem Messverstärker (Bild 7.30), soll in einem flüssigen Medium der mittlere symmetrische gleichförmige Durchfluss gemessen werden.

Technische Daten

- Messrohrdurchmesser D = 5 cm, Innenwiderstand R_i = 250 kΩ, Magnetflussdichte B_{max} = 0,1 T
- Messverstärker: Eingangswiderstand R_e = 2,5 MΩ, Spannungsverstärkung V_U = 1000.

a) Erstellen Sie ein einfaches Ersatzschalbild des Durchflusssensors.
b) Berechnen Sie die mittlere Strömungsgeschwindigkeit für den gemessenen Spitze-Spitze-Wert U_{aSS} = 0,2 V am Verstärkerausgang.
c) Berechnen Sie die relative Änderung der Verstärkerausgangsspannung für den Fall, dass die Strömungsgeschwindigkeit denselben Wert hat und die elektrische Leitfähigkeit um 20% abnimmt.

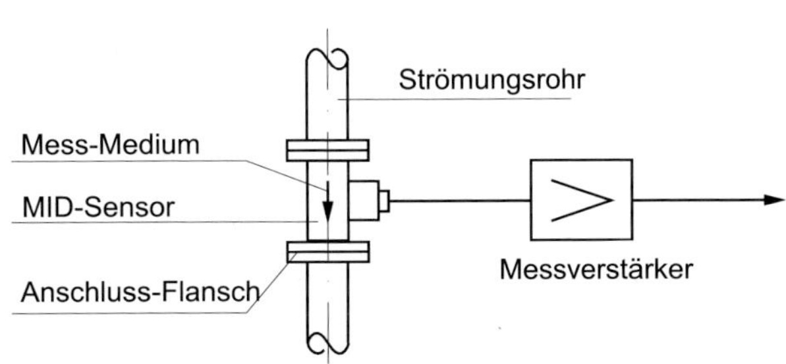

Bild 7.30
Messaufbau eines MID-Durchflusssensors

Lösung 7.9

a) Ersatzschaltbild (Bild 7.31)

b) Berechnung der mittleren Strömungsgeschwindigkeit:

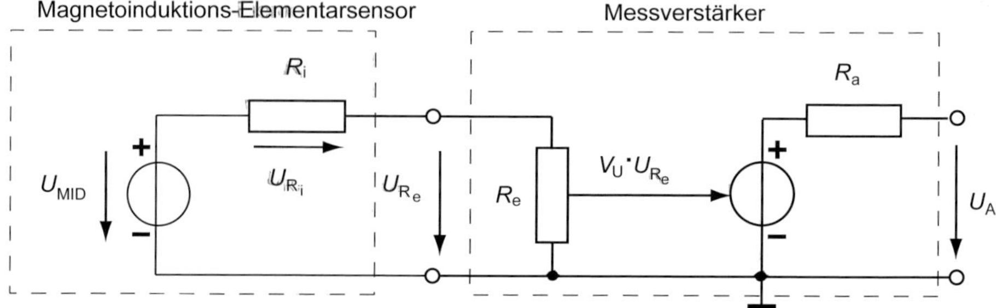

Bild 7.31 Einfaches elektrisches Ersatzschalbild des MID-Durchflusssensors

Aus Bild 7.31 erhält man mit Hilfe des Spannungsteilergesetzes:

$$U_{R_e} = \frac{R_i + R_e}{R_e} \cdot U_{MID}; \quad \text{mit Gl. 7.31 wird} \quad U_{R_e} = \frac{R_i + R_e}{R_e} \cdot \overline{\upsilon} \cdot B \cdot D \quad \text{(Gl. 7.39)}$$

Für die Ausgangsspannung des Messverstärkers gilt:

$$U_A = V_U \cdot U_{R_e} \quad \text{(Gl. 7.40)}$$

Setzt man Gl. 7.39 in Gl. 7.40, erhält man:

$$U_A = V_U \cdot \frac{R_i + R_e}{R_e} \cdot \overline{\upsilon} \cdot B \cdot D \quad \text{(Gl. 7.41)}$$

Aus Gl. 7.41 erhält man durch algebraische Umformung die Strömungsgeschwindigkeit (Gl. 7.42)

$$\overline{\upsilon} = \frac{R_e}{R_i + R_e} \cdot \frac{U_A}{V_U \cdot B \cdot D} = \frac{2{,}5 \text{ M}\Omega}{2{,}75 \text{ M}\Omega} \cdot \frac{0{,}1 \text{ V} \cdot \text{m}^2}{1000 \cdot 0{,}1 \text{ Vs} \cdot 5 \cdot 10^{-3} \text{ m}} = 0{,}020 \frac{\text{m}}{\text{s}} = 0{,}2 \frac{\text{cm}}{\text{s}}$$

c) Berechnung der relativen Verstärkerausgangspannungsänderung $\Delta U_A[\%]$:
Berechnung des Innenwiderstandes (zw. den Elektroden) des Elementarsensors:

$$R_i(20\%) = \frac{R_i}{100\%} \cdot 20\% + R_i = (50 + 250) \text{ k}\Omega = 300 \text{ k}\Omega \quad \text{(Gl. 7.43)}$$

Berechnung der neuen Verstärkerausgangsspannung U_A für 20% Leitfähigkeitsänderung:

$$U_A(20\%) = \frac{R_e}{R_i + R_e} \cdot V_U \cdot \overline{\upsilon} \cdot B \cdot D = \frac{2{,}5}{2{,}8} \cdot 10^3 \cdot 0{,}02 \frac{\text{m}}{\text{s}} \cdot 0{,}1 \frac{\text{Vs}}{\text{m}^2} \cdot 5 \cdot 10^{-2} \text{ m}$$
$$= 0{,}089 \text{ V} \quad \text{(Gl. 7.44)}$$

Berechnung der prozentualen Abweichung:

$$\Delta U_A = U_A(20\%) - U_A = (0{,}089 - 0{,}100) \text{ V} = -0{,}011 \text{ V} \equiv -1{,}1\% \quad \text{(Gl. 7.45)}$$

Die Ausgangspannung verringert sich um 1,1%.

7.3.4 Feldplatte (FP) und Differenzfeldplatte (FFP)

Das physikalische Sensorprinzip beruht auf einem isotropen, transversalen galvanomagnetischen Widerstandseffekt (IMR-Effekt). Isotrop heißt: Die elektrische Leitfähigkeit der Widerstandsbahn hängt nicht von der Raumrichtung ab. Transversal heißt: Ursache und Wirkung sind senkrecht zueinander, d.h., das Magnetfeld wirkt senkrecht auf die Widerstandsbahn und steuert ihren Widerstand (Resistenz). Feldplatten sind also Elementarsensoren auf Halbleiterbasis mit magnetfeldsteuerbaren elektrischen Widerständen.

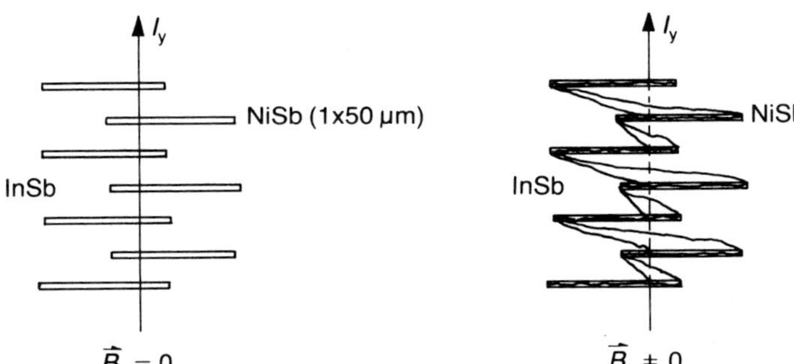

Bild 7.32 Mikrostruktur und physikalische Wirkungsweise einer Feldplatte

Grundlagen und technischer Aufbau

Bild 7.32 zeigt schematisch den Aufbau einer Widerstandsbahn. Sie besteht aus einem isotropen InSb-Grundkörper mit quer elektrischem Stromfluss und eingelagerten metallischen leitenden NiSb-Fasern. Ihre Durchmesser betragen ca. 1 µm und ihre Längen ca. 50 µm. Legt man an das Plättchen eine elektrische Spannung, fließt in Längsrichtung ein fast geradliniger elektrischer Strom. Wirkt nun senkrecht auf die Plättchenfläche (d.h. senkrecht zur elektrischen Stromrichtung) eine magnetische Flussdichte B, erfahren die Ladungsträger durch die LORENTZ-Kraft (Gl. 7.3) eine seitliche Ablenkung.

Die elektrisch leitenden NiSb-Fasern bewirken durch ihre Ausrichtung einen lokalen Kurzschluss der HALL-Spannung und damit eine Verlängerung des Strompfades, d.h. eine Vergrößerung des elektrischen Widerstandes des Plättchens. Um den magnetisch gesteuerten Widerstandseffekt zu erhöhen, werden die einzelnen Plättchenbahnen zu mäanderförmigen Strukturen zusammengefügt (Bild 7.33). Der Widerstand R_B der Feldplatte nimmt mit der magnetischen Flussdichte B_z zuerst quadratisch zu und nähert sich oberhalb 0,3 T einer nahezu linearen Abhängigkeit (Bild 7.34).

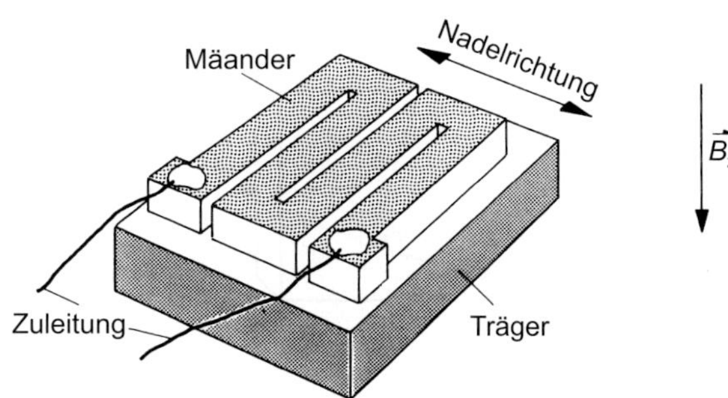

Bild 7.33 Mechanischer Prinzipaufbau einer Feldplatte

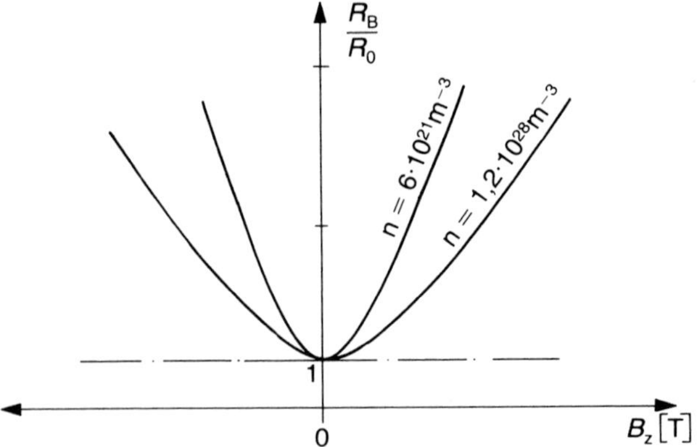

Bild 7.34
Widerstandskennlinie einer Feldplatte

Aus der Kennlinie ist zu verstehen, dass der Feldplattenwiderstand R_B unabhängig vom Vorzeichen der Flussdichte ist. Die Feldplatten mit höheren Dotierungen haben eine kleinere Messempfindlichkeit. Der Grund liegt darin, dass eine höhere Dotierung n (Teilchen / Volumen) die Beweglichkeit der Ladungsträger (d.h. ihre Geschwindigkeit υ) erniedrigt. Mit einfachen Gesetzen aus Geometrie und Physik wird die Abhängigkeit des Feldplattenwiderstandes R_B von der Flussdichte B_z anhand von Bild 7.35 für den HALL-Winkel $\theta_H < 45°$ (für InSb bei 0,1 T) hergeleitet. Für den elektrischen Widerstand der Feldplatte ohne Magnetfluss gilt:

$$R_0 = \varrho \cdot \frac{l_0}{A_0} = \varrho \cdot \frac{l_0}{b_0 \cdot d} \qquad \text{(Gl. 7.46)}$$

Für den elektrischen Widerstand der Feldplatte mit Magnetfluss gilt:

$$R_B(B_z) = \varrho \cdot \frac{l_B}{b_B \cdot d} \qquad \text{(Gl. 7.47)}$$

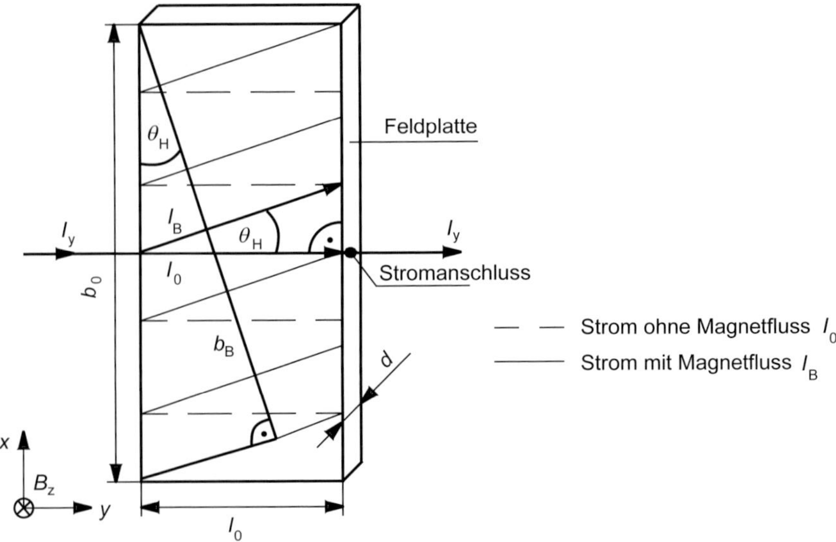

Bild 7.35 Prinzipskizze einer Feldplatte zur Herleitung des Feldplattenwiderstandes R_B, abhängig von der magnetischen Flussdichte B_z, für einen HALL-Winkel $\theta_H < 45°$

Für den HALL-Winkel θ_H gilt:

$$\cos(\theta_H) = \frac{l_0}{l_B} = \frac{b_B}{b_0} \Rightarrow l_B = \frac{l_0}{\cos(\theta_H)} \quad \text{und} \quad b_B = b_0 \cdot \cos(\theta_H) \qquad \text{(Gl. 7.48)}$$

Setzt man Gl. 7.48 in Gl. 7.47, erhält man für den Feldplattenwiderstand $R_B(B_z)$:

$$R_B(B_z) = \varrho \cdot \frac{l_0}{b_0 \cdot d} \cdot \frac{1}{\cos^2(\theta_H)} = R_0 \cdot \frac{1}{\cos^2(\theta_H)} = R_0 \cdot [1 + \tan^2(\theta_H)] \qquad \text{(Gl. 7.49)}$$

Für den HALL-Winkel gilt außerdem (hier nicht abgeleitet):

$$\tan(\theta_H) = \frac{|\vec{J}_x|}{|\vec{J}_y|} = \ldots = K_G \cdot \mu_H \cdot B_z \qquad \text{(Gl. 7.50)}$$

J_x, J_y Stromdichtevektoren in x-/y-Richtung
μ_H Ladungsträgerbeweglichkeit
K_G Konstruktionskonstante

Setzt man Gl. 7.50 in Gl. 7.47, gilt für den absoluten Feldplattenwiderstand:

$$R_B(B_z) = R_0 \cdot (1 + K_G^2 \cdot \mu_H^2 \cdot B_z^2) \qquad \text{(Gl. 7.51a)}$$

Für den relativen Feldplattenwiderstand gilt mit Gl. 7.51a:

$$\frac{R_B(B_z)}{R_0} = 1 + K_G^2 \cdot \mu_H^2 \cdot B_z^2 \qquad \text{(Gl. 7.51b)}$$

Der Feldplattenwiderstand hängt also von der Geometrie bzw. vom Längen-Breiten-Verhältnis ab. Mit guter Näherung gelten für ein Längen-Breiten-Verhältnis von $l_0 / b_0 \leq 0{,}35$ die Gleichungen:

$$R_B(B_z) = R_0 \cdot \left[1 + \left(1 - 0{,}45 \cdot \frac{l_0}{b_0}\right) \cdot \mu_H^2 \cdot B_z^2\right] \qquad \text{(Gl. 7.52a)}$$

und

$$\frac{R_B(B_z)}{R_0} = \left[1 + \left(1 - 0{,}45 \cdot \frac{l_0}{b_0}\right) \cdot \mu_H^2 \cdot B_z^2\right] \qquad \text{(Gl. 7.52b)}$$

Bild 7.36 zeigt die Ansteuerung einer Feldplatte ohne Vormagnetisierung. Es ist zu sehen, dass das Eingangssignal völlig verfälscht wird. Es ist also eine Vormagnetisierung notwendig – so, dass der fast lineare Kennlinienteil verwendet werden kann. Der Arbeitspunkt wird in die Nähe der maximalen Widerstandsänderung gelegt. Für die Dotierung $n = 6 \cdot 10^{-23}\ \text{m}^{-3}$ ist eine Vormagnetisierung von $B_z = 0{,}2...0{,}3$ T notwendig.

Bild 7.37 zeigt die Abbildungseigenschaft einer Feldplatte mit einer Vormagnetisierung. Aus der Darstellung ist zu ersehen, dass im Fall einer Vormagnetisierung eine formtreue Signalabbildung möglich ist. Die Signalinformation liegt in der Amplitude. Zur qualitativen Messung der externen magnetischen Flussdichte ist in jedem Fall eine vorherige Kalibrierung notwendig. Zur Messung mechanischer Größen ist, wie beim HALL-Element, oft ein Steuermagnet am Messobjekt einzubauen.

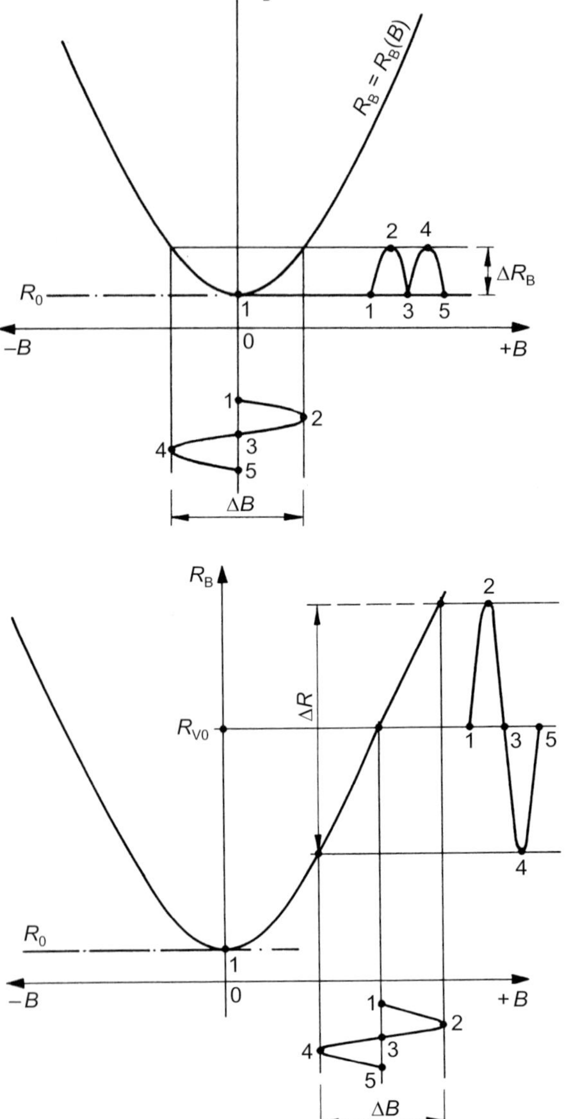

Bild 7.36
Aussteuerung des Feldplattenwiderstandes ohne Vormagnetisierung

Bild 7.37
Aussteuerung des Feldplattenwiderstandes mit Vormagnetisierung

Messtechnische Eigenschaften und Sensorelektronik

Feldplattenwiderstände besitzen einen großen negativen Temperaturkoeffizienten, der je nach Arbeitspunkt –0,3...–0,4% / K beträgt. Durch eine Differenzanordnung können auch in diesem Fall die thermische Nullpunktdrift und die thermische Empfindlichkeitsänderung gut kompensiert werden. Bild 7.38 zeigt den Aufbau einer Differenzfeldplatte. Sie besteht aus 2 symmetrisch zum Vorspannmagnet angeordneten Feldplatten. Sie werden durch das Messobjekt gleichzeitig gegensinnig beeinflusst, während die Temperatur am Messort fast gleichzeitig gleichsinnig auf die beiden Einzelfeldplatten wirkt.

Das Messprinzip gestattet auch eine Linearisierung der Übertragungskennlinie, eine Verdoppelung des Messbereiches und eine Verdoppelung der Messempfindlichkeit. Die Änderung des Feldplattenwiderstandes wird elektrisch in einer WHEATSTONE-Brücke für Gleichspannung ausgewertet.

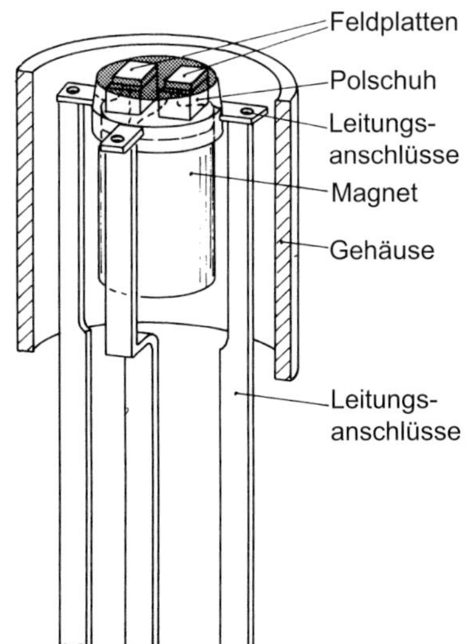

Bild 7.38
Mechanischer Prinzipaufbau eines Differenz-Feldplattenaufnehmers

Bild 7.39 zeigt eine Brückenschaltung mit einer Differenzfeldplatte. Die Diagonalspannung ΔU_B der Vollbrücken ist für kleine Änderungen der magnetische Flussdichte ΔB_z für die Differenzfeldplatten (R_1, R_2) proportional zu ihrer relativen Messempfindlichkeit $(dR/R)/dB$. Bewirkt wird die Änderung der magnetischen Flussdichte ΔB_z durch das Messobjekt. Für die Brückendiagonalspannung ΔU_B gilt:

$$\frac{R_B(B_z)}{R_0} \sim 1 + k \cdot B_z^2 \qquad \text{(Gl. 7.53)}$$

U_S Brückenspeisespannung

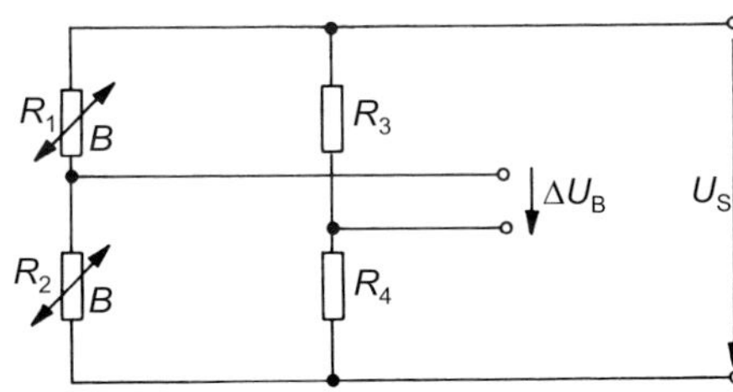

Bild 7.39
Halbbrückenschaltung mit einer Differenzfeldplatte

Sie wird immer mit einem sog. Instrumentenverstärker elektronisch weiterverarbeitet. Bild 7.40 zeigt eine Differenzfeldplatte (FFP) in Halbbrückenschaltung mit Verstärker-IC. In Tabelle 7.4 sind die wichtigsten Kenngrößen mit repräsentativen Werten zusammengestellt.

Tabelle 7.4 Typische Kennwerte von Einzel-Feldplatten (FP)

Grundwiderstand R_0 bei 25 °C	60...500 Ω
rel. Widerstandsänderung R_B/R_0 = bei B = 0,3 T und 25 °C	1,6...3%
rel. Widerstandsänderung R_B/R_0 = bei B = 1,0 T und 25 °C	6,0...15%
Temperaturkoeffizient β bei B = 0,3 T und 25 °C	–1,03...–3,8%/K
Temperaturkoeffizient β bei B = 1,0 T und 25 °C	–0,25...–2,9 %/K

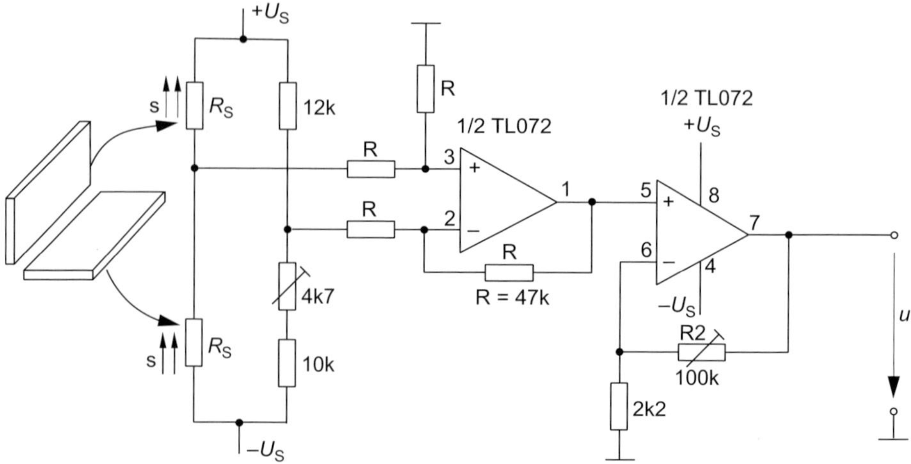

Bild 7.40 Brückenschaltung mit Operationsverstärker für eine Differenzfeldplatte

Anwendungen

Der Anwendungsschwerpunkt von Feldplatten (FP) und Differenzfeldplatten (FFP) liegt im Bereich von berührungslosen Schaltvorgängen als Positionssensoren, kontaktlosen Potentiometern, Wegsensoren, Drehzahlsensoren und Drehwinkelsensoren.

Drehzahlsensoren

Bild 7.41 zeigt eine Differenzfeldplatte (FFP) mit einem Zahnrad zur Drehzahlerfassung. Durch das Zahnrad ZS werden die beiden Einzelfeldplatten getrennt magnetisch angesteuert. Ein wichtiger Vorteil von FFP zur Drehzahlmessung ist, neben der Kompensation thermischer Messabweichungen, die Unterdrückung von Luftspaltschwankungen und die zonenweise Vormagnetisierung der Zahnräder.

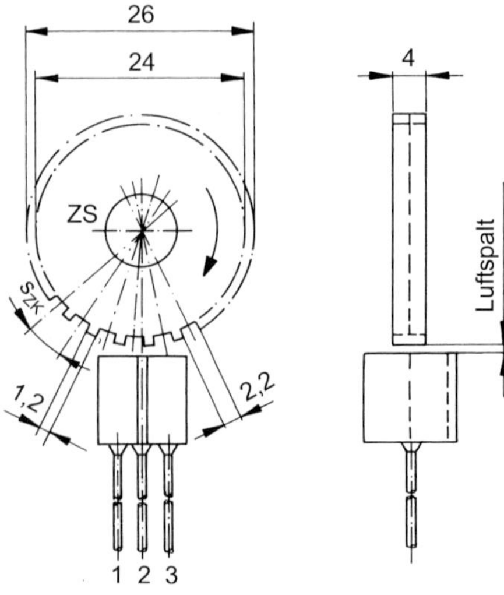

Bild 7.41
Anwendung zur Drehzahlmessung mit einer Differenzfeldplatten

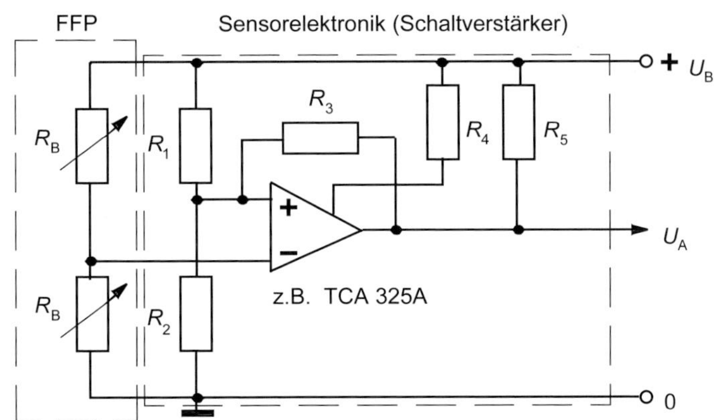

Bild 7.42 Elementarsensor (FFP) mit Schaltverstärker zur Erfassung der Drehrichtung eines Zahnrades mit unsymmetrischem Zahn-Lücken-Verhältnis

Mit FFP lässt sich die Drehzahl von 0 an erfassen. Zur Erkennung der Drehrichtung des Zahnrades wird ein unsymmetrisches Zahn-Lücken-Verhältnis verwendet. Bild 7.42 zeigt den Elementarsensor mit zugehöriger Elektronik. Die Hysterese des Schaltverstärkers wird so eingestellt, dass der Ausgangsspannungsbereich der nicht angesteuerten FP voll erfasst wird. Bild 7.43 zeigt die Geometrie des Zahnrades und den Signalverlauf des Sensorausgangssignals in Abhängigkeit von der Drehrichtung.

Zahnraddaten

Zahnhöhe $h = 1$ mm, Zahnbreite $b = 2$ mm, Zahndicke $d = 3$ mm, Zahnlücke $l = 6$ mm, Luftspalt zwischen Zahn und Sensor $\delta < 0{,}5$ mm.

Das stark unsymmetrische Zahn-Lücken-Verhältnis ergibt einen ausreichend großen Unterschied der Mittelwerte der Ausgangsspannung bei Rechtsdrehung und Linksdrehung. Aus der Abfrage des Mittelwertes der Ausgangsspannung u_A des Schaltverstärkers erhält man die Drehrichtung des Zahnrades. Das Optimum vom Zahn-Lücken-Verhältnis liegt bei ca. 1 : 3. Das unsymmetrische Zahn-Lücken-Verhältnis verkleinert die Folgefrequenz. Der Luftspalt zwischen Zahnrad und Feldplatte soll immer <0,5 mm sein.

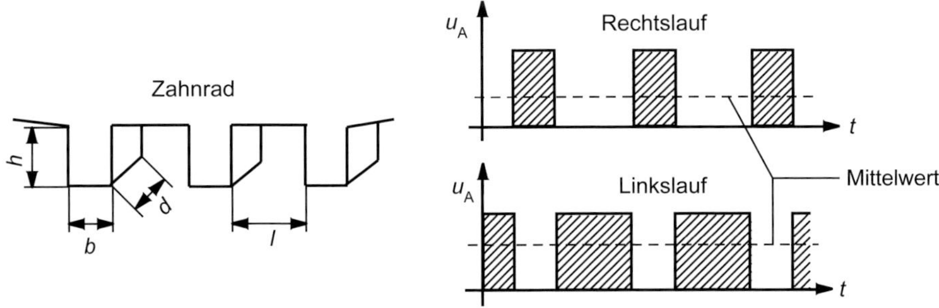

Bild 7.43 Geometrie des Zahnrades und Signalverlauf des Sensorssignals, abhängig von der Drehrichtung

Winkel- und Wegsensoren

Elektromechanische Kontakte, z.B. Potentiometerschleifer, erzeugen ein hohes Rauschen bei Bewegung und im Ruhezustand. Für kleine Wege und damit kleine Widerstandsänderungen kann man vorteilhaft Feldplatten verwenden. Damit werden kontaktlose FP-Linearpotentiometer und FP-Winkelpotentiometer gebaut. Bild 7.44

zeigt den mechanischen Prinzipaufbau eines linearen FP-Linearpotentiometers und seine Übertragungskennlinie. Bild 7.45 zeigt den mechanischen Prinzipaufbau eines Linearpotentiometers, bestehend aus 2 Einzelfeldplatten, die Anschlüsse können galvanisch getrennt angeschlossen werden.

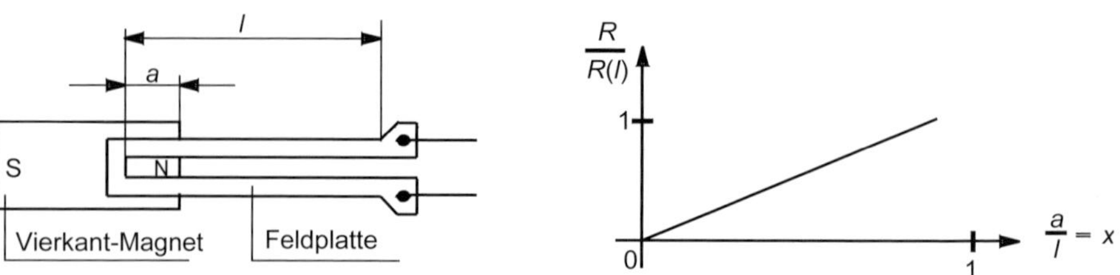

Bild 7.44 Elektromechanischer Prinzipaufbau eines linearen FP-Linearpotentiometers mit Übertragungskennlinie

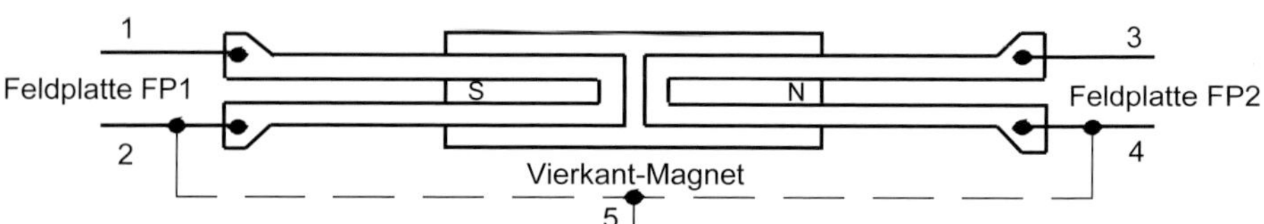

Bild 7.45
Elektromechanischer Prinzipaufbau eines Linearpotentiometers aus 2 Einzelfeldplatten

Positionssensoren
Eine Differenzfeldplatte (FFP) wird zur Positionsmessung eines Maschinenbauteils mit einer elektrischen Halbbrücke (Bild 7.46) betrieben. Die FFP wird dabei teilweise vom Magnetfeld eines Permanentmagneten durchsetzt. Wie ändert sich die Ausgangsspannung U_D der Brücken, wenn sich der Permanentmagnet nach unten bewegt?

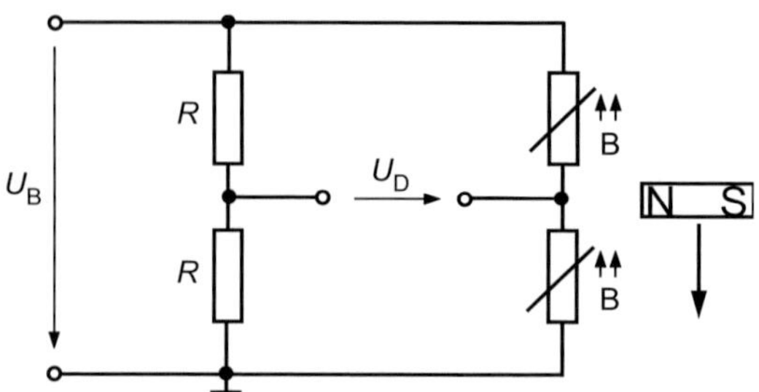

Bild 7.46
Halbbrückenschaltung mit Differenzfeldplatte

Die Brückenausgangsspannung U_D wird positiver, der Spannungspfeil zeigt also im Bild in die falsche Richtung.

Beispiel 7.10

a) Entwerfen Sie ein kontaktloses elektronisches Potentiometer mit Feldplatte, Steuermagnete und Sensorelektronik. Bild 7.47 zeigt eine Feldplatte mit 2 Außenelektroden 1 und 3 sowie einer Mittelelektrode 2. Der Steuermagnet bedeckt die Hälfte der Feldplatte und ist axial beweglich.

b) Berechnen Sie die Widerstandsverhältnisse R_{12} / R_{13} und R_{23} / R_{13}. (Benutzen Sie Bild 7.44 als Vorlage für die Bezeichnungen)
c) Zeichnen Sie die Widerstandskennlinien des FP-Spannungsteilers.

Bild 7.47
Feldplatte mit 2 Außenelektroden 1 und 3 sowie einer Mittelelektrode 2

Lösung 7.10

a) Prinzipskizze (Bild 7.48) des FP-Spannungsteilers mit Steuerpermanentmagnet.

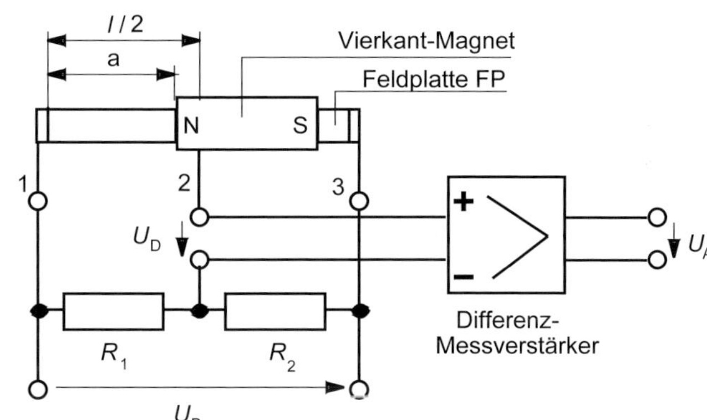

Bild 7.48
Schaltung eines FP-Spannungsteilers mit Steuerpermanentmagnet und Differenzspulenverstärker

b) Berechnung der Widerstandsverhältnisse. Nach dem Spannungsteilergesetz gilt:

$$\frac{R_{12}}{R_{13}} = \frac{(R_0 - R_B) \cdot a}{(R_0 + R_B) \cdot \frac{1}{2}} = \frac{1 - \frac{R_B}{R_0}}{1 + \frac{R_B}{R_0}} \cdot x \quad \text{mit} \quad x = \frac{2 \cdot a}{l} \tag{Gl. 7.54}$$

und

$$\frac{R_{23}}{R_{13}} = \frac{R_{13} - R_{12}}{R_{13}} = \frac{(R_0 + R_B) \cdot \frac{1}{2} - (R_0 - R_B) \cdot a}{(R_0 + R_B) \cdot \frac{1}{2}} = 1 - \frac{1 - \frac{R_B}{R_0}}{1 + \frac{R_B}{R_0}} \cdot x \quad \text{mit} \quad x = \frac{2 \cdot a}{l}$$

(Gl. 7.55)

c) Widerstandskennlinien (Bild 7.49)

7.4 XMR-Sensoren

Die technischen Grundlagen für die MR-Sensoren (***M**agnetic-**R**esistance*-Sensoren) sind die physikalischen MR-Effekte. Sie beschreiben allgemein die relative Änderung des elektrischen Widerstandes (oder des spezifischen elektrischen Widerstan-

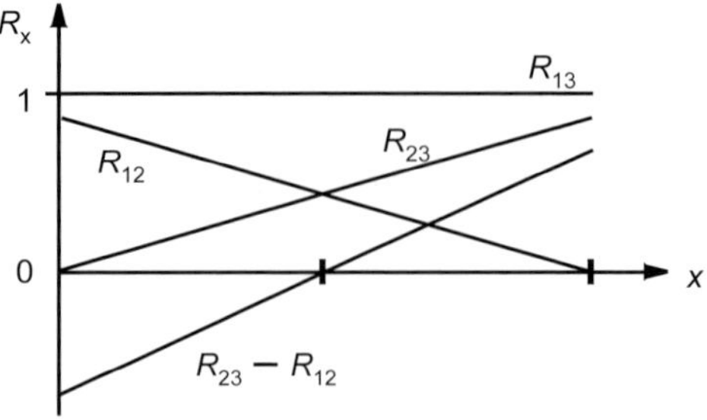

Bild 7.49
Verschiedene Widerstandskennlinien des FP-Spannungsteilers

des) eines elektrischen Leiters bei Anlegung eines Magnetfeldes. Je nach Raumorientierung des elektrischen Stromdichtevektors zum externen Magnetfeldvektor spricht man von transversalen (Magnetfeld senkrecht zur Stromrichtung) oder longitudinalen Effekten (Magnetfeld parallel zur Stromrichtung). Allgemein gilt für alle magnetoresistiven Effekte die relative Widerstandsänderung:

$$\frac{\Delta R}{R} \sim \frac{\Delta \varrho}{\varrho} = \frac{\varrho(H) - \varrho(H=0)}{\varrho(H=0)} \cdot 100\% \qquad \text{(Gl. 7.56)}$$

$\varrho(H = 0)$ spezifischer elektrischer Widerstand ohne äußeres Magnetfeld
$\varrho(H)$ spezifischer elektrischer Widerstand mit Magnetfeld

Es folgt eine Übersicht von allen bis jetzt bekannten magnetoresistiven Effekten (MR-Effekte).

«Magnetoresistive Effekte» in nicht magnetischen Materialien
OMR-Effekte (Ordinary-Magnetic-Resistance-Effekte)

- ❑ IMR-Effekt (***I***sotropic-***M***agnetic-***R***esistance-Effekt: GAUß 1856)
- ❑ EMR-Effekte (***E***xtraordinary-***M***agnetic-***R***esistance-Effekt: 2004) (befinden sich noch im Entwicklungsstadium!)

«Magnetoresistive Effekte» in magnetischen Materialien
XMR-Effekte (X-Magnetic-Resistance-Effekte)

(X ist der Platzhalter für die Benennungen der verschiedenen XMR-Effekte)

- ❑ AMR-Effekt (***A***nisotropic-***M***agnetic-***R***esistance-Effekt): W. THOMSON 1897,
- ❑ GMR-Effekt (***G***iant-***M***agnetic-***R***esistance-Effekt): GRÜNBERG und FERTL 1988,
- ❑ TMR-Effekt (***T***unneling-***M***agnetic-***R***esistance-Effekt): entdeckt nach 1990,
- ❑ CMR-Effekt (***C***olossal-***M***agnetic-***R***esistance-Effekt): entdeckt 1967,
- ❑ GMI-Effekt (***G***aint-***M***agnetic-***I***nduktance-Effekt): entdeckt 1992.

Für die Anwendungen der XMR-Effekte wird auch der Begriff «**Magnetoelektronik**» verwendet.

7.4.1 IMR-Sensoren (isotrope magnetoresistive Sensoren)

Der transversale ***I***sotrop-***M***agneto-***R***esistance-Effekt (IMR-Effekt, 1856), entdeckt von C. F. GAUß, tritt in allen leitfähigen nicht magnetischen Materialien auf. Es ist wichtig, ob der Leiter ein Metall oder ein Halbleiter ist. Im Metall tritt im einfachen Bild des freien Elektrons fast keine Widerstandsänderung durch das Magnetfeld auf, da die LORENTZ-Kraft der sich aufbauenden HALL-Kraft entgegenwirkt.

Bei den Halbleitern tritt jedoch bei der einfachen Annahme von freien Elektronen und Löchern eine Widerstandsänderung auf, da sich eine kompensierende HALL-Kraft nicht vollständig aufbauen kann. Die Stromdichtevektoren und die Magnetfeldvektoren stehen senkrecht aufeinander, wobei der elektrische Widerstand beim Anlegen eines äußeren magnetischen Feldes größer wird. Der physikalische Grund ist die Ablenkung der Ladungsträger aus ihrer geradlinigen Bahn durch die LORENTZ-Kraft, d.h., die Widerstandsbahn wird länger und damit der Widerstand größer.

Der transversale, isotrope «magnetoresistive Effekt» erreicht in elektrisch leitfähigen Materialien (z.B. Kupfer) erst bei großen magnetischen Feldstärken technisch verwertbare Widerstandsänderungen. Wismut hat die größte Widerstandsänderung unter den Metallen. Stärker ist der Effekt in speziellen Halbleitermaterialien, bekannt unter dem Siemens-Handelsnamen «Feldplatte» (FP) und Differenzfeldplatte (FFP).

Hinweis

Dieser Sensortyp ist in Abschnitt 7.3.4 beschrieben, da sein Sensoreffekt systematisch auch in die Gruppe der «galvanomagnetischen Effekte» gehört (wie z.B. der HALL-Effekt).

7.4.2 AMR-Sensoren ohne Strukturgeometrie

Der anisotrope «magnetoresistive Effekt» (***A***nisotropic-***M***agnetic-***R***esistance-Effekt) wurde von W. THOMSON (1897) entdeckt. Er tritt in allen metallischen ferromagnetischen Materialien auf. Bild 7.50 zeigt die Formanisotropie (Raumrichtungsabhängigkeit) von ferromagnetischen Metallschichten. Der elektrische Widerstand ist parallel zur Magnetfeldrichtung größer als senkrecht dazu.

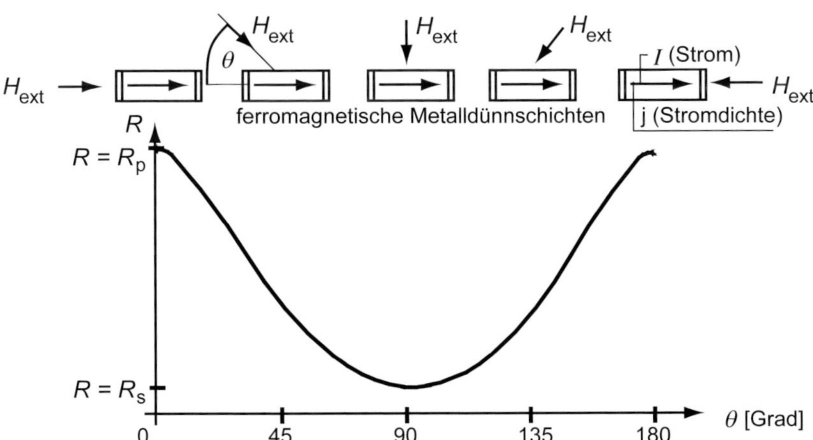

Bild 7.50
Formanisotropie (Raumrichtungsabhängigkeit) von ferromagnetischen Metallschichten

Dieser Effekt beruht auf einem durch ein externes Magnetfeld erzeugten anisotropen Streuquerschnitt der Rumpfelektronen. Bei einem Stromfluss und gleichzeitiger Magnetfeldeinwirkung werden die freien Leitungselektronen an den magnetischen Spinmomenten der Metallgitteratome gestreut. Dies führt in weichmagnetischen

Materialien zu einer Änderung des Widerstandes bei Drehung des externen Magnetfeldes, wobei sich der Ordnungszustand in der dünnen Metallschicht ändert.

Eine einfache ferromagnetische Metallschicht (z.B. NiFe-Permalloy) ist als Elementarsensor wenig geeignet, da der Nullpunkt ohne Magnetfeld sehr schlecht redproduzierbar ist, Hysterese-Effekte auftreten und die Widerstandsänderungen relativ klein sind. Diese Mängel lassen sich durch das Erzeugen einer eingeprägten magnetischen Vorzugsrichtung (magnetische Anisotropie) in Längsrichtung der Metallschicht beheben. Die Anisotropiefeldstärke muss mindestens 250 A/m betragen. In diese Richtung stellt sich die Magnetisierung immer ein, auch wenn sie vorübergehend durch ein externes Magnetfeld in eine andere Richtung gedreht wurde. Dieser Effekt ermöglicht maximale Widerstandsänderungen.

Bild 7.51 stellt das physikalische Sensorprinzip mit magnetischer Anisotropie dar. Ein von außen auf die Schicht einwirkendes Magnetfeld H_{ext} dreht die innere Magnetisierung M der WEIß-Bezirke des Materials so, dass sie sich mit zunehmender Magnetfeldstärke H_{ext} immer mehr am äußeren Magnetfeld H_{ext} orientiert. Ab einer bestimmten äußeren Magnetfeldstärke H_{ext} (Sättigung) ist die Orientierung der inneren Magnetisierung M und die des äußeren Magnetfeldes H_{ext} gleich.

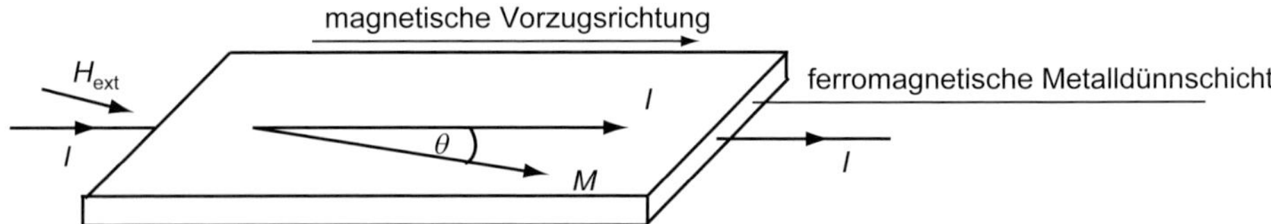

Bild 7.51 Physikalisches Sensorprinzip mit magnetischer Anisotropie

Bei Feldrichtungsänderung, z.B. bei Drehung des Feldes H_{ext}, folgt die innere Magnetisierung M immer exakt dieser Drehrichtung. Der Winkel Θ ist der Winkel zwischen dem Stromdichtevektor j des Stromflusses I durch das Material und der Magnetisierung M des Materials. Steht der Magnetfeldvektor H_{ext} und damit die innere Magnetisierung M des Materials senkrecht auf dem Stromdichtevektor j, hat der Widerstand des Materials R seinen kleinsten Wert R_s. Sind die Vektoren parallel zueinander, hat der Widerstand R des Materials seinen größten Wert R_p (Bild 7.50).

Hinweis

Die folgenden Gleichungen werden mit **Vertiefung 7.3** noch hergeleitet. Die Gleichung für die absolute Widerstandsänderung lautet:

$$R(\Theta) = R_s + \Delta R_{max} \cdot \cos^2 \Theta \qquad \text{(Gl. 7.57a)}$$

Für die relative Widerstandsänderung gilt mit Gl. 7.56:

$$\frac{R(\Theta)}{R_s} = 1 + \frac{\Delta R_{max}}{R_s} \cdot \cos^2(\Theta) = 1 + \beta \cdot \cos^2(\Theta) \quad \text{mit} \quad \beta \equiv \frac{\Delta R_{max}}{R_s} = 3 \div 4\% \qquad \text{(Gl. 7.57b)}$$

Die Widerstandsänderung kann auch über das externe Magnetfeld H_{ext} berechnet werden (s. Bild 7.51):

$$R(H_y / H) = R_s + \Delta R_{max} \cdot \left[1 - \left(\frac{H_y}{H}\right)^2\right] \quad \text{mit:} \quad \Delta R_{max} = R_p - R_s \qquad \text{(Gl. 7.58)}$$

Für die relative Widerstandsänderung gilt mit Gl. 7.58:

$$\frac{R(H_y / H)}{R_s} = 1 + \frac{\Delta R_{max}}{R_s} \cdot \left[1 - \left(\frac{H_y}{H}\right)^2\right] = 1 + \beta \cdot \left[1 - \left(\frac{H_y}{H}\right)^2\right]$$

$$\text{mit} \quad \beta \equiv \frac{\Delta R_{max}}{R_s} = 3 \div 4\% \qquad \text{(Gl. 7.59)}$$

Wie Gl. 7.57 zeigt, ist mit Hilfe des Widerstandes zwar der Betrag des Winkels zu bestimmen, aber nicht sein Vorzeichen. Die Werte liegen zwischen $\Theta = -90°$ und $\Theta = +90°$. Um dieses Problem zu lösen, wurde die sog. BARBER-Pol-Anordnung entwickelt. Mit ihr kann man Winkel von –45° bis zu +45° gut bestimmen. Ein weiterer Vorteil ist, dass für kleine Winkeländerungen um 0° ein nahezu lineares Verhalten erreicht wird. Diese Sensoren werden unten noch behandelt.

Vertiefung 7.3

Die Ableitungen des oben dargestellten Sachverhaltes mit Hilfe der Differentiation stehen im Onlineservice InfoClick zur Verfügung. Für das weitere Verständnis des Themas im eigentlichen Sinn kann grundsätzlich ohne diese Herleitungen weitergearbeitet werden. Die Nummerierung im Buch überspringt deshalb die auf InfoClick behandelten Funktionen (Gl. 7.60...7.68) und fährt folgerichtig mit Gl. 7.69 fort. Auch Bild 7.52 wird für die Herleitung auf InfoClick benötigt, so dass im Buch folgerichtig auf Bild 7.51 Bild 7.53 folgt.

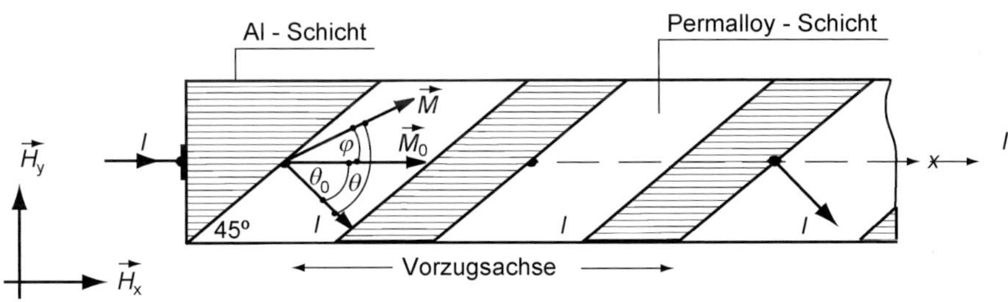

Bild 7.53 Prinzipieller Aufbau und Wirkungsweise eines AMR-Sensors mit BARBER-Pol-Strukturgeometrie

7.4.3 AMR-Sensoren mit Strukturgeometrie

7.4.3.1 AMR-Sensoren mit BARBER-Pol-Strukturgeometrie (Version BARBER-Pole) (AMR-Sensoren mit BARBER-Polen, BARBER-Pol-Sensor, Widerstandsstreifen mit BARBER-Polen)

Lässt man den elektrischen Strom nicht parallel zur magnetischen Vorzugsrichtung fließen, sondern unter einem Winkel von 45°, entsteht der sog. BARBER-Pol-Effekt. Für kleine externe Magnetfelder von ca. 50% der Mindestfeldstärke, die notwendig ist, die Magnetisierung um 90° zu drehen, erreicht man eine Linearisierung der Kennlinie.

Die Widerstandsstreifen bestehen z.B. aus dünnen (20...200 nm) hochohmigen Permalloyschichten ($Ni_{81}Fe_{19}$) oder anderen NiFe- oder NiFeCo-Legierungen auf Si-, Glas- oder Keramikträger (ca. 1,6 mm²). Zur Kennlinienlinearisierung sind unter 45° niederohmige Metallbahnen (z.B. aus Al oder Au) aufgebracht, sog. BARBER-Pole. Der elektrische Strom durch die hochohmige und ferromagnetische Schicht wählt zwischen den Al-Metallstreifen den kürzesten Weg, d.h. 45° zur Vorzugsachse. Die dünnen Permalloyschichten werden mittels Sputtern hergestellt. Die Al-Schichten für BARBER-Pole und Kontakt-Pads können ebenfalls gesputtert oder mit thermischer Verdampfung abgeschieden werden. Die Strukturierung erfolgt photolithographisch, nasschemisch oder plasmageätzt.

Bild 7.53 zeigt den prinzipiellen Aufbau und die Wirkungsweise. Die spontane Magnetisierung M_0 liegt in x-Richtung, d.h. in der durch die Form-Anisotropie festgelegten, leicht magnetisierbaren Achse. Ein externes Magnetfeld H_y senkrecht dazu führt zur Drehung der Magnetisierung in der Permalloyschicht von M_0 nach M und somit zur Änderung des elektrischen Widerstandes (Streuung von Elektronen an Atom-Spinmomenten). Es gilt dann:

$$\varphi = \Theta - \Theta_0 = \Theta - 45^\circ \qquad \text{(Gl. 7.69)}$$

und das Additionstheorem:

$$\cos^2(\varphi) = \frac{1}{2} \cdot \left[1 + \cos(2 \cdot \varphi)\right] \qquad \text{(Gl. 7.70)}$$

Gl. 7.69, eingesetzt in Gl. 7.70, ergibt:

$$\cos^2(\varphi) = \frac{1}{2} \cdot [1 + \cos(2 \cdot \Theta - 90^\circ)]$$

$$= \frac{1}{2} \cdot \{1 + [\cos(2 \cdot \Theta) \cdot \cos(-90^\circ) - \sin(2 \cdot \Theta) \cdot \sin(-90^\circ)]\} \Rightarrow$$

$$\cos^2(\varphi) = \frac{1}{2} \cdot [1 + \sin(2 \cdot \Theta)] \qquad \text{(Gl. 7.71)}$$

Setzt man Gl. 7.71 in Gl. 7.57a, gilt für den absoluten Widerstand:

$$R(\varphi) = R_s + \frac{\Delta R_{max}}{2} \cdot [1 + \sin(2 \cdot \Theta)] \qquad \text{(Gl. 7.72)}$$

Berechnung der Widerstandsänderung mittels Additionstheoremen:

$$\sin(2 \cdot \Theta) = 2 \cdot \sin(\Theta) \cdot \cos(\Theta) = 2 \cdot \sin(\Theta) \cdot \sqrt{1 - \sin^2(\Theta)} \qquad \text{(Gl. 7.73)}$$

Setzt man Gl. 2.73 in Gl 2.72, gilt:

$$R(\Theta) = R_s + \frac{\Delta R_{max}}{2} \cdot [1 + 2 \cdot \sin(\Theta) \cdot \sqrt{1 - \sin^2(\Theta)}] \qquad \text{(Gl. 7.74a)}$$

Nach Bild 7.53 gilt $H_y / H = \sin(\theta)$, damit in Gl. 7.74a:

$$R(H_y / H) = R_s + \frac{\Delta R_{max}}{2} \cdot \left[1 + 2 \cdot \left(\frac{\vec{H}_y}{\vec{H}}\right) \cdot \sqrt{1 - \left(\frac{\vec{H}_y}{\vec{H}}\right)^2}\right] \quad \text{mit} \quad \Delta R_{max} = R_p - R_s$$

(Gl. 7.74b)

Bild 7.54 zeigt die idealen Kennlinien eines AMR-Elementarsensors (***A****nisotropic-****M****agnetic-****R****esistance-Sensoren*) mit und ohne BARBER-Pole. Die nichtlineare Kennlinie ohne BARBER-Pole ist durch Gl. 7.59 und die linearisierte Kennlinie mit BARBER-Polen durch Gl. 7.74a beschrieben. Bild 7.55 verdeutlicht die zugehörige Brückenarchitektur. Sie besteht aus 4 Sensorelementen, die zu einer WHEATSTONschen-Messbrücke geschaltet sind. Je 2 Sensorelemente sind gleichsinnig, die andern gegensinnig ausgerichtet. Damit sind bei einem Paar Sensorelementen die Stromwinkel um +45° gegen die Vorzugsrichtung und bei den anderen um –45° gedreht. Im Sensorchip besteht die technische Ausführung nicht aus 4 Sensorelementen mit je einer Widerstandsbahn, sondern aus je einer integrierten Mäanderstruktur, um so möglichst große Bahnlängen auf kleinstem Platz zu erhalten.

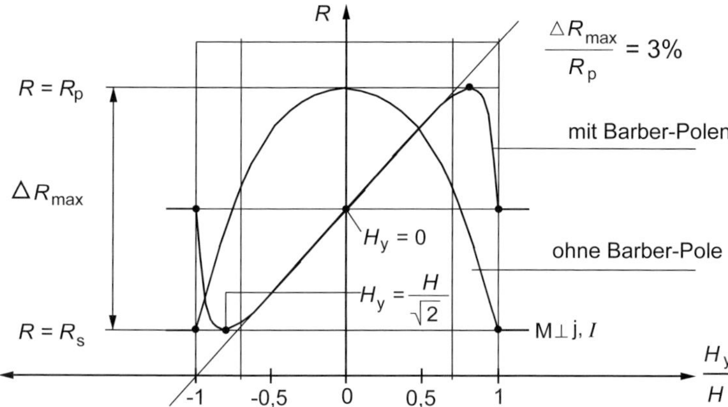

Bild 7.54 Ideale Kennlinien eines AMR-Elementarsensors mit und ohne BARBER-Pole

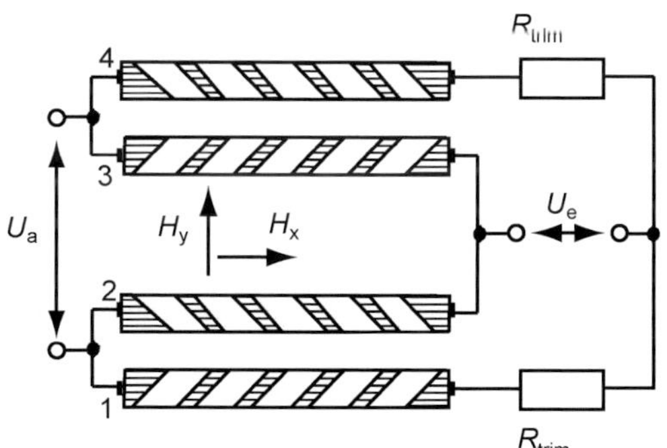

Bild 7.55
Brückenarchitektur eines AMR-Elementarsensors mit BARBER-Pol-Struktur

Bild 7.56 präsentiert eine Vollbrückenschaltung mit 4 AMR-Widerständen mit BARBER-Pol-Struktur. Um die guten Messeigenschaften von Messbrücken zu nutzen, werden 48 Sensorelemente auf einem ca. 1 mm^2 großen Sensorchip angeordnet. Wegen der höhern Störsicherheit wird ein Vorverstärker gebraucht, der aber die Betriebstemperatur einschränkt. Magnetische Störfelder können zu unerwünschten Ummagnetisierungen der Sensorelemente führen, da sie magnetisch bistabil sind. Um reproduzierbare Messwerte zu erhalten, muss man mit externen Magneten ein Stützfeld in der Vorzugsrichtung von ca. 1 kA/m vorsehen. Tabelle 7.5 beschreibt typische Eigenschaften von AMR-Sensoren mit BARBER-Pol-Layouts. Bild 7.57 illustriert eine analoge Sensorelektronik mit AMR-Elementarsensorbrücke. Zur Brückensignalverstärkung wird ein Instrumentenverstärker-IC (z.B. INA114A) verwendet. Die beiden Eingänge sind gleich hochohmig, so dass die Brücke nicht elektrisch belastet wird. Die beiden

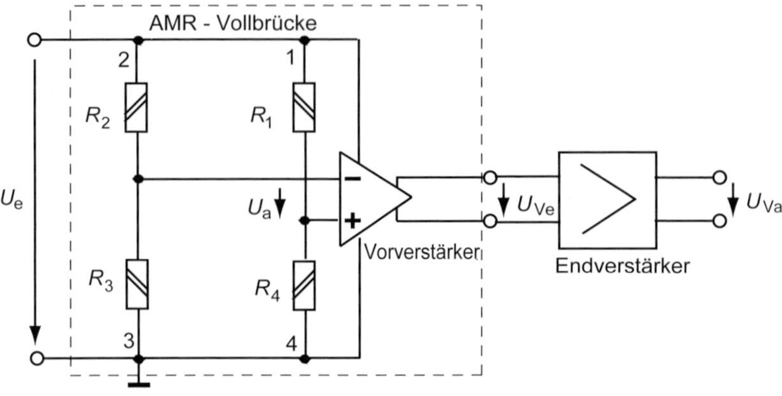

Bild 7.56 Vollbrückenschaltung mit 4 AMR-Widerständen mit BARBER-Pol-Struktur

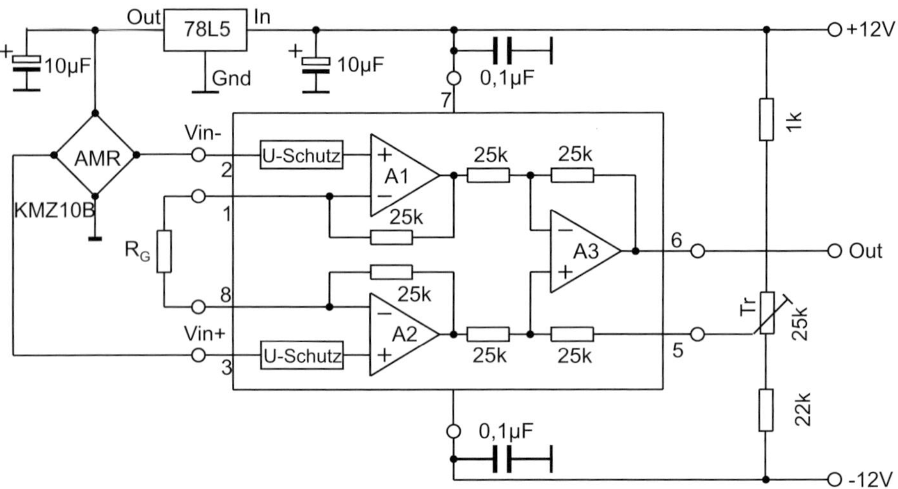

Bild 7.57 Analoge Sensorelektronik mit einem Instrumentenverstärker-IC (INA114A) und AMR-Elementarsensorbrücke

Eingänge sind mit ±40 V vor Überspannung geschützt. Die Verstärkung A_G kann extern über den Widerstand R_G von 1...1000 festgelegt werden.

$$A_G = 1 + \frac{50\ \text{k}\Omega}{R_G} \qquad \text{(Gl. 7.75)}$$

Allgemein gilt, dass AMR-Sensoren bei kleinen Feldstärken vorteilhafter sind als z.B. Feldplatten oder HALL-Sensoren, bedingt vor allem durch ihre höhere Messempfindlichkeit.

Tabelle 7.5 Typische Eigenschaften von AMR-Sensoren mit BARBER-Pol-Layouts

AMR-Sensoren mit BARBER-Pol-Layout

Spannung	Temperatur	Widerstand	Stromempfindlichkeit	Ausgangsspannung	Magnet
12 V	–40...+150 °C	1,9 ± 0,5 kΩ	4,7 + 1,0 (mV/V)(kA/m)	20,0 V ± 4,0 mV/V	nein
12 V	–25...+125 °C	1,9 ± 0,5 kΩ	4,0 ± 0,8 (mV/V)(kA/m)	20,0 V ± 4,0 mV/V	ja
12 V	–40...+150 °C	1,9 ± 0,5 kΩ	4,7 ± 1,0 (mV/V)(kA/m)	20,0 V ± 4,0 mV/V	nein
12 V	–25...+125 °C	1,7 ± 0,5 kΩ	5,5 ± 1,5 (mV/V)(kA/m)	18,0 V ±4,0 mV/V	ja

7.4.3.2 AMR-Sensoren mit speziell optimierter Barber-Pol-Strukturgeometrie (Version Pseudo-Hall) (Pseudo-Hall-Sensoren)

Der Einsatz von AMR-Sensoren begann in den 80er-Jahren des 20. Jahrhunderts mit einfachen Barber-Pol-Strukturen, wie oben beschrieben. Die zuerst großen Messabweichungen bei analogen Messungen magnetischer Felder führten dazu, dass sich magnetoresistive Sensoren auf dem Markt nur schwer durchsetzen konnten. In den Jahren zwischen 1990 und 2000 entstanden eine Reihe von neuen Konzepten (z.B. bei IMO), die AMR-Sensoren zur genauen Messung von Magnetfeldern einsetzbar machten.

Bild 7.58 zeigt den elektromechanischen Prinzipaufbau und die Strukturgeometrie einer einfachen AMR-Doppelbrücke mit 8 Einzel-AMR-Widerständen (Sensorelementen) in 2 Einzelbrücken. Analog ergibt sich dann nach Gl. 7.72 ein Phasenunterschied von 90° im Widerstandsverlauf und damit je ein Sinus- und ein Cosinussignal als Funktion des Magnetfeldwinkels α, da die beiden Halbbrücken (1,2 und 3,4 sowie 5,6 und 7,8) der Einzelbrücke um 90° gegeneinander gedreht angeordnet sind und so die geforderte entgegengesetzte Widerstandsänderung für eine maximale Brückenausgangsspannung aufweisen. Magnetisch ansteuern kann man die AMR-Brückenstruktur mit um ihre Hochachse rotierenden quaderförmigen Permanentmagneten und mit linearer oder (besonders vorteilhaft) rotierender, alternierender Nord-Süd-Magnetstruktur, z.B. einem sog. Polrad wie in Bild 7.62.

Bild 7.59 erläutert den Funktionsverlauf der beiden Brückensignale, d.h. eine Sinus- und eine Cosinusfunktion, abhängig vom Winkel α des Magnetfeldes. Die mathematische Auswertung der beiden Funktionen als Quotient ergibt eine Arcustangensfunktion, abhängig vom Winkel α des Magnetfeldes. Es gilt also für die Brückensignale:

$$u_{\sin}(\alpha) = 1 \cdot \sin(\alpha) \quad \text{und} \quad u_{\cos}(\alpha) = 1 \cdot \cos(\alpha) \qquad \text{(Gl. 7.76)}$$

und für den Quotienten der beiden Brückensignale:

$$\frac{u_{\sin}(\alpha)}{u_{\cos}(\alpha)} = \frac{\sin(\alpha)}{\cos(\alpha)} = \tan(\alpha) \text{ mit der Definition } \beta(\alpha) \equiv \arctan \frac{u_{\sin}(\alpha)}{u_{\cos}(\alpha)} \qquad \text{(Gl. 7.77)}$$

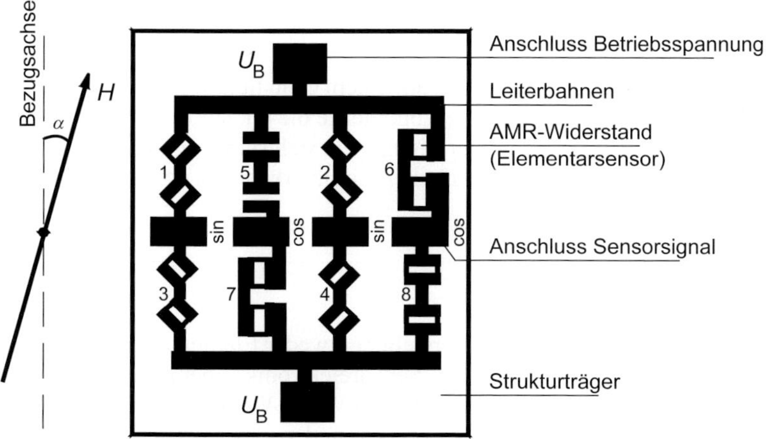

Bild 7.58 Elektromechanischer Prinzipaufbau und Strukturgeometrie einer AMR-Doppelbrücke mit 8 Einzel-AMR-Sensorelementen in 2 Einzelbrücken

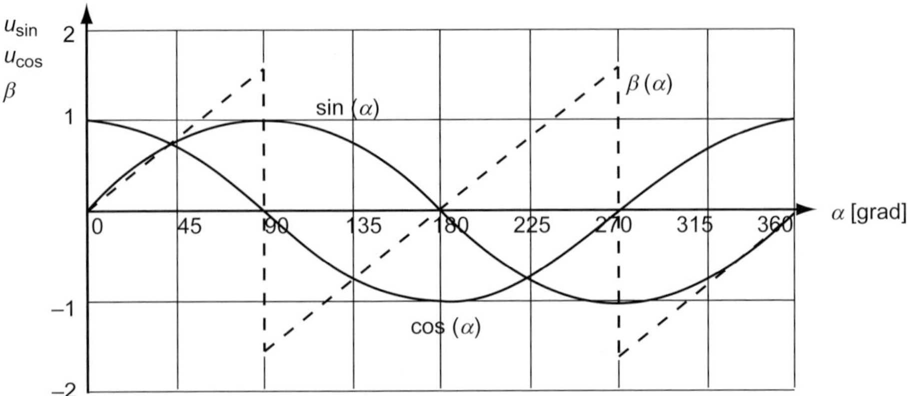

Bild 7.59 Funktionsverlauf der Brückensignale, abhängig vom Winkel α des Magnetfeldes

Dieser Elementarsensortyp ist, funktionell betrachtet, ein Winkelsensor mit einer Brückengeometrie, die aber nur eine Winkelmessung bis 180° eindeutig ermöglicht. Durch konstruktive Anpassungen und Ergänzungen kann dieser Elementarsensortyp auch zur Messung von anderen mechanischen Größen eingesetzt werden.

Alle kommerziellen AMR-Winkelsensoren haben prinzipiell denselben Aufbau. Sie unterscheiden sich nur in der Geometrie der AMR-Widerstandsstreifen und ihrer geometrischen Anordnung auf der Chipfläche. Es gibt viele neue anwendungsspezifische magnetoresistive Sensoren mit speziell optimierten geometrischen Strukturen. Durch die Entwicklung von Sensoren auf der Basis des GMR-Effektes (siehe unten) kamen weitere Sensorsysteme hinzu.

Systematik der AMR-Sensoren und AMR-Brückenschaltung:

- AMR-Sensoren (gewöhnliche Ausführungen wurden oben schon vorgestellt),
- AMR-Brücken mit integrierter Kompensation,
- AMR-Brücken mit Kompensation und Flipspulen,
- AMR-Winkelsensoren,
- AMR-Längensensoren mit linearer Kennlinie,
- AMR-Längensensoren im Starkfeldbetrieb.

Sensorselbstdiagnose

AMR-Sensoren mit je 2 Brückenschaltungen auf einem Chip liefern jeweils ein Sinussignal und ein Cosinussignal. Da aus der Trigonometrie die Gl. $\sin^2(...) + \cos^2(...) = 1$ bekannt ist, kann durch Auswertung beider Signale ein sich selbst diagnostizierender Sensor aufgebaut werden, da mit einer einfachen Logik erkennbar ist, ob der Sensor noch ordnungsgemäß funktioniert.

Anwendungen

Kommerziell bieten die verschiedensten Hersteller entweder Elementarsensoren oder AMR-Sensoren mit einer entsprechenden Sensorelektronik überall dort an, wo Bewegungen kontrolliert und gesteuert werden, wo Wege, Winkel, Positionen, elektrische Ströme oder magnetische Felder zu messen und zu überwachen sind, in der Messtechnik, Medizintechnik, Automatisierung, Regeltechnik, Automobilindustrie oder Raumfahrt.

AMR-Sensor mit Barber-Polen in Brückenschaltung mit integrierter Kompensation

Stromsensoren

Eine weitere Anwendung findet man in potentialfrei messenden, hochdynamischen Stromsensoren (Frequenzbereich bis ca. 100 kHz). Die AMR-Stromsensoren sind wesentlich kleiner als Hall-Stromsensoren.

Bild 7.60 vermittelt den konstruktiven Prinzipaufbau eines AMR-Sensors mit Barber-Polen und seine physikalische Wirkungsweise. Bei AMR-Stromsensoren wird zur Verbesserung der messtechnischen Eigenschaften das auch bei Hall-Stromsensoren angewandte Kompensationsprinzip mit Regelschleife eingesetzt. Wegen der erzielten hohen Messempfindlichkeit werden keine Magnetflusskonzentratoren benötigt und der AMR-Sensor arbeitet fast frei von Hysterese.

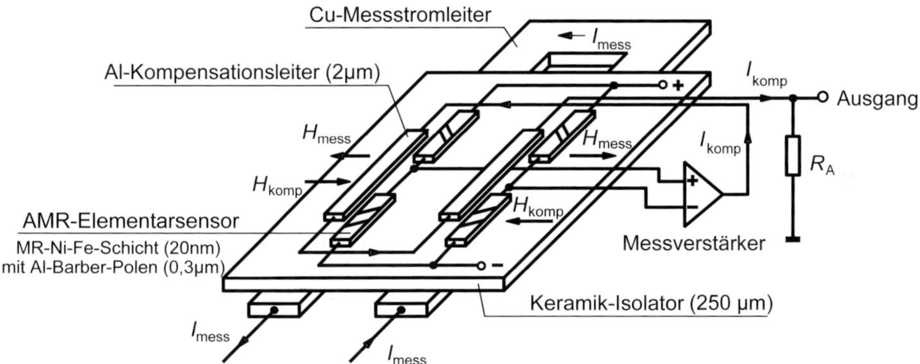

Bild 7.60 Konstruktiver Prinzipaufbau eines AMR-Sensors mit Barber-Polen: Darstellung der elektrophysikalischen Wirkungsweise

Damit externe Magnetfelder den Messwert nicht verfälschen, werden die 4 AMR-Sensorelemente der Brückenzweige räumlich auseinander angeordnet, so dass ferne Magnetfelder beide Brückenzweige gleich stark durchfluten und keine Verfälschung der Ausgangsspannung erzeugen. Da die Barber-Pol-Streifen auf den beiden Brückenzweigen gleichsinnig angeordnet sind, hat nur die Differenz der Magnetfelder zwischen den Streifen eine Wirkung, d.h., dass sich im Magnetfeld H_{mess} des Messstroms das elektrische Potential des linken diagonalen Punktes vergrößert, während sich das Potential des rechten verkleinert.

Über den beiden AMR-Halbbrücken werden auf dem Substrat elektrisch isolierte Al-Leiterbahnen so angeordnet, dass der durch die Al-Leiterbahnen fließende Kompensationsstrom I_{komp} ein Kompensationsmagnetfeld H_{komp} erzeugt, das das vorhandene Magnetfeld H_{mess} im Messleiter gerade kompensiert. Somit arbeiten die AMR-Sensorelemente immer in der Nähe ihres Nullpunktes, d.h., die Nichtlinearität und die Temperaturabhängigkeit können, im Rahmen der geforderten Messgenauigkeit, vernachlässigt werden.

Der Strom im Kompensationsleiter I_{komp} ist streng proportional zur gemessenen Feldstärke H_{mess} und damit zum gemessenen Strom I_{mess}. Die am Arbeitswiderstand R_A abfallende Spannung ist proportional zum Messstrom I_{mess} und kann elektronisch weiterverarbeitet werden.

AMR-Winkelsensoren mit Strukturgeometrien

Elektronischer Kompass
Eine typische Anwendung zur Messung von schwachen magnetischen Feldern ist ein elektronischer Kompass. Das Erdmagnetfeld (ca. 50 A/m oder 62,5 μT) wird mit 2 um 90° gegeneinander gedreht ausgerichteten AMR-Sensoren ausgewertet. Aus den beiden Sensorsignalen wird dann die Richtung des Erdmagnetfeldes berechnet. Diese Sensoren findet man z.B. in multifunktionalen Armbanduhren mit einer elektrischen Kompassfunktion für Trecking-Freaks.

Drehmomentsensor für «Elektrolenkung»
Zur Drehmomentmessung an einer Pkw-Lenksäule für eine elektrische Servolenkung soll ein AMR-Sensor verwendet werden. Die AMR-Widerstände in einem Sensorchip reagieren mit einer Widerstandsänderung auf eine Richtungsänderung eines externen Magnetfeldes.

Bild 7.61 zeigt den elektromechanischen Prinzipaufbau der AMR-Widerstände als sog. Doppelvollbrückenanordnung. Innerhalb von einzelnen Vollbrücken sind die AMR-Widerstände zueinander in einem Winkel von 90° angeordnet. Diese Geometrie ermöglicht eine maximale Brückenausgangsspannung.

Die beiden Vollbrücken sind um 90° gegeneinander gedreht, dadurch ergeben sich an den beiden Ausgängen der Brücken 2 um 90° phasenverschobene sinusförmige Spannungssignale $U_{\cos}$ und $U_{\sin}$ (s. auch Bild 7.61). Zur magnetischen Ansteuerung von AMR-Widerständen wird ein Magnetpolrad verwendet, auf dessen Umfang z.B. 24 Magnetpole (Magnetring) durch ihre Magnetisierung sektorenförmig eingeprägt sind. Bild 7.62 zeigt das Blockschaltbild eines AMR-Sensors mit einem Magnetpolrad, Bild 7.63 im vereinfacht dargestellten Ausschnitt der Lenkmechanik die Lenksäule und den Einbau des Sensors mit Polrad.

Bei der Drehung des Polrades um einen Pol ergibt sich eine Signalperiode. Die Doppelbrücke wird z.B. mit 5 V gespeist und liefert 2 Brückenausgangsignale mit Amplituden von je 50 mV; diese werden mit je einem Operationsverstärker 30-fach verstärkt.

Die Lenksäule (Bild 7.63) besteht aus einer Eingangswelle (Lenkspindel) und einer Ausgangswelle (Ritzel). Mechanisch gekoppelt sind beide mechanischen Bauelemente über einen Drehstab mit einer definierten Drehstabsteifigkeit S_w von ca. 2 Nm/Grad. Auf der Lenkspindel ist der AMR-Drehmomentsensor befestigt, während auf dem Ritzel das Magnetpolrad sitzt.

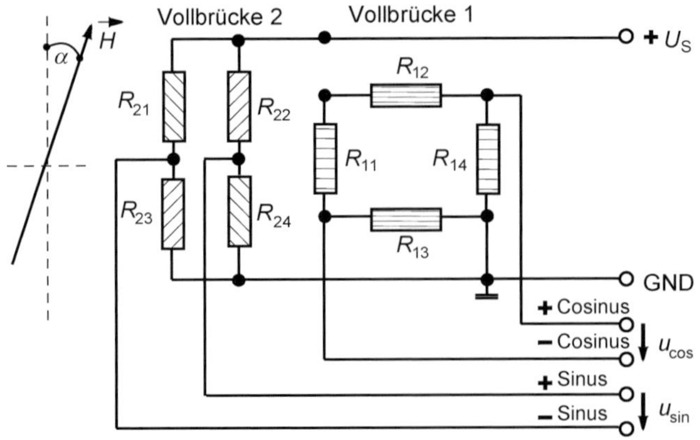

Bild 7.61 Elektromechanischer Prinzipaufbau der AMR-Widerstände als sog. Doppel-Vollbrückenanordnung

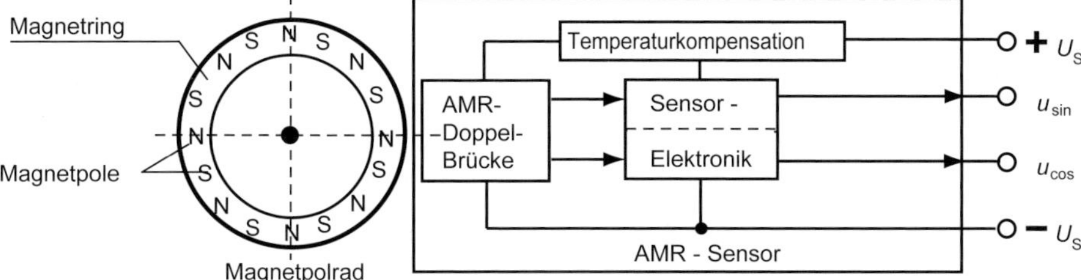

Bild 7.62 Blockschaltbild eines AMR-Sensors mit einem Magnetpolrad

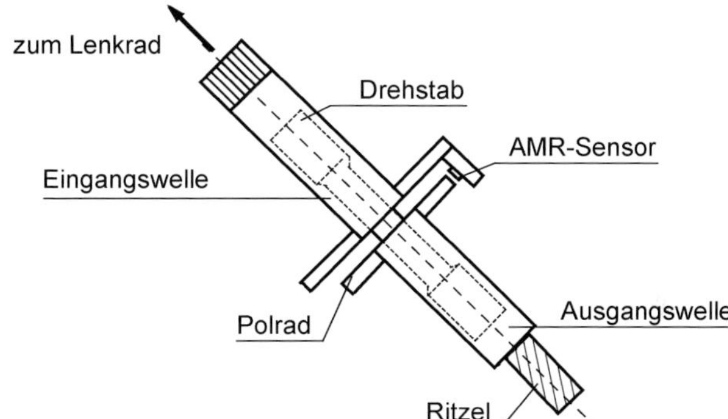

Bild 7.63 Ausschnitt einer Lenkmechanik und Lenksäule mit Einbau des Sensors mit Polrad

Wenn nun ein Drehmoment eingeleitet wird, verdreht sich das Polrad relativ zum AMR-Drehmomentsensor. Durch die Verdrehung werden die elektrischen Spannungssignale $u_{\sin}(\alpha)$ und $u_{\cos}(\alpha)$ über die magnetische Aussteuerung der AMR-Vollbrücken erzeugt. Für die elektrischen Spannungssignale gilt:

$$u_{\sin}(\alpha) = \hat{U} \cdot \sin(\alpha) \quad \text{und} \quad u_{\cos}(\alpha) = \hat{U} \cdot \cos(\alpha) \qquad \text{(Gl. 7.78)}$$

Für den mathematischen Zusammenhang wird das Verhältnis aus den beiden Spannungssignalen der Gl. 7.78 gebildet, wie oben schon gezeigt:

$$\frac{u_{\sin}(\alpha)}{u_{\cos}(\alpha)} = \frac{\sin(\alpha)}{\cos(\alpha)} = \tan(\alpha) \text{ und damit die Definition } \beta(\alpha)$$

$$\equiv \arctan \frac{u_{\sin}(\alpha)}{u_{\cos}(\alpha)} \qquad \text{(Gl. 7.79)}$$

$\beta(\alpha)$ Signalwinkel

Bild 7.64 zeigt die beiden Ausgangssignale $u_{\sin}(\alpha)$ und $u_{\cos}(\alpha)$ und den daraus definierten Arcustangens-Signalwinkel $\beta(\alpha)$. Mit Gl. 7.80 werden die beiden Signalspannungen der beiden Brücken berechnet:

$$u_{\sin}(\alpha) = \hat{U} \cdot \sin\left[n_T \cdot \frac{\pi}{180^\circ} \cdot (\alpha + \alpha_{\text{shift}})\right],\ u_{\cos}(\alpha) = \hat{U} \cdot \cos\left[n_T \cdot \frac{\pi}{180^\circ} \cdot (\alpha + \alpha_{\text{shift}})\right] \qquad \text{(Gl. 7.80)}$$

Bei einem Verdrehwinkel von $\alpha = 0 ... 360°$ betragen die beiden Spannungsamplituden je $\hat{U} = 5$ V, bei der Periodenzahl $n_T = 2$ und einem Winkelkalibrierfaktor von $\alpha_{\text{shift}} = 22{,}5°$. Für den Signaldrehwinkel gilt:

$$\beta(\alpha) = \beta_0 + \arctan\frac{u_{\sin}(\alpha)}{u_{\cos}(\alpha)} \qquad \text{(Gl. 7.81)}$$

$\beta_0 = 1{,}5$ V Spannungskalibrierfaktor

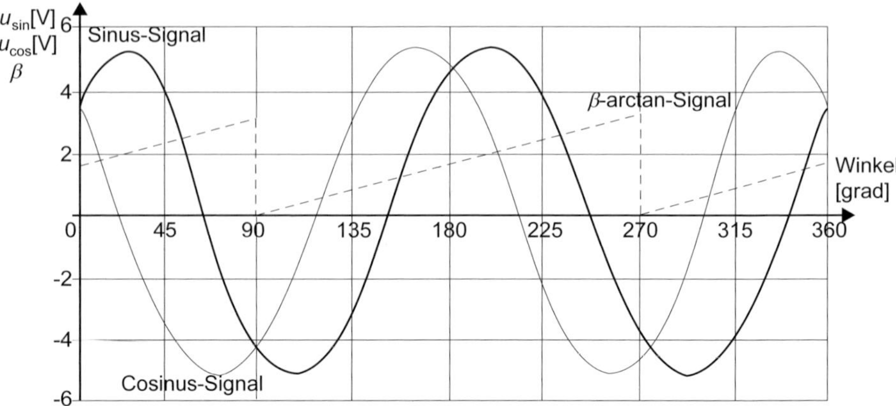

Bild 7.64 Graphische Darstellung der Ausgangssignale $u_{\sin}(\alpha)$ und $u_{\cos}(\alpha)$ und des daraus definierten Arcustangens-Signalwinkels $\beta(\alpha)$

Der AMR-Effekt ist, wie Bild 7.64 zeigt, nur über 180° eindeutig bestimmt. Im unbelasteten Zustand wird der Sensor so justiert, dass Sinus- u. Cosinussignale gleiche Spannungswerte bei 180° aufweisen. Aus dem mathematischen Zusammenhang zwischen Sinus- und Cosinusmesssignalen lässt sich sehr einfach das Drehmoment M_w und seine Wirkrichtung feststellen. Für das Drehmoment M_w gilt, nach der technischen Mechanik, mit Gl. 7.79:

$$M_W = \frac{S_w}{m_{pol}} \cdot \beta(\alpha) = \frac{S_w}{m_{pol}} \cdot \arctan\frac{u_{\sin}(\alpha)}{u_{\cos}(\alpha)} \qquad \text{(Gl. 7.82)}$$

S_w Drehstabsteifigkeit
m_{pol} Magnetpolzahl

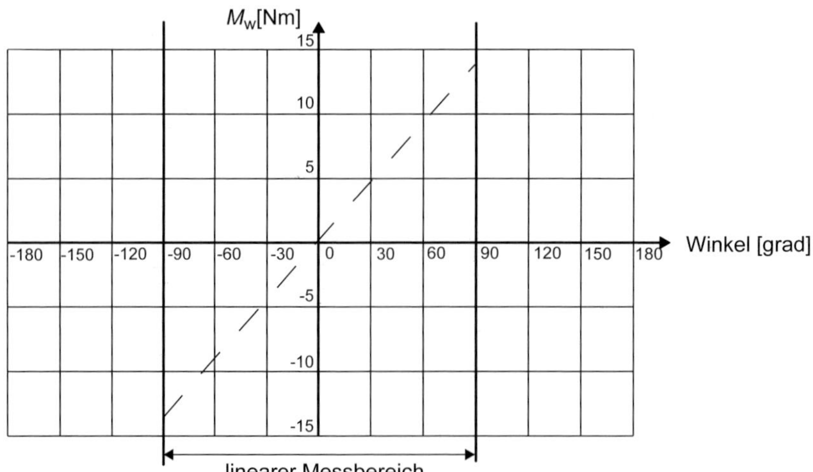

Bild 7.65 Graphische Darstellung des Drehmoments M_w abhängig vom Drehwinkel α mit einer Drehstabsteifigkeit S_w = 2 Nm/grad des Drehstabes und 24 Magnetpolen

Über einen Pol gemessen, beträgt der Drehwinkel $\pm 180°/m_{pol} = \pm 180°/24 = \pm 7{,}5°$. Bild 7.65 zeigt das Drehmoment M_w, abhängig vom Drehwinkel α mit der Drehstabsteifigkeit $S_w = 2$ Nm/Grad des Drehstabes und der Magnetpolzahl $m_{pol} = 24$ des Magnetrings.

Wirkungsweise der «Elektrolenkung»

Der Fahrer bringt über das Lenkrad ein Drehmoment M_w auf die Lenksäule. Dieses Drehmoment verdreht dann den in der Lenksäule eingebauten Drehstab um einen definierten Drehwinkel α, wie Bild 7.63 zeigt. Ein elektronisches Steuergerät berechnet nun aus dem Drehmoment $M_w(\alpha)$, der Drehzahl n_L des Lenkmotors (z.B. über die Rotordrehzahl) und der Geschwindigkeit v_{PKW} des Fahrzeugs die Steuersignale für den Asynchronmotor für die erforderliche Unterstützungskraft der Lenkung.

Eine elektronische Endstufe verstärkt die vom Steuergerät erzeugten Signale, so dass der Asynchronmotor angesteuert werden kann. Über ein Getriebe wird die Motorkraft auf das Ritzel gebracht, das an die Lenksäule bzw. an die Zahnstange gekoppelt ist und so die Lenkbewegung mechanisch wirksam unterstützt.

Allgemeiner Drehgeschwindigkeits-, Drehrichtungs- und Drehzahlsensor

Der bei diesem Messprinzip genutzte Sensoreffekt ist der bereits ausführlich beschriebene AMR-Winkeleffekt (anisotroper «magnetoresistiver Effekt»), der darauf beruht, dass der elektrische Widerstand von dünnen ferromagnetischen Metallschichten von der Stärke und Richtung eines in der Ebene der stromdurchflossenen Schicht wirkenden externen Magnetfeldes abhängt. Als Material für die Widerstandsbahnen wird Permalloy ($Ni_{81}Fe_{19}$) eingesetzt, das in Dünnschichttechnologie als 4 mäanderartige Strukturen auf ein Siliziumsubstrat (1 × 1,5 mm) nach den oben beschriebenen Verfahren aufgebracht ist.

Bild 7.66 präsentiert das Blockschaltbild des Drehzahlsensors. Zur Erfassung der Drehrichtung werden i.Allg. 2 um 90° versetzte Sensoren verwendet (wie oben schon beschrieben). Es ist aber auch möglich, mit nur einem Einzelsensor auszukommen, wie bei diesem Sensor. Die beiden Halbbrücken sind ca. 0,7 mm voneinander getrennt und werden nicht zu einer Vollbrücke verschaltet, sondern so, dass jede Halbbrücke ein um 90° versetztes Signal erzeugt.

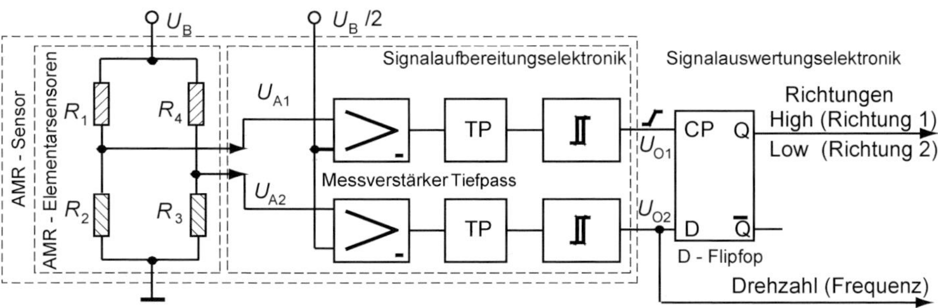

Bild 7.66 Blockschaltbild des Drehzahlsensors zur Erfassung einer Drehzahl mit Drehrichtungserkennung

Hierzu muss der Zahnabstand des Messzahnrades ca. den 4-fachen Halbbrückenabstand haben, also 2,8 mm bei einem Messabstand von ca. 3,0 mm. Ein Nachteil ist, dass ein fest vorgegebener Zahnabstand notwendig ist. Soll jedoch nur die Drehrichtung erfasst werden, ist die Einschränkung ohne Bedeutung. Auf den AMR-Sensor ist ein Ferritmagnet appliziert, dessen Magnetfeld so eingestellt ist, dass es als Stützfeld und als Arbeitsfeld verwendet werden kann. Es wird also kein Steuermagnet am Messobjekt oder ein Polrad benötigt.

Bild 7.67 zeigt das Messprinzip und die geometrische Anordnung zwischen Sensor und Messzahnrad. Bewegt sich in einem Abstand von ca. 3 mm z.B. ein weichmagnetisches Zahnrad am Sensor vorbei, bewirkt dieses Ereignis eine Verbiegung der magnetischen Feldlinien (Bild 7.67), so dass eine magnetische Feldkomponente quer zur Richtung der Vorzugsachse entsteht. Das rotierende Zahnrad erzeugt durch diesen Effekt 2 um 90° gegeneinander versetzte sinusförmige Ausgangssignale an den beiden Halbbrückenausgängen, deren Nulldurchgänge über den nachgeschalteten Verstärker und den Tiefpass vom Komparator (Nullpunktdetektor) erkannt und in ein digitales Signal umgesetzt werden (Bild 7.66).

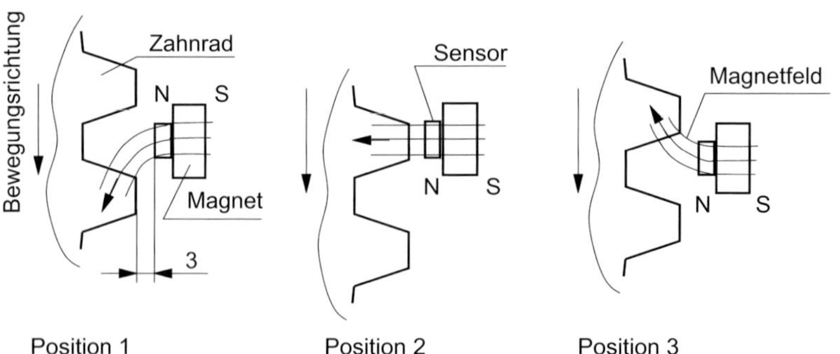

Bild 7.67 Messprinzip und geometrische Anordnung zwischen Sensor und Messzahnrad

Die Methode der Erfassung der Nulldurchgänge der Sinussignale bietet den Vorteil, dass diese nicht von der Temperatur und dem Messabstand abhängen, sondern nur von der Winkelposition und den äußeren magnetischen und mechanischen Bedingungen. Die Nullpunktkomparatoren besitzen eine elektronische Hysterese, um gegenüber mechanischen und magnetischen Störeinflüssen fast unempfindlich zu sein, wie z.B. dem Erdmagnetfeld, technischen Magnetfeldern oder Induktionsvorgängen. Bild 7.68 zeigt die Ausgangssignale der Nullpunktkomparatoren in Drehrichtung 1 und Bild 7.69 in Drehrichtung 2.

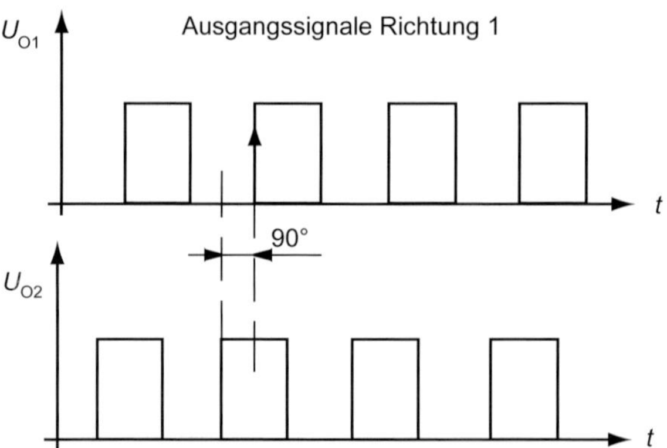

Bild 7.68 Ausgangssignale der Nullpunktkomparatoren in Drehrichtung 1 (z.B. rechts)

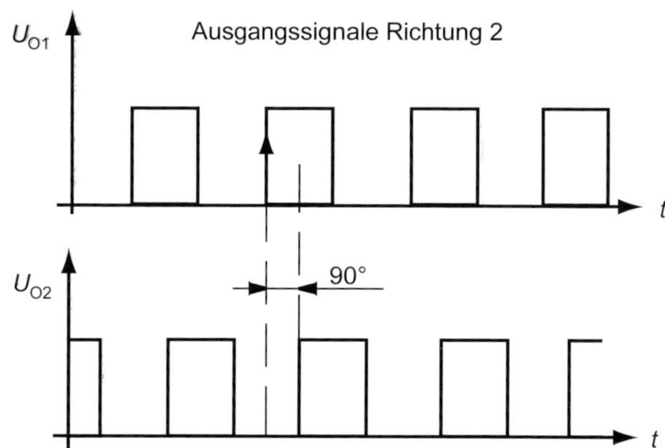

Bild 7.69
Ausgangssignale der Nullpunktkomparatoren in Drehrichtung 2 (z.B. links)

Bild 7.66 vermittelt die einfachste elektronische Möglichkeit einer stabilen Drehrichtungserkennung mit Hilfe eines D-Flipflops (z.B. 74LS74). Bei jeder am Takteingang CP ansteigenden Signalflanke übernimmt das D-FF ein am Informationseingang D anliegendes Signal und gibt es bei der nächsten ansteigenden Flanke an den Ausgang Q weiter. Damit kann dann am Ausgang Q das Richtungssignal (High für Richtung 1 oder Low für Richtung 2) abgenommen und elektronisch weiterverarbeitet werden, während das Signal U_{O2} direkt zur Drehzahlmessung benutzt werden kann.

Hinweis

Philips Semiconductors hat, aufbauend auf dem Sensor KMZ 10B, den Hybridbaustein KM 110BH/31 zur Drehzahl- und Drehrichtungserkennung für einen Frequenzbereich von 2 Hz...20 kHz auf den Markt gebracht.

Linearer Positions- und Wegsensor für Ventilspindeln

Da in der Produktion die Automation einen sehr hohen Stellenwert hat, ist die exakte Erkennung von Position und linearen Distanzen von Werkzeugen und Werkstücken eine Schlüsselfunktion in der Prozesskette. Die technischen Hauptanforderungen sind eine hohe Messgenauigkeit, ein großer Arbeitstemperaturbereich, das kontaktlose verschleißfreie Messen und eine Unempfindlichkeit für Stoß- und Vibrationsbelastungen.

Die technische Lösung ist in Bild 7.70 dargestellt. Sie besteht aus einer linearen Kaskadenanordnung (Array) von 4 oder mehr AMR-Sensoren (z.B. HMC1501 der Fa. Honeywell) auf einer Platine mit einem Permanentmagneten auf einer Ventilspindel und einer geeigneten Signalverarbeitungselektronik. Die AMR-Sensoren erfassen die Position des Magneten, der auf einer Ventilspindel appliziert ist.

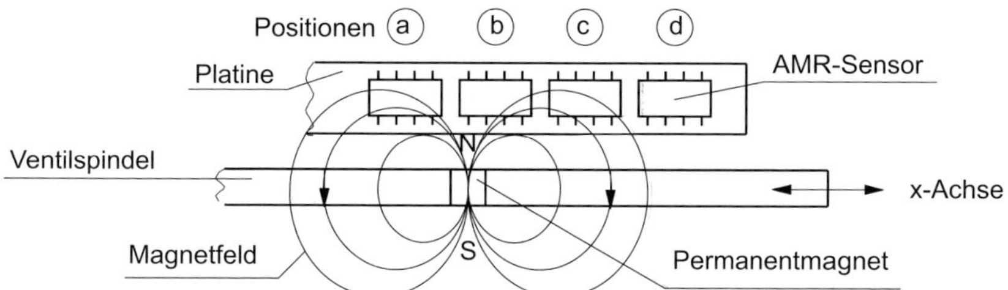

Bild 7.70 Kaskadenanordnung (Array) von 4 AMR-Sensoren mit Magneten auf einer Ventilspindel

Die AMR-Sensoren erfassen den Richtungswinkel des Magnetfeldes und generieren daraus ein Spannungssignal. Sie werden in der magnetischen Sättigung (ca. 3 mT) betrieben, damit ein linearer Messbereich mit hoher Messempfindlichkeit erreicht wird und gleichzeitig die Messabweichungen erzeugenden Störeinflüsse von magnetischen Streufeldern gut zu minimieren sind. Den Messbereich bestimmt die Zahl der AMR-Sensoren auf der Platine. Es werden immer diejenigen Ausgangssignale der beiden Sensoren ausgewertet, deren Position zum Magneten am nächsten liegt. Diese Auswertemethode garantiert eine bessere Nichtlinearität als die Auswertung mit Sinussignalen.

Bild 7.71 zeigt Ausgangssignale der Sensoren, abhängig von der Magnetposition. Die Punkte P_a, P_b und P_c kennzeichnen die Amplituden der Ausgangsspannungen der Sensoren und entsprechen den aktuellen Positionen des Permanentmagneten. Der Betrieb der Sensoren in der magnetischen Sättigung sorgt dafür, dass das Ausgangssignal fast nicht vom Luftspalt abhängt und somit gegen Stöße und Vibrationen weitgehend unabhängig ist. Die Sensorelektronik besteht aus einem Multiplexer zur getakteten Weiterleitung der Sensorsignale, einem Differenzverstärker, einem A/D-Wandler und einem Mikroprozessor, der die exakte Magnetposition errechnet.

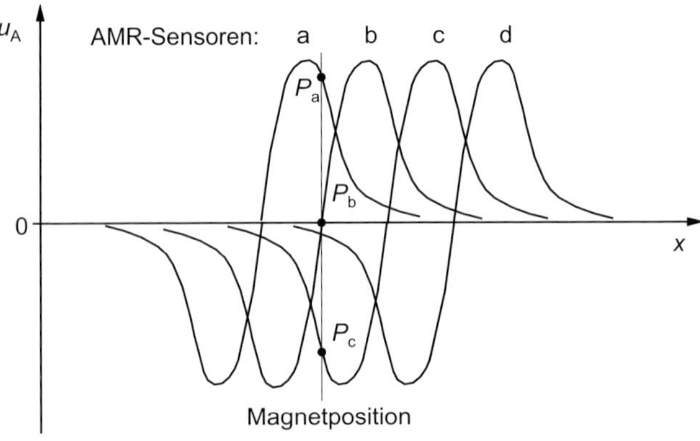

Bild 7.71
Ausgangssignale der Sensoren, abhängig von der Magnetposition. Die Punkte P_a, P_b und P_c bezeichnen die Spannungsamplituden der Sensoren und entsprechen den aktuellen Magnetpositionen.

7.4.4 GMR-Sensoren

Der **G**iant-**M**agneto-**R**esistance-Effekt (GMR, 1988 von GRÜNBERG und FERTL entdeckt) ist ein quantenmechanischer Effekt, der nur in künstlichen Schichtstrukturen auftritt.

Klassisches 3-Schicht-System

Es besteht aus 2 ferromagnetischen Schichten FM (z.B. Fe, Co) und einer elektrisch leitenden, nicht magnetischen Zwischenschicht NM (z.B. Cu, Au, Cr), dem sog. «Spacer», oder aus Permalloy ($Fe_{19}Ni_{81}$) und anderen Spacern. Die Schichtdicken liegen im Nanometerbereich. Die Elektronen haben neben einer elektrischen Ladung auch einen sog. «Spin», eine Art Eigendrehimpuls.

Bild 7.72 präsentiert den prinzipiellen geometrischen Aufbau einer Schichtstruktur FM/NM/FM aus 3 Dünnschichten (z.B. Co/Cu/Co oder Fe/Cr/Fe) und stellt graphisch vereinfacht das physikalische Wirkprinzip dar. Das physikalische Wirkprinzip des GMR-Effektes besteht nun darin, dass die freien Elektronen aufgrund ihrer quantisierten Spinzustände beim Durchgang durch magnetische Schichten je nach Magnetisierungsrichtung unterschiedlich stark gestreut werden.

Elektronen mit Spin **parallel** zur Magnetisierung heißen Majoritätselektronen, mit Spin **antiparallel** zur Magnetisierungsrichtung Minoritätselektronen. Die Streuwahrscheinlichkeit ist größer, wenn der Spin eines Elektrons antiparallel zur Magnetisierung der weichmagnetischen Schicht steht. Die nicht magnetische dünne Zwischenschicht NM wirkt physikalisch als Informationsüberträger. Für den Widerstand R^p eines ferromagnetischen Systems (Bild 7.72) gilt nach dem MOTTschen 2-Strom-Modell:

$$R^p = \frac{R_{up} \cdot R_{down}}{R_{up} + R_{down}} \qquad \text{(Gl. 7.83)}$$

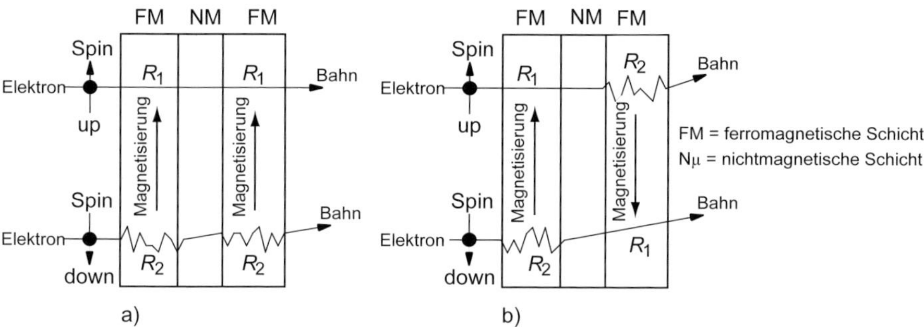

Bild 7.72 Prinzipieller geometrischer Aufbau einer Schichtstruktur aus 3 Dünnschichten

Für das System nach Bild 7.72a) gilt mit $R_{up} = R_1$ und $R_{down} = 2 \cdot R_2$:

$$R^p = \frac{R_{up} \cdot R_{down}}{R_{up} + R_{down}} = \frac{2 \cdot R_1 \cdot 2 \cdot R_2}{2 \cdot R_1 + 2 \cdot R_2} = \frac{2 \cdot R_1 \cdot R_2}{R_1 + R_2} \sim 2 \cdot R_1 \qquad \text{(Gl. 7.84)}$$

Für das System nach Bild 7.72b) gilt:

$$R^{ap} = \frac{R_{up} \cdot R_{down}}{R_{up} + R_{down}} = \frac{(R_1 + R_2) \cdot (R_2 + R_1)}{2 \cdot (R_1 + R_2)} = \frac{R_1 + R_2}{2} \approx \frac{R_2}{2} \qquad \text{(Gl. 7.85)}$$

Damit gilt:

$$R^{ap} > R^p \qquad \text{(Gl. 7.86)}$$

Der «Magnetowiderstand des GMR-Effektes ist also größer, wenn der Spin eines Leitungselektrons antiparallel zur Magnetisierung der weichmagnetischen Schicht ist. Der relative Magnetowiderstand kann mit Hilfe von Gl. 7.84, Gl. 7.85 und Gl. 7.56 berechnet werden. Es gilt dann:

$$\frac{\Delta R}{R^p} = \frac{R^{ap} - R^p}{R^p} \cdot 100\% \approx \frac{1}{4} \cdot \frac{R_2}{R_1} \cdot 100\% \qquad \text{(Gl. 7.87)}$$

Die spinabhängige Streuung der Ladungsträger erfolgt an den Phasengrenzen der Schichten (intrinsischer GMR-Effekt) und an den Verunreinigungen in den Schichten (extrinsischer GMR-Effekt). Die magnetischen Momente der benachbarten magnetischen Schichten (z.B. Fe-Schichten) richten sich abhängig von der Dicke der nicht magnetischen Zwischenschicht (z.B. Cr) parallel oder antiparallel aus.

Der quantenmechanische Grund für das magnetoelektronische Phänomen ist die sog. Austauschkopplung, d.h., dass die aufeinander folgenden magnetischen Schichten abhängig von ihrer gegenseitigen Distanzierung zwischen dem ferromagnetischen und antiferromagnetischen Magnetisierungszustand umschalten. Diese Umschaltungen treten auch beim Anlegen von äußeren Magnetfeldern auf.

Wird (Bild 7.73) durch ein äußeres Magnetfeld die Magnetisierung der beiden Fe-Schichten parallel ausgerichtet, sinkt der elektrische Widerstand des Systems deutlich. Der größte Widerstand entsteht bei antiparalleler Kopplung zwischen den Fe-Schichten. Bild 7.73 stellt die Änderung des Widerstandes über der externen Magnetfeldstärke für eine GMR-Fe/Cr/Fe-Schicht qualitativ dar. Es kommunizieren (koppeln) also die 2 magnetischen Fe-Schichten über eine Zwischenschicht aus einer stromleitenden nicht ferromagnetischen Cr-Schicht miteinander, abhängig vom äußeren Magnetfeld.

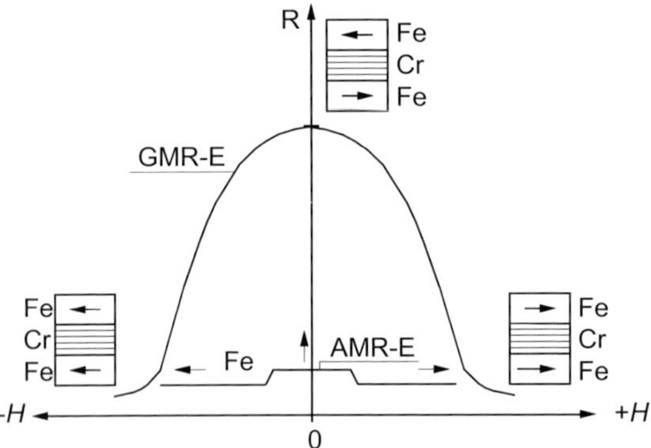

Bild 7.73
Elektrischer Widerstand *R*, abhängig von einer externen Magnetfeldstärke *H* für eine GMR-Fe/Cr/Fe-Schicht

Die mittlere Schicht darf nur wenige Nanometer dünn und ihre Grenzflächen müssen von bester Qualität sein. Dieser «Sandwich» reagiert sehr empfindlich auf äußere Magnetfelder und verändert dabei stark seinen elektrischen Widerstand. Aus Bild 7.73 ist ersichtlich, dass sich GIANT (englisch: riesig) auf den AMR-Effekt bezieht. Bei Raumtemperatur erhält man Änderungen des Widerstandes von bis zu 50%, bei magnetischen Flussdichten von ca. 2 Tesla. Die Änderung des elektrischen Widerstandes zwischen beiden Zuständen kann in besonderen Schichtanordnungen bis 100% betragen.

Für praktische Sensoren liegen die Änderungen des Widerstandes aber typisch im Bereich zwischen 5 und 10%. Die Schichten sind so ausgelegt, dass schon sehr kleine Magnetfelder ausreichen, um die beiden Magnetisierungskonfigurationen zu schalten, d.h., um die maximale Widerstandsänderung zu erhalten. Für den Stromfluss durch das Schichtsystem gibt es grundsätzlich 2 Möglichkeiten: Der Strom kann quer zur Richtung der Schicht fließen (s. Bild 7.72) und heißt CPP (*current* ***per****pendicular* ***plane***) oder in Schichtrichtung und heißt dann CIP (*current* ***in*** ***plane***). Die GMR-Werte in Schichtrichtung sind größer als die quer zur Schichtrichtung. Trotzdem wird aus Kontaktierungsgründen i.Allg. die CPP-Geometrie bevorzugt.

Spin-Ventil-System (Spin-Valve-System)

Der klassische 3-Schicht-Aufbau (wie oben gezeigt) eines gekoppelten GMR-Systems besteht aus 2 magnetischen Schichten FM (z.B. Co), die durch eine nicht magnetische Schicht NM (z.B. Cu) getrennt sind. Die Dicke der nicht magnetischen Schicht wird hierbei immer so gewählt, dass sich ohne äußeres Magnetfeld M eine antiferromagnetische Kopplung einstellt. Ein äußeres Magnetfeld erzwingt dann die parallele Ausrichtung der Schichtmagnetisierung, wodurch sich der elektrische Widerstand verkleinert.

Das Spin-Ventil nach Bild 7.74 besitzt auch ein klassisches 3-Schicht-System FM1/NM/FM2, bei dem jedoch die nicht magnetische Schicht NM so dick ist, dass es keine magnetische Kopplung zwischen den magnetischen Schichten FM1 und FM2 gibt. Die magnetische Schicht FM2 ist so stark an eine antiferromagnetische Schicht AF (z.B. NiO) gekoppelt, dass sie magnetisch sehr hart wirkt, vergleichbar einem Permanentmagneten.

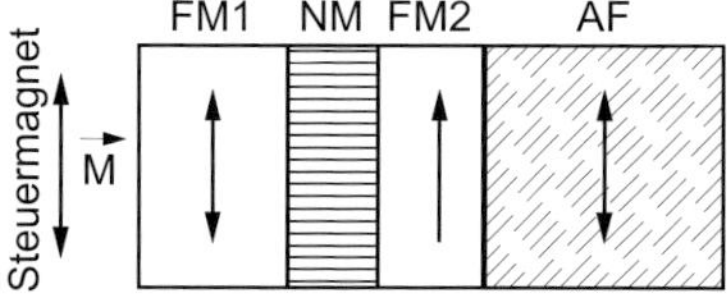

Bild 7.74
Klassisches 3-Schicht-System FM1/NM/FM2 eines Spin-Ventils, wobei die nicht magnetische Schicht NM so dick ist, dass es keine magnetische Kopplung zwischen den magnetischen Schichten FM1 und FM2 gibt

Die magnetische Schicht FM1 ist weichmagnetisch und dient als Messschicht. Sie kann durch kleine äußere Messmagnetfelder M ummagnetisiert werden, wobei sich der elektrische Widerstand ändert. Die weichmagnetische Schicht FM1 wird «free layer» (freie Schicht), die weichmagnetische Schicht FM2 «pinned layer» (festgehaltene Schicht), die antiferromagnetische Schicht AF «pinning layer» (festlegende Schicht) und die elektrisch leitende, nicht magnetische Schicht NM «Spacer» (trennende Schicht) genannt.

SAF-Spin-Valve-Systeme

Bild 7.75 zeigt den Prinzipaufbau eines SAF-Systems. Das 3-Schicht-System ist ähnlich wie das Spin-Valve-System FM1/NM/FM2 in Bild 7.74 aufgebaut, jedoch wird die untere antiferromagnetische Schicht AF (pinning layer) durch einen künstlichen Antiferromagneten SAF (***S**ynthetic **A**nti**f**erromagnet*, als pinning layer) ersetzt, der die Richtung der Magnetisierung M der magnetischen Schicht FM2 (pinned layer) festhält. Die weichmagnetische Schicht FM1 (free layer) dient als Messschicht. Die Magnetisierungsrichtung kann leicht durch ein äußeres Magnetfeld M gedreht werden. Ein Vorteil des künstlichen Antiferromagneten (SAF) ist seine größere Temperaturstabilität gegenüber dem natürlichen Antiferromagneten (AF).

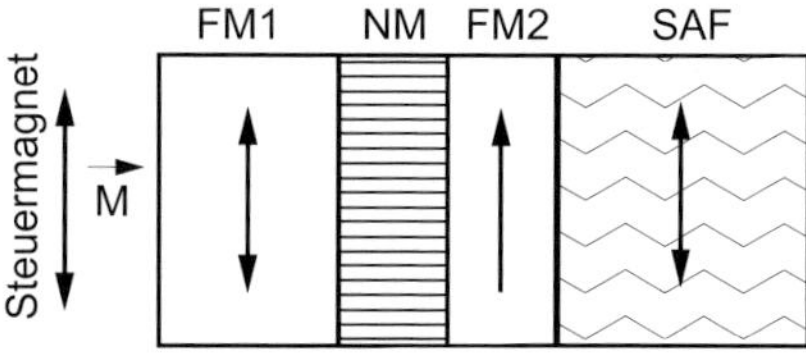

Bild 7.75 Prinzipaufbau eines SAF-Systems

SAF-Spin-Valve-Multischichtsystem

Bild 7.76 zeigt die Strukturgeometrie eines SAF-Spin-Valve-Multischichtsystems (Siemens). Es besteht im Prinzip aus einer hartmagnetischen Bezugsschicht und einer weichmagnetischen Fe-Messschicht. Die hartmagnetische Bezugsschicht ist ein synthetischer Antiferromagnet SAF, ein Subsystem aus Co/Cu-Schichten mit einer starken antiparallelen Kopplung und mit einem kleinen verbleibenden magnetischen Restmoment.

Die Richtung des magnetischen Restmoments wird bei der Herstellung vorgegeben und dient als Bezugsrichtung des Sensors. Die nicht magnetischen Cu-Schichten trennen die magnetischen Fe- und Co-Schichten. Die Cu-Schichten sind gerade so

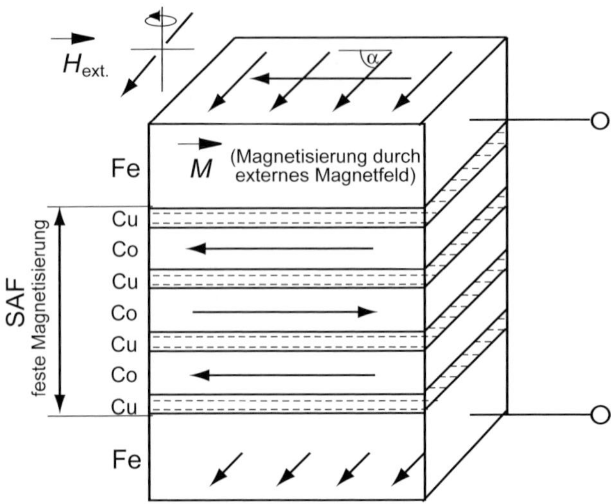

Bild 7.76
Strukturgeometrie eines SAF-Spin-Valve-Multischichtsystems (Fa. Siemens)

dünn gewählt, dass die magnetisch gekoppelten Co-Schichten einen synthetischen Antiferromagneten (SAF) bilden. Durch je eine Cu-Schicht entkoppelt, schließt sich je eine weichmagnetische Fe-Messschicht an, deren Magnetisierung durch ein äußeres externes Magnetfeld H_{ext} beliebig auf einer Ebene der Sensorschichten gedreht werden kann, während die hartmagnetischen Co-Schichten ihre feste Magnetisierungsrichtung beibehalten.

Die magnetische Feldstärke H_{ext} muss groß genug sein, um die Fe-Messschicht magnetisch zu sättigen (>5 kA/m), darf aber eine Mindestmagnetfeldstärke (>15 kA/m) nicht überschreiten, um eine magnetische Beschädigung der hartmagnetischen Schicht zu vermeiden. Liegt die magnetische Messfeldstärke (H_{ext}) zwischen 5 und 15 kA/m, ist der elektrische Widerstand des Schichtsystems (Elementarsensor) nicht mehr abhängig von der Höhe der anliegenden magnetische Messfeldstärke H_{ext}, sondern nur noch von ihrer relativen Orientierung (Winkel α) zur festgelegten Bezugsrichtung des hartmagnetischen SAF (Sättigungsprinzip).

Der Abstand zwischen Sensor und Steuermagnet ist fast bedeutungslos, wenn der Sensor in der magnetischen Sättigung, d.h. zwischen 5 und 15 kA/m, betrieben wird. Da der GMR-Effekt auch unabhängig von der Stromrichtung ist, besitzt der Sensor die gewünschte Abhängigkeit der relativen elektrischen Gesamtwiderstandsänderung $\Delta R/R$ nur vom Messwinkel α zwischen der Magnetisierungsrichtung der hart- und der weichmagnetischen Schichten, d.h., es gilt $\Delta R/R \sim \cos(\alpha)$.

Zur Vergrößerung des Messeffektes sind hier 2 Fe-Messschichten symmetrisch um den SAF angeordnet. Mit steigender Temperatur nimmt der elektrische Gesamtschichtwiderstand zu, da der elektrische Grundwiderstand zunimmt und die gemeinsame Spinausrichtung abnimmt. Die einzelnen ultradünnen Schichten (25 nm) werden mit Sputtertechnologie hergestellt. Damit ein Grundwiderstand von ca. 1 kΩ erreicht wird, werden die mäanderförmigen Strombahnen durch Sputtertechnik auf einem Si-Wafer hergestellt und mit optischer Lithographie mikrostrukturiert. Die relative elektrische Widerstandsänderung beträgt dann über 4%.

Bild 7.77 zeigt schematisch die geometrische Struktur einer GMR-Brückenschaltung. Die 4 einzelnen mäanderförmigen Strukturen bilden die einzelnen GMR-Widerstände, und die rechteckigen Flächen in der Mittellinie stellen die Kontaktflächen (Pads) für die Bondung dar. Die Größe eines Sensorelements beträgt 500 bis 1000 µm (z.B. Siemens-Sensorelement), wodurch sich ca. 20 000 Sensorelemente auf einem 5-Zoll-Wafer unterbringen lassen.

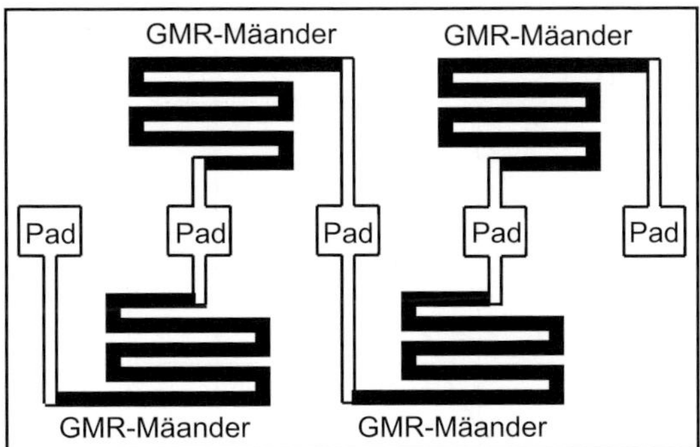

Bild 7.77
Schematische geometrische Struktur einer GMR-Brückenschaltung: 4 mäanderförmige Strukturen bilden die GMR-Widerstände.

Elektrische und elektronische Signalverarbeitung

Die GMR-Elementarsensoren bestehen aus Einzelsensorelementen und werden i.Allg. zu Halb- und Vollbrücken verschaltet. Bild 7.78 zeigt die jeweiligen Prinzipschaltungen. Die Halbbrücke von Bild 7.78 b) besteht aus 2 antiparallel magnetisierten GMR-Sensorelementen, geschaltet als Spannungsteiler und einem Festspannungsteiler. Die Vollbrücke in Bild 7.78 c) besteht aus 2 antiparallelen Halbbrücken.

Zum Aufbau der Brücke benötigt man also Widerstandselemente (Sensorelemente) mit positiven und negativen Signalen bei gleichem äußeren Magnetfeld. Dies ist erreichbar durch die unterschiedliche magnetische Ausrichtung der Bezugsrichtungen der einzelnen Widerstandselemente.

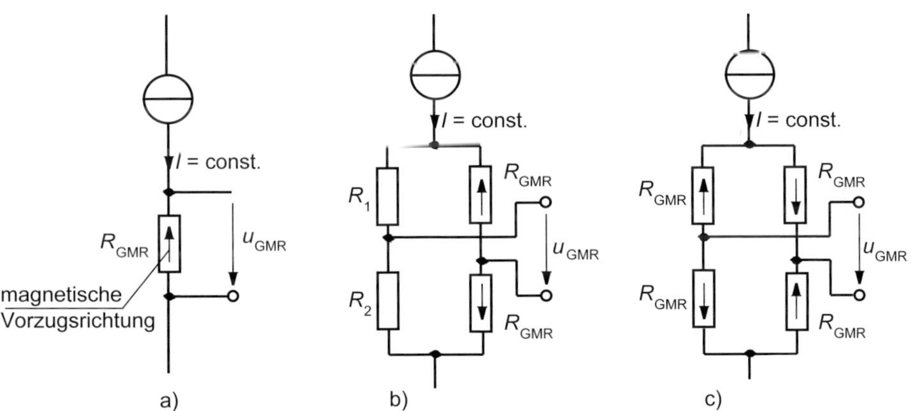

Bild 7.78 Prinzipschaltungen von GMR-Elementarsensoren aus Einzelsensorelementen als Halb- und als Vollbrücke

Bild 7.79 zeigt die einzelnen Signalspannungen U_1 und U_2 und die Differenzsignalspannung $U_2 - U_1$ der einzelnen antiparallelen Halbbrücken. Die Vorzugsrichtungen der festen Magnetisierungen zeigen sich in der Phasenlage der Signale. Bei einer Drehung um 360° des äußeren Magnetfeldvektors erzeugt die Vollbrücke ein cosinusförmiges winkelabhängiges Spannungssignal.

Bild 7.80 a) zeigt den Prinzipaufbau einer Vollbrücke mit 2 antiparallelen Halbbrücken mit je 2 antiparallelen Sensorelementen, die durch eine zueinander parallele Ausrichtung der magnetischen Bezugsschichten gekennzeichnet sind.

Bild 7.80 b) zeigt eine Vollbrücke, bestehend aus 2 antiparallelen Halbbrücken, die durch eine zueinander senkrechte Ausrichtung der magnetischen

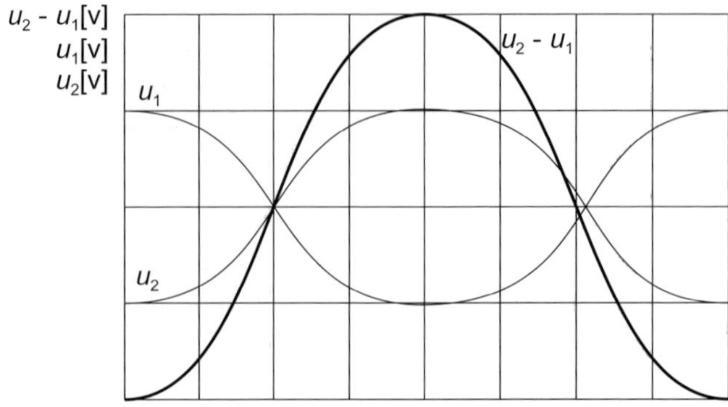

Bild 7.79 Graphische Darstellung von den Signalspannungen U_1 und U_2 der beiden antiparallelen Halbbrücken und die Differenzsignalspannung $U_2 - U_1$ aus den beiden antiparallelen Halbbrücken

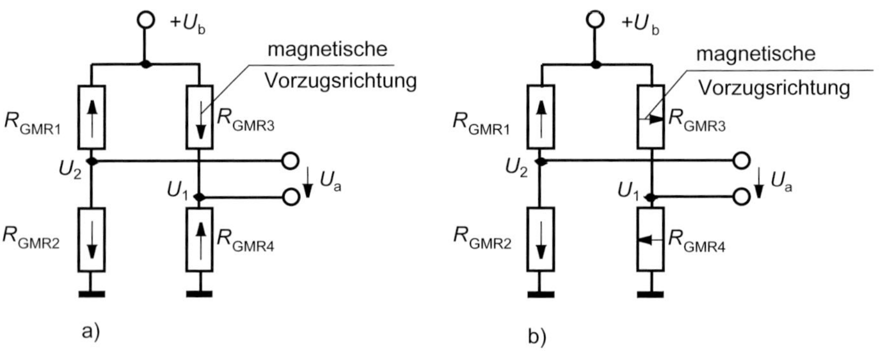

Bild 7.80 a) Vollbrücke mit 2 antiparallelen Halbbrücken mit je 2 antiparallelen Sensorelementen, die durch eine zueinander parallele Ausrichtung der magnetischen Bezugsschichten gekennzeichnet sind
b) Vollbrücke mit 2 antiparallelen Halbbrücken, die durch eine zueinander senkrechte Ausrichtung der magnetischen Bezugsschichten gekennzeichnet sind

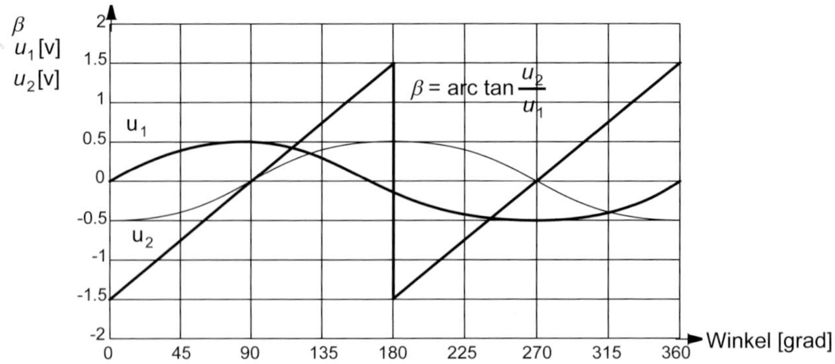

Bild 7.81 Graphische Darstellung einer Sinus- und Cosinusspannung, erzeugt mit 2 GMR-Halbbrücken, und des Drehwinkelsignals β, erzeugt durch eine Arctan-Bildung der Spannungen

Bezugsschichten gekennzeichnet sind. Mit einer Drehung um 360° des äußeren Magnetfeldvektors wird mit diesem Vollbrückentyp ein sinus- und ein cosinusförmiges Spannungssignal (Bild 7.81) mit jeweils nur einer Halbbrücke erzeugt. Mit diesem Brückentyp kann durch eine Arctan-Auswertung der Drehwinkel bestimmt werden.

Mit Gl. 7.77 gilt für die Drehwinkelfunktion $\beta(\alpha_1)$ entsprechend:

$$\frac{u_2(\alpha)}{u_1(\alpha)} = \frac{\sin(\alpha - 90^\circ)}{\cos(\alpha - 90^\circ)} = \frac{\sin(\alpha_1)}{\cos(\alpha_1)} = \tan(\alpha_1) \text{ und damit } \beta(\alpha_1) \equiv \arctan\frac{u_2(\alpha)}{u_1(\alpha)} \quad \text{(Gl. 7.88)}$$

wobei die Signalamplitude 500 mV beträgt.

Temperaturabhängigkeit der Brückensignale

Die linearen Temperaturkoeffizienten sowohl des Grundwiderstandes R_0 als auch des GMR-Effektes ermöglichen eine gute elektronische thermische Kompensation. Bild 7.82 a) zeigt eine elektrische Schaltung zur Kompensation der thermischen Messabweichungen mit einer temperaturgesteuerten Widerstandskombination aus einem NTC und einem PTC in der Versorgungsleitung.

Bild 7.82 b) zeigt eine elektronische Schaltung mit einer negativen Impedanz zur Kompensation der thermischen Messabweichungen. Mit Hilfe von Operationsverstärkern wird der Strom über die Messbrücke als temperaturabhängige Funktion des Brückengesamtwiderstandes so geregelt, dass das Brückenausgangssignal zwischen den Klemmen 1 und 2 unabhängig von der Temperatur wird.

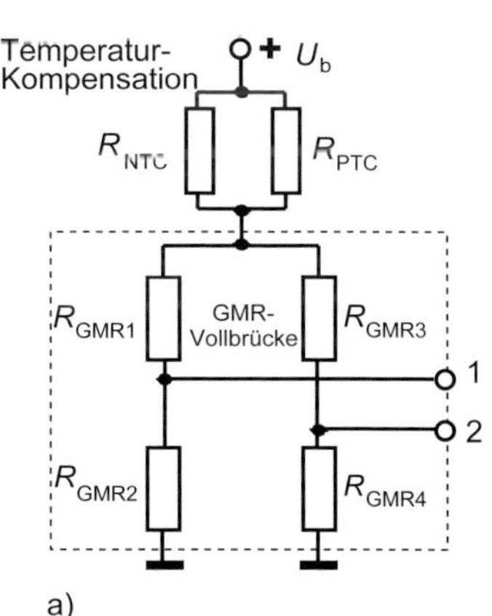

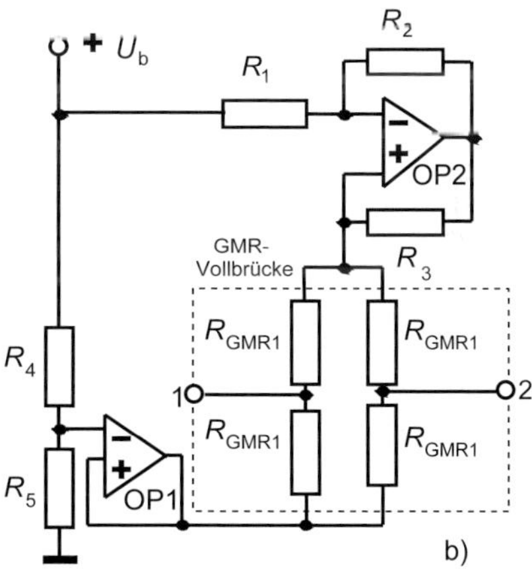

Bild 7.82 a) Elektrische Schaltung zur Kompensation der thermischen Messabweichungen mit einer temperaturgesteuerten Widerstandskombination aus einem NTC und einem PTC
b) Elektronische Schaltung mit einer negativen Impedanz zur Kompensation der thermischen Messabweichungen mit einer Operationsverstärkerregelung

Verwendet man z.B. zur Messung von Drehzahlen die Nulldurchgänge des entsprechenden Signalwinkels, erhält man feste, nicht temperaturabhängige Schaltpunkte. Anwendungen, die nur den Nulldurchgang auswerten, können deshalb ohne Temperaturkompensation aufgebaut werden. Die notwendige Elektronik wird dadurch sehr preisgünstig.

Für die Signalauswertung benötigt man lediglich einen einfachen Messverstärker, wie er in Bild 7.83 dargestellt ist. Der Trimmwiderstand R_6 regelt mit den beiden Festwiderständen R_2 und R_3 die Verstärkung der Brückenausgangsspannung u_{Br} zwischen den Eingangsanschlüssen 1 und 2. Die Ausgangsspannung u_{a} des Messverstärkers wird wie folgt berechnet:

$$u_{\mathrm{a}}(t) = \left(1 + \frac{R_2}{R_3} + 2 \cdot \frac{R_2}{R_6}\right) \cdot u_{\mathrm{Br}}(t) \qquad \text{(Gl. 7.89)}$$

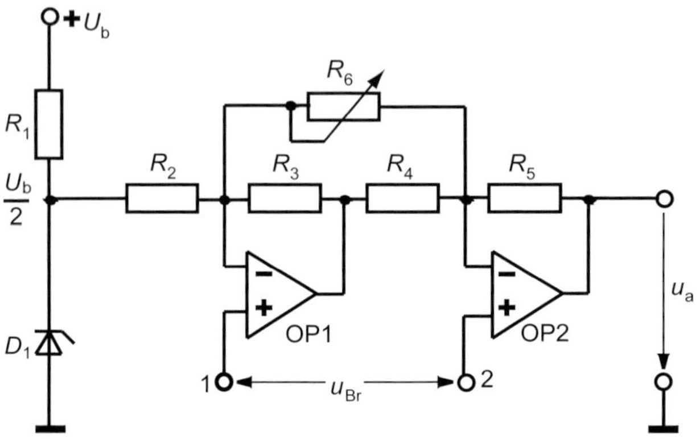

Bild 7.83
Einfache Signalauswertungselektronik mit Operationsverstärker

Tabelle 7.6 veranschaulicht einen Vergleich der physikalischen Sensoreffekte von Magnetfeldsensoren. Tabelle 7.7 tut dies für die technischen Eigenschaften.

Tabelle 7.6 Vergleich der physikalischen Sensoreffekte von Magnetfeldsensoren

Sensortypen	Sensorprinzipien	Eigenschaften
Induktive Sensoren	Induktionsgesetz $u(t) = -\mathrm{d}\Phi/\mathrm{d}t$	Signal ~ $\Phi/\mathrm{d}t$ ~ $\mathrm{d}H/\mathrm{d}t$
HALL-Sensoren	LORENTZ-Kraft $F = q\ (v{\cdot}B)$ Magnetoelektropotential- oder HALL-Effekt	Signal ~ H Signal ~ cos(α)
Feldplatten-Sensoren	Lorentzkraft $F = q\ (v{\cdot}B)$ Magnetoresistiver-Effekt	Signal ~ H^2 Signal ~ $\cos^2(\alpha)$
AMR-Sensoren	Anisotropermagnetoresistiver Effekt $\Delta R/R$ ~ 2 bis 3% (bei magn. Sättigung)	Signal ~ H Signal ~ cos(2α)
GMR-Sensoren	Magnetoresistiver Quantenspin-Streueffekt $\Delta R/R > 10\%$ (ungekoppelte Schichtsysteme)	Signal ~ cos(α)
TMR-Sensoren	Magnetoresistiver Quantenspin-Tunneleffekt $\Delta R/R > 20\%$ (ungekoppelte Schichtsysteme)	Signal ~ cos(α)

Anwendungen

GMR-Sensoren eignen sich für eine Vielzahl von Anwendungen, z.B. in der Positionssensorik von Linear- und Drehbewegungen. Diese Sensoren messen, wie schon gesagt, in einem weiten Fenster der magnetischen Feldstärke nur die Richtung des anliegenden magnetischen Feldes H_{ext}. Dadurch werden große Abstände mit ausreichenden Justagetoleranzen realisiert. Als Steuermagnete kommen Permanentmagnete in Dipolform oder Polräder auf der Basis von seltenen Erden zum Einsatz.

Tabelle 7.7 Vergleich der technischen Eigenschaften von Magnetfeldsensoren

Eigenschaften	TMR/GMR	AMR	Hall	Induktiv
Temperaturstabilität	+ + +	+ +	+	+ +
Ausgangssignal	+ + +	+ +	+	größenabhängig
Empfindlichkeit	+ + +	+ + +	+ +	+ +
Leistungsverbrauch	+ + +	+	+ +	größenabhängig
Größe	+ + +	+	+ + +	+
DC-Betrieb	ja	ja	ja	nein
Kosten	+ + +	+	+ + +	

Systematik der Anwendungen

- GMR-Magnetfeldsensoren,
- GMR-Gradientensensoren,
- GMR-Winkelsensoren.

Absoluter Winkelsensor

Da ein GMR-Sensor seinen elektrischen Widerstand als Funktion der Richtung eines angelegten äußeren Magnetfeldes H_{ext} ändert, realisiert er einen absoluten Winkelsensor. Der erfasste Winkelbereich und die erreichbare Winkelauflösung hängen von Steuermagneten (z.B. einfacher Dipolmagnet oder Polrad mit bestimmter Anzahl von Polen), von der Art des Sensors (gekreuzte Halbbrücken, Vollbrücke) und der Auswertung ab. Diese Spannungsauflösung kann mit einer sehr einfachen Elektronik erreicht werden. Durch den Einsatz eines Polrades mit N Polpaaren ist die Winkelauflösung proportional zur Zahl der Polpaare N, beschränkt jedoch den erfassbaren Winkelbereich auf 360/N.

Inkrementaler Winkelsensor

Mit Hilfe eines Polrades (s. Bild 7.62) lässt sich mit einem GMR-Sensor (z.B. Siemens Typ GMR B6) sehr einfach ein inkrementaler Drehwinkelsensor mit Richtungserkennung aufbauen. Das drehbare magnetische Polrad übersetzt die Drehbewegung und steigert die Winkelauflösung. Jedes Polpaar erzeugt einen negativen und einen positiven Signalpuls. Der GMR-Sensor wird dabei so positioniert, dass das magnetische Streufeld des Polrades in der Sensorebene liegt und bei Drehung des Polrades periodisch die Richtung ändert.

Wichtig ist, dass sich die beiden Messsignale $u_1(t)$ und $u_2(t)$ der beiden Halbbrücken von einer Vollbrücke aufgrund der unterschiedlichen Distanz zu den Polradmagneten unterscheiden. In Bild 7.84 sind die GMR-Brücke und die Ausleseelektronik (Komparatorverstärker 1 und 2) dargestellt. In Bild 7.85 sind die beiden Messsignale $u_1(t)$ und $u_2(t)$ sowie schematisch das Polrad dargestellt. Aus der Phasenlage und den Signalflanken lässt sich (wie oben beschrieben) neben der Drehzahl die Drehrichtung bestimmen. Diese inkrementalen Sensoren finden im Bereich der Drehzahlmessung und der Drehsinnerkennung in Automobilen und industriellen Anwendungen, z.B. als inkrementale Potentiometer, oder im Bereich der Durchflussmessung Anwendung.

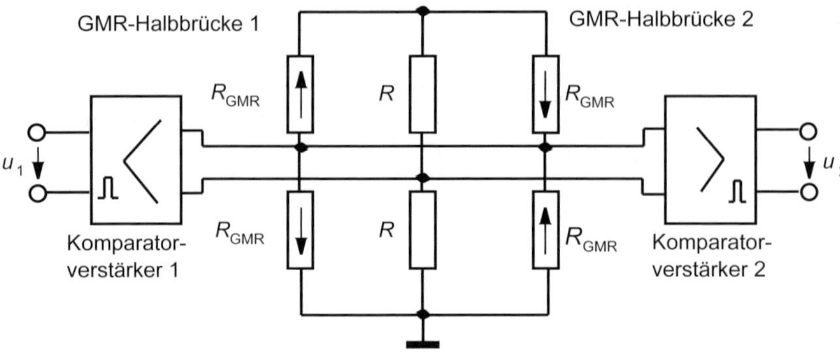

Bild 7.84 GMR-Brücke mit Ausleseelektronik (Komparatorverstärker 1 und 2)

Kontaktloser Drehwahlschalter

Viele Geräte benötigen aufwendige elektromechanische Drehschalter zur Einstellung verschiedener Gerätefunktionen (z.B. Audiogeräte, Waschmaschinen, Haushaltsgeräte usw.). Der große Vorteil von kontaktlosen elektronischen Drehwahlschaltern besteht in ihrer hohen Lebensdauer aufgrund von Verschleißfreiheit und einem geringen Einbauaufwand. Außerdem ist ein Drehwahlschalter für ganz unterschiedliche Gerätetypen einsetzbar.

Die unterschiedliche Funktion des elektronischen Schalters wird durch unterschiedliche Software für einen Mikrocontroller realisiert. Im Prinzip sind Drehschalter absolute Winkelmesser mit einer bestimmten Anzahl von Schaltpunkten. Interessante Anwendungsbeispiele sind Bedienungsfelder für Waschmaschine, Wäschetrockner, Elektroherde oder die verschiedenen Geräte der Unterhaltungselektronik.

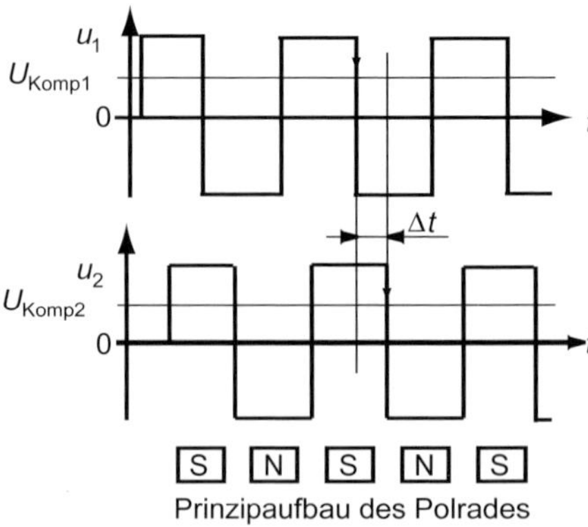

Bild 7.85
Graphische Darstellung der Messsignale $u_1(t)$ und $u_2(t)$ mit schematischem Polrad. Aus Phasenlage und Signalflanken lassen sich Drehzahl und Drehrichtung bestimmen.

Linearsensor

Da GMR-Sensoren in einem bestimmten Magnetfeldbereich (Magnetfeldfenster) nur auf die jeweilige Richtung des Magnetfeldes, nicht aber auf seine Amplitude reagieren, ändert sich bei linearer Bewegung des Sensors seine Signalamplitude durch die Krümmung der magnetischen Feldlinien eines stabförmigen Steuermagneten (analog wie in den Bildern 7.70 und 7.71). Durch die Wahl der Magnetgröße (oder Magnetform) und des Weges können die Auflösung und die Form des Signals bestimmt werden. Der räumliche Messbereich reicht so weit, wie sich die magnetische Feldstärke des Steuermagneten im Magnetfenster des Sensors befindet.

Der Linearsensor kann für lineare Positionsbestimmungen, Längenmessungen, Füllstandsmessung usw. in industriellen Anwendungsgebieten eingesetzt werden. Durch Verwendung einer Komparatorschaltung zum Auslesen des Sensors kann mit einem Linearsensor ein Näherungsschalter oder ein kontaktloser Schalter realisiert werden. Der Komparator schaltet von einer negativen elektrischen Spannung auf eine positive um, wenn das Sensorsignal einen bestimmten Schwellwert überschreitet.

Positionssensor für Druckkopf

Für viele Drucker ist die exakte Erfassung der Druckkopfposition erforderlich, um eine hohe Auflösung beim Druckvorgang zu erreichen. Für die Positionsbestimmung wird ein GMR-Sensor auf einer Führungsschiene des Druckkopfes angeordnet. Die Magnetisierung aus den wechselnden magnetischen Polen (analog wie in den Bildern 7.70 und 7.71) steuert den Sensor aus und erzeugt so das Regelsignal zur mechanischen Positionierung des Druckkopfes.

Im Prinzip ist dies eine Linearmessung unter Verwendung einer Vielzahl von Magnetpolen. Der GMR-Sensor hat eine kontaktfrei langlebige Zuverlässigkeit. Außerdem ist die Messung nicht empfindlich gegen Verschmutzungen wie z.B. durch Tintennebel.

GMR-Datenkoppler

Sensorik, Datenübertragung und Datenerfassung sind wichtige Technikbereiche in der industriellen Steuerungstechnik und Automation. Oft wird eine galvanische Trennung zwischen Sensor und Signalübertragung gefordert, um Messunsicherheiten – bedingt durch Massenschleifen, Störfelder, Störimpulse, lange Signallaufzeiten und hohe Temperaturunterschiede – weitgehend zu verhindern.

Der klassische Koppelbaustein seit vielen Jahren ist der Optokoppler. Er überträgt das Messsignal per Lichtmodulation durch elektrisch isolierende Medien von der Sender-LED zur Empfänger-LED.

Bei GMR-Kopplern wird das Messsignal durch Magnetfeldmodulation zwischen Senderspule und GMR-Widerständen übertragen. Bild 7.86 zeigt den elektrischen Prinzipaufbau. Der GMR-Kopplerchip besteht aus einer GMR-Halbbrücke mit 2 Festwiderständen (R_1, R_2), einer isolierenden Dünnfilmschicht und einer planaren Senderspule in Mikrotechnik. Die Spule erzeugt ein elektrisches Messsignal proportional zum Magnetfeld, das durch die Dünnfilmschicht von den beiden GMR-Widerständen (Spin-Valves) erfasst wird.

Vorteile der **magnetischen** gegenüber der **optischen** Kopplung:

- ☐ höhere Bandbreite,
- ☐ kleinere Bauform,
- ☐ bessere Störunterdrückung,
- ☐ höhere Temperaturstabilität.

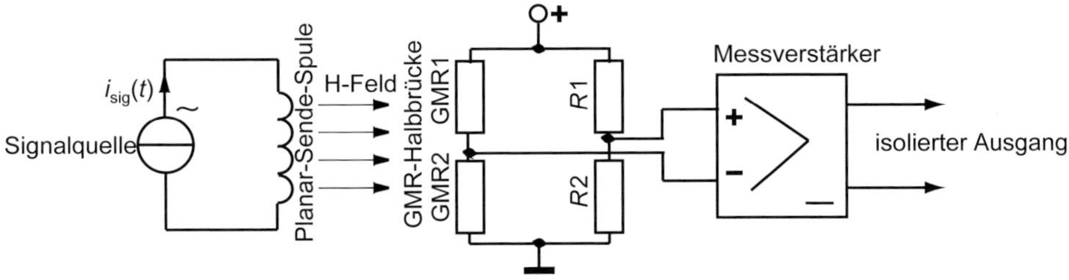

Bild 7.86 GMR-Koppler-Chip, bestehend aus 1 GMR-Halbbrücke mit 2 Festwiderständen ($R1$, $R2$) und einer planaren Senderspule in Mikrotechnik

Schlussbetrachtung zur GMR-Sensorik

Der zunehmende Einsatz intelligenter Steuer- und Regelsysteme in der Automatisierungstechnik und in der Automobiltechnik (z.B. Drive-by-Wire-Konzepte) sowie stetig steigender Gerätekomfort in der Konsumelektronik führen zu einer stark wachsenden Nachfrage nach Sensoren. Eine sehr wichtige Messaufgabe ist die Erkennung und Messung von Bewegungen in der Positionssensorik. Früher wurden für diese Anwendungen oft HALL-Sensoren (etwa ABS-Sensoren im Automobil) oder hochgenaue optische Winkelencoder (in der Automatisierungstechnik) eingesetzt.

Das neue GMR-Sensorkonzept ermöglicht einfache und damit auch kostengünstigere Systemlösungen. Sehr viele Messaufgaben die früher von HALL-Sensoren, Feldplattensensoren oder AMR-Sensoren gelöst wurden, werden jetzt von GMR-Sensoren übernommen. Zusätzlich zu den oben beschriebenen Anwendungen aus dem Bereich der Positionssensorik und der Drehratenmessung kommen weitere Anwendungen wie z.B. Strommessung, Signalübertragung (galvanische Trennung durch magnetische Koppler) oder Festplattenspeicher mit GMR-Leseköpfen hinzu.

Wichtig für den effektiven Einsatz ist die Optimierung der Schichtstruktur der GMR-Systeme (oft auch Spin-Engineering genannt). Bei Schichtdicken von wenigen Nanometern beeinflussen Grenzflächeneffekte die Eigenschaften oder dominieren sie in vielen Fällen. Durch Aufbringen dieser magnetischen Schichtstrukturen direkt auf Si-Wafern ist eine direkte Integration der Auswerteelektronik möglich, wodurch die Herstellungskosten weiter gesenkt werden.

Es ist zu erwarten, dass die Anwendungsbreite des GMR-Effektes weiter ausgebaut wird. Für diese Technik wird der Begriff **Magnetelektronik** oder auch **Spin-Elektronik** bzw. **Quanten-Spin-Elektronik** verwendet.

Beispiel 7.11 zur Schaltung von Bild 7.83

Technische Daten: $R_1 = 1\ \text{k}\Omega$, $R_2 = R_5 = 12\ \text{k}\Omega$, $R_3 = R_4 = 1\ \text{k}\Omega$

Die GMR-Vollbrücke liefert ein sinusförmiges Signal mit einer Amplitude von $\hat{U}_{\text{Br}} = 200\ \text{mV}$.

Wie groß muss der Widerstand R_6 eingestellt werden, damit die Spannungsamplitude $\hat{U}_{\text{a}}$ der Ausgangsspannung 4 V beträgt?

Lösung 7.11

Aus Gl. 7.89 erhält man:

$$R_6 = \frac{2 \cdot R_2}{\dfrac{\hat{U}_{\text{Br}}}{\hat{U}_{\text{a}}} - \left(1 + \dfrac{R_2}{R_3}\right)} = \frac{24\ \text{k}\Omega}{7} = 3{,}42\ \text{k}\Omega \qquad \text{(Gl. 7.90)}$$

7.4.5 GMI-Sensoren

Der ***G****iant-****M****agnetic-****I****nduktance*-Effekt (GMI, 1992) tritt bei Drähten auf, die eine Oberflächenschicht aus einem Magnetmaterial haben. Diese Schicht muss eine Magnetisierung ringförmig um den Draht haben. Durch Magnetfelder in Drahtlängsrichtung wird diese auch in Drahtrichtung gedreht. Dabei ändert sich die elektrische Induktivität des Drahtes besonders bei hohen Frequenzen, da durch die Magnetschicht der Skineffekt beeinflusst wird. In magnetischen Doppelschichten ist dieser Effekt ebenfalls zu beobachten, wenn auch wesentlich geringer.

7.4.6 CMR-Sensoren

Der *Colossal-**M**agneto-**R**esistance*-Effekt (CMR, 1967) ist kein Schichteffekt, sondern ein Volumeneffekt und tritt vor allem in Materialien auf, die Perowskite enthalten. Bei Temperaturen in der Nähe der Übergangstemperatur vom metallischen zum halbleitenden Zustand wurden Änderungen des Widerstandes von >200% beobachtet, jedoch nur bei Materialien mit einer Übergangstemperatur von <100 K.

7.4.7 TMR-Sensoren

Der *Tunneling-**M**agnetic-**R**esistance-Effekt* (TMR, entdeckt 1975 von M. JULLIERE) tritt nur in Schichtsystemen mit mindestens 2 ferromagnetischen Schichten und 1 dünnen Isolationsschicht (Tunnelbarriere) als spinabhängiges Elektronen-Tunneln durch die Barriere auf. Beim GMR-Effekt (Abschnitt 7.4.4) tritt hingegen eine spinabhängige Elektronen-Streuung an Grenzflächen auf.

Technischer Aufbau und physikalisches Wirkprinzip

Der Schichtaufbau entspricht dem klassischen 3-Schicht-GMR-Aufbau, wie in Abschnitt 7.4.4 beschrieben. Der Tunnel-Magnetowiderstand (TMR) entsteht in den Magneto-Tunnelkontakten (MTJ, *MT Junction*) zwischen den ferromagnetischen Schichten (Free Layer – FM1 – und Pinned Layer – FM2). Elektronen können durch die extrem (wenige nm) dünne Tunnelbarriere (Barrier Layer) mit einer gewissen quantenmechanisch Wahrscheinlichkeit unscharf tunneln. Unter der Annahme, dass die Spinrichtung der Elektronen beim Tunnelprozess erhalten bleibt, ist der Tunnelwiderstand zwischen den beiden ferromagnetischen Schichten, genau wie beim GMR-Effekt, vom Winkel zwischen ihren Magnetisierungsrichtungen abhängig. Mit Hilfe eines externen Magnetfeldes kann die Richtung des Spins der ferromagnetischen Schichten unabhängig voneinander kontrolliert gesteuert werden. Wenn die Magnetisierungen M der ferromagnetischen Schichten (FM1, FM2) magnetischen parallel (p) ausgerichtet sind, ist die Wahrscheinlichkeit Y, dass Elektronen durch die Isolationsschicht tunneln, größer (d.h. der elektrische Widerstand kleiner) als bei antiparalleler (ap) Ausrichtung. Für einen definierten antiparallelen Zustand wird einer der beiden ferromagnetischen Schichten (z.B. FM2 als Pinned Layer) mit einem synthetischen Antiferromagneten (SAF) gekoppelt. Bei dieser geometrischen Anordnung (analog zu Bild 7.75) ist die Magnetisierung der nicht gekoppelten ferromagnetischen Schicht (FM2 als Free Layer) noch frei und kann dann über ein externes Magnetfeld M_{ext} z.B. mit einem permanenten Steuermagneten beeinflusst werden. Für Berechnungen der absolutenWiderstände R_p, R_{ap} und des relativen Widerstandes $\Delta R/R_p$ kann wieder das Zweistrommodell für die parallele (p) und die antiparallele Ausrichtung (ap) der Magnetisierungen M der beiden ferromagnetischen Schichten (FM1, FM2), analog zum GMR (Abschnitt 7.4.4), angewandt werden, d.h., die Widerstandsgleichungen sind formal identisch zu den Gl. 7.84, 7.85 und 7.86. Der Tunnelkontakt (MTJ) ist definiert durch Schichtfläche und -dicke bzw. Flächenwiderstand. Ein typischer Flächenwiderstand einer Al_2O_3-Tunnelbarriere beträgt ca. 10 MΩ / µm^2. Bei einer Fläche der Tunnelbarrieren mit ca. 100 µm^2 beträgt der Widerstand ca. 100 kΩ für ein Tunnelelement. Analog zu den GMR-Multischichtsystemen (Bild 7.76) werden auch TMR-Multischichtsysteme in Dünnschicht-Technologie gefertigt. Der Tunnel-Magneto-Widerstand (TMR) ist also ein elektronisches Bauelement eines TMR-Sensors in der Magnet-Sensorik. Der

Leistungsverbrauch ist um den Faktor 1000 kleiner als der des GMR. Die Sensorelektrik und -elektronik von TMR und GMR sind schaltungstechnisch analog. Der TMR eignet sich besonders gut für Anwendungen mit der Forderung nach einer kleinen Leistungsaufnahme, wie z.B. für Batteriebetrieb oder für autarke Sensoren speziell mit EnergyHarvesting. Ein wichtiger sensorischer Unterschied zwischen AMR- und TMR-Sensoren ist sein Verhalten in magnetischen Drehfeldern. Wird beim AMR-Sensor die Magnetisierung um 90° gedreht, von parallel auf senkrecht zur Stromrichtung, ist der AMR-Hub beendet. Sein Ausgangszustand ist erst wieder bei 180° erreicht. Damit ist seine Periodizität auf nur 180° begrenzt. Im Gegensatz dazu ist bei TMR- und GMR-Sensoren der Ausgangszustand erst bei einer vollen Umdrehung (360°) wieder erreicht. Damit beträgt hier die Periodizität 360°.

Anwendungen von TMR-Sensoren

- TMR-RAM mit sehr kleinen leistungsarmen Tunnelkontakten (ab 2007)
- TMR-Schaltsensoren in Durchflussmessgeräte und Näherungsschalter:
  kleiner ca. 1 µA, ideal für Batteriebetrieb und EnergyHarvesting
- TMR-Linearsensoren:
  sehr hohe Sensitivität S von ca. 200mV/V/Oe (1Oe=73,6 A/m), niedriges Rauschen, großer Dynamikbereich, niedrige Hysterese, Antastrichtung über Ebene oder Z-Achse, für Magnetfeld-Sensortechnik und Strommessung
- TMR-Magnetbildsensoren:
  hochempfindliche magnetische 1/6/18-Kanal-Banknotenleser, magnetische Bildabtastung mit 50 dpi für finanztechnische Vorrichtungen zur Fälschungssicherheit und NDT
- TMR-Winkelsensoren:
  360-Grad-Messung mit hohem Amplitude-Output für Messungen in rotierenden Positionen
- TMR-Zahnradsensoren:
  zur Erkennung geringster Höhenunterschiede, für lineare oder rotierende Positionen/Geschwindigkeitsmessung

7.4.8 Nanomagnetfeldsensoren (Nanosensoren)

Seit 2007 konzentriert sich die Forschung auf den Messeinsatz von mehrschichtigen Nanodrähten, die eine größere Messempfindlichkeit als die gegenwärtig genutzten Schichten oder Filme bieten. Ein Nanodraht ist ein sehr feines, langgestrecktes Stück Metall oder Halbmetall mit einem Durchmesser im Bereich bis max. 100 nm (0,1 µm).

Hinweis

Konkrete Anwendungen und Berechnungen für GMI-, CMR-, TMR- und Nanomagentfeldsensoren befinden sich derzeit noch im Entwicklungsstadium.

7.5 SQUID-Sensoren

Der zz. empfindlichste bekannte Magnetfeldsensor ist der SQUID (***S***uperconducting-***Qu***antum-***I***nterference-***D***evice-Sensor) oder in deutscher Sprache: supraleitender Quanten-Interferenz-Detektor. Der Sensor besteht aus einem supraleitenden Stromkreis, in dem sich ein oder zwei sog. JOSEPHSON-Kontakte befinden.

Grundlagen und Aufbau der JOSEPHSON-Kontakte

BRAIN D. JOSEPHSON sagte im Jahr 1962 (Nobelpreis 1972) voraus, dass es, analog zum normalen quantenmechanischen Elektronen-Tunnel-Effekt, auch bei 2 supraleitenden Materialien, die durch eine dünne Schicht (<1 nm) getrennt sind, für die sog. COOPER-Paare einen Tunnel-Effekt geben müsse, wobei das Magnetfeld, das die dünne Schicht durchdringt, nur wenige A/m betragen darf. Bei den COOPER-Paaren handelt es sich um Elektronen mit antiparallelen Spins, die unterhalb der Sprungtemperatur von Supraleitern durch die sog. Spinkopplung Quasiteilchen bilden. Sie ermöglichen eine verlustlose, d.h. widerstandsfreie, Bewegung im Supraleiter (klassische Tieftemperatur-Supraleiter: TTSL).

Die schwache Kopplung zwischen den Supraleitern kann durch eine sehr dünne isolierende, halbleitende oder auch normalleitende Schicht (a), einen Punktkontakt (b), eine kleine Einschnürung (1 µm × 1 µm × 1 µm) in einer supraleitenden Schicht (d), die DAYEM-Brücke oder durch Legen eines Normalleiters (<1 µm) über einen Supraleiter (c) – die MERCERAU-Brücke – realisiert werden. Bild 7.87 zeigt die möglichen geometrischen Anordnungen. Entscheidend für die gewählte Geometrie ist eine schwache Kopplung der Supraleiter, d.h. eine kleine Konzentration der COOPER-Paare.

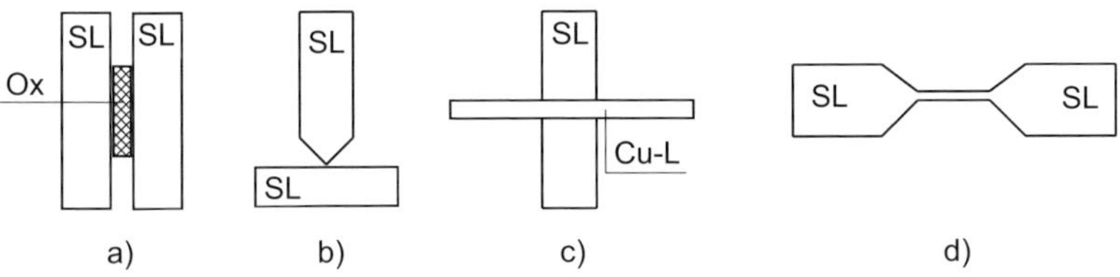

Bild 7.87 Mögliche geometrische Strukturen von JOSEPHSON-Kontakten

Bild 7.88 zeigt den technischen Prinzipaufbau eines JOSEPHSON Kontaktes zur Erfassung seiner messtechnischen Eigenschaften bei der Erfassung von externen Magnetfeldern. Die Stromleitung dient zur variablen Erzeugung von Magnetfeldern im Supraleiter. Wirkt das externe Magnetfeld auf den JOSEPHSON-Kontakt, ändert sich der Suprastrom nach der sog. Spaltfunktion.

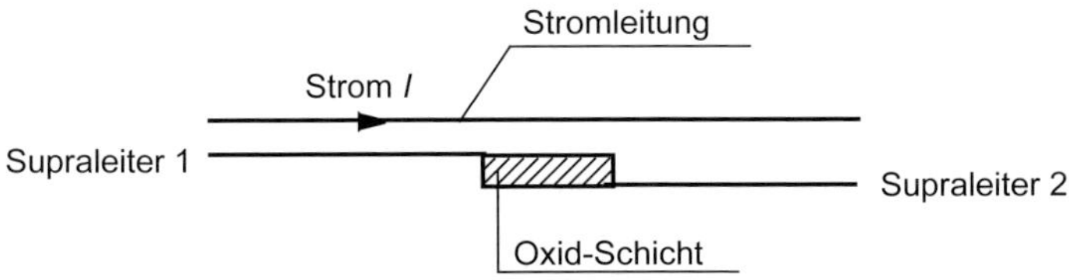

Bild 7.88 Technischer Prinzipaufbau eines JOSEPHSON-Kontaktes zur Feststellung seiner messtechnischen Eigenschaften bei der Erfassung von externen Magnetfeldern

Grundlagen und Aufbau eines SQUIDs

Bild 7.89 zeigt einen SQUID. Er besteht aus einem ringförmigen Supraleiter mit nur wenigen mm Durchmesser und einem JOSEPHSON-Kontakt aus einem normalleitenden sehr dünnen Material, das von den COOPER-Paaren sehr gut getunnelt werden kann. Es ist bekannt, dass in Supraleitern keine Magnetfelder eindringen können, sondern immer außen auf der Supraleiteroberfläche verlaufen. Bei ringförmigen Supraleitern sind nun 2 Bereiche des Magnetfeldes wirksam, nämlich innerhalb und außerhalb der Ringfläche. Nach den Regeln der Quantenmechanik darf innerhalb der

Ringfläche immer nur ein ganzzahliges Vielfaches des magnetischen Elementarflusses Φ_0 enthalten sein. Zunächst befinden sich beide Magnetfelder im Gleichgewichtszustand, d.h., sie sind gleich groß.

Verändert sich das externe Magnetfeld, fließt ein im Ring zum Feld proportionaler Suprastrom. Die Schichtdicke im Ring ist so gewählt, dass sie den Suprastrom im Ring auf das Äquivalent von einem Flussquant begrenzt. Wird nun das Magnetfeld größer, kann ein Flussquant in die Schicht eindringen. Damit ist das Gleichgewicht zwischen dem äußeren und inneren Magnetfeld wieder hergestellt.

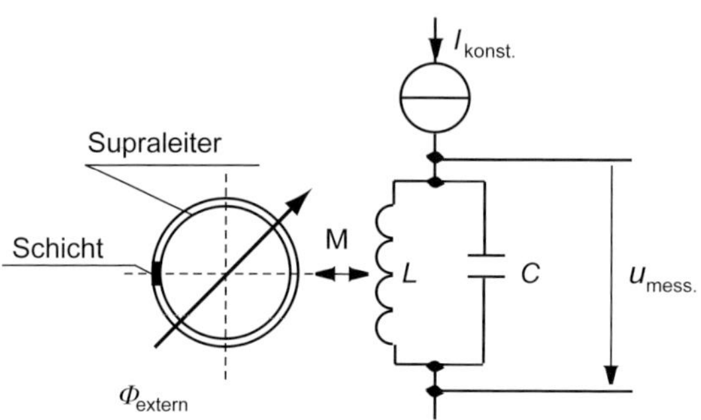

Bild 7.89
SQUID, bestehend aus einem ringförmigen Supraleiter und einem JOSEPHSON-Kontakt aus einem normal leitenden, dünnen Material

Über die Veränderung des Suprastroms im Ring kann also das Ungleichgewicht zwischen Innen- und Außenmagnetfeld direkt elektrisch gemessen werden. Der SQUID wird dazu mit einem elektrischen Parallelschwingkreis magnetisch gekoppelt, so dass dieser gedämpft wird. Die Dämpfung zeigt eine vom Flussquant Φ_0 periodische Abhängigkeit des Magnetflusses durch das SQUID. Mit Hilfe einer mathematischen Interpolation kann noch der einmillionste Teil eines Flussquants nachgewiesen werden.

Wenn bei industriellen Messungen die magnetischen Störfelder aus der Umwelt viel größer als das Messsignal sind, verwendet man als Messprinzip das Differenzverfahren. Der Sensor besteht dann aus einem Mess- und Referenz-SQUID, wobei der Mess-SQUID das Messsignal und das Störsignal erfasst, während der Referenz-SQUID nur das Störsignal erfasst. Das Differenzsignal von den beiden SQUIDs ist dann weitgehend störungsfrei.

Anwendungen

Seit Erfindung der keramischen Hochtemperatur-Supraleiteiter (HTSL), z.B. YBaCuO, im Jahr 1986 durch BEDNORZ und MÜLLER (Nobelpreis 1987) kann mit flüssigem Stickstoff bei 77 K (oder –196 °C) die Kühltechnik für Supraleiter aufgebaut werden. Das brachte erst den technischen Aufschwung von SQUID und ermöglichte neue Anwendungen:

- Materialtechnik und Automation: zerstörungsfreie Materialuntersuchungen,
- Medizintechnik: Magnetokardiogramm (MKG) 10 pT, Magnetoenzephalogramm (MEG) 1 pT,
- Geologie: hochauflösende Erdmagnetfeldmessungen, Bodenuntersuchungen.

8 Reedsensoren

Der erste Reedschalter wurde Ende 1930 in den USA von den Bell-Labs entwickelt. Ab 1940 gab es erste Industrieanwendungen von Reedsensoren und Reedrelais für einfache, magnetisch ausgelöste Schaltfunktionen. Das Wort «reed» aus dem Englischen kennzeichnet das Rohrblatt der Holzblasinstrumente, das den schwingenden Kontaktzungen ähnelt.

Die Firma Western Electric hat Ende 1940 Reedschalter in Telefonsysteme eingeführt. Reedsensoren werden heute in der Telekommunikation, Elektrotechnik und Elektronik, Automobiltechnik, in Test- und Messgeräten, Hausgeräten, Sicherheitstechnik und Alarmtechnik, Medizintechnik und weiteren Industriebereichen angewendet. Elektromagnetische Reedsensoren ermöglichen – gegenüber rein elektromechanischen Mikroschaltern – eine größere Schalthäufigkeit und berührungsfreie Betätigung. Sie haben deshalb eine höhere Lebensdauer.

Grundlagen und technischer Aufbau

Reedsensoren bestehen grundsätzlich aus zwei Kontaktzungen einer weichmagnetischen, federnden Nickel-Eisen-Legierung, die hermetisch dicht verschlossen in ein Glasröhrchen eingeschmolzen sind. Die beiden Kontaktzungen überlappen sich mechanisch mit einem sehr kleinen Abstand von nur wenigen Mikrometern. Bild 8.1 zeigt den elektromechanischen Prinzipaufbau und die magnetomechanische physikalische Wirkungsweise. Bringt man die weichmagnetische Kontaktanordnung in ein geeignetes magnetisches Feld, bilden sich aufgrund des entstehenden magnetischen Flusses an den freien überlappenden Enden der Kontaktzungen magnetische Pole entgegengesetzter Polarität aus, so dass sich die beiden Zungenkontakte aufeinander zu bewegen. Ist die magnetische Kraft im Luftspalt größer als die mechanische Rückstellkraft der Kontaktzungen, berühren sie sich, und es entsteht ein elektrischer Kontakt, der den zugehörigen elektrischen Stromkreis schließt. Der Kontaktbereich der beiden Zungen ist mit einem sehr harten Metall (meist Rhodium, Ruthenium, Wolfram oder Iridium) beschichtet. Hergestellt werden die Kontaktzonen galvanisch oder sputtertechnisch. Die so hergestellten Kontakte bescheren Reedsensoren eine sehr lange Lebensdauer. Vor jedem Einschmelzen der Kontakte wird die vorhandene Luft evakuiert. Während des Einschmelzvorgangs wird das Glasgehäuse mit Stickstoff oder einer inerten Gasmischung von hohem Stickstoffanteil gefüllt. Bei Reedsensoren verwendet man für die Kontaktbetätigung i.Allg. Permanentmagnete. Um einen sicheren Betrieb der Sensoren zu gewährleisten, ist es wichtig, das Zusammenwirken von Kontakt und Magnet zu kennen. Für die zuverlässige Funktion des elektrischen Kontaktes sind die Kontaktkraft und die Rückstellkraft nötig. Welche Werte die Kräfte an einem einfachen Reedkontakt annehmen, lässt sich theoretisch einfach über die magnetische Energie im Überlappungsbereich des Luftspalts zwischen den beiden Kontaktzungen und ihrem elastomechanischen Verhalten gut abschätzen. An dieser Stelle werden nur kurz die wichtigsten Gleichungen zur Abschätzung des magnetomechanischen Verhaltens gezeigt. Als vereinfachtes Modell der weichmagnetischen und federnden Zungenkontakte wird die Auslenkung einer einseitig eingespannten Feder benutzt. Bild 8.2 zeigt die Geometrie und den mechanischen Aufbau der einseitig eingespannten Feder. Bei einer einseitig eingespannten Feder der Länge l_f, an deren Ende die mechanische Kraft F angreift, ist die Auslenkung s eine Funktion der Materialeigenschaft (E-Modul), der Geometrie (Zungenbreite b, Zungendicke d, s. auch Bild 8.3 auf InfoClick).

Für kleine Auslenkungen gilt näherungsweise: $s = \dfrac{4 \cdot F \cdot l_f^3}{E \cdot b \cdot d^3}$ (Gl. 8.1)

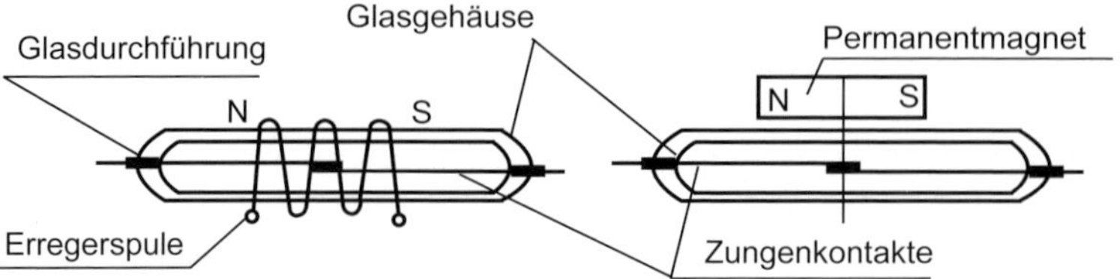

Bild 8.1 Elektromechanischer Prinzipaufbau und prinzipielle magnetomechanische physikalische Wirkungsweise eines Reedsensors

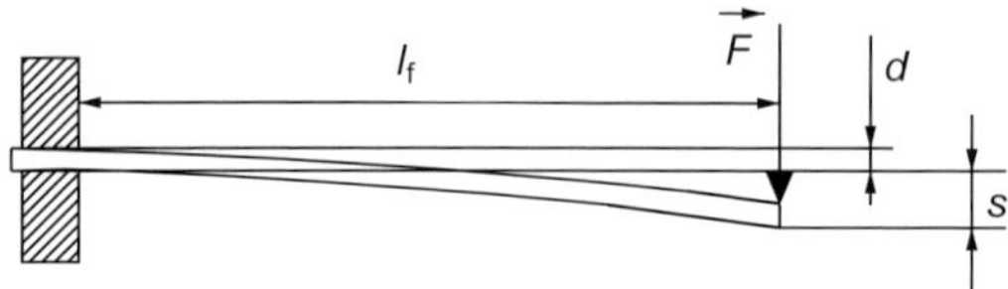

Bild 8.2 Geometrie und mechanischer Aufbau der einseitig eingespannten Feder

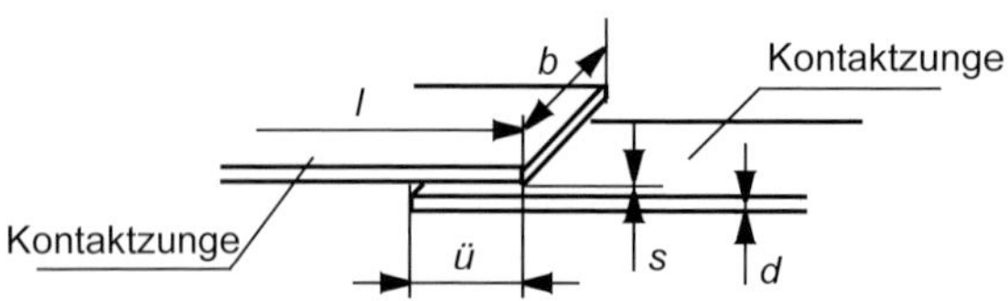

Bild 8.3 Geometrische Abmessungen und räumliche Lage der beiden Zungenkontakte

Die magnetische Energie im Luftspalt erreicht ihren maximalen Wert, wenn die Zungen im Bereich der magnetischen Sättigung betrieben werden. Für die magnetische Energie gilt dann:

$$E_{m_{L\text{-}max}} = \frac{1}{2} \cdot \frac{B_{max}^2 \cdot b \cdot d^2 \cdot s}{\mu_0 \cdot ü} \qquad \text{(Gl. 8.2)}$$

Mit der Überlappungslänge *ü* der Kontaktfedern. Mit Gl. 8.2 erhält man für die an den Enden der Kontaktfedern wirkende maximale Kraft:

$$F_{m_{max}} = \frac{E_{m_{max}}}{s} = \frac{1}{2} \cdot \frac{B_{max}^2 \cdot b \cdot d^2}{\mu_0 \cdot ü} \qquad \text{(Gl. 8.3)}$$

Die magnetische Anzugskraft wirkt der Rückstellkraft der Kontaktfeder entgegen.

Vertiefung 8.1

Herleitungen sowie Bild 8.3, die den oben dargestellten Sachverhalt begründen, stehen Ihnen im Onlineservice InfoClick zur Verfügung. Die Nummerierung der Gleichungen setzt sich dort bis Gl. 8.12 fort. Für das weitere Verständnis des Themas im eigentlichen Sinn kann aber grundsätzlich ohne diese Herleitung weitergearbeitet werden.

Aus einer großen Zahl weichmagnetischer Materialien für Reedkontakte sind nur die mit entsprechenden elastomechanischen und thermischen Eigenschaften von Bedeutung. Ein wichtiger Punkt ist die Anpassung des Wärmeausdehnungskoeffizienten an die Gläser des Gehäuses. Tabelle 8.1 zeigt eine kleine Auswahl von entsprechenden Metalllegierungen auf NiFe- und NiFeCo-Basis. Reedsensoren sind in DIL- und SMD-Bauweise (DIL: ***d**ual **i**nline package* – SMD: ***s**urface **m**ounted **d**evice*) ausgeführt, d.h. in Form von in der Mikroelektronik üblichen Gehäusebauformen speziell für eine Leiterplattenmontage.

Tabelle 8.1 Kleine Auswahl von entsprechenden Metalllegierungen auf NiFe- und NiFeCo-Basis für Zungenkontakte in Reedsensoren

	NiFe 50% Ni	**NiFeCo** 28% Co	**FeSi** 3,5% Si	**Fe99%** Fe	**FeCo** 40% Co	**Weichglas**	**Hartglas**
Sättigungsinduktion B_{max} [T]	1,4	1,6	2,0	2,2	2,4		
CURIE-Temperatur T_C [°C]	470	500	750	770	970		
spez. elektrischer Widerstand ϱ [Ωcm]	0,035	0,045	0,05	0,012	0,2		
thermischer Ausdehnungskoeffizient α [10^{-6} 1/°C]	10,6	7	12	12	9,5	10,5	5...8
E-Modul [kN/mm^2]	160	150	160	210	230		

Messtechnische Eigenschaften

Die verwendeten Materialien und die hermetisch geschlossene Bauweise ermöglichen den industriellen Einsatz von Reedsensoren bei fast allen Umweltbedingungen. Jedoch sind einige Eigenschaften zu beachten, die eine zuverlässige Langzeitstabilität garantieren.

So ist z.B. die Glas-Metall-Einschmelzzone durch die materialbedingten unterschiedlichen thermischen Ausdehnungskoeffizienten für die Gas-Dichtigkeit von entscheidender Bedeutung. Bei einer schlechten Anpassung der thermischen Ausdehnungskoeffizienten besteht die Gefahr von Haarrissen, was den Totalausfall des Sensors bedeutet. Beim Auftragen des Kontaktmaterials, z.B. Rhodium oder Rhutenium, wird in einem Reinraum entweder gesputtert oder galvanisch abgeschieden, um gute und reproduzierbare Übergangswiderstände zu erhalten.

Durch die gekapselte Bauweise der Reedkontakte sind sie auch in explosionsgefährdeten Bereichen, wie z.B. in Bergwerken oder in der Chemischen Industrie, zugelassen. Schaltwege sind sehr wichtige Parameter, die für die Einteilung in Empfindlichkeitsklassen der Reedsensoren besonders berücksichtigt werden. Einen Einfluss auf die störungsfreie Funktion haben natürlich magnetische Bauteile wie Spulen, Transformatoren, Relais usw., die in unmittelbarer Nähe der Sensoren angeordnet sind. Bei ausreichend großem Abstand zwischen Sensor und Störer ist eine Beeinträchtigung der Funktionalität des Sensors nicht zu befürchten. Unterschreitet das Magnetfeld einen bestimmten Wert, öffnet sich aufgrund der mechanischen Federkraft der Zunge der Schließerkontakt wieder. Für das Schließen des Kontaktes wird ein etwas stärkeres Magnetfeld benötigt als für das Öffnen. Dieser Effekt wird Hysterese genannt. Da auch Reedkontakte zum Prellen neigen, muss eine nachgeschaltete elektronische Schaltung dies tolerieren. Im Weiteren folgt eine Zusammenstellung der wichtigsten messtechnischen Eigenschaften von Reedsensoren:

- ❑ Schaltspannungen bis max. 10 000 V
- ❑ Schaltströme bis max. 5 A
- ❑ Minimalspannung von 10 nV
- ❑ Schaltleistung: 1...50 W
- ❑ Minimalströme von 0,001 pA schalten oder transportieren – bei sehr kleinen Verlusten

- obere Signalfrequenzen bis 7 GHz schalten – bei sehr kleinen Verlusten
- Isolationswiderstand über den geöffneten Kontakten >1 MΩ
- Kontaktwiderstand im geschlossenen Zustand <50 mΩ
- Verharrung der Kontakte im geöffneten Zustand ohne externe Leistung
- Schaltfunktion: Schließer, Öffner oder Wechsler
- Schaltzeit: Schließer ca. 100 μs
- Schaltzeit: Wechsler ca. 300 μs
- Arbeitstemperaturbereich von –60 °C bis +200 °C
- Resistenz gegen Wasser, Vakuum, Öl, Fett und weitere aggressive Umwelteinflüsse
- Schockresistenz bis 200 *g*
- Vibrationsbereich von 50...2000 Hz bei 30 *g*
- Lebensdauer: Schaltspannungen <5 V (Lichtbogen-Grenze) > 1000 Schaltspiele

Die Herstellerangaben über die Lebensdauer beziehen sich immer auf den Betrieb mit OHMscher Last. Bei induktiven oder kapazitiven Lasten oder Glühlampen treten immer Strom- und Spannungsspitzen auf, die einen begrenzenden Einfluss auf die Lebensdauer haben.

Sensorelektronik

Damit eine Schädigung der Kontakte durch elektrische Überlastung nicht eintritt, wird je nach Lastfall eine geeignete Schutzschaltung empfohlen.

- **Kontaktschutzschaltung bei induktiver Last**

  Bei der Abschaltung induktiver Lasten entstehen oft sehr hohe Selbstinduktionsspannungen. Eine Schädigung der Kontakte kann durch Lichtbogenbildung oder Materialabtragungen bzw. Materialwanderungen an den Kontaktflächen eintreten.

  Schutzschaltung für Gleichspannungen:

  Für Schaltvorgänge mit Gleichspannung wird eine Löschdiode (Freilaufdiode) parallel zur induktiven Last geschaltet. Bild 8.4 zeigt die elektrische Schutzschaltung. Die induzierte Spannungsspitze hat den gleichen Wert wie der Spannungsabfall an der Freilaufdiode D in Durchlassrichtung, d.h., die Spannungsspitze wird auf die Durchlassspannung der Diode begrenzt. Beim Abschalten der induktiven Last durch den Reedkontakt ist jedoch noch eine negative Spannungsspitze vorhanden, diese ist i.Allg. sehr niedrig. Für den Reedkontakt bedeutet dies nur eine Spannungsüberhöhung von wenigen Volt. Als Diode ist der Typ 1N4007 oder 1N5819 zu empfehlen. Der Strom wird in LD-Schaltungen abgebaut, und die Schaltzeiten sind relativ lang.

  Schutzschaltung für Wechsel- und Gleichspannungen:

  1. Bei Schaltvorgängen mit Gleich- und Wechselspannung wird eine RC-Löschschaltung (BOUCHEROT-Glied) parallel zur induktiven Last oder zum Reedkontakt geschaltet. Bild 8.5 zeigt die elektrische Schutzschaltung für diesen elektrischen Lastfall. Wird der Reedkontakt K geschlossen, ist die Serienschaltung aus Widerstand *R* und Kondensator *C* parallel zum Kontakt K und wird durch den Reedkontakt K überbrückt. Die Spannung am Kontakt beträgt jetzt 0 V. Wird nun der Reedkontakt durch ein fehlendes Magnetfeld geöffnet, wird die induktive Last ausgeschaltet, und der Selbstinduktionseffekt setzt ein. Da der Kondensator *C* in diesem Moment noch entladen ist, liegt sein Widerstand bei 0 Ω. In Serie dazu liegt der OHMsche Widerstand *R* mit einem Wert von z.B. 10 Ω. Der Gesamtwiderstand beträgt jetzt 10 Ω, da der Reedkontakt offen und sein Widerstand idealerweise unendlich hoch ist.

Der Gesamtwiderstandswert von 10 Ω bildet die elektrische Belastung für die Selbstinduktionsspannung der Last und begrenzt diese auf einen unkritischen Wert. Diese Schaltung hat jedoch einen Nachteil, sie muss exakt an die induktive Last angepasst werden. Das bedeutet in der Praxis, dass bei der Schaltung einer induktiven Last mit kleinerem OHMschen Widerstand die Abschaltspannung am Reedkontakt steigt. Im ungünstigsten Fall kann das zu einer spannungsmäßigen Überlastung des Reedkontaktes führen. Wie Bild 8.5 zeigt, bildet die Beschaltung der induktiven Last *L* mit der Kombination aus Widerstand *R* und Kondensator *C* einen elektrischen Schwingkreis, der in der Lage ist, hochfrequente gedämpfte elektromagnetische Schwingungen zu erzeugen. Die Frequenz kann, je nach Beschaltung, durchaus im kHz-Bereich liegen. Durch die hohe Spannungsamplitude kann dieser Effekt zu elektromagnetischen Störungen in benachbarten Elektronikbaugruppen führen (EMV). Eine spannungsmäßige Überlastung eines Reedkontaktes ist bei falscher Dimensionierung der Bauteile möglich. Diese Schaltung sollte daher nur dann zur Anwendung kommen, wenn keine störanfällige Elektronik in der Nähe der induktiven Last betrieben wird oder Kenntnisse für die exakte Dimensionierung der Bauteile für einen störungsfreien Betrieb vorliegen.

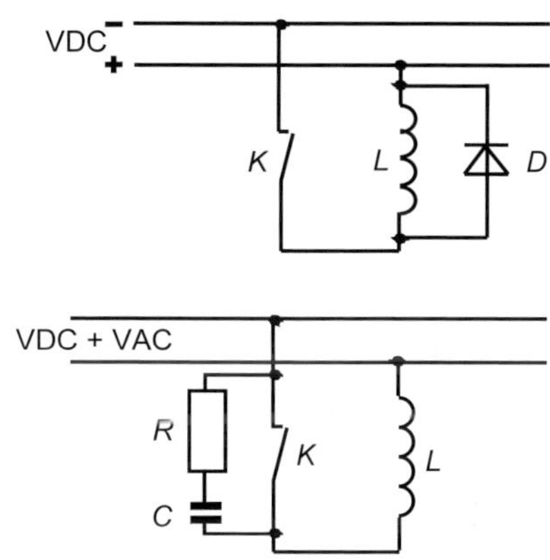

Bild 8.4
Elektrische Schutzschaltung. Die induzierte Spannungsspitze hat den gleichen Wert wie der Spannungsabfall an der Freilaufdiode *D* in Durchlassrichtung.

Bild 8.5
Elektrische Schutzschaltung. Wird der Reedkontakt *K* geschlossen, ist die Serienschaltung aus Widerstand *R* und Kondensator *C* parallel zum Kontakt K und wird durch den Reedkontakt K überbrückt.

Gleichspannung:
Eine direkte Ansteuerung einer induktiven Last mit einem Reedkontakt ist aufgrund der hohen Strom- und Spannungsbelastung des Kontaktes i.Allg. nicht zu empfehlen. Der Einsatz von Freilaufdioden in Verbindung mit induktiven Lasten ist also zwingend erforderlich.
Wechselspannung:
Die Schaltung sollte nur mit Wechselspannungen <100 V und für induktionsarme Lasten verwendet werden.

2. Eine Schutzschaltungsvariante ohne die oben aufgeführten Nachteile ist eine antiserielle ZENER-Dioden-Schaltung. Bild 8.6 zeigt die elektrische Schutzschaltung für diesen Fall. Die Spannungsspitzen sind so groß wie die maximale ZENER-Spannung und die Schaltzeiten sind relativ kurz.

- **Kontaktschutzschaltung bei kapazitiver Last**
Beim Schalten von kapazitiven Lasten mit Reedkontakten treten immer mehr oder weniger große Schaltströme auf. Die Einschaltstromspitze kann durch einen in Serie vorgeschalteten Schutzwiderstand begrenzt werden. Der Schutzwiderstand sollte möglichst hochohmig sein, damit die Einschaltstromspitze auf die zulässige Größe begrenzt wird (s. hierzu auch die obigen Ausführungen zum BOUCHEROT-Glied).

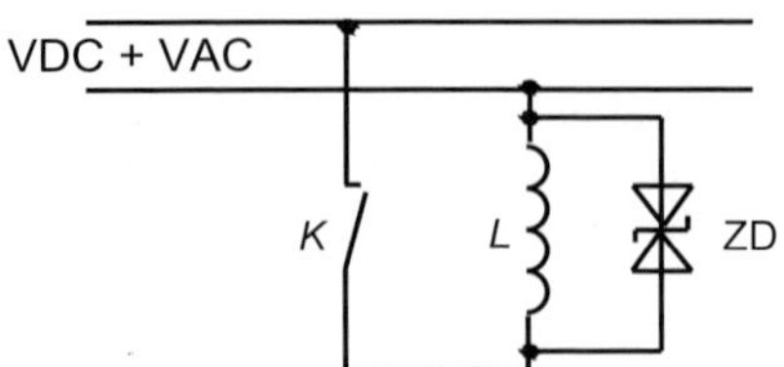

Bild 8.6
Elektrische Schutzschaltung mit antiserieller ZENER-Dioden-Schaltung; die Spannungsspitzen sind so groß wie die maximale ZENER-Spannung

- **Kontaktschutzschaltung bei Lampen-Last**
  Beim Schalten von Glühlampen ist die Glühwendel kalt, und damit sind die Einschaltstromwerte um den Faktor 10 größer als die Betriebsstromwerte bei glühendem Zustand. Die Einschaltstromspitze kann wieder durch einen in Serie vorgeschalteten Schutzwiderstand begrenzt werden. Eine andere schaltungstechnische Maßnahme besteht darin, die Glühwendel über einen Parallelwiderstand zum Reedkontakt vorzuheizen. Eine weitere Möglichkeit ist die Serienschaltung eines NTC-Widerstandes zur Glühlampe, wobei bei dieser Maßnahme elektrische Leistungsverluste im Betriebszustand vermieden werden.

Betätigungsarten von Reedkontakten

Die magnetische Betätigung von Reedkontakten für Reedsensoren kann in 2 Gruppen eingeteilt werden: direkte Betätigung und indirekte Betätigung.

- **Direkte magnetische Betätigung eines axial polarisierten Permanentmagneten parallel zur mechanischen Symmetrieachse in der elektrischen Anschlussebene:**
  Bild 8.7 zeigt die geometrische Anordnung und die translatorischen Magnetbewegungen bezüglich der Kontaktzungenebene.

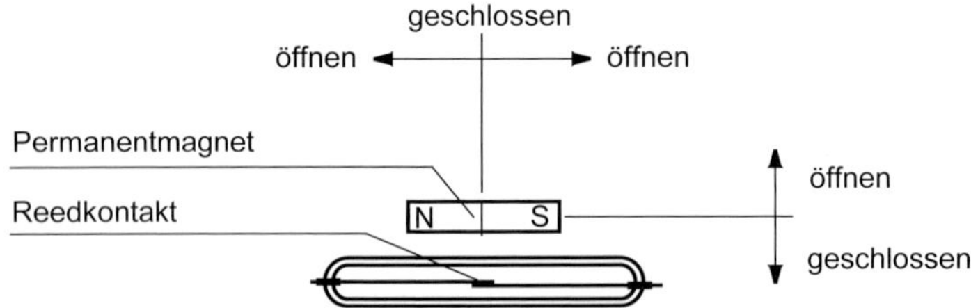

Bild 8.7 Geometrische Anordnung und translatorische Magnetbewegungen bezüglich der Kontaktzungenebene mit feststehendem Reedsensor und beweglichem Permanentmagneten

1. **Vertikale Bewegungsrichtung des axial polarisierten Stabmagneten zum Sensor:**
   Schaltkontakte schließen nur einmal, mittlere Schaltempfindlichkeit gegenüber magnetischen Störfeldern, große Schaltwege mit Hysterese, große Schaltpositionstoleranzen.
2. **Horizontale Bewegungsrichtung des axial polarisierten Stabmagneten zum Sensor:**
   Schaltkontakte schließen 2...3-mal, abhängig von der Länge des Schaltwegs, hohe Schaltempfindlichkeit gegenüber magnetischen Störfeldern, aufwendige Justierung für nur 1 Schaltung.
3. **Winkelbewegung des axial polarisierten Ringmagneten senkrecht zur Sensorachse:**
   Bild 8.8 zeigt die geometrische Anordnung und die Winkel-Magnetbewe-

gungen, bezogen auf die Kontaktzungenebene. Der Schaltkontakt schließt einmal, zur Schaltbetätigung ist der Winkelweg relativ groß, mittlere Schaltempfindlichkeit gegenüber magnetischen Störfeldern, Schaltwege sind kürzer als bei der Anordnung von Bild 8.7.

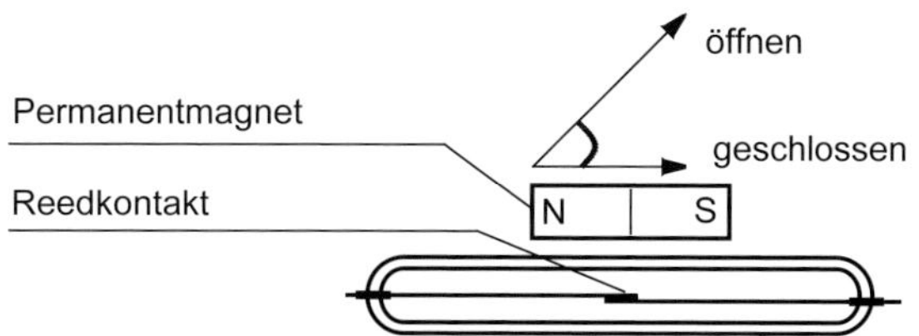

Bild 8.8
Geometrische Anordnung und Winkelmagnetbewegungen, bezogen auf die Kontaktzungenebene mit feststehendem Reedsensor und beweglichem Permanentmagneten

4. **Horizontal zentrische Bewegungsrichtung des axial polarisierten Stabmagneten zur Sensorachse:**
Bild 8.9 zeigt die geometrische Anordnung und die axial zentrischen Magnetbewegungen, bezogen auf die Kontaktzungenebene. Die Schaltkontakte schließen ein- bis dreimal – abhängig von der Länge des Schaltwegs, kurze Schaltwege, kleine Schaltempfindlichkeit gegenüber magnetischen Störfeldern, aufwendige Justierung, wenn nur eine Schaltung bei einem kleinen Schaltweg gefordert wird.

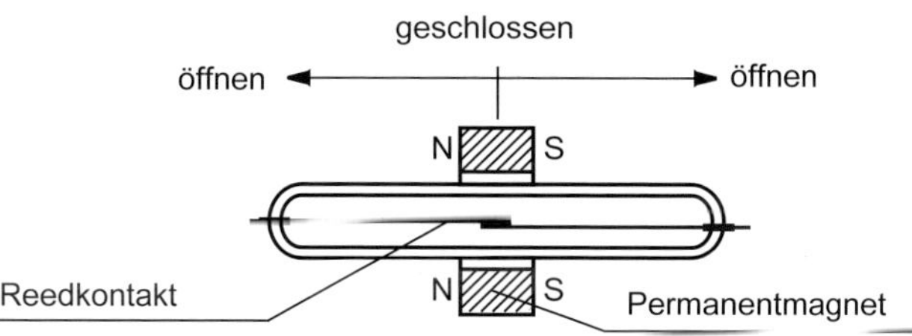

Bild 8.9
Geometrische Anordnung und axial zentrische Magnetbewegungen, bezogen auf die Kontaktzungenebene mit feststehendem Reedsensor und beweglichem Permanentmagneten

5. **Horizontale parallele Bewegungsrichtung eines radial zur Sensorachse ausgerichteten axial polarisierten Stabmagneten:**

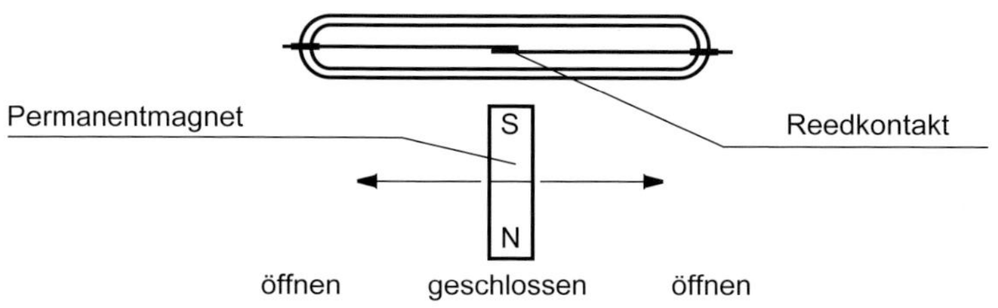

Bild 8.10 Geometrische Anordnung und horizontale Parallelbewegungsrichtung eines radial zur Sensorachse ausgerichteten, axial beweglichen, polarisierten Stabmagneten mit feststehendem Reedsensor

Bild 8.10 zeigt die geometrische Anordnung und die horizontale parallele Bewegungsrichtung eines radial zur Sensorachse ausgerichteten axial polarisierten Stabmagneten. Die Schaltkontakte schließen einmal, der Schaltbereich für die geschlossenen Kontakte ist klein, also kleine Schaltwege, bei starken Magneten kleine Schaltempfindlichkeit gegenüber magnetischen Störfeldern, hohe Anforderung an die mechanische Toleranz und Justage.

- **Indirekte magnetische Betätigung**
  Die indirekte magnetische Betätigung der Reedkontakte kann auch durch eine bewegliche magnetische Abschirmung erfolgen, ausgebildet als Blechfahne ohne und mit Kammstruktur. Es ist außerdem möglich, geschlitzte weichmagnetische Scheiben für eine Drehwinkel- oder Drehzahlerfassung einzusetzen. Damit ist es also möglich, nicht nur lineare, sondern auch rotierende Bewegungen zu erfassen. Bild 8.11 zeigt die prinzipielle geometrische Anordnung mit einer beweglichen weichmagnetischen Abschirmung und einem feststehenden Reedsensor und einem feststehenden Permanentmagneten.

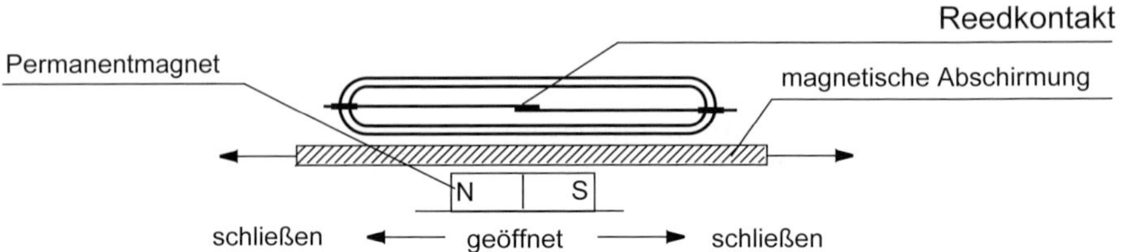

Bild 8.11 Prinzipielle geometrische Anordnung einer beweglichen, weichmagnetischen Abschirmung und eines feststehenden Reedsensors sowie eines feststehenden Permanentmagneten

Anwendungen

Es gibt eine Vielzahl von Reedsensor-Applikationen; hier eine Zusammenstellung der wichtigsten:

Sensortechnik

- Überwachung eines drehenden Motors
- Wege-Positionsmessung
- Erkennung von Bewegung und Endposition
- Endlagenerkennung in der Automatisierung (z.B. an Pneumatikzylindern)
- Wasserfluss
- Wasserstand in Waschmaschinen
- Waschmittellevel
- Geschirrspülmittellevel
- Türen für Hausgeräte
- Niveauschalter in Kaffeemaschinen
- durch Wände geschaltet, z.B. bei Taucherlampen oder in Füllstandswächtern
- Thermostate
- Prüf- und Messtechnik
- wo es auf Zuverlässigkeit und kleine Kontaktübergangswiderstände ankommt (z.B. Signalumschaltung in Messgeräten) zum Schalten kleiner Spannungen und Ströme

Sicherheitstechnik

- Überwachung von Brandschutz- und Sicherheitstüren
- in Verbindung mit Dauermagneten zur Türkontrolle
- Türen
- Fenstern
- für Notfälle an Eisentüren
- Positionsfühlung
- im Außenbereich mit einer Spule als Stromsensor, z.B. zur Ausfallüberwachung von Glühlampen oder zur Bremslichtkontrolle an Kraftfahrzeugen

Telekommunikationstechnik

- Ein- und Ausschalten von Mobiltelefonen
- Ein- und Ausschalten von Handys mit Abdeckschutz
- Telefonumschaltung
- Gabelumschalter
- Verriegelung
- Positionserkennung von Mobiltelefonen
- Abschaltkontakt in Kfz-Halterungen

Fahrzeugtechnik

Niveauschalter

- Bremsflüssigkeit (ABS)
- Motorenöl
- Getriebeflüssigkeit
- Kühlmittel
- Scheibenwaschanlagen
- Benzinstand

Positionssensoren

- offene Türen
- Motorhaubenverschluss
- Schiebedachstellung
- Gangauswahl
- geöffneter Tankdeckel
- elektrische Fensterheber
- Blinklichtschalter
- Alarmanlagen
- Sicherheitsgurt

Andere Sensoren

- ABS
- Geschwindigkeit
- Kick-down-Schalter
- Choke-Kontrolle
- Schock
- Lampenüberwachung
- Tachometer
- Temperatur
- Fahrtregler
- Reifendruck
- Innenbeleuchtung

Vorteile

Reedsensoren stehen oft in Konkurrenz zu magnetisch arbeitenden HALL-Sensoren. Mit der elektronischen Kombination von HALL-Sensoren und Feldeffekttransistoren lassen sich funktionell ähnliche Schaltereigenschaften erzielen wie mit Reedsensoren. Die elektronische Schalteinheit kann ohne elektromechanische Kontakte auskommen und ist so mechanisch weniger empfindlich (keine Bruch- und Schlagempfindlichkeit, keine spezielle Gasfüllung). Außerdem können HALL-Sensoren deutlich höhere Schaltfrequenzen verarbeiten als die mechanisch bewegten Reedkontaktzungen, d.h., dass z.B. höhere Drehzahlen direkt messbar sind.

Nachteile

Der Nachteil von HALL-Sensoren besteht darin, dass sie Hilfsenergie (Betriebsspannung) benötigen. Aus diesem Grund werden auch heute noch Reedkontakte eingesetzt.

9 Magnetoelastische Sensoren

9.1 Magnetoelastischer Effekt und Technologie

Magnetoelastischer Effekt

Nach E. VILLARI (Annalen der Physik, Vol. 202, 1865) führt eine elastische Längenänderung eines ferromagnetischen Materials zu einer Änderung der magnetischen Permeabilität in Richtung der aufgebrachten mechanischen Spannung. Diesen physikalischen Sachverhalt bezeichnet man als magnetoelastischen Effekt. Der magnetoelastische Effekt ist also der inverse Effekt zur Magnetostriktion. Materialien, die sich bei einer Magnetisierung verlängern, sind positiv magnetostriktiv. Ihre magnetische Permeabilität vergrößert sich unter Einwirkung von mechanischen Zugspannungen. Materialien, die sich bei Magnetisierung verkürzen, haben eine negative Magnetostriktion. Ihre magnetische Permeabilität verkleinert sich daher unter der Einwirkung von mechanischen Zugspannungen. Ein Maß für die Umsetzung der elastischen mechanischen Energie in magnetische Energie ist der magnetoelastische Kopplungsfaktor k^2. Für ihn gilt:

$$k^2 = \frac{E_\sigma}{\sum_i E_\mathrm{i}} = \frac{E_\sigma}{E_\mathrm{H} + E_\mathrm{K} + E_\mathrm{U} + E_\sigma} = 0 \cdots 1 \qquad \text{(Gl. 9.1)}$$

E_σ elastomechanische Energie
E_H magnetostatische Energie
E_K Kristallenergie
E_U Anisotropie-Energie

Der Ausdruck im Nenner von Gl. 9.1 ist die Summe aller Energiebeiträge. Ist der magnetoelastische Kopplungsfaktor eines Materials $k \approx 0$, ist das Material nicht magnetoelastisch. Wenn jedoch der magnetoelastische Kopplungsfaktor eines Materials ca. 1 ist, dann ist das Material hoch magnetoelastisch (ca. 100%). Das ist näherungsweise dann der Fall, wenn neben der magnetoelastischen Energie E_σ näherungsweise nur die magnetostatische Energie E_H für den Sensoreffekt maßgebend ist.

$$k^2 \approx \frac{1}{1 + \frac{E_\mathrm{H}}{E_\sigma}} \qquad \text{(Gl. 9.2)}$$

Dieser Fall gilt näherungsweise immer für weichmagnetische Materialien. Sie haben eine negative Magnetostriktionskonstante λ_s (bei magnetischer Sättigung) und sind mit einer einfachen mathematischen Beziehung zwischen der mechanischen Zugspannung σ und der relativen magnetischen Permeabilität μ_r beschreibbar. Es gilt dann:

$$\sigma = \frac{1}{\mu_\mathrm{r}} \cdot \frac{J_\mathrm{S}}{3 \cdot \lambda_\mathrm{s} \cdot \mu_0} = \frac{1}{\mu_\mathrm{r}} \cdot \mathrm{konst} \qquad \text{(Gl. 9.3)}$$

J_S Sättigungspolarisation

Es besteht also ein linearer Zusammenhang zwischen der mechanischen Zugspannung σ und dem Reziprokwert der relativen magnetischen Permeabilität μ_r.

Grundlagen und technisch der Aufbau

Es gibt verschiedene konstruktive Möglichkeiten, um mechanische Kräfte bzw. darauf zurückführbare Größen (z.B. Drücke, Drehschwingungen, Drehmomente usw.) mit Hilfe des magnetoelastischen Effektes messtechnisch zu erfassen. Im einfachsten Fall befindet sich ein zylindrischer Stab aus einem weichmagnetischen Material in einer Spule. Wird nun der Stab in Längsrichtung mit einer mechanischen Kraft beaufschlagt, erfährt er infolge der mechanischen Belastung eine kleine Verkürzung und gleichzeitig eine Änderung seiner magnetischen Permeabilität. Diese bewirkt dann eine Änderung der Spuleninduktivität. Sie ist elektrisch auswertbar und ein Maß für die auf den Spulenstab einwirkende mechanische Kraft. Mit diesem konstruktiv sehr einfachen und robusten Sensorelement ist man in der Lage, eine ganze Reihe verschiedener Elementarsensoren für sehr unterschiedliche mechanische Größen herzustellen. Da Kraft und Druck auf mathematisch einfache Weise zusammenhängen, ist es z.B. möglich, einen einfachen und robusten Drucksensor zu bauen.

Im Weiteren werden die wichtigsten magnetoelastischen Elementarsensoren und Sensoren, insbesondere für den industriellen Einsatz, systematisch beschrieben.

9.2 Pressduktoren

Pressduktoren sind magnetoelastische Kraftaufnehmer. In Bild 9.1 ist der prinzipielle elektromechanische Aufbau eines Pressduktors dargestellt. Er besteht aus gewalzten und geschichteten Transformatorenblechen. In diesen Blechen sind nun je 2 Bohrungen auf je einer Geraden, die sich unter einem Winkel von 90° schneiden, vorgesehen. Die Bohrungen können damit zwei unter 90° gekreuzte Spulen aufnehmen. Der Pressduktor gehört zur Gruppe der transformatorischen Aufnehmer. Die Primärspule wird von einem konstanten trägerfrequenten Wechselstrom mit einer Frequenz von z.B. 5 kHz gespeist. Im mechanisch unbelasteten Zustand der Transformatorenbleche ist ihre Permeabilität homogen isotrop. Die magnetische Kopplung k zwischen den beiden Spulen ist sehr gering. Wird der Pressduktor nun mit einer mechanischen Druckkraft beaufschlagt, so wird die magnetische Permeabilität in Richtung der Druckkraft kleiner. Dadurch wird der magnetische Fluss quer zur angreifenden Kraft abgelenkt. Der jetzt die Sekundärspule durchflutende magnetische Fluss induziert in dieser, nach dem Induktionsgesetz, eine elektrische Spannung. Diese ist proportional zur wirksamen mechanischen Kraft auf den Pressduktor. Als Kraftaufnehmer haben Pressduktoren wegen der Einfachheit ihres Aufbaus und ihrer einfachen elektrischen Verschaltung dort eine gewisse Verbreitung gefunden, wo diese Vorteile gegenüber den Nachteilen des größeren Gesamtfehlers nicht ausschlaggebend sind.

9.3 Magnetoelastisch-induktive Kraftelementarsensoren (magnetoelastische Kraftsensoren / Kraftaufnehmer)

In Bild 9.2 ist der elektromechanische Prinzipaufbau dargestellt. Der Elementarsensor besteht aus einem Kern und einem gut magnetoelastischen Material ohne Luftspalt. Die Aufnehmerspule wird um den Kern eingefädelt. Wirkt nun eine mechanische Kraft senkrecht auf den Kern, so ändert sich seine magnetische Permeabilität $\mu_r(\sigma)$. Für die Spuleninduktivität L gilt dann:

$$L(\sigma) = n^2 \cdot \mu_0 \cdot \frac{A}{l} \cdot \mu_r(\sigma) \qquad \text{(Gl. 9.4)}$$

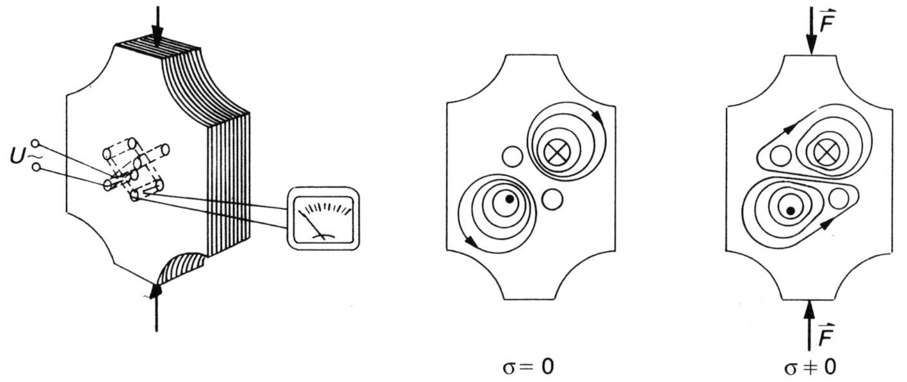

Bild 9.1 Mechanischer Prinzipaufbau und physikalische Wirkungsweise eines magnetoelastischen Pressduktors

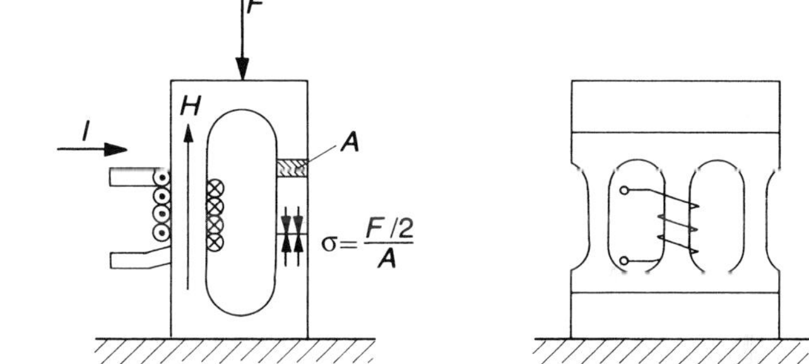

Bild 9.2 Mechanischer Prinzipaufbau eines magnetoelastischen Induktivaufnehmers

Die elektrische Auswertung der Induktivitätsänderung kann mit jeder elektrischen und/oder elektronischen Schaltung durchgeführt werden, die aus einer Induktivitätsänderung ein elektrisches Spannungs-, Strom- oder Frequenzsignal erzeugt. Die Aufnehmerspule muss in jeder Schaltung von einem konstanten Strom durchflossen werden, da die magnetische Permeabilität eine Funktion der magnetischen Feldstärke ist und diese eine Funktion des sie erzeugenden elektrischen Stroms. Ein nicht konstanter elektrischer Strom würde also eine Messwertänderung vortäuschen und somit das Messergebnis verfälschen. Für die Anwendungsmöglichkeiten gilt analog das für den Pressduktor Gesagte.

9.4 Magnetoelastische Druckelementarsensoren (magnetoelastische Drucksensoren / Druckaufnehmer)

Bild 9.3 zeigt den elektromechanischen Aufbau. Er besteht aus einer Dehnhülse eines nichtmagnetischen Federmaterials, die mit einem Sackloch versehen ist. Über der Dehnhülse befinden sich 2 Aufnehmerspulen, die zu einer induktiven Halbbrücke zusammengeschaltet sind. Die beiden Spulen sind nun so angeordnet, dass eine Spule über dem dehnfähigen Bereich und die andere Spule über dem nicht dehnfähigen Bereich der Dehnhülse ist.

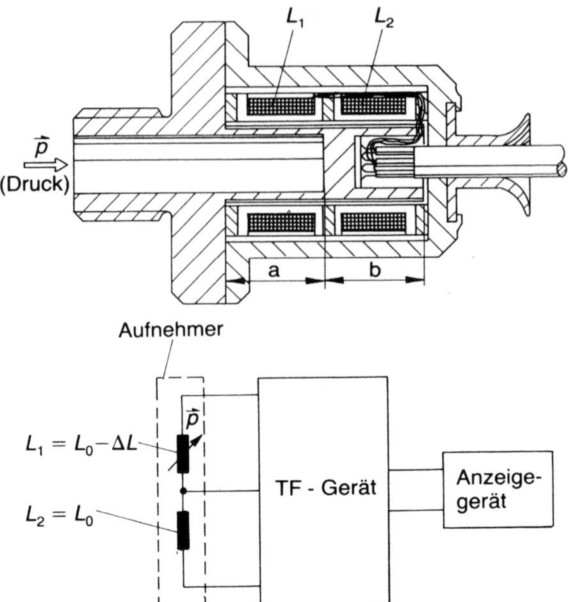

Bild 9.3
Mechanischer Prinzipaufbau eines magnetoelastischen Pseudodifferenz-Druckaufnehmers in Halbbrückenschaltung mit einem TF-Verstärker

Auf der nicht magnetischen und damit nicht magnetoelastischen Dehnhülse ist mit einem speziellen chemischen Beschichtungsverfahren eine amorphe, hochpermeable magnetoelastische Schicht aufgebracht. Wird nun die Dehnhülse mit einem Druck beaufschlagt, so dehnt sich die Messschicht über der ersten Spule. Die Dehnung der hoch magnetoelastischen, amorphen Metallschicht bewirkt eine Änderung ihrer magnetischen Permeabilität. Diese Änderung wird von der Aufnehmerspule in eine Induktivitätsänderung umgeformt. Gleichzeitig bleibt die Referenzschicht auf dem hinteren Teil der Dehnhülse mechanisch spannungsfrei, d.h., die Referenzinduktivität der zweiten Spule ändert sich nicht.

Da die beiden Spulen zu einer induktiven Halbbrücke verschaltet sind, ist die Differenz-Induktivität ein Maß für den zu messenden Druck. Die Differenzschaltung ermöglicht wieder die Minimierung der thermischen Messabweichungen. Der Elementarsensor kann mit allen Induktivitätsänderungen von erfassenden Signalaufbereitungselektroniken betrieben und über die Hülsengeometrie der Druckmessbereich des Aufnehmers gut angepasst werden.

Da die Spulenanordnung berührungsfrei über der Dehnhülse angebracht ist, ist durch einfaches Wechseln derselben der Messbereich auf einfache Art änderbar. Anwendung kann der robuste und preisgünstige Druckelementarsensor immer dort finden, wo neben sehr rauen physikalischen und chemischen Messortbedingungen Gesamtmessabweichungen von ca. 2,5% zulässig sind.

9.5 Magnetoelastische Drehmomentelementarsensoren (magnetoelastische Drehmomentsensoren / Drehmomentaufnehmer)

Systematik der Sensorprinzipien

Die 4 wichtigsten Sensorprinzipien von magnetoelastischen Drehmomentsensoren:

- magnetoelastisches Transformatorprinzip,
- induktivmagnetoelastisches Differenzspulenprinzip,

- magnetoelastisches Potentialmagnetfeldprinzip (Torduktor),
- magnetoelastisches Gleichmagnetfeldprinzip.

Grundlagen und technischer Aufbau

Mechanische Grundlagen
Bei der mechanischen Leistungsübertragung durch ein Drehmoment mit rotierenden Wellen wird diese lastabhängig mechanisch verdreht. Diese Torsion (Verdrehung) erzeugt in der Welle eine Torsionsspannung, die proportional zum angelegten Drehmoment ist. Die Torsionsspannung lässt sich in mechanische Druck- und Zugspannung zerlegen. Sie stehen senkrecht aufeinander und bilden mit der Wellenachse einen Winkel von +45°. Die höchsten mechanischen Spannungen, resultierend aus der Torsion der Welle, sind unmittelbar auf der Wellenoberfläche nachweisbar.

Elektrophysikalische Grundlagen
Unter Einwirkung von mechanischen Spannungen auf einen ferromagnetischen Kristall ändert sich der interatomare Abstand der Gitteratome. Dies bewirkt eine Veränderung der Kristallstruktur. Die neue Struktur bewirkt eine Anisotropie verschiedener physikalischer Parameter des Kristallgitters. In Richtung der mechanischen Spannungen ändert sich auch die magnetische Permeabilität des Kristalls. Bei ferromagnetischen Kristallgittern bewirkt eine mechanische Druckspannung eine Verminderung, eine mechanische Zugspannung eine Vergrößerung der magnetischen Permeabilität.

Messtechnische Grundlagen und Sensorelektronik
Zur messtechnischen Erfassung der magnetischen Permeabilität wird das Messobjekt (Welle) Bestandteil eines elektromagnetischen Kreises. In Bild 9.4 ist der elektromechanische Prinzipaufbau einer magnetoelastischen Drehmomentmesseinrichtung dargestellt. Der Sensorkopf besteht aus einer Speisespule und 4 Empfängerspulen. Der Sensorkopf arbeitet elektrisch nach dem Transformatorprinzip. Es gibt auch Sensorköpfe, die auf einem anderen physikalischen Wirkprinzip beruhen. In Bild 9.5 ist die Messeinrichtung im Schnitt dargestellt und das zugehörige elektrische Schaltbild der Spulenverschaltung. Durch die Speisespule (5) wird mit Hilfe einer Wechselspannungsquelle ein magnetisches Wechselfeld erzeugt. Dieses durchdringt die Wellenoberfläche und gelangt zur jeweiligen Empfängerspule (1), (2), (3) und (4). Die durch magnetische Wechselfelder in den Empfängerspulen induzierten Signalspannungen sind abhängig von den magnetischen Flussdichten, die über die magnetische Permeabilität der Wellenoberfläche gesteuert werden.

Der Wert der magnetischen Permeabilität hängt, wie schon gezeigt, von der mechanischen Spannung im magnetischen Leiter ab. Ist die magnetische Permeabilität in den magnetischen Flussleitern des Sensorkopfes und im Luftspalt zwischen Sensorkopf und Wellenoberfläche konstant, bedeutet eine Änderung des Ausgangssignals eine Änderung der Permeabilität auf den Wellenoberflächen, also eine Änderung der mechanischen Spannung in der Oberfläche der Welle und damit die Änderung des von der Welle übertragenen Drehmomentes.

Aus Bild 9.5 ist die Verschaltung der Empfängerspulen zu ersehen. Es gilt:

$$\Delta u(t) = \left(u_{S1}(t) + u_{S3}(t)\right) - \left(u_{S2}(t) + u_{S4}(t)\right) = u_1(t) - u_2(t) \qquad \text{(Gl. 9.5)}$$

Man erkennt: Das Vorzeichen der elektrischen Spannung zeigt die Drehmomentrichtung an. Materialien für Wellen zur Leistungsübertragung sind nach festigkeitstheoretischen Kriterien ausgesucht. Materialien dieser Art, d.h. mit guten mechanischen Eigenschaften, haben immer schlechte weichmagnetische Eigenschaften. Die magnetoelastische Hysterese beträgt bei diesen Materialien zwischen 10...30% vom Messbereichsendwert. Dieses Problem kann nur gelöst werden, wenn es gelingt, Wellen mit guten elastomechanischen Eigenschaften mit Messschichten mit guten magnetoelastischen Eigenschaften zu kombinieren. Durch spezielle chemische Beschichtungsverfahren ist dies möglich.

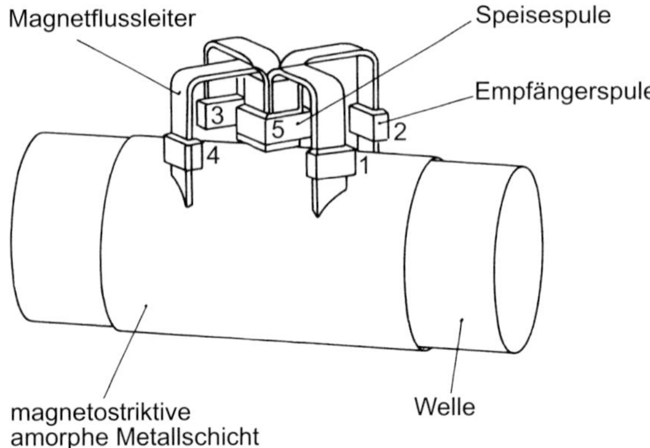

Bild 9.4
Prinzipaufbau einer magnetoelastischen Drehmoment-Messeinrichtung

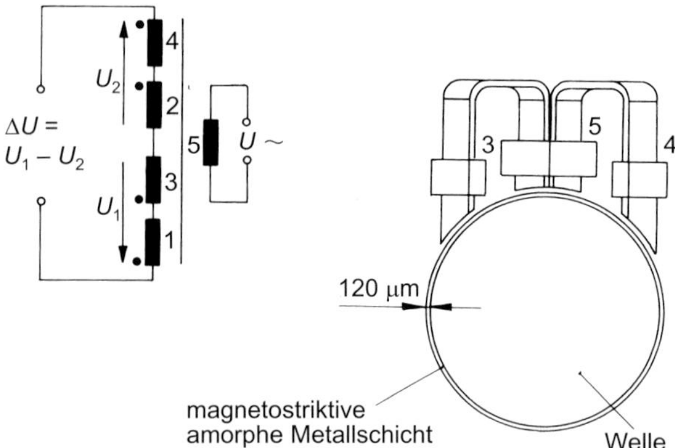

Bild 9.5
Querschnitt durch die magnetoelastische Drehmoment-Messeinrichtung mit der elektrischen Verschaltung der Aufnehmerspulen

Beschichtung der Welle
Die durch spezielle chemisch-technologische Beschichtungsverfahren auf der Oberfläche der Wellen erzeugten weichmagnetischen, magnetostriktiven amorphen Metallschichten zeichnen sich gegenüber kristallinen, weichmagnetischen Wellenmaterialien durch folgende Punkte aus:

- Magnetische Isotropie:
  Ohne Gitterbaufehler wird die magnetoelastische Hysterese sehr klein (ca. 1,5...2% vom Messbereichsendwert).
- Porenfreie Oberfläche der Schicht:
  D.h., die Schicht ist korrosionsbeständiger und ändert damit ihre magnetischen und mechanischen Eigenschaften nur geringfügig mit der Zeit.
- Hoher spezifischer elektrischer Widerstand:
  d.h. geringe Wirbelstromverluste.

- Nur geringe thermische Abhängigkeit des spezifischen elektrischen Widerstands: d.h. geringe thermische Wirbelstromänderungen und damit Messempfindlichkeitsänderungen.
- Gute mechanische Langzeithaftung:
  auch bei hoher dynamischer Beanspruchung der magnetoelastischen amorphen Schicht auf dem Wellenwerkstoff durch molekulare Verzahnung.

Um die sich mit der mechanischen Belastung ändernden magnetischen Eigenschaften des Wellenmaterials, z.B. der magnetischen Remanenz, von der magnetostriktiven amorphen Messschicht fernzuhalten, verwendet man einen mehrschichtigen Aufbau. Direkt auf der Wellenoberfläche wird eine nicht magnetoelastische, weichmagnetische Schicht aufgebracht. Diese schirmt magnetisch eingeprägte Felder und Feldänderungen ab. Auf diese Schicht folgt eine nicht magnetische Schicht. Auf die nicht magnetische Schicht wird die weichmagnetische, hoch magnetostriktive amorphe Messschicht aufgebracht. Die nicht magnetische Schicht dient zur magnetischen Distanzierung von Abschirm- und Messschicht. Die Messschicht selbst kann noch zusätzlich durch eine nicht magnetische amorphe Metallschicht geschützt werden.

Anwendungen

Piezomagnetoelastische Kraftsensoren

Der Sensor dient zur eindimensionalen dynamischen Messung von mechanischen Kräften.

Elektromechanischer Prinzipaufbau (Bild 9.6)
Der Gleichstromkreis wird über R_v so eingestellt, dass die Vormagnetisierung des Ni-Stabes ca. 60...80% seiner magnetischen Sättigungsflussdichte B_S erreicht.

Phänomenologischer Ansatz für die Berechnung
Für den Ni-Stab existiert ein Diagramm mit dem nichtlinearen Graphen der magnetischen Flussdichte B, dargestellt über der mechanischen Spannung σ, also $B = B(\sigma)$. Für die Steigung k dieser nichtlinearen Kennlinie gilt:

$$k = \frac{\Delta B}{\Delta \sigma} \Rightarrow \Delta B = k \cdot \Delta \sigma \qquad \text{(Gl. 9.6)}$$

k magnetoelastischer Kopplungsfaktor (physikalisch)

Für den einachsigen, mechanischen Spannungszustand im Ni-Stab gilt (s. Festigkeitslehre):

$$\Delta \sigma = \frac{\Delta F}{A} \qquad \text{(Gl. 9.7)}$$

A Querschnitt des Ni-Stabes

Setzt man Gl. 9.7 in Gl. 9.6 und berücksichtigt die Zeitabhängigkeit, dann gilt (da eine dynamische Kraftmessung durchgeführt werden soll):

$$\Delta B(t) = k \cdot \frac{\Delta F(t)}{A} \qquad \text{(Gl. 9.8)}$$

Für die magnetische Flussänderung im Ni-Stab gilt (s. Elektrotechnik):

$$\Delta\Phi(t) = A \cdot \Delta B(t) \qquad \text{(Gl. 9.9)}$$

Setzt man Gl. 9.8 in Gl. 9.9, dann wird:

$$\Delta\Phi(t) = k \cdot \Delta F(t) \qquad \text{(Gl. 9.10)}$$

Der Querschnitt A des Ni-Stabes spielt für die magnetische Flussänderung keine Rolle, d.h., der Querschnitt kann nach festigkeitstheoretischen Gesichtspunkten festgelegt werden.

Für die in der Messspule induzierte Spannung $u_{\text{ind}}(t)$ gilt (s. Elektrotechnik, Induktionsgesetz):

$$u_{\text{ind}}(t) = -n \cdot \frac{\Delta\Phi(t)}{\Delta t} \qquad \text{(Gl. 9.11)}$$

Setzt man Gl. 9.10 in Gl. 9.11, dann gilt:

$$u_{\text{ind}}(t) = -n \cdot k \cdot \frac{\Delta F(t)}{\Delta t} \Rightarrow \Delta F(t) = -\frac{1}{n \cdot k} \cdot u_{\text{ind}}(t) \cdot \Delta t \qquad \text{(Gl. 9.12)}$$

Für die Summe aller Kräfte entsteht mit Gl. 9.12:

$$\sum_{v} \Delta F_{\text{i}}(t) = -\frac{1}{n \cdot k} \cdot \sum_{v} (u_{\text{ind}}(t) \cdot \Delta t)_{\text{i}} \Rightarrow F(t) = -\frac{1}{n \cdot k} \cdot \sum_{v} (u_{\text{ind}}(t) \cdot \Delta t)_{\text{i}} \qquad \text{(Gl. 9.13)}$$

Die Summation (exakt Integration) erfolgt mit einem elektronischen Integrator (s. Bild 9.6).

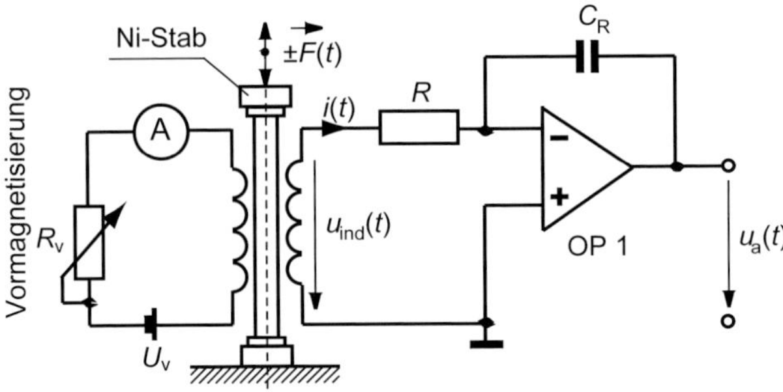

Bild 9.6
Elektromechanischer Prinzipaufbau eines piezomagnetoelastischen Kraftsensors

Für den elektronischen Integrator mit Operationsverstärker gilt:

$$u_{\text{e}}(t) \equiv u_{\text{ind}}(t) = -C_{\text{R}} \cdot R \cdot \frac{\Delta u_{\text{a}}(t)}{\Delta t} \qquad \text{(Gl. 9.14)}$$

Setzt man Gl. 9.14 in 9.13, wird:

$$F(t) = \frac{C_{\text{R}} \cdot R}{n \cdot k} \cdot \sum_{v} u_{\text{a}}(t)_{\text{i}} \Rightarrow F(t) = \frac{C_{\text{R}} \cdot R}{n \cdot k} \cdot u_{\text{a}}(t) \qquad \text{(Gl. 9.15)}$$

Also ist $F(t) \sim u_{\text{a}}(t)$, d.h., die zu messende Kraft ist streng proportional zur Ausgangsspannung des Kraftsensors.

Hinweis

Gl. 9.15 ist nur in einem definierten Kraftmessbereich gültig. Der phänomenologische Ansatz berücksichtigt nicht Wirbelstromeffekt und Nichtlinearität der Magnetisierungskurve.

Induktivmagnetoelastische Drehmomentsensoren

Bild 9.7 zeigt den elektromechanischen Aufbau des induktivmagnetoelastischen Drehmomentelementarsensors. Er besteht aus den Spulen 1 und 2, die geometrisch in einer Ebene angeordnet sind, und den Magnetkreisen 1 und 2, integriert in ein elektrisch nichtleitendes Leichtmetallgehäuse. Die Welle ist zur Übertragung des mechanischen Drehmoments mit je einer strukturierten Messfläche 1 und 2 versehen. Die Strukturen sind Rillen unter 45° je Messfläche, so dass beide Schichten einen Winkel von 90° zueinander haben. Nur die Rillenoberflächen sind mit Messschichten aus einer amorphen Metalllegierung beschichtet. Die beiden Spulen (L_1, L_2) sind elektrisch zu einer induktiven Halbbrücke verschaltet. Die induktive Halbbrücke ist externer Bestandteil eines Trägerfrequenzverstärkers (TFV), der aus Wechselspannungssignalen (Effektivwert U_a) der induktiven Halbbrücke ein zum mechanischen Drehmoment (Messgröße) proportionales Gleichspannungssignal U_{TFV} erzeugt (Bild 9.8). Für die Ausgangsspannung U_a der induktiven Halbbrücke gilt, wie oben schon gezeigt:

$$U_a = \pm\frac{1}{2}\cdot\frac{\Delta L}{L_0}\cdot U_0 = \pm\frac{1}{2}\cdot\frac{\frac{\Delta L}{L_0}}{\frac{\Delta M}{M}}\cdot U_0 = \pm\frac{U_0}{2\cdot L_0}\cdot\frac{\Delta L}{\Delta M}\cdot M \qquad \text{(Gl. 9.16)}$$

U_0	Brückenspeisespannung (Effektivwert)
$L_0 = L_1 = L_2$	Einzelinduktivitäten bei der nicht verstimmten Halbbrücke
$\Delta L - L_1 - L_2$	Induktivitätsanderung bei Brückenverstimmung
M	Drehmoment
$\Delta L/\Delta M$	Messempfindlichkeit E_M

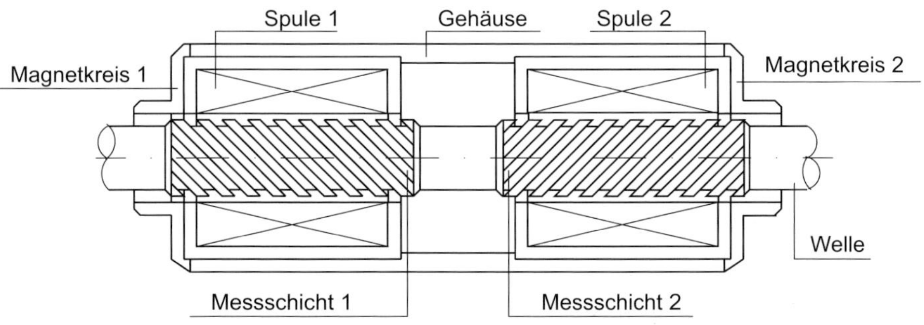

Bild 9.7 Elektromechanischer Aufbau eines induktivmagnetoelastischen Drehmomentelementarsensors

Damit erhält man aus Gl. 9.16:

$$U_a = \pm K\cdot M \quad \text{mit} \quad K \equiv \frac{U_0}{2\cdot L_0}\cdot E_M \qquad \text{(Gl. 9.17)}$$

K Proportionalitätsfaktor sowie E_{M} Messempfindlichkeit; damit gilt dann: $u_a(t) \sim M(t)$, d.h., $u_a(t)$ ist streng proportional zu $M(t)$.

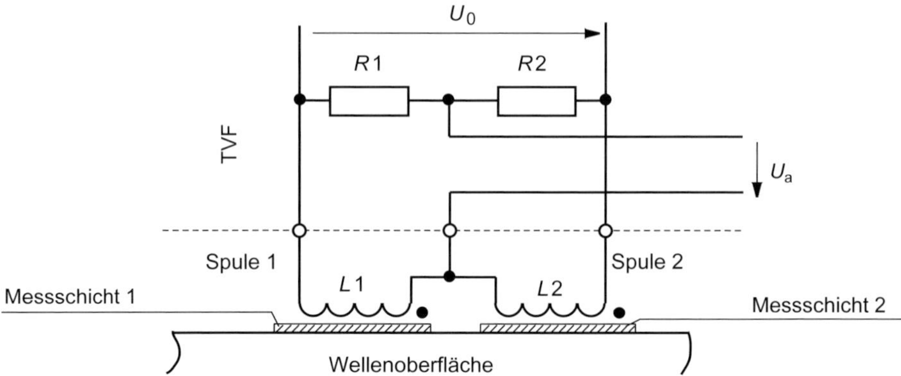

Bild 9.8 Elektrische Schaltung der induktiven Halbbrücke mit magnetischer Kopplung an die Messwelle

Magnetoelastische Dehnmessstreifen (ME-DMS)
Wie bevorzugt bei allen DMS wird auch der magnetoelastische Typ mit Trägerfrequenz betrieben. Das physikalische Sensorprinzip beruht auf der Dehnungsabhängigkeit der relativen Permeabilität eines Streifens aus einer amorphen Metalllegierung. In Bild 9.9 ist der elektromechanische Prinzipaufbau eines ME-DMS als Transformator mit magnetoelastischer Kopplung über einen Kern aus einer amorphen Metalllegierung dargestellt.

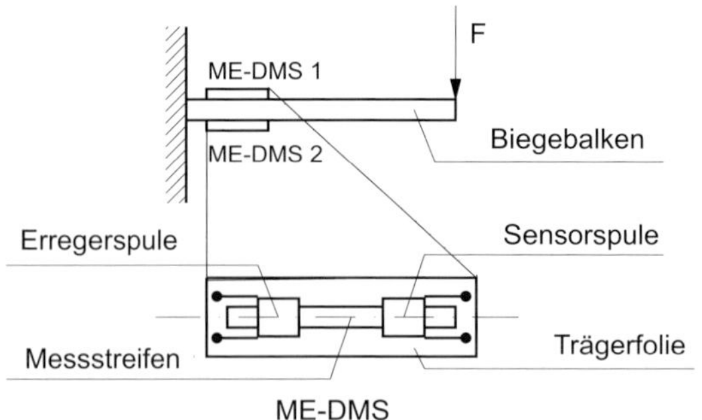

Bild 9.9 Elektromechanischer Prinzipaufbau eines ME-DMS als Transformator mit magnetoelastischer Kopplung über einen Kern aus einer amorphen Metalllegierung

Erreger- und die Sensorspule werden auf einer kupferkaschierten Trägerfolie photolithographisch erzeugt, wobei der Kern aus einer amorphen Metalllegierung in die Folie eingebettet wird. In Tabelle 9.1 werden typische Daten für magnetoelastische Dehnmessstreifen wiedergegeben. Der den Zusammenhang zwischen transformatorisch elektrischen Spannungsänderungen und mechanischer Dehnung ausdrückende k-Faktor hat den Wert 2000 und ermöglicht damit die Messung kleinster mechanischer Dehnungen ab ca. 10^{-8} und damit auch die Erfassung von sehr kleinen mechanischen Belastungen.

Die Permeabilitätsänderung ist zwar grundsätzlich nichtlinear. Im genutzten sehr kleinen Messbereich ist jedoch die Dehnung so klein, dass eine Linearisierung auf 0,1%, bezogen auf den Messbereich, realisierbar ist. Überwachungen von mechanischen Beanspruchungen sehr steifer Maschinenteile sind daher direkt ohne spezielle Verfahren zur Erzeugung einer geschwächten Messstelle möglich.

Tabelle 9.1 Typische Daten eines magnetoelastischen Dehnmessstreifens (ME-DMS)

Messbereich	MB_p	= ±0,02...±0,5 N
Messbereichsauflösung	*MBA*	= 10 μN
k-Faktor (magnetoelastische Dehnempfindlichkeit)	*k*	= 2000
Betriebstemperaturbereich	ϑ	= –40...+125 °C
Temperaturkoeffizient der Empfindlichkeit	*TKE*	≤ –0,10% v. *MB* / *K*
Temperaturkoeffizient des Nullpunktes	*TKN*	≤ –0,02% v. *MB* / *K*
Nichtlinearität (linearisiert im *MB*)	*NL*	= ±0,1% v. *MB*
Ansprechschwelle: Dehnung $\Delta l/l$	ε_s	= 10^{-8}
Hysterese	*H*	= 0,1% v. *MB*
geometrische Abmessung (Fläche)	*F*	= 20 mm × 6 mm

10 Kapazitive Sensoren

Die physikalische Wirkungsweise eines kapazitiven Elementarsensors lässt sich auf die Geometrie seiner Elektroden und ihrer Anordnung zurückführen. Die einfachste Geometrie hat der Flächenkondensator (s. Elektrotechnik). Er besteht aus zwei gleich großen ebenen parallelen Metallplatten mit der Fläche A und dem Plattenabstand d. Zwischen den Platten des Kondensators befindet sich ein Dielektrikum mit der relativen Dielektrizitätskonstante ε_r. Gl. 10.1 gilt exakt nur für unendlich große Kondensatorplatten und damit für homogene elektrische Felder zwischen den Platten, d.h., die inhomogenen Randeffekte müssen dann nicht berücksichtigt werden. Für die elektrische Kapazität C des «endlichen» Flächenkondensators und eines praktisch homogenen elektrischen Feldes zwischen den Platten mit Dielektrikum gilt dann in guter Näherung:

$$C = \varepsilon_0 \cdot \varepsilon_r \cdot \frac{A}{l} \qquad \text{(Gl. 10.1)}$$

ε_0 absolute Dielektrizitätskonstante

Die Bestimmungsgleichung, Gl. 10.1, lässt sich verallgemeinern: $C = C(\varepsilon_r, A, l)$. Die Gleichung zeigt, dass es 3 technische Möglichkeiten (Parameter genannt) gibt, die elektrische Kapazität C eines Flächenkondensators für sensorische Zwecke zu nutzen:

- Änderung des Plattenabstandes d,
- Änderung der Plattenfläche A,
- Änderung der relativen Dielektrizitätskonstanten ε_r.

Vertiefung 10.1

Es folgen Berechnungen des oben dargestellten Sachverhaltes mit Hilfe der Differential- und Integralrechnung. Diese Herleitungen (Gl. 10.1a...Gl. 10.1d) stehen Ihnen im Onlineservice InfoClick zur Verfügung. Für das weitere Verständnis des Themas im eigentlichen Sinn kann grundsätzlich ohne diese Berechnungen weitergearbeitet werden. Die Nummerierung im Buch fährt folgerichtig mit Gl. 10.2 fort.

Systematik der kapazitiven Sensoren

Technologisch lassen sich die Sensoren in 2 große Gruppen einteilen:

- **Kapazitive EMS-Sensoren**
  Das sind die klassischen elektromechanischen Sensoren (EMS: ***E****lectro* ***M****echanical* ***S****ystems*) auf der technologischen Basis der neuen Feinwerktechnik.
- **Kapazitive MEMS-Sensoren**
  Das sind Sensoren (MEMS: ***M****icro* ***E****lectro* ***M****echanical* ***S****ystems*) auf der technologischen Basis der verschiedenen Mikrotechnologien (wie z.B. Mikromechanik, Mikrooptik, Mikroelektronik) und der daraus entstehenden Mikrosystemtechnik.

10.1 Kapazitive EMS-Sensoren

Elektromechanische Elementarsensoren bestehen aus starren Grundkörpern und aus beweglichen feinmechanischen Bauelementen, auf die das Messsignal mechanisch einwirkt. Diese Form- und Lageänderungen lassen sich als Kapazitätsänderungen messen. Bild 10.1 zeigt die technischen Möglichkeiten zur Änderung der elektrischen Kapazität eines Flächenkondensators. Das Festkörper-Dielektrikum ist nur schwach elektrisch leitfähig. Dies wird im elektrischen Ersatzschaltbild als Isolationswiderstand, den man sich parallel zur elektrischen Kapazität C des Kondensators geschaltet denkt, berücksichtigt. Meist ist der Isolationswiderstand so groß, dass er gegen den kapazitiven Blindwiderstand vernachlässigt werden kann.

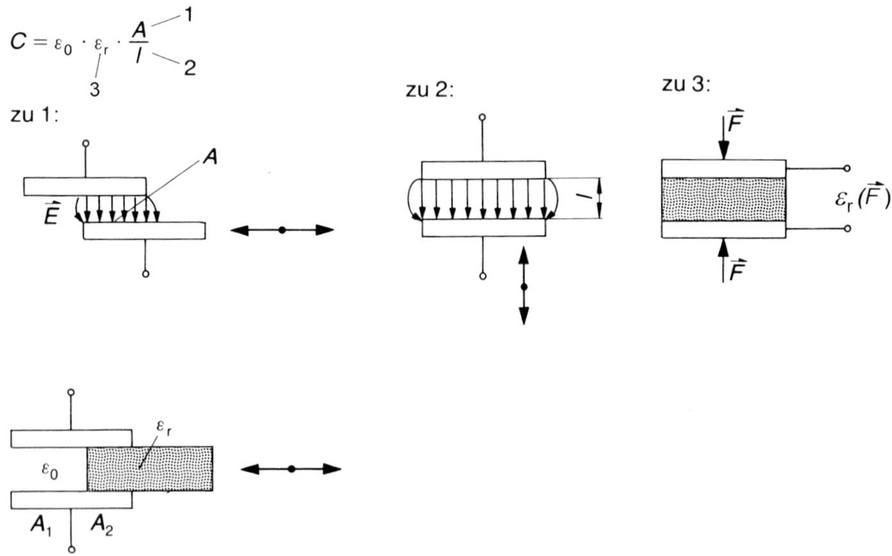

Bild 10.1 Möglichkeiten für Kapazitätsänderungen eines Plattenkondensators

Außer den Verlusten durch den Isolationswiderstand treten im Dielektrikum noch sog. dielektrische Verluste auf. Sie werden durch die wechselnde elektrische Polarisierung im AC-Spannungsbetrieb des Kondensators verursacht und nehmen mit steigender Betriebsfrequenz stark zu. Kapazitive Elementarsensoren haben eine sehr hohe Messempfindlichkeit für sehr kleine Messwege. Bei entsprechender Konstruktion sind sie sehr gut zur Messung schnell ablaufender physikalischer Vorgänge geeignet. Die sehr oft zitierten Nachteile, dass der hohe elektrische Innenwiderstand die Einstreuungen von elektrischen Störfeldern begünstige oder zu lange Verbindungskabel die Messempfindlichkeit stark mindern, lassen sich durch spezielle elektronische Schaltungstechniken weitgehend ausschalten. Dagegen bleibt physikalisch prinzipbedingt der Nachteil, dass Systeme mit kapazitiven Elementarsensoren empfindlich auf ungewollt eindringende dielektrische Substanzen (z.B. Öle, Fette, Salzlösungen, Wasser, um nur einige zu nennen) mit Messwertverfälschungen reagieren.

10.1.1 Kapazitive EMS-Differenzwegsensoren (kapazitive Wegsensoren)

Grundlagen und technischer Aufbau

Eine wichtige Anwendung ist die Wegfeinmessung. Mit speziellen elektronischen Schaltungen sind Wege im µm-Bereich erfassbar. In Bild 10.2 ist der physikalische Prinzipaufbau dargestellt. Zwischen den Platten mit festem Abstand liegt eine Mittelelektrode, die um Δd verschoben werden kann. Die Anordnung stellt elektrisch also eine Reihenschaltung der Kondensatoren C_1 und C_2 dar. Die Teilkapazitäten ändern sich somit gegensinnig bei der mechanischen Verschiebung der Mittelelektrode. Elektronisch wird z.B. das Verhältnis der beiden Teilkapazitäten gebildet. Für das Kapazitätsverhältnis gilt mit Gl. 10.1:

$$\frac{C_1}{C_2} = \frac{d_2 - \Delta d}{d_1 + \Delta d} = \frac{d_2 \cdot \left(1 - \frac{\Delta d}{d_2}\right)}{d_1 \cdot \left(1 + \frac{\Delta d}{d_1}\right)} \qquad \text{(Gl. 10.2)}$$

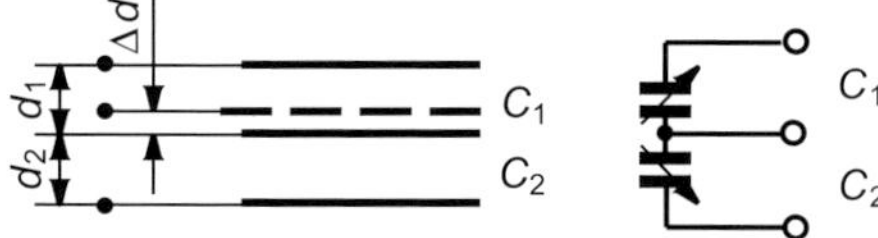

Bild 10.2
Physikalischer Prinzipaufbau eines kapazitiven (EMS-)Differenzwegsensors

Für sehr kleine Wege *d* gilt dann:

$$\frac{C_1}{C_2} \approx \frac{d_2}{d_1} \cdot \left(1 - \frac{\Delta d}{d_2}\right) \cdot \left(1 - \frac{\Delta d}{d_1}\right) = \frac{d_2}{d_1} \cdot \left[1 - \Delta d \cdot \left(\frac{1}{d_2} + \frac{1}{d_1}\right)\right] \qquad \text{(Gl. 10.3)}$$

War am Anfang $d_1 = d_2 = d$, so gilt:

$$\frac{C_1}{C_2} \approx 1 - 2 \cdot \frac{\Delta d}{d} \qquad \text{(Gl. 10.4)}$$

Für das Kondensatorverhältnis gilt also $C_1/C_2 \sim \Delta d/d$, d.h., der Kapazitätsquotient ist proportional zur relativen Wegänderung der Mittelelektrode.

Messtechnische Eigenschaften und Sensorelektronik
Der Differenzspulenkondensator besitzt doppelte Messempfindlichkeit, doppelten Messbereich und eine bessere Nichtlinearität als ein Einfachkondensator. Die Differenzanordnung erlaubt, und das ist besonders wichtig, eine gute Kompensation der thermisch bedingten Messabweichungen und eine gute elektromagnetische Störunterdrückung. Eingesetzt werden solche Aufnehmer vor allem zur automatisierten Präzisionswegmessung in Labors oder Prüffeldern. Als Sensorelektroniken kommen alle elektronischen Schaltungen in Betracht, die Kapazitätsänderungen in ein elektrisches Signal umwandeln. In Abschnitt 10.1.5 finden Sie weitere Details zur Sensorelektronik.

10.1.2 Kapazitive EMS-Drucksensoren (kapazitive Drucksensoren)

Grundlagen und technischer Aufbau
Kleinste Druckänderungen sind gut über die Biegung von Membranen erfassbar. Sie dienen als Messmembranen, bei kapazitiven Druckelementarsensoren als mechanisches Umsetzelement. Die Membranbiegung wird über eine kapazitive Abtastung in eine elektrisch auswertbare Größe umgewandelt.

Bild 10.3 zeigt den elektromechanischen Prinzipaufbau eines kapazitiven Differenzdruckelementarsensors. Das 2-Kammer-Elektrodensystem besteht aus 2 Trennmembranen und einer Messmembran, die zwischen 2 festen Kondensatorbelägen angebracht ist. Die Kondensatorbeläge sind in ihrer geometrischen Form der Membranauslenkung angepasst. Die Trennmembranen stehen mit dem Druckmedium in Kontakt. Der Raum zwischen Trennmembran und Messmembran ist mit Silikonöl gefüllt.

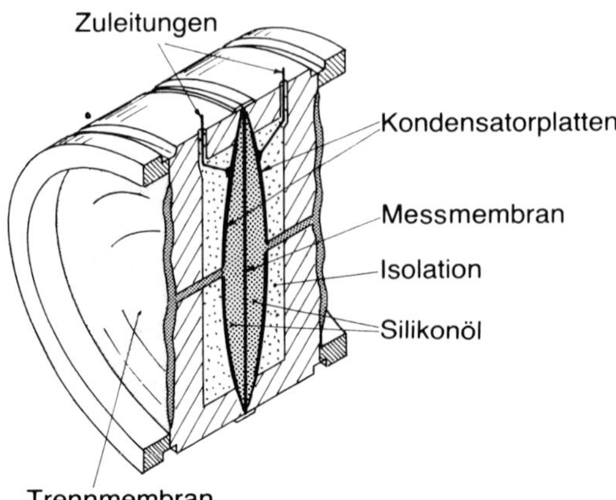

Bild 10.3
Mechanischer Prinzipaufbau eines kapazitiven Differenzdruckaufnehmers

Wird nun die Trennmembran von dem zu messenden Druck gebogen, wird über das Silikonöl die Messmembran ausgelenkt. Sie nähert sich dabei z.B. dem linken Kondensatorbelag im gleichen Maß, wie sie sich vom rechten entfernt, so dass die Kapazität der linken Kammer im gleichen Maß größer als die Kapazität der rechten Kammer kleiner wird.

Messtechnische Eigenschaften und Sensorelektronik

Das 2-Kammer-System des Elementarsensors ermöglicht die Messung von Differenz- und Absolutdrücken. Die elektrische Auswertung des Differentialkondensators erfolgt z.B. mit Hilfe einer kapazitiven Wechselstrommessbrücke, mit einem Trägerfrequenzgerät (TF-Gerät) oder in einer Sensorelektronik, die Kapazitätsquotienten C_1/C_2 nach Gl. 10.4 oder über die Rechnung $(C_1 - C_1)/(C_1 + C_2)$ auswertet. In Abschnitt 10.1.5 finden Sie weitere Details zur Sensorelektronik.

10.1.3 Kapazitive EMS-Füllstandsensoren (kapazitive Füllstandsensoren)

Grundlagen und technischer Aufbau

Kapazitive Füllstandelementarsensoren, insbesondere für Flüssigkeiten, sind meist als Rohrkondensatoren ausgebildet. In Bild 10.4 ist der mechanische Prinzipaufbau eines Füllstandelementarsensors für Flüssigkeiten dargestellt. Bei Flüssigkeitsstandmessungen ist der obere Teil des Rohrkondensators mit Luft gefüllt, der untere Teil dagegen mit Flüssigkeit.

Elektrisch entstehen zwei parallel geschaltete Teilkondensatoren C_1 und C_2, deren Teilkapazitäten sich addieren. Wir berechnen nun die mathematische Beziehung zwischen der Aufnehmerkapazität und dem Füllstand. Für den Luftteil des Rohrkondensators gilt:

$$C_2 = 2 \cdot \pi \cdot \varepsilon_0 \cdot \frac{h - x}{\ln \frac{D}{d}} \qquad \text{(Gl. 10.5)}$$

Für den Füllstoffteil des Rohrkondensators gilt:

$$C_2 = 2 \cdot \pi \cdot \varepsilon_0 \cdot \varepsilon_r \cdot \frac{x}{\ln \frac{D}{d}} \qquad \text{(Gl. 10.6)}$$

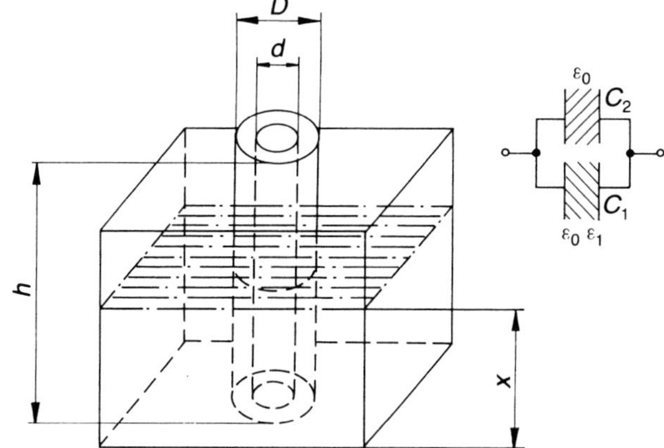

Bild 10.4
Physikalischer Prinzipaufbau eines kapazitiven Füllstandsaufnehmers

Für die Gesamtkapazität des Elementarsensors gilt mit Gl. 10.5 und Gl. 10.6:

$$C_{ges}(x) = C_1 + C_2 = \frac{2 \cdot \pi \cdot \varepsilon_0}{\ln \frac{D}{d}} \cdot h - \frac{2 \cdot \pi \cdot \varepsilon_0}{\ln \frac{D}{d}} \cdot x + \frac{2 \cdot \pi \cdot \varepsilon_0}{\ln \frac{D}{d}} \cdot \varepsilon_r \cdot x \qquad \text{(Gl. 10.7)}$$

Mit der Leerlaufkapazität des Elementarsensors

$$C_0 = \frac{2 \cdot \pi \cdot \varepsilon_0}{\ln \frac{D}{d}} \cdot h \qquad \text{(Gl. 10.8)}$$

erhält man aus Gl. 10.7:

$$C_{ges}(x) = C_0 - \frac{2 \cdot \pi \cdot \varepsilon_0 \cdot (\varepsilon_r - 1)}{\ln \frac{D}{d}} \cdot x = C_0 + k_c \cdot x \qquad \text{(Gl. 10.9)}$$

Für die Gesamtkapazität C_{ges} ergibt sich also eine streng lineare Abhängigkeit vom Füllstand x. In Bild 10.5 ist der Graph dieser Funktion dargestellt.

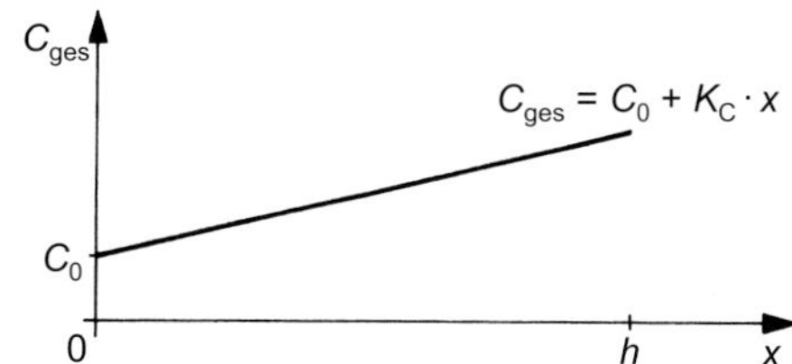

Bild 10.5
Kennlinie eines kapazitiven Füllstandsaufnehmers

Messtechnische Eigenschaften und Sensorelektronik

Die elektrische Auswertung erfolgt z.B. mit Hilfe einer kapazitiven AC-Messbrücke in einem Trägerfrequenzgerät. In Abschnitt 10.1.5 finden Sie weitere Details zur Sensorelektronik.

10.1.4 Kapazitive MEMS-Näherungsschalter (kapazitive Näherungsschalter)

Grundlagen und technischer Aufbau

Kapazitive Näherungsschalter enthalten sehr oft einen Oszillator, der dann anschwingt, wenn durch Annäherung von Metallen, Nichtmetallen, Flüssigkeiten oder sonstigen Medien eine bestimmte elektrische Kapazität überschritten wird. In Bild 10.6 ist der elektrische Prinzipaufbau eines kapazitiven Näherungsschalters dargestellt. Er besteht aus einem Messkondensator, der mit einem Hilfskondensator und der Sekundärwicklung eines Übertragers zu einem elektrischen Parallelschwingkreis verschaltet ist.

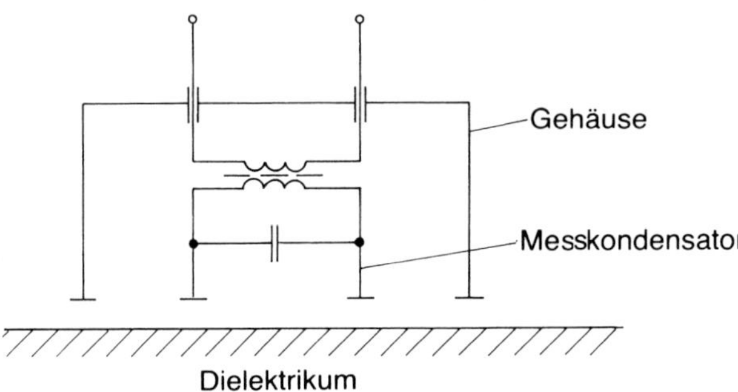

Bild 10.6 Physikalischer Prinzipaufbau eines kapazitiven Näherungsschalters

Die Elektroden des Messkondensators sind so angeordnet, dass das zu sensierende Medium das Dielektrikum der Anordnung bildet. Um Streukapazitäten so klein wie möglich zu halten, d.h. den nichtlinearen Anteil zu unterdrücken und um Störfelder so gut wie möglich abzuschirmen, bildet das um den Messkondensator gelegte Gehäuse eine Schutzkapazität. Der Übertrager bewirkt die galvanische Trennung zwischen Messkondensator und Oszillator und überträgt, elektrisch angepasst, das Eingangssignal auf eine Oszillatorstufe.

Messtechnische Eigenschaften und Sensorelektronik

Das Messmedium muss umso näher an den Messkondensator herangeführt werden, je kleiner seine relative Dielektrizitätskonstante ε_r ist. Medien mit großen relativen Dielektrizitätskonstanten (z.B. Flüssigkeiten) können durch Stoffe mit einer kleineren relativen Dielektrizitätskonstanten (z.B. Behälter aus Kunststoff oder Glas) sensiert werden. Je nach Sensorausführung ist hinter der Oszillatorstufe noch ein Schaltverstärker mit Leistungsendstufe eingebaut. Mit dieser können Relais und Schütze direkt angesteuert werden. Der Schaltvorgang wird durch den Oszillator berührungslos oder durch Berührung, dem eingestellten Schaltabstand entsprechend, ausgelöst.

Anwendungen

Kapazitive Näherungsschalter sind als Grenzwertschalter zur Füllstandmessung in Behältern einsetzbar, als Endschalter (für elektrisch nicht leitende nicht metallische Messobjekte) und als Drehzahlsensoren an rotierenden Kunststoffzahnrädern oder Kunststoffnocken. In Bild 10.7 sind verschiedene Anwendungsbeispiele für kapazitive Näherungsschalter dargestellt.

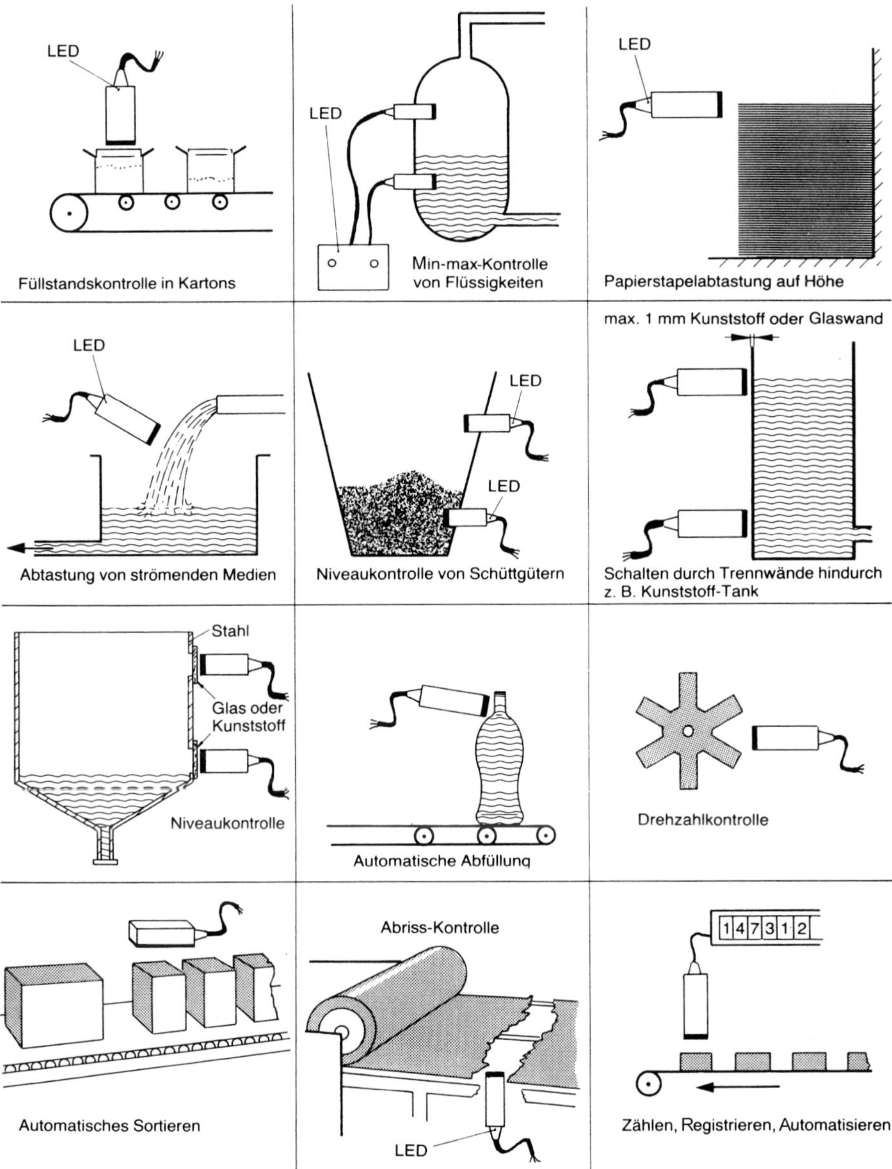

Bild 10.7 Anwendungsbeispiele für kapazitive Näherungsschalter

10.1.5 Elektrische und elektronische Schaltungen für kapazitive Elementarsensoren

Elektrische Schaltungen

Kapazitive Halbbrücken

In Bild 10.8 ist eine wechselspannungsgespeiste kapazitive Halbbrückenschaltung dargestellt. Für die Brückendifferenzspannung gilt:

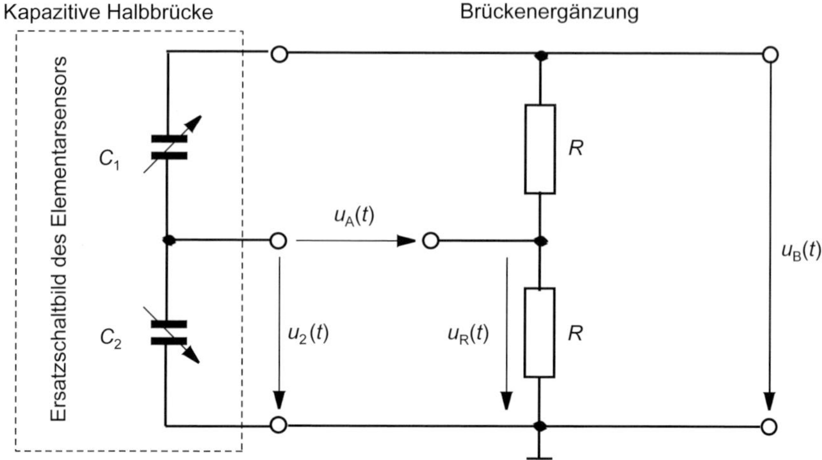

Bild 10.8
Wechselspannungsgespeiste Halbbrückenschaltung für kapazitive Elementarsensoren

$$u_A(t) = u_2(t) - u_R(t) \qquad \text{(Gl. 10.10)}$$

Für die Spannungsteilergleichungen gilt zunächst:

$$\frac{U_2(t)}{U_B(t)} = \frac{X_{C_2}}{X_{C_1} + X_{C_2}} = \frac{1/C_2}{1/C_1 + 1/C_2} \Rightarrow u_2(t) = \frac{C_1}{C_1 + C_2} \cdot u_B(t)$$

$$\frac{U_R(t)}{U_B(t)} = \frac{1}{2} \Rightarrow u_R(t) = \frac{1}{2} \cdot u_B(t) \qquad \text{(Gl. 10.11)}$$

da der Teiler unabhängig von der Frequenz ist. Einsetzen von Gl. 10.11 in Gl. 10.10 und Bildung des gemeinsamen Nenners ergibt:

$$u_A(t) = \left(\frac{C_1}{C_1 + C_2} - \frac{1}{2} \right) \cdot u_B(t) = \frac{1}{2} \cdot \frac{C_1 - C_2}{C_1 + C_2} \cdot u_B(t) \qquad \text{(Gl. 10.12)}$$

Weiter gilt für die beiden Teilkapazitäten:

$$C_1 = \varepsilon_0 \cdot \frac{A}{d \mp \Delta d} \quad \text{und} \quad C_2 = \varepsilon_0 \cdot \frac{A}{d \pm \Delta d} \qquad \text{(Gl. 10.13)}$$

Setzt man Gl. 10.13 in Gl. 10.12, gilt:

$$u_A(t) = \frac{u_B(t)}{2} \cdot \frac{1/(d \mp \Delta d) - 1/(d \pm \Delta d)}{1/(d \mp \Delta d) + 1/(d \pm \Delta d)} = \frac{u_B(t)}{2} \cdot \frac{(d \pm \Delta d) - (d \mp \Delta d)}{(d \pm \Delta d) + (d \mp \Delta d)}$$

$$= \pm \frac{1}{2} \cdot \frac{\Delta d}{d} \cdot u_B(t) \qquad \text{(Gl. 10.14)}$$

Also gilt:
$u_A(t) \sim \Delta d/d$ d.h., die Ausgangsspannung ist direkt proportional zum relativen Weg.

Elektronische Schaltungen
In Bild 10.9 ist schematisch die Schaltung eines Trägerfrequenzverstärkers mit einer kapazitiven Wechselstrommessbrücke z.B. für einen kapazitiven Differenzelementar-

sensor dargestellt. Anstelle des kapazitiven Differenzelementarsensors kann auch jeder andere kapazitive Differenzelementarsensor (z.B. ein Druckdifferenzelementarsensor) angeschlossen werden. Außerdem ist es möglich (wie z.B. bei kapazitiven Füllstandelementarsensoren), einen von der Messgröße gesteuerten Messkondensator mit einem von der Messgröße nicht beeinflussten Referenzkondensator zu einer kapazitiven Halbbrücke zusammenzuschalten, um diese dann mit der Trägerfrequenzschaltung zu betreiben. Bild 10.10 zeigt deutlich die Analogie in der Schaltungstechnik zum induktiven Differenzelementarsensor. Neben den AC-Messbrücken ist auch immer eine Oszillatorschaltung für den Betrieb von kapazitiven Elementarsensoren möglich. AC-Messbrücken erzeugen ein spannungsanaloges Signal, wobei der Informationsparameter die Spannungsamplitude ist. Diese Art der Informationsdarstellung ist gegenüber elektromagnetischen Störungen, wenn nicht sehr gute Abschirmmaßnahmen getroffen werden, besonders empfindlich. Bei Oszillatorschaltungen sind die Informationsparameter die Signalfrequenzen. Diese Art der Informationsübertragung ist gegenüber elektromagnetischen Einstreuungen weniger empfindlich. In Bild 10.11 ist eine Oszillatorschaltung mit einem kapazitiven Aufnehmer in einer Schwingkreisschaltung dargestellt. Das Signal kann, entweder als frequenzanaloges Signal oder bei Bedarf, über einen Frequenzspannungsumsetzer spannungsanalog ausgegeben werden.

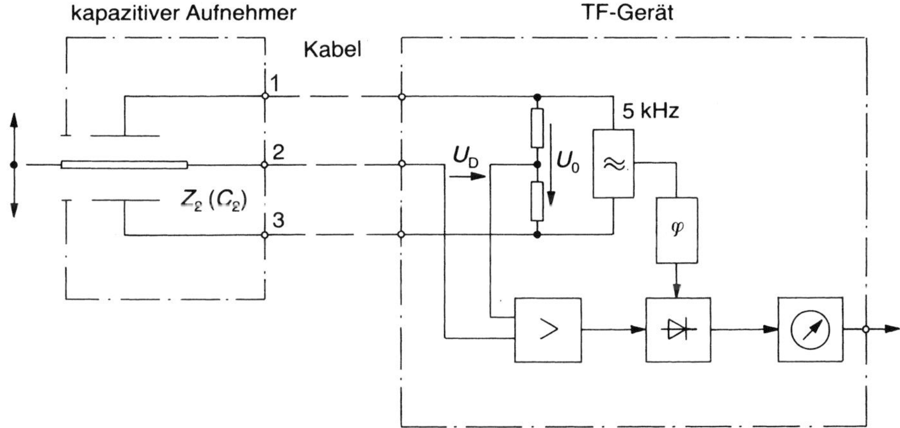

Bild 10.9 Elektrische Prinzipschaltung für einen kapazitiven Differenzaufnehmer mit einem Trägerfrequenzgerät mit spannungsanaloger Signalübertragung

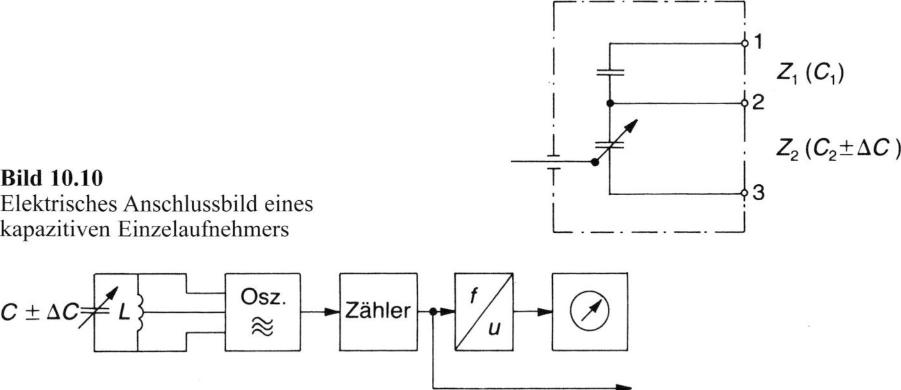

Bild 10.10
Elektrisches Anschlussbild eines kapazitiven Einzelaufnehmers

Bild 10.11 Blockschaltbild eines kapazitiven Aufnehmers für eine frequenzanaloge Signalübertragung mit spannungsanaloger Anzeige

Beispiel 10.1 Kapazitiver EMS-Kraftsensor

In Bild 10.12 ist der elektrische Messaufbau zur Erfassung mechanischer Kräfte mit Hilfe eines kapazitiven Kraftelementarsensors dargestellt. Die bewegliche Kondensatorelektrode «a» nimmt die zu erfassende harmonische Kraft auf.

$$F(t) = 50\ \text{N} \cdot \sin(500\ \text{Hz} \cdot t) \qquad \text{(Gl. 10.15)}$$

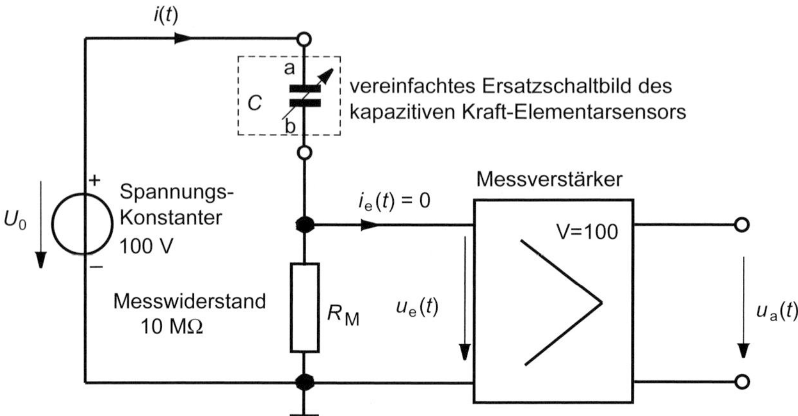

Bild 10.12 Elektrischer Messaufbau zur Erfassung mechanischer Kräfte mit kapazitiven Kraftelementarsensoren

Die Kraft bewegt die Elektrode «a» so, dass für die elektrische Kapazität gilt:

$$C(t) = C_0 + \Delta C(t) = 1\ \text{pF} + 0{,}01\ \text{pF} \cdot \sin(500\ \text{Hz} \cdot t) \qquad \text{(Gl. 10.16)}$$

Die Kondensatorelektrode «a» ist an den Pluspol einer Spannungsquelle mit dem Wert $U_0 = 100$ V angeschlossen. Die feststehende Kondensatorelektrode «b» ist über den Messwiderstand $R_M = 10$ MΩ mit der Masse verbunden. Über den hochohmigen Messwiderstand kann die Ladung nicht schnell genug abfließen, also ändert sich die Spannung am Aufnehmerkondensator. Ein hochohmiger Messverstärker ($V = 100$) greift das Messsignal am Messwiderstand ab.

a) Berechnen Sie den Effektivwert der Ausgangsspannung U_a.
b) Berechnen Sie die Gesamtmessempfindlichkeit E_{ges} [N/V] der sensorischen Messeinrichtung.

Lösung 10.1

a) Für den Effektivwert der Ausgangsspannung U_a gilt:

$$u_a(t) = V \cdot u_e(t) = V \cdot R_M \cdot i(t) \qquad \text{(Gl. 10.17)}$$

Für den Momentanwert des Messstroms gilt:

$$i(t) = U_0 \cdot \frac{\Delta C(t)}{\Delta t} \qquad \text{(Gl. 10.18)}$$

Gl. 10.18 in Gl. 10.17:

$$u_a(t) = V \cdot R_M \cdot U_0 \cdot \frac{\Delta C(t)}{\Delta T} = 100 \cdot 10^7\ \Omega \cdot 100\ \text{V} \cdot \frac{0{,}01 \cdot 10^{-12}\ F}{1/500\ \text{Hz}} \cdot \sin(500\ \text{Hz} \cdot t)$$

$$= 500\ \text{mV} \cdot \sin(500\ \text{Hz} \cdot t) \Rightarrow \hat{U}_a = 500\ \text{mV} \Rightarrow U_a = \hat{U}_a / \sqrt{2} = 353{,}55\ \text{mV}$$

(Gl. 10.19)

b) Berechnen der Gesamtmessempfindlichkeit E_{ges}:

$$E_{ges} = \frac{\hat{F}}{\hat{U}_a} = \frac{50\ \text{N}}{500\ \text{mV}} = 100\frac{\text{N}}{\text{V}}$$ (Gl. 10.20)

Beispiel 10.2 Kapazitiver EMS-Schichtdickensensor

In Bild 10.13 ist der elektromechanische Prinzipaufbau eines taktilen kapazitiven Elementarsensors zur materialunabhängigen Dickenmessung von dünner Platten dargestellt. Der Elementarsensor besteht aus zwei unverschalteten Einzel-Kondensatoren C_1 und C_2. Zwischen den beiden äußeren festen Elektroden (E1 u. E3) befindet sich eine frei bewegliche mittlere Elektrode (E2), die sich, entsprechend der Taststiftauslenkung $\pm s$, in der vertikalen Richtung geführt bewegen kann.

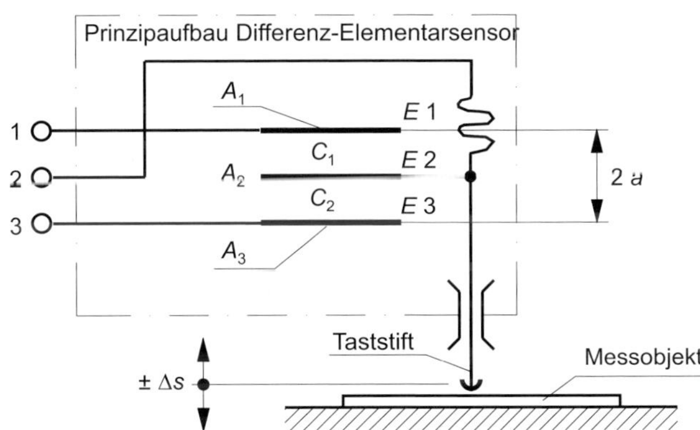

Bild 10.13 Elektromechanischer Prinzipaufbau eines taktilen kapazitiven Elementarsensors zur materialunabhängigen Dickenmessung dünner Platten

Technische Daten

Elementarsensor-Geometrie: $a = 10$ mm;
$A_1 = A_2 = A_3 = 400\ \text{mm}^2$;
Messweg: $0{,}1\ \text{mm} \leq s \leq 9{,}9\ \text{mm}$.
(Absolute Dielektrizitätskonstante: $\varepsilon_0 = 8{,}85 \cdot 10^{-12}$ As/Vm)

a) Stellen Sie die Berechnungsgleichung der Einzelkapazität C_1 und C_2 des Elementarsensors als Funktion des Messwegs s auf.
b) Der Elementarsensor soll mit einer Messbrücke, wie in Bild 10.8 dargestellt, betrieben werden.
c) Berechnen Sie die Verstimmung U_A/U_B der Brückenschaltung als Funktion des Messwegs s.

Lösung 10.2

a) Berechnungsgleichungen der Einzelkapazitäten. Für die Einzelkondensatoren C_1 und C_2 gilt:

$$C_1 = \varepsilon_0 \cdot \frac{A}{a \pm s} \quad \text{und} \quad C_2 = \varepsilon_0 \cdot \frac{A}{a \mp s} \qquad \text{(Gl. 10.21)}$$

b) Berechnung der Brückenverstimmung: Mit Gl. 10.14 gilt:

$$u_A(t) = \frac{1}{2} \cdot \frac{s}{a} \cdot u_B(t) \Rightarrow \frac{U_A}{U_B} = \frac{1}{2 \cdot a} \cdot s = 0{,}05 \cdot s \qquad \text{(Gl. 10.22)}$$

c) Graphische Darstellung (Bild 10.14) der Brückenverstimmung über dem Messweg s:
Aus Symmetriegründen gilt für die maximale Verstimmung: U_A / U_B (max.) = 0,5.
Für den maximalen Messweg gilt: $s_{max.}$ = 10 mm.

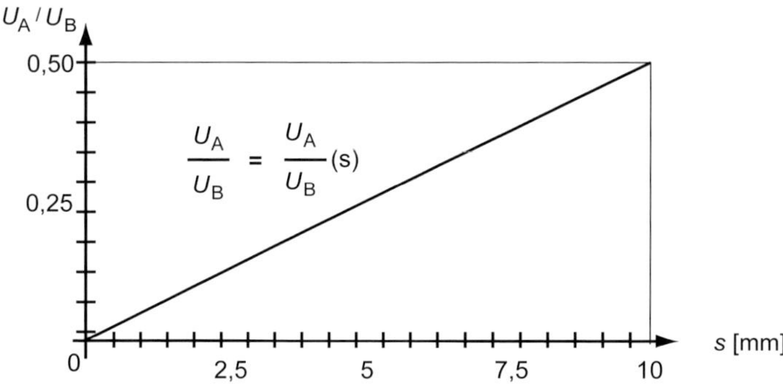

Bild 10.14 Graphische Darstellung der Brückenverstimmung U_A/U_B über dem Messweg s

10.2 Kapazitive MEMS-Sensoren

Die Miniaturisierung technischer Systeme mit der schon hoch entwickelten Mikrosystemtechnik und speziell durch die Mikromechanik hat MEMS-Elementarsensoren hervorgebracht. Sie bestehen aus mikromechanischen Sensorgrundkörpern und aus beweglichen, mikromechanischen Sensorteilen, auf die Sensorsignale mechanisch einwirken, wobei dann ihre mechanische Lage- oder Formänderung eine elektrische Kapazitätsänderung bewirkt, die mit der Mikroelektronik weiter verarbeitet werden kann. MEMS-Verfahren haben auf diesem Gebiet die größte Bedeutung erlangt.

Vorteile

- Deutlich kürzere Reaktionszeiten der Sensoren (sehr kleine Zeitkonstanten),
- deutlich besseres dynamisches Verhalten,
- sehr großes Miniarisierungs- und Optimierungspotential.

Der Einsatz von MEMS zur Messung mechanischer Größen ist heute Stand der Technik. Sie bieten ausreichende Genauigkeit, eine vereinfachte Implementierung und geringe Kosten. Besonders kleine Sensoren lassen sich in Siliziumtechnik (Si-Technik) herstellen. Man spricht hier auch von mikroelektronischen Sensoren (MES:

Micro ***E****lectronic* ***S****ystems*), da die integrierten Signalaufbereitungselektroniken in Silizium aufzubauen sind und so Sensoren aus einem Material in integrierter bzw. hybrider MEMS-Technik ermöglichen.

10.2.1 Kapazitive MEMS-Drucksensoren

Für kapazitive Drucksensoren in Mikrotechnik wird vorwiegend die Durchbiegung einer Membran als bewegliche Elektrode genutzt, d.h., eine Abstandsänderung zwischen 2 Elektroden wird als Sensoreffekt (geometrischer Sensoreffekt) verwendet. Silizium bekommt aus technologischen Gründen als Basismaterial für den Sensoraufbau den Vorzug. Z.B. ermöglicht die Si-Technologie die Herstellung von Siliziummembranen mit einer sehr hohen mechanischen Reproduzierbarkeit und einer Fehlerhäufigkeit <0,5%. Konstruktiv und physikalisch sind je 3 Druckmessverfahren (oder Druckmessprinzipien) und Drucksensorprinzipien realisierbar.

Physikalische Druckmessverfahren

Es gibt grundsätzlich 3 Druckmessverfahren (Bild 10.15):

- Absolutdruckmessverfahren mit Vakuumdruck als Referenzdruck (Bild 10.15 a),
- Differenzdruckmessverfahren mit Umgebungsdruck als Referenzdruck (Bild 10.15 b),
- Differenzdruckmessverfahren mit Gasdruck als Referenzdruck (Bild 10.15 c).

Physikalische Drucksensorprinzipien

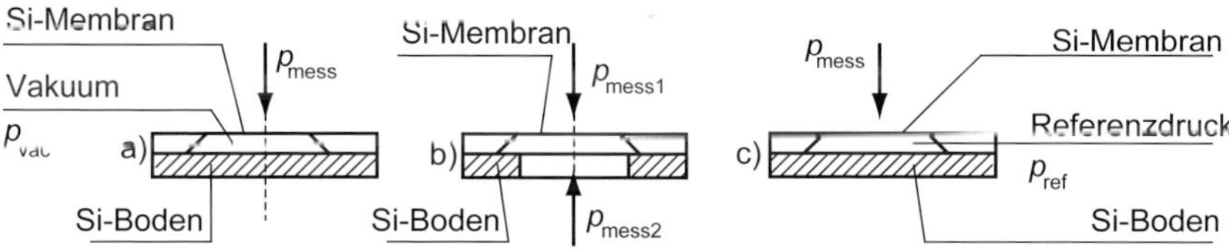

Bild 10.15 Ausführungsformen von Druckmessverfahren

Es gibt grundsätzlich 3 Sensor- oder Konstruktionsprinzipien für die technische Realisierung von Druckelementarsensoren:

- Pseudodifferenzdruck-Sensorprinzip,
- Einfachdruck-Sensorprinzip,
- Differenzdruck-Sensorprinzip.

Die 3 Druckmessverfahren (eingeschlossener Vakuumdruck als Referenzdruck, Gasdruck als Referenzdruck oder Umgebungsdruck als Referenzdruck) können in Kombination mit den 3 Drucksensorprinzipien (Einfachdruck-, Pseudodifferenzdruck- und Differenzdruck-Sensorprinzip) als MEMS-Druckelementarsensoren realisiert werden. Bild 10.16 zeigt den Prinzipaufbau der möglichen Druckelementarsensoren. Es gibt für die Sensorprinzipien nach a) und b) von Bild 10.16 prinzipbedingt 2 mögliche Messverfahren:

- Relativdruck-Pseudodifferenzmessverfahren,
- Absolutdruck-Pseudodifferenzmessverfahren.

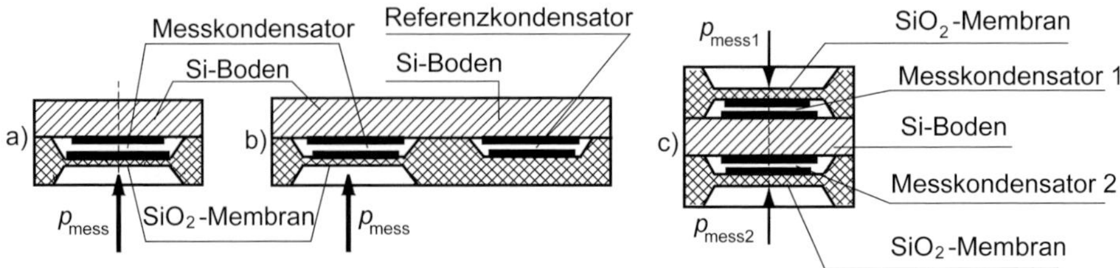

Bild 10.16 Systematik des Prinzipaufbaus möglicher Druckelementarsensortypen

MEMS-Pseudodifferenzdruck-Elementarsensoren

Bei dieser Ausführungsform (Bild 10.16 b) ist ein kapazitives Sensorelement als Messkondensator C_{mess} und das andere als Referenzkondensator C_{ref} aufgebaut. Während der Messkondensator C_{mess} Mess- **und** Störgrößen ausgesetzt ist, wird der Referenzkondensator C_{ref} **nur** Störgrößen ausgesetzt. Durch Differenzbildung der beiden Kondensatorspannungen werden die Störgrößen weitgehend kompensiert. Als erste elektrische Signalaufbereitungsschaltung wird also eine kapazitive Messbrücke verwendet (s. Abschnitt 10.1.5).

MEMS-Einfachdruckelementarsensor mit Umgebungsluft als Referenzdruck

Bild 10.17 zeigt den Prinzipaufbau eines MEMS-Einfachdruckelementarsensors mit Messung gegen einen eingeschlossenen Gas-Referenzdruck (s. Bild 10.15 c und Bild 10.16 c). Bei Druckbeaufschlagung p_{mess} biegt sich die Messelektrode relativ zur Festelektrode durch. Für den Kondensator gilt in sehr guter Näherung Gl. 10.23. Bei konstanter Dielektrizitätskonstante ε und konstanter Elektrodenfläche A ist der Kapazitätsverlauf $C(p_{mess})$ hyperbolisch über dem Messdruck. Für die Abhängigkeit der Messkapazität C vom Messdruck p_{mess} gilt:

$$C = C_0 \cdot (1 + a \cdot p_{mess}^{b}) \tag{Gl. 10.23}$$

Der druckabhängige Kapazitätsverlauf wird durch den Faktor a (typisch 0,4 pF/bar) und den Exponenten b (typisch 1,4) bestimmt. C_0 ist die Kapazität des Elementarsensors (typisch 14 pF) ohne Druckbeaufschlagung.

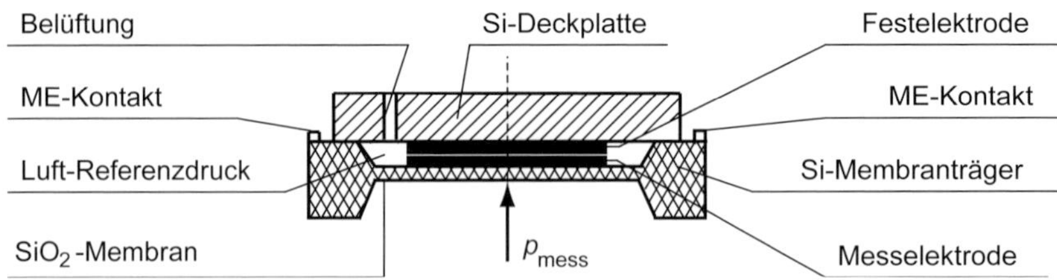

Bild 10.17 Prinzipaufbau eines MEMS-Einfachdruckelementarsensors für die Druckmessung gegen einen Gasreferenzdruck (z. B. Luft)

Typische Daten eines kapazitiven Drucksensors

Typische Daten vermittelt Tabelle 10.1.

Kapazitiver kardiovaskulärer Katheter-MEMS-Differenzdrucksensor

Dieser medizintechnische Drucksensor dient zur Messung von Druckdifferenzen in den koronaren Arterien des Herzens und ist an verschiedenen Stellen eines kardiovaskulären Katheters integriert. Durch spezielle Kontaktierungstechniken unter den Elektroden und geeignet geätzte Kanäle im Si-Chip wird ein externer Referenzdruck über den Katheter auf eine Seite der Sensormessmembran geleitet und der Blutdruck in den koronaren Arterien auf die gegenüberliegende Seite. Die sehr kleine elektrische Kapazitätsänderung des Elementarsensors erfordert, dass die Sensorelektronik monolithisch auf dem Si-Chip integriert ist. Die Methoden der Oberflächenmikromechanik, die auch bei der Fertigung von Drucksensoren eingesetzt werden können, ermöglichen die Realisierung des monolithischen Aufbaus des Katheter-Differenzdrucksensors.

Tabelle 10.1 Typische Kennwerte eines kapazitiven Drucksensors

Druckmessbereich *MB*	1...700 bar
Überlastgrenze	min. 200% v. Nennmessbereich
Berstgrenze	min. 300% v. Nennmessbereich
Druckart	relativ oder Absolutdruck
Nichtlinearität *NL*	< ±0,5% v. *MBE*
Reproduzierbarkeit	< ±0,1% v. *MBE*
Langzeitstabilität	< 0,6% für 6 Monate
Eigenfrequenz	12...20 kHz
Nenntemperaturbereich	–20...+80 °C
thermische Nullpunktdrift *TKN*	< ±0,03%/K v. *MBE*
thermische Empfindlichkeitsänderung *TKE*	< ±0,04%/K v. *MBE*
Schutzklasse	IP65
Schockbelastung	15 g über 11 ms (3D)
Vibrationsfestigkeit	10 g bei 50 Hz
Feuchtigkeit	95% rel. Luftfeuchte
Gewicht	5...70 g

10.2.2 Kapazitive MEMS-Beschleunigungssensoren

Das Sensorprinzip besteht darin, dass über die zu messende mechanische Beschleunigung eine mechanische Kraft auf die Masse eines mechanischen Umsetzelements im Elementarsensor wirkt (seismisches Sensorprinzip). Die so hervorgerufenen Positionsänderungen des Umsetzelements können nun elektrisch erfasst und elektronisch weiterverarbeitet werden.

Sensorprinzipien für kapazitive MEMS-Beschleunigungssensoren

- ❑ Biegefeder-Masse-Einfachkondensator-Beschleunigungsprinzip
- ❑ Biegefeder-Masse-Differenzkondensator-Beschleunigungsprinzip
- ❑ Biegefeder-Masse-Kammkondensator-Beschleunigungsprinzip

Einfachkondensator-Beschleunigungselementarsensor

Bild 10.18 zeigt den elektromechanischen Prinzipaufbau des Beschleunigungselementarsensors. Auf der beweglichen zungenförmigen Biegefeder aus SiO_2 ist die Elektrode 2 aufgebracht, die eine elektrische Kapazität mit dem Si-Substrat (Elektrode 1) bildet. Wirkt nun eine mechanische Beschleunigung auf die seismische Masse, so wird die SiO_2-Biegefeder ausgelenkt und ändert damit die elektrische Kapazität *C* des Elementarsensors.

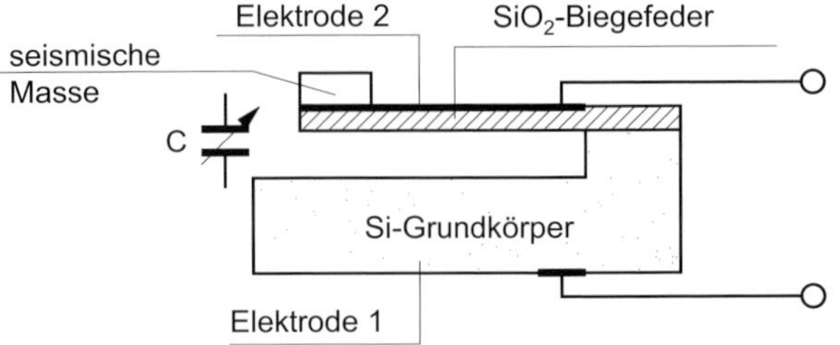

Bild 10.18 Elektromechanischer Prinzipaufbau eines Beschleunigungselementarsensors mit Biegefeder aus SiO_2

Differenzkondensator-Beschleunigungselementarsensor

Bild 10.19 zeigt den elektromechanischen Prinzipaufbau des Beschleunigungselementarsensors. Die bewegliche Mittelelektrode ist als seismische Masse mit Biegefeder ausgelegt. Die beiden Gegenelektroden (Elektrode 1 und 2) sind auf dem Si-Substrat aufgebracht und wirken gleichzeitig als mechanische Endanschläge. Die Dämpfung der Bewegung erfolgt i.Allg. durch die Luft in der Umgebung der Masse. Der Sensor wird in konventioneller Volumenmikromechanik gefertigt. Zur präzisen ätztechnischen Fertigung der Biegefeder wird (110-) Silizium verwendet.

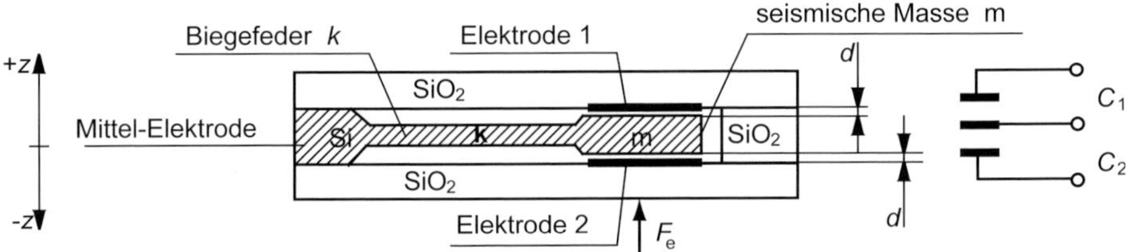

Bild 10.19 Elektromechanischer Prinzipaufbau des Beschleunigungselementarsensors mit beweglicher Biegefeder als Mittelelektrode und seismischer Masse

Statische Eigenschaften

Der Elementarsensor wird mit einer konstanten Beschleunigung in z-Richtung beaufschlagt, so dass die seismische Masse ihren Endanschlag erreicht. Es gilt dann in z-Richtung:

$$F_a = F_e \Rightarrow k \cdot \Delta z_a = m \cdot \Delta a_e \Rightarrow \Delta z_a = \frac{m}{k} \cdot \Delta a_e \qquad \text{(Gl. 10.24)}$$

(Index e = Eingangsgröße, Index a = Ausgangsgröße)

k Federkonstante
m Masse der Biegefeder

Nach Gl. 10.4 erhält man für den Elementarsensor für kleine Auslenkungen Δz_a der seismischen Masse:

$$\frac{C_1}{C_2} \approx 1 - 2 \cdot \frac{\Delta z_a}{d} \qquad \text{(Gl. 10.25)}$$

d Grundabstand zwischen den Elektrodenpaaren (Bild 10.19)

Setzt man Gl. 10.24 in Gl. 10.25, erhält man:

$$\frac{C_1}{C_2} \approx 1 - 2 \cdot \frac{m}{k \cdot d} \cdot \Delta a_e \Rightarrow \frac{C_1}{C_2} = 1 - K \cdot \Delta a_e \quad \text{mit} \quad K = \frac{2 \cdot m}{k \cdot d} = \text{konstant}$$

(Gl. 10.26)

Dynamische Eigenschaften

Vertiefung 10.2

Für zeitlich veränderliche Beschleunigungen werden die Bewegungen der seismischen Masse mit Differentialgleichungen beschrieben. Diese Gleichungen stehen Ihnen im Onlineservice InfoClick zur Verfügung. Für das weitere Verständnis des Themas im eigentlichen Sinn kann grundsätzlich ohne diese Ableitungen weitergearbeitet werden. Die Nummerierung im Buch überspringt deshalb die auf InfoClick ausgeführten Gleichungen (Gl. 10.27...Gl. 10.33) und fährt folgerichtig mit Gl. 10.34 fort.

Für das Eingangswegsignal $z_e(t)$ gilt, erzeugt durch die sinusförmige Krafteinleitung $F_e(t)$:

$$z_e(t) = A_e \cdot \sin(\omega_e \cdot t) \qquad \text{(Gl. 10.34)}$$

Für das Ausgangswegsignal $z_a(t)$ gilt mit der normierten Frequenz $\Omega = \omega_e / \omega_0$ (wie in InfoClick V10.2 gezeigt):

$$z_a(t) = \frac{\Omega^2}{\sqrt{\left(1 - \Omega^2\right)^2 + \left(2 \cdot D \cdot \Omega^2\right)^2}} \cdot A_e \cdot \sin(\omega_e \cdot t + \varphi) = Z_a \cdot \sin(\omega_e \cdot t + \varphi)$$

(Gl. 10.35)

Für sehr kleine ω_e, d.h. wenn $\omega_e << \omega_0$ ist, gilt für die Schwingwegamplitude Z_a aus Gl. 10.35:

$$z_a(t) = A_e \cdot \Omega^2 \cdot \sin(\omega_e \cdot t + \varphi) = \frac{1}{\omega_0^2} \cdot \omega_e^2 \cdot A_e \cdot \sin(\omega_e \cdot t + \varphi)$$

$$= \frac{1}{\omega_0^2} \cdot a_e(t) \Rightarrow z_a(t) \sim a_e(t) \qquad \text{(Gl. 10.36)}$$

Hinweis

Für kleine Frequenzen ist die Auslenkung streng proportional zur Beschleunigung.

Amplitudengang

Für den Amplitudengang $A(\Omega)$ gilt mit Gl. 10.35:

$$A(\Omega) \equiv \frac{Z_a}{A_e} = \frac{\Omega^2}{\sqrt{\left(1 - \Omega^2\right)^2 + \left(2 \cdot D \cdot \Omega^2\right)^2}} \qquad \text{(Gl. 10.37)}$$

Bild 10.20 zeigt den Amplitudengang $A((\Omega = \omega_e / \omega_0), D)$ des Beschleunigungselementarsensors mit dem Dämpfungsmaß D als Parameter.

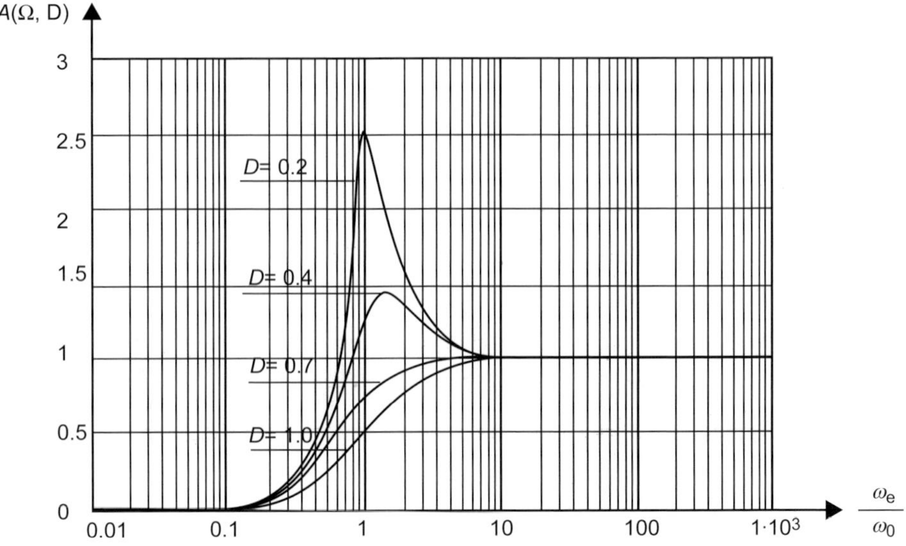

Bild 10.20 Amplitudengang $A((\Omega = \omega_e / \omega_0), D)$ eines Beschleunigungselementarsensors mit Dämpfungsmaß D als Parameter

Hinweis

Das Dämpfungsmaß D bestimmt stark das Übertragungsverhalten des Sensors. Bei sehr großer Dämpfung (Überdämpfung) wird der messtechnisch nutzbare Frequenzbereich kleiner. Bei zu kleiner Dämpfung kann im Resonanzfall der Sensor zerstört werden. Bei optimal eingestelltem Dämpfungsmaß D beträgt die Frequenzbandbreite des Elementarsensors etwa die Hälfte der Eigenfrequenz.

Phasengang

Für die Phase zwischen Eingangs- und Ausgangssignal gilt (wie in InfoClick V10.2 gezeigt):

(Gl. 10.38) **(identisch mit Ableitung Gl. 10.33 auf InfoClick)**

Bild 10.21 zeigt den Phasengang $\varphi((\Omega = \omega_e / \omega_0), D)$ mit dem Dämpfungsmaß D als Parameter.

Messempfindlichkeit

Die Messempfindlichkeit wird definiert als Verhältnis der Amplitude des Ausgangssignals Z_a (Ausgangsschwingung) zur Amplitude des Eingangssignals a_e (Eingangsbeschleunigung). Es gilt:

$$E_{KES} \equiv \frac{Z_a}{a_e} = \frac{Z_a}{A_e \cdot \omega_e^2} \qquad \text{(Gl. 10.39)}$$

Setzt man Gl. 10.38 in Gl. 10.39, erhält man für die Messempfindlichkeit des Beschleunigungselementarsensors mit der normierten Frequenz $\Omega = \omega_e / \omega_0$:

$$E_{KES} = \frac{1}{\omega_0} \cdot \frac{1}{\sqrt{\left(1 - \Omega^2\right)^2 + \left(2 \cdot D \cdot \Omega^2\right)^2}} \qquad \text{(Gl. 10.40)}$$

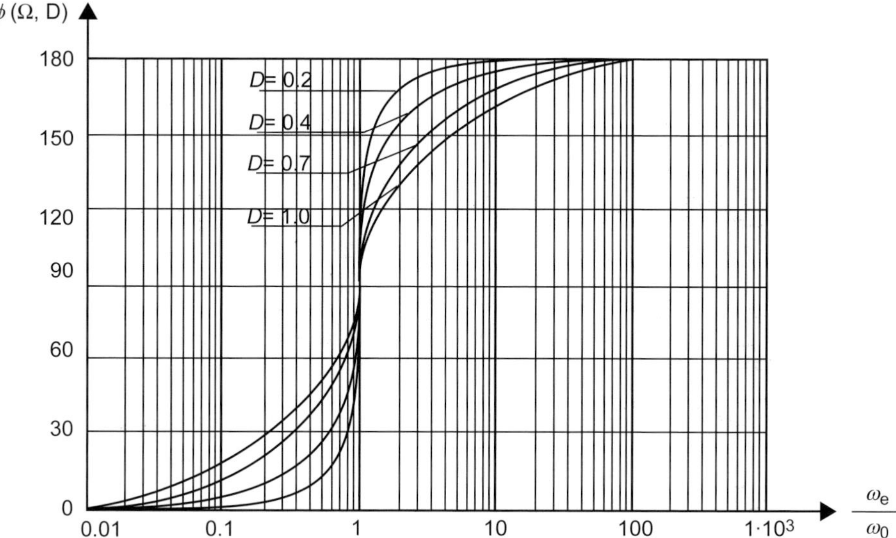

Bild 10.21 Phasengang $\varphi((\Omega = \omega_e / \omega_0), D)$ mit dem Dämpfungsmaß D als Parameter

Bild 10.22 zeigt die Messempfindlichkeit E_{KES} mit dem Dämpfungsmaß D als Parameter. Aus Gl. 10.40 und ihrem Graphen von Bild 10.22 ist zu ersehen, dass der Frequenzbereich für die Schwingungsamplitude (mit kleinen Abweichungen) proportional zur Beschleunigungsamplitude ist. Beim «idealen» Dämpfungsgrad von $D = 0{,}7$ liegt der proportionale Frequenzbereich ungefähr zwischen $\omega_e = 0 \ldots 0{,}2\ \omega_0$. Für kleine Frequenzen ω_e sind die aus sinusförmigen Krafteinleitungen resultierenden Beschleunigungen klein, d.h., das Ausgangssignal des Elementarsensors ist ebenfalls klein. Eine elektronische Verstärkung des Signals ist daher zwingend erforderlich.

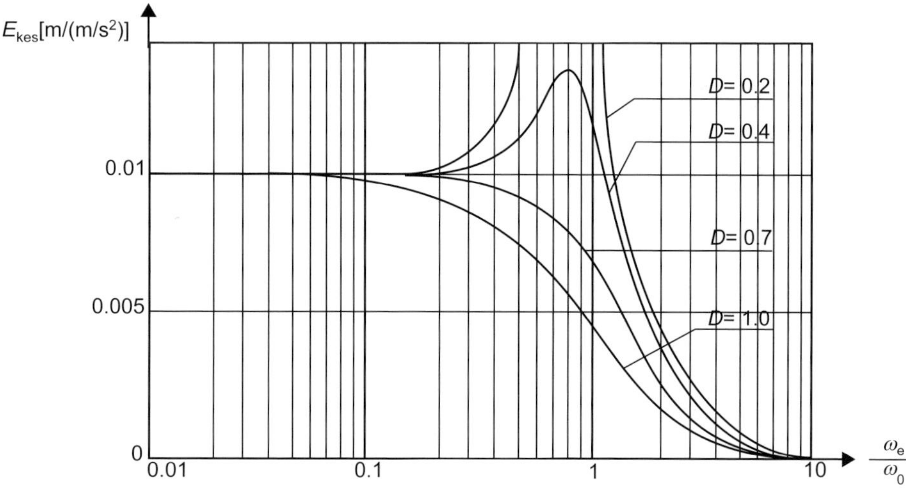

Bild 10.22 Messempfindlichkeit E_{KES} mit Dämpfungsmaß D als Parameter

Kopplungsbedingte messtechnische Eigenschaften

Der genutzte Frequenzbereich bestimmt, wie man erkennen kann, die Art der Funktion eines Beschleunigungselementarsensors. Dieses messtechnische Verhalten wird physikalisch von der Kopplung des Eingangsignals (Messsignal) an die Sensorelemente des Elementarsensors und durch ihre mechanische Dimensionierung bestimmt. Bei der sog. kinematischen Kopplung wirkt die Eingangsgröße kraftschlüssig auf das System, während sie bei der sog. dynamischen Kopplung über die träge oder seismische Masse wirkt. Man unterscheidet daher:

- ***Tiefabgestimmte Beschleunigungselementarsensoren***
  Sie haben eine große Masse, eine kleine Federkonstante und damit eine kleine Eigenfrequenz ω_0 (s. auch Gl. 10.29 **in InfoClick**).
- ***Hochabgestimmte Beschleunigungselementarsensoren***
  Sie haben eine kleine Masse, eine große Federkonstante und damit eine hohe Eigenfrequenz ω_0 (s. auch Gl. 10.29 **in InfoClick**). Ein Beispiel hierzu sind die in Kapitel 11 beschriebenen, piezoelektrischen Beschleunigungssensoren mit seismischer Masse und sehr hoher mechanischer Steifigkeit.

Elektrische Anpassung (kapazitive Halbbrücke)
In Bild 10.2 sind der prinzipielle Aufbau eines kapazitiven Differenzelementarsensors und seine geometrischen Parameter dargestellt. Für die ausgesteuerten Einzelkondensatoren C_1, C_2 und den nicht ausgesteuerten Grundkondensator C_0 gilt:

$$C_1(t) = \varepsilon_0 \cdot \frac{A_C}{d \pm z_a(t)}, \quad C_2(t) = \varepsilon_0 \cdot \frac{A_C}{d \mp z_a(t)}, \quad \text{und} \quad C_0 = \varepsilon_0 \cdot \frac{A_C}{d} \qquad \text{(Gl. 10.41)}$$

In Bild 10.8 sind eine kapazitive AC-Halbbrückenschaltung und der Einbau eines kapazitiven Differenzelementarsensors dargestellt. Einsetzen von Gl. 10.41 in Gl. 10.14 ergibt:

$$u_A(t) = \pm \cdot \frac{1}{2} \cdot \frac{z_a(t)}{d} \cdot u_B(t) \qquad \text{(Gl. 10.42)}$$

Elektronische Anpassung (Trägerfrequenzverstärker)
Das elektrische Messsignal der kapazitiven Halbbrücke wird mit einem integrierten TF-Verstärker (Trägerfrequenzverstärker) weiterverarbeitet. Die prinzipielle Arbeitsweise von TF-Verstärkern ist in Abschnitt 2.2 beschrieben.

Vertiefung 10.3

Für die elektronische Signalverarbeitung wird ein Trägerfrequenzverstärker mit Differentialgleichungen berechnet, der nach dem Prinzip der Amplitudenmodulation (wie z.B. aus der Rundfunktechnik bekannt) arbeitet.

Diese Gleichungen stehen Ihnen im Onlineservice InfoClick zur Verfügung. Für das weitere Verständnis des Themas im eigentlichen Sinn kann grundsätzlich ohne diese Ableitungen weitergearbeitet werden. Die Nummerierung im Buch überspringt deshalb die auf InfoClick ausgeführten Gleichungen (Gl. 10.43...Gl. 10.50) und fährt folgerichtig mit Gl. 10.51 fort.

Kammkondensator-Beschleunigungselementarsensor
Dieser Elementarsensor (Bild 10.23) besteht aus einem beweglichen und einem feststehenden Elektrodenkamm die gegeneinander mehrere gleiche Kondensatoren C_1 und C_2 bilden. Die Einzelkondensatoren sind konstruktionsbedingt miteinander elektrisch parallel verschaltet. Die Kammgeometrie besteht aus Polysilizium, hat eine

Gesamtfläche von 380 × 580 μm^2 und besteht aus 46 «Fingern». Der Abstand zwischen den einzelnen Fingern beträgt ca. 1,3 µm bei einer Einzelgrundkapazität von ca. 0,1 pF. Die maximale Auslenkung bei 50 g beträgt ca. 20 nm bei einem Gewicht der seismischen Masse von ca. 0,16 µg.

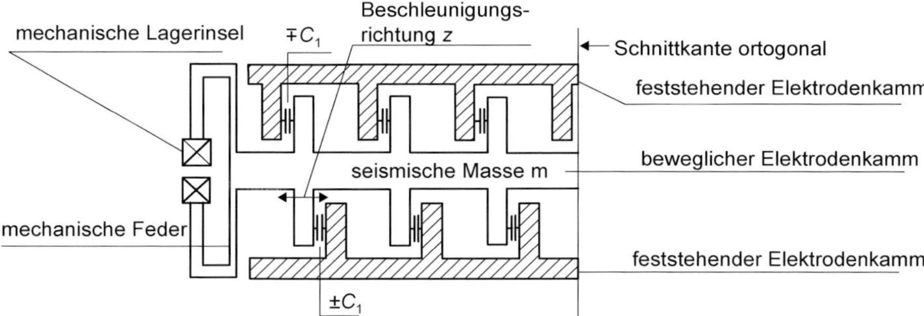

Bild 10.23 Kammkondensator-Beschleunigungselementarsensor, bestehend aus einem beweglichen und einem feststehenden Elektrodenkamm

Die seismische Masse ist über eine biegeschlaffe mechanische Si-Feder fest mit einem Gehäuserahmen verbunden. Der Abstand der beweglichen Kammstruktur zur Oberfläche beträgt ca. 1 µm. Wirkt über das Sensorgehäuse in Richtung *z* der Beschleunigung eine mechanische Beschleunigung a_z auf die seismische Masse (und damit auch auf die bewegliche Kammelektrode), bewegt sich diese relativ zur feststehenden Kammelektrode um die Wegdifferenz Δd und bewirkt eine entgegengesetzte Kapazitätsänderung der *n* parallelen Kondensatoren C_1 und C_2.

Die Schaltung der beiden Kammkondensatorblöcken bildet einen kapazitiven Spannungsteiler. Nach Gl. 10.11 ff. gilt dann:

$$\frac{U_A}{U_B} = \frac{1/n \cdot C_2}{1/n \cdot C_1 + 1/n \cdot C_2} = \frac{d \pm \Delta d}{(d \mp \Delta d) + (d \pm \Delta d)} = \frac{d \pm \Delta d}{2 \cdot d}$$

$$\Rightarrow U_A = \frac{U_B}{2} \cdot \left(1 \pm \frac{\Delta d}{d}\right) \qquad \text{(Gl. 10.51)}$$

D.h., die Gesamtkapazitätsänderung ist proportional zur relativen Abstandsänderung zwischen den bewegten und den feststehenden Kammelektroden. Für ein sinusförmiges Beschleunigungssignal erhält man mit Gl. 10.24 und $\Delta d = \Delta z$ aus Gl. 10.51:

$$\frac{\hat{U}_A}{\hat{U}_B} = \frac{1}{2} \cdot \left(1 \pm \frac{(m/k) \cdot a_{max}}{d}\right) \Rightarrow \hat{U}_A = \frac{\hat{U}_B}{2} \cdot \left(1 \pm \frac{m}{k \cdot d} \cdot a_{max_z}\right) \qquad \text{(Gl. 10.52)}$$

m seismische Masse
k Federkonstante der Aufhängung
d Grundabstand zwischen den Elektroden der Einzelelektrodenkämme
a_{max} Beschleunigungsamplitude

Eine andere Möglichkeit der elektronischen Auswertung der *n* Kapazitäten C_1 und C_2 der Elektrodenkämme besteht darin, folgende mathematische Relation *K* algorithmisch auszuwerten:

$$K \equiv \frac{n \cdot C_1 - n \cdot C_2}{n \cdot C_1 + n \cdot C_2} = \frac{1/(d \pm \Delta z) - 1/(d \mp \Delta z)}{1/(d \pm \Delta z) + 1/(d \mp \Delta z)} = \frac{\Delta z}{d} = \frac{m}{k \cdot d} \cdot a_z \qquad \text{(Gl. 10.53)}$$

D.h., die Kapazitätsrelation K ist direkt proportional zur Beschleunigung a_z in z-Richtung. Die Dämpfung des Messsystems erfolgt über ein im Elektrodenraum eingeschlossenes Gas.

Messtechnische Eigenschaften

Wegen der sehr geringen Temperaturabhängigkeit und der ausgereiften Mikromechanik werden in Beschleunigungssensoren statt piezoresistiven bevorzugt kapazitive Differenzelementarsensoren eingesetzt. Tabelle 10.2 zeigt typische Daten eines kapazitiven Beschleunigungssensors (mit Elektronik).

Tabelle 10.2 Typische Kennwerte eines kapazitiven Beschleunigungssensors

Messbereich *MB*	±1...±5000 *g*
Nichtlinearität *NL*	0,200...2,000% v. *MB-E*
Temperaturkoeffizient des Nullpunktes *TKN*	0,085...0,850%/K v. *MB-E*
Temperaturkoeffizient der Empfindlichkeit *TKE*	0,025...0,250%/K v. *MB-E*
Messempfindlichkeit	20...200 mV/*g*
Querempfindlichkeit	0,01...10% v. *MB-E*
geometrischer Ausrichtungsfehler	ca. ±1°
Schockfestigkeit	2000...100 000 *g*
Bandbreite	0...20 kHz
Rauschen (bei 100 Hz Bandbreite)	66 mg (rms)
Versorgungsspannung	5 V
Stromaufnahme	4...10 mA
Sensorgewicht	0,5...100 g
Gehäuse	TO-5, TO-100, D-14

Sensorelektroniken

Reihenstruktur-Sensorelektroniken

- analoge Signalaufbereitungselektroniken (TF-Verstärker, s. Abschnitt 2.2),
- frequenzanaloge Signalaufbereitungselektroniken (Oszillatoren),
- pulsweitenmodulierte Signalaufbereitungselektroniken,
- digitale Signalaufbereitungselektroniken,
- Kreisstruktur-Sensorelektroniken,
- rückgekoppelte analoge Signalverarbeitungselektroniken (Closed-loop-Schaltungen).

10.3 Applikationsbeispiele abgewandelter MEMS-Sensortypen

Weitere MEMS-Sensortypen lassen sich von den MEMS-Druck- und Beschleunigungssensoren ableiten. Die wichtigsten sind:

- kapazitiver MEMS-Vibrationselementarsensor,
- kapazitiver MEMS-Neigungswinkel-Elementarsensor,
- kapazitiver MEMS-Drehratenelementarsensor.

10.3.1 Kapazitive MEMS-Vibrationselementarsensoren

Die Analyse von mechanischen Vibrationen ist ein wichtiges Mittel, um den Verschleißzustand von Maschinen und Anlagen, z.B. Schneidewerkzeuge, Lager, Getriebe, Pumpen oder Motoren, zu überwachen. Für die Erfassung des Verschleißzustandes werden die Frequenzen zwischen 1 Hz...10 kHz herangezogen. Die größte noch messbare Vibrationsfrequenz liegt etwa bei der ersten Eigenresonanz der schwingenden Sensorelemente des Vibrationselementarsensors. Oft werden piezoelektrische Breitbandsensoren eingesetzt, wobei die Signalauswertung nach einer spektralen Zerlegung mittels der FOURIER-Transformation erfolgt. Die dadurch entstehenden hohen Kosten rechtfertigen den Einsatz dieser Sensoren nur an besonders teuren oder sicherheitskritischen Anlagen. Häufig reicht es aus, wenn nur bestimmte Spektrallinien analysiert werden, da sie die wichtigsten Informationen über den Maschinenzustand enthalten. Für diese Anwendungen sind mikromechanische frequenzselektive Vibrationssensoren besonders gut geeignet, da sie sehr klein, zuverlässig und kostengünstig sind.

- ***Frequenzselektives Vibrationssensorarray***
  Sie können einen Frequenzbereich zwischen 1...10 kHz überwachen. Hierzu werden die Eigenfrequenzen der Einzelelemente während des Betriebes mit elektrischen Spannungen abgestimmt. Das Anlegen dieser sog. «Tuning-Spannung» an die seismische Masse führt zu elektrostatischen Kräften, die eine Erweichung des Systems und damit eine Verminderung der Resonanzfrequenz bewirken.
- ***Resonator-Array***
  Sie sind technologisch und konstruktionsbedingt auf einen Frequenzbereich oberhalb von 1 kHz beschränkt. Resonatoren mit niedrigeren Frequenzen benötigen eine sehr große Chipfläche oder eine weiche Aufhängung. Aus diesen Gründen wurden Sensorprinzipen entwickelt, die eine resonante Auswertung auch bei niedrigen Frequenzen ermöglichen. Mit Hilfe einer elektrostatisch gekoppelten Mikrostruktur wird das niederfrequente mechanische Messsignal erfasst, anschließend in einen höheren Frequenzbereich transformiert und dann frequenzselektiv ausgewertet. Die Messfrequenz kann durch Variation einer Referenzspannung eingestellt werden.

10.3.2 Kapazitive MEMS-Neigungswinkelsensoren (Inklinometer) (kapazitive Neigungswinkelsensoren, MEMS-Inclinometer)

Da die Messung der mechanischen Neigung, d.h. die Messung der Abweichung einer Körperlage in Bezug auf die Horizontale, prinzipiell eine Messung des Erdbeschleunigungsvektors bedeutet, ist der Neigungswinkelsensor (oder kurz Neigungssensor) im Grunde genommen ein modifizierter Beschleunigungssensor. Neigungssensoren werden an den jeweiligen Messobjekten mechanisch befestigt, um z.B. rechtzeitig mit Hilfe des Sensors eine Kippgefahr des Messobjektes zu erkennen oder seine Winkelpositionsänderung zu messen.

Der Sensor muss also kritische Neigungswinkel zuverlässig exakt erkennen und kleinste Änderungen der Ruhelage bezogen auf die Erdanziehung erfassen. Diese Messsignale werden dann elektronisch aufbereitet und direkt als Winkelinformation ausgewertet und ausgegeben. Neigungssensoren ermöglichen typisch eine Neigungswinkelmessung mit einer Messempfindlichkeit von 0,2%/Winkelgrad im Messbereich von ±90° bei einem Betriebstemperaturbereich von –40...+85 °C und erlaubt so einen Einsatz auch unter extremen Betriebsbedingungen.

Eine patentierte Konstruktion eines kapazitiven Neigungssensors besteht z.B. aus zwei Halbschalen mit speziell ausgeformten Teilflächen. Der Zwischenraum ist mit einer speziellen Flüssigkeit gefüllt, aufgrund dessen sich deren Lage und damit die Abdeckung der beiden Teilflächen durch Neigung verändert. Die Kapazitätsänderung wird für die Messung der Neigung eines Messobjektes ausgewertet.

Anwendungen

In Tabelle 10.3 sind die typischen technischen Daten für einen kapazitiven Neigungssensor beschrieben.

Tabelle 10.3 Typische Kennwerte eines kapazitiven Neigungssensors

gültig für Frequenz <3 kHz und C_s = 50 pF,	**Messrichtung: 1...3-achsig**
Messbereich gesamt *MB*	±90 Winkelgrad
Messbereich linear *MS*	±70 Winkelgrad
Nichtlinearität *NL*	±2% vom *MBE*
Messempfindlichkeit *EM*	±(0,1 ± 0,003%)/Winkelgrad
Messauflösung *AM*	±0,01 Winkelgrad
Temperaturkoeffizient Nullpunkt *TKN*	–0,10%/K ± 0,15%
Temperaturkoeffizient Empfindlichkeit *TKE*	–0,30%/K ± 0,20%
Messrate *MR*	10 Messungen/s
Frequenzänderung *FA*	±20%
Betriebstemperaturbereich *TB*	–40...+85 °C
Lagertemperaturbereich *TL*	–55...+85 °C
Spannungsversorgung *US*	12...24 VDC
Stromaufnahme *IS*	ca. 9 mA

Einsatzbereiche kapazitiver Neigungssensoren

- Nivelliersysteme,
- Wegfahrsperren in Fahrzeugen,
- Abschleppschutz von Fahrzeugen und Geräten,
- Diebstahlüberwachung von beweglichen Objekten,
- Neigungsüberwachung bei Off-Road-Fahrzeugen,
- elektronische Stabilitätssteuerungen in Fahrzeugen,
- Kippüberwachung von Maschinen und Anlagen (Krane, Hebebühnen, Rampen, Schiffe usw.)

Im Weiteren werden ein paar Anwendungsbeispiele kurz beschrieben.

Elektrische 1-Rad-Fahrzeuge

In Verbindung mit einem Neigungswinkelsensor wird das labile Gleichgewicht des Fahrzeugs in der Art eines inversen Pendels automatisch stabilisiert. Die Vorwärts- oder Rückwärtsfahrt ist durch eine leichte Schwerpunktverlagerung des Fahrers nach vorne oder hinten ohne irgendwelche Bedienelemente möglich.

Personenfahrzeuge (Pkw)
In kritischen Situationen unterstützt das elektronische Stabilitätsprogramm (ESP) den Fahrer mit einem Lenkwinkelsensor, der dafür sorgt, dass das Fahrzeug den vom Fahrer gewünschten Kurs einhält. Weitere Daten kommen vom Neigungswinkelsensor, den ABS-Sensoren und vom Motormanagementsystem. Weicht das Fahrzeug vom gewünschten Kurs ab, bremst das System gezielt einzelne Räder ab, um den Fahrzustand wieder zu stabilisieren.

Geländefahrzeuge
Neigungsstabilitätssteuerung und Überschlagschutz sind bei Land-Rover-Fahrzeugen in die dynamische Stabilitätskontrolle integriert. Sie überwacht Raddrehzahlen, Lenkradwinkel und nutzt einen innovativen Neigungswinkel. Die dynamische Stabilitätskontrolle spricht schnell an, wenn das Fahrzeug nicht richtig auf die Lenkbewegungen reagiert.

Dieses System greift in weniger als 10 ms ein, um Fahrtrichtung und Kurvenfahrt des Fahrzeugs anzupassen. Es hilft dem Fahrer, insbesondere unter rutschigen Bedingungen, die Kontrolle zu behalten.

10.3.3 Kapazitive MEMS-Drehratensensoren (Gyroskope) (kapazitive Drehratensensoren, kapazitives monolithisches Gyroskop, mikromechanische Inertialsensoren, Gyrometer)

Drehratensensoren oder Gyroskope oder Inertialsensoren messen mechanische Drehbewegungen. Klassisch werden mechanische Drehbewegungen mit mechanischen Kreiseln und in der Präzisionssensorik mit optischen Ring-Laser-Gyroskopen oder faseroptischen Kreiseln erfasst.

Bei den mikroelektromechanischen Drehratesensoren wird zwischen integrierten Sensoren, bei denen die elektronische Schaltung und der Elementarsensor in einem Chip integriert sind, und zwischen diskreten Sensoren unterschieden. Sie bestehen aus einem Mikromechanikchip (MEMS-Chip) und einem anwenderspezifischen Elektronikchip (ASIC) und heißen MEMS-Drehratensensoren.

Grundlagen und technischer Aufbau

Jeder Körper in einem sog. Inertialsystem, auf den keine äußere Kraft einwirkt, behält seine Geschwindigkeit in Richtung und Betrag bei. Bei einem bewegten Körper wird in einem rotierenden Bezugssystem aus der Sicht eines mitrotierenden Beobachters eine Bahnablenkung des Körpers festgestellt, die als sog. CORIOLIS-Kraft bezeichnet wird (1835: GASPARD G. DE CORIOLIS, frz. Physiker).

Die CORIOLIS-Kraft beschreibt, welche («Schein-»)Kraft auf den Körper wirkt und welche Auswirkung das auf die Bahnbewegung hat. Die CORIOLIS-Kraft tritt ausschließlich in rotierenden Bezugssystemen auf und hat ihre Ursache in der Drehimpulserhaltung. Sie ist eine Beschleunigung senkrecht zur Bewegungsrichtung, die dazu führt, dass kräftefreie Bewegungen vom rotierenden Bezugssystem aus gekrümmt erscheinen.

Bild 10.24 zeigt die physikalische Wirkung der CORIOLIS-Kraft F_c auf einen mechanischen Körper mit der Masse m, wobei υ die Geschwindigkeit der Masse m in der x-y-Ebene und ω die Kreisfrequenz der Rotation (Winkelgeschwindigkeit) der Masse um die z-Achse ist. Für die CORIOLIS-Kraft gilt nach Bild 10.24:

$$\vec{F}_c = 2 \cdot m \cdot (\vec{\upsilon} \times \vec{\omega}), \text{ weiter ist } \vec{F}_c \perp \vec{\upsilon} \perp \vec{\omega}; \text{ damit wird } F = 2 \cdot m \cdot \upsilon \cdot \omega \quad \text{(Gl. 10.54)}$$

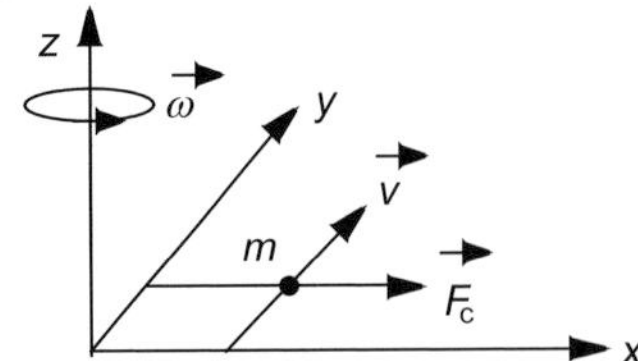

Bild 10.24
Graphische Darstellung der physikalischen Wirkung der CORIOLIS-Kraft F_c, auf einen mechanischen Körper mit der Masse m

Die CORIOLIS-Kraft ist also die Kraft, die ein Beobachter verspürt, wenn er sich auf einer rotierenden Scheibe radial (zum Mittelpunkt hin oder davon weg) bewegt. Sie wirkt senkrecht zur Drehachse und zur Bewegungsrichtung des Beobachters.

Entfernt sich nun die Masse eines bewegten Körpers von der Drehachse, wirkt die CORIOLIS-Kraft entgegen der Rotationsrichtung; nähert sie sich der Achse, wirkt sie in Rotationsrichtung. Gl. 10.54 ist also die Bestimmungsgleichung und zeigt, welche Baueinheiten für einen gyroskopischen Elementarsensor benötigt werden:

- ein elektrostatischer, elektromagnetischer oder piezoelektrischer Aktor zur Erzeugung der mechanischen Primärbewegung mit der Geschwindigkeit v,
- ein schwingungsfähiges mechanisches Umsetzelement zur Erzeugung der resultierenden Sekundärbewegung aus der Primärbewegung,
- ein kapazitives, resistives oder piezoelektrisches Sensorelement zur Sensierung der Sekundärbewegung.

Es können z.B. folgende Sensorprinzipien zum Aufbau der Sensoren angewandt werden:

- piezoelektrisch-piezoresistiv,
- piezoelektrisch-kapazitiv,
- elektrostatisch-kapazitiv,
- elektromagnetisch-kapazitiv.

Mikroelektromechanische Drehratensensoren dienen allg. zur Erfassung der Drehgeschwindigkeit ω bzw. Drehrate eines Objektes. Im Gegensatz zu Drehsensoren benötigen sie keinen Bezugspunkt. Die Drehbewegungen um die 3 Hauptachsen des Raums werden als Rollen (Drehbewegung um die x-Achse), Gieren (Drehbewegung um die z-Achse) und Neigen (Drehbewegung um die y-Achse) bezeichnet. Mit Hilfe von speziellen Ätz- und Verbindungstechnologien kann man Sensoren aus einkristallinem Silizium herstellen.

Bild 10.25 zeigt den mikroelektromechanischen Prinzipaufbau eines mikroelektromechanischen gyroskopischen Elementarsensors, aufgebaut nach dem piezoelektrisch-kapazitiven Sensorprinzip. Die bewegliche Masse m besteht immer aus einer schwingfähigen mechanische Feder-Masse-Struktur auf Siliziumbasis (Si-Mittelelektrode). Die Masse (Si-Mittelelektrode) wird mit einem piezoelektrischen Aktor in eine vertikale Bewegung (Primärschwingung) versetzt.

Wie auch jeder andere Festkörper, können piezoelektrische Körper mechanische Schwingungen ausführen. Diese Schwingungen werden elektrisch angeregt. Die Amplitude der Schwingung ist von der angelegten elektrischen Feldstärke E (bzw. elektrische Spannung U), der piezoelektrischen Ladungskonstante d (Materialkonstante), der mechanischen Dicke l_0, der mechanischen Steifigkeit c_T und der effektiven mechanischen Last m_{eff} abhängig.

Die Frequenz der Schwingung ist nur von der Schallgeschwindigkeit (eine Materialkonstante) und den geometrischen Abmessungen des piezoelektrischen Körpers abhängig. Die durch die CORIOLIS-Kraft erzeugte horizontale Bewegung (Sekundärschwingung) des mikromechanischen Siliziumbiegebalkens (Si-Mittelelektrode) kann als elektrische Differenzkapazität (analog zu Bild 10.23) ausgewertet werden. Der Kondensator C_1 wird durch die Si-Außenelektrode 1 und der Si-Mittelelektrode gebildet. Der Kondensator C_2 wird durch die Si-Außenelektrode 2 und der Si-Mittelelektrode gebildet.

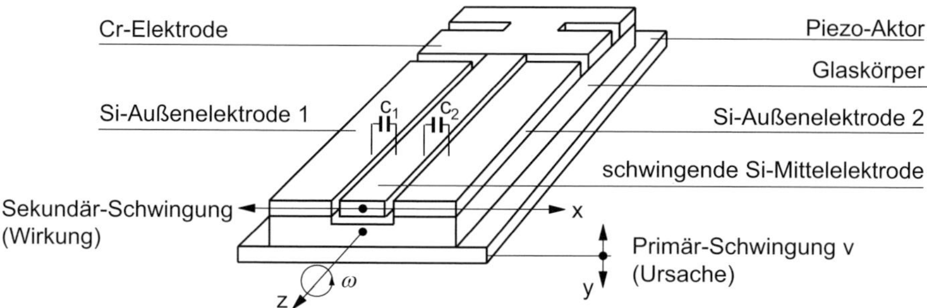

Bild 10.25 Mikroelektromechanischer Prinzipaufbau eines gyroskopischen Elementarsensors nach dem piezoelektrisch-kapazitiven Sensorprinzip

Drehratensensoren bestehen also aus einem mikroelektromechanischen Elementarsensor, einer komplexen Auswerteelektronik für die Auswertung der Differenzkapazität sowie der Korrektur möglicher Messabweichungen und einer spezifischen Aufbau- und Verbindungstechnik. So beträgt die Chipfläche nur 25 mm^2, mit der sehr präzise schwingende Strukturen erzeugt werden können, die im Vakuum sehr hohe Gütefaktoren erreichen und damit hervorragende Ausgangsbedingungen für eine sehr empfindliche Erfassung und Auswertung der Drehgeschwindigkeit ermöglichten.

Durch eine Vakuumgehäusung und Laserkalibration auf Waferebene ist eine automatisierte und kostengünstige Fertigung möglich. Zur Kompensation von Störungen, die auf das mechanische System wirken, ist oft eine elektronische Amplitudenstabilisation erforderlich.

Messtechnische Eigenschaften und Sensorelektronik

Da sich die CORIOLIS-Kraft in der durch die Drehbewegung des Körpers verursachten Kopplung von mechanischer Energie aus der Primärschwingung in die Sekundärschwingung auswirkt, führt jede nicht auf die Drehbewegung zurückführbare Energie-Einkopplung zu Messabweichungen. Ursachen sind: geometrische Abweichungen in den schwingenden Teilstrukturen und von außen einwirkende Kräfte und Rückkopplungen der Sekundärschwingung auf die Primärschwingung. Für sehr hochwertige präzise Drehratensensoren muss daher eine sehr aufwendige mechanische und elektrische Entkopplung von Primär- und Sekundärschwingung konstruktiv vorgesehen werden, z.B. durch eine sog. kardanische Aufhängung der Strukturelemente. Weitere Fehlerquellen sind die nicht ausreichenden mechanischen Steifigkeiten der mechanischen Aufhängungen der angetriebenen Sensorelemente in y-Richtung und die Asymmetrie in der Aktoreinheit sowie in der Kondensatorstruktur.

Besonders wichtig ist die Zuverlässigkeit. Die Drehratensensoren werden daher mit einem Selbsttest ausgerüstet, der mögliche Defekte binnen kürzester Zeit aufspürt und das System sofort darauf einstellt. Es sollen Ausfallsicherheiten von 10^{-10} erreicht werden. Das entspricht einem defekten Sensor auf 10 Mrd. Sensoren. Die Kondensatoren C_1 und C_2 können, wie in Abschnitt 10.1.5 beschrieben, verschaltet und elektronisch ausgewertet werden.

Anwendungen

Eine Systematik der MEMS-Drehratensensoren ist auch über die geometrische Raumrichtung der antreibenden Primärbewegung und der daraus resultierenden Sekundärbewegung möglich. Die beiden Bewegungen können linear, d.h. vom Typ «linear-linear» (Typ LL), oder auch rotierend sein, d.h. vom Typ «rotierend-rotierend» (Typ RR) oder seltener gemischt.

MEMS-Drehratensensor Typ LL (linear-linear)

Dieser Typ (Fa. Bosch) entsteht aus der konstruktiven Kombination von Bild 10.23 und Bild 10.25. Er basiert auf dem elektromagnetisch-kapazitiven Sensorprinzip vom Typ LL. Bild 10.26 zeigt den mikroelektromechanischen Prinzipaufbau eines Drehratenelementarsensors vom Typ LL. Der Drehratenelementarsensor besteht aus 2 schwingfähigen Strukturen, den Masseplatten oder Resonatoren. Sie werden mit Hilfe der Bulk-Mikromechanik hergestellt. Die beiden Resonatoren werden durch einen elektromagnetischen Aktor im Gegentakt zu Schwingungen in der Chip-Ebene angeregt, den sog. Primärschwingungen.

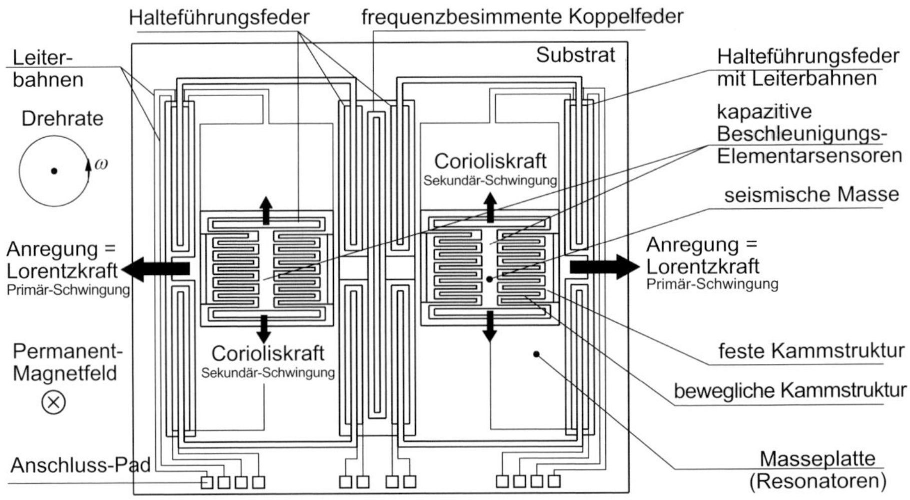

Bild 10.26
Mikroelektromechanischer Prinzipaufbau eines Drehratenelementarsensors: Typ LL

Die mechanische Steifigkeit der Koppelfeder bestimmt maßgeblich die Resonanzfrequenz der Primärschwingung. In die beiden Masseplatten ist jeweils ein kapazitiver mikromechanischer Beschleunigungselementarsensor in Oberflächenmikromechanik, zur elektrischen Erfassung der CORIOLIS-Beschleunigung, integriert. Sie bestehen aus je 2 symmetrischen Kondensatorkammstrukturen: einer feststehenden Kammstruktur und einer frei beweglichen Kammstruktur. Sie bilden die Kondensatorelektroden des kapazitiven Beschleunigungselementarsensors.

Die mechanische Ankopplung der freien Kammstruktur erfolgt zwischen dem Substrat und den freistehenden Halteführungsfedern. Die feste Kammstruktur ist mit dem Substrat mechanisch verbunden und wie alle elektrisch spannungsführenden Baueinheiten mit Hilfe eines thermischen Oxids gegen das Substrat elektrisch isoliert. Die elektrischen Leiter verlaufen von Anschlusspads auf dem Substrat und die Masseplatten über die Federelemente.

Mit Hilfe der Leiterschleifen auf der Bulk-Struktur und eines im metallischen Sensorgehäuse eingebauten Permanentmagneten erfolgt die elektromagnetische Resonanzanregung (Primärschwingung) durch die LORENTZ-Kraft zwischen ca. 2...10 kHz mit einer Amplitude von ca. 50 µm. Für die LORENTZ-Kraft gilt:

$$\vec{F}_y = l \cdot (\vec{I}_x \times \vec{B}_z) \qquad \text{(Gl. 10.55)}$$

l Länge der stromführenden Leiter im Magnetfeld B_z des externen Permanentmagneten
I_x elektrischer Leiterstrom

Mit zusätzlichen Al-Leiterbahnen auf dem Bulk werden die durch die Leiterstrommagnetfelder in den Al-Leiterbahnen induzierten elektrischen Spannungen zur Erfassung der Geschwindigkeiten v der Primärschwingung elektronisch ausgewertet. Da sich die Natur der physikalischen Effekte für das Antriebs- und Sensorsystem stark unterscheiden, ist ein Übersprechen zwischen den Teilen nicht möglich. Weil die Beschleunigungselementarsensoren in Volumenmikromechanik erzeugt definierte Massen zulassen, ergibt sich eine gute mechanische Entkopplung zwischen der Primär- und Sekundärschwingung.

Sobald sich das Objekt mit dem Drehratenelementarsensor mit der Drehgeschwindigkeit ω um die Hochachse senkrecht zum Chip dreht, entsteht in der Chipebene naturgesetzlich neben der primären Resonanzschwingung der Masseplatten (die Ursache) senkrecht dazu aufgrund der CORIOLIS-Kraft eine Sekundärschwingung (die Wirkung) der freien kapazitiven Strukturen der Beschleunigungselementarsensoren.

Die 2 gegenphasigen Schwingbewegungen erzeugen 2 gegenphasige elektrische Kapazitätsänderungen und damit 2 elektrische Signale, die mit Hilfe des Differenzkondensatorprinzips, wie schon oben gezeigt, ausgewertet werden können. Das kapazitive Differenzbildungsverfahren unterdrückt externe Fremdbeschleunigungen (Gleichtaktsignale).

Durch ein Summenbildungsverfahren ist es jedoch auch möglich, vorteilhaft externe Fremdbeschleunigungen zu messen. Das kapazitive Differenzsignal ist exakt proportional zur anliegenden Drehrate ω und wird daher als Messgröße verwendet. Aus diesen elektronischen Signalen können dann mit einer Sensorelektronik die entsprechenden Drehwinkelgeschwindigkeiten ω (bzw. Drehraten) ermittelt werden.

Der Drehratensensor hat eine Auflösung von ca. 0,3°/s bei einer Bandbreite von 100 Hz und einer Offsetdrift von ca. 4°/s. Die Querempfindlichkeit beträgt ca. 0,013%. Bei Verwendung mehrerer Sensoren in verschiedenen Winkelstellungen lassen sich räumliche Orientierungen und Winkel-Geschwindigkeiten eines Objektes bestimmen.

MEMS- Drehratensensor vom Typ RR (rotierend-rotierend)

Dieser Drehratenelementarsensor basiert auf dem elektrostatisch-kapazitiven Sensorprinzip vom Typ RR. In Bild 10.27 sind der vereinfachte elektromechanische Prinzipaufbau und das vereinfachte physikalische Sensorprinzip dargestellt. Der frei tragende Rotor bildet zusammen mit dem Substrat die Sensorfläche. Wird der Rotor um die z-Achse in Rotation versetzt, neigt er sich, bedingt durch die CORIOLIS-Kraft, je nach Drehrichtung nach links unten oder rechts unten. Die Sensorflächen der Rotorunterseite bilden mit den Messelektroden des Substrats 2 elektrische Kondensatoren C_{sek}, die aufgrund der Kippbewegungen ihre elektrischen Kapazitäten gegensinnig verändern und so nach dem Differenzkondensatorprinzip elektrisch ausgewertet werden können.

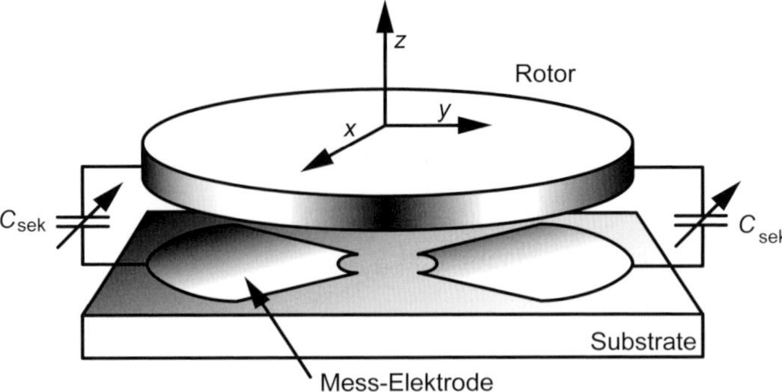

Bild 10.27 Vereinfachter elektromechanischer Prinzipaufbau eines Drehratenelementar sensors nach dem elektrostatisch-kapazitiven Sensorprinzip: Typ RR

Bild 10.28 zeigt den mit Oberflächenmikromechanik hergestellten Prinzipaufbau eines mikroelektromechanischen Drehratenelementarsensors. Das Antriebssystem und das Mess- und Regelsystem sind elektrostatisch-kapazitiv aufgebaut. Der Roter (Kreisscheibe) ist über 4 Balken am Ankerpunkt eines Trägerbalkens im Zentrum freitragend aufgehängt. Er wird von der außenliegenden, ringförmig angeordneten kreissegmentförmigen Elektrodenkammstruktur der Kondensatoren $C_{Antrieb}$ elektrostatisch – quasi rotierend, d.h. schwingend – angetrieben.

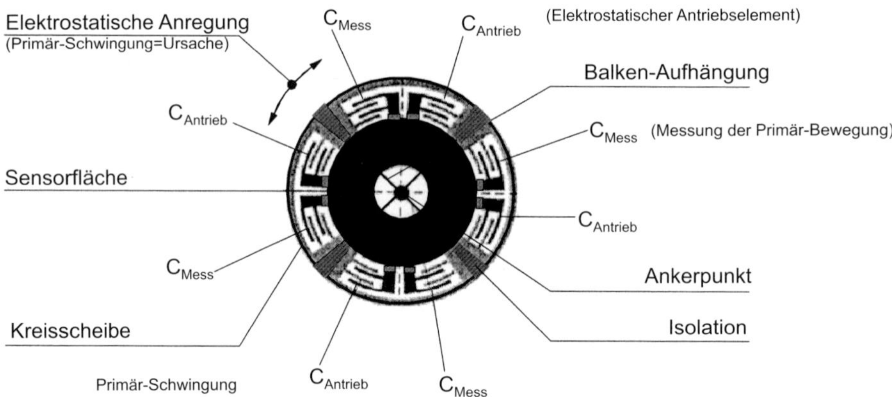

Bild 10.28 Prinzipaufbau eines mikroelektromechanischen Drehratenelementarsensors, hergestellt mit Oberflächenmikromechanik

Die Schwingamplituden der Primärschwingungen werden mit Hilfe von geometrisch gleichartig geformten vertikalen Elektrodenkammstrukturen der Kondensatoren C_{Mess} gemessen und direkt anschließend elektronisch auf einen konstanten Wert geregelt. Sobald sich das Objekt mit dem Drehratenelementarsensor mit der Drehgeschwindigkeit ω um die Symmetrieachse des Substrats dreht, entsteht, wie Bild 10.29 zeigt, naturgesetzlich senkrecht zur Substratebene aufgrund der CORIOLIS-Kraft eine sekundäre Kipp- oder Torkelschwingung (die Wirkung) des Rotors (Kreisscheibe). Je nach Drehrichtung der Primärbewegung kippt der Rotor links oder rechts ab.

Die Amplituden der Kippbewegungen sind streng proportional zu den Drehgeschwindigkeiten (Drehraten) ω und werden von den unter dem Rotor und auf dem Substrat liegenden Elektroden der Kondensatoren C_{sek} (Bild 10.27) kapazitiv erfasst und elektronisch weiter ausgewertet. Der Einfluss von externen Querbeschleunigungen ist durch die mechanische Lagerung in der Schwerpunktachse und die hohe Biegesteifigkeit der Mechanikstruktur gewährleistet.

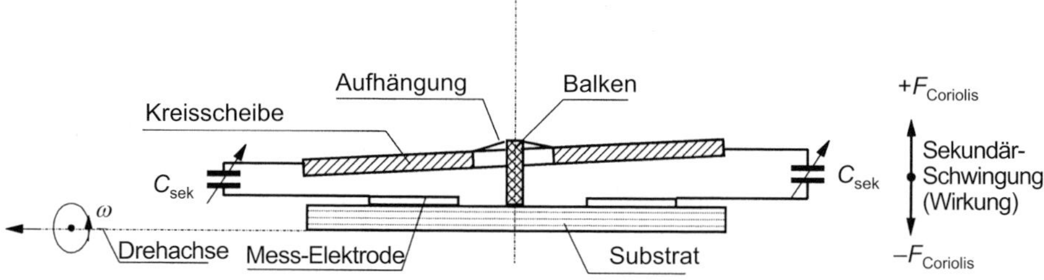

Bild 10.29 Je nach Drehrichtung der Primärbewegung kippt der Rotor links oder rechts ab (Torkelschwingung). Die Amplituden der Kippbewegungen sind proportional zu den Drehgeschwindigkeiten (Drehraten).

Die optimale frequenzmäßige Abstimmung des Schwingsystems wird durch die Federgeometrie und Federsteifigkeit erreicht. Um die Schwingbewegungen nur schwach zu bedämpfen, muss die Sensorstruktur unter Vakuum betrieben werden. Für eine Drehrate von 1°/s wird eine Kippung von 1,5° gemessen.

Anwendungen

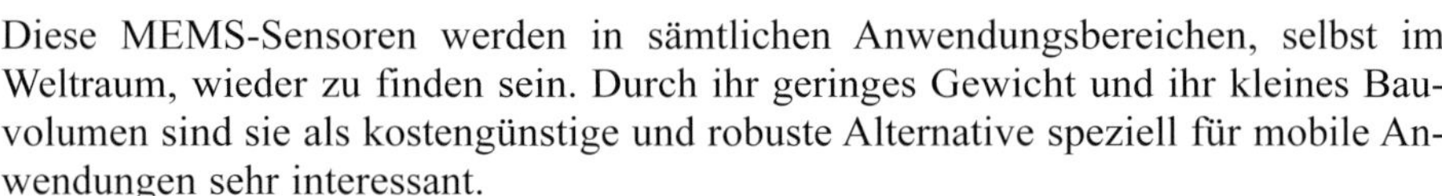

Diese MEMS-Sensoren werden in sämtlichen Anwendungsbereichen, selbst im Weltraum, wieder zu finden sein. Durch ihr geringes Gewicht und ihr kleines Bauvolumen sind sie als kostengünstige und robuste Alternative speziell für mobile Anwendungen sehr interessant.

Inertiale Navigationssysteme für Straßen- und Luftfahrzeuge zur GPS-Unterstützung

In Navigationssystemen kommen Drehratensensoren verstärkt zum Einsatz. Anhand der Bewegung des Fahrzeugs wird die exakte Position errechnet. Damit können Navigationssysteme auch in Tiefgaragen oder Tunneln, in denen kein GPS-Empfang möglich ist, den Autofahrer zu seinem Ziel leiten oder warnen, z.B. beim Fahren auf der falschen Fahrbahnseite.

In Flugzeugen gehören Navigationssysteme, die mit Hilfe von Satellitensignalen die Position der Maschine exakt bestimmen, zur Grundausstattung. Parallel dazu werden aus Sicherheitsgründen bordeigene Instrumente, sog. Kurs-Lage-Referenzsysteme, eingesetzt. Beschleunigungs- und Drehratensensoren sind zentrale Bestandteile der Kurs-Lage-Referenzsysteme. So führt der Ausfall eines einzelnen Systems nicht zwingend zu einem Versagen des Navigationssystems.

Drehratensensoren für die Fahrdynamikregelung bei Straßenfahrzeugen

Drehratensensoren erfassen die Bewegung eines Fahrzeugs um seine Hochachse und tragen wesentlich zur aktiven Fahrsicherheit bei. Gerät z.B. das Fahrzeug bei zu starken Lenkbewegungen ins Schleudern, greift, um Unfälle zu vermeiden, die von Bosch entwickelte elektronische Fahrdynamikregelung (ESP) ein (eine Weiterführung vom Antiblockiersystem, ABS, und der Antischlupfregelung, ASR).

Während ABS und ASR das Fahrzeug nur in Längsrichtung stabilisieren, verhindert ESP ein Ausbrechen auch bei quer zum Fahrzeug wirkenden mechanischen Kräften. Mit Hilfe des Drehratensensors kann ein Ausbrechen des Fahrzeugs rechtzeitig erkannt werden. Durch gezielte Eingriffe in Motorregelung und Bremsen hält ESP das Fahrzeug nahezu unbemerkt sicher in der richtigen Spur. Schwankende

Bewegungen des Fahrzeugs, wie z.B. beim Bremsen, Ausweichmanöver oder einer Kurvenfahrt, können ebenfalls durch Drehratensensoren erfasst und elektronisch ausgeregelt werden.

ESP erhöht die Spurtreue und die Spurstabilität, so dass die Schleudergefahr verringert wird. Bei Nickbewegungen kann außerdem die Höhe der Scheinwerfereinstellung konstant gehalten werden, um den Gegenverkehr nicht zu blenden. Weitere Anwendungsbereiche sind:

- Bildstabilitätssysteme in der Video- und Fototechnik (Digitalkameras, Mobiltelefone usw.),
- Steuerungen und Eingabeeinheiten für Virtual-Reality-Anwendungen (VR-Maus),
- Spielkonsolen (neuartige Interaktionsmöglichkeiten),
- Sensorik für Plattformstabilisierung (z.B. Segway, Modellflugzeuge und Hubschrauber),
- kostengünstige Alternativen zu feinwerktechnischen Drehratensensoren bzw. Gyroskopen,
- Medizintechnik.

Messtechnische Eigenschaften

Tabelle 10.4 zeigt die wichtigsten typischen Kennwerte für einen 1-axialen (unpackaged) MEMS-Drehratensensor.

Tabelle 10.4 Typische Kennwerte eines 1-axialen MEMS-Drehratensensors

Messbereich	±573°/s
Messempfindlichkeit	3,49 mV/°/s
Nichtlinearität	< ±0,5% v. *MB*
Winkel-Messabweichung	< ±1°/s
Arbeitstemperaturbereich	–20...+60 °C
Gesamttemperatur-Messabweichung	< ±5% v. *MB*
Querempfindlichkeit	<5% v. *MB*
Bandbreite	55 Hz (–3 dB)
Gewicht	<10 g
Versorgungsspannung	+4,75...5,25 V
Beschleunigungsfestigkeit	<100 *g*
Schockfestigkeit	200 *g* (1 ms)
Vibrationsfestigkeit	2 *g* rms (20 Hz...2 kHz, random)

10.3.4 EMS-Mikrofone (MEMS-Schallsensoren)

Die Firma Infinion hat ein Mikrofon auf MEMS-Siliziumbasis entwickelt, das nur halb so groß ist wie ein klassisches Kondensatormikrofon, jedoch in seinen elektrischen und akustischen Daten gleichwertig ist. Außerdem ist das MEMS-Mikrofon deutlich hitzebeständiger und robuster als klassische Kondensatormikrofone. Es hält Temperaturen bis 260 °C aus und ist vergleichsweise unempfindlich gegen Erschütterungen und Vibrationen. Durch die große Temperaturbeständigkeit kann die Lötung auf allen Standardplatinen vollautomatisiert erfolgen.

Bei einer Betriebsspannung von 1,5...3,3 V liegt der Stromverbrauch der MEMS-Mikrofone bei 70 µA, also ca. $^1/_3$ weniger als bei klassischen Kondensatormikrofonen. Das MEMS-Mikrofon besteht aus einem MEMS-Chip und einem ASIC in einem SMD-Gehäuse. Der MEMS-Chip ist funktionell ein elektrischer Kondensator, der aus einer starren perforierten Rückelektrode und einer flexiblen Si-Membran besteht. Der Kondensatorteil wandelt akustische Druckschwankungen in elektrische Kapazitätsschwankungen um, die vom ASIC-Chip in elektrische Signale gewandelt und in einem Verstärker oder Basisbandprozessor elektronisch weiterverarbeitet werden.

MEMS-Mikrofone finden Anwendung in der akustischen Druckmesstechnik, der Geräuschmesstechnik zur Maschinenüberwachung, in Mobiltelefonen, Headsets, Notebooks, der Medizintechnik, in Hörgeräten und Freisprecheinrichtungen von Fahrzeugen.

11 Piezoelektrische Sensoren

11.1 Physikalische, mathematische, technologische und messtechnische Grundlagen

Ferroelektrizität

Dielektrika mit spontan elektrisch polarisierten Materiebereichen bezeichnet man als Ferroelektrika (z.B. $BaTiO_3$ mit $\varepsilon_r > 1000$). Ohne äußeres elektrisches Feld hebt sich die innere elektrische Polarisation gerade auf. Bringt man ein ferroelektrisches Material in ein äußeres elektrisches Feld, vergrößern sich die in Feldrichtung elektrisch polarisierten Bereiche. Wird das elektrische Feld ausgeschaltet, bleibt ein Teil der durch das äußere Feld erzeugten elektrischen Polarisation erhalten. Materialien mit einer remanenten Restpolarisation heißen Elektret (analog zum Permanentmagnet).

Piezoelektrizität

Der erste Teil des Wortes Piezoelektrizität heißt «piezo», stammt aus dem Griechischen und bedeutet deutsch etwa «drücken». Übt man also auf einen natürlichen oder künstlichen ferroelektrischen Kristall z.B. eine mechanische Druckkraft aus, wird an Oberflächen des Kristalls eine elektrische Polarisation durch Verschiebung der Ladungsschwerpunkte nachweisbar. Die Polarisation ist proportional zur Druckkraft. Sie kann über Kondensatorelektroden mit Hilfe der elektrischen Influenz von einem geeigneten elektrischen Instrument gemessen werden. Entdeckt wurde dieser piezoelektrische Effekt (direkter piezoelektrischer Effekt) an Quarzen im Jahr 1880 von den Brüdern CURIE. Alle Ferroelektrika sind piezoelektrisch, aber nicht alle piezoelektrischen Materialien müssen ferroelektrisch sein. Der piezoelektrische Effekt kann grundsätzlich nur in Kristallklassen auftreten, die eine nicht zentrosymmetrische Kristallstruktur besitzen. Der direkte piezoelektrische Effekt wird in der Sensorik eingesetzt. Der Effekt ist auch umkehrbar: Beim Anlegen eines elektrischen Feldes an den Kristall ändert sich seine Geometrie. Entdeckt wurde dieser piezoelektrische Effekt (inverser piezoelektrischer Effekt) an Quarzen im Jahr 1881 von LIPPMANN.

Direkter piezoelektrischer Effekt

Der piezoelektrische Effekt ist eine lineare, elektromechanische Wechselwirkung zwischen dem mechanischen und elektrischen Zustand in Kristallen, die kein Symmetriezentrum besitzen.

Pyroelektrischer Effekt

Die Änderung der elektrischen Polarisation eines piezoelektrischen Materials durch Änderung seiner Temperatur wird pyroelektrischer Effekt genannt. Dieser Effekt muss bei piezoelektrischen Sensoren für die Messung mechanischer Zustandsgrößen insbesondere dann beachtet werden, wenn am Messort größere Temperaturschwankungen auftreten. Durch die Wärmeeinwirkung ändert sich die Geometrie des Sensormaterials so, dass die zusätzlich «erzeugte» elektrische Polarisation das Messergebnis verfälscht.

Wirkungsrichtungen des piezoelektrischen Effektes

In Bild 11.1 sind die Zählrichtung für die Wirkung des piezoelektrischen Effektes und die 3 möglichen unterscheidbaren Wirkungseffekte (Longitudinaleffekt, Transversaleffekt, Schereffekt) dargestellt. Aus Bild 11.1 kann die Indizierung der physikalischen Parameter entnommen werden. Beim piezoelektrischen Longitudinaleffekt weisen die elektrische Polarisation des piezoelektrischen Kristalls und die auf ihn wirkende mechanische Kraft in dieselbe Richtung (die x-Richtung oder 3-Richtung). Beim piezoelektrischen Transversaleffekt steht die auf den piezoelektrischen Kristall einwirkende mechanische Kraft senkrecht auf der elektrischen Polarisation (Kraft in 1-Richtung, Polarisation in 3-Richtung). In Bild 11.1 ist der transversale piezoelektrische Schereffekt dargestellt. Bei ihm weisen elektrische Polarisation und einwirkende mechanische Kraft in verschiedenen Raumebenen in die gleiche Richtung, während sie beim longitudinalen piezoelektrischen Schereffekt in der gleichen Raumebene in die gleiche Richtung weisen. In beiden Fällen wird der piezoelektrische Kristall einer mechanischen Scherwirkung ausgesetzt.

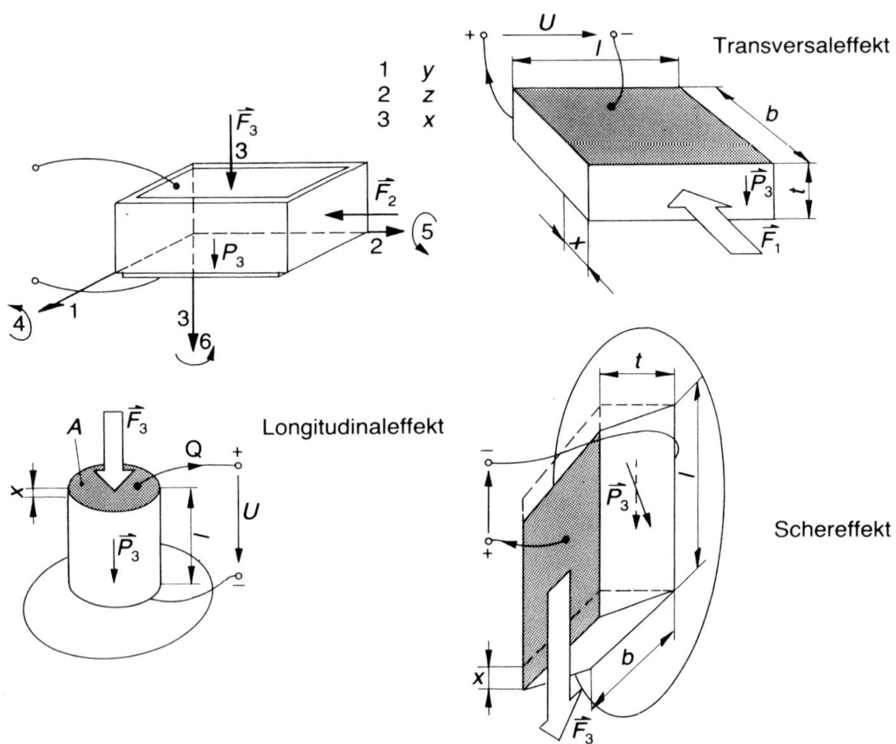

Bild 11.1 Wirkungs- und Zählrichtung für den piezoelektrischen Effekt

Mathematische Beschreibung des direkten piezoelektrischen Effektes

Der direkte piezoelektrische Effekt ist der Sensoreffekt. Im Weiteren wird hier die Kennzeichnung «direkt» bei den Beschreibungen weglassen.

Vertiefung 11.1

Wegen der räumlichen Richtungsabhängigkeit der elastomechanischen und der piezoelektrischen Materialkonstanten muss eine mathematisch exakte Beschreibung eigentlich mit sog. Tensoren durchgeführt werden. Für manche Anwendungen, z.B. in der Elastizitätstheorie und fast überall in den Ingenieurwissenschaften, ist es vollkommen ausreichend, sich Tensoren als eine Fortsetzung der Reihe Skalar, Vektor und Matrix vorzustellen.

Unter Verwendung der VOIGT-Notation (nach W. VOIGT, Göttinger Physiker) kann eine praktische Schreibweise für symmetrische Tensoren verwendet werden, die sog. Matrizen-Schreibweise. So können z.B. 3-dimensionale Tensoren 2. Stufe als 3×3-Matrix geschrieben werden.

Die Herleitungen in Matrizen-Schreibweise steht im Onlineservice InfoClick zur Verfügung. Für das weitere Verständnis des Themas im eigentlichen Sinn kann grundsätzlich ohne diese Herleitung weitergearbeitet werden. Die Nummerierung im Buch überspringt deshalb die auf InfoClick behandelten Gleichungen (Gl. 11.1... Gl. 11.7) und fährt folgerichtig mit Gl. 11.8 fort.

In eindimensionaler mathematischer Schreibweise gilt für den (direkten) piezoelektrischen Effekt:

$$\vec{P}_l = d_{\mu i} \cdot \vec{\sigma}_{kl} + K_{mn} \cdot \vec{E}_k \qquad \text{(Gl. 11.8)}$$

Der 1. Term in Gl. 11.8 ist die mathematische Beschreibung der elektromechanischen bzw. piezoelektrischen Eigenschaften und der 2. Term ist die mathematische Beschreibung der elektrischen Eigenschaften piezoelektrischer Materialien. Gl. 11.4 auf InfoClick beschreibt die Änderung der elektrischen Polarisation beim Anlegen einer mechanischen Spannung an den Kristall. Dabei wird kein äußeres elektrisches Feld angelegt, d.h., $E_k = 0$. Damit erhält man die vereinfachte Grundgleichung für piezoelektrische Elementarsensoren:

$$\vec{P}_l = d^{(E)}{}_{i\,i} \cdot \vec{\sigma}_{kl} \qquad \text{(Gl. 11.9)}$$

Piezoelektrische Werkstoffe und sensorische Anwendungen
Man unterscheidet zwischen natürlichen und synthetischen Kristallen, Piezokeramiken und polymeren Piezofolien sowie MOSFET. Die Werkstoffe werden aufgrund ihrer speziellen Eigenschaften für verschiedene piezoelektrische Elementarsensoren eingesetzt.

Natürliche Kristalle
Technisch wichtige Einkristalle sind Quarz (SiO_2), Lithiumtantalat ($LiNbO_3$), Turmalin und Triglyzerinsulfat. Quarz kommt in der Natur in Form von Kristallen vor. Durch unvermeidliche Einschlüsse und Verunreinigungen des naturgewachsenen Quarzes ergibt sich in der Serienfertigung von Quarzen für Elementarsensoren eine zu geringe Ausbeute. Deshalb verwendet man heute gezüchtete Quarze. Sie sind (wie der thermische Ausdehnungskoeffizient zeigt) nur schwach pyroelektrisch, eignen sich also auch für die Messtechnik bei höheren Temperaturen. Der Einsatztemperaturbereich beträgt –200...+350 °C. Piezoelektrische Quarz-Elementarsensoren haben unterhalb +250 °C einen Temperaturgang von ca. 10^{-4}/K.

Synthetische Kristalle
Galliumorthophosphat ($GaPO_4$ oder kurz Galliumphosphat) ist ein farbloses, trigonales Kristallsystem, ein kristallisierender Kristall mit der Härte 5.5 nach der MOHSschen Härteskala. Er besitzt einen von der Temperatur nahezu unabhängigen piezoelektrischen Effekt und sehr gute elektrische Isolationswerte, auch bei hohen Temperaturen. Es existieren temperaturkompensierte Kristallschnitte bis über 500 °C. $GaPO_4$ ist isotyp zu SiO_2, wobei die Siliziumatome abwechselnd durch Gallium und Phosphor ersetzt werden. Deshalb besitzt dieser Kristall nahezu dieselben Eigenschaften wie Quarz, jedoch bei doppelt so großem piezoelektrischen Effekt. Durch

diese Eigenschaft ergeben sich für viele technische Anwendungen Vorteile gegenüber Quarz, wie z.B. eine höhere Kopplungskonstante bei Resonatoren. Im Gegensatz zu Quarz kommt $GaPO_4$ jedoch nicht in der freien Natur vor, sondern muss synthetisch hergestellt werden.

Piezokeramik
Die wichtigsten synthetischen piezokeramischen Materialien werden auf der Basis des ferroelektrischen Stoffes Bleizirkontitanat in polykristalliner Form, d.h. als Keramik, hergestellt. Gegenüber anderen piezoelektrischen Materialien erreicht die Piezokeramik eine wesentlich größere Dielektrizitätskonstante (ε_r = 400...6000) und viel größere piezoelektrische Ladungskonstanten (z.B. 100...300-mal größer als bei Quarzen). Piezokeramiken sind bedingt durch ihren größeren thermischen Ausdehnungskoeffizienten auch stärker pyroelektrisch als Quarze. Allgemein kann man sagen, bei einer großen piezoelektrischen Ladungskonstante ist die pyroelektrische Ladungskonstante auch groß und die sog. CURIE-Temperatur relativ klein. Unter CURIE-Temperatur versteht man diejenige Temperatur, bei der die spontane elektrische Polarisation von Piezokeramiken verschwindet. Die piezoelektrische Ladungskonstante nimmt mit steigender Temperatur ab, zuerst langsam, dann in der Nähe der CURIE-Temperatur schnell, und wird beim Erreichen des CURIE-Punktes 0. Oberhalb der CURIE-Temperatur ist die Elementarzelle der Piezokeramik kubisch. Sie hat also ein Symmetriezentrum und ist aus diesem Grund nicht piezoelektrisch. Bei Temperaturen unterhalb der CURIE-Temperatur wird das Kristallgitter verzerrt, und es entsteht dadurch eine spontane elektrische Polarisation. Aus energetischen Gründen ist die Richtung der spontanen Polarisation innerhalb der Keramik nicht überall die gleiche. Jeder Kristall ist, ähnlich wie bei ferromagnetischen Materialien, in Bezirke mit unterschiedlichen elektrischen Polarisationsrichtungen unterteilt. Dadurch ist das Material zunächst nicht piezoelektrisch. Die resultierende elektrische Polarisation ist 0. Erst durch einen Polarisationsprozess wird die Piezokeramik piezoelektrisch. An die Piezokeramik wird eine große elektrische Gleichfeldstärke gelegt, dadurch richten sich die spontan polarisierten Bezirke fast in Richtung der angelegten elektrischen Feldstärke aus. Auch nach Abschaltung des elektrischen Feldes bleibt der neu erreichte Orientierungsgrad der elektrischen Polarisation erhalten. Die so erzeugte resultierende elektrische Polarisation heißt remanente Polarisation. Die Eigenschaften dieser Materialgruppen können durch geeignete Wahl des Verhältnisses Zirkon zu Titanat und durch Variation der Zusatzwerkstoffe für verschiedene sensorische Anwendungsfälle optimiert werden. Für Messungen bei sehr großer thermischer Belastung, bis ca. +800 °C, werden Elementarsensoren auf der Basis von Lithiumniobat eingesetzt. Die thermische Empfindlichkeitsänderung beträgt 3...4% je 100 °C. Der Isolationswiderstand geht über der Temperatur stark zurück. Der relativ kleine spezifische elektrische Widerstand erlaubt bei Piezokeramiken nur quasistatische Messungen. Der Frequenzgang der Signalverarbeitungselektronik wird durch elektronische Filter im unteren Frequenzbereich beschnitten, um langsame Ladungsänderungen elektronisch auszublenden. Das hat jedoch den Nachteil, dass die Dynamik der Messkette dadurch verschlechtert wird.

Piezofolie
Das Hochpolymer Polyvinylidenfluorid (PVDF) zeichnet sich bei mechanischer Belastung durch einen ausgeprägten piezoelektrischen Effekt aus. Piezofolien werden zu ihrer elektrischen Polarisation um den Faktor 2...4 gestreckt. Dann wird an die metallisierte Folie ein starkes elektrisches Feld bei erhöhter Temperatur (ca. +100 °C) gelegt. Die Folie wird, bei einem angelegten elektrischen Feld, in ca. 30 min abgekühlt. Ein Vergleich der piezoelektrischen Ladungskoeffizienten zeigt, dass der pie-

zoelektrische Effekt von polarisiertem PVDF größer ist als von Quarz und kleiner als von Piezokeramiken. Aufgrund der hohen mechanischen Elastizität und geringen Sprödigkeit sowie dem geringen Gewicht eignet sich die Piezofolie besonders als Sensorelement für biophysikalische Sensoren und als Membranmaterial für elektroakustische Elementarsensoren. Bei Lagerung von Piezofolien über mehrere Tage bei erhöhter Temperatur (ca. +70 °C) erreicht man eine ausreichende thermische Langzeitstabilität bei etwas verminderter Messempfindlichkeit.

MOSFET

Bei piezoelektrischen MOSFETs wirkt z.B. der zu messende mechanische Druck auf ein piezoelektrisches Gate und erzeugt dort eine Verschiebung des Ladungsschwerpunktes, die dann über die elektrische Influenz die elektrische Leitfähigkeit des MOSFET-Kanals beeinflusst.

Mathematische Beschreibung des Longitudinaleffektes mit α-Quarz

In Bild 11.1 sind Wirkungs- und Zählrichtungen und in Bild 11.2 ist das Prinzip eines piezoelektrischen Elementarsensors zur Kraftmessung dargestellt. Das Quarzsensorelement ist als eindimensionale Strukturzelle (SiO_2) dargestellt. Beim longitudinalen piezo-

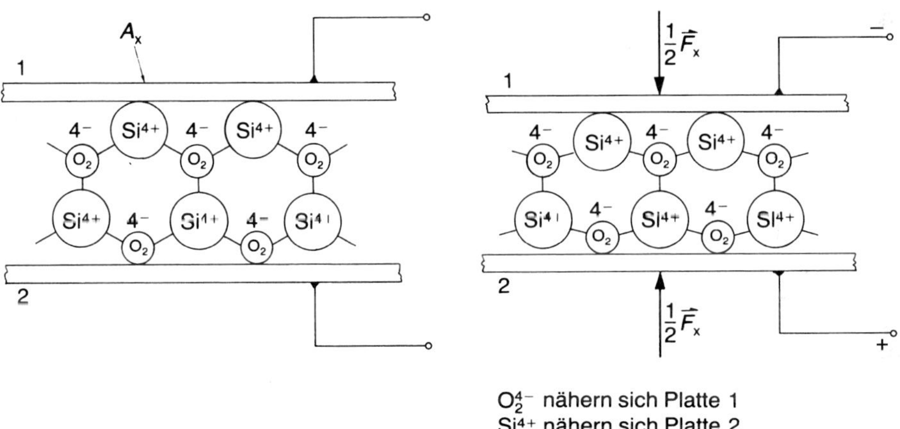

Bild 11.2 Physikalische Wirkungsweise eines piezoelektrischen Kraftaufnehmers nach dem longitudinalen piezoelektrischen Effekt

elektrischen Effekt stimmen Kraftwirkungsrichtung und elektrische Polarisation überein. Wirkt auf den Quarz eine mechanische Kraft, so wird dieser in Kraftrichtung verkleinert. Dies bewirkt im zugrunde gelegten Quarzmodell eine Annäherung von O^2-Ionen an die Platte 1 und damit eine Annäherung von Si^{4+}-Ionen an die Platte 2. Durch diese Ladungsverschiebungen werden die metallisierten Flächen des Quarzes durch Influenz elektrisch geladen. Für die elektrische Polarisation gilt:

$$P_x = d_{33}^{(E)} \cdot \sigma_x = d_{33}^{(E)} \cdot \frac{F_x}{A_x} \quad \text{mit: } Q_x = P_x \cdot A_x \quad \text{gilt: } Q_x = d_{33}^{(E)} \cdot F_x \qquad \text{(Gl. 11.10)}$$

Schaltet man n Quarzscheiben mechanisch in Reihe und elektrisch parallel, erhält man aus der oben angeschriebenen Gleichung:

$$Q_x = n \cdot d_{33}^{(E)} \cdot F_x \qquad \text{(Gl. 11.11)}$$

dim d_{33} = 1 As/N = piezoelektrische Ladungskonstante

In Tabelle 11.1 sind einige longitudinale piezoelektrische Ladungskonstanten zusammengestellt. Die an den Aufnehmerelektroden influenzierte elektrische Ladung kann nun elektronisch in eine elektrische Spannung umgeformt werden.

Tabelle 11.1 Zusammenstellung von wichtigen longitudinalen piezoelektrischen Landungskonstanten

Quarz	$d_{33} =$	$2{,}3 \cdot 10^{-12}$ As/N
$PbTaO_3$	$d_{33} =$	$347{,}0 \cdot 10^{-12}$ As/N
$Pb(Zr, Ti)O_3$	$d_{33} =$	$347{,}0 \cdot 10^{-12}$ As/N
PVDF	$d_{33} =$	$30{,}0 \cdot 10^{-12}$ As/N

Mathematische Beschreibung des Transversaleffektes mit α-Quarz

In Bild 11.1 sind Wirkungs- und Zählrichtungen und in Bild 11.3 ist der Prinzipaufbau eines piezoelektrischen Elementarsensors zur Kraftmessung mit Hilfe des piezoelektrischen Transversaleffektes dargestellt. Das Quarzsensorelement wird durch eine eindimensionale Quarzstrukturzelle modellhaft dargestellt. Die mechanische Krafteinleitung erfolgt in y-Richtung, d.h. quer zur elektrischen Polarisationsrichtung des Quarzes. Wirkt auf den Quarz eine mechanische Kraft F, so wird er in Kraftrichtung verkürzt. Dadurch entfernen sich die O_2-Ionen von Platte 1 und die Si^{4+}-Ionen von Platte 2. Für die elektrische Polarisation gilt in diesem Modell:

$$P_x = d_{31}^{(E)} \cdot \sigma_y = d_{31}^{(E)} \cdot \frac{F_y}{A_y} \text{ mit } -Q_x = P_x \cdot A_x \text{ gilt } Q_x = -d_{33}^{(E)} \cdot \frac{l_y}{l_x} F_y \qquad \text{(Gl. 11.12)}$$

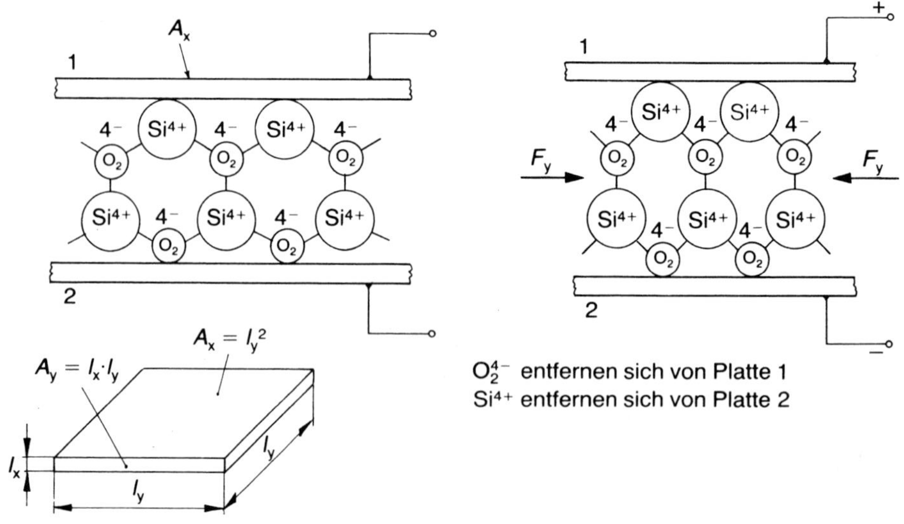

Bild 11.3 Physikalische Wirkungsweise eines piezoelektrischen Kraftaufnehmers nach dem transversalen piezoelektrischen Effekt

In Tabelle 11.2 sind einige transversale piezoelektrische Ladungskonstanten dargestellt.

Tabelle 11.2 Zusammenstellung von wichtigen transversalen piezoelektrischen Ladungskonstanten

$BaTiO_3$	$d_{31} =$	$-150{,}0 \cdot 10^{-12}$ As/N
$Pb(Zr, Ti)O_3$	$d_{31} =$	$-171{,}0 \cdot 10^{-12}$ As/N
PVDF	$d_{31} =$	$-20{,}0 \cdot 10^{-12}$ As/N

Mathematische Beschreibung des transversalen Schereffektes mit α-Quarz
In Bild 11.1 sind Wirkungs- und Zählrichtungen dargestellt. Die influenzierte Ladung verhält sich auch hier direkt proportional zur mechanischen Kraft F und ist unabhängig von der Größe oder Form des piezoelektrischen Sensorelements. Für n mechanisch in Serie und elektrisch parallel geschaltete Sensorelemente beträgt die Ladung:

$$Q_x = 2 \cdot n \cdot d_{14}^{(E)} \cdot F_x \qquad \text{(Gl. 11.13)}$$

Im Gegensatz zum Longitudinaleffekt und Schereffekt kann beim Transversaleffekt die erzeugte Ladungsmenge (Messempfindlichkeit) über das Verhältnis Breite : Höhe des Kristalls verändert werden. Aus diesem Grund basieren z.B. die meisten Drucksensoren fast ausschließlich auf dem Transversaleffekt.

Allgemeine messtechnische Eigenschaften
Die wichtigsten messtechnischen Vorteile piezoelektrischer Sensoren sind:

- extrem weiter Messbereich von bis zu 6 Dekaden,
- kompakter Aufbau im Verhältnis zum Messbereich,
- hohe Steifheit und daraus resultierend eine sehr hohe Eigenfrequenz,
- überlastsicher, ermüdungsfrei und langzeitstabil,
- nahezu unbegrenzte Lebensdauer,
- großer Betriebstemperaturbereich,
- geringe Empfindlichkeit für Störgrößen,
- quasistatische Messung,
- sehr hohe Messbandbreite.

11.2 Technische Bauformen von piezoelektrischen Elementarsensoren

Piezoelektrische Elementarsensoren gehören zu den sog. «aktiven» Elementarsensoren, d.h., sie benötigen zur Umwandlung eines nichtelektrischen Messsignals in ein elektrisches Messsignal keine externe elektrische Energie. Piezoelektrische Elementarsensoren sind nur für quasistatische und hochdynamische Messungen gut geeignet. Die mechanische Deformation piezoelektrischer Festkörper bei Kraftbeaufschlagung liegt im µm-Bereich, sie besitzen also eine hohe mechanische Steifigkeit. Sie sind daher für Messungen zeitlich sehr schnell verlaufender Vorgänge sehr gut geeignet. Die obere Grenzfrequenz liegt bei ca. 10 kHz.

11.2.1 Piezoelektrische Kraftelementarsensoren (piezoelektrische Kraftsensoren / Kraftaufnehmer)

Im Gegensatz zu Kraftsensoren basierend auf Dehnmessstreifen eignen sich piezoelektrische Kraftsensoren aufgrund ihrer physikalischen Eigenschaften besonders dann, wenn es um genaue und dynamische Kraftmessungen geht. Bild 11.4 zeigt in Schnittdarstellung einen piezoelektrischen Kraftelementarsensor. Das Sensorelement 1 ist eine piezoelektrische Scheibe, polarisiert und kontaktiert für den piezoelektrischen Longitudinaleffekt. Die mechanische Kraft wird über die Deckscheibe 2 auf das Sensorelement übertragen. Die zylindrische Gehäusewand 3 ist mit der Deckscheibe fest verbunden und hält das Sensorelement unter mechanischer Vorspannung. Die Mittelelektrode 4 verbindet die beiden Sensorelemente elektrisch miteinander und stellt den elektrischen Mittelkontakt über Stecker 7 her. Die beiden piezoelektrischen Sensorelemente 1 sind so angeordnet, dass ihre elektrische Polarisation entgegengesetzt ist. Aufgrund dieser Polung sind die Sensorelemente elektrisch parallel geschaltet, über ihre geometrische Anordnung mechanisch in Reihe. Bei Kraftbeaufschlagung des Elementarsensors wird durch elektrische Influenz auf Elektrode 4 eine der Ladungsschwerpunktverschiebung proportionale Ladung der beiden Sensorelemente 1 addiert.

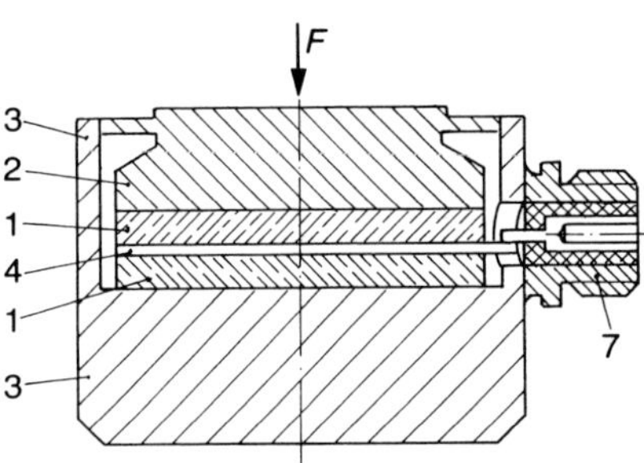

Bild 11.4
Mechanischer Aufbau eines piezoelektrischen Kraftaufnehmers

11.2.2 Piezoelektrische Druckelementarsensoren (piezoelektrische Drucksensoren / Druckaufnehmer)

In Bild 11.5 ist der Schnitt durch einen Druckelementarsensor mit seinen piezoelektrischen Sensorelementen dargestellt. Der Druckaufnehmer funktioniert auf der Basis des transversalen piezoelektrischen Effektes. Die Messgröße Druck wird über das mechanische Umsetzelement Membran 1 in eine mechanische Kraft umgesetzt. Über die Stirnseite der Spannhülse 2 und das Übergangsstück 3 wird die mechanische Kraft auf das piezoelektrische Sensorelement in Längsrichtung übertragen. Die elektrische Polarisation ist senkrecht zur Längsachse orientiert. Über den Spiralfederkontakt 5 und den Gewindeanschluss 7 kann die influenzierte elektrische Ladungsänderung abgenommen werden. Die Sensorelemente 4 sind mechanisch mit der Spannhülse 2 vorgespannt. Die Membran 1 ist hermetisch dicht mit dem Gehäuse 6 verschweißt. Am Gehäuse 6 befindet sich die Dichtfläche 8. Dieser Elementarsensortyp hat in der Druckmesstechnik an Verbrennungsmotoren weite Verbreitung gefunden. Für messtechnische Einsätze bei höherer Umgebungstemperatur (>300 °C) kann der Elementarsensor zusätzlich mit einer Kühlspirale versehen werden.

11.2.3 Piezoelektrische Beschleunigungselementarsensoren (piezoelektrische Beschleunigungssensoren / Beschleunigungsaufnehmer)

In Bild 11.6 ist ein Schnitt durch einen piezoelektrischen Elementarsensor zur Erfassung mechanischer Beschleunigungen dargestellt. Grundsätzlich hat jeder Elementarsensor dieser Art als mechanisches Umsetzelement eine seismische Masse. Die bei Beschleunigungen wirkenden mechanischen Trägheitskräfte erfasst man mit piezoelektrischen Sensorelementen.

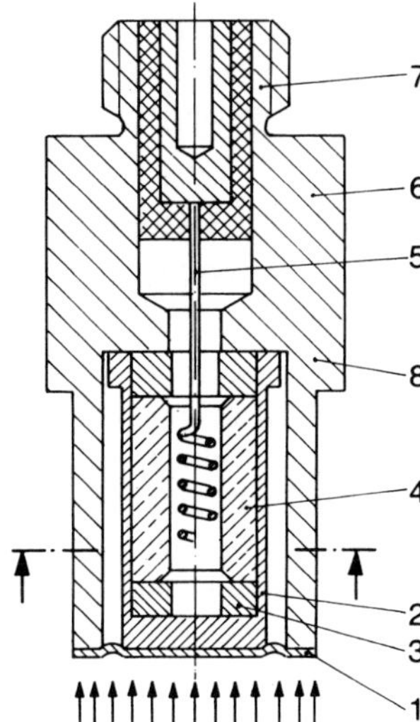

Bild 11.5
Mechanischer Aufbau eines piezoelektrischen Druckaufnehmers

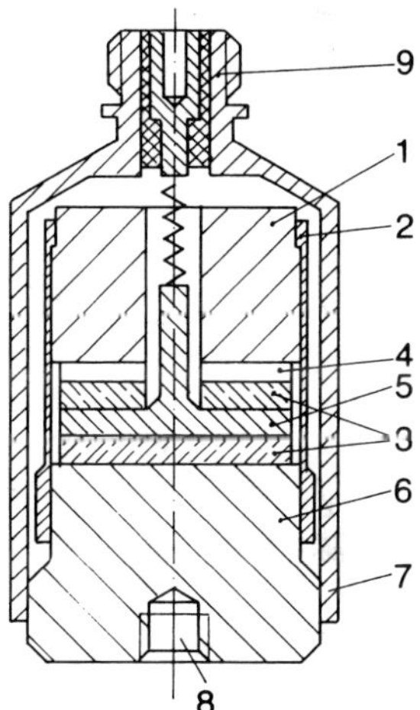

Bild 11.6
Mechanischer Aufbau eines piezoelektrischen Beschleunigungsaufnehmers

Diese Sensorelemente 3 werden über die seismische Masse 1 mit Hilfe einer Spannhülse 2 auf der Grundplatte 2 mechanisch vorgespannt. Sie sind so elektrisch polarisiert und mechanisch angeordnet, dass der longitudinale piezoelektrische Effekt ausgenutzt werden kann.

Die Zwischenplatte 4 dient zur Kompensation des thermischen Verhaltens der seismischen Masse (Wolframlegierung) und der Sensorelemente (Piezokeramik). Die Grundplatte 6 ist mit dem Gehäuse 7 dicht verschweißt. In der Auflagefläche des Gehäuses 6 befindet sich das Montagegewinde 8.

Die Mittel-Elektrode 5 ist über eine Spirale mit dem Mittelkontakt des Steckers verbunden. Betrachtet man den am Messobjekt befestigten Aufnehmer, so kann diese Anordnung im Modell als Masse-Feder-System dargestellt werden. Man erkennt daraus, dass die obere Grenzfrequenz des Systems entscheidend von der mechanischen Ankopplung des Elementarsensors an das Messobjekt bestimmt wird. Die beste Ankopplung wird mit Gewindebolzen aus Stahl erreicht. Die obere Grenzfrequenz beträgt für diesen Fall ca. 10 kHz (bei einer Resonanzfrequenz von 30 kHz). Wird der Aufnehmer z.B. über einen starken Haftmagneten am Messobjekt befestigt, sinkt die obere Grenzfrequenz auf 1,8 kHz ab. Piezoelektrische Beschleunigungselementarsensoren lassen sich sehr kompakt und leicht bauen. Sie beeinflussen damit das Schwingungsverhalten des Messobjektes in vertretbarem Maße.

11.3 Elektronische Auswerteschaltungen für piezoelektrische Elementarsensoren

Piezoelektrische Elementarsensoren influenzieren bei mechanischer Belastung, durch Verschiebung der Ladungsschwerpunkte im piezoelektrischen Sensorelement, elektrische Ladungen auf ihre Elektroden. Diese Ladungen können aber nicht einfach über die Spannungswandlung durch die Aufnehmerkapazität des Elementarsensors mit einem mV-Meter gemessen werden, da sein relativ niederohmiges Messwerk die Aufnehmerelektroden fast kurzschließen würde, so dass sich die elektrischen Ladungen sofort nach der Influenz über Ausgleichsströme wieder ausgleichen würden. Zur Messwerterfassung ist also ein elektronischer Spannungsverstärker mit einem sehr hochohmigen Eingangswiderstand mit sehr hochwertiger Isolation oder ein Ladungsverstärker notwendig.

11.3.1 Spannungsverstärker (Elektrometerverstärker)

In Bild 11.7 ist das Ersatzschaltbild eines Spannungsverstärkers dargestellt. Der piezoelektrische Aufnehmer ist über ein Koaxialkabel mit dem Spannungsverstärker verbunden. Der Isolationswiderstand R_q und die Eigenkapazität C_q des Elementarsensors sind parallel zum Isolationswiderstand R_k und der Kabelkapazität C_k des Koaxialkabels geschaltet. In Bild 11.7 ist die Parallelschaltung der beiden Widerstände mit dem Ersatzwiderstand R_e gekennzeichnet und die Parallelschaltung der Kapazitäten mit der Ersatzkapazität C_e. Damit der Isolationswiderstand des Kabels nicht in die Messung eingeht, muss er groß gegen den Innenwiderstand des Aufnehmers sein. Diese Bedingung ist bei sehr hochwertigen Kabeln und sehr hochwertigen Steckverbindungen gewährleistet. Der mathematische Zusammenhang zwischen der influenzierten elektrischen Ladung $q(t)$ und der Ausgangsspannung $u_a(t)$ des Verstärkers lautet:

$$u_a(t) = u_e(t) \cdot \left(1 + \frac{R_1}{R_2}\right) = \frac{q(t)}{C_e} \cdot \left(1 + \frac{R_1}{R_2}\right) \text{ mit } C_e = C_q + C_k + C_\varepsilon \qquad \text{(Gl. 11.14)}$$

C_ε Eingangskapazität des Verstärkers

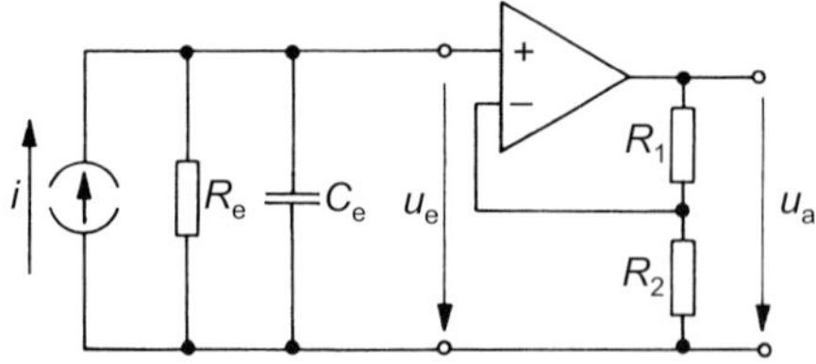

Bild 11.7
Ersatzschaltbild eines piezoelektrischen Aufnehmers mit Spannungsverstärker

Für die Entladung des Elementarsensors gilt:

$$q(t) = q_0 \cdot \exp\left(-\frac{t}{R_e \cdot C_e}\right) \text{ mit } R_e = \frac{R_q \cdot R_k}{R_q + R_k} \qquad \text{(Gl. 11.15)}$$

Setzt man Gl. 11.15 in Gl. 11.14, erhält man:

$$u_{\mathrm{a}}(t) = \frac{q_0}{C_{\mathrm{e}}} \cdot \left(1 + \frac{R_1}{R_2}\right) \cdot \exp\left(-\frac{t}{R_{\mathrm{e}} \cdot C_{\mathrm{e}}}\right) \qquad \text{(Gl. 11.16)}$$

Die Kabelkapazität beeinflusst also das Messergebnis, auch bei sehr hochwertigen Kabeln. Die Kabellänge und die Kabelführung bestimmen die Kabelkapazität. Das Messwerterfassungssystem ist also immer vor jeder Messung neu zu kalibrieren. Um diese Nachteile zu vermeiden, wird der Spannungsverstärker direkt mit dem Elementarsensor zusammengebaut und kalibriert. Diese Anordnung ist aber nur dann einsetzbar, wenn die physikalischen Randbedingungen wie z.B. Temperatur und Erschütterungen am Messort für die Sensorelektronik nicht zu groß sind. Der Spannungsverstärker eignet sich i.Allg. nur für dynamische Messungen bei Elementarsensoren auf der Basis von Piezokeramiken, da diese von Natur aus niederohmiger als Quarze sind, eine höhere Dielektrizitätskonstante und damit eine höhere Aufnahmekapazität sowie einen größeren piezoelektrischen Ladungskoeffizienten haben. Für die Messung sehr langsam veränderlicher Messgrößen verwendet man einen Ladungsverstärker.

11.3.2 Ladungsverstärker

Bild 11.8 zeigt das Ersatzschaltbild eines Ladungsverstärkers mit einem piezoelektrischen Elementarsensor. Der Widerstand R_{e} ist die Parallelschaltung aus dem Innenwiderstand R_{q} des Aufnehmers und dem Isolationswiderstand R_{k} des Kabels, die Kapazität C_{e} die Summe aus der Aufnehmerkapazität C_{q} und der Kabelkapazität C_{k}. In der Rückführung liegt parallel zum Rückkopplungskondensator C_{g} der Rückkopplungswiderstand R_{g}. Über den Schalter S kann der Kondensator C_{g} bei Messbeginn entladen werden. Es wird im Weiteren der Zusammenhang zwischen der auf dem Elementarsensor influenzierten Ladung $q(t)$ und der vom Ladungsverstärker erzeugten Ausgangsspannung $u_{\mathrm{a}}(t)$ bestimmt. Für den Stromknoten 1 gilt:

$$i_{\mathrm{q}}(t) + i_{\mathrm{c}}(t) - i_{\mathrm{s}}(t) = 0 \Rightarrow \frac{\mathrm{d}q(t)}{\mathrm{d}t} + C_{\mathrm{g}} \cdot \frac{\mathrm{d}\left(u_{\mathrm{a}}(t) - u_{\mathrm{e}}(t)\right)}{\mathrm{d}t} - C_{\mathrm{e}} \cdot \frac{\mathrm{d}u_{\mathrm{e}}(t)}{\mathrm{d}t} = 0$$

(Gl. 11.17)

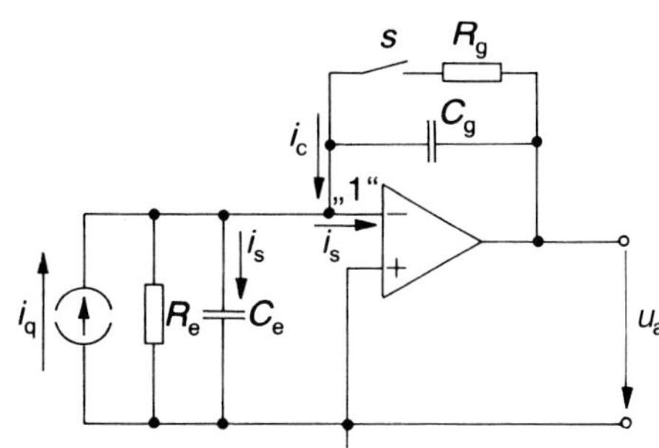

Bild 11.8
Ersatzschaltbild eines piezoelektrischen Aufnehmers mit Ladungsverstärker

Für den Operationsverstärker gilt:

$$u_{\mathrm{e}}(t) = \lim_{V \to \infty} \frac{1}{V} \cdot u_{\mathrm{a}}(t) = 0 \qquad \text{(Gl. 11.18)}$$

Setzt man Gl. 11.18 in Gl. 11.17 und berechnet daraus $u_a(t)$, erhält man:

$$u_a(t) = \square \frac{1}{C_g} \cdot q(t) = -\frac{1}{C_g} \cdot q_0 \cdot \exp\left(\square \frac{t}{R_g \cdot C_g} \right) \qquad \text{(Gl. 11.19)}$$

mit der Zeitkonstanten:

$$\tau = R_g \cdot C_g \qquad \text{(Gl. 11.20)}$$

Folgerungen aus dem Ergebnis (Gl. 11.20):

- Die Elementarsensorkapazität C_q und die Kabelkapazität C_k haben keinen Einfluss.
- Die Spannung $u_a(t)$ ist direkt proportional zur elektrischen Ladung $q(t)$.
- Die Spannung $u_a(t)$ ist umgekehrt proportional zur Rückkopplungskapazität C_g.
- Mit verschiedenen Werten von C_g können verschiedene Messbereiche realisiert werden.

Für die Messung von sehr schnellen dynamischen Vorgängen muss parallel zum Kondensator C_g ein Widerstand R_g geschaltet werden. In Bild 11.9 ist ein vorgegebenes Kraftsignal $F_x(t)$, gemessen mit einem piezoelektrischen Elementarsensor, und die von einem nachgeschalteten Spannungsverstärker erzeugte Ausgangsspannung $u_1(t)$ sowie im Vergleich die Ausgangsspannung $u_2(t)$ eines nachgeschalteten Ladungsverstärkers dargestellt. Man erkennt aus dieser Darstellung sehr deutlich, dass die eingestellte Zeitkonstante τ für die richtige Abbildung der Eingangsgröße von Bedeutung ist.

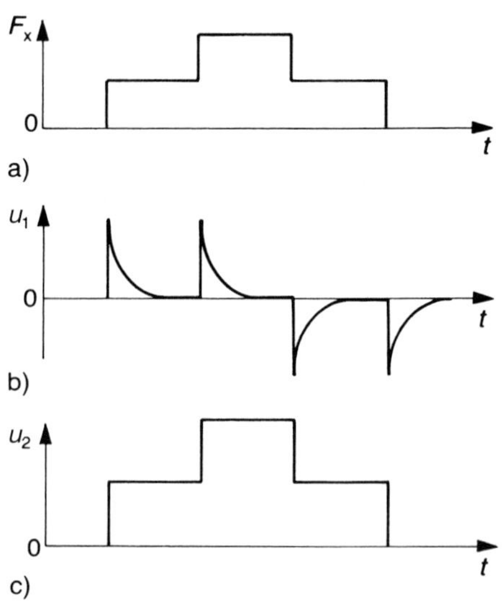

Bild 11.9
a) zu messendes mechanisches Kraftsignal (Eingangssignal)
b) elektrisches Ausgangssignal eines Ladungsverstärkers mit zu klein gewählter Zeitkonstante
c) elektrisches Ausgangssignal eines Ladungsverstärkers mit richtig gewählter Zeitkonstante

Bei dynamischen Messungen muss die zeitliche Dauer des zu messenden Signals viel kleiner als die eingestellte Zeitkonstante des Ladungsverstärkers und viel kleiner als der zeitliche Abstand von zwei aufeinander folgenden Messsignalen sein. Bild 11.9 c) zeigt, dass nur für einen unendlich großen Rückkopplungswiderstand R_g im Ladungsverstärker theoretisch (bei extrem guter Isolation) statische Messungen möglich sind.

Die obere Grenzfrequenz der Messkette wird von der eingestellten Zeitkonstante τ des Ladungsverstärkers bestimmt, während die untere Grenzfrequenz von der Resonanzfrequenz des Elementarsensors (1000 Hz...500 kHz), d.h. letztlich von dessen mechanischer Ankopplung an das Messobjekt, bestimmt wird, wobei die Grenzfrequenz um das 100-fache reduziert werden kann. Da die Messsignale selten einen rein sinusförmigen zeitlichen Verlauf haben, muss die tiefste im Signal enthaltene Frequenz (ermittelbar durch eine FOURIER-Analyse des Signals) theoretisch ohne Amplitudendämpfung mit linearer Phase übertragen werden.

In den meisten Fällen sind in Messsystemen mehrere Zeitkonstanten wirksam, z.B. die Zeitkonstante des Ladungsverstärkers und die Zeitkonstante des Gegenkopplungskreises im Verstärker. Für die dynamische Messunsicherheit ist die untere Grenzfrequenz maßgebend. Quarzelementarsensoren haben einen Isolationswiderstand von ca. 100 GΩ und piezokeramische Elementarsensoren von ca. 1 GΩ. Aus diesen Gründen haben handelsübliche Ladungsverstärker 3 umschaltbare Werte für den Rückkoppelwiderstand R_g, nämlich 1 GΩ, 100 GΩ und 100 TΩ, die meist als «Short», «Medium» und «Long» bezeichnet werden.

Technische Daten eines Ladungsverstärkers

Abgleich	mit serieller Schnittstelle z.B. RS232C
Messbereich	±2...±2 200 000 pC
Frequenzbereich	≈ 0...200 kHz
Ausgangssignal	±10...±2 V
Gesamtmessabweichung	< ±3%
Speisespannung (Festwerte)	115/230 VAC umschaltbar
Betriebstemperaturbereich	0...50 °C

11.3.3 ICP-Sensoren

Das Problem einer kapazitiven Beeinflussung des Messergebnisses wird, wie oben gezeigt, durch den Einsatz eines Ladungsverstärkers gelöst. Bei Hochpräzisionsmessungen wirkt jedoch elektronisches Rauschen am Ausgang eines Ladungsverstärkers störend. Rauschen ist vom Verhältnis der Gesamtkapazität zur Rückkoppelkapazität abhängig. Aus diesem Grund muss, besonders bei längeren Distanzen, ein sehr teures sog. «Low-Noise»-Kabel eingesetzt werden.

Dieser Umstand und die hochwertige Isolationstechnik im Verstärker, den Anschlüssen und den Steckverbindern machen hochwertige Ladungsverstärker technisch recht aufwendig und damit auch teuer. Diese Nachteile können mit Hilfe des ICP-Konzepts vermieden werden. Bild 11.10 zeigt die elektrische Prinzipschaltung eines ICP-Sensors (ICP: ***I****ntegrated* ***C****ircuit* ***P****iezoelectric*).

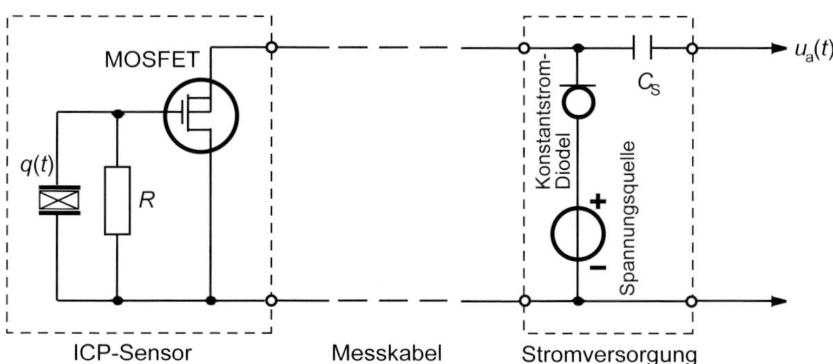

Bild 11.10 Elektrische Prinzipschaltung eines ICP-Sensors

Die eingebaute Elektronik wird über Konstantstrom versorgt, wobei Versorgungskonstantstrom und Sensorsignal über das gleiche Kabel übertragen werden. Über dem Sensor bildet sich eine positive Arbeitspunktspannung. Das Messsignal wird vom Sensor übertragen, indem es der Arbeitspunktspannung aufmoduliert wird.

Der Koppelkondensator C_S dient zur Signalentkopplung des Gleichanteils vom Signalanteil. Da die Ausgangsimpedanz unter 100 Ω liegt, darf das Messkabel bis einige 100 m lang sein, ohne dass die Signalqualität darunter leidet.

Auf teure störarme Low-Noise-Kabel kann oft zugunsten preiswerter Koaxialkabel verzichtet werden. Für die Ausgangsspannung $u_a(t)$ gilt:

$$u_a(t) = V_{MF} \cdot u_q(t) = \frac{q(t)}{C_q} \cdot V_{MF} \qquad \text{(Gl. 11.21)}$$

V_{MF} = **MOSFET**-Verstärkung
C_q = Sensorkapazität

Der sehr hohe dynamische Innenwiderstand der Konstantstromdiode ermöglicht dem MOSFET-Spannungsfolger eine Verstärkung von exakt $V_{MF} = 1$. Dann gilt mit Gl. 11.21:

$$u_a(t) = u_q(t) = \frac{1}{C_q} \cdot q(t) \qquad \text{(Gl. 11.22)}$$

Die Konstantstromdiode kann außerdem, im Gegensatz zu hochohmigen Widerständen, größere Ströme zum Treiben langer Leitungen (bis 300 m) liefern. Der Konstantstrom kann zwischen 2...20 mA liegen (nicht mit dem 4...20-mA-Stromschleifenstandard verwechseln!).

Durch Überwachung des Konstantstroms kann das Messkabel ständig auf Unterbrechung und Kurzschluss überprüft werden. Die Arbeitspunktspannung am Sensorausgang, d.h. die Ruhespannung ohne mechanische Messgröße, liegt im Bereich von 8...12 V. Sie ist von der Temperatur und vom Speisestrom abhängig. Die Bandbreite beträgt ca. 1 MHz. Die untere Grenzfrequenz liegt bei ca. 0,3 Hz und die obere Grenzfrequenz hängt von der mechanischen Konstruktion ab.

Bei längeren Kabeln ist die Kabelkapazität für die obere Grenzfrequenz zu betrachten. Die Ursache ist der RC-Tiefpass, der sich aus dem Innenwiderstand des Sensors und der Kabelkapazität bildet. Typische Koaxialkabel für ICP-Sensoren haben eine spezifische Kapazität von ca. 100 pF/m. Bei geeignet eingestellten Stromstärken ist die Kabelkapazität von ca. 50 nF innerhalb der zulässigen dynamischen Messunsicherheit (Verfälschung des Frequenzgangs) vernachlässigbar, das entspricht 500 m Standardkabel.

11.4 Technische Datenbeispiele ausgewählter piezoelektrischer Sensoren

Allgemeine messtechnische Eigenschaften

- ❑ Extrem große Messbereiche bis zu 6 Dekaden
- ❑ Kompakter Aufbau (in relativem Bezug auf den Messbereich)
- ❑ Hohe Steifigkeit des Gesamtaufbaus, daraus resultiert eine sehr hohe Eigenfrequenz
- ❑ Überlastsicherheit, Ermüdungsfreiheit und Langzeitstabilität
- ❑ Nahezu unbegrenzte Lebensdauer
- ❑ Großer Betriebstemperaturbereich
- ❑ Geringe Empfindlichkeit für Störsignale

- ❑ Sehr hohe Messbandbreite
- ❑ Quasistatische Messungen sind möglich

Beispiel Beschleunigungssensor
Stabile Schubquarz-Messelemente, dicht nach Schutzklasse IP 68, CE-konform. Messen an kleinen und leichten Strukturen, bei denen die Massezuladung sehr klein sein muss.

Technische Daten

Messbereich	±500	g
Frequenzbereich	2,5...10000	kHz
Messempfindlichkeit	10	mV/g
Auflösung, Ansprechschwelle	0,002	mg / ms
Seitenempfindlichkeit	1,5	%
Frequenzbereich	2,5...10 000	Hz
Nichtlinearität	±1	% FSO
Betriebstemperaturbereich	–40...120	°C
Schock	5000	g
Temperatur-Koeffizient der Empfindlichkeit	–0,03	% / °C
Speisespannung	20...30	V
Gehäuse / Basis / Werkstoff	rostfreier Stahl	
Schutz nach EN60529	IP68	
Masseisolation	nein	
Gewicht	11	g
Durchmesser	1,88	mm
Höhe	9,65	mm
Montage	Inbusschraube	

Beispiel Drehmomentsensor
Drehschraubenüberwachung in der Fertigung, Untersuchen von Rutschkupplungen, Messen von Anlaufmomenten bei Motoren, Messen von Gleichlaufschwankungen. *Vorteile:* großer Messbereich, kompakter Aufbau und kleine Abmessungen, sehr große Steifheit, sehr tiefe Ansprechschwelle, robuste verschweißte Ausführung.

Technische Daten

Messbereich	±200	Nm
Messempfindlichkeit	175	pC/ Nm
Steifheit	≈ 500	mNm/µrad
Durchmesser	52	mm
Innendurchmesser	26,5	mm
Höhe	15	mm
Betriebstemperaturbereich	±150	°C
Gewicht	150	g

Beispiel Drucksensor
Wassergekühlter Zylinderdrucksensor, thermoschockoptimierte Doppel-Membrane, lange Lebensdauer durch TiN-Beschichtung, optimierte Montagehülse für einfache Sensor-Demontage.

Der Miniatur-Sensor eignet sich besonders für thermodynamische Messungen in Einbaubereichen, in denen kein M10-Einbau möglich ist. Die ausgezeichnete Linearität im ganzen Bereich und die hohe Empfindlichkeit erlauben auch Gaswechseluntersuchungen mit guter Genauigkeit.

Technische Daten

Messbereich	0...250	bar
Empfindlichkeit	≈ 25	pC / bar
Eigenfrequenz	≈ 90	kHz
Nichtlinearität	< ±0,5	% FSO
Betriebstemperaturbereich	-50...350	°C
Empfindlichkeitsänderung, gekühlt	< ±0,5	%
Empfindlichkeitsänderung, ungekühlt	< ±2	%
Thermoschock (Kurzzeit)	< ±0,2	bar
Thermoschock maximal	< ±1	%
Beschleunigungsempfindlichkeit	≈ 0,01 axial (mit Kühlung) bar/g	
Kühlung	wassergekühlt	
Durchmesser	9,9	mm
Länge	9,5	mm

Beispiel Kraftsensor

2-Komponenten-Kraft-Momentmessung für Hochgeschwindigkeitsbearbeitung, Untersuchung von Verschleiß und Schneidevorgängen beim Fräsen und Bohren, für korrosionsbeständige und gegen Eindringen von Spritzwasser und Kühlmittel geschützte Messsysteme. Einsatz in Spindeladapter oder in Werkzeugaufnahmen mit Spannzangen zur berührungslosen Datenübertragung (Telemetrie).

Technische Daten

Messbereich F_z	±3	kN
Messbereich M_z	±50	Nm
Drehzahl n	max.25 000	min^{-1}
Empfindlichkeit F_z	≈ 3	mV / N
Empfindlichkeit M_z	≈ 140	mV / Nm
Eigenfrequenz f_n (F_z)	≈ 5	kHz
Eigenfrequenz f_n (M_z)	≈ 2,5	kHz
Betriebstemperaturbereich	0 bis 60	°C
Durchmesser	74	mm
Höhe	≈ 105	mm
Gewicht	1,5	kg
Schutz nach EN 60 529	IP67	

Beispiel Oberflächendehnungssensor

Indirekte Kraftmessung an mechanischen Pressen, diversen Werkzeugmaschinen, schnell laufenden Fertigungsmaschinen, Montageautomaten, sehr kleine Beschleunigungsempfindlichkeit, sehr hohe Messempfindlichkeit, für Messungen an bewegten Teilen geeignet, da lastsicher und masseisoliert.

Technische Daten

Montage	oberflächenmontiert	
Messbereich	±600,0	µm
Empfindlichkeit	≈ –80	pC / µm
Eigenfrequenz	≤ 12	kHz
Betriebstemperaturbereich	0...70	°C
Länge	40	mm
Breite	17	mm
Höhe	15	mm
Gewicht	50	g

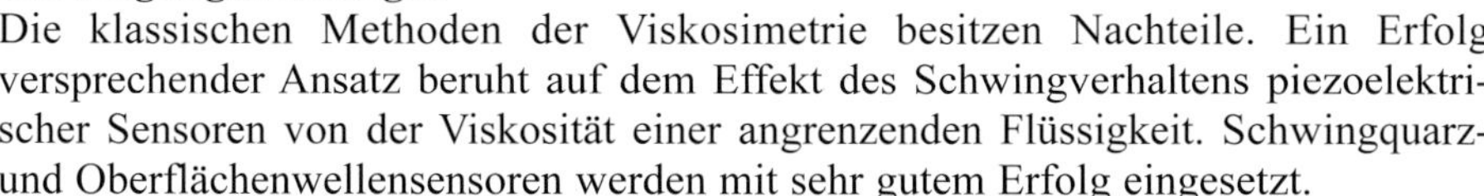

Anwendungen

Schwingungsmessungen

Die klassischen Methoden der Viskosimetrie besitzen Nachteile. Ein Erfolg versprechender Ansatz beruht auf dem Effekt des Schwingverhaltens piezoelektrischer Sensoren von der Viskosität einer angrenzenden Flüssigkeit. Schwingquarz- und Oberflächenwellensensoren werden mit sehr gutem Erfolg eingesetzt.

Bewegungen erzeugen, technisch gewollt oder ungewollt, durch Verschleiß Stöße und Schwingungen. Bei ständiger Überwachung oder zyklischen Messungen dieser Begleiterscheinungen sind falsche Funktionen, Abnutzungen und Schäden frühzeitig erkennbar und können behoben werden. Die Entwicklung von Schadensüberwachungssystemen von faserverstärkten Materialien (z.B. mit Hilfe der Schallemissionsanalyse) ermöglicht – neben der Erkennung und Klassifizierung von Belastungen – auch eine quantitative Analyse und eine Lokalisierung der Schäden.

Beschleunigungsmessungen

Piezoelektrische Beschleunigungssensoren eignen sich bei geeigneter Konstruktion für extreme Messanforderungen. Mikrosensoren für minimale Massebelastungen der Messobjekte erzeugen trotz Kleinheit signifikante Messsignale, z.B. beim Testen und Messen von Bewegungen mit kleinsten Amplituden bis zum Stillstand und mit hoher Messempfindlichkeit.

Druckmessungen

Piezoelektrische Sensoren messen Drücke hochpräzise in einem weiten Anwendungsbereich unter extremsten Bedingungen (z.B. Zylinderdruck in Motoren, Druck in Kunststoffschmelzen oder den Druckabfall in Dialyseapparaten). Drucksensoren auf Quarzbasis müssen für Anwendungen bei höheren Temperaturen mit Wasser gekühlt werden. $GaPO_4$-Sensoren werden aufgrund ihrer guten Materialeigenschaften eingesetzt, insbesondere für piezoelektrische Hochtemperatur-Drucksensoren sowie in Hochtemperaturmikrowaagen (300 °C).

Kraft- und Drehmomentmessungen

In der Kraftmesstechnik werden die Vorteile piezoelektrischer Sensoren besonders sichtbar. Sie sind robust, überlastsicher und lösen auch bei hohen Vorlasten noch kleinste Kraftänderungen problemlos auf. Einsatzgebiete sind Messungen von Kräften und Drehmomenten in Füge-, Montage- und Prüfprozessen, wie z.B. Ein- und Mehrkomponenten-Kraftsensoren bei Einpressvorgängen, bei Setzkraftüberwachungen, bei Bestückung von Leiterplatten, Überwachung bei der Montage von Lenksäulen oder bei der Prüfung von Zünd- und Druckschaltern.

Strömungsmessungen

Da man mit Piezokeramiken sowohl Sender als auch Empfänger von Druckwellen realisieren kann, reichen 2 Wandler aus, um die Schallgeschwindigkeit in Fluiden stromauf und stromab miteinander zu vergleichen, um daraus die Strömungsgeschwindigkeit zu bestimmen.

Beispiel 11.1 Piezoelektrische Kraftdrucksensoren

Bild 11.11 zeigt den Einbau des piezoelektrischen Elementarsensors in das Messobjekt, und Bild 11.12 stellt den technischen Aufbau des piezoelektrischen Kraftdruckaufnehmers dar. Die oben besprochenen piezoelektrischen Elementarsensoren enthalten alle als Sensorelemente Quarzscheiben. Der hier gezeigte Elementarsensor hat als Sensorelemente Piezokeramikscheiben, die auf der Basis von Keramiksintertechnologien hergestellt werden. Dadurch kann den Sensorelementen fast jede beliebige geometrische Form gegeben werden – ein sehr großer Vorteil für die Anpassung des Elementarsensors an die geometrische Umgebung des Messortes.

Die Druckkraftelementarsensoren bestehen aus 2 Piezokeramikringen und 3 Ringelektroden aus Edelstahl. Die Piezokeramiken sind so angeordnet, dass ihre positiv polarisierte Seite über die mittlere Ringelektrode verbunden ist. Die beiden negativ polarisierten Seiten sind jeweils mit der oberen und der unteren Ringelektrode verbunden. Der Innenleiter des dünnen Koaxialkabels ist mit der mittleren Ringelektrode verbunden und der elektrische Schirm mit der oberen Ringelektrode. Die Anordnung aus Piezokeramikringen, Ringelektroden und Koaxialkabel ist zu einer Einheit, dem Elementarsensor, vergossen. Die elektrische Verbindung zwischen beiden negativ polarisierten Piezokeramikseiten erfolgt über den elektrisch leitenden Zündkerzenhals.

Die beiden Piezokeramikringe sind also elektrisch parallel und mechanisch in Reihe geschaltet. Der Elementarsensor funktioniert auf der Grundlage des longitudinalen piezoelektrischen Effektes. Der Elementarsensor ist über die Zündkerze unter mechanischer Vorspannung eingebaut. Die zu messenden dynamischen Druckänderungen von chemischen Verbrennungsprozessen bewirken über den Zündstein dynamische Dehnungsänderungen in der Metallhülse, im Aufnahmebereich der Zündkerze. Dadurch wird eine Dickenmodulation der Piezokeramikringe bewirkt, die ihrerseits eine Modulation der elektrischen Polarisation bewirkt, die über die Ringelektroden als influenzierte elektrische Ladung abgenommen und weiter elektronisch verarbeitet werden kann.

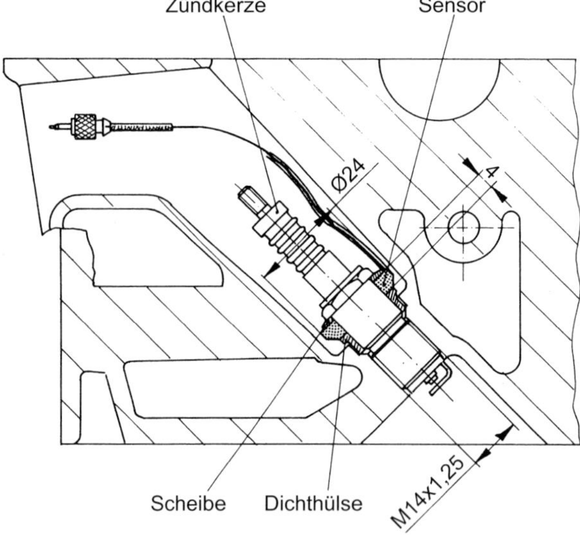

Bild 11.11
Einbau eines piezoelektrischen Kraftdruckaufnehmers unter einer Zündkerze in einem Verbrennungsmotor zur Erfassung eines Klopfsignals

Durch die große piezoelektrische Ladungskonstante der Piezokeramik und die relativ große elektrische Kapazität des Elementarsensors kann bei hochdynamischen Messungen von rein dynamischen Vorgängen direkt mit einem hochohmigen Spannungsverstärker (Elektrometerverstärker) gemessen werden.

In Bild 11.13 sind die beiden Druckverläufe bei klopfender Verbrennung in einem OTTO-Motor dargestellt. Gemessen wird mit einem Quarzelementarsensor mit Ladungsverstärker und einem Piezokeramikelementarsensor (direkt an ein Oszilloskop angeschlossen).

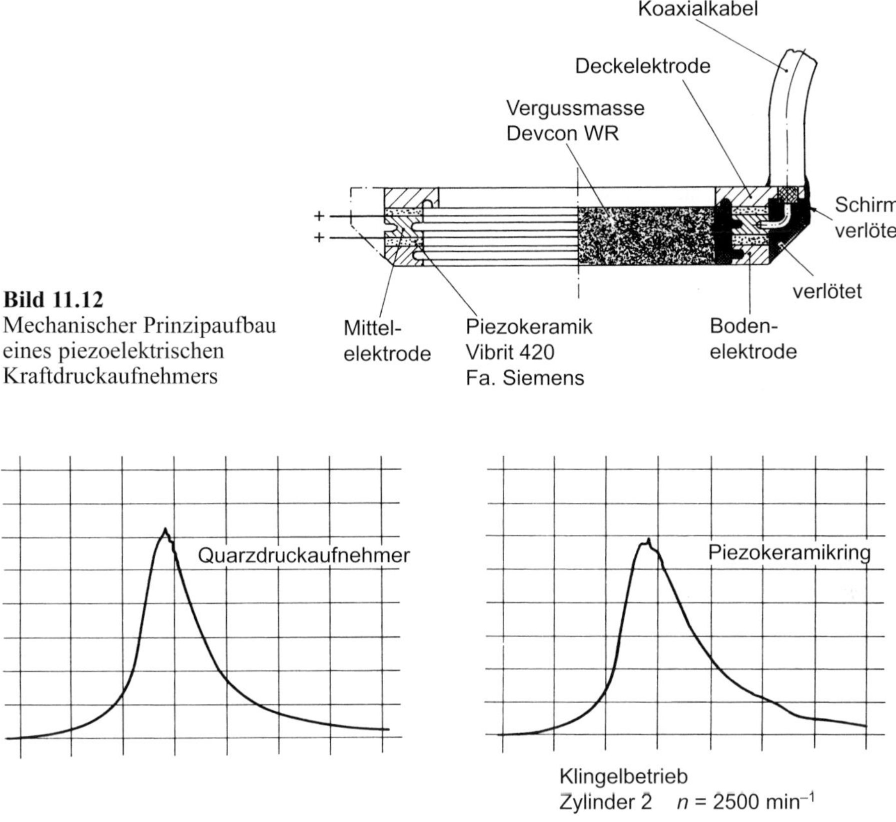

Bild 11.12
Mechanischer Prinzipaufbau eines piezoelektrischen Kraftdruckaufnehmers

Bild 11.13 Vergleich von 2 Druckverläufen mit klopfender Verbrennung, gemessen mit einem Quarzdruckaufnehmer (Fa. Kistler) und einem piezoelektrischen Kraftdruckaufnehmer (Eigenentwicklung)

Beispiel 11.2 Kraftelementarsensoren

Der in Bild 11.14 dargestellte elektromechanische Prinzipaufbau eines piezoelektrischen Kraftelementarsensors besteht aus 2 elektrisch parallel und mechanisch in Reihe geschalteten Quarzscheiben. Die Quarzscheiben haben eine Fläche von A = 100 mm^2 und eine Dicke von d = 1 mm. Die Dielektrizitätskonstante des Quarzmaterials beträgt $\varepsilon_r = 5$, der Isolationswiderstand $R_{isol} = 10^{15}\ \Omega$ und die longitudinale piezoelektrische Ladungskonstante hat den Wert $d_{33}^{(E)} = 2 \cdot 10^{-12}$ As/V.

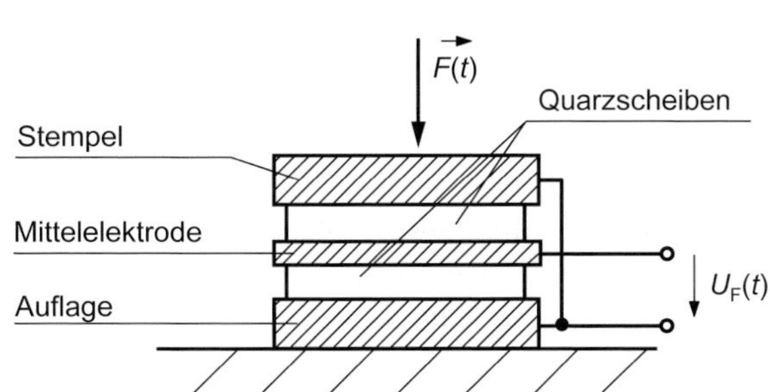

Bild 11.14
Piezoelektrischer Kraftmesswertaufnehmer

a) Berechnen Sie die elektrische Kapazität des piezoelektrischen Kraftelementarsensors (ohne Kabelkapazität, $\varepsilon_0 = 8{,}854 \cdot 10^{-12}$ As/Vm).

b) Berechnen Sie den an den Elektrodenanschlüssen des Elementarsensors messbaren Wert der Amplitude U_F der elektrischen Spannung, wenn auf ihn die dynamisch mechanische Kraft nach Gl. 11.23 wirkt:

$$F(t) = F_0 \cdot \sin(\omega \cdot t) \text{ mit } F_0 = 100 \text{ mN} \qquad \text{(Gl. 11.23)}$$

Der piezoelektrische Elementarsensor wird über ein kurzes Koaxialkabel an ein Oszilloskop angeschlossen. Bild 11.15 zeigt das Ersatzschaltbild des Messaufbaus. Das Koaxialkabel hat einen Isolationswiderstand $R_{\text{isol-koax}} = 100$ MΩ und eine elektrische Kabelkapazität von $C_{\text{koax}} = 5$ pF. Der Eingangswiderstand des Oszilloskops beträgt $R_E = 100$ MΩ und seine Eingangskapazität $C_E = 20$ pF. Aus dem Oszillogramm kann für die dargestellte Spannung $U_{SS} = 15$ mV abgelesen werden.

c) Berechnen Sie die Amplitude der auf den Elementarsensor einwirkenden mechanischen Kraft.

d) Berechnen Sie die elektrische Zeitkonstante τ des Messaufbaus.

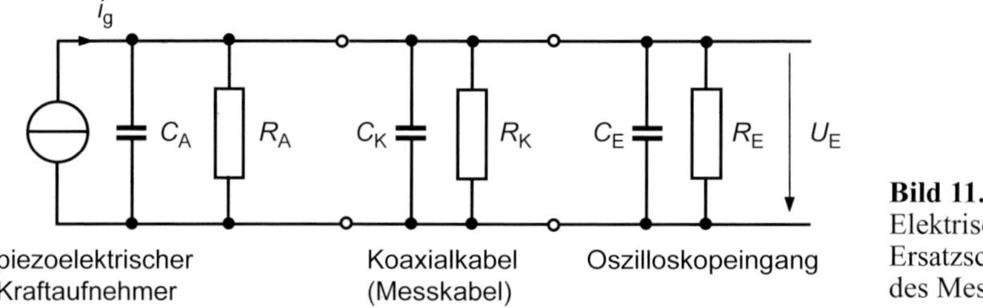

Bild 11.15 Elektrisches Ersatzschaltbild des Messaufbaus

Lösung 11.2

a) Berechnung der Kapazität des piezoelektrischen Elementarsensors
Aus Bild 11.14 ist zu entnehmen, dass die beiden baugleichen Teilkondensatoren C_{A1} und C_{A2} elektrisch parallel geschaltet sind. Es gilt also:

$$C_A = C_{A1} + C_{A2} = 2 \cdot \left(\varepsilon_0 \cdot \varepsilon_r \cdot \frac{A}{d} \right) = \ldots = 8{,}85 \text{ pF} \qquad \text{(Gl. 11.24)}$$

b) Berechnung der Aufnehmerspannung:

$$q(t) = n \cdot d_{33}^{(E)} \cdot F(t) \quad \text{und} \quad u_F(t) = \frac{q(t)}{C_A} \Rightarrow \qquad \text{(Gl. 11.25)}$$

und damit:

$$u_F(t) = \frac{n \cdot d_{33}^{(E)} \cdot F(t)}{C_A} = \frac{n \cdot d_{33}^{(E)} \cdot \hat{F}_0}{C_A} \cdot \sin(\omega \cdot t) = \hat{U}_F \cdot \sin(\omega \cdot t) \Rightarrow$$

$$\hat{U}_F = n \cdot \frac{d_{33}^{(E)}}{C_A} \cdot \hat{F}_0 = \ldots = 45{,}2 \text{ mV} \qquad \text{(Gl. 11.26)}$$

also:

$$u_F(t) = \hat{U}_F \cdot \sin(\omega \cdot t) = 45{,}2 \text{ mV} \cdot \sin(\omega \cdot t) \qquad \text{(Gl. 11.27)}$$

c) Berechnung der Amplitude der mechanischen Kraft. Wie aus Bild 11.15 ersichtlich, ist:

$$u_{\mathrm{E}}(t) = \frac{q(\mathrm{t})}{C_{\mathrm{A}} + C_{\mathrm{K}} + C_{\mathrm{E}}} = \frac{n \cdot d_{33}^{(\mathrm{E})} \cdot \hat{F}_0}{C_{\mathrm{A}} + C_{\mathrm{K}} + C_{\mathrm{E}}} \cdot \sin(\omega \cdot t) = \hat{U}_{\mathrm{E}} \cdot \sin(\omega \cdot t)$$
$$= \frac{1}{2} U_{\mathrm{SS}} \cdot \sin(\omega \cdot t) \Rightarrow$$
$$\hat{F}_0 = \frac{C_{\mathrm{A}} + C_{\mathrm{K}} + C_{\mathrm{E}}}{2 \cdot n \cdot d_{33}^{(\mathrm{E})}} \cdot U_{\mathrm{SS}} = \frac{(8{,}85 + 5 + 20) \cdot 10^{-12}\ \mathrm{As/V}}{2 \cdot 2 \cdot 2 \cdot 10^{-12}\ \mathrm{As/N}} \cdot 15 \cdot 10^{-3}\ \mathrm{V}$$
$$= 63{,}46\ \mathrm{mN}$$

(Gl. 11.28)

d) Berechnung der elektrischen Zeitkonstante des Messaufbaus:

$$\tau = \left(R_{\mathrm{is(A)}} \| R_{\mathrm{is(K)}} \| R_{\mathrm{E}}\right) \cdot \left(C_{\mathrm{A}} + C_{\mathrm{K}} + C_{\mathrm{E}}\right) = \ldots = 1{,}7\ \mathrm{ms} \qquad \text{(Gl. 11.29)}$$

Beispiel 11.3 Dynamische Kraftmessung

Für eine dynamische Kraftmessung wird ein piezoelektrischer Elementarsensor direkt an ein Oszilloskop angeschlossen (Eingangswiderstand 1 MΩ, Eingangskapazität 25 pF). Der Elementarsensor hat eine Eigenkapazität von 100 pF. Der Isolationswiderstand des Elementarsensors und die Eigenkapazität des Messkabels können vernachlässigt werden.

a) Berechnen Sie die untere Grenzfrequenz der Messanordnung.
b) Beschreiben und berechnen Sie, mit welcher schaltungstechnischen Maßnahme die untere Grenzfrequenz der Messanordnung auf 10 Hz gebracht werden kann.
c) Um welchen Faktor K ändert sich die Messempfindlichkeit $\Delta F/\Delta U$ der Messanordnung aufgrund der schaltungstechnischen Maßnahme, die nach Teil b) durchgeführt wurde?

Lösung 11.3

a) Untere Grenzfrequenz

$$f_{\mathrm{u}} = \frac{1}{2 \cdot \pi \cdot R_{\mathrm{Oszi}} \cdot (C_{\mathrm{Sen}} + C_{\mathrm{Oszi}})} = \ldots = 1{,}27\ \mathrm{kHz} \qquad \text{(Gl. 11.30)}$$

b) Durch Parallelschaltung eines zusätzlichen Kondensators C_{zus} zum Elementarsensor, d.h. dessen Eigenkapazität C_{sen}, kann die untere Grenzfrequenz des Messaufbaus verkleinert werden. Mit Gl. 11.30 erhält man damit:

$$C_{\mathrm{zus}} = \frac{1}{2 \cdot \pi \cdot f_{\mathrm{u}} \cdot R_{\mathrm{Oszi}}} = \ldots \approx 16\ \mathrm{nF} \qquad \text{(Gl. 11.31)}$$

c) Für den Änderungsfaktor K gilt:

$$K \equiv \frac{E_{\mathrm{nach}}}{E_{\mathrm{vor}}} = \frac{\Delta F/\Delta U_{\mathrm{nach}}}{\Delta F/\Delta U_{\mathrm{vor}}} = \frac{(C_{\mathrm{zus}} + C_{\mathrm{Sen}} + C_{\mathrm{Oszi}})/Q}{(C_{\mathrm{Sen}} + C_{\mathrm{Oszi}})/Q} \approx \frac{C_{\mathrm{zus}}}{C_{\mathrm{Sen}} + C_{\mathrm{Oszi}}} = \ldots = 128$$

(Gl. 11.32)

12 Optische und optoelektronische Sensoren

Die optische und optoelektronische Sensorik ist ein Teilgebiet der Industriesensorik. Sie beschäftigt sich mit dem Erfassen von technischen Informationen über den physikalischen Zustand von Messobjekten und technischen Prozessen mit Hilfe der elektromagnetischen Wellen im ultravioletten, sichtbaren und infraroten Bereich.

12.1 Optische und elektrophysikalische Grundlagen

Das elektromagnetische Spektrum erstreckt sich über einen Bereich von 15 Zehnerpotenzen. Es reicht vom technischen Wechselstrom für Elektromaschinen bis zur Gammastrahlung der kosmischen Höhenstrahlung. Der vom menschlichen Auge wahrnehmbare optische Bereich des elektromagnetischen Spektrums beträgt nur eine Oktave, d.h. Wellenlängen von 400...800 nm. Die Wellenlänge λ ist mit der Phasengeschwindigkeit c und der Frequenz ν über $\lambda = c / \nu$ verknüpft. W. HALLWACHS zeigte 1888, dass eine elektrisch geladene Zinkplatte ihre negative elektrische Ladung verliert, wenn auf sie ultraviolettes Licht trifft. P. LENARD wies dann nach, dass die aus Metallen austretenden Ladungsträger Elektronen sind und ihre kinetische Energie nicht von der Lichtintensität des ultravioletten Lichtes abhängt, sondern nur von der Lichtwellenlänge. Dies ist ein Widerspruch zur klassischen elektromagnetischen Wellentheorie. A. EINSTEIN erkannte 1905, dass elektromagnetische Strahlungen hier nicht als Wellen, sondern auch als eine Gesamtheit vieler Teilchen, sog. Photonen (Lichtquanten), aufgefasst werden müssen. Er konnte auf Basis dieser Annahme den HALLWACHS-Effekt erfolgreich erklären, der jetzt Photoeffekt genannt wurde. Wesentliche experimentelle Nachweise der «Wellenauffassung» sind « Wellenbeugung» und «Interferenz». Wesentliche experimentelle Nachweise der «Teilchenauffassung» sind der «COMPTON-Effekt» und der «Photoeffekt». Photonen haben, nach dem quan tenphysikalischen Ansatz von MAX PLANCK (1900), einen von der Frequenz abhängigen Energiebetrag $E = h \cdot \nu$, wobei h die PLANCK-Konstante und ν die Frequenz der Strahlung ist. Die sog. Dualität von Wellen und Teilchen (d.h., dass abhängig vom jeweiligen Experiment Wellen als Teilchen oder Teilchen als Wellen auftreten können) bietet die Realisierung von zwei grundverschiedenen Arten von optoelektronischen Sensoren:

- interferometrische Sensoren,
- photoelektrische Sensoren.

Im Weiteren werden die photoelektrischen Sensoreffekte und Sensoren beschrieben.

12.2 Photoelektrische Effekte

Allgemein versteht man unter dem photoelektrischen Effekt (oft «Photoeffekt») die Wechselwirkung von Photonen mit Materie im gesamten elektromagnetischen Spektrum, wobei Photonen ihre Energie vollständig an die Elektronen der Atomhüllen abgeben und diese energetisch anregen. Der Photoeffekt kann mit dem eindimensionalen, stark vereinfachten Energiebändermodell «anschaulich» erklärt werden (Bild 12.1). In Festkörpern mit einem kristallinen Aufbau haben die an den chemischen Reaktionen beteiligten Elektronen der äußeren Elektronenschalen eine materialabhängige bestimmte mittlere Energie. Mit dieser Energie können die Elektronen den Atomgitterverband nicht verlassen. Diese Elektronen heißen Valenzelektronen und haben daher ein Energieniveau, das im Valenzband VB liegt. Nur Elektronen, die sich «frei» im Kristallgitter bewegen können, tragen zu der elektrischen Leitfähigkeit im Festkörper bei. Sie heißen daher Leitungselektronen und haben ein Energieniveau, das im Leitungsband LB liegt.

Metalle und Halbmetalle

Bei einwertigen Metallen ist das höchste besetzte Energieband zur Hälfte mit Elektronen aufgefüllt. Bei mehrwertigen Metallen überlappen sich teilweise die Energiebänder. Elektronen können daher beim Anlegen von beliebig kleinen elektrischen Feldstärken in einen höheren Energiezustand wechseln und damit zum elektrischen Strom beitragen, weswegen Metalle gute elektrische Leiter sind. Das sog. FERMI-Niveau (gekennzeichnet durch die FERMI-Energie E_F, Bild 12.1) gibt an, bis zu welcher Energie Zustände (am absoluten Nullpunkt, $T = 0$ K) besetzt sind, und liegt bei Metallen bzw. Halbmetallen innerhalb des höchsten besetzten Bandes bzw. im Überlappungsbereich der Bänder. Bei Halbmetallen liegt die Unterkante des Leitungsbandes etwas tiefer als die Oberkante des Valenzbandes. Diese energetische Überlappung führt zur kleineren Konzentration von Elektronen im Leitungsband und Löchern im Valenzband.

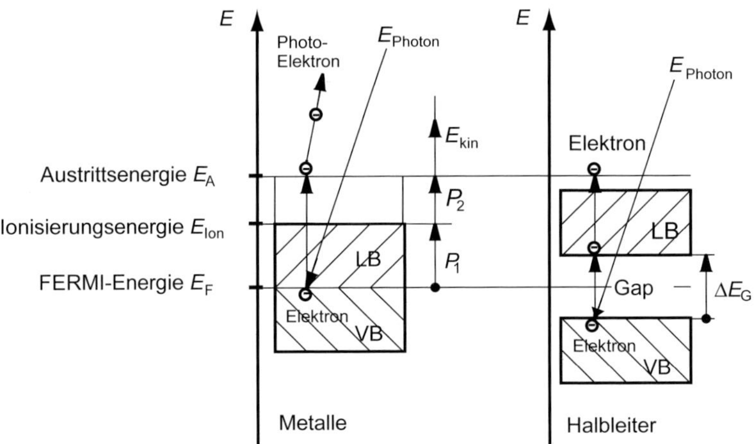

Bild 12.1 Vereinfachtes, eindimensionales Energiebändermodell zur Erklärung des photoelektrischen Effektes

Halbleiter und Isolatoren

Sie haben eine Bandlücke (Gap) mit einer Energielücke ΔE_G zwischen Valenz- und Leitungsband. Da ihre Valenzbänder bei $T = 0$ K voll besetzt sind, ist kein Ladungstransport möglich. Führt man dem Halbleitermaterial Energie E_{extern} in ausreichendem Maße z.B. durch Temperaturerhöhung, elektrische Feldeinwirkung oder Lichteinstrahlung zu, können die Valenzelektronen die Lücke ΔE_G überwinden und damit ins Leitungsband angehoben werden (Bild 12.1). Auf diese Weise kann ein unbesetztes Leitungsband teilweise besetzt werden. Diese Elektronen und die im Valenzband zurückbleibenden Löcher tragen dann beide zum elektrischen Strom bei (Eigenleitung). Die zwischen Valenz- und Leitungsband liegende Bandlücke heißt daher auch «verbotene Zone». Sie bildet die Energiedifferenz, die man Valenzelektronen mindestens zuführen muss, um sie vom Valenzband ins Leitungsband zu heben. Die allg. Energiebedingung für Halbleitersensoren ist deshalb:

$$\Delta E_G \leq \sum_k E_{\text{extern}} = \frac{3}{2} \cdot \text{k} \cdot T + e_0 U_G + \text{h} \cdot \nu + \ldots \qquad \text{(Gl. 12.1)}$$

Dabei ist der 1. Term die Temperaturenergie (k = BOLTZMANN-Konstante, T = absolute Temperatur), der 2. Term die elektrische Energie (e_0 = Elementarladung des Elektrons, U_G = Potentialdifferenz zwischen VB und LB), der 3. Term die Strahlungsenergie (h = PLANCK-Konstante, ν = Strahlungsfrequenz) aus dem gesamten elektromagnetischen Spektrum und der Wärmestrahlung. Für optoelektronische Sensoren ist die einzige extern zugeführte Energie E_{Photon} die Photonenenergie, wobei alle anderen Energien als Störgrößen unterdrückt werden müssen. Die Energiebedingung lautet dann:

$$E_{\text{Photon}} = \text{h} \cdot \nu \geq \Delta E_G \qquad \text{(Gl. 12.2)}$$

h PLANCK-Konstante
ν Frequenz
e_0 elektrische Ladung des Elektrons
U_G elektrische Potentialdifferenz zwischen VB und LB

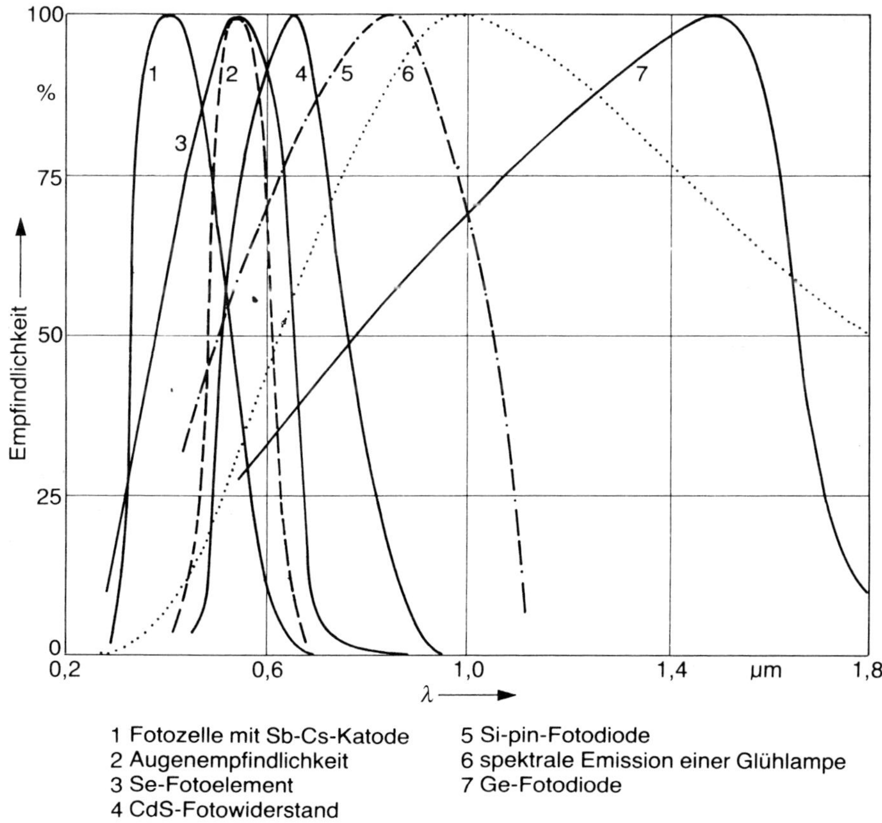

Bild 12.2 Relative spektrale Empfindlichkeit optoelektronischer Elementarsensoren

Optoelektronische Sensoren sind durch ihre spektrale Empfindlichkeit (relative Empfindlichkeit abhängig von Wellenlängen) gekennzeichnet. In Bild 12.2 ist die normierte spektrale Empfindlichkeit von Photoleitern und die spektrale Emission einer Metalldrahtglühlampe dargestellt. Der photoelektrische Effekt ist beobachtbar in Metallen, an Metalloberflächen, in reinen und dotierten Halbleitern mit und ohne pn-Übergang.

Der photoelektrische Effekt besteht aus 3 unterschiedlichen energetischen Effekten:

1. **Äußerer photoelektrischer Effekt**
2. **Innerer photoelektrischer Effekt**
3. **Photoionisation (atomarer Photoeffekt)**

1. Äußerer photoelektrischer Effekt

Die Energie der Photonen E_{Photon} ist so groß, dass die von ihnen im VB getroffenen Elektronen energetisch angeregt werden und durch das VB die Festkörperoberfläche verlassen. Die so aus den Festkörperoberflächen (z.B. von Metallen oder Metalllegierungen) durch Photonen herausgelösten Elektronen nennt man Photoelektronen. Sie können durch ein äußeres elektrisches Feld vor der Festkörperoberfläche «abgesaugt» und als äußerer elektrischer Strom sensortechnisch genutzt werden. Die Energiebedingung nach A. EINSTEIN lautet:

$$E_{\text{Photon}} = \text{h} \cdot \nu \geq P_1 + P_2 + E_{\text{kin}} \qquad \text{(Gl. 12.3)}$$

P_1 Ionisierungsarbeit
P_2 Austrittsarbeit aus der Festkörperoberfläche
E_{kin} kinetische Energie der Elektronen nach Verlassen der Festkörperoberfläche

2. Innerer photoelektrischer Effekt

Der innere photoelektrische Effekt besteht aus weiteren 2 energetischen Effekten.

Photokonduktiver Effekt (oder Photoleitung)

Die in Festkörpern durch Photonen mit einer Energie $>\Delta E_{\text{G}}$ vom sog. Valenzband VB ins sog. Leitungsband LB gehobenen Elektronen (s. Energie Bändermodell) verbleiben im Festkörper und tragen zu dessen elektrischer Leitfähigkeit bei. Dieser Effekt tritt nur schwach bei Metallen, aber besonders ausgeprägt bei Halbleitern auf. Die Energiebedingung lautet:

$$P_2 > E_{\text{Photon}} = \text{h} \cdot \nu \geq \Delta E_{\text{G}} \qquad \text{(Gl. 12.4)}$$

Photovoltaischer Effekt (Sperrschichtphotoeffekt)

Treffen Photonen auf die Sperrschicht eines pn-Halbleiters, entstehen dort Ladungsträgerpaare. Es findet in der Sperrschicht eine Ladungsträgertrennung statt. In der Sperrschicht entsteht so eine elektrische Potentialdifferenz (elektrische Spannung). Wird der Anordnung elektrische Leistung entnommen, wirkt sie elektrisch wie eine Batterie. Die Energiebedingung lautet:

$$E_{\text{Photon}} = \text{h} \cdot \nu \geq \Delta E_{\text{Dotierungsniveau}} \qquad \text{(Gl. 12.5)}$$

3. Photoionisation (atomarer Photoeffekt)

Setzt man Atome oder Moleküle eines Gases einer kurzwelligen elektromagnetischen Strahlung aus (Ultraviolett-, Röntgen- oder Gammastrahlung), werden sie angeregt oder ionisiert, d.h., die hochenergetischen Photonen werden absorbiert, indem sie einen Teil oder ihre gesamte kinetische Energie an gebundene Elektronen abgeben und bei ausreichend hoher Energie aus den Atomen oder Molekülen freisetzen.

12.3 Sensoreffekte

Im Folgenden sind die wichtigsten optoelektronischen Elementarsensoren nach den ihnen zugrunde liegenden physikalischen Wirkprinzipien zusammengestellt:

- äußerer photoelektrischer Effekt: Photozellen, Photovervielfacher,
- innerer photoelektrischer Effekt: Photowiderstände, IR-Detektoren,
- Sperrschichtphotoeffekt: Se-, Si-, Ge-Photoelement, Si-, Ge-Photodiode, Si-Phototransistor,
- Photoionisation: Sensoren für Ultraviolett-, Röntgen- oder Gammastrahlung.

12.4 Photozelle (Vakuumphotozelle)

Diesem Elementarsensor liegt als Sensoreffekt der äußere photoelektrische Effekt zugrunde.

Grundlagen und technischer Aufbau

Die Photozellen bestehen aus evakuierten Glaskolben mit hohlspiegelförmigen Photokatoden K und der Anode A. In Bild 12.3 sind der schematische Aufbau der Photozelle, das Schaltprinzip und das Schaltzeichen dargestellt. Wird die Photokatode mit Photonen beschossen, deren Energie E_{Photon} größer ist als die Austrittsarbeit P_2 des verwendeten Photokatodenmaterials, emittiert die Photokatode die sog. Photoelektronen. Es gilt dann:

$$E_{\text{Photon}} = \text{h} \cdot \nu \geq P_2 + E_{\text{kin}} \qquad \text{(Gl. 12.6)}$$

E_{kin} kinetische Energie des Photoelektrons nach Verlassen der Katodenoberfläche

P_2 Austrittsarbeit aus der Katodenoberfläche

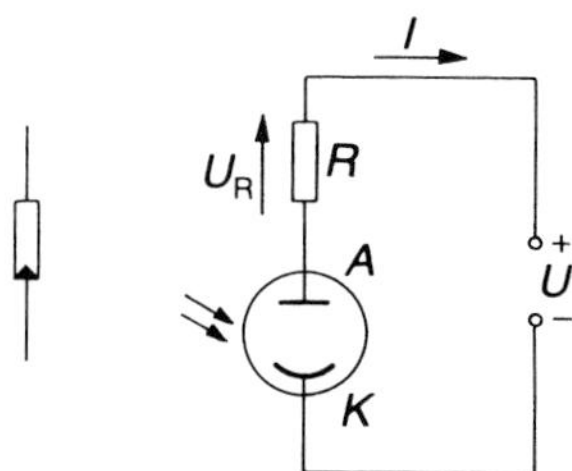

Bild 12.3
Physikalisches und elektrisches Wirkungsprinzip einer Photozelle

Nachfolgend sind für ein paar wichtige Katodenmaterialien die Austrittsarbeiten aufgezählt:

Cäsium (Cs)	1,9 eV
Barium (Ba)	2,5 eV
Silber (Ag)	4,47 eV
Gold (Au)	4,92 eV

Das Photokatodenmaterial bestimmt also die spektrale Empfindlichkeit der Photozelle. Aus Gl. 12.5 erhält man die langwellige Grenze:

$$\lambda_g = \frac{h \cdot c_0}{P_2} \qquad \text{(Gl. 12.7)}$$

c_0 Vakuum-Lichtgeschwindigkeit

Unter Einfluss einer zwischen Photokatode K und der Anode A angelegten elektrischen Gleichspannung U fließt ein Photoelektronenstrom durch die Photozelle und damit auch durch den äußeren Stromkreis mit dem Arbeitswiderstand R. Die Anodenspannung U muss dabei so groß sein, dass alle emittierten Photoelektronen von der Anode A «abgesaugt» werden. Dann ist der Photoelektronenstrom I unabhängig von der Anodenspannung und linear zur Beleuchtungsstärke E_V. Bild 12.4 zeigt die Abhängigkeit des elektrischen Stroms I abhängig von der Anodenspannung U bei verschiedenen Lichtströmen Φ_0 (gemessen in lm) als Parameter mit verschiedenen Arbeitswiderständen R. Ab einer Spannung von ca. 10 V tritt, je nach Beleuchtungsstärke E_V (gemessen in lm/m^2 = lx), eine elektrische Stromsättigung auf, d.h., alle von der Photokatode emittierten Photoelektronen werden von der Anode abgesaugt.

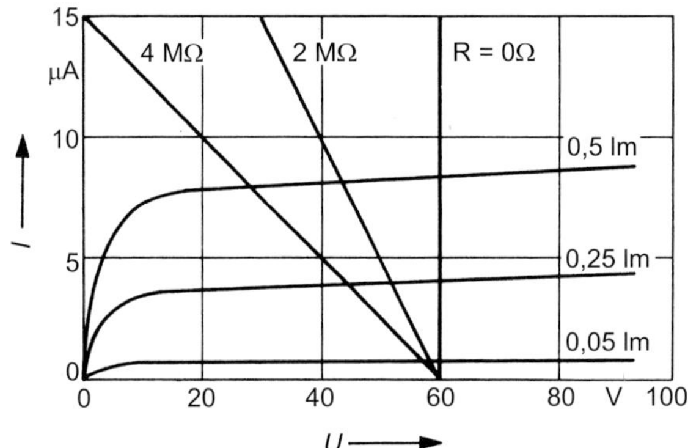

Kennlinie:

Bild 12.4
Kennlinienfeld einer Photozelle

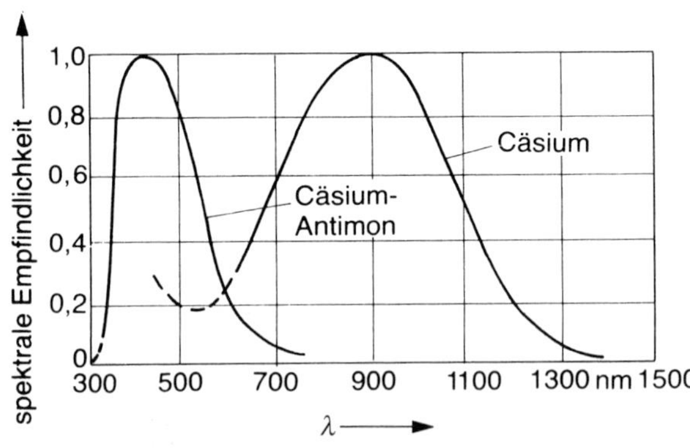

Bild 12.5
Normierte spektrale Empfindlichkeit von 2 Photozellen

Messtechnische Eigenschaften

Die Empfindlichkeit des Elementarsensors ist konstant und beträgt für Cäsium- oder Cäsium-Antimon-Katoden ca. 0,001 µA/lx. Die Grenzfrequenz liegt bei ca. 1 GHz, da die Laufzeit zwischen Anode und Katode bei entsprechender kleiner Bauweise sehr kurz ist. Mit Photozellen lassen sich sehr schnelle Vorgänge erfassen. Bild 12.5 zeigt in einem Diagramm die spektrale Empfindlichkeit für 2 wichtige Photokatodenmaterialien.

Vorteile

Sehr hohe Grenzfrequenz f_g = 100 MHz...1 GHz. Die dadurch bedingte fast trägheitslose Arbeitsweise ermöglicht den Einsatz in der Tonfilmtechnik.

Nachteile

Mittlere bis kleine Empfindlichkeit von ca. 10^{-3} µA/lx, d.h., es ist eine elektronische Verstärkung des Messsignals notwendig.

Anwendungen

Tonfilmtechnik, Strahlungsdetektoren zum Nachweis von Licht vom nahen Infrarotbereich (NIR) bis zum Ultraviolettbereich (UV) und dessen Quantenenergie.

12.5 Photomultiplier (Sekundär-Eelektronenvervielfacher)

Diesem Elementarsensor liegt als Sensoreffekt der äußere, photoelektrische Effekt zugrunde.

Grundlagen und technischer Aufbau
Der Photomultiplier besteht aus einem evakuierten Glaskolben G, einer Anode A und mehreren Elektroden, den sog. Dynoden D. Bild 12.6 zeigt den elektromechanischen Prinzipaufbau eines Photomultipliers und seine elektronische Beschaltung.

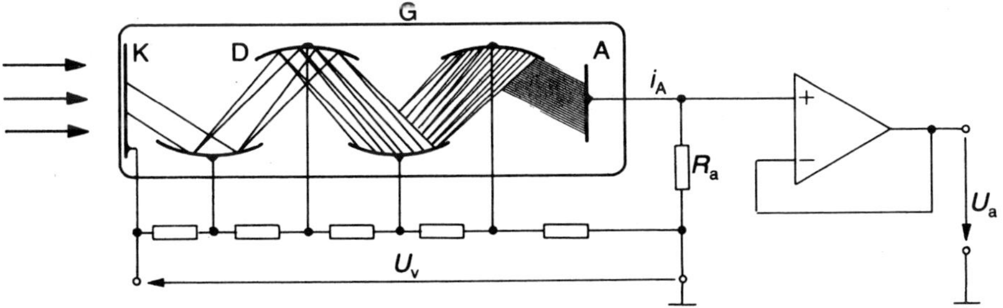

Bild 12.6 Physikalisches und elektrisches Wirkungsprinzip eines Photomultipliers

Die aus der Photokatode K durch Photoneneinfall emittierten Photoelektronen werden zur 1. Dynode beschleunigt (s. Bild 12.6) und schlagen aus ihr sog. Sekundärelektronen. Dieser Vorgang wiederholt sich nun von Dynode zu Dynode. Jedes Primärelektron löst dabei im Mittel z Sekundärelektronen aus. Damit erhält man bei N Dynoden für den Ausgangsstrom i_A des Photomultipliers die Gleichung:

$$i_A = z^N \cdot i_k \qquad \text{(Gl. 12.8)}$$

i_k Photoelektronenstrom aus der Photokatode K

Messtechnische Eigenschaften und Sensorelektronik
Der mögliche elektronische Verstärkungsfaktor z^N beträgt 10^8. Mit diesem hochempfindlichen optoelektronischen Elementarsensor ist es möglich, einzelne Photonen als einzelnen elektrischen Impuls nachzuweisen. Die Grenzfrequenz f_g von Photomultipliern liegt bei ca. 1 GHz.

Vorteile

Sehr hohe Grenzfrequenz f_g = 100 MHz...1 GHz; sehr hohe Messempfindlichkeit, so dass die messtechnische Erfassung einzelner Photonen möglich ist.

Nachteile

Teurer als z.B. die Photozelle, da mehr externe Beschaltung notwendig ist.

Anwendungen

Hochempfindliche Detektoren (bis zum Einzelphotonennachweis) für IR bis UV, gekoppelt mit Szintillatoren auch für hochenergetische Strahlung (Röntgen- oder Gammastrahlung).

12.6 Photowiderstand (photoresistiver Elementarsensor)

Der diesem Elementarsensor zugrunde liegende Sensoreffekt ist der innere photoelektrische Effekt. Der Elementarsensor kann auch für den Einsatz im UV- und IR-Bereich realisiert werden.

Grundlagen und technischer Aufbau
Der Photowiderstand ist ein sperrschichtfreies Halbleiterbauelement mit einem Widerstandskörper aus Halbleitermischkristallen, dessen Widerstand bei Beleuchtung abnimmt, da die Elektronen vom Leitungsband ins Valenzband gehoben werden, den Widerstandskörper jedoch nicht verlassen können. Es gilt also $E_{Photon} = h \cdot \nu < \Delta E_G$. Bild 12.7 zeigt den elektromechanischen Prinzipaufbau. Die auf Halbleiterschichten treffenden Photonen setzen Valenzelektronen aus dem VB frei und heben sie energetisch in das LB. Die so erreichte Vergrößerung der Leitfähigkeit ist als Widerstandsabnahme erkennbar (innerer Photoeffekt). In Bild 12.8 ist die Widerstandsabnahme eines Photowiderstandes mit der Beleuchtungsstärke E_V (gemessen in lx) dargestellt. Durch die Kammelektrodenstruktur (Bild 12.8) wird eine große lichtempfindliche Oberfläche bei einem kleinen Elektrodenabstand erreicht. Dadurch können die Photoelektronen vor der Rekombination mit den positiven Gitterfehlstellen über die Kammelektroden abfließen.

Messtechnische Eigenschaften und Sensorelektronik
Die spektrale Empfindlichkeit (Bild 12.9) der Photowiderstände wird durch das lichtempfindliche Halbleitermaterial festgelegt. Die Widerstandskennlinie in Bild 12.8 zeigt die charakteristischen Widerstandswerte und werden als Hell- und Dunkelwiderstand bezeichnet. Der erste stellt sich bei Beleuchtung ein. Der zweite zeigt, dass auch im nicht beleuchteten Zustand ein Strom fließt, der sog. Dunkelstrom. Er rührt

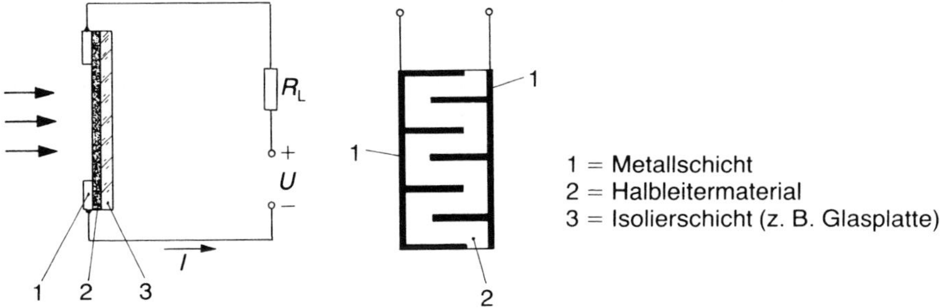

Bild 12.7 Mechanischer und elektrischer Prinzipaufbau eines Photowiderstandes

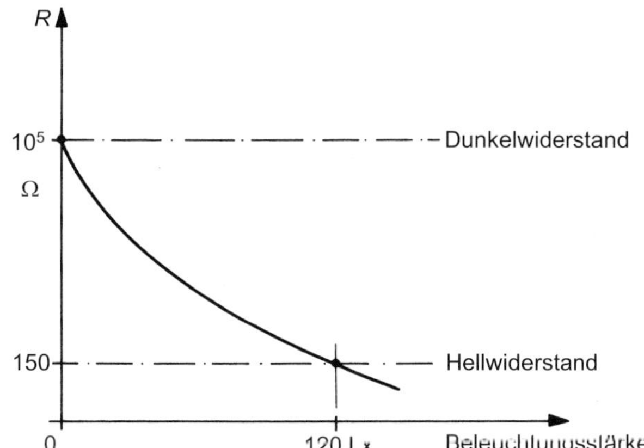

Bild 12.8
Widerstandskennlinie eines Photowiderstandes

daher, dass in den empfindlichen Photohalbleitermaterialien einzelne energiereiche Elektronen den Gap ΔE_G auch ohne Lichteinfall überwinden können (s. Energiebändermodell). Auch thermisch angeregte Elektronen können, bei messempfindlichen Photowiderständen, den Gap ΔE_G überwinden. Photowiderstände sind somit temperaturempfindlich. Bild 12.10a und Bild 12.10b zeigen zwei mögliche Spannungsteilerschaltungen, bestehend aus einem OHMschen Festwiderstand R und einem Photowiderstand R_{Photo}. Bei der Schaltung 12.10a nimmt das Messsignal U_A bei Lichteinwirkung bezogen auf die Masse ab und bei der Schaltung 12.10b zu. Schaltung 12.10c zeigt eine lichtabhängige Relaisansteuerung über einen Photowiderstand. Bild 12.11a zeigt eine ¼-Brückenschaltung, die unter Lichteinwirkung verstimmt wird und damit eine Diagonalspannung U_A auftritt. Bild 12.11b zeigt ein Lichtrelais. Ein Photowiderstand R_{Photon} und ein Festwiderstand R_1 bilden einen lichtempfindlichen Spannungsteiler. Bei Lichteinwirkung nimmt die Mittelspannung gegenüber der Masse ab, so dass der als Komparator wirkende Operationsverstärker OP1 an seinem Ausgang ein L-Signal erzeugt, so dass das Relais aktiviert wird. Damit Fehlschaltungen durch kurze Lichtimpulse nicht auftreten, wird ein Verzögerungskondensator C_1 parallel zum Photowiderstand geschaltet.

Vorteile ⊕

Ein großer Vorteil des Photowiderstands liegt darin, dass er auch ohne elektronische Zwischenschaltungen direkt Minirelais für Steuerungsaufgaben schalten kann.

Nachteile

Der Photowiderstand hat eine große messtechnische Trägheit. Die Änderung des Widerstandes folgt verzögert der Änderung der Beleuchtungsstärke. Die Grenzfrequenz f_g liegt nur bei ca. 100...500 Hz. Daher werden oft Photodioden bevorzugt (s. Abschnitt 12.7.1).

Anwendungen

Man kann mit dem Photowiderstand vorteilhaft Dämmerschaltungen, Flammwächter (z.B. in Ölheizungen und in Lichtschranken) aufbauen.

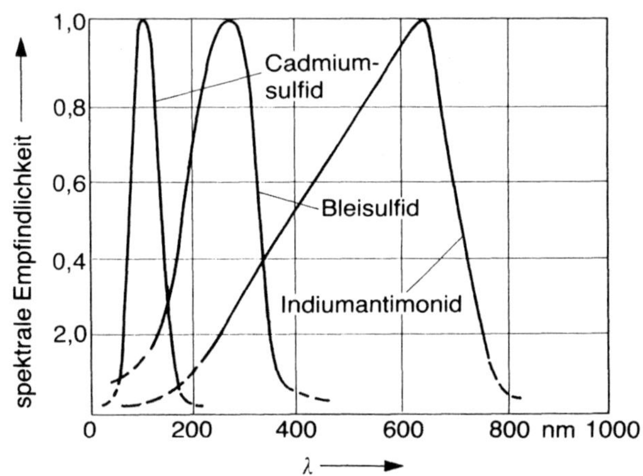

Bild 12.9 Spektrale Empfindlichkeit von 3 verschiedenen Photowiderständen

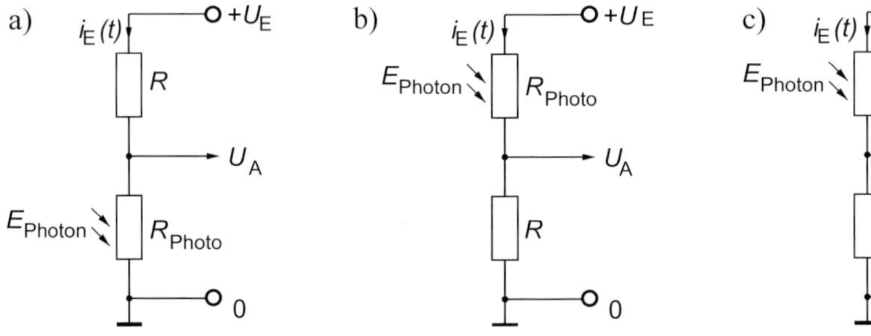

Bild 12.10 a), b) 2 schaltungstechnisch mögliche Spannungsteiler, bestehend aus einem OHMschen Festwiderstand R und einem Photowiderstand R_{Photo}
c) Spannungsteilerschaltungen, bestehend aus einem OHMschen Festwiderstand R und einem Photowiderstand R_{Photo} zur optischen Relaissteuerung

12.7 Photodioden und Photoelemente

Bei Photodioden und Photoelementen wird als Sensoreffekt der Sperrschicht-Photoeffekt ausgenutzt. Beide sind identisch, was ihren physikalischen Aufbau betrifft. Es hängt nur von der elektrischen Betriebsart ab, ob der Elementarsensor als Photodiode oder als Photoelement arbeitet. Die elektrischen Betriebsarten beruhen auf unterschiedlichen physikalischen Effekten.

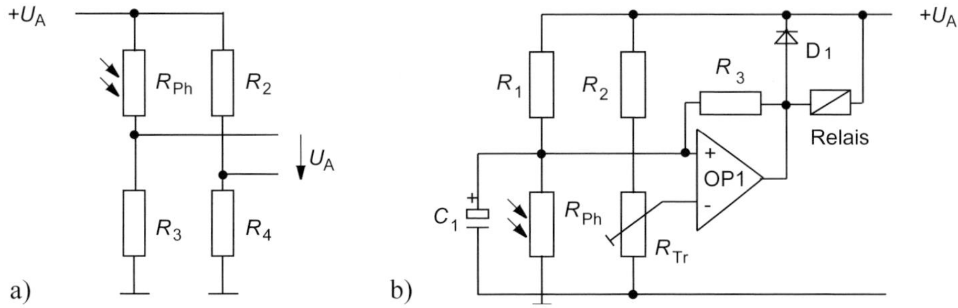

Bild 12.11 a) ¼-Brückenschaltung, die unter Lichteinwirkung verstimmt wird und damit die Diagonalspannung U_A erzeugt
b) Licht-Relais-Photowiderstand R_{Ph} und Festwiderstand R_1 bilden den lichtempfindlichen Spannungsteiler, Komparator (OP1), der das Relais optisch aktiviert

Allgemeiner Aufbau und Systematik der Photodioden

Elementarsensoren bestehen aus Siliziumhalbleitern mit pn-Übergängen, die durch Fenster in den Gehäusen belichtet werden können. Bei allen Photodiodentypen wird als Sensoreffekt der Sperrschicht-Photoeffekt genutzt. Es folgt eine Systematik der Photodioden:

- PN-Photodiode,
- PIN-Photodiode,
- APD-Photodiode,
- Photodiodenarrays.

PN-Photodioden und PIN-Photodioden unterscheiden sich dadurch, dass zur Erhöhung der Messempfindlichkeit zwischen die n-Zone und die p-Zone eine eigenleitende, sehr dünne Intrinsic-Schicht (intrinsic = eigenleitend) aus hochreinem, undotiertem Silizium eingearbeitet wird (s. gestrichelte Linie in Bild 12.12a). Die so entstehende kleinere Sperrschichtkapazität ermöglicht die Verarbeitung von Signalfrequenzen bis in den GHz-Bereich. Bei der Avalanche-Photodiode (APD = ***A****valanche-****P****in-****D****iode*) ist die Sperrschichtspannung so hoch, dass die durch den Lichteinfall erzeugten Ladungsträger durch die hohe elektrische Feldstärke so stark beschleunigt werden, dass durch Stoßionisationen lawinenartig (*avalanche*) weitere Ladungsträger freigesetzt werden (sog. innere Verstärkung). Für spezielle Anwendungen kann man Photodiodenarrays einsetzen. Sie werden aber heute fast vollständig durch CCD-Zeilen und Bildsensoren ersetzt.

12.7.1 PN-Photodioden

Bei PN-Photodioden wird als Sensoreffekt der Sperrschicht-Photoeffekt benutzt.

Grundlagen und technischer Aufbau

Bild 12.12a und Bild 12.12b zeigen den mikroelektronischen Aufbau und die elektrophysikalische Wirkungsweise von PN-Photodioden. In einem geeigneten Halbleiteraufbau mit einer p- und einer n-leitenden Zone diffundieren an der Berührungsstelle die Defektelektronen (Löcher) in den n-leitenden und die Leitungselektronen in den p-leitenden Bereich. Defektelektronen und Leitungselektronen können an der Berührungsstelle leicht strahlungsfrei rekombinieren. Dadurch entsteht auf natürliche Weise eine ladungsträgerfreie Zone, die Sperrschicht. Die Ladungsträgerdiffusion ist beendet, wenn sich zwischen der n-Zone und der p-Zone, aufgrund der im n-Leiter und im p-Leiter zurückbleibenden Akzeptoratome und Donatoratome, eine Diffusionsspannung von z.B. ca. 0,7 V bei Siliziumdioden aufgebaut hat. Damit eine Photodiode eine möglichst hohe Messempfindlichkeit hat, wird die Diode so aufgebaut, dass die dünne Sperrschicht dicht unter der Oberfläche entsteht, weil alle Halbleitermaterialien einen großen Lichtabsorptionsfaktor haben. Dieser Faktor nimmt mit kleiner werdenden Wellenlängen stark zu. Die Sperrschicht (pn-Übergang) wird elektrisch in der Sperrrichtung vorgespannt. Das einfallende Licht konzentriert man mit einer Linsenoptik auf die Sperrschicht. Treffen nun Photonen genügend hoher Energie auf die Sperrschicht, entstehen darin Elektronen-Lochpaare aus den früher schon rekombinierten Ladungsträgern. Da in der Sperrschicht die Ladungsträgerdichte stark reduziert ist, kann die Ladungsträgertrennung durch den Photoeffekt praktisch fast ungestört ablaufen. Die so entstandenen Elektronen-Lochpaare werden durch das elektrische Feld der Sperrschicht wieder getrennt. Die Löcher (Defektelektronen) wandern dann zur p-Zone und die Elektronen zur n-Zone, wo sie als Majoritätsträger ohne Gefährdung durch Rekombination zu den Anschlusselektroden (Metallkontakten) gelangen können. Es entsteht ein elektrischer Außenstrom I_{FD} (photokonduktiver-Betrieb). Auch außerhalb der Sperrschicht können freigesetzte Ladungsträger in die Sperrschicht diffundieren. Rekombinieren jedoch Löcher und Elektronen vor Erreichen der Elektroden, können sie nicht zum Photostrom beitragen.

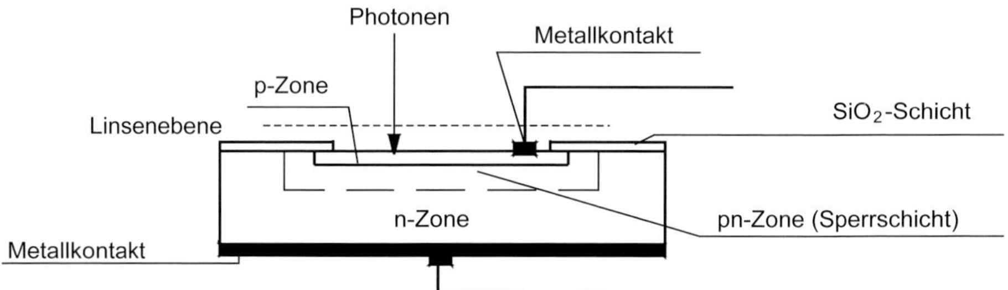

Bild 12.12a Mikroelektronischer Schichtaufbau einer pn-Photodiode

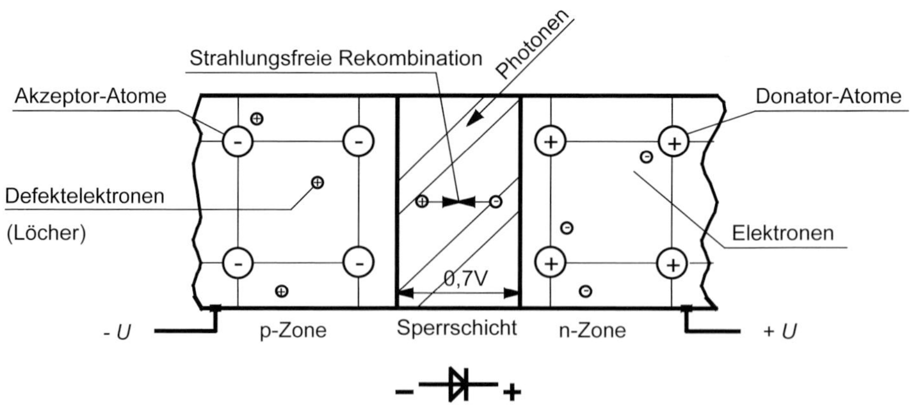

Bild 12.12b Schema zur elektrophysikalischen Wirkungsweise einer pn-Photodiode

Messtechnische Eigenschaften und Sensorelektronik

Bild 12.13 zeigt im linken Teil die elektrische Verschaltung und im rechten eine einfache elektronische Schaltung mit einem Operationsverstärker. Der Photostrom und damit der Außenstrom I_{FD} ist streng proportional zur optischen Beleuchtungsstärke E_V. Dieser Sachverhalt ist in Bild 12.14 dargestellt. Durch die Spannung am pn-Übergang in Sperrichtung wird die Sperrschicht vergrößert. Deswegen sinkt die Sperrschichtkapazität und verbessert das dynamische Verhalten der Photodiode. Die Ansprechzeit einer Photodiode beträgt ca. 1 ms. Die spektrale Empfindlichkeit liegt für Silizium-Photodioden bei ca. 800...850 nm. Photodioden arbeiten sehr schnell und können Messsignalfrequenzen bis zu 100 MHz folgen. Die Ansprechzeit beträgt ca. 1 µs.

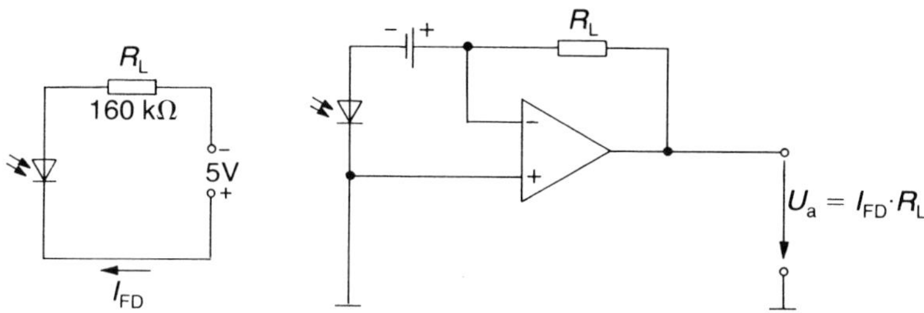

Bild 12.13 Einfache elektrische Schaltungen mit Photodioden

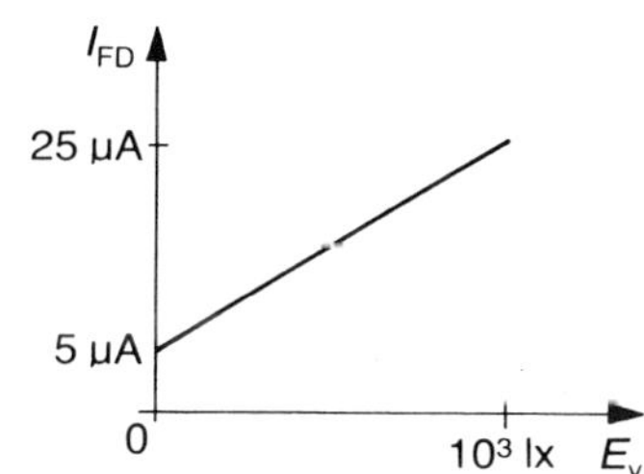

Bild 12.14
Kennlinie einer Photodiode

Vorteile

Sehr kleine Messträgheit, d.h. Grenzfrequenz von 100 MHz...200 MHz.

Nachteile

Elektrische Eigenleitung bei typisch 3...5 µA. Sehr kleine Sperrströme von typisch 10...20 µA, daher ist eine elektronische Verstärkung notwendig. Aus diesem Grund werden auch Phototransistoren anstelle von Photodioden eingesetzt.

Anwendungen

Unterhaltungselektronik

Betriebsanzeigen, Fernbedienungen für Fernsehgeräte, in der heutigen Haustechnik, in Video- und Audiogeräten.

Automation / Sensorik

Lichtschranken, Drehzahlsensoren, Drehwinkelsensoren, Füllstandssensoren, Konzentrationsmessungen.

Optische Nachrichtentechnik
Optoelektronische Empfänger.

Typische Kennwerte einer Photodiode
Beispiel: Silizium-Photodiode BP 104

Technische Daten

Zulässige Sperrspannung	20	V
Spektrale Empfindlichkeit bei 850 nm	55	nA / lx
Spektralbereich	400...1100	nm
Quantenausbeute	0,9	
Wellenlänge der max. Photoempfindlichkeit	800	nm
Größe der bestrahlungsempfindlichen Fläche	2,2 · 2,2	mm²
Leerlaufspannung bei 1000 lx	0,36	V
Kurzschlussstrom bei 1000 lx	50	µA
Dunkelstrom, abhängig von der Sperrspannung	2	nA / V
Sperrschichtkapazität, abhängig von Sperrspannung	48 pF bei 0 V	12 pF bei 10 V

12.7.2 Photoelemente

Bei den Photoelementen wird als Sensoreffekt der Sperrschicht-Photoeffekt genutzt.

Grundlagen und technischer Aufbau
Photodiode und Photoelement sind identisch in ihrem physikalischen Aufbau. Es hängt nur von der elektrischen Betriebsart ab, ob der Elementarsensor als Photodiode oder als Photoelement arbeitet. Die durch Ladungsträgerdiffusion entstandene innere elektrische Feldstärke der Sperrschicht trennt (auch ohne äußeren elektrischen Spannung) die durch Photonen erzeugten Ladungsträgerpaare. (s. auch Bild 12.12b). Da die Elektronen in die n-Zone und die Löcher in die p-Zone wandern, baut sich eine elektrische Potentialdifferenz auf, die messtechnisch bestimmt werden kann. Bild 12.15 zeigt das elektrische Ersatzschaltbild eines Photoelements.

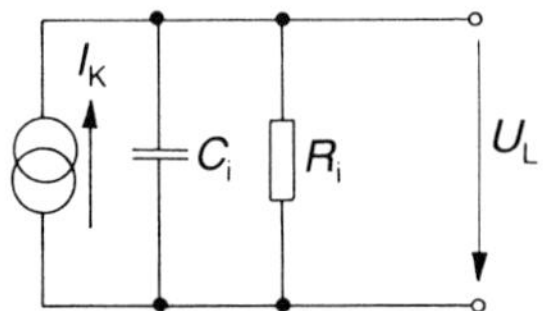

R_i = Innenwiderstand
C_i = Kapazität des Photoelements
I_K = Kurzschlussstrom
U_L = Leerlaufspannung

Bild 12.15
Elektrische Ersatzschaltung eines Photoelements

Messtechnische Eigenschaften und Sensorelektronik
Es gibt 3 charakteristische elektrische Betriebsarten: Leerlauf, Kurzschluss und Normalbetrieb.

1. Leerlauf
Im Leerlauf fließt der gesamte Photostrom als Durchlassstrom im Photoelement wieder zurück. Die am Innenwiderstand des Photoelements erzeugte Leerlaufspannung steigt proportional mit der Beleuchtungsstärke E_V an (Bild 12.16) und wird nicht größer als ca. 0,6 V.

2. Kurzschluss
Im Kurzschluss fließt der ganze Photostrom durch den Außenkreis (Bild 12.17). Wegen $U = 0$ V ist dem Photoelement aber keine elektrische Leistung zu entnehmen ($\eta < 10\%$).

3. Normalbetrieb

Im normalen Betrieb (Bild 12.18) wird dem Photoelement ein veränderlicher oder fester Widerstand parallel geschaltet, dessen Wert man so wählt, dass die elektrische Leistung optimal wirkt. In Bild 12.19 ist der elektronische Betrieb eines Photoelements mit einem Impedanzverstärker erläutert. Diese Schaltungsart verbessert die Nichtlinearität *NL* der Übertragungskennlinie. Die spektrale Empfindlichkeit liegt bei Silizium-Photoelementen bei ca. 800 nm und bei Selenelementen bei ca. 500 nm.

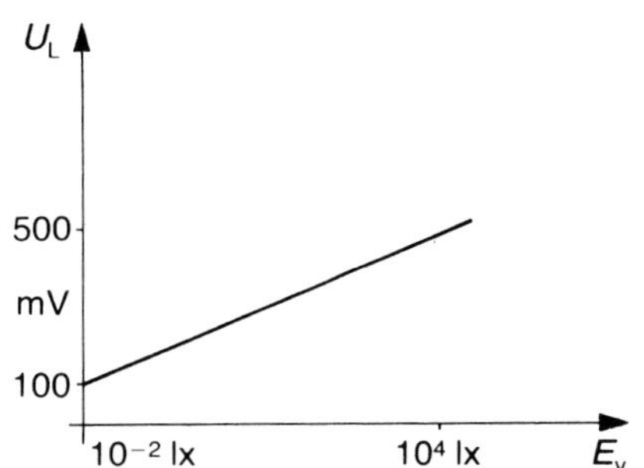

Bild 12.16 Kennlinie eines Photoelements im Leerlaufbetrieb

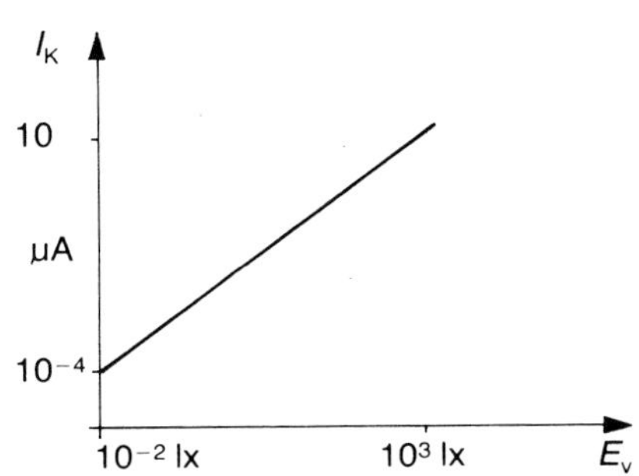

Bild 12.17 Kennlinie eines Photoelements im Kurzschlussbetrieb

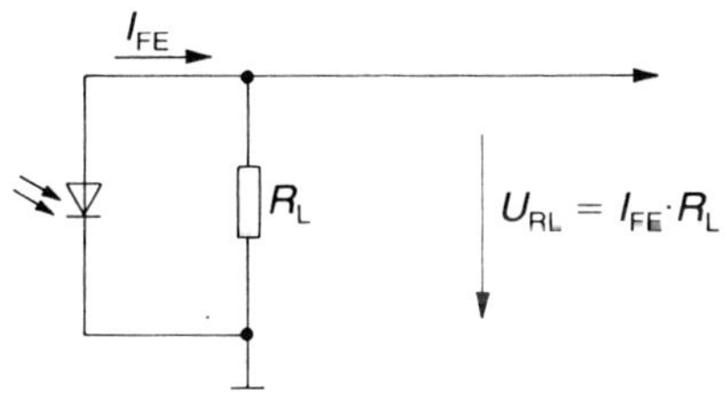

Bild 12.18 Einfache *elektrische* Schaltung eines Photoelements

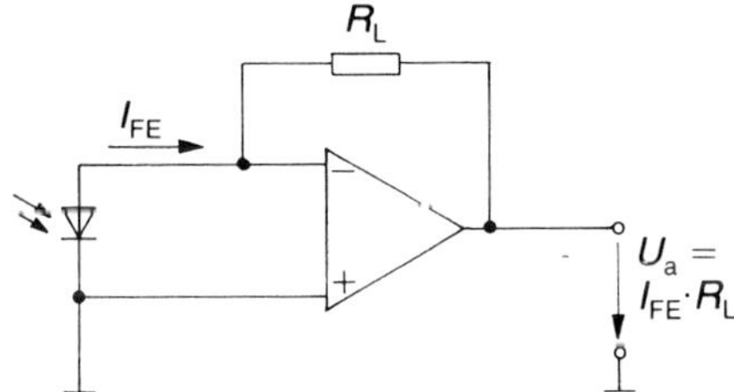

Bild 12.19 Einfache *elektronische* Schaltung eines Photoelements

Vorteile

Aktive Betriebsweise, hohe Messempfindlichkeit und gute Nichtlinearität.

Nachteile

Relativ große Trägheit mit einer kleinen Grenzfrequenz von ca. 500 Hz.

Anwendungen

Lichtmesstechnik

Leuchtdichtemessungen, Photometrie, sehr langsame optische Empfänger, Luxmeter usw.

Photovoltaik

Als Spezialfall des Photoelements ist die Solarzelle anzusehen. Sie wandelt z.B. die Strahlungsenergie der Sonne direkt in elektrische Energie um – bei voller Sonneneinstrahlung ca. 10...20 mW/cm^2.

12.8 Positionsempfindliche Photodioden (PSD – Position Sensitive Detector)

In vielen Anwendungen wie z.B. bei der Steuerung von Werkzeugmaschinen und in der Robotik wird mit optischen Sensoren die Position des Werkstücks erfasst. Dafür sind ortsauflösende segmentierte und nicht segmentierte Photodioden geeignet, eben PSD (***P**osition **S**ensitive **D**etector*), die trotz der weit verbreiteten CCD-Zeilen und Bildsensoren wegen des geringeren technischen Sekundäraufwands und damit der kleineren Gesamtkosten erfolgreich eingesetzt werden können.

12.8.1 Lateraleffekt-PSD (Lateraleffekt-Photodiode)

Grundlagen und technischer Aufbau

Der laterale Photoeffekt wurde 1957 von J. T. WALLMARK publiziert. In Bild 12.20 ist die nicht segmentierte Lateraleffekt-Photodiode dargestellt. Auf der lichtempfindlichen Seite befinden sich zwei p-Zonen (A und B). Die n-Zone (K) befindet sich auf der Rückseite. Bei punktförmiger Beleuchtung ist die zu einer p-Zone fließende Ladung umso größer, je näher der Lichtpunkt dieser Zone ist. Die Differenz der Ströme $I_A - I_B$ gibt also die Lage des Lichtpunktes auf der Lateraleffekt-Photodiode in x-Richtung an. Nach Bild 12.20 gilt:

$$\frac{I_A}{I_B} = \frac{R_B}{R_A} = \frac{L-s}{s} \Rightarrow I_A = I_B \cdot \frac{L-s}{s} \qquad \text{(Gl. 12.9)}$$

s aktuelle Position des Lichtstrahls auf der Messschicht

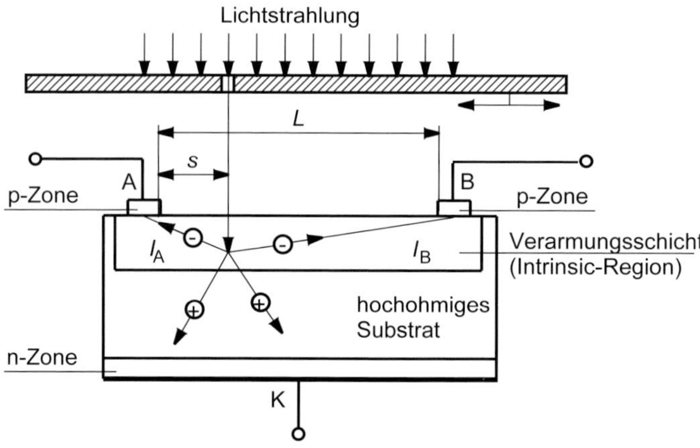

Bild 12.20 Schichtaufbau und elektrophysikalische Wirkungsweise einer nicht segmentierten Lateraleffekt-Photodiode

Zur besseren Unterdrückung von Störungen wird die sog. Asymmetrie A eingeführt:

$$A \equiv \frac{I_A - I_B}{I_A + I_B} = \frac{\Delta I}{I_0} \qquad \text{(Gl. 12.10)}$$

Setzt man Gl. 12.9 in Gl. 12.10, erhält man nach algebraischer Umformung:

$$A = \frac{\Delta I}{I_0} = \frac{L - 2 \cdot s}{L} = 1 - 2 \cdot \frac{s}{L} \qquad \text{(Gl. 12.11)}$$

Die Asymmetrie (Stromquotient) enthält eine direkte Aussage über den Längenabschnitt s der Position des zu messenden Lichtpunktes. Für die Positionsempfindlichkeit gilt nach Gl. 12.10:

$$E_{PSD} \equiv \frac{\Delta s}{L} = \frac{1}{2} \cdot \frac{\Delta I}{I} = \frac{A}{2} \qquad \text{(Gl. 12.12)}$$

wobei ΔI die kleinste nachweisbare Signalstromänderung ist und I_0 der Gesamtsignalstrom.

Für die Positionsauflösung gilt nach Gl. 12.12:

$$\Delta s = \frac{L}{2} \cdot \frac{\Delta I}{I_0} = \frac{1}{2} \cdot L \cdot A \qquad \text{(Gl. 12.13)}$$

Messtechnische Eigenschaften und Sensorelektronik

Typische messtechnische Eigenschaften für ein PSD

Lichtempfindliche Schicht L	1 × 35 mm
Auflösung Δs	3 µm
Spektralbereich	300...1100 nm
Empfindlichkeitsmaximum E_{max}	900 nm
Positions-Nichtlinearität NL_{Pos}	<0,1% v. L
Bandbreite Δf	≤50 MHz

Zahlenbeispiel: PSD-Typ S 1253 (Siemens)

Technische Daten

Signaländerung:	$\Delta I = 2{,}05 \cdot 10^{-10}$ A
Gesamtsignalstrom:	$I_0 = 1{,}20 \cdot 10^{-6}$ A
Lichtempfindliche Länge:	$L = 34$ mm

Beispiel 12.1 Positionsauflösung

$$\Delta s = \frac{L}{2} \cdot \frac{\Delta I}{I_0} = \frac{34\ \text{mm}}{2} \cdot \frac{2{,}05 \cdot 10^{-10}\text{A}}{1{,}20 \cdot 10^{-6}\text{A}} = 2{,}9 \cdot 10^{-6}\ \text{m} \qquad \text{(Gl. 12.14)}$$

Bild 12.21 zeigt ein Blockschaltbild einer Signalverarbeitungselektronik.

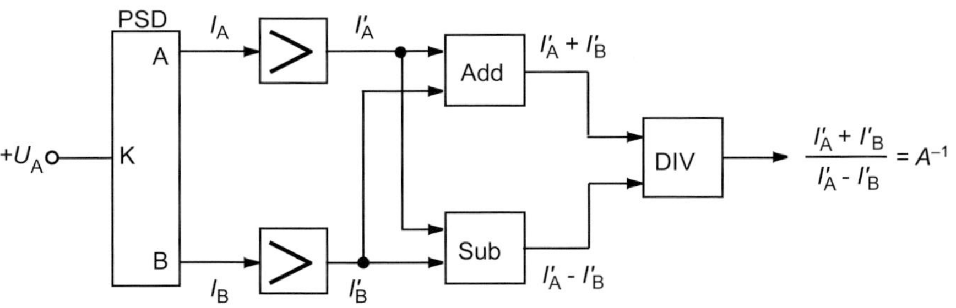

Bild 12.21 Blockschaltbild einer Signalverarbeitungselektronik für eine nicht segmentierte Lateraleffekt-Photodiode

Anwendungen

Vielfältige Anwendungen finden Laser-Ausrichtungssysteme, mit denen die Position eines Referenz-Laserstrahls relativ zur Position eines PDS gemessen wird. Anwendungsgebiete reichen vom Brückenbau bis zu optischen Bänken, berührungslose Messungen von Membranbewegungen in Mikrophonen, Lautsprechern, Druck- und Beschleunigungssensoren, Füllstandsmessungen in Treibstofftanks. Da mit PDS auch bei sehr tiefen Temperaturen (etwa bis zum flüssigen Stickstoff) gemessen werden kann, sind sie auch in der Infrarotoptik einsetzbar.

12.8.2 Segmentierte PSD (segmentierte Photodiode)

Die segmentierte Photodiode besteht aus getrennten p-Zonen auf einem gemeinsamen n-leitenden Grundsubstrat. Es lassen sich Quadranten-, Zeilen-, Ring- oder Flächensensoren (Diodenarrays) aufbauen. In Bild 12.22 ist diese Quadrantenphotodiode zur Zentrierung eines Lichtpunktes in der x-y-Ebene dargestellt. Das Signal $(I_{11} + I_{21}) - (I_{12} + I_{22})$ zeigt die Abweichung in der x-Richtung an. Das Signal $(I_{11} + I_{12}) - (I_{21} + I_{22})$ zeigt die Abweichung in der y-Richtung an.

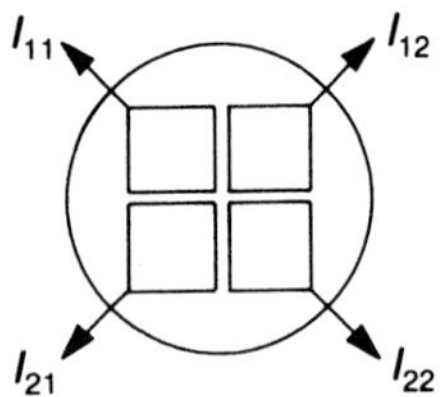

Bild 12.22
Segmentanordnung einer Quadrantenphotodiode

Nachteile

Sie können nicht zwischen direktem und reflektiertem Licht unterscheiden. Fallen 2 Lichtstrahlen auf die PSD, geben sie den Schwerpunkt zwischen den beiden Messwerten der Lichtpunkte aus.

12.9 Bildsensoren (CCD, CMOS)

Es gibt folgende Varianten von Bildsensoren:

CCD-Sensor
Ein CCD-Sensor (*Charged-Coupled-**D**evices* = «ladungsgekoppeltes Bauteil») ist eine Kette von Kondensatoren, wo bei der Ladungsverschiebung durch mindestens 2 überlappende Taktsignale gesteuert wird. Die Verschiebung geschieht also elektrostatisch.

Super-CCD-Sensor
Der Super-CCD-Sensor (***S**uper-**C**harged-**C**oupled-**D**evices* = «super ladungsgekoppeltes Bauteil») ist ein lichtempfindlicher Chip für Digitalkameras (Firma Fujifilm); eine technische Weiterentwicklung des CCD-Sensors.

CMOS-Sensor
Der CMOS-Sensor ist ein Halbleitersensor zur Lichtmessung und basiert wie der CCD-Sensor auch auf dem inneren photoelektrischen Effekt. Er wird in CMOS-Technologie gefertigt und daher auch CMOS-Sensor genannt. Durch die CMOS-Techno-

logie ist es möglich, mehr technische Funktionen in einem Sensorchip zu integrieren, z.B. Belichtungskontrolle, Kontrastkorrektur oder Analog-Digital-Wandlung.

12.9.1 CCD-Bildsensoren

Ein CCD-Bildsensor (ladungsgekoppelter Zeilen- oder Bildsensor) hat die Möglichkeit, über die Lichtintensität zwischen dem direkt einfallenden und dem reflektierten Lichtstrahl zu unterscheiden. In diesem Abschnitt wird die technisch wichtigste Anwendung von CCDs als Bildsensoren behandelt.

Grundlagen und technischer Aufbau

CCD-Bildsensoren sind Halbleitersensoren. Sie sind aus MOS-Photodioden aufgebaut. Die MOS-Photodioden sind auf einem Siliziumsubstrat (*Charged-Coupled-Devices*) aufgebracht. Weitere alternative Bauformen bestehen aus MOS-Kondensatoren. CCD-Bildsensoren können entweder aus einer zeilenförmigen oder einer matrixförmig Anordnung der einzelnen MOS-Photodioden bestehen.

Zeilen-CCD-Bildsensoren können z.B. das gesamte Spektrum emittierter Strahlung gleichzeitig erfassen. Es ist so möglich, z.B. die Ablaufgeschwindigkeit chemischer Reaktionen anhand ihrer Absorptionsspektren zu untersuchen. Die spektrale Empfindlichkeit reicht von 400...1000 nm. Das Ausgangssignal eines CCD enthält Informationen über die Intensitätsverteilung des Lichtes, es beschreibt also ein Bild.

In Kombination mit speziellen Optiken können dann sog. CCD-Flächen-Bildsensoren ganze Bilder von Gegenständen aus dem sichtbaren oder infraroten Bereich in elektrische Signale umwandeln. Ein CCD ist daher die übliche Wahl für den Bildsensor in einer Videokamera.

Messtechnische Eigenschaften und Sensorelektronik

Den optischen Schwerpunkt eines Lichtpunktes kann ein CCD jedoch nur mit viel digitaler Signalverarbeitung erfassen. Um alle Pixel abzutasten und digital zu verarbeiten, benötigt man viel Zeit. Die dynamischen Eigenschaften sind daher aus messtechnischer Sicht deutlich begrenzt. Eine schnelle Änderung der Lichtintensität kann eine sog. Überschattung benachbarter Pixel erzeugen. Dieser Effekt ist unter der Bezeichnung «Blooming» bekannt. Dieser negative Effekt tritt bei den CMOS-Bildsensoren nicht mehr auf. Da die Pixel durch die Fertigungstechnologie exakt positioniert sind, ist eine hohe Messgenauigkeit möglich, jedoch muss zum Erreichen der höchsten Auflösung bei maximaler Genauigkeit über die benachbarten Pixel interpoliert werden, was die dynamischen Eigenschaften aus messtechnischer Sicht weiter einschränkt. Ist der Abstand zweier benachbarter Pixel kleiner als der Durchmesser des Lichtpunktes, geht das Messsignal verloren, da keine Interpolation möglich ist. Durch diesen Effekt ist die untere Grenze des Lichtpunktdurchmessers begrenzt. Ein Vorteil einer CCD ist, dass er erfasstes Licht bis zum Zeitpunkt der Messung speichern kann – ein Vorteil bei geringer Lichtintensität. Wenn der Schwerpunkt eines Lichtstrahls exakt gemessen werden soll, besonders bei hoher Dynamik, ist eine sog. PSD (positionsempfindliche Photodiode) einem CCD (ladungsgekoppelter Zeilen- oder Bildsensor) deutlich überlegen.

Anwendungen

In der Automatisierungstechnik werden zur Fertigungssteuerung (CAM) und Qualitätsüberwachung (CAQ) für Roboter und Kontrollsysteme CCD-Kameras mit sehr guten Ergebnissen eingesetzt.

12.9.2 CCD-Farbsensoren

Die lichtempfindlichen Sensorelemente von CCD-Sensoren sind allg. für den gesamten Bereich des sichtbaren Lichtes und das nahe Infrarotlicht empfindlich und liefern ohne zusätzliche technische Maßnahmen nur Grauwerte. Für Farbbilder wird in teureren Videokameras ein Prismenblock eingesetzt, dessen optische Grenzflächen als dichroitische Spiegel ausgebildet sind. Dadurch wird das rote und blaue Licht seitlich ausgespiegelt, während das grüne Licht nicht ausgespiegelt wird. Auf dem Block ist an den Stellen, an denen die 3 Farbauszüge des Bildes austreten, jeweils ein CCD-Chip angebracht. Die Fertigung von mit CCD-Sensoren bestückten Prismenblocks muss hochpräzise sein, da sonst die Farbkanäle nicht zusammenpassen oder unscharf sind und im Bild farbige Ränder bilden.

12.9.3 Weiterentwicklungen

EMCCD (Electron Multiplying CCD)
Dies ist ein CCD, bei dem im Halbleiter die Zahl der Ladungsträger vor dem Ausleseverstärker physikalisch erhöht wird.

EBCCD (Electron Bombarded CCD)
Dies ist ein CCD, der als Sensor für einfallende Elektronen verwendet wird.

12.10 Lichtwellenleiter (LWL) (Glasfasern)

Für die kabelgebundene optische Nachrichtenübertragung ist das informationsparameterführende Medium weder ein Kupferdraht noch ein Koaxialkabel, sondern eine sehr dünne Glasfaser, in der sich modulierte Lichtwellen ausbreiten können. Das Übertragungsmedium heißt Lichtwellenleiter (LWL). Das Sendelicht wird von Halbleiterbauelementen erzeugt und sensiert bzw. decodiert. Wegen ihrer großen Übertragungsbandbreite sind LWL für Nachrichtenübertragungen geeignet. Die Herstellung dämpfungsarmer, preiswerter LWL hat zur Entwicklung faseroptischer Sensoren geführt. Mit LWL lassen sich optische Messsignale zwischen optischen Sendern und Messobjekten und zwischen Messobjekt und optoelektronischen Elementarsensoren übertragen. Für die Sensorik hat die hohe Störsicherheit der LWL-Übertragungsstrecke (gegenüber elektromagnetischen Wellen) und die potentialfreie Übertragungstechnik eine sehr große Bedeutung.

Grundlagen und technischer Aufbau
Lichtwellenleiter (LWL) dienen als Übertragungsmedium für optische Informationsträger und in spezieller Form als Sensorelement für faseroptische Sensoren. Dämpfung und Dispersion erfordern die Regeneration des optischen Signals nach Durchlaufen einer bestimmten Lichtwellenleiterlänge. Der zylinderförmige LWL besteht aus einem Kern mit dem optischen Brechungsindex n_1 und dem Mantel mit dem optischen Brechungsindex $n_2 < n_1$. Für die Herstellung von Glasfasern werden Quarzgläser und Mehrkomponentengläser verwendet. Quarzglas ist ein dämpfungsarmes und sehr preisgünstiges Material. Bei Quarzglasfasern besteht der Mantel aus reinem Quarzglas ($n = 1{,}46$) und der Kern aus mit Germaniumdioxid dotiertem Quarzglas ($n = 1{,}47$). Mit Germaniumdioxid als Dotierungsstoff wird der Brechungsindex um ca. 0,018 mit Phosphorpentoxid als Dotierungsstoff um ca. 0,005 erhöht. Den relativen Brechungsindex zwischen Faserkern und Fasermantel berechnet man mit folgender Gleichung:

$$\varepsilon = \frac{n_1 - n_2}{n_1} \qquad \text{(Gl. 12.15)}$$

Ein typischer Wert für den relativen Brechungsindex zwischen Kern und Mantel: $\varepsilon = 1\%$. Die Lichtausbreitung in den Fasern lässt sich mit den MAXWELL-Gleichungen und ihren entsprechenden Randbedingungen beschreiben. Dämpfungsmessungen geben Auskunft über die optischen Verluste in den Fasern und an den Anschlussstellen. Die sog. Grunddämpfung durch die RAYLEIGH-Streuung (Streuung von Licht an Teilchen, die klein gegen die Lichtwellenlänge sind) nimmt mit größer werdenden Wellenlängen ab. Verluste durch mechanische Fehler in der Faser wachsen deutlich mit der Wellenlänge. Weitere Verluste entstehen über die Lichtabsorption durch Ionen (Cu^{2+}, Fe^{2+}, Cr^{3+} und OH^{-}-Ionen) in Glasfasern. In Bild 12.23 sind die am häufigsten vorkommenden Fehler bei Glasfasern dargestellt. Die Grunddämpfung durch die RAYLEIGH-Streuung, die Verluste durch mechanische Fehler und die Absorption durch Ionen bilden zusammen die Grunddämpfung der LWL. Die Gesamtdämpfung von LWL in Abhängigkeit von der Wellenlänge lässt sich messtechnisch mit sog. Spektroradiometern bestimmen.

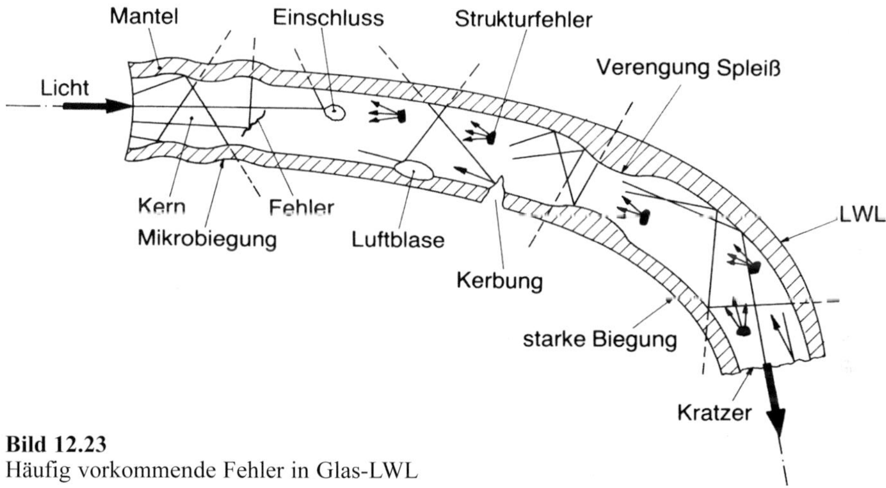

Bild 12.23
Häufig vorkommende Fehler in Glas-LWL

12.10.1 Lichtwellenleitertypen (Multimode, Monomode, geometrisch)

Multimode-Stufenfaser

Die Multimode-Stufenfaser hat einen großen Durchmesser und einen harten Brechzahlübergang (Stufenprofil). In Bild 12.24a sind der Aufbau der Faser und das Stufenprofil der Brechzahlen dargestellt. Die geometrischen Abmessungen und der Brechzahlübergang zwischen Kern und Mantel ermöglichen dem Licht eine Vielzahl von Wegen (Moden) durch die Faser (Bild 12.24b). Die relativ großen geometrischen Abmessungen (Kerndurchmesser 50...300 µm, Manteldurchmesser 100...400 µm) ermöglichen den Aufbau preiswerter Kabel. Nachteilig wirken sich die großen Lichtverluste und die starke Dispersion (Signalverbreiterung) aus. Licht mit einem Winkel $>\alpha_T$ wird an der Grenzschicht zwischen Kern und Mantel nur noch teilweise reflektiert und deshalb schon nach kurzer Laufzeit abgestrahlt.

$$\alpha_T = \arc\sin\sqrt{n_1^2 - n_2^2} \qquad \text{(Gl. 12.16)}$$

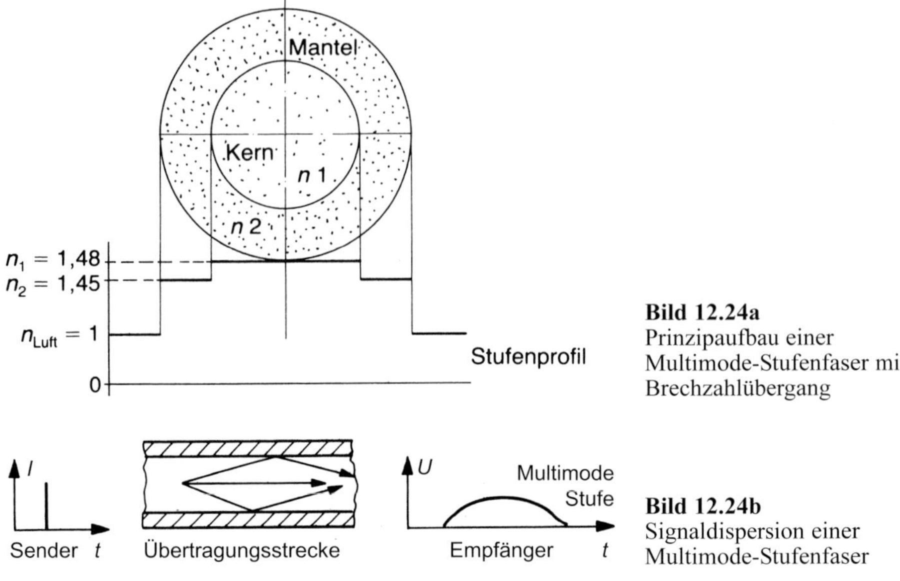

Bild 12.24a
Prinzipaufbau einer Multimode-Stufenfaser mit Brechzahlübergang

Bild 12.24b
Signaldispersion einer Multimode-Stufenfaser

Eine wichtige Faserkenngröße ist daher die sog. numerische Apertur A. Sie ist wie folgt definiert:

$$A = \sin \alpha_T = \sqrt{n_1^2 - n_2^2} \qquad \text{(Gl. 12.17)}$$

Wird nun in die Multimode-Stufenfaser ein Lichtimpuls eingekoppelt, legen die häufig reflektierten Lichtstrahlen einen längeren Lichtweg zurück als die selten reflektierten. Lichtstrahlen kommen damit zu verschiedenen Zeitpunkten an den Faserenden an. Diese Laufzeitdifferenzen der einzelnen Moden (Modendispersion) führten zu einer Verbreiterung des Lichtimpulses. Die optische Übertragungsbandbreite eines Kanals wird durch die Dispersion stark eingeschränkt. Die Änderung der Ausgangssignalform im Vergleich zum Eingangssignal bewirkt außerdem eine Verfälschung des Signals. Dieser Fehler ist bei einer optischen Messwertübertragung von großer Bedeutung.

Multimode-Gradientenfaser

Dieser Fasertyp hat auch einen relativ großen Durchmesser (ca. 100...300 µm), jedoch einen stetig gleitenden Übergang der Brechzahl zwischen Kern und Mantel (Bild 12.25a). Die geometrischen Abmessungen lassen, wie bei der Multimode-Stufenfaser, viele Lichtwege zu. Das Gradientenprofil der Brechungszahl bewirkt jedoch eine geringere Dispersion und geringere Lichtverluste (Bild 12.25b). Die gegenüber der Multimode-Stufenfaser größeren Kabelfertigungskosten sind also damit gerechtfertigt. Die Modendispersion kann weitgehend verhindert werden, wenn der Faserdurchmesser so klein gemacht wird, dass nur noch ein Wellentyp ausbreitungsfähig ist. Der Faserdurchmesser für den Einwelligkeitsbereich kann mit folgender Gleichung berechnet werden:

$$d < 0{,}765 \cdot \frac{\lambda_0}{A} \qquad \text{(Gl. 12.18)}$$

Monomode-Stufenfaser

Dieser Fasertyp weist nur einen sehr kleinen Kerndurchmesser auf und verfügt damit über nur einen Lichtweg. Monomode-Fasern haben z.B. für eine Wellenlänge von λ_0 = 850 nm und eine numerische Apertur von A = 0,2 einen Kerndurchmesser von d = 3 µm. Der Aufwand für den Lichtsender und die mechanische Präzision (Faser,

Anschlussübergänge, zentrische Ein- und Auskopplung des optischen Signals) ist hoch, jedoch die Lichtverluste und die Dispersion sind gering (Bild 12.26). Mit der Monomode-Stufenfaser lassen sich faseroptische und integriert faseroptische Monomode-Sensoren aufbauen. Messtechnisch von Bedeutung ist ihre große Phasenempfindlichkeit. Diese Eigenschaften ermöglichen eine Reihe von sehr interessanten technischen Anwendungen (z.B. integrierte faseroptische Interferometer).

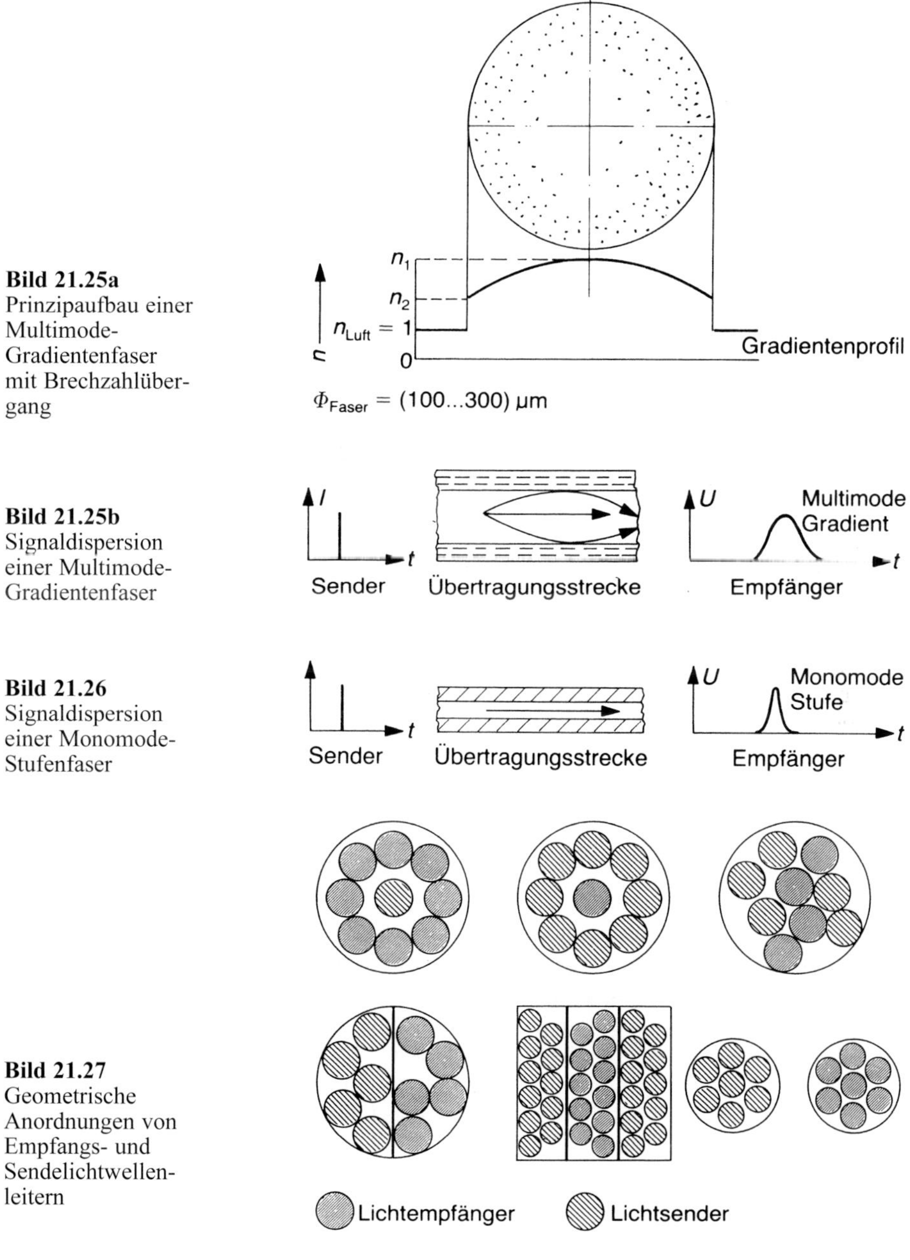

Bild 21.25a Prinzipaufbau einer Multimode-Gradientenfaser mit Brechzahlübergang

Bild 21.25b Signaldispersion einer Multimode-Gradientenfaser

Bild 21.26 Signaldispersion einer Monomode-Stufenfaser

Bild 21.27 Geometrische Anordnungen von Empfangs- und Sendelichtwellenleitern

Geometrische Anordnung von Lichtwellenleitern

Die Faseroptik für sensorische oder nachrichtentechnische Anwendungen besteht entweder aus nur einer Faser oder aus einem Faserbündel. Mittels einer geeigneten

Faserauswahl oder die Variation der Anzahl der Sende und Empfangsfasern bzw. Faserbündel und durch die verschiedenartige geometrische Anordnung der Fasern oder Fasebündel können die unterschiedlichsten Messaufgaben gelöst werden. In Bild 12.27 sind verschiedene geometrische Anordnungen von Sende- und Empfangslichtwellenleitern dargestellt.

12.11 Optische und optoelektronische Sender

Optische Sender (Strahlungsquellen) lassen sich in 2 große Gruppen einteilen:

1. Thermische Strahlungsquellen
Das sind elektrische Glühlampen aller Art und Halogenglühlampen.

2. Lumineszenzstrahler
Lumineszenzstrahler sind in 3 Untergruppen einteilbar:

2A) Photolumineszenzstrahler
Dazu gehören Leuchtstofflampen und Gasentladungslampen.

2B) Elektrolumineszenzstrahler
Dazu gehören die anorganischen Leuchtdioden (LED), organische Leuchtdioden (OLED) und FPD (**F**lat **P**anel **D**isplay), auf der Basis sehr unterschiedlicher physikalischer Effekte, Gas- und Festkörperlaser.

2C) Katodolumineszenzstrahler
Dazu gehören Bildschirme der verschiedensten Ausführungen.

12.11.1 Glühlampen und Metalldampflampen

Temperaturstrahler
Das sind Festkörper, die beim Erhitzen elektromagnetische Strahlung aller Wellenlängen gleichzeitig abstrahlen. Die Intensitätsverteilung ist temperaturabhängig. Das Intensitätsmaximum verschiebt sich mit steigender Glühtemperatur zu kürzeren Wellenlängen hin. Bei ca. 5600 K liegt es bei ca. 550 nm, dem Wert der größten Empfindlichkeit des menschlichen Auges. Zu Beleuchtungszwecken können Festkörper jedoch nicht auf so hohe Temperaturen erhitzt werden.

Die höchste Temperatur wird mit Glühkörpern aus Wolfram erreicht. In einem evakuierten Glaskolben lassen sich ca. 2100 °C erzielen, bei höheren Temperaturen beginnt Wolfram zu verdampfen. Der Verdampfungsprozess kann durch Zusatz eines Gases (Stickstoff oder Krypton) verzögert werden. Damit sind Glühtemperaturen bis zu 3000 °C möglich. Temperaturstrahler haben einen kleinen Wirkungsgrad, eine relativ kleine Lebensdauer und sind vibrationsanfällig. Sie werden daher in der Sensorik nur noch ganz selten eingesetzt.

Gasentladungsstrahler
Wenn Elektronen mit Gasatomen oder Gasmolekülen zusammenstoßen, regen sie diese zur Emission elektromagnetischer Strahlung von bestimmter Wellenlänge an. Ganz im Gegensatz zum kontinuierlichen Emissionsspektrum einer Metallfadenglühlampe emittiert ein Gasentladungsstrahler ein Linienspektrum. An der Emission

des Linienspektrums ist das gesamte Gasvolumen beteiligt. Da diese Strahlung mit keiner Temperaturerhöhung verbunden ist, spricht man auch von kaltem Licht.

Die Strahler sind meist mit Quecksilberdampf gefüllt. Durch Erhöhung des Gasdrucks kann die Lichtausbeute 3-mal so hoch wie bei einem Temperaturstrahler sein. Die spektrale Empfindlichkeit reicht, je nach Gasart, von ca. 350...730 nm.

12.11.2 Lichtemittierende Dioden (LED)

LED ist eine Abkürzung von ***L***ight ***E***mitting ***D***iode. Den Umkehrprozess der Erzeugung eines Lochelektronenpaares durch ein absorbiertes Photon in einem Halbleiter (z.B. Photodiode) stellt die Rekombination eines Elektrons mit einem Loch unter Emission eines Photons dar. Um Licht in einem pn-Übergang als Rekombinationsstrahlung zu erhalten, muss der pn-Übergang elektrisch in Durchlassrichtung vorgespannt werden. Die beiden Zonen des pn-Übergangs werden, um die nötige Zahl der für die Rekombination erforderlichen Ladungsträger liefern zu können, bis zu ihrer sog. Entartung dotiert.

Die Frequenz des abgestrahlten Lichtes ist gegeben durch die Energielücke des verbotenen Bandes oder Gaps (s. Energiebändermodell) und der Dotierung des Halbleiters. Abhängig von diesen Materialeigenschaften ist auch der sog. Mindeststrom, den ein pn-Übergang benötigt, um Licht emittieren zu können. Die Energiegleichung des Emissionsprozesses lautet:

$$e \cdot U \geq \mathrm{h} \cdot v \qquad \text{(Gl. 12.19)}$$

In Bild 12.28 ist die normierte spektrale Empfindlichkeit von verschiedenen Leuchtdioden auf der Basis unterschiedlicher Materialien dargestellt. Die einzelnen Arten von Leuchtdioden zeigen eine weitgehend monochromatische Strahlung. Hauptanwendungsgebiete von Leuchtdioden sind optische Anzeigen oder optische Sender und Anwendungen als Display.

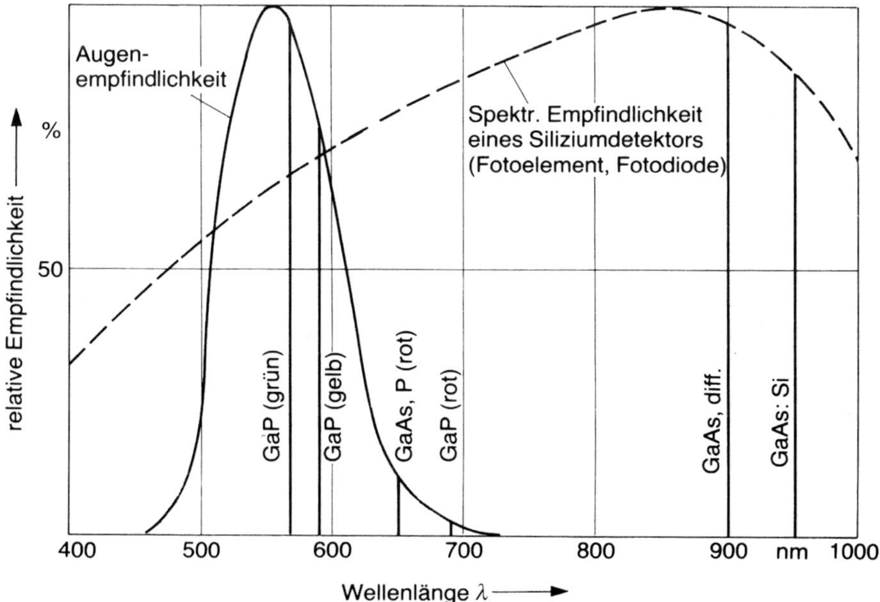

Bild 12.28 Relative spektrale Empfindlichkeit von verschiedenen Leuchtdioden (LED)

Der Hauptvorteil der Leuchtdioden gegenüber den thermischen Strahlern liegt in ihrer hohen Betriebszuverlässigkeit. Nach $10^5...10^6$ Stunden Dauerbetrieb ist die Strahlungsleistung auf die Hälfte des Ursprungswertes zurückgegangen. Leuchtdioden weisen neben einem geringen Leistungsverbrauch eine hohe Schock- und Vibrationsfestigkeit auf. Aus diesen Gründen werden in optischen Sensoren als Lichtquellen anorganische Leuchtdioden eingesetzt.

12.11.3 Halbleiterdiodenlaser (Injektionslaser)

Mit Lasern kann man intensive und sehr feine Lichtbündel erzeugen. Laserlicht hat sehr spezielle Eigenschaften: Es ist monochromatisch und kohärent. Dies bedeutet, dass es aus einer Wellenlänge besteht und alle Wellenzüge gleiche Phasenlage haben. Für einige Anwendungen in der Sensorik ist Kohärenz erwünscht, besonders für kleinlumige Lichtwellenleiter.

Beim Halbleiterlaser haben sich zur Strahlungsanregung Methoden bewährt, wie sie für Leuchtdioden im Prinzip schon entwickelt wurden. Die physikalische Wirkungsweise eines Halbleiterdiodenlasers hängt von den Eigenschaften des verwendeten Halbleiters ab. Wenn Elektronen und Löcher rekombinieren, können Photonen entstehen. Die Energie der Photonen und damit die Wellenlänge des Lichtes hängt von der Energiedifferenz zwischen Leitungsband (LB) und Valenzband (VB) ab. Damit hat man jedoch noch kein Laserlicht.

Das Wort Laser ist ein Akronym für «**L**ight **A**mplification by **S**timulated **E**mission of **R**adiation» (Lichtverstärkung durch angeregte Strahlungsemission). Angeregte oder induzierte Emission tritt auf, wenn durch Photonen einer bestimmten Energie eine Rekombination von allen Elektronen-Lochpaaren mit entsprechender Energiedifferenz gleichzeitig eingeleitet wird.

Es geht nun darum, möglichst viele dieser angeregten Photonen in der Halbleiterstruktur festzuhalten. D.h., es muss dafür gesorgt werden, dass genügend Elektronen und Löcher in das Leitungs- und das Valenzband «gepumpt» werden, damit die induzierte Emission des Lichtes aufrechterhalten werden kann. Bei einem Diodenlaser ist dies auf einfache Weise möglich. Man braucht nur einen elektrischen Strom in Durchlassrichtung durch eine geeignete Halbleiterdiode zu leiten. Der Halbleiterlaser wird daher auch Injektionslaser genannt, da die injizierten Ladungsträger Rekombinationsstrahlung erzeugen und aufrechterhalten.

Wie schon gesagt, müssen angeregte Photonen in genügender Zahl in der Halbleiterstruktur eingeschlossen bleiben. Außerdem muss an einen brauchbaren Laser zusätzlich die Forderung gestellt werden, dass die Elektronen und Löcher (die ja durch Rekombination Photonen erzeugen sollen) nicht aus der Halbleiterstruktur auswandern. Zu Erfüllung dieser Forderung wurde der Injektionslaser mit einer Doppelheterostruktur entwickelt (Bild 12.29).

Als Material für solche Laser wird Galliumarsenid (GaAs), Aluminium-Galliumarsenid (AlGaAs) oder Indium-Gallium-Arsenphosphid (InGaAsP) gewählt, je nach gewünschter Wellenlänge. Für Laser mit kurzer Wellenlänge, von 780...900 nm, wird GaAs als Substrat gewählt. Für Wellenlängen von 1300...1550 nm wird als aktive Schicht InGaAsP gewählt und die Einschlussschicht aus InP. Die Stirnflächen werden entweder poliert oder sie wirken an den Spaltgrenzen durch den hohen Brechungsindex ebenfalls als Reflexionsflächen.

Die Wirkungsgrade, die bei GaAs erreicht werden, liegen, je nach optischer Länge der pn-Anordnung, zwischen 5...25%. Halbleiterlaser werden gepulst oder im Dauerstrichbetrieb eingesetzt. Beim gepulsten Betrieb hat, wie bei allen Pulsanwendungen, neben dem Tastverhältnis auch die Anstiegszeit der Impulse große Bedeutung. Durch die optische Resonanz des Lasers entstehen eine hohe Leistungsdichte, ein monochromatisches Spektrum und eine Modenform, die vorteilhaft bei der Einkopplung des Lichtes in einen Lichtwellenleiter ist.

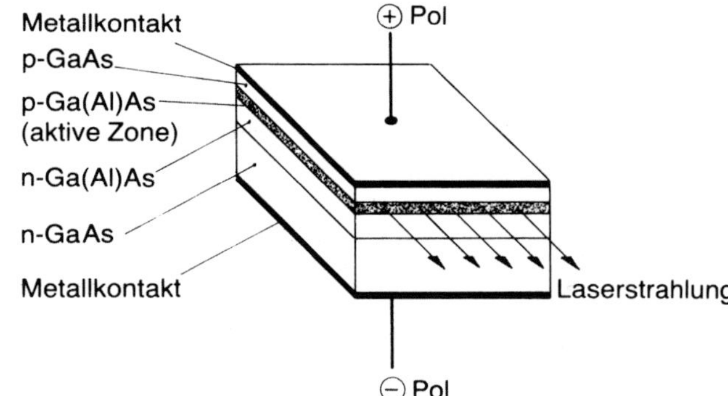

Bild 12.29
Prinzipaufbau eines Injektionslasers mit Doppelheterostruktur

Vorteile

Kompakte Bauform, hohe Betriebssicherheit, fast unbegrenzte Lebensdauer, verschiedene Wellenlängen (670...820 nm), gutes Preis-Leistungs-Verhältnis.

Anwendungen

Triangulationsverfahren, Oberflächenmesstechnik, Füllstandsüberwachung, Entfernungs- und Geschwindigkeitsmessungen, Lichtschranken, Interferometrie.

12.12 Optische und optoelektronische Anwendungen

12.12.1 Lichtschranken

Die Lichtschranke ist das einfachste Beispiel für den Aufbau einer optoelektronischen Sensoranwendung (Bild 12.30). Ein Lichtsender L (z.B. LED) erzeugt über einen Kondensor K ein paralleles Lichtstrahlbündel. Dieses trifft, nach Durchlaufen der Messstrecke, auf die Optik O (z.B. Linsensystem) und wird auf einen optoelektronischen Elementarsensor F (z.B. Photodiode) fokussiert.

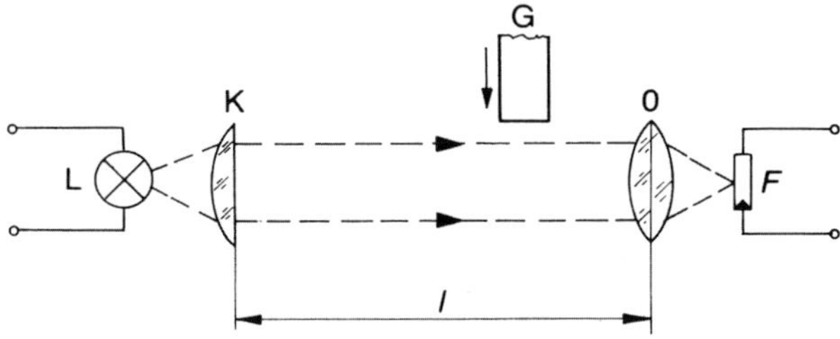

Bild 12.30
Struktur einer Lichtschranke

Tritt nun ein Gegenstand G (z.B. Messobjekt) auf der Messstrecke in den Strahlengang, so wird der Elementarsensor F teilweise abgedunkelt. Das vom Elementarsensor F erzeugte elektrische Signal verringert sich im selben Maße. Der Abstand (Messweg) l zwischen dem optischen Sender L und dem optoelektronischen Elementarsensor F ist teilweise sehr groß. Er kann bis zu 100 m und mehr betragen. Als Informationsträger kann sichtbares Licht oder Infrarotstrahlung verwendet werden.

Anwendungen

Die Anwendung von Lichtschranken ist sehr vielfältig. Es lassen sich z.B. Stückzahlen am Fließband oder Besucher von Ausstellungen erfassen, man kann Sicherungen gegen Einbruch und Diebstahl aufbauen, Lichtschranken für Schutzvorrichtungen an Maschinen, Rolltreppensteuerungen, automatische Türöffnungen und vieles mehr.

Ein Anwendungsbeispiel soll etwas genauer beschrieben werden: eine Präzisionslichtschranke zur Werkzeugantastung (Bild 12.31). Mit Laserlichtquellen können aufgrund der geringen Strahldivergenz und der hohen Strahlintensität Lichtschranken aufgebaut werden, die gegenüber konventionellen Lichtschranken eine größere Messstrecke und eine höhere Genauigkeit aufweisen. Der Sender ist ein Helium-Neon-Laser mit einer Lichtemission bei einer Wellenlänge von 633 nm (rot). Die in Bild 12.31 abgebildete Intensitätsverteilung I über dem Strahlquerschnitt x entsteht durch Beugung der kohärenten Laserstrahlung am Messobjekt. Sie erstreckt sich über nur sehr wenige Wellenlängen quer zur Strahlrichtung. Für optoelektronische Elementarsensoren mit einer aktiven Messfläche von mehreren mm ist dieser Effekt vernachlässigbar.

Der Sender (Laser) und der Elementarsensor (Photoempfänger) müssen immer exakt auf der optischen Achse ausgerichtet liegen. Fremdlichteinflüsse werden durch ein optisches Filter unmittelbar vor dem Empfänger unterdrückt. Die Abmessungen von Werkstücken in Bewegungsrichtung können durch geeignete Auswertung von 2 Lichtschrankensignalen mit einer Auflösung von ±10 µm ermittelt werden. Bei der Genauigkeit der Auflösung ist natürlich die Kantengestalt des Werkstücks von Bedeutung. Die maximale Antastgeschwindigkeit v beträgt ca. 500 mm/s. Diese wird jedoch nicht durch die Lichtschranke, sondern durch die Grenzfrequenz des Signalverstärkers sowie die Gatterlaufzeiten in der digitalen Auswerteelektronik begrenzt.

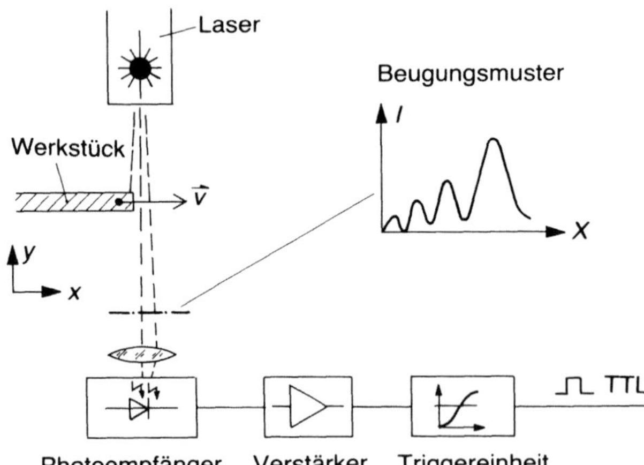

Bild 12.31
Prinzipdarstellung einer Präzisionslichtschranke für die Werkzeugmaschinensteuerung

Weitere Varianten der gewöhnlichen Lichtschranke sind die sog. Gabellichtschranke (oder Schlitzinitiator). Bei Gabellichtschranken sind Sender und Empfänger im gleichen Gehäuse einander gegenüberliegend angeordnet. Taucht nun in den Spalt zwischen Sender und Empfänger das Messobjekt ein, so wird der photoelektrische Empfänger in dem Maße abgedunkelt, in dem das Messobjekt eintaucht. Mit mehreren Paaren von Lichtsendern und Lichtempfängern kann die Eindringtiefe des

Messobjektes in die Gabellichtschranke in Stufen erfasst werden. Gabellichtschranken werden z.B. an Papiermaschinen und zur Bandzugregelung eingesetzt.

12.12.2 Reflextastköpfe (Reflexlichtschranken, optische Reflextastköpfe)

Bei einer sehr einfachen Ausführungsform erfährt das Senderlicht durch eine kleine Optik eine Bündelung. Das Messobjekt (z.B. eine mechanische Welle) reflektiert das Senderlicht, das dann wieder über eine Optik von einem Lichtempfänger aufgenommen wird. Man kann damit einen Gegenstand, eine Markierung auf dem Gegenstand, sonstige Oberflächenmerkmale eines Gegenstands oder dessen Bewegungszustand (z.B. seine Drehzahl) erfassen.

Oft verwendet man bei Reflextastköpfen das sog. Kollimatorprinzip. Bei diesem Aufbau sind Sender und Empfänger zentrisch im Strahlengang angeordnet. Das vom Messobjekt reflektierte Licht wird parallel zur optischen Achse über den Kondensor und das Objektiv auf den Empfänger fokussiert. Diese sog. Kollimator-Reflexionstastköpfe haben eine hohe Empfindlichkeit, sie reagieren schon auf sehr kleine Winkel-, Entfernungs- oder Farbabweichungen. Ein Nachteil ist der große Aufwand bei der Justage, um die hohe Empfindlichkeit nutzen zu können.

Nicht ganz so empfindlich, aber für einen rauen Messbetrieb besser geeignet sind sog. Streulichtreflextastköpfe. Bei diesen wird nicht ein optisch korrekter Strahlengang erzeugt, sondern das vom Messobjekt gestreute Licht, so gut wie möglich, erfasst. Um vom Messobjekt ein hochparalleles Lichtbündel zu erhalten, wird bei sehr hohen Anforderungen ein Tripelspiegel benutzt. Seine verspiegelten Flächen stehen jeweils 90° aufeinander, so dass jeder Strahl parallel zu sich selbst reflektiert wird. Die geometrische Zusammenfassung kleinster Tripelspiegel ist allg. als Katzenauge (z.B. am Fahrrad) bekannt.

12.12.3 Störunterdrückung bei Lichtschranken und Tastköpfen

Fast alle Lichtschranken und Tastköpfe werden heute mit gepulstem Infrarotlicht oder selten mit gepulstem Licht aus dem sichtbaren Bereich des elektromagnetischen Spektrums betrieben. Es wird Pulslicht verwendet, um unabhängig vom Umgebungslicht zu werden (diese Eigenschaft wird allg. Gleichlichtunempfindlichkeit genannt) und um höhere Lichtleistungen aus den Sendern (LED oder Laser) herauszuholen. Es ist möglich, im Tastbetrieb mit einem Tastverhältnis von 1 : 10 eine 10-mal größere Lichtleistung aus einer Sende-LED herauszuholen als im reinen Gleichstrombetrieb.

Da man weiß, dass während der Pause zwischen 2 Pulsen kein Senderlicht auf den Empfänger trifft, schaltet man diesen während der Pausenzeit ab. Dieses Verfahren stellt sicher, dass Störimpulse, die während einer Impulspause auftreten, nicht zu einer Fehlschaltung führen (Störaustastung). Lichtschranken und Tastköpfe werden mit Tastverhältnissen von 1 : 2 bis 1 : 1000 gebaut.

Die Impulsintegration ist eine weitere Möglichkeit zur Erhöhung der Störsicherheit. Dieses Verfahren beruht darauf, dass nicht nur ein einziger empfangener Impuls (dies könnte auch ein Störimpuls sein) zur Schaltung der Ausgangsstufe führt, sondern mehrere genau definierte Impulse in der Endstufe aufintegriert werden. Ist die Schaltschwelle z.B. nach 10 Impulsen erreicht, schaltet die Ausgangsstufe oder gibt einen definierten Impuls ab. Dieses Verfahren hat den Vorteil, dass auch periodische Störsignale, solange sie nicht mit der Sendefrequenz übereinstimmen oder ein Vielfaches davon sind, bei genügend großer Amplitude keine Fehlschaltung verursachen. Bild 12.32 zeigt das Blockschaltbild eines Tastkopfes mit den oben beschriebenen Störunterdrückungsmaßnahmen.

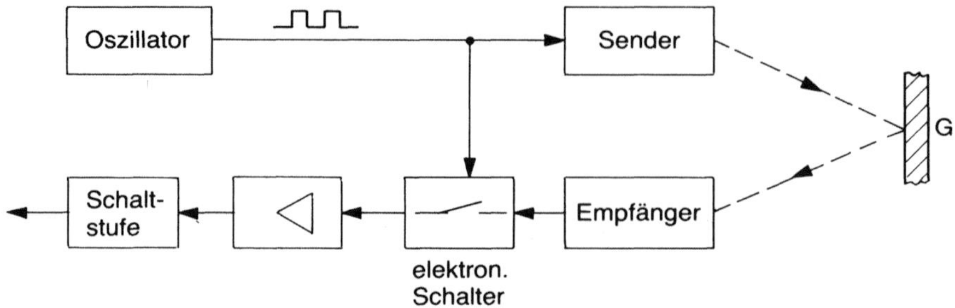

Bild 12.32 Prinzipdarstellung einer Reflexlichtschranke mit Störsignalunterdrückung

Bewegt man einen Reflektor oder ein Messobjekt aus großer Entfernung auf der optischen Achse in Richtung des Tastkopfes, so schaltet dieser in einem bestimmten Abstand *a*. Bewegt man das Messobjekt in der Gegenrichtung, muss erst eine gewisse Strecke *b* in der Gegenrichtung zurückgelegt werden, damit die Schaltstufe des Tastkopfes wieder ausschaltet. Die Wegdifferenz *a–b* nennt man Hysterese und ist erwünscht. Ohne sie würde schon bei geringen Vibrationen des Tastkopfes oder des Messobjektes eine Impulsfolge am Tastkopfausgang anliegen. Wird der Tastkopf als Teil einer Drehzahlmesseinrichtung verwendet, wird bei Vibrationen der Messwelle eine Drehbewegung mit einer nicht vorhandenen Drehzahl vorgetäuscht.

12.12.4 Lasertriangulationssensoren

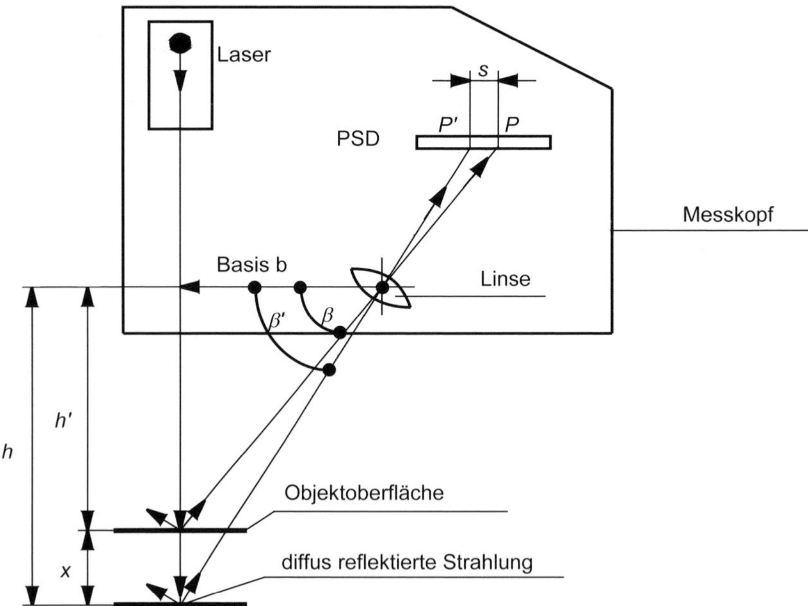

Bild 12.33 Optoelektromechanischer Prinzipaufbau (Messkopf) eines Triangulationssensors

In Bild 12.33 ist der optoelektromechanische Prinzipaufbau eines Triangulationssensors dargestellt. Bei der Lasertriangulation wird ein Laserlichtpunkt auf der Objektoberfläche projiziert und mit einer PSD beobachtet. Ändert sich die Entfernung der

Objektoberfläche vom Laser, ändern sich auch der Winkel, unter dem der Lichtpunkt beobachtet wird, und die Position seines Bildes auf der PSD. Aus dieser Positionsänderung wird mit einfacher Geometrie die Entfernung des Objektes vom Laser berechnet. Nach Bild 12.33 gilt für den Messweg x:

$$x = \frac{b}{h} \cdot s = G \cdot s \qquad \text{(Gl. 12.20)}$$

b Basis
h Messbereich

Wie aus Bild 12.33 ersichtlich, kann als Gerätekonstante G (= b/h) angegeben werden.

Anwendungen

Unwucht-, Schwingungs-, Abstands- und Winkelmessungen.

Vorteile

Beim Triangulationsverfahren handelt es sich um rein trigonometrische Berechnungen. Daher sind Messungen sehr schnell durchführbar oder wiederholbar und eignen sich deshalb gut zu Abstandsmessung an bewegten Objekten.

Nachteile

Die Struktur der Messobjektoberfläche und ihre Oberflächenrauigkeit können die Form des Lichtpunktes verändern und zu Messabweichungen führen. Dunkle Oberflächen können nur wenig Licht reflektieren und erzeugen dadurch ein sehr schwaches Messsignal.

12.12.5 Inkrementale Messeinrichtungen (Weg, Winkel, Drehzahl) (inkrementale Sensoren, incremental length or angle measuring device)

Unter Inkrementieren versteht man die schrittweise Erhöhung eines Messwertes um eine Einheit.

Inkrementale Weg- und Winkelmessungen
Zwischen dem Lichtsender und dem Lichtempfänger befindet sich ein Strichmaßstab. Er besteht aus einem lichtdurchlässigen Material, auf dem in regelmäßigen kleinen Abständen Linien, ebenfalls lichtdurchlässig, sind. Verschiebt man den Strichmaßstab, sensiert der Lichtempfänger eine Anzahl von Abdunklungen und Aufhellungen, die proportional zum Verschiebeweg sind. Mit einem elektronischen Zähler kann die Zahl der Aufhellungen gezählt werden.

Zusätzlich ist noch eine Vorrichtung notwendig, um die Bewegungsrichtung des Strichmaßstabs zu erfassen. Für inkrementale Wegmessungen werden gerade Strichmaßstäbe (Rastermaßstäbe) verwendet und bei inkrementalen Winkelmessungen halbkreisförmige. Bei optischen inkrementalen Strichmaßstäben ereicht man Strichabstände von 5 µm. Dies bedeutet eine hohe Auflösung mit einer hohen Dynamik (oberer Grenzfrequenz) bei kleinen Messabweichungen.

Inkrementale Drehzahlmessungen

Zur Drehzahlerfassung verwendet man inkrementale Strichscheiben. In Bild 12.34 ist der Prinzipaufbau eines inkrementalen Drehzahlsensors dargestellt. Ein Lichtsender leuchtet durch die rotierende Strichscheibe und einen feststehenden Abtastring (Blendensegment) über ein Objektiv (Linsensystem) den Lichtempfänger an. Der Lichtstrom auf den Lichtempfänger wird nun proportional zur Drehzahl der Strichscheibe und der Anzahl ihrer Striche moduliert. Dadurch erzeugt der Lichtempfänger eine entsprechende elektrische Pulsfolge. Die Auflösung des Drehzahlelementarsensors lässt sich durch die Erhöhung der Strichzahl auf der Strichscheibe steigern.

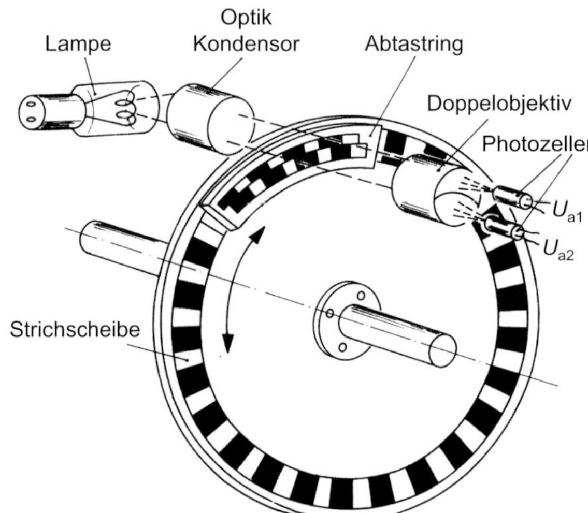

Bild 12.34
Prinzipaufbau eines inkrementalen Drehzahlaufnehmers mit Drehrichtungserkennung

Bei sehr feiner Teilung der Strichscheibe wird jedoch die Intensität des Lichtes auf dem Photoempfänger sehr schwach. Er erzeugt dann ein Signal, das so klein ist, dass es von normalem Störrauschen nicht zu trennen ist. Bei nicht so feiner Teilung der Strichscheibe tritt derselbe Effekt bei sehr großen Drehzahlen auf. Man verwendet daher für eine sehr hohe Auflösung bei großen Drehzahlen als Lichtsender leistungsfähige Halbleiterlaser. Die geforderte Auflösung bei der maximalen Drehzahl bestimmt also die Geometrie, die Strichdichte und die Strichbreite der Strichscheibe.

Für die Vor- und Rückwärtszählung und damit auch die Drehrichtungserkennung benutzt man zweispurige Abtastringe, bei denen das Strichraster der zweiten Spur um eine halbe Strichbreite verschoben ist. Am zweiten Lichtempfänger entsteht dann ein um 90° verschobenes Signal (Bild 12.35). Aus der zeitlichen Aufeinanderfolge der beiden Signale lässt sich also elektronisch die Drehrichtung bestimmen.

Der mechanische Aufbau des Drehzahlaufnehmers und die Lagerung der Wellen erfordern eine sehr große Fertigungspräzision mit sehr engen mechanischen Toleranzen, um die mögliche hohe Empfindlichkeit und Auflösung zu erreichen. Wegen der Verschmutzungsgefahr muss die mechanische und optoelektronische Anordnung in einem abgedichteten Gehäuse untergebracht werden.

Weitere Anwendungen

Die optischen Anwendungen sind ein sehr großes Gebiet. Sie alle auch nur annähernd vollständig zu beschreiben, würde ein eigenes Buch erfordern. Es werden deshalb nur einige der wichtigsten Anwendungen erwähnt.

Zur Geschwindigkeitsmessung (z.B. an Walzstraßen) verwendet man das sog. Referenzstrahlverfahren. Es beruht auf dem Doppler-Effekt. Eine stark verbesserte Variante ist das ***L**aser-**D**OPPLER-**A**nemometer* (LDA). Ein Messverfahren, das sehr vorteilhaft bei 2-Komponenten-Strömungsmessungen eingesetzt wird, ist das Korrelationsmessverfahren.

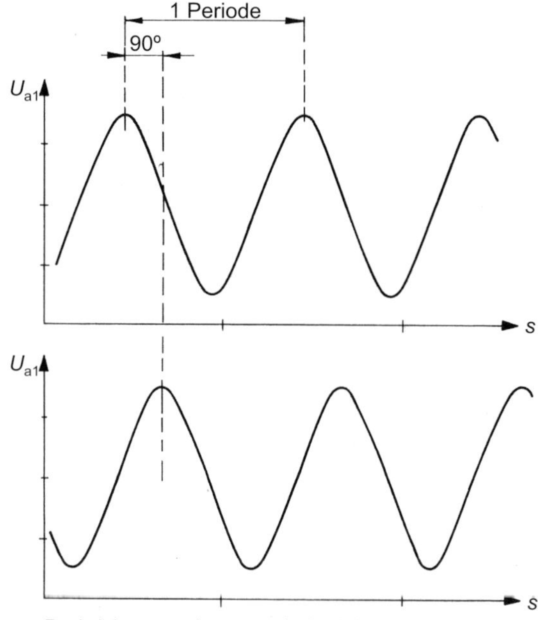

Bild 12.35
Signalverläufe zur Drehrichtungserkennung bei inkrementalen Drehzahlaufnehmern

12.12.6 Hybridoptische Sensoren (Abstand, Druck, Füllstand)

Diese Sensoren bestehen wie die lichtoptischen Sensoren aus einem optischen Sender und einem optischen Empfänger. Das lichtübertragende Medium ist in diesem Fall nicht der umgebende Luftraum, sondern ein Lichtwellenleiter (LWL). Die Lichtwellenleiter dienen also in hybridoptischen Sensoren nur zur Übertragung des Messsignals vom Sender zum Messort und von diesem weiter zum Empfänger. Die zu messenden Größen wirken dabei physikalisch nicht auf den LWL.

Hybridoptische Abstandsensoren

Zwei parallele Lichtleiter sind senkrecht über eine reflektierende Fläche eines Messobjektes angebracht (Bild 12.36). Über ein LWL wird das Senderlicht zur Messfläche geführt, dort reflektiert, in den zweiten LWL eingekoppelt und zum Empfänger zurückgeführt. Die Intensität des reflektierten Lichtes hängt dabei vom Abstand zwischen den LWL und der Messfläche ab.

Sitzt das LWL-Paar auf der Streufläche auf, kann kein Licht vom Sender-LWL in den Empfänger-LWL eingekoppelt werden. Die zum Empfänger gelangende Lichtintensität ist 0 (Bild 12.36). Für das LWL-Paar gibt es einen Abstand zur Streufläche, bei dem eine maximale Einkopplung des Streulichtes in den Empfänger-LWL erfolgt. Entfernt sich nun das LWL-Paar weiter von der Streufläche, nimmt die vom Empfänger erfasste Lichtintensität ab bis zu dem Abstand, bei dem kein reflektiertes Licht mehr empfangen wird. Die Restlichtintensität stammt dann vom Umgebungslicht am Messort.

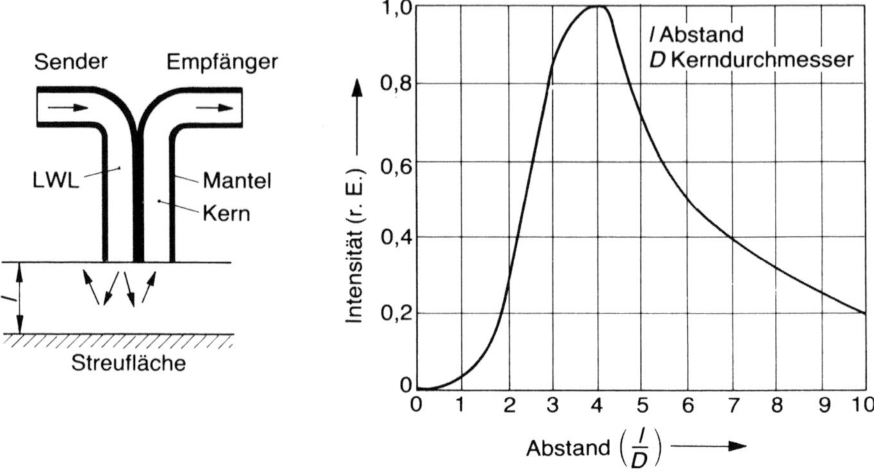

Bild 12.36
Prinzipaufbau eines hybridoptischen Doppelfaser-Abstandsaufnehmers mit Kennlinie

Eine andere Lichtintensitätsverteilung in Abhängigkeit vom Abstand des LWL-Paares über der Streuflache erhält man, wenn Sender- und Empfängerfaser in einen gemeinsamen LWL münden (Bild 12.37). Liegt diese LWL-Anordnung ohne Luftspalt auf der Streufläche, erfolgt maximale optische Kopplung zwischen Sender und Empfänger (Bild 12.37). Entfernt sich nun die LWL-Anordnung von der Streufläche, nimmt die in den Empfängerzweig eingestreute Lichtintensität ab bis zu dem Punkt, an dem nur noch das Umgebungslicht gemessen wird.

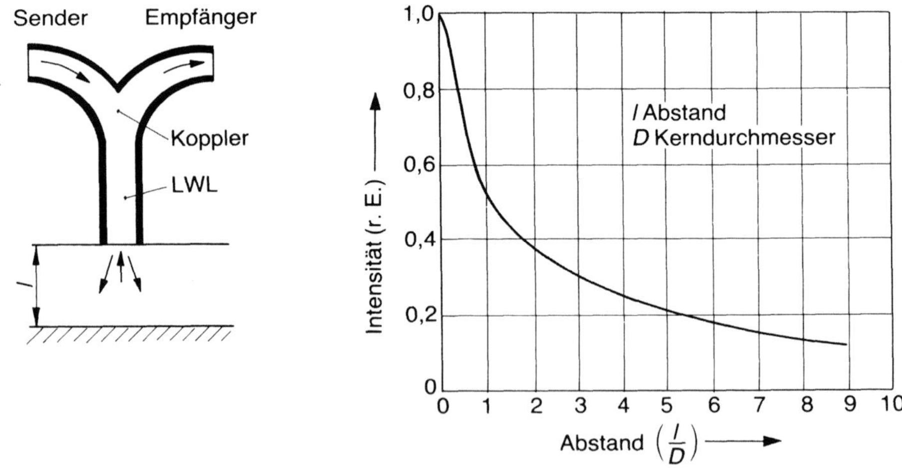

Bild 12.37
Prinzipaufbau eines hybridoptischen 1-Faser-Abstandsaufnehmers mit Kennlinie

Hybridoptische Drucksensoren

Bild 12.38 zeigt eine Ausführungsform eines hybridoptischen Drucksensors. Er besteht aus einem Stahlgehäuse, in dem der Sender-LWL und der Empfänger-LWL zentrisch untergebracht sind. Stirnseitig ist das Gehäuse mit einer dünnen Edelstahlmembran versehen. Sie biegt sich unter Einwirkung von Druckkräften elastisch durch.

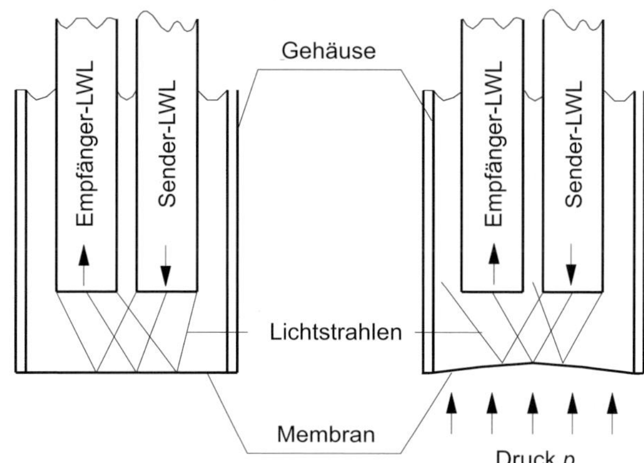

Bild 12.38
Optomechanischer Prinzipaufbau eines hybridoptischen Drucksensors

Die LWL sind so angeordnet, dass bei einer ebenen Membran (ohne Druckbeaufschlagung) fast alle vom Sender-LWL abgestrahlten Lichtwellen vom Empfänger-LWL aufgenommen werden. Bei Druckbeaufschlagung des Sensors biegt sich die Membran durch. Deshalb wird ein der Durchbiegung proportionaler Teil des Senderlichtes am Empfänger-LWL vorbeigestreut. Je größer die Durchbiegung der Membran, umso kleiner ist der in den Empfänger-LWL eingekoppelte Lichtanteil.

Hybridoptische Füllstandssensoren

Es gibt verschiedene Bauformen von hybridoptischen Füllstandssensoren. Im Folgenden werden 3 verschiedene Bauformen besprochen.

1. Bauart (Bild 12.39)

Der LWL besteht aus einem gemeinsamen Sender- und Empfänger-LWL. Das Licht des Senders wird in den Sender-LWL eingekoppelt und über eine Verzweigung (Faserkoppler) zum konusförmig zugespitzten Ende des gemeinsamen LWL geführt. Der Konuswinkel beträgt 45°. Solange die Spitze nicht in die Flüssigkeit taucht, wird das Licht im Prisma fast vollständig totalreflektiert. Das Licht gelangt über den Faserkoppler zum Empfänger und wird dort in ein elektrisches Signal umgeformt. Taucht nun die LWL-Spitze in die Flüssigkeit, ändert sich die optische Brechungszahldifferenz zwischen dem LWL-Prisma und der Umgebung (jetzt Flüssigkeit). Damit ist die Bedingung für eine Totalreflexion nicht mehr gegeben. Der größte Teil des Lichtes wird in die Flüssigkeit ausgekoppelt. Deshalb wird die Lichtintensität am Empfänger kleiner. Als Lichtsender eignen sich z.B. LED und als Lichtempfänger Photodioden mit nachgeschalteten Messverstärkern.

2. Bauart (Bild 12.40)

Bei dieser Bauart sind Sender- und Empfänger-LWL bis zu einem kleinen Prisma getrennt geführt. Ihre Funktion entspricht der Funktion der 1. Bauart.

3. Bauart

Füllstände zu messen, ist mit einem sog. Flüssigkeitsrefraktometer möglich. Das messempfindliche Teil besteht aus einem U-förmig gebogenen LWL. An der Krümmung des U-förmigen LWL wurde der Mantel entfernt, so dass nur noch der Kern vorhanden ist. Das Licht vom Sender wird durch den U-förmigen LWL geführt.

Das Licht durchläuft im nicht eingetauchten Fall den gebogenen Kern zum Empfänger mit einem geringen Intensitätsverlust. Taucht der U-förmig gebogene Teil eines LWL in Messflüssigkeit, nimmt die Brechzahldifferenz zwischen LWL und Umgebung ab, so dass ein sehr großer Teil des Lichtes vom Kern in die Flüssigkeit ausgekoppelt wird.

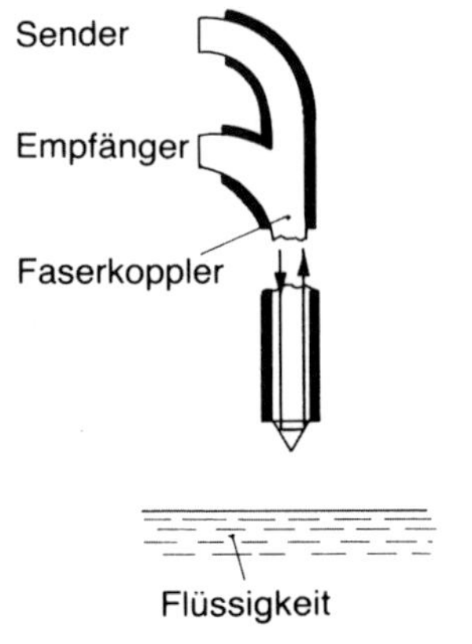

Bild 12.39 Prinzipaufbau eines hybridoptischen 1-Faser-Füllstandsaufnehmers

Flüssigkeit

Bild 12.40 Prinzipaufbau eines hybridoptischen Doppelfaser-Füllstandsaufnehmers

Vorteil

Ein Vorteil dieser Anordnung gegenüber den ersten beiden besteht in seiner sehr einfachen Fertigungsmöglichkeit, da eine Fertigung von Kopplern entfällt.

Nachteil

Der Nachteil besteht darin, dass bei Bündelung der einzelnen Elementarsensoren keine feine Abstufung für die Füllstandsmessung wie bei den ersten Bauarten möglich ist.

12.13 Faseroptische Sensoren (Monomode, 2-Strahl-Interferometer, Kreisel)

Mit der Entwicklung dämpfungsarmer Glasfasern für die optische Nachrichtentechnik entstand ein neues Gebiet der Mess- und Sensortechnik mit faseroptischen Elementarsensoren und Sensoren. Ihr Einsatz bietet sich vor allem an Messorten an, die durch chemisch aggressive bzw. korrosive und explosive Dämpfe, radioaktive Kontaminationen, hohe elektrische Spannungen und starke elektromagnetische Störfelder gekennzeichnet sind. Außerdem haben faseroptische Elementarsensoren und Sensoren eine hohe Grundmessempfindlichkeit. Überdies erlaubt die Fasertechnik den Bau von sehr kleinen, kompakten und geometrieangepassten Sensorelementen. Diese Technik ermöglicht auch die Fertigung von integrierten Mikrosensoren.

Vorteil

Ein Vorteil ist die einheitliche Technologiebasis der faseroptischen Sensoren und der optischen Nachrichtentechnik. Faseroptische Elementarsensoren und Sensoren im eigentlichen Sinne sind solche, bei denen die zu messenden physikalischen Größen direkt auf die LWL gekoppelt sind. Dabei wird die Amplitude des Lichtes, deren Phasenlage oder optische Polarisation im Messwellenleiter verändert und von einer optoelektronischen Empfängerstufe in eine elektrische Größe umgeformt.

Grundlagen

Eine monomodige LWL hat einen Kerndurchmesser von typischerweise 3...10 μm. Die Dimensionierung des LWL wird bei vorgegebener Wellenlänge des verwendeten Lichtes so gewählt, dass nur ein Wellenmodus (Lichtweg) ausbreitungsfähig ist. Dies bedeutet, dass längs der Wellenleiterachse z die Phase $\Phi(z)$ des Lichtwellenzugs eindeutig definiert ist. Es gilt damit:

$$\Phi(z) = k \cdot z = \frac{2 \cdot \pi \cdot n}{\lambda_0} \cdot z \qquad \text{(Gl. 12.21)}$$

k Phasenausbreitungskonstante oder Wellenzahl
λ_0 Vakuumlichtwellenlänge
n Brechungszahl des LWL

Mit interferometrischen Messmethoden besteht also die Möglichkeit, eine Änderung der Phasendifferenz $\Delta\Phi(z)$ zwischen der Phase $\Phi_M(z_M)$ in einem Mess-LWL und der Phase $\Phi_R(z_R)$ in einem Referenz-LWL zu bestimmen. Für die Phasendifferenz gilt dann:

$$\Delta\Phi(z) = \Phi_M(z) - \Phi_R(z_R) = \frac{2 \cdot \pi}{\lambda_0} \cdot (n_M \cdot z_M - n_R \cdot z_R) \qquad \text{(Gl. 12.22)}$$

12.13.1 Monomodesensorik

Sie beruht darauf, dass ein physikalischer Parameter P (die Messgröße) auf einen Mess-LWL über einen geeigneten physikalischen Effekt derart einwirkt, dass die Phase der Lichtwelle im Mess-LWL verändert wird. In Bild 12.41 ist das Schema einer Messvorrichtung zur Erfassung von Phasendifferenzen dargestellt. Damit eine fehlerfreie Messwerterfassung möglich ist, sind die folgenden Punkte zu beachten:

- Die Phase im Referenz-LWL muss unabhängig vom Messparameter P sein.
- Andere Größen als der Messparameter P müssen, sofern sie nicht ausreichend abgeschirmt werden können, auf die Phase im Mess-LWL und die Phase im Referenz-LWL in gleicher Weise wirken. Durch die Differenzanordnung können die unerwünschten Effekte kompensiert werden.
- Die Vakuumlichtwellenlänge λ_0 des Lichtsenders muss sehr stabil sein. Jede Änderung $\Delta\lambda_0$ bewirkt eine Phasenverschiebung $\Delta\Phi$ und täuscht damit eine Messparameteränderung ΔP vor. Unter diesen Voraussetzungen lässt sich die Phasendifferenz nach folgender Gleichung berechnen:

$$\Delta\Phi(P) = \frac{2 \cdot \pi}{\lambda_0} \cdot (n_M(P) \cdot z_M(P) - n_R \cdot z_R) \qquad \text{(Gl. 12.23)}$$

Das Produkt aus der Brechungszahl n und der geometrische Länge z heißt optische Wellenlänge. Für die Messwertaufnahme nicht elektrischer Messgrößen gibt es eine ganze Reihe physikalischer Effekte, die über einen LWL auf seine optische Wellenlänge einwirken. Auf die geometrische Länge $z_M(P)$ eines LWL wirken folgende physikalische Effekte:

- thermische Ausdehnung – sie ermöglicht Temperaturmessungen;
- mechanische Dehnung – sie ermöglicht die Messung von mechanischen Spannungen;

- Magnetostriktion – sie ermöglicht Magnetfeldmessungen (d.h. indirekt mechanische Größen);
- Elektrostriktion – sie ermöglicht die Messung eines elektrischen Feldes.

Auf die optische Brechungszahl $n(P)$ eines LWL wirken folgende physikalische Effekte:

- thermooptischer Effekt – er ermöglicht eine Temperaturmessung;
- photoelastischer Effekt – er ermöglicht die Messung von mechanischen Spannungen;
- magnetooptischer Effekt – er ermöglicht Magnetfeldmessungen (indirekte mechanische Größen);
- elektrooptischer Effekt – er ermöglicht die Messung von elektrischen Feldern.

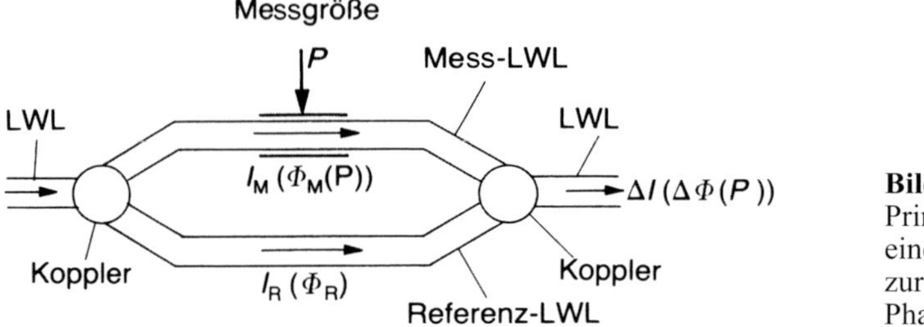

Bild 12.41 Prinzipdarstellung einer Messvorrichtung zur Messung von Phasendifferenzen

Die Differenzphasenmessung mit interferometrischen Methoden hat eine sehr hohe Auflösung und Empfindlichkeit. Mit diesen Methoden können Phasenänderungen von $10^{-5}...10^{-6}$ rad erfasst werden. In dieser hohen Auflösung liegt ein wesentliche Vorteil der Monomode-LWL-Sensorik.

Im Weiteren wird eine Auswahl wichtiger faseroptischer Monomode-Interferometer besprochen.

12.13.2 2-Strahl-Interferometer (Michelson, Mach-Zehnder, Kreisel) (Zweistrahlinterferometer)

In einem Interferometer wird der Strahl eines Lasers in einem Strahlteiler getrennt und über 2 verschiedene Wege geführt. Die Teilstrahlen werden nach Durchlaufen der Interferometerzweige wieder überlagert. Sind die optischen Wege (n, z) der beiden Interferenzzweige identisch, so interferieren die Teilstrahlen am Überlagerungsort (Empfänger) konstruktiv. Eine kleine Differenz der optischen Wege (n, z) genügt schon, um das Interferenzmuster zu verändern. Dieser Effekt bewirkt eine Modulation der Ausgangsleistung der Empfängerelektronik. Für das Signal der Ausgangsleistung gilt:

$$I_A = \frac{I_E}{2} \cdot \left(1 + \cos\left(2 \cdot \pi \cdot \frac{\Delta z}{\lambda}\right)\right) \qquad \text{(Gl. 12.24)}$$

I Eingangssignalleistung
λ Wellenlänge der Strahlung
z Differenz der optischen Wege

Für den Unterschied der optischen Wege von Interferometerzweigen gilt:

$$\Delta z = 2 \cdot n \cdot L \qquad \text{(Gl. 12.25)}$$

n Brechungszahl
L geometrische Länge des LWL

Die Funktionsweise des Interferometers beruht also auf der Messung der relativen Phasenlage zwischen dem Mess- und Referenzsignal, abgeleitet aus den Amplituden der überlagerten Teilstrahlen. Aus Gl. 12.25 erkennt man, dass sich die Messsignalamplituden periodisch im Abstand Δz wiederholen, d.h., man kann nur das Modulo des Messwertes bestimmen. Weiter taucht innerhalb einer Periode der Wert zweimal auf, so dass die Bestimmung nicht eindeutig ist.

Dieses Problem lässt sich lösen, indem der Wert, den das Interferometer bei Beginn der Messung erfasst, als Nullwert bestimmt wird. Damit beginnt also die Längenmessung bei 0. Danach erfolgt die Bestimmung der weiteren Messwerte inkremental. Dadurch wird eine sehr hohe Auflösung erreicht. Zwei der bekanntesten Interferometer sind das MICHELSON- und das MACH-ZEHNDER-Interferometer. Eine sehr einfache Form eines Interferometers ist der sog. FABRY-PERNOT-Resonator.

MICHELSON-Interferometer
Dieses Interferometer eignet sich bevorzugt für hochauflösende Weg- und Dehnungsmessungen im µm-Bereich und darunter. In Bild 12.42 ist der Prinzipaufbau eines MICHELSON-Interferometers dargestellt. Der emittierte Lichtstrahl wird im Richtkoppler in 2 Teilstrahlen zerlegt. Ein Teilstrahl läuft in dem Referenz-LWL bis zum verspiegelten Reflexionsendstück und von dort zurück über den Koppler zum optischen Empfänger. Der andere Teilstrahl läuft im Mess-LWL durch die Ankoppelvorrichtung für die Messgröße P zu einem verspiegelten Reflexionsendstück und von dort zurück über den Koppler ebenfalls zum optischen Empfänger. Dort interferieren nun die beiden Teilstrahlen.

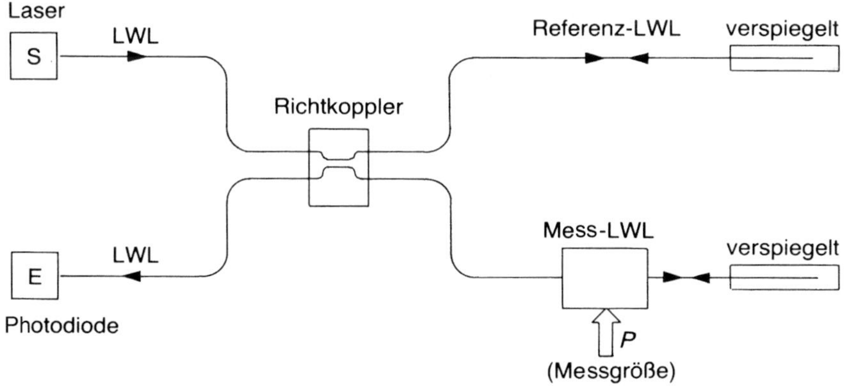

Bild 12.42 Prinzipdarstellung eines MICHELSON-Interferometers

Die Struktur des Interferenzmusters (helle und dunkle Streifen) wird von der Messgröße P bestimmt. Der optoelektronische Empfänger bildet daraus ein periodisches Signal mit Intensitätsmaxima und Intensitätsminima. Elektronisch lässt sich so die Zahl der im Messintervall durchlaufenen Intensitätsmaxima bzw. Intensitätsminima bestimmen. Wird das MICHELSON-Interferometer z.B. zur Längenmessung eingesetzt, lässt sich die Längenänderung Δl aus den Intensitätsmaxima oder -minima nach Gl. 12.26 bestimmen:

$$\Delta l = m \cdot \frac{\lambda}{2} \qquad \text{(Gl. 12.26)}$$

l Wellenlänge
m Zahl der Intensitätsmaxima oder Intensitätsminima

Die Auflösung liegt bei ca. 0,1 µm. Das MICHELSON-Interferometer wird auch zur Temperaturmessung eingesetzt. Grundsätzlich sind auch andere physikalische Größen (wie oben beschrieben) durch geeignete Gestaltung der Ankoppelvorrichtung messtechnisch erfassbar.

MACH-ZEHNDER-Interferometer

In Bild 12.43 ist der prinzipielle Aufbau eines MACH-ZEHNDER-Interferometers dargestellt. Es benötigt keine verspiegelten Reflexionsendstücke. Dieses Interferometer wird meist zur dynamischen Messung rasch veränderlicher Messgrößen (wie z.B. magnetische Wechselfelder, Schall, Vibrationen) eingesetzt. Die beiden Signale aus dem Mess- und Referenzzweig werden getrennt in je einer Photodiode in ein elektrisches Signal umgewandelt. Eine elektronische Signalverarbeitung bildet daraus ein elektronisches Differenzsignal $I_1 - I_2$, das proportional zur Messgröße ist. Die Messung statischer und quasistatischer Messgrößen bereitet wegen mangelnder Langzeitstabilität gewisse Schwierigkeiten.

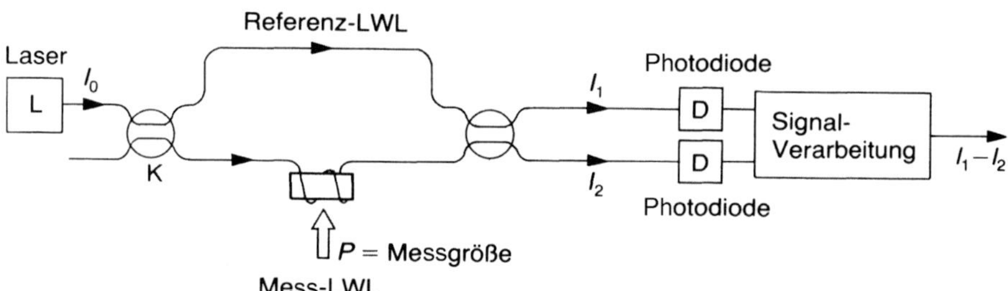

Bild 12.43 Prinzipdarstellung eines MACH-ZEHNDER-Interferometers

Eine Verbesserung der statischen Eigenschaften wird mit dem sog. Homodynverfahren erreicht. In Bild 12.44 ist der Prinzipaufbau eines Homodyn-Interferometers dargestellt. Das Differenzsignal $I_1 - I_2$, bei dem das elektronische Rauschen der Amplituden des Lasers schon verfahrensbedingt eliminiert ist, wird einem Hochpass und einem Tiefpass zugeführt. Das Ausgangssignal des Tiefpasses steuert, nach der elektronischen Integration, einen piezoelektrischen Aktor (PZT) auf dem Referenz-LWL an. Durch langsame Dehnung werden Änderungen (z.B. Driften usw.) der Phase im Referenz-LWL ausgeregelt. Die schnellen Phasenänderungen, durch die Messgröße P im Mess-LWL hervorgerufen, werden über den Hochpass als Ausgangssignal $I_1 - I_2$ abgegeben. Das Homodyn-MACH-ZEHNDER-Interferometer erlaubt bei der Phasenmessung eine Auflösung bis 10^{-7} rad/m für Messsignaländerungen oberhalb von 1 kHz.

Faseroptische Kreisel

Der faseroptische Kreisel beruht auf dem relativistischen SAGNAC-Effekt. Zum physikalischen Verständnis des SAGNAC-Effektes sind 2 Fälle zu unterscheiden.

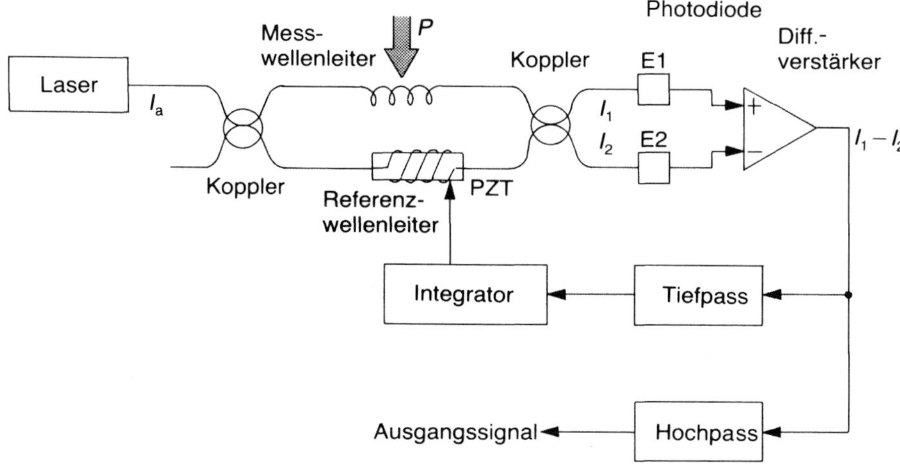

Bild 12.44 Prinzipdarstellung eines Homodyn-Interferometers

1. Fall – Kreiselsystem ruht (Bild 12.45)

Sendet man von Punkt 1 zur gleichen Zeit je einen Lichtstrahl in und gegen den Uhrzeigerdrehsinn aus, so werden sie zur gleichen Zeit wieder in Punkt 1 eintreffen.

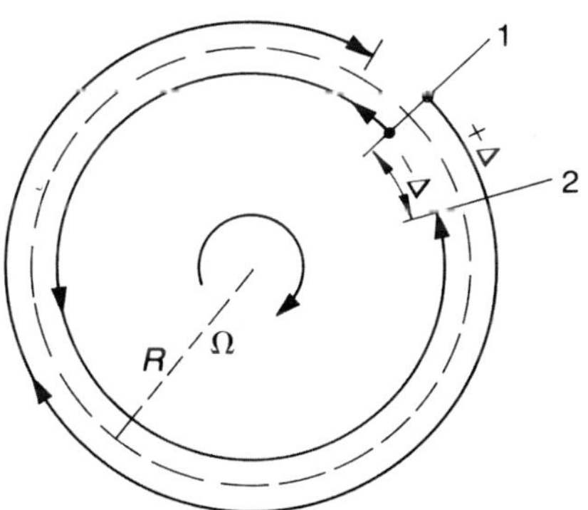

Bild 12.45
Physikalisches Wirkungsprinzip eines faseroptischen Kreisels

2. Fall – Kreiselsystem rotiert (Bild 12.46)

Bewegt sich das Kreiselsystem mit der Winkelgeschwindigkeit Ω im Uhrzeigersinn, wird während des Umlaufs der beiden Lichtstrahlen Punkt 1 des Kreisels nach Punkt 2 bewegt. Der gegen den Uhrzeigersinn laufende Lichtstrahl erreicht zu einem früheren Zeitpunkt den Punkt 2 und der mit dem Uhrzeigersinn laufende Lichtstrahl erreicht zu einem späteren Zeitpunkt den Punkt 2. Die Wegdifferenz beträgt 2Δ.

Die beiden Lichtstrahlen werden in Punkt 2 zur Interferenz gebracht. Der Laufzeitunterschied zwischen den beiden Lichtstrahlen ist ein Maß für die Winkelgeschwindigkeit. Der Laufzeitunterschied wird über den Phasenunterschied $\Delta\Phi$ zwischen den beiden Lichtstrahlen über ihr Interferenzmuster erfasst.

Aus Bild 12.45 lässt sich der physikalische Effekt mit einfachen Mitteln mathematisch darstellen. Im Uhrzeigersinn («in») durchläuft der Lichtstrahl die Strecke:

$$l_{iu} = 2 \cdot \pi \cdot R + \Delta = 2 \cdot \pi \cdot R + R \cdot \Omega \cdot t_{iu} = c \cdot t_{iu} \Rightarrow t_{iu} = \frac{2 \cdot \pi \cdot R}{c - R \cdot \Omega} \qquad \text{(Gl. 12.27)}$$

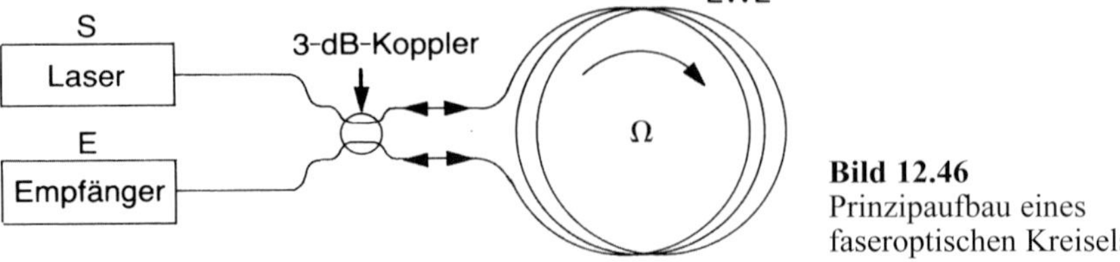

Bild 12.46
Prinzipaufbau eines faseroptischen Kreisels

Gegen den Uhrzeigersinn («gu») durchläuft der Lichtstrahl die Strecke:

$$l_{gu} = 2 \cdot \pi \cdot R - \Delta = 2 \cdot \pi \cdot R - R \cdot \Omega \cdot t_{gu} = c \cdot t_{gu} \Rightarrow t_{gu} = \frac{2 \cdot \pi \cdot R}{c + R \cdot \Omega} \qquad \text{(Gl. 12.28)}$$

Für die Zeitdifferenz Δt der beiden Lichtstrahlen gilt:

$$\Delta t = t_{iu} - t_{gu} = \frac{4 \cdot \pi \cdot R^2 \cdot \Omega}{c^2 - R^2 \cdot \Omega^2} \qquad \text{(Gl. 12.29)}$$

mit der Kreiselfläche $A = \pi \cdot R^2$ und mit $c^2 >> R^2 \cdot \Omega^2$ erhält man aus Gl. 12.29:

$$\Delta t = \frac{4 \cdot A}{c^2} \cdot \Omega \qquad \text{(Gl. 12.30)}$$

Für die Wegdifferenz gilt mit Gl. 12.30:

$$\Delta l = c \cdot \Delta t = \frac{4 \cdot A}{c} \cdot \Omega \qquad \text{(Gl. 12.31)}$$

In der Optik werden Wegunterschiede zwischen Lichtstrahlen immer als Phasenunterschiede $\Delta\Phi$ ausgewertet. Für den Phasenunterschied gilt mit Gl. 12.31:

$$\Delta\Phi = \frac{2 \cdot \pi}{\lambda} \cdot \Delta l = \frac{8 \cdot \pi \cdot A}{\lambda \cdot c} \cdot \Omega \qquad \text{(Gl. 12.32)}$$

Die Messung des SAGNAC-Phasenunterschiedes erlaubt also grundsätzlich Rückschlüsse auf die Winkelgeschwindigkeit des Systems. Durch Überlagerung (Interferenz) zweier ebener Wellenzüge bildet sich das schon beschriebene Interferenzmuster (Muster aus hellen und dunklen Streifen). Eine Drehung des Kreisels bewirkt aufgrund des immer vorhandenen Divergenzwinkels eine Verschiebung des Streifenmusters in die eine oder andere Richtung, je nach Drehrichtung des Kreisels. Tastet man das Streifenmuster mit 2 zueinander versetzten Photodioden ab, kann man daraus in bekannter Weise die Drehrichtung bestimmen.

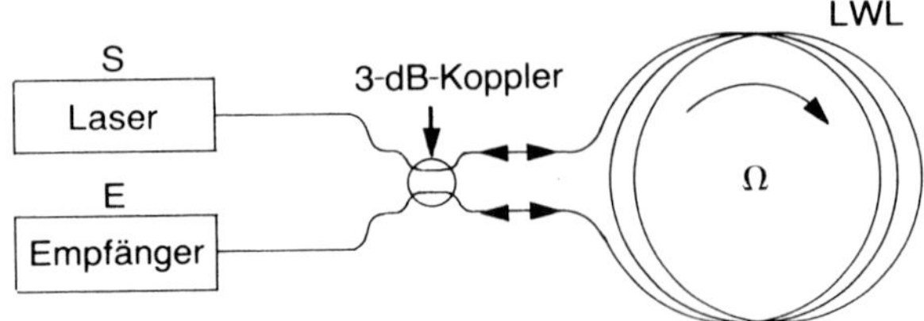

Bild 12.47
Physikalischer Prinzipaufbau eines faseroptischen Kreisels

Bild 12.47 zeigt einen prinzipiellen Aufbau eines faseroptischen Kreisels. Mit diesen Grundlagen lassen sich kompakte Faserkreisel für Steuerungen und Lagestabilisierungen bauen. In Flugzeugen (z.B. Airbus) und Raumfahrzeugen werden solche Navigationsinstrumente als optisches Gyroskop angewendet. Die Genauigkeit beträgt

1°/h bei einer sehr guten Stabilität. Die Genauigkeit ist vergleichbar mit der von mechanischen Kreiselkompassen, jedoch ist ihre Lebensdauer und ihre mechanische Stabilität wesentlich größer, da er keine mechanisch beweglichen Teile enthält.

Beispiel 12.2 Wegmessung mit Photosender und Photoempfänger

In Bild 12.48 ist ein optoelektromechanischer Prinzipaufbau einer optoelektronischen Längenmesseinrichtung dargestellt. Messobjekte bewegen sich immer linear mit konstanter Geschwindigkeit v horizontal über die Messunterlage hinweg.

a) Welche optischen Sender und optischen Empfänger (Elementarsensoren) würden Sie unter technischen und wirtschaftlichen Gesichtspunkten in dem oben dargestellten Messaufbau einsetzen? Begründen Sie Ihre Wahl.

b) Begründen Sie, in Worten (kurzen Sätze) und mathematisch, wie mit dem oben beschriebenen Messaufbau eine lineare optoelektronische Längenmessung an einem mit konstanter Geschwindigkeit v bewegten Messobjekt möglich ist. Die Geschwindigkeit v des Messobjektes ist nicht bekannt.

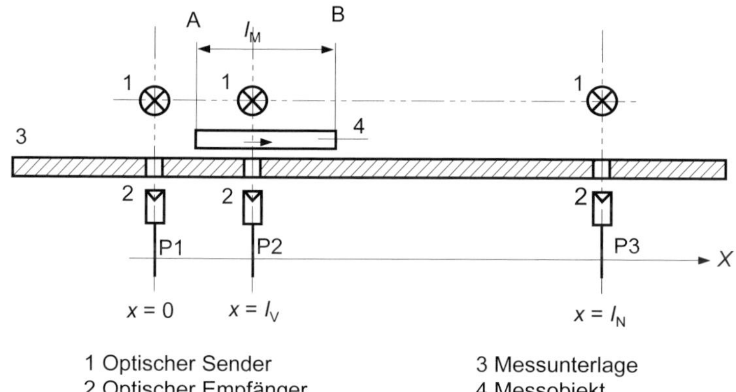

Bild 12.48 Prinzipaufbau einer optoelektronischen Lägenmesseinrichtung

Hinweis

Durch die optoelektronische Messeinrichtung und die zugehörige Signalverarbeitungselektronik wird erkannt, zu welchen Zeitpunkten die Kante A und B des Messobjektes die Punkte P1 ($x = 0$), P2 ($x = l_V$) und P3 ($x = l_N$) passieren.

Lösung 12.2

a) optischer Sender = Photodiode, optischer Empfänger = Photodiode
Begründung: kostengünstig, klein, leicht, robust, gleiche spektrale Empfindlichkeit, einfache elektronische Signalverarbeitung.

b) optoelektronische Längenmessung:
Messung der Laufzeit Δt ($P1_B...P2_B$), bei bekanntem Δl_v ($P1_B...P2_B$). Damit gilt für die Geschwindigkeit v:

$$\upsilon = \frac{\Delta l_v \,(\mathrm{P1_B ... P2_B})}{\Delta t\,(\mathrm{P1_B ... P2_B})} \qquad \text{(Gl. 12.33)}$$

Messung der Laufzeit $\Delta t\ (\mathrm{P1_B ... P3_A})$ für die Messobjektlänge l_M. Damit gilt für die Geschwindigkeit υ:

$$\upsilon = \frac{l_N - l_M}{\Delta t\,(\mathrm{P1_B ... P3_A})} \Rightarrow l_M = l_N - \upsilon \cdot \Delta t\,(\mathrm{P1_B ... P3_A}) \qquad \text{(Gl. 12.34)}$$

Gleichsetzen von Gl. 12.33 und Gl. 12.34 ergibt für die Messobjektlänge l_M:

$$l_M = l_N - l_v \cdot \frac{\Delta t\,(\mathrm{P1_B ... P3_A})}{\Delta t\,(\mathrm{P1_B ... P2_B})} \qquad \text{(Gl. 12.35)}$$

?! Beispiel 12.3 Wegmessung mit einem MICHELSON-Interferometer

In Bild 12.49 sind der prinzipielle physikalische Aufbau eines MICHELSON-Interferometers und das vom Empfänger ausgegebene Messsignal beschrieben. Das Medium zwischen den Geräteteilen ist Luft.

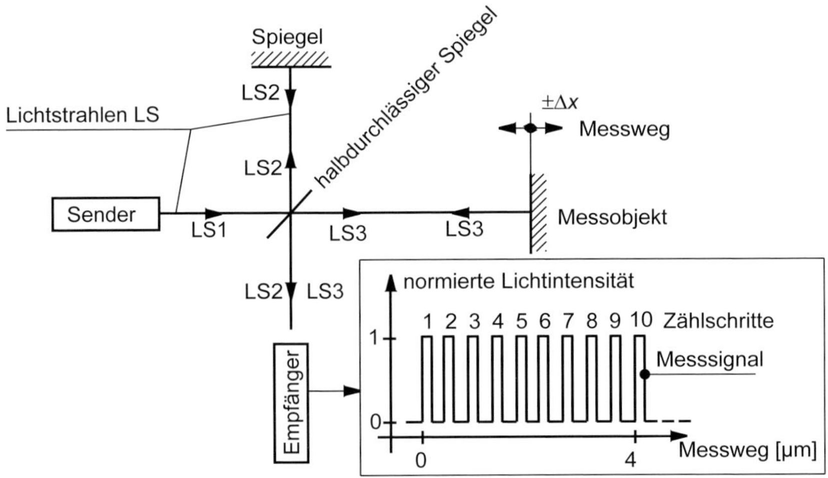

Bild 12.49
Physikalischer Prinzipaufbau eines MICHELSON-Interferometers zur Wegmessung

Die Senderwellenlänge beträgt $\lambda_0 = (800 \pm 10^{-2})$ nm, das Messmedium, das die Lichtstrahlen durchlaufen, ist Luft mit einem Brechungsindex von $n_L = 1 \pm 10^{-6}$. Der optische Empfänger registriert $Z = 2{,}5 \cdot 10^6$ Messschritte (Zählschritte) bei einer Messauflösung von $\Delta Z = 400$ nm.

a) Berechnen Sie die Messwegänderung Δx des Messobjektes.
b) Berechnen Sie die maximalen relativen und absoluten Messabweichungen.
c) Stellen Sie das Messergebnis mit Messabweichungen fachgerecht dar.

Lösung 12.3

a) Berechnung der Messwegänderung Δx des Messobjektes. Für den Messweg gilt:

$$\Delta x = Z \cdot \Delta Z = 2{,}5 \cdot 10^6 \cdot 400 \cdot 10^{-9}\ \text{m} = 1\ \text{m} \qquad \text{(Gl. 12.36)}$$

b) Berechnung der relativen und absoluten Messabweichung. Es gilt:

$$\Delta x = Z \cdot \frac{\lambda}{2} = Z \cdot \frac{\lambda_0}{2 \cdot n_L} \qquad \text{(Gl. 12.37)}$$

Z Anzahl der durchlaufenen Interferenzmaxima (Zählschritte, s. Bild 12.49)
λ Wellenlänge beim Brechungsindex n_L
λ_0 Vakuumwellenlänge

Maximale absolute Messabweichung:

$$\begin{aligned}\Delta(\Delta x) &= \Delta Z \cdot \left|\frac{\lambda_0}{2 \cdot n_L}\right| + \Delta n_L \cdot \left|\frac{Z \cdot \lambda_0}{2 \cdot n_L^2}\right| + \Delta\lambda_0 \cdot \left|\frac{Z}{2 \cdot n_L}\right| \\ &= 1 \cdot \frac{800\ \text{nm}}{2 \cdot 1} + 10^{-6} \cdot \frac{2{,}5 \cdot 10^6 \cdot 800\ \text{nm}}{2 \cdot 1^2} + 10^{-2}\ \text{nm} \cdot \frac{2{,}5 \cdot 10^6}{2 \cdot 1} \\ &= 13.9 \cdot 10^{-6}\ \text{m}\end{aligned} \qquad \text{(Gl. 12.38)}$$

Maximale relative Messabweichung: Für die relative Messabweichung gilt:

$$\delta(\Delta x) = \frac{\Delta(\Delta x)}{\Delta x} \cdot 100\% = \frac{13{,}9 \cdot 10^{-6}\ \text{m}}{1\ \text{m}} = 1{,}39 \cdot 10^{-3}\% \qquad \text{(Gl. 12.39)}$$

c) Messergebnis mit Messabweichungen
Messergebnis: (Messweg Δs mit maximaler absoluter und relativer Messabweichung)

$$\Delta s = \Delta x \pm \Delta(\Delta x) = \Delta x \pm \delta(\Delta x) = (1 \pm 13{,}9 \cdot 10^{-6})\ \text{m} = 1\ \text{m} \pm 1{,}39 \cdot 10^{-3}\% \qquad \text{(Gl. 12.40)}$$

13 Temperatursensoren

In den Naturwissenschaften und in der Technik ist die Temperatur eine sehr wichtige physikalische Größe. Die Ursache liegt darin, dass alle Eigenschaften und Verhaltensweisen von Naturvorgängen und technischen Vorgänge über ihre materiellen Träger (Materie, Werkstoffe) mehr oder weniger stark temperaturabhängig sind. Der thermische Zustand eines Stoffes kann grundsätzlich nach zwei physikalischen Prinzipien messtechnisch erfasst werden:

- Kontaktthermometrie,
- Strahlungsthermometrie (Pyrometrie).

13.1 Kontaktthermometrie

Grundlagen und technischer Aufbau

Bei der Kontaktthermometrie steht der Temperaturelementarsensor mit dem zu messenden Objekt direkt in Kontakt, so dass er sehr schnell dessen Temperatur annehmen kann. Der Temperaturausgleich erfolgt über:

- Konvektion,
- Wärmeleitung,
- Wärmestrahlung.

Durch den Temperaturausgleichsvorgang ist die Kontaktthermometrie ein Null-Verfahren. Der Temperatursensor hat dann die gleiche Temperatur wie das Messobjekt, wenn zwischen beiden kein Wärmetransport mehr stattfindet. Man muss daher immer darauf achten, dass folgende Forderungen so gut wie möglich erfüllt sind:

- Die Masse des Temperatursensors muss klein sein gegenüber der Masse des Messobjektes.
- Wärmekontakte zwischen Temperatursensor und Messobjekt müssen sehr gut sein.
- Wärmekontakte mit der Umgebung müssen verhindert werden.

Fehler, die durch Missachtung der oben angeführten Punkte und die falsche Auswahl der Temperatursensoren sowie deren unzweckmäßigen Einbau in das Messobjekt entstehen, sind i.Allg. größer als die Fehler, die von der nachfolgenden elektrischen und elektronischen Signalverarbeitung verursacht werden. Es wird in solchen Fällen mit hoher elektronischer Präzision die Temperatur des Sensors und nicht des Messobjektes erfasst.

13.1.1 Temperaturmessung in und an Festkörpern

Der Wärmetransport in Festkörpern erfolgt ausschließlich durch Wärmeleitung. Bei Körpern mit hoher Wärmeleitfähigkeit und gedrungener Form stellt sich nach kurzer Zeit an allen Stellen die gleiche Temperatur ein (thermisches Gleichgewicht). Dies gilt auch dann, wenn an einer Stelle Wärmeenergie zu- oder abgeführt wird. Die Oberflächentemperatur ist damit praktisch identisch mit der Temperatur im Innern des Festkörpers. Will man in eine Festkörperbohrung einen Temperatursensor einbauen, soll die Tiefe der Bohrung mindestens 5-mal größer sein als der Durchmesser der Bohrung. Außerdem muss sicher sein, dass sich der Elementarsensor an der Spitze des Sensors befindet. Ist das Messobjekt zur Aufnahme einer Bohrung nicht geeignet, wie z.B. bei einem Blech, muss die Oberflächentemperatur gemessen werden. Temperatursensoren müssen so eingebaut sein, dass ihre elektrischen Anschlussleitungen noch ein Stück auf der Messobjektoberfläche entlang einer Isothermen geführt werden. Besteht die Messstelle aus einem Werkstoff mit einer geringen Wärmeleitfähigkeit, machen sich einbaubedingte Messabweichungen viel stärker bemerkbar als bei solchen mit einer größeren Wärmeleitfähigkeit. Da bei diesen Objekten der Temperaturausgleich sehr langsam erfolgt, ist die Wahl des Messortes besonders wichtig. Für Werkstoffe mit einer weniger guten Wärmeleitfähigkeit sollte daher die Tiefe der Bohrung zur Aufnahme des Temperatursensors mindestens 15-mal größer sein als der Durchmesser der Bohrung.

13.1.2 Temperaturmessung in Flüssigkeiten

Die Wärme wird in Flüssigkeiten durch Wärmeleitung und Wärmekonvektion übertragen. Da (besonders bei bewegten Flüssigkeiten) der Wärmeübergang zwischen Flüssigkeit und Sensor gut ist, kann die Messabweichung aus der Wärmeableitung klein gehalten werden. Wird z.B. in einer Rohrleitung die Temperatur des strömenden Mediums gemessen, kann z.B. durch Schalten eines Ventils eine Flüssigkeit mit einer anderen Temperatur an den Messort gelangen. Dies führt zu einer sehr schnellen Änderung der Temperatur am Messort. Die Zeitkonstante des Temperatursensors muss in diesem Fall so gewählt werden, dass sie viel kleiner ist als die Zeit der Temperaturänderung am Messort. Oft ergeben sich auch betriebsbedingte schnelle Temperaturschwankungen, doch auch diese müssen möglichst verzögerungsfrei erfasst und weiterverarbeitet werden können, um z.B. eine effektive Prozessregelung zu ermöglichen.

13.1.3 Temperaturmessung in Gasen und Dämpfen

Der Wärmeübergang zwischen Gasen oder Dämpfen und Temperatursensoren setzt sich immer aus Wärmeleitung, Wärmekonvektion und Wärmestrahlung zusammen. Die Wärmestrahlung stammt fast immer von der Oberfläche von umgebenden Behälterwänden, da die Wärmestrahlung von Gasen i.Allg. gering ist. Da die Sensoren aber die Temperatur der Gase messen sollen, muss die Wärmestrahlung von den Behälterwänden klein sein. Das ist durch Verwendung von polierten metallischen Oberflächen möglich, da sie ein sehr geringes Wärmeabsorptionsvermögen haben. Der Einfluss der Wärmestrahlung lässt sich außerdem verkleinern, wenn man den Temperatursensor mit einem Strahlungsschutzschirm in einem geeigneten Abstand umgibt. Der Strahlungsschutzschirm sollte innen und außen aus einer polierten, metallischen Oberfläche bestehen. Bei sehr kleinen Gasgeschwindigkeiten ist der Strahlungseinfluss sehr groß, da der Wärmeübergang durch reine Wärmeleitung sehr gering ist. Man erreicht eine Verbesserung des Wärmeübergangs mit einer Erhöhung der Konvektion, d.h. über die Erhöhung der Gasströmungsgeschwindigkeit zwischen Temperatursensor und Strahlungsschutzschirm.

13.2 Kontaktthermometrische Sensoren

Wichtige Elementarsensorentypen dieser Art:

- ❑ Metallwiderstandsthermometer (thermoresistiver Metallelementarsensor),
- ❑ Thermoelemente (thermoelektrischer Elementarsensor).

Ob eine Messung mit einem Widerstandsthermometer oder einem Thermoelement durchgeführt wird, hängt von den speziellen Eigenschaften dieser Elementarsensortypen und den Eigenschaften des Messobjektes sowie des Messortes ab. Zwischen den Widerstandsthermometern und den Thermoelementen bestehen folgende grundsätzliche Unterschiede:

- ❑ Die mechanische Stabilität der Thermoelemente ist besser als die der Widerstandsthermometer.
- ❑ Der Messtemperaturbereich ist für Thermoelemente größer als für Widerstandsthermometer.
- ❑ Widerstandsthermometer haben eine bessere absolute Messgenauigkeit als Thermoelemente.

Der technische Aufwand ist für beide Elementarsensortypen etwa gleich groß.

13.2.1 Thermoresistive Metallsensoren (Metallwiderstandsthermometer) (thermoresistive Sensoren, Widerstandsthermometer)

Ein Widerstandsthermometer ist ein Elementarsensor, mit dem die Temperatur nicht durch Längen- oder Volumenänderung, sondern über die Temperaturabhängigkeit des elektrischen Widerstandes gemessen wird.

Grundlagen und technischer Aufbau

I.Allg. erhöht sich der elektrische Widerstand eines Metalls mit der Temperatur. Bei bekannter Temperaturabhängigkeit des Widerstandes lässt sich durch eine geeignete Widerstandsmessung die Umgebungstemperatur bestimmen. Besondere Bedeutung haben Wickelwiderstände – aus sehr dünnen Nickel- und Platindrähten auf einen isolierenden Grundkörper (z.B. Glas oder Keramik) gewickelt – oder Dünnschichtwiderstände, bei denen dünne Nickel- und Platinschichten auf ein Keramiksubstrat aufgebracht sind. Bild 13.1 zeigt den elektromechanischen Prinzipaufbau. Bei der Bezugstemperatur von 0 °C ist der Widerstand für beide Typen, unabhängig von ihrer Technologie, einheitlich 100 Ω, 500 Ω und 1000 Ω. Die Widerstandskennlinien über der Temperatur sind für beide Ausführungsformen nicht linear.

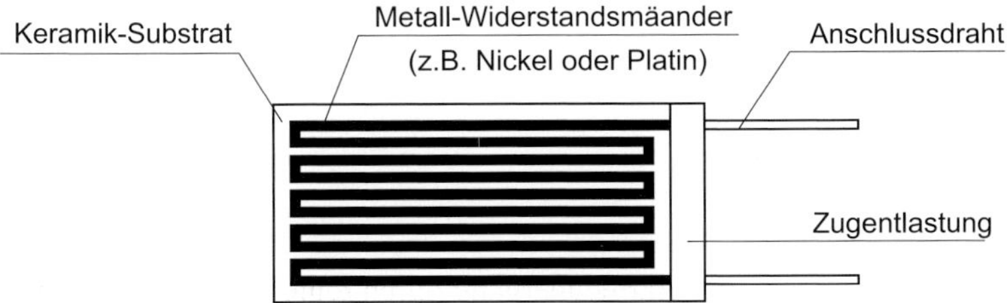

Bild 13.1 Elektromechanischer Prinzipaufbau eines thermoresistiven Metallelementarsensors (Metallwiderstandsthermometer)

Ni-Widerstandsthermometer

- ❑ Widerstandswerte: Ni100, Ni500, Ni1000 (Nomenklatur siehe oben).
- ❑ Technologie: Ni-Draht auf Glas- oder Keramik-Körper.
  Keramik-Substrat, mit Ni-Schicht bedampft und die Widerstandsmäander photolithographisch oder durch Laserstrahl eingearbeitet.

Pt-Widerstandsthermometer

- Widerstandswerte: Pt100, Pt500, Pt1000 (Nomenklatur siehe oben).
- Technologie: Pt-Draht auf Glas- oder Keramikkörper.
  Keramik-Substrat, mit Pt-Schicht bedampft und die Widerstandsmäander photolithographisch oder durch Laserstrahl eingearbeitet.

Messtechnische Eigenschaften

Widerstandsthermometer gehören zu den passiven Elementarsensoren und benötigen daher zu ihrem elektrischen Betrieb eine externe elektrische Energiequelle.

Ni-Widerstandsthermometer Ni100 nach DIN 43 760

Nickel als Ausgangsmaterial für Widerstandsthermometer ist im Vergleich zu Platin wesentlich günstiger und besitzt einen beinahe doppelt so großen Temperaturkoeffizienten.

Die Eigenschaften eines Nickelwiderstandsthermometers sind in der DIN 43 760 festgelegt.

Temperaturbereich

DIN 43 760 legt für den Nickelwiderstand einen Temperaturbereich von –60...250 °C fest und definiert diesen durch das Polynom:

$$R(\vartheta) = R_0 \cdot (1 + a \cdot \vartheta + b \cdot \vartheta^2 + c \cdot \vartheta^4 + d \cdot \vartheta^6 + \cdots) \qquad \text{(Gl. 13.1)}$$

mit dem Nennwiderstand R_0 und dem Koeffizienten für Nickel:

$$a = 5{,}485 \cdot 10^{-3}\ 1/°\mathrm{C},\ b = 6{,}65 \cdot 10^{-6}\ 1/(°\mathrm{C})^2,\ c = 0{,}1/(°\mathrm{C})^4,\ d = 2{,}805 \cdot 10^{-11}\ 1/(°\mathrm{C})^6 \qquad \text{(Gl. 13.1a)}$$

Der Nennwiderstand wird bei 0 °C gemessen. Entsprechend der Norm beträgt der Widerstand bei Ni100, dem gängigsten Nickel-Widerstand, 100 Ω. Oberhalb von 250 °C findet beim Nickelwiderstand eine Phasenumwandlung statt, weshalb er bei höheren Temperaturen unbrauchbar wird.

Temperaturkoeffizient

Die Norm definiert für den Nickelwiderstand den Temperaturkoeffizienten mit dem Wert

$$\alpha = 6{,}18 \cdot 10^{-3}\ 1/°\mathrm{C} \qquad \text{(Gl. 13.2)}$$

Grenzabweichungen

Die DIN 43 760 unterscheidet 2 Toleranzbereiche. In Tabelle 13.1 sind die Temperaturbereiche dargestellt. In dieser Tabelle ist ϑ die Ausgangstemperatur und ϑ_{abw} die Temperaturabweichung. Bild 13.2 zeigt die Widerstands-Temperatur-Kennlinie von Ni100.

Tabelle 13.1 Temperaturbereiche nach DIN 43 760 mit zwei Toleranzbereichen, wobei ϑ die Ausgangstemperatur und ϑ_{abw} die Temperaturabweichung ist

Temperaturmessbereich	Temperaturabweichung
Temperaturmessbereich: –60 °C...0 °C	Temperaturabweichung $\vartheta_{abw} = \pm(0{,}4 + 0{,}028 \cdot \vartheta)$
Temperaturmessbereich: 0 °C...+250 °C	Temperaturabweichung $\vartheta_{abw} = \pm(0{,}4 + 0{,}007 \cdot \vartheta)$

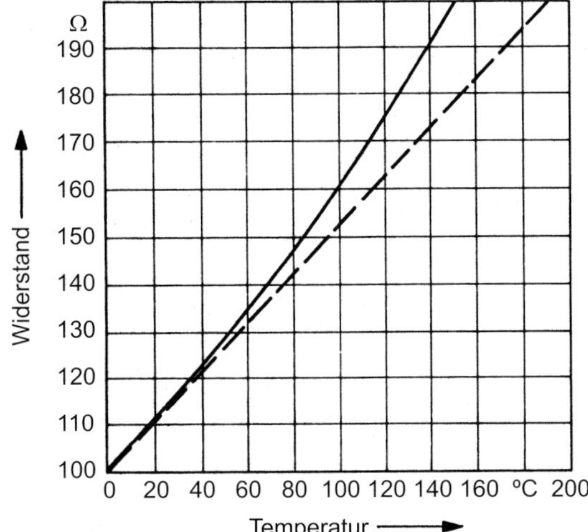

Bild 13.2
Widerstands-Temperatur-Kennlinie eines Ni100

Pt-Widerstandsthermometer

Platin-Widerstandsthermometer Pt100 nach IEC 751 / DIN EN 60 751:

Die Eigenschaften des Platinwiderstandsthermometers sind in der EN 60 751 + A2: 1995 festgelegt.

Temperaturmessbereich

Die DIN IEC 751 legt für den Platinwiderstand 2 Temperaturbereiche fest und definiert sie durch verschiedene Polynome.

1. Temperaturbereich von –200...0 °C wird wie folgt festgelegt:

$$R(\vartheta) = R_0 \cdot (1 + a \cdot \vartheta + b \cdot \vartheta^2 + c \cdot \vartheta^3 + \cdots) \qquad \text{(Gl. 13.3)}$$

2. Temperaturbereich von 0...850 °C wird wie folgt festgelegt:

$$R(\vartheta) = R_0 \cdot (1 + a \cdot \vartheta + b \cdot \vartheta^2 + \cdots) \qquad \text{(Gl. 13.4)}$$

R_0 Nennwiderstand bei 0 °C

Die Koeffizienten für Platin sind in der EN 60 751 + A2 : 1995 mit folgenden Werten festgelegt:

$$a = 3{,}9083 \cdot 10^{-3}\ 1/°\mathrm{C},\ b = -5{,}775 \cdot 10^{-7}\ 1/(°\mathrm{C})^2,\ c = -4{,}183 \cdot 10^{-12}\ 1/(°\mathrm{C})^3 \qquad \text{(Gl. 13.4a)}$$

Der Norm entsprechend beträgt der Widerstand beim PT100, dem gängigsten Platinwiderstand, 100 Ω, beim PT10 beträgt er 10 Ω, beim PT500 beträgt er 500 Ω und beim PT1000 beträgt er 1 kΩ. Je höher der Nennwiderstand ist, umso empfindlicher reagiert das Widerstandsthermometer auf Änderungen der Temperatur.

Temperaturkoeffizient

Die Norm definiert für den Platinwiderstand einen mittleren Temperaturkoeffizienten im Bereich von 0...100 °C, d.h., die mittlere Widerstandsänderung, bezogen auf R_0 (Nennwert bei 0 °C). Der Temperaturkoeffizient hat den Wert:

$$\alpha = 3{,}805 \cdot 10^{-3}\ 1/°\mathrm{C} \qquad \text{(Gl. 13.5)}$$

Der Temperaturkoeffizient beträgt für Röntgen-spektralreines Platin:

$$\alpha = 3{,}925 \cdot 10^{-3}\ 1/°\text{C} \qquad \text{(Gl. 13.6)}$$

Diesen Wert erhält man mit einer genau definierten Verunreinigung des Platins mit anderen Stoffen, um das Widerstandsthermometer unempfindlicher gegen Verunreinigungen von außen zu machen.

Temperaturberechnung
Aus dem messtechnisch erfassten Widerstandswert des Widerstandsthermometers wird die Temperatur des Messobjektes ermittelt. Entsprechend den oben dargestellten Gleichungen zur Darstellung des Platinwiderstandes lässt sich aus der Widerstandskennlinie für Temperaturen oberhalb von 0 °C eine Gleichung zur Berechnung der Temperatur herleiten:

$$\vartheta = \frac{\sqrt{(a \cdot R_0)^2 - 4 \cdot b \cdot R_0 \cdot (R_0 - R)} - a \cdot R_0}{2 \cdot b \cdot R_0} \qquad \text{(Gl. 13.7)}$$

Grenzabweichungen
Die DIN IEC 751 unterscheidet 2 Klassen. Tabelle 13.2 zeigt die 2-Klassen-Einteilung der Temperaturabweichung, wobei ϑ die Ausgangstemperatur und ϑ_{abw} die Temperaturabweichung ist. Bild 13.3 zeigt die Widerstands-Temperatur-Kennlinie von Pt100.

Tabelle 13.2 Klasseneinteilung der Temperaturabweichung nach DIN IEC 751 in 2 Klassen, wobei ϑ die Ausgangstemperatur und ϑ_{abw} die Temperaturabweichung ist

Klasse A	Temperaturabweichung $\vartheta_{abw} = \pm(0{,}15 + 0{,}002 \cdot \lvert\vartheta\rvert)$
Klasse B	Temperaturabweichung $\vartheta_{abw} = \pm(0{,}30 + 0{,}005 \cdot \lvert\vartheta\rvert)$

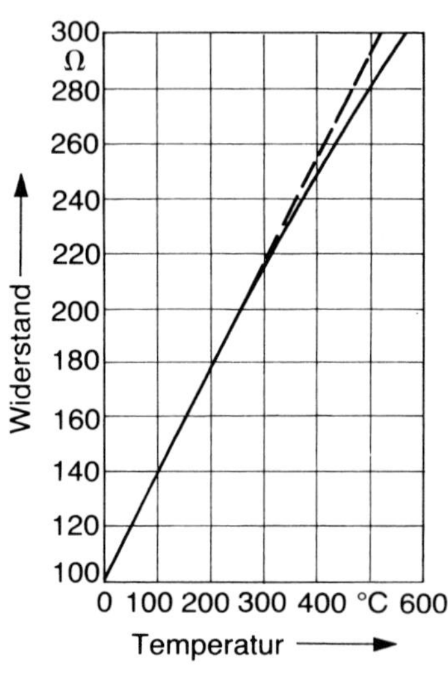

Bild 13.3
Widerstands-Temperatur-Kennlinie eines Pt100

Systematische Messabweichungen

Elektrischer Isolationswiderstand

Durch den Isolationswiderstand zwischen den Anschlussleitungen und den Isolationswiderstand des Füllmaterials im Sensor können Leckströme fließen, die eine

Messabweichung ergeben und eine zu kleine Temperaturerfassung zur Folge haben. Bei einem Pt100 kann ein Isolationswiderstand von 100 kΩ bereits eine Temperaturmessabweichung von 0,25 °C erzeugen. Die Abhängigkeit der Isolationswiderstände von der Temperatur und das Eindringen von Feuchtigkeit in die Stoßstellen zwischen den Isolations- und Dichtmassen im Sensorgehäuse im Messeinsatz verursachen veränderliche Messabweichungen. Die Sensoren werden daher oft mit Spezialversiegelungen hermetisch abgedichtet.

Eigenerwärmung

Damit das Ausgangssignal eines Widerstandsthermometers gemessen werden kann, muss er von einem elektrischen Strom durchflossen werden, der wiederum Verlustleistung in Form von Wärme erzeugt, so dass der Widerstandsthermometer einen zu großen Temperaturwert anzeigt. Die Eigenerwärmung hängt also immer von der erzeugten Verlustleistung ab, die nicht über das Messobjekt abgeführt werden kann. Die elektrische Leistung hängt zusätzlich auch vom Grundwert des Temperatursensors ab. 10-mal stärker erwärmt wird ein Pt1000 als ein Pt100 bei gleichen Messströmen. Weiter bestimmen, wie schon oben gezeigt, Wärmeleitung, Wärmekapazität und Strömungsgeschwindigkeit des Messmediums die thermischen Eigenschaften des Sensors. Bei strömenden Gasen oder Flüssigkeiten ist die Messabweichung viel kleiner, da die abgeführte Wärmemenge viel größer ist.

Parasitäre Thermospannungen

Bei Temperaturmessungen mit Widerstandsthermometern werden Thermospannungen erzeugt. Sie treten an den Verbindungsstellen unterschiedlicher Metalle auf und führen zu Messabweichungen. Metallübergänge treten an den Zuleitungen auf, da die Anschlussdrähte oft aus Silber bestehen, die mit Kupfer oder Nickel verlängert werden. Konstruktionsbedingt kann davon ausgegangen werden, dass sich beide Kontaktstellen auf gleicher Temperatur befinden, so dass sich die entstehenden Thermospannungen weitgehend kompensieren. Aufgrund unterschiedlicher Wärmeableitung können sich auch nach außen unterschiedliche Temperaturen aufbauen. Die Thermospannung wird von der Sensorelektronik als Spannungsabfall interpretiert. Das Vorzeichen der entstehenden Störthermospannung führt zu einem zu großen oder kleinen Messwert. Die Messabweichung hängt auch stark von den elektrischen Eigenschaften und der Sensorelektronik ab. Eine einfache Methode zur Erkennung dieses Effektes ist die Durchführung von 2 Messungen mit einer Richtungsumkehr des Messstroms. Je größer die Differenz der beiden Messwerte ist, desto höher ist die erzeugte Störthermospannung.

Übertragungsfunktion (dynamische Messeigenschaften)

Der konstruktive Aufbau des Widerstandsthermometers hat zur Folge, dass nur ein Energiespeicher, nämlich die Wärmekapazität, das dynamische Verhalten bestimmt. Das System gehört zu den Systemen 1. Ordnung (s. Abschnitt 1.7.2). Das Widerstandsthermometer kann man sich modellhaft als aus Wärmewiderständen und Wärmeenergiespeichern zusammengesetzt vorstellen. Die Materialien besitzen unterschiedliche Wärmeleitfähigkeiten. Je größer der Wärmewiderstand und je größer die Wärmekapazität, desto langsamer erwärmt das Widerstandsthermometer. Ungünstig wirken Luftspalte zwischen dem Messeinsatz und dem Schutzrohr, da Gase sehr schlechte Wärmeleiter sind. Wärmeleitpasten bzw. Metalloxid im Messeinsatz verbessern die Eigenschaften. Vergleiche zeigen, dass Thermoelemente wegen der geringen thermischen Masse kürzere Ansprechzeiten haben als Widerstandsthermometer. Dies trifft insbesondere für dünne Mantelthermoelemente zu. Oft wird dieser Unterschied durch die vergleichsweise große Wärmekapazität des

Schutzrohres überdeckt. Allgemein nimmt die Ansprechzeit mit wachsendem Schutzrohrdurchmesser zu. Die Übertragungsfunktion, d.h. der Verlauf des Messwertes bei sprungförmig veränderter Temperatur, zeigt die dynamischen Eigenschaften des Sensors. Wie schon Kapitel 1 belegt, kann die Halbwertszeit oder Zeitkonstante als dynamischer Kennwert verwendet werden. Die Halbwertszeit ist dabei die Zeit, während der der Messwert 50% seines Endwertes erreicht hat. Die Zeitkonstante ist dagegen die Zeit bis zum Erreichen von 63,2% ihres Endwertes. Dies gilt exakt bei idealen e-Funktionen. Die praktische Wärmeübergangsfunktion aller Widerstandsthermometer weicht meist deutlich von einer e-Funktion ab.

Einfluss der Messleitungen
Bei Messungen mit Widerstandsthermometern können konstruktiv oder messtechnisch bedingte Einflüsse das Messergebnis verfälschen und so systematische Messabweichungen erzeugen. Wie schon beschrieben, geht der Leitungswiderstand in die Messung ein. Bei großen Anlagen mit langen Anschlusswegen kann der Leitungswiderstand dieselbe Größenordnung erreichen wie der Messwiderstand. Eine Kompensation der Leitungswiderstände ist daher zwingend erforderlich. Eine Nullpunktkompensation lässt sich meist gut erreichen. Jedoch berücksichtigt diese Art der Kompensation nicht die temperaturabhängige Änderung des Leitungswiderstandes und führt zu Messabweichungen. Dieser Effekt tritt jedoch erst deutlich bei sehr großen Leitungswiderständen auf, d.h. bei großen Leitungslängen mit kleinen Drahtquerschnitten.

Messabweichung durch Wärmeableitung
Fließt Wärme über das Schutzrohr oder durch den Innenaufbau des Widerstandsthermometers vom wärmeren zum kühleren Ort, entsteht eine Messabweichung durch Wärmeableitung. Zwischen den Zuleitungen und der direkten metallischen Verbindung der Sensoren mit der Umgebung bilden sich Wärmebrücken, die ebenfalls Messergebnisse verfälschen. Außerdem bestimmt die Konstruktion des Widerstandsthermometers in hohem Maße die Wärmeableitung, d.h., die thermische Verbindung zum Schutzrohr bei gleichzeitiger thermischer Entkopplung von den Anschlussleitungen muss sehr gut sein. Die Einbaulänge darf nicht zu gering gewählt werden, da sonst zu viel Wärme abgeführt werden kann. Die Eintauchtiefe des Elementarsensors zur Aufnahme der Messgröße hängt vom Messmedium und der pro Zeiteinheit übertragenen Wärmemenge ab. Bei sehr schnell strömenden Flüssigkeiten wird mehr Wärme übertragen. Die Wärmeableitung ist in flüssigen Medien besser als in ruhenden Medien.

Sensorelektrik (elektrische Messschaltungen)
Der Grundwiderstand des Widerstandsthermometers und die geforderte Genauigkeit bestimmen die verwendete elektrische Anpassschaltung.

2-Leiter-Messschaltung
Bei kurzen Zuleitungen und bei nur kleinen Temperaturschwankungen im Bereich der Zuleitungen oder bei im Vergleich zu den Zuleitungswiderständen hochohmigen Messwiderständen genügt die sog. 2-Leiter-Messschaltung (Bild 13.4). Durch den Kalibrierwiderstand R_j kann bei niederohmigen Messwiderständen (z.B. Pt100) der Zuleitungswiderstand berücksichtigt werden.

3-Leiter-Messschaltung
Die 3-Leiter-Messschaltung (Bild 13.5) eliminiert durch die exakte Einstellung der beiden Kalibrierwiderstände R_j die thermisch bedingten Schwankungen in den Zuleitungswiderständen. Die Genauigkeit der Messung hängt von der exakten Einstellung der Kalibrierwiderstände ab.

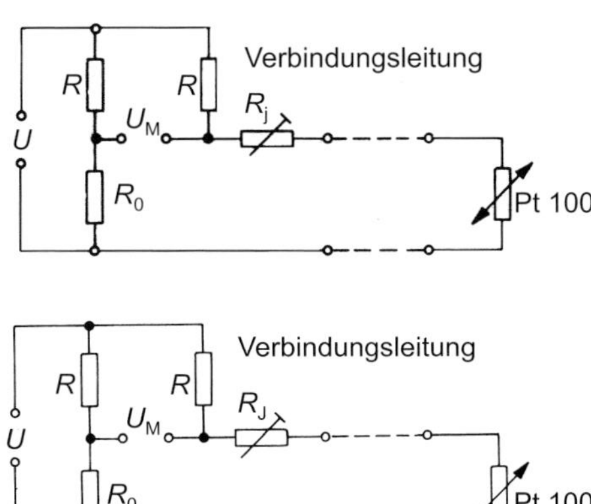

Bild 13.4
2-Leiter-Messschaltung

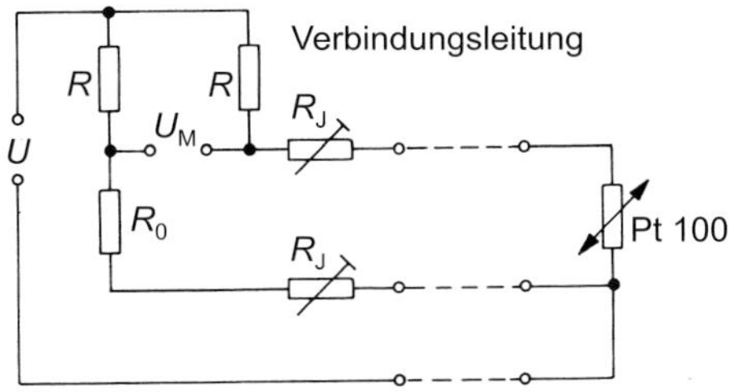

Bild 13.5
3-Leiter-Messschaltung

4-Leiter-Messschaltung

Die 4-Leiter-Messschaltung (Bild 13.6) ermöglicht die Messung der Temperatur mit nur sehr geringen Messabweichungen über sehr große Entfernungen. Bei dieser Messschaltung ist grundsätzlich kein Leitungsabgleich über Kalibrierwiderstände erforderlich.

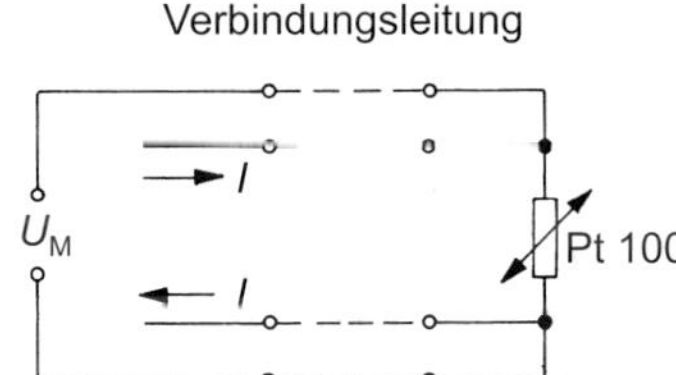

Bild 13.6
4-Leiter-Messschaltung

Sensorelektronik (elektronische Messschaltungen)

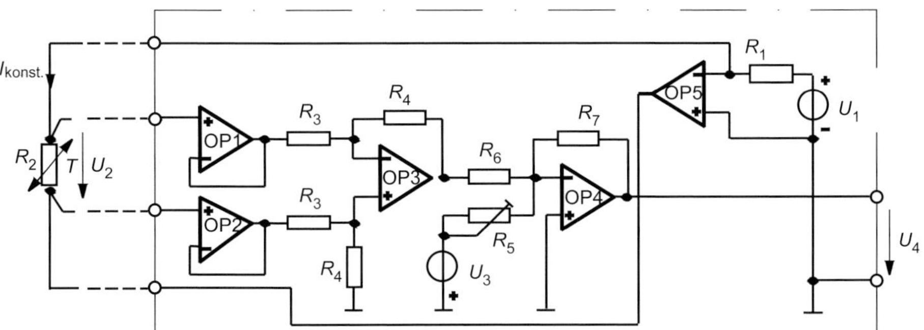

Bild 13.7 Prinzip einer analogen Sensorelektronik in 4-Leiter-Technik mit Konstantstrom

Bild 13.7 zeigt das Prinzip einer analogen Sensorelektronik in 4-Leiter-Technik mit Konstantstrom. Die Konstantstromquelle besteht aus dem Operationsverstärker (OP5), der Referenzspannungsquelle (U_1) und dem Widerstand (R_1). Da der invertierende Eingang des OP5 nahezu Massepotential hat, fließt über R_1 der Konstantstrom $I_{konst.}$, der wegen der großen Eingangswiderstände der OPs über die Speiseleitung durch das Widerstandsthermometer R_2 fließt. Weil der Konstantstrom unabhängig von der Widerstandsänderung von R_2 immer den gleichen Stromwert hat, entsteht bei Änderung des Widerstandswertes von R_2 ein zur Widerstandsänderung proportionaler Spannungsabfall U_2. Über die Fühlerleitungen wird das am Widerstand R_2 erzeugte Spannungssignal hochohmig von einer Differenzverstärkerschaltung (OP1, OP2, OP3) weiterverarbeitet. Am folgenden Additionsverstärker OP4 wird über R_5 gerade die Spannung addiert, die U_4 im Abgleichsfall am Ausgang 0 werden lässt.

Beispiel 13.1

Der Messwiderstand eines Platin-Widerstandsthermometers Pt100 wird mit einem Konstantstrom von 10 mA gespeist. Bestimmen Sie die mittlere Messempfindlichkeit $\Delta U/\Delta T$ eines Pt100 in einem Temperaturbereich von 0 °C bis 100 °C (Pt-Temperaturkoeffizient: $\alpha_{Pt} = 3{,}85 \cdot 10^{-3}$ 1/K).

Lösung 13.1

Für den Pt100 bei 0 °C gilt nach Definition:

$$R_{Pt}(0\,°C) = 100\,\Omega \qquad \text{(Gl. 13.8)}$$

Für den Pt100 bei 100 °C gilt:

$$R_{Pt}(100\,°C) = R_{Pt}(0\,°C) + \Delta R_{Pt}(\Delta\vartheta) = R_{Pt}(0\,°C) + \alpha_{Pt} \cdot R_{Pt}(0\,°C) \cdot \Delta\vartheta$$
$$= 100\,\Omega + 38{,}5\,\Omega = 138{,}5\,\Omega \qquad \text{(Gl. 13.9)}$$

Für die Messempfindlichkeit gilt:

$$E_{Pt100} = \frac{\Delta U}{\Delta\vartheta} = \frac{U_{Pt}(100\,°C) - U_{Pt}(0\,°C)}{\vartheta_{100} - \vartheta_0} = \frac{I \cdot [R_{Pt}(100\,°C) - R_{Pt}(0\,°C)]}{100\,°C}$$
$$= \frac{10 \cdot 10^{-3} A \cdot 0{,}385\,\Omega}{100\,°C} = \frac{3{,}85 \cdot 10^{-3}\ \text{V}}{100\,°C} = 3{,}85\,\frac{\text{mV}}{°C} \qquad \text{(Gl. 13.10)}$$

Beispiel 13.2

Ein einfacher Windwarnsensor für eine Bergseilbahn besteht aus einem beidseitig geöffneten Strömungsrohr, 2 typengleichen thermoresistiven Sensorelementen R_3, R_4, den Brückenwiderständen R_1, R_2 und einer einfachen analogen Signalanpassung aus einer invertierenden Operationsverstärkerschaltung (Bild 13.8a).

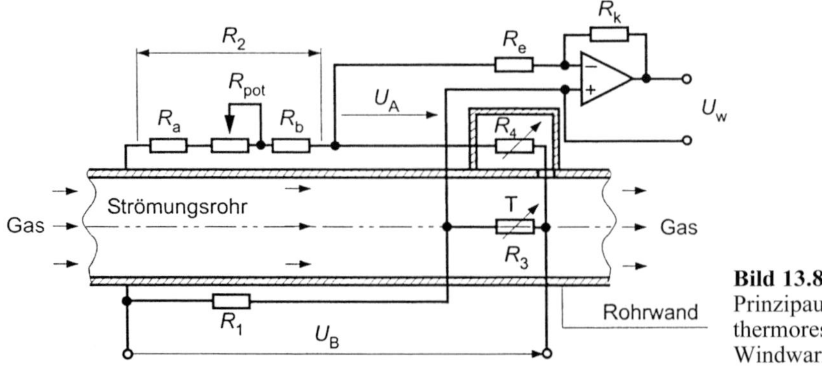

Bild 13.8a Prinzipaufbau thermoresistiver Windwarnsensor

Daten: $U_B = 15$ V, $R_1 = 180\ \Omega$, $R_a = R_b = 50\ \Omega$, $R_{pot} = 150\ \Omega$, R_3, R_4 (Bild 13.7), $R_e = 47\ \text{k}\Omega$

a) Auf welchen Wert muss das Potentiometer R_{pot} eingestellt werden, damit die Messbrücke für die Windgeschwindigkeit $\upsilon = 0$ m/s abgeglichen ist?

b) Bei Erreichen der kritischen Windgeschwindigkeit υ_{krit} beträgt die Ausgangsspannung der Brücken $U_A = 5$ V. Durch eine Windwarnung soll ein Starten der Seilbahnkabine verhindert werden. Berechnen Sie für diesen Fall den Wert von R_3, bestimmen Sie mit Hilfe der Kalibrierkennlinie (Bild 13.8b) die kritische Windgeschwindigkeit υ_{krit}

c) Welchen Wert muss R_k haben, damit bei der kritischen Geschwindigkeit υ_{krit} die Ausgangsspannung des Verstärkers $U_W = 10$ V beträgt?

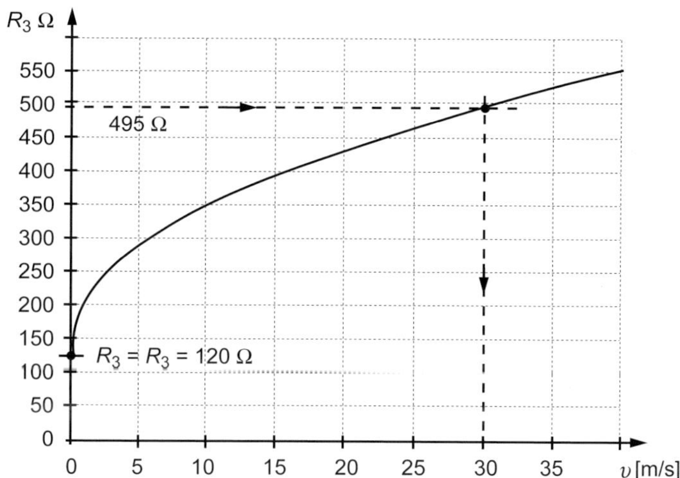

Bild 13.8b
Kalibrierkennlinie
($R_3 = R_4$ bei 10 °C)

Lösung 13.2

a) Potentiometereinstellung
Da $R_1 = R_2$ sein muss, gilt:

$$R_{pot} = R_1 - (R_a + R_b) = ... = 80\ \Omega \qquad \text{(Gl. 13.11)}$$

b) Berechnung des Widerstandes $R_3(T)$
Es gilt für die Widerstandsbrücke:

$$\frac{U_A}{U_B} = \frac{R_3(T)}{R_1 + R_3(T)} - \frac{R_4(T)}{R_2 + R_4(T)} \qquad \text{(Gl. 13.12)}$$

Weiter gilt mit Gl. 13.12:

$$\frac{5\text{ V}}{15\text{ V}} = \frac{R_3(T)}{180\ \Omega + R_3(T)} - \frac{120\ \Omega}{180\ \Omega + 120\ \Omega} \Rightarrow \frac{22}{30} = \frac{R_3(T)}{180\ \Omega + R_3(T)}$$

$$\Rightarrow R_3(T) = 495\ \Omega \qquad \text{(Gl. 13.13)}$$

Berechnung der kritischen Windgeschwindigkeit υ_{krit}: Mit Hilfe der beiden gestrichelt gezeichneten Linien im Diagramm (Bild 13.8b) erhält man $\upsilon_{krit} = 30$ m/s.

c) Berechnung von R_K:

$$V = \frac{U_W}{U_A} = \frac{R_K}{R_e} \Rightarrow R_K = \frac{U_W}{U_A} \cdot R_e = \frac{10\ V}{5\ V} \cdot 47\ k\,\Omega = 94\ k\,\Omega \qquad \text{(Gl. 13.14)}$$

13.2.2 Thermoelektrische Sensoren (Thermoelemente)

Grundlagen und technischer Aufbau

Thermoelektrische Effekte

Unter diesem Begriff werden folgende physikalische Effekte zusammengefasst: SEEBECK-Effekt (1822), PELTIER-Effekt (1834), THOMSON-Effekt (1856), 1. und 2. BENEDICKS-Effekt (1916 / 1918), BRIDGMAN-Effekt (1925), Phonon-drag-Effekt (GUREWITSCH, 1911).

Die Sensoreffekte, auf denen die physikalische Wirkungsweise der Thermoelemente beruht, sind:

- ❑ 1. BENEDICKS-Effekt: thermoelektrischer Homogeneffekt
- ❑ SEEBECK-Effekt: thermoelektrischer Inhomogeneffekt

Heute könnte man vom «Elektronenmodell des thermoelektrischen Effektes» für Sensoren reden.

Thermoelektrischer Homogeneffekt (1. BENEDICKS-Effekt)

Wird z.B. das Ende eines Kupferdrahtes erhitzt, so wird die zugeführte thermische Energie in kinetische Energie der Leitungselektronen und der Kupfer-(Cu-)Gitterionen gewandelt. Aufgrund der atomaren Struktur des Kupferdrahtes sind die schwereren Cu-Gitterionen an ihre Gitterplätze gebunden, um die sie – entsprechend ihrer kinetischen Energie – schwingen, während die leichten frei beweglichen Leitungselektronen teilweise die erwärmte Stelle verlassen können. Es kommt also zu einer Ladungstrennung und damit zur Entstehung einer elektrischen Potentialdifferenz zwischen den unterschiedlich warmen Enden des Cu-Drahtes (Bild 13.9). Dieser Effekt wurde 1916 von C. A. F. BENEDICKS beschrieben. Dieser thermoelektrische Homogeneffekt besteht also darin, dass die erwärmten Teile eines Materials elektronenärmer und die kälteren Teile des Materials elektronenreicher sind. Will man nun die thermisch erzeugte elektrische Spannung am Cu-Draht messen, muss man das Messinstrument auf einer Vergleichstemperatur (z.B. 20 °C) halten. Das Messinstrument zeigt jedoch jetzt, mit dem «thermoelektrisch aufgeladenen» Cu-Draht und der Cu-Messleitung verbunden, keine elektrische Spannung an. Das liegt daran, dass in der Cu-Messleitung die Elektronen an der erwärmten Stelle im gleichen Maße weggetrieben werden wie im thermoelektrisch aufgeladenen Cu-Draht (Cu-Thermodraht) und daher die beiden 20 °C kalten Drahtenden im gleichen Maße mit

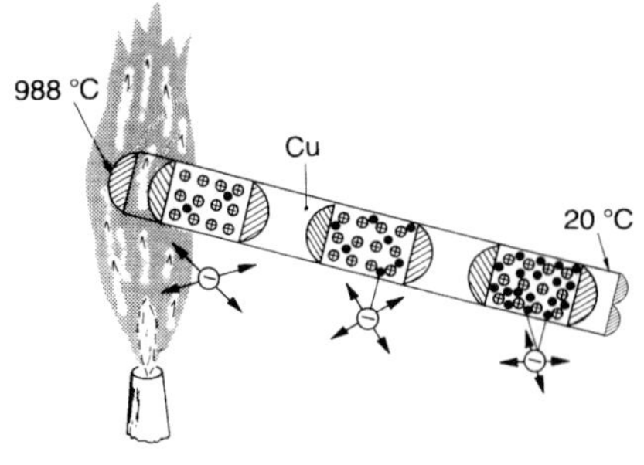

Bild 13.9
Zum Elektronenmodell des thermoelektrischen Effektes

Elektronen besetzt sind (Bild 13.10). Das elektrische Potential zwischen den beiden kalten Drahtenden (den Anschlussstellen für das Messinstrument) ist damit 0 V. Die physikalische Erklärung liefert für diesen Effekt die offensichtlich gleiche Elektronenbeweglichkeit in Cu-Messleitungen wie in Cu-Thermodrähten.

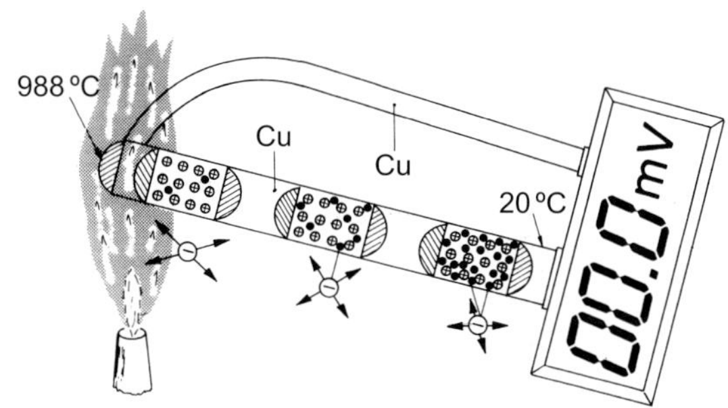

Bild 13.10
Pseudothermoelement aus Kupferthermodraht und Kupfermessleitung

*Thermoelektrischer Inhomogeneffekt (*SEEBECK*-Effekt)*
Eine Thermospannung kann nur dann gemessen werden, wenn für die Messleitung ein anderes Material verwendet wird als für den Thermodraht. Dieser Effekt wurde 1834 von T. J. SEEBECK beschrieben. Für die Thermodrähte verwendet man nun z.B. einen Nickeldraht mit 1,3...2,5% Aluminium (Al erhöht die Hitzebeständigkeit). Für die Messleitungen verwendet man z.B. einen Nickeldraht mit 10% Chromgehalt. Die Enden der beiden Drahtlegierungen werden z.B. verschweißt. Das Erhitzen der verschweißten Drahtenden wirkt sich bei jeder Drahtlegierung anders aus. Das 20 °C kalte Ende des NiAl-Drahtes weist eine höhere Konzentration von Elektronen auf als das 20 °C kalte Ende des NiCr-Drahtes, da die Elektronenbeweglichkeit im NiAl-Draht 4-mal so groß ist wie im NiCr-Draht. Das elektrische Messinstrument zeigt jetzt eine elektrische Spannung an (Bild 13.11), die nach dem bisher Gesagten auch als Differenz zwischen 2 unbekannten thermoelektrischen Spannungen der beiden Einzeldrähte interpretiert werden kann.

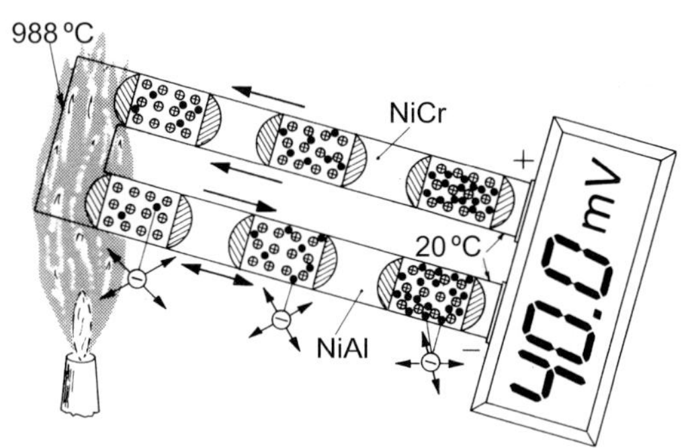

Bild 13.11
Wirkungsweise eines Thermoelement-Drahtpaares aus NiCr und NiAl

Hinweis

Das theoretische Elektronenmodell des thermoelektrischen Effektes von BENEDICKS (1916) und das experimentell phänomenologische Modell des thermoelektrischen Effektes von SEEBECK (1834) beschreiben den thermoelektrischen Sensoreffekt, d.h. die Wirkungsweise von Thermoelementen und damit die Grundlage für ihre sachgemäße Konstruktion und Entwicklung.

Mathematische Verallgemeinerung

Stehen 2 verschiedene Materialien, Metall A und Metall B, thermisch miteinander in Kontakt, bildet sich zwischen Metall A mit der größeren Elektronenbeweglichkeit und Metall B mit der kleineren Elektronenbeweglichkeit eine elektrische Potentialdifferenz, die sog. Thermospannung U_{AB}. Die so entstehende Thermospannung ist zur Temperatur der thermischen Kontaktstelle proportional. Abhängig von 2 Temperaturen ϑ_T (heiß) und ϑ_0 (kalt) kann man an den beiden Kontaktstellen eine elektrische Potentialdifferenz abgreifen. Es gilt allg.:

$$\Delta U = U_{AB}(\vartheta_T) - U_{AB}(\vartheta_0) = a \cdot \Delta\vartheta + b \cdot \Delta\vartheta^2 + c \cdot \Delta\vartheta^3 + \ldots \approx E_{AB} \cdot \Delta\vartheta \qquad \text{(Gl. 13.15)}$$

Bei vielen Thermopaaren kann in einem bestimmten Temperaturbereich mit guter Näherung die lineare Form von Gl. 13.15 verwendet werden. E_{AB} ist die sog. Thermoempfindlichkeit und hängt vom jeweiligen Temperaturniveau ab. Es gilt dann:

$$\Delta U = U_{AB}(\vartheta_T) - U_{AB}(\vartheta_0) = E_{AB} \cdot \Delta\vartheta = E_{AB} \cdot (\vartheta_T - \vartheta_0) \qquad \text{(Gl. 13.16)}$$

wobei ϑ_T die Messtemperatur und ϑ_0 die Referenztemperatur ist.

Thermoelektrische Spannungsreihe

Die Thermoempfindlichkeiten von Metallen und Metalllegierungen sind in der thermoelektrischen Spannungsreihe (nach SEEBECK) zusammengestellt. In Tabelle 13.3 ist dies für den Fall angegeben, dass Platin (Pt) das Material für den Referenzthermodraht ist, auf den alle anderen Materialien der Messthermodrähte bezogen werden. Die Temperaturdifferenz zwischen den beiden Anschlussstellen ist auf 100 K festgelegt. Die Einheit der Temperaturempfindlichkeit ist also mV/100 K. Um nun zwischen 2 beliebigen Metallen A und B die Thermoempfindlichkeit E_{AB} zu bestimmen, bildet man die Differenz der beiden Einzelthermoempfindlichkeiten E_{A0} und E_{B0}, die diese Metalle jeweils gegenüber Platin haben. Es gilt somit:

$$E_{AB} = E_{A0} - E_{B0} \qquad \text{(Gl. 13.17)}$$

Tabelle 13.3
Zusammenstellung von ein paar wichtigen Werten aus der thermoelektrischen Spannungsreihe

Thermometalldrähte	Thermoempfindlichkeit [mV/100 K]
Konstantan	–3,47...–3,40
Nickel	–1,94...–1,20
Platin	0
Paltinrhodium (10 % Rh)	+0,65
Kupfer	+0,72...+0,77
Eisen	+1,88
Nickelchrom	+2,20

Für einen Messaufbau mit einer thermischen Vergleichsstelle gilt dann:

$$U_{AB} \approx E_{AB} \cdot (\vartheta_T - \vartheta_0) = E_{AB} \cdot \Delta\vartheta \qquad \text{(Gl. 13.18)}$$

Berechnung der Thermospannung für einen labortechnischen Messaufbau

Bild 13.12 zeigt den prinzipiellen elektromechanischen Laboraufbau für die Kalibriermesstechnik in der Thermoelementsensorik. Es werden zur Messung 2 Pt-Ni-

Thermopaare verwendet, wobei ein Paar als Messthermoelement bei einer konstanten Messtemperatur von 100 °C und das andere Paar als Referenzthermoelement bei einer konstanten Temperatur von 0 °C verwendet wird.

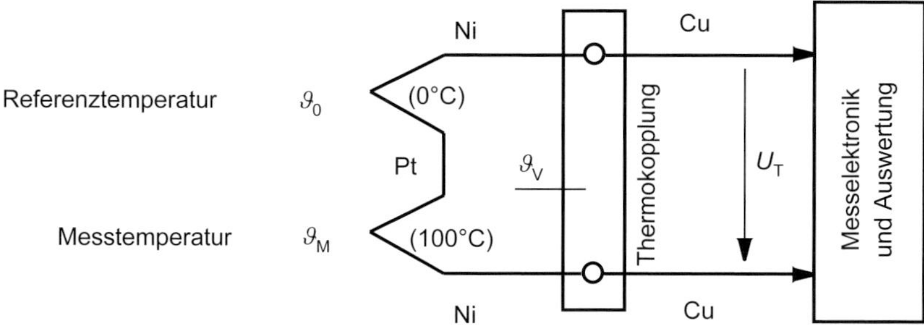

Bild 13.12 Prinzipieller elektromechanischer Laboraufbau für die Kalibriermesstechnik in der Thermoelementsensorik

Bild 13.13 zeigt das Ersatzschaltbild des in Bild 13.12 dargestellten Prinzip-Laboraufbaus. Wie aus Bild 13.13 zu ersehen ist, gilt:

$$U_T = U_1 + U_2 + U_3 + U_4 \tag{Gl. 13.19}$$

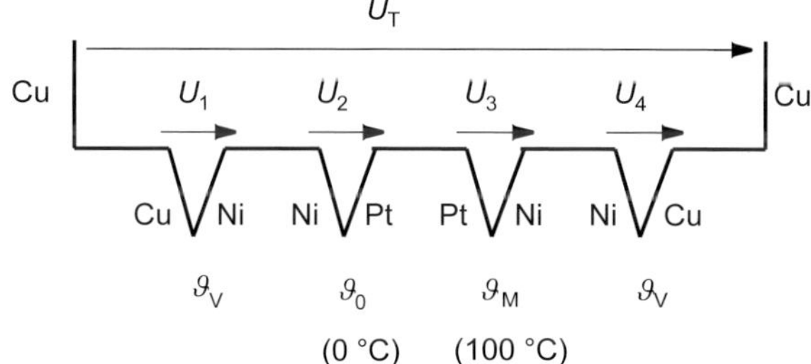

Bild 13.13
Ersatzschaltbild des in Bild 13.12 dargestellten Prinziplaboraufbaus

Einsetzen der Struktur Gl. 13.18 in die Terme der Gl. 13.19 und mit der Struktur Gl. 13.17 ergibt:

$$\begin{aligned} U_T &= E_{\text{CuNi}} \cdot \vartheta_V + E_{\text{NiPt}} \cdot \vartheta_0 + E_{\text{PtNi}} \cdot \vartheta_M + E_{\text{NiCu}} \cdot \vartheta_V \\ &= (E_{\text{Cu}_0} - E_{\text{Ni}_0}) \cdot \vartheta_V + (E_{\text{Ni}_0} - E_{\text{Pt}_0}) \cdot \vartheta_0 + (E_{\text{Pt}_0} - E_{\text{Ni}_0}) \cdot \vartheta_M + (E_{\text{Ni}_0} - E_{\text{Cu}_0}) \cdot \vartheta_V \\ &= (E_{\text{Ni}_0} - E_{\text{Pt}_0}) \cdot \vartheta_0 + (E_{\text{Pt}_0} - E_{\text{Ni}_0}) \cdot \vartheta_M = (E_{\text{Pt}_0} - E_{\text{Ni}_0}) \cdot (\vartheta_M - \vartheta_0) \\ &= E_{\text{PtNi}} \cdot (\vartheta_M - \vartheta_0) \end{aligned} \tag{Gl. 13.20}$$

also:

$$U_T = E_{\text{PtNi}} \cdot (\vartheta_M - \vartheta_0) = E_{\text{PtNi}} \cdot \Delta\vartheta \tag{Gl. 13.21}$$

Wie man aus der Ableitung ersieht, ist es wichtig, dass die Thermospannungen an den Ni-Cu-Kontakten exakt gleich sind, was durch den Thermokoppler mit einer konstanten Temperatur von z.B. 20 °C gewährleistet ist. Diese Überlegung zeigt, dass der labortechnische Messaufbau für den praktischen Einsatz in der Messtechnik und Sensorik vereinfacht werden kann.

Berechnung der Thermospannung für einen betriebstechnischen (praktischen) Messaufbau

Bild 13.14 zeigt den prinzipiellen elektromechanischen praktischen Messaufbau. Bild 13.15 zeigt das Ersatzschaltbild des praktischen Messaufbaus. Für die Thermospannung U_T gilt, wie oben schon gezeigt:

$$\begin{aligned} U_T &= U_1 + U_2 + U_3 = U_T = E_{Cu-CrNi} \cdot \vartheta_1 + E_{NiCr-Ni} \cdot \vartheta_2 + E_{Ni-Cu} \cdot \vartheta_3 \\ &= (E_{Cu_0} - E_{NiCr_0}) \cdot \vartheta_1 + (E_{NiCr_0} - E_{Ni_0}) \cdot \vartheta_2 + (E_{Ni_0} - E_{Cu_0}) \cdot \vartheta_3 \\ &= E_{Cu_0} \cdot (\vartheta_1 - \vartheta_3) + E_{NiCr_0} \cdot (\vartheta_2 - \vartheta_1) + E_{Ni_0} \cdot (\vartheta_3 - \vartheta_2) \end{aligned} \quad \text{(Gl. 13.22)}$$

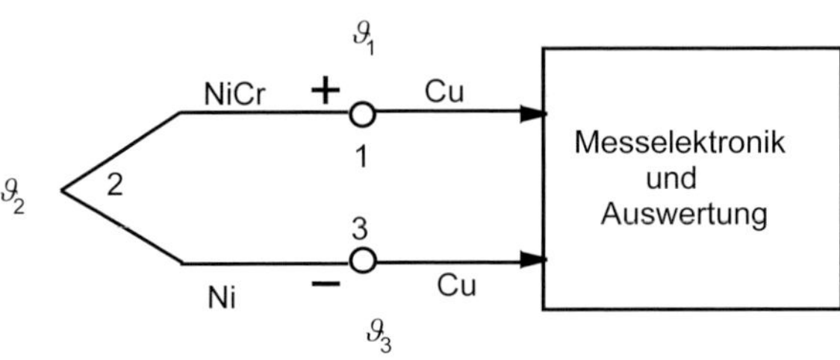

Bild 13.14
Praktischer elektromechanischer Prinzipmessaufbau

Voraussetzung:

$$(\vartheta_1 = \vartheta_3) \equiv \vartheta_0 \quad \text{und} \quad \vartheta_2 \equiv \vartheta_M \quad \text{(Gl. 13.23)}$$

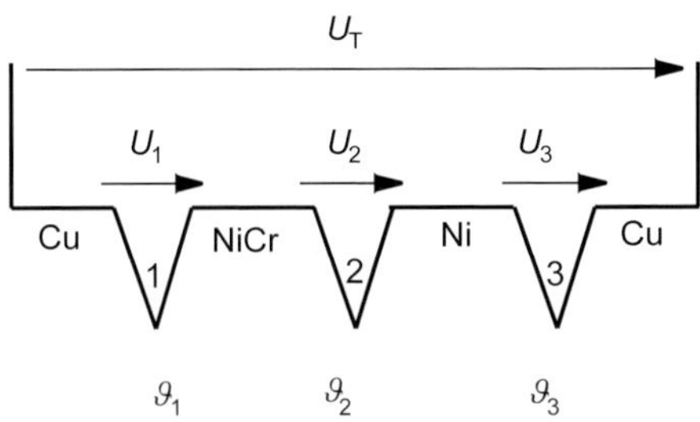

Bild 13.15
Ersatzschaltbild des praktischen Prinzipmessaufbaus nach Bild 13.14

Einsetzen von Gl. 13.23 in Gl. 13.22 und Berechnen ergibt:

$$U_T = E_{NiCr-Ni} \cdot (\vartheta_M - \vartheta_0) \quad \text{(Gl. 13.24)}$$

wobei ϑ_M die Messtemperatur und ϑ_0 die sog. Vergleichsstellentemperatur ist. Für eine Vergleichsstellentemperatur von $\vartheta_0 = 0$ °C wie im Labormessaufbau ergibt sich mit Gl. 13.24 die einfachste Berechnungsgleichung:

$$U_T = E_{NiCr-Ni} \cdot \vartheta_M \quad \text{(Gl. 13.25)}$$

?!

Beispiel 13.3

Zwischen Eisen und Konstantan (CuNi-Legierung) gilt nach Tabelle 13.3 für die einzelne Thermoempfindlichkeit:

$E_{FeKo} = E_{Fe0} - E_{Ko0} = 1{,}88$ mV/100 K – (–3,542 mV/100 K) = + 5,3 mV/100 K

Mit Gl. 13.18 erhält man für ein Eisen-Konstantan-Thermoelement die Thermospannung: $U_{FeKo} = +0{,}053\ (mV/K) \cdot \Delta T$.

Hinweis

Aus Gl. 13.24 und der kleinen Thermospannung von +53 µV bei einer Änderung der Temperatur um 100 °C erkennt man, dass eine elektronische Verstärkung der Thermospannung und eine thermische Vergleichsstelle zwingend notwendig sind.

Technische Vergleichsstellentemperaturen

In Gl. 13.24 wird die Größe ϑ_0 als Vergleichsstellentemperatur bezeichnet. Technisch wichtige Vergleichsstellentemperaturen sind:

- $\vartheta_0 = 0$ °C (Präzisionsmessungen im Labor)
- $\vartheta_0 = 20$ °C («Raumtemperatur», grobe Betriebsmessungen ohne Temperaturkonstanthaltung)
- $\vartheta_0 = 50$ °C (Präzisionsmessungen im Betrieb und Versuch mit Temperaturkonstanthaltung)

Nach Gl. 13.24 gilt für die Bestimmungsgleichung eines NiCr-Ni-Thermoelements:

$$\vartheta_M = \frac{U_T}{E_{NiCr-Ni}} + \vartheta_0 \qquad \text{(Gl. 13.26)}$$

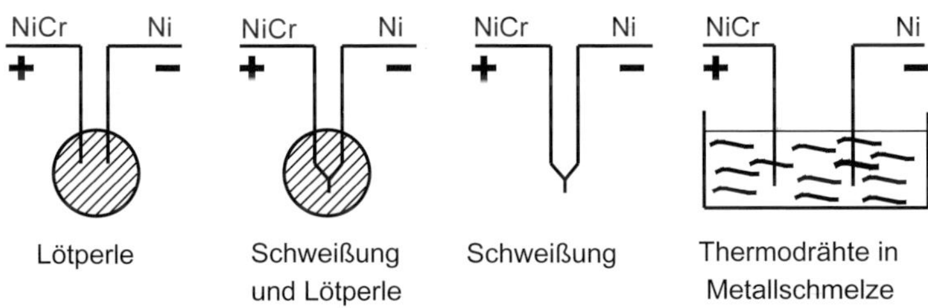

Bild 13.16 Ein Thermoelement besteht aus 2 Drähten (Thermopaare) verschiedener Materialien, die an einem Ende miteinander verbunden sind.

Technischer Prinzipaufbau

Ein Thermoelement besteht immer aus 2 Drähten (Thermopaare) verschiedener Materialien, die an einem Ende miteinander verbunden sind. Bild 13.16 zeigt mögliche Konstruktionsprinzipien, den direkten Kontakt (z.B. Lötperle oder Schweißung) oder den Kontakt über Zwischenleiter (z.B. Thermodrähte in einer Metallschmelze) zu einer thermoelektrischen Verbindung zwischen den verschiedensten Thermoelementdrähten. Bevorzugt werden Thermopaare, deren Thermospannungen nur von der Temperaturdifferenz und möglichst wenig vom Temperaturniveau selbst abhängen. Die Thermopaare sind in DIN 43 710 aufgelistet. In Tabelle 13.4 werden die Einsatztemperaturbereiche für die am meisten verwendeten Thermopaare angegeben. Durch die Entwicklung der Mantelthermoelemente, bei denen die Thermodrähte durch Keramik getrennt in einem dichten Metallrohr untergebracht sind, hat die Messtechnik mit Thermoelementen große Fortschritte gemacht. Bild 13.17 zeigt mögliche Konstruktionsprinzipien für messtechnische Anwendungen im praktischen betrieblichen Einsatz. Diese Thermoelemente sind mechanisch stabiler und lassen sich daher gut in das Messobjekt einbauen. Fehlmessungen durch chemische Veränderungen der Drahtoberflächen können nicht auftreten. Mantelthermoelemente können entweder mit isolierter Schweißstelle der Thermodrähte oder mit Verschweißung der Thermodrähte mit dem Mantelboden hergestellt werden. Je dünner die Thermoelemente sind, desto kleiner ist die thermische Einstellzeit. Wenn möglich sollte man, trotz der größeren thermischen Einstellzeit, die Mantelthermoelemente mit elektrisch isolierter Spitze bevorzugen. Mit Thermoelementen kann man die Temperatur auf einem Messobjekt fast punktuell messen. Mit Widerstandsthermometern wird immer über einen bestimmten Oberflächenbereich integriert gemessen.

Tabelle 13.4 Kleine Auswahl der wichtigsten Thermopaare nach DIN 43 710 nach Einsatztemperaturbereichen

Bezeichnungen	Thermopaare	Messtemperaturbereiche	Normen
Typ U	Cu-CuNi	–200 °C... +600 °C	DIN 43 710
Typ T	Cu-CuNi	–200 °C... +600 °C	IEC 584
Typ L	Fe-CuNi	–200 °C... +600 °C	DIN 43 710
Typ J	Fe-CuNi	–200 °C... +900 °C	IEC 584
Typ E	Ni-CuNi	–200 °C...+1300 °C	IEC 584
Typ K	Ni-CrNi	–200 °C...+1300 °C	IEC 584
Typ R	Pt13 Rh-Pt	0 °C...+1700 °C	IEC 584
Typ S	Pt10 Rh-Pt	0 °C...+1700 °C	IEC 584
Typ B	Pt30 Rh-Pt6Rh	+1200 °C...+1800 °C	IEC 584

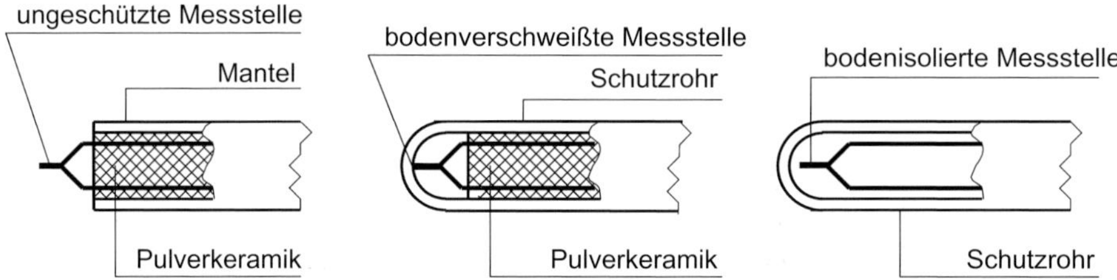

Bild 13.17 Konstruktionsprinzipien von Thermoelementen für den praktischen Einsatz

Messtechnische Eigenschaften und Sensorelektronik

Kalibrierung eines NiCr-Ni-Thermoelements

Statische Kalibrierung

Zur Kalibrierung sind definiert einstellbare Temperaturen notwendig. Zur Einstellung der Messtemperatur dient der Schmelzpunkt von Reinmetallen, wie z.B. Zink (ϑ_S = 419,5 °C), Blei (ϑ_S = 327,0 °C) oder Zinn (ϑ_S = 231,9 °C). Als Referenztemperatur dient ein elektronischer Thermostat (z.B. ϑ_R = 50 °C) oder im Labor auch die Schmelztemperatur von Wasser (ϑ_S = 0 °C). Die Kalibrierkennlinie ist eine Temperatur-Spannungs-Kennlinie, aus der alle statischen Kenwerte ermittelt werden können. Bild 13.18 zeigt Kalibrierkurven von den wichtigsten Thermoelementen.

Die exakten Werte zwischen Thermospannung U_T und Temperatur ϑ sind genormt und in den sog. «Eichkurven» in der DIN 43 710 dokumentiert.

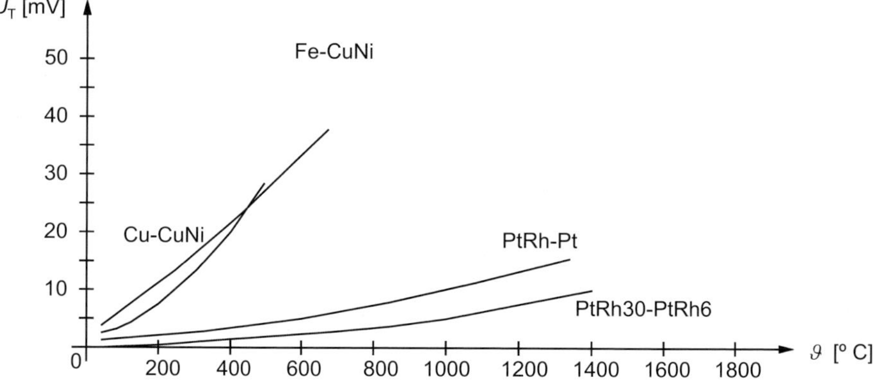

Bild 13.18 Kalibrierkurven der wichtigsten Thermoelemente

Dynamische Kalibrierung
Der konstruktive Aufbau der Thermoelemente hat zur Folge, dass nur ein Energiespeicher, nämlich die Wärmekapazität, und die Wärmewiderstände aller Sensorelemente das dynamische Verhalten bestimmen, d.h., Thermoelemente sind dynamische Systeme 1. Ordnung (s. Kapitel 1). Die Materialien besitzen unterschiedliche Wärmekapazitäten und Wärmeleitfähigkeiten. Je größer der Wärmewiderstand und die Wärmekapazität sind, desto langsamer erwärmen sie das entsprechende Thermoelement. Vergleichsmessungen zeigen, dass die Thermoelemente wegen der oft kleineren thermischen Masse oft kürzere Ansprechzeiten haben als Widerstandsthermometer. Der Verlauf des Messwertes bei Beaufschlagung mit einer thermischen Sprungfunktion zeigt die dynamischen Eigenschaften des Thermoelements in Form einer Sprungantwort. Aus der Sprungantwort können die dynamischen Eigenschaften der Thermoelemente gewonnen werden. Wie schon in Kapitel 1 gezeigt, kann die Halbwertszeit oder Zeitkonstante als dynamischer Kennwert verwendet werden. Die Halbwertzeit ist dabei die Zeit, in der der Messwert 50% seines Endwertes erreicht hat. Die Zeitkonstante ist dagegen die Zeit bis zum Erreichen von 63,2% ihres Endwertes. Dies gilt exakt nur bei idealen e-Funktionen. Die praktische Wärmeübergangsfunktion aller Thermoelemente weicht meist deutlich von einer e-Funktion ab.

Messtechnische Eigenschaften der wichtigsten Thermoelemente

Cu-CuNi (Konstantan)
Temperaturmessbereich: –200 °C...+600 °C
großer thermoelektrischer Spannungskoeffizient
schlechte Nichtlinearität
ohne Schutzmantel:
Cu bei höheren Temperaturen nicht beständig gegen Luftsauerstoff

Fe-CuNi
Temperaturmessbereich: –200 °C...+600 °C
großer thermoelektrischer Spannungskoeffizient
Nichtlinearität besser als bei Cu-CuNi
ohne Schutzmantel: Fe stark korrosionsanfällig
ohne Schutzmantel: kleine Langzeitstabilität der thermoelektrischen Eigenschaften

Ni-CrNi
Temperaturmessbereich: –200 °C...+1300 °C
kleiner thermoelektrischer Spannungskoeffizient
ausreichende Nichtlinearität
ohne Schutzmantel: Verzunderung durch Oxidation ab 600 °C

Pt-PtRh
Temperaturmessbereich: 0 °C...+1700 °C
kleiner thermoelektrischer Spannungskoeffizient
schlechte Nichtlinearität
sehr genau und reproduzierbar (Reproduktion der «Internationalen Praktischen Temperaturskala»)
ohne Schutzmantel:
relativ beständig gegen Oxidation und Korrosion bei höheren Temperaturen
relativ teuer

Sensorelektrik (elektrische Messschaltungen)

Temperaturanzeige über große Entfernungen
Soll über große Entfernungen gemessen werden, wird zwischen Thermoelement und Messgerät eine sog. Ausgleichsleitung geschaltet (Bild 13.19). Die viel kostengünstigere Ausgleichsleitung muss die gleichen thermischen Eigenschaften wie das benutzte Thermoelement haben. Diese Ausgleichsleitungen sind beim Thermoelementhersteller erhältlich und bestehen aus genormten Materialien, die farblich gekennzeichnet sind. Die Farbkennzeichnung steht in den Normen: DIN, Oenorm, BS, NF oder ASA.

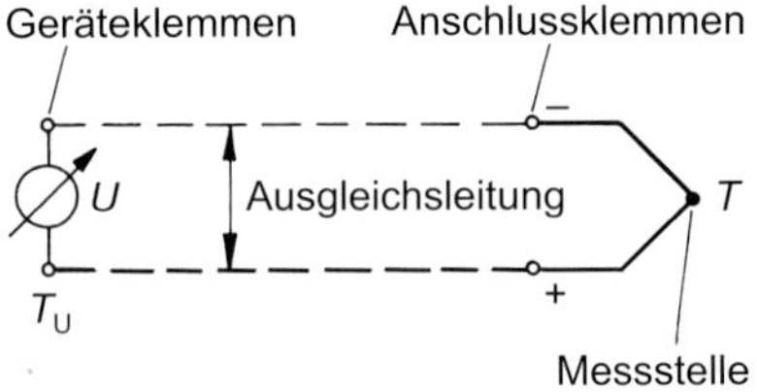

Bild 13.19
Thermoelement mit Ausgleichsleitung für große Entfernungen
$U \sim T - T_U \sim t - t_U$

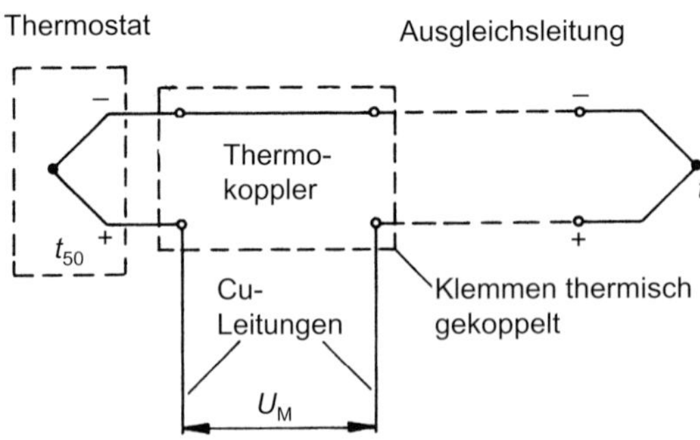

Bild 13.20
Thermoelementschaltung mit thermostatischer Referenzstelle
$U_M \sim t - t_{50}$

Referenzlötstelle mit Thermostat
Die Umgebungstemperatur kann über eine sog. «Kaltlötstelle (Isothermalausgleich)» durch einen elektronischen Thermostaten, der die Kaltlötstelle auf einer definierten konstanten Temperatur hält, berücksichtigt (Bild 13.20) werden. Die benötigte Re-

ferenztemperatur wird von elektrischen Heizwiderständen (Vergleichstemperatur meist 50 °C) oder PELTIER-Elementen (Vergleichstemperatur 0 °C) erzeugt. Die elektrische Thermospannung ist direkt proportional zur zu messenden Temperaturdifferenz. Das Messgerät kann über gewöhnliche Kupferleitungen angeschlossen werden.

Thermoelement mit Kompensationsschaltung

Es gibt Kompensationsschaltungen, bei denen die Temperatur der Vergleichsstelle nicht berücksichtigt werden muss, da Schwankungen der Vergleichstemperatur elektrisch oder elektronisch kompensiert werden.

❑ Elektrische Kompensation (Bild 13.21)

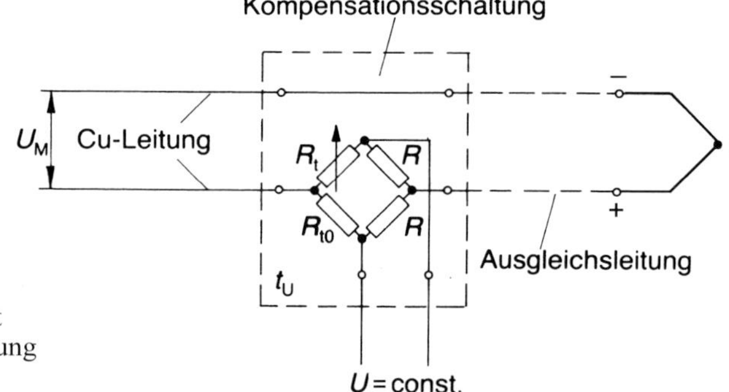

Bild 13.21
Thermoelementschaltung mit Thermokompensationsschaltung
$U_M \sim t$

Die Brückenschaltung wird mit Konstantspannung gespeist und hat einen temperaturabhängigen Brückenwiderstand. Mit Hilfe der Brücke kann eine zur Temperatur proportionale zusätzliche Spannung in den Thermoelementmesskreis eingespeist werden, so dass die Schwankungen der Umgebungstemperatur kompensiert werden können.

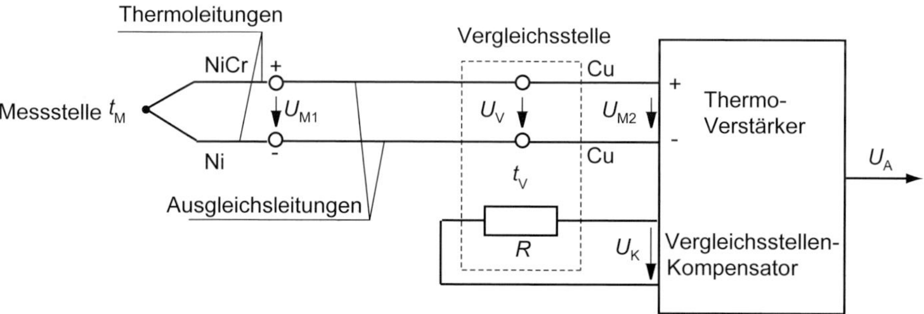

Bild 13.22 Kompensationsschaltung
$U_A \sim t_M$

❑ Elektronische Kompensation (Bild 13.22)

Bei dieser Kompensationsschaltung wird die Umgebungstemperatur t_V mit einem einfachen Halbleitertemperatur-Elementarsensor R erfasst, in die elektrische Spannung U_K gewandelt und mit der Sensorelektronik zur gemessenen Thermospannung U_{M2} elektronisch addiert. Um experimentell zu ermitteln, welcher Thermodraht der NiCr-Draht und welcher der Cr-Draht ist, dient ein einfacher Permanentmagnet, da der Ni-Draht deutlich weichmagnetischer ist als der NiCr-Draht.

Sensorelektronik (elektronische Messschaltungen)

Thermoelementverstärker mit Thermokompensatorschaltung

Thermoelementverstärker (Bild 13.23) müssen eine sehr kleine Offsetspannung haben und dürfen nur sehr driftarm sein. Der Verstärker LTKOx (Fa. Linear Technology) ist durch seine kleine Offsetspannung von <35 µV, seine kleine Drift von <15 µV/°C und seinen sehr kleinen Ausgleichsstrom von <1 nA geeignet. Mit der Thermokompensationsschaltung LT1025 wird elektrische temperaturabhängige Spannung erzeugt, die einer Referenzspannung von 0 °C entspricht. Damit ist der Messwert oder das Messsignal unabhängig von der Umgebungstemperatur.

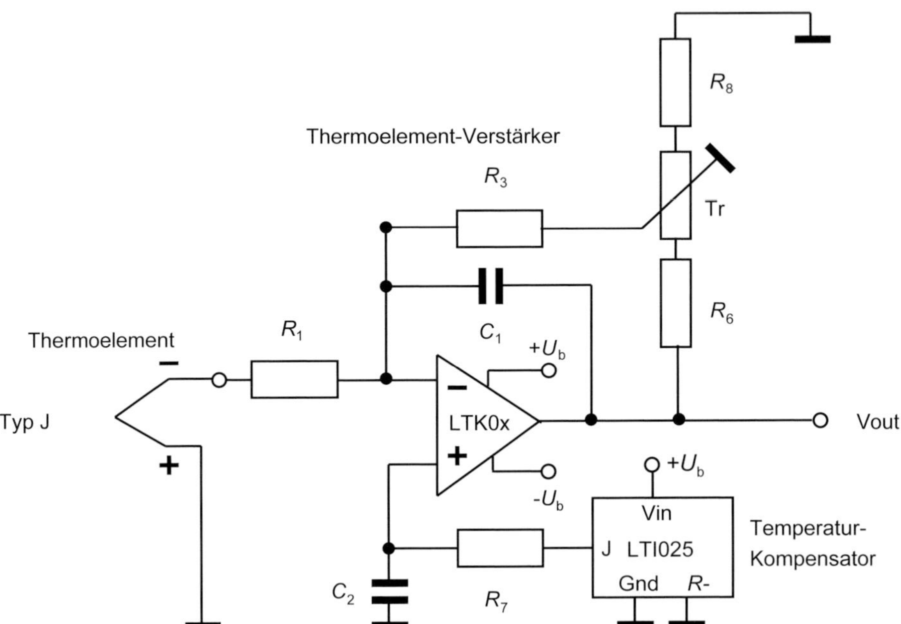

Bild 13.23 Elektronische Temperaturkompensationsschaltung für Thermoelemente

Thermoelementmessverstärker-IC

Monolithisch integrierte Thermoelementmessverstärker enthalten einen Instrumentenverstärker, eine 0-°C-Kompensationsstufe und eine Monitoranzeige zur Überwachung. Solche Verstärker liefern allgemein ein Ausgangssignal von ca. 10 mV/°C. Durch den elektrischen, bipolaren Anschluss können positive und negative Spannungen gemessen werden. Thermoelementmessverstärker-ICs die diese Forderungen sehr gut erfüllen, sind z.B. AD594 und AD595 von Analog Devices.

Beispiel 13.4

Bild 13.24 zeigt in einem direkten Vergleich den zeitlichen Verlauf der normierten Sprungantwort zwischen einem Thermoelement mit Schutzrohr ($u_1(t)/U_{01}$) und einem Widerstandsthermometer mit Schutzrohr ($u_2(t)/U_{02}$).

a) Mit welcher Testfunktion wurde die in Diagramm Bild 13.24 dargestellte Antwortfunktion gewonnen?
b) Ermitteln Sie mit Hilfe des Diagramms von Bild 13.24 die Berechnungsgleichungen der beiden Graphen ($u_1(t)/U_{01}$ und $u_2(t)/U_{02}$).

c) Bestimmen Sie mit Hilfe des Diagramms von Bild 13.24 die Zeitkonstanten der beiden thermischen Elementarsensoren.
d) Welche der beiden thermischen Elementarsensoren zeigt das bessere dynamische Verhalten (kurze Begründung)?

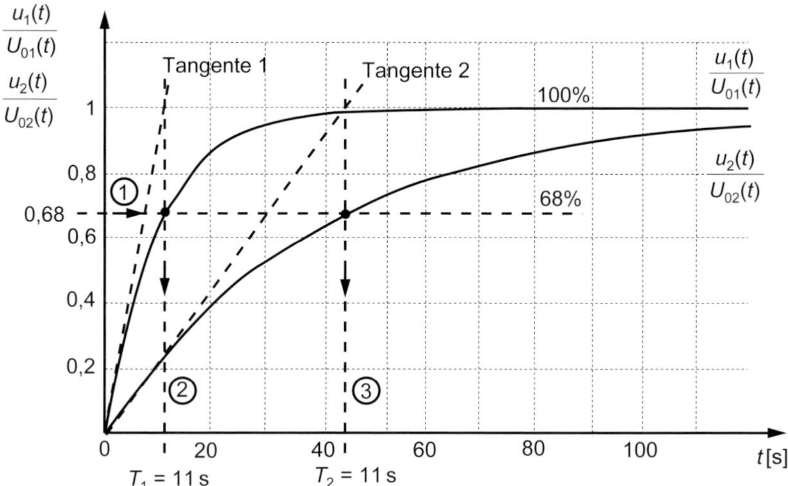

Bild 13.24 Vergleich: Sprungantworten von Thermoelement mit Widerstandsthermometer

Lösung 13.4

a) Die Testfunktion ist eine Sprungfunktion.
b) Berechnungsgleichungen der beiden Temperaturelementarsensoren:
Thermoelement:

$$\frac{u_1(t)}{U_{01}} = 1 - \exp\left(-\frac{t}{T_1}\right) \qquad \text{(Gl. 13.27)}$$

Widerstandsthermometer:

$$\frac{u_2(t)}{U_{02}} = 1 - \exp\left(-\frac{t}{T_2}\right) \qquad \text{(Gl. 13.28)}$$

c) Bestimmung der Zeitkonstanten der Temperaturelementarsensoren aus dem Diagramm von Bild 13.24 mit Hilfe eines graphischen Verfahrens (s. Eintragungen in das Diagramm Bild 13.24).

Konstruktionsbeschreibung
Zuerst wird, ausgehend vom stationären 100%-Endwert, der 68%-Punkt (1) auf der Ordinate bestimmt. Durch diesen Punkt werden eine Parallele zur Abszisse gelegt, die Schnittpunkte mit den beiden Kennlinien bestimmt und von diesen jeweils ein Lot (2) und (3) auf die Abszisse gefällt. An den Schnittpunkten der Lote mit der Zeitachse können nun die beiden Zeitkonstanten T_1 und T_2 abgelesen werden.

Ergebnis
Zeitkonstante des Thermoelements mit Schutzrohr T_1 beträgt ca. 11 s,
Zeitkonstante des Widerstandsthermometers mit Schutzrohr T_2 beträgt ca. 45 s.

d) Das bessere dynamische Verhalten zeigt das Thermoelement mit Schutzrohr, da $T_1 < T_2$ ist. Es erreicht den stationäre Temperaturendwert ca. 4-mal schneller.

Beispiel 13.5

Die Temperatur bei einer thermischen Analyse soll in einem Messbereich von 900...1000 °C mit einem NiCr-Ni-Thermoelement gemessen werden (Bild 13.25). Der Grundwert der Thermospannungen (die Referenztemperatur liegt bei 0 °C) hat bei 900 °C den Wert $U(T_{M1})$ = 37,36 mV und bei 1000 °C den Wert $U(T_{M2})$ = 41,31 mV. Die Vergleichsstellenspannung hat bei T_V = 50 °C den Wert $U(T_V)$ = 2,02 mV. Der Leitungswiderstand zwischen Messort und Erfassungsstelle beträgt ca. 100 Ω. Der Thermoverstärker hat einen Eingangswiderstand von 1 MΩ und einen eingestellten Verstärkungsfaktor V von 100 mit einer einstellbaren Offsetspannung von 0...50 mV.

a) Erklären Sie in kurzen Sätzen die physikalische Funktion eines Thermokopplers.
b) Berechnen Sie die Thermospannung U_{th} für T_{M1} = 900 °C und T_{M2} = 1000 °C.
c) Auf welchen Wert muss die Offsetspannung eingestellt werden, damit der Anfangswert (900 °C) des Thermoverstärkers bei U_2 = 0 mV liegt?
d) Berechnen Sie für 1000 °C den Endwert der Verstärkerausgangsspannung U_2.
e) Berechnen Sie die Messempfindlichkeit E des Sensors, bestehend aus einem Verstärker und einem Thermoelement.

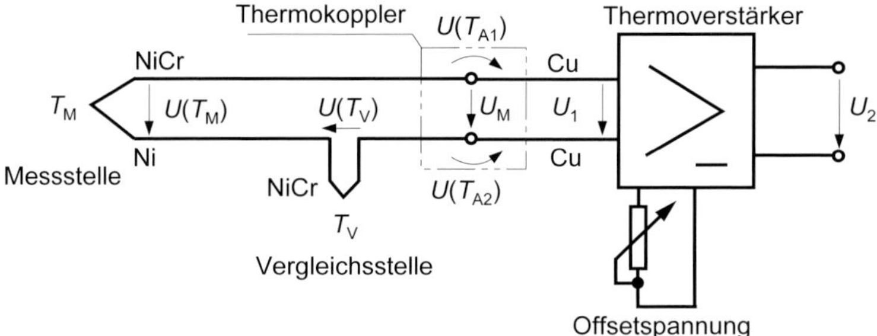

Bild 13.25 Temperatursensor mit einem NiCr-Ni-Thermoelement

Lösung 13.5

a) Der Thermokoppler sorgt dafür, dass die Übergangsstellen zwischen NiCr und Cu exakt dieselbe Temperatur haben. Damit kompensieren sich die Spannungen $U(T_{A1})$ und $U(T_{A2})$. Sie verfälschen also das Messergebnis nicht.

b) Berechnung der Thermospannungen:

Für T_{M1} = 900 °C gilt:

$$U_{th1} = U(T_{M1} = 900\ °C) - U(T_V = 50\ °C) = (37{,}36 - 2{,}02)\ mV = 35{,}34\ mV \quad (Gl.\ 13.29)$$

Für T_{M2} = 1000 °C gilt:

$$U_{th2} = U(T_{M2} = 1000\ °C) - U(T_V = 50\ °C) = (41{,}31 - 2{,}02)\ mV = 39{,}29\ mV \quad (Gl.\ 13.30)$$

c) Einstellung der Offsetspannung:

$$U_{offset} = U_{th1} = 35{,}34\ mV \quad (Gl.\ 13.31)$$

d) Verstärkerausgangsspannung bei 1000 °C:

$U_2 = V \cdot (U_{\text{th2}} - U_{\text{offset}}) = 100 \cdot (39{,}29 - 35{,}34) = 395\ \text{mV}$ (Gl. 13.32)

e) Messempfindlichkeit des Sensors (Thermoelement mit Vergleichsstelle und Verstärker):

$$R_{\text{Pt}} \cdot (100\,°\text{C}) = R_{\text{Pt}} \cdot (0\,°\text{C}) \cdot (1 + \alpha_{\text{Pt}} \cdot \Delta T)$$

$$= 100\ \Omega \cdot \left(1 + 3{,}85 \cdot 10^{-3} \frac{1}{\text{K}} \cdot 100\ \text{K}\right)$$

$$= 138{,}5\ \Omega \qquad \text{(Gl. 13.33)}$$

13.3 Strahlungsthermometrie

Die Temperaturstrahlung eines Hohlraums ist nur von seiner Temperatur abhängig. Einen gleichmäßig temperierten Hohlraum mit einer kleinen Öffnung nennt man einen schwarzen Strahler. Durch Analyse der Hohlraumstrahlung kann man auf die Temperatur der Begrenzungswände schließen. Die Genauigkeit der Messung hängt in hohem Maße von der Messtechnik, dem Einbauort und den sinnvollen Begleitmaßnahmen ab. Das Haupteinsatzgebiet der Strahlungsthermometrie liegt dort, wo die einfachere und preisgünstigere Kontaktthermometrie nicht eingesetzt werden kann. Solche Gebiete sind z.B. die Messung außerhalb eines Temperaturerfassungsbereiches der Kontaktthermometrie (T < 200 °C), Messungen an bewegten Teilen (z.B. Walzstraßen) oder Messungen in extrem kurzen Zeiten (z.B. Induktionsheizungen). Die zur Messung in der Strahlungsthermometrie verwendeten Temperaturmesseinrichtungen nennt man Pyrometer.

13.3.1 Gesamtstrahlungspyrometer

Hohlspiegel-Gesamtstrahlungspyrometer

Bei diesem Pyrometer wird die vom Messobjekt emittierte Wärmestrahlung durch einen Hohlspiegel mit polierter, metallischer Oberfläche nahezu verlustlos und unabhängig von der Wellenlänge der Wärmestrahlung auf ein Vielfachthermoelement fokussiert. Die flächenförmig ausgebildete Messstelle des Thermoelements ist zur möglichst vollständigen Absorption der Wärmestrahlung schwarz ausgeführt. Das Hohlspiegelpyrometer ist für Messungen bis ca. 600 °C geeignet.

Linsengesamtstrahlungspyrometer

Zur Messung höherer Temperaturen wird anstelle des Hohlspiegels eine Linse verwendet. Die Linse hat aber den Nachteil, dass sie einen Teil der Wärmestrahlung absorbiert. Der Werkstoff der Linsen (Glas, Quarz, Flussspat usw.) bestimmt das Absorptionsspektrum. Mit Linsenpyrometern misst man Temperaturen zwischen 400 °C und 2000 °C.

Photoelektrisches Gesamtstrahlungspyrometer

Anstelle der Thermosäule, bestehend aus mehreren Thermoelementen, kann auch ein Photoelement aus Germanium oder Silizium eingesetzt werden. In selteneren Fällen verwendet man als Thermoaufnehmer auch Photozellen mit speziellen Photokatodenwerkstoffen. Diese Pyrometer übertragen jedoch nur einen beschränkten Spektralbereich und müssen daher, entsprechend des Anwendungsbereiches, kalibriert werden. Ein großer Vorteil ist ihre kleine thermische Einstellzeit von ca. 1 ms. Der Einsatz photoelektrischer Gesamtstrahlungspyrometer liegt bei 500...1500 °C.

13.3.2 Teilstrahlungspyrometer

Lichtteilstrahlungspyrometer

Mit diesem Pyrometer wird nicht das gesamte Strahlungsspektrum zur Temperaturmessung herangezogen. Es wird ein genau definierter Wellenlängenbereich herausgefiltert. Nach der PLANCKschen Strahlungsgleichung besteht eine eindeutige Beziehung zwischen der Körpertemperatur und der Strahlungsenergie bei einer bestimmten Wellenlänge. Auf dieser physikalischen Grundlage arbeitet das Teilstrahlungspyrometer. Zur Messung wird nur das sichtbare Spektrum oder ein ausgefilterter Teilbereich desselben benutzt. Mit diesem Pyrometer wird die Strahlungsdichte des Messobjektes mit der eines Referenzstrahlers über eine spezielle Optik verglichen (wie z.B. beim bekannten Glühfaden-Teilstrahlungspyrometer). Der Referenzstrahler wird mit Hilfe eines schwarzen Strahlers kalibriert.

Farbteilstrahlungspyrometer

Eine weitere messtechnische Möglichkeit stellt das sog. Farbteilstrahlungspyrometer dar. Bei diesem Pyrometer werden die Wellenlängen von z.B. Rot und Grün oder Blau zur Messung der Temperatur verwendet. Es wird die Farbtemperatur des Messobjektes durch Vergleich mit der Farbtemperatur eines schwarzen Strahlers bekannter Temperatur bestimmt. Mit dem «Farbtemperaturpyrometer» kann man extrem hohe Temperaturen messen. Der Temperaturmessbereich der Farbe reicht je nach Ausführungsart bis ca. 21 000 K.

14 Schallsensoren (Schallmikrofon)

14.1 Allgemeine Grundlagen

Die Schallsensorik ist ingenieurwissenschaftlich gesehen ein Teilgebiet der «Technischen Akustik», diese wiederum ein Teilgebiet der «Technischen Gasdynamik». Physikalisch sind Schallwellen in ruhenden Gasen und in ruhenden Flüssigkeiten, wegen der Volumenelastizität, sog. Longitudinalwellen und in Festkörpern, wegen der Formelastizität, auch Transversalwellen. Schallwellen verursachen Druckschwankungen im Schallübertragungsmedium und breiten sich mit einer charakteristischen Geschwindigkeit aus, der sog. Schallgeschwindigkeit c_S. Diese hängt u.a. vom Ausbreitungsmedium ab. In Luft beträgt sie z.B. 343 m/s bei 20 °C und 1407 m/s in Wasser bei 0 °C. Wie für alle physikalischen Wellen lässt sich die Schallwellenlänge λ_S mit der Schallfrequenz f_S und der Schallgeschwindigkeit c_S wie folgt berechnen:

$$\lambda_S = c_S / f_S \qquad \text{(Gl. 14.1)}$$

Die Druckschwankung wird Schalldruck p_S genannt und ist die mechanische Kraft F, die senkrecht auf eine definierte Fläche A wirkt:

$$p_S = F / A \qquad \text{(Gl. 14.2)}$$

Für Schallwellen gelten die allg. physikalischen Gesetzmäßigkeiten der Wellenlehre: Reflexion, Brechung, Interferenz und Beugung sowie der DOPPLER-Effekt.

14.1.1 Physikalische Einteilung der Schallfrequenzbereiche

- Infraschall: <16 Hz (niedere Frequenz, für Menschen noch nicht hörbar)
- Hörschall: 16 Hz...20 kHz (mittlere Frequenz, für Menschen hörbarer Schall)
- Ultraschall: 20 kHz...1 GHz (hohe Frequenz, für Menschen nicht mehr hörbar)
- Hyperschall: >1 GHz...10 THz (höchste Frequenz, Grenze zur Wärmeschwingung)

14.1.2 Ausbreitungsgeschwindigkeiten des Schalls in verschiedenen Medien

Bei der Schallausbreitung findet kein Teilchen-, sondern ein Energietransport statt, da sich die Moleküle bei Fluiden (Gas und Flüssigkeiten) und die Gitteratome bei Festkörpern periodisch um ihre Ruhelage bewegen, d.h. um diese Schwingungen ausführen.

Longitudinalwellen in beliebigen elastischen Medien

$$c_S = \sqrt{\frac{1}{\alpha} \cdot \frac{p_S}{\varrho}} \qquad \text{(Gl. 14.3)}$$

α Dehngröße (abhängig vom Aggregatzustand)
ϱ_S Festkörperdichte

Longitudinalwellen in elastischen Festkörperstäben

$$c_S = \sqrt{\frac{E}{\varrho}} \qquad \text{(Gl. 14.4)}$$

$1/\alpha = E$
E Elastizitätsmodul

Longitudinalwellen in Flüssigkeiten (nur für diese)

$$c_S = \sqrt{\frac{V}{\Delta V} \cdot \frac{\Delta p_s}{\varrho}} \qquad \text{(Gl. 14.5)}$$

$$1/\alpha = \Delta V/(V \cdot \Delta p_s) \qquad \text{(Gl. 14.6)}$$

$\Delta V/V$ Volumenänderung bei der Druckänderung Δp_S

Hinweis

Werte, die mit Gl. 14.5 berechnet werden, sind meist etwas zu klein.

Longitudinalwellen in Gasen (nur für diese)

$$c_S = \sqrt{\frac{\kappa \cdot p_s}{\varrho}} \qquad \text{(Gl. 14.7)}$$

$1/\alpha = \kappa \cdot p_S$
κ Adiabatenkoeffizient

Wegen der großen Geschwindigkeit der Druckänderungen handelt es sich hier um adiabatische Zustandsänderungen. Für Luft bei 0 °C ist $\kappa = 1{,}4$. Mit Hilfe der allg. Gasgleichung lässt sich Gl. 14.7 wie folgt umformen:

$$c_S = \sqrt{\kappa \cdot R_S \cdot T} \qquad \text{(Gl. 14.8)}$$

$R_S = R/m_M$	spez. Gaskonstante
$R = 8{,}38 \cdot 10^4$ J/grad	allg. Gaskonstante
m_M	Kilomolmasse
T	absolute Temperatur

14.1.3 Schallfeld

Das Schallfeld ist der von Schallschwingungen erfüllte Raum.

Schallschnelle
Die Schallschnelle gibt die Momentangeschwindigkeit eines schwingenden Teilchens an, d.h. die Wechselgeschwindigkeit, mit der die Teilchen (z.B. Luftteilchen) des Schallübertragungsmediums um ihre Ruhelage schwingen. Die Schallschnelle v darf nicht mit der Schallgeschwindigkeit c_S (Ausbreitungsgeschwindigkeit der Schallwellen) im Übertragungsmedium verwechselt werden, obwohl beide in m/s gemessen werden. Für die eindimensionale Wellenausbreitung gilt:

$$v(t) = v_0 \cdot \cos(\omega \cdot t) \qquad \text{(Gl. 14.9)}$$

v_0 Geschwindigkeitsamplitude
ω Kreisfrequenz

Maßeinheit für die Schallschnelle: m/s.

Energiedichte des Schallfeldes
Schallwellen bewegen Mediumsteilchen um die mittleren physikalischen Zustandsgrößen Druck und Dichte. Die dabei transportierte Schallenergie setzt sich aus der kinetischen und potentiellen Schwingungsenergie zusammen. Für die maximale kinetische Schallenergie W_{kin} gilt:

$$W_{kin} = \frac{1}{2} \cdot m \cdot v_0^2 = \frac{1}{2} \cdot \varrho \cdot V \cdot v_0^2 \qquad \text{(Gl. 14.10)}$$

Aus Gl. 14.9 erhält man die Schallenergiedichte w:

$$w \equiv \frac{W_{kin}}{V} = \frac{1}{2} \cdot \varrho \cdot v_0^2 \qquad \text{(Gl. 14.11)}$$

Für die maximale potentielle Schallenergie W_{pot} gilt (ohne Ableitung):

$$W_{pot} = \frac{1}{2} \cdot \frac{p_0^2}{\varrho \cdot c_S^2} \cdot V \qquad \text{(Gl. 14.12)}$$

Aus Gl. 14.11 erhält man die Schallenergiedichte w:

$$w \equiv \frac{W_{pot}}{V} = \frac{1}{2} \cdot \frac{p_0^2}{\varrho \cdot c_S^2} \qquad \text{(Gl. 14.13)}$$

Die Maßeinheit für die Schallwellenenergie ist 1 Ws
und für die Schallenergiedichte 1 Ws/m^3.

Schalldruck
Als Schalldruck werden die Druckschwankungen eines kompressiblen Übertragungsmediums (z.B. Luft), die bei der Ausbreitung von Schall auftreten, bezeichnet. Der Schalldruck ist ein Wechseldruck (Wechselgröße). Setzt man die beiden Ausdrücke der für die Energiedichten einander gleich, erhält man:

$$p_0 = \varrho \cdot c_S \cdot v_0 \qquad \text{(Gl. 14.14)}$$

Die Maßeinheit des Schalldrucks ist: 1 μbar = 0,1 N/m^2 = 0,1 Pa (Pascal)

Schallleistung
Für die von einer Schallwelle übertragene Leistung ΔE ist die übertragene Schwingungsenergie pro Zeiteinheit Δt:

$$P = \Delta E / \Delta t \qquad \text{(Gl. 14.15)}$$

Die Maßeinheit der Schallleistung ist: 1 W (Watt). Setzt man Gl. 14.10 in Gl. 14.15, ergibt sich:

$$P = \frac{\Delta E}{\Delta t} = \frac{1}{2} \cdot \varrho \cdot v_0^2 \cdot \frac{A \cdot \Delta x}{\Delta t} = \frac{1}{2} \cdot \varrho \cdot v_0^2 \cdot A \cdot c_s \qquad \text{(Gl. 14.16)}$$

A durchschallte (oder beschallte) Fläche

Schallintensität

Mit der Schallintensität I kann der «Energiefluss» in Schallfeldern beschrieben werden. Sie gibt an, wie groß der «Energiebelag», d.h. die Schallleistung P bezogen auf die beschallte Fläche A ist.

$$I = P/A \quad \text{(Gl. 14.17)}$$

Die Maßeinheit der Schallleistung ist: 1 W/m^2. Setzt man Gl. 14.16 in Gl. 14.17, ergibt sich:

$$I = \frac{1}{2} \cdot \varrho \cdot v_0^2 \cdot c_S = \frac{1}{2} \cdot p_0 \cdot v_0 \quad \text{(Gl. 14.18)}$$

Sie ist mathematisch das Produkt von Schallschnelle und Schalldruck.

Schallleistungspegel (relative Schallintensität)

Der Begriff «Pegel» steht für den Vergleich zwischen einer gemessenen Größe (Strom, Spannung oder Leistung) und einer Bezugsgröße. Häufig werden Schallintensitäten (oder kurz Schallpegel) nicht absolut, sondern relativ gemessen, d.h., die absolute Schallintensität wird auf eine definierte Schallintensität bezogen. Die Schallintensität hat also eine Pseudomaßeinheit und ist als logarithmisches Maß 1 dB (Dezibel) definiert. Es gilt:

$$L_W = 10 \cdot \lg(I_2/I_1) = 20 \cdot \lg(p_2/p_1) \quad \text{(Gl. 14.19)}$$

Hinweis

Da I proportional zu p ist, steht im zweiten Ausdruck der Faktor 20 statt 10.

Schallpegel (Lautstärke)

Da die sog. Schallempfindung einen weiten Frequenzbereich umfasst, wird eine logarithmische Skala zum Vergleich von Schallquellen verwendet. Als Bezugsgröße dient ein Schalldruck, bei dem das menschliche Ohr im Mittel anfängt zu reagieren; er wird als Bezugspegel mit 0 dB definiert. Dieser Schalldruck heißt Schwellschalldruck p_0. Er wird mit einer Schallfrequenz von 1000 Hz bestimmt und beträgt:

$$p_0 = 2 \cdot 10^{-5}\ \mathrm{N/m^2} = 2 \cdot 10^{-4}\ \mu\mathrm{bar} \quad \text{(Gl. 14.20)}$$

Damit gilt für den Schallpegel:

$$L_S = 20 \cdot \lg \frac{p_{mess}}{p_0} = 20 \cdot \lg \frac{p_{mess}}{2 \cdot 10^{-4}\ \mu\mathrm{bar}} \quad \text{(Gl. 14.21)}$$

p_{mess} messtechnisch ermittelter Druck

Das logarithmische Maß heißt Phon.

Schalldämpfung (Schalldämmung)

Ist I_1 die Schallintensität ohne schalldämmende Maßnahme und I_2 die Schallintensität mit einer schalldämmenden Maßnahme, gilt mit Gl. 14.19:

$$D = 10 \cdot \lg(I_2/I_1) = 20 \cdot \lg(p_2/p_1) \quad \text{(Gl. 14.22)}$$

Die Maßeinheit ist das dB.

Hinweis

Schalldruck, Schallschnelle und Schallimpedanz sind Schallfeldgrößen. Schallintensität ist dagegen eine Schallenergiegröße. Schalldruck ist nicht Schallintensität und Schallleistung nimmt nicht mit der Entfernung von der Schallquelle ab.

14.2 Hörschallsensoren (Luftschallsensoren)

Zur Hörschallmessung werden Mikrofone oder Mikrofonkapseln als Elementarsensoren verwendet. Mikrofone sind Schallempfänger, die Schallenergie in elektrische Energie wandeln. Sie unterscheiden sich nach Sensorprinzip, akustischer Arbeitsweise und Richtcharakteristik. Die Energieumwandlung kann (siehe Abschnitt 1.2) technisch in 2 Stufen eingeteilt werden.

Umwandlung der Schallenergie in mechanische Energie (mechanisches Umsetzelement)

Das mechanische Umsetzelement ist eine geeignete Membran, mit der die Schallenergie in eine mechanische Auslenkung umgesetzt werden kann. Es gibt verschiedene Konstruktionsprinzipien:

- *Die Membranauslenkung ist proportional zum Schalldruck*
  Bild 14.1a zeigt den mechanischen Prinzipaufbau für eine Auslenkung der Membran durch den vorderseitigen Schalldruck bei rückseitig geschlossener Gehäusewand.

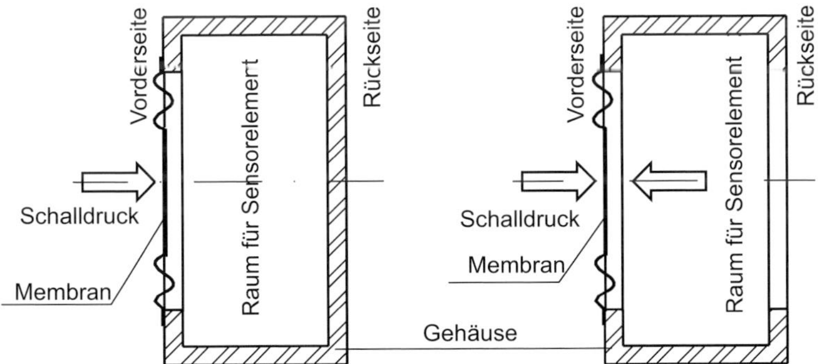

Bild 14.1a Mechanischer Prinzipaufbau für eine Auslenkung der Membran durch den vorderseitigen Schalldruck bei rückseitig geschlossener Gehäusewand

Bild 14.1b Mechanischer Prinzipaufbau für eine Auslenkung der Membran durch den vorderseitigen Schalldruck bei rückseitig offener Gehäusewand

- *Die Membranauslenkung ist proportional zum Druckgradienten*
  Bild 14.1b zeigt den mechanischen Prinzipaufbau für eine Auslenkung der Membran durch den vorderseitigen Schalldruck bei rückseitig offener Gehäusewand. Der Druckgradient ist als Druckdifferenz zwischen Membranvorder- und der Membranrückseite definiert:

$$\Delta p = p_{\text{Vorderseite}} - p_{\text{Rückseite}} \qquad \text{(Gl. 14.23)}$$

Die Gehäuserückseite hat eine Öffnung. Daher reagiert die Membran auf Schalldruckdifferenzen zwischen Vorder- und Rückseite. Bei tiefen Frequenzen (langsamen Schalldruckänderungen) kann es zu einem sog. «akustischen Kurzschluss» kommen.

- *Die Membranbewegung ist proportional zur Schallschnelle*
  Bild 14.1c zeigt den mechanischen Prinzipaufbau eines mechanischen Umsetzelements zur Messung der Schallschnelle mit Hilfe einer speziellen Membran. Die Membran ist ein schmales, nur wenige µm dickes Al-Bändchen und kann dadurch die sog. Schallschnelle erfassen.

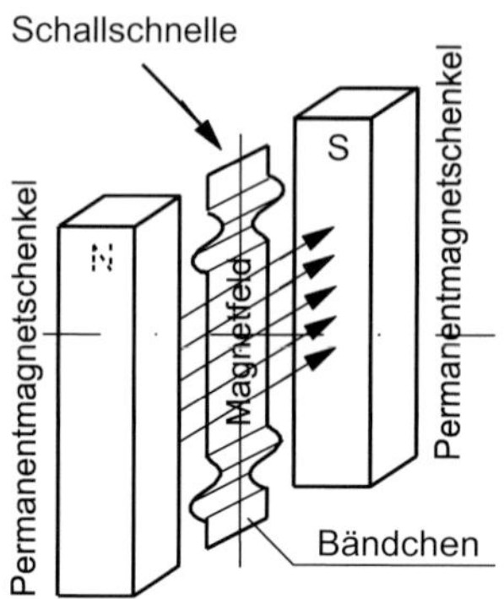

Bild 14.1c
Mechanischer Prinzipaufbau eines mechanischen Umsetzelements zur Messung der Schallschnelle mit Hilfe einer speziellen Membran (Bändchenmembran)

Umwandlung der mechanischen Energie in elektrische Energie mit Sensorelementen

Sensorprinzipien zur Realisierung der Sensorelemente von Hörschallsensoren:

- elektrodynamisches Sensorprinzip,
- elektromagnetisches Sensorprinzip,
- elektrostatisches Sensorprinzip,
- piezoelektrisches Sensorprinzip,
- magnetostriktives Sensorprinzip.

Zur Herstellung von Subminiaturmikrofonen eignen sich vorzugsweise das elektromagnetische, das elektrostatische und das piezoelektrische Sensorprinzip.

14.2.1 Elektrodynamische Hörschallsensoren (elektrodynamisches / dynamisches Mikrofon)

Bei elektrodynamischen Hörschallsensoren wird in einem durch ein konstantes Magnetfeld bewegten elektrischen Leiter ein elektrisches Feld erzeugt, das an den Leiterenden als elektrische Potentialdifferenz, die Ausgangsspannung $u_a(t)$, gemessen werden kann (s. hierzu Kapitel 3, 1. Abschnitt), indem die nachfolgende Gleichung für die induzierte Spannung abgeleitet wurde:

$$u_a(t) = -w \cdot l \cdot B \cdot \upsilon(t) \qquad \text{(Gl. 14.24)}$$

w Windungszahl der Spule
l mittlere Länge des elektrischen Leiterdrahtes bzw. Bändchen
B magnetische Flussdichte des Permanentmagneten
υ mechanische Schnelle (Geschwindigkeit) der sich bewegenden Spule mit Membran oder des Bändchens mit Membran im Permanentmagnetfeld

Die Leiter (Spule und Bändchen) werden durch die Energie des Schallfeldes zu erzwungenen Schwingungen angeregt. Aus Gl. 14.24 lässt sich der sog. elektroakustische Übertragungsfaktor (= Messempfindlichkeit) ableiten:

$$B_E = \frac{u_a(t)}{v(t)} = w \cdot l \cdot B = l_{eff} \cdot B \qquad \text{(Gl. 14.25)}$$

l_{eff} effektive Drahtlänge
B magnetische Flussdichte

Gl. 14.25 zeigt, dass die effektive Länge des Leiters einen großen Einfluss auf die Ausgangsimpedanz (d.h. den Wechselstrom-Innenwiderstand) des Mikrofons hat. Ist die effektive Leiterlänge sehr klein – wie bei einem Bändchenmikrofon, sinken die induzierte Spannung und die Ausgangsimpedanz. Besteht die Spule hingegen aus vielen Windungen – wie beim Tauchspulenmikrofon, soll eine hohe Spannung gewährleistet werden. Da jedoch dadurch die Ausgangsimpedanz groß wird, sinkt die induzierte Spannung wieder. Um trotzdem eine hohe Ausgangsspannung zu erhalten, ist es vorteilhaft, starke Permanentmagnete einzusetzen. Für den elektroakustischen logarithmischen Frequenzgang G_E von B_E, gemessen in dB, gilt mit Gl. 14.25:

$$G_E[\text{dB}] = 20 \cdot \log\left(B_E / B_{E_0}\right) \qquad \text{(Gl. 14.26)}$$

B_{E_0} Bezugsübertragungsfaktor

Der Frequenzgang des Sensors ist stark frequenzabhängig und hauptsächlich durch die mechanische Eigenresonanz des Schwingsystems bestimmt. Um im Messbereich einen ausreichend guten linearen Frequenzgang zu gewährleisten, koppelt man das Schwingsystem mit sog. HELMHOLTZ-Resonatoren, die an den beiden Seiten der Hauptresonanz zusätzliche Resonanzerhöhungen erzeugen. HELMHOLTZ-Resonatoren sind sog. «akustische Schwingkreise», die aus Hohlraummassen und Hohlraumfeldern bestehen.

In der Praxis werden hauptsächlich 3 Schallsensortypen eingesetzt, wovon 2 häufig und die dritte Bauform seltener eingesetzt wird, obwohl sie eigentlich gute dynamische Eigenschaften besitzt. Im Weiteren werden die 3 verschiedenen Bauformen kurz beschrieben.

Tauchspulenmikrofon

Das Tauchspulenmikrofon gibt es als Druckgradientenmikrofon und als Druckmikrofon. Die beiden Bautypen unterscheiden sich durch die Anordnung der Sensorelemente im Gehäuse und durch die akustischen Gehäuseöffnungen. Bild 14.2 zeigt den elektromechanischen Prinzipaufbau. Beim Tauchspulenmikrofon taucht eine kleine Schwingspule, die fest mit einer Membran verbunden ist, in den ringförmigen Spalt, gebildet aus einem Permanentmagneten und einem weichmagnetischen Topfgehäuse. Die relative Bewegung zwischen Spule und Magnetfeld erzeugt durch die elektromagnetische Induktion letztendlich eine elektrische Signalspannung (s. Gl. 14.24), die proportional zur Schwinggeschwindigkeit der beschallten Membran ist. Die Anschlussdrähte der Schwingspule werden über ein Haltfederelement nach außen geführt. Die Membran ist leicht perforiert, um den Luftdruck, der bei ihrer Bewegung entsteht, abzubauen. Der Messweg ist durch die geometrischen Abmessungen von Schwingspule und Magnet begrenzt. Schickt man durch die ruhende Schwingspule einen elektrischen Strom, so wirkt auf sie eine magnetische Kraft F, die man zur statischen Kalibrierung des Tauchspulenmikrofons benutzen kann. Tauchspulenmikrofone benötigen keine Impedanzanpassung und keine Symmetrisierung, da beides durch elektrische Verschaltung und Dimensionierung der Spule erreicht werden kann. Zur Unterdrückung von diversen Störschallwellen ist die Mikrofonkapsel (Elementarsensor) im Mikrofongehäuse elastisch gelagert.

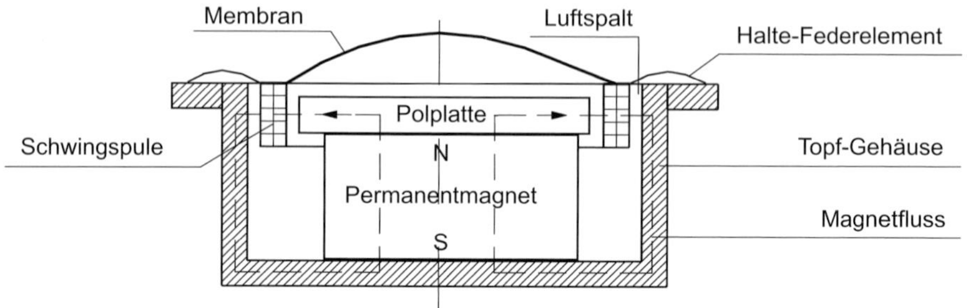

Bild 14.2 Elektromechanischer Prinzipaufbau eines Tauchspulenmikrofons

Vorteile

Tauchspulenmikrofone sind gegenüber mechanischen Belastungen robust und können damit auch Schalldrücke verarbeiten. Sie gehören zur Gruppe der sog. aktiven Sensoren (s. Kapitel 1), d.h., sie benötigen keine externe Spannungsversorgung. Sie erreichen eine hohe Signalspannung bei guter Klangqualität.

Nachteile

Tauchspulenmikrofone haben ein schlechtes Einschwingverhalten, d.h., sie sind sehr träge, da die Schalldruckschwingung die Masse der Membran und die Masse der Spule in Bewegung versetzen müssen. Diese Eigenschaften begrenzen auch das Übertragungsverhalten, d.h. den Frequenzgang.

Bändchenmikrofon

Ein Bändchenmikrofon ist ein elektroakustischer Elementarsensor, der nach dem Sensorprinzip der elektrodynamischen Induktion arbeitet. Bei diesem Mikrofontyp sind Sensorprinzip und elektroakustische Bauform eng miteinander verknüpft. Physikalisch gesehen wird hier das Signal durch die Geschwindigkeit der Membranbewegung erzeugt und nicht durch die mechanische Auslenkung der Membran. Bild 14.1c zeigt den elektromechanischen Prinzipaufbau. Da die Membran von beiden Seiten beschallt werden kann, entspricht die elektroakustische Bauweise der eines Druckgradientenmikrofons. Die Membran besteht aus einem gefalteten Alu-Streifen von wenigen µm Dicke mit einer Breite von 2...4 mm und einer Länge von nur wenigen Zentimetern. Abhängig von der Bauart sind 1 oder 2 Alu-Streifen zwischen den beiden Polen eines Permanentmagneten so angeordnet, dass sie bei Schallwellenanregung geringfügig hin und her schwingen können. Die Bewegung des Alu-Streifens im Magnetfeld induziert eine zur Geschwindigkeit der Bewegung proportionale Signalspannung $u_a(t)$, die an den Enden des Streifens abgegriffen werden kann. Es muss jedoch ein elektrischer Übertrager nachgeschaltet werden, um die kleine Signalspannung um den Faktor 30 hoch zu transformieren. Damit wird die Impedanz des Alu-Streifens von ca. 200 mΩ auf die übliche Impedanz von ca. 200 Ω transformiert.

Vorteile

Bändchenmikrofone haben im Arbeitsbereich einen nahezu linearen Frequenzgang; ihre äußerst leichte Membran verleiht ihnen ein gutes dynamisches Verhalten (Impulsverhalten). Sie könnten daher (mit Einschränkungen) auch als Schallschnellesensoren eingesetzt werden.

Nachteile

Bändchenmikrofone sind nicht für die Messung sehr tiefer Frequenzen geeignet. Der sog. Nahbesprechungseffekt ist wegen des Druckgradienten bei tiefen Frequenzen deutlich. Die Bändchenmikrofone reagieren empfindlich auf Wind, mechanische Erschütterungen und sehr schnelle Bewegungen.

Hitzdrahtmikrofon
Hitzdrahtmikrofone kommen dem Ideal des Schallschnellesensors sehr nahe und erlauben die Erfassung des Effektivwertes der Schallschnelle in bestimmten Richtungen, geben aber das akustische Signal nicht klanggetreu wieder.

14.2.2 Elektromagnetische Hörschallsensoren (dynamisches Luftschallmikrofon)

Bild 14.3 zeigt den elektromechanischen Prinzipaufbau eines elektromagnetischen Hörschallelementarsensors. Das elektromagnetische Mikrofon (Hörschallelementarsensor) besteht in seiner einfachsten Bauform aus einem Permanentmagneten mit einer Spulenwicklung und einem beweglichen, weichmagnetischen Anker, mechanisch verbunden mit der Membran. Es folgt eine einfache mathematische Betrachtung zur Berechnung der induzierten Spannung: Nach Bild 14.3 gilt:

$$\frac{\Delta\Phi(t)}{\Phi_0} = \frac{\Delta x(t)}{s_0} \Rightarrow \Delta\Phi(t) = \frac{\Phi_0}{s_0} \cdot \Delta x(t) \qquad \text{(Gl. 14.27)}$$

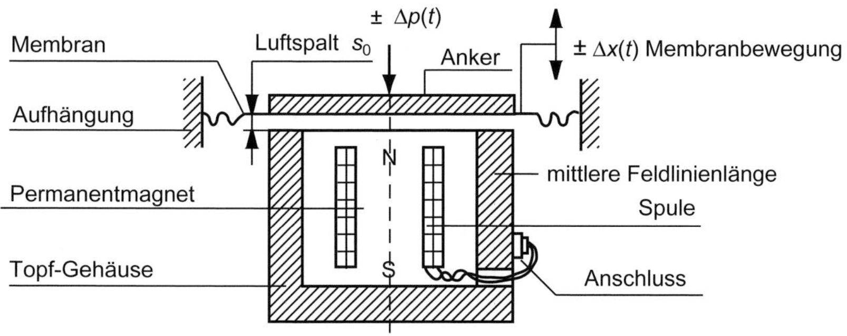

Bild 14.3 Elektromechanischer Prinzipaufbau eines elektromagnetischen Hörschallmikrofons (Hörschallelementarsensor)

Einsetzen von Gl. 14.27 in Gl. 3.1 ergibt:

$$u_{\text{ind}}(t) = -w \cdot \frac{\Phi_0}{s_0} \cdot \frac{\Delta x(t)}{\Delta t} = -w \cdot \frac{\Phi_0}{s_0} \cdot \upsilon(t) \qquad \text{(Gl. 14.28)}$$

Φ_0 magnetischer Gleichfluss
$\Phi(t)$ Magnetflussänderung

Bedingt durch die Luftspaltmodulation $\Delta x(t)$, hervorgerufen durch eine Schalldruckänderung $\Delta p(t)$, ist $\upsilon(t) \sim p(t)$. Für den elektroakustischen Übertragungsfaktor (Messempfindlichkeit) gilt:

$$B_{\text{E}} = \frac{u_{\text{ind}}(t)}{p(t)} \equiv \frac{u_{\text{a}}(t)}{p(t)} \qquad \text{(Gl. 14.29)}$$

$p(t)$ Momentanwert des Schalldrucks auf die Mikrofonmembran

B_{E} ist umso größer, je größer die Vormagnetisierung, d.h. der Vormagnetisierungsfluss Φ des Magnetkreises ist. Der Vormagnetisierungsfluss kann aber nicht beliebig groß gemacht werden, da sonst die weichmagnetische Membran von den Magnetpolen des Magnetkreistopfes angezogen wird und sich nicht mehr bewegen kann. Die ordnungsgemäße elektroakustische Funktion des elektromagnetischen Mikrofons ist nur mit Hilfe eines permanenten Magnetfeldes geeigneter Größe möglich. Für den elektroakustischen Frequenzgang G_{E} [dB] gilt auch hier die Definition nach Gl. 14.26 wie für das elektrodynamische Mikrofon.

14.2.3 Elektrostatische Hörschallsensoren (Kondensatormikrofon) Kondensatormikrofone (elektrostatischer Schallsensor)

Elektrodynamische Mikrofone haben ein nicht so hohes Übertragungsspektrum der akustischen Frequenzen wie elektrostatische Mikrofone (Kondensatormikrofone) und sind eher für eine sog. akustische Nahaufnahme geeignet. Das Kondensatormikrofon (condenser microphone) ist ein elektrostatischer Schallsensor, der Schalldruckimpulse in elektrische Spannungsimpulse wandelt. Der elektrostatische Schalldrucksensor arbeitet physikalisch nach dem Prinzip des elektrischen Kondensators und ist auf eine elektrische Potentialdifferenz U_0 (von 50...200 V) zwischen den beiden Kondensatorplatten angewiesen. Bild 14.4 zeigt den elektromechanischen Prinzipaufbau eines elektrostatischen Hörschallelementarsensors. Eine elektrisch leitende Membranelektrode aus Metall (Dicke 10...20 µm) oder aus einem metallisierten Kunststoff befindet sich vor einer perforierten Gegenelektrode und bildet mit dieser zusammen einen Luftkondensator mit einer elektrischen Kapazität von 20...100 pF. Der Schalldruck p bewegt die Membran z.B. $\pm s$ um ihre statische Mittellage s_0 und verändert die Kapazität des Luftkondensators C_0, d.h., der Kondensator wird im Rhythmus der Schallfrequenz aufge- und entladen. Die Rückstellkraft und die Dämpfung der Membran werden durch den sich aufbauenden Luftdruck zwischen den Elektroden bestimmt. An den Elektroden des Kondensatormikrofons liegt also die konstante Spannung U_0. Der auf die Metallmembran wirkende Schalldruck $p(t)$ eines sinusförmigen Schallsignals mit der Kreisfrequenz ω moduliert den Elektrodenabstand s_0 des Kondensators nach der Gleichung:

$$s(t) = s_0 \pm \hat{s} \cdot \sin(\omega \cdot t) \qquad \text{(Gl. 14.30)}$$

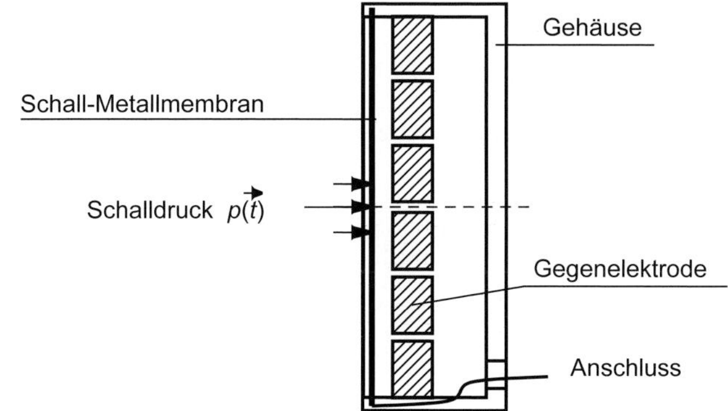

Bild 14.4
Elektromechanischer Prinzipaufbau eines elektrostatischen Hörschallmikrofons (Elementarsensor)

In Relation der Periodendauer T (des Schallsignals) zur Zeitkonstante τ (des Mikrofons) gibt es zwei verschiedene physikalische Betriebszustände. Für die Zeitkonstante gilt: $\tau = R \cdot C_0$.

1. Ist die Zeitkonstante τ (des Mikrofons) viel kleiner als die Periodendauer T (des Schalldrucksignals), erfolgt ein Ladungsausgleich über den Widerstand R unmittelbar mit dem Strom i_0. Eine kurze Rechnung zeigt (s. Vertiefung 14.1), dass für den Strom $i_0(t)$ gilt:

$$i_0(t) = C_0 \cdot U_0 \cdot \frac{\hat{s}}{s_0} \cdot \omega \cdot \cos(180^\circ + \omega \cdot t) = \hat{I}_0 \cdot \cos(180^\circ + \omega \cdot \mathrm{t}) \qquad \text{(Gl. 14.31)}$$

mit der Stromamplitude

$$\hat{I}_0 = C_0 \cdot U_0 \cdot \frac{\hat{s}}{s_0} \cdot \omega \qquad \text{(Gl. 14.32)}$$

Vertiefung 14.1

Die Berechnung der oben dargestellten Gleichungen steht im Onlineservice InfoClick zur Verfügung. Für das weitere Verständnis des Themas im eigentlichen Sinn kann grundsätzlich ohne diese Herleitung weitergearbeitet werden. Die Nummerierung im Buch überspringt deshalb die auf InfoClick behandelten Gleichungen (Gl. 14.33...14.39) und fährt folgerichtig mit Gl. 14.40 fort.

Beispiel 14.1

Gegeben:
Ein Kondensatormikrofon mit folgenden technischen Daten:
Elektrodenfläche: $A = 10\ \text{cm}^2$
Elektrodenabstand: $s_0 = 0{,}2\ \text{mm}$
Elektrodenauslenkung: $s = 0{,}01\ \text{mm}$
Versorgungsspannung (Phantomspannung): $U_0 = 500\ \text{V}$
Drucksignal-Kreisfrequenz: $\omega = 5\ \text{kHz}$
Vorbetrachtung: $R = 1\ \text{k}\Omega$ gilt: $\tau = R \cdot C_0 = 0{,}442\ \text{ms} << T = 1/(2\pi \cdot f) = 1{,}256\ \text{ms}$

Gesucht:
Die Stromamplitude des Mikrofonstroms $i_0(t)$.

Lösung 14.1

Für die Grundkapazität des Mikrofons gilt:

$$C_0 = \varepsilon_0 \cdot \frac{A}{s_0} = 8{,}8543 \cdot 10^{-12} \frac{A \cdot s}{V \cdot m} \cdot \frac{10 \cdot 10^{-4}\ \mathrm{m}^2}{0{,}2 \cdot 10^{-3}\ \mathrm{m}} = 4{,}427 \cdot 10^{-11}\ F = 44{,}271\ \mathrm{pF}$$

(Gl. 14.40)

Für die Mikrofonstromamplitude gilt dann:

$$\hat{I}_0 = C_0 \cdot U_0 \cdot \frac{\hat{s}}{s_0} \cdot \omega = 4{,}427 \cdot 10^{-11} \frac{A \cdot s}{V} \cdot 500\ \mathrm{V} \cdot \frac{0{,}01\ \mathrm{mm}}{0{,}2\ \mathrm{mm}} \cdot 5000 \frac{1}{\mathrm{s}} = 5{,}533\ \mu\mathrm{A}$$

(Gl. 14.41)

Ein Mikrofonverstärker (Impedanzwandler) zur Verstärkung der sehr schwachen Signalströme wird in die Mikrofonkapsel integriert. Kondensatormikrofone benötigen zum Betrieb (Linearisierung, Spannungsversorgung eines internen Verstärkers) stets eine vorgeschaltete Gleichspannung (12...48 V).

2. Ist die Zeitkonstante τ (des Mikrofons) viel größer als die Periodendauer T (des Schalldrucksignals), ist kein Ladungsausgleich über den Strom i_0 möglich, d.h., die elektrische Ladung auf C_0 ändert sich nur geringfügig. Die Kapazitätsänderung von C_0 führt zu einer Spannungsänderung an R. Bild 14.5a zeigt das elektrische Ersatzschaltbild eines Kondensatormikrofons. Nach Bild 14.5a gilt:

$$u_R(t) = U_0 - u_C(t) \Rightarrow \frac{u_R(t)}{U_0} = 1 - \frac{u_c(t)}{U_0} \Rightarrow \frac{u_R(t)}{U_0} = \pm \frac{s(t)}{s_0} \qquad \text{(Gl. 14.42)}$$

Schaltungstechnisch und physikalisch bestehen Unterschiede bei der technischen Anwendung von Kondensatormikrofonen in verschiedenen Frequenzbereichen.

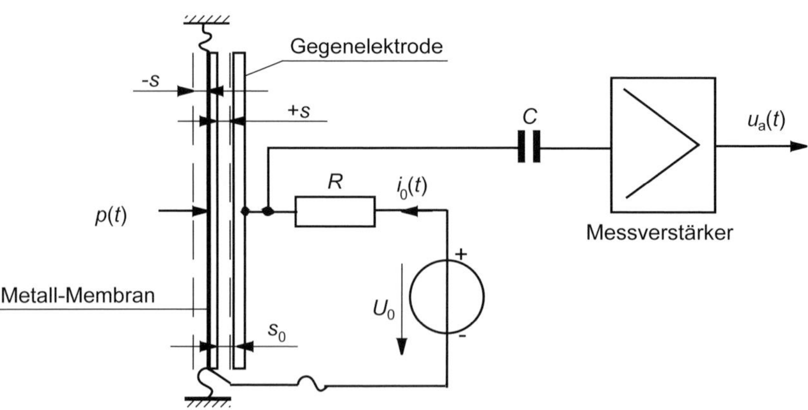

Bild 14.5a Elektrisches Ersatzschaltbild eines Kondensatormikrofons

Spannungsanaloger Niederfrequenzbetrieb

Wegen der großen Kondensatormikrofonimpedanz werden als Niederfrequenzschaltungen immer Impedanzwandler verwendet, da diese eine sehr große Eingangs- und eine sehr kleine Ausgangsimpedanz haben. Kondensatormikrofone und Impedanzwandler werden in einem Gehäuse integriert.

Bild 14.5b zeigt eine Niederfrequenzschaltung. Die Mikrofonkapazität (ca. 100 pF) wird über einen großen Arbeitswiderstand R (ca. 400 MΩ) auf eine Gleichspannung (ca. 200 V) elektrisch aufgeladen. Da konstruktionsbedingt und schaltungstechnisch die Zeitkonstante $\tau = R \cdot C_0$ von Kondensatormikrofonen meist relativ groß ist (hier ca. 40 ms), ändert sich die elektrische Ladung auf den Mikrofonelektroden während der Signalübertragung nur geringfügig, so dass die am Arbeitswiderstand R abgegriffene elektrische Spannung nur von der Kapazitätsänderung des Kondensatormikrofons abhängt. Für den Frequenzgang G_E [dB] gilt hier auch die Definition nach Gl. 14.26 wie für andere Mikrofonarten.

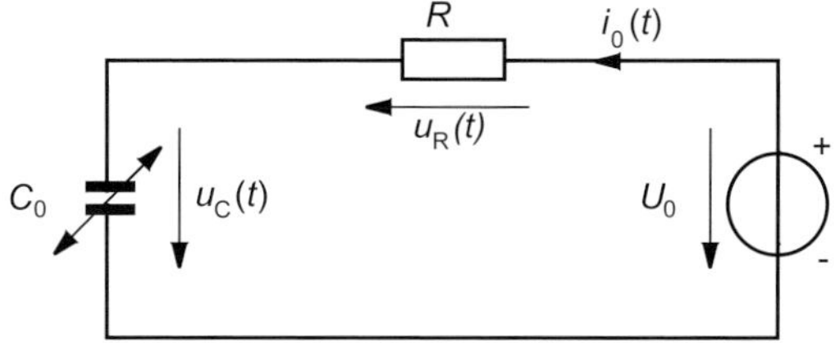

Bild 14.5.b
Niederfrequenzschaltung eines Kondensatormikrofons. Die Mikrofonkapazität (ca. 100 pF) wird über einen großen Arbeitswiderstand R (ca. 400 MΩ) auf eine Gleichspannung (ca. 200 V) elektrisch aufgeladen.

Frequenzanaloger Hochfrequenzbetrieb

Frequenzanaloge Hochfrequenzschaltungen sind in Bezug auf Niederfrequenzschaltungen sicherer gegen elektrische und magnetische Störfelder. Frequenzanaloge Signale werden über Schwingkreisschaltungen realisiert. So bildet das Kondensatormikrofon mit Festinduktivität einen elektrischen Schwingkreis und kann damit Schwingkreis-Resonanzfrequenzen verstimmen.

Bild 14.6 zeigt ein Blockschaltbild der Schaltung. An den Elektroden des kapazitiven Schallelementarsensors (Kondensatormikrofon und Festinduktivität) liegt nun statt einer sehr hohen Gleichspannung eine kleine Hochfrequenzspannung. Im Modulator wird aus dem Messsignal des Elementarsensors und dem HF-Oszillatorsignal ein frequenzanaloges Signal erzeugt.

Nach der Demodulation des modulierten HF-Signals durch die Demodulatorschaltung wird dieses im NF-Verstärker verstärkt und anschließend im Tiefpassfilter von HF-Störungen gereinigt. Dieses Frequenzsignal steht am Ausgang zur weiteren Verarbeitung zur Verfügung.

Anwendungen

Wegen ihrer sehr guten Signalübertragungseigenschaften verwendet man Kondensatormikrofone als Schallsensoren sowohl in der Präzisionsmesstechnik und in Schallmessgeräten als auch in der Tontechnik für hochwertige Studioaufnahmen.

Elektretmikrofon (elektrostatischer Elektretschallsensor)

Der englische Physiker Oliver Heaviside hat die Existenz von Elektreten 1885 theoretisch vorhergesagt. Die ersten Elektrete wurden 1922 von dem japanischen Physiker Johutsi entwickelt. Allerdings waren die Reproduzierbarkeit und Lebensdauer der verwendeten Materialien sehr gering, so dass sie für technische Anwendungen nicht geeignet waren. Erst ab ca. 1970 war es möglich, mit dem Einsatz von Polymerfolien für die Herstellung von Elektreten geeignete technische Anwendungsgebiete zu finden.

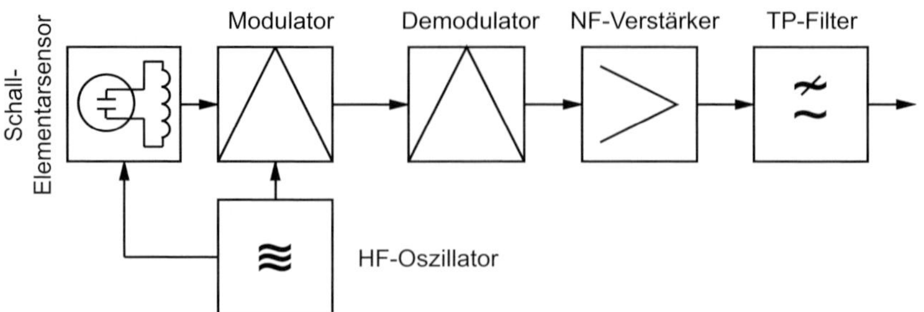

Bild 14.6 Hochfrequenzschaltung eines Kondensatormikrofons mit frequenzanalogem Ausgangssignal

Grundlagen und Aufbau der Elektrete

Die meisten Elektrete werden als Folien aus Polymeren wie z.B. Polytetrafluorethylenpropylen, Polytetrafluorethylen (PTFE), Polyvinylidenfluorid (PVDF), Polyethylenterephthalat (PET) und Polypropylen (PP) sowie einigen seiner Copolymeren hergestellt, aber auch aus anorganischen Dielektrika wie Siliziumdioxid (SiO_2) oder Siliziumnitrid (Si_3N_4).

Elektrete haben eine geordnete elektrogeometrische Struktur, d.h., die geometrische Anordnung der elektrischen Ladungsträger ist so, dass es zur Erzeugung eines konstanten elektrischen Feldes außerhalb des Elektrets kommt. Diesen festkörperphysikalischen Effekt nennt man dielektrische Polarisation. Das Elektret ist also das elektrophysikalische Analogon zum Permanentmagneten. Die dielektrische Polarisation tritt, analog zur magnetischen Polarisation, hier unter dem Einfluss eines äußeren elektrischen Feldes in allen Dielektrika auf.

Als Elektrete werden nur Materialien bezeichnet, die nach Abschaltung des äußeren elektrischen Feldes ihre elektrische Polarisation langzeitstabil (einige Jahre) beibehalten. Bei der Fertigung werden flüssige Materialien einem elektrischen Hochspannungsfeld ausgesetzt und nach der elektrischen Polarisation zur Erstarrung gebracht.

Die mechanische Erzeugung von elektrischen Vorzugsrichtungen für Makromoleküle, die dann als elektrische Dipole wirken, durch Streckung von Polymerfolien ist ein weiteres Verfahren zur Fertigung von polymeren Elektretfolien. Der Elektret ist also einfach ausgedrückt ein Dielektrikum, das dauerhaft elektrisch geladen ist.

Anwendungen

Technisch werden Elektrete teilweise in großen Stückzahlen eingesetzt, z.B. als Membranen in Schallwandlern (Elektretmikrofon, Schalldrucksensoren oder Kopfhörer), als elektrisch und mechanisch wirksame Fasern in der Filtertechnik (Luftfilter), zur Erzeugung eines quasi-permanenten elektrischen Feldes in Kernstrahlungsdosimetern, als Ultraschallwandlerschichten in der Medizintechnik und in der Automation, als Infrarotsensorelemente in der Sicherheitstechnik und anderen Anwendungen.

Grundlagen und technischer Aufbau des Elektretmikrofons

Bild 4.7 zeigt den elektromechanischen Prinzipaufbau eines Elektretmikrofons. Der Elektret ist einseitig metallisiert und als Membran ausgebildet. Er dient zur Bereitstellung eines quasi-permanenten elektrischen Feldes. Die Einzelheit *Z* in Bild 14.7 zeigt im Detail den Aufbau der Elektretmembran mit ihrer Metallschicht und der

Elektretschicht mit den elektrisch einheitlich ausgerichteten elektrischen Dipolen der Makromoleküle. Elektretmikrofone sind daher dauerhaft elektrisch geladen und benötigen keine elektrische Hilfsspannungsquelle.

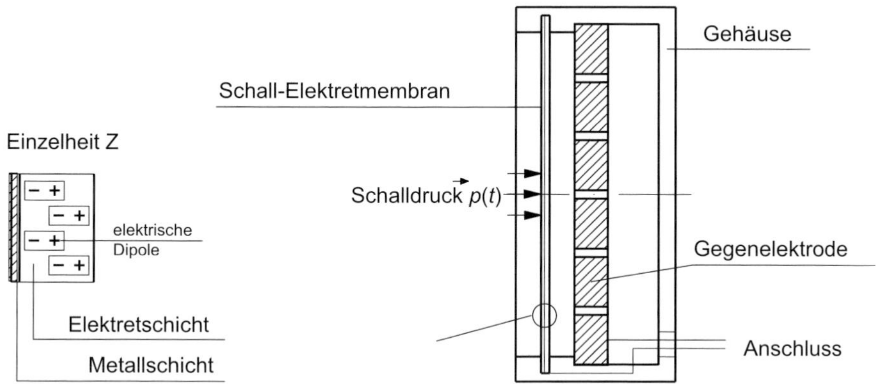

Bild 14.7 Elektromechanischer Prinzipaufbau eines Elektretmikrofons

Bild 14.8 zeigt den elektrophysikalischen Prinzipaufbau eines Elektretmikrofons. Dicht hinter der Elektretmembran (Metall- und Elektretschicht) befindet sich die metallische Gegenelektrode. Die Elektretmembran und die Gegenelektrode sind elektrisch leitend über den Arbeitswiderstand R verbunden. Bild 14.9 zeigt das elektrische Ersatzschaltbild des Mikrofons. Nach Bild 14.9 bildet der Arbeitswiderstand R mit der Reihenschaltung der Kondensatoren C_1 und C_2 die Zeitkonstante τ der Anordnung:

$$\tau = R \cdot \frac{C_1 \cdot C_2}{C_1 + C_2} \qquad \text{(Gl. 14.43)}$$

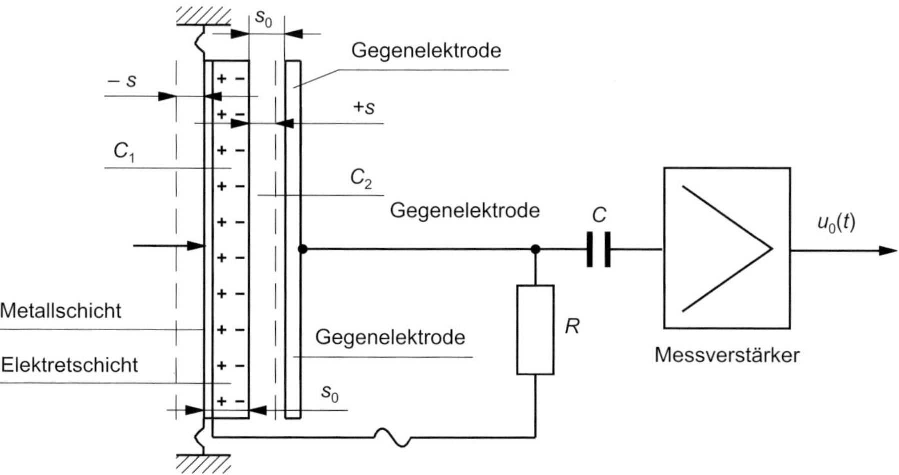

Bild 14.8 Elektrophysikalischer Prinzipaufbau eines Elektretmikrofons

Im Luftspalt wird mit dem Elektreten ein von der Luftspaltlänge s_0 abhängiges homogenes elektrisches Feld erzeugt. Die Bewegung der Elektretmembran, erzeugt durch den Schalldruck $p(t)$, um den Weg s bewirkt eine Änderung der elektrischen Luftkapazität C_2. In Relation der Periodendauer T (der Schalldruckschwingung) zur Zeitkonstante τ (des Mikrofons) gibt es 2 verschiedene physikalische Betriebszustände.

1. **τ (Zeitkonstante) << T (Periodendauer)**
   Der elektrische Ladungsausgleich erfolgt durch einen elektrischen Strom $i_E(t)$ direkt mit der Bewegung der Elektretmembran um den Weg s. Es gilt analog (wie oben schon gezeigt):

$$i_E(t) = \frac{\Delta q_2(t)}{\Delta t} = U_2 \cdot \frac{\Delta C_2(t)}{\Delta t} \approx C_1 \cdot U_E \cdot \frac{\hat{s}}{s_0} \cdot \omega \cdot \cos(180^\circ + \omega \cdot t)$$

$$= \hat{I}_E \cdot \cos(180^\circ + \omega \cdot t) \qquad \text{(Gl. 14.44)}$$

   Für periodische Abstandsänderungen zwischen den beiden Elektroden ergibt sich somit ein geschwindigkeitsproportionales Stromsignal.

2. **τ (Zeitkonstante) >> T (Periodendauer)**
   Es kann unter diesen Bedingungen kein Ladungsausgleich zwischen C_1 und C_2 erfolgen. Jede Änderung von $C_2(t)$ erzeugt bei konstanter Ladung Q_2 eine Spannungsänderung $u_R(t)$, die nach Bild 14.9 die Differenz zwischen der konstant bleibenden Spannung U_E über C_1 und der sich ändernden Spannung $u_{C2}(s(t))$ ist. Damit gilt:

$$u_R(t) = U_E - u_{C2}(t) \Rightarrow \frac{u_R(t)}{U_E} = 1 - \frac{u_{C2}(t)}{U_E} \Rightarrow \frac{u_R(t)}{U_E} = \pm\frac{s(t)}{s_0}$$

$$\Rightarrow u_R(t) = \pm\frac{U_E}{s_0} \cdot s(t) \qquad \text{(Gl. 14.45)}$$

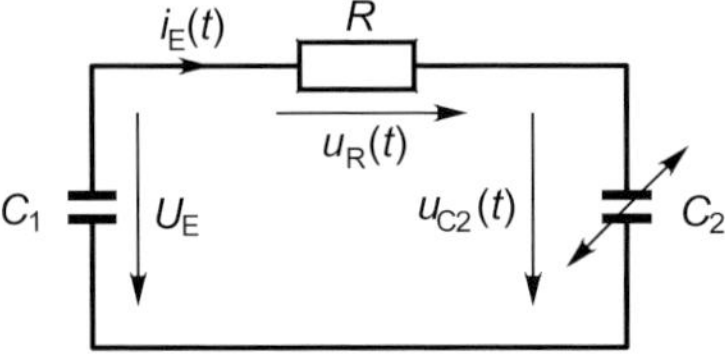

Bild 14.9
Elektrisches Ersatzschaltbild eines Elektretmikrofons

Weiter soll gelten:

$$s(t) = \hat{s} \cdot \sin(\omega \cdot t) \qquad \text{(Gl. 14.46)}$$

Einsetzen von Gl. 14.46 in Gl. 14.45 ergibt:

$$u_R(t) = \pm\frac{U_E}{s_0} \cdot \hat{s} \cdot \sin(\omega \cdot t) = \pm E_E \cdot \hat{s} \cdot \sin(\omega \cdot t) = \pm \hat{U}_R \cdot \sin(\omega \cdot t) \qquad \text{(Gl. 14.47)}$$

$E_E = U_E / s_0$ elektrische Feldstärke zwischen den Elektroden

Die Größe der Mikrofonkapsel liegt zwischen 1...10 mm. Der Frequenzgang kann bei guten Elektretmikrofonen, als Schalldrucksensoren (Mikrofon mit Kugelcharakteristik), ca. 20 Hz...20 kHz sein.

14.2.4 Piezoelektrische Hörschallsensoren (piezoelektrisches Mikrofon / Piezomikrofon)

Die Wirkungsweise beruht auf dem piezoelektrischen Sensorprinzip. Bild 14.10 zeigt den elektromechanischen Prinzipaufbau eines piezoelektrischen Hörschallelementarsensors (kurz Piezomikrofon), das in der technischen Akustik auch als Keramikmikrofon bekannt ist. I.Allg. werden Mikrofone durch eine maßstäbliche Verkleinerung von größeren entwickelt, wobei die Messempfindlichkeit E_{mess} allgemein kleiner wird, da bei gleicher mechanischer Spannung über den piezoelektrischen Effekt kleinere elektrische Signalspannungen erzeugt werden.

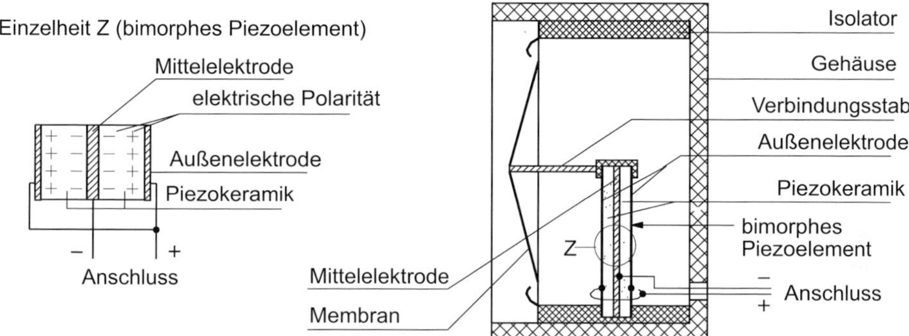

Bild 14.10 Elektromechanischer Prinzipaufbau eines piezoelektrischen Hörschallmikrofons (kurz Piezomikrofon)

Durch Verwendung eines sog. bimorphen piezoelektrischen Biegebalkens kann die gleiche Messempfindlichkeit wie bei viel größeren Mikrofonen erreicht werden. Dieses Konstruktionsprinzip eignet sich daher sehr gut zur Miniaturisierung. Als zentrales Bauteil dient ein bimorphes Piezoelement (bimorpher Piezobiegeschwinger). Zwei mit Elektroden versehene piezoelektrische Biegebalken sind in entgegengesetzter Richtung der elektrischen Polarisation verbunden. Die beiden piezoelektrischen Biegebalken sind mechanisch in Reihe und elektrisch parallel geschaltet. Als Biegebalkenmaterial wird z.B. Blei-Zirkon-Titanat (PZT) verwendet. Die technologischen und physikalischen Werkstoffeigenschaften von piezoelektrischen Materialien sind ausführlich in Kapitel 11 «Piezoelektrische Sensoren» beschrieben.

Der Schalldruck p wirkt auf die federnd aufgehängte Membran und wird in eine mechanische Kraft F umgeformt, die über einen Verbindungsstab eine Auslenkung (Biegung) f des mechanisch einseitig eingespannten piezoelektrischen Bimorphs bewirkt. Bei dieser Biegung wird hauptsächlich eine Änderung der dielektrischen Verschiebung durch die elektrische Polarisation P auf den Elektroden mit dem longitudinalen piezoelektrischen Effekt bewirkt. Aus Bild 14.11 wird aber ersichtlich, dass die mechanische Spannung σ senkrecht zur elektrischen Polarisation P wirkt und somit eine dielektrische Verschiebung in Richtung der spontanen Polarisation P eintritt.

Also sollte für die Berechnung die piezoelektrische Ladungskonstante d_{31} verwendet werden. Mit den Gesetzen der Elektrotechnik (Elektrostatik) und der Mechanik (Festigkeitslehre und Kinematik) gilt mit guter Näherung:

$$U_3 = \frac{d_{33}^{(\mathrm{E_d})} \cdot E_{\text{me}} \cdot b^2 \cdot h^2}{\varepsilon_0 \cdot \varepsilon_{33}^{(\sigma)} \cdot l_0^4 \cdot \omega} \cdot \hat{v}_3 \Rightarrow U_3 \sim \omega \qquad \text{(Gl. 14.48)}$$

E_{me} Elastizitätsmodul
ε_{33} relative Dielektrizitätskonstante
ω Schallfrequenz
υ_3 Amplitude der Schallgeschwindigkeit

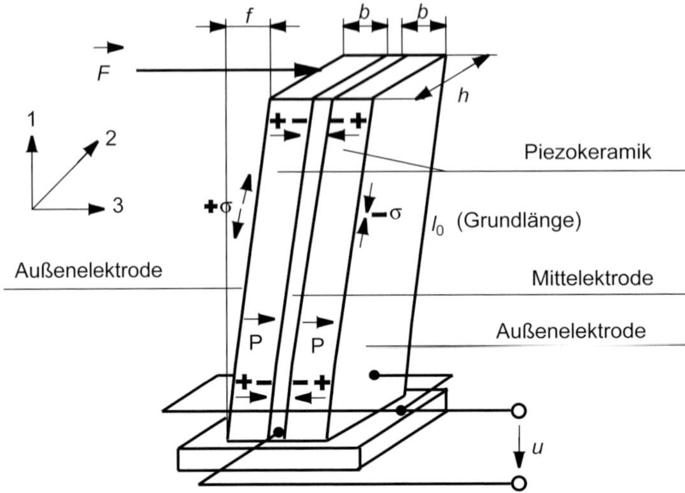

Bild 14.11 Elektrophysikalischer Prinzipaufbau eines piezoelektrischen Sensorelements, bei dem die mechanische Spannung σ senkrecht zur elektrischen Polarisation P wirkt und somit eine dielektrische Verschiebung in Richtung der spontanen Polarisation P eintritt

Vertiefung 14.2

Die Berechnung der oben dargestellten Gleichung steht Ihnen im Onlineservice InfoClick zur Verfügung. Für das weitere Verständnis des Themas im eigentlichen Sinn kann grundsätzlich ohne diese Herleitung weitergearbeitet werden. Die Nummerierung im Buch überspringt deshalb die auf InfoClick behandelten Gleichungen (Gl. 14.49...Gl. 14.57) und fährt folgerichtig mit Gl. 14.58 fort.

Für die Erfassung tiefer Frequenzen muss auch hier der Eingangswiderstand des nachfolgenden Messverstärkers möglichst groß sein (<200 MΩ). Im einfachsten Fall kann z.B. ein Feldeffekt-Transistor (FET) als Impedanzwandler direkt mit dem Bimorph verbunden werden. Bild 14.12 zeigt die Zusammenschaltung des aktiven Sensorelementes mit einem FET in einem Gehäuse.

Vorteile

Bedingt durch das piezoelektrische Konstruktionsprinzip lassen sich mit Piezomikrofonen hohe und tiefe Frequenzen besser übertragen als bei elektromagnetischen Mikrofonen. Piezo-Mikrofone sind mechanisch robust und haben Vorteile durch ihre einfache Bauweise.

Bild 14.13 zeigt das Frequenz-Übertragungsverhalten eines Piezomikrofons, eines Elektretmikrofons und eines Magnetmikrofons im Vergleich. Die Forderung nach möglichst breiten, linearen Frequenzgängen bei möglichst kleinsten Bauvolumen erfüllen, wie Bild 14.13 zeigt, nur das Piezo- und das Elektretmikrofon. Elektretmikrofone dominieren den Markt, da sie Vorteile durch überlegene Signalqualität und extrem kompakte Bauweise (EMS-Elektretmikrofone) miteinander verbinden. Sie sind also hoch abgestimmte Schallempfänger oder Schallsensoren. Der Frequenzgang des Übertragungsmaßes verläuft im genutzten Übertragungsfrequenzbereich linear, nimmt im unteren Signalbereich mit $1/\omega$ ab und fällt oberhalb der Eigenfrequenz mit $1/\omega^2$.

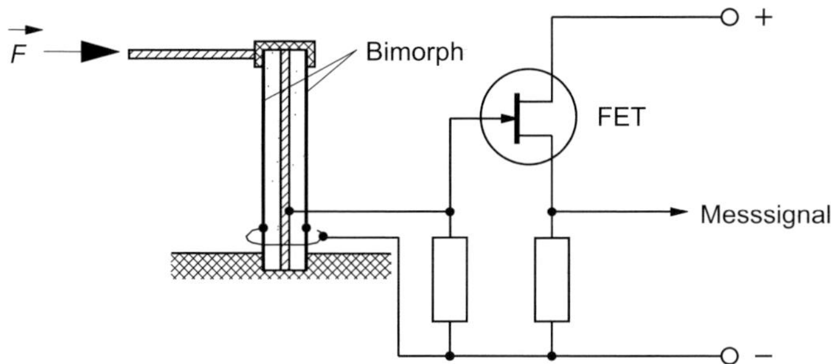

Bild 14.12 Schaltungsaufbau eines piezoelektrischen Sensors mit einem Bimorph (aktives piezoelektrisches Sensorelement) und einem Feldeffekttransistor (FET) als Impedanzwandler

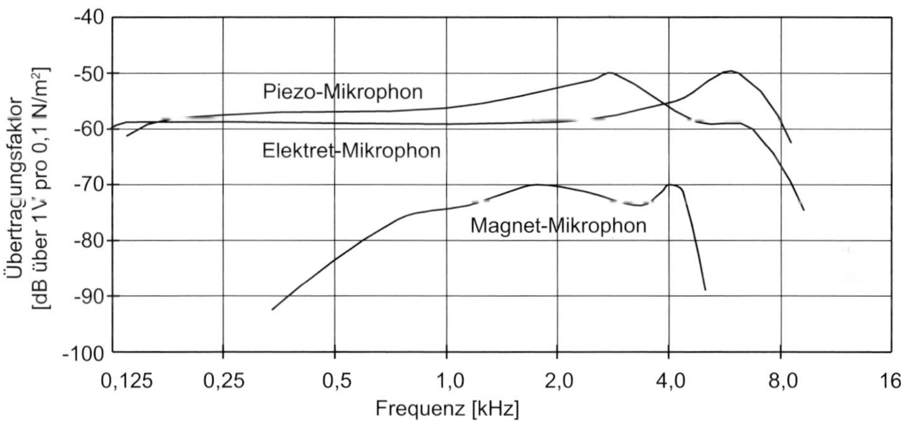

Bild 14.13 Frequenzübertragungsverhalten eines Piezomikrofons, eines Elektretmikrofons und eines Magnetmikrofons im Vergleich

Nachteile

Ein großer Nachteil dieser Technik ist der hohe Klirrfaktor. Piezomikrofone eignen sich daher prinzipiell nicht für hochqualitative Aufnahmen und konnten sich auch in der Telekommunikationstechnik und der Sensortechnik nicht wirklich durchsetzen.

Die Eigenfrequenz lässt sich allg. wie folgt berechnen:

$$f_0 = \frac{1}{2 \cdot \pi \cdot \sqrt{m \cdot n}} \qquad \text{(Gl. 14.58)}$$

m gesamte schwingende mechanische Masse

n mechanische Nachgiebigkeit

14.3 Spezielle Schallsensoren

Nach dem physikalischen Aggregatzustand des Übertragungsmediums unterscheidet man Schall in Gasen (z.B. Luftschall), in Flüssigkeiten (z.B. Wasserschall) und in Festkörpern. Gas- und Flüssigkeitsschall wird als longitudinale Welle weitergeleitet. In Festkörpern treten außerdem oft mechanische Schubspannungen auf, die bei der Wellenausbreitung übertragen werden. Bei ebenen Wellen sind Schalldruck p_0 und Schallschnelle v_0 phasengleich und ihr Quotient ist an einem beliebigen Raumpunkt zeitlich konstant. Aus Gl. 14.14 erhält man:

$$Z_s \equiv p_0 / v_0 = \varrho \cdot c_s \qquad \text{(Gl. 14.59)}$$

Der so definierte Quotient Z wird als akustische Impedanz bezeichnet.

14.3.1 Körperschallsensoren

In der technischen Praxis, z.B. im Maschinenbau, Fahrzeugbau oder Hochbau, wird der Begriff Körperschall für Festkörperschwingungen im Hörschallbereich verwendet. Körperschallleitende mechanische Bauelemente, z.B. Stäbe oder Platten, und entsprechende mechanische Strukturen können bei bestimmten Anregungen mechanische Schwingungen ausführen.

Materialschäden durch Köperschall
Materialschwingungen im höheren Frequenzbereich können zu sehr hohen Lastwechseln führen, die große Wechselbeanspruchungen darstellen und daher durch die sog. Schallermüdung zu Verschleißerscheinungen und Materialschäden führen können.

Lärmentwicklung durch Körperschall
Körperschall kann durch schwingende mechanische Strukturen auch als hörbarer Luftschall abgestrahlt werden, der im Rahmen des gesetzlichen Schallschutzes, besonders im Maschinenbau und im Hochbau, beachtet werden muss. Es gibt zwei Möglichkeiten zur Körperschalldämmung: 1. die vollständige Unterbrechung des Übertragungsweges und 2. die Absorption der Körperschallenergie unter ihre Umwandlung in Wärmeenergie durch geeignete Konstruktionen.

Messung des Körperschalls
Da im Festkörper die Schallgrößen nur schwer messbar sind, muss bei Körperschallmessungen die Oberfläche der Schwinger messtechnisch untersucht werden. Als Messgrößen kommen, aus praktischer Sicht, nur Schwingwege, Schwinggeschwindigkeit und Schwingbeschleunigung in Betracht.

Schwingweg
Der Schwingweg ist zur mechanischen Spannung im Material der Bauelemente proportional. Schwingwegsmessungen werden daher zur Erkennung von Dauerfestigkeits-, Verschleiß- und Alterungsproblemen durchgeführt.

Schwinggeschwindigkeit
Die Schwinggeschwindigkeit ist proportional zur mechanischen Energie. Schwinggeschwindigkeitsmessungen werden daher zur Erkennung der Laufruhe, der Lärmbelästigung und der Beurteilung von Schwingschäden an Maschinen und Gebäuden durchgeführt.

Schwingbeschleunigungen

Die Schwingbeschleunigung ist proportional zur der auf die mechanischen Bauteile einwirkende mechanische Kraft. Schwingbeschleunigungsmessungen werden daher zur Erkennung von Massenkräften in Maschinen und Fundamentschäden im Hochbau verwendet.

Anwendungen

Zur Messung der oben genannten Messgrößen werden besonders vorteilhaft piezoelektrische Keramiksensoren oder piezoelektrische Quarzsensoren als

- Schwingwegsensoren,
- Schwinggeschwindigkeitssensoren,
- Schwingbeschleunigungssensoren

eingesetzt. Induktive oder elektrodynamische Sensoren haben gegenüber Piezosensoren viele Nachteile. In der Praxis genügt es meist, die Effektivwerte einer Schwingungsgröße zu messen. Damit ist die Phasenlage zwischen den Größen ohne Bedeutung. Muss man jedoch die Momentanwerte von einer Schwingungsgröße im Vergleich zu einer anderen kennen, ist die zusätzliche Messung der Phasenlage zwingend notwendig.

14.3.2 Wasserschallsensoren (Hydrophone)

Flüssigkeitsschall

Die technischen Quellen von Flüssigkeitsschall (z.B. Wasserschall) sind die in die Flüssigkeit eingetauchten Festkörper, die elektrisch zu freien oder erzwungenen, mechanischen Körperschallschwingungen angeregt werden. Die so erzeugten Körperschallschwingungen werden auf das flüssige Medium übertragen und pflanzen sich in diesem fort. Elektromagnetische Wellen, die in Wasser eindringen, werden stark absorbiert, so dass keine Signalübertragung möglich ist. Jedoch breiten sich Schallwellen aufgrund ihrer physikalischen Eigenschaften im Wasser, vor allem im niederfrequenten Bereich, mit sehr geringen Absorptionsverlusten aus (z.B. ca. 0,001 dB/km bei 100 Hz und ca. 1 dB/km bei 10 kHz). Unter günstigen physikalischen Bedingungen sind Signalübertragungen bis zu einigen 1000 km möglich. Diese physikalischen Eigenschaften werden für die Unterwasserkommunikation und die Unterwasserortung erfolgreich eingesetzt. Für Wasserschallmikrofone oder -sensoren und Wasserschallempfänger oder -aktoren werden i.Allg. piezoelektrische oder magnetostriktive Sensor- und Aktorprinzipien verwendet.

Kavitationsgeräusche

Schallquellen von ganz anderer Natur sind Kavitationsgeräusche, die auf dem physikalischen Prinzip der sog. Kavitation beruhen. Sinkt der statische Flüssigkeitsdruck in einem begrenzten Raumgebiet, z.B. einer strömenden Flüssigkeit, bis auf ihren Dampfdruck ab, entstehen durch die Anwesenheit von sog. Kavitationskeimen dampferfüllte Hohlräume (sog. Kavitationsbläschen).

Der oft geäußerte Gedanke, dass mikroskopisch kleine reine Gasbläschen als Kavitationskeime wirken, ist physikalisch nicht haltbar, da solche Gasbläschen nicht stabil sind, weil sie sich unter der Wirkung der Oberflächenspannung auflösen. Jedoch können mikroskopisch kleine feste Schwebeteilchen kleine Gasreste stabilisieren, z.B. auf Oberflächenfilmchen um Teilchen oder Spalten als kleine dünne Filmchen.

Diese Gasreste mit Schwebeteilchen können dann als Kavitationskeime wirken. Geraten nun solche Kavitationsbläschen in ein großes Unterdruckgebiet, stürzen sie implosionsartig zusammen, es entsteht ein sog. Blasenkollaps. Die dabei auftretenden hohen Druck- und Temperaturspitzen erzeugen ein sehr intensives charakteristisches Geräusch (das sog. Kavitationsgeräusch).

Man nennt diesen Kavitationseffekt auch Strömungskavitation im Unterschied zur sog. akustischen Kavitation, die in Ultraschallfeldern auftritt, was später noch besprochen wird. Die Strömungskavitation kann z.B. in Rohrleitungen, Ventilen oder auf Turbinenschaufeln große Schäden verursachen. Es ist also wichtig, die Geräuschentwicklung sensorisch zu überwachen.

14.4 US-Sensoren (Ultraschallsensoren)

Grundlagen und technischer Aufbau

US-Sensoren können den von natürlichen und künstlichen US-Schallquellen abgestrahlten US-Schall erfassen. Sensorsysteme, wie sie in der Industriesensorik eingesetzt werden, bestehen aus US-Schallsender (US-Quelle oder auch US-Aktor genannt) der Übertragungsstrecke (einem physikalischen Medium) und dem US-Schallempfänger (US-Sensor). Eine analoge Struktur des Sensormesssystems wird auch bei optoelektronischen Messsystemen eingesetzt (s. Kapitel 12). Die Erzeugung von US mit Aktoren kann im Prinzip mit den inversen physikalischen Effekten der schon oben beschriebenen Schallsensoren (Schallempfänger) erfolgen.

Frequenzbereich

Der sensorisch genutzte US-Frequenzbereich umfasst 20 kHz...500 MHz.

Allgemeine physikalische Grundlagen

US (**U**ltra**s**chall) breitet sich in Gasen, Flüssigkeiten und Festkörpern wegen deren Volumenelastizität als longitudinale Schallwelle aus. Da Festkörper auch eine Formelastizität haben, können neben longitudinalen auch transversale Schallwellen auftreten. Der Übergang von Luftschall in Festkörper oder Flüssigkeiten erfolgt nur, wenn Schallwellen in direkter Nähe abgestrahlt werden oder ein Koppelmedium angepasster akustischer Eigenschaften sowie bestimmter Dicke dazwischen liegt.

US wird je nach dem Material eines Hindernisses von diesem reflektiert oder absorbiert (aufgenommen). In Luft weist US eine stark mit der Schallfrequenz steigende Dämpfung auf. In Flüssigkeiten breitet sich US bis zu einem definierten Grenzwert der Schallintensität sehr dämpfungsarm aus. Oberhalb des Grenzwertes bilden sich Dampfblasen (Kavitation, s. auch oben), die bei ihrem Zerfall extrem hohe Drücke und Temperaturen erzeugen können. Diesen Effekt bezeichnet man als akustische Kavitation, in Abgrenzung zur strömungstechnischen Kavitation, die in Flüssigkeitsströmungen durch Unterdrücke entsteht.

US-Senderprinzipien (US-Aktorprinzipien)

Da zu jedem physikalischen Prinzip auch ein inverses physikalisches Prinzip existiert, kann dieses Prinzip grundsätzlich zur technischen Realisierung der US-Aktoren verwendet werden. Folgende Prinzipien können zur US-Erzeugung genutzt werden:

- inverser elektrostatischer Krafteffekt,
- elektrostriktiver Effekt,
- inverser piezoelektrischer Effekt,
- magnetostriktiver Effekt.

US-Erzeugung

Mit Hilfe der oben genannten physikalischen Effekte werden die US-Aktoren (US-Sender) technisch realisiert. Die US-Aktoren werden mit einer elektrischen Wechselspannung der mechanischen Aktorresonanzfrequenz oder einer entsprechenden Oberschwingung aus dem Frequenzspektrum angeregt. Der so zu einer mechanischen Schwingung angeregte US-Aktor strahlt dann das US-Feld in das ihn umgebende Medium ab. Es gibt folgende US-Aktoren:

- ***Aktoren zur Erzeugung von US in Gasen*:**
  elektrodynamische Aktoren, kapazitiv elektrostatische und Elektretaktoren, piezoelektrische Aktoren auf der Basis von Quarzen, Piezokeramiken oder Piezofolien.
- ***Aktoren zur Erzeugung von US in Flüssigkeiten und Festkörpern*:**
  magnetostriktive Aktoren, piezoelektrische Aktoren auf der Basis von Quarzen, Piezokeramiken oder Piezofolien.

Prinzipaufbau des US-Sensormesssystems

Das US-Sensormesssystem heißt in der Praxis meist US-Messkopf, bestehend aus dem US-Aktor (US-Sender) und dem US-Sensor (US-Empfänger) mit Sensorelektronik. Im Folgenden werden die einzelnen Sensormesssysteme beschrieben.

14.4.1 US-Abstandsensoren (Ultraschall-Abstandsensoren)

Grundlagen und technischer Aufbau

Abstandsmessungen mit Laser und optischen Einrichtungen sind schmutzempfindlich und von der Oberflächenbeschaffenheit des Messobjektes stark abhängig. Für große Abstandsmessungen (z.B. mittlere Positionsmessung von Objekten relativ zu einem Referenzpunkt), aber auch für kleine Distanzmessungen (z.B. Bodenabstandsmessungen zwischen Fahrzeug und Fahrbahn) eignen sich besonders US-Abstandsensoren als Alternative zur Laseroptik.

Die Ausbreitungsgeschwindigkeit des Schalls in Luft mit etwa 330 m/s gestattet prinzipiell eine gute messtechnische Messauflösung bei kleinem technischen Aufwand. Sender und Empfänger sind oft in einem Gehäuse zu einem Gerät zusammengefasst, dem US-Sensormesssystem. Es arbeitet nach dem sog. Radarimpulsprinzip, vereinfacht dargestellt in Bild 14.14. Eine Unterscheidung zwischen den 3 eingezeichneten Messwegen ist über die Amplitudenauswertung der an dem Messobjekt reflektierten 3 Impulse möglich. Der obere und der untere unerwünschte Impuls haben jeweils eine messbar größere Amplitude als der mittlere Impuls auf der Messachse, da die beiden unerwünschten Impulse aufgrund ihrer längeren Messdistanz eine größere Abschwächung ihrer Amplituden auf ihrem längeren Messweg erfahren.

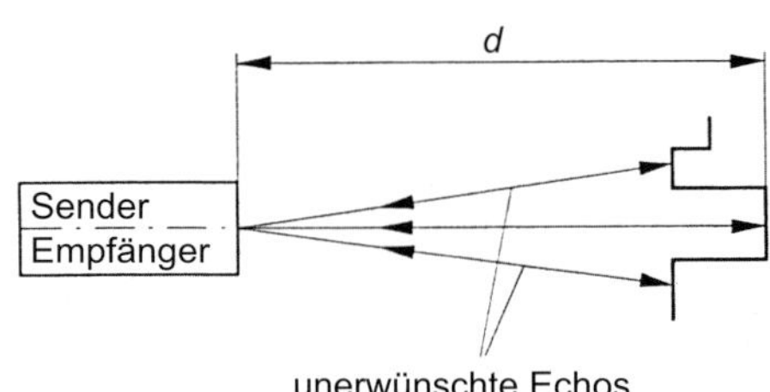

Bild 14.14
Physikalische Wirkungsweise des Radarimpulsprinzips

Als Sender und Empfänger werden magnetostriktive, piezoelektrische oder elektrostatische US-Sensoren und US-Aktoren verwendet. Das US-Signal legt mit der Schallgeschwindigkeit c_s in der Zeit t 2-mal den Weg zwischen US-Sensormesssystem und Messobjekt zurück. Für die Distanz d zwischen Sensor und Messobjekt gilt dann:

$$d = \frac{1}{2} \cdot c_s \cdot t \qquad \text{(Gl. 14.60)}$$

Die Schallgeschwindigkeit in der Luft ist keine konstante Größe, sondern eine Funktion der Luftdichte und der Volumenelastizität. Die Luftdichte selbst ist eine Funktion der Feuchte und Temperatur. Bei Abstandsmessungen kleiner und mittlerer Distanzen ist das Temperaturprofil zwischen Sensor und Messobjekt für die Größe der tatsächlichen Schallgeschwindigkeit maßgebend. Ist c_{s0} die Schallgeschwindigkeit bei der Temperatur $T = 0$ °C, dann gilt für die Schallgeschwindigkeit c_s, mit dem Koeffizienten $\alpha = 1/273{,}2$ °C, für die Temperatur T:

$$c_s = c_{s0} \cdot (1 + \alpha \cdot T) \qquad \text{(Gl. 14.61)}$$

Für $T = 0$ °C ist $c_s = 331{,}3$ m/s.

Für die relative Schallgeschwindigkeitsänderung gilt dann:

$$\frac{\Delta c_s}{c_{s0}} = \alpha \cdot \Delta T \qquad \text{(Gl. 14.62)}$$

Bei einem Messbereich von 400 mm beträgt dann die Messabweichung ca. 1,46 mm bei einer Temperaturänderung um 1 °C.

Messtechnische Eigenschaften und Sensorelektronik

Für kleine Distanzen und große Temperaturänderungen ist daher – für eine sehr genaue Messung – immer eine Temperaturkompensation erforderlich. Weitere Messabweichungen entstehen durch die topologische Beschaffenheit der Umgebung des Messpunktes auf dem Messobjekt. Eine reliefartige Umgebung des Messpunktes führt dazu, dass neben der gewünschten Hauptreflexion unerwünschte Nebenreflexionen aus den Randzonen empfangen werden.

Der Sensor generiert aus den Gesamtreflexionen, insbesondere bei mangelnder Auflösung, ein mittleres Signal. Der so ermittelte Messwert ist damit fehlerbehaftet. Diese Messabweichung kann jedoch dann klein gehalten werden, wenn die Richtcharakteristik des Sensors entsprechend ausgebildet ist (scharfe Bündelung des Sendesignals) und eine hohe Auflösung hat. Eine hohe Auflösung erfordert eine hohe Sendefrequenz. Da die Schallintensität nahezu quadratisch mit der Sendefrequenz abnimmt, wird bei höheren Frequenzen der Messbereich kleiner. Auch hier muss je nach Anwendung ein Kompromiss gefunden werden.

Der Messbereich wird bestimmt durch die Reichweite. Unter Reichweite versteht man die Strecke, nach deren Durchlaufen die US-Intensität auf 50% ihres Anfangswertes zurückgegangen ist. Bei einer Sendefrequenz von 30 kHz beträgt die Reichweite in Luft 120 m, und bei einer Sendefrequenz von 1000 kHz beträgt die Reichweite in Luft 22 mm. Für Distanzen unter 500 mm sollte die Sendefrequenz unter 500 kHz liegen.

Der US-Sender strahlt i.Allg. ein impulsmoduliertes US-Signal ab. Es können also nur Impulse voneinander unterschieden werden, deren Laufzeit Δt größer ist als die Einschwingzeit t_s des Messsystems. Außerdem muss die Impulsdauer des US-Signals immer größer sein als die Einschwingzeit des Messsystems. Nach Gl. 14.60 erhält man für die Distanzauflösung d:

$$d = c_s \cdot \frac{\Delta t}{2} > c_s \cdot \frac{t_s}{2} \qquad \text{(Gl. 14.63)}$$

In Bild 14.15 ist das vereinfachte Blockschaltbild einer Sensorelektronik dargestellt. Der Impulsgenerator erzeugt in exakt definierten Zeitabständen einen Impuls 1 (oder Impulsburst), der im US-Sender einen analogen Impuls 1 (oder Impulsburst) auslöst. Dieser wird nach der Laufzeit t_1 vom Messobjekt als Impuls 2 (oder Impulsburst) reflektiert und nach der Laufzeit t_2 vom Empfänger aufgenommen und in ein elektrisches Signal gewandelt. Die Laufzeitsumme aus t_1 und t_2 wird in der Auswerteelektronik ermittelt.

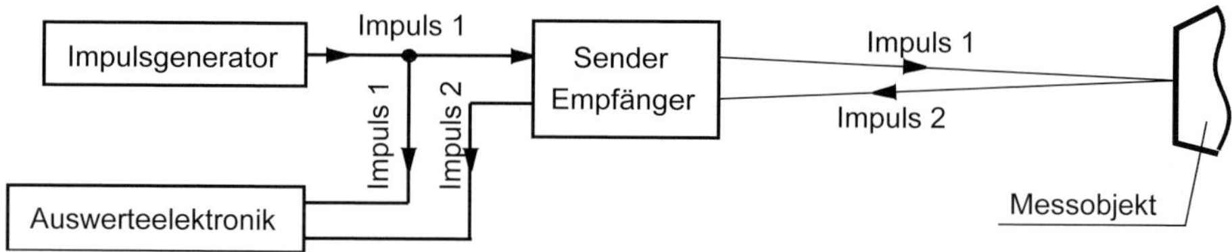

Bild 14.15 US-Sensormesssysteme mit Sender und Empfänger in einem Gehäuse nach dem Radarimpulsprinzip

Die Höhe der empfangenen Signalamplitude hängt ab, wie oben schon gesagt, von der Entfernung zwischen Sender-Empfänger-Einheit und Oberfläche des Messobjektes sowie von ihrer mechanischen Beschaffenheit, d.h. ihres US-Reflexionsverhaltens. Messbereiche von ca. 0,5...50 m bei einer Gesamtmessabweichung von ±1...3% sind realisierbar.

Vorteile

US-Sensormesssysteme (oder US-Messkopf) besitzen besonders bei verschmutzten Messumgebungen oder bei verschmutzten und sehr rauen Oberflächen der Messobjekte große Vorteile gegenüber optischen Abstandsmesssystemen.

Nachteile

Diese Messmethode hat jedoch immer dann Nachteile, wenn zwischen Messsystem und Messobjekt ein ausgeprägtes Temperaturfeld existiert.

Anwendungen

Bewegungsrichtungserkennung mit US-Sensoren

Bild 14.16 zeigt schematisch die physikalische Wirkungsweise der US-Messeinrichtung. Sie besteht aus einem US-Messkopf D-FF und nicht dargestellten weiteren Elektroniken. In Abschnitt 7.4.3.2 (AMR-Sensoren mit speziell optimierter BARBER-Pol-Strukturgeometrie, unter AMR-Winkelsensoren mit Strukturgeometrien: *Allgemeiner Drehgeschwindigkeits-, Drehrichtungs- und Drehzahlsensor*) wurde eine Signalverarbeitungselektronik zur Drehrichtungserkennung beschrieben. Dieses elektronische Verfahren kann nun sinngemäß auf die Erkennung von Bewegungsrichtungen von Messobjekten in der US-Messtechnik angewandt werden. Bild 14.16 zeigt, wie Bewegungen und ihre Richtungen durch eine kontinuierliche Übertragung von US-Signalen mit Hilfe eines D-FF (D-Flip-flop) erfasst werden. Mit jeder ansteigenden Flanke des Taktsignals am Eingang CP des D-FF übernimmt das D-FF die Information (Inf.) am Eingang D des D-FF und gibt sie bei der nächsten ansteigenden

Flanke weiter an den Ausgang Q des D-FF. Solange der Ausgang Q des D-FF sich im logischen H-Zustand (High) befindet, bewegt sich das Messobjekt in die linke Richtung – so lange, bis sich der logische Zustand am Ausgang Q von H (High) auf L (Low) ändert, d.h., das Messobjekt bewegt sich jetzt nach rechts.

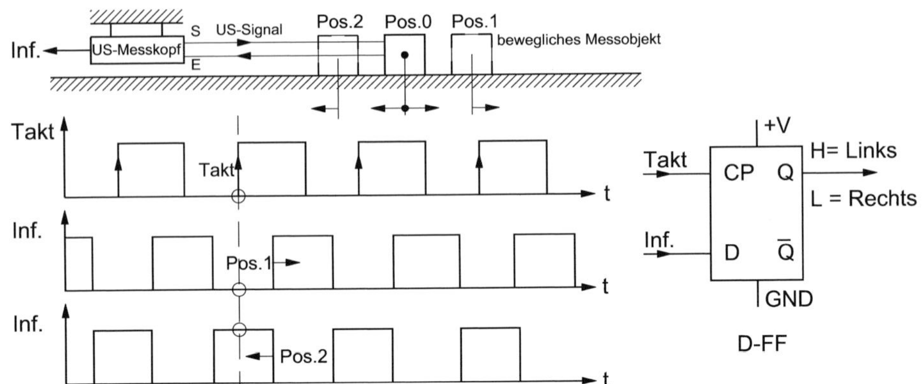

Bild 14.16

- Physikalisches Wirkungsschema einer US-Messeinrichtung bestehend aus Messkopf, D-FF und einer Signalverarbeitungselektronik zur Drehrichtungserkennung.
- Drehrichtungserkennung
  Mit der ansteigenden Flanke des Taktsignals am Eingang CP des D-FF übernimmt das D-FF die Information (Inf.) am Eingang D des D-FF und gibt sie bei der nächsten ansteigenden Flanke weiter an den Ausgang Q des D-FF. Solange der Ausgang Q des D-FF sich im logischen H-Zustand (High) befindet, bewegt sich das Messobjekt in die linke Richtung – so lange, bis sich der logische Zustand am Ausgang Q von H (High) auf L (Low) ändert.

Objekterkennung mit US-Sensoren

Eine Objekt- oder Mustererkennung mit US erfolgt, ähnlich wie z.B. in der optischen Objekt- oder Mustererkennung, durch Lernen einer zeitlichen US-Signalfolge am Erkennungsobjekt, das anschließend als Identifikationsmuster gespeichert wird. Durch einen Vergleich des gespeicherten Identifikationsmusters mit dem jeweils am aktuellen Objekt ermittelten Messmuster kann erkannt werden, ob es sich beim aktuellen Messobjekt um das gesuchte Objekt handelt.

US-Werkstückprüfung

Bei der US-Prüfung oder US-Kontrolle wird auf der Oberfläche des zu prüfenden Werkstücks ein Koppelmittel zur akustischen Impedanzanpassung (z.B. Gel, Wasser, Öl usw.) aufgetragen und mit einem sog. US-Prüfkopf (Messfrequenz 0,5...25 MHz) die Oberfläche des Werkstücks abgetastet. Dies erfolgt manuell oder automatisiert (z.B. während eines Fertigungsprozesses). Änderungen der akustischen Eigenschaften an den Grenzflächen (z.B. Hohlraum, Einschluss, Riss oder eine andere Gefügetrennung) im Inneren des zu prüfenden Werkstücks reflektieren den US-Impuls und senden diesen an den Prüfkopf (der als Sender und Empfänger arbeitet) zurück. Die Zeitdifferenz zwischen Senden und Empfangen ermöglicht wieder die Berechnung der Wegstrecke. Mit Hilfe der erfassten Zeitdifferenz wird dann ein elektronisches Bild erzeugt und auf einem Monitor dargestellt. Aus diesem Bild können die Lage und die Größe des Fehlers abgeschätzt werden. Es können Fehler (sog. Ungänzen) von ca. 0,1 mm gut erkannt werden. Bei automatischen US-Prüfanlagen werden die Informationen gespeichert und sofort oder später ausgewertet sowie dokumentiert.

Weitere Anwendungen

- Zählung und Identifizierung von Papierstapel und Papierseiten in der Druckindustrie,
- Erkennung von Zwischenräumen,
- Kollisionsschutz bei Förder- und Transportbändern,
- Überwachung von Zugängen und Sicherheitsüberwachung von Produktionsflächen,
- automatische Türöffnung.

14.4.2 US-Füllstandsensoren (Ultraschall-Füllstandsensoren)

Mit Hilfe von Füllstandsensoren kann die Höhe (= Füllstand) von Flüssigkeit oder Schüttgut in Behältern messtechnisch bestimmt werden.

Ausführungsformen

Man unterscheidet zwischen kontinuierlichen messenden Füllstandsensoren zur Messung der Füllhöhe und Füllstandgrenzschaltern, die das Erreichen eines bestimmten Füllstandsniveaus anzeigen. Für jeden der beiden Ausführungsformen gibt es je eine Anordnung mit technischer Parallelführung und mit Winkelführung der Sende- und Empfangsimpulse als Bautypen.

Grundlagen und technischer Aufbau

Der Prinzipaufbau des Füllstandsensors mit technischer Parallelführung der Sende- und Empfangsimpulse entspricht dem Prinzip des Abstandsensors mit derselben mathematischen Beschreibung.

In Bild 14.17 ist der technische Prinzipaufbau eines Füllstandsensors mit Winkelführung der Sende- und Empfangsimpulse dargestellt. Die physikalische Wirkungsweise (= Wirkprinzip) beruht wieder auf der Messung der Gesamtlaufzeit $(t_1 + t_2)$ eines US-Impulses (oder US-Burst) an der Grenzfläche zwischen dem Messmedium (z.B. Flüssigkeit) und dem Gasraum (z.B. Luft). Die Teilmesswege s_1 und s_2 können mit Hilfe der elementaren Geometrie über die beiden rechtwinkligen Dreiecke s_1–$(b/2)$–h und s_2–$(b/2)$–h berechnet und zum Gesamtmessweg $s_{1,2}$ addiert werden. Es gilt also:

$$s_{1,2} = s_1 + s_2 = 2 \cdot \sqrt{(b/2)^2 + h^2} = \sqrt{b^2 + 4 \cdot h^2} \qquad \text{(Gl. 14.64)}$$

Für die Gesamtlaufzeit $t_{1,2}$ des US-Signals gilt (wie aus der Kinematik bekannt) mit Gl. 14.64:

$$t_{1,2} = \frac{s_{1,2}}{c_{US}(\varrho(T))} = \frac{1}{c_{US}(\varrho(T))} \cdot \sqrt{b^2 + 4 \cdot h^2} \qquad \text{(Gl. 14.65)}$$

Wobei $c_{US}\ (\varrho(T))$ die US-Geschwindigkeit im Messmedium ist, abhängig von der Dichte ϱ, die ihrerseits von der aktuellen Temperatur T abhängt. Aus Gl. 14.65 ergibt sich durch algebraische Umformung die Gleichung für das Füllstandsniveau h:

$$h = \frac{1}{2} \cdot \sqrt{t_{1,2}^2 \cdot c_{US}(\varrho(T))^2 - b^2} \qquad \text{(Gl. 14.66)}$$

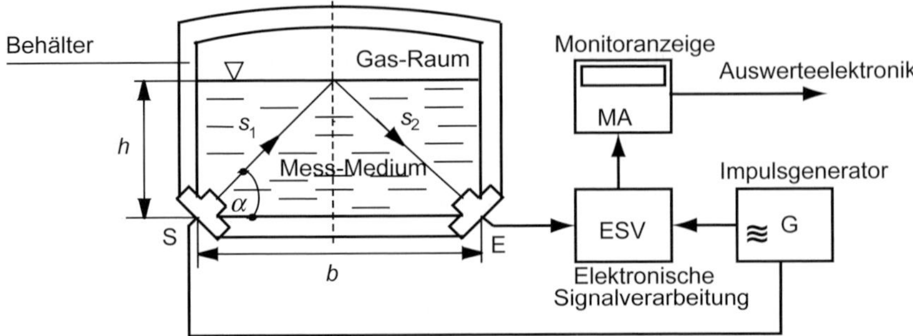

Bild 14.17 Technischer Prinzipaufbau eines Füllstandsensors mit Winkelführung der Sende- und Empfangsimpulse

Für die Bestimmung des Füllstandsniveaus h muss also die temperaturabhängige Dichte des Mediums zum Messzeitpunkt bekannt sein, d.h., die Mediumstemperatur muss mitgemessen werden.

Messtechnische Eigenschaften und Sensorelektronik

Das Messverfahren arbeitet berührungsfrei. Es kann zur Niveaumessung für alle Medien (auch Schüttgüter) eingesetzt werden. Der technische Aufwand für den Einbau des US-Senders und US-Empfängers ist eigentlich nur bei besonderen technischen Bedingungen gerechtfertigt, z.B. bei oben sehr schwer zugänglichen Behältern oder in der Verfahrenstechnik, wenn ein besonderes Explosionsrisiko besteht, im Behälter also keine elektrischen Vorrichtungen zugelassen sind.

Der Messbereich beträgt 1...30 m bei einer Gesamtmessabweichung von ca. 1...3% im sog normalen Temperaturbereich. Die Schallgeschwindigkeit in Wasser beträgt z.B. ca. 1,4 km/s, eine typische Fehlerquelle ist also die temperaturbedingte Änderung der Schallgeschwindigkeit. Außer dem Radarprinzip (auch Echolot-Prinzip genannt) gibt es noch das Durchstrahlungs- und das Dämpfungsverfahren (analog zu optischen Messverfahren).

Die Sensorelektronik ist immer analog zu den oben beschriebenen Messverfahren. Der US-Sender E (Aktor) wird von einem Impulsgenerator G angesteuert und erzeugt die US-Impulse, die über den Weg s_1 die Grenzfläche zwischen den beiden Medien erreicht. Durch die unterschiedlichen Schallimpedanzen und den schrägen Einfall der Impulse findet eine fast totale Reflexion der Schallimpulse an der Grenzschicht statt. Der reflektierte Schallimpuls gelangt über den Weg s_2 zum US-Empfänger (Sensor) E, der das US-Schallsignal in ein elektrisches Signal wandelt.

In der elektronischen Signalverarbeitung werden das Sender- und Empfängersignal und daraus, unter Berücksichtigung der Mediumstemperatur, das Füllstandsniveau – mit Hilfe von Gl. 14.66 elektronisch berechnet – angezeigt (MA) und elektronisch weiterverarbeitet. Die Unterscheidung verschiedenen großer Messobjekte und die Unterdrückung von Vielfachreflexionen (z.B. entstanden durch andere Objekte in Sensornähe, also nicht das Messobjekt selbst) ist schon im Prinzip in Abschnitt 14.4.1 beschrieben.

Anwendungen

- Explosionsgeschützte Pegel- und Füllstandsüberwachung
- Erfassung von Grenzwerten bei Materialstapelung
- Pegelüberwachung im Wasserwerk, bei Abwasser und in Kläranlagen

- ❑ Pegelüberwachung industrieller Flüssigkeiten
- ❑ Füllstandsmessung von flüssigen Chemikalien in chemischen Reaktoren

14.4.3 US-Durchflusssensoren (Ultraschall-Durchflusssensoren)

US-Durchflusssensoren messen die Geschwindigkeit υ eines strömenden Mediums (Flüssigkeit, Gas) mit Hilfe von US-Signalen mit der Geschwindigkeit c_s.

Grundlagen und technischer Aufbau
In Bild 14.18 sind der prinzipielle mechanische Aufbau und die grundsätzliche physikalische Wirkungsweise eines US-Durchflusssensors mit piezoelektrischen US-Messköpfen dargestellt. Es gibt 3 messtechnische Möglichkeiten zur Signalauswertung mit Hilfe von US:

- ❑ Messung der Durchflussgeschwindigkeit mit Hilfe der Laufzeitdifferenz,
- ❑ Messung der Durchflussgeschwindigkeit mit Hilfe der Differenzfrequenz,
- ❑ Messung der Durchflussgeschwindigkeit mit Hilfe einer Phasenregelung.

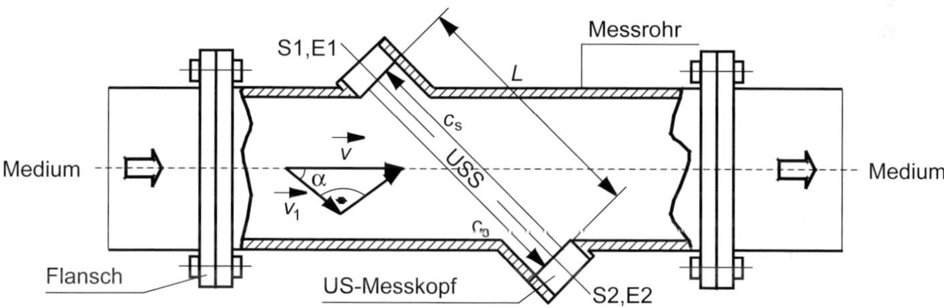

Bild 14.18 Prinzipieller messtechnischer Aufbau eines US-Durchflusssensors mit 2 piezoelektrischen US-Messköpfen, wobei die beiden piezoelektrischen Messköpfe (S1,E1 und S1,E2) abwechslungsweise als US-Sender/Empfänger arbeiten

Messung der Durchflussgeschwindigkeit u mit Hilfe der Laufzeitdifferenz Δt
Die beiden piezoelektrischen Messköpfe (S1,E1) und (S2,E2) arbeiten abwechslungsweise als US-Sender/Empfänger (Bild 14.18) und senden und empfangen unter dem Winkel α die US-Signale (USS) durch ein strömendes Medium und sind im Abstand L in das Messrohr eingebaut. Das Messrohr wird vom Medium mit der Geschwindigkeit υ durchströmt. Wenn S1 sendet und E2 empfängt, gilt für die Laufzeit t_1 in Strömungsrichtung:

$$t_1 = \frac{L}{c_s + \upsilon_1} = \frac{L}{c_s + \upsilon \cdot \cos(\alpha)} \qquad \text{(Gl. 14.67)}$$

Wenn S2 sendet und E1 empfängt, gilt für die Laufzeit t_2 gegen die Strömungsrichtung:

$$t_2 = \frac{L}{c_s - \upsilon_1} = \frac{L}{c_s - \upsilon \cdot \cos(\alpha)} \qquad \text{(Gl. 14.68)}$$

1. Auswertungsmöglichkeit
Für die Laufzeitdifferenz Δt gilt mit Gl. 14.67 und Gl. 14.68:

$$\Delta t = t_2 - t_1 = \frac{2 \cdot L \cdot \upsilon \cdot \cos(\alpha)}{c_s^2 + \upsilon^2 \cdot \cos^2(\alpha)} \qquad \text{(Gl. 14.69)}$$

Die Gleichung ist nicht linear bezüglich υ. Eine Linearisierung ist möglich, wenn gilt: $c_s >> \upsilon^2$. Damit gilt dann linearisiert:

$$\Delta t = t_2 - t_1 \approx \frac{2 \cdot L \cdot \upsilon \cdot \cos(\alpha)}{c_s^2} \qquad \text{(Gl. 14.70)}$$

Aus der Laufzeitdifferenz Δt kann so die Strömungsgeschwindigkeit υ ermittelt werden, wenn die Parameter L, c_s und α konstant sind:

$$\upsilon = \frac{c_s^2}{2 \cdot L \cdot \cos(\alpha)} \cdot \Delta t \qquad \text{(Gl. 14.71)}$$

Die Konstanz von c_s bestimmt also maßgeblich die Messabweichung von υ.

2. Auswertungsmöglichkeit

Eine Unabhängigkeit der Strömungsgeschwindigkeit υ vom c_s-Wert wird durch eine getrennte Messung der mathematischen Verknüpfung von t_2 und t_1 erreicht. Durch Multiplikation von Gl. 14.67 mit Gl. 14.68 ergibt sich:

$$t_2 \cdot t_1 = \frac{L^2}{c_s^2 - \upsilon^2 \cdot \cos^2(\alpha)} \qquad \text{(Gl. 14.72)}$$

Die Division von Gl. 14.69 durch Gl. 14.72 ergibt für die Strömungsgeschwindigkeit υ:

$$\upsilon = \frac{L}{2 \cdot \cos(\alpha)} \cdot \frac{t_2 - t_1}{t_2 \cdot t_1} \qquad \text{(Gl. 14.73)}$$

Die Strömungsgeschwindigkeit υ des Mediums ist also unabhängig von der US-Geschwindigkeit, und es ist keine Linearisierung der Gleichungen nötig.

Messung der Durchflussgeschwindigkeit υ mit Hilfe der Differenzfrequenz Δf

Der technisch Prinzipaufbau ist derselbe wie oben dargestellt, d.h. wie in Bild 14.18. Der Sender S1 strahlt einen US-Impuls in Richtung des Empfängers E2 ab. Bei Eintreffen des Impulses auf dem Empfänger E2 leitet dieser ein elektrisches Signal an Sender S1, der sofort einen weiteren US-Impuls an E2 abstrahlt, wobei die Frequenz f_1 der US-Impulse von S1 gemessen wird. Jetzt strahlt der Sender S2 einen US-Impuls ab, wobei die Frequenz f_2 seiner US-Impulse gemessen wird. Für die beiden Frequenzen gilt:

$$f_1 = \frac{1}{t_1} = \frac{c_s + \upsilon \cdot \cos(\alpha)}{L} \quad \text{und} \quad f_2 = \frac{1}{t_2} = \frac{c_s - \upsilon \cdot \cos(\alpha)}{L} \qquad \text{(Gl. 14.74)}$$

Aus Gl. 14.74 erhält man die Differenzfrequenz Δf zu:

$$\Delta f = f_1 - f_2 = \frac{2 \cdot \upsilon \cdot \cos(\alpha)}{L} \qquad \text{(Gl. 14.75)}$$

Aus Gl. 14.75 lässt sich nun die mittlere Strömungsgeschwindigkeit υ unabhängig von der US-Geschwindigkeit c_s bestimmen:

$$\upsilon = \frac{L}{2 \cdot \cos(\alpha)} \cdot \Delta f \qquad \text{(Gl. 14.76)}$$

Vergleich der beiden Messverfahren

Da wie oben gezeigt, folgende Beziehung gilt:

$$f_1 - f_2 = \frac{1}{t_1} - \frac{1}{t_2} \equiv \frac{t_2 - t_1}{t_2 \cdot t_1} \qquad \text{(Gl. 14.77)}$$

ist ersichtlich, dass die beiden Messverfahren ähnlich sind. Die Laufzeitmethode hat den Vorteil gegenüber der Frequenzmethode, dass sie schneller und störsicherer ein Messergebnis liefert, da bei der Differenz-Frequenzmethode die Einzel-Frequenzen aus einer Folge von US-Signalen (USS) ermittelt werden müssen und US-Echos durch Reflexion an Fremdkörpern oder Gasblasen die Frequenzergebnisse stärker negativ beeinflussen.

Messung der Durchflussgeschwindigkeit υ mit Hilfe einer Phasenregelung

Der physikalische Zusammenhang zwischen der US-Wellenlänge λ_s, der US-Frequenz f_s und der US-Geschwindigkeit c_s wird durch Gl. 14.1 beschrieben. Die US-Frequenz wird so eingestellt, dass für die Strömungsgeschwindigkeit $\upsilon = 0$ m/s des Mediums zwischen den US-Messköpfen exakt n Wellenlängen λ_0 existieren. Es gilt dann:

$$L = n \cdot \lambda_0 \qquad \text{(Gl. 14.78)}$$

Ist die Strömungsgeschwindigkeit des Mediums $\upsilon \neq 0$ m/s, ändern sich die US-Geschwindigkeiten c_1 und c_2 nach Bild 14.18 wie folgt:
«1» nach «2»:

$$c_1 = c_0 + \cos(\alpha) \qquad \text{(Gl. 14.79a)}$$

«2» nach «1»:

$$c_1 = c_0 - \cos(\alpha) \qquad \text{(Gl. 14.79b)}$$

Für die beiden US-Frequenzen f_1 und f_2 gilt dann nach Gl. 14.1:

$$f_1 = c_1 / \lambda_0 \quad \text{und} \quad f_2 = c_2 / \lambda_0 \qquad \text{(Gl. 14.80)}$$

Für die Differenzfrequenz Δf gilt mit Gl. 14.80, Gl. 14.78 und Gl. 14.79:

$$\Delta f = f_1 - f_2 = \frac{2 \cdot \upsilon \cdot \cos(\alpha)}{\lambda_0} = \frac{2 \cdot \upsilon \cdot n \cdot \cos(\alpha)}{L} \qquad \text{(Gl. 14.81)}$$

Für die Strömungsgeschwindigkeit υ ergibt sich durch algebraische Umformung:

$$\upsilon = \frac{L}{2 \cdot n \cdot \cos(\alpha)} \cdot \Delta f \qquad \text{(Gl. 14.82)}$$

Die mittlere Strömungsgeschwindigkeit des Mediums ist auch wieder unabhängig von der US-Schallgeschwindigkeit.

Vergleich der beiden Messverfahren

Das Messverfahren zur Bestimmung der Mediums-Durchflussgeschwindigkeit υ mit Hilfe einer Phasenregelung bietet die höchste Messgenauigkeit, d.h. die kleinste Messabweichung.

Vorteile

Die US-Durchflussmessung hat einige Vorteile gegenüber anderen Messverfahren. Messungen sind weitgehend unabhängig von den physikalischen Eigenschaften der verwendeten Medien wie elektrische Leitfähigkeit, Dichte, Temperatur und Viskosität. Die US-Durchflussmessung wird eingesetzt, wenn induktive Durchflussmessungen wegen zu kleiner elektrischer Leitfähigkeit des Mediums nicht möglich sind, z.B. bei Erdölprodukten. Messungen über Druckänderungen führen durch Querschnittsverengung (Messblenden) zu Druckverlusten und damit auch zu Fehlern.

Ein weiterer Vorteil ist der große Messbereich. Die berührungslos arbeitende Messtechnik ohne bewegte mechanische Bauteile verringert die Fehlerquellen und den Wartungsaufwand.

Nachteile

Nachteilig sind die strömungstechnisch notwendigen Ein- und Auslaufstrecken (ähnlich wie bei den Wirkdruckmessungen) und die maximal mögliche Einsatztemperatur von ca. 100 °C. Eine typisch negative Begleiterscheinung von US-Wellen in Flüssigkeiten ist die Kavitation. Sie entsteht durch die Erzeugung von Hohlräumen unter Einwirkung der im US-Feld auftretenden großen Unterdruckbereiche und führt zu Schäden an der Messeinrichtung sowie zu weiteren Messabweichungen.

14.4.4 US-Volumenstrommessung

Indirekte Methode
In der Strömungslehre (oder Hydraulik) heißt das in 1 s gleichförmig durch einen Strömungsquerschnitt fließende Volumen Volumenstrom oder Volumendurchfluss bzw. Volumendurchsatz. Soll der Volumenstrom bei ungleichförmigen Strömungsprofilen bestimmt werden, muss der Mittelwert der Strömungsgeschwindigkeiten verwendet werden. Der Volumenstrom $\dot{V}$ ist also das Produkt aus Strömungsquerschnitt A und der einfachen bzw. mittleren Strömungsgeschwindigkeit υ. Damit gilt:

$$\dot{V} = A \cdot \upsilon \qquad \text{(Gl. 14.83)}$$

Der Volumenstrom ist für alle Strömungsquerschnitte bekannt. Ist nun der Querschnitt A eines Messrohres (Bild 14.18) bekannt und wird mit einem der oben dargestellten Verfahren die Strömungsgeschwindigkeit υ gemessen, so kann man mit Gl. 14.83 den Volumenstrom $\dot{V}$ ermitteln.

Direkte Methode
Bei der direkten Methode kann z.B. mit Hilfe der Messung der Durchflussgeschwindigkeit υ mit Hilfe der Differenzfrequenz Δf (Gl. 14.76) und über den Messrohrquerschnitt A mit einer geeigneten Auswerteelektronik der Volumenstrom $\dot{V}$ direkt ermittelt werden. Die elektronisch zu verarbeitende Gleichung lautet dann:

$$\dot{V} = A \cdot \upsilon = \frac{A \cdot L}{2 \cdot \cos(\alpha)} \cdot \Delta f \qquad \text{(Gl. 14.84)}$$

Vorteile

Ein Vorteil dieser Methode gegenüber der Anwendung von mechanischen Volumenmessgeräten ist, dass direkt ein elektrisches Messsignal zur Verfügung steht.

14.4.5 Akustische und US-Mikroskope (Ultraschall-Mikroskope)

Das Gerät ist als Mess- und Prüfgerät vielfältig einsetzbar. Aus den sehr kleinen, für das menschliche Auge nicht mehr wahrnehmbaren Objekten kann ein stark vergrößertes Bild erzeugt werden. Zu Untersuchungen in Luft oder anderen transparenten Medien wird bekanntlich ein optisches Mikroskop eingesetzt. Schallwellen werden in Gasen stark gedämpft, ihre Reichweite ist also gering. In Festkörpern und Flüssigkeiten können sie jedoch, wie oben schon besprochen, eindringen. Mit dem akustischen Mikroskop werden Objekte deutlich, die sich durch elastische Eigenschaften und damit durch verschiedene Schallgeschwindigkeiten unterscheiden. Bei US-Mikroskopen ermöglicht die an verschiedenen Grenzflächen von Medien mit unterschiedlichen akustischen Impedanzen (s. Gl. 14.59) reflektierte US-Welle den Aufbau eines Bildes.

Abgrenzung zum optischen Mikroskop
Lichtmikroskop und US-Mikroskop sind keine Konkurrenten, sondern ergänzen einander.

Anwendungen

Gut einsetzbar sind akustische Mikroskope und US-Mikroskope in der biologischen und medizinischen Forschung und in der medizintechnischen Entwicklung. Viele Strukturen lebender Zellen haben Abmessungen im µm-Bereich. Kleine Strukturelemente (Zellorganellen) und Zellflüssigkeiten unterscheiden sich fast immer in ihren elastischen Eigenschaften. Besonders gut geeignet sind US-Mikroskope auch für den Einsatz in der elektronischen Fertigungstechnik, z.B. bei der Prüfung und Untersuchung von mikroelektronischen Schaltkreisen. Die dabei gewonnenen Bilder sind kontrastreicher als optische Aufnahmen. Weitere Einsatzmöglichkeit sind die zerstörungsfreie Werkstoffprüfung, die Prüfung von Metalloberflächen sowie die Untersuchung von Festkörpern auf verschiedene physikalische Zustände.

Vorteile

Ein großer Vorteil gegenüber anderen mikroskopischen Techniken ist, dass Untersuchungen am lebenden Material möglich sind, da die Proben in Wasser eingebettet sind und nicht getrocknet, angefärbt oder dem Vakuum ausgesetzt werden müssen.

15 Pneumatische Sensoren

Das Wort Pneumatik stammt vom griechischen Wort «pneuma» und bedeutet Wind und Atem. Unter Pneumatik versteht man den Einsatz von Druckluft in Wissenschaft und Technik. Der Energieträger (für die pneumatische Kraftübertragung) und der Signalträger (für die Sensorik), die Luft, ist durch 3 thermodynamische Zustandsgrößen: Druck, Volumen und Temperatur gekennzeichnet. Der mathematische Zusammenhang der Zustandsgrößen wird durch das Gesetz von BOYLE-MARIOTTE, das Gesetz von GAY-LYSSAC und den sog. physikalischen Normalzustand von Temperatur und Druck (T_n = 273 K = 0 °C, p_n = 1,011325 bar) beschrieben. Industriell wird die Druckluft als Energieträger in die Pneumatik und als Informationsträger in der Messtechnik und Sensorik seit Anfang des 20. Jahrhunderts angewandt.

Allgemeine Grundlagen

Pneumatische Sensoren sind staudruckabhängige, technische Konstruktionen, die über eine berührungsfreie Abtastung durch Luftstrahldruckänderungen ein Messobjekt abtasten können, wobei der Tastabstand (Messbereich) von 0,1...100 mm reicht.

Ein pneumatischer Sensor besteht also immer aus einer pneumatischen Senderdüse und einer pneumatischen Empfängerdüse, einer pneumatischen Strecke (Luftspalt), falls nötig aus einem pneumatischen Druckverstärker und einem elektropneumatischen Wandler.

Sensorprinzipien und Elementarsensoren

Besprochen werden grundsätzliche, qualitative Grundlagen von pneumatischen Elementarsensoren. Man unterscheidet nach pneumatischen Sensorprinzipen 3 pneumatische Sensortypen:

- ❑ pneumatische Staudrucksensoren (Staudüsen),
- ❑ pneumatische Ringstrahlsensoren (Ringstrahldüsen),
- ❑ pneumatische Luftschrankensensoren (Luftschranken).

15.1 Staudrucksensoren (Staudüsen) (pneumatische Staudruckgeber)

Staudruck-Positionselementarsensoren

Bild 15.1 zeigt den physikalischen Prinzipaufbau einer Staudüse. Die Versorgung mit Druckluft erfolgt über die Speiseleitung *P*. Liegt die Austrittsdüse ohne Luftspalt auf Stauflächen des Messobjektes, baut sich am Ausgang A das maximal mögliche Drucksignal in Höhe des Speisedrucks (ca. 7 bar) auf.

In dem Maße, in dem sich die Staufläche des Messobjektes in axialer Richtung von der Austrittsdüse des Elementarsensors entfernt, nimmt auch der Signaldruck ab, da über den Luftspalt zunehmend Druckluft entweichen kann. Die Höhe des Drucksignals am Ausgang A ist somit ein Maß für die Position der Staufläche des Messobjektes relativ zur Austrittsdüse des Elementarsensors. Der Tastabstand (Messbereich) beträgt 0...0,2 mm.

Staudruck-Flüssigkeitspegelelementarsensoren

Staudruckrohre können auch als Tauchrohre ausgebildet werden (Bild 15.2). Mit dieser Konstruktion ist dann die pneumatische Messung einer Flüssigkeitspegeländerung möglich.

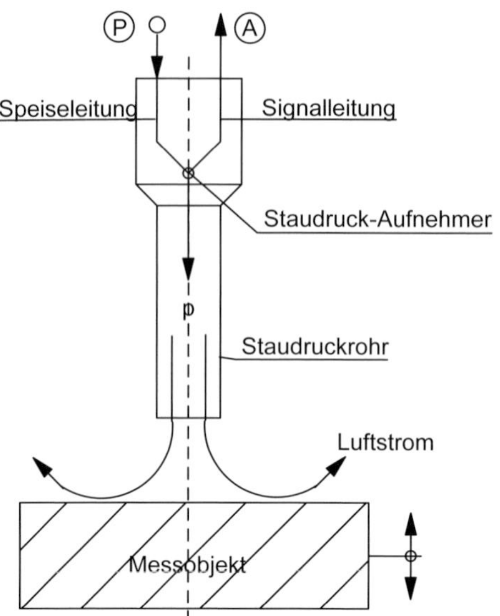

Bild 15.1
Physikalischer Prinzipaufbau einer Staudüse für Positionserfassungen

Elektronische Signalverarbeitung
Es ist keine pneumatische Verstärkung notwendig. Der Signaldrücke werden direkt über einen elektropneumatischen Wandler in eine elektrische Spannung umgewandelt und elektronisch weiterverarbeitet.

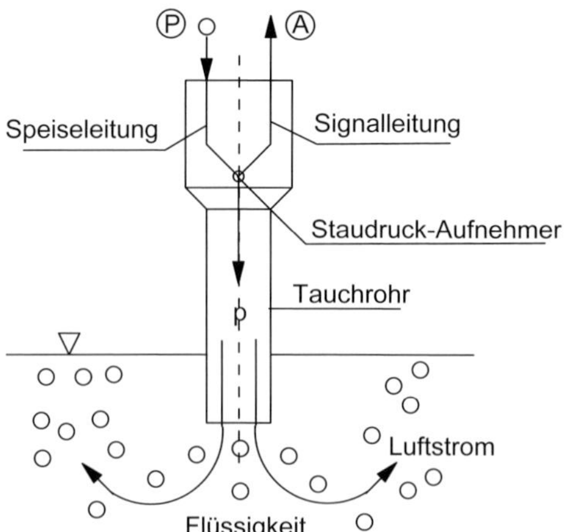

Bild 15.2
Physikalischer Prinzipaufbau einer Staudüse für Flüssigkeitspegelmessungen

15.2 Ringstrahlsensoren (Ringstrahldüsen)

Ringstrahl-Positionssensoren
Bild 15.3 zeigt den physikalischen Prinzipaufbau eines Ringstrahlsensors. Der Tastabstand (Messbereich) beträgt 2...15 mm, der Speisedruck 0,1...0,5 bar. Der aus der Ringdüse austretende pneumatische Ringstrahl schnürt sich ein. Zwischen Ringstrahl und Unterseite der Düsen entsteht ein kleiner Unterdruck. Dieser Unterdruck steht auch am Ausgang der Signalleitung A. Nähert sich dem Aufnehmer in axialer Richtung ein Messobjekt, baut sich der Unterdruck mit geringer werdendem Abstand

a ab, wobei sich am Ausgang A ein Überdruck von 0,2...1 mbar einstellt. Dieser wird noch pneumatisch verstärkt und kann dann als pneumatisches Ausgangssignal weiterverarbeitet werden.

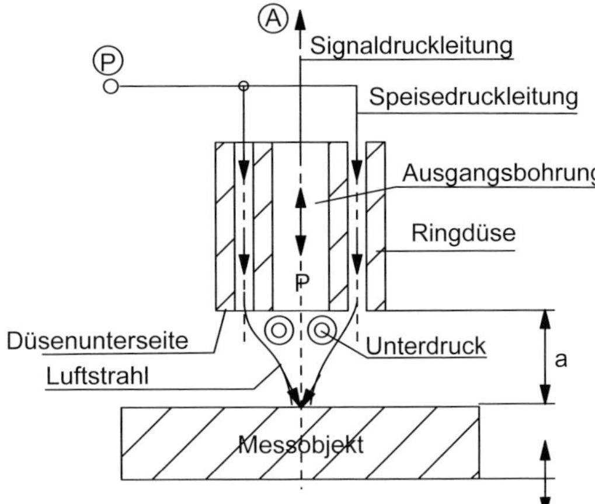

Bild 15.3 Physikalischer Prinzipaufbau einer Ringstrahldüse für Positionsmessungen

Elektronische Signalverarbeitung
Pneumatisch verstärkte Signaldrücke werden über einen elektropneumatischen Wandler in eine elektrische Spannung umgewandelt und elektronisch weiterverarbeitet.

15.3 Pneumatische Luftschrankensensoren (Luftschranke)

Man kann 2 Arten von pneumatischen Luftschranken unterscheiden.

Pneumatische Druckluftschranke
Bild 15.4 zeigt den physikalischen Prinzipaufbau einer Druckluftschranke. Sender- und Empfängerdüse (Abstand $a \leq 100$ mm) werden über den Anschluss P bei einem Speisedruck von 0,1...0,2 bar mit einer gefilterten und nicht geölten Speiseluft versorgt.

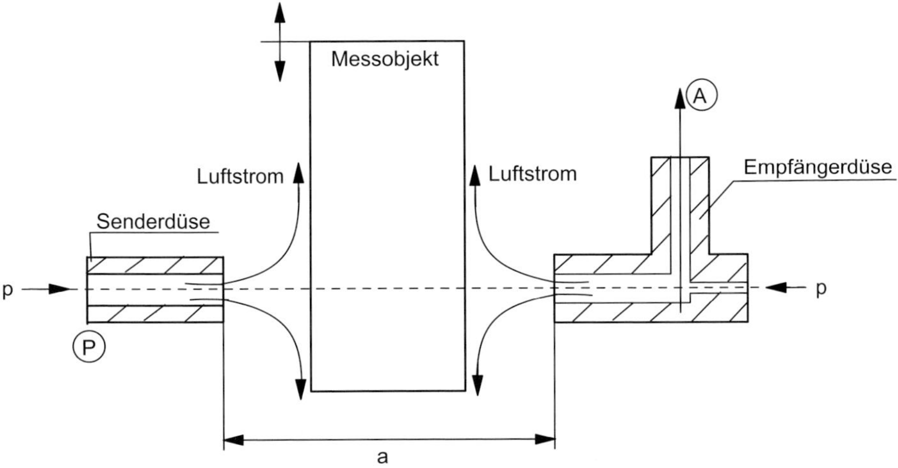

Bild 15.4 Physikalischer Prinzipaufbau einer pneumatischen Druckluftschranke

Der Luftstrahl der Senderdüse stört den Austritt des Luftstrahls der Empfängerdüse, wodurch ein Rückstau entsteht, der am Ausgang A der Empfängerdüse einen Luftdruck von ca. 0,5 mbar erzeugt. Dieses Drucksignal wird noch verstärkt. Wird nun der Luftstrahl zwischen der Sender- und der Empfängerdüse durch das Messobjekt unterbrochen, entsteht am Ausgang A ein leichter Unterdruck, der als Nullsignal ausgewertet werden kann.

Pneumatische Gabellichtschranke
Bild 15.5 zeigt den Prinzipaufbau einer Gabelluftschranke. Sender- und Empfängerdüse sind in ein Gehäuse mit einem axialen Abstand von 5 mm eingebaut. Über den Anschluss P wird die Druckluft mit ca. 7 bar eingeleitet. Unterbricht das Messobjekt den Gabelluftstrom, so fällt das Ausgangsdrucksignal *A* auf 40 mbar ab.

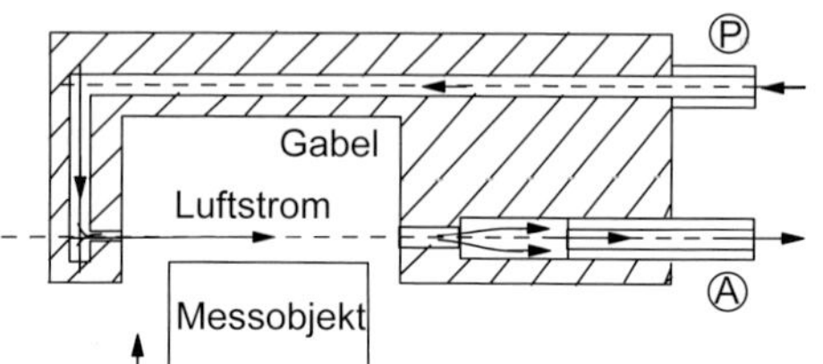

Bild 15.5
Physikalischer Prinzipaufbau einer pneumatischen Gabelluftschranke

Elektronische Signalverarbeitung
Das Ausgangsdrucksignal wird über einen elektropneumatischen Wandler in ein elektrisches Spannungssignal umgewandelt und kann dann elektronisch weiterverarbeitet werden.

Vorteile

Pneumatische Sensoren haben immer dann Vorteile gegenüber anderen Sensorprinzipien, wenn es um Funktionssicherheit bei Schmutzanfall, um hohe Umgebungstemperaturen, um elektromagnetische Störungen, um Einflüsse durch Schallwellen, um das Arbeiten in völliger Dunkelheit, um die Abtastung von lichtdurchlässigen Messobjekten oder um das Arbeiten in explosionsgeschützten Räumen geht.

Anwendungen

Pneumatische Positionserkennung
Pneumatische Sensoren, die mit Luft als Signalträger arbeiten, werden sehr häufig als Näherungsschalter eingesetzt und können für eine direkte Signaleingabe in pneumatische Steuerungen verwendet werden. Verwendete Bauformen sind Staudrucksensoren, Ringstrahlsensoren und Luftschranken, da sie einfach gebaut sind und prinzipbedingt einen Selbstreinigungseffekt haben. Sie sind funktionssicher bei Staub, hohen Temperaturen bis zu 160 °C und magnetischen Störfeldern.

Da der pneumatische Auslauf des pneumatischen Elementarsensors frei von elektrischen Bauteilen ist, werden sie in Ex-Schutzräumen der industriellen Produktion und beim Verladen von explosionsgefährdeten Produkten eingesetzt. Der Messbereich reicht bis max. 30 mm.

Pneumatische Sensoren, die mit speziellen Materialien wie feines Pulver mit einer Dichte über 0,5 kg/l (z.B. Zement, Flugasche, Mehl usw.) als Signalträger arbeiten, werden direkt als Näherungsschalter oder Füllstandsensoren verwendet.

Pneumatische Positionsmessung

Pneumatische Sensoren sind auch für Positionieraufgaben gut geeignet. Ein Beispiel ist die pneumatische Ermittlung von Fügepositionen. Das Verfahren ist für rotationssymmetrische Werkstücke und Fügeteile mit und ohne Fasen an den Fügeteilen geeignet. Pneumatische Sensoren sind z.B. an beweglichen Greiferfingern angebaut, die die Werkstückoberfläche vor den Bearbeitungswerkzeugen berühren. Die z.B. durch Versatz des Werkzeugs relativ zu einer Bohrung im Werkstück entstehende Druckdifferenz wird ausgewertet und dient dann zur Nachstellung der Fertigungsvorrichtung oder eines Roboters. Dieses Verfahren erlaubt innerhalb einer Nachstellzeit von ca. 0,1 s Zentriergenauigkeiten von ca. 10 µm.

Pneumatische Auflagekontrolle (Fa. Festo)

Staudrucksensoren lassen sich (z.B. auch im Vorrichtungsbau) zur Auflagekontrolle von eingelegten Werkstücken verwenden. Ist nun der pneumatisch gemessene Abstand kleiner als 0,05 mm, liegt dieser Wert innerhalb der Toleranzgrenze, und der Druckschalter spricht an. Das Werkstück wird gespannt und kann bearbeitet werden.

Pneumatische Anschlagerfassung

Der pneumatische Anschlagsensor dient als Binärsensor in einer Maschinenstruktur und erfüllt die Aufgaben eines Endlagentasters. Ein Maschinenbauelement, z.B. eine Stellschraube, läuft auf den Anschlag, der als Staudrucksensor ausgebildet ist. Durch diesen Vorgang wird die Düse des Staudrucksensors geschlossen. Die pneumatische Druckänderung wird nun als Schaltsignal verwendet. Vorteilhaft ist hier, dass die Sensorik mit geringstem Aufwand in eine Maschine integriert werden kann.

Pneumatische Bohrungsmessung, Gewindeprüfung und Verschmutzungskontrolle

Die Erfassung besonderer konstruktiver Merkmale in Maschinenstrukturen oder Werkstücken erfordert problemangepasste spezielle Sensoren. Ein pneumatischer Sensor wird z.B. in eine Gewindebohrung eingeführt, um festzustellen, ob das Gewinde auch tatsächlich existiert oder gefertigt wurde. Bei der Bewegung des Sensors durch Ein- und Ausfahren in das Gewinde schwankt das Messsignal im Rhythmus der Gewindegänge. Das Drucksignal wird dann mit einer geeigneten Sensorelektronik in ein elektrisches Signal gewandelt.

Alternativ kann bei größeren Gewindebohrungen die Prüfung auch mit einem optischen Sensor, z.B. einem Lichtreflextaster mit dünnem abgewinkeltem Lichtwellenleiter, erfolgen.

Pneumatische Signaltechnik kontra elektronische Signaltechnik

Die rein pneumatische Signaltechnik verlor mit der Einführung der Mikroelektronik stark an Bedeutung gegenüber der elektronischen Signaltechnik und wird nur noch in Sonderfällen, z.B. in explosionsgeschützten Produktionsanlagen oder bei starken elektromagnetischen Störsignalen (EMV), eingesetzt.

16 Kerntechnische Strahlungssensoren (kernphysikalische Sensoren)

Kerntechnische Strahlungssensoren (kurz Strahlungssensoren oder Strahlungsdetektoren) sind wichtige Messmittel für die Identifizierung, Zählung von Strahlungsteilchen und der Messung ihrer Strahlungsenergie. Sie sind – im sensortechnischen Sinne Sensoren, in denen die kernphysikalische Strahlungsenergie in elektrische Energie umgewandelt und mit elektronischen Mitteln weiterverarbeitet werden kann.

Da alle Strahlungssensoren eine exakt definierte wirksame Messfläche haben und die Strahlungsenergie über eine bestimmte Zeit gemessen wird, ist auch die Messung der Energieflussdichte (Energie pro Zeit und Fläche) möglich. Ist zudem auch das Messvolumen des Sensors bekannt, kann mit Hilfe einer Zeitintegration prinzipiell auch die Dosis gemessen werden. In der Inustriesensorik wird die Radioaktivität (kurz Aktivität), d.h. die physikalische Eigenschaft instabiler Atome und deren Isotope bei Kernzerfall oder Kernreaktionen eine radioaktive Strahlung auszusenden, für Strahlenschutzmaßnahmen im technischen Einsatz zur Dicken-, Konzentrations-, Verschleiß- und Durchflussmessung genutzt.

Kernphysikalische Grundlagen

Antoine Henri Becquerel entdeckte 1896, dass eine von Uranerzen ausgehende Strahlung Fotoplatten schwärzt. Pierre und Marie Curie gelang es 1898, aus uranhaltigen Mineralien die stark strahlenden Elemente Polonium und Radium zu isolieren. Die drei Forscher erhielten für ihre Arbeiten über die Radioaktivität (lat. *radius* = Strahl) 1903 den Nobelpreis für Physik. Ernest Rutherford und Frederik Soddy erklärten 1902, dass das Auftreten radioaktiver Strahlung immer mit einer Kernumwandlung verbunden ist, so dass sich ein Stoff in einen anderen Stoff umwandelt. Experimentelle Untersuchungen der Strahlungseigenschaften beim Durchfliegen von Magnetfeldern ergab, dass man aufgrund der Ablenkung im Magnetfeld 2 Arten von Strahlungen hat, die als Alpha- und Betastrahlung (α- und β-Strahlung) benannt wurde. Paul und Villard erkannten um 1900 eine 3. Strahlungsart mit sehr hoher Energie, die sich in magnetischen und elektrischen Feldern nicht ablenken ließ, also elektrisch neutral war. Sie wurde γ-Strahlung genannt. 1905 wurde von Egon von Schweidler der statistische Charakter des radioaktiven Zerfalls erkannt. Für seine Forschungsarbeiten zur Radioaktivität erhielt Rutherford 1908 den Nobelpreis für Chemie. Er erkannte, dass radioaktive Strahlung keine einheitliche physikalische Natur besitzt, sondern in 3 Formen vorkommt. Er nannte die 3 Formen des Zerfalls:, α-, β- und γ-Strahlung. Bild 16.1 zeigt das Prinzip eines stark vereinfachten Ablenkungsversuchs mit den 3 verschiedenen Strahlungsarten in einem elektrostatischen Feld beim Radiumzerfall. Die α-Strahlung (α-Teilchen) wird von der elektrisch negativen Elektrode angezogen. Die β-Strahlung (β-Teilchen) wird von der elektrisch positiven Elektrode angezogen. Die γ-Strahlen (γ-Teilchen) werden vom elektrostatischen Feld nicht abgelenkt. Daraus ergibt sich die nachfolgende Systematik.

Systematik der Strahlungsarten und ihre physikalische Natur

- ❑ α-Strahlen: doppelpositiv geladene Heliumkerne ($^4_2$He-Strahlen)
- ❑ β-Strahlen: energiereiche, negativ geladene Elektronenstrahlen
- ❑ γ-Strahlen: sehr harte, elektrisch neutrale «Röntgenstrahlung» (Photonen)

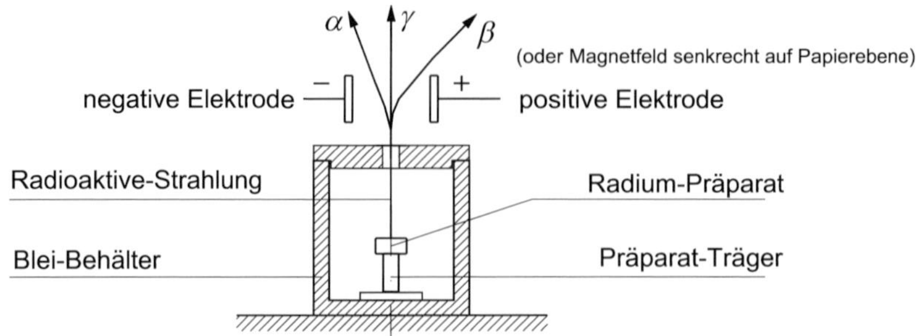

Bild 16.1 Prinzip eines vereinfachten Ablenkungsversuches mit den 3 verschiedenen Strahlungsarten in einem elektrostatischen Feld bei Radiumzerfall

Hinweis

γ-Strahlung entsteht im Atomkern und Röntgenstrahlung in der Atomhülle.

Gesetz des radioaktiven Zerfalls

Für die Zahl N der zu einem Zeitpunkt t noch nicht zerfallenen Atome gilt das Zerfallsgesetz:

$$N(t) = N_0 \cdot \exp(-\lambda \cdot t) \qquad \text{(Gl. 16.1)}$$

N_0 Zahl der zur Zeit $t = 0$ (d.h. am Anfang) unzerfallenen Atome
λ sog. Zerfallskonstante

Gl. 16.1 zeigt, dass die Anzahl der in einer radioaktiven Substanz vorhandenen Atomkerne nach einem Exponentialgesetz abnimmt. Die Zerfallskonstante gibt an, welcher Anteil von einer beliebigen Menge N_0 radioaktiver Kerne in einer bestimmten Zeiteinheit zerfällt. Eine hieraus abgeleitete wichtige Kenngröße ist die sog. Halbwertszeit. In der Praxis wird, anstatt der Zerfallskonstante λ, meist die sog. Halbwertszeit $T_{1/2}$ verwendet.

Halbwertszeit $T_{1/2}$

Sie ist die Zeit, in der die Hälfte aller Atomkerne einer radioaktiven Substanz zerfallen ist.

$$T_{1/2} = 0{,}693 / \lambda \qquad \text{(Gl. 16.2)}$$

Diese Gl. kann aus Gl. 6.1 abgeleitet werden, wie in Vertiefung 16.1 ausgeführt wird.

Anstatt der Halbwertszeit $T_{1/2}$ kann als Kenngröße auch die Lebensdauer τ verwendet werden.

$$\tau = 1/\lambda \qquad \text{(Gl. 16.3)}$$

Vertiefung 16.1

Die Herleitung von Gl. 16.1 und Gl. 16.2 steht im Onlineservice InfoClick zur Verfügung. Für das weitere Verständnis des Themas im eigentlichen Sinn kann grundsätzlich ohne diese Herleitung weitergearbeitet werden. Die Nummerierung im Buch überspringt deshalb die auf InfoClick behandelten Gleichungen (Gl. 16.4 und Gl. 16.5) und fährt folgerichtig mit Gl. 16.6 fort.

Systematik der Kenngrößen und Maßeinheiten

Strahlenaktivität oder kurz Aktivität A

Die Aktivität A ist eine Kenngröße, die beschreibt, wie viele Kerne N pro Zeiteinheit zerfallen:

$$A = \lambda \cdot N \qquad \text{(Gl. 16.6)}$$

λ Proportionalitätskonstante = Zerfallskonstante.

SI-Einheit der Aktivität: 1 Bq (Becquerel) = 1 Kernumwandlung (Ereignis) / Sekunde = 1/s. Die Einheit Bq ersetzt die alte Einheit 1 Ci (Curie) = 3,7 · 10^{10} Bq (Becquerel).

Anschaulich gilt: 1 g Radium = ca. 1 Ci.

Die Aktivität fällt analog zum Zerfallsgesetz ebenfalls exponentiell mit der Zeit ab:

$$A(t) = \lambda \cdot N(t) = \lambda \cdot N_0 \cdot \exp(-\lambda \cdot t) = A_0 \cdot \exp(-\lambda \cdot t) \qquad \text{(Gl. 16.7)}$$

A_0 Anfangsaktivität zum Zeitpunkt $t = 0$

Spezifische Aktivität

Sie ist die Aktivität, bezogen auf die sog. Masseneinheit:

$$A_{\text{spez}} = A/m \qquad \text{(Gl. 16.8)}$$

m Masse des strahlenden Stoffs

Die SI-Einheit ist 1 Bq/g (Gramm).

Strahlendosis

Energiedosis (kurz Dosis) D_E: Bei der Wechselwirkung von Strahlung mit Materie wird auf diese Energie übertragen. Die Wechselwirkung ist die absorbierte Energie, bezogen auf die durchstrahlte Materie. Damit gilt:

$$D_E = E/m \qquad \text{(Gl. 16.9a)}$$

E absorbierte Strahlungsenergie
m Masse der durchstrahlten Materie

Die Energieaufnahme von 1 J/kg der durchstrahlten Materie entspricht einer absorbierten Energiedosis der Materie von 1 Gy (Gray). Damit gilt für die SI-Einheit:1 Gy = 1 J(Joule)/kg. Die Einheit Gy ersetzt die alte Einheit 1 rad = 10^{-2} Gy.

1 rad ist die Dosis bei der in der Masse von 1 g des durchstrahlten Stoffs eine Energie von 10^5 J absorbiert wird.

Dosisleistung (oder Dosisrate): Die pro Zeiteinheit übertragene Energiedosis wird Dosisleistung genannt. Einheit: Gy/s.

$$\dot{D}_E = \Delta D_E/\Delta t \qquad \text{(Gl. 16.9b)}$$

Ionendosis D_I: Da in der Praxis die Messung der Energiedosis oft schwierig ist, verwendet man die Ionendosis und rechnet sie in Energiedosis um. In der Sensormesstechnik kann die Ionendosis auch vorteilhaft eingesetzt werden:

$$D_I = Q/m \qquad \text{(Gl. 16.10)}$$

Q erzeugte Ladung
m Masse der durchstrahlten Materie

Für die SI-Einheit gilt:
1 As/kg = 1 C/kg, sie ersetzt die alte Einheit R (Röntgen); 1 R = 2,85 · 10^{-4} C/kg.
1 R (Röntgen) liegt vor, wenn die γ-Strahlung in 1 g Luft 1,62 ·10^{12} Ionenpaare erzeugt.

Reichweite und Abschirmung der radioaktiven Strahlung

Außer den natürlichen Stoffen senden auch Hunderte von künstlich hergestellten Kernarten, die teilweise auch messtechnisch genutzt werden, radioaktive Strahlung aus. In Bild 16.2 werden graphisch anschaulich die Reichweite in Luft und mögliche Materialien zur strahlentechnischen Abschirmung bzw. Schwächung aufgeführt. Die unterschiedlichen Reichweiten der Strahlung in Luft und unterschiedliche Durchdringung verschiedener Materialien sind bedingt durch die unterschiedlichen Wechselwirkungen mit Luft (z.B. Ionisierung) und verschiedenen Materialdichten.

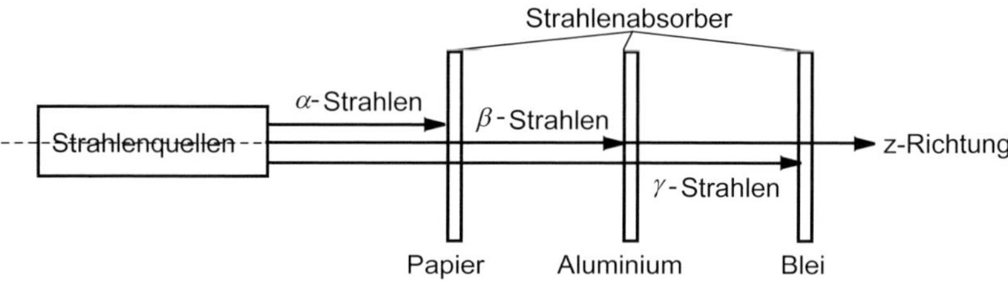

Bild 16.2 Reichweite ionisierender Strahlung in der Luft und mögliche Materialien zu ihrer Abschirmung bzw. Schwächung

Reichweitegesetz der α-Strahlung in Luft

Die beim Zerfall (Umwandlung) des Kerns ausgestoßenen α-Teilchen verlassen diese mit einer Geschwindigkeit von ca. 10 000 km/s. Bei ihrem Weg durch die Luft stoßen sie mit den Luftmolekülen zusammen und erzeugen je cm Bahnlänge 20 000...40 000 Ionen. Zur Bildung eines Ionenpaares werden ca. 34 eV benötigt. Die mittlere Reichweite R_α in Luft lässt sich nach folgender Faustformel für die Energiereichweite bei 15 °C und 1 bar berechnen:

$$R_\alpha = 0{,}323 \cdot E_0^{3/2} \qquad \text{(Gl. 16.11)}$$

mit R_α in cm, wenn die Anfangsenergie E_0 in MeV eingesetzt wird und $E_0 > 2{,}5$ MeV ist.

Hinweis

1 eV (Elektronenvolt) ist die Energie, die ein Elektron hat, wenn es eine elektrische Potentialdifferenz von 1 V durchlaufen hat.

Nach allgemein üblichen Werten hat die α-Strahlung von Radium die Energie von ca. 5 MeV und eine Reichweite in Luft von ca. 4 cm, so dass schon eine Abschirmung mit einem Papierblatt möglich ist. Für andere Stoffe richtet sich die Reichweite R nach seiner Atommasse und Dichte. α-Teilchen von 3 MeV dringen in Aluminium z.B. nur 10 µm ein.

Reichweitegesetz der β-Strahlung in Luft

Die aus Elektronen bestehenden β-Strahlen erzeugen aufgrund ihrer kleinen Masse in Luft nur 50...100 Ionen je cm Bahnlänge. Die Energieverluste der β-Strahlen sind nur zum Teil auf Ionisation zurückzuführen. Die Wechselwirkung mit Materie hat 3 Ursachen:

1. Ionisation der Atome des durchstrahlten Stoffes («Ionisationsbremse»),
2. Abbremsung beim Durchfliegen eines elektrischen Feldes in der Atomhülle,
3. Streuung durch das elektrische Potential in der Atomhülle.

Für die materialunabhängige max. Reichweite gelten folgende Faustformeln:

$$E_{max} < 0{,}8 \text{ MeV}: R_{\beta,max} = 0{,}407 \cdot E_{max}^{1,38} \qquad \text{(Gl. 16.12)}$$

E_{max} in MeV führt zu $R_{\beta,max}$ in g/cm^3

$$E_{max} > 0{,}8 \text{ MeV}: R_{\beta,max} = 0{,}542 \cdot E_{max}^{1,38} - 0{,}133 \qquad \text{(Gl. 16.13)}$$

Hinweis

Die Energie der β-Strahlung beträgt 1 MeV, die Reichweite in Luft 3 m. Eine Abschirmung ist beispielsweise mit 0,5 cm Plexiglas möglich.

Reichweitegesetz der γ-Strahlung in Luft

Nach Abgabe eines α- oder β-Teilchens sind die meisten Kerne in einem ein- oder mehrstufigen energetisch angeregten Zustand. Kehrt ein angeregter Kern in seinen energetischen Grundzustand über eine oder mehrere Anregungsstufen zurück, sendet er entsprechend der Energiedifferenz(en) quantisierte γ-Strahlung aus. Die γ-Strahlung eines angeregten Kerns setzt sich meist aus mehreren Komponenten zusammen. Gegenüber der α- und β-Strahlung besitzt die γ-Strahlung ein großes Durchdringungsvermögen. Die Intensität der γ-Strahlung nimmt in der Luft (analog zu den Photonen des Lichtes) mit dem Quadrat der Entfernung von der Strahlenquelle ab:

$$\frac{I_1}{I_2} = \frac{r_2^2}{r_1^1} \Rightarrow I_2 = \frac{r_1^2}{r_2^2} \cdot I_1 \qquad \text{(Gl. 16.14)}$$

I_1 und I_2 Strahlungsintensitäten in den Abständen r_1 und r_2

Hinweis

γ-Strahlung hat üblicherweise die Energie 1 MeV (in Luft s. Gl. 16.14). Eine Abschirmung ist nur durch eine Vorrichtung mit der Dicke von mindestens 10 cm Blei möglich.

Wechselwirkung von γ-Strahlen mit Materie

Bei der Wechselwirkung von γ-Strahlen mit Materie werden 3 Effekte unterschieden:

1. Photoeffekt

Dies ist ein Absorptionseffekt im γ-Energienbereich von <1 MeV. Die γ-Quanten stoßen aus der Atomhülle Elektronen, wobei ihre Energie aufgebraucht (absorbiert) wird. Die befreiten (emittierten) Elektronen heißen Photoelektronen. (s. Abschnitt 12.2).

2. COMPTON-Effekt

Dieser Streueffekt liegt im γ-Energiebereich von 0,2...8 MeV. Die γ-Quanten stoßen mit den Elektronen der Atomhüllen zusammen und übertragen auf sie einen Teil ihrer kinetischen Energie, wobei die Elektronen aus den Atomhüllen herausgelöst werden. Die γ-Quanten werden dabei mit verminderter Frequenz aus ihrer Einfallrichtung abgelenkt, d.h. gestreut. Die bei diesem Ereignis freigesetzten Elektronen heißen COMPTON-Elektronen.

3. Paarbildung

Diese Materieerzeugung aus Energie liegt im γ-Energiebereich >1 MeV (doppelte Elektronenruhemasse). Die γ-Strahlung wandelt sich beim Durchdringen eines Kernfeldes mit einer kinetischen Energie >5 MeV in Elektronen-Positronen-Paare um.

Messtechnischer Nachweis und biologische Wirkung

Da bei den drei Wechselwirkungen Elektronen mit verschiedenen kinetischen Energien entstehen und frei werden, bewirken diese beim Durchqueren von Stoffen Ionisierungen. Dieser physikalische Effekt ist die Grundlage für viele technische Sensoren und ermöglicht Messgeräte zum Nachweis sowie die Intensitätsmessung von γ-Strahlen. Der Effekt ist auch der ursächliche physikalische Grund für die biologische Wirkung der γ-Strahlung (Biophysik, Nuklearmedizin).

Absorptionsgesetz für β- und γ-Strahlen

Für die Strahlungsintensität (kurz Intensität) I nach dem Durchlaufen der Schichtdicke x eines Stoffes bei einer Anfangsintensität I_0 gilt das Absorptionsgesetz:

$$I(x) = I_0 \cdot \exp(-\mu \cdot x) \qquad \text{(Gl. 16.15)}$$

wobei jetzt I_0 und I die Anzahl gemessener β-Teilchen bzw. γ-Quanten vor bzw. nach dem Durchfliegen der Schichtdicke x eines Stoffes beschreiben und μ den linearen Absorptionskoeffizienten mit der Maßeinheit 1/cm festlegt.

Vertiefung 16.2

Die Herleitung von Gl. 16.15 steht im Onlineservice InfoClick zur Verfügung. Für das weitere Verständnis des Themas im eigentlichen Sinn kann grundsätzlich ohne diese Herleitung weitergearbeitet werden. Die Nummerierung im Buch überspringt deshalb die auf InfoClick behandelte Gl. 16.16 und fährt folgerichtig mit Gl. 16.17 fort.

Halbwertdicke

Eine wichtige Kenngröße ist die sog. Halbwertdicke, leicht herzuleiten aus Gl. 16.15. Die Halbwertdicke $d_{1/2}$ ist die Dicke eines Absorbers, bei dem die Strahlungsintensität auf die Hälfte des ursprünglichen Wertes gefallen ist.

Die Gl. lässt sich entwickeln, wenn man in Gl. 16.15 die Beziehung $I = I_0/2$ einsetzt:

$$\frac{I_0}{2} = I_0 \cdot \exp(-\mu \cdot d_{1/2}) \Rightarrow \ln(0{,}5) = -\mu \cdot d_{1/2} \Rightarrow d_{1/2} = -\frac{0{,}693}{\mu} \qquad \text{(Gl. 16.17)}$$

μ linearer Absorptionskoeffizient des Absorbers

Anwendung des Absorptionsgesetzes für β-Strahlen

Trotz des komplexen Zusammenwirkens der die β-Strahlung schwächende Effekte lässt sich in vielen praktischen Anwendungen Gl. 16.15 mit guter Näherung anwenden. Zu diesem Zweck wird ein Koeffizient eingeführt, der nur von der Energie der β-Teilchen abhängt, ein vom Material unabhängiger Massenschwächungskoeffizient μ':

$$\mu' = \mu/\varrho \qquad \text{(Gl. 16.18)}$$

μ linearer Absorptionskoeffizient
ϱ spezifische Dichte

Die Maßeinheit ist cm^2/g. Gl. 16.18 ist wieder als empirische Gleichung (Faustformel) darstellbar. Für $E_{max} > 0{,}5$ MeV gilt:

$$\mu' = 22/E_{max}^{4/3} \qquad \text{(Gl. 16.19)}$$

Man erhält μ' in cm^2/g, wenn E_{max} in MeV eingesetzt wird.

Anwendung des Absorptionsgesetzes für γ-Strahlen

Für den linearen Schwächungskoeffizienten μ der γ-Strahlung gilt durch die 3 beteiligten Effekte:

$$\mu = \tau + \sigma + \kappa \qquad \text{(Gl. 16.20)}$$

τ photoelektrischer Absorptionskoeffizient
σ COMPTON-Streukoeffizient
κ Koeffizient der Paarbildung

Die Koeffizienten sind aber stark abhängig vom Material und der Energie E_γ der Strahlung. Für die γ-Strahlung gilt das Absorptionsgesetz Gl. 16.15 exakt, jedoch nur für den Fall eines sehr dünnen Strahls. Um ausreichend gute Ergebnisse auch für einen breiteren Strahl zu erreichen, wird ein Aufbaufaktor B eingeführt, mit dem die Intensität noch multipliziert wird.

16.1 Sicherheitstechnik

Die Sicherheitstechnik beschreibt die Gefahren im Umgang mit radioaktiven Substanzen und die zur Kennzeichnung notwendigen kernphysikalischen Größen (Strahlendosen).

Äquivalentdosis *H*

Diese Kenngröße beschreibt die biologische Wirkung der radioaktiven Strahlung. Die Äquivalentdosis berücksichtigt neben der Energieabgabe an den Körper auch noch die unterschiedliche Wirkung verschiedener Strahlenarten auf das Zellgewebe eines lebenden Organismus, indem die Energiedosis mit einem sog. Bewertungsfaktor q multipliziert wird.

$$H = q \cdot D_E \qquad \text{(Gl. 16.21)}$$

Tabelle 16.1 zeigt Beispiele für einige Bewertungsfaktoren q, die sog. q-Werte. Obwohl die Äquivalentdosis nach der obigen Gleichung dieselbe Einheit hat wie die Energiedosis, wird zur Unterscheidung als SI-Einheit 1 Sv (Sievert) = 1 Gy · q verwendet; sie ersetzt die Einheit rem (*roentgen equivalent man*). 1 rem = 10^{-2} Sv.

Tabelle 16.1 Beispiele für einige Bewertungsfaktoren, die sog. q-Werte

Beispiele für einige Bewertungsfaktoren (q-Werte)

Strahlenarten		Bewertungsfaktoren q
Photonen, alle Energien		1
Elektronen, alle Energien		1
	<10 keV	5
	10...100 keV	10
Neutronen	100 keV...2 MeV	20
	2...20 MeV	10
	>20 MeV	5
Protonen		5
α-Teilchen, schwere Kerne		20

Effektive Äquivalentdosis

Nach den Bestimmungen der Strahlschutzverordnung ist eine effektive Dosis zu berechnen, die sich aus den summierten Äquivalentdosen für jedes Organ zusammensetzt, wobei die Organdosen noch jeweils mit einem Gewebebewichtungsfaktor w zu multiplizieren sind:

$$H = w \cdot D_{\mathrm{E}} \qquad \text{(Gl. 16.22)}$$

Tabelle 16.2 zeigt Beispiele für Gewebebewichtungsfaktoren, die sog. w-Werte. Die Organe mit der schnelleren Zellbildung sind besonders gefährdet. Die effektive Dosis der natürlichen Strahlenbelastung beträgt für Menschen ca. 0,4 rem pro Jahr.

Tabelle 16.2 Beispiele für Gewebebewichtungsfaktoren, die sog. w-Werte

Beispiele für Gewebebewichtungsfaktoren (w-Werte)

Organe	***w*-Werte**	**Organe**	***w*-Werte**
Keimdrüsen	0,20	Brust	0,05
rotes Knochenmark	0,12	Leber	0,05
Dickdarm	0,12	Speiseröhre	0,05
Lunge	0,12	Schilddrüse	0,05
Magen	0,12	Haut	0,01
Blase	0,05	Knochenoberfläche	0,01
andere Organe und Gewebe	0,05		

16.2 Kernstrahlungsdetektoren (Kernstrahlungssensoren) in der Technik

Alle 3 radioaktive Zerfallsarten wirken ionisierend auf Materie, d.h., sie trennen Elektronen aus Atomen und Molekülen und erzeugen so Ionen und Molekülradikale. Die ionisierende Eigenschaft der ionisierenden Strahlung bildet die physikalische Grundlage (Sensoreffekt) zur technischen Realisierung von Strahlungssensoren, manchmal auch Teilchensensoren genannt.

Allen Sensoren ist gemeinsam, dass die zu messende ionisierende Strahlung im empfindlichen Sensormessvolumen eine direkte oder indirekte Ionisation erzeugt, die mit verschiedenen Messverfahren elektrisch ausgewertet werden kann.

Systematik gebräuchlicher industrieller, energiesensitiver Sensoren

- Ionisationskammern (oder Proportionalkammer)
  Stromionisationskammer
  Impulsionisationskammer
- Zählrohre mit Füllgas
  Proportionalzählrohr
  GEIGER-MÜLLER-Zählrohr (Auslösezähler)
- Festkörperzähler
  Halbleiterzähler (oder Halbleiterdetektor)
  – Volumengrenzschicht p-n-Halbleiterzähler
  – Oberflächengrenzschicht p-n-Halbleiterzähler
  – Oberflächengrenzschicht p-i-n-Halbleiterzähler
- Szintillationszähler

16.2.1 Ionisationskammern

Der einfachste und älteste kernphysikalische Strahlensensor ist die Ionisationskammer. Mechanisch gibt es im Wesentlichen nur 2 konstruktive Ausführungsformen: Kammer- und Rohrgeometrie. Elektrisch gibt es nur 2 Betriebsarten: Impuls- und Strombetrieb.

Es gibt im mechanischen Prinzipaufbau einer Ionisationskammer für den Impuls- und Strombetrieb wenige wesentliche Unterschiede. Bei den verwendeten Konstruktionsmaterialien gibt es Unterschiede in einigen geometrischen Abmessungen, in der Kammerelektrik und bei der elektronischen Signalverarbeitung.

16.2.1.1 Ionisationskammer mit Strombetrieb (Stromionisationskammer)

Grundlagen und technischer Aufbau

Das konstruktive Problem liegt in der Verwendung eines notwendig hohen elektrischen Feldes, das besonders an die elektrische Isolation sehr hohe Ansprüche stellt. Für die Auswahl der Konstruktionswerkstoffe sind Oberflächeneffekte wie elektrische Oberflächenleitfähigkeit der mechanischen Bauteile, besonders bei Feuchteeinfluss, Langzeitverhalten der elektrischen Isolatoren im elektrischen Feld bei Feuchte und Druck, Qualität des Füllgases (sehr trocken) entscheidend. Als Baumaterialien kommen Quarz, Bleiglas und spezielle Kunststoffe in Betracht.

Bild 16.3 zeigt den elektromechanischen Prinzipaufbau einer Ionisationskammer für den Strombetrieb. Die Forderung nach extrem guten dielektrischen Eigenschaften macht in Strom messenden Ionisationskammern den Einbau eines Schutzelektrodenrings notwendig, um einen Leckstrom über R_s vom Ionisationskammerstrom zu trennen. Damit wird eine mögliche Verfälschung des Messergebnisses verhindert, so z.B. durch die Entstehung eines Leckstroms entlang der isolierten Oberfläche. Bei der integralen Arbeitsweise steigt bei einer konstanten Strahlung durch die Kammer die Höhe der Ladungsimpulse bzw. der Impulsströme mit der angelegten elektrischen Feldstärke steil an und bleibt dann über weite Bereiche konstant.

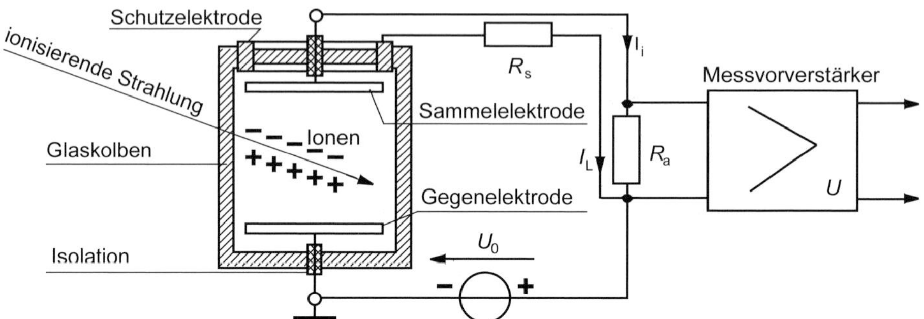

Bild 16.3 Elektromechanischer Prinzipaufbau einer Ionisationskammer im Strombetrieb

Bei sehr schnellen Ionisationskammern mit der Sammlung von Elektronen ist i.d.R. das Plateau (Bild 16.4) nur schwach ausgeprägt, da die Elektronenlaufzeit von der freien Weglänge, der Feldstärke, dem Füllgasdruck und der thermischen Eigenbewegung des Gases der Umgebung abhängt. Da es sich hier um elektrische Feldeffekte handelt, sollte auf jeden Fall ein homogenes elektrisches Feld, wie es alle Parallel-Platten-Geometrien bieten, dem sehr stark divergierenden elektrischen Feld, wie es bei einer koaxialen Rohrgeometrie vorkommt, vorgezogen werden. Gl. 16.23 und Gl. 16.24 gelten auch für den Kammerstrombetrieb.

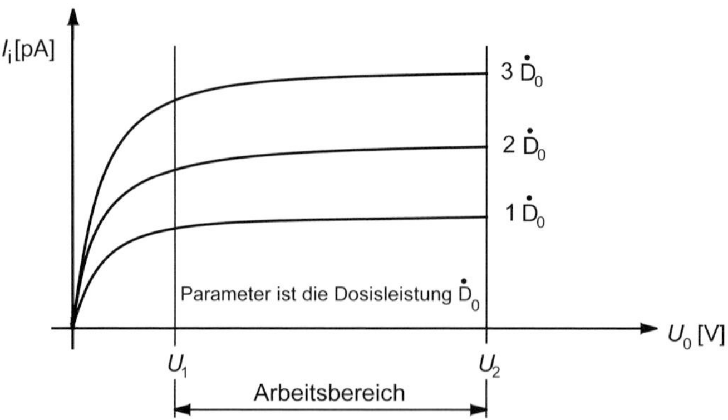

Bild 16.4 Der Einfluss der Betriebsspannung U_0 auf den Ionisationsstrom I_i ist im Bereich $U_1 < U_0 < U_2$ klein. Der Ionisationsstrom hängt dort fast nur noch von den in der Kammer erzeugten Ladungen ab und ist ein Maß für die Dosisleistung.

Anwendungen

- ❑ Dosimeter für die Messungen von γ-Strahlen mit integrierend messender Ionisationskammer

- Mobile Strahlungsmonitoren für kontinuierliche Messungen von radioaktiven Strahlungen mit einer integrierenden Ionisationskammer mit nachgeschaltetem Gleichspannungsverstärker und Anzeigeinstrument
- Strommessende Ionisationskammer für die Neutronenflussmessung in Kernreaktoren. Die Kammern sind die Elementarsensoren der Reaktorregelungs- und Sicherheitssysteme
- Ideale strommessende Ionisationskammer
  Ihr liegt folgende interessante Idee zugrunde: Wenn es technisch möglich wäre, eine Ionisationskammer zu realisieren, bei der die Kammerwand und das Füllgas die gleiche atomare Zusammensetzung hätten und die Kammerwand dicker als die maximale Reichweite von bei der Ionisation erzeugten Protonen wäre, ist die Ionisationsdichte im Gas dieselbe, die man in einem unendlich ausgedehnten Gasraum erhalten würde. Das ist aber die Bedingung, wie oben schon beschrieben, für die sichere Messung der Primärstrahlung, da bei geeignetem Gasdruck keine Gasverstärkung auftritt, die eine Strommessung unmöglich machen würde. Der elektrische Einfluss der Betriebsspannung U_0 auf den Ionisationsstrom I_i ist im Betriebsbereich $U_1 < U_0 < U_2$ gering, da die Ionisationskammer in diesem Bereich eine sehr kleine Kennliniensteigung (Bild 16.4) aufweist. Der Ionisationsstrom hängt in diesem Bereich nur noch von den in der Kammer erzeugten Ladungen ab und ist damit ein Maß für die Dosisleistung (s. oben). In Bild 16.4 ist dieser Zusammenhang graphisch dargestellt. Bild 16.5 zeigt den linearen Zusammenhang zwischen Ionenstrom und Dosisleistung.

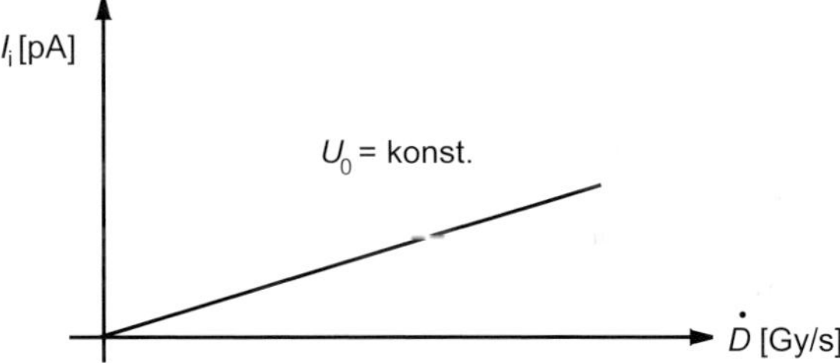

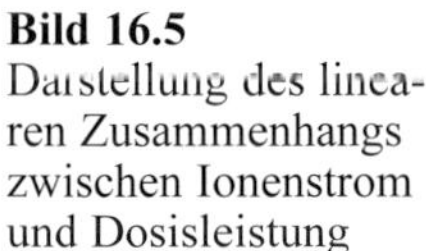

Bild 16.5
Darstellung des linearen Zusammenhangs zwischen Ionenstrom und Dosisleistung

Messelektrik und Messelektronik

Die in Ionisationskammern erzeugten elektrischen Ströme sind sehr klein (pA bis nA), daher werden an die Verstärker sehr hohe Anforderungen gestellt. Die Ionisationskammer wird über einen Arbeitswiderstand R_a (ca. $10^{11}...10^{12}$ Ω) von der Betriebsspannung U_0 mit ca. 100 V versorgt. Der Spannungsabfall am Widerstand R_a wird über einen extrem hochohmigen Messvorverstärker (Bild. 16.3) verstärkt. Das Spannungssignal am Verstärkerausgang wird dann elektronisch weiterverarbeitet und zur Anzeige gebracht. Mit hochempfindlichen und sehr leistungsarmen Stromverstärkern in Kompensationsschaltung kann der Ionisationsstrom der Kammer direkt gemessen werden. Alternativ kann auch ein Ladungsverstärker angeschlossen werden.

16.2.1.2 Ionisationskammer mit Impulsbetrieb (Impulsionisationskammer / -Detektor)

Nur stark vermindert gelten alle Forderungen für Impulsionisationskammern. Kleine Lebensdauer (ca. 109 Impulse) durch Dissoziation der molekularen Gase in Bezug auf Füllgasreinheit, Isolatorenqualität, Messkammergeometrie und Schutzelektroden sind für gut funktionierende Stromionisationskammern zwingend notwendig. Bild

16.6 zeigt den elektromechanischen Prinzipaufbau einer Impulsionisationskammer. Es gab sehr viele verschiedene Varianten, die jedoch im Laufe der Zeit durch andere Messeinrichtungen ersetzt wurden.

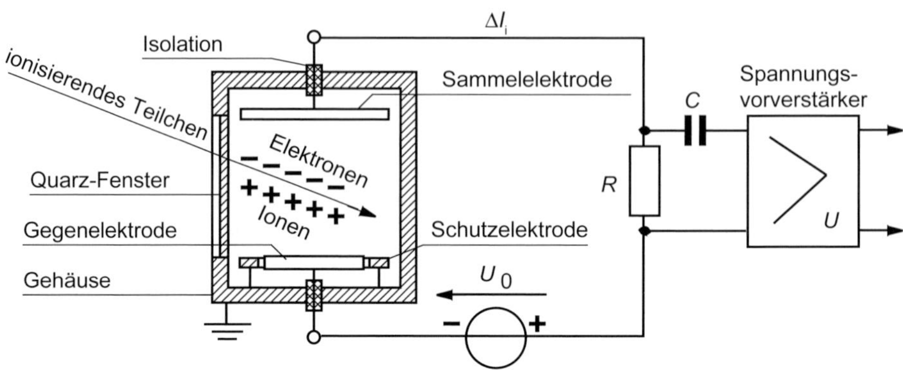

Bild 16.6 Elektromechanischer Prinzipaufbau einer Ionisationskammer mit Impulsbetrieb

Die zwei wichtigsten Bauteile der Kammer sind die Sammel- und Gegenelektrode. Sie bilden einen Plattenkondensator zur Erzeugung eines elektrischen Feldes. Zwischen den Elektroden liegt eine Arbeitsspannung U_0 von ca. 170 V. Der Anschluss der Gegenelektrode an die negative Arbeitsspannung und der direkte Anschluss der Sammelelektrode an den Spannungsvorverstärker haben den Vorteil der kleinsten Stromkapazität. Die über das Gehäuse geerdete Schutzelektrode definiert das Messvolumen. Die Kammer ist mit einem Gas unter einem geeigneten Druck gefüllt.

Der Betriebsbereich ist in Bild 16.7 dargestellt und liegt zwischen 100...240 V. Die von der einfallenden Strahlung im Füllgas erzeugten Ionen werden durch das elektrische Feld so bewegt, dass wieder ein Ionisationsstrom (ca. 10^{-10}A) entsteht, der beim Auftreffen auf die Sammelelektroden in den Zuleitungen einen messbaren elektrischen Ionenstrom I_i erzeugt.

Der durch den Ionenstrom entstehende elektrische Spannungsabfall am hochohmigen Arbeitswiderstand R (ca. 10...100 MΩ) wird mit einem Messverstärker elektronisch weiterverarbeitet.

Bild 16.7 zeigt die Strom-Spannungs-Charakteristik. Bei den kleinen Ionisationsströmen können auch sehr kleine Leckströme das Messergebnis verfälschen, d.h., die Isolation der spannungsführenden Teile muss extrem hochohmig sein.

- **Rekombinationsbereich $0 < U_0 < U_1$**
  Bei niederen Spannungen rekombinieren die Ionen und Elektronen, bevor sie die Elektroden erreichen. Der Ionenstrom ist kleiner, als die Zahl der erzeugten Ladungsträgerpaare erwarten lässt.
- **Arbeitsbereich der Kammer $U_1 < U_0 < U_2$**
  Erst bei höheren Spannungen ($U_1 > 100$ V) beteiligen sich alle Ionen am Stromtransport. Dieser Sättigungsstrom bleibt dann über einen größeren Spannungsbereich konstant ($U_2 < 240$ V). Im Arbeitsbereich hängt damit der Ionenstrom nur noch von der Strahlung ab. Das Verhältnis der Pulsamplituden mit einer Pulsbreite von nur wenigen µs, die durch α- und β-Strahlung hervorgerufen wird, ist im Bereich zwischen U_1 und U_2 konstant und hat den Wert 100 : 1 (s. Bild 16.7). Für den Ionenstrom gilt dann:

$$\Delta I_i = \Delta n_i \cdot e_0 \qquad \text{(Gl. 16.23)}$$

n_i Zahl der Ionenpaare pro Zeit
e_0 Elementarladung des Elektrons

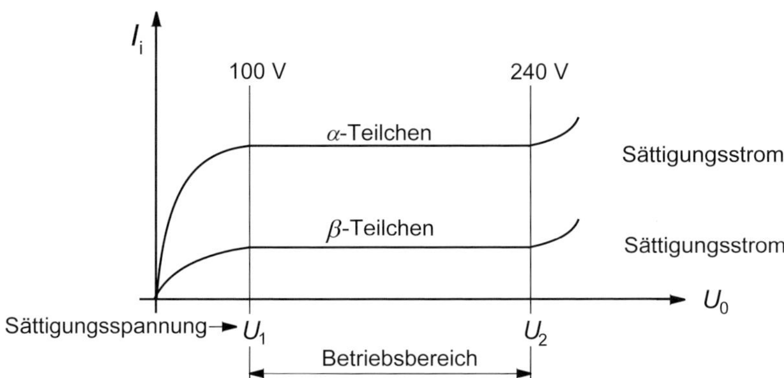

Bild 16.7 Strom-Spannungs-Charakteristik einer Ionisationskammer für α- und β-Teilchen. Im Bereich $U_1 < U_0 < U_2$ (Sättigungsbereich) hängt der Ionenstrom fast nur noch von der Strahlung ab.

Für den Spannungsabfall am Arbeitswiderstand R gilt, wenn C_K die Kammerkapazität ist:

$$\Delta \dot{U}_R = \frac{\Delta n_i \cdot e_0}{C_K} = \frac{\Delta I_i}{C_K} \qquad \text{(Gl. 16.24)}$$

Der Puls am Arbeitswiderstand R wird über den Koppelkondensator C (ca. 25 pF) der Vorstufe des Messverstärkers zugeführt. Die Pulse am Verstärkerausgang können einen elektronischen Zähler direkt ansteuern oder über einen Impulsdiskriminator gezählt werden, sobald sie die frei zu wählende Pulsamplitude überschreiten. Diese Pulse werden dann gezählt, oder es wird ihre durchschnittliche Häufigkeit mit einem elektronischen Integrator gemessen oder softwaremäßig ausgewertet.

Durch den Einsatz von Impulsdiskriminatoren, deren Ansprechschwelle frei einstellbar ist, wird es möglich, das gesamte Energiespektrum der Strahlung zu erfassen. Als Hochdruckkammer gebaut, können mit der Ionisationskammer auch γ-Strahlen gemessen werden. Das Fenster muss dann aus einer Bleiplatte bestehen, damit die α- und β-Teilchen ausgeblendet werden.

Bild 16.7 zeigt, dass bei einer Spannung ab $U_2 > 600$ V in zunehmendem Maße Stoßionisationen einsetzen. In diesem Betriebsbereich der Ionisationskammer ist der Ionenstrom größer, als die Zahl der Ionenpaare erwarten lässt. Diesen Effekt nennt man Gasverstärkung. Er wird erst in dem unten beschriebenen Proportionalzählrohr, einem anderen Detektortyp (Sensortyp), eingesetzt. Als industrielle Betriebsarten sind möglich: schneller Impulsbetrieb und vorwiegend integrierender Strombetrieb sowie Integrationsbetrieb.

Anwendungen

Messung von α-, β-, γ- und Ionenstrahlung (z.B. Synchrotronstrahlung), Strahlungslabor, Personenüberwachung (Ortsdosisleistung), Überwachung der Energiedosis nach Störfällen oder Unfällen in kerntechnischen Anlagen.

Vorteile

- Robuster mechanischer Aufbau
- hohe Langzeitstabilität
- großes Messvolumen

Nachteile

- Relativ kleine Messempfindlichkeit
- sehr hochohmiger Verstärker notwendig
- Verfälschung der Messung durch das elektronische Rauschen des Messverstärkers

16.2.2 Zählrohre

Es gibt, nach der physikalischen Arbeitsweise unterschieden, 2 Arten von Zählrohren:

- Proportionalzählrohr,
- GEIGER-MÜLLER-Zählrohr (kurz GM-Zählrohr, manchmal auch GMZ).

Unterschiede zwischen Ionisationskammern und Zählrohren
In **Ionisationskammern** werden elektrische Felder verwendet, die gerade so stark sind, dass die durch radioaktive Strahlung (Primärstrahlung) im Füllgas erzeugten Ladungsträgerpaare (primäre Ionisation) vollständig zu ihren Elektroden abtransportiert werden und so einen Ladungsimpuls erzeugen, dessen Höhe proportional zur Primärstrahlung ist.

In **Proportionalzählrohren** werden so hohe elektrische Felder verwendet, dass die durch die primäre Ionisation erzeugten Ladungsträger so stark beschleunigt werden und sie ihrerseits weitere Ladungsträger über die sekundäre Ionisation erzeugen. Dieser physikalische Effekt wird Gasverstärkung genannt und erzeugt in den Proportionalzählrohren noch weitere Ladungsimpulse (Ladungslawine), deren Höhe wieder proportional zur Primärstrahlung ist, jedoch um den Faktor 10^6 größer als bei Ionisationskammern.

Dagegen besteht beim **GEIGER-MÜLLER-Zählrohr** keine Proportionalität zwischen Impulshöhe und primärer Ionisation. Im GEIGER-MÜLLER-Zählrohr werden so hohe elektrische Feldstärken verwendet, dass die Teilchenenergie so groß wird, dass spontan der physikalische Effekt der Gasentladung (Glimmentladung) einsetzt, d.h. eine elektrische Entladungskaskade entsteht, wobei jetzt der Gasverstärkungsfaktor ca. 10^{11} beträgt.

16.2.2.1 Proportionalzählrohr

Ein Proportionalzählrohr ist ein Elementarsensor (alte Bezeichnung: Detektor) zur Messung von ionisierender elektromagnetischer Strahlung wie γ- und Röntgen-Strahlung. Bild 16.8 zeigt den elektromechanischen Prinzipaufbau eines Proportionalzählers (Bauart: Zylinderzählrohr). Im Glasrohr, mit einer innen angeordneten 0,2 mm dünnen, metallischen Zylinderelektrode (Katode) aus Kupfer Cu, Aluminium Al oder Edelstahl, ist eine Mittelelektrode (Anode), bestehend aus einem dünnen Metallstab oder -Draht, aus Wolfram oder Edelstahl eingebaut.

Zwischen den Elektroden liegt die Arbeitsspannung U_0 von $U_2 = 240 ... U_3 = 600$ V. Bei geeigneter Wahl der Radienverhältnisse der Katode zur Anode bei $U_0 = 500$ V kann die elektrische Feldstärke in Anodennähe 20 kV/cm betragen. Die Elektrodenanschlüsse enden im Stecker.

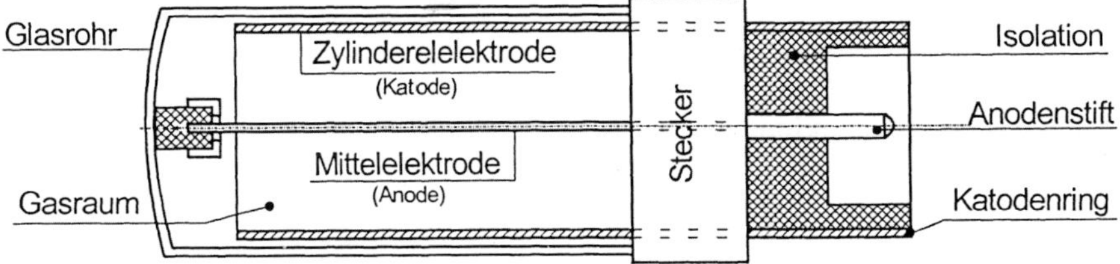

Bild 16.8 Elektromechanischer Prinzipaufbau eines Proportionalzählers (Bauart: Zylinderzählrohr)

Das Glasrohr ist mit einem sog. Füllgas, bestehend aus Luft oder einem Edelgas, gefüllt. Die das Glasrohr durchlaufende ionisierende Strahlung erzeugt durch Kollision mit den Molekülen des Füllgases Ladungsträgerpaare. Die Elektronen werden durch die elektrische positive Mittelelektrode abgesaugt und erzeugen einen negativen Spannungspuls. Aus Gründen der höheren Messempfindlichkeit werden die leichteren und damit viel schnelleren Elektronen zur Signalerzeugung verwendet, nicht aber die schweren und trägen Gasionen.

In Bild 16.9 ist die gesamte I/U-Charakteristik von Ionisationskammern und Zählrohren dargestellt, d.h. eine Darstellung der Pulsamplitude, abhängig von der Zählrohrarbeitsspannung für α- und β-Strahlung.

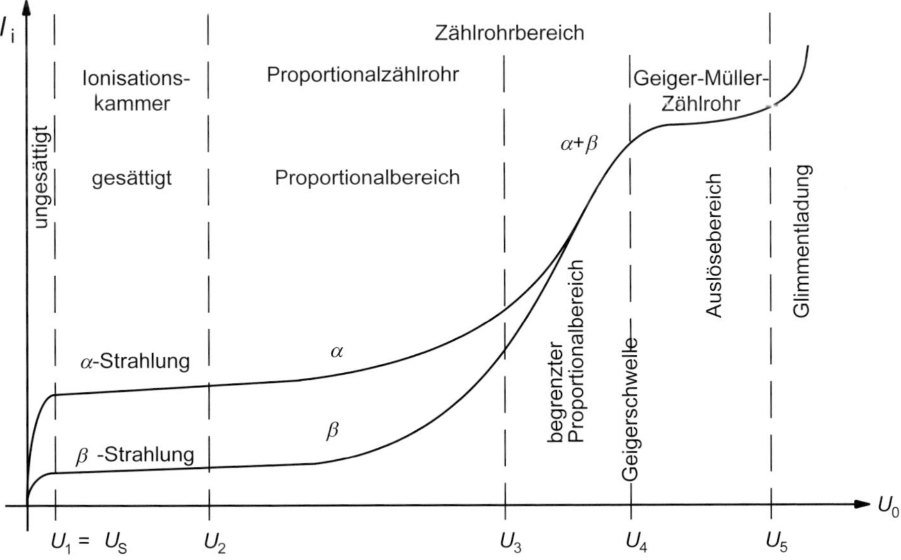

Bild 16.9 Gesamt-I/U-Charakteristik von Ionisationskammern und Zählrohren – eine Darstellung der Pulsamplitude, abhängig von der Zählrohrarbeitsspannung für α- und β-Strahlung

Proportionalbereich $U_2 < U_0 < U_3$

Die elektrische Arbeitsspannung wird so gewählt, dass die primär erzeugten Ladungsträger so viel Energie gewinnen, um ihrerseits weitere Gasatome zu ionisieren

(Stoßionisation). In der Nähe des Anodendrahtes ist die elektrische Feldstärke so hoch, dass die durch die einfallende Strahlung erzeugten primären Elektronen weitere Füllgasmoleküle durch sekundäre Stöße ionisieren.

Es entsteht eine Ladungsträgerlawine, die sog. TOWNSEND-Lawine, die eine Gasverstärkung bis zu 10^8 bewirken kann. Damit kommen genügend viele Ladungen an den Elektroden an, um direkt als Stromimpuls weiterverarbeitbar zu sein. Die Anzahl der gebildeten sekundären Ionen ist zur Zahl der primär gebildeten Ionen proportional.

Die Intensität der Stoßionisation hängt stark von der Konstruktion des Zählrohres und der Gasfüllung ab. Als Zählrohrgase (kurz Zählgase) werden bei der mittleren Gasverstärkung von ca. $10^5 ... 10^6$ meist Edelgase (wie z.B. Argon, Ar) verwendet oder für den Neutronennachweis molekulare Gase (z.B. Bortrifluorid, BF_3). Bei sehr hohen Gasverstärkungen (bis 10^8) werden Gasmischungen aus atomaren Gasen (wie z.B. Ar) und einem molekularen Gas (z.B. Methan, CH_4) verwendet.

Molekulare Gase haben die physikalische Eigenschaft, die aus den Zählrohrwänden ausgelösten, unerwünschten sekundären Elektronen energetisch zu unterdrücken, indem sie ihre Energie aufnehmen und diese in molekulare Schwingungsenergie umsetzen. Bild 16.9 zeigt, dass die Amplitude des Stromimpulses im Proportionalbereich der Gasverstärkung von der Strahlungsart und deren Energie abhängt und außerdem proportional zur Arbeitsspannung ist.

Grundsätzlich sind die im Proportionalbereich bei konstanter Arbeitsspannung erzeugten Stromimpulse zur Energie der einfallenden Strahlung proportional. Die Gasverstärkung ist im unteren Bereich der Arbeitsspannung für α-Strahlung viel kleiner als für β-Strahlung, während er sich im oberen Bereich für beide Strahlenarten immer mehr angleicht.

Es ist jedoch bei geeigneter Wahl der Arbeitsspannung und des Gasverstärkungsfaktors möglich zu unterscheiden, ob der Stromimpuls durch eine stärkere oder schwächere primäre Ionisation erzeugt wurde. Der Gesamtwertebereich des Gasverstärkungsfaktors über alle Strahlungsarten beträgt ca. $10^5 ... 10^8$ im gesamten Proportionalbereich. Das Proportionalzählrohr ermöglicht es, nebeneinander Strahlungen mit größeren und kleineren primären Ionisationen messtechnisch nachzuweisen.

Anwendung

Vorwiegend integrierend geeignet für die Messung von β-Strahlung.

Vorteile

Einfacher elektromechanischer Aufbau. Bei Zylinderelektroden aus Schwermetall (Abschirmung von α- und β-Strahlung) ist auch γ-Strahlung nachweisbar. Wegen der hohen Gasverstärkung benötigt man keine hoch messempfindliche und hoch verstärkende Geräte. Durchflusszählrohr mit Methan als Zählgas für energiearme Strahlung.

Nachteile

Kleine Lebensdauer (ca. 10^9 Impulse) durch Dissoziation der molekularen Gase.

Begrenzter Proportionalbereich $U_3 < U_0 < U_4$

Wird die Arbeitsspannung U_0 über den Wert von U_3 = 600 V gesteigert, steigt die Impulshöhe nur noch unterproportional mit der Energie, da sich die einzelnen

Ladungslawinen gegenseitig behindern. Erreicht die Arbeitsspannung den Wert U_4 = 800 V (die GEIGER-Schwelle), wird bei jeder einfallenden ionisierenden Strahlung das gesamte Gas im Impulsrohr «durchgezündet».

16.2.2.2 GEIGER-MÜLLER-Zählrohr (GM-Zählrohr)

Beim GM-Zählrohr (oder GEIGER-Zähler) besteht keine Proportionalität zwischen Impulshöhe und Ionisation. Das GM-Zählrohr registriert also nur die Zahl der ionisierenden primären Teilchen; eine Spektroskopie (d.h. eine Messung der Energieverteilung) der primären Teilchen ist nicht möglich. Manchmal wird auch der Begriff «Auslösezähler» für das GM-Zählrohr verwendet, der den physikalischen Effekt richtig beschreibt; Ein Teilchen (z.B. ein Elektron) genügt, um eine lawinenartige «Entladung» mit konstanter Impulshöhe auszulösen.

Grundlagen und technischer Aufbau

Das GM-Zählrohr wurde 1928 von den beiden Physikern HANS GEIGER und WALTHER MÜLLER zur Registrierung von ionisierender Strahlung entwickelt und nach ihnen benannt. Der allg. elektromechanische Prinzipaufbau des GM-Zählrohres ist konstruktiv verwandt mit dem eines Proportionalzählrohres.

Bild 16.10 zeigt den Bautyp eines GM-Zählrohres. Die Kammer ist mit einem Zählgas gefüllt (Argon mit 10% Alkohol bei 10 mbar Arbeitsdruck). Die Kammerlänge beträgt 100 mm und der Kammerdurchmesser 10 mm. Das Rohr besteht aus einem dünnen Metallmantel (Edelstahl) mit einer Wandstärke von 0,1...0,2 mm und einem Messfenster (Quarz), in dem axialzentrisch ein dünner Metalldraht (Wolfram oder Edelstahl) mit einem Durchmesser von 0,1...0,2 mm als Anode angeordnet ist. Die Elektrodenanschlüsse enden im Stecker.

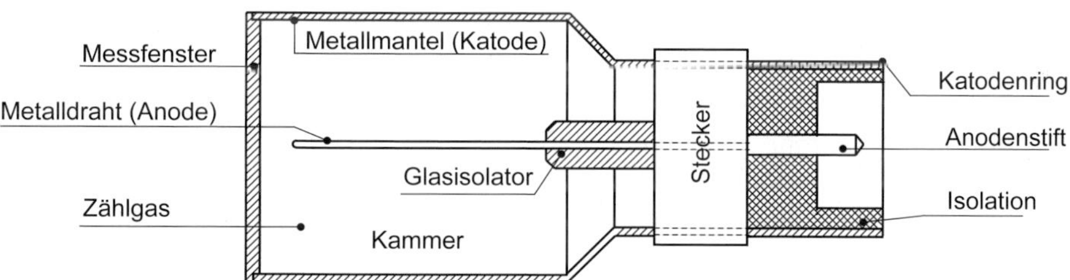

Bild 16.10 Elektromechanischer Prinzipaufbau des GM-Zählrohres

Die Arbeitsspannung (ca. 1000...1500 V) ist so gewählt, dass noch keine andauernde Glimmentladung entsteht. Dringt nur ein einziges ionisierendes Strahlenteilchen durch das Messfenster in das Zählrohr, werden die Moleküle und Atome des Zählgases ionisiert, d.h., es bilden sich Gasionen und Elektronen.

Die Elektronen werden durch das elektrische Feld zur Anode beschleunigt und stoßen dabei auf weitere Gasatome, die ebenfalls ionisiert werden (Stoßionisation). Es entsteht eine Entladungskaskade ab einer elektrischen Feldstärke $>10^6$ V/m, die wesentlich durch die Alkoholmoleküle schnell wieder erlischt (weitere physikalische Details unter «Zählerplateau» auf der nächsten Seite).

Die lawinenartig freigesetzten Elektronen werden nach ca. 10^{-8} s von der Anode aufgenommen und ermöglichen einen äußeren elektrischen Stromfluss (in Impulsform) zwischen der Anode und der Katode über einen Arbeitswiderstand (10 MΩ). Dieses äußere Stromimpulssignal erzeugt am Arbeitswiderstand ein Spannungsimpulssignal, das dann noch elektronisch verstärkt und weiterverarbeitet wird und oft zusätzlich als akustisches oder optisches Signal ausgegeben wird.

Um die Aktivität zu bestimmen, wird das Spannungssignal von einer elektronischen Zählerschaltung registriert. Das Ansprechvermögen ist für die α- und β-Strahlung 100%, für die Röntgen- und γ-Strahlung 1%.

Auslösebereich $U_4 < U_0 < U_5$

Bei Arbeitsspannungen oberhalb der sog. «GEIGER-Schwelle» U_4 (Bild 16.9), d.h. ab 800 V, ist die Impulsamplitude unabhängig von der Zahl der primären Ionen und der physikalischen Natur der Primärstrahlung. Bild 16.11 zeigt die Charakteristik eines GM-Zählrohres, d.h. Impulse/s über der Zählspannung.

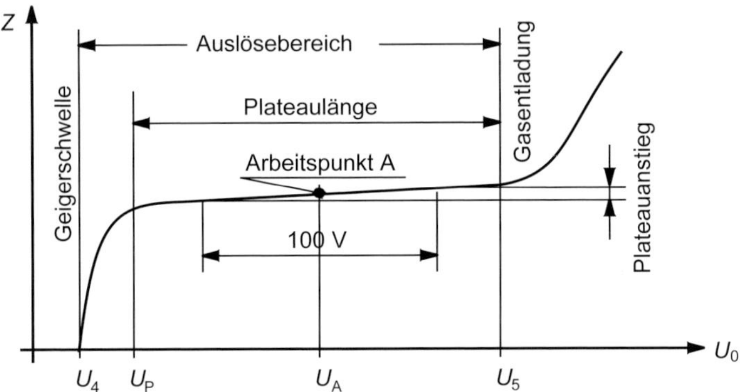

Bild 16.11 Charakteristik eines GEIGER-MÜLLER-Zählrohres, d.h. Darstellung der Impulse über der Zählspannung mit den Betriebsspannungsbereichen

Zählerplateau (U_4<) $U_P < U_0 < U_5$

Etwa 100 V oberhalb der GEIGER-Schwelle beginnt das sog. Zählerplateau, das in einem idealen Zählrohr möglichst horizontal verlaufen sollte. Es liegt im Auslösebereich (Bild 16.9), in dem man bei der einfachen Impulszählung praktisch arbeitet. Der Gasverstärkungsfaktor beträgt dort ca. $10^8 ... 10^9$. Der Plateauanstieg ist bei guten Zählrohren ca. 1... 2% pro 100 V. Mit steigender Betriebsdauer des Zählrohres erhöht sich die Plateausteigung langsam, bei ca. 10...15% ist das Zählrohr unbrauchbar. Die Arbeitsspannung U_A (Bild 16.11) ist auf die Plateaumitte (ca. 850 V) konstant eingestellt. Unmittelbar nach der Auslösung einer Gasentladung ist das Zählrohr für eine kurze Zeit (ca. 1 µs), die sog. Totzeit, nicht mehr aufnahmefähig für weitere Impulse.

Das ist physikalisch bedingt, weil die durch Ionisation gebildeten positiv geladenen Gasatome das elektrische Feld der Anode teilweise abschirmen. Erst wenn der Ionenimpuls zur Katode gewandert ist, um sich dort zu entladen, kann ein Prozess erneut ausgelöst werden. Zeitgleich müssen jedoch die sekundären Elektronen der Gasentladung von speziellen Zusätzen, den Löschgasen (z.B. Halogene), abgefangen werden. Die Totzeit hängt von der Zusammensetzung des Zählgases (mit Löschgasen), der Zählrohrkonstruktion und der Zählspannung ab.

Gasentladung $U_0 > U_5$

Nach dem Plateau, ab der Spannung U_5 = 950 V, beginnt der Bereich der permanenten Gasentladung. Dort steigt die Impulszahl infolge der einsetzenden Dauerentladungen und Nachentladungen stark an, wodurch die Lebensdauer des Zählrohres stark herabgesetzt wird.

Auswertung der Messergebnisse

Zählrate
Die Impulse, die in einer bestimmten Zeit mit einem GM-Zählrohr gemessen werden, heißen Zählrate Z. Sie ist ein Maß für die Intensität der radioaktiven Strahlung:

$$Z = \frac{N}{t} \qquad \text{(Gl. 16.25)}$$

N Zahl der Impulse
t Messzeit

Die Maßeinheit der Zählrate Z ist also Impulse/Sekunde oder kurz Imp./s oder 1/s.

Nulleffekt
Das GM-Zählrohr erzeugt auch dann ein Signal, wenn keine radioaktive Quelle in der Nähe ist. Dieser Effekt heißt Nulleffekt und wird erzeugt von der ständig anwesenden kosmischen Strahlung und von radiaktiven Atomen in den Konstruktionswerkstoffen des Zählrohres und der Umgebung. Der Nulleffekt sollte bei kleineren Zählrohren <1 Impuls/Sekunde sein.

Quantenausbeute
Ein gutes GM-Zählrohr erfasst praktisch 100% aller α- und β-Teilchen sowie die harten Quanten der kosmischen Strahlung. Der Erfassung von γ-Quanten liegt bei ca. 1%, da die Ionisation des Füllgases im Wesentlichen nur von den Sekundärelektronen, die durch den COMPTON- und den Photoeffekt aus dem Katodenmaterial ausgelöst werden, hervorgerufen wird.

Statistische Messabweichung
Der Zerfall der Atome eines strahlenden Stoffes erfolgt nach statistischen Gesetzen (s. Abschnitt 1.5.2). Die exakte Zerfallsrate ist daher nur als Mittelwert über einen längeren Zeitbereich erfassbar. Je länger die Messdauer, umso genauer ist das Ergebnis. Für die mittlere Impulsrate $\bar{N}$ gilt:

$$\bar{N} = \frac{1}{n} \cdot \sum_{k=1}^{n} N_\text{k} \qquad \text{(Gl. 16.26)}$$

n Anzahl der Messungen
N einzelne Messungen (Impulszahlen)

Für die mittlere statistische Messabweichung (Standardabweichung für die GAUß-Verteilung) gilt:

$$\Delta N = \sqrt{\frac{\sum_{k=1}^{n} (N_\text{k} - \bar{N})^2}{n-1}} \qquad \text{(Gl. 16.27)}$$

Zwischen der mittleren Impulsrate $\bar{N}$ und der mittleren absoluten Messabweichung ΔN lässt sich unter den Bedingungen des radioaktiven Zerfalls (POISSON-Verteilung) nachweisen:

$$\Delta N_{\text{min}^{-1}} \approx \sqrt{\bar{N}} \qquad \text{(Gl. 16.28)}$$

Damit erhält man für die mittlere relative Messabweichung Δn mit Gl. 16.28:

$$\Delta n_{\%} = \frac{\Delta N_{\mathrm{min}^{-1}}}{\bar{N}} \cdot 100\% \approx \frac{\sqrt{\bar{N}}}{\bar{N}} \cdot 100\% \Rightarrow \Delta n_{\%} \approx \frac{100\%}{\sqrt{\bar{N}}} \qquad \text{(Gl. 16.29)}$$

Eine weitere Kenngröße ist die statistische Sicherheit S: Bei $S = 68{,}3\%$ liegen 68,3% aller Messwerte innerhalb von $\pm 1\ \Delta N$ und bei $S = 95{,}4\%$ liegen 95,4% innerhalb $\pm 2\ \Delta N$.

Beispiel 16.1

Gegeben:
Mit einem GM-Zählrohr wurden folgende Impulszahlen gemessen:

$N_1 ... N_5 = 245, 253, 248, 236, 251$ Impulse/min

Gesucht:

a) Berechnen Sie die mittlere Impulsrate, die absolute und die relative Standardabweichung für eine statistische Sicherheit von $S = 68{,}3\%$.

b) Berechnen Sie, wie viele Impulse gemessen werden müssen, wenn die relative Messabweichung nicht größer als 3% bzw. 1,5% sein darf.

Lösung 16.1

a) Berechnung der mittleren Impulsrate:

$$\bar{N} = \frac{1}{n} \cdot \sum_{k=1}^{n} N_{\mathrm{k}} = \frac{(245 + 253 + 248 + 236 + 251)\ \mathrm{min}^{-1}}{5} = 247\ \mathrm{min}^{-1} \qquad \text{(Gl. 16.30)}$$

Berechnung der absoluten Standardabweichung für $S = 68{,}3\%$

$$\Delta N_{\mathrm{min}^{-1}} \approx \sqrt{\bar{N}} = \sqrt{247} = 16\ \mathrm{min}^{-1} \qquad \text{(Gl. 16.31)}$$

Berechnung der relativen Standardabweichung für $S = 68{,}3\%$

$$\Delta n_{\%} \approx \frac{100\ \%}{\sqrt{\bar{N}}} = \frac{100\%}{16} = 6{,}25\% \qquad \text{(Gl. 16.32)}$$

b) Berechnung der zu messenden Zählrate für eine max. relative Messabweichung von 3%.
Nach Gl. 16.29 gilt:

$$\Delta n_{\%} = 3\% \approx \frac{100\%}{\sqrt{\bar{N}}} \Rightarrow \bar{N} \approx \left(\frac{100\%}{3\%}\right)^2 \approx 1100\ \mathrm{min}^{-1} \equiv 1100\ \text{Imp./min} \qquad \text{(Gl. 16.33)}$$

c) Berechnung der zu messenden Zählrate für eine max. relative Messabweichung von 1,5%.
Nach Gl. 16.29 gilt:

$$\Delta n_{\%} = 1{,}5\% \approx \frac{100\%}{\sqrt{\bar{N}}} \Rightarrow \bar{N} \approx \left(\frac{100\%}{1{,}5\%}\right)^2 \approx 4450\ \mathrm{min}^{-1} \equiv 4450\ \text{Imp./min} \qquad \text{(Gl. 16.34)}$$

Geometriefaktor

Die von einer radioaktiven Quelle ausgehende Strahlung verläuft in alle Raumrichtungen, d.h., sie verteilt sich über einen Raumwinkel von 4π. Ein Zählrohr erfasst jedoch aufgrund seiner konstruktionsbedingten Geometrie nur einen kleinen Teil des Raumwinkels. Dieser Sachverhalt wird mit Hilfe des Geometriefaktors η berücksichtigt. Es gilt folgende Definition:

$$\eta = \frac{\text{wirksamer Raumwinkel}}{\text{gesamter Raumwinkel}} \qquad \text{(Gl. 16.35)}$$

Die Berechnung berücksichtigt die Geometrie der Quelle und der Sensormessfläche.

Sensorelektronik

Das GM-Zählrohr liefert beim Aufnehmen einer ionisierenden Strahlung an seinen Klemmen einen elektrischen Impuls. Bild 16.12 zeigt das vereinfachte Blockschaltbild der Messkette. Das GM-Zählrohr wird über einen Widerstand R (ca. 10 MΩ) von der Betriebsspannung U_0 mit ca. 850 V versorgt. Weiter hat der Vorwiderstand R_v den Wert 1 MΩ. Der elektrische Spannungsimpuls am Widerstand R wird über den Kondensator C auf den hochohmigen Impulsverstärker geschaltet und dann elektronisch verstärkt.

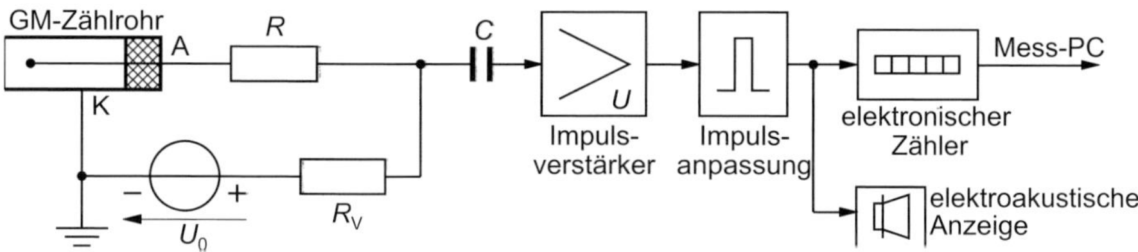

Bild 16.12 Vereinfachtes Blockschaltbild der Messkette. Das GM-Zählrohr wird über einen Widerstand R (ca. 10 MΩ) von der Betriebsspannung U_0 mit ca. 850 V versorgt und erzeugt beim Einfallen von ionisierender Strahlung einen elektrischen Impuls.

Eine nachfolgende Impulsanpassung formt den physikalischen Impuls jeweils einer Entladungskaskade in einen Rechteckimpuls um und passt gleichzeitig die Impulszahl so an, dass sie von einem elektronischen Zähler fehlerfrei erfasst werden kann. Das Zählersignal kann zu einer weiteren Auswertung und Dokumentation einem Mess-PC zugeführt werden.

Der elektromechanische Aufbau des GM-Zählrohres entspricht konstruktiv einem Zylinderkondensator mit einer elektrischen Kapazität C_{GM} zwischen der Anode A und der Katode K und einem Innenwiderstand R_{GM} zwischen beiden. Das GM-Zählrohr hat also damit dasselbe Ersatzschaltbild wie der piezoelektrische Kraftsensor. Das Kabelmodell und das Modell des Elektrometerverstärkers sind ebenfalls gleich. Das führt dazu, dass alle Formeln, die in Abschnitt 11.3.2 abgeleitet wurden, hier analog übernommen werden können.

Vorteile ⊕

Mittels Lawineneffekt, den jedes Strahlungsereignis verursacht, erhält man bei der Arbeit mit dem GM-Zählrohr ein hohes elektrisches Signal, das sich einfach messen und zählen lässt. Aufwendige Messanordnungen mit Vorverstärkern und Endverstärkern sind nicht notwendig. Daher eignet sich das GM-Zählrohr, z.B. für Messungen im freien Feld, wo ohne großen technischen Aufwand schnell Messungen durchgeführt werden sollen.

Nachteile

Einfache GM-Zählrohre erfassen nur die Anzahl der registrierten Impulse, d.h., Informationen über die Energie der Strahlung gehen verloren, was dann keinen Rückschluss auf die Strahlungsart ermöglicht. Die unterschiedliche Ionisierungsfähigkeit und kinetische Energie von z.B. α- und γ-Strahlung werden somit nicht berücksichtigt.

Diesen Nachteil haben die Proportionalzählrohre nicht, da man mit ihnen nicht nur die Aktivität einer Strahlenquelle, sondern auch deren Energiedosis ermitteln kann. Das GM-Zählrohr weist eine relativ große Totzeit auf, die weit über der anderer Strahlungssensoren liegt. Das GM-Zählrohr ist daher nur für geringere Zählraten geeignet, und Totzeitkorrekturen müssen bereits bei wenigen 100 Ereignissen/Sekunde vorgenommen werden.

Das GM-Zählrohr hat eine beschränkte Lebensdauer, da sich Moleküle seines Füllgases während des Messeinsatzes spalten. Nach ca. 10^9 Ereignissen sind so viele Moleküle zerstört, dass sich die Entladungskaskaden nicht mehr ungehindert bilden und ein zuverlässiger Betrieb nicht mehr möglich ist.

16.2.3 Halbleiterstrahlungssensoren (Halbleiterdetektoren) (Halbleiterzähler)

Eine weitere Möglichkeit, radioaktive Strahlung messtechnisch zu erfassen, bieten Halbleiterstrahlungssensoren (Halbleiterdetektoren oder Halbleiterzähler). In vielen Halbleiterkristallen (z.B. Silberchlorid (AgCl), Lithiumfluorid (LiF), Kaliumchlorid (KCl)) entstehen durch Bestrahlung freie Elektronen. Die Entwicklung von Halbleiterdetektoren geht auf das Jahr 1949 zurück, als McKay Germaniumoberflächen-Grenzschichtzähler herstellte. Im Weiteren werden die wichtigen kernphysikalischen Halbleiterdetektoren vorgestellt.

Systematik

- ❑ HPGe-Sensor (High Purity Germanium-Sensor = Hochrein-Germanium-Sensor)
- ❑ Volumensperrschicht-Halbleitersensor (mit pn-Sperrschicht)
- ❑ Oberflächensperrschicht-Halbleitersensor (mit pn-Sperrschicht)
- ❑ Ge(Li-)Sensor (lithiumgedrifteter Germanium-Sensor mit pin-Sperrschicht)

16.2.3.1 Ge(Li-)Sensor und HPGe-Sensor (-Detektor / -Zähler)

Diese Halbleiterdetektoren benötigen zum Betrieb elektrische Hochspannung und eine sehr aufwendige LN_2-(Flüssig-Stickstoff-)Kühltechnik. Sie werden primär für die Messung von γ-Quanten genutzt. Um große Sperrschichtdicken zu erhalten, werden bei Ge(Li-)Sensoren, die im Ge (Germanium) enthaltenen Verunreinigungen durch in den Halbleiterkristall gedriftete Li(Lithium-)Atome kompensiert.

Da die Li-Atome im Ge-Gitter sehr gut beweglich sind, müssen Ge(Li-)Sensoren dauerhaft, d.h. im Warte- und im Betriebszustand, mit flüssigem Stickstoff gekühlt werden. Ohne Dauerkühlung des Sensors können einige der Li-Atome herausdriften und die elektronischen Eigenschaften des Sensors zerstören.

Heute werden daher anstelle der Ge(Li-)Sensoren fast nur noch HPGe-Sensoren (Verunreinigung $<10^{-10}$) verwendet; sie müssen nur während des Betriebs mit flüssigem Stickstoff gekühlt werden, um die im Betrieb bei Raumtemperatur sonst auftretenden hohen Leckströme (die Bandlücke von Germanium beträgt ca. 0,7 eV) zu vermeiden. Für beide Typen beträgt die Energieauflösung ca. 1%.

16.2.3.2 Volumensperrschicht-Halbleitersensor (Sperrschichtdetektor)

Als Modell zur Beschreibung dieses Zählertyps benutzt man eine in Sperrrichtung betriebene großvolumige Diode mit einer hochohmigen Sperrzone.

Grundlagen und technischer Aufbau

Es wird der Effekt genutzt, dass in Halbleitern (Silizium (Si) oder im Niedertemperaturbereich Germanium (Ge)) bei Bestrahlung freie Ladungsträger (Elektronen und Löcher) entstehen. Halbleiterdetektoren bestehen im Grunde aus einer großvolumigen Halbleiterdiode, die aus einer p- und einer n-Schicht zusammengesetzt sind.

Bild 16.13 zeigt den vereinfachten Aufbau des Zählers mit pn-Übergang bei der äußeren Betriebsspannung in Sperrrichtung. Zwischen den beiden Schichten entsteht eine sog. Sperrschicht, so dass im angeschlossenen externen Kreis kein Strom fließen kann, wenn die angelegte Betriebsspannung so gepolt ist (Abschnitt 12.7 ff.), dass ihr Pluspol an der n- und ihr Minuspol an der p-Schicht liegt.

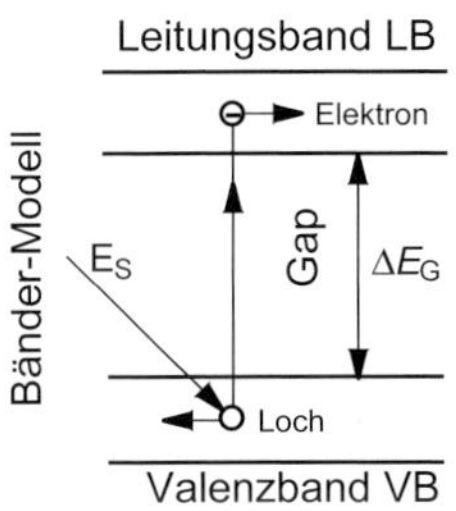

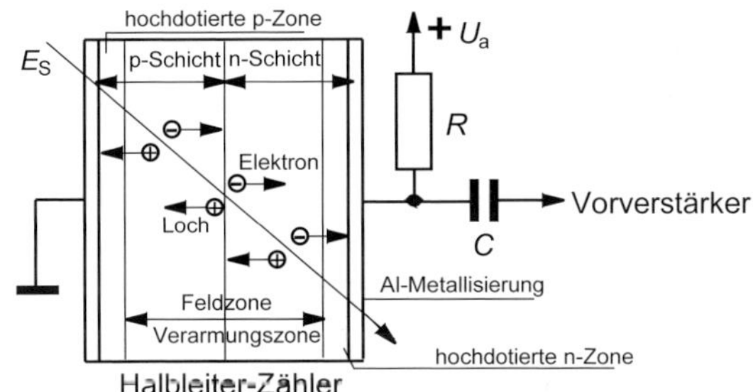

Bild 16.13 Vereinfachte energetische Anregung durch Teilchenstrahlung im Bändermodell und prinzipieller physikalischer Aufbau eines Volumensperrschicht-Halbleitersensors und seine prinzipielle physikalische Wirkungsweise mit pn-Übergang in Sperrrichtung

Gegenüber Ionisationskammern und Zählrohren sind bei Halbleitersensoren im Zähl- oder Messvolumen die elektrische Feldstärke und die elektrische Kapazität nicht konstant. Sie hängen von der elektrischen Betriebsspannung ab. Fällt auf den in Sperrrichtung elektrisch vorgespannten pn-Übergang (Feldstärke z.B. 1 kV) eine ionisierende Strahlung, so werden bei ausreichender Energie der Teilchen ($E_S > \Delta E_G$) in der Feldzone (ca. 300 µm) freie Ladungsträgerpaare (Elektronen und Defektelektronen (Löcher)) freigesetzt. Sie haben eine Beweglichkeit von ca. 10^3 cm^2/Vs bei einer Sammelzeit von 0,3 ns und können als elektrische Signale verstärkt und ausgewertet werden.

Wie viele Elektronen-Lochpaare entstehen, hängt von der Energie E_S der einfallenden Strahlung und von der Energielücke ΔE_G des Halbleiters zwischen Valenz- und Leitungsband ab. Für die Bildung eines Elektronen-Lochpaares werden z.B. im Silizium 3,6 eV und im Germanium 3,0 eV benötigt. Ein α-Teilchen mit 10 MeV erzeugt im Silizium daher 2,8 Mio. Ladungsträgerpaare, die längs der Teilchenspur (oder Ionisationsspur) verteilt auftreten und unter dem Einfluss des elektrischen Feldes gesammelt werden.

Je nach der physikalischen Natur der ionisierenden Strahlungen entstehen die in den Halbleitersensoren erzeugten Ladungen auf verschiedene Weise und mit unterschiedlichen Charakteristiken. Elektrisch geladene Teilchen erzeugen also entlang ihrer Teilchenbahn eine Ionisationsspur, während Photonen bei einer Wechselwirkung über den Photoeffekt nur punktuell wirken und dabei vollständig absorbiert werden.

Bild 16.13 zeigt vereinfacht die energetische Anregung durch Teilchenstrahlung im Bändermodell und den prinzipiellen physikalischen Aufbau und die prinzipielle physikalische Wirkungsweise eines Halbleitersensors.

In der Feldzone werden die durch Ionisation erzeugten Ladungsträger vom elektrischen Feld getrennt. Dadurch entsteht ein kurzer Stromstoß (1 µs) in Sperrrichtung, der als Strompuls im äußeren elektrischen Kreis am hochohmigen Widerstand R einen Spannungspuls erzeugt. Er wird über den Koppelkondensator C auf einen sehr rauscharmen, hochohmigen Vorverstärker gekoppelt.

Der ursprüngliche Raumladungszustand wurde gestört und durch Diffusion von Löchern aus der p-Zone und von Elektronen aus der n-Zone wieder hergestellt. Außerhalb der Feldzone erzeugte Ladungsträgerpaare befinden sich in einem viel kleineren elektrischen Feld und haben daher eine längere Sammelzeit. Die an den Halbleitersensor angeschlossenen passiven elektrischen Bauteile und der Verstärker müssen eine entsprechend kleine Zeitkonstante haben, so dass die außerhalb der Feldzone erzeugten Ladungsträgerpaare für die Signalbildung vernachlässigt werden dürfen.

Messtechnische Eigenschaften und Sensorelektronik

Der Strahlungs-Halbleitersensor liefert beim Einfallen einer ionisierenden Strahlung an seinen Klemmen einen elektrischen Impuls. Konstruktiv entspricht der mikroelektronische Aufbau des Halbleitersensors einem Plattenkondensator mit einer elektrischen Kapazität, bestimmt durch die Feldzonengeometrie mit dem zugehörigen Innenwiderstand. Damit hat also der Halbleitersensor dasselbe Ersatzschaltbild wie der piezoelektrische Kraftsensor (s. auch Bild 11.15).

Anstelle eines hochohmigen Vorverstärkers wird besser ein Ladungsverstärker verwendet. Das Modell des Kabels und des Ladungsverstärkers ist wieder mit Bild 11.15 identisch. Das führt dann dazu, dass die dort abgeleiteten Formeln hier analog übernommen werden können. Wird nun ein rechteckförmiger Strompuls $i(t)$ (= Testfunktion, siehe hierzu Abschnitt 1.7.2, Sensoren 1. Ordnung) mit der Amplitude I_0 und der Zeitdauer Δt auf den Eingang des Ladungsverstärkers gelegt, gilt für seine Ausgangspannung $u_a(t)$:

- ansteigende Flanke des Strompulses:

$$u_a(t) = -R_g \cdot I_0 \cdot \left(1 - \exp\left(-\frac{t}{R_g \cdot C_g}\right)\right) \quad \text{für} \quad 0 \le t \le t_1 \qquad \text{(Gl. 16.36)}$$

- abfallende Flanke des Strompulses:

$$u_a(t) = -\,u_a(t_1) \cdot \exp\left(-\frac{t - t_1}{R_g \cdot C_g}\right) \quad \text{für} \quad t \ge t_1 \qquad \text{(Gl. 16.37)}$$

wobei R_g und C_g, wie bekannt, die Rückkoppelbauelemente des Ladungsverstärkers sind.

Die mit Ladungsverstärkern erzeugten Pulse sind allg. zeitlich zu lang und müssen daher noch mittels elektronischer Differenzierung amplitudentreu zeitlich verkürzt werden. Mit Hauptverstärkern führt man das Signal dann über einen A/D-Wandler einem Mess-PC zu.

16.2.3.3 Oberflächensperrschicht-Halbleitersensor mit pn-Übergang (pn-Oberflächensperrschichtdetektor / -Zähler)

Grundlagen und technischer Aufbau

Oberflächensperrschicht-Halbleitersensoren werden auch kurz Oberflächengrenzschichtzähler oder noch kürzer: Grenzschichtzähler genannt. Außer einem pn-Übergang kann auch ein Metallhalbleiterkontakt eine Sperrschicht bilden. Ein Abbruch der Kristallstruktur an den Halbleitergrenzen erzeugt Akzeptorstörstellen in der Grenzschicht. Bild 16.14 zeigt den elektromechanischen Prinzipaufbau ohne Schutzring. Die Schutzringtechnik wird unten noch beschrieben.

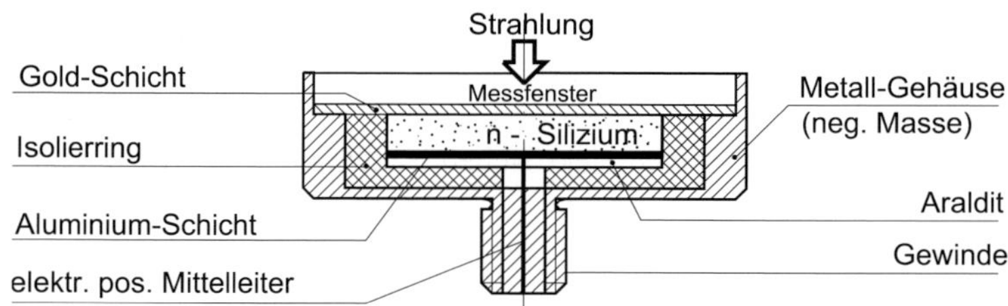

Bild 16.14 Elektromechanischer Prinzipaufbau eines Oberflächensperrschicht-Halbleitersensors mit pn-Übergang ohne Schutzring

Bringt man durch Aufdampfen eine dünne Metallschicht, z.B. eine 100 nm dicke Au (Gold-)Schicht mit einer Massenbelegung von ca. 40 µg/cm auf ein n-leitendes Material (z.B. ein hochohmiges n-Silizium), bildet sich direkt unter der Goldmetallschicht eine ca. 10 µm hohe ladungsträgerfreie Zone (Oberflächensperrschicht). Ein Vorteil der Schichtkonstruktion ist ein exakt definiertes, dünnes Eintrittsfenster für die Strahlung, das durch die Dicke der Metallschicht (ca. 100 nm) gegeben ist.

Der Zähler hat eine sehr gute Energielinearität, da die spezifische elektrische Leitfähigkeit in der Oberflächenschicht viel größer ist als in der Feldzone (Verarmungszone). Mit Oberflächensperrschichtzählern können Strahlungsmessungen bei Zimmertemperatur durchgeführt werden! Die Höhe der Sperrspannung richtet sich nach der Energie der zu erfassenden Strahlung und der notwendigen Sperrschichttiefe. Sie beträgt z.B. für 5,3-MeV-α-Teilchen bei 30 µm Sperrschichttiefe nur 3,0 V und für 16-MeV-α-Teilchen bei 170 µm 70 V und bei hochenergetischer γ-Strahlung bis zu 5000 V (leider nicht mehr bei Zimmertemperatur, sondern nur mit Stickstoffkühlung).

Für die Messung von α-Strahlung sollte zwischen Zähler und Quelle ein Hochvakuum aufgebaut werden, da sonst der Energieverlust von ca. 1 keV pro mbar Gasdruck und pro cm Weg eintritt. Die Messfläche sollte vor starkem Lichteinfall geschützt werden.

Sensorelektronik

Elektrische Schaltungstechnik

Die elektrischen Schaltungen gleichen analog denen der Ionisationskammern und Zählrohre. Der Aufbau des Oberflächensperrschichtzählers wurde oben schon beschrieben. Bild 16.15 zeigt Beispiele von elektrischen Schaltungen, in denen «Au» die aufgedampfte Messgoldschicht, «n-Si» der Siliziumgrundkristall und «Al» die Kontaktschicht ist. Der Arbeitswiderstand R_a hat einen Wert von 1...10 MΩ und U_0 beträgt etwa 5000 V. Auch der Oberflächensperrschichtzähler kann mit einem Schutzring ausgestattet werden, um die Messabweichungen, die durch Leckströme entstehen, zu minimieren.

Bild 16.16 zeigt die elektrische Grundschaltung. Der Au-Schutzring liegt elektrisch auf dem Massepotential. Der Arbeitswiderstand R_a liegt auch hier zwischen 1...10 MΩ und die Spannungsversorgung U_0 beträgt ca. 5000 V. Bild 16.17 zeigt die geometrische Struktur der Goldschicht, bestehend aus der zentrisch angeordneten, innenliegenden Au-Messelektrode und dem äußeren konzentrisch angeordneten Au-Schutzring. Die Messelektrode ist die eigentliche Messfläche und dient als Sammelelektrode für die negativen Ladungsträger. Die Ringfläche dient als elektrischer Schutzring.

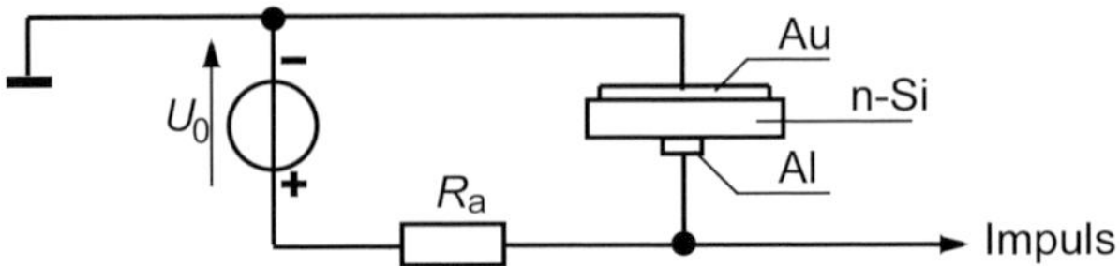

Bild 16.15 Elektrische Schaltungen eines Oberflächensperrschicht-Halbleitersensors mit aufgedampfter Messgoldschicht und Al, die Kontaktschicht auf einem n-Siliziumgrundkristall

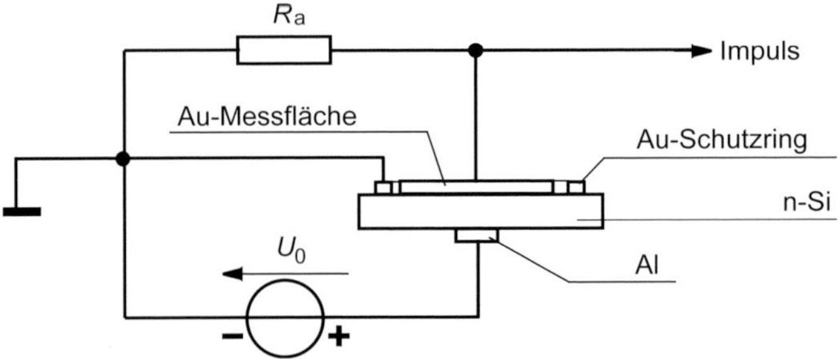

Bild 16.16 Elektrische Schaltungen eines Oberflächensperrschicht-Halbleitersensors mit Goldschutzring, elektrisch verbunden mit dem Massepotential. Der Arbeitswiderstand R_a liegt zwischen 1...10 MΩ, die Spannungsversorgung U_0 beträgt ca. 5000 V.

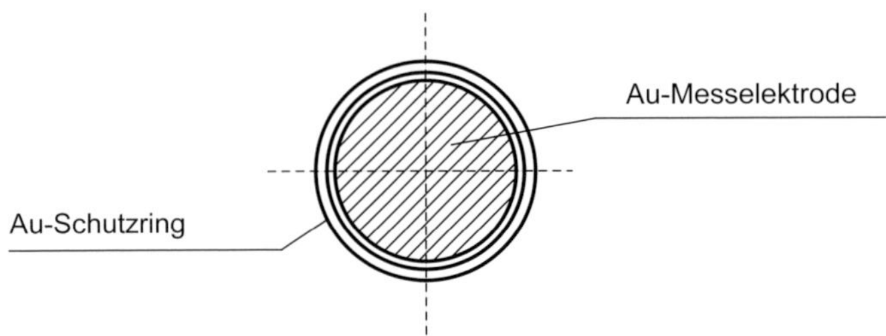

Bild 16.17 Geometrische Struktur der Goldschicht, bestehend aus einer zentrisch angeordneten, innenliegenden Au-Messelektrode und einem äußeren konzentrisch angeordneten Goldschutzring

Messelektronik

Bild 16.18 zeigt das Blockschaltbild der Oberflächensperrschicht-Messelektronik. Die Impulse, erzeugt durch Bestrahlung des Zählers, haben Amplituden im mV-Bereich. Diese Impulse werden mit einem ladungsempfindlichen Vorverstärker in ihrer Amplitude angehoben. Die elektrische Verbindung zwischen Zähler und Vorverstärker soll, wegen der parasitären Kapazitäten und Induktivitäten, möglichst kurz sein.

Im Hauptverstärker werden die Impulsamplituden weiter verstärkt, so dass sie einfacher und störungsfreier weiterverarbeitet werden können. Die elektrische Energieversorgung liefert 12 V Gleichspannung für die Elektronikstufen und 5000 V Gleichvorspannung für den Zähler. Der Kalibrator dient zur Energiekalibrierung der Messelektronik.

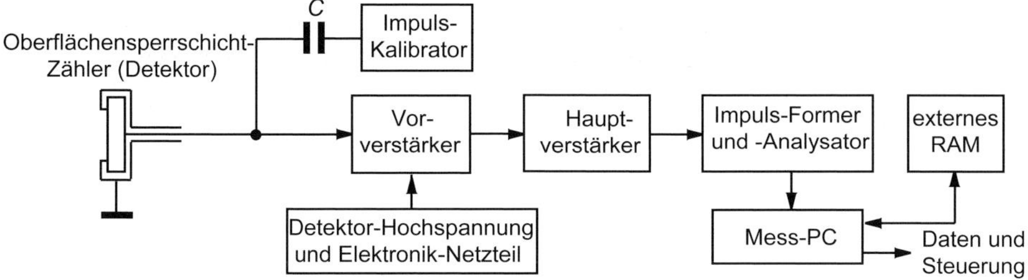

Bild 16.18 Blockschaltbild einer Oberflächensperrschicht-Messelektronik

Anwendungen

- Sensoren (Detektoren) für elektrisch geladene Teilchen und ionisierende Strahlung
- Spektrometer für schnelle Neutronen
- dE/dx- und E-Zähler (Sensoren)

Oberflächensperrschichtzähler ermöglichen es, den Energieverlust ΔE eines geladenen Teilchens entlang seiner Bahn Δx zu messen. Diese Größe heißt differentieller Energieverlust dE/dx.

Hinweis

Näherungsweise gilt: $dE/dx \sim \Delta E/\Delta x$ für sehr kleine Δ-Werte.

Schaltet man hinter den Oberflächensperrschicht-Zähler einen pn- Zähler mit einer dicken Feldzone, so dass das Teilchen in ihm stecken bleibt, kann die Gesamtteilchenenergie gemessen werden. Das ist die Summe der Energieverluste des Teilchens in allen durchlaufenen Zählern.

Vorteile

- Sehr schneller Impulsanstieg, ca. 5 ns,
- kurze Sammelzeit der Ladungsträger,
- kleine Nichtlinearität, unabhängig von der Strahlungs- oder Teilchenart,
- hohe Energieauflösung (z.B. 0,4% für α-Teilchen von 5,3 MeV),
- hohe Messstabilität in Bezug auf Zählrate und Zählzeit.

Nachteile

- Kleine Signalhöhe (einige mV),
- Temperaturempfindlichkeit (thermische Empfindlichkeitsänderung und thermische Nullpunktdrift),
- Alterungseffekte durch Strahlungsschäden im Kristallgitter,
- Unbrauchbarkeitsgrenze: je nach Dicke ca. 10^7 nachgewiesene schwere Teilchen.

Vergleich der Halbleiter- und Gasstrahlungssensoren

Der Vorteil des Proportionalzählrohres wird zu einem Nachteil, wenn niederenergetische Photonen sensiert werden sollen, da durch den Betrieb im Proportionalbereich die Amplitude des Strompulses klein und deshalb nur mit großem Aufwand messbar ist. Für relativ niederenergetische Photonen sowie für Teilchenstrahlung (α- und β-Strahlung) ist man also weiter auf das GM-Zählrohr angewiesen, oder man verwendet ganz andere Sensoren, wie z.B. pn- und pin-Sperrschichthalbleitersensoren. Sie eignen sich je nach Design zum Nachweis von ganz verschiedenen Teilchenstrahlungen (z.B. γ-Strahlung, Ionen, Elektronen, Positronen usw.) in speziellen designbedingten Energiebereichen. Eine weitere Variante ist der Einsatz von sog. Szintillationszählern.

16.2.4 Szintillationszähler (Szintillationssensoren)

Im Jahr 1895 arbeitete WILHELM RÖNTGEN in seinem Würzburger Labor mit einem Gerät, das Elektronenstrahlen auf ein Target in einer evakuierten Glasröhre schoss. Dabei bemerkte er, dass einige Bariumplatinzyankristalle, die zufällig in der Nähe gelagert waren, aufzublitzen begannen. RÖNTGEN hatte so zufällig den Szintillationszähler entdeckt. Die Szintillationen (lat. *scintilla* = Funke) sind kleine Lichtblitze, die man sehen kann und in bestimmten Materialien entstehen, wenn sie von einer entsprechenden Strahlung getroffen werden.

Diese Materialien werden Szintillatoren genannt. Sie sind das primäre detektierende Bauelement (Elementarsensor) des Szintillationszählers (Szintillationssensor). Obwohl die Lichtblitze (Szintillationen) mit dem Auge zu sehen sind, werden optoelektronische Sensoren zum Messen und Zählen der Strahlung verwendet. Erst im Jahr 1947 beschrieben H. KALLMANN und Mitarbeiter in der Zeitschrift Phys. Rev. den Gesamtaufbau, bestehend aus dem Detektor und den eigentlichen zusätzlichen elektronischen Geräten.

Messtechnischer Vergleich von Gas- und Halbleiterzählern mit Szintillationszählern

Mit einem Szintillationszähler können β- und γ-Spektren gemessen werden, was mit einem GM-Zählrohr nicht möglich ist. Das GM-Zählrohr gibt keine Information über die Teilchenenergie, sondern kann die eintreffenden Teilchen nur zählen. Eine Energieauflösung ist auch mit einem Proportionalzählrohr möglich. Die Auflösung im niederen Energiebereich ist jedoch zu gering. Die Energieauflösung von Szintillationszählern ist jedoch nicht so gut wie die eines Halbleiterzählers namens Cadmiumzinktellurid (CdZnTe) oder des stickstoffgekühlten Ge(Li)-Halbleiterzählers.

Grundlagen und technischer Aufbau

Treffen radioaktive Teilchen oder Strahlen auf fluoreszierende Mineralien, werden aus diesen Photonen herausgelöst, d.h., es entstehen kurze Szintillationen (Lichtblitze). Ein Lichtblitz entsteht, wenn Elektronen des Mineralatoms durch die Strahlenenergie auf ein höheres Energieniveau gehoben werden und diese unter Emission von Photonen innerhalb von ca. 10^{-8} s wieder in ihren Ursprungszustand zurückfallen.

Dieser Effekt wird zur Bestimmung der Strahlungsintensität von α-, β- und γ-Strahlung eingesetzt. Den elektromechanischen Aufbau eines Szintillationszählers zeigt Bild 16.19. Ein Teil dieses Zählers besteht aus dem Szintillator (Detektor oder Elementarsensor), in dem durch Teilchenstrahlung die Szintillationen (Lichtblitze aus Photonen) erzeugt werden.

Szintillatormaterialien des Szintillators existieren in allen 3 Aggregatzuständen. Bei den festen Szintillatoren gibt es anorganische (kristalline) und organische Bauformen. Zur Zählung und Messung von α-Teilchen werden kristalline Szintillatoren verwendet, bestehend aus Zinksulfid (ZnS) oder aus Cadmiumsulfid (CdS) mit Schwermetallspuren (z.B. Silber (Ag)). Zur Zählung und Messung von γ-Strahlung und von Neutronen werden auch kristalline Szintillatoren aus Natriumjodid-(NaJ)-Kristallen – mit Tallium (Tl) aktiviert – verwendet.

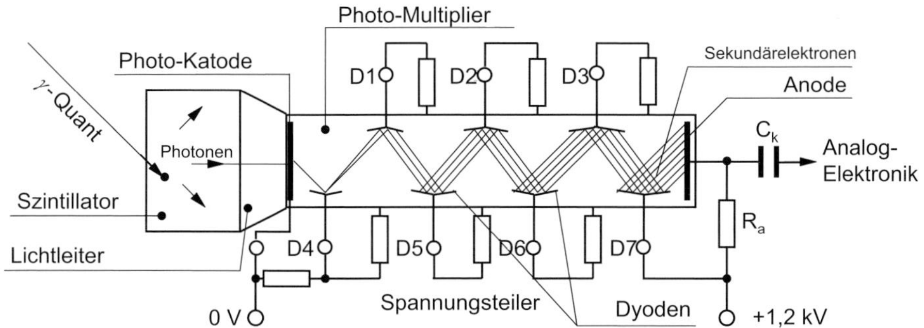

Bild 16.19 Elektromechanischer Prinzipaufbau eines Szintillationszählers

Für schwache β-Strahler verwendet man jedoch flüssige Szintillatoren, die aus einem organischen Lösungsmittel (z.B. aus Dioxan) und einer darin gelösten fluoreszierenden organischen Substanz (2,5-Diphenyloxazol) bestehen. Für normale β-Strahlen eignen sich Szintillatoren aus polymerisierten Substanzen (z.B. aus Polystyrol) oder Lösungen aus Terphenyl in Xylol.

Den Szintillator ordnet man über einen Lichtleiter (s. Abschnitt 12.10) zur Geometrieanpassung dicht auf der Photokatode (s. Abschnitt 12.5) eines Photomultipliers (auch Sekundärelektronen-Vervielfacher oder kurz SEV genannt) an. Zum Betrieb des Szintillationszählers benötigt man eine Arbeitsspannung von ca. 800...2300 V. Ein α-Teilchen kann in der Photokatode, bestehend aus Cäsium / Antimon (Cs/Sb) oder Lithium / Antimon (Li/Sb), z.B. 10^4 Elektronen auslösen. Diese werden durch die über die Widerstandskette (Spannungsteiler) erzeugte Potentialdifferenz zur ersten Dynode hin beschleunigt, wobei jedes auftreffende Elektron 2...10 Sekundärelektronen herausschlägt. Die gleiche Elektronenvervielfachung ereignet sich jetzt an jeder der nächsten Dynoden, so dass nach 10...12 Dynoden der Elektronenverstärkungsfaktor ca. den großen Wert $10^6...10^8$ hat. Der so entstehende elektrische Stromimpuls fließt dann über den mit der Anode verbundenen Arbeitswiderstand R_a und erzeugt dort einen Spannungsimpuls, der ähnlich wie der einer Ionisationskammer verstärkt und elektronisch weiterverarbeitet werden kann. Um eine Vorstellung von der zu erwartenden Spannung an der SEV-Anode zu erhalten, wird folgende kurze Berechnung durchgeführt.

Beispiel 16.2

Gegeben:
An einer Photokatode werden $n_{P\text{-}K} = 500$ Elektronen ausgelöst. Die Verstärkung V_{SEV} des SEV beträgt 10^{-6}. Die Streukapazität C_{streu} beträgt 10 pF.

Gesucht:
Berechnen Sie die zu erwartende Spannungsamplitude am Ausgang des SEV.

Lösung 16.2

Für die erzeugte Ladungsmenge gilt:

$$Q_{\text{Anode}} = n_{\text{Anode}} \cdot e_0 = n_{\text{P-K}} \cdot V_{\text{SEV}} \cdot e_0 = 5 \cdot 10^2 \cdot 1{,}6 \cdot 10^{-19}\ \text{As} \cdot 10^6 = 8 \cdot 10^{-11}\ \text{As} \qquad \text{(Gl. 16.38)}$$

e_0 Elementarladung des Elektrons

Für die Spannungsimpulsamplitude gilt:

$$U_{\text{Anode}} = Q_{\text{Anode}} / C_{\text{streu}} = 8 \cdot 10^{-11}\ \text{As} / 10 \cdot 10^{-12}\ \text{As} \cdot \text{V}^{-1} = 8\ \text{V} \qquad \text{(Gl. 16.39)}$$

Messtechnische Eigenschaften
In Szintillatoren sind die Lichtimpulse und damit auch die im SEV lichtelektrisch erzeugten Impulse proportional zur Energie der einfallenden Teilchen und Strahlung. Der Zähler kann pro Sekunde $10^8 ... 10^{11}$ Impulse registrieren. Er eignet sich daher ganz besonders zur Erfassung sehr schneller und kurzzeitiger Ereignisse.

Vorteile

- Hohe Quantenausbeute beim Nachweis von γ-Strahlung (fast 100%),
- sehr schnelle Ansprechgeschwindigkeit von 10^{-8} s,
- Bestimmung von Energiespektren,
- Konstruktion von richtungsabhängigen Zählern.

Nachteile

- Messapparatur ist komplizierter als beim GM-Zählrohr,
- Alterung der Szintillatoren und des SEV.

Direkter Vergleich von Halbleitersperrschichtzählern mit Szintillationszählern
Ein Nachteil der Halbleitersperrschichtzähler gegenüber den Szintillationszählern ist das relativ dünne Zähl- oder Messvolumen, bestimmt durch ihre Feldzonendicken. Außerdem sind zum Nachweis von elektromagnetischer Strahlung (wie z.B. γ- oder Röntgenstrahlen) Halbleitersperrschichtzähler nicht gut geeignet, da Nachweis und Messung in diesem Fall mit stickstoffgekühlten Germaniumzählern erfolgen – ein Messverfahren, das technisch sehr aufwendig und kostenintensiv ist.

Messelektronik
Der Szintillationszähler ist ein Sensor, der die Eigenschaft verschiedener anorganischer und organischer Materialien nutzt, die beim Eindringen von ionisierenden Teilchen Lichtblitze durch energetische Anregung erzeugen.

Die entstehenden Lichtblitze werden mit nachgeschaltetem Photomultiplier (SEV) und einem Integrationsglied in einen elektrischen Spannungsimpuls umgewandelt. Bild 16.20 zeigt das Blockschaltbild der Messelektronik.

Die am SEV-Arbeitswiderstand R_a erzeugten nicht idealen Spannungsimpulse werden mit dem Impulsverstärker in ihrer Amplitude vergrößert, dann die zu kleinen Impulse (überlagert durch thermisches Rauschen der Photokatode – Elektronenemission bei Raumtemperatur) mit einem Diskriminator abgeschnitten und der gefilterte Impuls zu einem guten Rechteckimpuls umgeformt.

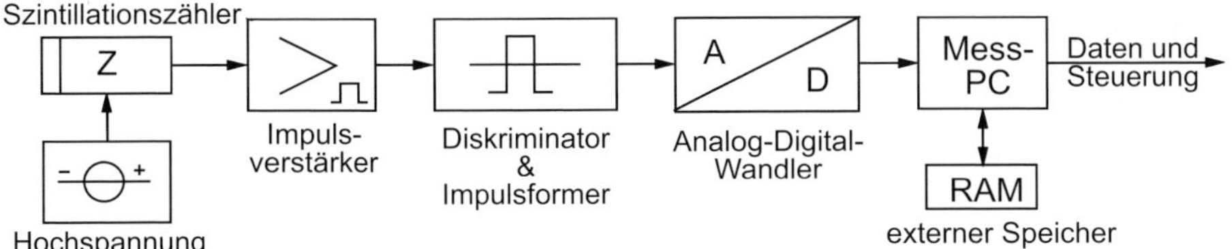

Bild 16.20 Blockschaltbild der Messelektronik für einen Szintillationszähler

Im Analog-Digital-Wandler (ADU) wird das analoge Spannungsimpulssignal in seine digitale Form gebracht, d.h., den analogen Impulsen werden digitale Zahlen mit z.B. 8 Bit zugeordnet. Eine oft verwendete Möglichkeit besteht darin, dass Impulse mit einem elektronischen Fensterdiskriminator (der dem ADU vorgeschaltet ist) registriert werden, und zwar nur dann, wenn deren Spannungswerte in einem Spannungsfenster zwischen den Werten U und $U + \Delta U$ liegen.

Sind die Amplituden der Spannungspulse außerhalb des Fensters, steht am ADU-Ausgang kein Impuls. Dieses Verfahren besitzt jedoch einen Nachteil. Wenn nur Impulse registriert werden, deren Spannungsamplitude im Spannungsfenster (zwischen U und ΔU) liegen, verschenkt man Informationen. Vermeiden kann man den Informationsverlust, indem alle Impulse digitalisiert und sie in einem Speicher (RAM) unter Zuordnung eines Speicherplatzes, der ihrer Impulshöhe entspricht (Klassifikation), registriert werden. Für jeden Impuls aus einem festgelegten Spannungsintervall erhöht sich der Speicherplatz um eine Zähleinheit.

Anwendungen

Kontaktfreie Füllstandmessung

Wenn die Füllhöhe an geschlossenen Behältern, Tanks oder Kesseln aus Stahl von außen gemessen werden soll, wird z.B. ein γ-Strahler an der Wandaußenseite und diametral auf der anderen Seite ein Szintillationszähler angeordnet. Fällt das Füllgut unter das festgelegte Niveau, wird das vom Zähler sofort angezeigt.

Die Messmethode ist bei Stahlbehältern mit 50...8000 mm lichtem Behälterdurchmesser und Wandstärken bis zu 80 mm anwendbar. Zur kontinuierlichen Überwachung eines Füllstandes können Strahler und Zähler parallel zueinander auf- und abwärts bewegt werden. Bild 16.21 zeigt eine Niveaumessung mit Nachlaufsteuerung.

Kontaktfreie Dickenmessung

Zur Messung an Stahlplatten und Stahlrohren zwischen 5...100 mm Dicke verwendet man starke γ-Strahler. Die absolute Gesamtmessgenauigkeit liegt hierbei zwischen 0,1...0,5 mm. Wenn z.B. Rohre nur von einer Seite zugänglich sind, werden γ-Strahler und Messgerät von der gleichen Seite her eingesetzt (Rückstreumethode). Es wird der reflektierte Strahlenanteil des Messgutes erfasst. Um Messabweichungen durch die Primärstrahlung eines γ-Strahlers zu minimieren, muss diese sorgfältig abgeschirmt oder mit einem Diskriminator weggefiltert werden. Der Messbereich beträgt 18 mm, bei einer relativen Gesamtmessabweichung von ±4%. Diese Methode ist auch bei sehr dünnen Schichten und Folien direkt auf der Walze einsetzbar.

Dichtemessung in Böden durch Streuung

Um die Bodendichte in großen Tiefen (z.B. Bohrlöchern) zu bestimmen, nutzt man die COMPTON-Streuung (s. Abschnitt 16.2). Eine in das Bohrloch gesenkte Messsonde hat am unteren Ende einen γ-Strahler (z.B. Kobalt 60) und am oberen Ende einen γ-Zähler. Zur Abschirmung der Primärstrahlung wird zwischen Strahler und Zähler ein Blei-(Pb-)Zylinder angeordnet. Damit gelangt die Strahlung seitlich der Bohrung ins Erdreich, wird gestreut und gelangt so zum Zähler. Den Dichtewert berechnet man mit Hilfe einer vorher erstellten Kalibrierkurve und erreicht eine Messabweichung von ca. ±2%.

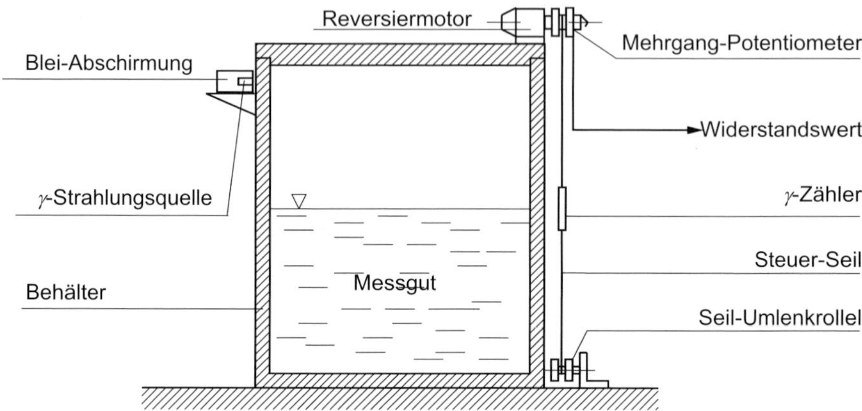

Bild 16.21 Radioaktive Niveaumessung mit Nachlaufsteuerung

Dichtemessung in Böden durch Absorption

Obgleich die Schwächung der γ-Strahlung ein komplizierter Vorgang ist, verläuft der lineare Schwächungskoeffizient (γ-Energien von 0,3...1,6 MeV) für die im Erdboden und in den Gesteinen vorkommenden chemischen Elemente ziemlich genau proportional zur Zahl der in 1 m^3 enthaltenen Elektronen und ist damit proportional zur Dichte. In Bild 16.22 ist die Dichtemessung im Boden mit Hilfe von einem γ-Strahler und 2 γ-Zählern dargestellt. Dieses kerntechnische Messverfahren ermöglicht also, die Dichte von Böden, Baugründen und Aufschüttungen zu messen.

Kontaktfreie Lagebestimmung

Sie ermöglicht kontaktfreie Messung von kleinsten Lageänderungen von Maschinenelementen während des Maschinenbetriebs, z.B. die von außen kaum bemerkbare axiale Lageverschiebungen von Turbinenläufern. Um schwere Schäden zu vermeiden, wird um die Turbinenwelle ein Ring aus Kobalt 60 (^{60}Co) gelegt. Die über eine Bleiabschirmung scharf ausgeblendete γ-Strahlung wird vom Zählrohr gemessen. Es kann noch eine Verlagerung der Welle um 0,2 mm sicher erfasst werden.

Durchstrahlungsprüfung

Zur Durchleuchtung von Werkstücken, um Materialfehler zu erkennen oder zur Überprüfung von Schweißnähten, können Röntgen- oder US-Messverfahren eingesetzt werden. Für sehr schwer zugängliche Messstellen oder Stahldicken von <100 mm sind diese Verfahren oft nicht effizient einsetzbar. Hier ermöglichen Radionuklide eine elegante Lösung der Messaufgabe, indem man auf der Vorderseite eines Bauteils eine dünne γ-Strahlerschicht anordnet und auf der Rückseite einen dünnen Röntgenfilm. Nach Bestrahlung sieht man die Bauelemente wie in einem Röntgenbild. Mit Kobalt 60 sind Durchstrahlungen von Stahlteilen bis 150 mm mit Röntgenfilm und bis 500 mm mit Zählern möglich. Weitere Anwendungen dieses Messverfahrens sind: Erkennung von Ablagerungen (z.B. im Rohrinneren), Korrosions- und Erosionsschäden.

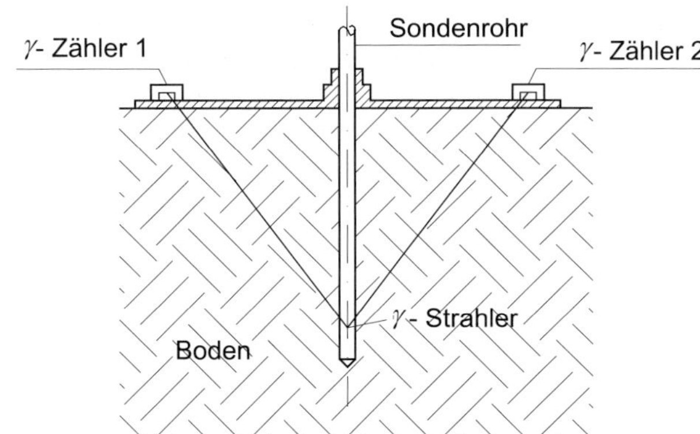

Bild 16.22
Dichtemessung im Boden mit einem γ-Strahler und 2 γ-Zählern

Untersuchung von Verschleißvorgängen in Maschinen
Um z.B. den Verschleiß der Kolbenringe von Verbrennungsmotoren zu messen, werden die Kolbenringe vor dem Aufziehen auf den Kolben mit Neutronen bestrahlt, wobei sich ein wenig künstlich radioaktives Eisen (Fe) bildet. Während der Betriebszeit gelangen dann kleine Mengen von abgeriebenem radioaktiven Eisen in das Schmieröl. Die Höhe der gemessenen Aktivität ist proportional zum Abnutzungsgrad der Kolbenringe. Eine alternative Methode zur Präparation der Kolbenringe besteht darin, dass bei ihrer Fertigung eine extrem kleine und damit unbedenkliche Menge Kobalt 60 (^{60}Co) zugesetzt wird.

Weitere Anwendungsmöglichkeiten bestehen bei der Verfolgung von Zerspanungsvorgängen, z.B. der Abnutzung von Schnittwerkzeugen in Abhängigkeit von der Schnittgeschwindigkeit. Hier können das Schnittwerkzeug (z.B. ein Drehstahl) aktiviert und die Strahlung der abfallenden Späne als Abnutzungsgrad ausgewertet werden.

Kontrolle von Gewässern
Abwässer von Industrieanlagen und Städten werden stets gereinigt und gefiltert, bevor man sie an ihren Bestimmungsort weiterleitet. Die Filter setzen sich mechanisch zu und verlieren mit der Zeit ihre Wirksamkeit. Für die Funktionskontrolle fügt man dem Abwasser eine Spur eines Radionuklids zu und misst hinter dem Filter die aktuelle Aktivität. Die Stärke der Aktivität ist ein Maß für die Funktion des Filters.

Strahlenschutz
Die Strahlendosis hängt ab von der Bestrahlungsdauer, dem Abstand zwischen Mensch und Strahlenquelle und der Abschirmwirkung der zwischen Mensch und Strahlungsquelle sich befindenden Materie.

Maßnahmen zur Minimierung der Strahlenbelastung sind: möglichst großer Abstand zwischen Mensch und Strahlungsquelle (z.B. durch Benutzung von Handhabungsgeräten und Robotern), Aufbau und Benutzung geeigneter Abschirmungstechniken gegen ionisierende Strahlung, kontinuierliche Überprüfung der ionisierenden Strahlung mit Dosimetern.

Sterilisation
Zur Strahlensterilisation kommen Gammabestrahlungsanlagen für technische und medizinische Produkte sowie für Lebensmittel zum Einsatz. Vorteilhaft ist hier, dass die Sterilisation in der Verkaufsverpackung erfolgen kann. Außerdem sind auch eingeschweißte medizinische Notfallbestecke sterilisierbar. In den Sterilisationsanlagen wird fast ausschließlich Kobalt 60 (^{60}Co) verwendet.

Überwachung von radioaktivem Gefahrgut beim Transport
Im Grenzschutz werden **R**adionuclide **I**dentifying **D**evices (RID) eingesetzt, die über die Gammastrahlung Rückschlüsse auf die transportierten radioaktiven Stoffe zulassen. Der RID ist, im Gegensatz zu reinen Dosisleistungsmessgeräten, nicht nur in der Lage, die Dosisleistung der radioaktiven Strahlung zu messen, sondern kann außerdem auch die Strahlungsquellen (z.B. radioaktive Isotope) identifizieren und somit über den Grad der Gefährdung durch die Strahlungsquelle eine Aussage machen.

Aktivierungsanalyse
Diese Analysemethode erfordert oft keine Zerstörung des zu untersuchenden Materials und ist noch für kleinste Mengen eines nachzuweisenden chemischen Elements einsetzbar. Sie beruht auf dem Nachweis der Radioaktivität, die durch Bestrahlung des chemischen Elements mit Neutronen, ionisierenden Teilchen oder Photonen erzeugt wird und ist nur auf Nuklide anwendbar, die durch Bestrahlung radioaktiv (induzierte Radioaktivität) werden.

Die erzeugte Aktivität ist ein Maß für die im Untersuchungsgut enthaltene Anzahl von Atomen des gesuchten Elements, wenn die Isotopenverteilung der an der Reaktion teilnehmenden Nuklide berücksichtigt wird.

Nuklearmedizin
Die Nuklearmedizin befasst sich mit der medizinischen Anwendung radioaktiver Substanzen und kernphysikalischer Verfahren zur Funktions- und Lokalisationsdiagnostik. Auch die technische Anwendung offener Radionuklide (Radionuklide sind radioaktive Atomkerne) kommt in der Diagnose und Therapie und im Strahlenschutz vor.

In der medizinischen Diagnostik werden vor allem weitreichende γ-Strahlen eingesetzt. So ist z.B. die Schilddrüsenfunktion mit markiertem Jodid (^{131}J) überprüfbar, wobei die nach außen dringende γ-Strahlung an der Oberfläche mit Szintillationszählern gemessen wird. Zur Erkennung schnell wachsender Hirntumore eignet sich z.B. mit ^{131}J markiertes Dijodfluorescein, das im Gehirn so stark angereichert wird, dass es über der Schädeldecke gemessen werden kann.

Zur Diagnose von Bronchialkarzinomen eignen sich extrem kleine Mengen des radioaktiven Xenon-Isotops ^{133}Xe, wobei auch bei diesem Diagnoseverfahren die γ-Strahlung gemessen wird. Die Strahlenbelastung ist hier viel kleiner als bei gewöhnlichen Röntgenaufnahmen. In der Gerätediagnostik stehen wirkungsvolle medizintechnische Geräte, wie z.B. der Kernspintomograph oder der Positronen-Emissions-Tomograph, für die Diagnose zur Verfügung.

16.3 Zusammenstellung der messtechnischen Eigenschaften und Strahlungssensoren

In Tabelle 16.3 sind verschiedene Strahlungssensortypen mit ihren relevanten physikalischen Kennwerten dargestellt. Tabelle 16.4 fasst die wichtigsten Messaufgaben nach Strahlungsart und die zur Lösung der Aufgaben verwendbaren Strahlungssensoren oder Strahlungsgeräte zusammen.

Bei allen Strahlungssensoren werden Energieverluste auftreten. Da nicht die gesamte eingestrahlte Energie aufgenommen wird, liegt die Energienutzung unter 100%. Das Sensorsignal ist daher nur verwertbar, wenn der Sensor mit einer Energiequelle bekannter Größe kalibriert wurde. Strahlungssensoren sind also nicht «absolut kalibrierbar».

Tabelle 16.3 Tabellarisches Schema, geordnet nach Arten von Strahlungssensoren

Strahlungs-sensor	**Sensorsignal DC-*U*/*I*-Impuls**	**Totzeit**	**messtechnische Anwendung**	**analogelektronische Zusatzgeräte**
Ionisationskammer	ca. 10^{-14} A	keine	Dosisleistung	DC-*U*-konstanter Messvorverstärker *I*/*U*-Wandler
Proportionalzähler	ca. 10^{-10} A ca. 10^{-5} V	10^{-7} s	Dosisleistung Aktivität Energie	stab. DC-*U*-konstanter Verstärker Diskriminator Zählgerät Impulshöhenanalysator
GM-Zählrohr	ca. 0,1 V	10^{-5} s	Aktivität	DC-*U*-konstanter Verstärker Zählgerät
Halbleiterzähler	ca. 0,7 V	10^{-10} s	Dosisleistung Aktivität Energie Spektrum	DC-*U*-konstanter Vorverstärker Hauptverstärker Diskriminator Zählgerät Impulshöhenanalysator
Szintillationszähler	ca. 0,5 V	10^{-9} s	Aktivität Energie Spektrum	stab. DC-*U*-konstanter Impulsverstärker Impulsformer Diskriminator Zählgerät Impulshöhenanalysator

Tabelle 16.4 Tabellarisches Schema nach Messaufgaben bzw. Strahlungsart und die zur Lösung der Messaufgaben verwendbaren Strahlungssensoren

Messaufgabe (Messziel)	**Strahlungssensor (Messgerät)**
Nachweis von α-Strahlen	Ionisationskammer, Szintillationszähler, Halbleiterzähler
Nachweis von β-Strahlen	GM-Zähler
Nachweis von γ-Strahlen	Szintillationszähler, Halbleiterzähler, GM-Zähler (nicht besonders geeignet, da nicht so empfindlich für γ-Strahlung)

17 Chemosensoren (chemische Sensoren)

Chemosensoren haben Aufgaben der instrumentellen Analytik übernommen. Sie sollen klein, leicht und kostengünstig sein. Als elektrochemische Sensoren haben sie eine alte Tradition (Elektroanalyse, M. FARADAY, 1834). Elektrochemische Sensoren enthalten oft Elementarsensoren, mit denen ein Elektrolysestrom oder elektrochemische Spannung gemessen wird, der proportional zur Konzentration eines Lösungsbestandteils ist. Durch Entstehung neuer Mikrotechnologien (ab 1950) konnten neue Konzepte zur Realisierung von chemischen Sensoren entwickelt werden. Die sensitive Schicht (Messschicht) des chemischen Sensors muss seine messtechnischen Eigenschaften abhängig von der Zusammensetzung der Probe (oder Analyt) so ändern, dass sie in ein elektrisches Signal umgesetzt wird, das proportional zur Messgröße ist.

Definition
Chemosensoren sind Messmittel zur qualitativen und quantitativen Erfassung chemisch-physikalischer Eigenschaften von Atomen, Molekülen und Ionen in Gasen, Flüssigkeiten und Festkörpern über die Generierung elektrischer Signale.

Chemosensoren sind technische Bauteile von automatisierten Analysegeräten. Sie sind wichtig in der Industriesensorik zur Automation von Produktionsprozessen geworden, da sie kontinuierlich und in kurzer Zeit Messergebnisse erzeugen.

Messmedien
Konzentrationen und andere Stoffeigenschaften werden vorzugsweise bei Flüssigkeiten und Gasen gemessen. Statt mit Messobjekten hat man es hier mit chemischen Substanzen zu tun. Die Konzentration kann z.B. über die elektrische Leitfähigkeit erfasst werden. Gase werden meist über Festkörpersensoren erfasst. Die Absorption der Gase beeinflusst ihre elektrischen Eigenschaften. Bei den meisten Festkörpern sind die Messgrößen ihre Materialeigenschaften, deren Bestimmung Aufgabe der Werkstoffprüfung ist, einem Sondergebiet der Messtechnik.

17.1 Chemische, physikalische und messtechnische Grundbegriffe und Grundlagen

Chemische Wechselwirkungen
Die Wechselwirkungen können auf verschiedenen chemischen und physikalischen Effekten beruhen. Z.B. setzt die Größenerkennung voraus, dass die sensitive Schicht Hohlräume besitzt, die in der Geometrie der zu analysierenden chemischen Verbindung (dem Analyten) entspricht. Entscheidend ist die reversible Bindung an die sensitive Schicht. Irreversible Effekte können für Dosimeter eingesetzt werden, sind jedoch für Sensoranwendungen nicht geeignet. Daher werden für die Sensorentwicklung meist Wasserstoffbrückenbindungen oder VAN-DER-WAALS-Kräfte eingesetzt.

Elektrostatische Wechselwirkungen
Sie treten zwischen permanentelektrischen Momenten (z.B. Dipolmomenten) auf. Die Kräfte hängen von der räumlichen Orientierung der elektrischen Momente zueinander ab. In Gasen oder Flüssigkeiten werden die Kräfte thermisch gemittelt, d.h. nehmen mit der Temperatur ab.

- *Induktionswechselwirkung*
  Sie werden erzeugt durch permanentelektrische Momente von Molekülen, die in anderen Molekülen elektrische Dipolmomente induzieren. Ihre Stärke hängt von der Polarisierbarkeit der Moleküle ab. Die thermisch gemittelten Dipolkräfte hängen nicht von der Temperatur ab.
- *Dispersionswechselwirkung*
  Sie existieren praktisch zwischen allen Atomen und Molekülen. Sie sind als Korrelation von Fluktuationen in den induzierten Dipolen benachbarter Moleküle darstellbar.
- *Wasserstoffbrückenbindung*
  Sie entsteht zwischen einem H-Atom (das in einem Molekül an ein stark elektronegatives Atom gebunden ist) und einem Atom mit negativer Teilladung eines anderen Moleküls. So entstehen Wechselwirkungen, die z.B. für hohe Siedepunkte einiger einfacher Moleküle wie Wasser (H_2O), Ammoniak (NH_3) und Fluorwasserstoff (HF) verantwortlich sind.
- *Dissoziation*
  Angeregter oder selbstständig verlaufender Zerfall in wässrigen Lösungen von Molekülen (Salzen) in seine elektrisch geladenen Bestandteile (Ionen).
- *Koordinative Bindungen*
  Koordinative Bindungen entstehen zwischen einem Zentralatom und mehreren Liganden (angelagerte Atome um das Zentralatom). Das Zentralatom ist meist ein Übergangsmetall. Die Bindung entsteht, weil der Ligand an das Zentralion seine Elektronen abgibt, so dass eine Komplexverbindung entsteht. Noch stabilere Komplexe entstehen, wenn ein Ligand mehrere Bindungsstellen hat. Man spricht dann von Chelaten (cyclische organische Verbindungen).

Sensorschichten

Im Weiteren werden Konzepte zur Erzeugung sensitiver Schichten beschrieben. Jedoch nicht alle Sensoren benötigen eine sensitive Schicht, z.B. dann nicht, wenn sie spektroskopisch erfasst und vermessen werden können.

Adsorptionsschichten (Anlagerungsschicht)

Massensensitive Sensoren besitzen oft Silicagel-Adsorptionsschichten. Vorteilhaft ist, dass sie billig sind, weil sie industriell massenweise hergestellt werden können. Nachteilig ist ihre relativ schwache Selektivität. Technisch kann man sie teilweise durch Sensorarrays kompensieren, wenn mehrere Sensoren mit verschiedenen Schichten zusammengeschaltet werden. Die Signale wertet man z.B. mit Neuronalen Netzen oder Mustererkennungsmethoden softwaretechnisch aus. Hier wird der Unterschied zwischen der chromatographischen Analysenmethode und der Sensormethode gezeigt. In der Chromatographie soll die Adsorption auf die Oberfläche beschränkt bleiben, da sonst eine Peakverbreiterung des Messsignals eintritt. In einem Sensor ist eine Adsorption in die Bulkebene erwünscht, da so ein größerer Sensoreffekt auftritt.

Halbleiterbauelemente

Transistoren aus organischen Halbleitern zerfallen langsam, wenn sie Luft, Wasser oder anderen chemischen Verbindungen ausgesetzt werden. Diese eher schlechte Eigenschaft ist sensorisch nutzbar. Je nach Verbindung zerfallen sie unterschiedlich schnell. Spezielle technische Anordnung aus organischen Halbleitern, die unterschiedlich auf Analyten reagieren, ergeben spezielle Muster, eine Art elektronischer Fingerabdruck des Analyten. In MOS-Halbleitern (***m**etal-**o**xide-**s**emiconductor*) bestehen die Metallelektroden aus katalytischen Metallen, z.B. Palladium. Wasserstoff kann an der Metalloberfläche dissoziieren, die Atome diffundieren durch das Metall zur Metall-Oxid-Grenzfläche. Dort werden sie durch die Biasspannung polarisiert. Damit ändern sich die Kapazität bei einer Diode und der Source-Drain-Strom bei einem Feldeffekttransistor. Diese Methode ist nicht auf Wasserstoff beschränkt.

Donator-Akzeptor-Komplexe

Die Selektivität der Schichten beruht auf einer Wasserstoffbrücken- oder Komplexbildung. Donator-Akzeptor-Schichten werden häufig zur Sensierung von Kationen in Wasser oder in anderen Lösungsmitteln eingesetzt. Kationen sind Elektronenakzeptoren und bilden bevorzugt Komplexe mit Liganden, die Stickstoff (N), Schwefel (S) oder Sauerstoff (O) besitzen.

Wasserstoffbrücken

Sie erzeugen selektive Schichten. Einige Farbstoffe haben eine Abhängigkeit ihrer Farbe von den Umgebungsbedingungen. Bei Bildung von Wasserstoffbrücken entsteht so unmittelbar ein optisches Farbsignal, das gemessen werden kann. Durch den Einfluss eines Analyten wird die Struktur gestört und erzeugt so ein optisches Messsignal. Dieses Sensorprinzip kann auch auf Analyten angewandt werden, die keine Wasserstoffbrückenbindungen bilden.

Sensorstrukturen

Supramolekulare Strukturen

Supramolekulare Strukturen (lat.: *supra* = darüber hinaus) haben stabile Verbindungen von mindestens 2 abgeschlossenen molekularen Einheiten, die nicht kovalent miteinander verbunden sind. Damit verwandt ist der Begriff der Selbstorganisation, der vor allem zur Funktion von biologischen Systemen beiträgt. Die Tertiärstruktur von Proteinen, Lipidmembranen oder die Doppelhelix der DNA ist ein gutes Beispiel für selbstorganisierende Strukturen.

Selbstorganisierende Monolagen (Einzellagen)

In der Chemosensorik werden z.B. Monolagen auf Goldschichten oder Quarzoberflächen verwendet. Monolagen können speziell Oberflächen von massensensitiven Sensorschichten hydrophobieren (d.h. ihre Wasserquerempfindlichkeit senken) oder Hohlraummoleküle kovalent am Sensor verankern. Sie sind als Haftvermittler für Polymerschichten einsetzbar. Außerdem können sie verschieden lange Ketten bilden. Es entstehen hydrophobe (dadurch wasserabstoßende) Taschen, die lipophile (fettfreundliche) Moleküle anlagern können.

Flüssigkeitskristalle

Sie sind selbstorganisierende Strukturen, die auf den sog. Interdigitalkondensatoren (lat.: *interdigital* = zwischen Fingern) aufgetragen werden, wo sie durch ihre höhere Ordnung die Kapazität dieser Kondensatoren ändern. Die Analyten können sich im Flüssigkristall lösen und die Ordnung stören, was dann eine Kapazitätsänderung hervorruft.

Steroide Erkennung

Viele Sensoren verwenden die Größenerkennungen in der einen oder anderen Form, das sog. Schlüssel-Schloss-Prinzip. Es bildet die technische Grundlage für die steroide Erkennung. In der Sensorschicht sind Kavitäten (Hohlräume), die der Größe des

Analyten angepasst sind, eingebaut. Diese Kräfte sind wie bei den supramolekularen Strukturen relativ schwache Wechselwirkungen, die in ihrer Summe eine relativ starke Bindung ergeben. Oft werden noch zusätzliche Wasserstoffbrücken eingebaut. Im Gegensatz zur Natur (z.B. Enzymreaktionen) werden in der Technik keine Reaktionen katalysiert.

Host-Guest-Chemie (Wirt-Gast-Chemie)
Im Host-Guest-Verfahren bieten Moleküle dem Analyten einen geeigneten Hohlraum, in den sie mittels VAN-DER-WAALS- oder elektrostatischer Wechselwirkungen eingebaut werden können. Für die Sensorik muss diese Bindung reversibel sein.

Hinweis

Nachteilig ist der hohe synthetische Aufwand und die zeitintensive Anpassung an Analyten. Teilweise kann die Methode der Voroptimierung mit «Molecular Modelling» für Abhilfe sorgen.

Molekulares Prägen
Im Gegensatz zum Host-Guest-Verfahren liefert eine molekulare Prägung nicht einzelne Moleküle, sondern Polymermatrizen mit definierten Hohlräumen. Die Monomere werden in Gegenwart eines Templates (Schablone) für den späteren Analyten polymerisiert, so dass das Template einen Abdruck ausbildet. Nach Auswaschen eines Templates bleiben angepasste Kavitäten (Hohlräume) zurück. Zu beachten ist, dass viele Quervernetzungen aufgebaut werden, da sonst die Polymerstruktur beim Auswaschen in sich zusammenfällt. Weiter besteht die Möglichkeit, Monomere mit speziellen funktionellen Gruppen einzusetzen.

Vorteile

Polymere sind einfach herzustellen und die verwendeten Komponenten billig. Die Polymerauswahl ist so groß, dass für fast jede Anwendung ein geeignetes Polymer zu finden ist. Molekulares Prägen ist auf fast jeden Analyten anwendbar, solange keine Polymerisation zwischen den Strukturen erfolgt. D.h., dass auch sehr kleine Moleküle ohne ausgeprägte Funktionalität mit Sensorschichten hergestellt werden können.

Messtechnische Grundbegriffe der Analysentechnik
Mit Chemosensoren können automatisiert abtastende Einzelmessungen oder kontinuierliche Messungen durchgeführt werden. I.Allg. gelten die messtechnischen Grundlagen von Kapitel 1.

Messempfindlichkeit
Die Empfindlichkeit E_{mess} ist die Ausgangsgröße $x_a(t)$, bezogen auf die Eingangsgröße $x_e(t)$.

$$E_{\text{mess}} = \Delta x_a \,/\, \Delta x_e \qquad \text{(Gl. 17.1)}$$

Querempfindlichkeit
Der Einfluss einer Störgröße auf die Messabweichung einer Messgröße beschreibt die relative Querempfindlichkeit QE_{rel}. Es gilt per Definition:

$$QE_{rel} = (\Delta x_{mess} / \Delta x_{stör}) \cdot 100\% \qquad \text{(Gl. 17.2)}$$

x_{mess} vorgetäuschte Messgröße
$x_{stör}$ Störgröße

Selektivität
Die Messempfindlichkeit E_{mess}, bezogen auf die absolute Querempfindlichkeit QE_{abs}, ist definiert als Messselektivität SE:

$$SE = \frac{E_{mess}}{QE_{abs}} = \frac{\Delta x_a / \Delta x_e}{\Delta x_{mess} / \Delta x_{stör}} = \frac{\Delta x_a \cdot \Delta x_{stör}}{\Delta x_e \cdot \Delta x_{mess}} \quad \text{mit} \quad \Delta x_a = \Delta x_{mess} + \Delta x_{stör} \qquad \text{(Gl. 17.3)}$$

Die Selektivität SE eines Analyseverfahrens (Messverfahren) nimmt immer mit abnehmender Querempfindlichkeit QE zu.

Kalibrierkennlinie
Die Kalibrierkennlinie beschreibt den Zusammenhang zwischen dem Ausgangssignal x_a und dem Eingangssignal x_e einer Messeinrichtung:

$$x_a(t) = x_a(t, x_e) \qquad \text{(Gl. 17.4)}$$

x_a Strom
x_e Konzentrationswert

Analysefunktion
Die Umkehrfunktion einer Kalibrierkennlinie ist eine Analysefunktion:

$$x_e(t) = x_e(x_a(t)) \qquad \text{(Gl. 17.5)}$$

Nachweisgrenze
Die Nachweisgrenze $\bar{x}$ eines Analyseverfahrens ist durch folgende Gleichung definiert:

$$\bar{x}_{grenze} = \bar{x}_0 \pm 3 \cdot \sigma(x_0) \qquad \text{(Gl. 17.6)}$$

wobei $\bar{x}_0$ der sog. Blindwert ist und $3 \cdot \sigma(x_0)$ die Standardabweichung des Blindwertes mit einer statistischen Sicherheit S von 99,73% ist.

Dynamisches Verhalten (Zeitverhalten)
Siehe hierzu in Abschnitt 1.7.2 «Sprungfunktion, Systeme 1. und 2. Ordnung».

Konzentrationsangaben
Sie werden gemessen in Masse / Volumen oder Mol / Volumen mit den Einheiten: Gewichts-%, oder Volumen-%, 1 ppm (part per million) = 10^{-6}, 1 ppb (part per billion) = 10^{-9}; 1 g/l, 1 mol/l.

Anwendungen

Ein Bedarf an chemischen Sensoren besteht für viele Anwendungen: von der Automation, der Verfahrenstechnik, der Emissions- und Immissionskontrolle, der Arbeitsplatzüberwachung, der klinischen Analytik, der medizinischen Diagnostik, der Kraftfahrzeugtechnik bis hin zum Haushaltsbereich. Entsprechend vielfältig sind die

Sensorprinzipien und die Technologien zur Realisierung. Ihre Aufgabe ist oft ähnlich der von Laborgeräten in der analytischen Chemie, wobei weniger eine größere Messgenauigkeit angestrebt wird als vielmehr eine einfache Handhabung am Einsatzort bei kleinen Abmessungen und geringen Herstellungskosten.

Mess- und Referenzelektrode
Die Elektrode ist ein Elektronenleiter. Je nach Abhängigkeit des elektrischen Potentials von der Ionenkonzentration des Elektrolyten werden 4 Elektrodenarten unterschieden:

- *Elektroden 1. Art*
  Elektroden, deren elektrisches Potential direkt von der Ionenkonzentration der sie umgebenden Elektrolytlösung abhängt.
- *Elektroden 2. Art*
  Elektroden, deren elektrisches Potential nur indirekt von der Ionenkonzentration der sie umgebenden Elektrolytlösung abhängt, da Feststoffe an der Reaktion beteiligt sind.
- *Redox-Elektroden (Reduktion, Oxidation)*
  Elektroden, bei denen keine Metallionen, sondern Elektronen durch die Phasengrenzen treten. Das Metall selbst bleibt unverändert, da kein Stofftransport durch die Phasengrenzen erfolgt.
- *Ionensensitive Elektroden*
  Elektroden, bei denen das elektrische Potential im Idealfall nur von der Konzentration eines ganz bestimmten Ions abhängt.

Mess- und Referenzelektrolyt
So bezeichnet man eine Lösung, die beim Anlegen einer elektrischen Spannung unter dem Einfluss des dabei entstehenden elektrischen Feldes den elektrischen Strom leitet, wobei ihre elektrische Leitfähigkeit die gerichtete Bewegung von Ionen bewirkt.

Messprinzipien für Konzentrationsmessungen in Flüssigkeiten

- Konduktometrie: Messgröße ist die elektrische Leitfähigkeit.
- Potentiometrie: Messgröße ist eine elektrische Spannung.
- Amperometrie: Messgröße ist ein elektrischer Strom.
- Photometrie: Messgröße ist die Lichtabsorption.

17.2 Leitfähigkeitssensoren für Flüssigelektrolyte

Passive Sensoren benötigen eine externe Energiequelle. Die Abkürzung LF steht für Leitfähigkeit. Mit LF-Sensoren werden LF-Messungen in industriellen Prozessen zur Bestimmung und zur Überwachung der Ionenkonzentrationen von Säuren, Laugen und Salzen in wässrigen Lösungen durchgeführt. Dieses Fachgebiet heißt **Konduktometrie.**

Chemisch-physikalische Wirkungen
Allgemeine Anwendungen sind Bestimmungen der Ionenkonzentrationen in elektrolytischen Lösungen über die Messung der elektrischen LF mit elektronischen Mitteln.

In einer elektrolytischen Zelle (Gefäß) befindet sich eine wässrige elektrolytische Flüssigkeit mit Wasserstoffionen (in Form von Oxoniumionen: H_3O^+), Metallionen (z.B. Ag^+, Cu^{++}), Nichtmetallionen (z.B. OH^-, SO_4^{2-}, Cl^-) und Radikalen. Die elektrische Leitfähigkeit κ eines Elektrolyten ist abhängig von der Ionenkonzentration und der Beweglichkeit der Ionen. Die Beweglichkeit hängt ab vom Widerstand, den das Lösungsmittel den Ionen entgegensetzt.

Man sollte vermuten, dass die Beweglichkeit der Alkaliionen (der Alkalimetalle: Lithium, Natrium, Kalium, Rubidium, Caesium und Francium) mit steigender Ordnungszahl abnimmt, da der Atomradius mit steigender Ordnungszahl zunimmt und somit bei der Wanderung im Wasser mehr Wassermoleküle verdrängt werden. Tatsächlich ist aber das Gegenteil der Fall. Ursache ist die Hydratation (Anlagerung von H_2O-Molekülen an gelöste Ionen), die sich bei kleinen Ionen stärker bemerkbar macht als bei großen.

Eine besonders hohe Beweglichkeit haben Wasserstoff- (H^+) und Oxoniumionen (H_3O^+). Der Grund ist, dass H_2O-Moleküle Ketten bilden. Lagert sich nun ein Wasserstoffion an das vordere Ende der Kette an, können die Bindungen der H_2O-Moleküle «umklappen», und am anderen Ende der Kette wird so wieder ein Wasserstoffion frei. Es wird also nur Bindungsenergie transportiert, nicht aber ein Wasserstoffion.

Da die Beweglichkeit der Ionen außerdem stark von der Temperatur abhängt, ist auch die Leitfähigkeit stark temperaturabhängig. Über weite Bereiche der Konzentration herrscht bei konstanter Zelltemperatur eine ausreichende lineare Abhängigkeit zwischen der Ionenkonzentration und der elektrischen LF der Lösung. Bild 17.1a zeigt den physikalischen Prinzipaufbau einer Messzelle mit Elektrolyt. Für den elektrischen Widerstand R der Messzelle, nach Bild 17.1a, gilt mit Gl. 2.1:

$$R = \varrho \cdot \frac{l}{A} = K \cdot \varrho \qquad \text{(Gl. 17.7)}$$

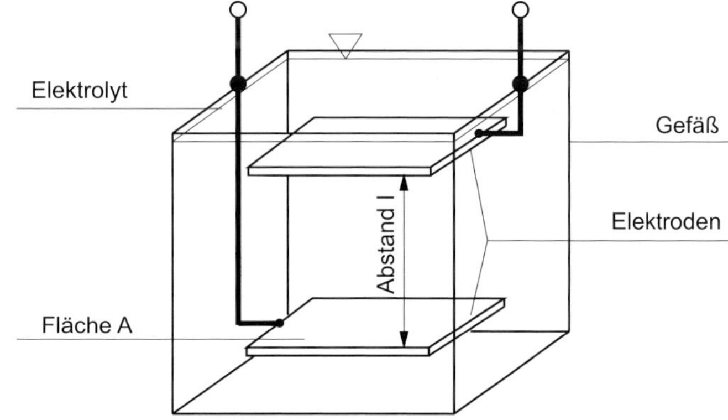

Bild 17.1a Physikalischer Prinzipaufbau einer Messzelle mit Elektrolyt

wobei ϱ der spezifische elektrische Widerstand des Elektrolyten und K die sog. Zellkonstante ist. Für die einfache Geometrie der Elektrolyt-Zelle nach Bild 17.1a gilt mit der Gl. 17.7:

$$K = l / A \qquad \text{(Gl. 17.8)}$$

l Elektrodenabstand
A Elektrodenoberfläche

K ist ein Geometrie- oder Konstruktionsfaktor, der bei einfachen bekannten Geometrien leicht berechnet werden kann. Bei komplizierteren Geometrien wird die Zellkonstante meist messtechnisch ermittelt (siehe unten). Bei kommerziellen Messzellen wird K vom Hersteller angegeben.

Für den spezifischen elektrischen Leitwert κ (wird in der Elektrochemie standardmäßig verwendet) gilt mit Gl. 17.7 und den Gesetzen der Elektrophysik bzw. Elektrotechnik:

$$\kappa = 1/\varrho = K/R = K \cdot G \qquad \text{(Gl. 17.9)}$$

G elektrischer Leitwert

Messtechnische Bestimmung der Zellkonstanten K

Nach Gl. 17.9 gilt:

$$K = \kappa \cdot R \qquad \text{(Gl. 17.10)}$$

Die Zellkonstante K bestimmt man mit Kalibrierlösungen, z.B. eine 30%ige Schwefelsäure (H_2SO_4), Dichte =1,221 g/cm^3, elektrische Leitfähigkeit κ = 0,740 S/cm bei 18 °C, oder eine gesättigte Kochsalzlösung (NaCl-Lösung) mit κ = 0,2161 S/cm bei 18 °C. Der Temperatureinfluss auf die elektrische Leitfähigkeit κ kann im linearen Bereich (siehe auch Elektrophysik bzw. Elektrotechnik) auf andere Temperaturen wie folgt umgerechnet werden:

$$\kappa = \kappa_{18} \cdot [1 + \alpha_\kappa \cdot (\vartheta - 18\,°\mathrm{C}) + \beta_\kappa \cdot (\vartheta - 18\,°\mathrm{C})^2 + ...] \approx \kappa_{18} \cdot [1 + \alpha_\kappa \cdot (\vartheta - 18\,°\mathrm{C})] \qquad \text{(Gl. 17.11a)}$$

$\alpha_\kappa = 0{,}023\ (°\mathrm{C})^{-1}$

In einem engen Temperaturintervall kann die Näherung mit ausreichender Genauigkeit verwendet werden. Bei größeren Temperaturbereichen oder bei Dissoziationsgleichgewichten ist eine Polynomnäherung 4. Ordnung sinnvoll.

Bestimmung der Ionenkonzentration c_{ion} über die spezifische elektrische Leitfähigkeit κ

Für die elektrische Leitfähigkeit gilt:

$$\kappa(T) = \mathrm{F} \cdot z \cdot u_{ion} \cdot \alpha \cdot c_{ion} \Rightarrow \kappa(t) \sim c_{ion} \qquad \text{(Gl. 17.11b)}$$

T Temperatur
F Faraday-Konstante (= 96 458 As/mol)
c_{ion} Ionenkonzentration
z Ladungszahl
u_{ion} Ionenbeweglichkeit
α Dissoziationsgrad

Bild 17.1b zeigt die Leitfähigkeit κ von wässrigen Salzlösungen bei 18 °C als Funktion der Konzentration c. Die elektrische Leitfähigkeit eines Elektrolyten ist also eine lineare Funktion der Konzentration bei konstanter Temperatur, da die Ladungszahl und die Beweglichkeit der Ionen in wässrigen Lösungen konstant sind.

Es muss darauf geachtet werden, dass die elektrische Leitfähigkeit einer Lösung die Summe der Einzelleitfähigkeiten aller Ionenpaare ist, d.h., dass die Gesamtleitfähigkeit keine spezifische Messgröße ist und somit auch nicht auf die Einzelkonzentration einer Substanz geschlossen werden kann. In der Praxis kann

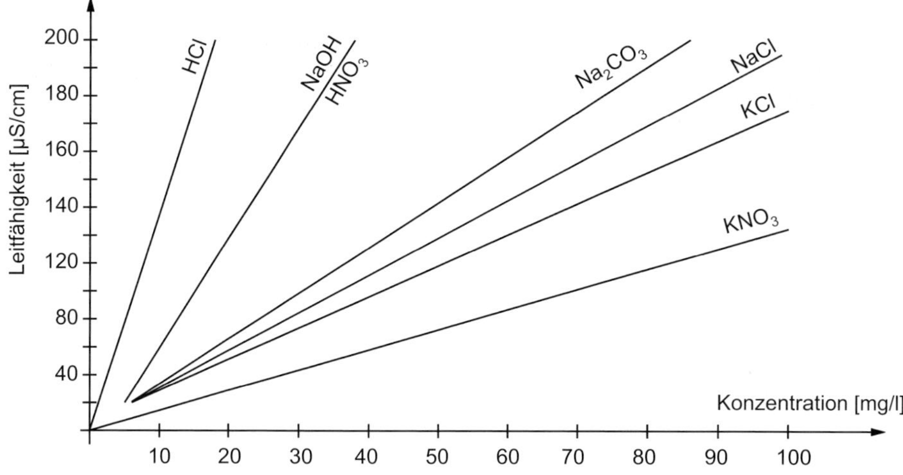

Bild 17.1b Elektrische Leitfähigkeit κ von wässrigen Salzlösungen bei 18 °C als Funktion der Konzentration c.

jedoch unter bestimmten Bedingungen, die nachfolgend zusammengestellt sind, auf Einzelkonzentrationen im Rahmen der geforderten Messgenauigkeit geschlossen werden:

- bei Einzelsubstanzen in Lösung,
- wenn alle Substanzen ihre Konzentration im gleichen Verhältnis ändern,
- wenn die Konzentrationsänderung der Messsubstanz sehr stark dominant ist.

Die spezifische elektrische Leitfähigkeit nimmt i.Allg. mit zunehmender Konzentration ab, da der Dissoziationsgrad (Grad der Ionisierung) und die Beweglichkeit der Ionen abnehmen. Es ist eine Bestimmung der Konzentration nur möglich, wenn der Zusammenhang zwischen der Leitfähigkeit und der Konzentration theoretisch oder durch Kalibriermessungen bekannt ist.

Chemische Komponentensysteme

Grundsätzlich muss die chemische Zusammensetzung von Elektrolyten (Komponentensystem) beachtet werden. Es wird zwischen 3 Systemen unterschieden.

- *2-Komponenten-System*
  In reinen 2-Komponenten-Systemen (z.B. NaCl in H_2O) ist die spezifische elektrische Leitfähigkeit κ proportional zur Zahl der Ionen n pro Volumen V.

Beispiel:

Für das 1-Komponenten-System reines H_2O: $\kappa = 0{,}1$ µS/cm
Für das 2-Komponenten-System 1 g NaCl/1 H_2O: $\kappa = 2{,}0$ mS/cm

- *Normale Mehrkomponentensysteme*
  In x Komponentensystemen gibt die spezifische elektrische Leitfähigkeit κ keine Information über die Konzentration einer Komponente.
- *Spezielle Mehrkomponentensysteme*
  In pH-Wert-neutralem Wasser ist jedoch die spezifische elektrische Leitfähigkeit κ ein Maß für den Gesamtsalzgehalt.

Technischer Aufbau

Messtechnische Elektrodensysteme

Bei konduktometrischen Messungen (LF-Messungen) wird der elektrische Leitwert G (bzw. der elektrische Widerstand R) von Flüssigelektrolyten mit einer Wechselspannung erfasst. Gleichstrom ist nicht geeignet, da bei einer Wanderung der Ionen an die entsprechenden Elektroden eine Konzentrationspolarisation entsteht, die eine Gleichspannung zur Folge hat, die das Messergebnis verfälscht. Bei den Messverfahren unterscheidet man, bedingt durch die unterschiedlichen spezifischen elektrischen Leitfähigkeiten κ der Elektrolyten, zwischen Elektrodenmessverfahren und elektrodenlosen Messverfahren.

Systematik der Flüssigelektrolyt-LF-Sensoren

- ❑ 2-Elektroden-LF-Sensoren (2-EL-LF-Sensoren), MS = 0,04...25 000 µS/cm
- ❑ 4-Elektroden-LF-Sensoren (4-EL-LF-Sensoren), MS = 0,01... 500 mS/cm
- ❑ Elektrodenlose LF-Induktionssensoren (IN-LF-Sensoren)
  MS = 0,001...2 500 mS/cm

17.2.1 Konduktive 2-Elektroden-LF-Sensoren für Flüssigelektrolyte (konduktive Sensoren, LF-Sensoren)

Grundlagen und technischer Aufbau

Für $\kappa < 1$ mS/cm wird das 2-Elektroden-Messverfahren eingesetzt. Der elektromechanische Aufbau einer Messzelle mit 2 Elektroden ist die sog. KOHLRAUSCH-Zelle (Bild 17.2). Sie besteht in der einfachsten Ausführung aus 2 planparallelen quadratischen Flächenelektroden mit der Fläche A im Abstand l.

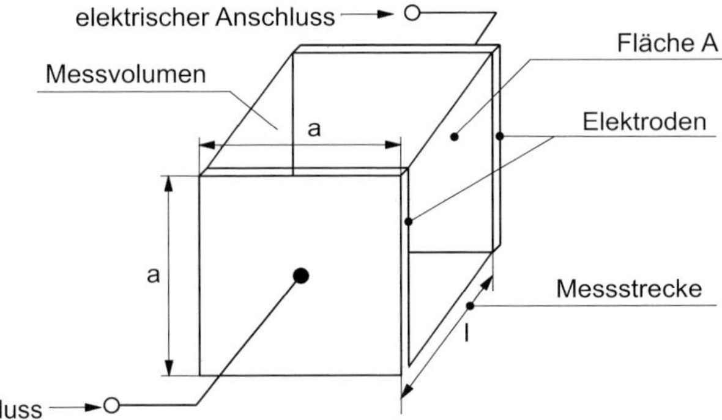

Bild 17.2
Elektromechanischer Prinzipaufbau einer KOHLRAUSCH-Zelle (Messzelle) mit 2 Elektroden

Die beiden Flächenelektroden sind mit je einer elektrischen Zuleitung kontaktiert, an die eine geeignete Zellenelektrik / Elektronik angeschlossen werden kann. Für ein 2-Elektroden-System der KOHLRAUSCH-Zelle ist die Zellkonstante K_{KRZ} nach Gl. 17.8 der Quotient aus Elektrodenabstand l und effektiver Elektrodenoberfläche A:

$$K_{KRZ} = l / A \qquad \text{(Gl. 17.12)}$$

l Elektrodenabstand
A Elektrodenfläche

Bild 17.3 zeigt einen professionellen elektromechanischen Prinzipaufbau von einem Leitfähigkeitssensor mit 2 Elektroden. Er besteht aus einem nicht leitenden Rohr mit Außengewinde und 2 innen parallelsymmetrisch eingebauten runden Edelstahlelektroden (mit Fe, Cr, Ni, Mo).

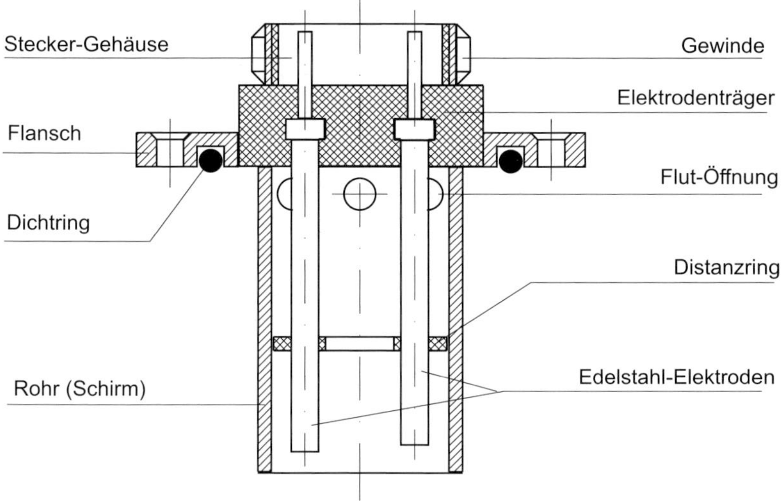

Bild 17.3
Konstruktiver elektromechanischer Aufbau eines Leitfähigkeitssensors mit 2 Elektroden

Die Elektrodenanschlüsse sind mit 2 Steckerbolzen im Steckergehäuse untergebracht. Die elektrische Leitfähigkeit κ eines Elektrolyten ist abhängig von der Konzentration der vorhandenen Ionen und ihrer Beweglichkeit. Die Beweglichkeit hängt ab vom Widerstand, den das Lösungsmittel den Ionen entgegensetzt.

Messtechnische Eigenschaften und Sensorelektronik

Indirekt anzeigende Sensoren mit Widerstandsmessbrücke

Der elektrische Widerstand R_X eines Elektrolyten kann mit einer Brückenschaltung und AC-Verstärker (Bild 17.4) im 0- oder Abgleichverfahren gemessen werden. Die Brücke für die elektrochemische Anwendung (Bild 17.4) wird mit einer niederfrequenten Wechselspannung (z.B. 125 Hz) betrieben.

Eine Speisung mit Gleichstrom führt z.B. bei Schwefelsäure (H_2SO_4) zu einer Wasserstoffentwicklung (H_2) an der Katode. Gleichstrom bildet in Bezug zur Katode ein elektrochemisches Potential aus, das die Messung verfälschen würde. Ist die Brücke abgeglichen, muss die Spannung zwischen Punkt 1 und 2 null sein. Es gilt dann:

$$R_X/R_N = R_2/R_1 \text{ und } C_X/C_N = R_N/R_X, \text{ mit } R_1 = R_2 \text{ ist dann } R_X = R_N \quad \text{(Gl. 17.13)}$$

R_1, R_2 Festwiderstände
R_N Abgleichbauelemente
C_N Abgleichbauelemente
R_x elektrischer Widerstand der Elektrolytzelle (Messzelle)
C_x elektrische Zellkapazität

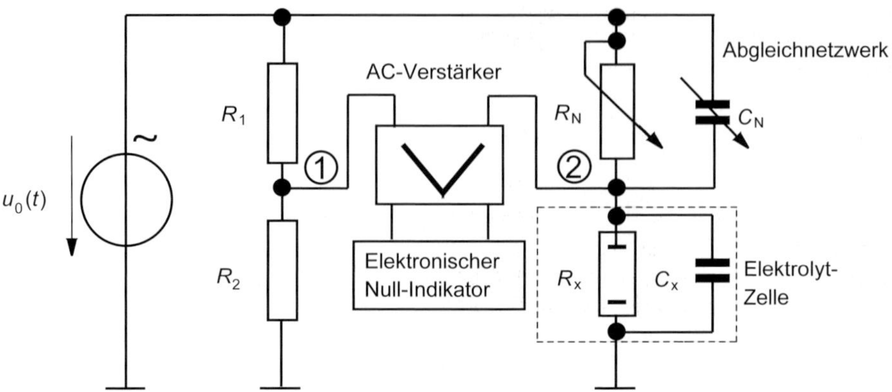

Bild 17.4 Messbrückenschaltung mit AC-Verstärker für elektrochemische Anwendungen nach dem Abgleichverfahren mit niederfrequenter Wechselspannung

Zusammenstellung der Betriebsfrequenzen der Brückenspeisespannung

Messung mit Gleichspannung
Sie wird in der Praxis nicht oder extrem selten benutzt, da (wie oben beschrieben) sich in den allermeisten Fällen der Dissoziationsgrad des Elektrolyten verändert und dadurch zu hohe Werte gemessen werden.

- *Messung mit einer niederfrequenten Wechselspannung*
  Der niederfrequente Wechselstrom kann in den Anwendungen eingesetzt werden, bei denen eine geringe Messgenauigkeit oder eine geringe Polarisation, d.h. geringe Dissoziation, zu erwarten ist. Die Messfrequenz liegt zwischen 50 Hz...5 kHz. Vorteilig ist, dass längere Zuleitungen zwischen Zelle und Auswerteelektronik gegenüber dem Gleichspannungsfall möglich sind. Nachteilig ist, dass im oberen Frequenzbereich parasitäre Kapazitäten entstehen können.
- *Messung mit einer hochfrequenten Wechselspannung*
  Bei diesen Frequenzen (<5 kHz) können sehr hohe Messempfindlichkeiten erzielt werden. Jedoch können durch die Scheinwiderstände der Messeinrichtung höhere Messabweichungen entstehen, die nur durch aufwendige Kompensationsmaßnahmen minimiert werden können.

Messtechnische Leitwertbestimmung eines Elektrolyten
Nach Gl. 17.9 gilt für die zu bestimmende elektrische Leitfähigkeit:

$$\kappa = \mathrm{K}/R_X \qquad \text{(Gl. 17.14)}$$

Die Zellkonstante K kann über eine Kalibriermessung (siehe oben) erfasst werden. Der Elektrolytwiderstand R_X kann mit einer geeigneten Messelektronik bestimmt werden. Der Temperaturgang muss ebenfalls erfasst werden. Damit kann dann die elektrische Leitfähigkeit grundsätzlich mit Gl. 17.9 berechnet werden.

Direktanzeigendes Messverfahren mit Analogelektronik
Bild 17.5 zeigt ein Blockschaltbild eines direkten analogelektronischen Messverfahrens. Die Zelle wird mit einer Sinusspannung $u(t)$ mit der Frequenz 125 Hz und einem konstanten Effektivwert U_0 gespeist. Es werden die elektrischen/elektronischen Signale der einzelnen Stufen so miteinander verknüpft, dass für das Ausgangsignal (das ist die spezielle elektrische Leitfähigkeit, LF als Kürzel und κ Formelsymbol), wie aus dem Blockschaltbild ersichtlich, folgende Gl. gilt:

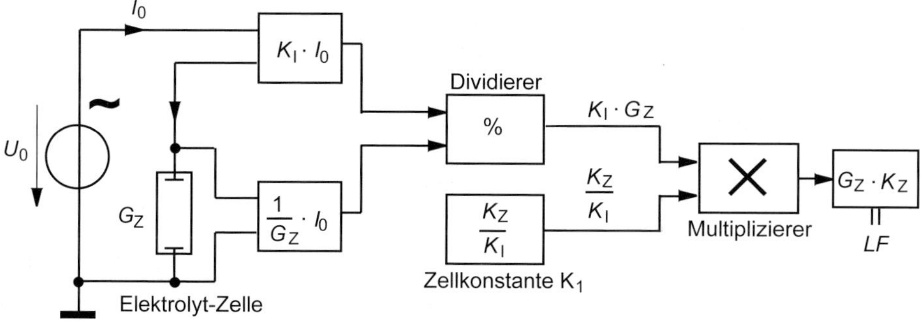

Bild 17.5 Blockschaltbild eines direkten analogelektronischen Messverfahrens für Elektrolytzellen

$$\kappa = K_I \cdot G_Z \cdot \frac{K_Z}{K_I} = G_Z \cdot K_Z \qquad \text{(Gl. 17.15)}$$

Praktische Ermittlung der Zellkonstanten K
Die Bestimmung der Zellkonstanten K erfolgt über den Vergleich mit Kalibrierstandards. Die Werte der Standardelektroden hängen vom Messbereich ab. Es werden 4 Betriebsbereiche für Kalibrierstandards unterschieden: Für

- ❑ κ = 0,001...10 µS/cm gilt: K = 0,01 cm^{-1}
- ❑ κ = 0,1...10^{-4} µS/cm gilt: K = 0,1 cm^{-1}
- ❑ κ = 1 µS/cm...100 mS/cm gilt: K = 0,8...1 cm^{-1}
- ❑ κ = 100 µS/cm...200 mS/cm gilt: K = 10 cm^{-1}

Die Bestimmungsgleichung der Zellkonstanten lautet:

$$K = \kappa_{\text{Standardlösung}} / G_{\text{Messwert}} \qquad \text{(Gl. 17.16)}$$

Hinweis

Der Wert kann sich durch Verschmutzung und Adsorption ändern!

Typische technische Daten (2-EL-LF-Sensoren)
Konduktive Einschraubmesszelle für Reinwasseranwendungen (Tabelle 17.1)

Tabelle 17.1 Typische messtechnische Kennwerte für 2-Elektroden-LF-Sensoren für Reinwasseranwendungen

Messbereich	*MB*	0...100 µS/cm
Zellenkonstante	K	0,5 ± 3,5%
Arbeitstemperatur		0...60 °C
Temperaturmessung (Kompensation)		integrierter Pt1000 (DIN IEC 751 Klasse A)
Druckfestigkeit		max. 16 bar bei 22 °C

Material
Polyvinylchlorid PVC-U nach DIN 8061/8062, Edelstahl (Elektroden)

Elektrischer Anschluss

8-pol. Rundsteckverbinder IP67, Winkelstecker nach DIN EN 175 301-803/A, IP65

Anwendungen

- Dampferzeugung (Kesselspeisewasser, Kondensat usw.),
- Halbleiterfertigung (Reinstwasser, Chip-Cleaning usw.),
- Wasseraufbereitung (Umkehrosmose, Ionentauscher usw.),
- Dichtigkeit von Wärmetauschern,
- Trink- und Oberflächenwasseraufbereitung,
- LF und Konzentrationsmessungen von Salzsolen, Laugen und Säuren.

Beispiel 17.1 Bestimmung der elektrischen LF von Elektrolyten

Technische Daten

- Messlösung: gesättigte NaCl-Lösung bei 18 °C
- Messmittel: 2-Leiter-LF-Messzelle (Elementarsensor), Widerstandsbrückenschaltung, AC-Spannungsquelle, AC-Nullpunktmessgerät.
- Brückenmessmethode: Nullpunktmethode.

Kalibriermessung: Bestimmung der Zellkonstanten K

- Kalibrierlösung: Schwefelsäure (H_2SO_4),
  Dichte = 1,221 g/cm^3 bei 18 °C, $\kappa_S = 0{,}740$ S/cm
  Mit $\Delta\kappa_S = \pm 0{,}0001$ S/cm, Messtemperatur = 18 °C.
- Widerstandsmessung der Messzelle mit Kalibrierlösung:
  R_{mz} [Ω]: 0,25, 0,26, 0,25, 0,25, 0,25, 0,26
- Berechnung des Widerstandsmittelwertes:

$$\overline{R}_{mz} = \frac{1}{N} \cdot \sum_{n=1}^{n=N} R_{mz_n} = \ldots = 0{,}253\ \Omega \qquad \text{(Gl. 17.17)}$$

- Berechnung des Vertrauensintervalls υ:

$$\upsilon_{mz} = \pm\overline{\sigma}_{mz} \cdot t = \pm 0{,}002\ \Omega \cdot 2{,}600 = \pm 0{,}0052\ \Omega \approx \pm 0{,}005\ \Omega \rightarrow \pm 1{,}98\% \qquad \text{(Gl. 17.18)}$$

  mit der mittleren Standardabweichung $\overline{\sigma}_{mz} = \pm\ 0{,}002\ \Omega$ und dem t-Faktor: $t = 2{,}60$ aus der t-Verteilung für eine statistische Sicherheit von $S = 95\%$ (s. Abschnitt 1.5.2)
- Berechnung der Zellkonstanten K_{mz} mit Messabweichung

$$K_{mz} = \kappa_S \cdot \overline{R}_{mz} = 0{,}704\ \mathrm{S/cm} \cdot 0{,}253\ \Omega = 0{,}1865\ \mathrm{cm}^{-1} \text{ mit } F_{mz} \equiv \upsilon = \pm\ 0{,}005\ \Omega \qquad \text{(Gl. 17.19)}$$

  da die Messabweichung der Kalibrierlösung vernachlässigt werden kann. Damit:

$$K_{mz} = 0{,}1865\ \mathrm{cm}^{-1} \pm 1{,}98\% = (0{,}1865 \pm 0{,}0037)\ \mathrm{cm}^{-1} \qquad \text{(Gl. 17.20)}$$

LF-Messung der NaCl-Lösung

- Widerstandsmessung der Messzelle mit Messlösung:
  R_{NaCl} [Ω]: 0,82, 0,85, 0,82, 0,84, 0,85, 0,84.
- Widerstandsmessung der Messzelle mit NaCl-Lösung:

$$\bar{R}_{NaCl} = \frac{1}{N} \cdot \sum_{n=1}^{n=N} R_{NaCl_n} = ... = 0,836\ \Omega \qquad \text{(Gl. 17.21)}$$

- Berechnung des Vertrauensintervalls υ:

$$\upsilon_{NaCl} = \pm\bar{\sigma}_{NaCl} \cdot t = \pm 0,00487\ \Omega \cdot 2,600 = \pm 0,01266\ \Omega \approx \pm 0,027\ \Omega \rightarrow \pm 3,23\% \qquad \text{(Gl. 17.22)}$$

  mit der mittleren Standardabweichung $\sigma_{\_mz} = \pm\ 0{,}00487\ \Omega$ und dem t-Faktor: $t = 2{,}60$ aus der t-Verteilung für eine statistische Sicherheit von $S = 95\%$
- Berechnung der spezifischen elektrischen Leitfähigkeit κ_{NaCl} mit Messabweichung:

$$\kappa_{NaCl} = \frac{K_{mz}}{\bar{R}_{NaCl}} = \frac{0,1865\ \text{cm}^{-1}}{0,836\ \Omega} = 0,223 \frac{\text{S}}{\text{cm}} \qquad \text{(Gl. 17.23)}$$

- Berechnung Messabweichung:

$$f_{NaCl} = \pm\sqrt{\upsilon_{mz}^2(\nu) + \upsilon_{NaCl}^2(\upsilon)} = \pm\sqrt{(1,98\%)^2 + (3,23\%)^2}\ \pm 3,79\% \qquad \text{(Gl. 17.24)}$$

- Messergebnis der spezifischen elektrischen Leitfähigkeit κ_{NaCl} mit Messabweichung:

$$\kappa_{NaCl} = 0,223 \cdot \text{S/cm} \pm 3,79\% - (0,223 \pm 0,0085) \cdot \text{S/cm} \qquad \text{(Gl. 17.25)}$$

17.2.2 Konduktive 4-Elektroden-LF-Sensoren für Flüssigelektrolyte (konduktive Sensoren, LF-Sensoren)

Grundlagen und technischer Aufbau

Für die elektrische Leitfähigkeit >1 mS/cm wird das 4-Elektroden-Messverfahren eingesetzt. Die Frequenz des Sinus- oder Rechteck-Wechselstroms liegt im Bereich zwischen 100 Hz...50 kHz je nach der elektrischen Leitfähigkeit. Bild 17.6 zeigt den elektromechanischen Prinzipaufbau, der auch in kommerziellen Sensoren verwendet wird. Die Messzelle besteht hier aus einem nicht leitenden Rohr mit 4 nebeneinander symmetrisch angeordneten ringförmigen Edelstahlelektroden (Legierungen aus Fe, Ni, Cr, Mo).

In der Labormesstechnik werden platinierte Platinelektroden bevorzugt. Über die beiden äußeren, großflächigen Elektroden E1 und E2 wird ein konstanter elektrischer Strom zugeführt, an dem die oben beschriebenen Polarisationseffekte (d.h. Abschirmung der Elektroden) auftreten. Die beiden inneren Elektroden E3 und E4 sind kleiner. An den Elektroden erfolgt eine praktisch stromlose Messung der elektrischen Spannung ohne Polarisation. Polarisationseffekte spielen also bei dieser Messanordnung keine Rolle, d.h., auf eine Platinierung der Elektroden kann verzichtet werden.

Messtechnische Eigenschaften und Sensorelektronik

Bild 17.7 zeigt das Blockschaltbild einer Messelektronik für ein 4-Elektroden-Verfahren, bei dem 2 Strom- und 2 Spannungselektroden verwendet werden. An die

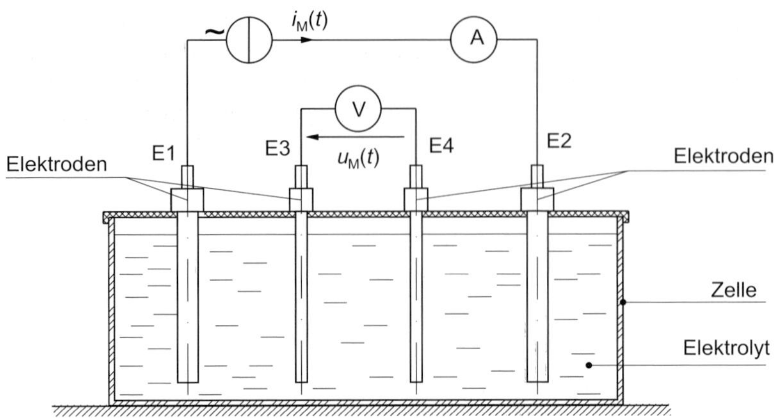

Bild 17.6 Elektromechanischer Prinzipaufbau eines 4-Elektroden-Messverfahrens zur Bestimmung der elektrischen Leitfähigkeit

Stromelektroden E1 und E2 wird z.B. eine Rechteck-Wechselspannung mit einer Frequenz von z.B. 50 kHz gelegt. Durch eine Messlösung (Elektrolyt) fließt ein Messstrom I_M, der zum Elektrodenwiderstand umgekehrt und zur elektrischen Leitfähigkeit κ direkt proportional ist.

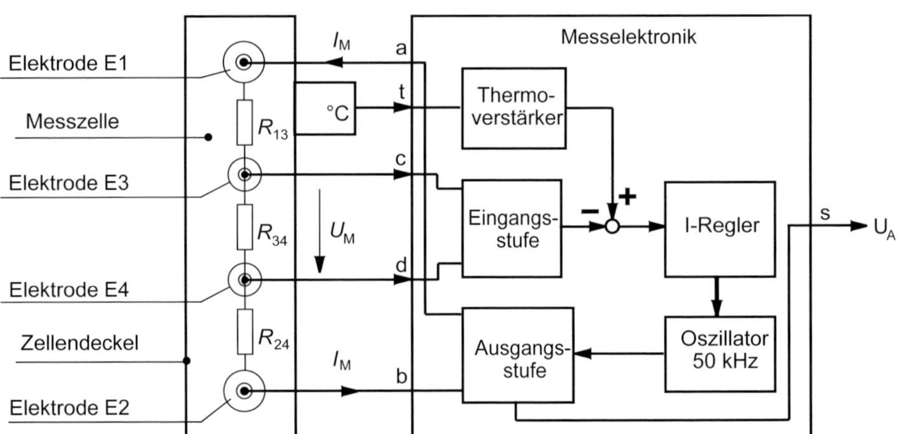

Bild 17.7 Blockschaltbild einer Messelektronik für ein 4-Elektroden-Verfahren zur Bestimmung der elektrischen Leitfähigkeit

An den Spannungselektroden E3 und E4 wird die Wechselspannung, d.h. ihr Effektivwert U_M, gemessen. Mit der fast stromlos (<pA) gemessenen elektrischen Spannung U_M wird die Spannung an den beiden Stromelektroden E1 und E2 geregelt. Die Regelschaltung stellt im Prinzip eine Kompensationsschaltung mit Stromausgang dar. Für den Elektrodenstrom I_M zwischen den Anschlusspunkten a und b gilt dann:

$$I_M = U_M \cdot G = U_M \cdot \frac{\kappa}{K_{4EL-Z}} = K^*_{4EL-Z} \cdot \kappa \qquad \text{(Gl. 17.26)}$$

Die teilweise großen Messabweichungen, erzeugt durch elektrische Polarisationseffekte und Belagbildungen an den Elektroden, werden damit berücksichtigt und weitgehend kompensiert. Außerdem werden durch die Regelung Impedanzänderungen in Zuleitungen minimiert. Die von der Messelektronik erzeugte Spannung U_A ist proportional zum Messstrom I_M und damit zur elektrischen Leitfähigkeit κ und kann analog- oder digitalelektronisch weiterverarbeitet werden.

Typische technische Daten von 4-Elektroden-LF-Sensoren
Einsatzbereich: Lebensmittel- und Chemie-Industrie

Technische Daten

- Unempfindlich gegen Verschmutzung,
- keine Beeinflussung durch Polarisationseffekte und Leitungswiderstände,
- medienberührende Teile PEEK, PVDF, Edelstahl 1.4404 (AISI316L), Grafit,
- Dichtung EPDM mit FDA-Zulassung.

Tabelle 17.2 zeigt typische messtechnische Kennwerte.

Tabelle 17.2 Typische messtechnische Kennwerte für 4-Elektroden-LF-Sensoren für Reinwasseranwendungen

Messbereich	*MB*	0...500 mS/cm
Zellenkonstante	K	0,4 cm^{-1} ± 2,5%
Arbeitstemperatur		–10...+60 °C
Temperaturmessung (Kompensation)		integrierter Pt1000 (DIN IEC 751 Klasse A)
Druckfestigkeit		max. 16 bar bei 22 °C
Dampfsterilisation		5 h bei 140 °C

Elektrischer Anschluss

- Flachsteckverbinder (nur für Kopfmontage),
- 8-poliger Rundsteckverbinder, IP67

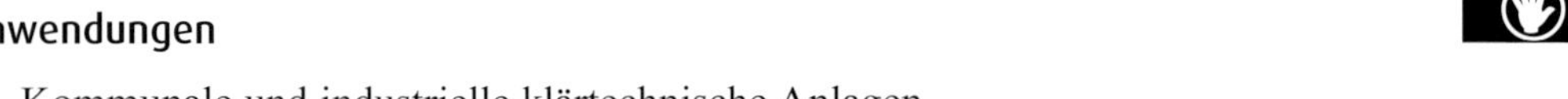

Anwendungen

- Kommunale und industrielle klärtechnische Anlagen,
- Brauch- und Abwasseraufbereitung in Wasserwerken und Industrie,
- Trinkwasseraufbereitung in Wasserwerken,
- Kühlwasser für den industriellen Einsatz,
- Konzentrationsbestimmungen von Salzsolen, Laugen und Säuren,
- Konzentratüberwachung in der Produktionstechnik und der Chemie-Industrie,
- Bleich- und Waschbäder in der Textilindustrie.

17.2.3 Kontaktfreie, elektrodenlose LF-Induktionssensoren für Flüssigelektrolyte (induktive LF-Sensoren)

Grundlagen und technischer Aufbau
Mit dem elektroden- und kontaktlosen induktiven Messverfahren lassen sich die elektrischen Leitfähigkeiten von sehr kleinen Werten 1 µS/cm bis zu sehr großen

Werten ca. 2500 mS/cm messen. Da dieses Verfahren ohne direkten Kontakt der Elektroden mit der Messflüssigkeit ist, eignet es sich gut zur Messung in korrosiven Medien.

Bild 17.8 zeigt den prinzipiellen elektromechanischen Aufbau eines elektroden- und kontaktlosen Induktionsmessverfahrens. Der Elementarsensor besteht aus 2 Spulen, der Spule 1 und 2, die entweder direkt auf die Flüssigkeitsschleife aufgebracht, oder auf einen Ringbandkern gewickelt sind, die die Flüssigkeitsschleifen umspannen. Eine höhere Messempfindlichkeit erhält man, wenn die beiden Spulen 1 und 2 je auf einen Ringbandkern aus einem hochpermeablen Werkstoff gewickelt sind, da so das Magnetfeld konzentrierter geführt ist und eine höhere Magnetflussdichte aufweist.

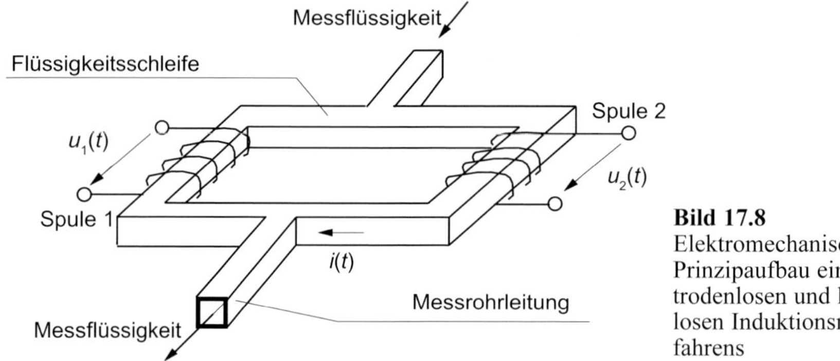

Bild 17.8
Elektromechanischer Prinzipaufbau eines elektrodenlosen und kontaktlosen Induktionsmessverfahrens

Die Ringbandkerne umschlingen diametral die Flüssigkeitsschleife. Spule 1 (Primärspule) erhält eine sinusförmige Wechselspannung mit einer konstanten Frequenz (z.B. 5 kHz). In der Flüssigkeitsschleife (mit der elektrisch leitenden Messflüssigkeit), die die Sekundärwicklung des «Messtransformators» bildet, induziert deshalb eine Wechselspannung. Bei elektrisch leitenden Flüssigkeiten fließt daher ein Wechselstrom $i(t)$, der ihrer Leitfähigkeit κ proportional ist. Die Flüssigkeitsschleife ist gleichzeitig die Primärwicklung der Spule 2 (Sekundärspule), die dann eine Wechselspannung mit dem Effektivwert U_{sek} induziert. Für die Sekundärspannung gilt:

$$U_2 = \mathrm{K}_{\text{ind-mess}} \cdot \kappa \qquad \text{(Gl. 17.27)}$$

$\mathrm{K}_{\text{ind-mess}}$ durch Kalibrierung ermittelte Konstante der Messeinrichtung
κ spezifische elektrische Leitfähigkeit der Messflüssigkeit (Elektrolyt)

Die Höhe der induzierten Spannung U_2 hängt von der Leitfähigkeit κ der Messflüssigkeit im Koppelrohr und von ihrer Temperatur ab. Für den Temperaturkoeffizienten gilt allgemein:

$$\alpha_{\text{LF}} = \frac{\Delta\kappa / \kappa}{\Delta T} \qquad \text{(Gl. 17.28)}$$

$\Delta\kappa/\kappa$ relative elektrische Leitfähigkeit
ΔT Betriebstemperaturbereich

Bei wässrigen Lösungen hat der Temperaturkoeffizient den Wert 1,5...2,5%/K.

Messtechnische Eigenschaften und Sensorelektronik
Da transformatorische elektrische Bauelemente Phasenverschiebungen zwischen Eingangs- und Ausgangsgrößen erzeugen, muss das Wechselspannungssignal immer phasenrichtig gleichgerichtet und anschließend verstärkt werden. Bild 17.9 zeigt ein Prinzip-Blockschaltbild des Messaufbaus (Elementarsensor mit Sensorelektronik).

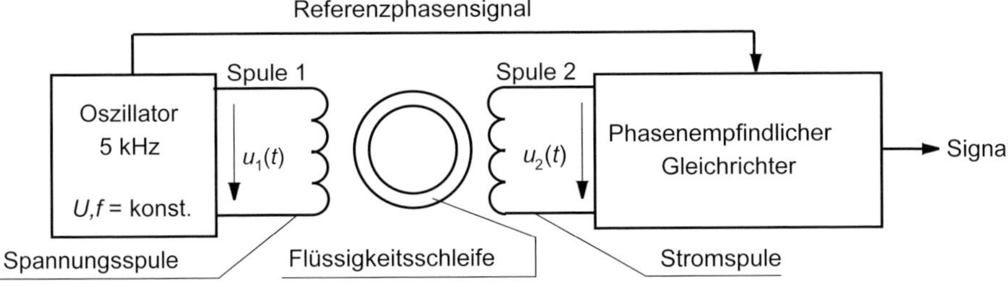

Bild 17.9 Prinzipaufbau und Blockschaltbild einer Messeinrichtung mit einem kontaktfreien elektrodenlosen LF-Induktionssensor zur Leitfähigkeitsmessung in einem Flüssigelektrolyten

Die Flüssigkeitsschleife kann auch als Primärwicklung der Spule 2 (Sekundärspule) verstanden werden, die dann elektrisch als Stromwandler arbeitet. Dieser Strom, der in Spule 2 fließen kann, wird wieder mit einer geeigneten elektronischen Schaltung phasenrichtig gleichgerichtet und verstärkt.

Messtechnische Eigenschaften
Einflusseffekte auf den Messwert nach DIN IEC 746, Teil 1

- Reproduzierbarkeit: <0,2% v. *MBE*
- Linearität: *NL* < 0,5% v. *MBE*
  (bei Temperaturkompensation für reine Flüssigkeiten)
- Temperaturkompensation für Temperaturkoeffizienten von 0...10%/K
- Temperaturfehler: *TK* < 0,2%/10 K
- Hilfsenergieabweichung: <0,1%
- Bürdeabweichung: <0,1%
- Nullpunktfehler (Drift): <0,2% v. *MBE*
  - Extreme Messbereichsdynamik der Konzentration (>106 mg/l) mit einem Einzelsensor kleinster *MB* = 0,1 mg/l (z.B. NaCl in H_2O), größter *MB* = 200 g/l (z.B. NaOH in H_2O)
  - Sensortypen aus Polymer (PEEK) mit Temperatursensoren (Pt1000 oder Pt100), d.h. zusätzliche permanente Temperaturanzeige wählbar in °C (oder °F)
- Temperaturmessbereich: –50 °C...+2000 °C (–60 °F...+400 °F)
- Dauerbelastbarkeit: 10 bar bei +1300 °C und hoher Dichtigkeit
- Sensor mit großer Wandstärke aus FEP (Messung in konzentrierten Säuren und Laugen)
- diffusionsdichter Sensor aus DURAN-Glas mit integrierten Temperatursensoren
- Einsatz in heißen überkonzentrierten Säuren
- beständig gegen organische Lösungsmittel
- Ausführungen mit Ex-Schutz-Einrichtungen

Anwendungen

- Konzentrationsbestimmung von Salzsolen, Laugen, Säuren und Ölen,
- Konzentrationsbestimmung von korrosiven Industrieabwässern,
  - CIP-(Cleaning-in-Place-)Steuerung, ein Verfahren zur automatisierten Reinigung von verfahrenstechnischen Apparaten,
- Konzentrationsaufschärfung,
- Phasentrennung von Produkt-Wasser-Gemischen,
- Prüfung von Ionentauschern in Kernkraftwerken,
- Produktüberwachung in Abfüll- und Reinigungsanlagen.

17.3 Konzentrationssensoren mit ionenselektiven Elektroden für Flüssigelektrolyte (ionenselektive Sensoren)

Diese Sensoren sind aktiv, d.h., sie erzeugen ohne externe Energiezufuhr aus den Messgrößen (Ionenkonzentrationen) elektrische Spannungssignale und sind damit messgrößengesteuerte «galvanische Elemente». Durch Messung der elektrischen Leerlaufspannung kann die Ionenkonzentration in Elektrolyten bestimmt werden. Dieses Fachgebiet heißt **Potentiometrie**.

Chemische und physikalisch Grundlagen

Substanzen in Flüssigkeiten (oder Gasen) können elektronisch dann erfasst werden, wenn sie chemische Reaktionen in den elektrochemischen Zellen durchführen oder ablaufende chemische Reaktionen beeinflussen und so im System elektrische Potentiale ausbilden. Die elektrochemischen Grundlagen werden nur soweit besprochen, wie sie für die Sensorik notwendig sind.

Elektrochemische Grundlagen

Wird eine Metallelektrode in eine Lösung getaucht, entsteht an den Grenzflächen zwischen Metall und Lösung eine elektrische Potentialdifferenz. Diesen Effekt hat Walther Nernst 1889 beschrieben («Theorie zur galvanischen Stromerzeugung»). Metalle haben allgemein das Bestreben, Ionen in Lösungen abzugeben (Lösungsdruck $p_{\text{Lös}}$), während Lösungen allgemein Metallionen an Elektroden abscheiden (osmotischer Druck p_{Os}). Beide Effekte sind entgegengesetzte Vorgänge, arbeiten also gegeneinander. Je nach «Druck» können 3 Fälle unterschieden werden.

1. Fall: Lösungsdruck $p_{\text{Lös}}$ = osmotischer Druck p_{Os}

Der elektrolytische Lösungsdruck $p_{\text{Lös}}$ des Metalls ist genau so groß wie der osmotische Druck p_{Os} der schon im Elektrolyten gelösten Ionen.

***2. Fall: Lösungsdruck $p_{\text{Lös}}$ > osmotischer Druck p_{Os}* (Bild 17.10a)**

Der elektrolytische Lösungsdruck $p_{\text{Lös}}$ der Metallelektrode (Zn^0) ist in diesem Fall größer als der anfängliche osmotische Druck der schon vorhandenen Metallionen (Zn^{2+}) in der Lösung. Da der Lösungsdruck $p_{\text{Lös}}$ größer ist als der osmotische Druck p_{Os}, wird die Metallelektrode (Zn^0) elektrisch negativ gegenüber der Zinksulfatlösung ($ZnSO_4$), weil immer mehr positive Metallionen (Zn^{2+}) die Metallelektrode (Zn^0) verlassen. Dabei bleiben aber die negativen Elektronen (e^-) in der Oberfläche der Elektrode zurück und laden diese elektrisch negativ auf.

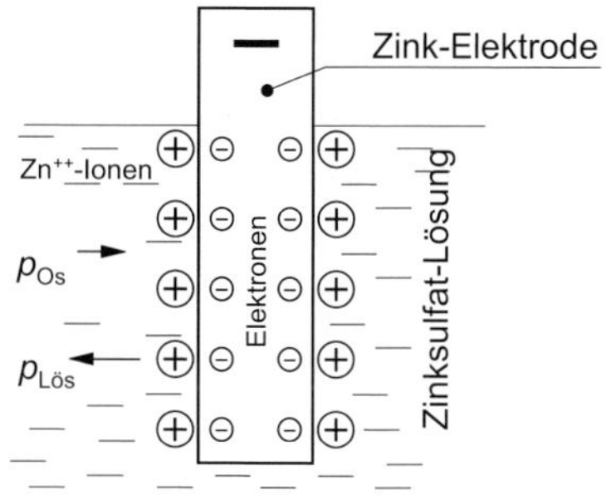

Bild 17.10a Elektrochemische Lösungstheorie: Da der Lösungsdruck $p_{Lös}$ größer ist als der osmotische Druck p_{Os}, wird die Metallelektrode (Zn^0) elektrisch negativ gegenüber der Zinksulfatlösung ($ZnSO_4$).

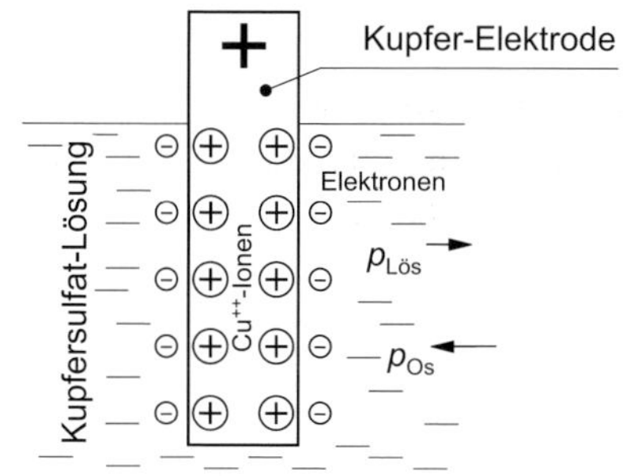

Bild 17.10b Elektrochemische Lösungstheorie: Da der osmotische Druck p_{Os} größer als der Lösungsdruck $p_{Lös}$ ist, scheiden sich positive Metallionen (Cu^{++}) aus der Kupfersulfatlösung ($CuSO_4$) an der Metallelektrode (Cu^0) ab.

Die negativen Elektronen verhindern nun, dass sich die positiven Metallionen von der Elektrode entfernen können. Es entsteht so an der Phasengrenze (Grenze zwischen Festkörper und Flüssigkeit) eine elektrische, polarisierte Doppelschicht aus positiven Ionen und negativen Elektronen.

Durch die Ladungsanhäufung wird nach kurzer Zeit die Auflösung des Zinks elektrostatisch behindert und der entgegengesetzte Vorgang, die Abscheidung des Zinks, wird eingeleitet. Damit bildet sich im elektrochemischen System ein dynamisches Gleichgewicht. Der Gleichgewichtszustand entspricht einer bestimmten Ladungsdichte in der Doppelschicht und einem bestimmten elektrischen Potential im Metall.

Wird nun die Lösung verdünnt, d.h., es sind dann weniger Ionen in der Lösung, wird das Potential der Metallelektrode negativer, da der osmotische Druck sinkt und damit noch mehr Metallionen von der Elektrode austreten. Allgemein gilt: Je verdünnter eine Lösung ist, desto kleiner ist ihr erzeugter osmotischer Druck und desto mehr Metallionen kann die Metallelektrode an die Lösung abgeben.

3. Fall: Lösungsdruck $p_{Lös}$ < osmotischer Druck p_{Os} (Bild 17.10b)

Der elektrolytische Lösungsdruck $p_{Lös}$ der Metallelektrode (Cu^0) ist in diesem Fall kleiner als der anfängliche osmotische Druck der schon vorhandenen Metallionen (Cu^{2+}) in der Lösung. Da der osmotische Druck p_{Os} größer als der Lösungsdruck $p_{Lös}$ ist, scheiden sich positive Metallionen (Cu^{2+}) aus der Kupfersulfatlösung ($CuSO_4$) an der Metallelektrode (Cu^0) ab. Die Metallelektrode wird gegenüber der Lösung elektrisch positiv geladen, da die negativen Elektronen in Lösung bleiben. Die positiven Metallionen (Cu^{2+}) verhindern, dass sich die negativen Elektronen (e^-) von der positiven Metallelektrode entfernen.

An der Phasengrenze entsteht wieder eine elektrische polarisierte Doppelschicht, jedoch mit umgekehrter Polarität wie im Fall 2, aus positiven Ionen und negativen Elektronen. Durch die Ladungsanhäufung wird die Abscheidung des Kupfers wieder elektrostatisch behindert und der entgegengesetzte Vorgang, nämlich die Auflösung des Kupfers, wird begünstigt. Es stellt sich also wieder ein dynamisches Gleichgewicht ein.

Der Gleichgewichtszustand entspricht einer bestimmten Ladungsdichte in der Doppelschicht und einem bestimmten elektrischen Potential im Metall. Wird nun die

Lösung weiter konzentriert, d.h., werden wieder mehr Metallionen in die Lösung gebracht, wird das Potential der Metallelektrode immer positiver, da der osmotische Druck steigt und dadurch noch mehr Metallionen (Cu^{2+}) in die Elektrode (Cu^0) eintreten können. Allgemein gilt: je konzentrierter eine Lösung ist, desto größer ist ihr erzeugter osmotischer Druck und umso mehr Metallionen «drücken» dann an die Metallelektrode.

Mathematische Beschreibung der elektrischen Spannung an der Metallelektrode

Die thermodynamische Behandlung des Vorgangs liefert für die Potentialdifferenz zwischen Metallelektrode und Lösung, d.h. in der Doppelschicht, die NERNST-Gleichung.

$p_{Lös} > p_{Os}$ (Bild 17.10a)

Wird 1 Mol der Metallionen vom osmotischen Druck auf den Lösungsdruck gebracht, so wird der frei gewordene Druck als negative elektrische Elektrodenspannung ΔU in der elektrisch polarisierten Doppelschicht erscheinen. Es gilt dann die NERNST-Gleichung:

$$\Delta U = -\frac{\mathrm{R} \cdot T}{z \cdot \mathrm{F}} \cdot \ln \frac{p_{\mathrm{Lös}}}{p_{\mathrm{Os}}} \qquad \text{(Gl. 17.29)}$$

R = 8,31447 J $\mathrm{mol^{-1}\ K^{-1}}$, absolute Gaskonstante
T absolute Temperatur in [K]
F = 96 485,34 As $\mathrm{mol^{-1}}$, FARADAY-Konstante
z Wertigkeit der Ionen (Äquivalenzzahl)

$p_{Lös} < p_{Os}$ (Bild 17.10b)

Wird 1 Mol der Metallionen vom osmotischen Druck auf den Lösungsdruck gebracht, so wird der frei gewordene Druck als positive elektrische Elektrodenspannung ΔU in der elektrisch polarisierten Doppelschicht erscheinen. Es gilt dann die NERNST-Gleichung:

$$\Delta U = \frac{\mathrm{R} \cdot T}{z \cdot \mathrm{F}} \cdot \ln \frac{p_{\mathrm{Os}}}{p_{\mathrm{Lös}}} \qquad \text{(Gl. 17.30)}$$

$p_{Lös} = p_{OS}$ *ergibt die NERNST-Gleichung (s. z.B. Gl. 17.25): $\Delta U = 0$*

Vertiefung 17.1

Die Ableitungen von Gl. 17.29 und Gl. 17.30 stehen im Onlineservice InfoClick zur Verfügung. Für das weitere Verständnis des Themas im eigentlichen Sinn kann grundsätzlich ohne diese Ableitungen weitergearbeitet werden. Die Nummerierung im Buch überspringt deshalb die auf InfoClick ausgeführten Ableitungen (Gl. 17.31...Gl. 17.34) und fährt folgerichtig mit Gl. 17.35 fort.

Die Ionenkonzentration steht im engen Zusammenhang mit den Partialdrücken, während zwischen Aktivität und Konzentration bei hohen Konzentrationen größere Abweichungen bestehen. Der Lösungsdruck $p_{Lös}$ ist der Lösungskonzentration $c_{Lös}$ des Metalls proportional.

$$p_{\text{Lös}} = \text{k}_1 \cdot c_{\text{Lös}} \qquad \text{(Gl. 17.35)}$$

k_1 Proportionalitätskonstante

Der osmotische Druck p_{Os} ist der Konzentration c_{Os} der Metallionen in der Lösung proportional. Es gilt:

$$p_{\text{Os}} = \text{k}_2 \cdot c_{\text{Os}} \qquad \text{(Gl. 17.36)}$$

k_2 Proportionalitätskonstante

Gl. 17.36 und Gl. 17.35 in Gl 17.29 ergibt:

$$\Delta U = -\frac{\text{R} \cdot T}{z \cdot \text{F}} \cdot \ln \frac{\text{k}_1 \cdot c_{\text{Lös}}}{\text{k}_2 \cdot c_{\text{Os}}} = -\frac{\text{R} \cdot T}{z \cdot \text{F}} \cdot \ln \frac{\text{k}_1}{\text{k}_2} \cdot c_{\text{Lös}} + \frac{\text{R} \cdot T}{z \cdot \text{F}} \cdot \ln c_{\text{Os}} \qquad \text{(Gl. 17.37)}$$

Wenn man den ersten Term Gl. 17.37 als die Bezugsspannung U_0 definiert, gilt:

$$U_0 = -\frac{\text{R} \cdot T}{z \cdot \text{F}} \cdot \ln \frac{\text{k}_1}{\text{k}_2} \cdot c_{\text{Lös}} \qquad \text{(Gl. 17.38)}$$

Gl. 17.38 in Gl. 17.37 ergibt für die Elektrodenspannung ΔU:

$$\Delta U = U_0 + \frac{\text{R} \cdot T}{z \cdot \text{F}} \cdot \ln c_{\text{Os}} = U_0 + \frac{\text{R} \cdot T}{z \cdot \text{F}} \cdot \ln c_{\text{Ion}} \qquad \text{(Gl. 17.39)}$$

Die Interpretation der Gl. 17.39 zeigt, dass die Elektrodenspannung ΔU bei konstanter Temperatur T nur von der veränderlichen Konzentration der Ionen $c_{\text{Os}} = c_{\text{Ion}}$ in der Lösung abhängt.

pH-Wert

Die Bestimmung des pH-Wertes (Definition folgt unten) ist in der chemischen Industrie, besonders in den Bereichen Galvanik, Umweltschutz, Abwasserentgiftung, Neutralisation und Wasseraufbereitung von besonderer Bedeutung. Hochgenaue Bestimmungen des pH-Wertes sind nur elektronisch mit Hilfe von chemischen Sensoren möglich.

Definition des Begriffs pH-Wert

Der pH-Wert (***p**otentia **h**ydrogenii*, lat.: *potentia* = Kraft, *hydrogenium* = Wasserstoff) ist ein Maß für die Stärke von Säuren bzw. Basen. Als logarithmische Größe ist er durch den negativen dekadischen Logarithmus der Oxoniumionen (H_3O^+)-Aktivität $a_{\text{H+}}$ oder bei stark verdünnten wässrigen Lösung der Oxoniumionenkonzentration $c_{\text{H+}}$ definiert. Damit gilt:

$$\text{pH} = -\log c_{\text{H}_3\text{O}^+} \qquad \text{(Gl. 17.40)}$$

In Anlehnung an die Dissoziationskonstante k_{Diss} des reinen Wassers (s. Elektrochemie) gilt:

$$\text{k}_{\text{Diss}} = c_{\text{H}_3\text{O}^+} \cdot c_{\text{OH}^-} = 10^{-14}\ \text{Mol}^2/\text{Liter}^2 \qquad \text{(Gl. 17.41)}$$

Für reines Wasser und verdünnte Lösungen bei 25 °C gilt also:

- pH < 7 entspricht einer sauren Lösung (saure Wirkung)
- pH = 7 entspricht einer neutralen Lösung (neutrale Wirkung)
- pH > 7 entspricht einer alkalischen Lösung (basische Wirkung)

Hinweis

Die Skala des pH-Wertes ist nach oben und unten offen, d.h., es ist auch ein Wert von <0 (negative Werte) und >14 möglich.

Der pH-Wert bestimmt die Geschwindigkeit und die Richtung der in einer wässrigen Lösung miteinander chemisch reagierenden Substanzen.

Messprinzipien zur Bestimmung des pH-Wertes

- ❑ Galvanometrie (Potentiometrie und Amperometrie),
- ❑ Ionensensitive Feldeffekttransistoren (ISFET),
- ❑ Farbmetrik und Photometrie.

Potentiometrische Konzentrationssensoren für Flüssigelektrolyte

Um die elektrische Spannung für sensorische Anwendungen messtechnisch erfassen zu können, werden eine Messelektrode und eine Referenzelektrode benötigt. Bild 17.11 zeigt den elektrochemischen Prinzipaufbau eines potentiometrischen Sensors.

Für die Messelektrode gilt:

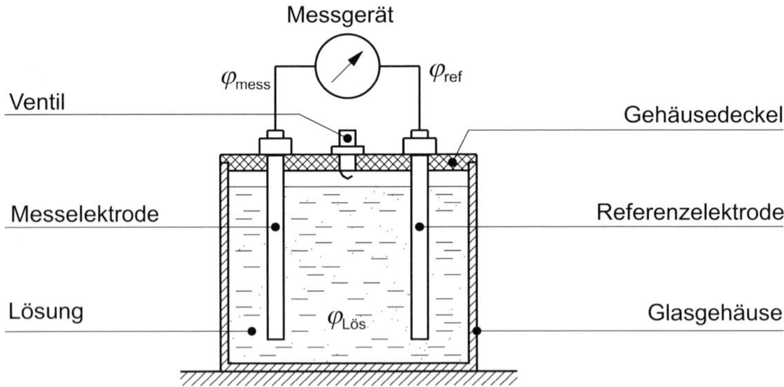

Bild 17.11 Elektrochemischer Prinzipaufbau eines potentiometrischen Sensors

$$U_{mess} = \varphi_{mess} - \varphi_{Lös} = \Delta\varphi_{mess} = \frac{R \cdot T}{z \cdot F} \cdot \ln \frac{c_{mes}}{c_{Lös}} \qquad \text{(Gl. 17.42)}$$

$\Delta\varphi_{mess}$ Differenz zwischen dem Potential der Messelektrode (Metall) und dem Potential der Lösung (Elektrolyt)

Für die Referenzelektrode gilt:

$$U_{ref} = \varphi_{ref} - \varphi_{Lös} = \Delta\varphi_{ref} = \frac{R \cdot T}{z \cdot F} \cdot \ln \frac{c_{ref}}{c_{Lös}} \qquad \text{(Gl. 17.43)}$$

$\Delta\varphi_{\text{ref}}$ Differenz zwischen dem Potential der Referenzelektrode (Metall) und dem Potential der Lösung (Elektrolyt)

Die beiden Elektroden (Mess- und Referenzelektrode) bilden zusammen mit dem Elektrolyten einen aktiven elektrochemischen Sensor, der seiner Funktion nach einem galvanischen Element entspricht, mit folgender Ausgangsspannung:

$$U_{\text{a}} = U_{\text{mess}} - U_{\text{ref}} = \varphi_{\text{mess}} - \varphi_{\text{ref}} = \frac{\text{R} \cdot T}{z \cdot \text{F}} \cdot \ln \frac{c_{\text{mes}}}{c_{\text{ref}}} \qquad \text{(Gl. 17.44)}$$

Die elektrische Potentialdifferenz an den Phasengrenzen zwischen Festkörper und Lösungen oder der daraus resultierende, externe elektrische Strom gilt als direktes Maß für die Ionenkonzentration.

Die Messprinzipien heißen dann entsprechend Potentiometrie und Amperometrie. Daraus ergeben sich 2 verschiedene Messprinzipien. Die Messung der Potentialdifferenz wird i.Allg. mit sehr hochohmigen Messverstärkern durchgeführt unter Berücksichtigung der Messlösungstemperatur.

Ionenselektive Elektrode (ISE, Ion Selective Electrode)

Zu den bekanntesten elektrochemischen Elementarsensoren gehören die ionensensitiven oder ionenselektiven Elektroden. Beide Begriffe beschreiben die gleiche Elektrodenart. Der Begriff ionenselektiv ist sowohl in der neueren europäischen als auch in der angloamerikanischen Literatur weit verbreitet.

Elektrische Potentialdifferenzen entstehen nicht nur an den Phasengrenzen zwischen Metallen und wässrigen Lösungen, sondern auch an den Grenzflächen zwischen 2 Festkörpern oder zwischen 2 Flüssigkeiten oder zwischen Gasen und Festkörpern und zwischen Flüssigkeiten und Festkörpern.

Diese chemischen und physikalischen Effekte bilden theoretische Grundlagen für Sensorprinzipien, die wiederum technische Grundlagen zur Realisierung von Sensoren bilden, wie z.B. Halbleitersensoren, Festkörperelektrolytgassensoren oder Gasensoren mit ionensensitiven Elektroden.

Hinweis

Ionenselektive Elektroden werden als aktive Elementarsensoren definiert, die Konzentrationen von Ionen in wässriger Lösung in einen Spannungswert umwandeln, wobei sie eine hohe Selektivität für bestimmte Ionen aufweisen.

Membransystematik der ionenselektiven Elektroden

Festkörpermembran

- Glasmembran (nicht kristallin, Glaselektrode zur pH-Wert-Bestimmung)
- 1-Kristall-Membran (homogener Kristall aus LaF_3 oder z.B. AgCl)
- Niederschlagsmembran (*heterogen*, Kristallpulver mit Bindemittel)

Flüssigmembran (hydrophobes Polymer mit Weichmacher zur «Flüssigmachung»)

- Ionenaustauschermembran (Ionenaustauscher selbst als Weichmacher möglich)
- Ionenträgermembran (neutrale und geladene Liganden oder lipophile Ionenaustauscher)

Spezielle Elektroden

- gassensitive Elektroden (gasdurchlässiges Membran, *c*-Änderung der Innenlösung)

Enzymelektroden
(Elektroden mit Enzymüberzügen; Potentialmessung über Protonen)

17.3.1 pH-Wert-Sensor mit protonenselektiver Glasmembran (pH-(sensitive) Glasmembran, pH-Meter, pH-Sonden)

Für kontinuierliche Messungen von Ionenkonzentrationen in Lösungen werden oft aktive Sensoren mit ionenselektiven Elektroden (ISE) eingesetzt, die direkt elektrische Messsignale liefern. Die ältesten (ab 1929) und am häufigsten verwendeten ionenselektiven Elektroden (ISE) sind pH-Glaselektroden, die selektiv auf H_3O^+-Ionen ansprechen. Für Messungen im Betrieb gibt es 2 Bautypen: pH-Einbausensoren und pH-Durchlaufsensoren.

Grundlagen und technischer Aufbau

Elektrochemische und physikalische Grundlagen

Der pH-Wert ist, wie oben definiert, der negative dekadische Logarithmus der Wasserstoffionenaktivität a, die in stark verdünnten Lösungen der Wasserstoff-Ionenkonzentration c entspricht (s. Gl. 17.39). Sie beschreibt, ob eine Messlösung sauer, neutral oder alkalisch reagiert. Zum Messen der Wasserstoff-Ionenkonzentration c_x wird eine Messkette, bestehend aus einer Messelektrode und Bezugselektrode, verwendet. Der elektrische Nullpunkt wird durch die Wasserstoff-Ionenkonzentration c_0 der Bezugselektrode festgelegt.

Bild 17.12 zeigt den elektrochemischen und mechanischen Prinzipaufbau eines pH-Elementarsensors. Die dünne Glasmembran ist nur für Wasserstoffionen (also für Protonen) durchlässig, so dass die Protonen aus der Lösung mit der größeren Protonenkonzentration in die mit kleinerer diffundieren können.

Bei Kontakt mit Wasser beginnen die Glasschichten zu quellen, dadurch können H_2O-Moleküle in die amorphe Glasstruktur eingebaut werden. Die Quellschichten wirken also wie Ionentauscher, d.h., Kationen können jetzt aus der Lösung in die Membran wandern und umgekehrt, wobei dies für die kleinen H^+-Ionen (Protonen) besonders einfach ist (daher die hohe H^+-Selektivität).

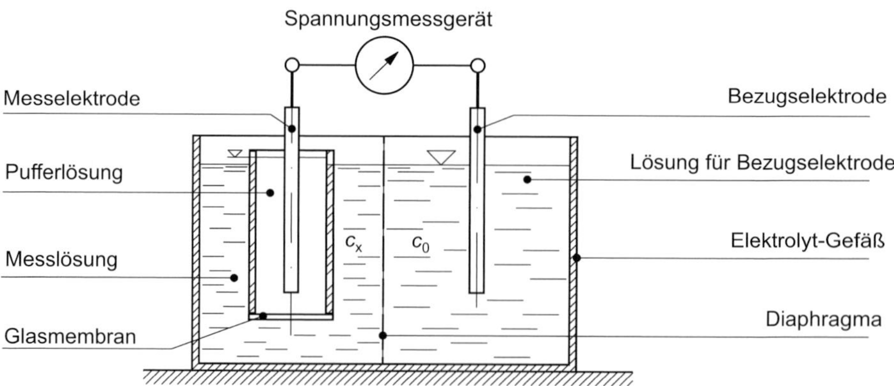

Bild 17.12 Elektrochemischer und mechanischer Prinzipaufbau eines pH-Elementarsensors

Es entsteht also ein elektrischer Potentialsprung an der Glasmembran, wobei die Lösung mit der höheren Protonenkonzentration durch Verlust von diesen elektrisch schwach negativ wird, da die Anionen ja nicht mitwandern können. Der elektrische Anschluss an die Lösungen erfolgt über 2 Elektroden mit einem definierten Potentialsprung. Da 2 identische Elektroden und Elektrodenableitungen eingesetzt werden, heben sich die Potentialsprünge gegenseitig auf.

Es muss jedoch darauf geachtet werden, dass die Anionenkonzentrationen in der Bezugselektrodenlösung und in der Pufferlösung stets gleich groß sind. Damit wird die Leerlaufspannung der Messkette praktisch nur noch durch Protonenwanderung von der Glasmembran bestimmt, d.h., die Potentialdifferenz ist nur noch durch das Verhältnis der Protonenkonzentration in der Probe- und Pufferlösung festgelegt.

Die Pufferlösung ist ein Stoffgemisch, das den pH-Wert 7 hat und sich bei Zugabe einer Säure oder einer Base kaum ändert. Die Messelektrode wird in die Messlösung eingetaucht, deren pH-Wert gemessen werden soll. Die Bezugselektrode steht in einer Lösung mit einem bekannten und konstanten pH-Wert.

Die beiden Lösungen sind über ein sog. poröses Diaphragma (griech. für «Zwischenwand») elektrisch miteinander verbunden. Weil bei einer extrem hochohmigen Last in der Messkette ein winziger Strom fließt, wird deshalb eine Potentialmessung zwischen den beiden Elektroden möglich. Durch das Diaphragma wird ein Stoffaustausch weitgehend unterbunden, damit das elektrische Potential der Bezugselektrode durch Fremdionen nicht verändert wird.

Das Potential der Messelektrode ist damit nur vom pH-Wert der Messlösung abhängig, d.h., dass auch die vom galvanischen Element gelieferte elektrische Leerlaufspannung nur vom pH-Wert der Messlösung abhängt. Die Leerlaufspannung zwischen Messelektrode und Bezugselektrode wird vom NERNST-Gesetz beschrieben. Es gilt nach Gl. 17.44 und mit der mathematischen Beziehung $\ln c = 2{,}3 \cdot \log c$:

$$\Delta U = \frac{\mathrm{R} \cdot T}{z \cdot \mathrm{F}} \cdot \ln \frac{c_\mathrm{x}}{c_0} = \frac{\mathrm{R} \cdot T}{z \cdot \mathrm{F}} \cdot 2{,}3 \cdot (\log c_\mathrm{x} - \log c_0) = -\frac{\mathrm{R} \cdot T}{z \cdot \mathrm{F}} \cdot 2{,}3 \cdot (\mathrm{pH}_\mathrm{x} - \mathrm{pH}_0) \qquad \text{(Gl. 17.45)}$$

Mit der Gaskonstante $\mathrm{R} = 8{,}314\ \mathrm{Ws\ K^{-1}\ mol^{-1}}$, der $\mathrm{H^+}$-Wertigkeit $z = 1$, der FARADAY-Konstante $\mathrm{F} = 96{,}472\ \mathrm{kAs/mol}$ erhält man aus Gl. 17.41:

$$\begin{aligned} \Delta U &= -\frac{\mathrm{R}}{z \cdot \mathrm{F}} \cdot 2{,}3 \cdot T \cdot (\mathrm{pH}_\mathrm{x} - \mathrm{pH}_0) \\ &= -\frac{2{,}3 \cdot 8{,}314 \cdot \mathrm{VAs} \cdot \mathrm{mol}}{\mathrm{K} \cdot \mathrm{mol} \cdot 1 \cdot 96{,}742 \cdot 10^3\ \mathrm{As}} \cdot T \cdot (\mathrm{pH}_\mathrm{x} - \mathrm{pH}_0) \\ \Rightarrow \Delta U &\approx -0{,}2 \cdot [\mathrm{mV/K}] \cdot T \cdot \Delta \mathrm{pH}_{\mathrm{x},0} \end{aligned} \qquad \text{(Gl. 17.46)}$$

Gl. 17.46 zeigt, dass die Ausgangsspannung des pH-Sensors temperaturabhängig ist. Deshalb ist es zwingend notwendig, die Temperatur konstant zu halten oder sie mitzumessen, um eine elektronische Temperaturkompensation durchführen zu können. Nach Gl. 17.46 gilt für die temperaturabhängige Messempfindlichkeit $E_{\mathrm{pH}}(T)$:

$$E_{\mathrm{pH}}(T) = \frac{\Delta U}{\Delta \mathrm{pH}_{\mathrm{x},0}} \approx -0{,}2 \cdot \frac{\mathrm{mV/K}}{\text{pH-Einheit}} \cdot T \qquad \text{(Gl. 17.47)}$$

Die temperaturabhängige Messempfindlichkeit wird auch NERNST-Konstante $\mathrm{K_N}$ genannt. Damit kann man Gl. 17.46 kurz schreiben:

$$\Delta U_\mathrm{N} = -\mathrm{K_N} \cdot (\mathrm{pH}_\mathrm{x} - \mathrm{pH}_0) = -\mathrm{K_N} \cdot \Delta pH_{\mathrm{x},0} \qquad \text{(Gl. 17.48)}$$

wobei ΔU_N als NERNST-Spannung bezeichnet wird. Bei 20 °C beträgt die NERNST-Spannung exakt –58,16 mV und fällt pro Grad Temperaturerhöhung um ca. 0,2 mV. Also gilt für K_N:

$$K_N = 58{,}16\,\text{mV} + 0{,}2 \cdot (T_C - 20\,°\text{C})\,\text{mV} \qquad \text{(Gl. 17.49)}$$

Die Berechnung hierzu im nachfolgenden Beispiel.

Beispiel 17.2

Die Messtemperatur sei konstant $\vartheta = 20$ °C, d.h., $T = 293$ K.
Die beiden pH-Werte unterscheiden sich um den Zahlenwert 1, d.h., $\Delta pH_{0,x} = 1$.
Dann gilt mit Gl. 17.47:

$$\begin{aligned}\Delta U &\approx -0{,}2 \cdot [\text{mV} \cdot \text{K}^{-1} \cdot (\text{pH-Einheit})^{-1}] \cdot 293\,[\text{K}] \cdot 1\,[\text{pH-Einheit}] \\ &= -58{,}6\,\text{mV}\end{aligned} \qquad \text{(Gl. 17.50)}$$

Lösung 17.2

Bei 20 °C und einem Unterschied der beiden pH-Werte um die Ziffer 1 beträgt die dem pH-Wert proportionale Spannung –58,6 mV.

Bei gleichen pH-Werten von Mess- und Bezugslösung ($pH_x = pH_0$) ist die Zellenspannung nicht null, da die Innen- und Außenoberfläche der Glasmembran (Bild 17.12) sowie die beiden Ableitelektroden gegeneinander unterschiedliche elektrische Potentiale haben, deren Werte selbst temperaturabhängig sind. Mit Gl. 17.46 lässt sich der mathematische Ausdruck für die isotherme Spannung ΔU formulieren:

$$\Delta U = U_{iso} - 0{,}2 \cdot T \cdot \Delta pH = U_{iso} - 0{,}2 \cdot T \cdot (pH_x - pH_0) \qquad \text{(Gl. 17.51)}$$

T Zellentemperatur in K
U_{iso} Zellspannung in mV bei $pH_x = pH_0$

Bild 17.13 zeigt 2 Isothermen der Zellenspannung als Funktion des pH-Wertes, wobei die Temperatur der Parameter ist. Ideales Verhalten wird durch die Eichgerade dargestellt, die mit dem Wertepaar (pH 7 / $U = 0$ V) die pH-Achse schneiden (Gl. 17.51), mit einer Messempfindlichkeit nach NERNST. Die meisten Hersteller von pH-Messketten setzen $U_{iso} = 0$ mV voraus, d.h., der Schnittpunkt aller Eichgeraden liegt auf der 0-mV-Achse. Da jedoch U_{iso} nur selten bei 0 mV liegt, müssen, wie in Bild 17.13 dargestellt, Messabweichungen auftreten. Der isotherme Schnittpunkt der Spannungskennlinien wird durch das Wertepaar (pH_{iso} / U_{iso}) des isothermen pH-Wertes und der isothermen Spannung gekennzeichnet.

Die Messabweichung nimmt mit steigender Temperaturdifferenz zwischen Eichung und Messung zu. Diese Messabweichung kann durch geeignete elektronische Maßnahmen ausreichend gut kompensiert werden. Damit jetzt die Spannung zwischen Mess- und der Bezugselektrode ein exaktes Maß für den pH-Wert ist, muss sie mit einem sehr hochohmigen Messverstärker gemessen werden, also quasi stromlos, d.h., es finden dadurch praktisch keine elektrolytischen Zersetzungen in der Messlösung statt.

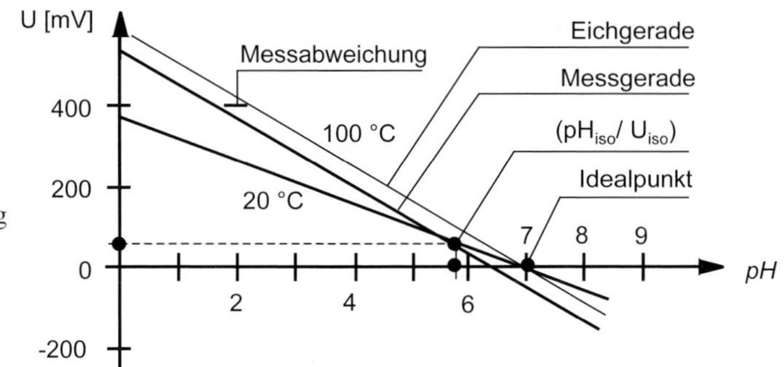

Bild 17.13 Graphische Darstellung von 2 Isothermen der Zellenspannung als Funktion des pH-Wertes mit der Temperatur als Parameter

Technischer Aufbau und Funktion einer pH-2-Stab-Messkette

Bild 17.14 zeigt den elektrochemischen und mechanischen Prinzipaufbau einer diskreten pH-Messkette mit einer Bezugselektrode aus Glas und einer pH-sensitiven Messelektrode mit einer kugelförmigen, ionenselektiven Glasmembran und einem resistiven Temperatursensor. Diese Messkette besteht aus 2 Elektroden der pH-Glaselektrode und der Bezugselektrode. Konstruktion und Funktion dieser pH-Messkette leiten sich aus dem prinzipiellen Aufbau und der elektrochemischen Funktion der pH-Messkette ab (s. Bild 17.12).

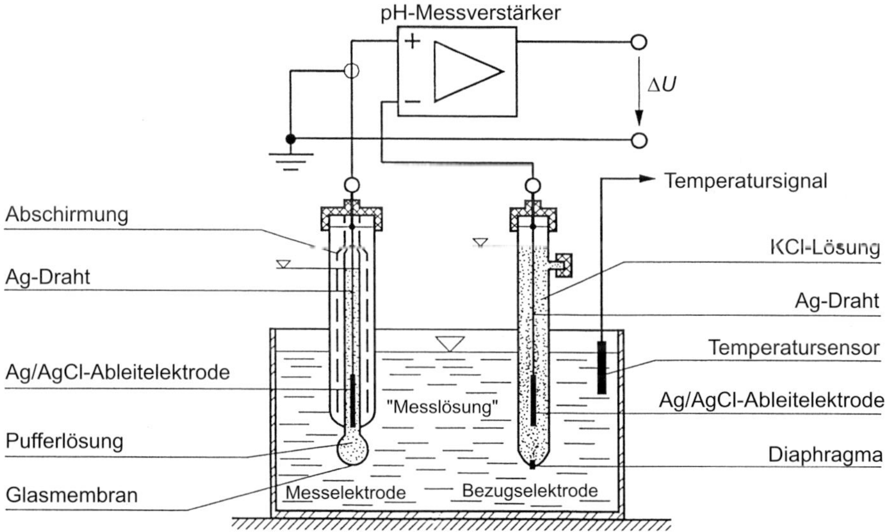

Bild 17.14 Elektrochemischer und mechanischer Prinzipaufbau einer pH-2-Stab-Messkette (diskreter Aufbau) mit Glasbezugselektrode, pH-sensitiver Messelektrode mit ionenselektiver Glasmembran und mit Temperatursensor

Die Glaskugel befindet sich in der Messlösung, deren Ionenkonzentration gemessen werden soll. Das Innere der Kugel und die abgeschirmte innere Ableitelektrode sind ebenfalls mit einem Elektrolyten (Pufferlösung) gefüllt. Mit einer hochkonstanten Ionenkonzentration in einer Pufferlösung entsteht ein hochkonstanter elektrischer Potentialsprung an der Innenseite der Kugeloberfläche der Glasmembran.

Mit einer Elektrode (z.B. Ag/AgCl-Ableitelektrode), die sich in der Pufferlösung (z.B. gepufferte KCl-Lösung) befindet, kann dann die elektrische Ableitung des elektrischen Potentials mit Hilfe eines pH-Messverstärkers durchgeführt werden. Für eine Messkette ist eine zweite Elektrode als elektrische Bezugselektrode erforderlich.

Die Bezugselektrode ist ähnlich der Messelektrode konstruiert. An die Stelle der ionensensitiven Glasmembran tritt ein Diaphragma (semipermeable Membran), das wieder als Stromschlüssel dient und damit die elektrische Verbindung in der Messkette ohne Stoffaustausch möglich macht.

Zwischen den beiden Elektroden kann dann, jedoch nur extrem hochohmig, eine elektrische Potentialdifferenz gemessen werden, die proportional zum pH-Wert zwischen Messlösung und Vergleichslösung (KCl-Lösung) ist. Eine in vielen Fällen besserer Lösung gegenüber der Anordnung mit zwei räumlich getrennten Elektroden ist die Anordnung mit kombinierten Elektroden, in der die beiden einzelnen Elektroden konstruktiv in einem Aufbau vereinigt sind. Diese konstruktive Anordnung heißt entsprechend Einstabmesskette.

Technischer Aufbau und Funktion der pH-Wert-1-Stab-Messkette

In Messlösungen mit der elektrischen Leitfähigkeit von <3 µS/cm kann der pH-Wert nicht mehr sicher mit getrennten Mess- und Bezugselektroden erfasst werden. Daher werden bei Leitfähigkeiten bis hinab zu ca. 1 µS/cm 1-Stab-Messketten mit Glaselektroden verwendet, bei denen Mess- und Bezugselektrode auf engstem Raum in einem Schaft eingebaut sind. Bild 17.15 zeigt den technischen Prinzipaufbau der Messkette mit Glas- und Bezugselektrode.

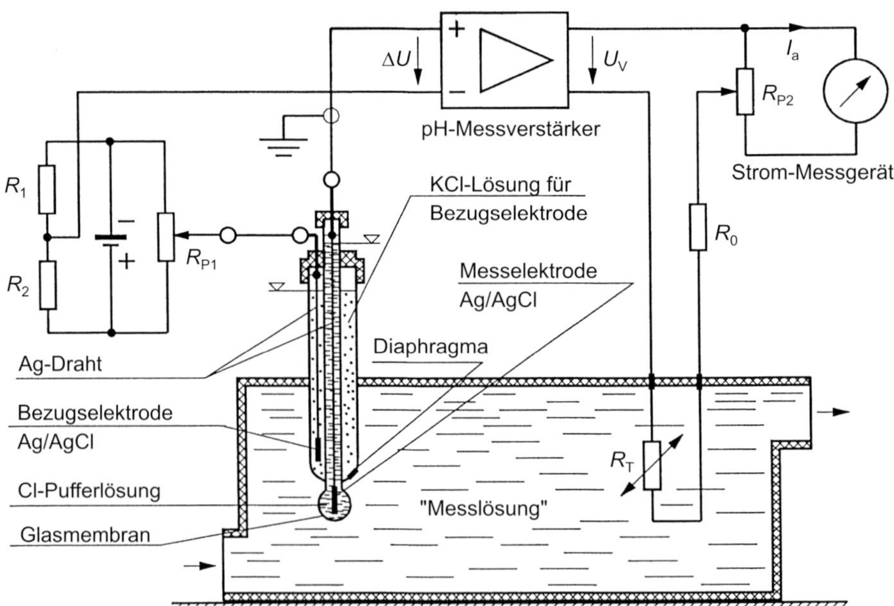

Bild 17.15 Elektrochemischer und mechanischer Prinzipaufbau einer pH-1-Stab-Messkette. Sie vereinigt Bezugselektrode und Arbeitselektrode in einem Gehäuse (integrierter Aufbau) mit separatem Temperatursensor und Messelektronik.

Einstabmessketten vereinigen Bezugselektrode (oder Referenzelektrode) und Arbeitselektrode in einem Gehäuse.

Die 1-Stab-Messkette ist konstruktiv so gestaltet, dass ein inneres Rohr von einem äußeren Mantel umgeben ist. Im äußeren Mantel befindet sich die Bezugselektrode (Referenzelektrode), bestehend aus einem Silberdraht/Silberchlorid-(Ag/AgCl-) Ableitsystem, umgeben von einer Elektrolytlösung (z.B. Kaliumchlorid), die flüssig oder an ein gelartiges oder polymeres Trägermaterial gebunden vorliegen kann.

Im inneren Rohr befindet sich die Messelektrode, die ebenfalls aus einem Silberdraht/Silberchlorid-(Ag/AgCl-)Ableitsystem besteht, umgeben von einer Kaliumchloridlösung (KCl) mit einem zusätzlichen Puffer. Mess- und Bezugselektrode müssen stets das gleiche Ableitsystem besitzen. Das innere Rohr ist über eine Glasmembran (ca. 50 µm) mit der zu messenden Lösung in Kontakt, der äußere Mantel über ein Diaphragma (meist Platinschwamm oder poröse Keramik).

Daraus erhält man *Ag|AgCl| KCl-Lösung || Glasmembran || Messlösung || Diaphragma || KCl-Lösung |AgCl|Ag*, das sog. Zellendiagramm. Die Membranformen sind abhängig von den Einsatzbedingungen geometrisch als Kugelmembranen, Zylindermembranen oder Nadelmembranen (DIN 19 263) ausgebildet. Die elektrochemische Funktion ist mit Hilfe von Bild 17.12 oben beschrieben. Hier wird daher die Funktionsweise der 1-Stab-Messkette nur kurz zusammengestellt.

Bei der Messelektrode wird die Abhängigkeit des elektrischen Potentials der Glasmembran von der Protonenkonzentration genutzt. Am Ende des Glasschaftes ist meist eine kugelförmige Glasmembran als pH-Elementarsensor angeordnet. Diese Glaskugel ist mit einer Chlorid-(Cl-)Pufferlösung mit einem bekannten pH-Wert (z.B. pH 7,0) gefüllt. In die Glaskugel taucht die Ag/AgCl-Ableitelektrode (Messelektrode) ein. Zur pH-Wert-Messung wird die elektrische Potentialdifferenz zwischen innerer und äußerer Oberfläche der Glasmembran genutzt. Die Bezugselektrode ist über Diaphragma mit dem Messmedium (Messlösung) in elektrischem Kontakt, so dass sich der elektrische Stromkreis über die Messlösung schließt.

Der Temperatursensor, z.B. ein Pt100 oder Pt1000, zur Temperaturkompensation kann in die 1-Stab-Messkette integriert werden. Sie wird in Wechsel- oder Eintaucharmaturen, in denen nur ein Einbauplatz zur Verfügung steht, eingesetzt. Bezugselektroden mit flüssigem Elektrolyten können über eine Nachfüllöffnung mit KCl gefüllt und bei Bedarf auch mit Überdruck beaufschlagt werden.

Ionenselektiv modifizierte Glaselektrode

Durch ionenselektive Modifizierung der Membranzusammensetzung der Glaselektrode entstehen Elektroden, mit denen nicht nur die Protonenkonzentration, sondern auch die Konzentration weiterer Ionenarten (z.B. Na^+, K^+, NH_4^+, F^- usw.) gemessen werden können. Als Sensormembranen kommen bevorzugt solche mit selektiven Ionenaustauschpotentialen oder selektiver Ionenleitung in Betracht.

Messtechnische Eigenschaften

In der Industriesensorik beruht die Bestimmung des pH-Wertes auf einer elektronischen Messung der NERNST-Messkettenspannung. Für Betriebs- und Dauermessungen werden fast nur Glaselektroden verwendet, da Glas gegenüber den allermeisten chemischen Substanzen neutral ist. Je nach Zusammensetzung der Messlösung ändert sich mit der Temperatur auch der zugehörige pH-Wert. Die Lebensdauer der Mess- und Bezugselektrode wird durch die Betriebstemperatur und die Zusammensetzung der Messlösung maßgeblich bestimmt.

Bei Messtemperaturen, die über 80 °C liegen, nimmt die Lebensdauer stark ab. Z.B. beträgt die Lebensdauer einer gewöhnlichen Glaselektrode bei 20 °C ca. 24 Monate und bei 80 °C ca. 6,5 Monate. Werden in der Messlösung nicht gewollte Druck- und Temperaturschwankungen erzeugt, kann die Messlösung durch das Diaphragma in die Bezugselektrode eintreten. Das Eindringen kann z.B. durch einen Überdruck, erzeugt mit Druckluft, in der Bezugselektrode weitgehend verhindert werden.

Infolge verschiedener Ausbildungen von sog. Quellschichten auf beiden Seiten der Glasmembran treten auch immer Asymmetriepotentiale auf, so dass auch bei ausgeglichenem pH-Wert ($pH_{mess} = pH_{bezug} = 7$) die Messkettenspannung nicht null ist.

Diese Messabweichung wird mit einer Nullpunktverstellung an der Sensorelektronik behoben. Weiter können elektrische Diffusionsspannungen in den Ableitsystemen der Elektroden dazu führen, dass die praktische pH-Messempfindlichkeit von der theoretischen Messempfindlichkeit der NERNST-Spannung abweicht. Außerdem gilt: Je dickwandiger die Membran, desto kleiner die Zellspannung. Die Elektronik muss daher gut an die Glaselektrode angepasst sein.

Die Pufferlösungen werden in der pH-Messtechnik als Kalibrierlösungen zur Justierung des Neutralpunktes und zur Anpassung der elektronischen Verstärkung an die Messempfindlichkeit der Messelektrode verwendet. Bei der 2-Punkte-Kalibrierung wird zunächst mit einer Pufferlösung mit pH-Wert 7 die Asymmetrie der Elektroden korrigiert und dann mit einer anderen Pufferlösung (pH-Wert liegt im Messbereich) die Messempfindlichkeit ermittelt, wobei aufgrund der Temperaturabhängigkeit des pH-Wertes immer die aktuelle Puffertemperatur berücksichtigt werden muss.

Weiter werden Standardpufferlösungen (s. DIN 19 266), wie z.B. VEIBEL-Puffer (pH 2,40), Azetat-Puffer (pH 4,62), Phosphat-Puffer (pH 6,8) oder Borat-Puffer (pH 9,0), um nur die wichtigsten zu nennen, mit exakt bekannter Zusammensetzung und einem exakt definierten pH-Wert zur Festlegung der pH-Werte von Anzeigedisplays und von Anzeigeskalen benutzt. 1-Stab-Messketten benötigen aufgrund ihres Aufbaus zur exakten Messung nur eine kleine Einbautiefe.

Es wird noch einmal daran erinnert, dass es einen Unterschied gibt zwischen Messspanne und Messbereich (s. Abschnitt 1.7.1). Beträgt zum Beispiel die Messspanne ΔpH = 10, kann der Messbereichsanfang zwischen pH = 0 und pH = 4 gelegt werden. Alle pH-Elektroden haben einen mehr oder weniger ausgeprägten Alkalifehler (sog. Querempfindlichkeit), der (s. Gl. 17.45) durch die NIKOLSKY-Gleichung beschrieben wird:

$$\Delta U = 2{,}3 \cdot \frac{\mathrm{R} \cdot T}{z \cdot \mathrm{F}} \cdot \log\left(c_{\mathrm{H}} + \sum \mathrm{K}_{\mathrm{H-A}} \cdot c_{\mathrm{A}}\right) \qquad \text{(Gl. 17.52)}$$

c_{H} Konzentration der Protonen
c_{A} Konzentration von Alkaliionen (Störionen)
$\mathrm{K}_{\mathrm{H-A}}$ tabellierte Selektivitätskonstante

Durch Änderung der Glaszusammensetzung ändert sich auch die Selektivitätskonstante stark. Ionenselektive Ministabelektroden sind aufgrund eines sehr kleinen Durchmessers sehr gut für sehr kleine Probevolumen geeignet. Die ionenselektiven Elektroden sind für verschiedene Analyten erhältlich (z.B., Na^+, Ca^{2+}, Mg^{2+}, K^+ usw.).

Alle ionenselektiven Elektroden haben eine gute Auflösung, eine gute Selektivität (gegen andere Ionen) und eine lange Lebensdauer. Die ionenselektiven Elektroden haben keine integrierte Referenzelektrode. Der Referenzwert muss daher separat erzeugt werden. Zusammen mit hochwertigen, speziellen Einstellpotentiometern und einem Mess-Laptop sind die Ministabelektroden eine sehr gute messtechnische Lösung für den mobilen Einsatz.

Sensorelektronik

Die von der zu erfassenden Ionenkonzentration abhängige elektrische Zellenspannung der elektrochemischen Messkette muss im thermodynamischen Gleichgewicht praktisch stromlos gemessen werden. Der Innenwiderstand der Messkette liegt je nach Glassorte und ionenselektiven Modifikationen zwischen 40...400 MΩ. Für die elektronische Aufbereitung der elektrischen Zellenspannung ΔU sind daher hochohmige pH-Messverstärker zwingend notwendig, deren Eingangswiderstand mindestens um den Faktor 10 oder besser 100 größer sein muss als der Innenwiderstand der elektrochemischen Messzelle.

Da die Messspannung (wie oben schon besprochen) temperaturabhängig ist, wird die Temperatur der Messlösung mit einem Widerstandsthermometer R_T (Pt100 oder Pt1000, s. Abschnitt 13.2.1) elektrisch erfasst und elektrisch kompensiert. In Bild 17.15 ist die Messelektronik veranschaulicht. Das elektrische Potential der Bezugselektrode wird über eine elektrische Vorspannungsquelle dem Eingang eines Messverstärkers zugeführt. Mit einer gezielten Einstellung von Potentiometer R_{P1} kann das Asymmetriepotential der Elektroden kompensiert werden.

Durch die beiden Widerstände R_1 und R_2 ergibt sich ein virtuelles elektrisches Bezugspotential für die pH-1-Stab-Messkette. Am Verstärkerausgang ist ein Spannungsteiler, bestehend aus R_T, R_0 und R_{P2}, angeschlossen. Das Teilungsverhältnis wird vom Widerstandsthermometer R_T und vom Potentiometer R_{P2} bestimmt. Mit dieser schaltungstechnischen Maßnahme wird der Temperatureinfluss auf das Messergebnis kompensiert.

Die Messempfindlichkeit muss über das Potentiometer R_{P2} eingestellt werden, da die theoretisch berechnete NERNST-Spannung durch die Einflüsse in der Glasoberfläche und durch Alterungsprozesse im Glas nicht erreicht wird. Für eine möglichst fehlerfreie Messung muss der Isolationswiderstand der Messleitung von der Messelektrode bis zum Verstärkereingang einen Wert von mindestens 10^{15} Ω aufweisen.

Die Einstreuung von elektrischer Störstrahlung kann das Messergebnis sehr stark beeinflussen, daher dürfen nur genormte Anschlusskabel mit Abschirmung verwendet werden. Bei Kabellängen über 3 m muss der Elektrodenwiderstand kleiner als 100 MΩ sein. Da mit der Länge des Kabels auch die Kabelkapazität zwischen Signalleitung und Abschirmung zunimmt und diese über den hohen Eingangswiderstand des Verstärkers aufgeladen wird, erhöht sich die Einstellzeit der Messwertanzeige stark (System 1. Ordnung, s. auch Abschnitt 1.7.2). Für eine Kalibrierung müssen der Nullpunkt und der Verstärkungsfaktor getrennt eingestellt werden. Für einen eingeprägten Ausgangsstrom, von 0...20 mA darf die elektrische Last nicht größer als 300 Ω sein. Die mit Hilfe eines Messverstärkers analog umgeformten Messsignale werden temperaturkompensiert in einer digitalen Messkette (oder Mess-PC) weiterverarbeitet.

Typische Daten (nach DIN IEC 746, Teil 1) eines typischen pH-Sensors

(Messabweichungen für 1-Stab-Messketten mit Messverstärkern)

- ❑ Messbereich pH 0...pH 15, –2000...+2000 mV
- ❑ Temperaturkompensation Pt100 oder Pt1000
- ❑ Temperatur-Messbereich –50 °C...+200 °C

Eingangswiderstand

- ❑ Glaselektrode $>10^{12}$ Ω
- ❑ Bezugselektrode $>10^{10}$ Ω

Offsetstrom

- ❑ Glaselektrode $<5 \cdot 10^{-12}$A (bei 20 °C)
- ❑ Bezugselektrode $<1 \cdot 10^{-10}$A (bei 20 °C)

Elektroden

❑ Kettennullwert	pH 0...pH 14
❑ Isothermenschnittpunkt	U_{iso} = –1000 mV...+1000 mV
❑ Reproduzierbarkeit	<0,2 % vom *MB*-Endwert

- Nichtlinearität <0,01 pH bzw. 1 mV
- Einstellzeit <0,1 s
- Gesamt-Temperaturabweichung <0,02 pH/10 K bzw. 1 mV/10 K
- Hilfsenergieabweichung <0,01 pH bzw. 1 mV
- Nullpunktdrift <0,01 pH bzw. 1 mV
- Last <0,01 pH/100 Ω oder 1 mV/100 Ω

1-Stab-Messketten mit Temperatursensor Pt1000 für 1-Platz-Applikationen

- Spezialelektroden, robust und wartungsarm, für komplexe Messaufgaben in der Industrie,
- sterilisierbare Elektroden für Nahrungsmittel und Pharmaindustrie,
- Elektroden für den Einbau in Leitungen oder Behälter mit Messstoffüberdruck,
- Ausführungen mit Ex-Schutz verschiedener Zonen.

Anwendungen

- Biotechnologie, Medizin, Bakteriologie: Nährböden, Fermenter. Antibiotika
- Brauereien und Hefefabriken: Brauwasser, Maische, Gärung, Reinigungslösungen (CIP)
- Chemische Industrie: Fettsynthese (Verseifen von Fettsäure), Stabilität des Latex
- Elektro-(Galvano-)Technik: Elektrolytkondensatoren, galvanische Bäder, Abwässer
- Hüttenwerke, Kokereien und Gasanstalten: Erzaufbereitung, Gasreinigung, Abwasser
- Kraftwerke: Korrosionsvermeidung im Wasser-Dampf-Kreislauf, Abwasserkontrolle
- Nahrungsmittelindustrie: Konservieren von Fruchtsäften, Gelatinieren von Marmeladen
- Textilindustrie: Reinigungsbäder, Bleichbäder, Farbbäder, Waschwasser

Beispiel 17.3

Einstellung einer pH-1-Stab-Messkette

An einer pH-1-Stab-Messkette sollen folgende Geräteparameter eingestellt werden:

Isothermenschnittpunkt: $pH_{iso} / U_{iso} = 6{,}5/20$ mV
Messbereich: $pH_a = 4...pH_e = 9$

Hochohmige *U*/*I*-Verstärker, mit Kompensationsmöglichkeiten für die Offsetspannung ur die Betriebstemperatur, werden für die Messungen der Zellenspannungen eingesetzt. D Ausgangsstrombereich soll zwischen 0...20 mA liegen.

Lösung 17.3

a) *Berechnung der einstellbaren Kompensationsspannung* U_{komp}
Die Kompensationsspannung muss so groß wie die Isothermenspannung U_{iso} sein:

$$U_{komp} \equiv U_{iso} = 20 \text{ mV} \qquad \text{(Gl. 17.53)}$$

b) *Berechnung der einstellbaren Messempfindlichkeit der Messkette*

Für die Strommessempfindlichkeit E_{mess} gilt:

$$E_{mess} = \frac{\Delta x_a}{\Delta x_e} \equiv \frac{\Delta I_2}{\Delta pH} = \frac{20\text{ mA} - 0\text{ mA}}{pH_e 9 - pH_a 4} = 4\frac{\text{mA}}{pH} \qquad \text{(Gl. 17.54)}$$

c) *Berechnung des einstellbaren Konstantstroms*
Für den einzustellenden Konstantstrom I_{komp} zur Temperaturkompensation gilt:

$$I_{komp} = -E_{mess} \cdot (pH_{iso} - pH_a) = -4\frac{\text{mA}}{pH} \cdot (6{,}5 - 4)\text{ pH} = -10\text{ mA} \qquad \text{(Gl. 17.55)}$$

Beispiel 17.4

pH-Messkette

Bild 17.16 zeigt das Blockschaltbild und den Signalfluss einer einfachen Messeinrichtung für pH-Wert-Messung in Elektrolyten. Die Messkette besteht aus folgenden Signalblöcken: temperaturkompensierte pH-Messzelle mit einem nachgeschalteten sehr hochohmigen DC-Messverstärker und einer Digitalanzeige (Digitalvoltmeter). Tabelle 17.3 zeigt typische technische Daten einer guten pH-Messkette. Die pH-Messzelle erfasst die H_3O^+-Konzentration (pH-Wert) einer wässrigen Salzlösung und wandelt die Konzentration in eine elektrochemische Potentialdifferenz U_{pH} um, die über einen Messverstärker digital angezeigt wird.

Führen Sie für den Messwert pH = 12 im Temperaturbereich von 15...35 °C folgende Berechnungen durch:

a) Berechnen Sie die Gesamtmessempfindlichkeit E_{ges} der Messkette.
b) Berechnen Sie die Ausgangsspannung U_{pH} der Messzelle.
c) Berechnen Sie die wahrscheinliche relative Messabweichung f_{pH} der pH-Zelle.
d) Berechnen Sie die wahrscheinliche relative Messabweichung f_V des Messverstärkers.
e) Berechnen Sie die wahrscheinliche relative Messabweichung f_{digi} der Digitalanzeige.
f) Berechnung der relativen f_{ges} und der absoluten F_{ges} Gesamtmessabweichung der Messkette.
g) Stellen Sie das Messergebnis (mit Fehlerangaben) fachgerecht dar.

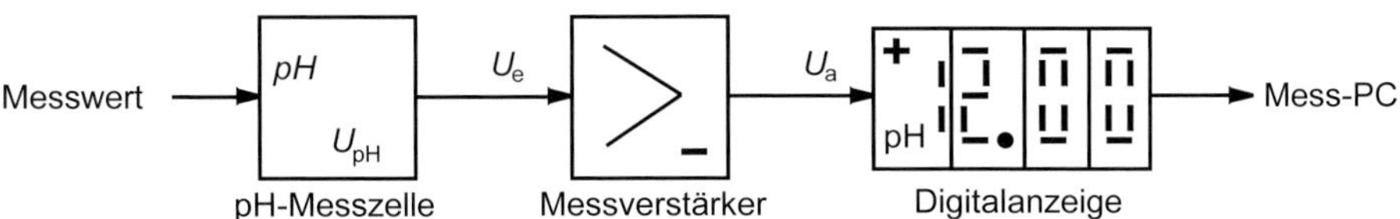

Bild 17.16 Blockschaltbild und Signalfluss einer einfachen Messeinrichtung für die pH-Wert-Messung in Elektrolyten

Lösung 17.4

a) $$E_{ges} = E_{pH} \cdot V = 6\frac{\text{mV}}{pH} \cdot 100 = 600\frac{\text{mV}}{pH} \qquad \text{(Gl. 17.56)}$$

b) $$E_{pH} = \frac{U_{pH}}{MW_{pH}} \Rightarrow U_{pH} = E_{pH} \cdot MW_{pHt} = 6\frac{\text{mV}}{pH} \cdot \text{pH } 12 = 72\text{ mV} \qquad \text{(Gl. 17.57)}$$

c)

$$f_{\text{pH}} = \pm\sqrt{NL_{\text{pH}}^2 + (TKN_{\text{pH}} \cdot \Delta T)^2 + (TKE_{\text{pH}} \cdot \Delta T)^2}$$
$$= \pm\sqrt{\left(\frac{\text{pH } 0{,}015}{\text{pH } 15} \cdot 100\%\right)^2 + 2 \cdot \left(\frac{\text{pH } 0{,}002/\text{K}}{\text{pH } 15} \cdot 30\text{ K} \cdot 100\%\right)^2}$$
$$= \pm 0{,}574\%$$

(Gl. 17.58)

d) Berechnung der wahrscheinlichen relativen Messabweichung f_V des Messverstärkers:

$$F_V = \pm\sqrt{NL_V^2 + (TKN_V \cdot \Delta T)^2 + (TKE_V \cdot \Delta T)^2}$$
$$= \pm\sqrt{\left(\frac{1\text{ V}}{100\%} \cdot 0{,}05\%\right)^2 + \left(5 \cdot 10^{-6}\,\frac{\text{V}}{\text{K}} \cdot 30\text{ K}\right)^2 + \left(\frac{1\text{ V}}{100\%} \cdot 0{,}01\frac{\%}{\text{K}} \cdot 30\text{ K}\right)^2}$$
$$= \pm 3{,}04 \cdot 10^{-3}\text{ V} \Rightarrow f_V = \frac{100\%}{MB_V} \cdot F_V = \frac{100\%}{1000\text{ mV}} \cdot (\pm 3{,}04\text{ mV}) = \pm 0{,}304\%$$

(Gl. 17.59)

e) Berechnung der wahrscheinlichen relativen Messabweichung der Digitalanzeige

- 4-stellige Anzeige, d.h. pH-Anzeige: 12.00, daraus folgt: ±1 Digit entspricht pH ±0,01
- Absoluter Quantisierungsfehler: QF_{abs} = pH ±0,01
- Relativer Quantisierungsfehler:

$$QF_{rel} = \frac{QF_{abs}}{MB_{pH}} \cdot 100\% = \frac{\text{pH} \pm 0{,}01}{\text{pH } 12} \cdot 100\% = \pm 0{,}083\% \qquad \text{(Gl. 17.60)}$$

- Relativer Gesamtfehler der Digitalanzeige:

$$f_{digi} = \frac{MB_{pH}}{MW_{pH}} \cdot f_{ana} + QF_{rel} = \pm\left(\frac{\text{pH } 15}{\text{pH } 12} \cdot 0{,}2\% + 0{,}083\%\right) = \pm 0{,}333\%$$

(Gl. 17.61)

f) f_{ges}:

$$f_{ges} = \pm\sqrt{f_{pH}^2 + f_V^2 + f_{digi}^2} = \pm\sqrt{(0{,}574\%)^2 + (0{,}304\%)^2 + (0{,}333\%)^2}$$
$$= \pm 0{,}725\%$$

(Gl. 17.62a)

F_{ges}:

$$F_{ges} = \frac{MW_{pH}}{100\%} \cdot f_{ges} = \frac{\text{pH } 12}{100\%} \cdot (\pm 0{,}725\%) = \pm\text{pH } 0{,}087 \qquad \text{(Gl. 17.62b)}$$

g) Messergebnis:

pH = (12 ± 0,087) oder pH = 12 ± 0,725% (Gl. 17.63)

Tabelle 17.3 Typische technische Daten einer guten pH-Messkette zur Erfassung die H_3O^+-Konzentration (pH-Wert) einer wässrigen Salzlösung

Technische Daten		pH-Messzelle	Messverstärker	Digitalanzeige
Empfindlichkeit	E	6 mV/pH	V = 100	
Messbereich	MB	0...+pH 15	0...1000 mV	
Nichtlinearität	NL	±pH 0,015 v. MB	±0,05 % v. MB	
thermische Nullpunktdrift	TKN	±pH 0,002 v. MB/K	+5 µV/K	
thermische Empfindlichkeitsänderung	TKE	±pH 0,002 v. MB/K	±0,01 % MB/K	
Stelligkeit				3½-stellig
abs. Quantisierungsfehler	QF			±1 Digit
rel. Analogmessabweichung	f_{ana}			±0,2% v. MW

17.3.2 Konzentrationssensoren mit ionenselektiven Festkörpermembranelektroden (ionenselektive Elektroden)

Grundlagen und technischer Aufbau

Ionensensitive Festkörpermembranelektroden sind auf der Basis schwer löslicher, ionenleitender Metallsalze aufgebaut. Sie beruhen auf dem Prinzip eines ungehinderten Durchtritts bestimmter Ionenarten über die Phasengrenze Festkörperelektrodenmembran zur Messlösung. Dabei entsteht eine elektrische Potentialdifferenz. Im Idealfall ist das an der Elektrodenmembran entstehende elektrische Potential nur von einer Ionenart abhängig.

Der Zusammenhang zwischen der Ionenaktivität und dem elektrochemischen Potential ist wieder durch die «indexangepasste» NERNST-Gleichung gegeben. Unter bestimmten Voraussetzungen kann (wie oben schon gezeigt) anstelle der Ionenaktivität auch die Ionenkonzentration stehen:

$$\Delta U = U_0 \pm 2{,}3 \cdot \frac{\mathrm{R} \cdot T}{z_\mathrm{i} \cdot \mathrm{F}} \cdot \log a_\mathrm{i} = U_0 \pm 2{,}3 \cdot \frac{\mathrm{R} \cdot T}{z_\mathrm{i} \cdot \mathrm{F}} \cdot \log(k_\mathrm{i} \cdot c_\mathrm{i})$$
$$\approx U_0 \pm 2{,}3 \cdot \frac{\mathrm{R} \cdot T}{z_\mathrm{i} \cdot \mathrm{F}} \cdot \log c_\mathrm{i} \qquad \text{(Gl. 17.64)}$$

U_0 temperaturabhängiges Standardelektrodenpotential
R Gaskonstante (8,31447 $\mathrm{mol^{-1}\,K^{-1}}$)
T absolute Temperatur
F FARADAY-Konstante (9,64853 kAs · $\mathrm{mol^{-1}}$)
z_i Ladung des Ions i
a_i Aktivität
c_i Konzentration des Ions i in der Lösung
k_i Aktivitätskoeffizient (Proportionalfaktor)

Ein positives Vorzeichen gilt für Kationen und ein negatives für Anionen. Zur Bestimmung der absoluten Aktivitäten oder Konzentrationen eines Ions ist aber die Kenntnis von U_0 nicht notwendig. Wird das elektrische Potential in Lösungen mit bekannter Ionenaktivität oder Ionenkonzentration gemessen, kann man aus der Differenz zum Potentialwert einer anderen Lösung die Ionenaktivität oder Ionenkonzentration der unbekannten Lösung berechnen.

In der Praxis gibt es jedoch keine ideale monoselektive Elektrode, da immer unterschiedliche elektrische Potentialanteile von störenden Ionen auftreten können. Zur Beschreibung dieses Effektes kann man die NERNST-Gleichung durch die empirische NICOLSKY-Gleichung ersetzen.

$$\Delta U \approx U_0 \pm 2{,}3 \cdot \frac{R \cdot T}{z_i \cdot F} \cdot \log\left(c_i + \sum_{j \neq i} K_{i,j} \cdot c_j^{(z_i/z_j)} \right) \qquad \text{(Gl. 17.65)}$$

$K_{i,j}$ Selektivitätskoeffizient des Mess-Ions i
c_i Ionenkonzentration (bei gleichzeitiger Anwesenheit des Stör-Ions j)
c_j Ionenkonzentration des Stör-Ions
z_i chemische Wertigkeit des Mess-Ions i
z_j chemische Wertigkeit des Stör-Ions j

In der Praxis werden spezielle Vorbehandlungen der Messproben durchgeführt und angepasste Kalibrier- sowie spezielle Auswerteverfahren für die zu erfassenden Ionenkonzentrationsbereiche in der inhomogenen Ionenlösung eingesetzt. Bild 17.17 zeigt den konstruktiven Prinzipaufbau eines Elementarsensors mit einer ionenselektiven Festkörpermembran-Messelektrode.

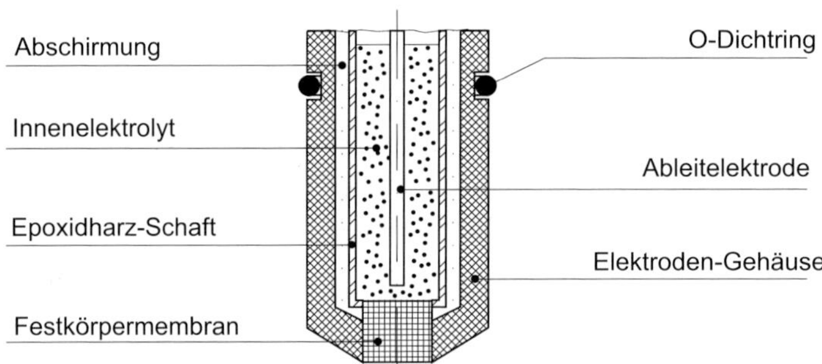

Bild 17.17 Konstruktiver Prinzipaufbau eines Elementarsensors mit einer ionenselektiven Festkörpermembran-Messelektrode

Der Elementarsensor besteht z.B. aus einem Kunststoffschaft und einem in Harz fest eingegossenen Sensormodul. Der Elementarsensor wird in die Messlösung eingetaucht. Die ionensensitive Festkörpermembran, z.B. eine Kristallmembranelektrode (Fluoridelektrode), besteht aus einem mit Europiumfluorid (EuF_2) dotierten Einkristall aus Lanthanfluorid (LaF_3). Die Fluoridionen in der Messlösung und die im Kristallgitter der Festkörpermembran schon eingebauten Fluoridionen treten miteinander in Wechselwirkung. Andere Ionenarten sind dazu nicht in der Lage, da sie sich aus energetischen Gründen nicht in das LaF_3-Gitter einbauen lassen.

Das elektrische Potential stellt sich hier also nur durch die Fluoridionen an der Festkörpermembran ein. Anstelle einer inerten Ableitelektrode mit Bezugselektrolyt (wie bei der Glaselektrode) haben Halogenidelektroden als elektrischen Kontakt einen Draht im Bezugselektrolyten, der direkt mit einem abgeschirmten Kabel verbunden ist. Je nach Art des Halogenids spricht die Elektrode auf Chlorid, Bromid, Cyanid oder Jodid an.

Messtechnische Eigenschaften und Sensorelektronik

Wird das Elektrodenpotential verschiedener Eichstandards bekannter Ionenaktivitäten in mV gemessen, kann man eine Kalibrierkurve erstellen (Elektrodenpotential in mV gegen Ionenaktivität in mol/l) und damit die Ionenaktivität einer unbekannten Lösung mit Hilfe einer Potentialmessung bestimmen. Will man Ionenkonzentrationen bestimmen, muss man den Aktivitätskoeffizienten über weite Konzentrationsbereiche (auch in unterschiedlich zusammengesetzten Lösungen) konstant halten, damit ein linearer Zusammenhang zwischen Aktivität und Ionenkonzentration entsteht.

Nach der Methode der «fixierten Ionenstärke» wird vor jeder Messung dem Elektrolyten eine Lösung mit hoher Ionenstärke zugeführt. Damit erzwingt man konstante Ionenstärken und konstante Aktivitätskoeffizienten für ganz verschiedene Elektrolyte. Voraussetzung ist der Einsatz des gleichen Lösungsmittels in einer Messreihe. Die Anwesenheit von Störionen in der Messlösung kann die Aktivität des zu bestimmenden Ions vermindern (z.B. durch Komplexbildung oder Fällungsreaktionen). Außerdem wird durch das Eindringen von Störionen in die Messmembran des ionensensitiven Elementarsensors die elektrische Potentialbildung beeinflusst.

Da Elektrodenpotentiale temperaturabhängig sind, müssen Kalibrierstandards und Messlösungen bei gleicher und konstanter Temperatur gemessen werden. Das Elektrodenpotential benötigt immer eine bestimmte Einstellzeit. Sie reicht, je nach Konzentration, von Sekunden bis Minuten. Die Elektroden stellen sich beim Übergang von niedrigeren zu höheren Konzentrationen schneller auf ein konstantes Potential ein als umgekehrt. Dieser Effekt heißt «Membrangedächtnis».

Mechanisches Rühren beschleunigt die Potentialeinstellung. Es muss jedoch darauf geachtet werden, dass bei allen Messungen die Rührgeschwindigkeit automatisiert wird, d.h. gleich und konstant ist. Dadurch stellen sich stets gleiche Strömungspotentiale am Diaphragma der Bezugselektrode ein. Die untere Messgrenze (Bestimmungsgrenze) des zu bestimmenden Ions ergibt sich aus dem chemischen Aufbau und der mechanischen Beschaffenheit der Membran sowie dem zugehörigen Löslichkeitsprodukt.

Die Sensorelektronik zur Signalverarbeitung und Signalauswertung ist dieselbe wie bei den Sensoren zur Messung des pH-Wertes. Die wichtigsten Daten sind in Tabelle 17.4 aufgeführt. Die Selektivität der Fluoridionen ist so ausgeprägt, dass innerhalb der Messgenauigkeit ein sehr großer Überschuss von Störionen nicht stört. Die Nachweisgrenze wird durch die Löslichkeit von LaF_3 festgelegt. Die Ansprechzeit in normaler Fluoridlösung ist kürzer als eine Minute. Bei Fluoridlösungen müssen folgende Punkte beachtet werden:

- Bei pH < 5 liegt das Fluorid teilweise als Fluorwasserstoff vor, d.h., die Elektrode spricht nicht an.
- In basischen Lösungen stört das OH^--Ion (Membranvergiftung durch $La(OH)_3$-Bildung).
- Messlösungen müssen bei kleinen Fluoridkonzentrationen verrührt werden.

Die hohe Selektivität der Fluoridelektrode erlaubt eine allgemein gültige Probenvorbereitung.

Anwendungen

Festkörperelektroden erfassen Fluorid, Chlorid, Bromid oder Jodid bis zu Konzentrationen von 10 ppm und benötigen hierzu Probenvolumina von 20 µl. Allgemeine Anwendungsgebiete sind die Wasserwirtschaft, Landwirtschaft, Medizin, Nahrungsmittelwirtschaft, Metallurgie und chemische Industrie. Tabelle 17.5 zeigt eine Auswahl der bestimmbaren Ionenarten (Vorkommen und Konzentration) in den verschiedenen Einsatzgebieten.

Tabelle 17.4 Typische technische Daten von Festkörpermembranelektroden

Messbereich	Membranwiderstand	Temperaturbereich	Störionen
$MB = 1...10^{-6}$ [mol/l]	$R_M = 200\ k\Omega$	$\vartheta = 0...80$ °C	$a_{OH^-} < 0{,}1\ a_{F^-}$

Tabelle 17.5
Eine Auswahl von bestimmbaren Ionenarten, Vorkommen, Konzentration Einsatzgebiete

Bestimmung		Einsatzgebiete	Bestimmung		Einsatzgebiete
Blei	(Pb^{2+})	Bodenproben	Kupfer	(Cu^{2+})	Galvanikbäder
Bromid	(Br^-)	Wein, Pflanzen	Natrium	(Na^+)	Wein, Kesselwasser
Calcium	(Ca^{2+})	Milchprodukte	Silber	(Ag^+)	Galvanikbäder
Chlorid	(Cl^-)	Trinkwasser, Nahrungsmittel	Sulfid	(S^{2-})	Proteine, Sedimente
Cyanid	(CN^-)	Galvanikbäder	Iodid	(I^-)	Meerwasser
Fluorid	(F^-)	Zahncreme, Zement	Kalium	(K^+)	Wein, Dünger
Cadmium	(Cd^{2+})	Bodenproben	Nitrat	(NO^{3-})	Babynahrung, Dünger, Abwasser

Komplexgebundene Ionen werden mit ionensensitiven Elektroden nicht erfasst. Zu ihrer Bestimmung wird ein Reagenz zur Dekomplexierung der Messlösung zugemischt. Die Eigenschaft ionensensitiver Elektroden, nur «freie» Ionen zu erfassen, lässt sich auch für spezielle chemische Untersuchungen nutzen. Außerdem kann über die Messung mittels ionensensitiver Elektroden der Anteil der «Bioverfügbarkeit» eines Ions in einer Probe abgeschätzt werden.

17.3.3 Konzentrationssensoren mit ionenselektiven Flüssigmembranelektroden (ionenselektive Sensoren)

Eine weitere Sensorvariante mit ionenselektiven Elektroden ist sind flüssige Membranen oder Polymermembranen mit eingelagerten Ionentauschern oder neutralen Ionenträgern. Bild 17.18 zeigt den unteren Teil eines konstruktiven Prinzipaufbaus einer ionenselektiven Flüssigmembranelektrode eines Konzentrationssensors. Auch nicht mischbare Flüssigkeiten können an ihren Phasengrenzen elektrische Potentiale erzeugen. Flüssigmembranelektroden besitzen organische Membranen mit eingelagerten Ionentauschern oder neutralen Ionenträgern.

Flüssigmembranen sind komplizierter in Aufbau und Wirkungsweise als Festkörpermembranen. Zur mechanischen Stabilisierung der Flüssigkeiten dienen poröse oder polymere Träger. Bestimmte organische Membranen werden mit organischen Ionentauschern getränkt, die aus Reservoirschichten versorgt werden. Häufig werden auch Ionentauscher in PVC-Membranen ohne Reservoir eingebaut. Ionenselektivität und Nachweisgrenze werden von der Aktivität des Mess-Ions in der organischen Phase und durch ihre Verteilung zwischen Membran und Messlösung bestimmt.

- **Kaliumelektrode**
  Die kaliumselektive Membran besteht aus PVC, dem Weichmacher (Lösungsmittel) Dibutylphthalat und einer neutralen ionenaktiven Verbindung (Ligand) Valinomycin (eine elektrisch ungeladene organische Verbindung). Die ringförmige Struktur von Valinomycin besitzt einen Molekülhohlraum, der exakt der Größe eines Kaliumions entspricht. Die geometrischen Verhältnisse beeinflussen damit die Selektivität.

- **Flüssigmembranelektroden**
  Tabelle 17.6 zeigt die wichtigsten Eigenschaften von ausgewählten Flüssigmembranelektroden im Temperaturbereich von 0...50 °C. Die Stör-Ionen müssen chemisch entfernt oder auf eine tolerierbare Konzentration verdünnt werden.

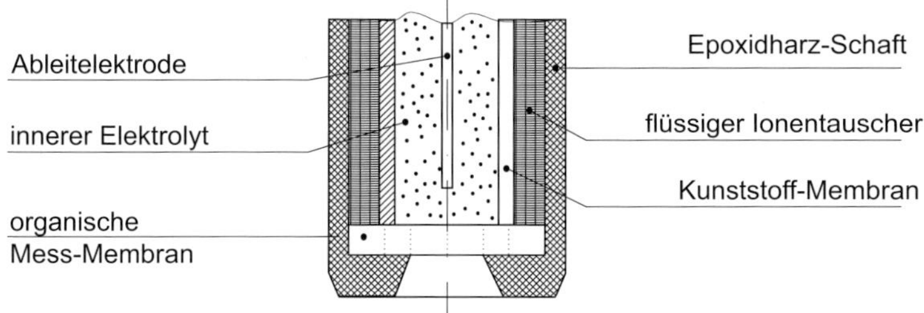

Bild 17.18 Unterer Teil des konstruktiven Prinzipaufbaus einer ionenselektiven Flüssigmembranelektrode eines Konzentrationssensors

Tabelle 17.6 Wichtige Eigenschaften von ausgewählten Flüssigmembranelektroden im Temperaturbereich von 0...50 °C.

Elektrode	Messbereich mol/l	Membranwiderstand	Stör-Ionen
Ca^{2+}	$1...10^{-6}$	1...4 MΩ	Hg^{2+}, H^+
Cl^-	$1...10^{-5}$	0,3 MΩ	ClO_4^-, J^-, NO_3^-
K^+	$1...10^{-5}$	0,2 MΩ	Cs^+, NH_4^+, H^+

Nachteile

Flüssigmembranelektrode gegenüber Festkörpermembranelektrode

- Kleinerer Messbereich,
- kürzere Lebensdauer,
- Vergiftung der Membran durch unpolare Substanzen,
- geringere Stabilität der Membran.

Die Notwendigkeit einer inneren Ableitung durch ein Teilsystem Elektrolyt/Arbeitselektrode führt zu einem komplizierten, kostenintensiven Aufbau. Der Innenwiderstand der meisten ionenselektiven Elektroden beträgt einige MΩ. Damit sind für eine exakte störarme Messung der elektrochemischen Potentialdifferenz (Spannung) teilweise sehr aufwendige Elektroniken erforderlich.

Anstatt nun eine ionenselektive Elektrode mit einem extrem hochohmigen FET-Verstärker (FET: Feldeffekttransistor) zu verschalten, hatte Piet Bergfeld 1970 die Idee, einen FET direkt als ionensensitive Elektrode (IS) zu verwenden. So entstand ein neuer Sensortyp, der ionenselektive Feldeffekttransistor (ISFET). Die oben aufgezählten Nachteile lassen sich alle mit diesem Sensortyp vermeiden, da er technologiebedingt einen stabileren und kompakteren mikromechanischen Aufbau hat.

17.3.4 Ionenselektive Feldeffekttransistoren (ISFET)

Der **ISFET** (**I**on **S**elective **F**ield **E**ffect **T**ransistor) ist ein ionenselektiver chemischer Sensor auf Halbleiterbasis zur Messung chemischer Größen durch ionengesteuerte

Änderung seiner Stromdurchlässigkeit. Das Messprinzip basiert allgemein gesagt wie beim Feldeffekttransistor auf der Ausbildung einer Raumladungszone (Feldeffekt) zwischen Source und Drain.

Grundlagen und technischer Aufbau

Das elektronische Bauelement, von dem sich der ISFET ableitet, ist der Metall-Oxid-Silizium-Feldeffekttransistor (MOSFET). Bild 17.19a zeigt eine symbolische Darstellung der Funktion eines n-Kanal-ISFET, abgeleitet von der symbolischen Darstellung eines MOSFET. Anstelle des metallischen elektrischen Kontaktes am Gate G wird als Messmembran eine ionenselektive Schicht aufgebracht, die direkt mit der Messflüssigkeit (Elektrolyt) in Kontakt ist.

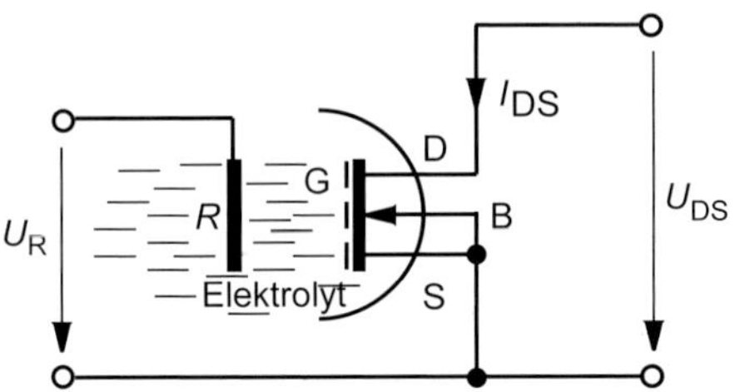

Bild 17.19a
Symbolische Darstellung der Funktion eines n-Kanal-ISFET, abgeleitet von der symbolischen Darstellung eines MOSFET

Über eine Biasspannung U_R an der Referenzelektrode R in der Messflüssigkeit, kann der Arbeitspunkt des ISFET eingestellt werden (analog zum Einstellung des Arbeitspunktes eines FET). Die effektive steuernde Gatesspannung U_{GS} setzt sich zusammen aus der an der Referenz- oder Bezugselektrode R angelegte Biasspannung U_R und dem Potentialsprung $U_{R\text{-}E}$ an der Phasengrenze zwischen der Bezugselektrode und dem Elektrolyten.

An der Oberfläche der ionenselektiven dielektrischen Schicht (Messmembran), die sich auf dem Gate G befindet, tritt ebenfalls ein elektrischer Potentialsprung U_{IS} (NERNST-Spannung) an der Phasengrenze zwischen Messmembran und Elektrolyt auf, der von der Konzentration der zu bestimmenden Messionen im Elektrolyten abhängt. Für die Gatespannung U_{GS} gilt:

$$U_{GS} = (U_R + U_{R-E}) \pm U_{IS} \qquad \text{(Gl. 17.66)}$$

Die NERNST-Spannung U_{IS} im ISFET und die konstante Biasspannung U_R überlagern sich additiv und beeinflussen somit die Raumladungszone zwischen Source und Drain.

Bild 17.19b zeigt den festkörperphysikalischen Prinzipaufbau eines n-Kanal-ISFET und im Prinzip auch seine elektrochemische Wirkung. Eine direkte Spannungsmessung der Gate-Source-Spannung U_{GS} ist nicht möglich, da der Widerstand der SiO_2-Schicht in der gleichen Größenordnung liegt wie der Eingangswiderstand eines sehr guten Messverstärkers. Über den Feldeffekt kann jedoch eine indirekte Bestimmung des Gate-Source-Spannung U_{GS} durch Messung des Drain-Source-Stroms I_{DS} erfolgen.

Zwischen den n-Si-Zonen (Drain und Source) fließt ein elektrischer Strom (genannt Drain-Source-Strom I_{DS}), wenn das elektrische Potential zwischen SiO_2-Gate-Isolator und p-Si-Zone einen elektrisch leitfähigen Kanal durch die Influenz bildet (Enhancement-Typ) oder die elektrische Leitfähigkeit in einem schon existierenden Leitfähigkeitskanal steuert (Depletions-Typ). Beide Effekte führen zu einer Änderung des Drain-Source-Stroms I_{DS}, der gemessen werden kann.

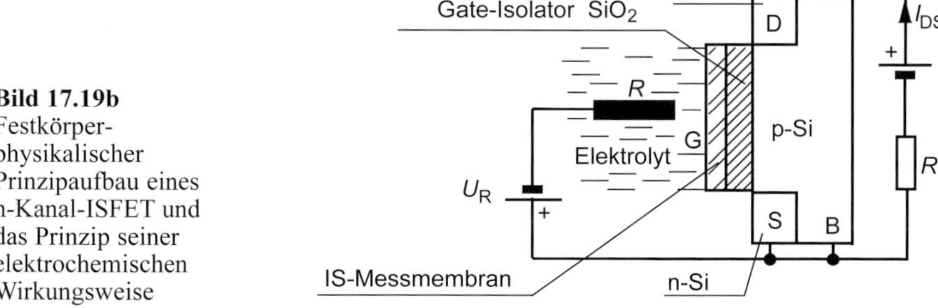

Bild 17.19b Festkörperphysikalischer Prinzipaufbau eines n-Kanal-ISFET und das Prinzip seiner elektrochemischen Wirkungsweise

Für den Source-Drain-Strom I_{DS} gilt im Linearbereich (sog. «Trioden-Bereich») der Kennlinie, wenn $U_{GS} - U_{TH} \leq U_{DS}$ ist:

$$I_{DS} = \beta \cdot \left[(U_{GS} - U_{TH}) \cdot U_{DS} - \frac{U_{DS}^2}{2} \right] \qquad \text{(Gl. 17.67)}$$

U_{TH} Schwellenspannung
β Konstruktionskonstante

Für β gilt:

$$\beta = (\mu_e \cdot C_G \cdot W)/L \qquad \text{(Gl. 17.68)}$$

μ_e Elektronenbeweglichkeit
C_G Kapazität des Gate-Isolators
W Chip-Breite
L Chip-Länge

Für den Source-Drain-Strom I_{DS} gilt im Einschnürbereich (sog. «Pentoden-Bereich») der Kennlinie, wenn $U_{GS} - U_{TH} > U_{DS}$ ist:

$$I_{DS} = \frac{\beta}{2}(U_{GS} - U_{TH})^2 \qquad \text{(Gl. 17.69)}$$

Die Änderungen des Source-Drain-Stroms I_{DS} sind also direkt proportional zur Änderung der Messionenkonzentration a_{ion} im Elektrolyten (sog. Analytkonzentration). In der ersten Näherung wird die Schwellenspannung U_{TH} als konstant betrachtet. Das sensortechnisch entscheidende Kriterium ist der proportionale Zusammenhang zwischen der Differenz $U_{GS} - U_{TH}$ und der NERNST-Spannung U_{IS}. Die chemische Konzentration wird, wie oben schon gezeigt, durch die NIKOLSKY-Gleichung (s. auch Gl. 17.65) beschrieben. Sie lautet hier:

$$U_{IS} \approx U_{IS_0} \pm 2{,}3 \cdot \frac{\mathrm{R} \cdot T}{z_i \cdot \mathrm{F}} \cdot \log\left(c_i + \sum_{j \neq i} \mathrm{K}_{i,j} \cdot c_j^{(z_i/z_j)} \right) \qquad \text{(Gl. 17.70)}$$

U_{IS_0} Elektrodenpotential bei Konzentration $c = 1$ (Standardpotential)

Es wird nach Gl. 17.70 zur chemischen Konzentration c_i des i-ten Mess-Ions das j-te Stör-Ion, multipliziert mit der jeweiligen Selektivitätszahl $K_{i,j}$, addiert. Dieser Effekt heißt Querempfindlichkeit, der bei allen chemischen Elektroden mehr oder weniger ausgeprägt ist. Jedes zusätzliche Stör-Ion in der Messlösung bedeutet somit eine Unbekannte mehr in der Auswertung.

Über geeignete ionenselektive Schichten (Membranen) als Gate-Isolator kann die Querempfindlichkeit entsprechend reduziert werden, über eine Kalibrierung mit Hilfe des gemessenen Stroms auf die tatsächliche Analytkonzentration zurückgerechnet werden. Der ISFET ist elektrisch betrachtet ein Transimpedanzwandler, d.h., das kapazitiv eingekoppelte elektrochemisches Potential wird potentiometrisch erfasst und in den elektrisch messbaren Drain-Source-Strom I_{DS} umgesetzt. Das Ausgangsignal ist damit niederohmig und in erster Näherung unabhängig von nachfolgenden Schaltungen, d.h., der ISFET ist elektrisch belastbar, so wie eine hochohmige «Stromquelle».

Bild 17.20 zeigt den prinzipiellen Schichtaufbau eines n-Kanal-ISFET. Da der elektrochemische Potentialsprung an der ionenselektiven Schicht prinzipbedingt in die ISFET-Struktur kapazitiv eingekoppelt wird, lassen sich außer elektrisch leitende auch nicht leitende Materialien für die ionenselektive Schicht (IS-Schicht) als Gate-Isolator verwenden.

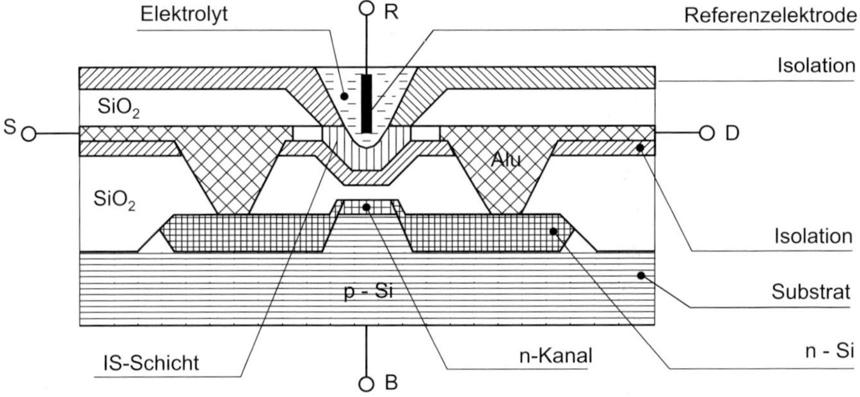

Bild 17.20 Prinzipieller Schichtaufbau eines n-Kanal-ISFET

Tabelle 17.7 zeigt für ionenselektive Schichten (Membranen) ausgewählte Schichtwerkstoffe und die damit nachweisbaren Ionenarten. Im Weiteren folgt eine kleine Zusammenstellung der Messempfindlichkeit dielektrischer, d.h. elektrisch nicht leitender, ionenselektiver, anorganischer Schichten:

Messempfindlichkeit SiO_2 25...48 mV/pH-Dekade
Messempfindlichkeit Si_2N_4 46...56 mV/pH-Dekade
Messempfindlichkeit Al_2O_3 53...57 mV/pH-Dekade
Messempfindlichkeit Ta_2O_5 56...57 mV/pH-Dekade

Tabelle 17.7 Ausgewählte Schichtwerkstoffe für ionenselektive Schichten (Membranen) und die damit nachweisbaren Ionenarten

Membranart	IS-Membranmaterial	nachweisbare Ionenarten
dielektrische Schicht	Al_2O_3, Si_3N4, Ta_2O_5 Al-, B-, Na-Silikate	H_3O^+ Na^+, K^+, $Ca_2{}^+$
kristalline Schicht	AgCl, AgBr, Ag_2S, LaF^3	Ag^+, La^+, Cl^-, F^-, Br^-, S^{2-}
diverse Schichten	IonentauscherPolymere	H_3O^+, K^+, Na^+Cl^-, F^-, $NO_3{}^-$

Die Produktion ionenselektiver Schichten auf ISFET setzt voraus, dass der Prozess der Schichtbildung und das Schichtmaterial mit dem Halbleitersubstrat verträglich sind. Bei den ersten Konstruktionen ersetzte der ISFET eine elektrochemische Halbzelle in der Messkette. Für die Messung ist jedoch, wie bei den herkömmlichen IS-Elektroden, eine zweite Halbzelle mit einem konstanten Bezugselektrodenpotential notwendig.

Der entscheidende technische und wirtschaftliche Fortschritt wird aber erst seit der vollen technologischen Integration der Bezugselektrode auf dem Sensorchip erreicht. Der Einsatz spezieller Halbleitermaterialien ermöglicht die Verlegung der elektrischen Anschlüsse auf die Rückseite. Damit werden die elektrischen Anschlüsse optimal vor elektrischen Kurzschlüssen durch alle Prozessmedien geschützt. Der Mikro-ISFET ist in Form einer Nadel gebaut, wobei der ionenselektive Teil 5 µm·× 5 µm groß ist. Als pH-sensitive Schicht wird z.B. Si_3N_4 mit einer Messempfindlichkeit von 55 mV/pH-Dekade verwendet.

Der **ENFET** (**E**nzym **F**ield **E**ffect **T**ransistor) ist ein mit einem Enzym modifizierter ISFET. Es wird, wie auch bei anderen ionenselektiven Elektroden (ISE), hier eine Biokatalysatorschicht vor der schon eingebauten ionenselektiven Messschicht angebracht.

Der **HFET** (**H**ydrogen **F**ield **E**ffect **T**ransistor) ist ein mit einer katalytischen Metallschicht (z.B. Palladium) als Messschicht versehener Wasserstoffsensor, wobei sich die Wasserstoffmoleküle katalytisch an der Oberfläche in Wasserstoffatome aufspalten und durch die Palladiumschicht in die Metallisolatorfläche diffundieren.

Messtechnische Eigenschaften und Sensorelektronik

Zur Bestimmung der Ansprechzeit (oder besser Einstellzeit) des chemischen Sensors wird die Ionenkonzentration direkt an der Sensoroberfläche von einem sehr konstanten Grundwert sprunghaft auf einen neuen Konzentrationswert gebracht. Die so erzeugte Funktion heißt in der Messtechnik Sprungfunktion und wurde in Abschnitt 1.7.2 ausführlich beschrieben. Aus praktischer Sicht kann die Einstellzeit als die Zeit definiert werden, die das Ausgangssignal benötigt, um 95% ihres Endwertes zu erreichen.

Beim ISFET ist die Messempfindlichkeit (bei ISFET auch Sensitivität genannt) auf Oberflächeneffekte oder Volumeneffekte in dünnen Schichten (20...100 nm) zurückzuführen. Dies führt im direkten Vergleich zu ISE (ca. 2 s...100 ms, je nach Technologie) zu sehr kurzen Einstellzeiten von <10 ms, d.h., Konzentrationsänderungen können mit einer viel höheren Zeitauflösung erfasst werden. Das Messsignal von ISFET liegt i.Allg. zwischen 50...60 mV pro Dekade Ionenkonzentrationsänderung.

Die wichtigsten Störgrößen werden über die Messmembran erzeugt, wie thermische Empfindlichkeits- und Nullpunktdrift, Lichteinfall und Offsetsignale. Durch geeignete Konstruktionen, elektronische Korrekturschaltungen und intermittierende Kalibrierung können diese Störgrößen klein gehalten werden. In Tabelle 17.8 sind typische elektrochemische Eigenschaften, geometrische Abmessungen, Spannungsversorgung und Display-Anzeige für einen guten ISFET-Sensor (*silicon chip pH sensor*) dargestellt.

Bild 17.21 zeigt eine Sensorelektronik, mit der die Änderung der elektrischen Spannung ΔU_{GS} am Gate gemessen wird. Die Drain-Source-Spannung ist konstant. Bei einer Änderung der Konzentration der zu erfassenden Ionen in der Elektrolytprobe wird die Spannung am Gate U_{GS} nachgeregelt, bis der Drain-Source-Strom I_{DS} seinen Wert nicht mehr ändert. Damit ist die Gate-Source-Spannung U_{GS} ein Maß für die Konzentration der zu messenden Ionen.

Tabelle 17.8 Typische elektrochemische Eigenschaften, geometrische Abmessungen, Spannungsversorgung und Displayanzeigen für einen guten ISFET-Sensor

Sensor	**I**on **S**ensitive **F**ield **E**ffect **T**ransistor (ISFET) Replaceable sensor
Calibration	pH 7,0 buffer, automatic one point calibration
Display	LCD, digital (Resolution: 0,1 pH)
Range	pH 2,0...pH 12,0
Accuracy	±0,2 pH
Repeatability	±0,1 pH
Operating Temp.	41...104 °F (5...40 °C)
Temp. Compensation	Automatic temperature compensation sensor
Functions	Calibration value back-up, auto power off
Power Source	3 V (Lithium dry cell CR2032) × 2
Battery Life	approx. 150 hours of continuous use
Dimensions	5,6 in L × 1,1 in W × 0,6 in D (142 mm L × 28 mmW × 15 mm D)

In Bild 17.22 ist die Referenzelektrode R geerdet. Die vom ISFET generierte elektrochemische Spannung wird einem Instrumentenverstärker-IC auf den notwendigen Spannungspegel angepasst und an den Differenzverstärker OP1 weitergeleitet. Die Differenz zwischen der verstärkten ISFET-Spannung U_{IC} und der Referenzspannung U_{ref} wird als Rückkopplungssignal in den Widerstand R_2 eingespeist. Dadurch werden ein konstanter Drain-Source-Strom I_{DS} und eine konstante Drain-Source-Spannung U_{DS} erzeugt. Der durch OP1 erzeugte Rückkopplungsstrom I_g fließt über R_g, so dass der Spannungsabfall an R_g die Ausgangspannung U_a bildet, die bei hochohmiger Weiterverarbeitung von U_a ein Maß für die Änderung des Drain-Source-Stroms I_{DS} ist, bei Änderung des pH-Wertes oder der Konzentration der zu messenden Ionenart.

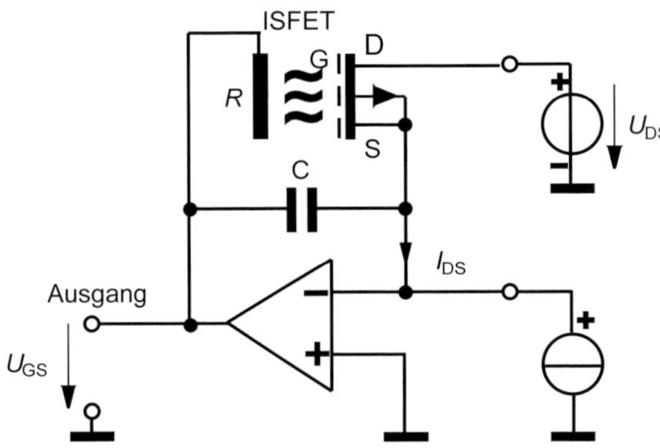

Bild 17.21
Sensorelektronik, mit der eine Änderung der elektrischen Spannung ΔU_{GS} am Gate des ISFET gemessen werden kann

Anwendungen

Sie reichen von einfacheren Anwendungen bei der Wasseraufbereitung bis hin zu industriellen Prozessen. Besonders hohe Anforderungen werden im industriellen Einsatz hinsichtlich Temperatur, Druck, Vibration, Verschmutzungsverträglichkeit und chemische Widerstandsfähigkeit (z.B. gegen konzentrierte Schwefel- oder Flusssäure) bei kleinen Einstellzeiten, minimaler Wartung und hohen Standzeiten gestellt. Der geeignetste Elementarsensor ist zur Zeit der ionenselektive Feldeffekttransistor (ISFET), der

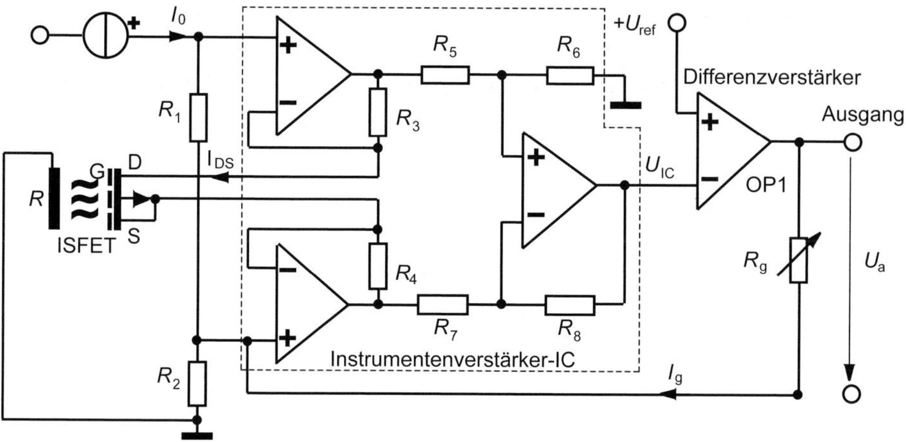

Bild 17.22 Sensorelektronik mit geerdeter Referenzelektrode *R*. Die vom ISFET generierte elektrochemische Spannung wird mit einem Instrumentenverstärker-IC auf den notwendigen Spannungspegel angepasst und auf den Differenzverstärker OP1 weitergeleitet.

außerdem die oben schon aufgezählten Nachteile der ionenselektiven Glaselektrode (IS) nicht hat (wie z.B. kostenintensive komplexe Technologie, hohen elektrischen Innenwiderstand usw.). Daraus ergeben sich zwanglos folgende Anwendungen:

- Anwendungen in Halbleitermessmodulen zur Messung der Ionenkonzentration und des pH-Wertes im makrotechnisch industriellen und wissenschaftlichen Bereich.
- Anwendungen als Halbleitersensormodule zur Messung der Ionenkonzentration und des pH-Wertes im mikrotechnisch industriellen und wissenschaftlichen Bereich, z.B. als Mikrosensoren in der Mikrosystemtechnik, Mikroverfahrenstechnik, Mikromechatronik, Mikromedizintechnik (z.B. nicht invasive In-vivo-Messungen) und Mikrobiotechnik.

Um die Vorteile gegenüber den konventionellen Glaselektroden (IS) wirklich nutzen zu können und um die Lebensdauer der ISFET nicht negativ zu beeinflussen, müssen folgende Anwendungskriterien strikt beachtet werden:

- kein Einsatz für Betriebstemperaturen >120 °C und <–10 °C sowie Betriebsdrücke >15 bar,
- kein Einsatz in stark fluoridhaltigen Medien (besonders bei kleinen pH-Werten),
- kein Einsatz in stark alkalischen Medien bei hohen Temperaturen (d.h. bei >45 °C und pH 14),
- kein Einsatz in sehr stark wirkenden Oxidationsmitteln,
- kein Einsatz in Medien mit sehr hohen Salzionenkonzentrationen,
- kein Einsatz bei Reinwasseranwendungen bei elektrischen Leitfähigkeiten <10 µS,
- kein Einsatz in Medien mit Verschmutzungen, die das Diaphragma blockieren könnten.

Listing der Begriffe für chemische Sensoren auf Feldeffekttransistoren-Basis

- FET Field Effect Transistor
- MOSFET Metal Oxide Semiconductor-FET
- IGFET Insulated Gate-FET
- OSFET Oxide Silicon-FET

- ❑ OGFET Open Gate-FET
- ❑ GASFET Gassensitiver FET
- ❑ CHEMFET Chemically sensitive FET
- ❑ ISFET Ion Sensitive FET
- ❑ IMFET Immunologischer FET
- ❑ pH-FET pH-sensitiver FET
- ❑ ENFET Enzym-FET

Für ausführliche und aktuelle Informationen können im Internet die Web-Seiten der entsprechenden chemischen Sensoren (Chemosensoren) empfohlen werden.

17.3.4.1 Messverfahren

Direktpotentiometrie
Bei diesem Messverfahren wird die elektrochemische Spannung zwischen Messelektrode und Referenzelektrode direkt gemessen und elektronisch weiterverarbeitet. Die Kalibrierung erfolgt mit Standardlösungen, die die zu messenden Ionen in einer exakt definierten Menge enthalten. Abhängig vom jeweils verwendeten Standardlösungstyp, wird bei einer Kalibrierung die Ionenaktivität oder Ionenkonzentration gemessen.

Standardaddition
Bei diesem Messverfahren wird einer Messlösung eine exakt definierte Standardlösung mit einer vergleichbaren Ionen- oder Ionenkonzentration zugemischt und der sich so ergebende elektrochemischen Spannungssprung erfasst.

Fließinjektionsanalyse
Bei diesem Messverfahren wird in eine strömende Messlösung eine definierte elektrolytische Grundlösung eingespritzt. In den Messströmungskanal können unterschiedliche chemische Sensoren eingebaut werden. Vorteilhaft kann dieses Messverfahren bei der Untersuchung großer Probenzahlen in sehr kurzer Zeit eingesetzt werden. Bei einem potentiometrischen Messprinzip wird eine komplette Messkette für jeweils ein Mess-Ion aufgebaut.

17.3.4.2 Nicht elektrochemische Sensoren zur pH-Wert-Messung

Faseroptische Sensoren (Optoden)
In den letzten Jahren werden zu pH-Messungen kolorimetrische Verfahren und faseroptische Sensoren (Optoden) als echte Alternativen zu elektrochemischen Verfahren (zunächst für ganz spezielle Messaufgaben) zunehmend eingesetzt. Als indirekte Applikation der pH-Messung ist die CO_2-Gasmessung zu nennen, bei der der zu ermittelnde Partialdruck den pH-Wert eines Puffers beeinflusst und dann mit kolorimetrischen Anordnungen erfasst wird.

Mikro-optoelektronische Sensoren
Die in pH-Sensoren eingesetzten mikro-optoelektronischen Sender zur Signalerzeugung (LED) und die Elementarsensoren (Photodioden) zur Signalaufnahme sind planar ausgebildet. Der Vorteil gegenüber einem faseroptischen Sensor besteht im geringeren gerätetechnischen Aufwand, da zusätzlich lediglich eine Signalverarbeitung benötigt wird. Die Kombination kann auch in ein Durchflusssystem integriert werden.

17.4 Redoxpotentialsensoren

Mit Hilfe der pH-Messung können qualitative Aussagen wie «sauer», «neutral» oder «alkalisch» durch quantitative Angaben (pH-Werte) ersetzt werden. Analog dazu können qualitative Aussagen wie «oxidierend» oder «reduzierend» durch quantitative Angaben (Redoxspannung) ersetzt werden. In Natur und Technik sind **Red**uktions- und **Ox**idationsvorgänge (kurz Redoxvorgänge) ebenso wichtig wie Säure-Basen-Reaktionen.

Wie die Analyse der Wörter schon sagt, wurde unter Oxidation zunächst die Aufnahme von Sauerstoff (Oxygenium) und unter Reduktion der Entzug von Sauerstoff (d.h. die Rückführung in seinen ursprünglichen Zustand) verstanden. Das sog. Redoxpotential (Normalpotential) wird in Volt gemessen und ist ein Maß für das Reduktions- oder Oxidationsvermögen einer wässrigen Lösung. Gemessen wird dieses Redoxpotential mit sog. Redoxsensoren, die im industriellen Bereich in Armaturen, genau wie pH-Sensoren, eingebaut werden.

Elektrochemische Grundlagen und technischer Aufbau

Reduktions-**Ox**idations-Reaktionen (Redoxreaktionen) sind chemische Reaktionen, bei denen Elektronen ausgetauscht werden, wobei die **Reaktionspartner** die Elektronen austauschen.

- ❑ **Oxidation**
  ist definiert als eine chemische Reaktion, bei der ein zu oxidierender Stoff (das sog. Reduktionsmittel, ein Elektronendonator) Elektronen abgibt. Formelmäßig lässt sich das wie folgt schreiben:

  $$A \rightarrow A^{+} + e \qquad \text{(Gl. 17.71)}$$

  wobei das Reduktionsmittel A (der Elektronendonator) ein Elektron e^- abgibt und damit ein positives Ion A^+ wird.
- ❑ **Reduktion**
  ist definiert als eine chemische Reaktion, bei der ein zu reduzierender Stoff (das sog. Oxidationsmittel ein Elektronenakzeptor) Elektronen aufnimmt. Formelmäßig lässt sich das wie folgt schreiben:

  $$B + e^- \rightarrow B^- \qquad \text{(Gl. 17.72)}$$

  wobei das Oxidationsmittel B (Elektronenakzeptor) ein Elektron e^- aufnimmt und damit ein negatives Ion B^- wird.

Mit der Oxidation ist also stets eine Reduktion verbunden. Da Elektronen in Lösung nicht in großer Konzentration frei auftreten können, laufen die Oxidations- und Reduktionsreaktionen immer gekoppelt ab, indem eine Reaktion genau so viele Elektronen aufnimmt wie die andere abgibt. Die beiden Einzelreaktionen sind so gesehen Teilreaktionen einer Redoxreaktion. Formelmäßig lässt sich das wie folgt schreiben:

$$A + B \rightarrow A^+ + B^- \qquad \text{(Gl. 17.73)}$$

Bei den Redoxreaktionen findet also eine Elektronenabgabe (Oxidation) durch einen Stoff A und eine Elektronenaufnahme (Reduktion) durch einen Stoff B, unter Bildung des Kations A^+ und des Anions B^-, statt. Oxidationen sind fast immer sog. exotherme chemische Reaktionen, die unter Abgabe von Energie (z.B. Lichtenergie und Wärmeenergie oder beide gleichzeitig) ablaufen. Stoffwechselvorgänge, Verbrennungsvorgänge, technische Produktionsprozesse und viele chemische Nachweisreaktionen basieren auf Redoxreaktionen.

- **Oxidierende Stoffe**
  KCl (Kaliumchlorid), $NaHCO_3$ (Natriumbicarbonat), HNO_3 (Salpetersäure), I (Iod), Br (Brom), und Cl (Chlor).
- **Reduzierende Stoffe**
  Cyanide (Salze der Cyanwasserstoffsäure HCN), Alkalimetalle (Li, Na, K, Ru, Cs, Fr), Schwefelwasserstoff (H_2S), und schweflige Säure (H_2SO_3).

Wenn die Teilreaktionen Oxidation und Reduktion räumlich voneinander getrennt ablaufen, entsteht eine elektrochemische Zelle. Wird die chemische Reaktion in der Zelle durch das Anlegen eines äußeren Stroms erzwungen, spricht man von einer Elektrolysezelle, wobei der chemische Prozess die Elektrolyse ist. Läuft die chemische Reaktion in der Zelle ohne äußeren Zwang freiwillig ab, spricht man von einer galvanischen Zelle, wobei der chemische Vorgang eine galvanische Spannungserzeugung ist.

Die technisch einfachsten Elektroden sind die Redoxelektroden (oder Indikatorelektroden). Bild 17.23 zeigt das Funktionsprinzip der Redoxpotentialmessung und den mechanischen Prinzipaufbau einer Redoxpotentialmesszelle (Elementarsensor). Das Redoxmesssystem besteht im einfachsten Fall aus 2 separaten Elektroden, einer Messelektrode (Indikatorelektrode oder auch Redoxelektrode) und einer Bezugselektrode (oder Referenzelektrode).

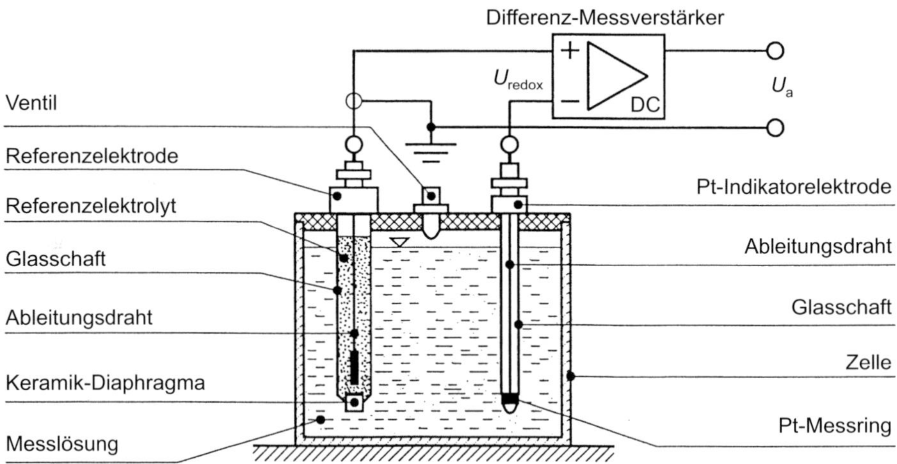

Bild 17.23 Funktionsprinzip der Redoxpotentialmessung und der mechanische Prinzipaufbau einer Redoxpotentialmesszelle (Elementarsensor)

Die Redoxspannung kann also mit einer Redoxelektrode gemessen werden, die selbst Elektronen aufnehmen oder abgeben kann (daher ihr Name). Geeignet sind alle Metalle, wenn sie nicht von der Messlösung chemisch umgewandelt werden können. Die Messung einer Redoxspannung ist eine potentiometrische Messung. Dieses praktisch stromlose Messverfahren verhindert weitgehend die Bildung von elektrischen Polarisationenspannungen an der Oberfläche der Redoxelektrode, die sonst elektrische Potentiale der Elektroden stark verändern würde.

Außerdem wäre bei einer nicht «stromlosen» Messung die Spannung an den Klemmen nicht identisch mit der elektrochemischen Gleichgewichtsspannung. Sie wäre vielmehr vom Innenwiderstand der Messzelle und von den äußeren Widerständen, besonders vom Innenwiderstand des Messgerätes, abhängig. Durch die Verwendung eines sehr hochohmigen Messverstärkers (Bild 17.23) wird eine fast stromlose Messung sichergestellt.

Während der Entstehung von Redoxspannung fließen Elektronen von der Redoxelektrode zur Messlösung und umgekehrt. Die Folge ist eine Ladungstrennung, die eine elektrochemische Spannung an der Metalloberfläche aufbaut und einen weiteren Elektronentransport verhindert. Im dynamischen Gleichgewichtszustand heben sich deshalb die elektrochemische Spannung und chemische Spannung der Oxidation oder der Reduktion auf.

Die Referenzelektrode entspricht in ihrem inneren Aufbau und ihrer Funktion einer pH-Referenzelektrode, wie sie weiter oben schon beschrieben wurde. Sie besteht häufig aus einem Silber/Silberchlorid-(Ag/AgCl-)Arbeitselement, das sich in einer 3-molaren KCl-Lösung (Referenzelektrolyt) befindet.

Die Edelmetall-Redoxelektrode (Indikatorelektrode) besteht z.B. aus einem Platin-(Pt-)Messring und Pt-Ableitdraht. Das Messsignal U_{redox} wird auf der Oberfläche des Platin-(Pt-)Messrings durch einen Austausch von Elektronen, wie oben schon beschrieben, mit dem Oxidations-/Reduktionssystem der Messlösung erzeugt. Das dadurch entstehende elektrochemische Potential U_{redox} zwischen Referenz- und Redoxelektrode wird über einen sehr hochohmigen (10^{12} Ω) DC-Differenzmessverstärker proportional auf einen höheren Gleichspannungspegel umgesetzt.

Der Ausgang des Messverstärkers ist dagegen sehr niederohmig, so dass eine rückwirkungsfreie Weiterverarbeitung des Messsignals möglich ist. Eine Kompensation der Temperatur ist nicht notwendig, jedoch muss die Messtemperatur immer angegeben werden, da der Temperaturkoeffizient der Redoxspannung groß ist.

Analog zur pH-Einstabmesskette kann zur Messung der Oxidations-/Reduktionskraft eine Kombinationselektrode verwendet werden. Sie enthält in einem Glasschaft z.B. eine Redoxelektrode mit einem Platindraht als Ableitung und einem Platinring auf dem Schaftzapfen sowie eine Referenzelektrode im Inneren, mit einem Silber-/Silberchlorid-Arbeitselement in einer 3-molaren KCl-Referenzlösung. Das elektrochemische Messsignal wird auf der Oberfläche des Platinrings durch den Austausch der Elektronen mit dem Oxidations-/Reduktionssystem der Messlösung erzeugt.

Bild 17.24 zeigt den mechanischen Prinzipaufbau einer Kombinationselektrode. Ein Vorteil der Kombinationsbauweise ist die Vermeidung des Einsatzes separater Referenz- und Indikatorelektroden. Mit einem speziell gestalteten Abschlussring ist es möglich, einen einfachen Zugang zur Nachfüllung des Referenzelektrolyten und eine sehr gute Abdichtung des Systems im geschlossenen Zustand zu erreichen. Die Anschlussmöglichkeit verschiedener Kabel an einen speziell gestalteten Schraubkopf erlaubt den Einsatz der Elektrode mit einer breiten Vielfalt von verschiedenen Messgeräten.

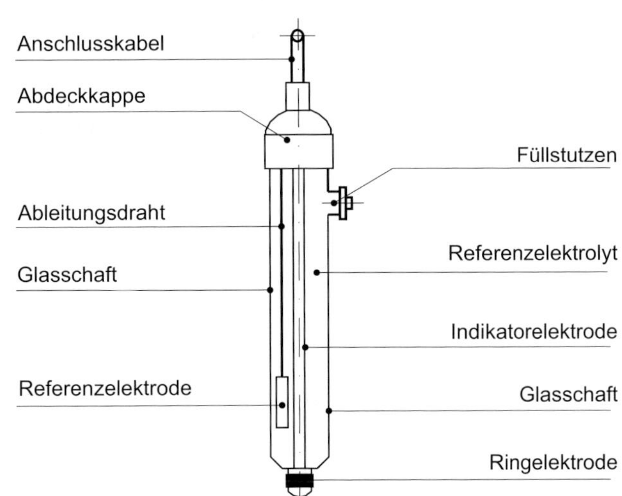

Bild 17.24 Mechanischer Prinzipaufbau einer Kombinationselektrode. Vorteil der Kombinationsbauweise ist die Vermeidung des Einsatzes separater Referenz- und Indikatorelektroden.

Wird die Indikatorelektrode elektrisch positiv gegenüber der Referenzelektrode aufgeladen, hat sie Elektronen abgegeben und besitzt somit ein elektrisch positives Potential gegen die Referenzelektrode. In der Messlösung überwiegen Oxidationsmittel (Elektronenakzeptoren), d.h., die Messlösung wirkt überwiegend oxidierend. Wird die Indikatorelektrode elektrisch negativ gegenüber der Referenzelektrode aufgeladen, hat sie Elektronen aufgenommen. In der Messlösung überwiegen die Reduktionsmittel (Elektronendonatoren), d.h., die Messlösung wirkt überwiegend reduzierend. Die Redoxspannung U_{redox} der Messkette wird mit Hilfe der NERNST-Gleichung (Herleitung siehe unten) berechnet somit gilt:

$$U_{redox} = U_0 + \frac{U_N}{z} \cdot \log \frac{c_{ox}}{c_{red}} \qquad \text{(Gl. 17.74)}$$

U_0 Standardspannung oder auch Normalspannung
U_N NERNST-Spannung
z Zahl pro Molekül beteiligter Elektronen am Redoxprozess

Für die temperaturabhängige NERNST-Spannung U_N gilt:

$$U_N = 2{,}3 \cdot \frac{R}{F} \cdot T = 0{,}198 \text{ mV} \cdot T \qquad \text{(Gl. 17.75)}$$

R 8,31447 J mol^{-1} K^{-1} (absolute Gaskonstante)
F 96 485,34 As mol^{-1} (FARADAY-Konstante)
T absolute Temperatur in [K].

Die Standardspannung U_0 setzt sich zusammen aus verschiedenen konstanten Störpotentialen und dem Eigenpotential der Bezugselektrode. Die Standardspannung wird erfasst, wenn alle Ionenaktivitäten = 1 sind. Sie kann, je nach Bezugselektrode, Werte von 100 mV und mehr annehmen.

Vertiefung 17.2

Die Herleitung von Gl. 17.74 steht im Onlineservice InfoClick zur Verfügung. Für das weitere Verständnis des Themas im eigentlichen Sinn kann grundsätzlich ohne diese Herleitung weitergearbeitet werden. Die Nummerierung im Buch überspringt deshalb die auf InfoClick ausgeführten Gleichungen (Gl. 17.76 und Gl. 17.77) und fährt folgerichtig mit Gl. 17.78 fort.

Die messbare Redoxspannung folgt dem NERNST-Gesetz. Die korrekte Gleichung gewinnt man aus dem Oxidations- und Reduktionsprozess. Drei Beispiele sind in Tabelle 17.9 dargestellt. Die Redoxspannung wird durch das Verhältnis der Konzentrationen c_{ox} der oxidierenden zur Konzentration c_{red} der reduzierenden Ionen und ihrer Ionenart bestimmt. Nachfolgend sind Werte von NERNST-Spannungen U_N (Gl. 17.75) bei verschiedenen Temperaturen gezeigt.

0 °C $U_N = 54{,}2$ mV
25 °C $U_N = 59{,}2$ mV
50 °C $U_N = 64{,}1$ mV

Aus diesen 3 Beispielen sind folgende Regeln erkennbar:

- Die Zahl der an der Reaktion beteiligten Elektronen steht im Nenner.
- Die «stöchiometrischen» Faktoren treten in den Redoxgleichungen als Exponenten auf.

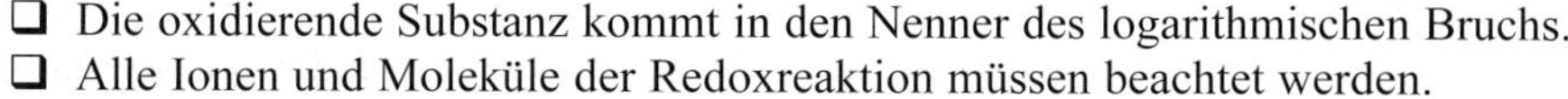

- ☐ Die oxidierende Substanz kommt in den Nenner des logarithmischen Bruchs.
- ☐ Alle Ionen und Moleküle der Redoxreaktion müssen beachtet werden.

Tabelle 17.9 Messbare Redoxspannung mit NERNST-Gesetz (korrekte Gleichung aus Oxidations- und Reduktionsprozess)

$Fe^{2+} \rightarrow Fe^{3+} + 1 \cdot e^-$	$U_{redox} = \frac{U_N}{1} \cdot \log \frac{[Fe^{3+}]}{[Fe^{2+}]}$
$2 \cdot J^- \rightarrow J_2 + 2 \cdot e^-$	$U_{redox} = \frac{U_N}{2} \cdot \log \frac{[J_2]}{[J^-]^2}$
$Mn^{2+} + 4 \cdot H_2O \rightarrow MnO_4^- + 8 \cdot H^+ + 5 \cdot e^-$	$U_{redox} = \frac{U_N}{5} \cdot \log \frac{[MnO_4^-] \cdot [H^+]^8}{[Mn^{2+}]}$

In Tabelle 17.10 sind Standardspannungen einiger Metallelektroden bei 25 °C dargestellt. Eine Metallelektrode ist dann im chemischen Gleichgewicht mit der Messlösung und zeigt die richtige Redoxspannung, wenn so viel Elektrodenmaterial gelöst wurde, dass Gl. 17.74 erfüllt ist.

Tabelle 17.10 Standardspannungen einiger Metallelektroden bei 25 °C

Nickel Ni	Ni / Ni^{2+}	263 mV
Kupfer Cu	Cu / Cu^{2+}	345 mV
Silber Ag	Ag / Ag^+	799 mV
Platin Pt	Pt / Pt^{2+}	1200 mV
Gold Au	Au / Au^{3+}	1420 mV

Messtechnische Eigenschaften und Sensorelektronik

Für Messlösungen, die ständig in Bewegung sind (z.B. in Rohrleitungen oder in Behältern mit Rührwerken), muss die Strömungsgeschwindigkeit der Messlösung berücksichtigt werden, da sie einen Einfluss auf die zu messende Redoxspannung und die Schwellenkonzentration (Ansprechschwelle) hat. Bei fast stehenden Lösungen ist die Änderung der Redoxspannung viel kleiner und die Ansprechschwelle der Konzentration viel höher als bei stark verwirbelten. Damit kann durch Steigerung der Strömungsgeschwindigkeit an der Messelektrode die Ansprechschwelle herabgesetzt und die Messempfindlichkeit erhöht werden.

Damit man reduzierbare Redoxspannungen und damit Redoxanzeigen erzielen kann, ist die Messelektrode laufend zu wischen. Durch Wischen wird der elektrische Grenzschichtwiderstand zwischen Elektrode und Messlösung stark verringert. Geeignete Reinigungsverfahren verhindern, dass sich Verschmutzungen (z.B. Kalk, Metallhydroxide, unedle Metalle usw.) auf der Elektrode absetzen, da solche Verunreinigungen das Redoxpotential stark beeinflussen und damit natürlich die Reproduzierbarkeit.

Je nach der Ionenzusammensetzung der Messlösung sind Messelektroden aus Silber-, Gold- oder Platinstiften sowie Bezugselektroden mit einem Keramikdiaphragma und Silberchloridableitung in Verwendung. Die erste Baustufe in der Sensorelektronik ist ein sog. Modulatorverstärker mit einem hochohmigen ($>10^{15}$ Ω) Eingang zur Messung eines schwachen elektrischen Signals, das mit einem Referenzsignal, mit bekannter Frequenz und Phase, moduliert wird. Als Ausgangssignal stellt der Modulatorverstärker eine gefilterte Gleichspannung mit sehr gutem Signal-Rausch-Verhältnis (SNR, Signal to Noise Ratio) zur Verfügung, das proportional zur Eingangsspannung ist.

Dieser Verstärker ermöglicht es, auch bei veränderlichen Grenzschichtwiderständen eine sichere Messung störungsarm durchzuführen. Für spezielle niederohmige Redoxmessketten und nur sehr schwach veränderliche Grenzschichtwiderstände kann auch auf einen Modulatorverstärker verzichtet werden. Das Spannungssignal kann dann direkt mit einem hochohmigen ($>10^{15}\ \Omega$) Differenzmessverstärker weiterverarbeitet werden.

Solche Redoxmessketten werden z.B. zur Überwachung von Galvanikbädern oder zur Kontrolle der oxidierenden Wirkung von Bleichbädern in der Textil- und Zellstoffindustrie eingesetzt. Elektrische Störpotentiale wie Diffusionspotentiale an der Oberfläche der Elektroden, freie elektrische Potentiale in der Messlösung und der Messstrom beeinflussen das Messergebnis. Aus den oben genannten Gründen ist beim Messen eines Redoxpotentials, besonders mit einem Schwellenwert, mit einer größeren Messabweichung zu rechnen.

Mit Hilfe einer Vergleichsmessung können elektrische Störpotentiale erkannt und durch eine elektrische Korrekturspannung weitgehend kompensiert werden. Das Redoxpotential wird außerdem zusätzlich vom pH-Wert der Messlösung stark beeinflusst. Ändert sich der pH-Wert um $\Delta pH = 1$, ändert sich das Redoxpotential um $\Delta U_{redox} = -30...-60$ mV. Es muss deshalb genau darauf geachtet werden, dass der pH-Wert während einer Redoxpotentialmessung möglichst konstant bleibt. Tabelle 17.11 zeigt typische technische Daten (Eigenschaften) von Labor-Redox-Elektroden mit Au- oder Pt-Indikatoren.

Tabelle 17.11 Typische technische Eigenschaften von Labor-Redox-Elektroden mit Au- oder Pt-Indikatoren

Temperaturbereich	0...100 °C
Metall	Goldring (Au) oder Platinring (Pt)
Schaftmaterial	Glas
Bezugssystem	mit integrierter Ag^+-Sperre
Bezugselektrolyt	3 mol/l KCl
Kabel und Anschlüsse	Standard S7
Schaftlänge	120 mm
Schaftdurchmesser	12 mm
Langzeitspeicher	3 mol/l KCl
Kurzzeitspeicher	3 mol/l KCl

Anwendungen

Die Überwachung des pH-Wertes und Redoxparameters ist in Industrieprozessen sehr wichtig, um Kosten zu sparen und um Prozesse zu optimieren. Anforderungen an Prozesse sind von Industriezweig zu Industriezweig sehr unterschiedlich.

- **Chemische Industrie**
  In chemischen Prozessen müssen Materialien den Säuren oder stark ätzenden Lösungen unter zum Teil sehr hohen Temperaturen widerstehen. Außerdem müssen Elektroden für den Einsatz in gefährlichen Zonen zwingend zertifiziert sein.

- **Pharmazeutische Industrie, Nahrungsmittelindustrie**
  In pharmazeutischen Prozessen und in Prozessen der Nahrungsmittelindustrie müssen Messsysteme den hygienischen Anforderungen entsprechen und vielen Sterilitätszyklen widerstehen sowie die Rückverfolgbarkeit für Validierungszwecke erbringen. Die pH-Messung in Reinwasser verlangt besondere Aufmerksamkeit. Der für höchste Reinheitsgrade geeignete pH-Sensortyp ist in eine abgeschirmte Durchflusskammer integriert und z.B. mit einem 3-Wege-Ventil für eine innere Kalibrierung ausgestattet. Eine kontinuierliche Strömung des Referenzelektrolyten garantiert stabile Redox- und pH-Messungen.
- **Automation**
  Eine intelligente Automation kann mit digitalen Redox- und pH-Sensoren durchgeführt werden, die in der Lage sind, sich den jeweiligen Prozessbedingungen anzupassen. Über den Verschleißindikator und einen adaptiven Kalibriertimer zeigen die Sensoren den Zeitpunkt an, an dem sie gewartet werden müssen. Ein automatisches Reinigungs- und Kalibriersystem kann diese Informationen verarbeiten, so dass dann eine automatische adaptive Reinigung bzw. Kalibrierung ausgelöst werden kann, um den Sensor in Abhängigkeit seines jeweils aktuellen Zustands zu warten, bevor der beanspruchte Sensor ausfällt. Dabei können die Informationen des adaptiven Kalibriertimers und des Sensorverschleißindikators über einen Profibus in ein Prozessleitsystem übertragen werden. Das Prozessleitsystem entscheidet dann, welche Art von automatischer Wartung durchgeführt werden soll, und löst über digitale Eingänge den entsprechenden Befehl aus. Alle Programmschritte können frei programmiert werden, so dass sie gut auf die jeweiligen Prozessbedingungen angepasst werden können. Diese intelligente Automationstechnik hilft jedem Anwender, Zeit, Geld und Ressourcen zu sparen.
- **Anwendungsgrenze**
  Laufen gleichzeitig mehrere Redoxreaktionen ab, stellt sich an der Messelektrode ein elektrisches Mischpotential ein. Die zu erfassende Ionenart ist dann nicht mehr eindeutig sensierbar. In diesem Fall ist eine Strommessung (Amperometrie) einer Spannungsmessung (Potentiometrie) überlegen. In Abschnitt 17.5.1 werden solche Verfahren beschrieben.

17.5 Gassensoren

Um eine Vielzahl von chemischen Prozessen (wie z.B. Verbrennungsvorgänge) genauer steuern und regeln, d.h. den Schadstoffausstoß vermindern zu können, ist die Konzentration ihrer Gas- und Schadstoffe (z.B. Mikropartikel, Feinstaub usw.) möglichst exakt zu messen. Gassensoren sind Sensoren der unterschiedlichsten Technologien zum Erkennen und Aufspüren von Gasen und Schadstoffen und zu ihrer Konzentrationsmessung. Bild 17.25 zeigt eine Systematik (Unterteilung) der Gassensoren.

17.5.1 Elektrochemische Gassensoren

Elektrochemische Gassensoren (EC-Gassensoren) spielen eine wichtige Rolle in der Analyse von Produktgasen, zur Steuerung und Regelung von Prozessen, im Arbeitsschutzbereich, als Warngeräte, in der Umweltanalytik und im Umweltschutz. Für die Lösung der einzelnen Messaufgaben mit Hilfe von Sensoren stehen eine Vielfalt von physikalischen und chemisch-physikalischen Effekten für Sensorprinzipien zur Verfügung, wie z.B. spektrometrische Effekte, Ionisation, photometrische Effekte, Chemolumineszenz, Wärmeleitfähigkeit, Wärmetönung, magnetische Effekte, Gaschromatographie und elektrochemische Effekte. Auf dieser Basis werden Sensoren für Messverfahren und für Messgeräte entwickelt.

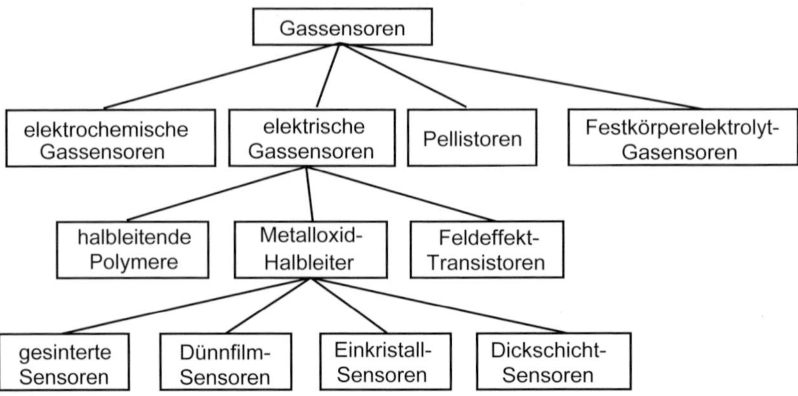

Bild 17.25 Technische Systematik (Unterteilung) der Gassensoren

17.5.1.1 Elektrochemische 2- und 3-Elektroden-Zellen (elektrochemische Zwei- und Drei-Elektrodenzelle)

Im Gegensatz zu einigen o.g. Effekten bzw. Methoden ist bei einer elektrochemischen Gasanalyse immer mit einem chemischen Umsatz der zu messenden Komponenten zu rechnen, wenn auch oft in einem geringen Umfang, da die Bestimmung auf einer elektrochemischen Reaktion beruht. Die Umsetzungen finden in einer elektrochemischen Zelle statt, die den Elementarsensor eines Gassensors bildet, der wiederum ein Teilsystem eines Gasmessgerätes sein kann. Elektrochemische Zellen sind Elektrolytzellen, bestehend aus 2 Elektroden und einem Flüssigelektrolyten oder einem ionenleitenden Festkörper (Festkörperelektrolyt).

Eigenschaften

Die Lebensdauer von elektrochemischen Zellen beträgt im Durchschnitt ca. 1 Jahr. Die Messempfindlichkeit nimmt innerhalb der Lebensdauer ab, so dass der elektrochemische Sensor in bestimmten Zeitabständen neu zu kalibrieren ist. Die Ansprechzeiten liegen beim SO_2-Nachweis bei ca. 20 s und beim CO_2-Nachweis bei ca. 5 s. Die Messbereiche gehen von 0,1...1000 ppm, der Temperaturbereich von –50...+50 °C.

Grundlagen, technischer Aufbau und Sensorelektronik

2-Elektroden-Zelle

Bild 17.26 zeigt den physikalischen Prinzipaufbau und die elektrochemische Wirkungsweise einer 2-Elektroden-Zelle zum Nachweis von Schwefeldioxid (SO_2). Für den Betrieb müssen der Elektrolyt und die Elektrode so gewählt werden, dass der zu überwachende Stoff an der Messelektrode elektrochemisch reduziert und das Metall der Gegenelektrode oxidiert wird. Über eine geeignete Sensorelektronik zwischen Mess- und Gegenelektrode wird eine konstante elektrische Spannung so angelegt und eingestellt, dass an der Messelektrode (Anode) das Messgas Schwefeldioxid (SO_2) oxidiert und entsprechend an der Gegenelektrode (Katode) das Referenzgas Luftsauerstoff (O_2) reduziert wird.

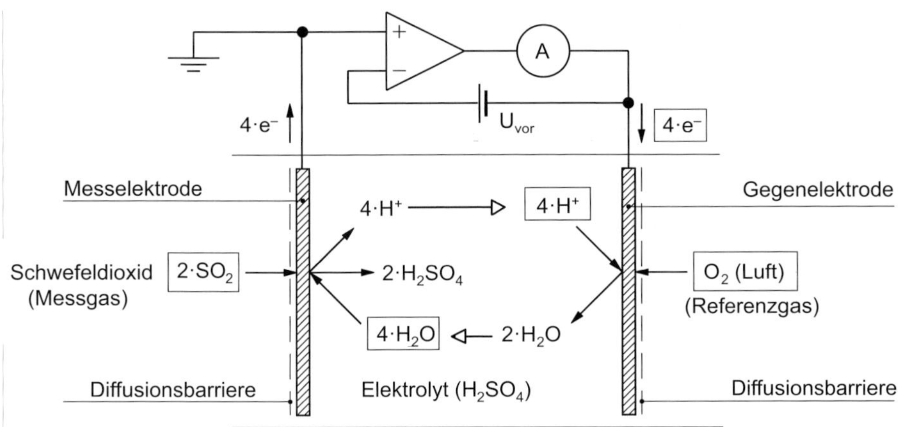

Bild 17.26 Physikalischer Prinzipaufbau und elektrochemische Wirkungsweise einer 2-Elektroden-Zelle zum Nachweis von Schwefeldioxid (SO_2)

Die zu messenden und überwachenden Industriegase diffundieren durch eine Diffusionsbarriere (semipermeable Membran aus Kunststoff) in einen gelartigen Elektrolyten (H_2SO_4). Im Elektrolyt befindet sich eine Messelektrode, deren Oberfläche aus einer Katalysatorschicht (z.B. aus Platin, Pt) besteht. An dieser wird also das Messgas (Schwefeldioxid (SO_2)) direkt durch eine Reduktionsreaktion umgewandelt:

$$2 \cdot SO_2 + 4 \cdot H_2O \rightarrow 2 \cdot H_2SO_4 + 4 \cdot H^+ + 4 \cdot e^- \qquad \text{(Gl. 17.78)}$$

Außerdem wird an der Diffusionsbarriere (eine semipermeable, hydrophobe Membran) der katalytisch aktiven Gegenelektrode gleichzeitig das Referenzgas Luftsauerstoff durch eine Oxidationsreaktion umgesetzt:

$$O_2 + 4 \cdot H^+ + 4 \cdot e^- \rightarrow 2 \cdot H_2O \qquad \text{(Gl. 17.79)}$$

Das verbrauchte Wasser (H_2O) an der Messelektrode wird wieder durch die Reaktion an der Gegenelektrode regeneriert. Gemessen wird der Elektronenstrom i_e durch den Elektrolyten, der linear proportional zur Messgaskonzentration $c_{(SO2)}$ ist. Es gilt dann allgemein:

$$i_e(t) = n \cdot F \cdot \frac{dN_x}{dt} \approx n \cdot F \cdot \frac{\Delta N_x}{\Delta t} \qquad \text{(Gl. 17.80)}$$

n Elektronenreaktionsgeschwindigkeit
F Faradaykonstante
$\Delta N_x/\Delta t$ chemischer Umsatz der Messkomponente x in Mol pro Zeiteinheit

D.h., gut auswertbare Verhältnisse werden nur dann erreicht, wenn der chemische Umsatz diffusionskontrolliert oder massenkonstant abläuft. Im diffusionskontrollierten Fall muss, nach Gl. 17.80, direkt an der Messelektrode die Messkomponente praktisch null sein und in der Umgebung der Messelektrode im Wesentlichen konstant bleiben. Der geforderte Konzentrationsgradient $\Delta N_x/\Delta t$ wird durch den Einbau einer Diffusionsbarriere erreicht. Wenn die Konzentration der Messkomponente an der Elektrodenoberfläche null ist, befindet sich der elektrische Strom im sog. Diffusionsgrenzstrombereich. Dann gilt für den Grenzstrom i_{gr}:

$$i_{gr} = n \cdot F \cdot A \cdot D \cdot \frac{c_x}{\delta} \qquad \text{(Gl. 17.81)}$$

A Elektrodenfläche
D Diffusionskoeffizient
δ Dicke der Diffusionsschicht
c_x Konzentration der zu bestimmenden Komponente

Bild 17.27 zeigt die Strom-Spannungs-Kurve mit einem diffusionskontrollierten Arbeitsbereich. Zwischen den Elektroden liegen ca. 500...800 mV, so dass die Kammer sicher im Diffusionsstrombereich arbeitet. Der aus chemischen Reaktionen entstehende elektrische Strom kann im einfachsten Fall über einen Messwiderstand als Spannungsabfall gemessen werden.

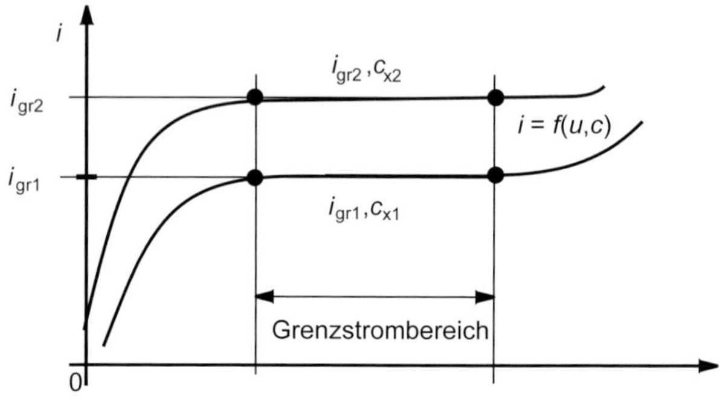

Bild 17.27
Strom-Spannungs-Kurve mit diffusionskontrolliertem Arbeitsbereich. Zwischen den Elektroden liegen ca. 500...800 mV, so dass die Kammer sicher im Diffusionsstrombereich arbeitet.

Besser ist die in Bild 17.26 dargestellte analoge Sensorelektronik. Die chemischen Reaktionen an den katalytisch aktiven Elektrodenoberflächen sind temperaturabhängige chemische Prozesse. Der Elektronenstrom durch die Elektrolytzelle ist ebenfalls temperaturabhängig. Deshalb muss der Sensorstrom mit Hilfe eines Temperatursensors (NTC mit PCT) temperaturkompensiert oder der Sensor auf konstanter Temperatur gehalten werden.

Es gibt nicht für alle Messgase entsprechende Gegenelektroden, die die Messelektroden so polarisieren, dass eine elektrochemische Reaktion abläuft, die einen Messstrom liefert. Man muss dann die Messelektrode durch eine elektrische Vorspannung U_{vor} entsprechend elektrisch polarisieren. Die Gegenelektrode darf jedoch vom Stromfluss nur gering polarisiert werden, damit das elektrische Potential an der Messelektrode konstant bleibt. Dieser Nachteil tritt bei der 3-Elektroden-Zelle nicht auf.

3-Elektroden-Zelle
In einem gelartigen Elektrolyten befinden sich eine Messelektrode, eine Gegenelektrode und eine Referenzelektrode, deren Oberflächen aus Katalysatorschichten (Pt) bestehen. Bild 17.28 zeigt den physikalischen Prinzipaufbau und die elektrochemische Wirkungsweise einer 3-Elektroden-Zelle zum Nachweis von Kohlenmonoxid (CO). Die Elektroden stehen elektrisch über die Diffusionssperren (das sind hydrophobe semipermeable Membranen aus Kunststoff) in Kontakt mit dem Messgas bzw. Referenzgas.

Mit einem elektronischen Potentiostat wird zwischen der Messelektrode und der Gegenelektrode eine konstante elektrische Spannung so eingestellt, dass an der katalytisch aktiven Messelektrode (Anode) das Messgas (CO) oxidiert und an der katalytisch aktiven Gegenelektrode (Katode) das Referenzgas (Luftsauerstoff O_2) reduziert wird. An der Diffusionsbarriere (hydrophobe semipermeable Kunststoffmembran) der katalytisch aktiven Messelektrode (Anode) wird also das

Messgas Kohlenmonoxid (CO) direkt durch die Reduktionsreaktion (Gl. 17.82) wie folgt umgesetzt:

$$2 \cdot CO + 2H_2O \rightarrow 2 \cdot CO_2 + 4 \cdot H^+ + 4 \cdot e^- \qquad \text{(Gl. 17.82)}$$

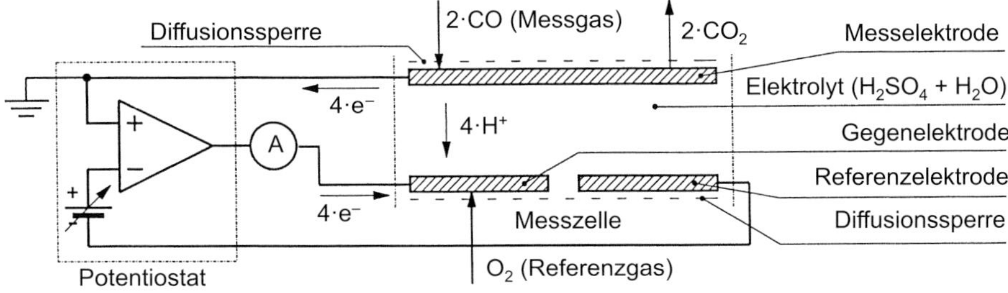

Bild 17.28 Physikalischer Prinzipaufbau und elektrochemische Wirkungsweise einer 3-Elektroden-Zelle zum Nachweis von Kohlenmonoxid (CO)

An der Diffusionsbarriere (semipermeable Membran) der katalytisch aktiven Gegenelektrode (Katode) wird das Referenzgas (Luftsauerstoff O_2) durch die Oxidationsreaktion (Gl. 17.83) wie folgt umgesetzt:

$$O_2 + 4 \cdot H^+ + 4 \cdot e^- \rightarrow H_2O \qquad \text{(Gl. 17.83)}$$

Das verbrauchte Wasser (H_2O) wird durch die Reaktion (Gl. 17.83) an der Katode, also der Gegenelektrode, wieder regeneriert. Gemessen wird der Elektronenstrom durch den Elektrolyten, der proportional zur Messgaskonzentration $c_{(CO)}$ ist.

Anwendungen

- Elektrochemische Sensoren werden zum Nachweis und zur Überwachung von zulässigen Grenzwerten von reaktiven, oft toxischen Gasen in der Umgebungsluft eingesetzt.
- Raumluftüberwachungen (elektrochemischen Sensoren), Tabelle 17.12

Tabelle 17.12 Typische Messgase und Messbereiche zur Raumluftüberwachung mit elektrochemischen Sensoren

Messgas	Messbereich	Messgas	Messbereich
SO_2	0... 100 ppm	CO	0...4000 ppm
Cl_2	0... 20 ppm	O_3	0... 1 ppm
NO	0... 100 ppm	H_2	0...2000 ppm
NO_2	0... 20 ppm	H_2	0... 4 Vol.-%
HCN	0... 100 ppm	CO_2	0... 5 Vol.-%
NH_3	0...1000 ppm	O_2	0... 100 Vol.-%

- Technische Daten: ein elektrochemischer Sensor für Kohlenmonoxid (CO), Tabelle 17.13
- Technische Daten: elektrochemischer Sensor für Schwefelwasserstoff (H_2S), Tabelle 17.14

Tabelle 17.13 Typische technische Daten für elektrochemische Sensoren zum Nachweis von Kohlenmonoxid (CO)

Einstellungen		**Alarmansprechzeit** bei Begasung	
Messgas:	Kohlenstoffmonoxid	5-fache Alarmschwelle	≤5 s
Anzeige:	CO	1,6-fache Alarmschwelle	≤15 s
Messbereichsendwert:	300 ppm	**Empfindlichkeitsverlust**	≤–3% pro Jahr
Kalibrierintervall:	6...12 Monate	**Lebensdauer**	ca. 36 Monate
Einlaufzeit		**Umweltbedingungen**	
betriebsbereit	>30 min	Temperatur, min./max.	–40 °C / +65 °C
kalibrierbereit	>600 min	rel. Feuchte, min./max.	5% / 95%
Nachweisgrenze	5 ppm	Umgebungsdruck	±3%
Messgenauigkeit		**Querempfindlichkeiten**	vorhanden
Messunsicherheit (vom Messwert)	≤±1 %	**Lagerbedingungen** verpackt, min./max.	0 °C / 40 °C
oder minimal (der größere Wert gilt)	≤±2 ppm		

Tabelle 17.14 Typische technische Daten für elektrochemische Sensoren zum Nachweis von Schwefelwasserstoff (H_2S)

Einstellungen		**Alarmansprechzeit** bei Begasung	
Messgas:	Schwefelwasserstoff	5-fache Alarmschwelle	≤10 s
Anzeige:	H_2S	1,6-fache Alarmschwelle	≤20 s
Messbereichsendwert:	50 ppm	**Empfindlichkeitsverlust**	≤–3% pro Jahr
Kalibrierintervall:	6...12 Monate	**Lebensdauer**	>36 Monate
Einlaufzeit		**Umweltbedingungen**	
betriebsbereit	>5 min	Temperatur, min./max.	–40 °C / +65 °C
kalibrierbereit	>10 min	rel. Feuchte, min./max.	5% / 95%
Nachweisgrenze	0,5 ppm	Umgebungsdruck	±3%
Messgenauigkeit		**Querempfindlichkeiten**	vorhanden
Messunsicherheit	≤±3 % vom Messwert	**Lagerbedingungen**	
oder minimal (der größere Wert gilt)	≤±0,5 ppm	Temperatur, min./max. (verpackt)	0 °C / 40 °C

Im Gegensatz zur 3-Elektroden-Zelle, bei der immer eine Strommessung erfolgt, wird bei der 2-Elektroden-Schaltung auch eine Potentialmessung verwendet.

17.5.1.2 CLARK-Elektrode

LELAND CLARK versiegelte in Glas eine Platinkatode und bedeckte sie zuerst mit Cellophan und prüfte dann Silastic und Polyethylenmembranen. Er konstruierte im Jahr 1954 die erste membrangedeckte Sauerstoffelektrode, wo sowohl die Anode als auch die Katode hinter einer elektrisch nicht leitenden Polyethylenmembran lag. Die beschränkte Durchlässigkeit des Polyethylens von Sauerstoff reduzierte den Schwund des Sauerstoffes aus der Probe und ermöglichte die quantitative Messung der «Sauerstoffspannung» in Lösungen oder in Gasen.

Grundlagen und technischer Aufbau

Die CLARK-Elektrode ist heute ein sehr wichtiger, nach dem amperometrischen Messprinzip funktionierender elektrochemischer Sensor. Die Messgröße ist der Stromfluss, der durch eine chemische Umsetzung des Analyten an einer Elektrode entsteht. Dazu wird an die Elektrode eine konstante Gleichspannung angelegt und der Strom gemessen. Die Selektivität kann über 2 Parameter eingestellt werden. Einerseits kann eine semipermeable Membran vor die Elektrode vorgeschaltet werden, die nur für bestimmte Stoffe durchlässig ist; zusätzlich kann über die angelegte Gleichspannung ein weiteres Selektivitätskriterium eingeführt werden.

Bild 17.29 zeigt den prinzipiellen chemischen und elektromechanischen Aufbau einer 2-Elektroden-CLARK-Zelle zum Nachweis von Sauerstoff (O_2) in der Industriesensorik und Medizintechnik. Die CLARK-Elektrode besteht demnach aus einer Messelektrode, einer Bezugselektrode, einem gelartigen Elektrolyten und einer nicht elektrisch leitenden sauerstoffdurchlässigen Membran.

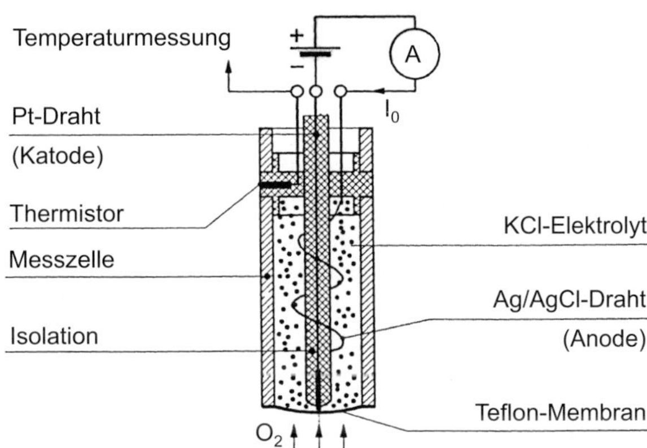

Bild 17.29 Prinzipieller chemischer und elektromechanischer Aufbau einer 2-Elektroden-CLARK-Zelle zum Nachweis von Sauerstoff (O_2)

Die Messelektrode (Katode) ist ein Platindraht, die Bezugselektrode (Anode) ein Silberdraht. Die Elektroden stehen über eine KCl-Elektrolytlösung in Verbindung. Von der Messprobe sind sie durch eine sauerstoffdurchlässige Teflonmembran getrennt. (Teflon, der Handelsname der Firma DuPont, ist ein fluoriertes Polymer (Polytetrafluorethylen: PTFE $(–CF_2–CF_2–)_n$.)

Zwischen der Platinkatode und der Silberanode liegt die Polarisationsspannung von ca. 0,8 V. Ab ca. 1,6 V wird die Elektrolytlösung chemisch umgesetzt (d.h., es kommt zu einer Elektrolyse), deshalb muss die außen angelegte elektrische Spannung immer viel kleiner sein. Taucht die Teflonmembran in die Messlösung, z.B. eine arterielle Blutprobe zur Bestimmung des Sauerstoffpartialdrucks, so führt der O_2-Partialdruckunterschied zwischen Außen- und Innenseite der sauerstoffdurchlässigen Teflonmembranfolie zu einer O_2-Diffusion durch die Membranfolie in die Messkammer. Der Sauerstoff wird dabei an der Messelektrode, der Katode, reduziert:

$$O_2 + 2 \cdot e^- + 2\,H_2O \rightarrow H_2O_2 + 2 \cdot OH^-$$

wobei H_2O_2 (Wasserstoffperoxid) weiter reduziert

$$H_2O_2 + 2 \cdot e^- \rightarrow 2 \cdot OH^- \qquad \text{(Gl. 17.84)}$$

Die Katode gibt also insgesamt 2 Elektronen (e^-) ab, wobei 2 Hydroxidionen entstehen. An der Anode wird Silber zu Silberchlorid oxidiert, daher auch die Ag/AgCl-Elektrode. Diese chemische Reaktion wird in Gl. 17.85 formal beschrieben:

$$2 \cdot Ag^0 \rightarrow 2 \cdot Ag^+ + 2 \cdot e^-$$

und

$$2 \cdot Ag^+ + 2 \cdot Cl^- \rightarrow 2 \cdot AgCl \qquad \text{(Gl. 17. 85)}$$

Die Anode nimmt also 2 Elektronen auf. Es wird somit ein Strom I_0 im äußeren Stromkreis erzeugt, der direkt proportional zum Partialdruck p des Sauerstoffes ist, also $p(O_2) \sim I_0$. Die Sauerstofflöslichkeit und die Membrandurchlässigkeit sind temperaturabhängig. Es muss also die Temperatur der Messprobe, z.B. mit Hilfe eines Thermistors, erfasst werden, damit der Strommesswert I_0 mit Hilfe einer Kalibriermessung entsprechend korrigiert werden kann. Die Kompensation der thermischen Messabweichung wird mit einer geeigneten analogen oder digitalen Sensorelektronik (in Bild 17.29 nicht gezeigt) durchgeführt.

Messtechnische Eigenschaften und Sensorelektronik

Der gelöste Sauerstoffgehalt einer Flüssigkeitsprobe (z.B. Wasser) ist immer temperatur- und druckabhängig. Er wird daher entweder direkt als Konzentration oder als Sättigungsindex, d.h. als Verhältnis der aktuellen Sauerstoff- zur Sättigungskonzentration, angegeben. Die Messung wird heute üblicherweise mit der membranbedeckten Sauerstoffsonde durchgeführt. Durch Anlegen einer konstanten Gleichspannung werden 2 Elektroden aus Platin (oder Gold) und Silber polarisiert. Der in die Messzelle diffundierende Sauerstoff bewirkt einen Stromfluss an den Elektroden, über den die Sauerstoffkonzentration unter Berücksichtigung der herrschenden Druck- und Temperaturbedingungen berechnet wird.

Bei prozessorgestützten Messgeräten werden Temperatur und Druck über geeignete Sensoren erfasst und automatisch kompensiert. Eine höhere Messgenauigkeit, d.h. eine kleinere Messabweichung, wird bei Messzellen mit 3 Elektroden erreicht. Da bei der Messung, wie oben schon beschrieben, Sauerstoff verbraucht wird, muss die Membran durch den Einsatz einer geeigneten technischer Strömungserzeugung, z.B. mit Hilfe eines Propellers oder Rührwerks, ständig angeströmt werden.

Das Messintervall und die Lebensdauer einer CLARK-Zelle werden durch die Membrandicke und das Membranmaterial beeinflusst. Je nach Verwendungszweck können ganz verschiedene Membranstärken (z.B. Teflon mit 10, 25 oder 50 µm Dicke) eingesetzt werden. Der Sensor kann als hydraulische oder pneumatische Durchströmungsversion, aber auch als Tauchsensor gebaut werden. Um zuverlässige Messwerte zu erhalten, muss eine Anströmung des Tauchsensors allgemein mit mindestens 10 cm/s gewährleistet sein. Tabelle 17.15 zeigt typische technische Daten eines O_2-Messgerätes mit CLARK-Zelle.

Tabelle 17.15 Typische technische Daten eines O_2-Messgerätes mit CLARK-Zelle

Sensortyp/Messprinzip: CLARK-Zelle mit PTFE-Membran (50 µm)			
Messbereich:	0...20 mg/l	Lagertemperatur:	–10...+60 °C
Messgenauigkeit:	±0,5 mg/l	Betriebstemperatur:	–4...+60 °C
Messintervall:	<20 s	Schutzart:	IP65
Auflösung:	0,1 mg/l	Schnittstelle:	CAN-Bus
Spannung:	24 VDC	Gewicht:	ca. 100 g

Anwendungen

- ❑ Verbreitet ist die Anwendung zumeist in Blutgasanalysatoren auf Intensivstationen für beatmete Patienten oder als Klebeelektroden zur «transcutanen» (durch die Haut) Messung von Blutgasen (Sauerstoff, Kohlendioxid) vor allem bei Neugeborenen. Aber es gibt auch weitere Anwendungen: z.B. zur Bestimmung der Sauerstoffkonzentration in Aquarien, Überwachung von Oberflächengewässern, Überwachung von Abwässern, Bestimmung des biochemischen Sauerstoffbedarfs, in der Lebensmitteltechnologie und die Analyse von Chlorgehalt in Wasser, um nur die wichtigsten zu nennen.

- Ein weiteres Beispiel für einen amperometrischen Sensor ist die CLARK-Elektrode, die den Sauerstoffgehalt in Lösungen bestimmt. Sie besteht aus einer Platinkatode und einer Silberanode mit Kaliumhydroxid als Elektrolyt. An der Katode wird Sauerstoff zu OH^- reduziert, an der Anode entstehen Silberionen. Der Nachteil dieser Anordnung besteht in der Abscheidung von Silberhydroxid an der Anode, was den Widerstand der Zelle mit der Zeit erhöht. Daher verwendet man auch Bleianoden, da Blei als $[Pb(OH)_6]^{2-}$ in Lösung geht. Durch «Vorschalten» einer sauerstoffproduzierenden Enzymreaktion kann die CLARK-Elektrode auch zur Sensierung anderer Substanzen verwendet werden, z.B. Glucose mit Glucose-Oxidase.

17.5.2 Elektronische Gassensoren (Halbleitergassensoren)

Der elektronische Halbleitergassensor verändert direkt seine elektrische Leitfähigkeit, sobald bestimmte Gase oder andere Medien auf seine gassensitive Messschicht wirken. Typische Messgase für elektronische Gassensoren im kommerziellen Bereich sind Propan (C_3H_8), Butan (C_4H_{10}), Methan (CH_4) oder Kohlendioxid (CO_2). Der Sensor besteht dabei oft aus einem Halbleitermaterial wie z.B. Zinkoxid (ZnO), Titandioxid (TiO_2) oder organischen Halbleitern wie z.B. ganz bestimmten polycyclischen aromatischen Kohlenwasserstoffen. Je nach spezifischer Selektivität der Messgase müssen angepasste Sensormaterialien eingesetzt werden.

17.5.2.1 Metalloxid-Halbleitergassensoren

Seit 1968 entwickelt die japanische Firma Figaro Metalloxid-Halbleitergassensoren. Sie beruhen auf der elektrischen Leitfähigkeit von Metalloxiden, die sich unter Einwirkung von Gasen und anderen Medien ändert. Nachweisbare Gase sind vor allem Kohlenmonoxid (CO) und Kohlenwasserstoffe (C_xH_y).

Metalloxidgassensoren können nach den eingesetzten Metalloxiden und / oder Herstellungstechnologien eingeteilt werden. Das am weitesten verbreitete und wichtigste Metalloxid in kommerziellen Sensoren ist SnO_2, aber auch ZnO, WO_3, Fe_2O_3, TiO_2, $LaNiO_2$, CoO, NiO oder PtO_2 werden verwendet. Unterscheidungsmerkmale der Metalloxidsensoren beruhen, wie gesagt, auf unterschiedlichen Technologien der Herstellungsverfahren. Daraus ergibt sich folgende Einteilung:

- Sintersensoren,
- Dünnfilmsensoren,
- Dickschichtsensoren,
- Einkristallsensoren.

Prozesse, die sich aus der Halbleitertechnologie ableiten, wie Aufdampf- und Sputterverfahren, werden aktuell aufgrund ihrer guten Reproduzierbarkeit und weiterer Miniaturisierung bevorzugt eingesetzt.

Grundlagen
Bild 17.30 zeigt den prinzipiellen physikalischen Schichtenaufbau eines polykristallinen Metalloxidelementarsensors mit separater Heizschicht in Dünnfilmtechnolo-

gie. Die Elementarsensoren werden meist in Metallgehäusen mit einer Gitterabdeckung eingebaut. Auf einem Substrat wird eine sehr dünne, gassensitive Messschicht (ca. 100 nm) aufgebracht. Damit der Elementarsensor eine spezifische Messselektivität hat, muss die Messschicht noch mit einem gasspezifischen Material dotiert werden.

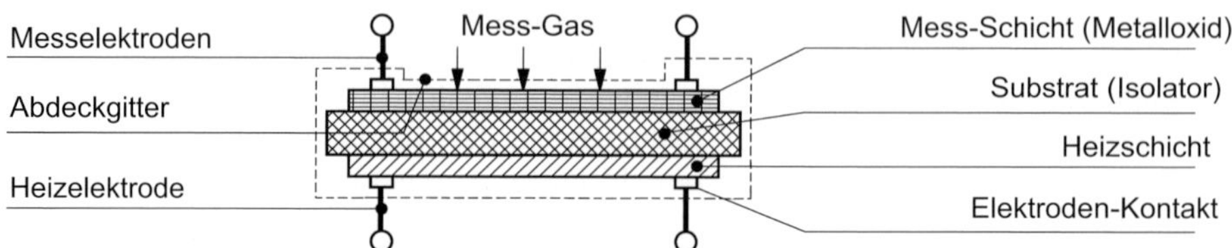

Bild 17.30 Prinzipieller physikalischer Schichtenaufbau eines polykristallinen Metalloxidelementarsensors mit separater Heizschicht in Dünnfilmtechnologie

Es werden vor allem Edelmetalle verwendet, die katalytisch auf ein bestimmtes Gas wirken. Die Messschicht wird mit 2 Elektrodenkontakten versehen und mit einem Bonddraht kontaktiert. Die Rückseite des Substrats wird mit einem Heizwiderstandsfilm beschichtet. Mit geeigneten Dotiermaterialien erhält man so eine große Zahl von selektiv auf Gase (s.o.) ansprechenden Elementarsensoren.

Oberflächenadsorption (lat.: «ad sorbere» = «(an)saugen»)
Bild 17.31 zeigt eine schematische Darstellung der Effekte an einer Metalloxidoberfläche. Die freien Gasmoleküle des zu messenden Gases diffundieren durch das Abdeckgitter auf die Oberfläche der Messschicht und werden dort durch schwache VAN-DER-WAALS-Kräfte physikalisch gebunden (adsorbiert). Dabei bleibt die Ladungsträgerkonzentration konstant (die elektrische Leitfähigkeit). Zwischen Festkörperoberfläche und Gasmolekülen findet dann ein Austausch von Elektronen statt.

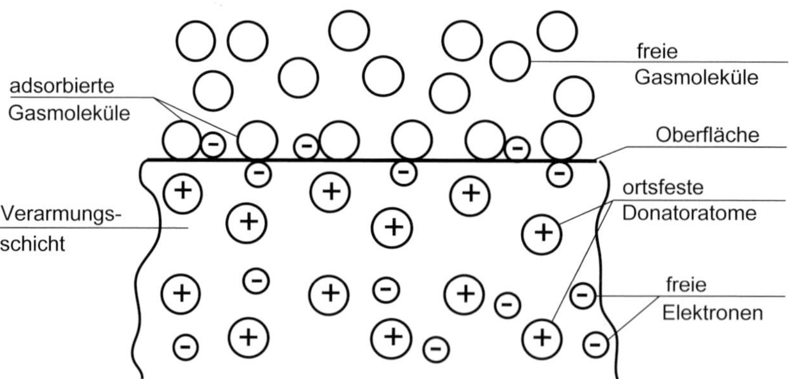

Bild 17.31 Schematische Darstellung des Effektes der Oberflächenadsorption an einer Metalloxidoberfläche

- **Im 1. Fall** (Bild 17.31)
  werden Elektronen von den Donatoratomen im Festkörper auf schwach gebundene oxidierende Gasmoleküle auf der Festkörperoberfläche übertragen. Die elektrisch negativen Gasmoleküle werden durch ortsfeste positive Donatoratome an

der Oberfläche elektrostatisch fixiert. Dadurch verkleinert sich die Zahl der freien Ladungsträger im Festkörper, es entsteht eine Verarmungsschicht (ca. 1 µm) an der Oberfläche, und die elektrische Leitfähigkeit nimmt ab.

- **Im 2. Fall** (nicht im Bild dargestellt)
  werden Elektronen von oberflächengebundenen, reduzierenden Gasmolekülen auf den Festkörper übertragen. Die Zahl der Ladungsträger im Festkörper erhöht sich dadurch, an der Oberfläche entsteht eine Anreicherungszone, in der die elektrische Leitfähigkeit zunimmt. Die elektrische Leitfähigkeit ist proportional zur Konzentration des zu messenden Gases.

Oberflächendesorption (lat.: «de sorbere» = «(auf)saugen»)
Durch Desorption (Abgabe) wird der alte elektrische Zustand der Festkörperoberfläche wieder hergestellt (Regeneration der Festkörperoberfläche).

Der kontinuierliche Einsatz von Gassensoren in der industriellen Anwendung setzt ein exakt definiertes, d.h. dynamisch optimiertes Adsorption-Desorption-Verhältnis voraus. Um eine ausreichende Desorption von Gasmolekülen an der Festkörperoberfläche zu erreichen, werden die Sensorelemente auf konstante Temperaturen von einigen 100 °C aufgeheizt und elektronisch geregelt. Mit diesem Verfahren werden Reaktionszeiten von <1 min möglich.

Oberflächenreaktion
Sehr oft sind Wechselwirkungen von Gasen mit Festkörperoberflächen mit Spaltung von Gasmolekülen verbunden. Durch definierte Edelmetallzusätze zur Festkörperoberfläche wird die katalytische Spaltung der zu erfassenden Gasmoleküle möglich. Die Zusätze verbessern die Oberflächenreaktionen und erhöhen ihre Messselektivität.

Messeffekt
Die Beeinflussung der oberflächennahen, elektrischen Leitfähigkeit durch die adsorbierten Messgase wird besonders in Metalloxidhalbleitern wie Zinndioxid (SnO_2) und Zinkoxid (ZnO) beobachtet. Der elektrische Leitwert G eines Metalloxids kann in erster Näherung wie folgt beschrieben werden:

$$G = G_o + k_{MO} \cdot p^n \qquad \text{(Gl. 17.86)}$$

G_0 Leitwert in reiner Luft
k_{MO} Konstruktionskonstante
p Partialdruck des Messgases
n Gas-Exponent, der bei reduzierten Gasen im Bereich um 0,5 liegt

Technischer Aufbau

Schichtbauweise
Tabelle 17.16 zeigt eine Übersicht von Sensorelementen mit Beschichtungsmaterialien und die damit qualitativ und quantitativ nachweisbaren Gase (Messgase). Über einem 2 mm^2 großen und 0,3 mm dicken Aluminiumtrioxidsubstrat oder einem Siliziumdioxidsubstrat (s. Bild 17.30) befindet sich eine gasempfindliche Zinndioxidmessschicht mit einer Schichtdicke von ca. 100 nm.

Damit eine spezifische Selektivität des Elementarsensors entsteht, muss die SnO_2-Schicht mit einem Metallfilm beschichtet werden, z.B. mit Aluminium, da SnO_2 auf die meisten brennbaren Gase reagiert. Die Messschicht wird mit Elektrodenkontakten versehen, z.B. Gold, gebondet mit einem Aluminiumdraht. Der Heizwiderstandsfilm besteht aus Rutheniumoxid. Die elektrische Leistungsaufnahme beträgt ca. 100 mW.

Tabelle 17.16 Übersicht von Sensorelementen mit Beschichtungsmaterialien und die qualitativ und quantitativ nachweisbaren Messgase

Sensorelemente	Messgase	
pyrolytisch abgeschiedenes Zinndioxid (SnO_2) auf Quarzsubstrat (SiO_2)	Ethanol	(C_2H_5OH)
Zinndioxid-(SnO_2-)Schicht mit Aluminium-(Al-) Dotierung	Schwefelwasserstoff	(H_2S)
Zinndioxidschicht (SnO_2), in Sauerstoff O_2 gespattert	Kohlenmonoxid	(CO)
Zinndioxid (SnO_2), gespattert mit 1% Antimontrioxid (Sb_2O_3)	Wasserstoff	(H_2)
Zinndioxid (SnO_2) und 1% Palladiumchlorid ($PdCl_3$) und Magnesiumnitrat ($Mg(NO_3)_2$), mit Niob (Nb) dotiert	Propan	(C_3H_8)
Zinkoxid-(ZnO-)Schicht mit Silber-(Ag-)Dotierung	Ethanol	(C_2H_5OH)
dotierte Zinkoxid-(ZnO-)Schicht auf Aluminiumtrioxid-(Al_2O_3-)Schicht mit Platin-(Pt-)Katalysator	Isobutan	(C_4H_{10})
poröse Titanoxid-(TiO_2-)Keramik mit Platin-(Pt-)Elektroden	Sauerstoff	(O_2)

Messtechnische Eigenschaften

Sensoren auf Basis halbleitender Metalloxide sind einfach im technischen Aufbau und mechanisch sehr robust. Das Metalloxid wird als Dünnschicht auf einem Substrat aufgebracht. Zwischen Metalloxid und Gasphase wird ein guter Kontakt gefordert. Mit Messelektroden aus Edelmetallen wird der elektrische Widerstand der gassensitiven Dünnschicht (Messschicht) erfasst.

Der Chip wird auf seine Betriebstemperatur (mehrere 100 °C) erhitzt, dabei ändert eine chemische Wechselwirkung des Messgases mit dem Metalloxid (Messschicht) seine elektrische Leitfähigkeit. Der elektrische Widerstand des Metalloxids ist abhängig von der Temperatur und der Gaskonzentration. Bei konstanter Temperatur und unter günstigen Messbedingungen kann die Gaskonzentration sehr gut bestimmt werden.

Einteilung der Temperaturbereiche

Es existieren 3 Bereiche für Reaktionen zur Änderung der elektrischen Leitfähigkeit:

- Bei tiefer Temperatur finden chemische Wechselwirkungen zwischen Gas und Metalloxid (Chemisorption) statt. Es bildet sich eine kovalente Bindung zwischen den adsorbierten Gasmolekülen und dem Metalloxid. Die chemisorbierten Gasmoleküle erhalten eine elektrische Teilladung, die entgegengesetzte elektrische Ladung erhält das Metalloxid als freibewegliche Elektronen zur Vergrößerung der elektrischen Leitfähigkeit.
- Bei höheren Temperaturen dominieren die Oberflächenreaktionen: Reduzierende Gase oxidieren mit Sauerstoff aus der Oberfläche des Metalloxids. Dabei werden dann Sauerstofffehlstellen auf der Oberfläche gebildet, die wie Donatorniveaus wirken, d.h. freibewegliche Elektronen abgeben und somit wieder die elektrische Leitfähigkeit verändern.

- Bei sehr hoher Temperatur dominieren Sauerstofffehlstellen zwischen Oxidoberfläche und Oxidvolumen. Es bildet sich im Oxidvolumen ein dynamisches Gleichgewicht zwischen der Sauerstofffehlstellen-Konzentration und der umgebenden Gasatmosphäre. Dadurch entsteht im Volumen eine variable Donatordichte, d.h. eine variable Ladungsträgerdichte und damit eine variable elektrische Leitfähigkeit.

Eigenschaften von Sensoren im Niedertemperaturbetrieb
Konventionelle Sensoren verwenden Zinndioxid mit niedriger Betriebstemperatur (100...400 °C). Sie arbeiten mit elektrischen Potentialbarrieren an den Korngrenzen und begrenzen damit die elektrische Leitfähigkeit. Diese Prozesse bewirken also über ein Ändern der Potentialbarriere eine Modulation der elektrischen Leitfähigkeit, aber die Technologie zeigt deutliche Schwächen.

Nachteile

Es ist sehr schwierig, Korngrenzen reproduzierbar herzustellen und sicherzustellen, dass sich die messtechnischen Eigenschaften im Langzeitbetrieb nicht verändern. Außerdem treten im Laufe der Zeit Oberflächenkontaminationen auf.

Eigenschaften von Sensoren im Hochtemperaturbetrieb
Viele Oxidmaterialsysteme (z.B. Ga_2O_3, $SrTiO_3$, $BaTiO_3$ oder WO_3), die sich bei höherer Temperatur betreiben lassen, zeigen deutliche Stärken.

Vorteile

Bei Temperaturen von 500...1000 °C entfällt der störanfällige Einflussmechanismus von Korngrenzen auf die elektrische Leitfähigkeit, d.h., die Ladungsträgerbeweglichkeit wird nicht durch Korngrenzen, sondern durch das Kristallgitter bestimmt. Die Leitfähigkeit wird dadurch stabil und reproduzierbar direkt über die Ladungsträgerdichte gesteuert. Bei der hohen Temperatur bleibt auch die Oberfläche sauber und kann definiert reagieren.

Technologische Präzision für gute Messeigenschaften
Für die Chip-Fertigung werden Keramiksubstrate (Al_2O_3) mit Dünnschichttechnologien (z.B. Sputtern, Photolithographie, Ionenätzen usw.) bzw. mit Dickschichttechnologien (z.B. Siebdruck) mit strukturierten Schichten versehen. Die Leiterbahnen werden als Dünnschicht aufgebracht, wenn Strukturen von 10...1000 µm notwendig werden.

- Strukturen <10 µm: durch Rauigkeit der Keramiksubstrate, schlechte Eigenschaften.
- Strukturgrößen >200 µm, werden einfacher und kostengünstiger mit Siebdruck realisiert.

Technologie der Schichtherstellung
Zum Aufbau des gassensitiven Metalloxids werden kompakte (durch Sputtern) oder poröse Schichten (durch Siebdruck) mit großer innerer Oberfläche belegt.

- **Sputterverfahren** sind vorteilhaft bei der Präparation von Schichten aus Binärmetallen (Cäsiumoxid – CeO_2, Galliumoxid – Ga_2O_3, Wolframoxid – WO_3).

- **Siebdruckverfahren** sind vorteilhaft beim Aufbau von Schichten aus ternären Oxiden (Wolfram-/Titandioxid – WO_3/TiO_2, Strontiumtitanat – $SrTiO_3$).

Schichtaufbringen ist nur ein Teil des technologischen Prozesses. Genau so wichtig ist eine exakte Temperung. Bei hoher Temperatur erfolgen eine definierte Kristallisation des Schichtmaterials und eine exakte Einstellung der stöchiometrischen Verhältnisse. Erst jetzt sind die gassensitiven Eigenschaften der Messschicht präzise zu charakterisieren, so dass sie für den Einsatz in Sensoren geeignet sind. Durch die genannten Verfahren und die Verfahren zur Herstellung von hochtemperaturstabilen Sensorschichten steht eine große Auswahl von Sensoren mit ganz verschiedenen Eigenschaften zur Verfügung.

Messgenauigkeit und Störsicherheit

Zeitgleich mit dem Messgas können viele andere Stoffe an der Oberfläche der Messschicht vorhanden sein, die eine Messabweichung bewirken oder fälschlicherweise die Anwesenheit des Messgases anzeigen. Wichtig für die Reproduzierbarkeit und die Messsicherheit ist daher die Messselektivität des Sensors bei möglichst kleiner Querempfindlichkeit. Metalloxide reagieren allgemein auf Gase mit vergleichbaren Eigenschaften. Daher ist es nicht möglich, eine Komponente in einem unbekannten Gasgemisch sicher zu erfassen.

Gassensoren erfassen i.Allg. Mittelwerte von Gaseigenschaften – eine Messeigenschaft, die sich störend auf den spezifischen Messwert auswirkt. Bei selektiven Gassensoren sind auf den Oberflächen der Messschichten physikalische oder chemische Filterschichten aufgebracht, die die nicht erwünschten Störgase abhalten, aber für das Messgas sehr gut durchlässig sind. Ein physikalisches Filter ist z.B. eine kompakte Schicht aus amorphem SiO_2, die nur für Wasserstoff passierbar ist. Damit werden selektive H_2-Sensoren ohne Querempfindlichkeit realisiert.

Chemische Filter bestehen z.B. aus poröser Keramik mit katalytischer Aktivität. Dies führt dazu, dass z.B. Lösungsmittel und Alkohole, die Querempfindlichkeiten erzeugen, in der Keramik zu CO_2 und H_2O oxidiert werden. Stabile Messgase (z.B. CH_4, CO) können zur sensitiven Schicht diffundieren und werden dort erfasst. Poröse Filter, die z.B. 100 µm dick sein können, bringt man mit Hilfe der Siebdrucktechnik auf die Messschichten.

Sensorelektronik

Metalloxidgassensoren gehören sensortechnisch zur Gruppe der (chemo-)resistiven Elementarsensoren. Es können damit wieder alle Sensorelektroniken eingesetzt werden, die Widerstandsänderungen in Spannungs- oder Stromänderung umformen. Bild 17.32 zeigt einfache elektrische und elektronische Schaltungen für Metalloxidgassensoren. Der Widerstand R_H ist der Heizwiderstand, der Widerstand R_{Gas} ist der Messwiderstand und der Widerstand R_L ist der Lastwiderstand. Mit dem Lastwiderstand kann die Empfindlichkeit (in Grenzen) eingestellt werden. Die beiden letzten Widerstände bilden elektrisch gesehen den Gaselementarwiderstand. U_e ist eine fest einstellbare DC-Eingangsspannung. Im linken Bild ist der Gaselementarsensor in einen Spannungsteiler eingebaut.

Im rechten Bild ist ein Messwiderstand in den Eingang eines Impedanzwandlers geschaltet. U_a ist die gaskonzentrationsabhängige Ausgangsspannung. Um die Heizleistung weiter zu senken, können die Metalloxidelementarsensoren pulsgesteuert betrieben werden. Bild 17.33 zeigt eine elektronische Schaltung für den Pulsbetrieb des Elementarsensors. Die beiden Schalttransistoren werden über eine entsprechende, anwenderbezogene Pulseinstellung voll durchgesteuert. Der Betriebsimpuls beträgt ca. 15 ms und die Impulspause ca. 240 ms. Die Ausgangsspannung U_a wird wieder am Arbeitswiderstand R_L abgegriffen.

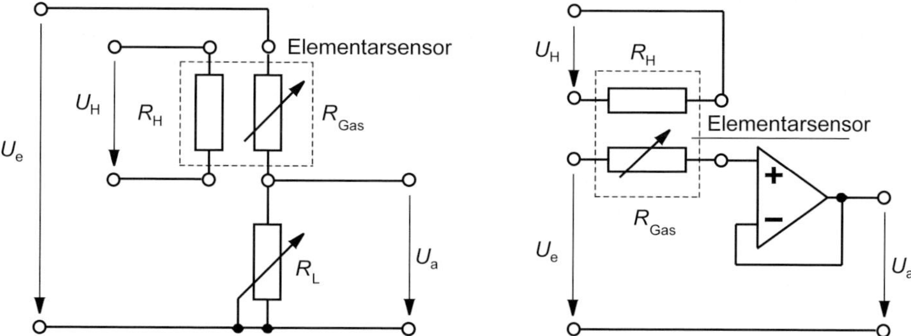

Bild 17.32 Einfache elektrische und elektronische Schaltungen für Metalloxidgassensoren

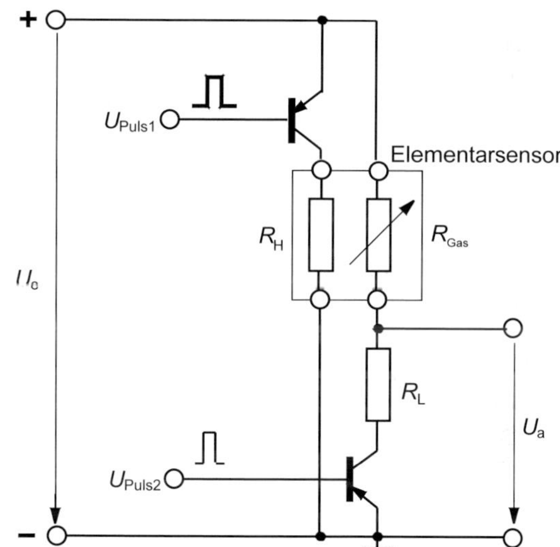

Bild 17.33 Elektronische Schaltung für den Pulsbetrieb von Metalloxidgassensoren

Anwendungen

Bei der Anwendung von Gassensoren unterscheidet man 2 Einsatzgebiete:

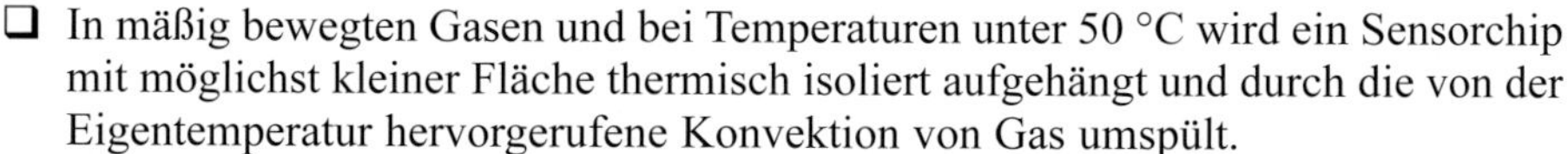

- In mäßig bewegten Gasen und bei Temperaturen unter 50 °C wird ein Sensorchip mit möglichst kleiner Fläche thermisch isoliert aufgehängt und durch die von der Eigentemperatur hervorgerufene Konvektion von Gas umspült.
- Bei hohen Temperaturen und starken Strömungen, z.B. im Abgas von Turbinen, erreicht man durch ein geheiztes Sensorelement mit großem Halterungsbereich sehr hohe mechanische Stabilität.

Überwachen von Feuerungsanlagen

Neben der Verbrennungsüberwachung (z.B. in Kfz-Motoren) gewinnt auch das Überwachen von Feuerungsanlagen an Interesse, wobei speziell die Überwachung privater Kleinanlagen mit kostengünstigen Gassensoren getätigt wird. Die Anlagen werden im mageren Bereich betrieben; je nach Brenner ist im Abgas der O_2- (1...10 %) oder der

CO-Gehalt (100 ppm) zu bestimmen. Da auch Brennstoffe mit hohen Schwefelanteilen in Betracht kommen, muss das Material so gewählt werden, dass es gegenüber SO_2 langzeitbeständig ist. Diese Eigenschaften zeigen besonders Ga_2O_3-Sensoren. Bei einer Betriebstemperatur von >750 °C ist eine empfindliche CO-Erfassung möglich.

Raumluftüberwachung

Große Anwendung finden die Gassensoren bei der Luftüberwachung von riechenden oder explosiven Stoffen. Vorteile von temperaturstabilen Metalloxidschichten sind allgemein extrem kleine Formierungszeit, gute Reproduzierbarkeit, gute gassensitive Eigenschaften sowie die bei hohen Temperaturen nur schwach ausgeprägte Querempfindlichkeit für Wasser. Dabei ist jedoch die Heizleistung zu beachten. Mikrochipsensoren verringern die Heizleistung auf typisch 800...1000 mW. Wenn Reaktionszeiten von ca. 60 s erreicht werden, kann man auch im Pulsbetrieb arbeiten, womit dann eine Leistungsreduktion auf 200 mW möglich ist.

Luftqualität und Sicherheit

Die Ga_2O_3-Sensoren reagieren auf viele reduzierende Gase. Bei Temperaturen von >650 °C können riechende Gase zur Beurteilung der Luftqualität erfasst werden. Dann kann man Klima- und Lüftungsanlagen erst bei Bedarf einschalten, wodurch eine Energieeinsparung bei Komfortverbesserung möglich ist. Die Gassensoren erfassen sehr zuverlässig explosive CH_4-Konzentrationen. Dies ist sehr wichtig, da Störeinflüsse durch Alkohole möglich sind, die zu einer Fehlalarmauslösung führen können. Die Unterdrückung der Querempfindlichkeiten wird durch ein chemisches Filter aus poröser Keramik erreicht, da diese Alkohole verbrennen. So ist eine sichere CH_4-Erfassung weitgehend unabhängig von Störgrößen möglich. Ähnliche Technologien werden auch zur CO-Erfassung eingesetzt.

Außer den kommerziellen Masse-Anwendungen gibt es auch sehr viele spezielle Messprobleme in der Verfahrenstechnik oder der Brandfrüherkennung. Wichtig sind auch Messungen, um geringe Gaskonzentrationen im Emissionsbereich von Abgasen störungsfrei nachzuweisen zu können, wie z.B. den Ozongehalt in der Luft oder Schadgase im Abgas (SO_2, NO_x, aromatische Verbindungen). Um diese Messaufgaben zu lösen, kombiniert man die einzelnen Messmethoden mit Hilfe der Arraybildung zu Multisensoren, aus deren Einzelsignalmuster dann die entsprechenden Informationen mit speziellen mathematischen Algorithmen extrahiert und elektronisch weiterverarbeitet werden.

In modernen Schankanlagen wird CO_2 als Treibgas verwendet. Dabei kommt es immer wieder vor, dass Kohlendioxid unbemerkt aus den Gasflaschen strömt. Der Mensch selbst atmet Kohlendioxid (CO_2) aus; es ist geruchlos und wird somit nicht wahrgenommen. Als Resultat wird die Gefahr zu hoher CO_2-Konzentration oft viel zu spät bemerkt. Denn schon bei einer CO_2-Konzentration von 8...10 % kann es zu Schwindel und Bewusstlosigkeit kommen, bei einer Konzentration ab 15 % besteht bereits Lebensgefahr.

Sensorsystem

Das Sensorsystem kann z.B. aus zehn Halbleitergassensoren, zwei elektrochemischen Zellen, einem Photoionisationssensor, einem Infrarot-Absorptionsphotometer sowie einem Feuchte- und Temperatursensor bestehen. Das Messgas wird im ersten Analysesystem mit einer Pumpe durch eine Messkammer mit 10 Halbleitergassensoren unterschiedlicher Selektivität gesaugt. Das zweite Analysensystem besteht aus dem Photoionisationssensor, dem Infrarot-Absorptionsphotometer und einer Messkammer mit den beiden elektrochemischen Zellen sowie einem Temperatur- und Feuchtesensor.

Der Gasweg ist in einen heißen und einen kalten Messkanal unterteilt, um die elektrochemischen Zellen thermisch von den Halbleitergassensoren zu entkoppeln und um eine frühzeitige Alterung durch zu hohe Temperaturen zu vermeiden. Die Abgabe von Schadstoffen an die Umgebung wird gemindert, wenn man das Gas durch einen Aktivkohlefilter leitet.

Sensorsignale werden von einem Analog-Digital-Wandler an die parallele Schnittstelle eines Mikrorechners übertragen, der neben der Signalverarbeitung und Auswertung auch die Steuerung der Pumpen und der Ventile durchführt. Das Sensorenarray ist durch eine 12-V-Spannungsversorgung unabhängig vom Netz und damit mobil einsetzbar. Die untere Nachweisgrenze ist niedriger als bei den nachfolgend beschriebenen Pellistoren. Typische Betriebstemperaturen sind +300...600 °C.

17.5.3 Pellistorsensoren (Pellistoren)

Es handelt sich um homogene polykristalline Halbleitersensoren mit eingesinterter Heizwendel. Ausgedrückt über den Sensoreffekt, handelt es sich um katalytische Wärmetönungssensoren, deren elektrische Widerstandsänderung thermisch erfolgt. Der technische Begriff Pellistorsensor oder kurz Pellistor leitet sich von den englischen Wörtern «*pellet* = Perle und *resistor* = Widerstand» ab. Diese Sensortypen dienen zum Nachweis von brennbaren Gasen wie Wasserstoff (H_2), Kohlenmonoxid (CO), Alkohole (R-OH) und andere Kohlenwasserstoffe (C_xH_y).

Grundlagen und technischer Aufbau

Der Pellistor gehört zur Gruppe der katalytischen Wärmetönungssensoren. Bild 17.34 zeigt einen physikalischen Prinzipaufbau eines Pellistors (Perlengaselementarsensor). Diese Bauform eines Pellistors besteht aus einem ca. 20 µm dicken Platindraht, der zu einer Wendel aufgewickelt ist (Elektrode 2), und einem dickeren Platindraht (Elektrode 1) im Wendelinneren. Die Heizwendel wird gleichzeitig zur Beheizung der Messperle und als Messelektrode verwendet. Innerhalb der Wendel ist ein unbeheizter Pt-Draht angeordnet, der als 2. Elektrode verwendet wird. Diese Bauform hat also nur 3 Anschlüsse, die als Heiz- und Messkreis miteinander elektrisch verbunden werden.

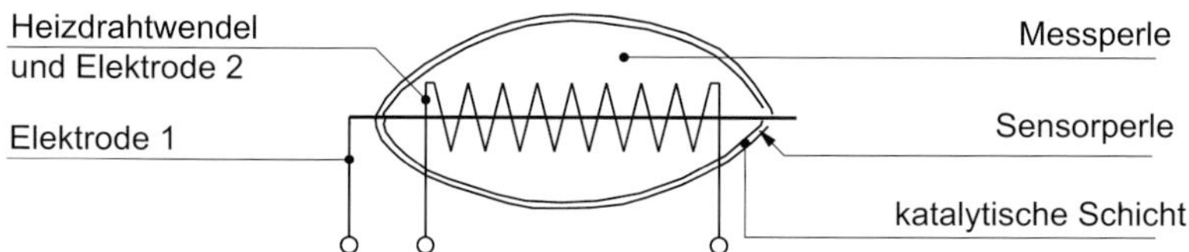

Bild 17.34 Physikalischer Prinzipaufbau eines Pellistors (Perlengaselementarsensor)

Die Pt-Heizwendel ist in ein inertes keramisches Material (wie Al_2O_3 oder ThO_2) in Form einer ovalen Perle mit einem Durchmesser von 0,3 mm und einer Länge von 0,5 mm eingebettet. Im keramischen Material sind auf der Oberfläche Metalle als Katalysatoren (wie Pt oder Pd) eingelagert. Es entsteht so eine aktive katalytische Oberflächenschicht. Die Oberfläche von Pellistoren wird durch eine Pt-Heizwendel mit einer Heizleistung von 70...140 mW auf Temperaturen von ca. +300...+600 °C erhitzt.

Bei diesen hohen Temperaturen werden an der aktiven katalytischen Oberfläche reduzierende Gase (wie CO oder CH_4) mit dem Luftsauerstoff oxidiert. Die dabei entstehende Reaktionsenergie führt zu einer Temperaturänderung in und auf der Sensorperle, die bei konstanter Heizleistung über eine elektrische Widerstandsänderung zwischen Elektrode 1 und Elektrode 2 gemessen werden kann. Bild 17.35 zeigt ein vereinfachtes Schema der aktiven katalytischen Umwandlung von Kohlenmonoxid zu Kohlendioxid an Zinnoxidoberflächen.

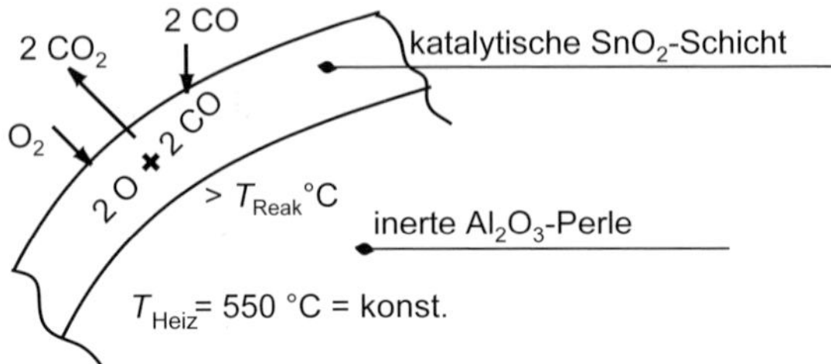

Bild 17.35 Vereinfachtes Schema der aktiven katalytischen Umwandlung von Kohlenmonoxid (CO) zu Kohlendioxid (CO_2) an Zinnoxid-(SnO_2-)Oberflächen

Bild 17.36 zeigt einen physikalischen Prinzipaufbau eines Perlengaselementarsensors mit eingesinterter Heizwendel und Thermistor. Diese Pellistoren bestehen aus gesinterten Messperlen mit einem Durchmesser von 0,3 mm und einer Länge von 0,5 mm. Die Messperlen bestehen aus Keramikoxiden (Al_2O_3 oder ThO_2), die mit katalytisch wirkenden Metallen (Pd oder Pt) beschichtet sind.

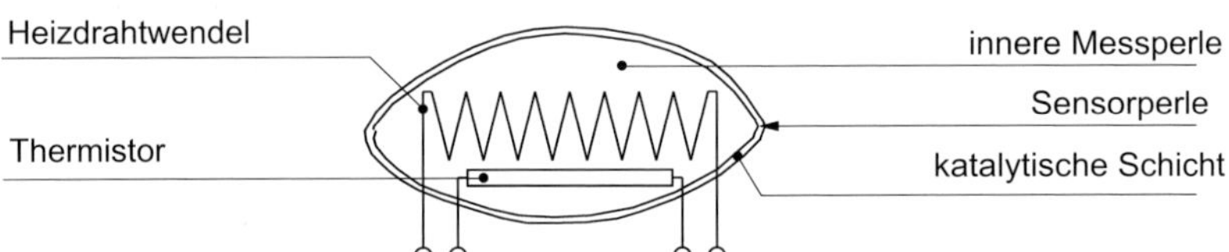

Bild 17.36 Physikalischer Prinzipaufbau eines Perlengaselementarsensors mit eingesinterter Heizwendel und Thermistor

In die Perlen eingebettet sind wieder Platinwendeln (20 µm Drahtdurchmesser) als Heizspulen und voll integrierte Thermistoren, mit denen die Temperaturen genau gemessen werden können. Die Pellistoren werden auf eine Arbeitstemperatur von mindestens 500 °C gebracht. Bei diesen Temperaturen werden an den katalytischen Oberflächen reduzierende Gase (wie CO oder CH_4) mit Luftsauerstoff oxidiert. Die Reaktionswärme führt dann wieder zu einer Änderung der Pellistortemperatur, die mit dem integrierten Thermistor gemessen werden kann.

Messtechnische Eigenschaften und Sensorelektronik

Die beiden Pellistorarten sind katalytisch gesteuerte und thermochemisch reagierende elektrische Leitfähigkeitssensoren. Bei Temperaturen <500 °C verbrennen die vorhandenen brennbaren Gase an der Sensoroberfläche mit dem Luftsauerstoff mehr oder weniger heftig und erhöhen durch die frei werdende thermische Reaktionsenergie die Temperatur der Perle. Voraussetzung für eine fehlerfrei Funktion ist eine katalytische Verbrennung mit einer ausreichenden Menge Sauerstoff. Mit zunehmender Gaskonzentration sinkt jedoch der Sauerstoffanteil, d.h., die Erwärmung des Pellistors nimmt ab, und die Proportionalität zur Gaskonzentration ist nicht mehr gewährleistet.

Dieses Messverfahren kann also nur bis zu einer unteren Grenze (z.B. untere Explosionsgrenze, UEG) eingesetzt werden. Soll aber die Gaskonzentration über diesen Bereich hinaus erfasst werden, muss als Messverfahren z.B. die Wärmeleitung verwendet werden. Dieses Verfahren beruht auf dem Messeffekt, dass sich die elektrische Leitfähigkeit eines Gases mit der Konzentration ändert.

Die Abhängigkeit der Temperatur des elektrischen Widerstandes eines Pt-Wendeldrahtes und des Sintermaterials, eines Pellistors, lässt sich elektronisch erfassen und weiterverarbeiten. Die Nachweisgrenzen von SnO_2-Sensoren liegen bei ca. 0,2 ppm mit Ansprechzeiten im Bereich von wenigen Minuten. Die relativ lange Ansprechzeit entsteht durch Diffusionseffekte und Sintereffekte an den Korngrenzen.

Allgemein gilt, dass der elektrische Leitwert G mit der Konzentration c bzw. mit dem Partialdruck p des Messgases zusammenhängt. Jedoch ist schon aus der Funktion ableitbar, dass der Sensor keine ideale Selektivität für ein einzelnes Gas besitzen kann, da alle brennbaren Gase, wenn auch in sehr unterschiedlichem Maße, an der Oberfläche mit dem Luftsauerstoff reagieren.

Bild 17.37 zeigt die einfachste elektrische Sensorschaltung für Pellistoren. Das Sensorelement Heizwendel benötigt eine Heizspannung U_H und das Sensorelement Drahtelektrode eine Messspannung U_M zur elektrischen Funktion. Die thermochemisch bedingte Änderung des Sensorwiderstandes R_S steuert den elektrischen Stromfluss I durch den Arbeitswiderstand R_L, an dem der Spannungsabfall U_{RL} hochohmig abgegriffen werden kann. Der Lastwiderstand R_L ist in festgelegten Grenzen einstellbar, so dass die fertigungsbedingten Streuungen der Messempfindlichkeit mit Kalibrierungen über R_L ausgeglichen werden können.

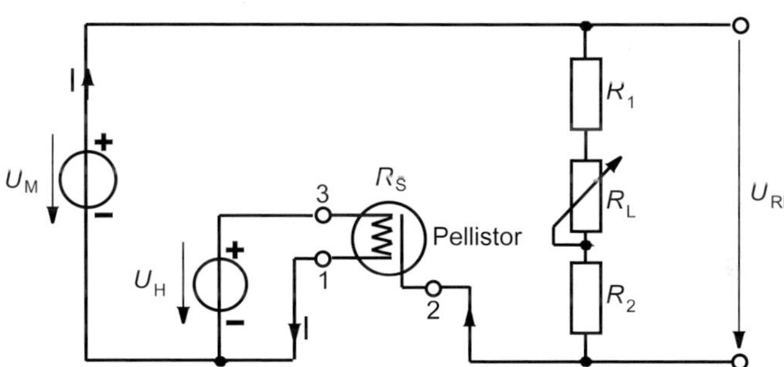

Bild 17.37
Einfachste elektrische Sensorschaltung für Pellistoren

Bild 17.38 zeigt einen katalytischen Wärmetönungssensor, bestehend aus zwei kleinen, elektrisch beheizten Pellistoren R_{S1} und R_{S2}, von denen R_{S1} mit einem Katalysator (z.B. Platin oder Palladium) präpariert ist, während der R_{S2} als Referenz gezielt passiviert ist. Der Referenzpellistor dient zur Kompensation von Umwelteinflüssen wie z.B. Temperatur, Druck und Feuchtigkeit, während der katalytische Pellistor an seiner Oberfläche die Gase verbrennt.

Die Pellistoren sind in einer WHEATSTONE-Brücke angeordnet, so dass die Verbrennungswärme des aktiven Pellistors durch die Erhöhung seines elektrischen Widerstandes die Messbrücke so verstimmt, dass dadurch ein elektrisches Brückensignal erzeugt wird, das (s. resistive Sensoren) mit einem Instrumentenmessverstärker weiter verarbeitet werden kann. Für die Messempfindlichkeit (Sensitivität) S gilt:

$$S = R_{S(LUFT)} / R_{S(Gas)} \qquad \text{(Gl. 17.87)}$$

$R_{S(Luft)}$ Widerstand nur in Luft
$R_{S(GAS)}$ Widerstand in Luft und Gas

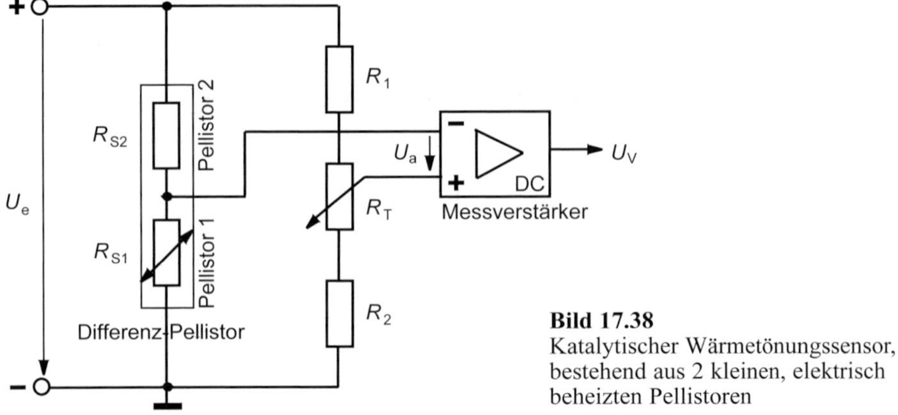

Bild 17.38
Katalytischer Wärmetönungssensor, bestehend aus 2 kleinen, elektrisch beheizten Pellistoren

Tabelle 17.17 stellt typische mittlere Eigenschaften von Metalloxidgassensoren dar. Bild 17.39 zeigt den typischen Verlauf des elektrischen Widerstandes eines Metalloxidgassensors (Elementarsensor) auf SnO_2-Basis, abhängig von Stickstoffdioxidkonzentrationen in Luft.

Tabelle 17.17 Typische mittlere Eigenschaften von Metalloxidgassensoren

Messgas	Messbereich	Heizleistung	Sensor-widerstand	Widerstands-verhältnis
Benzinabgase, Wasserstoff H_2	für H_2: 10...1000 ppm	720 mW	80 kΩ in Luft	$R_{S(10ppm)}/R_{S(Luft)} = 0{,}3$

Vorteile

Pellistoren sind billig und zuverlässig.
Die Lebensdauer unter optimalen Bedingungen beträgt ca. 10 Jahre.

Nachteile

Pellistoren haben den Nachteil, dass sie wenig selektiv sind. Die «Vergiftung» der Katalysatorschicht kann die Messempfindlichkeit stark negativ beeinflussen.

Bild 17.40 zeigt eine ausgeprägte Abhängigkeit von der Luftfeuchte, besonders bei kleinen Werten. Für genaue Messungen benötigt man daher einen Differenzaufbau mit 2 Elementarsensoren, wobei nur einer der Messgröße und beide der Luftfeuchte ausgesetzt werden. Eine weitere Möglichkeit ist eine Messung der Widerstandsänderung, abhängig von der Feuchte mit Hilfe eines Signalprozessors zur Erstellung der Feuchtekalibrierkennlinie. Mit der Kalibrierkennlinie können dann die Messabweichungen korrigiert werden.

Anwendungen

In der Anwendung gibt es große Überschneidungen mit den oben beschriebenen Sensoren. Die beiden großen Anwendungsgebiete sind allgemein die analytische Gasmesstechnik und die prüfende Gaswarntechnik (nach der messtechnischen Systematik eine Prüftechnik).

- **Gasmesstechnik**
  SnO_2-Halbleitergassensoren (HGS) und Pellistoren werden zur Erkennung von explosiven oder toxischen Gasgemischen, wie z.B. Wasserstoff (H_2), Kohlenmonoxid (CO), Alkohole ($C_xH_y(OH)_n$) und andere Kohlenwasserstoffe ($C_xH_yR_z$), eingesetzt (s. auch Tabelle 17.16).
- **Gaswarntechnik**
  Es muss betont werden, dass Gaswarnsensoren und Gaswarngeräte brennbare Gase und Dämpfe nicht spezifisch, sondern nur summarisch erfassen, also keine Analysatoren sind.
- **Weitere Entwicklungen**
  Durch die Entwicklung spezifischer katalytischer Schichten werden Pellistoren auch für die gasanalytische Messtechnik interessant.

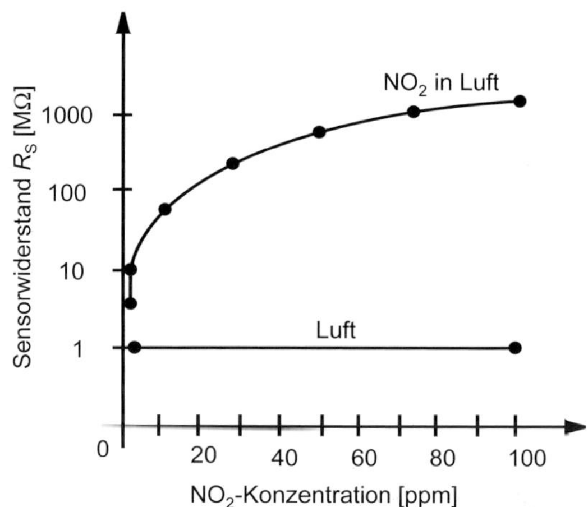

Bild 17.39
Typischer Verlauf des elektrischen Widerstandes, abhängig von der NO_2-Konzentration in Luft

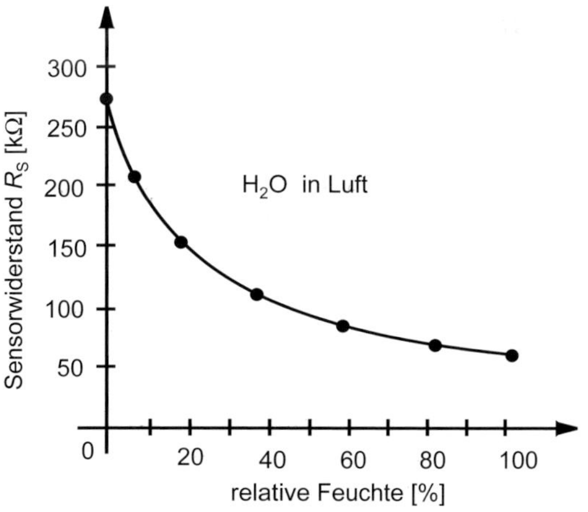

Bild 17.40
Typischer Verlauf der ausgeprägten Luftfeuchteabhängigkeit eines SnO_2-Gassensors

17.5.4 Metallisolatorgassensoren (metal oxide-based gas sensor, isolated gas sensor)

Bei homogenen Halbleiterstrukturen (homogene Halbleitersensoren, s. oben) wird häufig die elektrische Leitfähigkeit bei chemischen Wechselwirkungen von Messgasen mit dünnen polykristallinen Schichten oder mit kristallinen Schichten erfasst.

Bei strukturierten Halbleitersensoren wird die elektrische Potentialänderung an ihren Phasengrenzen erfasst. Es gibt grundsätzlich 2 Bauformen:

- MOS-Dioden-Gassensor (MOS = **M**etal **O**xide **S**emiconductor)
- MOS-Feldeffekttransistor-(FET-)Gassensor (MOSFET = MOS-**F**ield **E**ffect **T**ransistor)

Anstelle der Bezeichnung **MOS** (Metal Oxide Semiconductor) wird auch der Begriff **MIS** (**M**etal **I**nsulator **S**emiconductor) für Bauteile verwendet.

Grundlagen und technischer Aufbau

MOS-Dioden-Gassensor

Bild 17.41 zeigt den prinzipiellen Schichtaufbau einer Metalloxid-Siliziumdiode (MOS-Diode). Das Substrat besteht z.B. aus p-Silizium. Auf der Unterseite befindet sich eine elektrische Kontaktschicht, z.B. aus Aluminium als untere Elektrode. Auf dem Substrat befindet sich eine dünne Isolatorschicht, z.B. aus Siliziumdioxid. Darüber befindet sich ein dünnes Metall-Gate (z.B. aus Palladium), das gleichzeitig als obere Elektrode und aktive katalytische Schicht wirkt, auf die Gase treffen, die den Messeffekt einleiten.

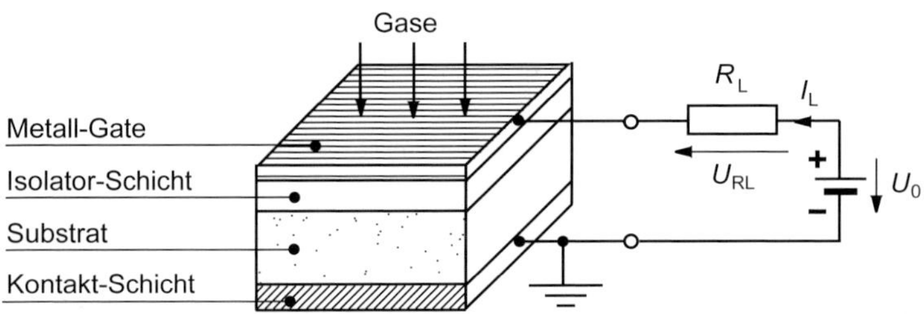

Bild 17.41 Prinzipieller Schichtaufbau einer Metalloxid-Silizium-(MOS-)Diode

Treffen Wasserstoffmoleküle auf die Oberfläche der katalytischen Schicht, werden diese dissoziiert, und es entstehen Wasserstoffatome, die in der Pd-Schicht gelöst werden. Die H-Atome diffundieren durch die Pd-Schicht und werden von der Metallisolatorphase (Pd-SiO_2-Grenzschicht) adsorbiert. An der Grenzfläche kommt es durch das anliegende elektrische Feld, erzeugt durch die elektrische Spannung U_0, zu einer Ladungsverschiebung in der Elektronenhülle der Wasserstoffatome: Es entstehen so elektrische Dipole. Diese verändern dann das elektrische Feld so, dass der elektrische Strom durch die Diode beeinflusst wird. Die Änderung des Stroms I_L bei konstant anliegender Spannungen U_0 ist also ein Maß für die Konzentration c_H von Wasserstoff in der Luftumgebung.

Die Metallisolatordiode als chemischer Gassensor ist ein strukturierter Halbleitersensor mit einer elektrischen Doppelschicht, die durch den Einfluss von Messgasen an der Metallisolatorphasengrenze gesteuert wird. Sie beeinflusst auf diese Weise die Kapazitäts-Spannungs-Verhältnisse und damit den Stromfluss I_L durch die Diode.

MOSFET-Gassensor (s. Abschnitt 17.3.4)

Bild 17.42 zeigt den prinzipiellen Schichtaufbau eines Metalloxidsilizium-FET. Das Prinzip Halbleitergassensors beruht auf MOS-(Metal-Oxide-Semiconductor-) Transistoren, den Grundbauelementen für alle komplexen Mikrochips. Die p-Si-

Struktur (Substrat oder Bulk genannt) ist mit einer SiO_2-Isolatorschicht abgedeckt. Die beiden in das Substrat eingebauten n-Si-Strukturen sind teilweise von der SiO_2-Isolationsschicht abgedeckt. Die freien Flächen werden mit Al-Leitbahnen beschichtet mit Bondinseln für die Elektrodenableitungen. Auf der mittleren SiO_2-Schicht befindet sich eine Adsorptionsschicht als Festkörper für die Sensierung von Wasserstoff und mit zylinderförmigen Öffnungen für die Sensierung von Kohlenmonoxid, so dass das Gas direkt auf die Grenzschicht gelangt.

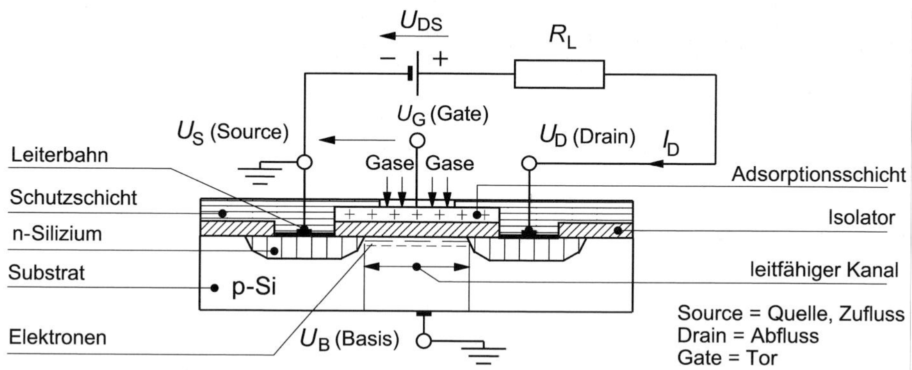

Bild 17.42 Prinzipieller Schichtaufbau eines Metalloxid-Silizium-(MOS-)FET

Die gesamte Oberfläche ist mit einer Epoxidharzschutzschicht abgedeckt. Die Steuerelektrode liegt (Gate) nicht direkt auf der Oberseite des Chips, sondern ist mit einer kleinen Distanz darüber angeordnet. In den dadurch entstehenden sehr kleinen Luftspalt können nun Gase eindringen. Der MOSFET besteht, wie aus der Elektronik bekannt, aus einem npn-Transistorstruktur (in Bild 17.42 zwischen Source und Drain), in dessen p-Si-Bereich durch das Anlegen einer elektrischen Spannung an den Gate-Anschluss U_G ein Inversionskanal erzeugt wird.

Mit steigender Spannung U_{GB} zwischen Gate und Bulk bzw. Substrat werden zuerst die Defektelektronen als Ladungsträger verdrängt, und es bildet sich durch Ladungsträgerverarmung ein nicht leitendes Gebiet. Steigt die Spannung U_{GB} weiter, kommt es zur Inversion, das p-dotierte Substrat wird unterhalb des Gates nun n-leitend und bildet einen Kanal zwischen Source und Drain, dessen Ladungsträger nun Elektronen sind. Auf diese Weise steuert die Spannung zwischen Gate und Bulk den Stromfluss zwischen Source und Drain.

Die möglichen Arbeitsbereiche des MOSFET sollen hier nicht besprochen werden. Erwähnt sei nur, dass es einen Arbeitsbereich gibt, bei dem der Strom zwischen Source und Drain I_D stark von der Gatespannung U_G abhängt und nur wenig von der Spannung U_{DS} zwischen Drain und Source. Dieser Bereich wird sensorisch genutzt. Zur Sensierung von Wasserstoff besteht das Gate aus einer aktiven katalytischen Schicht, d.h. aus einer spezifischen chemisch empfindlichen Palladiumschicht. Dieser Sensor wird auch HFET genannt und in der Wasserstoffsensorik für automobile Brennstoffzellen und andere Wasserstofftechnologien eingesetzt.

Das Wasserstoffgas wird an der Oberfläche der Pd-Schicht dissoziiert, und die einzelnen H-Atome diffundieren durch die Pd-Schicht. An der Grenzfläche (Phasengrenze) kommt es durch das anliegende elektrische Feld, am Gate, zur Ladungsverschiebung in der Elektronenhülle der Wasserstoffatome, wodurch sich elektrische Dipole bilden. Die Dipole verändern bei konstanter Drainspannung U_D das elektrische Feld am Gate ($U_G > 0$), so dass der Source-Drain-Strom I_D feldabhängig gesteuert wird. Die Änderung des Source-Drain-Stroms I_D ist ein direktes Maß für die Konzentration c_H von Wasserstoff in der Umgebungsluft.

Bild 17.43 zeigt die Kennlinie eines Pd-Gate-FET mit und ohne Messgaseinwirkung, wobei die Drainspannung U_D ein konstanter Parameter ist. Die Gatespannung U_G muss größer sein als die Thresholdspannung U_{Th} (Schwellenspannung). Die Austrittsarbeit aus dem Gatematerial wird durch das Diffundieren des Messgases in das Gatematerial verändert. Dadurch wird die Thresholdspannung U_{Th} verändert, also auf der U_G-Achse verschoben und kann somit auch als Maß für die Konzentration c_H von Messgasen in der Umgebungsluft benutzt werden. Für die Berechnung der Thresholdspannung (Schwellen- oder Einsatzspannung) gilt:

$$U_{Th} = \varphi_{Me} - \varphi_{Si} - \frac{d_{is}}{\varepsilon_{is}} \cdot Q_I - \frac{d_{is}}{\varepsilon_{is}} \cdot Q_B + 2 \cdot \varphi_F \qquad \text{(Gl. 17.88)}$$

φ_{Me} Austrittspotential der Gatemetallisierung
φ_{Si} Austrittspotential aus Silizium
d_{is} Dicke des Gate-Isolators
ε_{is} Dielektrizitätskonstante des Gate-Isolators
Q_I effektive Nettoladung des Isolators pro Fläche
Q_B Ladung der ionisierten Dotieratome in der Verarmungszone pro Fläche
φ_F Bandverbiegung im Silizium (zur Erzeugung einer Inversionsschicht)

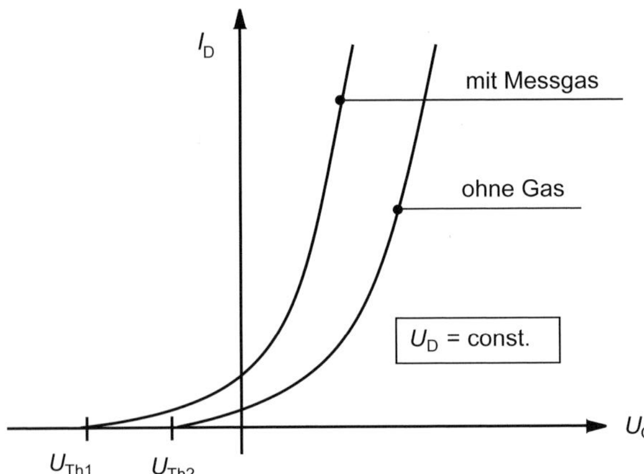

Bild 17.43
Kennlinie eines Pd-Gate-FET mit und ohne Messgaseinwirkung, mit der Drain-Spannung U_D als Parameter

Aus Technologiegründen hat sich die Materialkombination Siliziumdioxid-Silizium durchgesetzt. Daher wird statt MISFET auch oft der Begriff MOSFET benutzt.

Messtechnische Eigenschaften und Sensorelektronik

Der MOSFET lässt sich auch in Lösungen (siehe Abschnitt 17.3.4) einsetzen. Dabei wird nur die Gate-Elektrode durch eine sensitive Schicht ersetzt. Messbar sind alle Effekte, die eine Änderung des elektrischen Feldes in der Schicht bewirken. Eine Aufheizung eines MOSFET ist notwendig, wenn eine höhere Messempfindlichkeit gefordert wird.

Vorteile

- MOSFET sind billig, miniaturisierbar und sprechen durch ihre geringe Baugröße schnell an.
- Sie liefern direkt ein elektrisches Signal, das weiterverarbeitet werden kann.
- Sie wirken durch ihre Bauart signalverstärkend.

Nachteile

- ❑ MOSFET sind in ihrer Messempfindlichkeit weniger stabil als elektrochemische Sensoren.
- ❑ Sie driften mit der Zeit, was zu falschen Konzentrationsanzeigen führt.
- ❑ Sie müssen regelmäßig mit Prüfgasen kalibriert werden.

Bild 17.44 zeigt die typische Abhängigkeit der Messempfindlichkeit eines MOSFET von Kohlenmonoxidkonzentrationen, d.h. der Thresholdspannung von der CO-Gaskonzentration, für einen MOSFET mit einer Adsorptionsschicht aus Palladium mit 15 nm Dicke bei einer Betriebstemperatur von 180 °C.

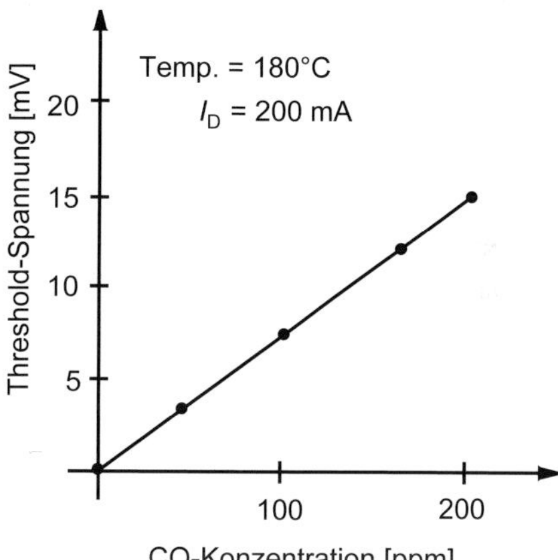

Bild 17.44
Typische Abhängigkeit der Messempfindlichkeit eines MOSFET auf Kohlenmonoxidkonzentrationen

Bild 17.45 zeigt die typische Reaktionszeit (d.h. die Zeitkonstante für einen Sensor von der 1. dynamischen Ordnung, s. hierzu Abschnitt 1.7.2) auf eine sehr schnelle Änderung der CO-Konzentration von 0,7 % CO-Impuls. Ganz allgemein gilt: Je größer die Betriebstemperatur, umso kleiner wird die Zeitkonstante.

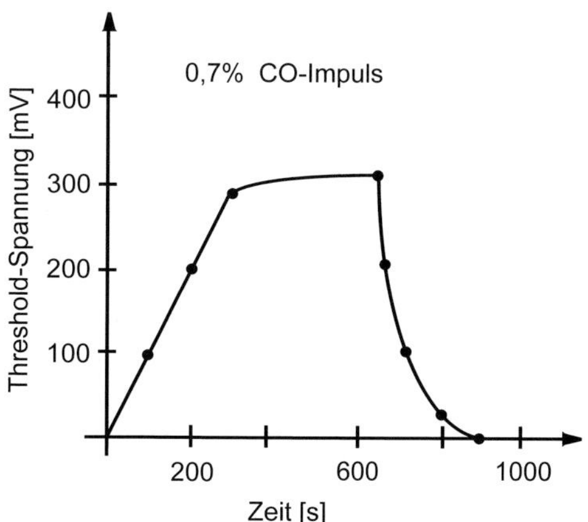

Bild 17.45
Typische Reaktionszeit (d.h. Zeitkonstante für Sensoren 1. Ordnung) eines MOSFET

Eine weitere Entwicklung ist der **Galliumoxidgassensor**, der bevorzugt zur Erfassung von Verbrennungsgasen eingesetzt wird. Er hat folgende allgemeine Messeigenschaften:

- geringe Exemplarstreuung,
- hohe Stabilität,
- geringe Querempfindlichkeit gegenüber Feuchte,
- gute Reproduzierbarkeit,
- verbrennt Ruß an der Oberfläche (selbstreinigend).

Anwendungen

Anwendungsgebiete dieser Gassensoren sind weitgehend identisch mit den oben schon beschriebenen:

- **Chemie-/Umwelttechnik sowie Biotechnologie**: ausgeprägte Automatisierung.
- **Industrieanwendungen:**
  Kontrolle, Messung und Regelung von komplexen Prozessabläufen. Redundanz der Sicherheit, d.h. Ausschluss von Risikofaktoren (z.B. menschliches Versagen). Qualitätssicherung, zur Qualitätssteigerung und Vermeidung von Ausschussproduktion.
- **Gesundheitswesen:**
  Promilletester oder Alkomaten mit EC-Sensoren (z.B. Envitec Alcoquant 6020 usw.) sind teurer als solche mit Halbleitersensoren, sind aber in der Handhabung unproblematischer. Natürlich messen auch EC-Sensoren nicht nur das Ethanol, das sie messen sollen, sondern reagieren u.a. auf Methanol, Aceton (bei Personen mit Diabetes), Isopropanol, Acetaldehyd, Eucalyptol (nach dem Genuss von Süßwaren), Ammoniak (bei Personen mit Leber- und Stoffwechselerkrankungen), Kohlenmonoxid (bei Rauchern) und Kohlendioxid. EC-Sensoren haben gegen Halbleitersensoren den Vorteil, dass z.B. Aceton, das in der Atemluft von Diabetikern oder bei Hungerkuren vorkommt, das Messergebnis von EC-Sensoren nicht verfälscht, da die Gruppe der Ketone an den Elektroden nicht reagiert.

17.5.5 Festkörperelektrolyt-Gassensoren (Festkörper-Gassensoren, Festelektrolyt-Gassensoren)

Der Messeffekt dieser Sensoren beruht auf der Ionenleitung von Festkörperelektrolyten, d.h., bestimmte Ionenkristalle leiten bei höheren Temperaturen den elektrischen Strom in Form eines Ionenstroms. Es können wieder 2 Messverfahren unterschieden werden:

- potentiometrisches Messverfahren, d.h. «stromlose» Messung des elektrischen Potentials zwischen einer Referenz- und Messelektrode;
- amperometrisches Messverfahren, d.h. Messung des Ionenstroms nach Anlegen einer äußeren elektrischen Spannung an die beiden Elektroden.

Daraus lassen sich entsprechend 2 Sensorprinzipien und damit Sensortypen ableiten:

- NERNST-Sonde (potentiometrischer Festkörperelektrolytgassensor),
- Widerstandssonde (resistiver Festkörperelektrolyt-Gassensor).

17.5.5.1 NERNST-Sonde (Sauerstoffsensor)

Die NERNST-Sonde als Sauerstoffmesszelle (Sauerstoffsensor) ist ein Festkörperelektrolyt-Gassensor, dessen Wirkprinzip (Sensorprinzip) auf dem potentiometrischen Messverfahren beruht.

Grundlagen und technischer Aufbau

Bild 17.46 zeigt den vereinfachten physikalischen Prinzipaufbau und die elektrochemische Funktion einer NERNST-Sonde (ZrO_2-Zelle) zum Sauerstoffnachweis. Die Elektroden bestehen aus porösen, d.h. sauerstoffdurchlässigen Platinschichten und wirken als Elektrokatalysatoren und externe Stromleiter. Zwischen den beiden Elektroden ist ein keramischer Festkörperelektrolyt aus Zirkoniumdioxid (ZrO_2) oder Calciumoxid (CaO), dotiert mit Yttriumoxid (Y_2O_3). Bei Temperaturen <300 °C wird die ZrO_2-Keramik der NERNST-Sonde für negative Sauerstoffionen elektrisch leitend, d.h., es setzt eine Ionenwanderung ein, die im festen Elektrolyt um den Faktor 10 größer ist als die Elektronenbewegung.

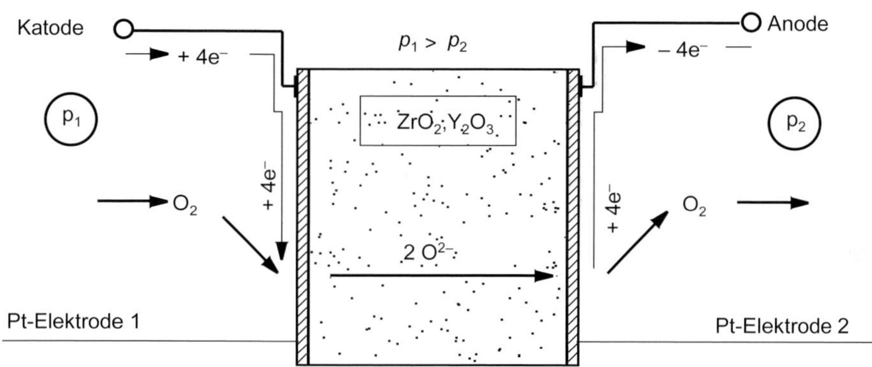

Bild 17.46 Vereinfachter physikalischer Prinzipaufbau und elektrochemische Funktion einer NERNST-Sonde (ZrO_2-Zelle) für den Sauerstoffnachweis

Der Konzentrationsunterschied ($p_1 > p_2$) zwischen den Elektroden erzeugt eine Ionendiffusion durch die ZrO_2-Keramik, d.h., die Sauerstoffatome können als doppelt negativ geladene Ionen durch die Keramik wandern. Die zur Ionisierung der Sauerstoffatome erforderlichen Elektronen werden von den elektrisch leitfähigen Elektroden geliefert. Es laufen an den beiden Elektroden folgende chemischen Reaktionen ab:

Katode:

$$O_2 + 4 \cdot e^- \rightarrow 2 \cdot O^{2-} \qquad \text{(Gl. 17.89a)}$$

Anode:

$$2 \cdot O^{2-} \rightarrow O_2 + 4 \cdot e^- \qquad \text{(Gl. 17.89b)}$$

Der Elektronentransport von Elektrode 2 nach Elektrode 1 baut ein elektrisches Feld auf. Im dynamischen Gleichgewichtszustand ist die elektrische Potentialdifferenz entgegengesetzt polar und gleich groß wie die von der O_2-Partialdruckdifferenz an den Elektroden erzeugte.

Die NERNST-Sonde wirkt im Prinzip wie eine elektrochemische Kette und erzeugt daher wie ein galvanisches Element eine elektrische Potentialdifferenz zwischen den beiden Platinelektroden, die als Sondenspannung hochohmig abnehmbar ist. Diese Spannung ist mit der NERNST-Gleichung beschreibbar:

$$U = U_0 + \frac{\mathrm{R} \cdot T}{z_\mathrm{e} \cdot \mathrm{F}} \cdot \ln\left(\frac{p_1}{p_2}\right) = U_0 + \frac{\mathrm{R} \cdot T}{4 \cdot \mathrm{F}} \cdot \ln\left(\frac{p_1}{p_2}\right) \qquad \text{(Gl. 17.90)}$$

U Elektrodenpotential
U_0 Standardelektrodenpotential
T absolute Temperatur
z_e Zahl der zu übertragenen Elektronen
F FARADAY-Konstante = 96 485,34 As/mol
R universelle Gaskonstante = 8,31447 Ws/(mol K)

Messtechnische Eigenschaften und Sensorelektronik
Die Spannung U_0 ist elektronisch gesehen eine Offsetspannung, da sie in der Praxis auch dann oft auftritt, wenn $p_1 = p_2$ ist, d.h. $\ln(p_1/p_2) = 0$, also $U = U_0$ ist. Sie entsteht allgemein durch Materialfehler, elektrochemische Störpotentiale, mechanische und elektrische Toleranzen. Ist der Sauerstoffpartialdruck p_1 auf einer Seite bekannt, kann über die NERNST-Gleichung der Sauerstoffpartialdruck p_2 auf der anderen Seite berechnet werden. Nach Gl. 17.90 gilt dann:

$$p_2 = p_1 \cdot \exp\left(\frac{-4 \cdot \mathrm{F} \cdot U_1}{\mathrm{R} \cdot T}\right) \qquad \text{(Gl. 17.91)}$$

Die Signalanstiegszeit (Zeitkonstante) beträgt wenige Sekunden, ist jedoch abhängig von der Temperatur. Es können Sauerstoffkonzentrationen bis zu einigen Prozent gemessen werden.

Anwendungen

- ❑ Sauerstoffmesszellen (O_2-Sensoren) zur Messung der Sauerstoffkonzentration in Rauchgasen von Industriefeuerungen und von Restgasen in Stahl-, Metall- und Glasschmelzen.
- ❑ Sauerstoffmesszellen (O_2-Sensoren) als sog. Lambdasonden zu einer Messung von Sauerstoffkonzentrationen in Kraftfahrzeugabgasen (wird unten noch beschrieben).
- ❑ Im medizintechnischen Bereich werden Mikrosauerstoffmesszellen zur Messung des Sauerstoffpartialdrucks im Blut eingesetzt. Sie heißen dort Sauerstoffpartialdrucksensoren.

17.5.5.2 Lambdasonden

Die erste Lambdasonde wurde im Jahr 1976 von Bosch vorgestellt. Sie ist kommerziell die erfolgreichste Sauerstoffmesszelle zur Regelung der Treibstoffverbrennung in Fahrzeugen. Mit ihr wird der Sauerstoffpartialdruck im Abgas gemessen und daraus das Luft-Treibstoff-Verhältnis berechnet und eingestellt. Das Luft-Treibstoff-Verhältnis ist formelmäßig mit dem griechischen Buchstaben klein Lambda (λ) belegt. Wie noch zu sehen ist, wird fast jeder Sensortyp nach der entsprechenden Luftzahl λ benannt. Dazu aber später mehr.

ZrO_2-Lambda-1-Sonde (Fingerform) ohne Beheizung
Bild 17.47a zeigt einen grundsätzlichen physikalischen Aufbau eines potentiometrischen ZrO_2-Gassensors in Fingerform, die sog. Lambda-1-Sonde (λ=1-Sonde) und Bild 17.47b zeigt einen technischen Aufbau. Die Lambdasonde besteht aus einem

Keramikkörper (Cermet), dessen Oberflächen mit gasdurchlässigen Platinelektroden versehen sind. Der Keramikkörper ist mit einem Schutzrohr (Bild 17.47a) umgeben, damit der Sensor mechanisch geschützt ist und besser auf der gewünschten Temperatur gehalten werden kann. Für den Gaszutritt ist das Schutzrohr mit Löchern versehen. Der innere Teil des Keramikkörpers ist mit der Außenluft in Verbindung, der äußere Teil mit dem Abgasstrom.

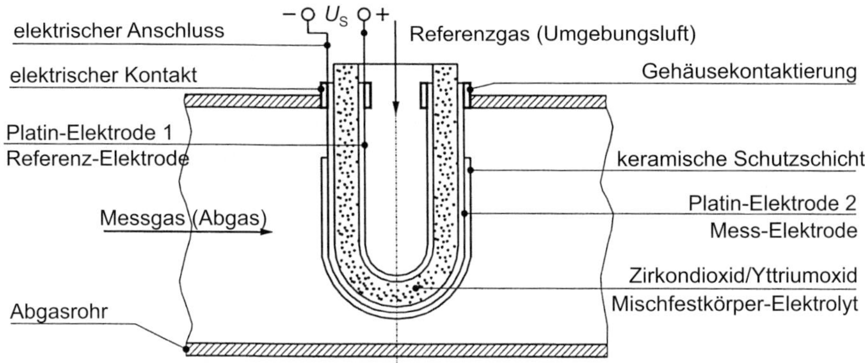

Bild 17.47a Physikalischer Prinzipaufbau des potentiometrischen Gassensors auf ZrO_2-Basis, in Fingerform (Lambda-1-Sonde)

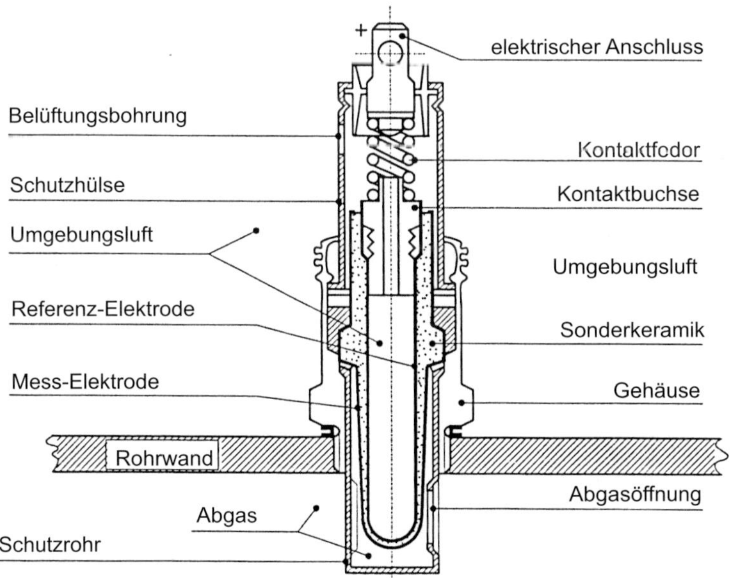

Bild 17.47b
Technischer konstruktiver Aufbau einer Lambdasonde mit einem Keramikkörper (Cermet)

Die Wirkung der Sonde beruht auf 2 elektrochemischen Effekten, wie oben schon beschrieben. Die übliche Lambdasonde ist im Prinzip eine elektrochemische Kette und arbeitet daher wie ein galvanisches Element. Sie hat aber keinen flüssigen, sondern einen Festkörperelektrolyten, bestehend aus ZrO_2 mit ca. 5% Yttriumoxid (Y_2O_3). Das zudotierte Y_2O_3 erhöht die elektrische Leitfähigkeit für Sauerstoffionen durch Bildung von Sauerstoffleerstellen im Kristallgitter und die Ausbildung einer stabilen Phase. Reines ZrO_2 würde beim Abkühlen nach dem Sinterprozess bei ca. 1170 °C von der tetragonalen in die monokline Struktur übergehen und durch Volumenausdehnung um ca. 4% ein Sinterbauteil zerstören.

Der Mischkeramikelektrolyt lässt ab 300 °C Sauerstoffionen passieren, sperrt jedoch nicht die Elektronen. Die Ionenleitfähigkeit ist zwischen 450...950 °C am besten. Das Innere des Fingers ist mit der Umgebungsluft verbunden, weist also einen konstanten Sauerstoffgehalt auf. Die Sauerstoffionen wandern von innen (Außenluft) nach außen (Abgas), da im Abgas eine geringere Konzentration (geringerer Partialdruck) von Sauerstoff besteht als in der Umgebungsluft (DALTON-Gesetz).

Die vom Sauerstoff «abgestreiften» Elektronen werden von einer elektrisch leitenden Schicht aufgenommen, d.h., auf der Innenseite des Fingers bildet sich ein Elektronenüberschuss und auf der Außenseite, an der die Sauerstoffionen ankommen, ein Elektronenmangel. Es entsteht also eine elektrische Potentialdifferenz U_S (s. Bild 17.47), die nach der schon beschriebenen NERNST-Spannung wie folgt lautet:

$$U_S = U_0 + \frac{R \cdot T}{4 \cdot F} \cdot \ln\left(\frac{p_{Luft}}{p_{Abgas}}\right) \qquad \text{(Gl. 17.92)}$$

Die NERNST-Spannung wird über die elektrischen Anschlüsse zu einem Steuergerät geleitet. Zur Abweisung von Verunreinigungen ist die im Abgas eingetauchte Messelektrode mit einer porösen Cermetschicht belegt. Bei einer vollständigen Verbrennung eines Kraftstoffes, der ideal nur aus Kohlenwasserstoffen (C_xH_y) besteht, entstehen das unschädliche Verbrennungsprodukt Wasser und das bedenkliche Verbrennungsprodukt Kohlendioxid:

$$C_xH_y + \left(x + \frac{n}{4}\right) \cdot O_2 \rightarrow x \cdot CO_2 + \frac{n}{2} \cdot H_2O \qquad \text{(Gl. 17.93)}$$

Theoretisch wird für die stöchiometrische Reaktion (griechisch: *stoicheon* = Bestandteil und *metrikos* = messen) 14,7 kg Luft pro kg Kraftstoff benötigt. Wird einem Motor so viel Luft zugeführt, wie theoretisch für eine vollständige Verbrennung notwendig ist, nämlich 10 m^3 Luft pro kg Kraftstoff, liegt das sog. stöchiometrische Luft-Kraftstoff-Verhältnis vor. Dieses Verhältnis, auch kurz Luftzahl Lambda (λ) genannt, ist wie folgt definiert:

$$\lambda = (L_{zu}) / (L_{theo}) \qquad \text{(Gl. 17.94)}$$

L_{zu} zugeführte Luftmenge
L_{theo} theoretischer Luftbedarf

Bild 17.48 zeigt den Zusammenhang zwischen der Messspannung U_S (Sondenspannung) und dem Treibstoff-Luft-Verhältnis (Luftzahl λ) bei verschiedenen Verbrennungstemperaturen. Für ideale Verbrennungen, d.h. stöchiometrische Verbrennungen, ist $\lambda = 1$. In der Praxis ist die Luftzahl durch den Quotienten aktuelles Luft-Kraftstoff-Verhältnis zu stöchiometrisches Luft-Kraftstoff-Verhältnis definiert. Es gibt 3 charakteristische Lambdawertebereiche:

- Messspannung $\lambda > 1$ (mageres Gemisch, zu viel Luft) zwischen 0...150 mV,
- Messspannung $\lambda < 1$ (fettes Gemisch, zu viel Kraftstoff) zwischen 800...1000 mV,
- Messspannung $\lambda = 1$ im Übergangsbereich (λ-Fenster) mit Spannungssprung.

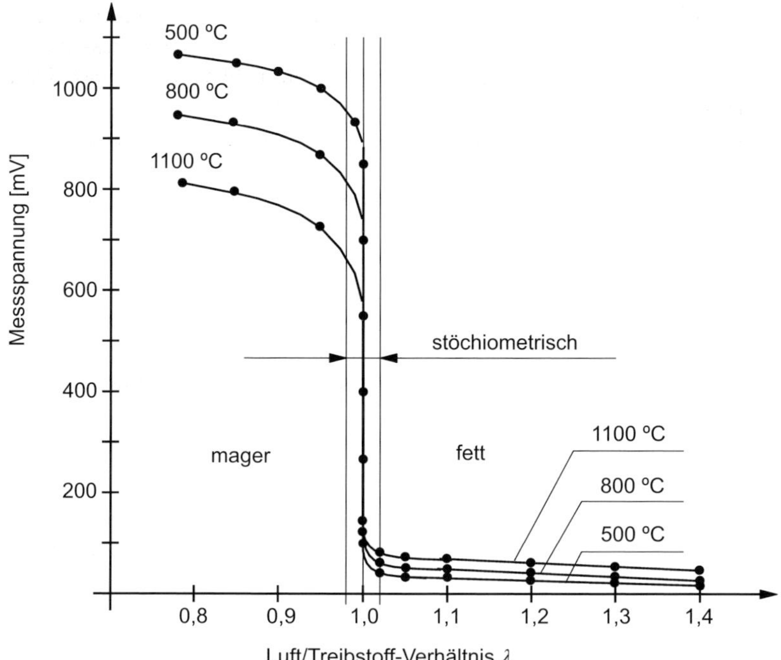

Bild 17.48 Zusammenhang zwischen der Messspannung U_S (Sondenspannung) und dem Luft-Treibstoff-Verhältnis l (Luftzahl) bei verschiedenen Verbrennungstemperaturen

Die Kennlinie ist im Übergangsbereich extrem steil. Wenn die Luftzahl λ gegen 1 geht, steigt der von der katalytischen Platinschicht beeinflusste Sauerstoffpartialdruck extrem steil an, was eine sprunghafte Abnahme der durch die Lambdasonde erzeugten Sondenspannung zur Folge hat. Damit ist der Punkt $\lambda = 1$ gut messbar und elektronisch leicht auswertbar. Durch nicht ideale Verbrennungsprozesse im Motor entstehen selbst bei $\lambda = 1$, außer H_2O und CO_2, Produkte einer unvollständigen Verbrennung wie Kohlenmonoxid, Wasserstoffgas, Kohlenwasserstoffe und nicht reagierter Restsauerstoff.

Bei sehr hohen Verbrennungstemperaturen entstehen aus Stickstoff und Luftsauerstoff die Stickoxide: Stickstoffmonoxid, Stickstoffdioxid und Distickstoffoxid (NO, NO_2, N_2O = Lachgas). In Bild 17.49 ist das Prinzip eines konstruktiven Schichtaufbaus eines stöchiometrischen Luft-Treibstoff-Sensors in Miniaturbauform dargestellt. Es zeigt den direkten Übergang von einer konventionellen zu einer planen Konstruktion als Festkörperelektrolytgassensor. Das Funktionsprinzip ist analog zu dem der oben beschriebenen der λ-Sonde.

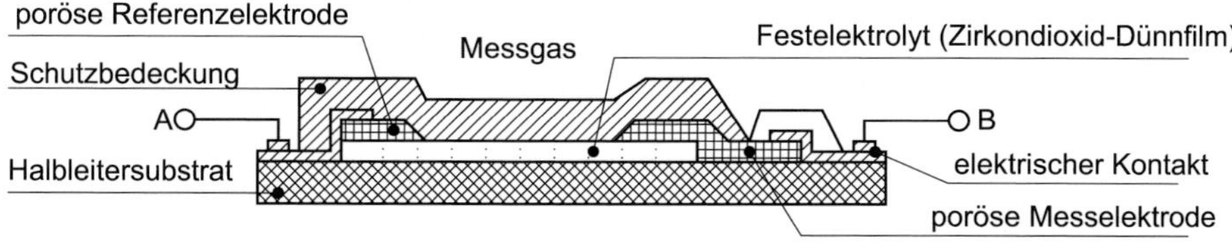

Bild 17.49 Prinzipieller konstruktiver Schichtaufbau eines stöchimetrischen Luft-Treibstoff-Sensors in Miniaturbauform

ZrO_2-Lambda-1-Sonde (Fingerform) mit Beheizung

Die beheizte Fingersonde hat ein elektrisches Heizelement. Bei hoher Motorlast, d.h. bei hoher Abgastemperatur, wird die Keramiktemperatur über die Abgastemperatur bestimmt. Bei niedriger Motorlast, d.h. bei niedriger Abgastemperatur, wird die Keramiktemperatur über ein externes elektrisches Heizelement bestimmt. Dies führt zu einer sehr schnellen Aufheizung der Keramik auf ihre Betriebstemperatur in ca. 10...20 s nach dem Motorstart, d.h., nach dieser Zeit wird die Lambdaregelung freigeschaltet.

Die beheizte Lambdasonde hat fast immer eine optimale Betriebstemperatur, die eine niedrige Abgasemission ermöglicht. Die kleinen Ansprechzeiten lassen sich beim Einsatz im Abgas von Ottomotoren aber nur dann zu zylinderselektiver Lambdamessung nutzen, wenn die Sonden nah genug beim Motor (z.B. im Auspuffkrümmer) sitzen, wo die Abgase noch nicht vermischt sind. Durch ihre Robustheit und Schichtstabilität ist es möglich, sie auch bei extremen Bedingungen (900 °C Abgastemperatur) einzusetzen. Mit darauf aufbauender zylinderselektiver Lambdaregelung erschließt sich ein hohes Potential zur Emissionsreduktion. Andere Einsatzgebiete sind direktes Überwachen von Schadgasen (NO_x) oder On-Board-Diagnose von Katalysatoren.

Resistive Lambdasonden

Neben ZrO_2-Lambdasonden gibt es auch Titandioxidsonden (TiO_2). Obwohl dieser Sensortyp seit ca. 1976 existiert, hat er nicht die Bedeutung der ZrO_2-Sonde erlangt. Oxidhalbleitermaterialien bilden schon in kurzer Zeit bei relativ kleinen Temperaturen (300...600 °C) ein dynamisches Gleichgewicht mit der umgebenden Gasphase. Ändert sich der Sauerstoffpartialdruck des Umgebungsgases, ändert sich die elektrische Volumenleitfähigkeit des Halbleiteroxids. Diesem Sensoreffekt zur Messung von Lambdawerten überlagert sich als Störeffekt («Querempfindlichkeit») die Temperaturabhängigkeit des Oxids. Mit steigender Temperatur nimmt der elektrische Widerstand ab und die Ansprechgeschwindigkeit zu.

Lambdamagersonden

Der Lambdawerte liegt bei mageren Gemischen bei $\lambda > 1$, hat also zu viel Luftsauerstoff.

Lambdamagersonden nach dem NERNST-Prinzip

Die Spannung an der Lambdasonde bei Messungen mit mageren Gemischen ($\lambda > 1$) nach der NERNST-Gleichung beträgt 0...150 mV. Für einen Lambdawert von z.B. $\lambda > 1{,}05$. d.h. einem Partialsauerstoffdruck von $p_{O2} < 0{,}01$ bar, beträgt die Sondenspannung $U_s < 65$ mV.

Messtechnische Eigenschaften und Sensorelektronik

Daraus ergeben sich hohe messtechnische Anforderungen an Lambdamagersonde und Sensorelektronik.

- ❑ Einsatz spezieller Elektroden, die die katalytische Aktivität erhöhen,
- ❑ Einsatz eines leistungsstarken Heizers (ca. 18 W),
- ❑ Einsatz eines Schutzrohres mit vermindertem Gasdurchsatz,
- ❑ Einsatz eines sehr hochwertigen Messverstärkers.

Anwendungen

- ❑ Einsatz in Fahrzeugmotoren,
- ❑ Sensor in Öl- und Gasbrennerregelungen,
- ❑ Stationärmotoren in Blockheizkraftwerken.

Für Lambdawerte ab $\lambda > 2$ werden amperometrische Sonden (Elementarsensoren) verwendet.

Lambdamagersonde nach dem Grenzstrombetrieb
Bild. 17.50 zeigt den elektrochemomechanischen Prinzipaufbau einer sog. Grenzstromsonde. Amperometrische Festkörperelektrolytgassensoren benötigen kein Referenzmedium. Damit ist keine Trennung der Elektrodenräume erforderlich. Bei diesem Sensorprinzip werden durch Anlegen einer externen elektrischen Spannung U_0 an die beiden Elektroden auf der ZrO_2-Platte Sauerstoffionen von der Katode zur Anode gepumpt. Die elektrochemische Wirkungsweise ist die einer Sauerstoffpumpe. Dabei spielen sich dann folgende elektrochemische Reaktionen ab (s. hierzu Bild 17.46):

- Katode:

$$O_2 + 4 \cdot e^- \rightarrow 2 \cdot O^{2-}$$

- Anode:

$$2 \cdot O^{2-} \rightarrow O_2 + 4 \cdot e^- \qquad \text{(Gl. 17.95)}$$

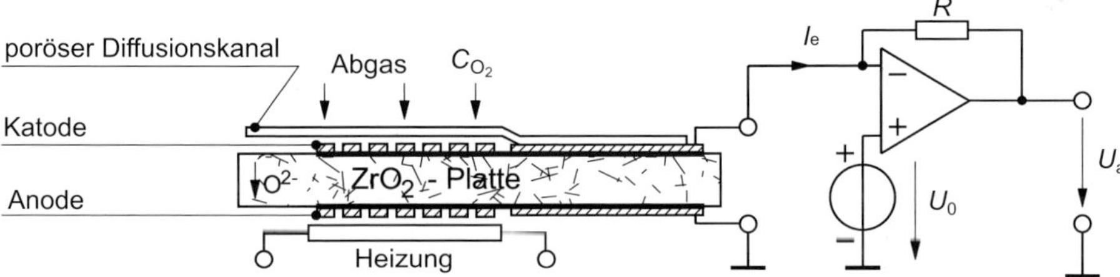

Bild 17.50 Elektrochemomechanischer Prinzipaufbau einer Grenzstromsonde

Der Ionenstrom kann je nach der angelegten Polarität der elektrischen Spannung U_0 in beiden Richtungen fließen. Die Diffusionsbarriere behindert den Zustrom von Sauerstoffmolekülen aus dem Abgas an die Katode. Oberhalb eines Schwellwertes der elektrischen Spannung U_0 (Pumpspannungsschwellwert) wird eine Stromsättigung erreicht (Grenzstrombedingung). Der sich einstellende Grenzstrom I_{gr} ist in erster Näherung proportional zur Konzentration c_{O2} des Sauerstoffes im Abgas und damit indirekt eine Funktion des Lambdawertes. Es gilt:

$$I_{gr} = 4 \cdot \mathrm{F} \cdot D \cdot \frac{A}{L} \cdot c_{O_2} \qquad \text{(Gl. 17.96)}$$

F FARADAY-Konstante (9,64853 kAs · mol^{-1})
D Diffusionskoeffizient
L Diffusionsschichtdicke
A effektiver Diffusionsschichtquerschnitt

Vertiefung 17.3

Es folgt die Herleitung der Gl. 17.96 im Onlineservice InfoClick. Für das weitere Verständnis des Themas im eigentlichen Sinn kann grundsätzlich ohne diese Herleitung weitergearbeitet werden. Die Nummerierung im Buch überspringt deshalb die auf InfoClick ausgeführten Ableitungen Gl. 17.97...Gl. 17.102) und fährt folgerichtig mit Gl. 17.103 fort.

Um auswertbare Verhältnisse zu haben, muss der Umsatz diffusionskontrolliert ablaufen, d.h., alle andiffundierten O_2-Moleküle müssen sofort umgesetzt werden. In diesem Fall ist der Diffusionsgrenzbereich erreicht, und die O_2-Konzentration c_{O_2} kann mit dem Grenzstrom I_{gr} bestimmt werden. In diesem Bereich hat die elektrische Spannung keinen nennenswerten Einfluss auf den Diffusionsgrenzstrom. Bild 17.51 zeigt die Strom-Spannungs-Charakteristik. Auch amperometrische Sensoren können durch elektrische Eigenheizung oder durch die Abgaswärme auf die für den Ionentransport nötige Temperatur gebracht werden.

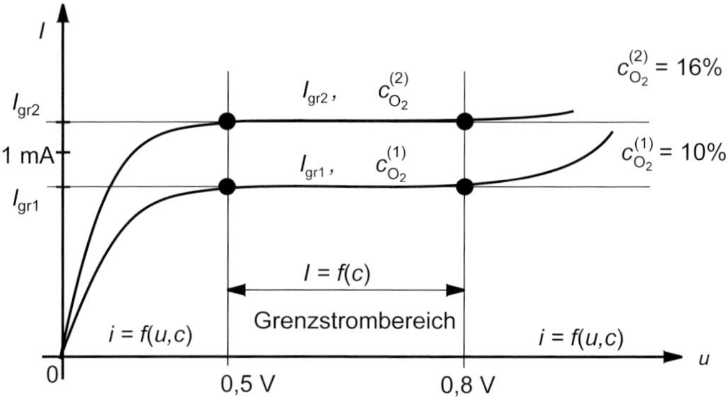

Bild 17.51 Strom-Spannungs-Charakteristik einer Grenzstromsonde

Aus Bild 17.50 ist zu ersehen, dass der Grenzstrom zuerst elektronisch über einen Strom-Spannungs-Wandler weiterverarbeitet wird. Wie aus der Analogelektronik bekannt, ist die Ausgangsspannung der Elektronikstufe zum Eingangsstrom (Grenzstrom) proportional. Mit Gl. 17.96 gilt dann:

$$U_a = R \cdot I_e = R \cdot I_{gr} = z \cdot \mathrm{F} \cdot D \cdot \frac{A}{L} \cdot R \cdot c_{O_2} \qquad \text{(Gl. 17.103)}$$

L Diffusionslänge
R Rückkoppelwiderstand in der OP-Schaltung

Weitere Arten von Lambdasonden für den Grenzstrombetrieb

- Grenzstromsonden mit anodischer Luftreferenz,
- 2-Zellen-Grenzstromsonden.

18 Feuchtesensoren (Feuchtigkeitsensoren)

Feuchtesensoren sind technische Bauteile, aus der die physikalische Zustandsgröße Feuchtigkeit verschiedener Substanzen mit Hilfe von physikalischen und chemischen Sensoreffekten eine elektrische Zustandsgröße erzeugen, die elektronisch angezeigt und weiterverarbeitet werden kann. In der Produktionstechnik muss die Feuchte oft gemessen und überwacht werden hinsichtlich der Prozesskontrolle, der Energieeinsparung, der Funktionalität und Qualität der Produkte.

18.1 Grundbegriffe

Feuchte
Unter Feuchte versteht man die Anwesenheit von Wasser in festen, flüssigen und gasförmigen Substanzen.

Trocknung
Als Trocknung bezeichnet man den Entzug von Wasser von Oberflächen oder aus dem Inneren von Substanzen.

Sensorprinzipien
Die Feuchte oder Feuchtigkeit von Substanzen ist mit verschiedenen physikalischen und chemischen Eigenschaften verknüpft.

Physikalische Beispiele sind Quellfestigkeit, elektrische Leitfähigkeit, Wärmeleitfähigkeit, Reibkoeffizient und Trocknungseigenschaften, die die Funktionalität und Haltbarkeit von technischen Produkten sehr stark beeinflussen.

Chemische Beispiele sind die elektrochemische Zerlegung von Wasser oder die Reaktion mit stark hygroskopischen chemischen Substanzen.

Taupunkt
Der Taupunkt von Wasser ist der Kondensationspunkt von reinem Wasser, abhängig von Druck und Temperatur.

Taupunkttemperatur
Sie ist die Temperatur der feuchten Luft, bei der diese gesättigt mit Wasserdampf ist und mit zunehmender Absenkung der Temperatur kondensiert. Allg. ist der Temperaturwert des Taupunktes, also die Taupunkttemperatur, mit dem Taupunkt gleich.

Feuchte und Taupunkt
Der physikalische Gesamtbereich der Feuchte kann aus messtechnischer und sensorischer Sicht in 3 Bereiche eingeteilt werden:

- ❑ Spurenfeuchte: Taupunkt von –100...–30 °C
- ❑ Klimafeuchte: Taupunkt von –30...+30 °C
- ❑ Hochfeuchte: Taupunkt von +30...+100 °C

18.2 Messprinzipien für Feuchtesensoren

18.2.1 Chemische Messprinzipien

Coulometrisches (elektrochemisches) Messprinzip
Vollständige Absorption von elektrolytisch zerlegtem Wasserdampf durch chemische Bindung an Diphosphorpentoxid und Messung des elektrischen Absorptionsstroms.

Gravimetrisches Messprinzip
Messung der absoluten Feuchte durch Wiegen eines Trockenmittels vor und nach der vollständigen physikalischen oder chemischen Absorption.

18.2.2 Physikalische Messprinzipien

Resistives Messprinzip
Messung der elektrischen Leitfähigkeit eines Materials bei Wasseradsorption.

Kapazitives Messprinzip
Messung der Dielektrizitätskonstante eines Materials bei Wasseradsorption.

Piezoelektrisches Messprinzip
Messung der Resonanzfrequenzänderung eines Oszillators mit einem piezoelektrischen, hygroskopisch beschichteten Material als Schwingelement bei Wasseradsorption.

LiCl-Temperaturmessprinzip
Messung der Temperatur bei einem Dampfdruckgleichgewicht über einer wässrigen LiCl-Lösung.

Hygroskopisches Messprinzip
Messung der Längen- oder Volumenänderung eines Materials bei Feuchteaufnahme.

Spektroskopisches Messprinzip
Messung der Absorption von Materialien nach dem LAMBERT-BEER-Gesetz durch Anregung mit UV-, IR- oder Mikrowellenstrahlung.

Taupunktmessprinzip
Messung der Temperatur bei einer gekühlten Materialoberfläche im Dampfdruckgleichgewicht mit der Umgebung.

18.3 Messgrößen in der Feuchtemesstechnik

18.3.1 Messgrößen für gasförmige Stoffe

Absolute gravimetrische Feuchte
Für gravimetrische Messmethoden wurde die absolute Feuchte a als Mischungsverhältnis aus der Wasserdampfmasse m_D und der Masse m_L der trockenen Luft definiert. Damit gilt:

$$a = \frac{m_D}{m_L} \qquad \text{(Gl. 18.1)}$$

Absolute Feuchte (Wasserdampfdichte bzw. Dampfdichte)
Sie ist die Masse m_W des Wasserdampfes in einem definierten Gasvolumen V_G, d.h. seine Dichte oder Konzentration ϱ_D. Es gilt:

$$\varrho_D = \frac{m_W}{V_G} \qquad \text{(Gl. 18.2)}$$

Maßeinheit: g Wasser/m^3 Gas V_G.

Bei einer Kompression eines Gasvolumens werden die Wassermoleküle auf ein kleineres Volumen zusammengepresst, d.h., die Zahl n/m^3 nimmt zu, und die absolute Feuchte steigt. Bei einer Expansion des Luftvolumens nimmt die absolute Feuchte ab. Eine Änderung des Gasvolumens kann daher physikalisch mit der Änderung der Temperatur oder des Drucks erreicht werden. Beim Vergleich der Luftfeuchtigkeit von 2 Gasvolumen sind also immer die Temperatur- und Druckverhältnisse zu beachten.

Maximale absolute Feuchte (Sättigungsfeuchte)
Sie ist die bei einer definierten Temperatur in einem Volumen V mit 1 m^3 Gas maximal mögliche Wasserdampfmenge $m_{W,max}$.

$$\varrho_{D,max} = \frac{m_{W,max}}{V} \qquad \text{(Gl. 18.3)}$$

Ein in der Atmosphäre aufgrund der Thermik steigendes Luftpaket verringert beim Aufsteigen seine absolute Feuchte, auch wenn es dabei keinerlei Wasserdampf verliert, da es wegen der Abnahme des Luftdrucks mit der Höhe sein Volumen vergrößert. Die absolute Feuchte des Luftpakets ändert sich daher allein durch Auf- und Abwärtsbewegungen. Da die absolute Luftfeuchte zudem schwer zu messen ist, wird sie nur selten verwendet.

Relative Feuchte
Sie ist das prozentuale Verhältnis zwischen absoluter Feuchte und der bei der gleichen Temperatur maximal möglichen absoluten Feuchte (= Sättigungsfeuchte). Sie liegt zwischen 0...100%.

$$r = \frac{\varrho_D}{\varrho_{D,max}} \qquad \text{(Gl. 18.4)}$$

ϱ_D absolute Sättigungsfeuchte
$\varrho_{D,max}$ Sättigungsfeuchte

18.3.2 Messgrößen für flüssige und feste Stoffe

Relative Wassermasse x_{fe} in einer feuchten Probemasse einer Messsubstanz:

$$x_{fe} = \frac{m_W}{m_{tr} + m_W} \cdot 100\% \qquad \text{(Gl. 18.5)}$$

m_W Wassermasse
m_{tr} Trockensubstanzmasse

Relative Wassermasse x_{tr} in einer trockenen Probemasse einer Messsubstanz:

$$x_{tr} = \frac{m_W}{m_{tr}} \cdot 100\% \qquad \text{(Gl. 18.6)}$$

m_W Wassermasse
m_{tr} Trockensubstanzmasse

Absolute Trockenheit (atro) der Probemasse einer Messsubstanz:

$$x_{atro} = \frac{m_{tr}}{m_{tr} + m_W} \cdot 100\% \qquad \text{(Gl. 18.7)}$$

m_W Wassermasse
m_{tr} Trockensubstanzmasse

18.3.3 Kalibrierung

Beim Kalibrieren und Eichen von Gasfeuchte- und Temperaturmessgeräten lassen sich verschiedene Methoden anwenden.

Verfahren
Ein sehr einfaches Verfahren, das eine Kalibrierung dem nationalen Standard entsprechend gewährleistet, bieten Kalibrierlösungen, die mit den notwendigen Kalibrierwerten geliefert werden. Es handelt sich dabei um ungesättigte Salzlösungen, z.B. speziell verdünnte, ungesättigte Lithiumchloridlösungen als Feuchte-Normal. Sie gewährleisten per Zertifikat einen exakten Vergleichswert für die relative Luftfeuchte.

Zubehör
Zur Kalibrierung sind eine Kalibriervorrichtung (abgestimmt auf den Sensortyp) und die entsprechende Kalibrierlösung (Verbrauchsmittel) notwendig.

Kalibrierbeispiel
Ein Feuchtesensor soll mit Kalibriervorrichtung, Kalibrierlösung und Textilpad eingestellt werden.

Die Kalibriervorrichtung wird auf den Sensor gesetzt. Über die Abdichtungen ist der Sensor luftdicht abgeschlossen. Die Salzlösung wird auf ein Textilpad geträufelt und ebenfalls in die Kalibriervorrichtung gelegt. Nach einer Ausgleichszeit von ca. 30 min werden ein Vergleich und ein Abgleich der angezeigten Messwerte durchgeführt.

Zusammenstellung von Kalibrierlösungen
Eingesetzt werden wiederverwendbare Kalibrierlösungen (5 Ampullen, 5 Textilpads): Kalibrierlösungen <3%, 10%, 35%, 50%, 65% Feuchte.

18.4 Messen mit Feuchtesensoren

Es werden mehrere Messgeräte zur Bestimmung der Luftfeuchte unterschieden:

- Feuchtesensoren zur Bestimmung der relativen Luftfeuchte,
- Feuchtesensoren zur Bestimmung der absoluten Luftfeuchte,
- Feuchtesensoren zur Bestimmung des Taupunktes.

18.4.1 KEIDEL-Messzelle (coulometrischer Feuchtesensor)

Die KEIDEL-Messzelle ist ein Feuchtesensor, der Luftfeuchtigkeit (Wasserdampfgehalt in Luft) in sehr geringer Konzentration (Spurenfeuchte) erfasst. Die Messung basiert auf der Eigenschaft von Diphosphorpentoxid (P_2O_5) als sehr wirksames Trockenmittel, da sein Wasserdampfdruck über wasserfreiem Phosphoroxidpulver $<1{,}3 \cdot 10^{-4}$ Pa (oder N/m^2) ist. Es entzieht also Gasen, Flüssigkeiten und Feststoffen sowohl Wasserdampf als auch chemisch gebundenes Wasser.

Grundlagen und technischer Aufbau

Das klassische Messverfahren der elektrochemischen Zerlegung von Wasser an stark hygroskopischen Schichten Diphosphorpentoxid (P_2O_5) ist schon länger bekannt. P_2O_5 ist als ein ausgezeichnetes Trockenmittel zur Bindung von Restfeuchte bekannt. Bild 18.1 zeigt den elektrophysikalischen Prinzipaufbau und die elektrochemische Wirkungsweise.

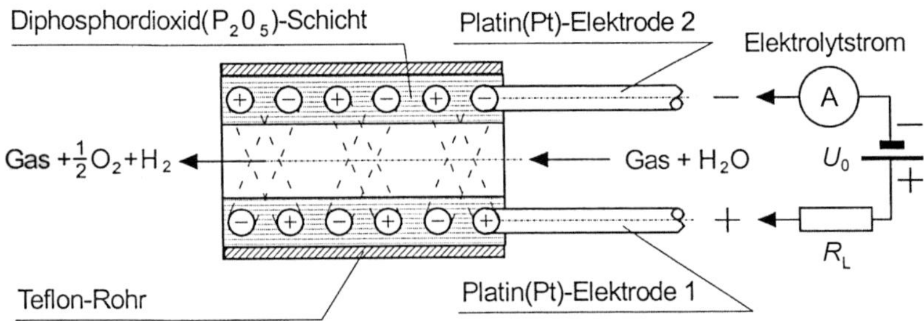

Bild 18.1 Elektrophysikalischer Prinzipaufbau und elektrochemische Wirkungsweise eines coulometrischen Feuchtesensors

In einem innen mit P_2O_5 beschichteten Teflonrohr befinden sich 2 gewendelte Pt-Elektroden. Wird der Messgasstrom mit einem geringen Feuchteanteil an der sehr stark hygroskopischen P_2O_5-Schicht vorbeigeführt, kommt es zur Absorption des im Gasstrom enthaltenen H_2O-Dampfes. Liegt eine elektrische Gleichspannung $U_0 > 2$ V an der sensitiven Schicht (Messschicht), wird die Phosphorverbindung zersetzt und eine nach dem FARADAY-Gesetz zur umgesetzten Menge Wasserdampf $(H_2O)_{Dampf}$ äquivalente Ladungsmenge umgesetzt. Damit gilt für die Ladungsmenge:

$$\Delta Q = I \cdot \Delta t = \mathrm{F} \cdot a = \mathrm{F} \cdot z \cdot \frac{m_{\text{Wasserdampf}}}{M_{\text{Wasserdampf}}} \qquad \text{(Gl. 18.8)}$$

I elektrischer Strom
z Zahl der ausgetauschten Elektronen
F FARADAY-Konstante = 96 484 (As/mol)
$m_{\text{Wasserdampf}}$ Masse des Wasserdampfes
$M_{\text{wasserdampf}}$ molare Masse des Wasserdampfes

Wird keine vollständige elektrochemische Zerlegung des Wasserdampfes erreicht, stellt sich bei einem konstanten Gasdurchfluss bei konstantem Druck ein dynamisches Gleichgewicht zwischen der absorbierten und der elektrolysierten Wassermenge so ein, dass der gemessene elektrische Strom zur Feuchte im Messgas proportional ist. Es läuft dabei folgende chemische Reaktion im Gleichgewicht ab:

$$2 \cdot P_2O_5 + 2 \cdot H_2O + 4 \cdot e^- \rightarrow 2 \cdot H_2 + 4 \cdot PO_3^- \qquad \text{(Gl. 18.9)}$$

und

$$2 \cdot H_2 + 4 \cdot PO_3^- \rightarrow O_2 + 2 \cdot H_2 + 2 \cdot P_2O_5 + 4 \cdot e^- \qquad \text{(Gl. 18.10)}$$

Die Messung der Spurenfeuchte in einem vorbeiströmenden Gas wird auf eine Strommessung zurückgeführt. Der elektrische Strom an den Elektroden ist direkt von der umgesetzten Wassermenge abhängig. Entsprechend dem FARADAY-Gesetz ist für die Umsetzung von 1 mol Wasser eine elektrische Ladung von 96 484 As nötig. Bei vollständiger Umsetzung des Wassers durch das P_2O_5 fließt ein Strom von:

$$I = 1{,}071210 \cdot 10^4 \frac{\text{As}}{\text{g}} \cdot a \cdot \dot{V} \qquad \text{(Gl. 18.11)}$$

a absolute Feuchte
$\dot{V}$ Volumenfluss des feuchten Gases

Messtechnische Eigenschaften
Die Erfassung des Wassergehalts basiert auf der Änderung des OHMschen Widerstandes, der in einem großen Bereich veränderlich ist. Die elektrische Leitfähigkeit der P_2O_5-Schicht zwischen den beiden Elektroden steigt durch vollständige Absorption des Wassers aus dem Messgas. Unter Bildung von Metaphosphorsäure ($H_4P_4O_{12}$) fließt ein elektrischer Strom.

Dadurch wird H_2O zersetzt, und es bildet sich wieder P_2O_5. Bei einer Einstellung des dynamischen Gleichgewichts stellt sich ein von der Feuchte abhängiger elektrischer Strom I ein.

Vorteile

- Sehr robust und der Sensor ist relativ einfach aufgebaut.
- Regeneration des Sensors kann sehr einfach durch Aufbringen der Phosphorlösung durchgeführt werden.
- Anschließendes Kalibrieren der Messzelle ist nicht erforderlich, da es sich um ein direktes Messverfahren zur Messung der absoluten Feuchte handelt.
- Auch Gase mit aggressiven Komponenten (z.B. HCl) sind problemfrei messbar, solange die aggressiven Bestandteile nicht das dynamische Gleichgewicht von P_2O_5 zerstören, wie es z.B. unter Einwirkung von NH_4 vorkommt.

Nachteile

- Die Messzelle kann meist nicht direkt in den Gasstrom eingesetzt werden.

Messtechnische Daten
Wasserdampfkonzentrationen in Gasen sind im Bereich von 0,1...2000 ppm messbar.
Statische und dynamische Kenngrößen:

Messbereich der relativen Feuchte:	r	= 0,1...99%
mittlere Messabweichung:	f_r	≈ ±5%
max. mögliche Gastemperatur:	T_{max}	= +50 °C
Einstellzeit:	T_E	= 1...2 min
Störkomponenten:	Öl, NH_3	
begrenzte Lebensdauer		

Effekte, die zu Messabweichungen führen

- Es fließt auch ein Nullstrom ohne absorbiertes Wasser.
- Ein Teil des Knallgasgemisches rekombiniert (besonders, wenn man als Elektrodenmaterial Pt verwendet) und wird anschließend wieder zerlegt.
- Bei zu starker Sensorbefeuchtung wandelt sich Metaphosphorsäure ($H_4P_4O_{12}$) in Orthophosphorsäure (H_3PO_4) um, die nicht mehr zu P_2O_5 rückwandelbar ist.

Sensorelektronik

Die technische Ausführung eines Sensors auf der Basis coulometrischer Messung besteht aus den Komponenten:

- sensitive Oberflächenschicht aus P_2O_5 Elektroden, an denen eine konstante Gleichspannung $U > 2$ VDC anliegt,
- konstante Gasführung über diese Oberfläche; Gasstrom in geringem Abstand und mit konstanter Strömungsgeschwindigkeit,
- konstantes Gasvolumen (eingestellt über Volumenstromregler),
- Amperemeter zur Messung des umgesetzten Stroms
- Sensoranpassungselektronik wie bei den amperometrischen chemischen Sensoren.

18.4.2 Lithiumchlorid-(LiCl-)Feuchtesensor

Der Lithiumchlorid-Elementarfeuchtesensor (Lithium-Taupunkthygrometer) ist ein häufig verwendetes Betriebsmessmittel zur Bestimmung der absoluten und relativen Feuchte.

Grundlagen und technischer Aufbau

Lithiumchlorid (LiCl) ist stark hygroskopisch. Es nimmt Wasser (H_2O) aus der feuchten Luft auf und geht in LiCl-Lösung über. Bild 18.2 zeigt den physikalischen Prinzipaufbau eines LiCl-Elementarsensors zur Feuchtemessung und seine elektrophysikalische Wirkungsweise. Eine dünne isolierte Metallhülse, die ein Widerstandsthermometer (z.B. Pt100 oder Pt500) enthält, ist von einem Gewebeschlauch (z.B. Glasgewebe) oder Paste umgeben und mit LiCl getränkt.

Zur elektrischen Aufheizung der LiCl-Lösung werden zwei nicht elektrisch miteinander verbundene korrosionsfeste Elektrodendrähte aus einer Edelstahllegierung verwendet, die um den Gewebeschlauch fixiert gewickelt sind. Die beiden Elektrodendrähte sind mit einer AC-Wechselspannungsquelle elektrisch verbunden.

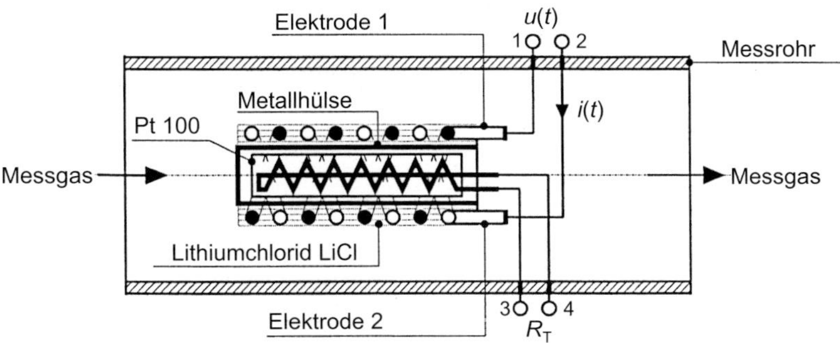

Bild 18.2 Physikalischer Prinzipaufbau eines LiCl-Elementarsensors zur Feuchtemessung und seine elektrophysikalische Wirkungsweise

Zunächst sind die beiden Elektrodendrähte über die mit LiCl-Lösung getränkte Paste elektrisch kurzgeschlossen. Es fließt ein elektrischer Wechselstrom $i(t)$, der als Heizstrom wirkt. Er fließt von der einen Elektrode zur anderen über die feuchte LiCl-Lösung und erwärmt sie. Die Lösung beginnt zu verdampfen. Nach Überschreiten der Umwandlungstemperatur ist das gesamte Wasser verdampft, und nur noch trockenes, elektrisch nicht leitendes LiCl bleibt zurück. Der Heizstrom wird unterbrochen. Das trockene LiCl kühlt ab. Es beginnt nach Unterschreitung der Umwandlungstemperatur wieder Wasserdampf aus der umgebenden Luft oder einem Messgas aufzunehmen. Damit nimmt seine elektrische Leitfähigkeit wieder zu, und es beginnt wieder ein Heizstrom zu fließen.

Der Vorgang wiederholt sich so oft bis sich ein dynamischer Gleichgewichtszustand einstellt, bei dem die zugeführte elektrische Energie gerade die notwendige Wärmeenergie erzeugt, die zum Verdampfen des Wassers benötigt wird. Die LiCl-Schicht nimmt die Gleichgewichtstemperatur an, die gleich der Umwandlungstemperatur ist und nur von der Feuchte der umgebenden Gasatmosphäre abhängt und ein Maß für den Taupunkt und damit der absoluten Gasfeuchte ungefähr proportional ist. Mit dem Widerstandsthermometer (z.B. Pt 100 oder Pt 500) kann diese Temperatur erfasst und elektronisch weiterverarbeitet werden.

Bei Messeinrichtungen für die relative Feuchte wird neben der Umwandlungstemperatur des LiCl mit einem zweiten Widerstandsthermometer die Raumtemperatur gemessen und als Korrekturwert in der Messelektronik ausgewertet.

Messtechnische Eigenschaften

Mit dem LiCl-Elementarfeuchtesensor kann der Wasserdampfgehalt in Luft, Sauerstoff, Stickstoff, Wasserstoff, Edelgasen, Cyanidgasen, Stadtgasen usw. gemessen werden.

Die schwefelfeste Sensorausführung hat sich in Luft mit Konzentrationen (ca. 1 Vol.-%) von Schwefeldioxid (SO_2) und Schwefelwasserstoff (H_2S) bewährt. Nicht eingesetzt werden kann der Sensor bei SO_3, hohen Konzentrationen von H_2SO_4-Dämpfen, NH_3 und CO_2. In Rohrleitungen und Kanälen soll die Strömungsgeschwindigkeit der Messgase <3 m/s sein. Bei höheren Strömungsgeschwindigkeiten ist der Sensor durch geeignete Abschirmbleche zu schützen. Elektrisch nicht leitender Staub stört, wenn er weniger hygroskopisch ist als LiCl, die Messung nicht. Explosive Gase können über ein Rückschlagventil in einen separaten Messbehälter geleitet und gemessen werden.

Messung der absoluten Feuchte

Standardmessbereich (Taupunkt):	–10...+30 °C
Sondermessbereich:	–40...+100 °C
Messabweichung:	±1 °C Taupunkt
Einstellzeit:	1...5 min
Reproduzierbarkeit:	±0,5 °C Taupunkt
Lebensdauer:	ca. 1 Jahr
Wichtigste Störsubstanzen:	Schwefelwasserstoff (H_2S), Freone (CCl_2F_2)

Messung der relativen Feuchte

Messtemperaturbereich:	–10...+20 °C und 10...40 °C und 40...100 °C
Messbereich:	10...100% relative Feuchte
Messabweichung:	±2% relative Feuchte, zusätzlich zur absoluten Messabweichung
Reproduzierbarkeit:	±0,5 °C Taupunkt

Hinweis

Für genaue Messungen ist die Bestimmung der absoluten Feuchte besser.

Sensorelektronik

Bild 18.3 zeigt eine einfache Grundschaltung einer Sensorelektronik zur Messung der absoluten Feuchte mit einem Widerstandsthermometer (Pt100). Bei Messeinrichtungen für die absolute Feuchte wird die Umwandlungstemperatur von LiCl mit Widerstandsthermometern ausgewertet.

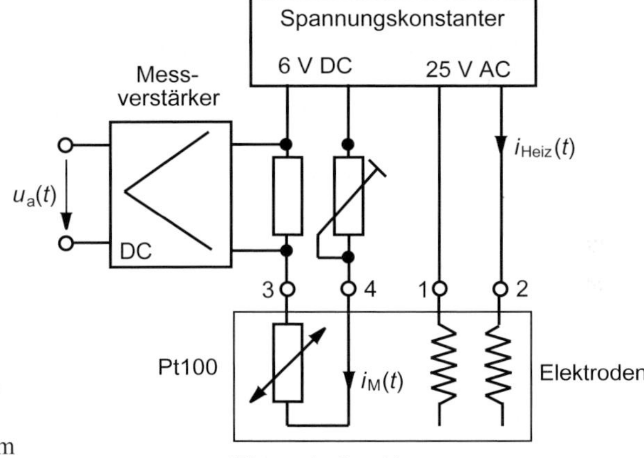

Bild 18.3 Einfache Grundschaltung einer Sensorelektronik zur Messung der absoluten Feuchte mit einem Widerstandsthermometer (Pt100)

Bild 18.4 zeigt eine einfache Grundschaltung einer Sensorelektronik zur Messung der relativen Feuchte mit 2 Widerstandsthermometern (Pt100). Bei Messeinrichtungen für die relative Feuchte wird neben der Umwandlungstemperatur von LiCl mit einem zweiten Widerstandsthermometer (Pt100) die Raumtemperatur gemessen und als Korrekturwert in der Messelektronik ausgewertet.

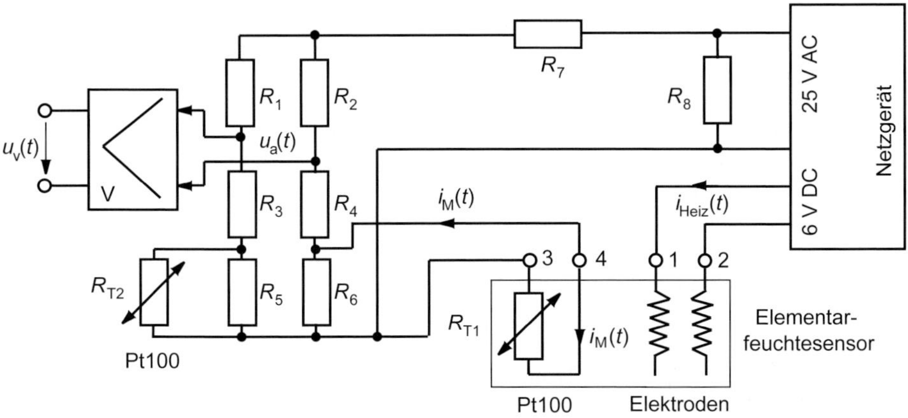

Bild 18.4 Einfache Grundschaltung einer Sensorelektronik zur Messung der relativen Feuchte mit 2 Widerstandsthermometern (Pt100)

18.4.3 Resistive Feuchtesensoren (resistive Keramikhygrometer)

Die Sensortechnologie der resistiven Keramikhygrometer eignet sich zur Miniaturisierung, d.h. für eine mikroelektrophysikalische Bauweise.

Grundlagen und technischer Aufbau

Eine sehr einfache, raumsparende Konstruktion erhält man, wenn als Elementarsensor eine plane Elektrodenanordnung (Oberflächenwiderstand) mit 2 Elektrodenkämmen, die ineinander greifen, auf einem geeigneten keramischen Substrat aufgebaut wird. Bild 18.5 zeigt einen grundsätzlichen mikroelektromechanischen Prinzipaufbau. Die beiden Kammelektroden befinden sich auf einem isolierenden Substrat, auf dem das hygroskopische Salz LiCl in Form einer Paste aufgebracht ist. Die Verringerung des Widerstandes der Paste bei zunehmender relativen Feuchte kann in weiten Bereichen mit der Exponentialfunktion Gl. 18.12 näherungsweise gut beschrieben werden.

$$R(r) = R_0 \cdot \exp\left(-\frac{r}{c \cdot 100\%}\right) \qquad \text{(Gl. 18.12)}$$

R_0 elektrischer Widerstand bei der relativen Feuchte $r = 0\%$
c Faktor, der eine Abnahme der Funktion beschreibt

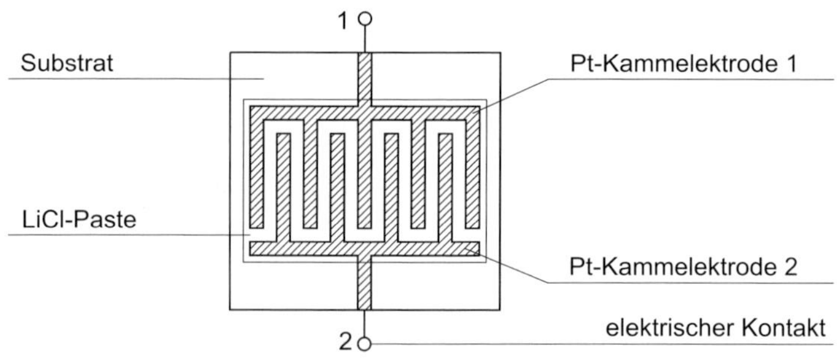

Bild 18.5 Grundsätzlicher mikroelektromechanischer Prinzipaufbau eines resistiven Feuchtesensors

Messtechnische Eigenschaften und Sensorelektronik

Resistive Hygrometer (auch als Impedanzhygrometer bezeichnet) bestimmen die resistive Gas- oder Luftfeuchte durch die Messung der Änderung des elektrischen Widerstandes einer geeigneten hygroskopischen Substanz bei Adsorption von Wasser an den inneren Seiten der Oberflächen. Die Ansprechzeit (Einstellzeit) dieser Elementarsensoren beträgt ca. 20 s, der Feuchtemessbereich ca. 30...90%.

Als erste einfache elektrische Anpassung wird daher, wie bei allen resistiven Elementarsensoren, im einfachsten Fall ein Spannungsteiler oder eine Brückenschaltung eingesetzt. Mit Hilfe eines nachgeschalteten Differenz- oder Instrumentenverstärkers wird das elektrisch gewonnene Signal mit einer Analogelektronik weiterverarbeitet. Bild 18.6 zeigt eine einfache Sensorelektronik mit einem LiCl-Feuchteelementarsensor in Spannungsteilerschaltung mit einem Differenzverstärker mit 2 LED. Die Sensorelektronik ist funktionell eine Komparatorschaltung. Bei dieser Schaltung wird die Höhe des Spannungsabfalls am elektrischen Widerstand des LiCl-Feuchteelementarsensors R_{LiCl} mit der Höhe des Spannungsabfalls an R_1 verglichen. Für die Anzeige-LED gilt: Ist

$R_1 < R_{LiCl}$: leuchtet LED 1
$R_1 > R_{LiCl}$: leuchtet LED 2

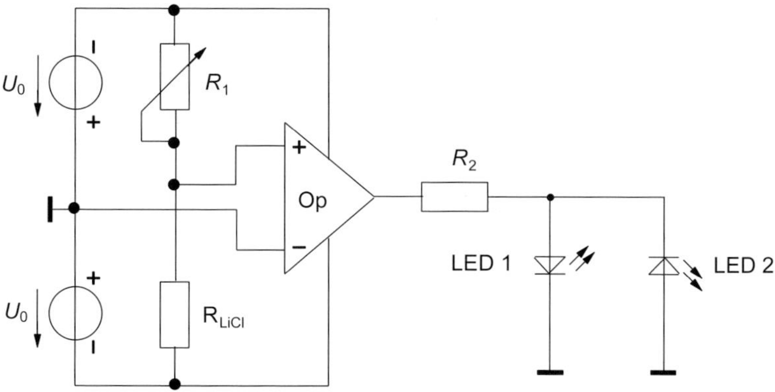

Bild 18.6 Einfache Sensorelektronik mit einem LiCl-Feuchteelementarsensor in Spannungsteilerschaltung mit einem Differenzverstärker mit 2 LED

18.4.4 Kapazitive Feuchtesensoren

Kapazitive Feuchtesensoren erfassen allgemein einen größeren Feuchtebereich als resistive Feuchtesensoren und sind genauer als diese. Die elektrische Kapazität von Feuchtesensoren lässt sich allgemein durch die mathematische Funktion von Gl. 18.13 darstellen:

$$C(\varepsilon_r(r)) = C(\varepsilon_0, \varepsilon_r(r), A, d) \qquad \text{(Gl. 18.13)}$$

wobei über die relative Feuchte r die relative Dielektrizitätskonstante ε_r beeinflusst wird.

Grundlagen und technischer Aufbau

Kapazitive Feuchtesensoren nutzen die elektrische Kapazitätsänderung über die Änderung der relativen Dielektrizitätskonstante ε_r aus, wobei sie die Ausgeprägtheit des Sensoreffektes bestimmt. Je kleiner ε_r des Trägersubstrats ist, desto größer ist der Sensoreffekt. Bild 18.7 zeigt einen mikrotechnischen Prinzipaufbau eines kapazitiven Feuchteelementarsensors in Dünnschichttechnik mit einer Aluminiumoxid-Messschicht mit $\varepsilon_r = 10$ gegenüber Wasser mit $\varepsilon_r = 80$. Die beiden Metallelektroden 1 und 2 bilden z.B. eine sog. interdigitale Elektrode (ineinandergreifende Kammstrukturen).

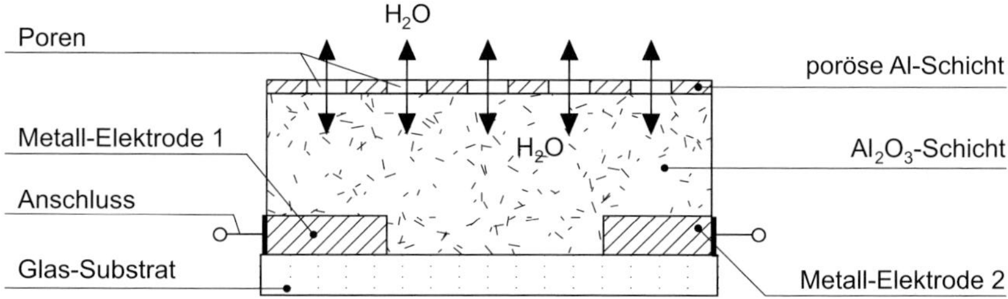

Bild 18.7 Mikrotechnischer Prinzipaufbau eines kapazitiven Feuchteelementarsensors in Dünnschichttechnik mit einer Al_2O_3-Messschicht

Als Substrate werden bevorzugt Glas oder Keramik verwendet. Als Messschichten werden neben Aluminiumoxid (Al_2O_3) auch Tantaloxid (Ta_2O_5, $\varepsilon_r = 3{,}9$) und Titanoxid (Ti_2O_3) verwendet. Als Messschicht werden in zunehmendem Maße Polymere wie z.B. Zelluloseacetat, Acrylpolymeren oder Polyamid, mit $\varepsilon_r = 2...\varepsilon_r = 15$, eingesetzt. Die elektrische Kapazität des Elementarsensors wird über das elektrische Streufeld von den beiden Elektroden 1 und 2 gekoppelt über die poröse Al-Schicht gebildet.

Gl. 18.13 beschreibt mathematisch allgemein den nutzbaren physikalischen Sensoreffekt. Näherungsweise lassen sich kapazitive Elementarsensoren der oberen Bauart mit Gl. 18.14 gut beschreiben:

$$C(r) = C_0 \cdot \left(1 + k \cdot \left(\frac{r}{100\%}\right)^n\right) \qquad \text{(Gl. 18.14)}$$

C_0 elektrische Kapazität bei der relativen Feuchte $r = 0\%$
n Faktor, der eine Zunahme der Funktion beschreibt
k Konstruktionskonstante

Messtechnische Eigenschaften

Die Gleichung 18.14 zeigt, dass die elektrische Kapazität des Elementarsensors proportional, aber nicht linear von der zu sensierenden Größe, der relativen Feuchte, abhängt. Für den geforderten Arbeitsbereich ist die Kennlinie mit in den entsprechenden Abschnitten schon beschriebenen Methoden zu linearisieren. Die Messkapazität ist typischerweise über die relative Dielektrizitätskonstante frequenzabhängig. Außerdem nimmt mit zunehmender Messfrequenz die Feuchteempfindlichkeit des Elementarsensors ab.

Eine weitere wichtige messtechnische Eigenschaft des Elementarsensors ist die Zeit, die benötigt wird, die Feuchte aufzunehmen und wieder abzugeben. Dynamisch gehören diese Elementarsensoren, wie alle kapazitiven Sensoren, zu den Systemen 1. Ordnung, deren Eigenschaften in den allgemeinen Grundlagenkapiteln ausführlich beschrieben wird. Es folgt eine kurze Zusammenstellung der wichtigsten typischen messtechnischen Daten:

- ❑ Elementarsensorkapazität $C = 1$ pF...1 nF
- ❑ Messbereich $MB = 0...100\%$, relative Feuchte
- ❑ Nichtlinearität-Hysterese $NLH = 1\%$
- ❑ Zeitkonstante (Einstellzeit) $T_E = 1$ s

Sensorelektronik

Elektronische Auswertungen der elektrischen Kapazitätsänderungen von kapazitiven Feuchteelementarsensoren können prinzipiell mit allen elektronischen Schaltungen durchgeführt werden, die in Kapitel 10 beschrieben wurden. Bei einigen Schaltungen sind jedoch geringfügige Anpassungen an die Eigenschaften der zu erfassenden Messgröße notwendig. Im Weiteren folgt eine kleine Zusammenstellung von Sensorelektroniken:

- ❑ Spannungsteilerschaltungen mit Messverstärker,
- ❑ Brückenschaltungen mit Differenzverstärker,
- ❑ TF-Verstärker,
- ❑ *C*/*U*-Wandler,
- ❑ kapazitätsgesteuerte Oszillatoren,
- ❑ kapazitätsgesteuerte astabile Multivibratoren,
- ❑ *C*/*f*-Wandler.

18.4.5 Prozesshygrometer

Grundlagen und technischer Aufbau

Bei vielen industriellen Prozessen ist die Überwachung und Regelung der Gasfeuchte Voraussetzung für eine gleich bleibende hohe Produktqualität bei effizientem Energieeinsatz unter der zwingenden Einhaltung zulässiger Emissionsgrenzwerte. Prozesshygrometer sind Feuchtesensoren für eine kontinuierliche Feuchtemessung in industriellen Prozessen, wenn sehr hohe Anforderungen an die Korrosionsfestigkeit und Verschmutzungssicherheit für die Messung der Gasfeuchte gestellt werden. Das gilt besonders bei Belastung der Messluft mit Öldämpfen, wasserlöslichen Gasen, Lösungsmitteln, Säuren und Staub sowie bei extremer Belastung mit Säuren und aggressiven Chemikalien.

Messtechnische Eigenschaften und Sensorelektronik

Für Rauchgasmessungen sind immer TÜV-Zulassungen notwendig (13. und 17. BImSchV). Die Feuchtemesstechnik ist hoch korrosionsfest durch besondere Auswahl der Materialien. Aufgrund einer kontinuierlichen, permanenten Selbstreinigung ist das System besonders bei Belastung der Messluft mit Öl- und Fettdämpfen, Lösungsmitteln, wasserlöslichen Gasen und Salzen gut geeignet.

Anwendungen 

Trockner, Heißlufttunnels zur Garung von Nahrungsmitteln, Düngermitteltrockner, verschiedene chemische Prozesse.

Kupfer-Nickel-Hütten, Großfeuerungsanlagen, Kraftwerke, Müllverbrennungsanlagen.

18.4.6 Handmessgerät zur Messung von relativer Luftfeuchte und Temperatur

Grundlagen und technischer Aufbau

Die Geräte messen und zeigen die relative Luftfeuchte und die Lufttemperatur der Umgebung an. Mit beiden Messwerten können weitere wichtige Größen des Wasserdampfgehaltes der Luft errechnet werden (Taupunkt, Wasserdampfdrücke, absolute Luftfeuchte, Wassergehalt usw.).

Messtechnische Eigenschaften und Sensorelektronik

Als Sensoren werden meist kapazitive Polymersensoren eingesetzt. Die Sensoren sind betaubar und mit abnehmbaren Filtern geschützt. Die Filterart richtet sich nach den Einsatzbedingungen (z.B. starke Luftbewegung, Staubbelastung usw.). Nachfolgend sind typische technische Daten für Handmessgeräte zusammengestellt.

- Messbereich *MB* — 0...100% relative Feuchte
- Nichtlinearität *NL* — 1,5% vom *MB*-Endwert
- Temperaturbereich *T* — –20...80 °C
- Temperaturabweichung ΔT — 0,3 °C
- Anzeige: 4-zeiliges LCD
- Versorgung: Batterien oder Netzteil
- Einsatzdauer: ca. 100 Betriebsstunden
- anschließbar an einen (Mess-)PC

18.4.7 Feuchtesensor für den Hochtemperatureinsatz

Grundlagen und technischer Aufbau
Der Feuchtesensor arbeitet nach dem Prinzip einer Zirkonoxidsonde. Dieses Verfahren weist durch den Einsatz des Dualsensors folgende Vorteile auf:

- kein Verfahren zur Abgleichung der Daten erforderlich,
- unempfindlich gegenüber Drittgasen,
- kein Referenzgas während einer Messung notwendig.

Der Einbau des Sensors erfolgt direkt in den Gaskanal und wird über einen Rohrflansch bis in die Mitte des Kanals eingesetzt. Es ist allgemein zu beachten, dass der Sensor prinzipbedingt nicht bei größeren Über- bzw. Unterdrücken betrieben werden kann. Während des Betriebs muss die Messspitze von Staub und Verunreinigungen frei gehalten werden. Schwankungen der Gaszusammensetzungen wirken sich allgemein negativ auf das Messergebnis aus. Beim Einsatz in Luft ist nach ca. 30 000 Betriebsstunden der Austausch des Sensors erforderlich.

Messtechnische Eigenschaften und Sensorelektronik
Der Feuchtesensor ist für den Einsatz unter rauen Prozessbedingungen entwickelt und gebaut. Nicht nur bei hohen Temperaturen, sondern auch bei verschmutzten Gasen oder bei Gasen mit unbekannter Zusammensetzung müssen diese Sensoren eine hohe Messgenauigkeit (d.h. kleine Messabweichung) und hohe Langzeitstabilität besitzen.

Anwendungen

Der Feuchtesensor (Hygrometer) wird für unterschiedliche Prozesse eingesetzt:

- Textil-, Spanntrockner,
- Räucheranlagen,
- Gipstrockner, Keramiktrockner,
- Papierherstellung,
- Back- und Garröstöfen,
- Trockenhauben, Heißlufttunnel,
- Nahrungsmittelindustrie,
- Futtermitteltrockner,
- Drehrohröfen.

Typische technische Daten

- Sensor: Zirkonoxid-Dualelement
- Absolute Feuchte: 0...1000 g/kg
- Vol.-%: 0,2...95
- Einsatztemperatur: –30...+300 °C
- Einsatzdruck: 500...1500 hPa, absolut
- Ausgang: 0...20 mA
- Ansprechzeit: t_{90} = 30 s
- Lebensdauer: bis 30 000 h in Luft
- Spannungsversorgung: 24 VDC

Anwendungen in der Industrie

Agrochemie und Ertragsoptimierung
Einsatz von hochstabilen Feuchtesensoren in Klimakammern (mit Kunstlicht und Sprühwasser) für Klimatests und Evaluation neuer Pflanzensorten sowie Rezepturen, Stabilitätsbestimmungen und Pflanzenzucht zur Ermittlung der Auswirkungen von simulierten beschleunigten Klimaänderungen.

Fahrzeug- und Raumfahrtindustrie
Die Sicherstellung von konsistenten Technologieprozessen in den Hallen von Motorenwerken ist nur unter exakter Einhaltung von definierten Feuchtebedingungen garantiert.
Feuchtesensoren in Testkammern für die Motorenüberwachung.
Feuchteregelung in der Produktion von Treibstofffirmen (Öl, Petrol usw.).
Einsatz von Feuchtesensoren in Wetterstationen zur Messung von Zuluftbedingungen.

Industriebäckereien
Prozesskontrolle, Qualitätssicherung und Lagerfähigkeit von Bäckereiprodukten: Die Rohmaterialien (Mehl, Zucker usw.) haben unterschiedliche Feuchte, die wiederum einen Einfluss auf die Qualität der Endprodukte hat, da fertige Rezepturen in automatisierten Produktionsstraßen verwendet werden.

Ziegeleien, Backstein- und Betonwerke
Bei der Produktion von Backsteinen, Ziegeln und Betonelementen ist die Trocknung unter kontrollierten Feuchtebedingungen vor dem Brennprozess für eine konstant gute Qualität ein wichtiger Produktionsabschnitt.

Keramikindustrie
Keramikformen werden vor dem Brennen einer Trocknung unterzogen. Die exakte Steuerung des Trockenprozesses minimiert den Ausschuss und ermöglicht eine konstante Produktqualität.

Glasierprozesse werden bei Temperaturen zwischen von 850...1000 °C durchgeführt. Die perfekte Oberfläche wird nur bei Vorhandensein einer definierten Feuchte über eine Dampfinjektion, gemessen über die absolute Feuchte, garantiert.

Chemische Industrie

Qualitätskontrolle von Rohmaterialien und Endprodukten:
Für bestimmte chemische Prozesse sind Trocknungsphasen wichtig. Die Feuchtemessung ist dabei die Funktion einer Steuerung, die eine konstante Produktqualität und die Optimierung der Produktionskosten ermöglicht.

Feuchte-Messung in Silos:
Zur Qualitätskontrolle wird die relative Feuchte im Luftraum des Silos über dem eingelagerten Gut gemessen. Zur größten Genauigkeit der Feuchtemessungen, zur Verbesserung des Materialdurchsatzes und zur Minimierung der Energiekosten führt man die Messung im Trocknerabluftstrom durch.

Pharmazeutische Industrie

Produktion:
Medikamente sind oft empfindlich gegen Feuchte. Klimabedingungen bei der Produktion müssen daher zur Garantie gleich bleibender Qualität und biologischer Wirksamkeit mit Feuchtesensoren exakt kontrolliert und eingehalten werden.

Produktionsräume:
Sie werden sorgfältig überwacht, um Klimabedingungen verifizieren zu können, unter denen die Medikamente hergestellt wurden.

Stabilitätstests:
Medikamente werden unter schnellen Klimawechseln in Klimakammern auf Langzeitstabilität und Verpackungsqualität (Lagerfähigkeit) getestet.

Qualitätskontrolle:
Monitoring der Produktionsmaschinen, Trockner, Tablettenpressen und Beschichter deren *Umgebungsluft.*

Gleichgewichtsfeuchtemessung:
Qualitätssicherung in Roh- und Fertigprodukten wie Pulvern, Granulaten oder Tabletten. Die idealen Umgebungsbedingungen für Pulver und Tabletten sind tiefe Gleichgewichtsfeuchten.

Elektronikindustrie

Halbleitertechnologie:
Die Halbleiterfabrikation erfordert die Prozesssteuerung und Produkttrocknung stabile und optimierte Feuchtebedingungen. Die Testvorschriften für Elektronikbauteile und Elektronikschaltungen enthalten Vorschriften über spezielle Feuchte- und Temperaturbedingungen.

Reinraummonitoring:
Bei der Produktion von Siliziumwafern ist Feuchte unerwünscht. Ist die Luft jedoch zu trocken, wird die Elektrostatik ein Problem.

Leiterplattenherstellung:
Im Druckwerk müssen während der Leiterplattenbeschichtung exakt definierte Feuchte- und Temperaturbedingungen herrschen. Die sensorische Kontrolle der Umgebungsluft verringert das Risiko der elektrostatischen Entladungen durch richtige Einstellung der Feuchte.

Produkttests:
Klimakammern für Stresstests unter schneller Änderung der Umweltbedingungen zur Eliminierung von Frühschäden.

19 Biosensoren (biologische Sensoren)

Das erste Messsystem, das als Biosensor bezeichnet werden kann, wurde 1962, wie schon in Kapitel 17 beschrieben, von CLARK und LYONS entwickelt. Sie beschrieben ein Messsystem, das Glucosebestimmungen im Blut sowohl operativ als auch postoperativ ermöglichte. Dieser erste Biosensor bestand entweder aus einer Sauerstoffelektrode nach CLARK oder aus einer pH-Elektrode und dem Enzym Glucoseoxidase, eingebaut zwischen 2 Membranen. Die Glucosekonzentration konnte entweder als Änderung des pH-Wertes oder auch als Änderung der Sauerstoffkonzentration infolge der Glucoseoxidation unter der katalytischen Wirkung des Enzyms Glucoseoxidase bestimmt werden.

19.1 Grundbegriffe

Biosensoren sind Geräte zur Messung physikalischer und chemischer Lebensvorgänge an und in Lebewesen, wie z.B. Atmung, bioelektrische Potentiale (EKG, EEG, Elektroretinogramm), Blutdruck, Herzfrequenz, Körpertemperatur, Magensalzsäure und Darmbewegungen. Diese Vorgänge werden durch entsprechende Messfühler (z.B. Elektroden, Druckwandler, Thermometer) in elektrische Signale umgewandelt, elektronisch verstärkt und gewöhnlich kurvenmäßig aufgezeichnet.

Neuere Definition

Der Biosensor ist ein technischer Aufbau (technisches Bauteil), bei dem über selektive Vorfilter (Barrieren) Analyten (Messsubstanzen) über **biochemische Komponenten** unmittelbar mittels **elektrischer Signalwandler** in elektrische Signale umgewandelt und über nachfolgende Anpasselektroniken analogen und digitalen Signalverarbeitungen und -auswertungen zugeführt werden.

Biochemische Komponenten sind **immobile** Rezeptoren (z.B. Enzyme, Antikörper oder Mikroorganismen), **elektrische Signalwandler** sog. Transducer (z.B. Elektroden, optische Faser, Piezokristalle oder MOSFET).

Immobilisierung

Die Bindung biologischer Rezeptoren an ein technisches Substrat kann erfolgen durch:

- Absorption,
- Geleinschluss,
- kovalente Bindung,
- Vernetzung

und wird Immobilisierung genannt.

19.2 Systematik der Biosensoren

Bild 19.1 zeigt eine technologieorientierte Systematik für Biosensoren (nach Prof. SCHIESSLE). Biosensoren lassen sich grundsätzlich einteilen in die 3 Hauptklassen

- biophysikalische (Biophysikosensoren),
- biochemische (Biochemosensoren),
- bioelektronische (Bioelektroniksensoren),

wobei die Hauptklassen noch in biophysikalische Unterklassen systematisiert werden.

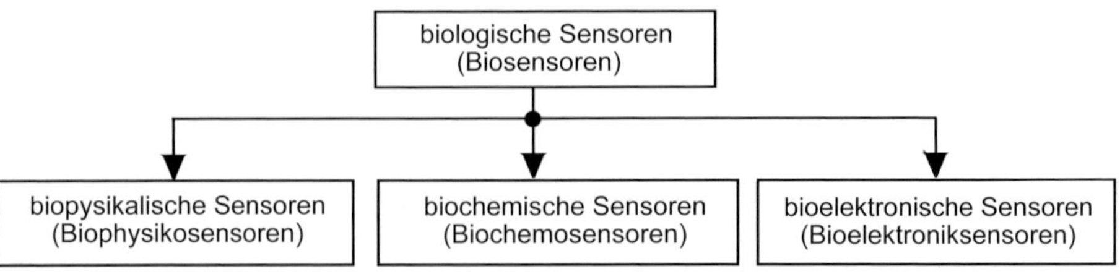

Bild 19.1 Technologieorientierte Systematik für Biosensoren (nach Prof. SCHIESSLE)

19.2.1 Biophysikosensoren (biophysikalische Sensoren)

Zur Erfassung von physikalischen Messgrößen in biologischen Organismen sind folgende, in früheren Kapiteln schon beschriebene, mikroelektromechanische Sensoren (MEMS-Sensoren) und mikroelektronische Sensoren einsetzbar:

- **Mechanosensoren** (Berührung, Schmerz, Dehnung, Druck, Vibration, Strömung) werden in der Form von piezoresistiven Sensoren zur Messung des arteriellen Blutdrucks, der Druckmessung am Herzen und im Gefäßsystem sowie der Herzmuskelbeschleunigung eingesetzt. Am Unterarm kann mit kapazitiven Sensoren der Blutdruck gemessen werden.
- **Magnetosensoren** (biomagnetische Felder) werden in Form von JOSEPHSON-Elementen für Magnetfeldmessungen am Herzen und am Gehirn eingesetzt. Jedoch sind für die Messung niedrige Temperaturen zur Erzeugung der Supraleitung notwendig.
- **Elektrosensoren** (bioelektrische Felder) werden in der medizinischen Diagnostik zur Messung elektrischer Felder auf dem Herzen (EKG), am Gehirn (EEG), auf Muskeln (EMG) und auf der Haut (EDG) eingesetzt.
- **Thermosensoren** (Wärme und Kälte) werden zur Messung des Temperaturprofils im Gewebe und Organen sowie in der Krebstherapie verwendet.
- **Optosensoren** (Sehen von Licht, Farben, Helligkeit, Dunkelheit, Objekterkennung) werden vor allem zur Messung des Sauerstoffgehalts in Flüssigkeiten und zur Pulsmessung verwendet.

19.2.2 Biochemosensoren (biochemische Sensoren) (biochemische Sensoren auf Basis enzymatischer Katalyse)

Die Erfassung von biochemischen Messgrößen mit mikroelektromechanischen Sensoren (MEMS-Sensoren) und mikroelektronischen Sensoren ist verbunden mit der Anwendung typischer Chemosensoren für biologische Organismen und Systeme:

- Enzymsensoren (elektrochemische Sensoren),
- Immunsensoren,
- Polymersensoren.

Enzymsensoren
werden zur Messung von Glucose in biologischen Flüssigkeiten (elektrochemische Zelle), zur Messung des O_2-Gehalts im Blut (CLARK-Zelle) oder zur Messung des pH-Wertes in Gewebelösungen (MOSFET) eingesetzt.

Immunsensoren
verwenden Antigene zum Nachweis des jeweiligen Antikörpers. Es finden also Antigen-Antikörper-Reaktionen statt, bei der sich Komplexe aus Antigenen und Antikörpern bilden, die nachweisbaren Antigen-Antikörper-Komplexe oder Immunkomplexe.

Polymersensoren
verwenden zum Nachweis von Analyten in Luft und Wasser polymere Substanzen auf der Basis von z.B. Polydimethylsiloxane.

Lab-on-Chipsensoren
sind komplette biochemische Mikrolabors in integrierter Mikrosensorarraytechnik von wenigen mm^2 auf einem Chip, wobei die biologischen Verbindungen stabilisiert und an Chipoberflächen verankert werden müssen. Um in kurzer Zeit viele Messungen auf dem Chip durchführen zu können, müssen spezielle automatisierte Aus- und Bewertungsverfahren der Bioinformatik eingesetzt werden. Diese Sensoren finden vielfältig Einsatz in der klinischen Chemie und Diagnostik, in der Prozessüberwachung oder bei Messungen der Schwermetallkonzentration in Abwässern.

Anwendungen

Anwendungen von Biochemosensoren unterliegen immer sehr speziellen Anforderungen:

- Sie dienen der Vermeidung toxischer Schäden,
- sollen Thrombosen vermeiden,
- erreichen hohe mechanische Stabilität (Wechselbeanspruchung),
- erreichen eine hohe Lebensdauer
- und eine hohe Sterilität.

19.2.3 Bioelektroniksensoren (bioelektronische Sensoren) (ionensensitive Feldeffekttransistoren – ISFET)

Bioelektroniksensoren sind Biosensoren mit speziellen Halbleiterbauelementen (z.B. Bio-MOSFET), bei denen auf einer elektronischen Halbleiterstruktur eine biofunktionalisierte Schicht verankert wird, an die sich organische Moleküle (wie DNA, RNA, Tumormarker oder allgemein Proteine) in wässriger Lösung spezifisch binden. Diese Sensoren werden auch bioelektronische Hybridsensoren genannt.

Grundlagen und technischer Aufbau
Die in Kapitel 17 beschriebenen Sensorprinzipien und Sensortechnologien für chemische Sensoren (Chemosensoren) eignen sich grundsätzlich auch für den Aufbau von Biosensoren auf biophysikalischen und biochemischen Grundlagen. Bild 19.2 zeigt den allgemeinen biochemophysikalischen Prinzipaufbau eines biochemischen Sensors. Für die Erkennung der zu bestimmenden biochemischen Substanzen (Ana-

lyten) nutzen die Biochemosensoren unterschiedliche biologische Systeme mit verschiedener Komplexität als Rezeptoren oder Elementarsensoren.

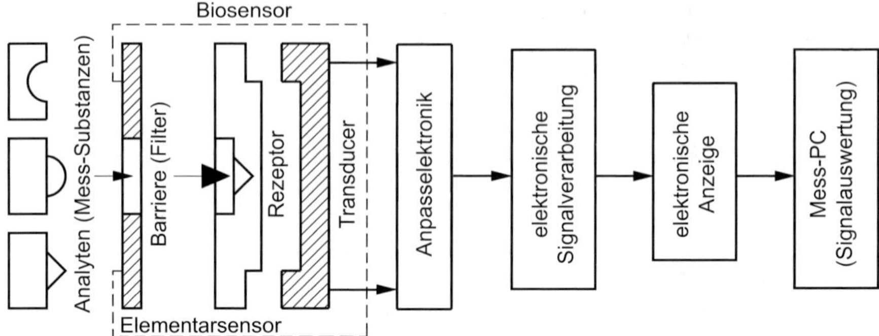

Bild 19.2 Biochemophysikalischer Prinzipaufbau eines biochemischen Sensors

Die hauptsächlich verwendeten biologischen Rezeptoren sind Enzyme (Proteine als Katalysatoren), Mikroorganismen, Gewebeschnitte, Antikörper (Proteine als Immunglobuline), Lektine (biokatalytische Glykoproteine ohne enzymatische Aktivität) und DNA (Desoxyribonukleinsäure). Diejenigen Enzyme, die in Biochemosensoren Anwendung finden, gehören größtenteils zu den Hydrolasen (Enzyme, die katalytisch C–O-Bindungen spalten) und Oxidoreduktasen (Enzyme gehören zur Ladungstransfer-Reaktions-Kette und übertragen Elektronen oder Wasserstoff zwischen Substanzen). Dadurch sind sie für die Kopplung mit elektrochemischen Wandlern besonders geeignet.

Um die biologische Komponente in unmittelbarer Nähe des Wandlers anzuordnen, werden unterschiedliche Methoden zur Immobilisierung verwendet, z.B. Adsorption, Geleinschluss, kovalente Bindung oder Vernetzung. Die Methode wird so gewählt, dass die biologische Komponente auf der Oberfläche fest verankert ist, um nicht in das Messmedium zu diffundieren, und in der immobilisierten Form ausreichend aktiv bleibt sowie für den Analyten zur Verfügung steht.

Antikörper sind vom Immunsystem gebildete Proteine aus der Klasse der Globuline und stellen die Antwort des Immunsystems auf den Kontakt mit körperfremden Substanzen dar. Die spezifische Bindung von Antikörpern an die Antigene bildet einen wesentlichen Teil der Abwehr gegen eingedrungene Fremdstoffe nach dem sog. Schlüssel-Schloss-Prinzip. Antikörper für Biosensoren werden oft über eine Immunisierung von Tieren mit der Zielsubstanz (Target-Substanz) erzeugt und dann aus dem Blut der Tiere isoliert. Biosensoren mit immobilisierten Antikörpern als Rezeptoren werden heute Immunsensoren genannt. Die Affinität des Antikörpers zu dem Antigen wird messtechnisch genutzt.

Immunsensoren werden in der medizinischen Diagnostik, der Nahrungsmittelindustrie und in der Umweltanalytik eingesetzt. Aptamere (lat.: *aptus* = passen und griech.: *meros* = Gebiet) sind kurze einsträngige DNA- oder RNA-Nukleotide (mit 25...70 Basen), die über ihre 3-D-Struktur hochmolekulare Stoffe (Proteine, wie z.B. Wachstumsfaktoren und bakterielle Gifte) und niedermolekulare Stoffe (wie Aminosäuren, Antibiotika und Viruspartikel) binden können. Aptamere binden aufgrund ihrer sehr kleinen elektrischen Dissoziationskonstanten (im pm- bis nm-Bereich) ihre Zielmoleküle (Analyte) ähnlich stark wie Antikörper. Die hohe Spezifität wird erreicht, indem sich die 3-D-Struktur exakt um das Zielmolekül herumfaltet. Weitere wichtige Sensoreffekte sind neben der geometrischen Passgenauigkeit die elektrostatische Wechselwirkung, die Wasserstoffbrückenbildung und die Basenstapelung.

Aptamere werden künstlich mit einer möglichst hohen Spezifität hergestellt und neuere biomolekulare Erkennungssysteme als Rezeptoren verwendet. Mit Aptamer-Biosensoren könnten jedoch auch Analyte (z.B. toxische oder nicht immunogene Substanzen) gemessen werden, die mit Antigen-Biosensoren nur schwer erfassbar sind. Sowohl Antikörper als auch Aptamere haben eine hohe spezifische Affinität zum jeweiligen nachzuweisenden Analyten.

Immobilisierte biologische Systeme treten über Filter, z.B. poröse Membrane (Bild 19.2), in Wechselwirkung mit den Analyten. Dadurch entstehen physiko-chemische Veränderungen im biologischen System. Die Bildung des Messsignals aus der Bindung von Analyten an das Ziel- oder Target-Molekül wird immer noch oft über optische oder mikrogravimetrische Signalwandler (Transducer) gemessen. Optische Transducer basieren auf den Prinzipien der Photometrie, bei der häufig Änderungen der Farbe oder Lumineszenz erfasst werden.

Weitere «indirekte» Methoden sind die Erfassung der Schichtdickenänderungen, z.B. mit Oberflächen-Plasmonen-Resonanz (SPR) oder auch mit reflektometrischer Interferenzspektroskopie (RIfS). Das Prinzip der Mikrogravimetrie liegt den sog. QCM-Sensoren zugrunde (Quarz Crystal Microbalance), die eine Änderung der Schichtmasse sensieren. Die Änderungen von biologischen Systemen, auch elektronisch direkt, können mit den in Kapitel 17 beschriebenen Halbleitersignalwandlern (oder Transduktoren) bestimmt werden, wie z.B. mit den Feldeffekttransistoren (CHEMFET) oder amperometrischen und potentiometrischen Elektroden. Wichtig ist, für alle Systeme, dass nach Beendigung eines Messvorgangs immer der Ausgangszustand des Systems hergestellt wird.

Messtechnische Eigenschaften und Applikationen

Die Messung eines Analyten mittels Biochemosensoren erfolgt in 4 Schritten.

1. Schritt

Zuerst erfolgt die spezifische Erkennung des Analyten durch das biologische System (Filter und Rezeptor bzw. Elementarsensor) des Biochemosensors.

2. Schritt

Dann findet eine Umwandlung der physiko-chemischen Veränderungen, entstanden durch die Wechselwirkungen des Analyten mit dem Rezeptor, im Signalwandler in ein elektrisches Signal statt.

3. Schritt

Anschließend wird das elektrische Signal elektronisch weiterverarbeitet und verstärkt.

4. Schritt

Zuletzt werden die elektronischen Signale mit einem Mess-PC unter Verwendung spezieller mathematischer Algorithmen ausgewertet.

Sensor-Applikationseigenschaften

Biosensoren werden zur selektiven Bestimmung einer biochemischen Verbindung in einem komplexen chemischen Gemisch eingesetzt. Sie stellen ein analytisches System dar, das einfach, schnell und kostengünstig Messungen von Analyten in der Medizin, Umwelt- und, Lebensmittelanalytik, der pharmazeutischen und biotechnologischen Industrie ermöglicht. Die Biosensormessung ist ein reagenzfreies umweltfreundliches Messverfahren, bei dem keine toxischen Abfälle entstehen. Die einfache Probenaufbereitung (oft nur Mischen mit Pufferlösungen), die gute Selektivität und die hohe Sensitivität sind weitere Vorteile. Seine gute Selektivität und seine gute Messempfindlichkeit beziehen Biochemosensoren aus dem verwendeten biologischen System.

19.3 Sensortechnische Applikationen

Piezoelektrische Sensoren
Die Schwingung eines Quarzes ist seiner Masse umgekehrt proportional. Ein mit Enzymen oder mit Antikörpern beschichteter Quarzkristall kann als Mikrowaage verwendet werden.

Nachteil

Ein Nachteil besteht darin, dass jeder beschichtete Sensor immer nur einmal verwendet werden kann. Die Kosten für einen Kristall sind jedoch gering.

Optische Sensoren
Mit diesen Sensoren verfolgt man in der Praxis vor allem den Sauerstoffgehalt in Flüssigkeiten. Als Messprinzip liegt hier die Fluoreszenzmessung zugrunde. Als Messeinrichtung dient ein Lichtwellenleiter, an dessen Ende ein Indikator aufgebracht ist. Die Luminiszenz- oder Absorptionseigenschaften dieses Indikators sind von chemischen Größen wie der Sauerstoffkonzentration abhängig.

Elektrochemische Sensoren
Bei der Amperometrie wird in einer Messkammer an 2 Elektroden bei konstant gehaltener Spannung der Stromfluss gemessen. Sie ist geeignet für Stoffwechselprodukte, die leicht oxidiert oder reduziert werden können.

Die Potentiometrie wird bei ionischen Reaktionsprodukten eingesetzt. Die quantitative Bestimmung dieser Ionen erfolgt anhand ihres elektrischen Potentials an einer Messelektrode.

Siliziumtechnologische Biochemosensoren
Sie sind zuverlässig, können kompakt und robust gefertigt werden und sind kompatibel zu Prozesstechnologien der Halbleiterfertigung. Hier nur die wichtigsten:

- kapazitive Elektrolyt-Isolator-Halbleiter (EIS) auf Siliziumbasis
  pH- und ionenselektive Sensoren
  Sensoren zum Nachweis von Penicillin
  Sensoren zum Nachweis von Organophosphaten (Pestizide)
  Sensoren zum Nachweis von Cysteinsulfoxiden (Knoblauch)
  Sensoren zum Nachweis von Cyanid
  poröse Feldeffektsensoren
- ISFETs (ionensensitive Feldeffekttransistoren)
  ISFET-basiertes hybrides Sensormodul für eine Multiparametermessung
  Käfer-Chip-Sensor
- siliziumbasierte Mikroelektrodenarrays
  Chalkogenidglas-Dünnfilm-Sensoren

- volt-ohm-metrische Dünnfilmsensoren
  Zellsiliziuminterface, elektrochemische Grundlagenuntersuchungen (Korrosion, Galvanik, Ätzprozesse), Miniaturreferenzelektroden (Ag/AgCl)

Bioelektronische Chipsensoren
Auf einem Chip befinden sich mehrere sehr feine Goldelektroden. Auf diesen sind unterschiedliche Sensormoleküle fixiert. Die Sensormoleküle können nur ihre Partner aus biologischen Lösungen (z.B. Milch, Blut, Gewebewasser usw.) sensorisch erkennen und binden. Nur die entsprechenden Analytenmoleküle können so nach dem (oben schon beschriebenen) «Schlüssel-Schloss-Prinzip» sensiert werden.

Aus einer biologischen Flüssigkeit (aus Eiweißen und genetischem Material) dockt immer nur das gesuchte Analytmolekül an das Sensormolekül. Dieses Ereignis löst ein elektrisches Signal aus, das direkt elektronisch weiterverarbeitet werden kann. Optische Verfahren, in denen mit Lichtquellen zuerst Farbumschläge erfasst werden, sind nicht notwendig. Durch eine direkte elektrische Messung und eine chipintegrierte elektronische Signalverarbeitung werden Sensoren kleiner und robust. Die Aktivitäten in biologischen Flüssigkeiten finden auf der Oberfläche eines Chips statt.

Biochemische Nanobiosensoren
Sie bildet ein Bindeglied zwischen der unbelebten und belebten Natur. Nanosensoren haben als zentrale Baueinheit funktionale Bausteine im Nanomaßstab. Durch Nanosensoren wird es erst möglich, auch kleinste Veränderungen in biologischen Abläufen zu erkennen. Es lässt sich z.B. in der Frühphase die ALZHEIMER-Demenzkrankheit mit geringfügig erhöhten Eiweißkonzentrationen im menschlichen Gehirn nachweisen und die Krankheit so in einem sehr frühen Stadium erkennen. Auch andere ähnlich schwere Erkrankungen wie Parkinson oder Diabetes, die mit vergleichbaren Veränderungen beginnen, könnten so früher diagnostiziert und therapiert werden.

SAW-(Surface-Acoustic-Wave-)Sensoren
Der Sensor besteht aus einem Mikrosensorarray mit 8 hoch sensitiven Polymeren beschichteten SAW-Sensoren. Je nach Polymerschicht entstehen massenselektive Sensoren für hoch sensitive Messungen. Die Nachweisgrenze liegt bei ca. 10^{-15} g.

Ermöglicht wird die hohe Massenauflösung von Schwingquarzen und sog. Hf-(Hochfrequenz-)SAW-Resonatoren, die mit mikroelektromechanischen Strukturen auf Quarzoberflächen Wellenbewegungen erzeugen. Die Resonanzfrequenz der Polymerschichten auf den Quarzplättchen hängt von ihrer Dicke und Masse ab. Schon die sehr kleine Masse einer einzigen abgelagerten biologischen Zelle bewirkt eine messbare Änderung der Messschwingfrequenz.

Resonanzsensoren
Werden dünne Kunststofffäden zwischen die Arme einer Stimmgabel gespannt, verändert sich ihre Schwingungsfrequenz. Mit diesem Sensoreffekt lassen sich empfindliche chemische und biologische Sensoren bauen. Sobald organische Moleküle mit dem Faden in Berührung kommen, ändert sich seine innere mechanische Spannung. Dadurch vergrößert sich die Amplitude der Messgabelschwingung.

Polymerbasierte Chemosensoren
In spezielle Polymere (von ca. 100 nm Dicke) werden geometrische Strukturen eingeprägt. Mit diesen spezifischen Hohlräumen in den Polymeren können Analyten (Moleküle und biologische Partikel) erkannt und aus Gasen oder Flüssigkeiten eingefangen werden.

Polymerbasierte Chemosensoren finden Anwendung in der Prozess- und Umweltanalytik. Diese Sensorprinzipien basieren auf den molekularen Wechselwirkungen zwischen dünnen Polymerfilmen und Analytmolekülen in flüssiger Phase und dienen zur Quantifizierung von Analytgemischen.

Enzymsensoren

Um geringe Pflanzenschutzmittel-Konzentrationen zu bestimmen, werden Enzymsensoren eingesetzt. Der Analyt wird mit Hilfe eines Durchflusssystems in die Analytkammer transportiert. Aufgrund eines geringen Überdrucks strömen Analyten durch die Poren einer mit immobilen Enzymen versehenen Membran. Für die Membran werden poröse Silicatgläser mit definierten optischen Eigenschaften verwendet, wobei durch eine spezielle Gestaltung der Porenoberfläche die Enzyme und Indikatorfarbstoffe immobilisiert werden. Die mittlere Porenweite beträgt ca. 70 nm. Die Membran besitzt also eine große spezifische Fläche zur Immobilisierung. Die Sensierung von pH-Wertänderungen wird durch einen integrierten optischen pH-Sensor mit Hilfe eines pH-Indikatorfarbstoffes realisiert.

Das bekannteste Beispiel eines Enzymsensors ist der Glucosesensor, der in den meisten Fällen aus dem Enzym Glucoseoxidase (GOD) besteht, immobilisiert auf einem amperometrischen Transducer. Im Glucosesensor setzt das Enzym Glucoseoxidase (GOD) den Analyten Glucose ($C_6H_{12}O_6$) katalytisch zu Glukonolakton um, wobei Sauerstoff verbraucht wird und Wasserstoffperoxid (H_2O_2) als Nebenprodukt entsteht:

$$\text{Glucose} + \frac{1}{2}O_2 + H_2O \xrightarrow{\text{GOD}} \text{D} - \text{Glukonolakton} + H_2O_2 \qquad \text{(Gl. 19.1)}$$

An einer Elektrode mit einem definierten elektrischen Potential wird das sehr reaktionsfähige Wasserstoffperoxid durch einen elektrochemischen Prozess leicht zersetzt, wobei Elektronen freigesetzt werden. Es entsteht also ein messbarer elektrischer Strom, proportional zur Konzentration des Wasserstoffperoxids. Laufen diese Reaktionen nacheinander in einem geschlossenen System ab, ist der Stromfluss auch proportional zur Glucosekonzentration. Aufgrund des stöchiometrischen Umsatzes kann dann als Messsignal die elektrochemische Oxidation des entstehenden Wasserstoffperoxids genutzt werden.

Enzymsensoren finden breite Anwendung in der medizinischen und sportmedizinischen Diagnostik, für die Selbstkontrolle und in Laborgeräten (z.B. Blutglucosemessung für Diabetiker, Laktatmessung zur Kontrolle des Fitnesszustandes von Sportlern). Für die Bioprozesskontrolle werden Online-Analysensysteme mit Biosensoren zur Bestimmung von z.B. Glucose (Monosaccharid = Einfachzucker), Laktat (Salz der Milchsäure), Saccharose (Kristallzucker), Ethanol (Alkohol oder Weingeist), Methanol (einwertiger Alkohol oder Holzgeist), Acetat (Salz der Essigsäure) angeboten.

Glucoseoptrode

Mit diesem biochemischen Sensor kann die Konzentration von Glucose ($C_6H_{12}O_6$) in einer Lösung bestimmt werden. Die Glucoseoptrode ist Teil einer Dialysehohlfaser. Durch diese Hohlfaser wird Fluoreszin (Xanthenfarbstoff) in einem Teilmessvolumen zur Fluoreszenz angeregt. Im nicht angeregten Teilmessvolumen befinden sich nur durch Bindeproteine gebundene Dextranfluoreszinmoleküle. In das Messvolumen kann durch eine Membran Glucose eindringen. Die Glucose (Monosaccharid) konkurriert mit dem Dextran (Polysaccharid) um die Plätze am Bindeprotein. Es stellt sich ein chemodynamisches Gleichgewicht ein, da sich Dextran und Glucose gleich gut an das Bindeprotein anlagern. Im angeregten Volumen der Messlösung befindet sich also die gleiche Menge an Glucose und Dextran. Es kommt zu einer Fluoreszenz eines an das Dextran gebundenen Fluoreszins. Der Helligkeitsgrad ist proportional zur Konzentration der Glucose.

Olfaktorische und gustatorische biochemische Sensoren

Bei vielen Anwendungen kommt es darauf an, menschliche Sinneswahrnehmungen nachzuahmen, zu ergänzen oder zu automatisieren, z.B. in der Produktionskontrolle, im Umweltschutz oder bei Alarmmeldern. Während es bereits elektronische Sensoren für Sehen, Hören und Fühlen in Form von hochwertigen Kameras, Mikrophonen und Tastern gibt, sind solche für Schmecken und Riechen bisher weit weniger leistungsfähig.

Der Grund für diese Diskrepanz ist ein Mangel an geeigneten chemischen und biochemischen Sensoren. Für derartige Elementarsensoren sind Materialien erforderlich, die von nachzuweisenden Molekülen oder Ionen aktiviert werden, ähnlich wie ein Schloss, das nur auf den exakt dazu passenden Schlüssel reagiert (s. Bild 19.2).

Die Information über die Anwesenheit und Konzentration bestimmter chemischer Substanzen wird über einen sog. Elementarsensor in ein elektrisches Signal umgesetzt und ausgewertet. Ein gutes Verständnis der Schlüssel-Schloss-Wechselwirkung an den Grenzflächen ist notwendig, wenn eine chemische Substanz zuverlässig nachgewiesen werden soll. Um chemische Verbindungsgemische analysieren zu können, müssen unterschiedliche Sensoren eingesetzt werden, damit die erhaltenen Kenndaten mit Muster-Erkennungsverfahren ausgewertet werden können. Dieser Vorgang entspricht dem biologischen Vorbild, wobei Gerüche über nicht-molekülspezifische Rezeptoren in der Nase und mit einer nachfolgenden Verarbeitung der Reize im Gehirn erkannt werden.

Rutheniumoxid-Dickschichtelektroden

Die Sensorkennlinien der Rutheniumoxid-Dickschichtelektroden zeigen quasi ein NERNST-Verhalten. Der Grund der elektrochemischen Eigenschaften ist die Abhängigkeit der Redox-Empfindlichkeit von den korrespondierenden Molekülen. Diese Eigenschaften prädestinieren diese Ruthenium-Dickschichtelektroden für den Einsatz in Lab-on-Chip-Systemen mit relativ konstanten Randbedingungen, wie es z.B. für die Stoffwechseldiagnostik und für biomedizinische Anwendungen notwendig ist.

Bioelektronische Sensoren (Bio-ISFET)

Der Feldeffekttransistor kann auch in Lösung eingesetzt werden. Dabei wird üblicherweise die Gateelektrode von einer sensitiven Schicht ersetzt. Messbar sind alle Effekte, die Änderungen des elektrischen Feldes in der Schicht bewirken. Daher eignen sich solche Sensoren am besten zur Erfassung von Ionen, indem man Schichten aufbringt, die nur ganz bestimmte Ionen einlagern können (z.B. für das Vorschalten von Valinomycin für K^+ erhält man ionensensitive Feldeffekttransistoren). Durch Vorschalten von bestimmten Enzymreaktionen erhält man z.B. einen pH-sensitiven Feldeffekttransistor als Grundmuster für einen Biosensor.

Anwendungen

Anwendungsbereiche für Biosensoren in der Analytik von Wasser und Abwasser lassen sich unterteilen in

- Biosensoren zur Bestimmung von Einzelkomponenten,
- Biosensoren zur Bestimmung von Toxizität,
- Biosensoren zur Bestimmung des biochemischen Sauerstoffbedarfs (BSB).

Der Bakteriengehalt von Badegewässern oder von Abwässern lässt sich mit Biosensoren bestimmen. Auf einer frei schwingenden Membran werden Antikörper gegen eine bestimmte Bakterienart aufgebracht. Schwimmen Bakterien der entsprechenden Art an der Membran vorbei, docken sie an die Antikörper und verlangsamen dadurch die Schwingfrequenz der Membran. Unterschreiten die Frequenzen einen bestimmten Wert, wird Alarm ausgelöst.

Die Penicillinkonzentration in einem Bioreaktor lässt sich mit einem Biosensor bestimmen. Biologische Komponente des Sensors ist das Enzym Acylase. Das penicillinspaltende Enzym wird auf eine Membran gebracht, die auf einer pH-Elektrode liegt. Nimmt nun die Konzentration des Penicillins im Medium zu, spaltet das Enzym immer größere Mengen von Phenylessigsäure ab. Dadurch ändert sich der pH-Wert an der Elektrode. Es kann dann vom pH-Wert auf die Konzentration des Penicillins geschlossen werden.

Medizindiagnostik mit biochemischen Nanosensoren
Ein Tropfen Blut genügt, um ein Krankheitsbild zu bestimmen (z.B. Grippeviren in Minutenschnelle oder bei Diabetespatienten die Blutzuckerselbstkontrolle).

20 Intelligente Sensoren (Smart-Sensoren)

Ein intelligenter Sensor ist ein komplexes technisches System. Er wandelt physikalische und chemische Signale in digitale elektrische Signale mit automatisierter Signalauswertung und Signalverarbeitung um. Mit Hilfe eines standardisierten Gehäuses entsteht so ein technisches Bauteil. Der Smart-Sensor besteht aus folgenden technischen Teilsystemen: Elementarsensor, Signalaufbereitungselektronik, Signalverarbeitungselektronik, standardisierten Schnittstellen, HF-Senderelektronik sowie bei Bedarf einer autarken elektrischen Energieversorgung. Die nachfolgenden Beschreibungen der Teilsysteme sind schon in früheren Kapiteln (s. Kapitel 1) durchgeführt; es erfolgt eine kurze Wiederholung der technischen Inhalte:

- Ein Elementarsensor ist ein technisches Untersystem, das bestimmte physikalische, chemische oder biologische Eigenschaften von technischen oder natürlichen Systemen mit Hilfe von physikalischen, chemischen oder biologischen Effekten erfasst und daraus ein geeignetes elektrisches Signal generiert.
- Eine Signalaufbereitungselektronik ist ein technisches Untersystem, das auf analoger und digitaler Basis die Signale von einem Elementarsensor so aufbereiten kann, dass sie mit Hilfe eines **A**nalog-**D**igital-**U**msetzers (ADU) störungssicher weiterverarbeitet werden können.
- Eine Signalverarbeitungselektronik ist ein technisches Untersystem, das auf digitaler Basis mit Hilfe eines Mikrocontrollers oder digitalen Signalprozessors (DPS) in mehreren Schritten durch Filterung und Störaustastung einer Extraktion und einer Datenreduktion aus den Signalen der elektronischen Signalaufbereitung die benötigten Prozessinformationen gewinnt und zur weiteren Verarbeitung zur Verfügung stellt.
- Eine Schnittstelle oder Interface ist ein Untersystem, das der Kommunikation dient; sie sind physikalisch leitungsgebunden oder kontaktlos optisch-induktiv gekoppelt oder nicht leitungsgebunden über passive wie aktive HF-Techniken realisiert.
- Eine technologische Basis für die Realisierung der hochintegrierten intelligenten Sensoren in Miniaturform erfolgt mit Hilfe der Mikro-, Mikrosystem- und Nanotechnik.

Beispiele für Intelligenz

- Kommunikation zwischen Sensorsystemen oder Aktoren
- Anpassung an wechselnde Umgebungsbedingungen (Temperatur, Erschütterung usw.)
- Automatische Kalibrierung oder Basiskorrektur
- Selbstdiagnose bei Fehlern mit anschließender Fehlerkorrektur und Fehlerbehebung

Beispiel aus der Automobiltechnik

In der Europäischen Union (EU) sind bei Neufahrzeugen **R**eifen**d**ruck**k**ontroll**s**ysteme (RDKS) Pflicht. Physikalisch sind indirekte und direkte RDKS möglich. Da das direkte RDKS, wie jedes Sensor-Messverfahren, gegenüber dem indirekten große Vorteile hat, wird im Weiteren ein direkt messendes RDKS beschrieben.

Das Sensorsystem besteht aus einem Mikrocontroller mit einem integrierten Druck-, Beschleunigungs- und Temperatursensor. Dabei werden der Druck- und der Beschleunigungssensor meist als kapazitive Sensoren realisiert und der Temperatursensor meist als resistiver Sensor. Das Sensorsystem befindet sich zusammen mit einer chemischen Knopfzelle, einer funktechnischen Steuereinheit samt Antenne und Kleinbussystem auf einer kleinen Leiterplatte, wobei das Sensorsystem in einem dichten Gehäuse liegt. Der Temperatursensor ermöglicht schon bei einem stehenden Fahrzeug und bei einer Fahrt mit kalten Reifen in Verbindung mit dem Beschleunigungssensor zuverlässige Messungen des Reifendrucks mit einer absoluten Messabweichung von kleiner 0,1 bar. Die Messwerte werden von der Bordelektronik abgerufen und signaltechnisch weiter verarbeitet.

21 Bussysteme, Schnittstellen, Sensornetze

Bussysteme

Bussysteme sind für die Datenübertragung zuständig und müssen elektrisch und mechanisch sehr robust sein, damit sie in einer rauen industriellen Umgebung zuverlässig funktionieren. Bei konventioneller Verdrahtung muss jedes Sensorsignal in Einzelverdrahtung auf den Eingang eines elektronischen Steuergerätes geführt werden. Da jeder Sensor an eine externe Energieversorgungsleitung angeschlossen werden muss, entsteht sehr schnell ein großer Verdrahtungsaufwand mit vielen Verteilerstellen und Klemmverbindungen. Dieser umfangreiche technische Aufbau erzeugt eine hohe Fehleranfälligkeit. Aus der Praxis ist bekannt, dass ca. 95% aller Fehler in den Peripheriekomponenten und nur 5% in den eigentlichen Informationssystemen der Automatisierung auftreten. Moderne Bussysteme zeichnen sich also dadurch aus, dass nicht jeder Sensor eine eigene Leitung z.B. zu einer Zentralsteuereinheit hat, sondern dass nur eine einzige Leitung existiert, die durch alle Sensoren geführt wird. Die Informationen werden daher nicht mehr gleichzeitig auf parallelen laufenden Leitungen, sondern zeitversetzt seriell auf einer gemeinsamen Leitung übertragen. Dazu muss jeder Information eine Adresse zur Identifikation mitgegeben werden. Dies kann durch ein vom Hersteller unabhängiges Protokoll sichergestellt werden.

Historisch bedingt, bevorzugen verschiedene Branchen folgende Bussysteme:

PROFIBUS-DP: Maschinenbau, Fertigungstechnik
PROFIBUS-PA: Chemische und mechanische Verfahrenstechnik
CAN: Fahrzeugtechnik, Antriebstechnik, Maschinensteuerung
INTERBUS: Antriebstechnik, Maschinensteuerung, Automobilbau (Europa)
LON und KNX: Gebäudeautomatisierung

Im Folgenden werden die heute bekanntesten Bussysteme aufgelistet:
I^2C, SENT, LIN-Bus, Ethernet, USB, FireWire, MOST-Bus, LON, RFID, Bluetooth, WPAN, GSM, UMTS.

Auf die Bedeutung der Abkürzungen wird an dieser Stelle bewusst verzichtet. Nachlesen kann man die Bedeutung für die Abkürzungen und die zugehörige Funktionsbeschreibung z.B. bequem in «Wikipedia». Eine Funktionsbeschreibung der einzelnen Systeme würde im Rahmen dieses Buches einfach zu weit führen.

Für die Einsatzbereiche der unterschiedlichen Bussysteme werden verschiedene Ebenen unterschieden. In der sog. Feldebene werden auch komplexe (intelligente) Sensoren und Aktoren angeschlossen.

Im Weiteren wird, gemäß der obigen Begründung, der zunehmend in der Sensorik, der Messtechnik, der Automation und der Mechatronik eingesetzte CAN-BUS, ein Feld-Bus, beschrieben.

Der serielle CAN-Bus (***Control Area Network***) wurde schon in den 1980er-Jahren von den Firmen Bosch und Intel zur Vernetzung von Sensoren, Aktoren und elektronischen Steuergeräten speziell im Automobilbau unter der Bezeichnung CAN (***Car Area Network***) entwickelt. Die entstandene massenhafte Anwendung des CAN-Busses in der Kraftfahrzeugtechnik (ab 1991) hat dann dazu geführt, dass der CAN-Chip wesentlich einfacher und viel kostengünstiger als alle anderen Bus-Chips einsetzbar ist. Da der CAN-Bus historisch für den Einsatz in der Kraftfahrzeugtechnik entwickelt wurde, sind naturgemäß sehr hohe Anforderungen an eine Reduzierung des Verdrahtungsaufwandes, an eine erhöhte Verfügbarkeit sowie an eine hohe störungsfreie und sichere Signal- und Datenübertragung gestellt worden. Das CAN-Protokoll enthält dadurch auch verschiedene Maßnahmen zur Fehlererkennung. Das wiederum hat auch dazu geführt, dass der CAN-Bus in der Industrieautomatisierung, der Sensor/Aktor-Prozessorik und allgemein in der Sensorvernetzung eingesetzt wird. Die Busleitung ist 2-adrig verdrillt, abgeschirmt und mit Abschlusswiderständen (150 Ω) auf beiden Enden versehen.

Technische Daten des CAN-Busses

Es folgt ein einfaches Beispiel zur Veranschaulichung der Arbeitsweise des CAN-Busses.

Ein sendungswilliges Gerät 1 (Smart-Sensor 1) hört das Trägermedium (CAN-Bus) ab und beginnt mit einer Signalübertragung, wenn das Medium signalfrei ist. Ist das Medium jedoch schon mit einem Signal von einem anderen Gerät 2 (Smart-Sensor 2) beaufschlagt, wird das Ende der aktuell laufenden Signalübertragung des Gerätes 2 (Smart-Sensor 2) abgewartet und erst unmittelbar nach Abschluss seiner Signalübertragung mit der Signalübertragung des Gerätes 1 (Smart-Sensor 1) begonnen. Die gesendeten Signale werden also immer überwacht. Sollten zwei Geräte zufällig zeitgleich mit ihrer Signalübertragung beginnen, sind Prioritäten vergeben so, dass das Gerät mit der niedrigeren Priorität seine Signalübertragung unterbricht. Damit wird eine Kollision der Signale verhindert (*__C__ollision __A__voidance, CA)*. Das Gerät mit der niedrigeren Priorität bricht die Signalübertragung ab und versucht seine Daten im Anschluss an die aktuell laufende Signalübertragung zu senden.

Im Folgenden werden die allgemeinen technischen Daten des CAN-Busses dargestellt.

- Topologie: linear
- Reichweite: von 1 km bei 50 kBd und 40 m bei 1 MBd (1 Bd = 1 bit/s)
- Datenvolumen: 8 Byte pro Telegramm
- Maximale Teilnehmerzahl: theoretisch unendlich, begrenzt durch die Bustreiber-Leistung
- Übertragungsrate: 50 kBd bis 1 MBd
- Übertragungsverhalten: synchron
- Buszugriffsverfahren: CSMA/CA (*__C__arrier __s__ense __m__ultiple __a__ccess with __c__ollision __a__voidance*)
- Physikalische Schicht: RS485 modifiziert, 2-Draht-Leitung

Der CAN-Bus ist international genormt in ISO/DIN 11 898 und 11 519-1.

Schnittstellen

Schnittstellen sind für die Kommunikation mit der Außenwelt zuständig. Verwendung finden heute die digitalen standardisierten Schnittstellen OPC-UA und Ethernet-TCP-IP zwischen Maschinen, Steuerungs- und Überwachungseinheiten. Ethernet ist die in Deutschland am häufigsten eingesetzte digitale Schnittstellentechnik für einen Datenaustausch zwischen Geräten und Rechnernetzwerk (LAN). TCP/IP ist das Kürzel für *__t__ransmission __c__ontrol __p__rotocol/__i__nternet __p__rotocol*. In Europa setzt sich immer stärker der OPC-UA-Standard durch. OPC ist das Kürzel für «*__o__pen __p__latform __c__ommunication*» und UA für «*__u__nified __a__rchitecture*». Mit dieser neuen digitalen standardisierten Schnittstelle können ältere Schnittstellenkonzepte ersetzt werden. Ein Vorteil dieser Standardisierung ist eine einheitliche Protokollsprache mit einheitlicher Datenstruktur, unabhängig von den einzelnen Branchen.

Sensornetze und Sensorknoten

Ein drahtloses *Sensornetz* («***W****ireless* **S***ensor* ***N****etwork*», WSN) ist Rechnernetz bestehend aus vielen Sensorknoten. Die *Sensorknoten* sind per HF-Technik miteinander verbunden. Sie kommunizieren und arbeiten zusammen, entweder als Infrastrukturbasierte Netze oder sich selbst organisierende Sensornetze, um ihre technische Umwelt mittels Sensoren abzufragen und die gewünschten Informationen zu erhalten und weiterzuleiten Der kleinste existierende Sensorknoten hat einen Durchmesser von einem Millimeter (2015), das bisher größte Sensornetz besteht aus 1000 Sensorknoten. Vergleichbare Aktornetze sind 2015 noch nicht bekannt, da die notwendige Energie von Aktoren und der Schutz vor Fehlfunktionen zu kompliziert sind.

Technischer Aufbau und Funktion eines Sensorknotens

Auch wenn sich Hardware-Plattformen im Detail unterscheiden, ist der grundlegende Aufbau der Sensorknoten immer gleich. Er besteht aus folgenden Komponenten:

- Mikrocontroller
  Ein Mikrocontroller, oft frei programmierbar, steuert den Sensorknoten, erfasst die Daten der Sensoren, führt Vorverarbeitung durch und koordiniert die Kommunikation mit benachbarten Sensorknoten.
- Speicher
  In einen externen nichtflüchtigen EEPROM oder Flash-Speicher werden Programme und Zwischenergebnisse eingeschrieben.
- Sensoren
  Sensoren bestehen oft aus analogen Elementarsensoren (s. Kapitel 2), die Messgrößen erfassen (z.B. ein Thermoelement zur Messung von Temperaturen), und einem A/D-Wandler. Digitale Sensoren können über ein einfaches Interface direkt an den Mikrocontroller angeschlossen werden.
- Transceiver (Transmitter – «Sender»– und Receiver– «Empfänger»)
  Ein Transceiver überträgt technische Daten zwischen den einzelnen Sensorknoten. Er kann Daten empfangen und senden. Die WNS-Frequenzen liegen zwischen 433 MHz und 2,4 GHz.
- Neben der Funk-Übertragungstechnik kann in geeigneten Fällen auch eine optoelektronische Übertragungstechnik eingesetzt werden.
- Energieversorgung
  Die größten Energieverbraucher sind Mikrocontroller und Transceiver. Für die unabhängig von einer festen Stromquelle arbeitenden Sensorknoten ist die geeignete Energieversorgung wichtig. Bei kleinem Energiebedarf eines Sensorknotens werden oft nicht wieder aufladbare Batterien gewählt, da diese eine höhere Energiedichte und geringere Selbstentladung haben als wieder aufladbare Batterien. Die Lebensdauer einer Batterie sollte daher ein Jahr betragen. Die Energieversorgungszeit eines Sensorknotens kann aber verlängert werden, wenn z.B. ein Akkumulator über Photovoltaik wieder aufgeladen wird. Diese neueren Technologien werden als *Energy Harvesting* oder *Energy Scavenging* bezeichnet (s. Kapitel 24).

Hinweis

Für ausführliche und aktuelle Informationen können im Internet die Web-Seiten der entsprechenden Bus-Nutzergruppen, Schnittstellen und Sensornetzwerke empfohlen werden.

22 RFIDS-System

Das Akronym RFIDS steht für «*Radio Frequency Identification Sensors*» und dient einer drahtlosen Übertragung von sensorgenerierten Messwerten. RFIDS-Systeme wurden auf der Basis von RFID-Systemen entwickelt. Langsame RFID-Systeme mit einer kleinen Reichweite (wenige Meter) arbeiten im Frequenzbereich von 120 bis 150 kHz. Sie werden eingesetzt, um z.B. Produktionsdaten zu ermitteln oder Objekte zu identifizieren. Hochgeschwindigkeits-Mikrowellen-RFID-Systeme mit einer großen Reichweite (bis 200 m) arbeiten in einem Frequenzbereich von 3,1 bis 10 GHz.

Es wird zunächst das einfachere RFID-System beschrieben, bei dem die technischen Daten höchstens einige Meter weit übertragen und mittels magnetischer Felder gelesen werden.

22.1 RFID-System

Das Akronym RFID steht für «*Radio Frequency Identification*» und bedeutet frei übersetzt «Funkerkennung».

Grundlagen und technischer Prinzipaufbau

Ein RFID-System (Bild 22.1) besteht mindestens aus einem RFID-Transponder mit aktiven oder passiven Tags (Schildern, Etiketten) und einem RIFD-Reader (Lesegerät). Das Wort Transponder ist ein aus dem Englischen hergeleitetes Kunstwort, bestehend aus dem Wort *Transmitter* (Sender) und dem Wort *respond* (antworten). RFID-Systeme können technische Daten berührungslos ohne Sichtkontakt lesen und speichern. Für den Austausch von Informationen zwischen Transponder und Reader gibt es verschiedene Verfahren. Physikalisch bauen alle Verfahren auf dem Resonanz- oder Reflexionsprinzip –kontaktlos mit magnetischer (induktiver) oder elektromagnetischer Kopplung– auf. Das Koppelelement besteht je nach RFID-Frequenz (Nahfeld oder Fernfeld) aus einer Antennenspule oder einer Dipolantenne. Sowohl LF(Low Frequency)- als auch HF(High Frequency)-Systeme können im Nahfeld nach dem Prinzip der induktiven Kopplung arbeiten. Energietechnisch können die RFID-Transponder in drei Gruppen unterteilt werden: in passive, aktive und semi-passive RFID-Transponder. Passive RIFD-Transponder erhalten ihre benötigte Betriebsenergie vollständig über das Energiefeld des RFID-Readers. Über dieses Feld werden auch Daten bidirektional übertragen. Aktive RFID-Transponder verfügen über eine eigene eingebaute Betriebsenergie-Quelle. Semi-passive RFID-Transponder beziehen ihre benötigte Betriebsenergie über das Energiefeld des RFID-Readers, jedoch wird zur Erzeugung des HF-Signals eine integrierte Betriebsenergie-Quelle benötigt.

Prinzipaufbau eines einfachen RFID-Systems

Das Resonanzprinzip des hier beschriebenen RFID-Systems basiert auf der berührungslosen magnetischen (induktiven) Kopplung. Das RFID-System (Bild 22.1) besteht, durch einen Luftspaltschnittstelle getrennt, aus einem Reader mit Antennenspule L1 und einem Transponder mit Antennenspule L2.

- ❑ Reader

  Der Reader ist ein Lesegerät oder «Abfrager» und besteht im einfachsten Fall aus einem HF-Modul, bestehend aus einer Elektronikschaltung mit einer Schwingkreisbeschaltung, wobei Antennenspule L1 (Induktionsspule) außerhalb des Gehäuses angeordnet ist.

- Transponder
  Der Transponder besteht im einfachsten Fall aus einer außen angeordneten Antennenspule L2 und einem elektrischen Eingangsnetzwerk sowie einem elektronischen Mikrochip. Bei einer miniaturisierten Bauform (*Coil on chip*) ist die Antenne auf dem Mikrochip integriert, wobei die Baufläche nur 3 × 3 mm beträgt.

Es wird nun die physikalische Wirkungsweise eines passiven RFID-Systems beschrieben.

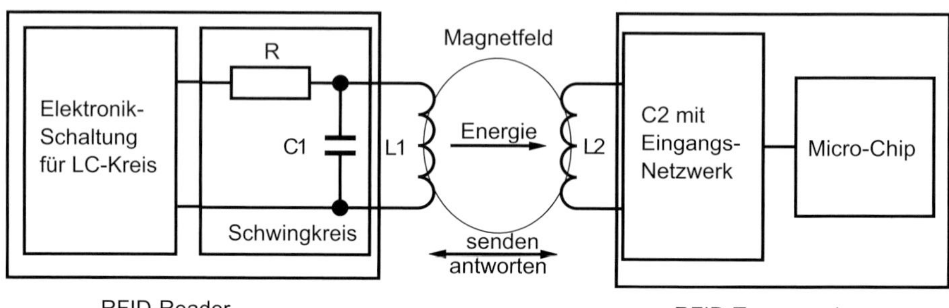

Bild 22.1 Blockschaltbild eines einfachen RFID-Systems

Elektrophysikalische Wirkungsweise
Der Reader (Lesegerät) arbeitet als Sende- und Empfangseinheit im Nahfeldbereich. Die Elektronik des Readers generiert ein Aufrufsignal, das in seine Antennenspule L1 eingespeist wird. Es entsteht um die Antennenspule L1 ein magnetisches Wechselfeld. Der größere Anteil des magnetischen Feldes durchströmt abstandsabhängig die Transponder-Antennenspule L2. Nach dem elektrodynamischen Induktionsgesetz wird in der Transponder-Antennenspule L2 ein elektrisches Feld erzeugt. Befindet sich der Transponder im Magnetfeld des Readers, entzieht er dem Feld die zum Betrieb notwendige Energie. Mit der Feldenergie wird ein elektrischer Energiespeicher (z.B. Kondensator) geladen und damit der Mikrochip im Transponder aktiviert. Er decodiert das vom Reader empfangene Sendesignal. Aus dem decodierten Sendesignal generiert der Mikrochip mit den im Transponder gespeicherten Daten ein codiertes magnetisches Wechselfeld als Antwortsignal. Moduliert wird die Magnetfeldschwächung z.B. durch Zu- und Abschalten eines Lastwiderstandes, der parallel zum Schwingkreis des Transponders liegt und diesen dämpft oder entdämpft. Diesen Effekt erkennt der Reader als transformierte Impedanz. Die energetische Änderung des Magnetfeldes erfolgt also durch Lastmodulation. Dieser Effekt entspricht einer Amplitudenmodulation und diese wiederum einer digitalen Information des Transponder-Signals. Die Information enthält die feste Seriennummer des Transponders und weitere Daten des dort gekennzeichneten Objektes oder andere von Lesegeräten abgefragte Informationen. Alle technischen Informationen können nun über geeignete Schnittstellen elektronisch ausgelesen und elektronisch weiterverarbeitet werden. Der Transponder selbst erzeugt also kein eigenes magnetisches Wechselfeld, sondern beeinflusst elektrisch das gesendete magnetische Wechselfeld des Readers. Die Reichweite beträgt induktionsbedingt nur einige Zentimeter bis zu wenigen Metern. Das Wechselmagnetfeld des Antwortsignals kann z.B. auch durch ein geeignetes externes Steuergerät empfangen werden, um weiter gewünschte technische Aktionen an einem weiteren Objekt einzuleiten. Diese vereinfacht beschriebene Funktionsweise bildet die technische Grundlage für allen Varianten von RFID-Systemen.

Anwendungsbeispiele (für langsame RFID-Systeme):

- Allgemeine Haupteinsatzgebiete für diese Transpondertechnologie sind z.B. Warenlogistik, Zugangssysteme und Arbeitssicherheit.
- Computergesteuerter Industriekran (Einsatzgebiet Arbeitssicherheit)

Die Antennenspule des Readers wird am Hauptträger eines beweglichen Industriekrans appliziert, so dass ein «magnetisches Schutzfeld» um den beweglichen Industriekran existiert. Bei einer Arbeitsbewegung bewegt sich das Schutzfeld mit. Wenn nun das Schutzfeld einen mit einem entsprechenden Transponder ausgestatteten Werker mit einem vorgegebenen Sicherheitsabstand erreicht, stoppt die Bewegung des Industriekrans und ein akustisches Warnsignal ertönt. Eine Kollision mit Verletzungsgefahr wird dadurch vermieden.

RFID-Systeme mit hohen Frequenzen
Bei UHF(*Ultra* ***H****igh* ***F****requency*)-Tags werden andere Lese- und Übertragungsverfahren eingesetzt. Aktive Systeme können so konfiguriert werden, dass sie verschiedene «Empfänger» und «Sender» einbeziehen. Sie müssen nicht unbedingt auf die Signalfrequenz des Signals des RFID-Lesegeräts reagieren. Fernfeld-Systeme arbeiten oft nach dem sog. Backscatter-Verfahren. Von Readern gesendete elektromagnetische Wellen werden nicht moduliert zurück gesendet, sondern nur reflektiert. Reader und Transponder sind jeweils mit Dipolantennen ausgerüstet. Die vom Reader-Dipol abgestrahlte HF-Spannung wird vom Transponder-Dipol aufgenommen. Die HF-Spannung wird gleichgerichtet und ein Teil zur Versorgung mit Betriebsenergie verwendet, der andere Teil wird reflektiert. Für die Datenübertragung wird das reflektierte Signal durch das Zu- und Abschalten eines Lastwiderstandes moduliert. Analog zur induktiven Kopplung wird das amplitudenmodulierte Signal vom Reader aufgenommen und interpretiert.

22.2 RFIDS-System

Eine Weiterentwicklung der RFID-Systeme sind RFIDS-Systeme oder RFID-Sensorsysteme mit externen oder integrierten Sensoren für die drahtlose Übertragung von sensorgenerierten Messwerten im Hochfrequenz-Bereich (Fernfeld).

Grundlagen und technischer Prinzipaufbau
Das Kürzel RFIDS oder RFID-Sensoren steht für «***R****adio* ***F****requency* ***Id****entification* ***S****ensors*».

RFID-Sensoren nutzen die Möglichkeit, ihre Konfigurationsdaten und Messwerte auf RFID-Schreib- und Lesegeräte zu speichern, zu ändern und berührungslos auszulesen.

Die Erweiterung eines RFID-Systems um einen Sensor heißt RFID-Sensor, die Erweiterung eines RFID-Systems um einen RFID-Sensor heißt RFID-Sensorsystem (Bild 22.2).

Das RFIDS-System ist gegenüber einem RFID-System um eine geeignete sensorspezifische Signalverarbeitungselektronik mit Schreib-/Lesefunktion erweitert. Im Unterschied zu einem RFID-System ohne RFID-Sensoren werden im Schreib-/Lesegerät des RFIDS-Systems zusätzliche Prozessverarbeitungsschritte z.B. zur Überprüfung der Transponderbatterie, der Sensor-Konfiguration und Verarbeitung von weiteren Sensordaten benötigt. Ein Vorteil gegenüber kabelgebundenen Sensoren ist der Wegfall einer Verkabelung mit den oft fehleranfälligen elektromechanischen Kontakten. Ein weiterer Vorteil ist die gemeinsame Übertragung der Betriebsenergie und der Datenübertragung über das Energiefeld.

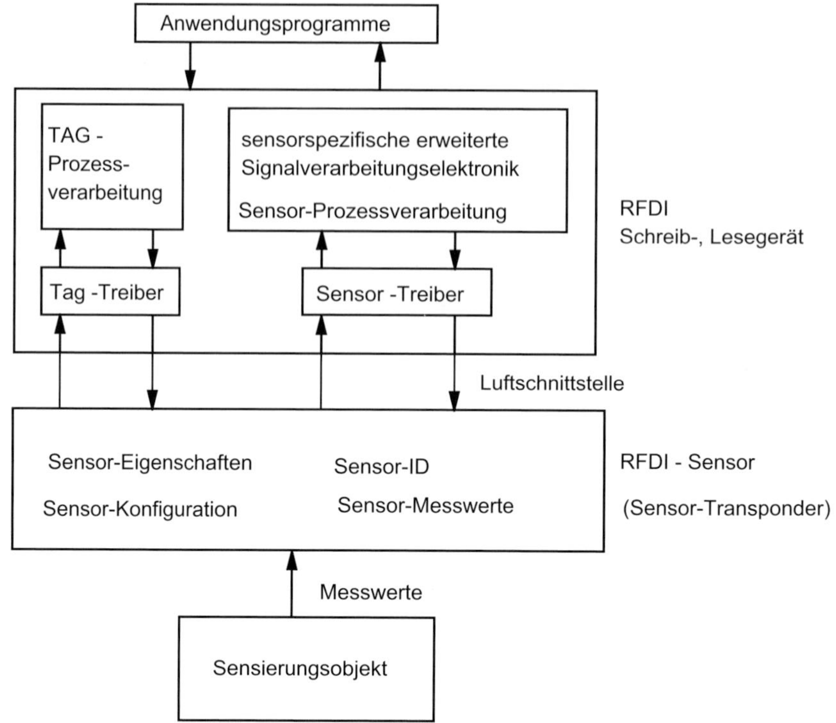

Bild 22.2 Blockschaltbild eines RFID-Sensorsystems

Elektrophysikalische Wirkungsweise

Es können Messwerte von einem Sensor oder mehreren ganz verschiedenen Sensoren mit ganz unterschiedlichen technischen Daten verarbeitet werden. Über eine chipintegrierte Ausleseelektronik können externe Sensoren ausgelesen werden. Die Messwerte werden von einem chipintegrierten Prozessor codiert und über den chipintegrierten Modulator drahtlos übertragen. Der Datenaustausch zwischen Schreib-/Lesegerät und RIFD-Sensor erfolgt über ein um sensorspezifische Funktionen erweitertes Luftschnittstellen-Protokoll (z.B. Netz-EPCglobal). Es wurde entwickelt, um die Weiterverarbeitung von Produkten und Komponenten in Produktion, Warenwirtschaft und Logistik kontrollieren und steuern zu können. Für das Auslesen der Daten erzeugt das Schreib-/Lesegerät ein hochfrequentes elektromagnetisches Feld (Fernfeld) mit einer entsprechenden Frequenz. Befindet sich z.B. ein passiver oder semi-passiver Transponder in der Umgebung eines HF-Feldes, empfängt er sein Trägersignal und kann daraus eine elektrische Spannung erzeugen, um seinen Akkumulator zu laden. Die Akku-Spannung ist die Versorgungsspannung für die gesamte Elektronik. Die Signalübertragung erfolgt durch eine Lastmodulation des HF-Feldes, indem der Mikroprozessor verschiedene Bauelemente zu- und abschaltet und damit das HF-Feld beeinflusst.

Messtechnische Eigenschaften

Um elektromagnetische Störungen zu vermeiden, müssen spezielle Übertragungsmethoden und/oder spezielle Codierungen eingesetzt werden. Aus der elektrischen Nachrichtentechnik sind verschiedene analoge und digitale Übertragungsmethoden bekannt. Der übertragene Frequenzbereich und die verfügbare Frequenz-Bandbreite sind ebenso zu beachten wie der Energiebedarf der Elektronikschaltungen, da die Energie drahtloser übertragen wird. Für eine hohe Zuverlässigkeit sind kleine Baueinheiten mit einem kleinen Energieverbrauch notwendig, d.h., das System ist auf Basis einer Siliziumtechnologie aufgebaut. Sensoren sind technischen Schnittstellen zur analogen Außenwelt und immer das technische Bauteil mit der größten Messunsicherheit. Um diese zu minimieren, werden Elektronik und Sensorik hochintegriert aufgebaut. Die monolithische Integration von Systemen in Siliziumtechnologie lässt die geforderte Präzision bei der Sensorherstellung erreichen. RFIDS-Sensorsysteme empfangen Messwerte, die direkt in einen Speicher geschrieben, gewandelt und so verstärkt werden, dass sie über größere Distanzen auch bei teilweise gestörter Übertragung fehlerarm sind. Die Messdatenspeicherung ist jedoch nur sinnvoll, solange der Speicher permanent mit Energie versorgt wird. Es können daher nur Systeme sinnvoll eingesetzt werden, die den Zeitraum zwischen zwei Ausleseperioden mit genügend Energie überbrücken können.

Technologische Grundlagen
Gute technologische Grundlagen bieten moderne siliziumbasierte Integrationsprozesse. Physikalische und chemische Eigenschaften (z.B. piezoresistive, thermodynamische und ionenselektive) können sehr effektiv als Sensoreffekte genutzt werden. Bei chemischen Sensoren (s. auch Abschnitt 17.3.4) und bei Gassensoren (s. auch Abschnitt 17.5.4) wird ein Siliziumchip als Trägersubstanz (Bulk) mit einer geeigneten dünnen Schicht versehen, die abhängig von den zu messenden chemischen und physikalischen Parametern sichere auswertbare elektrische und elektrochemische Effekte (konduktometrische, potentiometrische und amperometrische Effekte) generieren.

Technologische Beispiele
Es werden beispielhaft drei in CMOS-Technologie integrierbare Sensoren für RFIDS-Systeme beschrieben: Drucksensoren, Beschleunigungssensoren, Temperatursensoren.

- Drucksensoren (s. auch Abschnitt 10.2.2)
  Kapazitive Sensoren eignen sich grundsätzlich hervorragend für RFIDS-Systeme, da sie bei Messungen mit extrem kleinen Energiemengen auskommen. Es lassen sich Drucksensoren in Substratmikromechanik mit Hilfe der sogenannten Opferschichttechnik einfach realisieren.
- Beschleunigungssensor (s. auch Bild 10.23)
  Ein weiterer Sensor ist der integrierbare mikromechanische Beschleunigungssensor. Die Elemente des Sensorchips werden in Silizium-Oberflächenmikromechanik hergestellt und arbeiten nach einem kapazitiven Messprinzip. Dabei ist eine bewegliche seismische Masse an Federn so aufgehängt, dass die Masse bei einer Beschleunigung in eine Koordinatenrichtung ausgelenkt werden kann. Eine externe Beschleunigung in Richtung der sensitiven Achse hat eine Auslenkung der Masse gegen die Rückstellkraft der Federn zur Folge, die kapazitiv an den gegensinnig verstimmten Kapazitäten C_1 und C_2 gemessen werden kann.
- Thermoelektrische Temperatursensoren (s. auch Abschnitt 13.2.2)
  Es gibt verschiedene Möglichkeiten, Temperatursensoren CMOS-kompatibel aufzubauen.
  Zu den aufwendigsten gehören sicher die Thermosäulen. Eine Thermosäule besteht aus einer Reihenschaltung von Thermoelementen, die je aus einem Kontakt zweier verschiedener Materialien besteht. Aus dem SEEBECK-Effekt ergibt sich die Temperaturempfindlichkeit eines Thermoelementes.

- ❑ Thermoresistive Temperatursensoren (s. auch Abschnitt 13.2.1)
  Platin-Widerstandsthermometer, Pt10000 (Fraunhofer-Institut, Phys. Messtechnik).
  Die Temperaturmessung erfolgt über die thermische Widerstandsänderung von Platin.
  Dünnschicht-Technologie auf Al_2O_3-Substraten mit Pt 10000 auf 5 mm².
  Variationen von Strukturbreite, Strukturierung, Schichtdicke, Passivierung sind technologisch möglich.
- ❑ Kapazitive Feuchtesensoren (Fraunhofer-Institut, Phys. Messtechnik)
  Die Feuchtemessung erfolgt mit Hilfe der feuchteabhängigen Kapazitätsänderung (s. Abschnitt 18.4.4) der Elementarsensorstruktur, bestehend aus feuchtesensitiven Polymeren, wie z.B. aus CA, CAB, PMMA, PUR oder PVP. Die Kondensator-Elektroden des Feuchtesensors bestehen aus dem Antennenmaterial, d.h., die Elektrodenstruktur dient gleichzeitig als Antennenstruktur auf einem flexiblen RFID-Substrat.
- ❑ Photovoltaische Lichtsensoren (Fraunhofer-Institut, Phys. Messtechnik)
  Der Lichtsensor beruht auf dem physikalischen Prinzip einer Farbstoff-Solarzelle.
  Der Lichtsensor besteht aus dem Trägermaterial Teonex mit Polymerelektrolyt und dem sensorisch wirkenden Farbstoff TiO_2, aus Al-Grundkontakten und LiF-Übergangskontakten. Die maximale photovoltaische Spannung bei voller Sonneneinstrahlung beträgt ca. 500 mV.

Datenblatt photovoltaischer Lichtsensor, (Fraunhofer-Institut, Phys. Messtechnik)
Messung: relative Feuchte von 0 bis 90%
Messfrequenz: 100 kHz bis 2 MHz
Kapazitätsänderung: 25 bis 28 pF
Spannungsamplitude: 900 mV
Technologie: spincoating, Aufsprühen, Siebdruck

Datenblatt passiver RFID-Temperatursensor (Fa. Agillox)

- ❑ Technische Daten
  - Eindeutige Identifikationsnummer
  - RFID-Interface: Standard EPC global, Gen2, ISO 18 000-6C
  - Frequenzbereich: 13,56 MHz, ISO 14 443
  - Standardtemperaturbereich: –35 °C bis +85 °C
  - Erweiterter Temperaturbereich: –35 °C bis +125 °C
  - Reichweite bis 2,0 m
  - Temperatur-Messabweichung: ±1 °C vom MB-E
  - Abmessungen: ca. 75 mm × 16 mm × 4 mm
  - Schutzklasse: IP 65
- ❑ Einsatzmöglichkeiten
  - Temperaturmessung bei Wartung von Anlagen und Gebäuden
  - Temperaturüberwachung bei thermischen Prozessen in Industrie und Landwirtschaft
  - Thermische Qualitätsüberwachung
  - Temperaturmessung im Labor

Tabelle 22.1 Sensortypen zur Realisierung von aktiven, passiven oder Single-Chip-RFID-Tags

Mikromechanisch integrierbare Sensoren				
Messgrößen	**Maßeinheit**	**Passive RFID-Tags**	**Aktive RFID-Tags**	**Single Chip-RFID**
Druck	Pa = N/mm^2	X	X	X
Schock	g (Erdbeschl.)	X	X	
Beschleunigung	m/s^2	X		
Konzentration	mol/l	X		X
Feinmechanisch integrierbare Sensoren				
Temperatur	°C	X	X	X
Feuchte	mg/mm^3	X	X	X
Licht	lm/m^2 = lx	X	X	X
Leitwert	S/mm^2	X	X	X
Feinmechanisch integrierbare Sensoren				
pH-Wert	pH 0 bis pH 14	X		
Massendurchfluss	kg/s	X		
Volumendurchfluss	m^3/s	X		
Füllstand	m			

RFDI-Sensoren kommen häufig zur Steuerung von Maschinen oder Produktionsprozessen zum Einsatz.

Beispiele aus der Kraftfahrzeugtechnik

- ABS-RFID-Sensor
  ABS-Sensoren (Antiblockiersystem) überwachen in Kraftfahrzeugen während der Fahrt die Drehgeschwindigkeit aller Räder. Mit Hilfe dieser Daten kann das ABS-Steuergerät einen Radstillstand erkennen und so ein Schleudern durch kurzes Lösen von Bremsen verhindern. Oft werden ABS-Sensoren eingesetzt, die nicht auf RFID-Technologie basieren. Diese haben den Nachteil, dass die Sensoren über Kabel mit dem Auswertegerät verbunden sind. Kabel sind jedoch i.Allg. teuer, verschleiß- und störanfällig. Es werden daher immer öfter Sensoren mit RFID-Technologie zur drahtlosen Übermittlung der technischen Daten eingesetzt.
- Reifendruck-RFID-Sensor
  Es werden Transponder in den Reifen verbaut, die den Luftdruck und den Verschleiß des Reifens erfassen und die technischen Daten an eine Reader-Antenne im Radkasten übertragen.
- Taupunkt-RFID-Sensor
  Diese Sensoren werden an der Windschutzscheibe angebracht, um deren Beschlagen zu erfassen technische Gegenmaßnamen einzuleiten.
- Temperatur-RFID-Sensor
  In der chemischen Verfahrenstechnik für Temperaturmessungen in ätzenden Chemikalien.
- Feuchte-RFID-Sensor
  Diese Sensoren können zur Feuchtigkeitserfassung in Gebäuderäumen oder in gekapselten technischen Systemen eingesetzt werden, wenn die Kapselhülle aus einem nichtmetallischen Material besteht.

Wirtschaftlichkeit und Sicherheit
Bei RFID- und RFIDS-Systemen bestehen aufgrund der drahtlosen Kommunikation durch HF-Abstrahlung, Frequenzinterferenz und Eingabesystemen immer Missbrauchsgefahren. Durch eine umfangreiche Architektur mit hohen Qualitätsanforderungen können diese Gefahren minimiert werden, jedoch werden die Vorteile einer kostengünstigen Realisierung dadurch gemindert. Es muss wie immer ein Kompromiss zwischen Wirtschaftlichkeit und Sicherheit zu vertretbaren Kosten erreicht werden.

22.3 Mikrowellen-Transponder

Hochgeschwindigkeits-Mikrowellen-RFID-Systeme mit einer großen Reichweite (bis 200 m) arbeiten mit elektromagnetischen Wellen in einem Frequenzbereich von 3,1 bis 10 GHz.

Mikrowellentransponder, die zu Entfernungsmessungen über die Auswertung von den Signallaufzeiten eingesetzt werden, arbeiten mit elektromagnetischen Wellen bei einer Frequenz von z.B. 2,45 GHz.

Geschwindigkeitsmessungen von bewegten Objekten
Unter Ausnutzung des DOPPLER-Effektes können die Geschwindigkeiten von bewegten Objekten erfasst werden. Der DOPPLER-Effekt tritt bei allen elektromagnetischen und allen akustischen Wellen auf. Bei akustischen Wellen ist der Effekt jedoch wegen der sehr kleinen Ausbreitungsgeschwindigkeit (ca. 343 m/s) gegenüber den elektromagnetischen Wellen (ca. $3 \cdot 10^8$ m/s) vernachlässigbar.

DOPPLER-Effekt (nach C. DOPPLER, 1803–1853)
Bewegt sich der Empfänger (RFID-Transponder) auf den Sender (RFID-Transceiver) zu, so resultiert daraus eine Verkürzung der Wellenlänge um den Weg, den der Empfänger (RFID-Transponder) während einer Schwingungsperiode zurückgelegt hat. Dies entspricht einer höheren Frequenz beim Empfänger (RFID-Transponder). Für die DOPPLER-Frequenz f_D gilt:

$$f_D = f_T - f_R \qquad \text{(Gl. 22.1)}$$

f_T Sendefrequenz (Transponder)
f_R Empfangsfrequenz (Transceiver)

Physikalisch nichtrelativistisch ($v \ll c_0$) gilt für die DOPPLER-Frequenz folgende Relation:

$$\frac{f_D}{f_T} = 2 \cdot \frac{v}{c_0} \qquad \text{(Gl. 22.2)}$$

v Geschwindigkeit des bewegten Objektes
c_0 Vakuum-Lichtgeschwindigkeit

Gl. 22.2 in Gl. 22.1 und Auflösung nach v ergibt:

$$v = \frac{1}{2} \cdot c_0 \cdot \frac{f_D}{f_T} = \frac{1}{2} \cdot c_0 \cdot \frac{f_T - f_R}{f_T} = \frac{1}{2} \cdot c_0 \cdot \left(1 - \frac{f_R}{f_T}\right) \qquad \text{(Gl. 22.3)}$$

Berechnungsbeispiel:
Bei einer Sendefrequenz f_T von 2,45 GHz erhält man die DOPPLER-Frequenz f_D von 100 Hz und damit eine Objektgeschwindigkeit v mit dem Wert 6,122 m/s.

23 Akustische Wellensensoren (AW-Sensoren, «acustic wave»)

Die prinzipielle physikalische Funktionsweise von akustischen Wellensensoren (besser: akustische Festkörpersensoren) besteht darin, dass eine Messgröße eine lineare oder eine reflektorische Ausbreitung als longitudinale oder transversale akustischen Welle in eine spezifische Sensoreinheit (Elementarsensor) oder in einem Medium moduliert.

AW-Sensoren lassen sich aufgrund ihrer Technologie in 2 Gruppen einteilen:

- ❑ passive akustische Wellensensoren (AW-Sensoren)
  Sie arbeiten mit interner Energieversorgung (z.B. Batterien);
- ❑ aktive akustische Wellen-Funksensoren (AW-Funksensoren)
  Sie arbeiten mit externer Energieversorgung (s. Kapitel 24).

Akustische Wellen können aufgrund ihrer physikalischen Ausbreitungsarten in 2 Hauptgruppen (mit Untergruppen, hier nicht beschrieben) eingeteilt werden:

- ❑ Volumenwellen (BAW, «***b**ulk **a**coustic **w**aves*»)
  Die akustische Wellenausbreitung erfolgt transversal im Volumen, also zwischen der oberen und der unteren Fläche eines piezoelektrischen Substrats.
- ❑ Oberflächenwellen (SAW, «***s**urface **a**coustic **w**aves*»)
  Die akustische Wellenausbreitung erfolgt longitudinal (Rayleigh-Ausbreitung) auf der Volumen-Oberfläche eines piezoelektrischen Substrats.

SAW-Sensoren werden aufgrund ihrer topologischen Struktur in 4 Gruppen eingeteilt:

- ❑ SAW-Sensoren mit Einzelverzögerungsleitungs-Struktur (s. Bild 23.1)
  Diese Struktur besteht aus einer Verzögerungsleitung. Sie besteht aus gegenüberliegenden kammartigen Elektroden auf einem piezoelektrischen Substrat.
- ❑ SAW-Sensoren mit Differenzverzögerungsleitungs-Struktur
  Diese Struktur besteht aus zwei parallelen Verzögerungsleitungen, wobei die eine als aktive Messschicht dient und die andere als passive Referenzschicht. Durch elektronische Verschaltung wird ein elektrisches Differenzsignal proportional zur Messgröße erzeugt.
- ❑ SAW-Sensoren mit Einzelresonator-Struktur (s. Bild 23.2)
  Diese Struktur besteht aus einer mittig angeordneten kammartigen Elektrode mit zwei Reflektoren, wobei je ein Reflektor links und rechts von der Elektrode angeordnet ist.
- ❑ SAW-Sensoren mit Differenzresonator-Struktur
  Diese Struktur besteht aus zwei parallelen Einzelresonatoren, wobei einer als aktiver Messresonator dient und der andere als passiver Referenzresonator. Durch elektronischeVerschaltung wird ein elektrisches Differenzsignal proportional zur Messgröße erzeugt.

23.1 SAW-Sensoren ohne Funktechnologie

Das Akronym **SAW** steht für «***s**urface **a**coustic **w**ave*», also Oberflächenwellen-Sensor.

Im Folgenden werden Sensoren ohne Funktechnologie beschrieben, die auf der Basis der Oberflächenwellen (SAW)-Technologie realisiert werden.

23.1.1 SAW-Sensoren mit Verzögerungsleitungs-Strukturen

Die Sensoren bestehen immer aus den beiden Komponenten Lesegerät (Reader) und SAW-Transponder. Der Transponder wird in der Sensorik häufig als SAW-Sensor bezeichnet. Diese Bezeichnung ist jedoch nur gerechtfertigt, wenn der SAW-Sensor aus einem Elementarsensor und einer integrierten Signalaufbereitungselektronik (s. Abschnitt 1.2) besteht.

Wir betrachten nun den SAW-Elementarsensor (also eine Baueinheit des Sensors). Mit ihm wird z.B. die Ausbreitungsgeschwindigkeit (oder Verzögerung) einer akustischen Welle zwischen 2 Elektrodensystemen auf einem dünnen piezoelektrischen Plättchen messbar. Dieser Elementarsensor wird auch als akustische RAYLEIGH-SAW-Verzögerungsleitung bezeichnet.

Elektromechanischer Prinzipaufbau

Die Dicke eines piezoelektrischen Plättchens (Substrat) beträgt i.Allg. das Zehnfache der akustischen Wellenlänge. Das piezoelektrische Substratmaterial (s. auch Abschnitt 11.1) besteht aus Quarz (SiO_2), Lithiumtantalat ($LiTaO_3$), Lithiumniobat ($LiNbO_3$) oder Langasit (Lanthangalliumsilicat, $La_3Ga_5SiO_{14}$). Die kammartigen Elektroden, eine Sende- und eine Empfangs-Elektrode, befinden sich an den beiden Enden der Oberfläche des piezoelektrischen Substrats. Der beiden Elektroden bestehen aus planaren, kammförmig ineinandergreifenden (Bild 23.1) Metallstreifen, den sog. ***Interdigitaltransducern*** (IDT), manchmal auch ***Interdigitalelektroden*** (IDE) genannt. Sie werden photolithographisch aus Aluminium mit eine Dicke bis 200 nm gefertigt. Aluminium zeichnet sich durch kleine Dichte und gute Haftungseigenschaften auf einer piezoelektrischen Substratoberfläche aus. Die kammartig verzahnte Konstruktion der IDT bestimmt die Wellenlänge und -breite einer akustischen Welle. Der elektrische Kontakt der IDT erfolgt durch Bondung mit sehr dünnen flexiblen Metalldrähten (sog. *Bond-Drähte*).

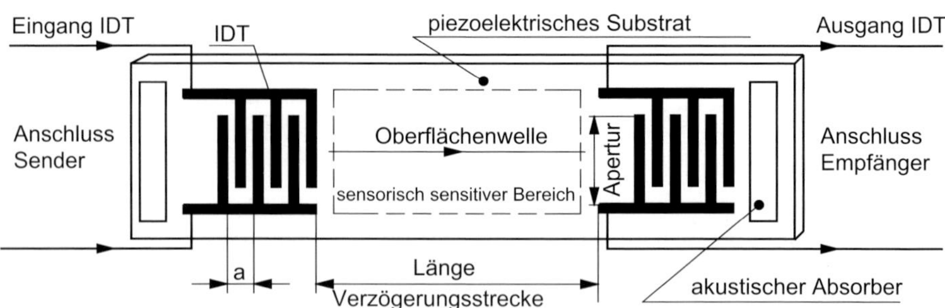

Bild 23.1 Elektromechanischer Prinzipaufbau eines SAW-Elementarsensors (Rayleigh-SAW-Verzögerungsleitung)

Physikalische Eigenschaften

Die mechanische Anregung des sensorisch sensitiven Bereichs erfolgt über piezoelektrische Kopplung. Am Sende-IDT werden durch den indirekten piezoelektrischen Effekt (oder Elektrostriktion) mechanische Oberflächenwellen durch ein hochfrequentes elektrisches Wechselfeld angeregt. Dies ist nur möglich, weil ein elektrisches Signal eine viel größere Ausbreitungsgeschwindigkeit hat als ein akustisches Signal. Aufgrund der IDT-Geometrie findet praktisch keine Frequenzselektion statt. Auf den sensorisch sensitiven Bereich wirkt nun eine zu messende Größe und verändert deren physikalische Eigenschaften. Die verzögerte Oberflächenwelle wird von einem Empfangs-IDT über den direkten piezoelektrischen Effekt (s. Abschnitt 11.1) in ein elektrisches Feld umgeformt und kann über eine geeignete Elektronik zur Signalaufbereitung als elektrisches Signal weiter verarbeitet werden. Die beiden akustischen Absorber begrenzen die Ausbreitung der Oberflächenwellen. Ihre Geschwindigkeit auf einem piezoelektrischen Substrat beträgt ca. 3000 bis 5000 m/s. Das entspricht dem Frequenzbereich von 80 bis 500 MHz. Es können transversale oder longitudinale akustische Oberflächenwellen oder Volumenwellen erzeugt werden. Geschwindigkeit, Phase und Amplitude einer akustischen Welle werden unter anderem von Temperatur, mechanischem Druck, elektrischer Feldstärke, Gas- oder Feuchtekonzentration in flüssigen und gasförmigen Medien beeinflusst sowie durch angekoppelte Schichten und sensorisch genutzte Oberflächenbereiche. Betriebstemperaturen reichen von ca. –200 °C (flüssiger Stickstoff) bis ca. +300 °C, bei hochtemperaturtauglichen Substraten wie Langasit (s. oben) bis ca. +1000 °C.

Physikalisch-technische Wirkungsweise

Die jeweils benachbarten Metallstreifen eines IDTs gehören zu verschiedenen Teilkämmen (Bild 23.1). Wird eine elektrische HF- Wechselspannung an die 2 Teilkämme der Sender-IDT angelegt, bilden sich zwischen den benachbarten Metallstreifen elektrische Felder aus. Der indirekte piezoelektrische Effekt bewirkt durch eine elektromechanische Kopplung eine akustische Oberflächenwelle im piezoelektrischen Substrat. Sie breitet sich im sensorisch sensitiven Bereich aus und wird dort durch die zu erfassende Größe verzögert, verzerrt oder moduliert. Die veränderte Oberflächenwelle bewegt sich in dem piezoelektrischen Substrat zum Empfänger-IDT. Dort erzeugt sie über den direkten piezoelektrischen Effekt durch eine mechanoelektrische Kopplung eine wechselnde elektrische Influenzladung. Sie kann z.B. über die elektrische Kammkapazität des Empfänger-IDTs mit Hilfe eines Ladungsverstärkers in eine elektrische HF-Wechselspannung umgeformt und elektronisch weiter verarbeitet werden. Der Abstand zwischen zwei IDT-Metallstreifen (Bild 23.1) ist mit «a» gekennzeichnet. Die Periodizität der akustischen Schwingung entspricht «2a». Also ist die Oberflächenwellenlänge $l_{OFW} = 2a$. Die Breite eines IDT-Streifens und Reflektor-Metallstreifens ist dann $l_{OFW}/4$. Die Oberflächenwellen breiten sich senkrecht zu den IDT- und Reflektor-Metallstreifen mit der Geschwindigkeit v_{OFW} über das piezoelektrische Substrat aus. Ihre Frequenz f_{OFW} entspricht der Anregungsfrequenz der HF-Wechselspannung. Diese Frequenz ist die Resonanzfrequenz, bei der die eingespeiste Energie mit der besten Wirkung in eine akustische Welle umgewandelt wird. Für die Ausbreitungsgeschwindigkeit v_{OWF} der Oberflächenwelle gilt dann:

$$v_{OFW} = \lambda_{OFW} \cdot f_{OFW} = 2 \cdot a \cdot f_{OFW} \cdot \qquad \text{(Gl. 23.1)}$$

f_{OFW} Oberflächenwellen-Frequenz
v_{OFW} Oberflächenwellen- Geschwindigkeit
a Metallstreifen-Distanz
λ_{OFW} Oberflächenwellenlänge

Die Änderungen von Ausbreitungsgeschwindigkeiten sind z.B. durch Messen von Phasen-Verschiebungen erfassbar. Diese können über eine Oszillator-Elektronik in Änderungen der Frequenz umgesetzt werden oder in eine Verschiebung der Resonanzfrequenz. Diese können dann über einen Signalprozessor zu den oben schon genannten physikalischen Messgrößen in Beziehung gesetzt werden. Es sind jedoch der Einfluss von diversen unerwünschten Störgrößen auf piezoelektrische Substrate und gegebenenfalls seine Massebelegungen zu beachten.

23.1.2 SAW-Sensoren mit Resonator-Strukturen

Die Resonator-Struktur existiert in mindestens zwei unterschiedlichen IDE-Topologien:

SAW-Sensoren mit Resonator-Struktur und zwei IDT
Die Sensoren bestehen aus den Komponenten Lesegerät (Reader) und SAW-Transponder (SAW-Sensor). Wir betrachten nun den SAW-Elementarsensor, eine Baueinheit des Sensors.

Elektromechanischer Prinzipaufbau
Im Mittelbereich befinden sich ein Empfangs- und ein Sende-IDT. Sie bestehen aus kammartigen Elektroden mit kleinerem Abstand als bei der akustischen Verzögerungsleitung (Bild 23.2).

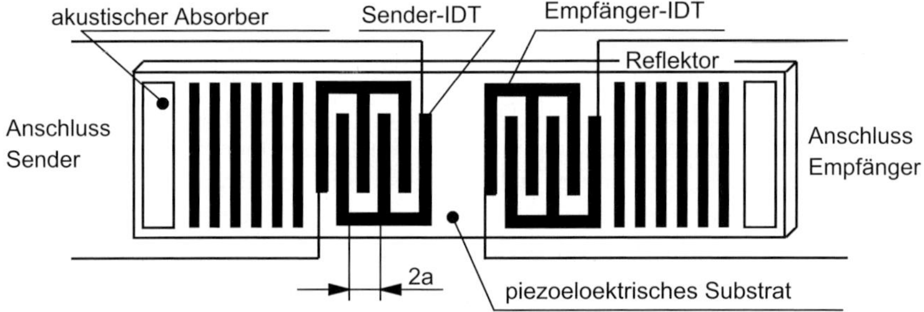

Bild 23.2 Elektromechanischer Prinzipaufbau eines SAW-Elementarsensors mit 2IDT

In den beiden Außenbereichen ist je ein Reflektor, bestehend aus mehreren Metallstreifen, angeordnet. Dahinter befinden sich jeweils akustische Absorber zur Unterdrückung nicht reflektierter Rest-Oberflächenwellen.

Physikalisch technische Wirkungsweise eines SAW-Elementarsensors mit 2 IDT
Die von dem Sende-IDT ausgehenden Oberflächenwellen werden jeweils an einem Reflektor, bestehend aus mehreren Metallstreifen, reflektiert. Die Anzahl der Reflektor-Metallstreifen ist viel größer als die Anzahl der IDT-Metallstreifen. Die reflektierte Frequenz wird durch den Streifenabstand bestimmt. Jeder Streifen reflektiert einen kleinen Teil der Oberflächenwelle. Die Erhöhung der Streifenzahl bewirkt also, dass ein größerer Anteil der Oberflächenwelle reflektiert wird. Ein Reflektor-Metallstreifen reflektiert nur ca. 1% der Oberflächenwellen. Der nicht reflektierte Anteil wird von akustischen Absorbern aufgenommen. Die reflektierten, jedoch gegenläufigen akustischen Oberflächenwellen mit gleicher Frequenz interferieren miteinander zu einer stehenden Oberflächenwelle. Ein Empfangs-IDT generiert aus stehenden Oberflächenwellen eine hochfrequente elektrische Wechselspannung. Der Resonator hat im Resonanz-Betrieb aus elektrophysikalischen Gründen eine schmale Bandbreite mit kleinem Rauschen. Zum einen bewirkt eine große Zahl (in Bild 23.2 nicht wirklichkeitsgetreu) von Reflektor-Metallstreifen viele Mehrfachdurchgänge der resonanten Oberflächenwellen. Dieser physikalische Effekt bewirkt eine Resonanzüberhöhung mit hoher elektrischer Güte. Diese Eigenschaft entspricht einem elektrischen Bandpass mit schmalem Frequenzband. Damit wird erreicht, dass nur eine bestimmte Oberflächenwellenfrequenz (und Nebenmoden) mit wenig Dämpfung an den Empfangs-IDT gelangt. Die weiteren noch erzeugten Frequenzen

werden dagegen stark gedämpft. Eine optimale Anpassung der elektrischen IDT-Impedanz an das piezoelektrische Substrat bewirkt sehr kleine elektrische Energieverluste. Der akustische Resonator als frequenzbestimmendes Element wird in einer Oszillatorschaltung betrieben. Die mathematische Relation zwischen Frequenzänderung und Schallgeschwindigkeitsänderung der Oberflächenwelle lautet:

$$\Delta f / f_0 \approx \Delta \upsilon / \upsilon \qquad \text{(Gl. 22.2)}$$

$\Delta f\,/\,f_0$ ist die relative Frequenzänderung, f_0 die Resonanzfrequenz und $\Delta\upsilon/\upsilon_0$ die relative Schallgeschwindigkeitsänderung.

D.h., bei der Resonanzfrequenz f_0 entspricht die relative Frequenzänderung annäherungsweise der relativen Schallgeschwindigkeitsänderung bei der entsprechenden Geschwindigkeit υ_0.

SAW-Sensoren mit Resonator-Struktur und einem IDT

Eine weitere Variante ist ein Funkelementarsensor (ohne Bilddarstellung) mit jeweils zwei Reflektoren und akustischen Absorbern, jedoch mit nur einem Einzel-Interdigitalwandler (IDT). Er arbeitet intermittierend als Sender- und Empfänger-IDT. Der bifunktionale IDT erzeugt bei entsprechender Anregung über den indirekten piezoelektrischen Effekt akustische Oberflächenwellen auf einem piezoelektrischen Substrat. Die so erzeugten Oberflächenwellen breiten sich in beide Richtungen auf dem piezoelektrischen Substrat aus. Die akustischen Oberflächenwellen werden von den jeweiligen Reflektor-Metallstreifen reflektiert und dann wieder empfangen, elektronisch aufbereitet und elektronisch weiter verarbeitet. Durch eine spezielle Reflektor-Geometrie entstehen bei einer definierten Frequenz stehende akustische Oberflächenwellen mit scharfer Mittenfrequenz, proportional zur jeweiligen Messgröße.

23.2 SAW-Sensoren mit Funktechnologie

Die oben beschriebenen physikalischen und technischen Eigenschaften der SAW-Sensoren werden erweitert durch die Möglichkeit einer leitungsfreien Signal- und Energieübertragung im Hochfrequenzbereich. Durch die robuste SAW-Technologie können SAW-Funksensoren sehr gut in rauen Industrieumgebungen eingesetzt werden. Die auf der SAW-Technologie basierenden Funksensor-Systeme bestehen aus einem HF-Transceiver und einem SAW-Sensor. Der SAW-Sensor besteht aus einem SAW-Elementarsensor (Transponder) und einer Antenne (Sende-/Empfangsantenne). Die von einem HF-Transceiver emittierten elektromagnetischen Wellen werden von der Antenne des SAW-Elementarsensors absorbiert. Die Antenne besteht aus kammartigen Elektrodenstrukturen, die die aufgenommenen HF-Funksignale über den direkten piezoelektrischen Effekt in akustische Oberflächenwellen umsetzt und gleichzeitig das System mit elektrischer Energie versorgt. Die Oberflächenwellen breiten sich über ein piezoelektrisches Substrat (sensorisch sensitive Schicht) longitudinal aus. Der sensorisch sensitive Bereich kann auch mit speziell zugeschnittenen piezoelektrischen Substraten kombiniert werden. Damit entsteht eine sehr lineare Beziehung zwischen SAW-Frequenz und Temperatur. Auf dieser Basis lässt sich z.B. ein Temperatursensor mit einer hohen thermischen Auflösung herstellen. Elektronisch können sehr kleine Änderungen der Geschwindigkeit, Amplitude und Phase einer Oberflächenwelle erfasst und elektronisch z.B. über einen Signalprozessor weiter verarbeitet werden. Die Elementarsensoren arbeiten als Funk-Transponder, d.h., sie benötigen keine zusätzliche interne Energiequelle (s. Kapitel 22 und 24).

23.2.1 SAW-Funkelementarsensoren mit selektiven Reflektoren

SAW-Funkelementarsensoren können durch ihre geometrische Konstruktion mit je einer spezifischen Reflektor-Geometrie auf einem piezoelektrischen Substrat sowohl funktional als auch topologisch in zwei Gruppen eingeteilt werden:

- SAW-Funkelementarsensoren mit selektiver nicht-codierter Reflektor-Geometrie,
- SAW-Funkelementarsensoren mit selektiver codierter Reflektor-Geometrie.

SAW-Funkelementarsensoren mit selektiv nicht-codierten Reflektoren
Dieser SAW-Elementarsensor besteht neben einem IDT mit Antenne aus mehreren planaren Reflektor-Bauelementen auf einem piezoelektrischen Substrat.

Elektromechanischer Prinzipaufbau
Die Reflektoren bestehen aus mehreren linear äquidistant angeordneten Metallstreifen.

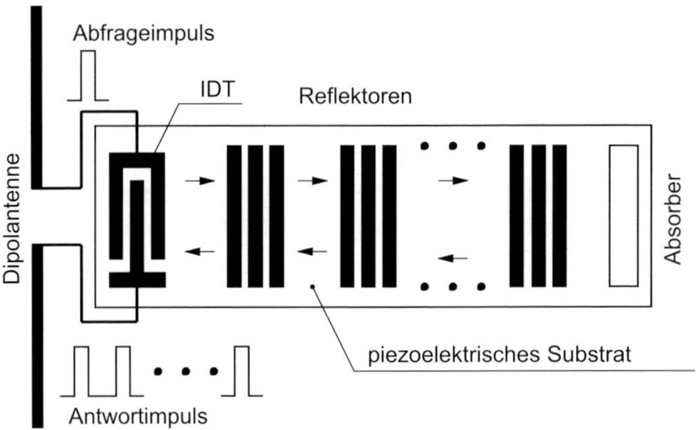

Bild 23.3 Prinzipaufbau eines SAW-Funkelementarsensors mit selektiven nicht-codierten Reflektoren

Die in definieren Abständen angeordneten einzelnen Reflektor-Bauelemente auf dem piezoelektrischen Substrat bilden zusammen eine reflektierende und sensitive akustische Verzögerungsleitung (Bild 23.3). Der Elementarsensor arbeitet als Funk-Transponder, der keine zusätzliche interne elektrische Energiequelle benötigt.

Physikalische und technische Wirkungsweise
Die Antenne nimmt HF-Signalwellen auf und speist diese in den IDT ein. Dieser generiert aus den aufgenommenen elektrischen HF-Signalwellen akustische Oberflächenwellen, die sich über das piezoelektrische Substrat ausbreiten und definiert an den einzelnen hintereinander angeordneten Reflektor-Baueinheiten reflektiert werden. Der IDT generiert aus den reflektierten Oberflächenwellen wieder elektrische HF-Signalwellen, die resonant interferieren und dann drahtlos ausgelesen und vom Transceiver empfangen werden.

Erfassung von physikalischen Messgrößen
Die Distanzen zwischen den Reflektor-Baueinheiten sind zunächst konstant. Durch den Einfluss von physikalischen und chemischen Parametern auf eine geeignete sen-

sitive piezoelektrische Messschicht werden Informationen über die Distanzänderung der Reflektor-Baueinheiten parameterspezifisch erfasst und über die erzeugten akustischen Signallaufzeiten oder Frequenzänderungen quantitativ ausgewertet. Die messtechnisch zu erfassenden Informationen können z.B. durch Änderungen von Temperaturen, mechanischen Drucken, mechanische Spannungen oder auch chemischen Stoffen auf ein piezoelektrisches Substrat erzeugt werden.

Objekterfassung oder Objektidentifikation (Tagging)
Mit kabellosen RFID-Transpondern (s. Kapitel 22) ist eine Identifizierung von verschiedenen technischen und natürlichen Objekten durchführbar. Sie kann besonders vorteilhaft sein, wenn ein RFID-Einsatz mit einem Si-Chip auf einem Transponder wegen zu hohen mechanischen oder thermischen Belastungen nicht möglich ist. Die Distanzen zwischen den einzelnen Reflektor-Baueinheiten sind für jeden Sensor spezifisch. Der Sensor kann also auch als eine Art von SAW-Filter eingesetzt werden. Nur die eingehenden Informationen, die exakt dem Informationsmuster des SAW-Filters entsprechen, werden reflektiert und können dann wieder ausgelesen werden. Dadurch kann jeder SAW-Transponder eindeutig erfasst und identifiziert werden.

SAW-Funkelementarsensoren mit selektiv codierten Reflektoren
Dieser SAW-Elementarsensor besteht aus einem IDT, einer Dipolantenne und aus selektiv codierten Reflektor-Baueinheiten entlang der piezoelektrischen Verzögerungsleitung.

Mit dem Puls-Position-Codeverfahren können verschiedene Codes (s. Bild 23.4) technisch sehr einfach realisiert werden.

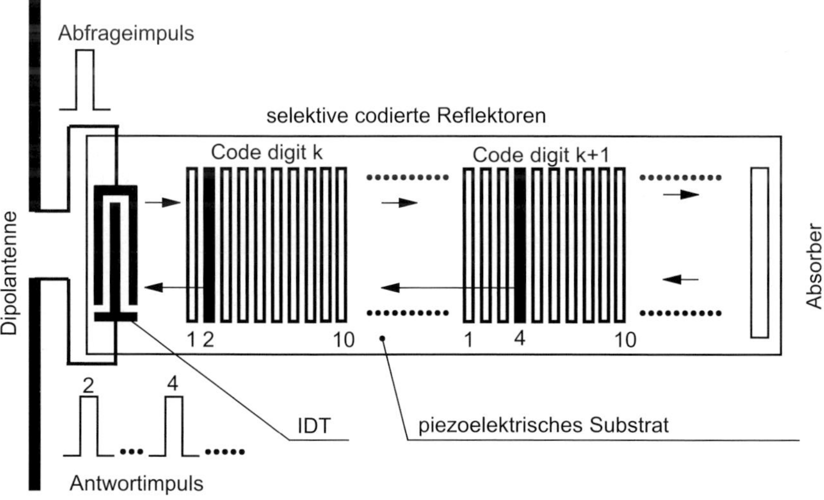

Bild 23.4 Prinzipaufbau eines SAW-Funkelementarsensors mit selektiv codierten Reflektoren

23.3 Chemische und biologische SAW-Mikrosensoren

Eine sehr wichtige messtechnische Eigenschaft von SAW-Mikrosensoren ist ihre spezifische Sensitivität, definiert durch ein sensitives sensorisches Oberflächensubstrat. Dieses Substrat ist zunächst noch nicht chemisch oder biologisch sensitiv und selektiv. Um den Effekt der Sensitivität für chemische und biologische Sensoren nutzen zu können, muss die Oberfläche funktionalisiert werden. Dazu wird sie mit chemisch und/oder biologisch aktiven Substanzen beschichtet. Die so gebildete sensoraktive Funktionsschicht soll eine stabile, sensitive und selektive Grenzfläche zum Analyten bilden. Der Begriff Analyt (s. auch Abschnitt 17.1) steht synonym für das gesuchte Ion oder Molekül in Gasen oder Flüssigkeiten. Das Gas oder die Flüssigkeit, in der sich dieses Molekül oder Ion befindet, wird «Probe» genannt. Das Ziel ist, dass ein Analyt physikalische, chemische oder biochemische Wechselwirkungen mit einer sensoraktiven Schicht eingeht, um messtechnisch auswertbare Effekte zu erzeugen.

Die **Nachweisstufen für chemische oder biologische Analyten:**

- Die Wechselwirkung zwischen Analyt und sensorisch sensitiver Schicht bewirkt eine Änderung ihrer akustischen Eigenschaften.
- Die Änderung der akustischen Eigenschaften der sensorisch sensitiven Schicht ändert die physikalischen Ausbreitungseigenschaften der akustischen Oberflächenwelle.
- Die Änderung der physikalischen Ausbreitungseigenschaften der sensorisch sensitiven Schicht beeinflusst für den Analyten-Nachweis die spezifische Messgröße (z.B. die SAW-Resonanzfrequenz).

Der prinzipielle elektromechanische Aufbau eines SAW-Elementarsensors ist in Bild 23.1 dargestellt. Der sensorisch sensitive Bereich (Funktionsschicht) ist jetzt durch eine chemisch oder biologisch (z.B. Bakterienfilm) sensitive Schicht ersetzt. Mit dieser Methode können sehr kleine Massenänderungen (Picogramm), erzeugt durch den Analyten auf der sensitiven Funktionsschicht, die Signallaufzeit (Verzögerung) der akustischen Oberflächenwelle ändern. Diese Änderung kann als Frequenzänderung Δf erfasst und elektronisch weiter ausgewertet werden. Für die Frequenzänderungen gilt unter «normalen Bedingungen» mit ausreichender Genauigkeit die physikalisch vereinfachte Gleichung:

$$\Delta f = (k_1 + k_2) \cdot f_0 \cdot h \cdot \rho \qquad \text{(Gl. 23.3)}$$

k_1 und k_2	Materialkonstanten des piezoelektrischen Substrats
h	Dicke der chemisch sensitiven Schicht
ρ	Dichte der chemisch sensitiven Schicht
f_0	Resonanzfrequenz

Ein piezoelektrisches Substrat aus Quarz hat die Konstante $k_1 = -8{,}7 \cdot 10^{-8}$ m^{2}s / kg bzw. $k_2 = -3{,}9 \cdot 10^{-8}$ m^{2}s / kg. Die Resonanzfrequenz f_0 liegt im GHz-Bereich und damit die Massen-Messempfindlichkeit im Bereich von 10^{-12}g.

Auf einem piezoelektrischen Substrat können mehrere SAW-Elementarsensoren appliziert werden. Die so entstehenden Arrays können unabhängig voneinander eingesetzt werden. Sie bilden die technologische Grundlage für die Fertigung von chemischen Multikomponenten-Analysatoren wie z.B. einer sog. «elektronischen Nase».

23.4 Anwendungsbeispiele

Es folgt eine Auflistung von Einsatzgebieten, Anwendungsbeispielen und einem Datenblatt.

Einsatzgebiete:

- Objektidentifizierung und Ortung
  von Schlackentiegeln in Stahlwerken, Bauteilen in der Produktion usw.;
- Temperaturmessungen
  an Rotorinnenseiten von Elektromaschinen, Schaufeln von Verbrennungsturbinen usw.;
- Messungen von mechanischen Größen
  an rotierenden und bewegten Maschinenteilen,z.B. Kräfte, Drucke, Drehmomente, Dehnungen, Biegungen, mechanische Spannungen, Beschleunigungen usw.;
- Messungen von chemischen und biologischen Größen
  Identifizierung und Konzentration von diversen chemischen Stoffen.

Anwendungsbeispiele
Die beiden im Folgenden beschriebenen Anwendungsbeispiele sollten ausreichen, um das Prinzip der Anwendungsmöglichkeiten zu erkennen.

Druckmessungen mit einem SAW-Drucksensor

Sensor-Effekt
Wird das piezoelektrische Substrat eines SAW-Elementarsensors mit einer mechanischen Spannung beaufschlagt, ändert sich dazu proportional die Ausbreitungsgeschwindigkeit und damit die Laufzeit der akustischen Oberflächenwelle (SAW).

Prinzipaufbau
In ein Träger-Sensorplättchen wird ein dünnes piezoelektrisches Membransubstrat (z.B. aus Lithiumniobat, $LiNbO_3$) eingebaut sowie ein Eingangs- und ein Ausgangs-IDE mit Antenne.

Messprinzipien
1. Messprinzip
Unter einem extern aufgebrachten mechanischen Druck biegt sich eine schon mechanisch vorgespannte Membran weiter durch. In der Membran entstehen zusätzliche mechanische Spannungen. Auf der Membranoberseite breitet sich eine durch den Eingangs-IDT generierte akustische Oberflächenwelle aus. Eine Änderung der Verzögerungszeit, erzeugt durch eine Biegung der Membran, kann mit einem Ausgangs-IDT gemessen werden. Damit ist es möglich, einen aufgebrachten mechanischen Druck entweder als Laufzeitverzögerung oder als Resonanzfrequenzverschiebung elektronisch zu erfassen und weiter zu verarbeiten.

Messbedingung:
Die Druckmessung muss immer mit einer exakten Erfassung der Prozesstemperatur und einer eindeutigen Sensor-Kennung durchgeführt werden.

2. Messprinzip
Auf der Membranoberseite ist eine Differenzresonator-Struktur appliziert. Sie besteht aus zwei parallelen Einzelresonatoren, wobei ein Resonator (z.B. mit einer

mechanischen Zugspannung) beaufschlagt ist und der andere Resonator (z.B. durch eine mechanische Druckspannung) beaufschlagt ist. Durch die beiden Eingangs-IDT wird jeweils eine akustische Oberflächenwelle generiert. Die beiden Resonator-Strukturen werden in jeweils eine Oszillator-Elektronik integriert. Aus den beiden Oszillator-Frequenzen wird durch elektronische Mischung eine Differenz-Frequenz generiert. Das Differenz-Frequenzsignal ist proportional zum mechanischen Druck. Damit kann ein Druck als Laufzeitverzögerung oder als Resonanzfrequenzverschiebung erfasst und elektronisch weiter verarbeitet werden.

Messtechnische Eigenschaft:
Das Differenz-Prinzip ermöglicht eine sehr gute Temperaturkompensation wegen des relativ kleinen Membrandurchmessers mit guter Temperaturkopplung der Strukturen.

Kraftmessungen mit einem SAW-Kraftsensor

Sensor-Effekt
Siehe oben.

Prinzipaufbau
Auf einem Biegebalkenplättchen wird ein dünnes piezoelektrisches Substrat (z.B. aus Lihiumniobat, $LiNbO_3$) aufgebracht. Alternativ kann für sehr kleine Kräfte der Biegebalken direkt aus diesem piezoelektrischen Material gefertigt werden. Außerdem befinden sich je ein Eingangs- und Ausgangs-IDE mit Antenne auf dem Elementarsensor.

Messprinzip
Unter einer extern aufgebrachten mechanischen Kraft biegt sich ein einseitig eingebauter mechanisch vorgespannter Biegebalken durch. Dadurch entstehen zusätzliche mechanische Spannungen im Biegebalken, die proportional zur aufgebrachten mechanischen Kraft sind. Auf der Oberfläche des Biegebalkens breitet sich eine durch den Eingangs-IDE generierte akustische Oberflächenwelle aus, deren Verzögerungszeit durch die Verbiegung des Balkensubstrats mit dem Ausgangs-IDE gemessen werden kann. Die Änderung der SAW-Verzögerungszeit ist proportional zur Änderung der mechanischen Kraft. Damit ist es möglich, eine aufgebrachte mechanische Kraft entweder als Laufzeitverzögerung oder als Resonanzfrequenzverschiebung zu erfassen und elektronisch weiter zu verarbeiten.

Messbedingung:
Die Kraftmessung muss immer mit einer exakten Erfassung der Prozesstemperatur und einer eindeutigen Sensor-Kennung durchgeführt werden.

Konzentrationsmessung von Gasen mit SAW-Massesensoren

Sensor-Effekt
Siehe oben.

Prinzipaufbau
Auf der Membranoberseite ist eine Differenzresonator-Struktur appliziert. Sie besteht aus zwei parallelen Einzelresonatoren, wobei einer der aktive Messresonator mit einer adsorbierenden sensorisch sensitiven Schicht und der andere ein passiver Referenzresonator ohne sensorisch sensitive Schicht ist.

Messprinzip

Die von der sensorisch sensitiven Schicht adsorbierten Gasmoleküle verändern deren Masse und damit die Ausbreitungsgeschwindigkeit bzw. die Phase der eingekoppelten akustischen Oberflächenwelle. Die beiden Resonator-Strukturen werden in eine Oszillator-Elektronik integriert mit einer freien Rückkopplung. Aus den nun phasenverschobenen akustischen Oberflächenwellen generiert jeder einzelne Oszillator je ein unterschiedliches Frequenzsignal. Aus diesem wird über eine elektronische Mischschaltung eine Differenz-Frequenz generiert. Somit ist es möglich, eine Konzentration als Resonanzfrequenzverschiebung elektronisch zu erfassen und weiter zu verarbeiten. Dieses Signal ist zur Konzentration eines zu messenden Gases proportional.

Messtechnische Eigenschaften

Das Differenz-Prinzip ermöglicht eine sehr gute Kompensation der Störgröße Temperatur.

Datenblatt-Beispiel

Datenblatt eines SAW-Funktemperaturmesssystems (Fa. pro-micron)

- ❑ Abfragung von 5 Temperatursensoren.
- ❑ Die aktuelle Messrate beträgt 3 Hz.
- ❑ Für jeden Sensor wird eine Messwertauflösung von ±0,1 °C erreicht.
- ❑ Je nach Packaging kann das System bis 300 °C eingesetzt werden.
- ❑ Die drahtlose Abfrage per Funk kann – je nach Umgebung – über einige Meter erfolgen.
- ❑ Es kann an rotierenden Bauteilen (getestet bis 1300 min^{-1}) gemessen werden.
- ❑ Die Abfrage per Funk ist auch in metallischer Umgebung und Ölnebel möglich.

Eine spezielle Abfragetechnik, kombiniert mit intelligenter Signalverarbeitung, sorgt für eine entsprechende Störsicherheit des drahtlosen Messsystems.

24 Micro Energy Harvesting (MEH) in der Sensorik

Der Begriff Energy Harvesting beschreibt das «Ernten von Energie» aus einer natürlichen oder technischen Energiequelle in der Umgebung.

Hinweis

Im allgemeinen Sprachgebrauch wird meist die Bezeichnung ***Energy Harvesting*** (EH) für das «Ernten von Energien» von sehr kleinen μW- bis sehr großen MW-Energiemengen ohne sprachliche Differenzierung verwendet. Für die Sensorik, besonders für die Mikrosensorik, passender wäre der Terminus ***Micro Energy Harvesting*** (MEH) für ein «Ernten von kleinen Energiemengen». Ein weiterer Terminus ist das sog. ***Energy Scavenging*** (ES), ein «Energieplündern» für sehr kleine Energiemengen, z.B. durch ein parasitäres Abzweigen von externen Energiesystemen.

Definition Micro Energy Harvesting (MEH)
«Ernten von kleinen Energiemengen aus der technischen oder natürlichen Umwelt der Mikrosensoren (Sensorknoten) aus externen physikalischen, chemischen und biologischen Mikro-Energiequellen, um mit geeigneten Energiewandlern die benötigte elektrische Betriebsenergie zu gewinnen.»

Mikro-Energiequellen beruhen bevorzugt auf elektromagnetischen, elektrostatischen, piezoelektrischen, thermoelektrischen, chemischen, biochemischen und photoelektrischen Effekten.

In den entsprechenden Kapiteln über die verschiedenen Sensortypen werden die zugehörigen physikalischen und chemischen Sensoreffekte beschrieben. Zu jedem physikalischen Effekt existiert ein inverser physikalischer Effekt. So wird der «direkte» piezoelektrische Effekt sensorisch (z.B. als piezoelektrischer Drucksensor) und der indirekte piezoelektrische Effekt aktorisch (z.B. als piezoelektrischer Aktor, Stellglied) genutzt.

Mikro-Energiewandler erzeugen aus nichtelektrischen Energien der Mikro-Energiequellen elektrische Energien. Diese können dann weiterverarbeitet als elektrische Spannungen und Ströme autarke und drahtlose Sensoren oder Sensorknoten sowie Mikro-Aktoren speisen. Die technisch erzeugten Leistungsdichten der Mikro-Energiequellen für drahtlose Sensoren liegen typisch zwischen mehreren $\mathrm{pW/mm^2}$ und mehreren $\mathrm{\mu W/mm^2}$.

Eine ausführliche Darstellung der Mikro-Energiequellen und -Energiewandler würde den Umfang des Buches sprengen.

Anwendungsbeispiele

Allgemeines Beispiel eines Energie erntenden Systems
Ein Energie erntendes technisches System (z.B. ein drahtloser Sensorknoten, WNS) besteht aus einer Energiequelle (z.B. einer piezoelektrischen Mikro-Energiequelle), die mit einer vibrierenden mechanischen Quelle (z.B. einem Maschinenbauteil) verbunden ist. Die piezoelektrische Mikro-Energiequelle wandelt kleinste Vibrationen in elektrische Energie um, die so aufbereitet wird, dass man damit eine nachfolgende Elektronik (z.B. A/D-Wandler und Mikrocontroller) speisen kann. Der Mikrocontroller aktiviert einen Sensor zur Messung eines mechanischen Parameters (z.B. Linearbewegung) und bereitet diese Daten für eine kabellose Übertragung mit einem Sender auf.

Messung auf rotierenden Maschinenteilen von Druckmaschinen

Für die optimale Einstellung von Betriebsparametern an einer Druckmaschine müssen an verschiedenen rotierenden Maschinenteilen mechanische Kräfte, Drehmomente und Temperaturen erfasst werden. Die entsprechenden Sensoren, Steuerungen und Sender sind auf Achsen von rotierenden Maschinenteilen angeordnet und müssen mit ihrer elektrischen Betriebsspannung versorgt werden. Als physikalisches Prinzip für eine Energiequelle zur Energieernte eignet sich das elektrodynamische Prinzip der magnetischen Induktion. Auf einem rotierenden Maschinenteil ist eine Empfängerspule angeordnet. Auf dem feststehenden Maschinenteil ist ein Permanentmagnet appliziert. Passiert nun die Empfängerspule den Permanentmagneten, wird in dieser ein kurzer elektrischer Spannungsimpuls induziert. In einer geeigneten Kondensatorschaltung sammelt sich bei jeder Umdrehung stufenweise elektrische Energie an. Wenn die Kondensatorschaltung soweit aufgeladen ist, dass die elektrische Spannung zum Betrieb der Messelektronik auserreicht, wird der Messvorgang des Sensors gestartet und die ermittelten Daten können nun über den Sender per Funk an den Empfänger übertragen werden.

Überprüfung von Hochspannungsanlagen (Fa. Schneider Electric, Grenoble)

Eine Überhitzung der Anlage muss frühzeitig erkannt werden. Wenn Leitertemperaturen zu erfassen sind, die unter Hochspannung stehen, ist eine Funküberwachung einfacher als aufwendige Isolationstechniken. Für die elektrische Speisung der Elektronikschaltungen wird ein Dünnschicht-Thermogenerator von der Fa. Micropelt eingesetzt. Dieser gibt bei einer 3K-Temperaturdifferenz eine Leistung von 126 μW mit einer Spannung von 210 mV ab. Diese Spannung wird mit einem DC/DC-Wandler mit 70% Wirkungsgrad auf 2,4 V gewandelt, damit 90 μW zur Verfügung stehen. Der Sender arbeitet im Pulsbetrieb mit langen Pausen so, dass nun 500 mW zur Verfügung stehen. Die Sendefrequenz beträgt 868 kHz, das Protokoll ZigBee. Als Netzarchitektur wird ein Sternnetz eingesetzt.

25 Weiterentwicklungen von Sensoren und Trends

(Ausgehend vom Stand der Technik im Jahr 2016)

25.1 Entwicklungstrends spezieller elektromechanischer Sensortypen (EMS)

Sensoren mit elektromechanischen Messprinzipien existieren auf absehbare Zeit weiterhin auf der Basis resistiver und kapazitiver Sensorprinzipen.

Die Weiterentwicklung dieser Sensoren erfolgt auf folgenden technologischen Gebieten:

- Miniaturisierung: MEMS und NEMS (***M**icro- and **N**ano-**e**lectro-**m**echanical **S**ystems*),
- Micro Energy Harvesting, energieautarke Versorgung für MEMS und NEMS,
- zunehmend Silizium-Messelemente auch bei kalorischen und chemischen Größen,
- Multisensoren für Massenanwendungen,
- zunehmend direkte Sensor-Aktor-Kopplung,
- robustere Prozessankopplung,
- verringerte Messunsicherheit,
- erhöhte Langzeitstabilität.

Beispiele

Elektrische Messtechnik mechanischer Größen

Entwicklung von Miniatur-Hochwiderstands-DMS (Vishay Measurements Group GmbH), gekennzeichnet durch einen hohen Messgitterwiderstand (z.B. 10 kΩ) bei kleinstmöglicher Messgitterfläche (z.B. 1 × 1 mm).

Automobiltechnik

Wird der Drucksensor, z.B. auf der Basis amorpher Metalle (DE 196 30 015 A1, E. SCHIESSLE), auf die innere Reifenfläche appliziert, können weitere Funktionsparameter sensortechnisch erfasst werden. Es können z.B. reifentypische Parameter sensortechnisch hinterlegt und von einer Bordelektronik abgefragt werden. Überprüfbare Parameter sind z.B. Zulassungsprüfung des gewählten Reifentyps und Höchstgeschwindigkeitsgrenze für den gewählten Fahrzeugtyp. Erfassung der Reifenprofiltiefe über einen Temperatur- und Drucksensor. Erfassung des Gesamtbeladungszustandes mit Beschleunigungssensoren über den Bodenkontakt der Reifen bei der Abrollkinematik oder die Erfassung des Reifenkontaktes mit der Fahrbahn mit Hilfe des Drucksensors und damit die Aufstandsfläche.

25.2 Entwicklungstrends anderer technologischer Sensortypen

- Distanzverkürzung zwischen Sensoren und Sensierungsobjekten mit neueren Sensorwerkstoffen (z.B. Indium-Gallium-Arsenid, Siliziumcarbid, Carbon (Graphen) usw.)

- Bessere Rückwirkungsfreiheit von Sensoren auf Sensierungsobjekten
  durch Miniaturisierung (z.B. mit Mikro-, Nano- und Subnano-Technologien) auf der Basis berührungsloser Sensorprinzipien
- Einführung neuartiger Sensorprinzipien zur Erfassung räumlich verteilter Messdaten
  wie z.B. Tomographie für industrielle Anwendungen und Impedanz-Spektroskopie
- Entwicklung von energieautarken und -armen Mikrosensoren mit Mikro-Energiequellen diverser Technologien (Micro Energy Harvesting, wörtlich Mikro-Energie-Ernten)
  wie z.B. piezoelektrische, thermoelektrische, elektromagnetische, kapazitive, chemische, biochemische und photoelektrische Energiequellen
- Entwicklung und Einsatz von drahtlos kommunizierenden Sensoren
- Sensor-Netzwerke mit miniaturisierten Sensor-Messstellen
  zur kollektiven Erfassen und Weiterleitung von Sensormesswerten und Sensorsignalen
- Systemintegration für mechatronischen Anwendungen
  d.h. Übergang zu direkt gekoppelten Sensor-Aktor-Systemen zur Erfassung, Steuerung und Regelung von Prozessparametern
- Ganzheitlicher Sensorentwurf
  d.h. Einsatz komplexer System- und Materialparameter mit 3D-Entwurfstechniken, FEM-Berechnungen und Systemsimulationen (z.B. Matlab/Simulink)
- Funktionsintegration zu hochintegrierten intelligenten Sensoren zur Mustererkennung
  mit Eigenüberwachung, Eigenkalibrierung, Störungserkennung, Störungsdiagnose, Generierung von Wartungsinformationen, Plug&Play-Funktion, funktechnische Ortung
- Nutzung hochintegrierter Bauelemente für echtzeitfähige Signalverarbeitung
  wie z.B.: hochauflösende A/D-Wandler, 1-Chip-Mikrocomputer (*onechip Microcomputer*), FPGAs (***f**ield-**p**rogrammable **g**ate **a**rrays),* DSSP (**d**igitale **S**ensor-**S**ignal-**P**rozessoren), PLDs (***p**rogrammable **l**ogic **d**evice*), Koppelmodule für drahtgebundene und drahtlose elektrische Schnittstellen
- Kopplung physikalischer, chemischer und biologischer Sensoren auf 1-Chip(Lab on a chip)-Systeme (mechanische, elektronische und chemische Untersysteme), die monolithisch auf einem planaren Untergrund (z.B. Silizium) miniaturisiert aufgebaut sind

?! Beispiele zum Entwicklungstrend von Sensoren und Sensorsystemen

Medizinische und industrielle Computertomographie (CT)

Die medizinische und industrielle CT beruhen zwar auf demselben physikalischen Prinzip, unterscheiden sich jedoch in Auflösung, Energiebereich und erlaubter Strahlendosis. Auf der Basis der medizinischen Computertomographie (CT) wurden spezielle industrielle **C**omputer**t**omographen (CT) für eine fertigungstechnische Prozessoptimierung entwickelt. Es können z.B. Zylinderköpfe in 15 s gescannt und qualifiziert werden, damit über optimierte Gussprozesse beschleunigte Produktionsabläufe realisierbar sind.

«Folien»-HALL-Sensoren auf Bismut-Basis

Entwicklung von flexiblen «Folien»-HALL-Sensoren auf Bismut-Basis, die sehr dünn hergestellt werden können und sich gekrümmten Flächen gut anpassen. Zur Integration z.B. in Textilien oder in medizinische Produkte für Funktionserweiterungen oder für den Einbau in schmale und gekrümmte Luftspalte zwischen Stator und Rotor von Elektromotoren, um dort direkt das Magnetfeld für eine Motoroptimierung, Qualitätskontrolle oder für eine Drehzahlregelung messen zu können.

Spintronische Sensoren

In der Spinelektronik (kurz Spintronik) werden schnelle Spinströme ohne große Energieverluste erzeugt. Die Bauelemente der Spintronik (z.B. Sensoren) nutzen die Spin-Orientierungen der Ladungsträger anstatt ihren elektrischen Ladungen. In Abschnitt 7.4.4 werden spintronische Magnetfeldsensoren (GMR-Sensoren) und die zugrunde liegenden Effekte ausführlicher beschrieben. Allgemein gesagt: Das physikalische Wirkprinzip besteht darin, dass die freien Elektronen in ferromagnetischen Metallen einen spinorientierten elektrischen Strom bilden und der abfallende elektrische Widerstand stark von der magnetischen Orientierung benachbarter Magnetfelder abhängt. Somit kann der elektrische Strom magnetisch gesteuert und geschaltet werden.

Im Weiteren werden kurz drei weitere spintronische Effekte genannt, die ebenfalls sensorisch genutzt werden können.

Photospinvoltaischer Effekt (PSVE)

Bei der spintronischen Form des photovoltaischen Effekts werden mit Hilfe der Photonenenergie Ladungsträger nicht nach ihrem Ladungsvorzeichen voneinander getrennt, sondern nach ihrer Spinrichtung, wobei eine elektrische Spannung aufgebaut wird.

Quanten-Spin-Hall-Effekt (QSHE)

Bei der spintronischen Form des Quanten-Hall-Effekts werden die sich bewegenden spinorientierten Ladungsträger – in diesem Fall die Löcher – bevorzugt in eine bestimmte Richtung gestreut und abgelenkt, wobei eine elektrische Spannung aufgebaut wird.

Spin-Seebeck-Effekt (SSE)

Beim Spin-Seebeck-Effekt wird bei einem Temperaturgefälle in einem Ferromagneten eine Spintrennung erzeugt, wobei eine elektrische Spannung aufgebaut wird.

26 Sensorik in der Industrie 4.0

Anmerkung: Sensorik in der Industrie = Industriesensorik

- ❑ Definition Industrie 4.0
  Landeswirtschaftsministerium BW, Ende März 2015:
  «Der Begriff Industrie 4.0 steht für das vertiefte Zusammenwachsen von Maschinenbau und Elektrotechnik mit der Informationstechnologie (also Mechatronik, Anm. des Autors) zu einer intelligent vernetzten Produktionsweise in den Fabriken der Zukunft».
  Anmerkung: Elektronik ist ein Teilgebiet der Elektrotechnik.
- ❑ Definition Sensorik
  (Siehe hierzu Kapitel 1)
- ❑ Technologische Evolution der industriellen Revolutionen:
  Vom ersten automatischen Webstuhl und den ersten mechanischen Sensoren bis zu den virtuellen Welten und den Smart-Sensoren.

«Erste industrielle Revolution»

- ❑ Produktionstechnologie:
  Sie begann mit der Erfindung des automatischen Webstuhls im Jahr 1784.
- ❑ Sensortechnologie:
  Bereits gegen Ende des 19. Jahrhunderts wurden erste mechanische Sensoren in der Industrie eingesetzt, z.B. als rein mechanischer Drucksensor die BOURDON-Feder.

«Zweite industrielle Revolution»

- ❑ Produktionstechnologie:
  Sie begann 1870 mit der Arbeitsteilung in den Schlachthäusern Cincinnatis und kam mit der Fließbandproduktion bei Ford in den USA zur Blüte.
- ❑ Sensortechnologie:
  Mit der Elektrik und Elektromechanik begann der Einsatz von elektrischen Maschinen in der Fließbandproduktion, und die ersten elektrischen Sensoren, z.B. **D**ehn**m**ess**s**treifen (DMS), fanden den Weg in die weiter fortschreitende Industrialisierung.

«Dritte industrielle Revolution»

- ❑ Produktionstechnologie:
  Sie begann mit der Einführung der ersten digitalen und frei programmierbaren Steuerung.Sie löste in der Folge die analogen Festverdrahtungen und binäre Steuerungsprozesse ab.
- ❑ Sensortechnologie:
  Mit der Elektronik und Mechatronik begann in den 1970er-Jahren parallel zur fortschreitenden Automation die Sensorik mit der Entwicklung von elektronisch kompensierten und kalibrierten Geräten mit digitalen Schnittstellen.

«Vierte industrielle Revolution»

- ❑ Produktionstechnologie:
  Sie begann unter verstärktem Einsatz der **I**nformations**t**echnologie (IT) mit der weiteren Vernetzung und Automatisierung aller Produktionsprozesse. Es fand

zum vierten Mal ein Paradigmenwechsel statt. Die Industrieproduktion entwickelt sich von einer zentralen Fabriksteuerung zu einer zunehmend dezentral-intelligentenSteuerung. Kommunikation und Interaktion finden nicht nur zwischen Menschen und Maschinen statt, sondern besonders zwischen Maschinen.

- Sensortechnologie:
  Die Industrie 4.0 baut auf sog. *Cyber-**P**hysical-**S**ystems* (CPS), einem Verbund aus Mechanik und Elektronik sowie IT, auf. *Smart Sensors* (oder Intelligente Sensoren) sind ein Beispiel für ein CPS. Jedes intelligente technische System benötigt neuartige intelligente Sensoren (siehe Kapitel 20), sie machen Industrie 4.0 erst möglich. Eine Schlüsselposition nehmen diverse Mikro- und Nanotechnologien ein auf der Basis von Indium-Gallium-Arsenid, Germanium, Siliziumcarbid und Graphen (einlagige Atomschichten oder Nanoröhrchen), um die technologische Vielfalt von Smart Sensors zur Erfassung von Prozessparametern zu realisieren. Prozesse werden also vernetzt und steuern sich selbst. Ein Computer steuert z.B. eine Maschine in einem Netzwerk von vielen anderen Maschinen, die direkt miteinander kommunizieren. Die diversen Produktionstechnologien und Industrieprodukte sind über integrierte Softwarebausteine (*embedded systems*) miteinander verbunden. Ein Problem ist es, aus der anfallenden großen Datenflut (*bigdata*)– mehrere Hundert Einstell- und Sensordaten pro Maschine– durch intelligentes «Schürfen» (*datamining*) auch verwertbare Daten (smart data) zu gewinnen und diese anschließend tatsächlich auch sinnvoll zu verwerten.
  Das US-amerikanische *Internet of Things and Services* (Internet der Dinge und der Dienste) ist ein weitergefasster Begriff, der die intelligente Datenerfassung und Nutzungnicht nur im Sinne einer smarten Produktion, sondern um smarte Produkte und smarte Dienstleistungen erweitert.

Weiterführende Literatur

BARTSCH, H.-J.: *Taschenbuch mathematischer Formeln.*
Leipzig: Hanser Fachbuchverlag, 2001.

NETZ: *Formeln der Elektrotechnik und Elektronik.*
München, Wien: Hanser Verlag, 1993.

PAPULA, L.: *Mathematische Formelsammlung.* Wiesbaden: Vieweg Verlag, 2000.

ARDENNE, M. V.; MUSIOL, G., KLEMRAT U.: *Effekte der Physik und ihre Anwendungen.* Frankfurt: Verlag Harri Deutsch, 2005.

KITTEL, C.: *Einführung in die Festkörperphysik.*
München: Oldenbourg Verlag, 2005.

GERTHSEN, C.; MESCHEDE, D.: *Physik.* 23. Aufl., Berlin: Springer Verlag, 2006.

KUPFMÜLLER, K.; KOHN, G.: *Theoretische Elektrotechnik und Elektronik.*
Berlin: Springer Verlag, 2000.

MÖLLER; LÖCHERER; MÜLLER: *Grundlagen der Elektrotechnik.*
Stuttgart: Teubner Verlag, 2002.

BERGMANN, K.: *Elektrische Meßtechnik.* Braunschweig: Vieweg Verlag, 1993.

FELDERHOFF, R.: *Elektrische und elektronische Messtechnik.*
München: Hanser Verlag, 2003.

PROFOS, P.: *Handbuch der industriellen Messtechnik.*
München: Oldenbourg Verlag, 2003.

PROFOS, P.: *Messfehler.* Stuttgart: Teubner Verlag, 1984.

SCHRÜFER, E.: *Elektrische Messtechnik.* München: Hanser Verlag, 2001.

SCHIESSLE, E., u.a.; DREWS, R. (Hrsg.): *Meßtechnik am Kraftfahrzeug mobil und stationär.* Ehningen: expert Verlag, 1991.

SCHIESSLE, E.: Klopfdrucksensoren für Otto-Motoren:
messen & prüfen: Heft 5, 1992, S. 18 ff.

SCHIESSLE, E.: Abstandsmessung mit Magnetfeldsensoren.
messen & prüfen: Heft 9, 1992, S. 76 ff.

SCHIESSLE, E.: *Sensortechnik und Meßwertaufnahme.*
Würzburg: Vogel Business Media, 1992.

SCHIESSLE, E. (Hrsg.): *Mechatronik 1.* Würzburg: Vogel Business Media, 2002.

SCHIESSLE, E. (Hrsg.): *Mechatronik 2.* Würzburg: Vogel Business Media, 2002.

SCHIESSLE, E. (Hrsg.): *Mechatronik – Aufgaben und Lösungen.*
Würzburg: Vogel Business Media, 2004.

BONFIG, K., W.: *Sensoren und Sensorsysteme.* Ehningen: expert Verlag, 1997.

LAIBLE, M.: *Mechanische Größen elektrisch gemessen.*
Ehningen: expert Verlag, 2002.

AHLERS, H.; WALDMANN, J.: *Mikroelektronische Sensoren.*
Heidelberg: Hüthig Verlag: 1990.

KRÖTVELYESSY, L. v.: *Thermoelement Praxis*. Essen: Vulkan Verlag: 1998.

GAUTSCHI, G.: *Piezoelectric Sensorics*. Berlin: Springer Verlag, 2002.

SCHAUMBURG, H.: *Sensoranwendungen*. Stuttgart: Teubner Verlag, 1995.

REICHL, H.: *Halbleitersensoren*. Ehningen: expert Verlag, 1989.

TRÄNKLER, H.-R., u.a.: *Sensortechnik*. Berlin: Springer Verlag, 1998.

GLASER, T.: *Photonik für Ingenieure, mit Aufgaben und Lösungen*. Berlin: Verlag Technik, 2000.

KENNETH, J. A.: *Optoelektronik*. Berlin, Weinheim: Wiley VCH Verlag, 1992.

SCHLICK, G. H.: *Fluidtechnik. Hydraulik, Pneumatik, Allfluidtechnik, Elektronik*. Essen: Vulkan Verlag, 2004.

TIETZE; SCHENK: *Halbleiter-Schaltungstechnik*. Berlin: Springer Verlag, 2000.

SCHMIDT, W.-D.: *Sensorschaltungstechnik*. Würzburg: Vogel Business Media, 2002.

BAUMANN, P.: *Sensorschaltungen*. Braunschweig: Vieweg Verlag, 2006.

MAYER-KUCKUK, T.: *Kernphysik, Eine Einführung*. Stuttgart: Teubner Verlag, 2002.

BETHGE, K.: *Kernphysik, Eine Einführung*. Berlin: Springer Verlag, 1996.

SCHMIDT, H. U.: *Meßelektronik in der Kernphysik*. Stuttgart: Teubner Verlag, 1997.

SCHIESSLE, E.: Konstruktion, Aufbau und Erprobung eines Vierfachzählerteleskops zur Untersuchung neutroneninduzierter Kernreaktionen sowie Aufbau und Test der dazu notwendigen Meßelektronik.
Diplomarbeit, Universität Tübingen, Fakultät für Physik, 1979.

WIBERG, N.; WIBERG, E.; HOLLEMAN, A.: *Lehrbuch der Anorganischen Chemie*. Berlin, New York: Verlag de Gruyter, 1995.

PETER, W.; ATKINS, JULIO DE PAULA: *Physikalische Chemie*. Berlin, Weinheim: Wiley VCH, 2006.

HOLZE, R.: *Leitfaden der Elektrochemie*. Stuttgart: Teubner Verlag, 1998.

TAG, E.: *Elektrochemie*. Braunschweig: Verlag Diesterweg, 1994.

GRÜNDLER, P.: *Chemische Sensoren. Eine Einführung für Naturwissenschaftler und Ingenieure*. Berlin: Springer Verlag, 2004.

CAMMANN, K.; GALSTER, H.: *Das Arbeiten mit ionenselektiven Elektroden. Eine Einführung für Praktiker*. Berlin: Springer Verlag, 1995.

SPICHIGER-KELLER, U. E.: *Chemical Sensors and Biosensors for Medical and Biological Applications*. Berlin, Weinheim: Wiley VCH, 2000.

HALL, E.: *Biosensoren*. Berlin: Springer Verlag, 1995.

Patentschriften des Autors zur Sensorik

SCHIESSLE, E.; FORKEL, W.: Vorrichtung zum indirekten elektrischen Messen kleiner Wege. Patentschrift: DE 33 34 269 C1, Patenterteilung: 04.04.1985

SCHIESSLE, E.; DÖRRIE, D.: Anordnung zum berührungslosen Nachweis bzw. berührungslosen Messen mechanischer Spannungszustände von Maschinenteilen. Offenlegungsschrift: DE 34 17 893 A1, Offenlegung: 18.07.1985

SCHIESSLE, E.; DÖRRIE, D.: Kolbenstellungsgeber. Patentschrift: DE 35 11 782 C2, Patenterteilung: 07.05.1987

SCHIESSLE, E.; GEIGER, K.: Vorrichtung zur berührungslosen indirekten elektrischen Messung einer mechanischen Größe. Patentschrift DE 36 15 738 C1, Patenterteilung: 04.06.1987

SCHIESSLE, E.; GEIGER, K.: Vorrichtung zur indirekten elektrischen Messung einer mechanischen Größe an einem beweglichen Sensierungsobjekt. Patentschrift: DE 36 39 908 C1, Patenterteilung: 15.10.1987

SCHIESSLE, E.; ALASAFI, K.: Drucksensor (magnetoelastisch), Patentschrift: DE 36 04 088 C2, Patenterteilung: 12.11.1987

SCHIESSLE, E.; ALASAFI, K.: Einrichtung zur berührungslosen indirekten elektrischen Messung des Drehmomentes an einer Welle, Patentschrift: DE 36 35 207 C2, Patenterteilung: 21.07.1988

SCHIESSLE, E.; ALASAFI, K.: Elastische Kraftmeßvorrichtung. Patentschrift: DE 38 19 083 C2, Patenterteilung: 19.04.1990

SCHIESSLE, E.; ZIEGENBERG, A.: Sensor mit einem beweglichen Permanentmagnetsystem zur Bestimmung einer bewegungsabhängigen Größe Offenlegungsschrift: DE 39 33 627 A1, Offenlegung: 27.09.1990

SCHIESSLE, E.; ZIEGENBERG, A.: Drucksensor (piezoelektrisch). Offenlegungsschrift: DE 39 37 641 A1, Offenlegung: 10.01.1991

SCHIESSLE, E.; ALASAFI, K.; GUTÖHRLEIN, R.: Mehrkomponenten Beschleunigungssensor, Patentschrift DE 40 08 644 C1, Patenterteilung: 29.05.1991

ZIEGENBERG, A.; SCHIESSLE, E.: Permanentmagnetsystem mit zugehöriger Spulenanordnung, Patentschrift: DE 40 21 651 C1, Patenterteilung: 27.06.1991

SCHIESSLE, E.; ALASAFI, K.; GUTÖHRLEIN, R.: Verfahren zur Einstellung eines Sollwertes der Ausdehnung eines durch Anlegen eines äußeren elektromagnetischen oder elektrostatischen Feldes in seiner Längsausdehnung veränderlichen Aktuators, Patentschrift: DE 40 08 643 C2, Patenterteilung: 10.09.1992.

SCHIESSLE, E.; ALASAFI, K.; GUTÖHRLEIN, R.: Vorrichtung zur Messung mechanischer Spannungszustände in Bauteilen, Patentschrift: DE 42 38 863 C2, Patenterteilung: 29.09.1994

SCHIESSLE, E.; ALASAFI, K.; GUTÖHRLEIN, R.: Elektro-optischer Wandler für elektro- und magnetoinduktive Meßwertaufnehmer, Patentschrift: DE 42 41 994 C1, Patenterteilung: 24.03.1994

SCHIESSLE, E.; ALASAFI, K.; GUTÖHRLEIN, R.: Vorrichtung zur Bestimmung der Position eines axial beweglichen Körpers.
Patentschrift: DE 42 38 861 C2, Patenterteilung: 31.08.1995

ALASAFI, K.; BÜHL, H.; GUTÖHRLEIN, R.; SCHIESSLE, E.: Sensor zur berührungslosen Drehmomentmessung an einer Welle sowie Meßschicht für einen solchen Sensor, Patentschrift DE 43 33 199 C2. Patenterteilung: 31.08.1995

SCHIESSLE, E.; ALASAFI, K.; GUTÖHRLEIN, R.: Temperatursensor.
Patentschrift: DE 42 38 862 C2, Patenterteilung: 06.02.1997

ZIEGENBERG, A.; SCHIESSLE, E.; NUSKE, A.: Magnetomechanische Antrieb mit (sensorgesteuerter) elektrodynamischer Energierückgewinnung.
Offenlegungsschrift: DE 196 04 089 A1, Offenlegung: 07.09.1997

SCHIESSLE, E.; ALASAFI, K.; GUTÖHRLEIN, R.: Vorrichtung zur berührungslosen elektrischen Messung des Reifendruckes an einem umlaufenden Reifen insbesonders bei Kraftfahrzeugen,
Offenlegungsschrift DE 196 30 015 A1. Offenlegung: 29.01.1998

SCHIESSLE, E.; ZIEGENBERG, A.; NUSKE, A.: Lautsprecher mit integrierter elektronischer Sensor-Schalldruck-Regelung.
Patentschrift: DE 196 04 086 C2, Patenterteilung: 10.06.1999

NUSKE, A.; SCHIESSLE, E.: Schutzhelm mit integriertem (sensorgesteuerten) Innen-Airbag, insbesondere für Kraftradpiloten.
Patentschrift: DE 197 30 545 C2, Patenterteilung: 09.09.1999

ALASAFI, K.; GUTÖHRLEIN, R.; SCHIESSLE, E.: Vorrichtung zur berührungsfreien (telemetrischen) Drehmomentmessung,
Patentschrift: DE 198 20 882 C1, Patenterteilung: 28.10.1999.

ZIEGENBERG, A.; SCHIESSLE, E.; NUSKE, A.: Magnetomechanischer (sensorgesteuerter) Drehmomentwandler.
Patentschrift: DE 196 04 089 C2, Patenterteilung: 13.07.2000.

SCHIESSLE, E.; ALASAFI, K.; GUTÖHRLEIN, R.: Magnetoelastischer (Differenz-)Druckaufnehmer. Patent DE 196 04 089 C2, Erteilung: 13.07.2000.

NUSKE, A.; SCHIESSLE, E.: Digital UV-Dosimeter Wristwatch, Internationale Veröffentlichungsschrift WO 01/18510 A1.
Internationales Veröffentlichungsdatum: 15.03.2001.

NUSKE, A.; SCHIESSLE, E.: Digital- UV- Dosimeter- Armbanduhr.
Patentschrift: DE 199 41 994 C1, Patenterteilung: 09.08.2001.

NUSKE, A.; SCHIESSLE, E.: O3 (Ozon)- Digitalarmbanduhr.
Patentschrift: DE 100 02 387 A1, Patenterteilung: 22.11.2001.

SCHIESSLE, E.; NUSKE, A.; SABOROWSKI, F.; REINHARDT, R.; DEEG, H.-J.; MAUSOLF, A.: Digitales elektronisches Diagnose-Verfahren und Messeinrichtung zu seiner Durchführung (biomechatronische Cardiodiagnostik).
Offenlegungsschrift: DE 102 33 149 A1, Offenlegung: 12.02.2004.

NUSKE, A.; SCHIESSLE, E.: Bioelektrischer Herzdiagnostikhandschuh.
Offenlegungsschrift: DE 102 43 265 A1, Offenlegung: 25.03.2004.

NUSKE, A.; SCHIESSLE, E.: Mobile elektrophysikalische Vorrichtung zur elektronischen Messung von biokinematischen und biokinetischen Größen für

medizinische, arbeitsmedizinische und sportmedizinische Diagnostik.
Offenlegungsschrift DE 103 05 759 A1, Offenlegung: 09.09.2004.

Nuske, A.; Schiessle, E.: Digitales, elektronisches Diagnose-Verfahren zur unblutigen Laktat-Leistungsbestimmung und einer mobilen Messvorrichtung zur elektronischen Durchführung.
Patentschrift: DE 10 2004 052 083 A1, Offenlegung: 04.05.2006.

Nuske, A.; Schiessle, E.: Elektrodynamischer Vakuum-Flachlautsprecher.
Patentschrift: DE 100 58 698 B4, Erteilung: 19.10.2006.

Schiessle, E.; Reinhardt, R.; Saborowski, F.; Deeg, H.-J.: Vorrichtung und Verfahren zur Erfassung von Vorhofflimmern.
Europäische Patentanmeldung EP 1 477 114 B1, Veröffentlichungstag: 18.03.2009
US Patentanmeldung US 7,353,057 B2, Pub. Date: 01.04.2008.

Stichwortverzeichnis